Veröffentlichungen des Instituts für Deutsches, Europäisches und Internationales Medizinrecht, Gesundheitsrecht und Bioethik der Universitäten Heidelberg und Mannheim

Band 49

Weitere Bände in dieser Reihe
http://www.springer.com/series/4333

Silvia Deuring

Rechtliche Herausforderungen moderner Verfahren der Intervention in die menschliche Keimbahn

CRISPR/Cas9, hiPS-Zellen und Mitochondrientransfer im deutsch-französischen Rechtsvergleich

Silvia Deuring
Lehrstuhl für Bürgerliches Recht und Medizinrecht
Ludwig-Maximilians-Universität München
München, Deutschland

Mit Unterstützung der Deutsch-Französischen Hochschule

ISSN 1617-1497 ISSN 2197-859X (electronic)
Veröffentlichungen des Instituts für Deutsches, Europäisches und Internationales Medizinrecht, Gesundheitsrecht und Bioethik der Universitäten Heidelberg und Mannheim
ISBN 978-3-662-59796-5 ISBN 978-3-662-59797-2 (eBook)
https://doi.org/10.1007/978-3-662-59797-2

Die Deutsche Nationalbibliothek verzeichnet diese Publikation in der Deutschen Nationalbibliografie; detaillierte bibliografische Daten sind im Internet über http://dnb.d-nb.de abrufbar.

Springer

Springer ist ein Imprint der eingetragenen Gesellschaft Springer-Verlag GmbH, DE und ist ein Teil von Springer Nature.
Die Anschrift der Gesellschaft ist: Heidelberger Platz 3, 14197 Berlin, Germany

Vorwort

Diese Arbeit wurde im Frühjahrssemester 2019 an der Universität Mannheim und der Université Paris 1 Panthéon-Sorbonne als Dissertation angenommen. Sie wurde als *Cotutelle de thèse* erstellt, unter der Betreuung von Prof. Dr. Jochen Taupitz (Universität Mannheim) und Prof. Dr. Dr. h.c. David Capitant (Université Paris 1 Panthéon-Sorbonne). Zudem ist diese Arbeit ein Ergebnis des rechtlichen Teilprojekts des vom Bundesministerium für Bildung und Forschung geförderten Drittmittelprojekts „GenE-TyPE (Genome Editing – from Therapy via Prevention to Enhancement?) – Eine naturwissenschaftliche, ethische und rechtliche Analyse moderner Verfahren der Genom-Editierung und deren möglicher Anwendungen" (Bewilligungszeitraum: 01.09.2016–31.08.2019; FKZ: 01GP1610A). Diese Dissertation entstand während meiner Zeit als Mitarbeiterin am IMGB und wurde am 03. April 2019 verteidigt; einschlägige Literatur und Rechtsentwicklungen wurden bis Juli 2019 berücksichtigt.

Mein Dank gilt meinem Doktorvater und Förderer Herrn Prof. Dr. Jochen Taupitz, der diese Arbeit angeregt und mich bei ihrer Entstehung in vielfältiger Weise unterstützt hat. Er übertrug mir insbesondere die eigenverantwortliche Bearbeitung des rechtlichen Teils des Projekts „GenE-TyPE" und ermöglichte mir so zahlreiche Publikationen und Vorträge, durch die ich bereits während meiner Promotionszeit mit Außenwirkung wissenschaftlich tätig sein konnte. Außerdem hat er mich von Anfang an bei meinem Vorhaben unterstützt, diese Arbeit als *Cotutelle de thèse* anzufertigen, was, da in der Promotionsordnung der Abteilung Rechtswissenschaften der Universität Mannheim bislang nicht vorgesehen, mit einem beträchtlichen Verwaltungsaufwand verbunden war. In diesem Zusammenhang gilt mein besonderer Dank auch dem Prodekan der Fakultät Herrn Prof. Dr. Ralf Müller-Terpitz und seinem Mitarbeiter Herrn Akad. Rat Dr. iur. Hannes Beyerbach, die sich bereitwillig der Aufgabe angenommen haben, mit mir gemeinsam die entsprechenden Kooperationsverträge zu entwerfen und auszuhandeln. Ebenso möchte ich den Mitarbeitern/innen der Universitätsverwaltung danken, die trotz des scheinbar unüberwindbaren Verwaltungsaufwands in verschiedenster Weise an der Einführung des *Cotutelle*-Verfahrens mitgewirkt haben. Besonders hervorheben möchte ich die Unterstützung von Frau Elke Diers, Frau Dr. iur. Kathrin Schoppa, Frau Eva Frisch und Herrn

Michael Gebhard. Für die Mühe und den Einsatz der genannten sowie aller anderen beteiligten Personen kann ich mich nicht genug bedanken.

Auch meinem zweiten Doktorvater Herrn Prof. Dr. Dr. h.c. David Capitant gebührt mein Dank: Von ihm stammt der Vorschlag, diese Arbeit als *Cotutelle* anzufertigen, und auch er hat mich bei der Entstehung der Dissertation in vielerlei Hinsicht unterstützt. So hat er mir insbesondere einen Forschungsaufenthalt an der Université Paris 1 Panthéon-Sorbonne ermöglicht und mir wertvolle Kontakte zu französischen Wissenschaftlern vermittelt. Zu Dank verpflichtet bin ich in diesem Zusammenhang auch dem DAAD, der meinen Forschungsaufenthalt in Paris finanziell unterstützt hat.

Zudem bedanke ich mich sehr herzlich bei Frau Dr. Bérengère Legros, *maître de conférence*, von der Université Lille 2 für die überaus zügige Erstellung des Zweitgutachtens und die Bereitschaft, anlässlich meines Rigorosums nach Deutschland zu reisen. Nochmals gedankt sei an dieser Stelle auch dem Prodekan Prof. Dr. Ralf Müller-Terpitz für sein Mitwirken bei meinem Rigorosum als Vorsitzender der Prüfungskommission. Ebenso möchte ich der Deutsch-Französischen Hochschule für die großzügige finanzielle Förderung zur Durchführung dieser Prüfung danken.

Als Frucht des Forschungsprojekts „GenE-TyPE“ hätte diese Arbeit in dieser Form nicht ohne den regen und wertvollen Austausch mit unseren Projektpartnern/innen entstehen können. Mein herzlichster Dank gilt Frau Prof. Dr. Christiane Woopen und Frau Dr. phil. Minou Friele für die Einblicke in die Disziplin der Ethik sowie Herrn Prof. Dr. Boris Fehse für das geduldige Beantworten all‘ meiner Fragen zur Funktionsweise der in dieser Arbeit untersuchten Verfahren.

Schließlich möchte ich mich bei Herrn Prof. Dr. Jochen Taupitz auch für die überaus schöne Zeit am IMGB sowie bei all‘ meinen Kollegen und Kolleginnen für die freundschaftliche und kollegiale Atmosphäre am Institut bedanken. Mein Dank richtet sich vor allem auch an die studentischen Hilfskräfte und die Sekretärinnen für die stetige Unterstützung bei der Erfüllung meiner Aufgaben. Ganz besonderer Dank gilt Frau Dr. iur. Marie Schreiber, Frau Dr. iur. Henrike Fleischer, Frau Wiebke Droste, Frau Juliane Boscheinen, Herrn Christian Wurmthaler und Herrn Julius Matz für die wertvolle Freundschaft, die sich über die Zeit entwickelt hat.

Besonderen Dank schulde ich meinem Partner Theodor Shulman für sein stets offenes Ohr hinsichtlich meiner Zweifel am Gelingen dieser Arbeit, für sein geduldiges Zuhören und Mitdiskutieren, wann immer ich mich mit fachlichem Rat an ihn wandte, sowie für das selbstverständliche Korrekturlesen des Manuskripts. Seine Unterstützung in jeglicher Hinsicht ist nicht in Worte zu fassen.

Zu guter Letzt gilt mein innigster Dank meinen Eltern Paul und Sieglinde Deuring sowie meiner Schwester Christine Deuring, die mich nicht nur bei diesem Projekt, sondern bei jeder Station meines Lebens bedingungslos begleitet, unterstützt und ermutigt haben. Ihnen sei diese Arbeit gewidmet.

München, Juli 2019 Silvia Deuring

Inhaltsverzeichnis

Abkürzungsverzeichnis

a.A.	andere(r) Ansicht
ABM	Agence de la biomédecine
Abs.	Absatz
ACMG	American College of Medical Genetics and Genomics
AEUV	Vertrag über die Arbeitsweise der Europäischen Union
a.F.	alte Fassung
AIDS	Acquired Immune Deficiency Syndrome
AMG	Arzneimittelgesetz
AöR	Archiv des öffentlichen Rechts
AP	Assemblée plénière
ARSP	Archiv für Rechts- und Sozialphilosophie
Art.	Artikel
ASHG	Amercian Society of Human Genetics
AVR	Archiv des Völkerrechts
Az.	Aktenzeichen
BÄK	Bundesärztekammer
BayVBl.	Bayerische Verwaltungsblätter
BBAW	Berlin-Brandenburgische Akademie der Wissenschaften
BeckOK	Beck'scher Online-Kommentar
BeckRS	Elektronische Entscheidungsdatenbank in beck-online
BFH	Bundesfinanzhof
BGB	Bürgerliches Gesetzbuch
BGH	Bundesgerichtshof
BMK	Biomedizin-Konvention
bp	base pair
BRCA	Breast Cancer (Gen)
BR-Drucks.	Bundesrat-Drucksache
BT-Drucks.	Bundestag-Drucksache
BSG	Bundessozialgericht
bspw.	beispielsweise
BVerfG	Bundesverfassungsgericht

BVerfGE	Sammlung der Entscheidungen des Bundesverfassungsgerichts
BVerfGG	Bundesverfassungsgerichtsgesetz
BVerwG	Bundesverwaltungsgericht
BVerwGE	Sammlung der Entscheidungen des Bundesverwaltungsgerichts
bzgl.	bezüglich
bzw.	beziehungsweise
Cass.	Cour de cassation
CC	Conseil constitutionnel
C.civ.	Code civil
CCNE	Comité consultatif national d'éthique pour les sciences de la vie et de la santé
CCR-5	C-C-Motiv-Chemokin-Rezeptor 5 (Gen)
CE	Conseil d'État
CH.mixte	Chambre mixte
Civ.	Chambre civile
C.pén.	Code pénal
Crim.	Chambre criminelle
CRISPR/Cas9	Clustered Regularly Interspaced Short Palindromic Repeats/ CRISPR-associated (protein)9
CSP	Code de la santé publique
DÄBl.	Deutsches Ärzteblatt
ders.	derselbe
DFG	Deutsche Forschungsgemeinschaft
DH-BIO	Committee on Bioethics (Europarat)
dies.	dieselbe
DMW	Deutsche Medizinische Wochenschrift
DNA	Desoxyribonukleinsäure
DÖV	Die Öffentliche Verwaltung
DuD	Datenschutz und Datensicherheit
DVBl.	Deutsches Verwaltungsblatt
DZPhil	Deutsche Zeitschrift für Philosophie
EGMR	Europäischer Gerichtshof für Menschenrechte
EMRK	Europäische Menschenrechtskonvention
Erl.	Erläuterung(en)
ESchG	Embryonenschutzgesetz
ESHG	European Society of Human Genetics
ESHRE	European Society of Human Reproduction and Embryology
et al.	et alii
Ethik Med	Ethik in der Medizin
EU	Europäische Union
EuGH	Europäischer Gerichtshof
EuGRZ	Europäische Grundrechte-Zeitschrift
EuR	Zeitschrift Europarecht
EUV	Vertrag über die Europäische Union
f.	folgende Seite/Randnummer/Vorschrift etc.

FamRZ	Zeitschrift für das gesamte Familienrecht
ff.	folgende Seiten/Randnummern/Vorschriften etc.
FG	Finanzgericht
Fn.	Fußnote
gem.	gemäß
GenTG	Gentechnikgesetz
GenTSV	Gentechnik-Sicherheitsverordnung
GG	Grundgesetz
ggfs.	gegebenenfalls
GKV	gesetzliche Krankenversicherung
GrCH	Grundrechtecharta der EU
grds.	grundsätzlich
GVO	gentechnisch veränderter Organismus
h.M.	herrschende Meinung
HCB	Haut Conseil des Biotechnologies
HDR	Homologe Rekombination (homolgy directed repair)
hiPS	menschliche induzierte pluripotente Stammzelle (human induced plurioptent stem cell)
HIV	Humanes Immundefizienz-Virus
HRRS	Höchstrichterliche Rechtsprechung zum Strafrecht
Hrsg.	Herausgeber
HS	Halbsatz
IBC	International Bioethics Committee (UNESCO)
ICSI	Intrazytoplasmatische Spermieninjektion
i.d.F.(v.).	in der Fassung (vom)
i.d.R.	in der Regel
i.d.S.	in diesem Sinne
i.E.	im Ergebnis
indel	insertion or deletion
insb.	insbesondere
Inserm	Institut national de la santé et de la recherche médicale
i.S.d./v.	im Sinne des/der/von
IVF	In-vitro-Fertilisation
JO	Journal Officiel
JR	Juristische Rundschau
JZ	JuristenZeitung
KJ	Kritische Justiz
KritV	Kritische Vierteljahresschrift für Gesetzgebung und Rechtswissenschaft
L.	loi
LPA	Les petites affiches
LSVD	Lesben- und Schwulenverband Deutschland
MBO	(Muster-)Berufsordnung für die in Deutschland tätigen Ärztinnen und Ärzte
MDR	Monatsschrift für Deutsches Recht

MedR	Medizinrecht
mRNA	messengerRNA
m.w.N.	mit weiteren Nachweisen
n°	Nummer
NASEM	The National Academies of Sciences, Engineering, Medicine
n.F.	neue Fassung
NHEJ	nicht-homologe End-zu-End-Verknüpfung (non-homologous end joining)
NJW	Neue Juristische Wochenschrift
Nr.	Nummer
NStZ	Neue Zeitschrift für Strafrecht
NuR	Natur und Recht
NVwZ	Neue Zeitschrift für Verwaltungsrecht
NZS	Neue Zeitschrift für Sozialrecht
ODM	Oligonukleotid gesteuerte Mutagenese (oligonucleotide directed mutagenesis)
OLG	Oberlandesgericht
OPECST	Office Parlementaire d'Évaluation des Choix Scientifiques et Technologiques
p.c.	post conceptionem
PharmR.	Pharmarecht
PID	Präimplantationsdiagnostik
PND	Pränataldiagnostik
R.	règlement
RDS	Revue Droit & Santé
RFDA	Revue française de droit administratif
RGDM	Revue générale de droit médical
RGRK	Reichsgerichtsräte-Kommentar
RL	Richtlinie
Rn.	Randnummer
RNA	Ribonukleinsäure
RW	Rechtswissenschaft
S.	Seite(n)/Satz/Sätze
SCNT	somatischer Zellkerntransfer (somatic cell nucleus transfer)
SG	Sozialgericht
SGB	Sozialgesetzbuch
sgRNA	single-guide RNA
sog.	sogenannt
StGB	Strafgesetzbuch
StZG	Stammzellgesetz
TALEN	transcription activator-like effector nucleases
TPG	Transplantationsgesetz
tRNA	Transfer-RNA
UNESCO	United Nations Educational, Scientific and Cultural Organization
VerwArch	Verwaltungsarchiv

VGH	Verwaltungsgerichtshof
vgl.	vergleiche
VO	Verordnung
WissR	Wissenschaftsrecht
z. B.	zum Beispiel
ZfMER	Zeitschrift für Medizin-Ethik-Recht
ZFN	Zinkfingernuklease
ZfP	Zeitschrift für Politik
ZKBS	Zentrale Kommission für die Biologische Sicherheit
ZRP	Zeitschrift für Rechtspolitik, Zeitschrift für Rechtspoliti

Kapitel 1
Einleitung

„Ein Bauer, der mit dem Wetter niemals zufrieden war, hatte sich vom lieben Gott die Gnade ausgebeten, daß er einmal ein Jahr lang die Witterung nach seinem Gutdünken bestimmen dürfe. Diese Bitte wurde ihm gewährt. Nun bat er, so oft es ihm zum Gedeihen der Früchte nötig schien, abwechselnd bald um Regen, bald um Sonnenschein und die Saaten schienen sich gut dabei zu befinden. Als er aber sein Getreide geerntet und gedroschen hatte, fand sich‘s, daß die Körner alle taub waren und keinen Mehlstoff enthielten. Der Bauer beschwerte sich nun beim lieben Gott, daß seine Frucht, obwol es ihr nie an Regen noch an Sonnenschein gefehlt habe, doch so schlecht ausgefallen sei. Der liebe Gott aber sagte: „Du hast nur um Regen und Sonnenschein gebeten, aber niemals um ‚Wind‘, der doch zum Gedeihen der Frucht ganz notwendig ist.“

Seitdem überließ der Bauer das Wettermachen ohne Murren wieder dem lieben Gott.[1]

Diese Geschichte versinnbildlicht einprägsam die Sorge, die viele Menschen umtreibt angesichts des nicht enden wollenden Drangs der Menschheit, sich ihre Umwelt und die Natur untertan zu machen und nach ihrem Willen zu gestalten. Der Mensch, so die Befürchtungen, maße sich immer wieder an, getrieben von Wissendurst und dem Wunsch, sich selbst und was ihn umgibt zu beherrschen und zu kontrollieren, in Geschicke einzugreifen, deren Verlauf natürlichen Gesetzlichkeiten folge, von denen er letztlich nichts verstehe. Ehrenhafte Motive mögen ihn bei seinem Handeln antreiben, unerkannte Nebeneffekte könnten jedoch katastrophale

[1] *Birlinger*, Sagen, Märchen, Volksglauben, S. 166; diese Geschichte als Beispiel im Zusammenhang mit vererbbaren genetischen Veränderungen anführend bereits *Köbl*, in: Forkel und Kraft (Hrsg.), Beiträge zum Schutz der Persönlichkeit und ihrer schöpferischen Leistungen, S. 161 (183).

S. Deuring, *Rechtliche Herausforderungen moderner Verfahren der Intervention in die menschliche Keimbahn*, Veröffentlichungen des Instituts für Deutsches, Europäisches und Internationales Medizinrecht, Gesundheitsrecht und Bioethik der Universitäten Heidelberg und Mannheim 49,
https://doi.org/10.1007/978-3-662-59797-2_1

Folgen bewirken. Kaum ein Thema schürt solche Ängste mehr als das Eingreifen in die menschliche Keimbahn, die Herbeiführung von genetischen Veränderungen, die von Generation zu Generation weitervererbt werden. Die Möglichkeit, die genetische Konstitution der Nachkommen zu beeinflussen, weckt zwar einerseits Hoffnungen von der Befreiung der Menschheit von schwersten Erbkrankheiten und einem Dasein ohne Leid. Diese Hoffnungen sind jedoch andererseits gepaart mit der Sorge, durch die vererbbaren Veränderungen könnten die betroffenen Menschen oder gar die gesamten künftigen Generationen enormen gesundheitlichen Gefahren ausgesetzt werden. Nie wird der Mensch genug, geschweige denn alles wissen, um die Folgen solcher genetischen Veränderungen überblicken zu können. Schreitet er dennoch zur Tat, sind die Auswirkungen seines Handelns möglicherweise unumkehrbar. Darüber hinaus sind gentechnische Methoden nicht lediglich zu therapeutischen Zwecken einsetzbar: Die Gefahr von missbräuchlicher Anwendung zu eugenischen, „enhancenden" Zwecken, sei es von staatlicher Seite angeordnet, sei es von Privaten im Rahmen individueller Entscheidungen so gewünscht, veranlasst so manchen zu der Forderung, Keimbahneingriffe kategorisch zu unterbinden. Sei die Technik erst einmal etabliert, enthemme sich der Mensch in seinem Schöpfungsdrang immer mehr und mache auch vor einer wie auch immer gearteten Menschenzüchtung nicht Halt. Alles in allem solle das menschliche Genom eine Tabuzone sein, die dem Einfluss des Menschen entzogen bleiben müsse.

Die Sorge um die nicht zu leugnenden gesundheitlichen Risiken ist zwar durchaus berechtigt und selbstverständlich auch von Bedeutung. In Diskussionen bleibt aber häufig außer Betracht, dass es zum einen durchaus auch gewichtige Interessen für die Vornahme vererbbarer genetischer Veränderungen geben kann und dass zum anderen eine solche geradezu fanatische Verteufelung bestehender Risiken in sonst keinem weiteren medizinischen Bereich gefordert wird, auch dann nicht, wenn sich Maßnahmen auf künftige Menschen auswirken. So sind etwa auch die Techniken der medizinisch assistierten Reproduktion letztlich irgendwann einmal auf der Grundlage bloßer Tierversuche in die klinische Anwendung gelangt und im Übrigen auch bis heute nicht völlig risikofrei durchführbar. Diese Feststellung kann natürlich nicht für sich allein eine Zulässigkeit von Keimbahneingriffen begründen, regt aber durchaus zu einer differenzierteren Betrachtung an.

Aufgrund der bislang vorhandenen großen Defizite in Sicherheit und Effizienz herkömmlicher gentechnischer Verfahren vermochte das Risikoargument bislang für sich allein das Verbot von Keimbahneingriffen zu begründen und die Diskussion ob der Zulässigkeit solcher Eingriffe im Keim zu ersticken. Durch die Entwicklung neuartiger gentechnischer Verfahren im Laufe der letzten Jahre scheinen Risikofragen aber plötzlich, jedenfalls in weiterer Zukunft, beherrschbar.

Es ist folglich an der Zeit, die Diskussion über die Zulässigkeit von Keimbahninterventionen auf nationaler und internationaler Ebene neu anzustoßen.

Zum einen stellt sich die Frage, ob die aktuelle Gesetzeslage den technischen Neuerungen, über deren *aktuelles* Anwendungsverbot Einigkeit herrscht, noch standhalten kann: Gesetzliche Lücken führen dazu, dass eine Anwendung, die übereinstimmend unterbleiben soll, weder verhindert noch sanktioniert werden kann. In diesem Zusammenhang werden in dieser Arbeit die deutsche und die französische Rechtslage beleuchtet und miteinander verglichen.

Zum anderen muss geklärt werden, welche Ziele mit genetischen Eingriffen in die Keimbahn verfolgt werden dürfen, welches Sicherheitsmaß zu fordern ist, oder ob der Zugriff auf die Keimbahn, sei es aus kategorischen, pragmatischen oder gesellschaftlichen Gründen oder aufgrund der Missbrauchsgefahr gar vollständig zu unterbleiben hat. Mit diesen Fragen hängt auch diejenige nach der in Deutschland aktuell verbotenen Forschung an Embryonen zusammen: Sollte sich die Durchführung von Keimbahneingriffen nicht als unzulässig, gar als wünschenswert erweisen, kann Forschung an Embryonen den Weg zu einer solchen Anwendung ebnen. Es muss folglich geklärt werden, inwieweit derartige Forschung vertretbar ist und folglich zugelassen werden könnte oder sollte. Diesen Fragen soll in dieser Arbeit nachgegangen werden. Anschließend untersucht diese Arbeit, welchen Rechtsrahmen das deutsche Recht für die tatsächliche Anwendung der Verfahren, die im Zuge der verfassungsrechtlichen Analyse als mit dem Grundgesetz vereinbar bewertet wurden, bei einer gedachten Streichung der aktuellen Verbote bietet, um insofern die Regulierungsbedürftigkeit eben dieser Verfahren zu prüfen.

Auf der Basis dieser Untersuchungen soll ein Regelungsvorschlag formuliert werden, einerseits zur Schließung aktueller Gesetzeslücken und andererseits zur Regulierung künftig möglicherweise durchführbarer und in dieser Arbeit als zulässig bewerteter Verfahren.

Konkret drei neuartige gentechnische Verfahren sind Gegenstand dieser rechtlichen Untersuchung:

Das erste Verfahren ist die sog. „Genom-Editierung", speziell die CRISPR/Cas9-Methode. Bei CRISPR/Cas9 handelt es sich um eine Genschere, die gezielte Eingriffe in das menschliche Genom ermöglicht. Hierdurch können die Nachfahren mit bestimmten Genen ausgestattet werden, sei es zu gesundheitlichen Zwecken, sei es, um diese zu „verbessern". In die Kategorie der therapeutischen Keimbahninterventionen fügt sich auch das zweite Verfahren, der sog. „Mitochondrientransfer" ein, durch den Nachfahren von schweren Krankheiten, die durch mitochondriale Gendefekte verursacht werden, bewahrt werden. Die Mitochondrien werden über die Eizellen weitervererbt und können, wenn die Mitochondrien der Eizellen einer Frau solche Defekte aufweisen, durch die Mitochondrien einer fremden Eizellspenderin ersetzt werden, was dazu führt, dass das so entstandene Kind Gene von zwei Frauen trägt. Zu guter Letzt wird als drittes Verfahren auch die Verwendung artifizieller Gameten, die aus sog. hiPS-Zellen (menschliche induzierte pluripotente Stammzellen) hergestellt werden, untersucht. Auch bei diesem Verfahren wird aufgrund der mit dem Herstellungsprozess, im Rahmen dessen aus Körperzellen erst Stammzellen und aus diesen dann Gameten produziert werden, verbundenen genetischen Veränderungen auf die Keimbahn eingewirkt. Die Herstellung und Verwendung artifizieller Gameten kann entweder zu reinen Reproduktionszwecken erfolgen oder zusätzlich mit weiteren genetischen Veränderungen kombiniert werden.

Abschließend soll darauf hingewiesen werden, dass es sich bei dieser Arbeit um eine juristische Untersuchung handelt. Die Bewertung erfolgt innerhalb juristischer Argumentationsmuster. Eine rein ethische oder gar religiöse Auseinandersetzung mit der Thematik unterbleibt. Die Arbeit untersucht zudem nicht die rechtliche Einordnung und Zulässigkeit etwaiger staatlich veranlasster genetischer Interventionen, etwa zur Durchsetzung fragwürdiger ideologischer Ziele, sondern beschränkt sich auf solche, die von Privatpersonen für ihre Kinder und Kindeskinder im Rahmen individueller Entscheidungen veranlasst werden.

Kapitel 2
Grundlagen der Humangenetik

Das Verständnis von Entstehung, Zusammensetzung und Wirkungsweise des menschlichen Genoms ist für die juristische Bewertung der verschiedenen gentechnologischen Verfahren unerlässlich. Es folgt eine Einführung in die Humangenetik.

A. Die Zelle und die DNA

Jeder menschliche Organismus besteht in seiner kleinsten Einheit aus Zellen, welche zusammen die verschiedenen Organe bilden. Im Folgenden werden Aufbau und Funktionen der Zelle und ihre einzelnen Bestandteile erörtert.

I. Die Zelle

Man unterscheidet zwischen Prokaryonten- und Eukaryontenzellen. Wichtigstes Unterscheidungsmerkmal ist der Zellkern, der nur in Eukaryonten, wie beispielsweise beim Menschen, vorkommt. Diese Zellen bestehen aus Membranen, Zytoplasma und Organellen. Die Membran umschließt die Zelle in ihrer Gesamtheit und dient damit der schützenden Abgrenzung nach außen und nach innen. Auf der Innenseite befindet sich das Zytoplasma, auch genannt Zellplasma. Darin eingebettet liegen die Organellen, insbesondere der Zellkern und die Mitochondrien.

Im Zellkern der Eukaryonten befindet sich eingeschlossen die genetische Information, in Form von Desoxyribonukleinsäure (DNA, englisch = *deoxyribonucleic acid*). Bei jedem Menschen ist die DNA einzigartig und individuell, so dass jeder

S. Deuring, *Rechtliche Herausforderungen moderner Verfahren der Intervention in die menschliche Keimbahn*, Veröffentlichungen des Instituts für Deutsches, Europäisches und Internationales Medizinrecht, Gesundheitsrecht und Bioethik der Universitäten Heidelberg und Mannheim 49,
https://doi.org/10.1007/978-3-662-59797-2_2

Mensch einen eigenen sogenannten Genotyp besitzt. Die DNA steuert, beeinflusst von Umweltfaktoren und epigenetischer Mechanismen, das Erscheinungsbild, den sogenannten Phänotyp, sowie die Funktionsweise des gesamten Organismus.

Auch in den Mitochondrien ist DNA enthalten, allerdings lediglich etwa 0,5 % der Gesamt-DNA einer Zelle.[1] Mitochondrien sind die Energieproduzenten der Zelle.

II. Die DNA

1. Struktur

Die DNA besteht aus Nukleotiden, die wiederum aus drei Teilen zusammengesetzt sind: einer Stickstoffbase (kurz „Base"), einem Zucker (die Desoxyribose) und einer Phosphatgruppe. Es gibt vier Stickstoffbasen: Adenin (A), Guanin (G), Cytosin (C) und Thymin (T). Durch Aneinanderreihung mehrerer Nukleotide entsteht ein kettenförmiger Einzel-DNA-Strang. Ein solcher Einzelstrang ist mit einem komplementären weiteren Einzelstrang zu einem spiralförmigen Doppelstrang verbunden, der sog. Doppelhelix. Diese Verbindung erfolgt durch eine spezifische Basenpaarung: A ist komplementär zu T und C ist komplementär zu G.[2] Linear gelesen spricht man bei mehreren aufeinanderfolgenden Basen von einer Basensequenz. Jeweils drei zusammen bilden ein Basentriplett, auch Codon genannt.[3]

Bestimmte zusammenhängende DNA-Abschnitte bilden die Gene, welche die Informationen für die Bildung von Eiweißmolekülen, also Proteinen, tragen. Diese Proteine bilden dann beispielsweise Enzyme, um die Funktionen des Stoffwechsels auszuüben, oder bilden Bausteine des Organismus. So wird der Genotyp eines Individuums in den Phänotyp, das Erscheinungsbild dieses Individuums, übersetzt.[4] Die Gesamtheit aller Gene eines Organismus nennt man Genom. Die Zahl der Gene wird auf etwa 26.000–31.000 geschätzt. Die überwiegende Mehrheit der Gene befindet sich im Zellkern, während die Mitochondrien-DNA nur jeweils 37 Gene enthält.[5] Ein Gen besteht aus 1000 und mehr Basenpaaren.[6]

Im Zellkern ist die DNA in Form von Chromosomen organisiert. Der Mensch hat pro Zellkern 46 Chromosomen, wobei es sich dabei um je zwei Sätze von grundsätzlich gleichartigen, auch homolog genannten, 22 Autosomen handelt. Zusätzlich besitzt jede Frau zwei homologe X-Chromosomen und jeder Mann ein X- und ein Y-Chromosom, die sog. Geschlechtschromosomen oder Gonosomen. Ein solcher doppelter Chromosomensatz wird als Diploidie bezeichnet, ein einfacher

---

[1] *Hirsch-Kauffmann und Schweiger*, Biologie für Mediziner und Naturwissenschaftler, S. 39.

[2] *Regenass-Klotz*, Grundzüge der Gentechnik, S. 13 ff.

[3] *Welling*, Genetisches Enhancement, S. 24.

[4] *Kaiser*, in: Günther et al. (Hrsg.), ESchG, A.II. Rn. 24.

[5] *Kaiser*, in: Günther et al. (Hrsg.), ESchG, A.II. Rn. 16.

[6] *Günther*, in: Günther et al. (Hrsg.), ESchG, § 5 Rn. 2.

Chromosomensatz wird haploid genannt.[7] Abgesehen von dem Keimzellen (Spermium und Eizelle) besitzt jede Zelle einen diploiden Chromosomensatz. Die Keimzellen sind haploid.

Ein Teil der Gene kann heute bereits einem bestimmten Genlokus, also einer bestimmten Stelle auf einem Chromosom zugeordnet werden. Dabei gibt es bei den Autosomen für jedes Gen auf dem einen Chromosom einen entsprechenden Genort auf dem jeweiligen „Partnerchromosom". Die Gene eines homologen Genorts können eine identische Basensequenz enthalten, sodass von Homozygotie gesprochen wird. Weichen die Gene in einzelnen Basen ab, spricht man von allelen Genen und Heterozygotie.[8] Setzt sich ein heterozygot vorliegendes Gen durch und ist somit phänotypisch erkennbar, spricht man von Dominanz. Kann sich ein Gen nur in homozygoter Form exprimieren, ist es rezessiv.[9]

2. Wirkungsweise

In der Zelle findet ein Informationsfluss statt. Zum einen wird die DNA im Rahmen der Transkription zu RNA (Ribonukleinsäure, englisch = *ribonucleic acid*) umgeschrieben, welche wiederum im Rahmen der Translation der Proteinsynthese dient. Zum anderen geht die Information der DNA im Rahmen der Zellteilung wieder in DNA ein, so dass jede neue Zellgeneration dieselbe genetische Information enthält.[10]

a. Genexpression

Die Umsetzung des genetischen Codes vom Gen bis zum Protein erfolgt nach dem Prinzip der Transkription und Translation.[11] Diesen gesamten Vorgang nennt man Genexpression.[12]

Als Transkription wird die Umschreibung der Primärinformation (DNA) in ein Transkript (RNA) bezeichnet.[13] Bei der RNA handelt es sich wie bei der DNA um eine Art Nukleinsäure. Anstelle der Desoxyribose steht bei der RNA jedoch eine Ribose und statt der Base Thymin enthält sie die Base Uracil (U). Für die Transkription wird die DNA durch bestimmte Enzyme zu einem Einzelstrang entwunden. Die Enzyme der Transkription, die RNA-Polymerasen, arbeiten das jeweilige

[7] *Kaiser*, in: Günther et al. (Hrsg.), ESchG, A.II. Rn. 20.

[8] *Kaiser*, in: Günther et al. (Hrsg.), ESchG, A.II. Rn. 21.

[9] *Kaiser*, in: Günther et al. (Hrsg.), ESchG, A.II. Rn. 23.

[10] *Hirsch-Kauffmann und Schweiger*, Biologie für Mediziner und Naturwissenschaftler, S. 101.

[11] *Wagner*, Der gentechnische Eingriff in die menschliche Keimbahn, S. 20; *Kaiser*, in: Günther et al. (Hrsg.), ESchG, A.II. Rn. 19.

[12] *Regenass-Klotz*, Grundzüge der Gentechnik, S. 34.

[13] *Hirsch-Kauffmann und Schweiger*, Biologie für Mediziner und Naturwissenschaftler, S. 101.

informationstragende Gen des Einzelstrangs dann ab und produzieren die sog. *messenger*RNA (mRNA oder Boten-RNA) in Form eines Einzelstrangs.[14]

Die mRNA wird anschließend zur Proteinsynthese zu den Ribosomen gebracht, welche die „zellulären Werkzeuge der Proteinsynthese“[15] darstellen. Dort wird die Information der mRNA in bestimmte Aminosäuren übersetzt, die zu einem Protein verknüpft werden. Diese Übersetzung der mRNA in ein Protein wird Translation genannt.[16]

b. Weitergabe der genetischen Information durch Zellteilung

Die Vervielfältigung einer Zelle nennt sich Replikation. Dabei handelt es sich im Grundsatz um einen Kopiervorgang, bei dem die genetische Information verdoppelt wird. Auch für die Replikation muss die DNA wie auch bei der Transkription in Einzelstrangform vorliegen. Der Doppelstrang wird enzymatisch geöffnet und an jedem Einzelstrang wird ein Tochterstrang synthetisiert, indem ein Enzym, die sogenannte DNA-Polymerase, jede Base der Matrize, also des gespreizten DNA-Strangs, mit einer komplementären Base verbindet.[17] Jeder Tochterstrang bildet dann mit seiner Matrize, also einem Einzelstrang des elterlichen Doppelstrangs, das neue DNA-Molekül.[18] Die beiden Einzelstränge des neuen DNA-Moleküls werden Schwesterchromatiden genannt und sind am Centromer[19] miteinander verbunden.[20] Die so neugebildeten Einzelstränge wandern in jeweils eine der bei der Zellteilung entstehenden Tochterzellen.[21]

B. Von der Keimzelle zum Embryo

Viele Probleme dieser Arbeit basieren auf der Frage, zu welchem Zeitpunkt der Embryonalentwicklung in das Genom einer Zelle eingegriffen wird. Hierfür ist das Verständnis der Entwicklungsstadien der Keimzellen bis zu den Zellen des Embryos erforderlich.

[14] *Regenass-Klotz*, Grundzüge der Gentechnik, S. 26 ff.

[15] *Regenass-Klotz*, Grundzüge der Gentechnik, S. 33.

[16] *Regenass-Klotz*, Grundzüge der Gentechnik, S. 33 ff.

[17] *Regenass-Klotz*, Grundzüge der Gentechnik, S. 20 ff.

[18] *Hirsch-Kaufmann und Schweiger*, Biologie für Mediziner und Naturwissenschaftler, S. 86 ff.

[19] Das Centromer ist das Verbindungsstück, das die beiden Chromatiden zu einem Chromosom zusammenfügt, siehe *Welling*, Genetisches Enhancement, S. 41 Fn. 156.

[20] *Alberts et al.*, Molekularbiologie der Zelle, S. 1847G.

[21] *Wagner*, Der gentechnische Eingriff in die menschliche Keimbahn, S. 21.

I. Die Keimzellen

Durch Fortpflanzung wird die genetische Information an die Nachkommen weitergegeben. Ausgangspunkt hierfür sind die männlichen und weiblichen Keimzellen (Spermien und Eizellen). Im Rahmen der Befruchtung vermischen sich die Genome dieser beiden haploiden Zellen und es entsteht (wieder) eine diploide Zelle.

Während der Embryonalentwicklung entwickeln sich manche Zellen zu Körperzellen (Somazellen) und andere zu Gametenvorläufern, also den Vorläufern der Keimzellen. Diese diploiden primordialen Keimzellen (Urkeimzellen) wandern in die sich entwickelnden Gonaden. Aus diesen werden bei einem weiblichen Organismus die Eierstöcke und bei einem männlichen die Hoden.[22]

Bei einem weiblichen Organismus differenzieren sich die Urkeimzellen zu Oogonien, von denen sich einige im 3. Embryonalmonat zu primären Oozyten weiterdifferenzieren. Haben sie dieses Stadium erreicht, beginnt nach Verdoppelung der DNA und der Bildung von je zwei Chromatiden pro Chromosom ein wechselseitiger Austausch homologer Chromatidenstücke (*crossing-over*), der für eine Rekombination der DNA sorgt. Diese Prophase I ist der Beginn der Meiose I, eine besondere Art der Zellteilung. Bis zur Geburt bilden sich einige Oogonien und Oozyten wieder zurück. Die verbliebenen Oozyten sind zum Zeitpunkt der Geburt mit einer Zellschicht umgeben und heißen ab diesem Zeitpunkt primäre Follikel. Bis zur Pubertät erfahren diese Zellen hinsichtlich des Chromosomensatzes keine weiteren Veränderungen. Am 14. Zyklustag erreicht eine Zelle, jetzt Graaf-Follikel genannt, die volle Reife. Die im Embryonalstadium begonnene erste meiotische Zellteilung wird jetzt erst fortgeführt. Dabei bleibt völlig zufällig je ein Chromosom der 23 Paare in der Keimzelle, die anderen werden ausgeschleust und bilden das sog. erste Polkörperchen. Es verbleibt also eine haploide Keimzelle. Während des Befruchtungsvorgangs erfolgt eine zweite meiotische Teilung, während der sich die Schwesterchromatiden eines jeden Chromosoms trennen und eine Hälfte davon als sogenanntes zweites Polkörperchen ausgeschleust wird. Der verbliebene Chromatidensatz bleibt im weiblichen Vorkern.[23]

Bei einem Mann beginnt erst mit Eintritt der Pubertät die Keimzellreifung. Im Rahmen der Spermatogenese erfolgen hintereinander zwei meiotische Teilungen, die zur Rekombination und Reduktion des Chromosomensatzes führen. Die Spermien entwickeln sich bis zur Befruchtungsfähigkeit weiter, so dass im Ergebnis vier Spermien mit jeweils einem haploiden Chromosomensatz vorliegen. Zwei enthalten neben den 22 Autosomen je ein X-Chromosom, die anderen beiden je ein Y-Chromosom. Spermien haben anders als die Eizellen keine Mitochondrien, so dass die mitochondriale DNA stets von der Mutter vererbt wird.[24]

---

[22] *Alberts et al.*, Molekularbiologie der Zelle, S. 1452.

[23] *Kaiser*, in: Günther et al. (Hrsg.), ESchG, A. II. Rn. 26 ff.; *Alberts et al.*, Molekularbiologie der Zelle, S. 1458 ff.

[24] *Kaiser*, in: Günther et al. (Hrsg.), ESchG, A.II. Rn. 34; *Alberts et al.*, Molekularbiologie der Zelle, S. 1464 ff.

II. Die Befruchtung und die embryonale Entwicklung

Am 14. Zyklustag wird die Eizelle nach dem Follikelsprung vom Eileiter (Tube) aufgefangen und in dessen weitesten Teil (Ampulle) transportiert, wo sie mit den Spermien zusammentrifft. Ein Spermium dringt sodann in die Eizelle ein. Dieser Vorgang des Eindringens wird Imprägnation genannt. Die so befruchtete Eizelle enthält vom Vater die haploide rekombinierte DNA des Spermiums sowie von der Mutter einen rekombinierten haploiden Chromosomensatz und die mitochondriale DNA. Die oben bereits beschriebene zweite meiotische Teilung der DNA der mütterlichen Keimzelle wird nun ausgeführt: Die zwei Chromatiden jedes Chromosoms trennen sich und je eine Chromatide wird abgestoßen. Es bilden sich jetzt zwei Vorkerne (Pronuklei), die jeweils einen haploiden Chromosomensatz von Ei- bzw. Samenzelle enthalten und von einer Membran umgeben sind. Sodann verdoppelt sich in jedem Vorkern das DNA-Material. Die Vorkerne wandern aufeinander zu, es kommt zur Auflösung ihrer Membranen und die haploiden, verdoppelten Chromosensätze vereinigen sich zur gemeinsamen Teilung. Es besteht nun wieder eine diploide Zelle. Die Befruchtung ist abgeschlossen.[25]

Die Zygote, also die so entstandene diploide Zelle, wird im allgemeinen Sprachgebrauch als Embryo bezeichnet.[26] Diese Bezeichnung entspricht der Definition des § 8 Abs. 1 Embryonenschutzgesetz (ESchG).[27, 28] Dabei ist jedoch zu beachten, dass § 8 Abs. 1 ESchG von einer „Kernverschmelzung“ spricht, die jedoch so nicht stattfindet. Es besteht zu keinem Zeitpunkt ein von einer Zellmembran umgebener diploider Zellkern. Gemeint ist vielmehr das Zusammenfinden der haploiden Chromosomensätze der Vorkerne zur Zellteilung.[29]

Die befruchtete Eizelle wandert während der nächsten 6–7 Tage durch die Eileiter bis in die Gebärmutterhöhle. Währenddessen teilt sich die Zelle etwa alle 12 Stunden in Tochterzellen, sog. Blastomeren, und verwandelt sich dadurch zur Morula. Man geht davon aus, dass die Blastomeren bis zum 8-Zellstadium totipotent sind, sich also bei Vorliegen bestimmter Voraussetzungen zu selbstständigen und vollständigen Individuen entwickeln können. Bei der Teilung zum 16-Zellstadium entstehen „äußere“ und „innere“ Zellen. Aus der Morula entsteht dadurch eine Blastozyste. Die Zellen der inneren Zellmasse (Embryoblast) werden auch als embryonale Stammzellen bezeichnet. Sie sind pluripotent, haben also die Fähigkeit, sich in alle Organzellen eines reifen Organismus zu entwickeln. Aus diesen Zellen

---

[25] *Kaiser*, in: Günther et al. (Hrsg.), ESchG, A.II. Rn. 35 f.

[26] *Kaiser*, in: Günther et al. (Hrsg.), ESchG, A.II. Rn. 37.

[27] „Als Embryo im Sinne dieses Gesetzes gilt bereits die befruchtete, entwicklungsfähige menschliche Eizelle vom Zeitpunkt der Kernverschmelzung an, ferner jede einem Embryo entnommene totipotente Zelle, die sich bei Vorliegen der dafür erforderlichen weiteren Voraussetzungen zu teilen und zu einem Individuum zu entwickeln vermag.“

[28] *Schlüter*, Schutzkonzepte für menschliche Keimbahnzellen in der Fortpflanzungsmedizin, S. 12.

[29] *Kaiser*, in: Günther et al. (Hrsg.), ESchG, A.II. Rn. 37; *Schütze*, Embryonale Humanstammzellen, S. 4.

entwickelt sich der eigentliche Embryo. Die äußere Zellmasse (Trophoblast) ist die Vorstufe der späteren Plazentaanlage.[30]

Am 7. Tag liegt die Blastozyste im Inneren der Gebärmutter und nimmt den ersten Kontakt zur Gebärmutterschleimhaut auf (Nidation). Mit der Nidation endet die Präimplantationsphase und die Implantationsphase beginnt.[31]

C. Mutation, Krankheit und Vererbung

Mutationen sind Veränderungen der DNA. Sie können durch verschiedene äußere Einflüsse verursacht werden, wie Strahlenbelastung, chemische Substanzen oder Viren. Hierdurch können Punktmutationen entstehen, bei denen eine einzelne Base durch eine falsche ersetzt wird (Substitution), eine Base eliminiert (Deletion) oder hinzugefügt wird (Addition). Es kann aber auch zu sog. Blockmutationen kommen, bei denen ganze Nukleotide betroffen sind und die zu sichtbaren Strukturveränderungen am Chromosom führen können.[32]

Mutationen können zu Schädigungen führen. Dabei können die Auswirkungen einer Veränderung der DNA zum einen multifaktoriell sein. Dies bedeutet, dass die Schädigung erst durch ein Zusammenspiel von genetischen Veränderungen und Umwelteinflüssen eintritt. Sie können zum anderen auch monogenetisch sein, also ausschließlich durch Mutation eines einzigen Gens, oder polygenetisch, also durch die Mutation mehrerer Gene, bedingt sein.[33]

Zahlreiche Erbleiden sind auf nur ein einziges mutiertes Gen zurückzuführen, sog. monogenetische Erbkrankheiten. Sofern nicht nur Somazellen, sondern auch Keimzellen von dieser Mutation betroffen sind, vererben sich diese Defekte nach bestimmten statistischen Häufigkeiten, den Mendelschen Gesetzen. Diese Gesetze gehen von dem Umstand aus, dass jedes Gen in einer Körperzelle zweimal auftritt, da jedes Chromosom doppelt vorliegt. Es kann dann entweder nur ein Gen mutiert sein (Heterozygotie) oder beide (Homozygotie). Da sich bei der Keimzellenbildung die Chromosomenpaare aufteilen, wandern im Falle der Heterozygotie ein unverändertes (Wild-Typ-Gen) und ein mutiertes Gen in je eine Tochterzelle bzw. ein Polkörperchen; im Falle der Homozygotie gibt es je ein mutiertes Gen pro Tochterzelle bzw. Polkörperchen. Je nachdem, welche genetischen Konstitutionen die so entstandenen und mit anderen Keimzellen verschmelzenden Gameten haben, wird das entstehende Individuum Träger des mutierten Gens sein oder nicht. Ist das mutierte Gen dominant, wird das Individuum daran erkranken, auch wenn das andere Gen die Mutation nicht trägt. Rezessive Erbgänge treten dagegen nur in Erscheinung, wenn

[30] *Kaiser*, in: Günther et al. (Hrsg.), ESchG, A.II. Rn. 38 ff.

[31] *Kaiser*, in: Günther et al. (Hrsg.), ESchG, A.II. Rn. 40 f.

[32] *Hirsch-Kauffmann und Schweiger*, Biologie für Mediziner und Naturwissenschaftler, S. 91.

[33] *Welling*, Genetisches Enhancement, S. 25.

beide Gene von der Mutation betroffen sind.[34] Eine Ausnahme besteht bei gonosomalen Mutationen, die auf einem X-Chromosom auftreten. Diese manifestieren sich bei Männern immer, da diese anstelle eines zweiten X-Chromosoms ein Y-Chromosom haben, und somit das mutierte Gen, auch wenn es an sich rezessiv ist, nicht ausgeglichen werden kann.[35]

Eine bekannte autosomal-rezessive Krankheit ist die Cystische Fibrose (Stoffwechselerkrankung).[36] Unter den dominanten Erkrankungen findet sich beispielsweise die Myotone Dystrophie (Muskelschwund)[37] und die Nervenkrankheit Chorea Huntington[38] Zu den X-chromosomalen Erkrankungen gehört die Duchenne'sche Muskeldystrophie (Muskelschwund).[39]

Insgesamt sind heute über 140.000 Genmutationen in über 5000 Krankheitsassoziierten Genen bekannt.[40]

[34] *Propping*, in: Korff et al. (Hrsg.), Lexikon der Bioethik, Band 2, Stichwort „Humangenetik", S. 247; *Voss*, Rechtsfragen der Keimbahntherapie, S. 31 ff.; *Wagner*, Der gentechnische Eingriff in die menschliche Keimbahn, S. 22 f.; *Welling*, Genetisches Enhancement, S. 25 f.

[35] *Wagner*, Der gentechnische Eingriff in die menschliche Keimbahn, S. 23; *Welling*, Gentechnisches Enhancement, S. 26; *Doudna und Sternberg*, A crack in creation, S. 169.

[36] *Zimmerman*, Journal of Medicine and Philosophy, 1991, 16 (6), S. 593 (593); *Voss*, Rechtsfragen der Keimbahntherapie, S. 33 Fn. 10; *Kaiser*, in: Günther et al. (Hrsg.), ESchG, A.III. Rn. 156.

[37] *Voss*, Rechtsfragen der Keimbahntherapie, S. 33 Fn. 9.

[38] *Pschyrembel*, Klinisches Wörterbuch, Stichwort „Chorea Huntington", S. 383; *Winnacker et al.*, Gentechnik, S. 42.

[39] *Doudna und Sternberg*, A crack in creation, S. 169; *Voss*, Rechtsfragen der Keimbahntherapie, S. 34 Fn. 11; *Pschyrembel*, Klinisches Wörterbuch, Stichwort „Duchenne-Muskeldystrophie", S. 514.

[40] *Welte*, Medizinische Handlungsoptionen, Vortrag vom 22. Juni 2016 im Deutschen Ethikrat.

Kapitel 3
Der Keimbahneingriff

A. Einführung

Gentechnische, die DNA einer Zelle verändernde Eingriffe können sowohl bei Körperzellen (somatische Zellen) als auch bei Zellen der Keimbahn vorgenommen werden. Bei somatischen Geneingriffen werden Gene in Zellen eines Gewebes oder Organes eines Menschen gezielt verändert. Diese Eingriffe wirken sich nur beim behandelten Individuum aus und werden nicht an Nachkommen weitervererbt. Bei einem Keimbahneingriff hingegen erfasst die Veränderung solche Zellen, die die genetische Information an die nachfolgende Generation weitergeben. Als spezielle sich auf die Keimbahn auswirkende Verfahren werden im Folgenden die Verwendung von CRISPR/Cas9 an Keimbahnzellen („Genom-Editierung"), der Mitochondrientransfer und die Verwendung von aus hiPS-Zellen hergestellten Gameten erläutert. Neben den naturwissenschaftlichen Erklärungen soll zudem durch Heranziehung internationaler Stellungnahmen ein Blick auf die gesellschaftliche Resonanz hinsichtlich der Anwendung dieser Verfahren geworfen werden. Zudem werden erste Anwendungsfälle dargestellt.

S. Deuring, *Rechtliche Herausforderungen moderner Verfahren der Intervention in die menschliche Keimbahn*, Veröffentlichungen des Instituts für Deutsches, Europäisches und Internationales Medizinrecht, Gesundheitsrecht und Bioethik der Universitäten Heidelberg und Mannheim 49,
https://doi.org/10.1007/978-3-662-59797-2_3

B. Die Anwendung von Methoden der Genom-Editierung an Keimbahnzellen

I. Die Keimbahnzellen

Die Keimbahn wird definiert als „die Entwicklung und Differenzierung der in der frühen Embryogenese festgelegten Urkeimzelle über Vermehrung, Reifung, Rekombination und Reduktion (Meiose) zur reifen Keimzelle bis zur Befruchtung.“[1]

Es wird erwogen, die Keimbahn sei möglicherweise durch die Totipotenz der Blastomeren bis zum 8-Zell-Stadium[2] bzw. auch durch die Pluripotenz der embryonalen Stammzellen nach dem 8-Zell-Stadium[3] unterbrochen, denn zu diesem Zeitpunkt ist noch nicht feststellbar, ob sich die Zelle zu einer Keimzelle oder einer Somazelle entwickeln wird.[4] Um aber einen möglichst umfassenden Schutz vor Eingriffen zu gewähren, deren Wirkungen an Nachkommen weitergegeben werden, sollte auch der Zeitraum einbezogen sein, in dem nicht feststellbar ist, ob sich ein Eingriff auf die Keimbahn oder nur auf andere Zellen auswirkt. Dem kann nur Rechnung getragen werden, wenn alle Entwicklungsstufen ab der Befruchtung als zur Keimbahn gehörig bewertet werden. Daraus ergibt sich, dass folgende Zellen als Keimbahnzellen zu bewerten sind: primordiale Keimzellen, reife Keimzellen, imprägnierte Eizellen, Vorkernstadien, befruchtete Eizellen und Keimzellen des Menschen, der sich aus diesen Stadien entwickelt hat.[5]

Hieraus ergibt sich, dass ein Keimbahneingriff entweder prä-konzeptionell an Gameten bzw. deren Vorläuferzellen durchgeführt werden kann. Zudem ist inzwischen auch die künstliche Herstellung von Gameten in den Bereich des Möglichen gerückt, etwa aus induzierten pluripotenten Stammzellen (hiPS-Zellen).[6] Auch an diesen verschiedenen Zellen können weitere genetische Veränderung vorgenommen werden.

Post-konzeptionell kann ein Eingriff auch ab Imprägnation der Eizelle bzw. in allen darauffolgenden Entwicklungsstadien erfolgen. Eine Anwendung von CRISPR/Cas9 an einem bereits aus mehreren Zellen bestehenden Embryo birgt

---

[1] *Winnacker et al.*, Gentechnik, S. 36; *Kaiser*, in: Günther et al. (Hrsg.), ESchG, Glossar Stichwort „Keimbahn“.

[2] *Kaiser*, in: Günther et al. (Hrsg.), ESchG, Glossar Stichwort „Keimbahn“.

[3] *Reich et al.*, in: BBAW (Hrsg.), Genomchirurgie beim Menschen, S. 16; unklar, welcher Zeitpunkt gemeint ist, bei *Taupitz*, in: Günther et al. (Hrsg.), ESchG, § 8 Rn. 65, der von der „Pluripotenz der Blastomeren“ spricht. Die Blastomeren sind jedoch die *totipotenten* Zellen vor dem 8-Zell-Stadium, siehe *Kaiser*, in: Günther et al. (Hrsg.), ESchG, A.II. Rn. 39.

[4] Siehe hierzu bereits *Taupitz und Deuring*, in: Hacker (Hrsg.), Nova Acta Leopoldina, S. 63 (67).

[5] *Schlüter*, Schutzkonzepte für menschliche Keimbahnzellen in der Fortpflanzungsmedizin, S. 6 f.; *Taupitz*, in: Günther et al. (Hrsg.), ESchG, § 8 Rn. 66 f.; BT-Drucks. 11/5460, S. 12; siehe auch *Rehmann-Sutter*, in: Rehmann-Sutter und Müller (Hrsg.), Ethik und Gentherapie, S. 187 (190); *Wagner*, Der gentechnische Eingriff in die menschliche Keimbahn, S. 28.

[6] Zu den verschiedenen Herstellungsarten pluripotenter Stammzellen siehe *Beier et al.*, in: BBAW (Hrsg.), Neue Wege der Stammzellforschung, S. 20 Abb. 4. Siehe zur Herstellung von hiPS-Zellen unten S. 30 f.

allerdings die Gefahr, dass nach dem Eingriff möglicherweise nicht alle Zellen des Embryos die gewünschte Veränderung tragen. Die Anzahl der veränderten Zellen könnte dann möglicherweise nicht ausreichen, um etwa die Auswirkung eines genetischen Defekts beim geborenen Menschen zu beheben. Embryonen, die aus solchen verschieden Zellen bestehen, weisen sog. „Mosaike" auf.[7]

II. Einführung in die Genom-Editierung

1. Begriff der Genom-Editierung und erste Anwendungsfälle

Strukturelle Veränderungen des Genoms sind herkömmlicherweise durch das Einschleusen fremder Gene durchgeführt worden, indem fremde Gene mithilfe viraler oder nicht-viraler Vektoren in Zellen geschleust wurden. Diese Gene integrierten dann unkontrolliert an einer beliebigen Stelle im Genom, was zu Mutationen und folglich zur Bildung von Tumoren führen konnte. Integrierte das Gen nicht, war die Effizienz der Maßnahme gering, denn bei einer Zellteilung ging das neue Gen wieder „verloren".

Neue gentechnologische Verfahren, die häufig unter dem Begriff *genome editing* (zu Deutsch Genom-Editierung), *gene editing* oder Genomchirurgie zusammengefasst werden, revolutionieren derzeit die biomedizinische Forschung. Bestimmte DNA-Nukleasen, eine Art „molekularer Scheren" oder „Genscheren", können die DNA an ganz bestimmten Stellen zerschneiden. Diese Werkzeuge machen es möglich, das Genom mit bisher noch nicht erreichter Treffsicherheit und Präzision gezielt und dauerhaft zu verändern.[8] Als „Revolution" werden die neuen Technologien bezeichnet, als „Dunkle Macht im Genlabor".[9] Als geradezu „primitiv" betitelt die *Zeit Online* im Vergleich die herkömmlichen gentechnischen Verfahren. So habe man „fremdes Erbgut mit Kanonen in Zellen geschossen" und „Gene in Viren geschleust und dann den Infektionen freien Lauf gelassen". Mit den neuen Techniken könnte es schon bald nicht mehr um die Risiken gehen, sondern nur noch um die verfolgten Ziele.[10] Vorbei sind die „grobschlächtigen[s] Verfahren, bei dem das therapeutische Gen blind an einem zufälligen Ort im Erbgut des Patienten landet."[11] Das Besondere der neuen Technologien liegt zudem auch darin, dass sich die so erzeugten Veränderungen nicht von einer natürlichen Mutation unterscheiden

---

[7] Siehe zum Begriff „Mosaik" *NASEM*, Human Gene Editing, S. 89.

[8] *Nationale Akademie der Wissenschaften Leopoldina et al.*, Chancen und Grenzen des genome editing, S. 4; *Reich et al.*, in: BBAW (Hrsg.), Genomchirurgie beim Menschen, S. 12; *Richter-Kuhlmann*, DÄBl. 2015, S. A 2092 (A 2092); *Steinhoff und Winter* (Wissenschaftliche Dienste – Deutscher Bundestag), Aktueller Begriff: Genom-Chirurgie, S. 1.

[9] *Müller-Jung*, FAZ, Artikel vom 05.12.2015.

[10] *Sentker*, Die Zeit Online, Artikel vom 30.08.2012.

[11] *Ruhenstroth*, Die Zeit Online, Artikel vom 06.11.2014.

lassen.[12] Beliebteste Genschere ist CRISPR/Cas9; diese ist so einfach handhabbar, dass scherzhaft geschrieben wird, das komplizierteste daran sei der Name.[13]

Seit der Entdeckung von CRISPR/Cas9 im Jahre 2012 ist diese Genschere bereits in mehreren Fällen an Zellen der menschlichen Keimbahn angewendet worden, wenn auch nur, abgesehen von einer Ausnahme (hierzu sogleich), im Forschungsbereich und ohne Auswirkung auf geborene Menschen.[14] Der erste Forschungseingriff an der Keimbahn erfolgte im Jahr 2015. Chinesische Forscher nutzten nicht lebensfähige tripronukleare Embryonen, um die Effektivität der Genom-Editierung in menschlichen Zellen näher zu untersuchen. Hierbei wurde insbesondere eine hohe Rate an *off target*-Effekten, also von Fehlschnitten im Genom, verzeichnet.[15] Im Jahr 2016 erhielt sodann ein britisches Forscherteam die Genehmigung, mithilfe von CRISPR/Cas9 Forschung an lebensfähigen Embryonen durchzuführen.[16] Im Jahr 2017 erfolgten in China die ersten Forschungseingriffe an lebensfähigen Embryonen.[17] Besonderes Aufsehen erregten anschließend im Juli 2017 an der *Oregon Health & Science University* in Portland durchgeführte Versuche, da die Verwendung von CRISPR/Cas9 zur Korrektur eines genetischen Defekts in Samenzellen zu keinen *off target*-Effekten und auch zu keinen Mosaikbildungen, also aus editierten und nicht-editierten Zellen bestehenden Embryonen, führte. Die Vermeidung von Mosaiken gelang insbesondere dadurch, dass die CRISPR/Cas9-Komponenten nicht erst in die bereits befruchtete Eizelle eingeschleust wurden, sondern gemeinsam mit dem Spermium in eine sich im Metaphase II-Stadium befindliche Eizelle.[18] Fraglich ist bei einem solchen Vorgehen natürlich, auf welchen Zeitpunkt die erfolgte genetische Veränderung an der Samenzelle zu datieren ist. Bei konkret diesen Versuchen muss die Korrektur dem Zeitpunkt zugeordnet werden, zu dem sich die Genome von Ei- und Samenzelle nach Auflösung der Vorkerne zur ersten Zellteilung aneinandergelagert haben. Dies ergibt sich daraus, dass die Zelle zur geplanten Reparatur des Genoms des Spermiums nicht die extra hierfür miteingebrachte DNA-Matrize als Vorlage genutzt hat (homologe Rekombination), sondern vielmehr die mütterliche DNA.[19] Damit dieser zelluläre

[12] *Reich et al.*, in: BBAW (Hrsg.), Genomchirurgie beim Menschen, S. 13; *Steinhoff und Winter* (Wissenschaftliche Dienste – Deutscher Bundestag), Aktueller Begriff: Genom-Chirurgie, S. 1.

[13] *Ruhenstroth*, Die Zeit Online, Artikel vom 06.11.2014.

[14] Siehe zum Folgenden bereits *Taupitz und Deuring*, in: Hacker (Hrsg.), Nova Acta Leopoldina, S. 63 (64 f.); siehe auch *Deuring*, in: Taupitz und Deuring (Hrsg.), Rechtliche Aspekte der Genom-Editierung an der menschlichen Keimbahn (Kapitel „Naturwissenschaftliche Einführung“, im Erscheinen).

[15] *Liang et al.*, Protein Cell 2015, 6 (5), S. 363 (363); sehr skeptisch zu diesen Versuchen äußerte sich CRISPR-Mitentdeckerin *Jennifer Doudna*, siehe *Doudna und Sternberg*, A crack in creation, S. 213 ff. Eine zweite Studie an nicht lebensfähigen Embryonen erfolgte im Jahre 2016, ebenfalls in China, siehe *Kang et al.*, Journal of assisted reproduction and genetics 2016, 33 (5), S. 581 (581 ff.).

[16] *Callaway*, Nature 2016, 530 (7588), S. 18 (18).

[17] *Tang et al.*, Molecular genetics and genomics 2017, 292 (3), S. 525 (525 ff.).

[18] In diesem Stadium haben sich die noch vorhandenen Zweichromatiden-Chromosomen an der Äquatorialebene angeordnet haben, um im weiteren Verlauf getrennt und zu den Zellpolen gezogen zu werden. Anschließend wird das Polkörperchen abgeschnürt und zu den Zellpolen gezogen. Zum Zeitpunkt des Injizierens der gentechnischen Komponenten befand sich die Zelle daher noch nicht einmal im Vorkernstadium.

[19] *Ma et al.*, Nature 2017, 548 (7668), S. 413 ff. Siehe zu diesen Versuchen auch bei Fn. 77.

Reparaturmechanismus aber überhaupt möglich ist, müssen die Genome der Ei- und der Samenzelle räumlich gesehen nahe genug beieinanderliegen. Eine solche räumliche Nähe besteht eben erst in dem Zeitpunkt, in dem sich die Genome zur ersten Zellteilung zusammengefunden haben.[20]

Inzwischen sind etwa 18 verschiedene Studien zum Genom-Editieren mit menschlichen Embryonen bekannt.[21]

Für Aufsehen sorgte schließlich die Nachricht, die Ende November 2018 um die Welt ging: Der Chinese Forscher *Jiankui He* behauptete, er habe Embryonen genetisch mittels CRISPR/Cas9 manipuliert, sodass diese gegen AIDS immun seien. Zwei Zwillingsmädchen seien auf diese Weise geboren worden. Der Vater der Kinder war mit dem Virus infiziert gewesen. Die Notwendigkeit der Maßnahme wurde jedoch stark bezweifelt, da das Ansteckungsrisiko von Kindern von HIV-Positiven zum einen gering ist und zum anderen andere Methoden existieren, um Kinder HIV-Positiver vor einer Infektion zu schützen. Dieses Experiment veröffentlichte er zudem nicht in einer wissenschaftlichen Zeitschrift, sondern gab dieses über Youtube bekannt. Weltweit distanzierten sich Forscher von diesem Vorgehen.[22]

2. Genom-Editierung in der internationalen Debatte

Zahlreiche internationale[23] Gremien haben sich mit der Thematik des Keimbahneingriffs seit Entdeckung von CRISPR/Cas9 befasst.[24]

Den Auftakt machte im Dezember 2015 der *International Summit on Human Gene Editing* in Washington. Dort schloss man eine künftige klinische Anwendung von CRISPR/Cas9 an der Keimbahn nicht grundsätzlich aus. Bislang sei eine solche Anwendung aufgrund der erheblichen Sicherheitsprobleme jedoch unverantwortlich. Die tatsächliche Anwendung mit Auswirkung auf geborene Menschen setze auch einen (noch nicht existierenden) gesellschaftlichen Konsens bzgl. der Vertretbarkeit des geplanten Eingriffs, insbesondere im Hinblick auf das damit verfolgte

---

[20] Ich danke Herrn Prof. Dr. Boris Fehse vom Universitätsklinikum Hamburg-Eppendorf für die Darlegung der naturwissenschaftlichen Details. Tierversuche haben jedoch gezeigt, dass die geplante Reparatur des Spermiums während der Dekondensierung des Spermiumzellkerns, aber auch zu anderen Zeitpunkten, etwa vor der Bildung der Vorkerne erfolgen kann, siehe *Suzuki et al.*, Scientific Reports 2014, 4 (Artikelnummer 7621), S. 1 (3).

[21] https://clinicaltrials.gov/ct2/results?cond=CRISPR&term=&cntry=&state=&city=&dist= (zuletzt aufgerufen am 21.10.2019).

[22] *Kolata et al.*, The New York Times, Artikel vom 26.11.2018. Über 120 chinesische Forscher veröffentlichten eine Stellungnahme, in der sie diese Experimente stark kritisierten, siehe *Kuo*, The Guardian, Artikel vom 27.11.2018; siehe auch die Stellungnahme des Organisationskomitees des Second International Summit on Human Genome Editing in Hongkong Ende Novemer 2018: *NASEM*, Second International Summit on Human Genome Editing, S. 8. Siehe zu diesem Experiment auch *Deuring*, in: Taupitz und Deuring (Hrsg.), Rechtliche Aspekte der Genom-Editierung an der menschlichen Keimbahn (Kapitel „Naturwissenschaftliche Einführung“, im Erscheinen).

[23] Zu den deutschen und französischen Gremien siehe unten S. 66 ff. und S. 119 ff.

[24] Siehe zu den folgenden Stellungnahmen bereits *Taupitz und Deuring*, in: Hacker (Hrsg.), Nova Acta Leopoldina, S. 63 (65 f.); *Deuring*, in: Taupitz und Deuring (Hrsg.), Rechtliche Aspekte der Genom-Editierung an der menschlichen Keimbahn (Kapitel „Naturwissenschaftliche Einführung“, im Erscheinen).

Ziel, voraus. Betont wurde zudem die Notwendigkeit eines internationalen Diskurses: Die internationale Gemeinschaft müsse die Entwicklung gemeinsamer Normen zur Festlegung vertretbarer Anwendungsgebiete des Genom-Editierens anstreben und ihre Regulierungen dahingehend harmonisieren.[25] Weitere Stellungnahmen erschienen anschließend insbesondere von der *Hinxton Group*[26] im selben Jahr, vom englischen *Nuffield Council on Bioethics* im Jahre 2016,[27] vom *American College of Medical Genetics and Genomics*,[28] des *European Academies Science Advisory Councils*,[29] der Parlamentarischen Versammlung des Europarats[30] sowie von der NASEM (*National Academies of Science, Engineering, Medicine*) im Jahre 2017.

Insbesondere die NASEM sprach erstmals konkrete Empfehlungen bzgl. einer klinischen Anwendung der Keimbahntherapie aus. Voraussetzung sei das Fehlen vernünftiger Alternativen, die Beschränkung der Anwendung (zunächst) auf schwere Krankheiten sowie die Beschränkung der Eingriffe auf Gene, bei denen überzeugend nachgewiesen sei, dass sie eine solche schwere Krankheit auslösen oder zu ihrem Ausbruch beitragen. Zudem dürften Gene nur zu solchen Varianten verändert werden, die in der Population tatsächlich vorkommen und die mit gewöhnlicher Gesundheit und keinen oder nur geringen Nebeneffekten assoziiert werden. Es müssten zudem glaubwürdige Daten zum Risiken-Nutzen-Verhältnis aus präklinischen und/oder klinischen Versuchen vorliegen. Die Gesundheit und Sicherheit der Versuchsteilnehmer müsse streng überwacht werden. Eine Langzeitkontrolle über Generationen hinweg müsse gesichert sein, unter gleichzeitiger Beachtung der Selbstbestimmung der betroffenen Personen. Zudem seien verlässliche Überwachungsmechanismen notwendig, um die Ausweitung der Anwendung auf andere Fallgruppen als die Verhinderung schwerer Krankheiten zu verhindern.[31] Forschung an Embryonen stand die NASEM dabei positiv gegenüber, denn diese ermögliche wichtige Erkenntnisse im Hinblick auf eine solche künftige klinische Anwendung.[32]

Eine weitere internationale Gruppe von elf Fachgesellschaften aus dem Bereich der Genetik sprach sich unter Federführung der ASHG (*American Society of Human Genetics*) im selben Jahr ebenfalls deutlich gegen den vorzeitigen Einsatz der Genom-Editierung in der Reproduktionsmedizin aus, forderte aber gleichzeitig eine

---

[25] *Olson et al.*, International Summit in Gene Editing: A Global Discussion, S. 7. Ähnliche Empfehlungen, insbesondere hinsichtlich der Notwendigkeit eines offenen und öffentlichen Diskurses zur Klärung der ethischen und gesellschaftlichen Belange im Vorfeld einer klinischen Anwendung, wurden bereits bei der sog. Napa-Konferenz im Januar 2015, organisiert durch das im Napa Valley (Kalifornien) ansässige und von CRISPR-Mitentdeckerin *Jennifer Doudna* ins Leben gerufene *IGI Forum on Bioethics*, ausgesprochen, siehe *Baltimore et al.*, Science 2015, 348 (6230), S. 36 (36 ff.).

[26] *Hinxton Group*, Statement on Genome Editing Technologies and Human Germline Genetic Modification.

[27] *Nuffield Council on Bioethics*, Genome editing.

[28] *ACMG Board of Directors*, Genetics in Medicine 2017, 19 (7), S. 723 (723 f.).

[29] *European Academies Science Advisory Council*, Genome editing: scientific opportunities, public interests and policy options in the European Union.

[30] *Parlamentarische Versammlung (Europarat)*, Empfehlung 2115 (2017).

[31] *NASEM*, Human Gene Editing, S. 102 f.

[32] *NASEM*, Human Gene Editing, S. 58.

verstärkte Forschung in diese Richtung, die mit öffentlichen Mitteln gefördert werden sollte. Genannt wurden zudem Prämissen, die vor dem Einsatz von Genom-Editierung an der Keimbahn mit Auswirkung auf geborene Menschen erfüllt sein müssen. Dazu gehörten neben einem zwingenden medizinischen Grund für einen solchen Einsatz auch der evidenzbasierte, d. h. nachgewiesene klinische Nutzen, eine ethische Rechtfertigung sowie ein transparente und öffentliche Debatte unter Beteiligung aller betroffenen Gruppen.[33]

Auch die ESHG (*European Society of Human Genetics*) und die ESHRE (*European Society of Human Reproduction and Embryology*) befürworteten in einer Stellungnahme im Jahr 2018 Keimbahneingriffe zur Heilung schwerer Krankheiten, sofern präklinische Forschung an überzähligen (bzw. unter bestimmten Voraussetzungen auch an extra hierfür hergestellten) Embryonen hinsichtlich der Risiko-Nutzen-Abwägung positive Ergebnisse liefern könne.[34]

Schließlich fand Ende November 2018 zudem der Zweite *International Summit on Human Gene Editing* in Hong Kong statt. Am 29. November 2018 veröffentlichte das Organisationskomitee dieser Konferenz eine abschließende Stellungnahme, in der es insbesondere Keimbahninterventionen als derzeit noch unvertretbar bewertete, eine Zulässigkeit in der Zukunft allerdings nicht ausschloss, sofern eine Reihe von Voraussetzungen erfüllt seien: Insbesondere müsse eine strenge, unabhängige Überwachung gesichert sein, ein zwingender medizinischer Bedarf bestehen, das Fehlen vernünftiger Alternativen und die Möglichkeit von Langzeitkontrollen gegeben sein sowie soziale Auswirkungen hinreichend berücksichtigt werden.[35]

Zu guter Letzt muss auf die im März 2019 publizierte Stellungnahme ranghafter Naturwissenschaftler hingewiesen werden, die im Hinblick auf die im November 2018 weltweit ersten genom-editierten Babys die Forderung nach einen weltweiten Moratorium bekräftigten. Die Regierungen der verschiedenen Länder sollten auf freilliger Basis eine Verpflichtungserklärung dahingehend abgeben, in den folgenden fünf Jahren keine Keimbahninterventionen zuzulassen. Nach Ablauf dieser Zeitspanne könnten die verschiedenen Nationen dann entscheiden, solche Eingriffe erlauben, allerdings nur unter Einhaltung bestimmter Rahmenbedingungen, wozu sich die verschiedenen Staaten ebenso freiwillig verpflichten sollten. So müsse das jeweilige Land, in dem ein entsprechendes Vorhaben geplant sei, die Absicht, eine Keimbahnintervention zu erlauben, anzeigen und sich einer internationalen Diskussion hinsichtlich Für und Wider des Vorhabens stellen. Für diesen Prozess könnten etwa zwei Jahre eingeplant werden. Zudem müsse das Land auf sorgfältige und transparente Weise die technischen, naturwissenschaftlichen und medizinischen Gesichtspunkte sowie die gesellschaftlichen, ethischen und moralischen Fragen bewerten, und anhand dessen bestimmen, dass das Vorhaben seiner Beurteilung nach gerechtfertigt ist. Schließlich müsse festgestellt sein, dass Keimbahninterventionen von einem breiten gesellschaftlichen Konsens im jeweiligen Land getragen sind. Die Ausarbeitung der genaueren Voraussetzungen solle durch verschiedene Grup-

[33] *Ormond et al. (ASHG)*, The American Journal of Human Genetics 2017, 101 (2), S. 167 (173 ff.).

[34] *Wert et al. (ESHG und ESHRE)*, European Journal of Human Genetics 2018, 26, S. 445 (447 ff.).

[35] *NASEM*, Second International Summit on Human Genome Editing, S. 7.

pierungen von internationaler Bedeutung erfolgen, wie etwa durch die WHO und verschiedene nationale Akademien. Zur Unterstützung der Umsetzung dieser Voraussetzungen solle zudem ein internationales Organ geschaffen werden, möglicherweise innerhalb der WHO. Dieses Organ könne, sobald eine Nation den Plan äußere, eine Keimbahnintervention durchzuführen, als Anlaufstelle für Beratungen und Diskussionen fungieren und außerdem ein internationales Gremium einrichten, welches durch regelmäßige Berichte die verschiedenen Nationen mit Informationen über relevante Aspekte zur Thematik versorgen würde.[36]

III. Methoden des Genom-Editierens

1. Funktionsweise

Die bekanntesten und meist genutzten „Genscheren" sind die Designernukleasen ZFNs (Zinkfingernukleasen), TALENs (*transcription activator-like effector nucleases*) sowie das CRISPR/Cas9-System (CRISPR: *clustered regularly interspaced short palindromic repeats*; Cas: *CRISPR-associated endonuclease*).[37] Letzteres gilt als aktuellste und innovativste Methode, die erst im Jahre 2012 durch die Biochemikerinnen *Emmanuelle Charpentier* und *Jennifer Doudna* entdeckt wurde.[38] In ihrer Studie veränderten sie mit Hilfe des CRIPSR/Cas9-Komplexes gezielt das Erbgut eines Bakteriums.[39] Wenige Monate später veröffentlichte der Bioingenieur *Fang Zhang* seine Entdeckung, wie sich die Technik auch in Menschen- und Mauszellen einsetzen lässt.[40]

Alle drei *genome editing*-Methoden nutzen ein Enzym, eine sogenannte Nuklease, um einen Doppelstrangbruch an einer spezifischen Stelle der DNA herbeizuführen. Die Enzyme lassen sich auf verschiedene Weisen so programmieren, dass sie eine bestimmte DNA-Sequenz aufsuchen und diese dort zerschneiden. Infolge des Schnitts im DNA-Doppelstrang werden natürliche Reparaturmechanismen der Zelle aktiviert. Wenn zusammen mit dem Enzym eine DNA-Vorlage eingeschleust wird, kann eine homologe Rekombination (HDR, engl.: *homology directed repair*) unterstützt werden, die über einen *copy/paste*-Prozess zum Ersatz der Sequenz des

---

[36] *Lander al.*, Nature 2019, 567, S. 165 (165 und 168); siehe hierzu auch *Deuring*, in: Taupitz und Deuring (Hrsg.), Rechtliche Aspekte der Genom-Editierung an der menschlichen Keimbahn (Kapitel „Naturwissenschaftliche Einführung", im Erscheinen).

[37] Ein Überblick über die Funktionsweise dieser drei Designernukleasen bei *NASEM*, Human Gene Editing, S. 47 ff.

[38] *Jinek et al.*, Science 2012, 337 (6096), S. 816 (816 ff.). Ursprünglich handelt es sich bei CRISPR/Cas9 um ein bakterielles Abwehrsystem gegen virale DNA, siehe *Doudna und Charpentier*, Science 2014, 346 (6213), S. 1258096-1 (1 f.); *Wilkinson und Wiedenheft*, F1000prime reports 2014, 6 (3), S. 1 (3) (Online-Dokument); *LaFountaine et al.*, International journal of pharmaceutics 2015, 494 (1), S. 180 (182).

[39] *Jinek et al.*, Science 2012, 337 (9096), S. 816 (816 ff.).

[40] *Cong et al.*, Science 2013, 339 (6121), S. 819 (819 ff.).

Ziellokus durch die eingebrachte Matrize führt.[41] So kann das Genom einfach „umgeschrieben“ werden, „gleichsam der redaktionellen Korrektur eines Textes vor seiner Drucklegung“.[42] Eine solche Veränderung durch HDR erfolgte bei den Versuchen an der *Oregon Health & Science University* im Jahre 2017, im Rahmen derer CRISPR/Cas9 gemeinsam mit der DNA-Matrize und dem Spermium in eine sich im Metaphase II-Stadium befindliche Eizelle injiziert wurde. Das zu reparierende Gen befand sich dabei im Genom des Spermiums. Ziel der Forscher war, die Reparatur dieses Gens durch die miteingeführte DNA-Matrize herbeizuführen. Die Korrektur erfolgte jedoch interessanterweise nicht mittels dieser Matrize, sondern mittels der mütterlichen DNA, die von der Zelle als Vorlage zur Reparatur genutzt wurde.[43] Ohne Vorlage werden durch nicht-homologe End-zu-End-Verknüpfung (NHEJ, engl.: *non-homologous end joining*) die Enden an der Bruchstelle zusammengeführt und durch DNA-Ligation verbunden, wobei es bei diesem fehleranfälligen Verfahren häufig zum Verlust oder zur Einfügung von Nukleotiden kommt, genannt *indel* (englisch für *insertion or deletion*).[44] Geschieht dies innerhalb einer proteinkodierenden Sequenz, kann das zum *Knock-Out* des betreffenden Gens führen.[45] So kann mit großer Effizienz eine Mutation herbeigeführt werden, denn fehlerfrei zusammengefügte Endstücke werden so lange und so oft wieder vom Enzym zerschnitten, bis ein *indel* entsteht und so ein weiterer Schnitt nicht mehr möglich ist.[46]

CRISPR/Cas9 besteht aus dem Protein Cas9 sowie einem RNA-Konstrukt, genannt sgRNA (*single-guide* RNA), welches zwei Komponenten enthält: Ein 20 bp (*base pair*) langer Teil davon (*guide*-RNA) bestimmt die Zielsequenz und dient damit der Suche und Anbindung an diese Sequenz, während der andere Teil an das Cas9-Protein bindet. Damit kann durch bloße Veränderung an der *guide*-RNA jede beliebige DNA-Sequenz aufgespürt und geschnitten werden.[47] Durch das sogenannte *Multiplexing* können auch mehrere Gene in einem einzigen Schritt gleichzeitig editiert werden. Hierfür muss das Cas9-Protein lediglich mit mehreren sgRNAs bestückt werden.[48] Um den CRISPR-Komplex in die Zelle zu transferieren, gibt es verschiedene Möglichkeiten: Entweder wird dieser in Pro-

[41] *LaFountaine et al.*, International journal of pharmaceutics 2015, 494 (1), S. 180 (181); *Chandrasegaran und Carroll*, Journal of molecular biology 2015, 428 (5), S. 963 (963 f.).

[42] *Reich et al.*, in: BBAW (Hrsg.), Genomchirurgie beim Menschen, S. 12.

[43] *Ma et al.*, Nature 2017, 548 (7668), S. 413 (413 ff.); *Connor*, MIT Technology Review, Artikel vom 26.07.2017; *Winblad und Lanner*, Nature 2017 (548), S. 389 (389 ff.); *Merlot*, Spiegel Online, Artikel vom 02.08.2017.

[44] *LaFountaine et al.*, International journal of pharmaceutics 2015, 494 (1), S. 180 (181); *Wilkinson und Wiedenheft*, F1000prime reports 2014, 6 (3), S. 1 (4) (Online-Dokument).

[45] *LaFountaine et al.*, International journal of pharmaceutics 2015, 494 (1), S. 180 (180 ff.); *Chandrasegaran und Carroll*, Journal of molecular biology 2015, 428 (5), S. (963) 963 ff.

[46] *Chandrasegaran und Carroll*, Journal of molecular biology 2015, 428 (5), S. 963 (964).

[47] *Doudna und Charpentier*, Science 2015, S. 1258096-1 (3). Aus diesem Grund erfreut sich das CRISPR/Cas9-Verfahren großer Beliebtheit. Während bei ZFNs und TALENs zur Programmierung der Nukleasen ein aufwändigen Protein-Engineering notwendig ist, benötigt CRISPR/Cas9 lediglich ein Stück RNA, das den Komplex an die entsprechende Stelle des Genoms leitet, an der der Schnitt durchgeführt werden soll.

[48] *Wilkinson und Wiedenheft*, FI000Prime Reports 2014, 6 (3), S. 1 (5) (Online-Dokument).

teinform, also fertig aufbereitet in die Zelle verbracht oder codiert als DNA oder RNA, verpackt in einen viralen oder nicht-viralen Vektor, sodass die Elemente erst durch Transkription in der Zelle „gebaut“ werden.[49]

Das CRISPR/Cas9-System arbeitet derzeit noch auf sehr fehlerhafte Art und Weise. Es sind *off target*-Schnitte, also Schnitte an falschen Stellen im Genom, zu beobachten, die daher rühren, dass Cas9 gewisse Abweichungen von der sgRNA in der Zielsequenz duldet und daher auch Schnitte an Stellen durchführt, die der sgRNA nicht völlig entsprechen, sondern nur ähnlich sind. Wie genau und spezifisch CRISPR/Cas9 arbeitet, hängt dabei von der jeweiligen sgRNA ab.[50] Letztendlich funktioniert dies wie die Textbearbeitung am Computer. Es ist kein Problem, einen seltenen Begriff auszutauschen („Genschehre“ durch „Genschere“). Zielt man auf eine häufige Buchstabenkombination („Son“ gegen „Sohn“), verändern sich ungewollt zahlreiche Wörter: Sohnnenschein, Sohnderurlaub, Sohnde. Man verbessert den Text nicht, man zerstört ihn.[51] Die Überwindung dieser *off target*-Effekte stellt die größte Herausforderung für eine sichere Anwendung der Technologie dar.[52]

2. Fazit

Mit den Methoden der Genomchirurgie ist ein neues Zeitalter für die Gentechnik angebrochen. Insbesondere mit CRISPR/Cas9-System steht eine effiziente, billige und einfache Methode zur Verfügung. Es erfolgt kein Geneinbau mehr durch Viren, die das neue Gen nur an völlig zufälligen Stellen integrieren können. Dies hatte unerwünschte Nebeneffekte zur Folge, wie die Aktivierung von Onkogenen. Stattdessen lassen sich die Nukleasen präzise programmieren, so dass sie einen bestimmten Genlokus aufsuchen und dort die gewünschte Veränderung vornehmen. Es werden auch keine fremden DNA-Stücke mehr eingebaut, sondern jede Veränderung einer Nukleotidsequenz erfolgt allein durch zelleigene Vorgänge und dem Einsatz zelleigener DNA-Bausteine.

IV. Potenzial der Genom-Editierung

1. Heilung und Optimierung des Nachwuchses

Ist von Keimbahntherapie die Rede, so geht es zunächst einmal um die Behandlung genetischer Erbkrankheiten. Etwa zwei Prozent aller Lebendgeburten sind von solchen Krankheiten betroffen.[53]

---

[49] *LaFountaine et al.*, International journal of pharmaceutics 2015, 494 (1), S. 180 (189).

[50] *O'Genn et al.*, Current opinion in chemical biology 2015 (29), S. 72 (72).

[51] Diese Beispiele bei *Rauner und Spiewak*, Die Zeit, Artikel vom 23.06.2016, S. 29 (31).

[52] *Carl H. June*, zitiert über *Reardon*, Nature, Artikel vom 22. Juni 2016; *Cyranoski und Reardon*, Nature 2015, 520 (7549), S. 593 (593 f.); siehe zu Strategien zur Vermeidung von *off target*-Effekten *Doudna und Sternberg*, A crack in creation, S. 179 ff.

[53] *Zimmerman*, Journal of Medicine and Philosophy 1991, 16 (6), S. 593 (593).

In erster Linie sind monogen bedingte Krankheiten einer Behandlung durch Keimbahntherapie zugänglich.[54] Mehr als 4000 Krankheiten werden verursacht durch Defekte einzelner Gene.[55] Mit zunehmender Fähigkeit, Krankheitsbilder beim Menschen einzelnen Gendefekten zuzuordnen, wird die Liste von möglichen Kandidaten weiter ansteigen.[56]

Grundsätzlich bietet ein Keimbahneingriff gegenüber einem Eingriff an Somazellen eines bereits geborenen Menschen Vorteile. Beispielsweise bei Zellen, die sich wie Muskelzellen oder Neuronen nicht mehr teilen, oder wenn mehrere Organe gleichzeitig behandelt werden müssten, wäre eine somatische Gentherapie nur schwer durchführbar.[57] Manche Zellen sind dem Körper auch gar nicht entnehmbar, wie beispielsweise Nervenzellen, sodass diese für eine somatische Gentherapie ohnehin nicht in Betracht kommen.[58] Zudem wird durch die Keimbahntherapie nicht nur der konkrete Patient von einer Krankheit befreit, sondern seine gesamte Nachkommenschaft.[59] Die Keimbahntherapie kann in einer Vielzahl von Fällen eine effektive Verhinderung von genetischen Krankheiten gewährleisten, wo andere Methoden lediglich die Behandlung der Auswirkungen bieten.[60]

Trotz dieser positiven Effekte, die eine Keimbahntherapie erzielen könnte, wird ihr tatsächlicher Bedarf teilweise angezweifelt.[61] Tatsächlich ergibt sich bei genauerer Betrachtung, dass es nur in äußerst seltenen Fällen nicht möglich ist, auch ohne Keimbahntherapie gesunden Nachwuchs zu bekommen. Ist ein Elternteil von einer dominanten Erbkrankheit betroffen, so besteht im Allgemeinen eine fünfzigprozentige Chance auf gesunden Nachwuchs, es sei denn, der Gendefekt ist auf beiden

---

[54] *Kaiser*, in: Günther et al. (Hrsg.), ESchG, A. III. Rn. 156.

[55] *Committee on Social Affairs, Health and Sustainable Development (Europarat)*, The use of new genetic technologies in human beings, S. 6.

[56] *Enquête-Kommission „Chancen und Risiken der Gentechnologie"*, BT-Drucks. 10/6775, S. 186, vgl. die Übersicht über einige monogenetische Krankheiten auf S. 182; mit weiteren Beispielen von bekannten Krankheiten *John*, Die genetische Veränderung des Erbgutes menschlicher Embryonen, S. 30 f.

[57] *The Declaration of Inuyama and Reports of the Working Groups*, Human Gene Therapy 1991, 2(2), S. 123 (129); *NASEM*, Human Gene Editing, S. 88, allerdings mit der Einschränkung, dass zurzeit auch ein Nutzen der Keimbahntherapie noch gering sei, da manche Mutationen in dem Stadium, in dem eine Keimbahntherapie ansetzen könnte, noch nicht erkennbar seien. Dieser Umstand könne sich aber mit fortschreitendem Wissen schnell ändern.

[58] *Enquête-Kommission „Chancen und Risiken der Gentechnologie"*, BT-Drucks. 10/6775, S. 186; *Walters und Palmer*, The Ethics of Human Gene Therapy, S. 63.

[59] *The Declaration of Inuyama and Reports of the Working Groups*, Human Gene Therapy 1991, 2 (2), S. 123 (129); *Zimmerman*, The Journal of Medicine and Philosophy 1991, 16 (6), S. 593 (597 f.); *Haniel und Hofschneider*, in: Raem und Winnacker (Hrsg.), Gen-Medizin, S. 333 (338).

[60] *The Declaration of Inuyama and Reports of the Working Groups*, Human Gene Therapy 1991, 2 (2), S. 123 (129); *Haniel und Hofschneider*, in: Raem und Winnacker (Hrsg.), Gen-Medizin, S. 333 (338).

[61] *Haniel und Hofschneider*, in: Raem und Winnacker (Hrsg.), Gen-Medizin, S. 333 (339 f.); an einer sinnvollen Anwendung zweifelnd auch *Sigrid Graumann* zitiert über *Schadwinkel*, Die Zeit Online, Artikel vom 23.06.2016.

Genkopien vorhanden. Dies ist jedoch äußerst selten.[62] Eine Vielzahl bekannter genetischer Krankheiten wird rezessiv vererbt, so dass in den meisten Fällen ein gesundes Gen dominiert, auch wenn ein Elternteil ein krankes Gen weitergibt.[63] Bei rezessiven Erbkrankheiten besteht nur dann gar keine Chance auf gesunden Nachwuchs, wenn beide Elternteile jeweils Träger von zwei defekten Genkopien sind (Homozygotie).[64] Bei heterozygoten Eltern sind aber auch „nur" 25 Prozent der Embryonen von der Krankheit betroffen.[65] Bei fast allen genetischen Konstellationen der beiden Elternteile ist es daher möglich, mit Hilfe vorgeburtlicher Diagnostik (Präimplantationsdiagnostik – PID) diejenigen Embryonen oder Föten auszuwählen, die nicht von der Krankheit betroffen sind.[66] Eine Keimbahntherapie setzt ohnehin eine PID voraus, jedenfalls dann, wenn sie an einem bereits existierenden Embryo durchgeführt werden soll, um zu überprüfen, ob der betroffene Embryo überhaupt an der entsprechenden Krankheit leidet. Wollte man nun eine genetische Veränderung durchführen, müssten man also bewusst den kranken heraussuchen und den gesunden verwerfen. Die Möglichkeit, dass es für eine erfolgreiche künstliche Befruchtung ausreichen könnte, nur einen Embryo zu zeugen, den man dann gegebenenfalls heilen könnte, ist aus heutiger Perspektive jedenfalls nicht denkbar.[67] In diesem Zusammenhang wird auch darauf hingewiesen, ein Arzt sei stets gehalten, sich für die am wenigsten risikoreiche Methode zu entscheiden. Dies sei (jedenfalls aus heutiger Sicht) die PID, um die gesunden Embryonen zu identifizieren.[68]

Dennoch bleiben aber eben Fälle übrig, in denen aufgrund der genetischen Konstellationen keine Möglichkeit besteht, einen gesunden Embryo zu zeugen und in denen daher auch eine PID nichts bewirken kann.[69] *Zimmerman* weist zudem zu

---

[62] *Winnacker et al.*, Gentechnik, S. 45; *Schroeder-Kurth*, in: Bender (Hrsg.), Eingriffe in die menschliche Keimbahn, S. 159 (163); *Haniel und Hofschneider*, in: Raem und Winnacker (Hrsg.), Gen-Medizin, S. 333 (339).

[63] *Boergen*, Verfassungsrechtliche Bewertung der Keimbahntherapie, S. 11.

[64] *Haniel und Hofschneider*, in: Raem und Winnacker (Hrsg.), Gen-Medizin, S. 333 (339).

[65] *Winnacker et al.*, Gentechnik, S. 45; *Schroeder-Kurth*, in: Bender (Hrsg.), Eingriffe in die menschliche Keimbahn, S. 159 (163).

[66] *Haniel und Hofschneider*, in: Raem und Winnacker (Hrsg.), Gen-Medizin, S. 333 (340); *Schroeder-Kurth*, in: Bender (Hrsg.), Eingriffe in die menschliche Keimbahn, S. 159 (163); *Boergen*, Verfassungsrechtliche Bewertung der Keimbahntherapie, S. 11; *Graumann* zitiert über *Schadwinkel*, Die Zeit Online, 23.06.2016; *Hildt*, Frontiers in genetics 2016, 7 (Art. 81), S. 1 (2).

[67] *Prof. Dr. Dr. Sigrid Graumann*, zitiert über: *Deutscher Ethikrat*, Zugriff auf das menschliche Erbgut, Simultanmitschrift der Jahrestagung vom 22. Juni 2016, S. 52.

[68] *Haniel und Hofschneider*, in: Raem und Winnacker (Hrsg.), Gen-Medizin, S. 333 (340) mit Verweis auf *Irrgang*, in: Nida-Rümelin (Hrsg.), Angewandte Ethik, S. 510 (547), der aber eine Keimbahntherapie, sofern risikofrei möglich, grundsätzlich für erlaubt hält; *Winnacker et al.*, Gentechnik, S. 45 f.

[69] *Church*, Nature 2015, 528 (7580), S. 7 (7), jedoch mit der Einschränkung, dass das Unvermögen, gesunde Kinder zu zeugen, wohl nur bei einer Fortpflanzung unter Blutsverwandten zutreffe. Diese Art der Fortpflanzung sei aber immerhin bei einem Fünftel der Weltbevölkerung ein tief

Recht darauf hin, dass es zu kurz gedacht ist, die Überlegungen bei den monogenetischen Krankheiten, bei denen gegebenenfalls auch die aktuell risikofreiere Methode der Selektion zu gesundem Nachwuchs führen kann, enden zu lassen. Heutzutage habe man nur „einfache" monogene Krankheiten vor Augen, davon ausgehend, bei diesen könne schließlich in den meisten Fällen auch eine Embryonenselektion Abhilfe leisten. Allerdings sei zu erwarten, dass, wenn es gelänge, in der Zukunft die Häufigkeit monogenetischer Krankheiten zu verringern, sich der Schwerpunkt notwendigerweise auf genetisch komplexere Krankheiten verlagern werde. Bei diesen sei eine Selektion nicht zielführend.[70] In solchen Fällen, mit möglicherweise 20 involvierten Gendefekten, müssten sehr große Mengen vom Embryonen erzeugt werden, um die Chance zu haben, auch nur einen einzigen gesunden zu finden. Dagegen mag die Genomchirurgie in Zukunft möglicherweise vollständig Abhilfe schaffen.[71] Diese Gene mögen nicht alleine und vollständig an der Entstehung der Krankheit beteiligt sein, könnten aber möglicherweise ein substanzielles Risiko darstellen, die durch Keimbahneingriffe jedenfalls verringert werden könnten.[72] Im Übrigen ist auch fraglich, ob der Vorzug der PID verfassungsrechtlich haltbar ist.[73]

Die Keimbahntherapie könnte nicht nur zur Beseitigung von Erbkrankheiten genutzt werden, sondern auch, um genetische Dispositionen zu korrigieren. So könnte einer Veranlagung für Arteriosklerose entgegengewirkt werden, welche zu Herzinfarkten und Schlaganfällen führen kann.[74] Eine weiteres Anwendungsbeispiel ist das Brustkrebsgen BRCA1. Eine solche Vorsorgemöglichkeit besteht im Übrigen nicht nur für genetisch bedingte Faktoren, welche ein Krankheitsrisiko erhöhen, sondern ebenso für Krankheiten, die durch den Befall eines Virus ausgelöst werden. Prominentestes Beispiel ist das AIDS-auslösende HI-Virus (HIV). Bereits im Bereich der somatischen Gentherapie wurde 2008 am sog. „Berliner Patienten" Timothy Ray Brown gezeigt, dass sich durch Ausschaltung des CCR-5-Gens, welches für einen Rezeptor an der Zelloberfläche von Blutzellen codiert, durch den das HIV-Virus in die Zelle eindringen kann, dieser Rezeptor so veränderte, dass das HIV-Virus kein „Eintrittstor" mehr in die Zelle fand. So wurde der Patient von HIV

---

verwurzelter sozialer Trend; *NASEM*, Human Genome Editing, S. 87; *Schöne-Seifert*, Ethik Med 2017, S. 93 (95), mit dem Hinweis, die PID setze zudem das Verwerfen von Embryonen voraus und sei auch bei polygenen Krankheiten nicht zielführend.

[70] *Zimmerman*, The Journal of Medicine and Philosophy 1991, 16 (6), S. 593 (603 und 605).

[71] *Prof. Dr. Reinhard Merkel*, in: *Deutscher Ethikrat*, Zugriff auf das menschliche Erbgut, Simultanmitschrift der Jahrestagung vom 22. Juni 2016, S. 47 (48); *NASEM*, Human Genome Editing, S. 87.

[72] *Prof. Dr. Reinhard Merkel*, in: *Deutscher Ethikrat*, Zugriff auf das menschliche Erbgut, Simultanmitschrift der Jahrestagung vom 22. Juni 2016, S. 47 (54).

[73] Siehe hierzu auf S. 329 ff.

[74] *Anderson*, The Journal of Medicine and Philosophy 1985, 10 (3), S. 275 (288); *Zimmerman*, The Journal of Medicine and Philosophy 1991, 16 (6), S. 593 (605); als Beispiel für Risikofaktoren die Fettleibigkeit anführend *Winnacker et al.*, Gentechnik, S. 50.

geheilt.[75] Auch hier könnte die Keimbahntherapie von vornherein Schutz vor AIDS ermöglichen.[76]

Fernab von jeglichem therapeutischen Hintergrund könnte diese Gentechnik auch genutzt werden, um den Nachwuchs schlicht zu „verbessern". Während so manches Ziel, wie etwa die Steigerung von Intelligenz, eher (noch) dem Bereich des Science-Fiction zuzuordnen ist, lassen sich andere Eigenschaften durch genetische Eingriffe durchaus steuern: So könnte etwa die Steigerung von sportlicher Ausdauer, die Stärkung von Knochen, die Erhöhung von Muskelmasse sowie die Senkung des Schlafbedürfnisses erzielt werden.[77]

2. Zeugung von Kindern in Fällen von Unfruchtbarkeit

Weniger auf die künftige Person und mehr auf den aktuell lebenden Menschen bezogen ist die Anwendung von Genom-Editierung zur Heilung der Unfruchtbarkeit eines Menschen. So könnten einem unfruchtbaren Menschen spezialisierte Stammzellen entnommen werden, die sich aufgrund eines genetischen Defekts nicht zu funktionstüchtigen Gameten entwickeln können: Bestimmte genetische Mutationen in Spermatogonien führen etwa dazu, dass der Differenzierungsvorgang nicht korrekt zu Ende läuft und folglich der betroffene Mann unfruchtbar ist. Durch Genom-Editierung könnte dieser Defekt in vitro in den Spermatogonien behoben und könnten die so behandelten Zellen dem Mann wieder eingepflanzt werden. Sie könnten sich dann in ihrem natürlichen Umfeld zu funktionstüchtigen Gameten ausdifferenzieren.[78]

3. Sicherheitsfragen

Problematisch bleibt die Tatsache, dass schädliche Effekte des Genom-Editierens erst nach der Geburt bekannt werden und dann unaufhaltsam an die nachfolgenden Generationen weitergegeben werden. Von den 1000 und mehr Basenpaaren eines Gens löst unter Umständen nur eines die Krankheit aus, die therapiert werden soll. Die übrigen Basenpaare üben im Genom überwiegend unbekannte Funktionen aus und stehen in Wechselbeziehung zueinander, zu den übrigen ca. 26.000–31.000 Genen und zu der gesamten DNA mit ihren 2x3,2 Milliarden Basenpaaren. Welche

---

[75] *Le Ker*, Spiegel Online, Artikel vom 12.11.2008; *Hütter et al.*, The New England Journal of Medicine 2009, 360 (7), S. 692 ff.; *Fehse et al.*, in: Fehse und Domasch (Hrsg.), Gentherapie in Deutschland, S. 41 (69).

[76] *Winnacker et al.*, Gentechnik, S. 48, wobei hier nach herkömmlichen Methoden der Gentechnik noch von Einschleusung fremder Gene die Rede ist; *Haniel und Hofschneider*, in: Raem und Winnacker (Hrsg.), Gen-Medizin, S. 333 (340). Die im Jahre 2018 bekanntgewordenen Versuche des chinesischen Forschers *He* bestanden im Übrigen genau darin, das CCR5-Gen von Embryonen auszuschalten, siehe Fn. 22.

[77] *Doudna und Sternberg*, A crack in creation, S. 230.

[78] Zu einem solchen Vorgehen bei unfruchtbaren Männern *Hall*, Zeit Online, Artikel vom 15.04.2017.

Folgewirkungen der Austausch oder die Reparatur einer defekten DNA-Sequenz auf diese Funktionen oder Wechselwirkungen ausübt, weiß niemand.[79] Zudem existieren durchaus Genmutationen, die neben der aus ihnen resultierenden Krankheit auch verborgene Vorteile haben. Das defekte Gen, welches die Sichelzellenanämie verursacht, führt beispielsweise gleichzeitig zu einer Malaria-Resistenz.[80] Dieser Vorteil würde dann ausgeschaltet.

Im Vorfeld lassen sich die Effekte lediglich an Tieren testen, wobei fraglich ist, ob sich diese Ergebnisse auf den Menschen übertragen lassen.[81] Der erste Versuch am Menschen ist automatisch auch der erste unumkehrbare Einsatz am Menschen. Forschung, abgesehen von Grundlagenforschung an Zellen oder Embryonen, und heilender Einsatz der Technologien fallen automatisch zusammen.

C. Mitochondrientransfer: Zellkerntransfer und Zytoplasmatransfer zwischen Eizellen

Krankheiten, die durch mitochondriale Gendefekte verursacht werden, können durch Zellkerntransfer zwischen Eizellen und Zytoplasmatransfer verhindert werden. Grundsätzlich erhält jedes Kind die Mitochondrien von der Mutter, da diese durch die Eizelle vererbt werden. Also erhält das Kind einer Frau, deren Mitochondrien defekt sind, ausschließlich die mütterlichen mutierten Mitochondrien. Die Schwere der durch diese mutierten Mitochondrien verursachten Krankheiten kann unterschiedlich ausfallen, ohne dass der Schweregrad vorausgesagt werden könnte.[82]

Beim Kerntransfer wird die Kern-DNA einer unbefruchteten Eizelle in eine entkernte Spender-Eizelle übertragen, die dann der Befruchtung zugeführt wird. Dies kann entweder im unreifen Prophase I-Zustand der Eizelle oder im Metaphase II-Stadium der dann reifen Eizelle geschehen. [83] Im letzteren Fall spricht man von einem Spindel-Transfer.[84] Möglich ist auch die Übertragung der Vorkerne einer imprägnierten Eizelle.[85] Die (entkernte) Empfängerzelle ist beim Transfer von Kernen unbefruchteter Eizellen unbefruchtet, der Transfer der Vorkerne imprägnierter Eizellen erfolgt in andere entkernte imprägnierte Eizellen.[86] Niemand kann dabei

---

[79] *Günther*, in: Günther et al. (Hrsg.), ESchG, § 5 Rn. 2.

[80] *Vollmer*, Genomanalyse und Gentherapie, S. 162.

[81] *Der Bundesminister für Forschung und Technologie* (Hrsg.), In-vitro-Fertilisation, Genomanalyse und Gentherapie, S. 45.

[82] *Schroeder-Kurth*, in: Bender (Hrsg.), Eingriffe in die menschliche Keimbahn, S. 159 (164).

[83] *Brown et al.*, The Lancet 2006, 368 (9529), S. 87 (88); *Cree und Loi*, Molecular Human Reproduction 2015, 21 (1), S. 3 (6).

[84] *Tachibana et al.*, Nature 2009, 461 (7262), S. 367 (367 ff.); *Cree und Loi*, Molecular Human Reproduction 2015, 21 (1), S. 3 (6); *Tachibana et al.*, Nature 2013, 493 (7434), S. 627 (627 ff.).

[85] *Zhang et al.*, Fertility and Sterility 2003, 80 (Suppl. 3), S. 56 (56); *Poulton et al.*, PLOS Genetics 2010, 6 (8), S. 1 (5); *Cree und Loi*, Molecular Human Reproduction 2015, 21 (1), S. 3 (6).

[86] *Brown et al.*, The Lancet 2006, 368 (9529), S. 87 (88); *Cree und Loi*, Molecular Human Reproduction 2015, 21 (1), S. 3 (6).

garantieren, dass dieser Ansatz für die so erzeugten Kinder ohne Folgen bleibt. Bis vor kurzem erfolgte dieses Verfahren lediglich in Tierversuchen.[87] Im April 2016 jedoch kam das erste Kind auf die Welt, das nach einem Kerntransfer zwischen unbefruchteten Eizellen gezeugt worden war.[88] Zwei Kinder dieser Mutter waren bereits aufgrund des von den mitochondrialen Gendefekten verursachten Leigh-Syndroms, einer Nervenkrankheit, verstorben.[89] Anfang 2017 folgte in der Ukraine die Geburt eines Kindes nach Pronuklei-Transfer, wobei es hier nicht um die Heilung einer Erbkrankheit ging, sondern um die Behandlung von Unfruchtbarkeit.[90] Die erste Geburt eines Kindes nach einem Kerntransfer zwischen unbefruchteten Eizellen, ebenfalls in einem Fall von Unfruchtbarkeit, erfolgte im April 2019 in Griechenland.[91] Großbritannien hat als erstes Land weltweit im Oktober 2015 die Zeugung von Kindern mittels Mitochondrienspende gesetzlich erlaubt, jedoch nur zur Verhinderung mitochondrialer Krankheiten. Im Jahr 2018 wurde die erste Genehmigung zur Durchführung eines solchen Verfahrens erteilt, um zwei Frauen zu gesundem Nachwuchs zu verhelfen.[92] Aus naturwissenschaftlicher Perspektive ist dieses Verfahren noch mit beträchtlicher Unsicherheit bzgl. möglicher Langzeiteffekte verbunden.[93]

Einem ähnlichen Prinzip folgt der Zytoplasma-Transfer. Dabei wird einer fremden Eizelle Zytoplasma entnommen und auf eine Empfänger-Eizelle übertragen.[94] Das aus der Befruchtung einer solchen Eizelle entstehende Kind trägt dann die Mitochondrien-DNA von zwei verschiedenen Frauen. Dies soll es ermöglichen, einen mitochondrialen Gendefekt auszugleichen.[95] Es sind bereits mehrere Kinder nach Anwendung dieser Technik auf die Welt gekommen.[96]

Diese Arten der Keimbahntherapie finden in der Öffentlichkeit weit weniger Berücksichtigung als genetische Veränderungen mittels CRISPR/Cas9. Der *Nuffields Council on Bioethics* hat diesen Methoden im Jahre 2014 eine Stellungnahme gewidmet,[97] ebenso die *NASEM* im Jahre 2016.[98] Beide Gremine bewerten die

[87] *Leiner*, ÄrzteZeitung, Artikel vom 06.02.2015.

[88] *Zhang et al.*, Fertility and Sterility 2016, 106 (3), S. e375 (e375 f.).

[89] *Hamzelou*, New Scientist, Artikel vom 27.09.2016.

[90] *Coghlan*, Niew Schientist, Artikel vom 18.01.2017; *The National Academies of Sciences, Engineering, Medicine*, Human Gene Etiding, S. 85 f.

[91] Siehe etwa N.N., Spiegel Online, Artikel vom 11.04.2019.

[92] Siehe Sample, The Guardian, Artikel vom 01.02.2018.

[93] *Committee on Social Affairs, Health and Sustainable Developement (Europarat)*, The use of new genetic technologies in human beings, S. 3 und 6.

[94] *Cohen und Scott*, The Lancet 1997, 350 (9072), S. 186 (186 f.); *Brenner et al.*, Fertility and Sterility 2000, 74 (3), S. 573 (573 ff.); *Barritt et al.*, Human Reproduction 2001, 16 (3), S. 513 (513 ff.); *Cree und Loi*, Molecular Human Reproduction 2015, 21 (1), S. 3 (6).

[95] *Cohen und Scott*, The Lancet 1997, 350 (9072), S. 186 (186 f.).

[96] *Leiner*, ÄrzteZeitung, Artikel vom 06.02.2015.

[97] *Nuffield Council on Bioethics*, Novel techniques for the prevention of mitochondrial DNA disorders.

[98] *NASEM*, Mitochondrial Replacement Techniques.

Techniken des Mitochondrientransfers zur Vermeidung mitochondrialer Krankheiten als ethisch vertretbar, sofern (bzw. sobald) diese aus naturwissenschaftlicher Sicht als sicher eingestuft werden können.[99]

D. Herstellung und Verwendung von hiPS-Zellen

Seit 2007 ist auch die Herstellung sog. humaner induzierter pluripotenter Stammzellen (hiPS-Zellen) möglich.[100] Diese werden durch Einfügen spezieller Gene in das Genom einer ausdifferenzierten Somazelle hergestellt, wodurch diese Zelle auf den Stand einer pluripotenten Stammzelle „rückprogrammiert" wird. Es handelt sich dabei um bestimmte pluripotenz-assoziierte Gene, die mit Hilfe viraler Genvektoren ins Empfängergenom übertragen werden.[101] Theoretisch können dann, da diese Zellen pluripotent sind, nach Belieben Ei- oder Samenzellen hergestellt werden, unabhängig davon, ob die hiPS-Zelle von einem Mann oder einer Frau gewonnen wurde.[102] Durch das Verfahren der Ausdifferenzierung zu Keimzellen durchläuft die Zelle eine künstlich induzierte Meiose, also eine Halbierung ihres Genbestands.[103]

---

[99] *Nuffield Council on Bioethics*, Novel techniques for the prevention of mitochondrial DNA disorders, S. 88 ff.; *NASEM*, Mitochondrial Replacement Techniques, S. 113 ff. mit den genauen Voraussetzungen, die für die ersten klinischen Anwendungen vorliegen müssen. Insbesondere müssen hinreichende Daten aus präklinischen Studien vorliegen und die ersten Versuche auf männliche Embryonen beschränkt sein, um eine Weitergabe der Mitochondrien zu vermeiden.

[100] Die Herstellung von iPS Zellen wurde entdeckt von *Takahashi und Yamanaka*, Cell 2006, 126 (4), S. 663 ff.; zur Herstellung von hiPS-Zellen siehe erstmals *Takahashi et al.*, Cell 2007, 131 (5), S. 861 ff.; siehe auch *Kreß*, Gynäkologische Endokrinologie, S. 238 (238).

[101] Zur Herstellung und Verwendung von Keimzellen aus iPS-Zellen siehe *Beier et al.*, in: BBAW (Hrsg.), Neue Wege der Stammzellforschung; S. 15 ff., insbesondere S. 19 zur Ausdifferenzierung zu Keimzellen; *Deutscher Ethikrat*, Stammzellforschung; *Faltus*, Stammzellenreprogrammierung, S. 160 ff. Es wird auch an Möglichkeiten geforscht, eine Reprogrammierung der Zelle zu erreichen, ohne die DNA dieser Zelle zu verändern, siehe mit zahlreichen Nachweisen *Faltus*, Stammzellenreprogrammierung, S. 166 ff.

[102] Mit dem Hinweis darauf, es sei wissenschaftlich noch eine immense Herausforderungen, aus Somazellen des einen Geschlechtes Keimzellen des anderen Geschlechts zu produzieren *Hinxton Group*, Consesus Statement: Science, Ethics and Policy Challenges of Pluripotent Stem Cell-Derived Gametes, S. 2; *Mathews et al.*, Cell Stem Cell 2009, 5 (1), S. 11 (12); zur Ausdifferenzierung von auch weiblichen hiPS-Zellen zu männlichen Keimzellen siehe *Eguizabal et al.*, Stem Cells 2011, 29 (8), S. 1186 (1186 ff.); einen Überblick über den Stand der Wissenschaft bei *Hendriks et al.*, Human reproduction update 2015, 21 (3), S. 285 (292); zur Ausdifferenzierung von iPS-Zellen zu männlichen primordialen Keimzellen und männlichen Keimzellen im Tierversuch an Mäusen siehe *Cai et al.*, Biochemical and Biophysical Research Communications, 2013, 433 (3), S. 286 (286 ff.); *Li et al.*, Stem Cell Research, 2013, 12 (2), S. 517 (517 ff.); zur Ausdifferenzierung von iPS-Zellen zu weiblichen Keimzellen bei Mäusen und zur Zeugung von lebensfähigen Mäusen hieraus siehe *Hikabe et al.*, Nature 2016 (539), S. 299 (299 ff.).

[103] *Ishii*, Journal of clinical medicine 2014, 3 (49), S. 1064 (1067).

Dieses Verfahren ermöglicht völlig neuartige Wege der Fortpflanzung: So könnten sich zwei Menschen unabhängig von ihrem Geschlecht gemeinsam, ggfs. unter Mitwirkung einer Leihmutter, fortpflanzen. Letztlich könnte sich so auch eine Person alleine fortpflanzen, indem sie die zu ihrem Geschlecht komplementäre Gamete aus einer von ihr selbst stammenden Somazelle künstlich herstellen lässt.

Eine hiPS-Zelle ist nur pluripotent und nicht totipotent. Aus ihr alleine kann sich kein Embryo entwickeln.[104]

Die Verwendung von hiPS-Zellen zu reproduktiven Zwecken findet in der Öffentlichkeit bislang keine große Aufmerksamkeit. Internationale Stellungnahmen hierzu finden sich kaum. Im Jahre 2008 etwa äußerte sich die *Hinxton Group* zur Verwendung künstlich hergestellter Gameten. Eine Anwendung zu reproduktiven Zwecken schloss das Komitee nicht aus und wies auf die „Überwachungsstrukturen" hin, die zur Sicherheit aller Beteiligter bei einer solchen Anwendung gegeben sein müssten. So müssten etwa ausreichende präklinische Daten zur Verfügung stehen und die Gesundheit der Frau und des Kindes streng kontrolliert werden. Insbesondere müsse ein intensiver Diskurs zwischen den Entscheidungsträgern, der Wissenschaft und der Öffentlichkeit geführt werden, um die angemessene Berücksichtigung wissenschaftlicher Daten und gesellschaftlicher Werte bei der Entwicklung entsprechender Regulierungen zu gewährleisten.[105]

„Ausgangszelle" der aus hiPS-Zellen hergestellten Gameten ist zwar in der Regel eine somatische Zelle, sodass insofern mangels Eingriffs in eine schon vorhandene Keimbahn die Bezeichnung als „Keimbahneingriff" nicht ganz korrekt ist. Dennoch soll diese Bezeichnung in dieser Arbeit auch für die Herstellung künstlicher Gameten verwendet werden: Obwohl der Eingriff selbst (noch) nicht in der Keimbahn erfolgt, wird dennoch gewissermaßen künstlich eine „neue" Keimbahn begründet, an deren Anfang eine künstliche, genetisch veränderte Zelle steht, sodass insofern die Keimbahn des zu zeugenden Menschen ebenso beeinflusst wird.

E. Zusammenfassung

CRISPR/Cas9, der Mitochondrientransfer und die Verwendung von aus hiPS-Zellen hergestellten Gameten sind neuartige biotechnologische Verfahren, durch die auf die menschliche Keimbahn eingewirkt wird und die in dieser Arbeit einer rechtlichen Prüfung unterzogen werden sollen.

Dabei werden diese Techniken und Verfahren in folgende Kategorien unterteilt, um eine systematische und differenzierte Prüfung zu ermöglichen:

Auf der einen Seite stehen die Keimbahneingriffe *zur gezielten Bestimmung der genetischen Konstitution des Nachwuchses*, auf der anderen Seite die Keimbahneingriffe *zu (bloßen) Ermöglichung der Fortpflanzung*. Unter die erste Kategorie fällt

---

[104] *Beier et al.*, in: BBAW (Hrsg.), Neue Wege der Stammzellforschung, S. 19.

[105] *Hinxton Group*, Consensus Statement: Science, Ethics and Policy Challenges of Pluripotent Stemm Cell-Derived Gametes, S. 3.

die Anwendung von CRISPR/Cas9 an Keimbahnzellen zu (auf den Nachwuchs bezogenen) therapeutischen, präventiven oder verbessernden Zwecken sowie der Mitochondrientransfer. Beiden Verfahren ist gemein, dass die Nachkommen mit einer bestimmten genetischen Eigenschaft ausgestattet werden sollen bzw. eine bestimmte genetische Eigenschaft verhindert werden soll, indem entweder in die Kern-DNA eingegriffen oder für die Weitergabe „gesunder" Mitochondrien gesorgt wird. Die zweite Kategorie umfasst zum einen die Anwendung von CRISPR/Cas9 zur Herstellung funktionstüchtiger Gameten. Als Beispiel hierfür soll die genetische Reparatur defekter Spermatogonien dienen, wodurch diese Zellen in die Lage versetzt werden, sich zu funktionstüchtigen Spermien auszudifferenzieren. Zum anderen gehört zu dieser Kategorie die Herstellung und Verwendung künstlicher Gameten aus hiPS-Zellen. Diese Verfahren haben gemeinsam, dass zwar genetische Manipulationen erfolgen und dadurch, dass diese an Keimbahnzellen vorgenommen werden oder jedenfalls aus der bearbeiteten Zelle eine solche Zelle wird, die Veränderung weitervererbt wird. Dabei ist aber Ziel der Maßnahme nicht, eine bestimmte Eigenschaft des Kindes zu beeinflussen, sondern sie soll vielmehr „nur" die Entstehung des Kindes ermöglichen. Die vererbliche genetische Veränderung ist vielmehr nur ein unvermeidlicher „Nebeneffekt".

Eine weitere Unterteilung der gentechnischen Verfahren und Methoden erfolgt hinsichtlich ihres Anwendungsziels. Zum einen kann an Gameten, Vorläuferzellen von Gameten und Embryonen, sei es an überzähligen oder extra zu Forschungszwecken hergestellten, *bloße Grundlagenforschung oder präklinische Forschung im Labor* betrieben werden. So kann an bereits existierenden, also überzähligen Embryonen geforscht werden, etwa mittels CRISPR/Cas9 bzw., je nach Embryodefinition, auch mittels Vorkerntransfers zwischen Eizellen. Forschung mit künstlichen Gameten bzw. genetisch veränderten Keimzellen oder Vorläuferzellen beinhaltet hingegen, wenn ihre Funktionstüchtigkeit getestet werden soll, die Verwendung dieser Zellen zur Befruchtung und somit die Herstellung von Embryonen zu Forschungszwecken. Dieses Vorgehen ist deswegen sinnvoll, weil nur so getestet werden kann, ob die Veränderungen effektiv und unbedenklich sind. Zum anderen kann die Anwendung gentechnischer Verfahren das Ziel haben, einen Menschen zur Welt zu bringen und folglich *Auswirkung auf geborene Menschen* zu entfalten.

Kapitel 4
Internationale Vorgaben im Überblick

A. Problemaufriss

Vererbliche Keimbahneingriffe sind kein rein nationales Thema. Werden derartige Eingriffe in einem bestimmten Land vorgenommen, bleiben die Auswirkungen aufgrund der Vererbbarkeit nicht zwingend nur auf dieses eine Land beschränkt. Auch sind rein nationale Verbote (buchstäblich) nur in Grenzen wirksam. Menschen, die die Vornahme solcher Maßnahmen wünschen, die in ihrem Land aber verboten sind, können sich einfach in ein anderes Land begeben, wo der gewünschte Eingriff erlaubt ist. Selbiges gilt für Forschung an Embryonen. Solcher „Medizin-Tourismus" ist bereits bei in Deutschland nicht erlaubten Fortpflanzungsmethoden wie der Eizellspende oder der Leihmutterschaft zu beobachten. Allgemeingültige internationale Standards sind folglich begrüßenswert.

Die Frage ist, welche Grenzen aktuell der Durchführung von Keimbahninterventionen, sei es im Forschungsstadium, sei es mit Auswirkung auf geborene Menschen, durch internationale Regelwerke gesetzt werden. Betrachtet werden im Folgenden die Biomedizinkonvention und die Europäische Menschenrechtskonvention des Europarates, die Grundrechtecharta der EU sowie spezielle Erklärungen der UNESCO, konkret die Allgemeine Erklärung über das menschliche Genom und Menschenrechte, die Allgemeine Erklärung über Bioethik und Menschenrechte und die Erklärung über die Verantwortung der heutigen Generation gegenüber künftigen Generationen.

S. Deuring, *Rechtliche Herausforderungen moderner Verfahren der Intervention in die menschliche Keimbahn*, Veröffentlichungen des Instituts für Deutsches, Europäisches und Internationales Medizinrecht, Gesundheitsrecht und Bioethik der Universitäten Heidelberg und Mannheim 49,
https://doi.org/10.1007/978-3-662-59797-2_4

B. Konventionen des Europarates

I. Biomedizinkonvention („Oviedo-Konvention“)

Die Biomedizinkonvention des Europarates („Oviedo-Konvention“) befasst sich speziell mit bioethischen Fragen rund um medizinische Eingriffe am Menschen und zählt folglich zu den wichtigsten bei der Untersuchung der Keimbahntherapie zu berücksichtigenden internationalen Dokumenten.[1]

1. Einführung

Die Biomedizinkonvention („Übereinkommen zum Schutz der Menschenrechte und der Menschenwürde im Hinblick auf die Anwendung von Biologie und Medizin: Übereinkommen über Menschenrechte und Biomedizin“), im Folgenden BMK, wurde im Jahr 1996 vom Europarat[2] beschlossen und 1997 in Oviedo (Spanien) zur Unterzeichnung aufgelegt, um angesichts der medizinischen Fortschritte in der Humangenetik, der Embryologie und der Intensiv- und Transplantationsmedizin durch ein internationales Rechtsdokument Grenzen medizinischen Handelns zu erarbeiten.[3] Deutschland hat sich dieser Konvention bislang nicht angeschlossen, Frankreich hingegen unterzeichnete im Jahre 2011, sodass die Konvention als in Frankreich geltendes Recht in dieser Arbeit untersucht werden muss.[4] Die BMK stellt ein

---

[1] Siehe eine Übersicht zur Bedeutung der BMK im Bereich der Genom-Editierung an der menschlichen Keimbahn *Deuring*, in: Taupitz und Deuring (Hrsg.), Rechtliche Aspekte der Genom-Editierung an der menschlichen Keimbahn (Kapitel „Internationaler Rechtsrahmen“), im Erscheinen).

[2] Der Europarat wurde im Jahr 1949 gegründet. Zu seinen Hauptzielen zählt satzungsgemäß „der Schutz und die Fortentwicklung der Menschenrechte und Grundfreiheiten“, Art. 1 lit. b) der Satzung des Europarats. Der Europarat als zwischenstaatliche Organisation besitzt keine Gesetzgebungsbefugnis supranationaler Art, sondern kann lediglich Empfehlungen an die Regierungen der Mitgliedstaaten aussprechen. Damit diese Empfehlungen völkerrechtliche Verbindlichkeit erlangen, bedient sich der Europarat des multilateralen internationalen Vertrags. Dieser Vertrag wird durch Unterzeichnung und Ratifizierung des jeweiligen Mitgliedstaats für diesen verbindlich. Siehe hierzu, *Radau*, Die Biomedizinkonvention des Europarates, S. 43 m.w.N.

[3] *Rudloff-Schäffer*, in: Eser (Hrsg.), Biomedizin und Menschenrechte, S. 26 (26), auf den S. 26 ff. auch ausführlich zum Entstehungsprozess der Konvention.

[4] In Frankreich werden internationale Normen unmittelbar Teil des nationalen Rechts, sobald der Vertrag oder das Übereinkommen ratifiziert und im *Journal Officiel* veröffentlicht wurde (*Dinh et al.*, Droit international public, S. 228 f.; *Fulchiron und Eck*, Introduction au droit français, S. 73). Dies ist in Art. 55 der französischen Verfassung festgelegt. Aus Art. 55 ergibt sich auch, dass internationale Verträge und Übereinkommen über dem einfachen Recht stehen, egal ob dieses vor oder nach Wirksamwerden des Übereinkommens erlassen wurde. Ein Gesetz, das mit einem Übereinkommen nicht vereinbar ist, darf nicht angewendet werden. Es ist jedoch nicht nichtig, anders als bei einem Verfassungsverstoß (*Luchaire et al.*, La Constitution de la République française, S. 1373). Die Unanwendbarkeit eines einem Übereinkommen widersprechenden Gesetzes

Rahmenabkommen dar, d. h. sie ist auf die Festlegung wichtiger Grundsatzentscheidungen beschränkt. Detaillierte Reglungen erfolgen in Zusatzprotokollen.[5] Enthalten die nationalen Regelungen ein höheres Schutzniveau, können diese beibehalten werden (Art. 27 BMK).[6] Ist der Schutz in den nationalen Regelungen schwächer ausgestaltet, können die Staaten bei der Unterzeichnung, spätestens bei Hinterlegung der Ratifikationsurkunde, gegen die jeweils strengere Regelung der Konvention einen Vorbehalt erklären (Art. 36 Abs. 1 BMK).[7, 8] Die Biomedizinkonvention vermittelt keinen Individualrechtsschutz, durch den der Bürger eine Verurteilung des Vertragsstaats, etwa durch den Europäischen Gerichtshof für Menschenrechte (EGMR), wegen einer Konventionsverletzung erwirken könnte. Die Rolle dieses Gerichts ist beschränkt auf die Erstellung von Gutachten zur Auslegung einzelner Bestimmungen.[9] Die Ausgestaltung eines angemessenen Rechtsschutzes bleibt den Vertragsstaaten überlassen. Allgemein sieht die Konvention keine Sanktionsmechanismen für den Fall einer Abweichung vom Vertrag vor. [10]

---

entschieden sowohl die *Cour de cassation* (*Cass. Ch. Mixte*, 24. Mai 1975, n° 73-13556, Administration des douanes c./Société des cafés Jacques Vabre, Entscheidung verfügbar unter https://www.legifrance.gouv.fr/affichJuriJudi.do?idTexte=JURITEXT000006994625 (zuletzt geprüft am 08.04.2019) als auch der *Conseil d'État* (*CE*, 20. Oktober 1989, *Nicolo*, abgedruckt in *Conseil d'État*, Recueil des déscisions du Conseil d'État, Collection Lebon (1989), S. 190 ff.). Die Bestimmungen des Vertrags sind unmittelbar anwendbar, wenn sie nicht nur die Beziehungen zwischen den Staaten regeln und keines weiteren Umsetzungsaktes bedürfen, um gegenüber Dritten Wirkung zu entfalten (*CE*, Assemblée, 11. April 2012, n° 322326, GITSI, Fédération des associations pour la promotion et l'insertion par le logement, Entscheidung verfügbar unter https://www.legifrance.gouv.fr/affichJuriAdmin.do?idTexte=CETATEXT000025678343 (zuletzt geprüft am 08.04.2019)). Zu den unmittelbar anwendbaren Bestimmungen der Biomedizinkonvention gehören etwa Art. 13 und 18 Abs. 2, siehe *Felsenheld* (rapporteur public), RFDA 2017, S. 1127 ff. (Punkt 1.3.2) (zitiert über dalloz. fr). Zum Inhalt der Vorschriften sogleich ab S. 36.

[5] *Taupitz und Schelling*, in: Eser (Hrsg.), Biomedizin und Menschenrechte, S. 94 (109 f.); *Radau*, Die Biomedizinkonvention des Europarates, S. 44. Es existieren vier Zusatzprotokolle: zum Verbot des menschlichen Klonens, zur Transplantation von menschlichen Organen und Gewebe, zur biomedizinischen Forschung und zu Gentests zu gesundheitlichen Zwecken.

[6] „Dieses Übereinkommen darf nicht so ausgelegt werden, als beschränke oder beeinträchtige es die Möglichkeit einer Vertragspartei, im Hinblick auf die Anwendung von Biologie und Medizin einen über dieses Übereinkommen hinausgehenden Schutz zu gewähren."

[7] „Jeder Staat und die Europäische Gemeinschaft können bei der Unterzeichnung dieses Übereinkommens oder bei der Hinterlegung der Ratifikationsurkunde bezüglich bestimmter Vorschriften des Übereinkommens einen Vorbehalt machen, soweit das zu dieser Zeit in ihrem Gebiet geltende Recht nicht mit der betreffenden Vorschrift übereinstimmt. Vorbehalte allgemeiner Art sind nach diesem Artikel nicht zulässig."

[8] Frankreich hat keine für diese Untersuchung relevanten Vorbehalte erklärt, siehe zu den erklärten Vorbehalten https://www.coe.int/de/web/conventions/search-on-treaties/-/conventions/treaty/164/declarations (zuletzt geprüft am 23.04.2018); allgemein zu der Möglichkeit des Vorbehalts *Albers*, EuR 2002, S. 801 (807).

[9] *Taupitz*, in: Taupitz (Hrsg.), Das Menschenrechtsübereinkommen zur Biomedizin des Europarates, S. 1 (7).

[10] *Albers*, EuR 2002, S. 801 (807); *Radau*, Die Biomedizinkonvention des Europarates, S. 52 f.

2. Keimbahninterventionen zu Forschungszwecken

Keimbahninterventionen im Forschungsstadium beinhalten Forschung an Embryonen in vitro. Solche Forschung ist in Art. 18 BMK geregelt, welcher besagt:[11] „Die Rechtsordnung hat einen angemessenen Schutz des Embryos zu gewährleisten, sofern sie Forschung an Embryonen zulässt" (Abs. 1). „Die Erzeugung menschlicher Embryonen zu Forschungszwecken ist verboten" (Abs. 2). Im Erläuternden Bericht zur Konvention wird ausdrücklich klargestellt, der Artikel beziehe keine Stellung zu der Zulässigkeit von Forschung an Embryonen in vitro. Gleichwohl untersage Abs. 2 die Erzeugung menschlicher Embryonen mit dem Ziel, eine Forschung an ihnen vorzunehmen.[12]

Das Verbot des Abs. 2 ist folglich als Stellungnahme dahingehend zu werten, dass eine *Erzeugung von Embryonen* zu wissenschaftlichen Zwecken unzulässig sein soll.[13] Hieraus folgt, dass die Erzeugung von Embryonen aus artifiziellen Gameten, aus mit CRISPR/Cas9 genetisch veränderten Gameten oder solchen nach einem Mitochondrientransfer zu Versuchszwecken verboten ist.[14] Allerdings wird der Begriff des Embryos durch die Konvention nicht definiert, sodass man die Frage aufwerfen muss, ab welchem Entwicklungszeitpunkt überhaupt von einem Embryo gesprochen werden kann, also welche Handlungen zur Erzeugung eines Embryos führen bzw. bei welchen Handlungen nur auf einen bereits bestehenden Embryo eingewirkt wird.[15] So könnte ein Embryo möglicherweise erst ab Beendigung der Befruchtung vorliegen oder aber bereits ab Imprägnation. Diese Frage spielt insbesondere eine Rolle beim Zellkerntransfer zwischen sich im Vorkernstadium befindlichen Eizellen: Spricht man diesen Zellen bereits den Embryonenstatus zu, wird folglich auf bereits existierende Embryonen eingewirkt (vorausgesetzt natürlich, es werden überzählige Eizellen im Vorkernstadium hierfür verwendet und diese nicht

---

[11] Zu dieser Vorschrift und zum Folgenden *Radau*, Die Biomedizinkonvention des Europarats, S. 215 ff.

[12] *Europarat*, Erläuternder Bericht, DIR/JUR (97) 5, Rn. 116.

[13] *Riedel*, in: Taupitz (Hrsg.), Das Menschenrechtsübereinkommen zur Biomedizin des Europarates, S. 30 (37), allerdings mit dem Einwand, auch dieses Verbot besitze letztlich keine Durchsetzungskraft: Über den Beginn der Schutzwürdigkeit des menschlichen Lebens bestehe zwischen den Mitgliedstaaten ein grundsätzlicher Dissens, sodass Vorbehaltserklärungen gegen diese Vorschrift zu erwarten seien.

[14] Über Art. 26 Abs. 1 BMK allerdings kann das Verbot des Art. 18 Abs. 2 BMK durch innerstaatliche Regelungen eingeschränkt und folglich auch die Herstellung von Embryonen zu Forschungszwecken erlaubt werden, wenn diese Einschränkung „eine Maßnahme darstellt, die in einer demokratischen Gesellschaft für die öffentliche Sicherheit, zur Verhinderung von strafbaren Handlungen, zum Schutz der öffentlichen Gesundheit und zu Schutz der Rechte und Freiheiten anderer notwendig ist." Art. 26 Abs. 2 BMK zählt die Vorschriften auf, bei denen eine solche Abweichung nicht möglich ist; Art. 18 Abs. 2 BMK ist nicht darunter. Zu Art. 26 Abs. 2 BMK im Zusammenhang mit Art. 18 Abs. 2 BMK siehe *Müller-Terpitz*, Der Schutz des pränatalen Lebens, S. 430.

[15] Auf diese Lücke hinweisend bereits *Kummer*, in: Eser (Hrsg.), Biomedizin und Menschenrechte, S. 59 (59); die Embryoeigenschaft ab Kernverschmelzung bejahend, aber auf alle totipotenten Zellen erstreckend, unabhängig von ihrer Entstehungsart, *Müller-Terpitz*, Der Schutz des pränatalen Lebens, S. 425 f.

extra hergestellt), sodass Abs. 2 nicht einschlägig ist. Stellt diese Zelle noch keinen Embryo dar, darf der Transfer zwar ebenso stattfinden, die Zelle darf aber nach dem Transfer nicht weiterkultiviert werden, da ansonsten ein Embryo zu Forschungszwecken hergestellt würde.[16] Da die Konvention diese Frage nicht selbst beantwortet, ist den beigetretenen Staaten insofern ein Ermessensspielraum eingeräumt.

Forschung an *überzähligen* Embryonen kann durch die Mitgliedstaaten hingegen erlaubt werden, sofern den Embryonen dabei „angemessener Schutz" gewährleistet wird. Ob diese Erlaubnis auch die verbrauchende Embryonenforschung erfasst, ist umstritten. Solche verbrauchende Forschung an überzähligen Embryonen stellte etwa die Verwendung von CRISPR/Cas9 an Embryonen dar: Der als Forschungsobjekt dienende Embryo könnte, aufgrund der genetischen Veränderungen und Risiken, die hiermit einhergehen, zum einen möglicherweise durch die Forschungsmaßnahme selbst nachhaltig geschädigt sein, sodass seine Weiterentwicklung beeinträchtigt wäre. Zum anderen würde er, selbst wenn die Forschungsmaßnahme ihn nicht tödlich verletzte, danach jedenfalls vernichtet, da ein Transfer auf eine Frau aufgrund der Risiken für den geborenen Menschen gerade nicht mehr erfolgen soll.[17] Bei verbrauchender Embryonenforschung, so wird vertreten, bestehe überhaupt kein Schutz des Embryos. Die Vorschrift könne also nur so ausgelegt werden, dass solche Forschung verboten sei.[18] Andere wiederum halten diese Art der Forschung für zulässig. Insbesondere Art. 1 Abs. 1 BMK[19] stehe solcher Forschung nicht im Wege. So sollen hiernach zwar die Mitgliedstaaten die Würde und die Identität aller *menschlichen Lebewesen* schützen und *jedermann* die Wahrung seiner Integrität sowie seiner sonstigen Grundrechte und Grundfreiheiten gewährleisten. Der Begriff „jedermann" solle, so der Erläuternde Bericht, aber der Ausgestaltung durch das innerstaatliche Recht überlassen bleiben.[20] Der Würdeschutz

---

[16] Den Tatbestand des „Zeugens von Embryonen" beim Vorkerntransfer ablehnend *Tribunal adimistratif* von Montreuil, 7. Juni 2017, n° 1610385, Fondation Jérôme Lejeune, Rn. 14 (verfügbar unter http://www.conseil-etat.fr/content/download/113053/1139677/version/1/file/1610385.pdf (zuletzt geprüft am 08.04.2019)), allerdings mit der Begründung, es entstehe kein „neuer" Embryo (im Gegensatz zur bloßen Veränderung eines bereits existierenden Embryos). Mit der Frage, ob die Entität selber bereits einen Embryo darstellt, hat sich das Gericht nicht beschäftigt, sondern diesen Umstand, wie sich aus der Bezeichnung „Embryo" schließen lässt, schlicht bejaht.

[17] Diese Definition der verbrauchenden Embryonenforschung (Zerstörung durch die Forschung selbst oder jedenfalls anschließende Verwerfung) auch bei *Müller-Terpitz*, Der Schutz des pränatalen Lebens, S. 517.

[18] *Bundesministerium der Justiz*, Das Übereinkommen zum Schutz der Menschenrechte und der Menschenwürde im Hinblick auf die Anwendung von Biologie und Medizin, S. 21; *Rudloff-Schäffer*, in: Eser (Hrsg.), Biomedizin und Menschenrechte, S. 26 (35); *Riedel*, in: Taupitz (Hrsg.), Das Menschenrechtsübereinkommen zur Biomedizin des Europarates, S. 30 (36).

[19] „Die Vertragsparteien dieses Übereinkommens schützen die Würde und die Identität aller menschlichen Lebewesen und gewährleisten jedermann ohne Diskriminierung die Wahrung seiner Integrität sowie seiner sonstigen Grundrechte und Grundfreiheiten im Hinblick auf die Anwendung von Biologie und Medizin."

[20] *Europarat*, Erläuternder Bericht, DIR/JUR (97) 5, Rn. 18; *Bundesministerium der Justiz*, Das Übereinkommen zum Schutz der Menschenrechte und der Menschenwürde im Hinblick auf die Anwendung von Biologie und Medizin, S. 12.

hingegen solle zwar ab dem Zeitpunkt, ab dem das Leben beginnt, gelten.[21] Die Konvention unterscheide aber zwischen geborenem und ungeborenem Leben, sodass sie die Sichtweise zulasse, dass sich Inhalt und Reichweite der Würde- und Integritätsgarantie erst im Laufe der Embryonalentwicklung konkretisieren und festigen. Schutz i.S.d. Art. 18 Abs. 1 BMK sei dabei als Schutz vor Missbrauch zu verstehen, sodass zwischen legitimer und nicht legitimer Verwendung von Embryonen unterschieden werden könne.[22] Außerdem sage der Erläuternde Bericht auch nichts darüber aus, ab wann menschliches Leben beginne.[23] Auch die Konvention definiere den Begriff des menschlichen Lebens nicht: Die Bestimmung der Reichweite des Begriffs sollte dem innerstaatlichen Recht überlassen werden.[24] Des Weiteren sei auch die Vorgabe des Schutzes der Menschenwürde selbst abstrakt und wertungsoffen: Ein Verständnis der Menschenwürde i.S.d. deutschen ESchG, welches verbrauchende Embryonenforschung verbietet, lasse sich aufgrund des internationalen Charakters der Regelung nicht unterstellen.[25] Der Erläuternde Bericht ist außerdem lediglich eine Interpretationshilfe zur Auslegung, wobei die Auslegung auch zu einem Ergebnis führen kann, das vom Erläuternden Bericht abweicht.[26]

Vor diesem Hintergrund lässt es die Konvention also offen, ab wann der Würde- und Lebensschutz vollumfänglich greifen soll und überlässt diese Entscheidung den Mitgliedstaaten. Aus diesem Grund kann in Art. 18 Abs. 1 BMK auch kein Verbot der verbrauchenden Embryonenforschung hineininterpretiert werden. Dieses Ergebnis wird bestärkt durch ein Urteil des EGMR, in dem er über das in Italien bestehende Verbot, Embryonen zu Forschungswecken zu spenden, zu entscheiden hatte. Die Klägerin sah in diesem Verbot einen Verstoß gegen ihr Recht auf Selbstbestimmung aus Art. 8 EMRK.[27] Das Gericht verneinte dies und wies dabei darauf hin, es ergebe sich aus verschiedenen Dokumenten des Europarates und der EU,

---

[21] *Europarat*, Erläuternder Bericht, DIR/JUR (97) 5, Rn. 19; *Bundesministerium der Justiz*, Das Übereinkommen zum Schutz der Menschenrechte und der Menschenwürde im Hinblick auf die Anwendung von Biologie und Medizin, S. 12.

[22] *Beckmann*, in: Taupitz (Hrsg.), Das Menschenrechtsübereinkommen zur Biomedizin des Europarates, S. 155 (176); *Radau*, Die Biomedizinkonvention des Europarats, S. 214 und 216.

[23] *Haßmann*, Embryonenschutz im Spannungsfeld internationaler Menschenrechte, staatlicher Grundrechte und nationaler Regelungsmodelle zur Embryonenforschung, S. 11. In der Konvention wurde bewusst keine Definition festgelegt, um den Staaten entgegenzukommen, die eine verbrauchende Embryonenforschung zulassen, siehe *Albers*, EuR 2002, S. 801 (808).

[24] *Höfling*, KritV 1998, S. 99 (105); so dann auch im Rahmen des Zusatzprotokolls über das Verbot des Klonens, siehe *Europarat*, Erläuternder Bericht zum Zusatzprotokoll über das Verbot des Klonens, Rn. 6.

[25] *Haßmann*, Embryonenschutz im Spannungsfeld internationaler Menschenrechte, staatlicher Grundrechte und nationaler Regelungsmodelle zur Embryonenforschung, S. 11 mit Verweis auf den anglo-amerikanischen und französischen Rechtsraum.

[26] *Bundesministerium der Justiz*, Das Übereinkommen zum Schutz der Menschenrechte und der Menschenwürde im Hinblick auf die Anwendung von Biologie und Medizin, S. 10; *Rudloff-Schäffer*, in: Eser (Hrsg.), Biomedizin und Menschenrechte, S. 26 (30).

[27] „Jede Person hat das Recht auf Achtung ihres Privat- und Familienlebens, ihrer Wohnung und ihrer Korrespondenz.“

„dass die staatlichen Behörden und Gerichte einen weiten Ermessensspielraum bei der Annahme restriktiver gesetzlicher Regelungen haben, wenn die Abtötung humaner Embryonen auf dem Spiel steht, und das insbesondere wegen der ethischen und moralischen Fragen, welche die Auffassung vom Beginn menschlichen Lebens stellt und der Vielzahl an unterschiedlichen Meinungen dazu unter den einzelnen Mitgliedstaaten. [...] Die auf europäischer Grenze festgelegten Grenzen zielen eher darauf ab, Auswüchse in diesem Bereich zu verhindern etwa durch das in Art. 18 der Konvention von Oviedo vorgesehene Verbot, humane Embryonen zu Forschungszwecken zu schaffen [...].“[28] Der EGMR stellt damit zum einen fest, dass die Mitgliedstaaten Handlungen, die mit der Abtötung von Embryonen einhergehen, verbieten *dürfen* (aber eben nicht müssen), sodass sie folglich im Umkehrschluss grundsätzlich erlaubt sein müssen. Zum anderen erwähnt er die verbrauchende Embryonenforschung im Zusammenhang mit Art. 18 BMK auch nicht als zu verbietenden „Auswuchs“.

Die Präzisierung der Voraussetzung des „angemessenen Schutzes“ soll durch ein Zusatzprotokoll zur Embryonenforschung erfolgen.[29] Noch wurde dieses jedoch nicht beschlossen. Voraussichtlich wird sich dieses Zusatzprotokoll auf folgende Voraussetzungen beziehen: Forschung nur an überzähligen Embryonen, Forschung nur bis zum Ende der zweiten Woche nach der Kernverschmelzung, hochrangiges Forschungsziel, Alternativlosigkeit der Forschung, Zustimmung der Gametenspender und Genehmigung durch eine Ethikkommission.[30]

Art. 13 BMK („Interventionen in das menschliche Genom“) ist bei reinen Forschungsmaßnahmen im Labor nicht anwendbar. Hiernach darf eine „Intervention, die auf die Veränderung des menschlichen Genoms gerichtet ist, [...] nur zu präventiven, diagnostischen oder therapeutischen Zwecken und nur dann vorgenommen werden, wenn sie nicht darauf abzielt, eine Veränderung des Genoms von Nachkommen herbeizuführen.“ Die Vorschrift will die tatsächliche Vererbung genetischer Veränderungen verhindern, nicht bloße Versuche im Labor. Der veränderte Embryo ist insofern keine „Nachkommenschaft“.[31]

---

[28] *EGMR*, NJW 2016, S. 3705 (3710).

[29] *Reusser*, in: Taupitz (Hrsg.), Das Menschenrechtsübereinkommen zur Biomedizin des Europarates, S. 49 (59).

[30] *Beckmann*, in: Taupitz (Hrsg.), Das Menschenrechtsübereinkommen zur Biomedizin des Europarates, S. 155 (177); diese Voraussetzungen als ausreichend erachtend, um einen „angemessenen Schutz“ des Embryos zu erreichen auch *Müller-Terpitz*, Der Schutz des pränatalen Lebens, S. 423.

[31] In diesem Sinne auch *Müller-Terpitz*, Der Schutz des pränatalen Lebens, S. 436. Art. 13 BMK ablehnend etwa beim Transfer der Vorkerne von Eizellen im Rahmen bloßer Forschungsmaßnahmen auch *Tribunal adimistratif* von Montreuil, 7. Juni 2017, n° 1610385, Fondation Jérôme Lejeune, Rn. 14 (verfügbar unter http://www.conseil-etat.fr/content/download/113053/1139677/version/1/file/1610385.pdf (zuletzt geprüft am 08.04.2019)). Ziel der Versuche sei nicht, eine Veränderung des Genoms der Nachkommenschaft herbeizuführen. Offen bleibt dabei, ob das Gericht die Anwendbarkeit der Norm verneinte, weil es bei einem Mitochondrientransfer grundsätzlich keine „Veränderung des Genoms“ der Nachkommenschaft sah oder weil es bei bloßen Versuchen im Labor die Entstehung einer „Nachkommenschaft“ ablehnte.

3. Keimbahninterventionen mit Auswirkung auf geborene Menschen

Die sich anschließende Frage lautet, welche Aussagen die BMK hinsichtlich der Zulässigkeit von Keimbahninterventionen mit Auswirkung auf geborene Menschen trifft. Hierfür muss unterschieden werden zwischen Keimbahneingriffen zur Bestimmung der genetischen Konstitution der Nachkommen und solchen zur Ermöglichung der Fortpflanzung.

a. Keimbahneingriffe zur Bestimmung der genetischen Konstitution der Nachkommen

aa. CRISPR/Cas9-Methode

Keimbahneingriffe mit CRISPR/Cas9, welche das Ziel haben, das Genom des Nachfahren zu verändern, sei es zu therapeutischen, präventiven oder verbessernden Zwecken, werden von Art. 13 der Konvention erfasst. Zwar verbietet die Konvention derartige Eingriffe nicht explizit, erklärt sie jedoch mittelbar für unzulässig. Dieser Schluss ergibt sich aus der Formulierung der Vorschrift, wonach auf keine Veränderung des Genoms von Nachkommen abgezielt werden darf. Eine solche Veränderung ist aber gerade nur durch Eingriffe in Keimbahnzellen möglich. Die Ausführungen des Europarats im Erläuternden Bericht beziehen sich dabei explizit auf das Verbot, in Ei- und Samenzellen, die zur Befruchtung verwendet werden sollen, einzugreifen.[32] Das Verbot muss aber auch für genetische Eingriffe in einen Embryo in den ersten Teilungsstufen gelten, da sich auch Eingriffe an diesem auf künftige Generationen auswirken.[33]

Kritisiert wird an der Vorschrift, sie biete Raum für Umgehungen: So könne eine Keimbahntherapie zu therapeutischen Zwecken etwa an einem Embryo vorgenommen werden mit der Begründung, nicht die Änderung des Genoms sei die Intention der Handlung, sondern die Heilung des betreffenden Subjekts.[34] Dem widerspricht jedoch der Sinn und Zweck der Vorschrift, wonach die gewählte Formulierung dazu dienen soll, dass lebenswichtige Behandlungsmethoden wie Chemo- oder Strahlentherapien, die sich auf die Keimbahn (nur) auswirken *können*, nicht unzulässig werden.[35] Selbiges gilt für akzidentielle Auswirkungen somatischer Gentherapien, auch

---

[32] *Europarat*, Erläuternder Bericht, DIR/JUR (97) 5, Rn. 91; hierzu bereits *Radau*, Die Biomedizinkonvention des Europarats, S. 336 f.

[33] *Radau*, Die Biomedizinkonvention des Europarats, S. 337.

[34] *Mieth*, DuD 1999, S. 328 (329); siehe auch *Radau*, Die Biomedizinkonvention des Europarats, S. 337.

[35] *Radau*, Die Biomedizinkonvention des Europarats, S. 337 (Hervorhebung durch Autorin); *Committee on Social Affairs, Health and Sustainable Development (Europarat)*, The use of new genetic technologies in human beings, S. 5 Fn. 8; unbeabsichtigte Keimbahnveränderungen explizit vom Verbot ausschließend *Europarat*, Erläuternder Bericht, DIR/JUR (97) 5, Rn. 92; *Europarat*, BR-Drucks. 117/95, Rn. 111; so auch *Rudloff-Schäffer*, DuD 1999, S. 322 (326).

diese sollen erlaubt bleiben.[36] Gezielte genetische Veränderungen von Keimbahnzellen fallen hingegen immer unter das Verbot: Wer auf die Keimbahn zugreift, weiß um die Vererbbarkeit der Veränderungen, sodass nicht gleichzeitig von einer „unbeabsichtigten" Auswirkung auf künftige Generationen gesprochen werden kann.[37]

Im Übrigen ist unklar, ob der Europarat die Keimbahntherapie grundsätzlich, also aus kategorischen Gründen, oder lediglich aufgrund der aktuell mit ihrer Durchführung verbundenen Risiken verbieten wollte. Im Erläuternden Bericht des vorläufigen Textes hieß es lediglich, derartige Eingriffe gingen *derzeit* noch mit unüberschaubaren Risiken einher.[38] Zudem sollte, nach dem Erläuternden Bericht des endgültigen Textes, Forschung, die auf genetische Veränderungen an Spermatozoen oder Eizellen abzielt, die nicht für die Befruchtung verwendet werden, zulässig sein.[39] Dieser Hinweis spricht dafür, dass der Keimbahntherapie kein endgültiger Riegel vorgeschoben werden sollte, sondern bloße Risikofragen das aktuelle Verbot stützen.[40] Auf der anderen Seite wird im Erläuternden Bericht des endgültigen Textes im Zusammenhang mit Keimbahninterventionen zusätzlich von der „eigentlichen Sorge" gesprochen, die darin bestehe, es könne irgendwann einmal gelingen, das menschliche Genom mit Absicht so zu verändern, dass Individuen oder ganze Gruppen gezüchtet werden, die mit ganz bestimmten Merkmalen und gewünschten Eigenschaften ausgestattet sind. Die Antwort auf diese Angst biete Art. 13.[41] Es wird also vertreten, dieses *slippery-slope*-Szenario sei daher der eigentliche Grund für die Einführung der Vorschrift.[42] Dem ist zwar insofern zuzustimmen, als diese Überlegung das aktuelle Verbot *auch* stützt. Die (zusätzliche) Zugrundelegung dieses Arguments schließt jedoch eine Lockerung des Verbots nicht aus, da so noch nicht gesagt ist, dass derartigen Befürchtungen nicht auch auf anderem Wege begegnet werden kann als durch ein vollständiges Verbot. Auf dieser Linie ist wohl auch das *Committee on Bioethics (DH-BIO)*.[43] Das Komitee sprach sich jüngst für eine ethische und rechtliche Analyse der Anwendungsgebiete der Genom-Editierung und eine internationale Debatte hierüber aus.[44] Es zeigte sich gegenüber der Thematik grundsätzlich offen, eine Tabuisierung von Keimbahneingriffen lässt sich der Stellungnahme jedenfalls nicht entnehmen.

---

[36] *Albers*, EuR 2002, S. 801 (820).

[37] *Radau*, Die Biomedizinkonvention des Europarats, S. 338.

[38] *Europarat*, BR-Drucks. 117/95, Rn. 112 (Hervorhebung durch Autorin).

[39] *Europarat*, Erläuternder Bericht, DIR/JUR (97) 5, Rn. 91.

[40] *Radau*, Die Biomedizinkonvention des Europarats, S. 339.

[41] *Europarat*, Erläuternder Bericht, DIR/JUR (97) 5, Rn. 89; *Committee on Bioethics (DH-BIO)*, Statement on genome editing technologies, S. 2.

[42] In diesem Sinne *Bundesministerium der Justiz*, Das Übereinkommen zum Schutz der Menschenrechte und der Menschenwürde im Hinblick auf die Anwendung von Biologie und Medizin, S. 23; *Wagner*, Der gentechnische Eingriff in die menschliche Keimbahn, S. 130 f.

[43] Beratendes Organ des Europarates, dessen Aufgabe es ist, die Regelungen der BMK einschließlich der Zusatzprotokolle stets vor dem Hintergrund neuer Entwicklungen neu zu bewerten und die darin enthaltenen ethischen Prinzipien weiterzuentwickeln, siehe https://www.coe.int/t/dg3/healthbioethic/ (zuletzt geprüft am 23.04.2018).

[44] *Committee on Bioethics (DH-BIO)*, Statement on genome editing technologies, S. 2.

bb. Mitochondrientransfer

Art. 13 BMK untersagt auch den Mitochondrientransfer (Kerntransfer zwischen Eizellen oder Injizieren gesunder Mitochondrien in eine Eizelle, die defekte Mitochondrien enthält). Auch dann wird gezielt eine Veränderung des Genoms von Nachkommen herbeigeführt. Es ergibt sich nichts aus dem Wortlaut, dass sich die genetische Veränderung auf die Kern-DNA beziehen müsste.

Im Fall des Zellkerntransfer kann auch nicht eingewendet werden, der Prozess des Entkernens zerstöre die Zelle bzw. ihr Genom und verändere dieses nicht: Durch das Entkernen stirbt die Zelle nicht ab, sie enthält vielmehr ein neues Genom, sodass *ihr* Genom verändert wurde.[45] Zwar ließe sich anführen, das Verbot sei im Sinne „klassischer" Methoden der Keimbahntherapie eng zu interpretieren, sodass hierunter nur das Einschleusen eines Gens in ein vorhandenes und zu erhaltendes Genom falle. Mit dem Verbot der Keimbahntherapie sollte schließlich auf eben diese gentechnischen Verfahren reagiert werden.[46] Es gibt jedoch keinen Grund, das Verbot derart eng auszulegen und auf die damals bekannten genetischen Veränderungen zu beschränken. Der Wortlaut schließt nicht aus, in der nahezu vollständigen Substitution des Genoms noch eine Veränderung zu sehen, zumal eine randscharfe Abgrenzung ohnehin nicht möglich ist. Zudem ist die gesamte Konvention entwicklungsoffen: So weist insbesondere der 8. Erwägungsgrund der Präambel[47] auf die rasante Entwicklung der Biologie und Medizin hin. Dieser Hinweis spricht dafür, auch die Vorschriften der BKM dynamisch auszulegen.[48]

Beim Transfer von Vorkernen zwischen zwei Eizellen stellt sich zudem die Frage nach dem Klonierungsverbot. In Art. 1 des Zusatzprotokolls über das Verbot des Klonens ist jede Intervention verboten, „die darauf gerichtet ist, einen Menschen zu erzeugen, der mit einem anderen lebenden oder toten Menschen genetisch identisch ist." Ein mit einem anderen Menschen identischer Menschen wird durch dieses Verfahren jedoch nicht gezeugt: Es existiert vor und nach dem Transfer nur ein „Mensch", der diese konkrete DNA in seinen Vorkernen aufweist.[49]

---

[45] *Kersten*, Das Klonen von Menschen, S. 68 f.; siehe zu diesem Streitstand auch ausführlich unten zum deutschen Recht S. 94 ff.

[46] Dies zeigt schon der Wortlaut des Art. 13, der als genetische Eingriffe solche zu therapeutischen, präventiven oder diagnostischen Zwecken vor Augen hat.

[47] „[…] im Bewusstsein der raschen Entwicklung von Biologie und Medizin […]".

[48] Diese Aspekte bei *Kersten*, Das Klonen von Menschen, S. 69 ff. mit vielen weiteren Argumenten.

[49] Eine Klonierung bei diesem Verfahren auch ablehnend *Tribunal adimistratif* von Montreuil, 7. Juni 2017, n° 1610385, Fondation Jérôme Lejeune, Rn. 10 (verfügbar unter http://www.conseil-etat.fr/content/download/113053/1139677/version/1/file/1610385.pdf (zuletzt geprüft am 08.04.2019)).

b. Keimbahneingriffe zur Ermöglichung der Fortpflanzung

aa. Herstellung und Verwendung artifizieller Gameten aus hiPS-Zellen

Des Weiteren findet Art. 13 BMK auch Anwendung auf die Herstellung artifizieller Gameten aus hiPS-Zellen und deren Verwendung zur Befruchtung. Auch diese Maßnahme geht mit genetischen Veränderungen einher, die sich auf die Nachkommen übertragen, denn ohne gentechnischen Eingriff lassen sich diese Zellen nicht herstellen. Die Norm ist weit genug gefasst, um *jegliche* genetischen Veränderungen, die sich weitervererben, zu erfassen, egal zu welcher Zielsetzung. Zwar mag man bei Erlass der BMK die klassische Keimbahntherapie vor Augen gehabt haben, aber i.S.e. dynamischen Interpretation kann Art. 13 BMK hierauf nicht festgelegt werden. Daher muss es auch ausreichen, wenn die genetische Intervention sich „nur" auf die Herstellung eines bestimmten Zelltyps zur Reproduktion bezieht und nicht zur Bestimmung bestimmter Eigenschaften des Nachkommens i.S.e. therapeutischen oder verbessernden Eingriffs. Es lässt sich auch nicht anführen, die Handlung ziele nicht auf die Veränderung des Genoms der Nachkommen ab: Bei einem Eingriff in reproduktive Zellen oder solchen, die zur Reproduktion verwendet werden können, weiß der Handelnde stets um diese Wirkung.

Weitere Vorgaben zur Verwendung artifizieller Gameten ergeben sich aus der BMK nicht. Insbesondere äußert sie sich nicht zu Maßnahmen der künstlichen Befruchtung, etwa dazu, ob ein Mensch stets von Mann und Frau abstammen muss. Ob eine Fortpflanzung mit artifiziellen Gameten durch allgemeine Vorschriften verboten wird, etwa einen Würdeverstoß i.S.d. Art. 1 Abs. 1 BMK darstellt, soll an dieser Stelle nicht weiter vertieft werden, da lediglich ein Überblick über die wesentlichen Aussagen internationaler Regelwerke gegeben werden soll. Festzuhalten ist jedenfalls, dass die BMK keine weiteren konkreten Aussagen trifft. Auch Art. 1 des Zusatzprotokolls über das Verbot des Klonens kann nicht herangezogen werden: Selbst wenn sich eine Person nur aus eigenen Zellen fortpflanzte, wäre das Kind mit dieser Person nicht genetisch identisch. Durch die Haploidisierung der hiPS-Zellen und die neue genetische Zusammensetzung der diploiden Zelle nach Befruchtung wird das so gezeugte Kind nicht dasselbe Genom haben wie sein Erzeuger.[50]

bb. Reparatur defekter Spermatogonien

Es ist nach Art. 13 BMK auch verboten, Vorläuferzellen von Gameten mit CRISPR/Cas9 zu reparieren, um eine Unfruchtbarkeit zu beheben, etwa durch Beseitigung eines genetischen Defekts in Spermatogonien, durch den keine funktionsfähigen Samenzellen erzeugt werden können. Dann ist die Zielsetzung zwar therapeutischer Natur, geht jedoch mit einer vererbbaren genetischen Veränderung einher.

---

[50] Und im Übrigen gibt der Mensch bei dieser Fortpflanzung auch nicht alle bei ihm vorhandenen Gene weiter: Ist er etwa heterozygot für ein bestimmtes genetisches Merkmal, könnte sein Nachfahre bezüglich dieses Gens eine Homozygotie aufweisen, je nachdem, welche Gene in den haploiden Keimzellen weitergegeben werden.

4. Zwischenergebnis

Im Forschungsbereich steht die BMK lediglich der Herstellung von Embryonen zu Forschungszwecken entgegen. Dieses Verbot betrifft die Zeugung von Embryonen aus hiPS-Zellen sowie aus genetisch veränderten Gameten, sei es mittels Genom-Editierung, sei es durch Kerntransfer. Ob das Weiterkultivieren einer Eizelle im Vorkernstadium erst zur Zeugung eines Embryos führt oder die Eizelle bereits als solcher zu qualifizieren ist, ist unklar. Genetische Veränderungen mit Auswirkung auf geborene Menschen sind jedenfalls durch Art. 13 BMK verboten.

II. Europäische Menschenrechtskonvention

1. Einführung

Die Europäische Menschenrechtskonvention zum Schutze der Menschenrechte und Grundfreiheiten (EMRK) wurde 1950 vom Europarat beschlossen. Alle Mitgliedstaaten des Europarats, also auch Deutschland und Frankreich, sind ihr beigetreten.[51] Ihre Gewährleistungen umfassen elementare Menschenrechte, wie das Recht auf Leben, das Verbot von Folter und Zwangsarbeit, den Schutz der persönlichen Freiheit, Verfahrensgrundrechte, spezielle Freiheitsrechte (wie etwa den Schutz der Privatsphäre) und das Recht auf Ehe und Familie.[52] Jede natürliche Person kann dabei mit der sog. Individualbeschwerde wegen der Verletzung eines Konventionsrechts den EGMR anrufen (Art. 34 S. 1 EMRK).[53]

2. Keimbahninterventionen zu Forschungszwecken

Regelungen zur Embryonenforschung sucht man in der EMRK vergeblich.[54] Letztlich muss die Frage beantwortet werden, ob solche Forschung gegen das Recht auf Leben und den Schutz der Menschenwürde verstößt, bzw. ob der frühe Embryo von

---

[51] In Deutschland etwa hat die EMRK den Rang eines einfachen Bundesgesetzes. Sie spielt insbesondere eine Rolle bei der Auslegung der Grundrechte, welche so zu erfolgen hat, dass das Ergebnis der Auslegung mit der Konvention in Einklang stehen, siehe *BVerfG*, NJW 2004, S. 3407 ff.

[52] *Herdegen*, Völkerrecht, § 49 Rn. 2; zur Begründung von Schutzpflichten im Bereich der EMRK *Bleckmann*, in: Beyerlin et al. (Hrsg.), Recht zwischen Umbruch und Bewahrung, S. 309 (310 ff.); *Tian*, Objektive Grundrechtsfunktionen im Vergleich, S. 29, 36, 61 ff., 78 ff.

[53] „Der Gerichtshof kann von jeder natürlichen Person, nichtstaatlichen Organisation oder Personengruppe, die behauptet, durch eine der Hohen Vertragsparteien in einem der in dieser Konvention oder den Protokollen dazu anerkannten Rechte verletzt zu sein, mit einer Beschwerde befasst werden."

[54] Siehe zu einem Überblick über die Aussagen der EMRK zur Embryonenforschung bereits *Deuring*, in: Taupitz und Deuring (Hrsg.), Rechtliche Aspekte der Genom-Editierung an der mensch-

diesen Rechten überhaupt erfasst ist. Art. 2 Abs. 1 EMRK schützt das Recht jedes Menschen auf Leben. Niemand darf absichtlich getötet werden, außer durch Vollstreckung eines Todesurteils, das ein Gericht wegen eines Verbrechens verhängt hat, für das die Todesstrafe gesetzlich vorgesehen ist. Aus Art. 3 EMRK, wonach niemand der Folter oder unmenschlicher oder erniedrigender Behandlung oder Strafe unterworfen werden darf, ergibt sich das Gebot des Würdeschutzes.

Das vorgeburtliche Lebensrecht wurde bei der Ausarbeitung der Konvention nicht thematisiert, sondern stillschweigend ausgeklammert. Auch durch Heranziehung der Judikatur der Europäischen Kommission für Menschenrechte und des EGMR lässt sich kein Recht auf Leben des Embryos begründen.[55] Vielmehr hat der EGMR in seiner Entscheidung *Vo ./. Frankreich* ausdrücklich festgestellt, die Antwort auf die Frage nach dem Beginn des Lebens falle in den Ermessensspielraum („*marge d'appréciation*") der Staaten, der ihnen in diesem Bereich zuzugestehen sei, da in dieser Frage kein europäischer Konsens bestehe.[56] Hierauf aufbauend hat der EGMR im Fall *Evans ./. Vereinigtes Königreich* extrakorporalen Embryonen das Recht auf Leben aus Art. 2 EMRK sogar explizit abgesprochen, da diese nach britischem Recht keine eigenen Rechte haben.[57] Es ist folglich mit der EMRK sogar vereinbar, den extrakorporalen Embryo gänzlich aus dem Lebensschutz auszuklammern.[58]

Zum Würdeschutz von Embryonen lässt sich aus der Rechtsprechung ebenso nichts herleiten.[59] So hat der EGMR in der Entscheidung *Vo ./. Frankreich* zwar ausgeführt: „Es sind seine [des Embryos] Möglichkeit und seine Fähigkeit, ein Mensch zu werden [...], die im Namen der menschlichen Würde geschützt werden müssen, ohne den Embryo oder Fötus zu einem „Menschen" zu machen, der ein „Recht auf Leben" i.S. von Art. 2 EMRK hätte."[60] Dieser Abschnitt deutet einen immerhin objektiv-rechtlichen Würdeschutz an, ohne dass sich diese Andeutung

---

lichen Keimbahn (Kapitel „Internationaler Rechtsrahmen", im Erscheinen).

[55] *Haßmann*, Embryonenschutz im Spannungsfeld internationaler Menschenrechte, staatlicher Grundrechte und nationaler Regelungsmodelle zur Embryonenforschung, S. 57 ff. mit zahlreichen Beispielen; *Müller-Terpitz*, Der Schutz des pränatalen Lebens, S. 401 ff. mit zahlreichen Beispielen.

[56] *EGMR*, NJW 2005, S. 727 (730). Der Umstand, dass auf europäischer Ebene kein Konsens besteht, entbinde den EGMR jedoch nicht, inhaltlich zu bestimmen, wer „Mensch" i.S.d. Art. 2 EMRK sei. Allerdings könne er sich auch nicht über uneinheitliche Bewertung in den Mitgliedstaaten hinwegsetzen, sodass Art. 2 EMRK nicht mehr als ein „immanent beschränkter" Schutz pränatalen Lebens entnommen werden könne, siehe *Müller-Terpitz*, Der Schutz des pränatalen Lebens, S. 408 f.

[57] *EGMR*, NJW 2008, S. 2013 (2013 f.).

[58] *Müller-Terpitz*, Der Schutz des pränatalen Lebens, S. 406.

[59] Hierzu und zum Folgenden *Haßmann*, Embryonenschutz im Spannungsfeld internationaler Menschenrechte, staatlicher Grundrechte und nationaler Regelungsmodelle zur Embryonenforschung, S. 61 f.; *Wallau*, Die Menschenwürde in der Grundrechtsordnung der Europäischen Union, S. 114 ff.

[60] *EGMR*, NJW 2005, S. 727 (731).

allerdings auf die Entscheidung des EGMR ausgewirkt hätte.[61] Der EGMR maß ihm letztlich keine rechtserhebliche Bedeutung bei. Der Hinweis auf den Würdeschutz ist eher als eine Art Signalwirkung für die künftige Rechtsprechung zu verstehen, den Schutz des Embryos nicht gänzlich außer Acht zu lassen.[62] Diese Ausführungen sind folglich zu vage, um hieraus auf eine Unzulässigkeit verbrauchender Embryonenforschung schließen zu können. Auch eine Heranziehung der BMK i.S.e. Konkretisierung eines solchen Würdeschutzes[63] ist nicht geeignet, ein Verbot der verbrauchenden embryonalen Forschung zu begründen: Wie bereits dargelegt, verbietet die BMK solche Forschung nicht; das kann dann aber nur bedeuten, dass der Schutz der Menschenwürde im von der BMK verstandenen Sinne dieser Forschung nicht entgegensteht, denn sonst hätte sie verboten werden müssen. Es gibt auch keine Anhaltspunkte dafür, dass der Schutz der Menschenwürde so interpretiert werden müsste, dass er zu einem Verbot führt: Hierfür hätten klare Hinweise zum Verständnis der Menschenwürde in Bezug auf den Embryo und dessen Rechtsstatus gegeben werden müssen. Dies ist aber gerade nicht erfolgt, sondern der Schutz der Würde ist, wie schon erwähnt, selbst abstrakt und wertungsoffen.[64]

Hinsichtlich der Zeugung von Embryonen zu Forschungszwecken ergibt sich aus der EMRK selbst folglich auch nichts, da dort keine Festlegung hinsichtlich des zeitlichen Beginns des Lebens- oder Würdeschutzes gemacht werden soll. Allerdings kann an dieser Stelle Art. 18 Abs. 2 BMK herangezogen und argumentiert werden, der Würdeschutz der EMRK müsse entsprechend den diese konkretisierenden Vorschriften der BMK ausgelegt werden.[65]

---

[61] Im Fall ging es um die Beurteilung des französischen Rechts, welches keine Bestrafung eines Arztes vorsieht, der fahrlässig und irrtümlicherweise einen Schwangerschaftsabbruch durchführt. Diese Rechtslage, so der EGMR, sei mit der Art. 2 EMRK vereinbar.

[62] *Wallau*, Die Menschenwürde in der Grundrechtsordnung der Europäischen Union, S. 116.

[63] Die EMRK stellt in gewisser Weise das Mutterdokument dar, *Honnefelder*, in: Honnefelder et al. (Hrsg.), Das Übereinkommen über Menschenrechte und Biomedizin, S. 9 (13); die EMRK als die Basis bezeichnend *ders.*, in: Honnefelder und Streffer (Hrsg.), Jahrbuch für Wissenschaft und Ethik, Band 2, S. 305 (306). Die BMK als Auslegungsmaßstab der EMRK am Beispiel des Art. 8 EMRK bejahend *Reusser*, in: Taupitz (Hrsg.), Das Menschenrechtsübereinkommen zur Biomedizin des Europarates, S. 49 (51).

[64] *Haßmann*, Embryonenschutz im Spannungsfeld internationaler Menschenrechte, staatlicher Grundrechte und nationaler Regelungsmodelle zur Embryonenforschung, S. 63 f. Die Parlamentarische Versammlung sprach sich im Übrigen lange gegen die Verwendung von lebensfähigen Embryonen zu Forschungszwecken aus, siehe: *Parlamentarische Versammlung (Europarat)*, Empfehlung 1046 (1986), S. 27; *Parlamentarische Versammlung (Europarat)*, Empfehlung 1100 (1989), Anhang Punkt B. 5. Im Jahre 2003 betonte sie nochmals, eine Zerstörung menschlicher Wesen zu Forschungszwecken sei ein Verstoß gegen das Recht auf Leben aller Menschen und verstoße gegen das Verbot jeglicher Instrumentalisierung von Menschen. Dennoch könne Forschung an embryonalen Stammzellen unter bestimmten Voraussetzungen erlaubt werden, siehe *Parlamentarische Versammlung (Europarat)*, Empfehlung 1352 (2003), Rn. 10 und 11.

[65] Siehe zur Konkretisierung der EMRK durch die BMK Fn. 63.

3. Keimbahninterventionen mit Auswirkung auf geborene Menschen

Die EMRK enthält kein explizites Verbot von genetischen Eingriffen, die auf künftige Menschen weitervererbt werden.[66] Die Parlamentarische Versammlung[67] hat im Jahr 1982 jedoch ein solches Verbot aus Art. 2 und 3 EMRK abgeleitet. Diese dort geschützten Rechte auf Leben und menschliche Würde, so die Parlamentarische Versammlung, schlössen das Recht auf ein genetisches Erbe ein, in das nicht künstlich eingegriffen worden ist. Sie empfahl zudem, ausdrücklich das Recht auf ein nicht-manipuliertes genetisches Erbe in die EMRK aufzunehmen, ausgenommen Gen-Manipulationen, die in Übereinstimmung mit mit den Menschenrechten vereinbaren Grundsätzen erfolgten (wie z. B. im Bereich der therapeutischen Anwendung).[68]

Hierzu sind zwei Anmerkungen zu machen: Zum einen ist insbesondere das Recht auf Leben dann nicht mehr betroffen, wenn Keimbahneingriffe, gleich in welcher Form, mit überschaubaren Risiken einhergehen. Wie andere therapeutische oder reproduktive Maßnahmen kann hierin dann kein Verstoß gegen dieses Menschenrecht gesehen werden. Zum anderen scheint die Parlamentarische Versammlung jedenfalls die Keimbahntherapie, also Eingriffe zur Heilung von Krankheiten des Nachwuchses, nicht vollständig zu tabuisieren: Im Bereich der therapeutischen Anwendung wird eine Übereinstimmung eines solchen vererblichen Eingriffs mit der Achtung der Menschenwürde angenommen.[69] Ob die weiteren in dieser Arbeit untersuchten Verfahren einen Würdeverstoß darstellen, bedarf einer umfassenderen Würdigung, die an dieser Stelle, die lediglich einen Überblick über die internationalen Regelungen geben soll, nicht vorgenommen werden kann.[70]

Festzuhalten bleibt, dass die EMRK hinsichtlich vererblicher genetischer Eingriffe keine eindeutigen oder expliziten Vorgaben macht.

[66] Siehe zur Aussage der EMRK zu Keimbahninterventionen mittels Genom-Editierung auch *Deuring*, in: Taupitz und Deuring (Hrsg.), Rechtliche Aspekte der Genom-Editierung an der menschlichen Keimbahn (Kapitel „Internationaler Rechtsrahmen", im Erscheinen).

[67] Organ des Europarats, siehe https://www.coe.int/en/web/portal/parlamentarische-versammlung (zuletzt geprüft am 23.04.2018).

[68] *Parlamentarische Versammlung (Europarat)*, Empfehlung 934 (1982), S. 12; ausdrücklich therapeutische Maßnahmen befürwortend auch im Jahre 1986: *Parlamentarische Versammlung (Europarat)*, Empfehlung 1046 (1986), S. 26 Rn. 1 und S. 28 B) i) ff. Insbesondere aus dem zusätzlichen Hinweis, dass sich die Therapie „niemals auf Erbanlagen auswirken darf, die nicht-pathologischer Natur sind", ergibt sich, dass die Veränderung solcher Erbanlage, die pathologischer Natur sind, nicht ausgeschlossen sein soll, siehe dort, S. 28 B) v). In ihrer Stellungnahme aus dem Jahr 2017 spricht die Parlamentarische Versammlung „nur noch" von einem de facto Moratorium aufgrund der bestehenden Unsicherheiten der Techniken: *Parlamentarische Versammlung (Europarat)*, Empfehlung 2115 (2017), Rn. 2. Auf Aspekte der Würde geht sie nicht ein.

[69] So auch die Einschätzung von *Wagner*, Der gentechnische Eingriff in die menschliche Keimbahn, S. 127 f.

[70] Zur Menschenwürde in der EMRK siehe *Haßmann*, Embryonenschutz im Spannungsfeld internationaler Menschenrechte, staatlicher Grundrechte und nationaler Regelungsmodelle zur Embryonenforschung, S. 61 ff.

4. Zwischenergebnis

Der EMRK lassen sich keine konkreten Aussagen hinsichtlich der Zulässigkeit von Keimbahneingriffen zu Forschungszwecken noch solchen mit Auswirkung auf geborene Menschen ableiten. Allenfalls eine Zeugung von Embryonen zu Forschungszwecken kann durch Heranziehung der Wertung der BMK begründet werde.

C. Grundrechtecharta der EU

Die nächste Frage ist, ob die Grundrechtecharta der EU Aussagen zur Bewertung von Keimbahneingriffen trifft.

I. Einführung

Die Grundrechtecharta der EU wurde vom Präsidenten des Rates der Europäischen Union sowie des Europäischen Parlaments und der Europäischen Kommission am 7. Dezember 2000 auf dem EU-Gipfel von Nizza verkündet. Im Zusammenhang mit dem Reformvertrag von Lissabon wurde der Text der Charta nochmals leicht modifiziert. Mit diesem Vertrag erlangte die Charta zum 01.12.2009 Rechtsverbindlichkeit: Art. 6 Abs. 1 EUV[71] weist seitdem die in der Charta verbürgten Rechte als den Verträgen (Vertrag über die Europäische Union und der Vertrag über die Arbeitsweise der Europäischen Union) rechtlich gleichrangig aus.[72] Die Grundrechtecharta ist daher Teil des primären Unionsrechts. Sie gewährt etwa in Art. 1[73] den Schutz der Würde des Menschen und in Art. 2 Abs. 1[74] ein Recht auf Leben. Zudem regelt sie in Art. 3 Abs. 2 b)[75] ein Eugenik-Verbot.

[71] „Die Union erkennt die Rechte, Freiheiten und Grundsätze an, die in der Charta der Grundrechte der Europäischen Union vom 7. Dezember 2000 in der am 12. Dezember 2007 in Straßburg angepassten Fassung niedergelegt sind; die Charta der Grundrechte und die Verträge sind rechtlich gleichrangig."

[72] *Jarass*, Charta der Grundrechte der Europäischen Union, Einleitung, Grundlagen der Grundrechte, Rn. 4 ff.; *Herdegen*, Europarecht, § 8 Rn. 24. Bereits vor ihrem Inkrafttreten bildete die Grundrechtecharta jedenfalls eine Rechtserkenntnisquelle der Unionsgrundrechte, auf die sich der EuGH vielfach berufen hatte, *Jarass*, Charta der Grundrechte der Europäischen Union, Einleitung, Grundlagen der Grundrechte, Rn. 10.

[73] „Die Würde des Menschen ist unantastbar. Sie ist zu achten und zu schützen."

[74] „Jeder Mensch hat das Recht auf Leben."

[75] „Im Rahmen der Medizin und der Biologie muss insbesondere Folgendes beachtet werden: [...] b) das Verbot eugenischer Praktiken, insbesondere derjenigen, welche die Selektion von Menschen zum Ziel haben, [...]".

II. Anwendbarkeit der Grundrechtecharta

Die Frage ist, inwiefern die Charta einer Zulassung solcher Eingriffe durch die Mitgliedstaaten entgegensteht bzw. inwiefern sie diese verpflichtet, zum Schutz der Menschen (oder des Embryos, sofern es um reine Forschung geht) solche zu verbieten.[76] Im Vorfeld dieser Prüfung muss jedoch zunächst ihre Anwendbarkeit auf diese Thematik untersucht werden.[77]

1. Der Anwendungsbereich der Grundrechtecharta im Allgemeinen

Der Anwendungsbereich der Unionsgrundrechte ergibt sich aus Art. 51 Abs. 1 S. 1 GrCH: „Diese Charta gilt für die Organe, Einrichtungen und sonstigen Stellen der Union unter Wahrung des Subsidiaritätsprinzips und für die Mitgliedstaaten ausschließlich bei der Durchführung des Rechts der Union." Dabei dehnt sie „den Geltungsbereich des Unionsrechts nicht über die Zuständigkeiten der Union hinaus aus und begründet weder neue Zuständigkeiten und Aufgaben für die Union, noch ändert sie die in den Verträgen festgelegten Zuständigkeiten und Aufgaben" (Abs. 2). „Recht der Union" nach Abs. 1 meint das gesamte Primärrecht und Sekundärrecht in all seinen Verästelungen. Eine „Durchführung" des Unionsrechts durch die Mitgliedstaaten kann in zweierlei Hinsicht geschehen: Durch Umsetzung von Unionsrecht in nationales Recht (normative Ebene) oder durch Vollzug von Unionsrecht (administrative Ebene). Ersteres geschieht etwa bei der Umsetzung von Richtlinien in nationales Recht, Letzteres durch Anwendung von Unionsrecht, etwa von Verordnungen, im Einzelfall.[78] Nach der Rechtsprechung des EuGH gelten die Unionsgrundrechte auch bei der Einschränkung von Grundfreiheiten.[79] Eine Erweiterung des Anwendungsbereichs der Grundrechtecharta erfolgte durch die EuGH-Entscheidung *Åkerberg Fransson*.[80] Hiernach ist die An-

[76] Zur Begründung grundrechtlicher Schutzpflichten siehe *Borowsky*, in: Meyer (Hrsg.), Charta der Grundrechte der Europäischen Union, § 51 Rn. 31.

[77] Siehe zur Anwendbarkeit der EU-Grundrechtecharta im Bereich von Keimbahninterventionen mittels Verfahren der Genom-Editierung auch *Deuring*, in: Taupitz und Deuring (Hrsg.), Rechtliche Aspekte der Genom-Editierung an der menschlichen Keimbahn (Kapitel „Internationaler Rechtsrahmen", im Erscheinen).

[78] *Borowsky*, in: Meyer (Hrsg.), Charta der Grundrechte der Europäischen Union, § 51 Rn. 25 ff.; *Herdegen*, Europarecht, § 8 Rn. 37. Die Bindung an EU-Grundrechte im Falle der Umsetzung in nationales Recht ist im Einzelnen umstritten, siehe *Tamblé*, Beiträge zum Europa- und Völkerrecht 2014, S. 5 (16 ff.) m.w.N.

[79] *Borowsky*, in: Meyer (Hrsg.), Charta der Grundrechte der Europäischen Union, § 51 Rn. 29; *Tamblé*, Beiträge zum Europa- und Völkerrecht 2014, S. 5 (18 ff.) m.w.N; *Jarass*, Charta der Grundrechte der Europäischen Union, § 51 Rn. 24.

[80] *EuGH*, NJW 2013, S. 1415 (1416). Herr *Fransson* war wegen Steuerhinterziehung angeklagt worden. Ihm waren in dieser Sache bereits vom Finanzamt steuerliche Sanktionen auferlegt worden. Das schwedische Strafgericht wandte sich an den EuGH mit der Frage, ob das strafrechtliche Verfahren gegen den *ne bis in idem*-Grundsatz gem. Art. 50 GrCH verstoße. Der EuGH prüfte

wendbarkeit der Charta, also eine „Durchführung von Unionsrecht", gegeben, wenn ein Mitgliedstaat im Rahmen einer sich aus sekundärem und primärem Unionsrecht ergebenden Handlungspflicht tätig wird, im zu entscheidenden Fall eine solche zur Bekämpfung von Mehrwertsteuerbetrugs.[81] Jedenfalls aber finden die Grundrechte der EU nur in „unionsrechtlich geregelten Fallgestaltungen, aber nicht außerhalb derselben Anwendung".[82] Nach Ansicht des BVerfG reicht „für eine Bindung der Mitgliedstaaten durch die in der Grundrechte-Charta niedergelegten Grundrechte der Europäischen Union" nicht schon „jeder sachliche Bezug einer Regelung zum bloß abstrakten Anwendungsbereich des Unionsrechts oder rein tatsächliche Auswirkungen auf dieses." Das nationale Recht müsse, um an Unionsgrundrecht gemessen werden zu müssen, durch Unionsrecht „determiniert" werden.[83] Somit ergibt sich eine Begrenzung des Anwendungsbereichs der Charta auf Durchführungskonstellationen, Handlungsverpflichtungen und Einschränkungskonstellationen.[84]

---

zunächst seine Zuständigkeit und sah diese aufgrund der Anwendbarkeit der Grundrechtecharta als gegeben an: Die Anwendbarkeit sei gegeben, wenn die Mitgliedstaaten im „Anwendungsbereich des Unionsrechts" handelten. Bezogen auf diesen Sachverhalt sei diese Voraussetzung gegeben: Dieses Ergebnis folge aus der Überlegung, dass gem. der Richtlinie 2006/12/EG des Rates vom 28.11.2006 über das gemeinsame Mehrwertsteuersystem sowie aus Art. 4 Abs. 3 EUV hervorgehe, dass die Mitgliedstaaten verpflichtet seien, die Erhebung der gesamten in seinem Hoheitsgebiet geschuldeten Mehrwertsteuer zu gewährleisten und den Betrug zu bekämpfen. Gem. Art. 325 AEUV müssten die Mitgliedstaaten zudem abschreckende und wirksame Maßnahmen treffen zur Bekämpfung von rechtswidrigen Handlungen, die sich gegen die finanziellen Interessen der Union wenden. Ein finanzielles Interesse der Union sei deshalb gegeben, weil die nationale Mehrwertsteuer eine Quelle für die Eigenmittel der Union sei: Versäumnisse bei der Erhebung dieser Steuer könnten folglich zu finanziellen Nachteilen der Union führen. Steuerliche Sanktion sowie entsprechende Strafverfahren seien also als „Durchführung des Unionsrechts" anzusehen. Zu diesem Urteil *Safferling*, NStZ 2014, S. 545 ff.; *Borowsky*, in: Meyer (Hrsg.), Charta der Grundrechte der Europäischen Union, § 51 Rn. 30b.

[81] Den Begriff der „Handlungspflicht" als weitere Kategorie der Anwendbarkeit der Grundrechtcharta verwendend *Tamblé*, Beiträge zum Europa- und Völkerrecht 2014, S. 5 (23).

[82] *EuGH*, NJW 2013, S. 1415 (1415).

[83] *BVerfG*, NJW 2013, S. 1499 (1500 Rn. 88 und 1501 Rn. 91).

[84] *Tamblé*, Beiträge zum Europa- und Völkerrecht 2014, S. 5 (27). Vagere Umschreibungen finden sich an anderen Stellen in der Literatur. Vor dem Hintergrund der Entscheidung *Åkerberg Fransson* bedürfe es für die Eröffnung des Anwendungsbereichs nur eines „konkreten und substantiellen Anknüpfungspunkts" an das Unionsrecht, eines „hinreichenden Bezugs" zu einer konkreten unionsrechtlichen Bestimmung, siehe *Borowsky*, in: Meyer (Hrsg.), Charta der Grundrechte der Europäischen Union, § 51 Rn. 30b. Die jeweilige Fallgestaltung müsse „irgendwie" in einen unionsrechtlichen Rahmen eingebettet sein, siehe *Herdegen*, Europarecht, § 8 Rn. 37. Noch weitergehender wird vertreten, eine Durchführung von Unionsrecht liege auch dann vor, wenn Unionsrecht, wie im Bereich des Richtlinienrechts, lediglich einen rechtlichen Rahmen ziehe oder Einzelaspekte eines umfangreicheren Rechtsproblems regle. Dies sei etwa der Fall bei Richtlinien, die nur eine Mindestharmonierung anordneten oder die ausdrückliche Umsetzungsspielräume gewährten, siehe *Ohler*, NVwZ 2013, S. 1433 (1437).

2. Der Anwendungsbereich in Bezug auf Keimbahneingriffe

Die Frage ist, ob eine der Anwendungskonstellationen vorliegt, wenn ein Mitgliedstaat die Durchführung von Keimbahneingriffen erlauben wollte oder, im Falle von solchen zu Forschungszwecken, gar schon erlaubt hat. Die Frage ist also, ob es sich um eine „Durchführung von Unionsrecht" nach den erarbeiteten Konstellationen handelt.

Nach dem Prinzip der begrenzten Einzelermächtigung (Art. 5 Abs. 1 S. 1[85] und Abs. 2 S. 1[86] EUV) ist die EU nur für Bereiche zuständig, die ihr durch die Verträge ausdrücklich zugewiesen wurden. Ganz allgemein hat die EU keine Normsetzungskompetenz im Bereich der Fortpflanzungsmedizin, dementsprechend existieren auch keine Sekundärrechtsakte.[87] Es existiert auch keine Kompetenznorm, die es ihr ermöglicht, Keimbahngentechnik zu regeln, sei es mit Auswirkung auf geborene Menschen, sei es im Rahmen von Embryonenforschung.[88] Betreffend genetische Veränderungen der Keimbahn existieren lediglich im Zusammenhang mit anderen Bereichen vereinzelte Regelungen.[89] Beispielsweise nehmen EU-Programme der Forschungsförderung Vorhaben zur genetischen Veränderung der menschlichen Keimbahn und zur Züchtung von Embryonen zu Forschungszwecken explizit aus.[90]

---

[85] „Für die Abgrenzung der Zuständigkeiten der Union gilt der Grundsatz der begrenzten Einzelermächtigung."

[86] „Nach dem Grundsatz der begrenzten Einzelermächtigung wird die Union nur innerhalb der Grenzen der Zuständigkeiten tätig, die die Mitgliedstaaten ihr in den Verträgen zur Verwirklichung der darin niedergelegten Ziele übertragen haben."

[87] *Gassner et al.*, Fortpflanzungsmedizingesetz, S. 25; die europäischen Verträge nach entsprechenden Kompetenztiteln, die sich im Kern auf die Fortpflanzungsmedizin beziehen könnten, untersuchend und solche verneinend *Dorneck*, Das Recht der Reproduktionsmedizin de lege lata und de lege ferenda, S. 37 ff.

[88] So bereits *Wagner*, Der gentechnische Eingriff in die menschliche Keimbahn, S. 135. Eine Kompetenz zur Regelung der Embryonenforschung verneinend auch *Müller-Terpitz*, in: Spickhoff (Hrsg.), Medizinrecht, Art. 35 GrCH Rn. 22. Im Übrigen setzt die Anwendbarkeit der Grundrechtecharta voraus, dass der betreffende Bereich *tatsächlich* durch das Unionsrecht geregelt ist. Es genügt nicht, dass er aufgrund des grundsätzlichen Bestehens einer Unionskompetenz geregelt werden *könnte*, siehe *Jarass*, NVwZ 2012, S. 457 (461) (Hervorhebungen dort).

[89] Hierzu und zum Folgenden *Wagner*, Der gentechnische Eingriff in die menschliche Keimbahn, S. 136 f.

[90] So etwa in Art. 6 des Beschlusses Nr. 1982/2006/EG des Europäischen Parlaments und des Rates vom 18. Dezember 2006 über das Siebte Rahmenprogramm der Europäischen Gemeinschaft für Forschung, technologische Entwicklung und Demonstration (2007 bis 2013), (verfügbar unter http://ec.europa.eu/research/participants/data/ref/fp7/90430/fp7ec_de.pdf (zuletzt geprüft am 08.04.2019)); ebenso ausgeschlossen aus dem aktuellen Rahmenprogramm namens „Horizon 2020", siehe Art. 19 Abs. 3 lit. b) und c) der Verordnung (EU) Nr. 1291/2013 des Europäischen Parlaments und des Rates vom 11. Dezember 2013 über das Rahmenprogramm für Forschung und Innovation Horizont 2020 (2014-2020) und zur Aufhebung des Beschlusses Nr. 1982/2006/EG (verfügbar unter https://eur-lex.europa.eu/legal-content/DE/TXT/PDF/?uri=CELEX:32013R1291&from=EN (zuletzt geprüft am 08.04.2019)). Siehe zu den Forschungsrahmenprogrammen der EU auch *Müller-Terpitz*, in: Spickhoff (Hrsg.), Medizinrecht, Art. 35 GrCH Rn. 23 ff.

Außerdem werden gem. Art. 6 Abs. 2b) der Biopatentrichtlinie[91] „Verfahren zur Veränderung der genetischen Identität der Keimbahn des menschlichen Lebewesens" als nicht patentierbar erklärt. Solche Verfahren wurden als gegen die öffentliche Ordnung und die guten Sitten verstoßend bewertet. Daher sei es wichtig, so die Begründung der Richtlinie, Verfahren zur Veränderung der genetischen Identität der Keimbahn des menschlichen Lebewesens unmissverständlich von der Patentierbarkeit auszuschließen.[92] Eine weitere Regelung befindet sich im Arzneimittelrecht. So sind gem. Art. 9 Abs. 6 der Richtlinie 2001/20/EG[93] Gentherapiestudien verboten, „die zu einer Veränderung der genetischen Keimbahnidentität der Prüfungsteilnehmer führen."

Unabhängig davon, ob die in dieser Arbeit untersuchten Arten des Keimbahneingriffs unter die jeweiligen Regelungen fallen,[94] ist festzustellen, dass vererbbare genetische Veränderungen, in welcher Form und zu welchem Ziel auch immer, nur mittelbar über Bereiche, die sich im Kern mit ganz anderen Fragen beschäftigen (Förderung von Forschung, Patentierbarkeit, Durchführung klinischer Prüfungen) Erwähnung finden. Aus den konkreten Regelungen folgen, bezogen auf die grundsätzliche Zulässigkeit von Keimbahneingriffen, weder Durchführungspflichten noch Handlungspflichten. Ersteres scheitert schon daran, dass die Zulässigkeit von Keimbahninterventionen in Forschung oder klinischer Anwendung selbst dort nicht geregelt ist. Eine solche Eingriffe zulassende Regelung etwa wäre folglich auch keine Durchführung dieser Vorschriften. Auch Handlungspflichten ergeben sich hieraus nicht: Da der EU hinsichtlich Fortpflanzung, Keimbahngentechnik und Embryonenforschung keine Kompetenz zukommt, können die Regelungen keine über ihren eigentlichen Gehalt hinausgehenden Handlungspflichten begründen und nicht keine abschließende Entscheidung hinsichtlich der Zulässigkeit oder Unzulässigkeit der hier untersuchten Handlungsweisen darstellen, der sich die Mitgliedstaaten zu unterwerfen hätten.[95] Im Gegensatz zum der Entscheidung *Åkerberg Fransson*

---

[91] Richtlinie 98/44/EG des Europäischen Parlaments und des Rates vom 6. Juli 1998 über den rechtlichen Schutz biotechnologischer Erfindungen.

[92] Erwägungsgrund 40 der Richtlinie.

[93] Richtlinie 2001/20/EG des Europäischen Parlaments und des Rates vom 4. April 2001.

[94] Zur Frage etwa, ob die Herstellung und Verwendung artifizieller Gameten unter Art. 6 Abs. 2 b) Biopatentrichtlinie fällt, siehe *Faltus*, Stammzellenreprogrammierung, S. 833 ff. Führten diese Verfahren in den künstlichen Keimzellen und nach der Verschmelzung derselben zu genetischen Veränderungen, die unter natürlichen Bedingungen nicht auftreten können, liege eine Keimbahnintervention i.S.d. Patentrechts vor. Eine Beschränkung auf eine bestimmte Art der Veränderung lässt sich der Vorschrift jedoch nicht entnehmen. Zur Auslegung von Art. 6 Abs. 2 b) Biopatentrichtlinie im Zusammenhang mit Keimbahneingriffen siehe auch *Kersten*, Das Klonen von Menschen, S. 163 f. Nach *Kersten* komme es stets darauf an, dass die Veränderung die Keimbahn betreffe. Diese Voraussetzung sei dann erfüllt, wenn die Veränderung an ein menschliches Lebewesen weitergegeben werden solle.

[95] Bzgl. Embryonenforschung darauf verweisend, dass die EU nicht die Kompetenz hat, den Mitgliedstaaten diese Forschung zu verbieten, *Wallau*, Menschenwürde in der Grundrechtsordnung der Europäischen Union, S. 196. *Wallau* bezieht die Wirkung eines Würdeschutzes von Embryonen nach der Grundrechtecharta lediglich darauf, dass es der EU dann untersagt wäre, solche mitgliedstaatlichen Forschungsprojekte zu unterstützen, S. 197. Er schließt gerade nicht daraus, dass auf

zugrunde liegenden Sachverhalt dienen die Vorschriften zur Forschungsförderung, Patentierbarkeit und Durchführung klinischer Prüfungen auch nicht der Sicherung bestimmter „verdeckter" Interessen der Union, zu deren Gunsten die Mitgliedstaaten zu unterstützenden Handlungen verpflichtet wären. Durch die Vorschriften zur Forschungsförderung und zur Patentierbarkeit macht sich die Union „nur" bestimmte ethische Grundsätze zu eigen, die in konkret diesen beiden Bereichen gelten sollen.[96] Zudem verbietet Art. 9 Abs. 6 der Richtlinie 2001/20/EG nur Keimbahneingriffe im Rahmen von *klinischen Prüfungen.* Wie noch zu zeigen sein wird, ist die Verwendung gentechnischer Methoden weder im Rahmen von Embryonenforschung noch mit Auswirkung auf geborene Menschen, jedenfalls wenn sie sich im verfassungsrechtlich zulässigen Rahmen halten soll, als klinische Prüfung zu bewerten.[97]

III. Zwischenergebnis

Treffen die Mitgliedstaaten Regelungen zu Keimbahninterventionen, sei es im Forschungsbereich, sei es in der Anwendung, sind diese daher nicht an den EU-Grundrechten zu messen.

D. UNESCO-Erklärungen

Hinweise über die Vertretbarkeit von Keimbahneingriffe können sich zudem in einigen Erklärungen der UNESCO befinden.[98]

Grundlage der Grundrechtecharta auch den Mitgliedstaaten eine solche Forschung untersagt wäre.

[96] So sind die entsprechenden Forschungsförderungsverbote etwa unter der Überschrift „ethische Grundsätze" zusammengefasst, siehe etwa Art. 6 Beschluss Nr. 1982/2006/EG des Europäischen Parlaments und des Rates vom 18. Dezember 2006 über das Siebte Rahmenprogramm der Europäischen Gemeinschaft für Forschung, technologische Entwicklung und Demonstration (2007 bis 2013). Siehe zur Begründung des Verbots zur Patentierbarkeit von Verfahren der Veränderung der Keimbahn menschlicher Wesen den Erwägungsgrund 40 der Richtlinie 98/44/EG des Europäischen Parlaments und des Rates vom 6. Juli 1998 über den rechtlichen Schutz biotechnologischer Erfindungen.

[97] Siehe unten S. 396 ff. und 404 ff.

[98] In Grundzügen bereits bei *Deuring*, in: Taupitz und Deuring (Hrsg.), Rechtliche Aspekte der Genom-Editierung an der menschlichen Keimbahn (Kapitel „Internationaler Rechtsrahmen", im Erscheinen).

I. Einführung

Die UNESCO (*United Nations Educational, Scientific and Cultural Organization*) ist eine im Jahre 1945 gegründete Sonderorganisation der Vereinten Nationen. Die von dieser Organisation beschlossenen Erklärungen haben nur deklaratorischen Charakter und enthalten weder Rechte noch Pflichten für Staaten oder einzelne Bürger.[99] Sie sind dem Bereich des *soft law* zuzuordnen und verstehen sich als „Katalysator der Völkerrechtsentwicklung".[100] Dennoch sind derartige Erklärungen von Bedeutung: Sie können der Vorbereitung verbindlicher Rechtsquellen dienen. Es lässt sich in der Regel über den Inhalt bestimmter Verhaltensweisen eher ein Konsens erzielen, wenn diese zunächst rechtlich unverbindlich sind und sich im internationalen Verkehr bewähren.[101]

II. Allgemeine Erklärung über das menschliche Genom und Menschenrechte

Die Allgemeine Erklärung über das menschliche Genom und Menschenrechte wurde auf der 29. UNESCO-Generalkonferenz im November 1997 von den Mitgliedstaaten verabschiedet.[102] Sie befasst sich mit Aspekten der Gentechnik in Anwendung auf Menschen und betont in diesem Zusammenhang das Gebot der Achtung der von Menschenrechten.

1. Keimbahneingriffe zu Forschungszwecken

Embryonenforschung wird in der Erklärung nicht eigens erwähnt. Sie wurde vielmehr bewusst ausgeklammert, um die Annahme der Erklärung nicht zu gefährden.[103]

Die Erklärung enthält insbesondere kein Recht auf Leben, aus dem sich eine Aussage zur Zulässigkeit der Embryonenforschung ableiten ließe. Solche Forschung ist nur dann verboten, bewertete man sie als gegen die Menschenwürde

---

[99] *Taupitz*, in: Taupitz (Hrsg.), Das Menschenrechtsübereinkommen zur Biomedizin des Europarates, S. 1 (2); *Kersten*, Das Klonen von Menschen, S. 221, je m.w.N.

[100] *Herdegen*, JZ 2000, S. 633 (640); zum Begriff des *soft law* auch *ders.*, Völkerrecht, § 20 Rn. 4.

[101] *Ipsen*, Völkerrecht, S. 506; siehe auch *Kersten*, Das Klonen von Menschen, S. 221 m.w.N.

[102] Zur Entstehungsgeschichte *Lenoir*, Kennedy Institute of Ethics Journal 1997, 7 (1), S. 31 (34 f.).

[103] *Lenoir*, Kennedy Institute of Ethics Journal 1997, 7 (1), S. 31 (33 f.); *Haßmann*, Embryonenschutz im Spannungsfeld internationaler Menschenrechte, staatlicher Grundrechte und nationaler Regelungsmodelle zur Embryonenforschung, S. 33. Insbesondere konnte die Bundesrepublik sich nicht mit ihrem Anliegen durchsetzen, ein Verbot verbrauchender Embryonenforschung in der Erklärung festzulegen, siehe *Braun*, Menschenwürde und Biomedizin, S. 276.

verstoßende Praktik nach Art. 11.[104] Das Völkerrecht liefert weder eine theoretische Definition noch eine inhaltliche Bestimmung des Begriffs der Menschenwürde.[105] Art. 11 ist vielmehr auf eine Bewertung bestimmter Praktiken im Einzelfall angelegt, wobei zur Ausfüllung dieser Vorschrift auf den internationalen Konsens zurückgegriffen werden kann, der sich aus dem von der Völkerrechtsgemeinschaft geschaffenen *soft law* ergibt. Hinsichtlich der Bewertung der Embryonenforschung besteht jedoch gerade kein internationaler Konsens, sodass derartige Forschung nicht ohne weiteres als Verstoß gegen die Menschenwürde bewertet werden kann.[106] Da die Konsequenz eines Verbots von Forschung an Embryonen in Art. 11 nicht explizit gezogen wird, ist im Übrigen auch nicht davon auszugehen, dass diese Vorschrift von den Staaten, die Embryonenforschung erlauben, entsprechend ausgelegt würde.[107] Festzuhalten bleibt somit, dass sich der Erklärung zur verbrauchenden Embryonenforschung oder zur Herstellung von Embryonen zu Forschungszwecken nichts entnehmen lässt.

2. Keimbahneingriffe mit Auswirkung auf geborene Menschen

a. Keimbahneingriffe zur Bestimmung der genetischen Konstitution der Nachkommenschaft

aa. CRISPR/Cas9-Methode

Erwähnung finden Keimbahneingriffe lediglich in Art. 24, welcher die Aufgabe des *Internationalen Bioethik-Komitees* (*IBC*)[108] näher ausgestaltet: „Das Internationale Bioethik-Komitee der UNESCO soll zur Verbreitung der in dieser Erklärung niedergelegten Grundsätze und zur weiteren Untersuchung der Fragen beitragen, die durch deren Anwendung und die Weiterentwicklung der entsprechenden Techniken aufgeworfen werden. Es soll in geeigneter Weise Gespräche mit betroffenen Parteien, wie z. B. Gruppen von persönlich Betroffenen, organisieren. Es soll Empfehlungen entsprechend den satzungsgemäßen Verfahren der UNESCO an die General-

[104] „Praktiken, die der Menschenwürde widersprechen, wie reproduktives Klonen von Menschen, sind nicht erlaubt. Die Staaten und zuständigen internationalen Organisationen werden aufgefordert, gemeinsam daran zu arbeiten, derartige Praktiken zu benennen und auf nationaler oder internationaler Ebene die erforderlichen Maßnahmen zu ergreifen, um die Achtung der in dieser Erklärung niedergelegten Grundsätze sicherzustellen."

[105] *Haßmann*, Embryonenschutz im Spannungsfeld internationaler Menschenrechte, staatlicher Grundrechte und nationaler Regelungsmodelle zur Embryonenforschung, S. 42.

[106] *Haßmann*, Embryonenschutz im Spannungsfeld internationaler Menschenrechte, staatlicher Grundrechte und nationaler Regelungsmodelle zur Embryonenforschung, S. 44 f. m.w.N.

[107] *Honnefelder*, in: Honnefelder und Streffer (Hrsg.), Jahrbuch für Wissenschaft und Ethik, Band 3, S. 225 (228). Der Erklärung kein Verbot verbrauchender Embryonenforschung entnehmend auch *Müller-Terpitz*, Der Schutz des pränatalen Lebens, S. 413 ff.

[108] Der *IBC* ist ein interdisziplinär zusammengesetztes Expertengremium der UNESCO zur Beratung in neuen ethischen Fragen der biologischen und medizinischen Wissenschaft, siehe https://www.unesco.de/wissenschaft/bioethik/ibc.html (zuletzt geprüft am 23.04.2018).

konferenz abgeben und beratend hinsichtlich der Folgemaßnahmen zu dieser Erklärung tätig sein, *insbesondere in Bezug auf das Aufzeigen von Verfahren, die der Menschenwürde widersprechen könnten, wie Eingriffe in die menschliche Keimbahn.*" Die UNESCO bezieht folglich nicht eindeutig Stellung zu der Frage, ob Keimbahneingriffe gegen die Menschenwürde verstoßen oder nicht. Hintergrund ist, dass man sich nicht auf ein Verbot einigen konnte, sondern Forschungsergebnisse auf diesem Gebiet abgewartet werden sollten.[109] Durch diese Formulierung wird die Keimbahntherapie nicht verboten, sondern lediglich die Problematik derselben herausgestellt.[110]

Konkretere Aussagen könnten somit nur den Stellungnahmen des *IBC* entnommen werden. Solche Stellungnahmen zur Keimbahntherapie erfolgten etwa im Jahr 2003 und 2015. Im Jahr 2003 befasste sich das *IBC* mit der „klassischen" Keimbahntherapie durch herkömmliche Methoden, also durch Einschleusen exogener DNA-Abschnitte zur Beseitigung von Erbkrankheiten oder zur Hinzufügung bestimmter Eigenschaften. Dabei wies das *IBC* auf die bestehenden Risiken hin, die etwa aus der unkontrollierten Integration des eingefügten Genabschnitts in das Zielgenom und der komplexen Beziehung zwischen Genen und Umwelt resultierten. Das Komitee schlussfolgerte, das Vorsorgeprinzip stehe der Durchführung der Keimbahntherapie im Wege. Sei eine solche Therapie eines Tages sicher durchführbar, könne meist eine PID als Alternative in Betracht gezogen werden. Selbst wenn die Selektion von Embryonen als nicht akzeptabel betrachtet würde, so könne die Keimbahntherapie letztlich nur einer sehr eng umgrenzten Personengruppe nützen. Vorstellungen dahingehend, man könne ganze Bevölkerungsgruppen von „schädlichen" Genen befreien, seien utopisch. In ethischer Hinsicht sei zudem problematisch, dass „therapeutische" und „verbessernde" Eingriffe nicht klar voneinander abgrenzbar seien. Insgesamt sei die Aussage des Art. 24, wonach Keimbahninterventionen gegen die Menschenwürde verstoßen *könnten*, nach wie vor gültig und

[109] *Kersten*, Das Klonen von Menschen, S. 229 m.w.N: Die im Art. 24 eingefügte Formulierung sei als Zugeständnis an die Diskussion des „Dolly"-Jahres 1997 zu verstehen. Siehe auch *Fulda*, in: Winter et al. (Hrsg.), Genmedizin und Recht, S. 195 (200). Der Generaldirektor der UNESCO selbst ging von keiner grundsätzlichen Unverfügbarkeit des menschlichen Genoms aus *UNESCO*, Committee of Governmental Experts for the Finalization of a Declaration on the Human Genome, S. 7 Rn. 41. Als Argument wird die Veränderung, der das Genom von Natur aus unterworfen ist, herangezogen. Hieraus die Verfügbarkeit des Genoms für den Menschen abzuleiten, geht jedoch fehl: Nur weil sich das Genom von Natur aus verändert, ist noch nichts darüber ausgesagt, ob dies auch der Mensch soll tun dürfen, siehe *Kersten*, Das Klonen von Menschen, S. 238.

[110] *Honnefelder*, in: Honnefelder und Streffer (Hrsg.), Jahrbuch für Wissenschaft und Ethik, Band 3, S. 215 (228); *Braun*, Menschenwürde und Biomedizin, S. 276 f.; schon aufgrund der fehlenden rechtlichen Verbindlichkeit der Vorschrift ein hieraus folgendes Verbot ablehnend *Felsenheld (rapporteur public)*, RFDA 2017, S. 1127 ff. (Punkt 1.4.) (zitiert über dalloz. fr). Zudem befasse sich die Vorschrift ohnehin nur mit den Aufgaben des Internationalen Bioethik-Komitees und könne daher nicht zur Beantwortung der Frage, ob ein bestimmtes Verhalten erlaubt sei oder nicht herangezogen werden, so *Tribunal adimistratif* von Montreuil, 7. Juni 2017, n° 1610385, Fondation Jérôme Lejeune, Rn. 12 (verfügbar unter http://www.conseil-etat.fr/content/download/113053/1139677/version/1/file/1610385.pdf (zuletzt geprüft am 08.04.2019)).

folglich beizubehalten.[111] Das *IBC* äußerte sich folglich skeptisch und zweifelte den Nutzen und den Bedarf solcher Maßnahmen an, stand der Keimbahntherapie aber wohl eher nicht kategorisch und auf alle Zeiten ablehnend gegenüber. Im Jahre 2015 hob das *IBC* schließlich die ethischen Herausforderungen hinsichtlich der Techniken der Genom-Editierung hervor. Das Komitee ging insbesondere auf die Sicherheitsprobleme ein und sprach sich für ein Moratorium aus.[112] Des Weiteren wies das Komitee auf die Existenz des Arguments hin, vererbbare genetische Veränderung gefährdeten die Würde aller menschlichen Wesen, ohne aber klarzustellen, ob es sich dieses Argument zu eigen machen will.[113] Eine Tabuisierung der Keimbahntherapie lässt sich also aber auch dieser Stellungnahme nicht entnehmen.

In der Literatur wurden zahlreiche Versuche unternommen, auch aus anderen Vorschriften Aussagen zu Keimbahneingriffen abzuleiten, was jedoch nur teilweise gelingt:[114]

Aus *Art. 5 lit. a)*[115] ergibt sich, dass Eingriffe in das Genom nur nach vorheriger strenger Abwägung des damit verbundenen möglichen Risikos und Nutzens durchgeführt werden dürfen. Aufgrund dessen steht die Erklärung der Keimbahntherapie jedenfalls nach heutigem Forschungsstand aufgrund der unüberschaubaren Risiken entgegen.[116]

Zudem wurde erwogen, aus *Art. 5 lit. b) S. 1*[117] ein Verbot abzuleiten. Die Vorschrift regelt das Prinzip der vorherigen, aus freien Stücken nach fachgerechter Aufklärung erteilten Einwilligung der betroffenen Person, den jegliche Intervention in das Genom voraussetzt. Da die Keimbahnintervention aber vor allem künftige Menschen betreffe und deren Einwilligung nicht eingeholt werden könne, sei von der Unzulässigkeit der Keimbahntherapie auszugehen.[118] Dabei handelt es sich jedoch um eine Fehlinterpretation der Norm: Die Einwilligung durch künftige Menschen liegt jenseits des normativen Horizonts dieser Regelung. Die Norm setzt ein Rechtssubjekt, eine Person, voraus. Ein solches bzw. eine solche ist aber nur der lebende, nicht auch der künftige Mensch: Dieser hat weder Rechte noch Pflichten. Auch eine Einwilligung in von heute lebenden Menschen für künftige, etwa i.S.d. Art. 5 lit. b)

---

[111] *UNESCO (IBC)*, Report of the IBC on Pre-impantation Genetic Diagnosis and Germ-line Intervention, S. 11 Rn. 79 ff. (Hervorhebung durch Autorin).

[112] *UNESCO (IBC)*, Report of the IBC on Updating Its Reflection on the Human Genome and Human Rights, S. 25 Rn. 105 und S. 28 Rn. 118.

[113] So, Art. 1 der Erklärung heranziehend, *UNESCO (IBC)*, Report of the IBC on Updating Its Reflection on the Human Genome and Human Rights, Rn. 107. Zu Art. 1 siehe S. 60 ff.

[114] Hierzu und zum Folgenden *Kersten*, Das Klonen von Menschen, S. 230 ff.

[115] „Forschung, Behandlung und Diagnose, die das Genom eines Menschen betreffen, dürfen nur nach vorheriger strenger Abwägung des damit verbundenen möglichen Risikos und Nutzens und im Einklang mit allen sonstigen Anforderungen innerstaatlichen Rechts durchgeführt werden."

[116] Ausführlich *Kersten*, Das Klonen von Menschen, S. 232 ff. Der Wortlaut sei dabei hinreichend offen, um das *riskassessment* auch auf künftige Menschen beziehen zu können.

[117] „In allen Fällen muß die vorherige, aus freien Stücken nach fachgerechter Aufklärung erteilte Einwilligung der betroffenen Person eingeholt werden."

[118] *Benda*, Biomedical Ethics 1997, 2 (1), S. 17 (21).

S. 2,[119] ist nicht denkbar: Eine Einwilligung kann nur für andere lebende Menschen erteilt werden.[120]

Teils wird auch versucht, *Art. 2 lit. b)*[121] beschränkend heranzuziehen: Die Norm verbietet es, den Menschen auf seine genetischen Eigenschaften zu reduzieren und gebietet, seine Einzigartigkeit und Vielfältigkeit zu achten. Aus letzterem Gebot soll sich ein Verbot der Keimbahntherapie ergeben.[122] Allerdings ist die Einzigartigkeit des Menschen nicht als Pflicht zu einer bestimmten genetischen Identität zu verstehen, die nicht verändert werden dürfte. Eine solche Annahme wäre geradezu eine Reduzierung auf genetische Eigenschaften, der die Norm gerade entgegentreten will. Die zu achtende Einzigartigkeit bezieht sich vielmehr auf den ganzen Menschen, nicht auf sein Genom. Dies ergibt sich daraus, dass Art. 2 lit. b) an Art. 2 lit. a)[123] anknüpft, welcher vorgibt, die Würde des Menschen sei unabhängig von seinen genetischen Eigenschaften zu achten. Der Menschen muss folglich hinsichtlich seiner Einzigartigkeit als Ganzes in den Blick genommen werden. Es ist also nicht möglich, die Einzigartigkeit eines Menschen mit seiner bloßen genetischen Konstitution zu verknüpfen, sodass aus der Vorschrift kein Verbot der Keimbahntherapie abgeleitet werden kann.[124]

Zudem wird *Art. 1* der Erklärung in der Debatte zu Keimbahneingriffen angeführt. Art. 1 legt fest: „Das menschliche Genom liegt der grundlegenden Einheit aller Mitglieder der menschlichen Gesellschaft sowie der Anerkennung der ihnen innewohnenden Würde und Vielfalt zugrunde. In einem symbolischen Sinne ist es das Erbe der Menschheit." Hier stellt sich die Frage, ob aus S. 2 ein kategorisches Verbot der Keimbahntherapie abgeleitet werden kann.[125]

Die ursprünglichen Entwürfe der Erklärungen waren wesentlich „offensiver" formuliert. Dort war noch uneingeschränkt vom Genom als „gemeinsamen Erbe der Menschheit"[126] die Rede. Mit dem Begriff „gemeinsames Erbe" soll, so schon in früheren Erklärungen der UNESCO, eine völkerrechtlich anerkannte Grundlage geschaffen werden, um den Umgang mit bestimmten Gütern für alle Regionen und Staaten zu regeln. Beispielhaft für solche unter dem Begriff des „gemeinsamen Erbes" geschützten kollektiven Güter sind etwa der Meeresboden, der Mond oder be-

[119] „Ist sie [die betroffene Person] nicht in der Lage, ihre Einwilligung zu erteilen, so sind die Zustimmung oder Ermächtigung in der gesetzlich vorgeschriebenen Weise einzuholen, geleitet von dem Bestreben, zum Besten der Person zu handeln."

[120] Ausführlich *Kersten*, Das Klonen von Menschen, S. 231 f.

[121] „Diese Würde gebietet es, den Menschen nicht auf seine genetischen Eigenschaften zu reduzieren und seine Einzigartigkeit und Vielfalt zu achten."

[122] *Bodendiek und Nowrot*, AVR 1999, S. 177 (197 Fn. 111).

[123] „Jeder Mensch hat das Recht auf Achtung seiner Würde und Rechte, unabhängig von seinen genetischen Eigenschaften."

[124] *Kersten*, Das Klonen von Menschen, S. 236.

[125] Hierzu und zum Folgenden ausführlich *Kersten*, Das Klonen von Menschen, S. 237 ff.

[126] Siehe Vorläufiger Entwurf einer „Allgemeinen Erklärung der UNESCO zum Menschlichen Genom und zu den Menschenrechten" vom 20. Dezember 1996, abgedruckt in *Honnefelder und Streffer* (Hrsg.), Jahrbuch für Wissenschaft und Ethik, Band 2, S. 319 ff.

stimmter Kulturgüter.[127] Die Funktion dieses Konzepts besteht darin, die Ausbeutung natürlicher Ressourcen zu internationalisieren, eine gerechte Teilhabe weniger industrialisierter Länder zu gewährleisten oder bestimmte Werte für künftige Generationen zu wahren.[128]

Die Übertragung dieses Konzepts auf das menschliche Genom wurde stark kritisiert. So werde das „gemeinsame Erbe der Menschheit" mit dem menschlichen Genom auf Güter ausgedehnt, welche die individuelle Privatsphäre des Menschen direkt betreffen. Diese Ausweitung des Begriffs auf ein völlig anderes Terrain sei nicht nur ethisch problematisch, sondern ergebe sich auch nicht aus der Logik der bisherigen Begriffsverwendung. Schon die Doppeldeutigkeit des Begriffs des „menschlichen Genoms" unterscheide das Genom von anderen Gütern, die von der UNESCO zum „gemeinsamen Erbe der Menschheit" erhoben worden seien. Das „menschliche Genom" könne sowohl als Inbegriff der Gene eines Individuums als auch als Inbegriff der genetischen Information der Gattung, also als die genetischen Strukturen, die allen Menschen gleich sind, verstanden werden.[129] Problematisch an dieser Formulierung sei zudem, dass durch den Schutz des menschlichen Artgenoms als eigenes Rechtsgut (kollektive) Menschheitsinteressen begründet würden, die einen „Rechtstitel für die Einschränkung von Individualrechten" darstellten.[130] Die Ermöglichung einer solchen Abwägung zwischen kollektiven und individuellen Interessen war im Übrigen sogar erklärtes Ziel dieser konkreten Formulierung: *„The term „common heritage of humanity", which was attributed to the human genome, should therefore be maintained in the declaration in view of the need to guarantee respect for human dignity and human rights and the need for a balance between the protection of individual rights and the common interest of humanity.*"[131]

---

[127] *Düwell und Mieth*, in: Honnefelder und Streffer (Hrsg.), Jahrbuch für Wissenschaft und Ethik, Band 2, S. 329 (337 f.); *Benda*, Biomedical Ethics 1997, 2 (1), S. 17 (18); *Düwell*, in: Bender (Hrsg.), Eingriffe in die menschliche Keimbahn, S. 83 (90).

[128] *Braun*, Menschenwürde und Biomedizin, S. 265.

[129] *Düwell und Mieth*, in: Honnefelder und Streffer (Hrsg.), Jahrbuch für Wissenschaft und Ethik, Band 2, S. 329 (337 f.); *Düwell*, in: Bender (Hrsg.), Eingriffe in die menschliche Keimbahn, S. 83 (90). Der kollektive Aspekt kann sich dabei auch auf den menschlichen Genpool beziehen, also auf die Summe aller individuellen Genome *Kersten*, Das Klonen von Menschen, S. 240.

[130] *Honnefelder*, in: Honnefelder und Streffer (Hrsg.), Jahrbuch für Wissenschaft und Ethik, Band 3, S. 225 (226 und 229); *Fulda*, in: Winter et al. (Hrsg.), Genmedizin und Recht, S. 195 (198); *Benda*, Biomedical Ethics 1997, 2 (1), S. 17 (19) im Hinblick auf die Gefahr einer Abwägung zwischen kollektiven Interessen und individueller Menschenwürde; *Düwell und Mieth*, in: Honnefelder und Streffer (Hrsg.), Jahrbuch für Wissenschaft und Ethik, Band 2, S. 329 (340), mit Hinweis auf Vorschriften der Erklärung, durch die die Menschheit zum Rechtsträger erhoben wird, S. 339 f. Die Gefahr einer Abwägung zwischen kollektiven Interessen und individuellen Menschenrechten sieht *Düwell* auch in der endgültigen Fassung nicht vollständig gebannt, siehe *Düwell*, in: Bender (Hrsg.), Eingriffe in die menschliche Keimbahn, S. 83 (91 f.): So könne etwa gem. Art. 12 b) der Erklärung die Anwendung der Forschung, die das menschliche Genom betrifft, auch der Verbesserung der gesamten Menschheit dienen.

[131] *UNESCO (IBC/Legal Commission)*, Fifth Meeting of the Legal Commission, 1995 (Online-Dokument); auf das Bedürfnis eines *„dynamic balance"* hinweisend auch *UNESCO (IBC)*, International consultation on the outline of a UNESCO declaration on the human genome, 1996 (On-

Durch die endgültig gewählte Formulierung des Erbes der Menschheit in einem symbolischen Sinne erfolgte aber letztlich eine „normative Neutralisierung“ dieses Abwägungskonzepts: Hierdurch entfällt die Möglichkeit einer Abwägung zwischen rechtlich geschützten Interessen der Menschheit mit solchen von Individuen und der Einschränkung letzterer.[132] Aus diesem Grund folgen aus Art. 1 S. 2 auch keine Rechtspflichten für Individuen, aus denen die „Unantastbarkeit“ des menschlichen Genoms begründet werden könnte. Art. 1 S. 2 der UNESCO-Erklärung lässt sich damit kein Verbot der Keimbahntherapie entnehmen.[133] Das *IBC* stellte jüngst unter Verweis auf diese Vorschrift fest, sie drücke eine „globale Verantwortung“ aus, welche nicht nur Staaten und Regierungen treffe, sondern die internationale Gemeinschaft als Ganzes. Genetische Eingriffe sollten stets von ethischen Prinzipien geleitet werden. Staaten sollten diesbzgl. keine Alleingänge unternehmen, sondern sich vielmehr für die Entwicklung globaler Standards und Regelungen einsetzen.[134] Auch diese Ausführungen zeigen, dass sich der Vorschrift keine konkreten Verbote entnehmen lassen, sondern sie „lediglich“ an das Verantwortungsbewusstsein der Menschen appelliert.[135]

bb. Mitochondrientransfer

Für Verfahren des Mitochondrientransfers gilt das eben Gesagte. Insbesondere Risikoaspekte sind geeignet, ein Verbot solcher Verfahren über Art. 5 lit. a) zu begründen. Jedenfalls bzgl. der Techniken des Kerntransfers wies das *IBC* im Jahre 2015 noch darauf hin, dass unter Naturwissenschaftlern noch keine Einigkeit bestehe, wann diese hinreichend sicher und effektiv seien.[136] Art. 5 lit. a) kann also als noch einschlägig bewertet werden.

---

line-Dokument), dort aber widersprüchlicherweise gleichzeitig die Untrennbarkeit der Interessen des Individuums und der Interessen der Menschheit betonend.

[132] *Kersten*, Das Klonen von Menschen, S. 276, dort auch zum Begriff „normative Neutralisierung“; siehe auch *Honnefelder*, in: Honnefelder und Streffer (Hrsg.), Jahrbuch für Wissenschaft und Ethik, Band 3, S. 225 (226); von einer „Entschärfung“ des kollektivistischen und damit problematischen Gehalts durch Streichung des Wortes „gemeinsames“ und der Transformierung eines völkerrechtlichen Konzepts in eine Metapher spricht *Braun*, Menschenwürde und Biomedizin, S. 271; kritisch hinsichtlich der Frage, was die durch die neue Formulierung erfolgte Einschränkung besagen soll, *Düwell*, in: Bender (Hrsg.), Eingriffe in die menschliche Keimbahn, S. 83 (90).

[133] *Kersten*, Das Klonen von Menschen, S. 277.

[134] *UNESCO (IBC)*, Report of the IBC on Updating Its Reflection on the Human Genome and Human Rights, S. 27 Rn. 115 f.

[135] Insbesondere soll die Vorschrift eine „materielle Verteilungsgerechtigkeit zwischen den „wissensbesitzenden“ und den „wissensbedürftigen Staaten“ anmahnen, um eine einseitige klinische und kommerzielle Ausnutzung der Genomforschung durch die führenden Industriestaaten zu verhindern, siehe *Müller-Terpitz*, Der Schutz des pränatalen Lebens, S. 414 m.w.N.

[136] *UNESCO (IBC)*, Report of the IBC on Updating Its Reflection on the Human Genome and Human Rights, S. 28 Rn. 118.

b. Keimbahneingriffe zur Ermöglichung der Fortpflanzung

Risikoaspekte stehen auch der Durchführung von Keimbahneingriffen zur reinen Ermöglichung der Fortpflanzung, etwa durch Behebung genetischer Defekte in Spermatogonien durch CRISPR/Cas9 oder durch Verwendung artifizieller Gameten, entgegen. Hierüber hinausgehende Vorgaben, etwa in Bezug auf eine als zwingend betrachtete Art der Fortpflanzung, enthält die Erklärung nicht.

3. Zwischenergebnis

Der UNESCO-Erklärung über das menschliche Genom und Menschenrechte lässt sich ein Verbot von Keimbahneingriffen mit Auswirkung auf geborene Menschen nur in Bezug auf die aktuell noch bestehenden Risiken entnehmen. Ein grundsätzliches Verbot solcher Maßnahmen findet sich in der Erklärung nicht. Ebenso wenig ist Forschung an Embryonen von der Erklärung erfasst.

III. Allgemeine Erklärung über Bioethik und Menschenrechte

Die Allgemeine Erklärung über Bioethik und Menschenrechte wurde durch die 33. UNESCO-Generalkonferenz am 19. Oktober 2005 angenommen. Im Oktober 2001 forderte die Generalkonferenz den Generaldirektor der UNESCO auf, Möglichkeiten der Entwicklung eines allgemeinen Instruments auf dem Feld der Bioethik zu untersuchen. Hiermit wurde das *IBC* beauftragt.[137] Dieses kam zu dem Schluss, unter den divergierenden Einstellungen zur Bioethik könnten Gemeinsamkeiten durch Konzentration auf fundamentale Grundsätze gefunden werden.[138]

Hinsichtlich Forschung an Embryonen lassen sich der Erklärung keine Aussagen entnehmen. Die Erklärung will zwar durch Sicherstellung des Respekts vor allgemein „menschlichem Leben" die Beachtung der Menschenwürde fördern (Art. 2 lit. c)),[139] die Prinzipien der Erklärung beziehen sich jedoch auf geborene Menschen

[137] *ten Have*, in: Deutsche UNESCO-Kommission e.V. (Hrsg.), Allgemeine Erklärung über Bioethik und Menschenrechte, S. 27 (27); *Kollek*, in: Deutsche UNESCO-Kommission e.V. (Hrsg.), Allgemeine Erklärung über Bioethik und Menschenrechte, S. 37 (39), dort auch jeweils zum Entstehungsprozess der Erklärung. Der erste Entwurf wurde im Jahr 2005 durch das *IBC* entwickelt, siehe *UNESCO (IBC)*, Preliminary Draft Declaration on Universal Norms on Bioethics.

[138] *UNESCO (IBC)*, Report of the IBC on the Possibility of Elaborating a Universal Instrument on Bioethics, Rn. 55; *ten Have*, in: Deutsche UNESCO-Kommission e.V. (Hrsg.), Allgemeine Erklärung über Bioethik und Menschenrechte, S. 27 (29):

[139] „Die Ziele dieser Erklärung sind […] c) die Achtung der Menschenwürde zu fördern und die Menschenrechte zu schützen, indem die Achtung des menschlichen Lebens und der Grundfreiheiten im Einklang mit den internationalen Menschenrechtsnormen sichergestellt wird; […]".

(so etwa das Gebot der Aufklärung und Einwilligung, Art. 5[140] und 6).[141] Fragen, die sich aus speziellen pränatalen Gefährdungstatbeständen ergeben, werden nicht aufgegriffen.[142] Der Umgang mit vorgeburtlichem Leben sollte mit dieser Erklärung folglich nicht behandelt werden.

Hinsichtlich (klassischer) Keimbahneingriffe zu therapeutischen oder verbessernden Zwecken führte das *IBC* in der der Erklärung vorausgehenden Stellungnahme aus, bislang bestünden erhebliche Sicherheitsrisiken und unbeantwortete ethische Fragen hinsichtlich der Bedeutung von Begriffen wie „normal", „Therapie" und „Enhancement". Es seien schwierige Fragen hinsichtlich der Risiko-Nutzen-Abwägung, des gerechten Zugangs, der Kosten und der Konsequenzen der Verfahren für die menschliche Entwicklung zu beantworten. Ein universelles Instrument für die Bioethik könne „einen Mechanismus zur Verfügung zu stellen, mit dem die Aufmerksamkeit der Menschen auf grundlegende Fragen der Menschheit gelenkt werden kann, denen sich die Menschen mit Rücksicht auf Langzeitwirkungen und eventuell unumkehrbaren Auswirkungen auf die weitere Entwicklung der menschlichen Spezies widmen sollten."[143]

Im Einklang mit dieser fehlenden Festlegung hinsichtlich der Zu- oder Unzulässigkeit von Keimbahneingriffen wurde schließlich Art. 16 zum Schutz künftiger Generationen beschlossen: „Die Auswirkung der Lebenswissenschaften auf künftige Generationen einschließlich ihrer genetischen Konstitution sollen gebührend berücksichtigt werden." In der Aufforderung der „gebührenden Berücksichtigung" spiegelt sich der Appell des *IBC* an die Menschen wieder, bei ihren Entscheidungen ihre Aufmerksamkeit auch in die Zukunft zu richten und Auswirkungen auf künftige Generationen zu bedenken. Diese Überlegung spricht dafür, dass die Vorschrift Keimbahneingriffen jeglicher Art entgegensteht, solange Risikofaktoren noch nicht hinreichend geklärt sind. Ein kategorisches Verbot von Keimbahneingriffen folgt aus dieser vagen Formulierung aber nicht.[144]

---

[140] „Die Freiheit einer Person, selbständig eine Entscheidung zu treffen, für die sie die Verantwortung trägt und bei der sie die Entscheidungsfreiheit anderer achtet, ist zu achten. Für Personen, die nicht in der Lage sind, sich frei und selbständig zu entscheiden, sind besondere Maßnahmen zum Schutz ihrer Rechte und Interessen zu ergreifen."

[141] Etwa Abs. 1 S. 1: „Jede präventive, diagnostische und therapeutische medizinische Intervention hat nur mit vorheriger, freier und nach Aufklärung erteilter Einwilligung der betroffenen Person auf der Grundlage angemessener Informationen zu erfolgen."

[142] *Müller-Terpitz*, Der Schutz des pränatalen Lebens, S. 417.

[143] *UNESCO (IBC)*, Report of the IBC on the Possibility of Elaborating a Universal Instrument on Bioethics, Rn. 20.

[144] Zu dieser Vorschrift siehe auch *Bergel*, Revista Bioética 2015, S. 446 (452), der aus dieser Vorschrift ebenso keine konkrete Aussage ableitet, sondern gewisse Bedenken hinsichtlich Keimbahneingriffen aufzeigt. Er spricht sich dabei gegen „Enhancement" aus und weist auf die Gefahr der Entstehung von Ungleichheiten durch Keimbahninterventionen hin, vor der künftige Generationen zu schützen seien.

IV. Erklärung über die Verantwortung der heutigen Generation gegenüber den künftigen Generationen

Die Erklärung über die Verantwortung der heutigen Generation gegenüber den künftigen Generationen wurde auf der 29. UNESCO-Generalkonferenz im November 1997 in Paris verabschiedet. Auch sie enthält kein konkretes Verbot von Keimbahneingriffen mit Auswirkung auf geborene Menschen. Sie mahnt „lediglich" die Berücksichtigung der Interessen künftiger Generationen sowie den Erhalt bestimmter Güter für dieselben an. Ziel der Erklärung ist der Existenzerhalt der Menschheit und ihrer Umwelt. Das menschliche Genom findet dabei in Art. 6 Erwähnung: „Unter uneingeschränkter Achtung der menschlichen Würde und der Menschenrechte müssen das menschliche Genom geschützt und die Artenvielfalt gewahrt werden." Konkrete Vorgaben, dass etwa die Vornahme von Keimbahneingriffen dem Schutz des Genoms grundsätzlich entgegenstünde, macht die Erklärung nicht. Auch diese Vorschrift appelliert lediglich allgemein an das Verantwortungsbewusstsein der heute lebenden Generationen, bei ihren Handlungen stets den Schutz der künftigen Menschen und zu diesem Zweck auch den Schutz des menschlichen Genoms im Blick zu behalten. Die Vorschrift steht also vererbbaren genetischen Eingriffen mit unüberschaubaren Risiken entgegen. Ein kategorisches Verbot folgt hieraus jedoch nicht.

E. Fazit

Lediglich die BMK äußert sich explizit zur Zu- bzw. Unzulässigkeit von Keimbahninterventionen. Solche mit Auswirkungen auf geborene Menschen sind verboten, solche im Forschungsstadium sind erlaubt, sofern sie nicht mit der Herstellung von Embryonen zu Forschungszwecken einhergehen. Diese Einschränkungen gelten jedoch nur für die Staaten, die die Konvention unterzeichnet haben, wie etwa Frankreich, nicht aber für Deutschland. Die EMRK schützt allgemein die Würde und das Leben von Menschen, wobei es jedoch der Interpretation des Rechtsanwenders überlassen ist, ob durch Keimbahneingriffe insbesondere der Würdeschutz tangiert ist. Allenfalls kann das Recht auf Leben Keimbahneingriffen entgegengehalten werden, da diese aktuell noch mit unbeherrschbaren Risiken einhergehen. Ein explizites, grundsätzliches Verbot jedenfalls ergibt sich aus der EMRK nicht. Sie macht auch keine Vorgaben hinsichtlich der Zulässigkeit von Keimbahneingriffen im Forschungsstadium. Die Grundrechtecharta wiederum ist schon vom Anwendungsbereich her nicht einschlägig. Den Erklärungen der UNESCO zu guter Letzt können jedenfalls aktuell noch Verbote von Keimbahneingriffen mit Auswirkung auf geborene Menschen aufgrund der bestehenden Risiken für dieselben entnommen werden. Diese Erklärungen sind allerdings aufgrund ihres Rechtscharakters als *soft law* nicht verbindlich.

Kapitel 5
Nationale Regelungen im Vergleich – Deutschland und Frankreich

Im Folgenden soll untersucht werden, welchen Regelungen neuartige Methoden der Keimbahnintervention in Deutschland und Frankreich unterfallen. Die verschiedenen Arten des Keimbahneingriffs werden entsprechend der zu Beginn der Arbeit vorgestellten Systematik wieder wie folgt unterteilt: Auf der einen Seite werden die Anwendung von CRIPSR/Cas9 an Keimbahnzellen zur Festlegung bestimmter Eigenschaften des Nachwuchses und der Mitochondrientransfer untersucht (Keimbahneingriffe zur Bestimmung der genetischen Konstitution der Nachkommen). Auf der anderen Seite steht die Anwendung von CRIPSR/Cas9 zur Reparatur genetischer Defekte in Spermatogonien, die zur Unfruchtbarkeit eines Mannes führen, sowie die Verwendung künstlicher, aus hiPS-Zellen hergestellter Gameten (Keimbahneingriffe zur (bloßen) Ermöglichung der Fortpflanzung). Innerhalb beider Kategorien wird nochmals differenziert zwischen einer Anwendung der Techniken im Rahmen bloßer Grundlagenforschung oder präklinischer Forschung und einer Anwendung mit Auswirkung auf geborene Menschen.

A. Deutschland

Im deutschen Recht sind für die Analyse der hier untersuchten Formen des Keimbahneingriffs das Embryonenschutzgesetz (ESchG) sowie die Regelungen zur medizinisch assistierten Fortpflanzung relevant. Bevor die rechtliche Analyse begonnen wird, soll zunächst ein Blick auf den Stand der Debatte in Deutschland in Bezug auf die Anwendung dieser Techniken geworfen werden.

S. Deuring, *Rechtliche Herausforderungen moderner Verfahren der Intervention in die menschliche Keimbahn*, Veröffentlichungen des Instituts für Deutsches, Europäisches und Internationales Medizinrecht, Gesundheitsrecht und Bioethik der Universitäten Heidelberg und Mannheim 49,
https://doi.org/10.1007/978-3-662-59797-2_5

I. Keimbahneingriffe in der öffentlichen Debatte

Bereits einige deutsche Gremien haben sich mit Keimbahneingriffen beschäftigt, wobei der Schwerpunkt der Stellungnahmen eindeutig auf der Anwendung von CRISPR/Cas9 zur gezielten Bestimmung der genetischen Konstitution der Nachkommen lag.[1] Den Anfang zu dieser Thematik machten im Jahr 2015 die *Leopoldina* gemeinsam mit der *DFG,* der *acatech* und der *Union der deutschen Akademien der Wissenschaften*[2] sowie die *Berlin-Brandenburgische Akademie der Wissenschaften* (*BBAW*)[3] im Hinblick auf die im selben Jahr in China durchgeführten Forschungsarbeiten an Embryonen mit CRISPR/Cas9. Beide Stellungnahmen sind von gewisser Zurückhaltung geprägt und vermeiden eine Festlegung ob einer künftig denkbaren Zulässigkeit der Keimbahntherapie. Die *BBAW* schlussfolgert, es bedürfe „einer tiefer greifenden Abwägung der Gründe, die für oder gegen die Zulässigkeit der Keimbahntherapie sprechen"[4] und skizziert die wesentlichen ethischen Probleme und Fragstellungen für und gegen die Zulässigkeit derselben.[5] Die *Leopoldina* unterstützte „ein freiwilliges internationales Moratorium für sämtliche Formen der künstlichen Keimbahnintervention beim Menschen, bei der Veränderungen des Genoms an Nachkommen weitergegeben werden können." Das Moratorium solle dazu dienen, um offene Fragen transparent und kritisch zu diskutieren, den Nutzen und potenzielle Risiken der Methoden zu beurteilen und Empfehlungen für künftige Regelungen zu erarbeiten.[6]

Einen Schritt weiter gingen Wissenschaftler der *Leopoldina* in einem im Jahre 2017 publizierten Diskussionspapier, in dem sie, um eine Entwicklung der Keimbahntherapie überhaupt erst zu ermöglichen, die bislang in Deutschland durch das ESchG verbotene Verwendung „verwaister" Embryonen zu Forschungszwecken empfahl. Nur so könne eine empirische Grundlage für eine normative Bewertung der Risiken und Chancen der Keimbahntherapie geschaffen werden.[7]

Der Deutsche Ethikrat schließlich wies in einer Ad-Hoc-Stellungnahme von September 2017 auf die Notwendigkeit eines ergebnisoffenen Gesprächs der Wissenschaft mit allen relevanten Gruppen der gesellschaftlichen Öffentlichkeit hin: Forschung, deren Ergebnisse solch grundlegende Auswirkungen auf das menschli-

[1] Siehe bereits *Taupitz und Deuring*, in: Hacker (Hrsg.), Nova Actal Leopoldina, S. 63 (65 f.); *Deuring*, in: Taupitz und Deuring (Hrsg.), Rechtliche Aspekte der Genom-Editierung an der menschlichen Keimbahn (Kapitel „Genom-Editierung an der menschlichen Keimbahn - Deutschland").

[2] *Nationale Akademie der Wissenschaften Leopoldina et al.*, Chancen und Grenzen des *genome editing*.

[3] *Reich et al.*, in: BBAW (Hrsg.), Genomchirurgie beim Menschen.

[4] *Reich et al.*, in: BBAW (Hrsg.), Genomchirurgie beim Menschen, S. 18.

[5] *Reich et al.*, in: BBAW (Hrsg.), Genomchirurgie beim Menschen, S. 18 ff.

[6] *Nationale Akademie der Wissenschaften Leopoldina et al.*, Chancen und Grenzen des *genome editing*, S. 13.

[7] *Bonas et al.*, in: Deutsche Akademie der Naturforscher Leopoldina e. V.– Nationale Akademie der Wissenschaften (Hrsg.), Ethische und rechtliche Beurteilung des genome editing in der Forschung an humanen Zellen, S. 8 f.

che Selbstverständnis haben könnten, seien keine interne Angelegenheit der Wissenschaft. Auch dürfe die Debatte nicht nur auf nationaler Ebene geführt werden, sondern müsse auf eine internationale Ebene verlagert werden. Ein solches Erfordernis bestehe auch bzgl. offener Fragen und möglicher Konsequenzen hinsichtlich einer möglichen Anwendung der Keimbahntherapie mit Auswirkung auf geborene Menschen. Der Thematik sollten sich die Vereinten Nationen annehmen, etwa durch Veranstaltung einer internationalen Konferenz, Festlegung von global verbindlichen Sicherheitsstandards oder Resolutionen bzw. völkerrechtlichen Konventionen.[8]

In seiner jüngsten Stellungnahme aus dem Jahr 2019 forderte der Deutsche Ethikrat zudem ein verbindliches internationales Moratorium für die klinische Anwendung von Verfahren der Genom-Editierung am Menschen. Die Zeit des Moratoriums solle für einen transparenten Diskurs- und Evaluierungsprozess im Hinblick auf mögliche Zielsetzungen für Keimbahninterventionen am Menschen genutzt werden und zudem Raum für Grundlagenforschung und präklinische Forschung schaffen, um eine verfrühte Anwendung zu verhindern.[9] Solche Forschung im Hinblick auf die Verbesserung der Techniken und auf einen möglichen Erkenntnisgewinn für künftige Keimbahninterventionen befürwortete der Ethikrat ausdrücklich und sprach sich mehrheitlich sogar für eine Forschung an überzähligen Embryonen in vitro aus.[10] Darüber hinaus befürwortete die Mehrheit der Mitglieder des Ethikrats eine künftige Zulassung von Keimbahninterventionen mit dem Ziel der Vermeidung monogen vererbbarer Krankheiten. Solche Eingriffe müssten zunächst, wenn die Ergebnisse der Forschung aus präklinischen Studien es ermöglichten, als klinische Studien durchgeführt werden, unter Einhaltung der für die Durchführung klinischer Studien etablierten ethischen und rechtlichen Anforderungen.[11] Eine reguläre klinische Anwendung komme dann in Betracht, wenn nach Abschluss der klinischen Studien die Mindestanforderungen an die Sicherheit, Wirksamkeit und Verträglichkeit der jeweiligen Anwendung und zudem die Anforderungen an eine angemessene rechtliche und gesellschaftliche Gestaltung und Begleitung der jeweiligen Anwendung erfüllt sein.[12] Weder stünden solchen Eingriffen kategorische Einwände im Wege,[13] noch gebe es sonstige wesentliche Argumente gegen solche Interventionen.[14] Zurückhaltender äußerte sich der Deutsche Ethikrat hingegen zu solchen Keimbahninterventionen, die eine bestimmte Krankheit nicht vermeiden, sondern lediglich das Risiko ihres Ausbruchs senken: Der Ethikrat verzichtete auf eine pauschale Abstimmung zu dieser Frage und legte lediglich die Aspekte dar, die einer Entscheidung zugrunde gelegt werden könnten. So sei etwa

[8] *Deutscher Ethikrat*, Keimbahneingriffe am menschlichen Embryo, S. 4 ff.

[9] *Deutscher Ethikrat*, Eingriffe in die menschliche Keimbahn, S. 190.

[10] *Deutscher Ethikrat*, Eingriffe in die menschliche Keimbahn, S. 190, 197.

[11] *Deutscher Ethikrat*, Eingriffe in die menschliche Keimbahn, S. 143 f. und Schaubild auf S. 193.

[12] *Deutscher Ethikrat*, Eingriffe in die menschliche Keimbahn, Schaubild auf S. 193. Dies betrifft etwa Fragen der Zugangs- und Verteilungsgerechtigkeit, siehe *dort*, S. 154.

[13] *Deutscher Ethikrat*, Eingriffe in die menschliche Keimbahn, S. 147 f., 204.

[14] *Deutscher Ethikrat*, Eingriffe in die menschliche Keimbahn, S. 156.

relevant, wie sicher und effektiv der Eingriff sei, wie groß das zu erwartenden Ausmaß der Risikoreduktion eingeschätzt werden könne und welche alternativen Präventions- und Behandlungsansätze zur Verfügung stünden.[15] Auch hinsichtlich enhancender Maßnahmen legte sich der Ethikrat nicht fest und bezeichnete eine pauschale Bewertung mit „Ja" oder „Nein" als unangemessen. Er beschränkte seine Stellungnahme auf die Bezeichnung der Argumente, die für oder gegen solche Eingriffe sprechen können.[16]

Die weiteren in dieser Arbeit untersuchten gentechnischen Methoden wurden hingegen bislang sehr stiefmütterlich behandelt. Zur Verwendung von hiPS-Zellen zu reproduktiven Zwecken äußerten sich der Deutsche Ethikrat im Jahr 2014 mit einer Ad-Hoc-Stellungnahme sowie, bereits im Jahr 2009, die *BBAW* gemeinsam mit der *Leopoldina* und der *Nationalen Akademie der Wissenschaften*. Der Deutsche Ethikrat vermied dabei eine eindeutige Festlegung hinsichtlich einer denkbaren Zulässigkeit einer Fortpflanzung auf diesem Wege und wies lediglich darauf hin, eine Entscheidung könne nur auf der Grundlage einer eingehenden Auseinandersetzung mit ethischen Fragen getroffen werden. So müsse über die Auswirkung auf die Nachkommen und das Verhältnis der Generationen zueinander sowie die Bedeutung von Natürlichkeit und Künstlichkeit am Anfang des menschlichen Lebens nachgedacht werden. Zu klären sei zudem, was die Beseitigung des Erfordernisses einerseits der Verschiedengeschlechtlichkeit der Fortpflanzung sowie andererseits der Abstammung von zwei Personen bedeute.[17] Die *BBAW* bewertete eine Verwendung von aus hiPS-Zellen hergestellten Gameten als *gegenwärtig* nicht zu rechtfertigen, eine weitere Auseinandersetzung mit der Thematik unterblieb.[18] Der Mitochondrientransfer war lediglich (unter anderem) Gegenstand der Jahrestagung des Deutschen Ethikrats am 22. Mai 2014 zum Thema „Fortpflanzungsmedizin in Deutschland; Individuelle Lebensentwürfe – Familie – Gesellschaft."[19]

II. Regelungen und Hintergründe

Wie eingangs erwähnt sind für die rechtliche Bewertung der untersuchten Methoden das ESchG sowie die Regelungen der medizinisch assistierten Reproduktion relevant. Im Folgenden werden die Entstehungsgeschichte und Hintergründe der im Rahmen der sich anschließenden rechtlichen Prüfung heranzuziehenden Vorschriften dargestellt, als Grundlage für die spätere Auslegung der Normen im Rahmen der rechtlichen Prüfung und den Rechtsvergleich.

---

[15] *Deutscher Ethikrat*, Eingriffe in die menschliche Keimbahn, S. 156 ff., 205.

[16] *Deutscher Ethikrat*, Eingriffe in die menschliche Keimbahn, S. 172 ff., 207 f.

[17] *Deutscher Ethikrat*, Stammzellforschung, S. 5.

[18] *Beier et al.*, in: BBAW (Hrsg.), Neue Wege der Stammzellforschung, S. 8 f.

[19] Zu den Vorträgen siehe http://www.ethikrat.org/veranstaltungen/jahrestagungen/fortpflanzungsmedizin-in-deutschland (zuletzt geprüft am 23.04.2018).

1. Embryonenschutzgesetz (ESchG)

a. Einführung

Das ESchG wurde am 13. Dezember 1990 erlassen und trat am 01.01.1991 in Kraft.[20] Es basiert überwiegend auf dem Bericht der sogenannten Benda-Kommission, der „Arbeitsgruppe In-vitro-Fertilisation, Genomanalyse und Gentherapie“ unter dem Vorsitz des ehemaligen Präsidenten des Bundesverfassungsgerichts *Ernst Benda*, die aus Naturwissenschaftlern, Medizinern, Vertretern der beiden großen Kirchen und der Philosophie sowie aus Rechtswissenschaftlern bestand.[21] Weiteren Einfluss hatten der Abschlussbericht der Enquête-Kommission „Chancen und Risiken der Gentechnologie“ des Deutschen Bundestags vom Januar 1987,[22] der Bericht der Bund-Länder-Arbeitsgruppe „Fortpflanzungsmedizin“ vom August 1988,[23] der Diskussionsentwurf eines Gesetzes zum Schutz von Embryonen des Bundesministeriums der Justiz vom April 1986,[24] die Entschließung des Bundesrats zur extrakorporalen Befruchtung vom Mai 1986[25] sowie der Kabinettsbericht zur künstlichen Befruchtung beim Menschen der Bundesregierung vom Februar 1988.[26] Der von der Regierung beschlossene „Entwurf eines Gesetzes zum Schutz von Embryonen (Embryonenschutzgesetz – ESchG)“ wurde schließlich mit einigen Änderungen verabschiedet.[27] Das Gesetz ist als Strafgesetz ausgestaltet, da der Bund zum damaligen Zeitpunkt keine Gesetzgebungszuständigkeit für den Bereich der Fortpflanzungsmedizin hatte. Um wenigstens die wesentlichen Aspekte regeln zu können, bediente er sich seiner Zuständigkeit für den Bereich des Strafrechts (Art. 74 Abs. 1 Nr. 1 GG).[28,29] Inzwischen besteht für den Bereich der Fortpflanzung eine solche Gesetzgebungskompetenz (Art. 74 Abs. 1 Nr. 26 GG).[30]

---

[20] Bundesgesetzblatt, Nr. 69 vom 19.12.1990, S. 2746 ff.

[21] *Günther*, in: Günther et al. (Hrsg.), ESchG, § 5 Rn. 3.

[22] *Enquête-Kommission „Chancen und Risiken der Gentechnologie“*, BT-Drucks. 10/6775.

[23] *Bundesministerium der Justiz* (Hrsg.), Bundesanzeiger Nr. 4a vom 6. Januar 1989.

[24] *Bundesministerium der Justiz*, Diskussionsentwurf eines Gesetzes zum Schutz von Embryonen (abgedruckt in: Günther und Keller (Hrsg.), Fortpflanzungsmedizin und Humangenetik – strafrechtliche Schranken?, S. 349 ff.).

[25] *Bundesrat*, Entschließung des Bundesrats zur extrakorporalen Befruchtung, BR-Drucks. 210/86.

[26] *Bundesregierung*, Kabinettbericht zur künstlichen Befruchtung beim Menschen, BT-Drucks. 11/1856.

[27] *Taupitz*, in: Günther et al. (Hrsg.), ESchG, B.I. Rn. 3; ausführlich zu allen Stellungnahmen und der Entstehung des Embryonenschutzgesetzes siehe *Voss*, Rechtsfragen zur Keimbahntherapie, S. 88 ff.; *v. Bülow*, in: Winter et al. (Hrsg.), Genmedizin und Recht, S. 127 (127 ff.); *Jungfleisch*, Fortpflanzungsmedizin als Gegenstand des Strafrechts?, S. 61 ff.

[28] „Die konkurrierende Gesetzgebung erstreckt sich auf folgende Gebiete: 1. [...] das Strafrecht [...].“

[29] Die Möglichkeiten auslotend, aufgrund derer der Bund gesetzgeberisch tätig werden könnte, bereits die Bund-Länder-Arbeitsgruppe „Fortpflanzungsmedizin“ in ihrem Abschlussbericht, siehe *Bundesministerium der Justiz* (Hrsg.), Bundesanzeiger Nr. 4a vom 6. Januar 1989, S. 28 f.

[30] „[...] 26. die medizinisch unterstützte Erzeugung menschlichen Lebens, die Untersuchung und die künstliche Veränderung von Erbinformationen [...]“.

Aus dem strafrechtlichen Charakter des Gesetzes folgt, dass die Vorschriften des ESchG als Straftatbestände dem Analogieverbot und dem Bestimmtheitsgebot des Art. 103 Abs. 2 GG[31] unterliegen. Verboten ist hiernach jede Auslegung, die über den möglichen Wortsinn hinausgeht; dieser markiert die äußerste Grenze zulässiger Auslegung.[32] Die Norm muss so konzipiert sein, dass der Adressat durch den bloßen Wortsinn bereits erfassen kann, welche Handlung unter Strafe gestellt ist.[33]

b. Die Regelungen im Einzelnen

Für die rechtliche Bewertung der eingangs benannten Methoden des Keimbahneingriffs relevant sind die Vorschriften über die missbräuchliche Verwendung von Fortpflanzungstechniken (§ 1 Abs. 1 Nr. 1, 2 und 7, Abs. 2 ESchG), über die missbräuchliche Verwendung von Embryonen (§ 2 ESchG), über die künstliche Veränderung menschlicher Keimbahnzellen (§ 5 ESchG), über das Klonen (§ 6 ESchG) und über die Chimären und Hybridbildung (§ 7 ESchG).

aa. § 1 Abs. 1 Nr. 1, 2 und 7, Abs. 2 ESchG: Missbräuchliche Anwendung von Fortpflanzungstechniken

Die medizinisch assistierte Reproduktion ist gesetzlich nicht geregelt.[34] Lediglich einige wenige Handlungen werden von gesetzlichen Verbotsvorschriften erfasst. So wird gem. § 1 Abs. 1 mit Freiheitsstrafe bis zu drei Jahren oder mit Geldstrafe bestraft, wer (Nr. 1) „auf eine Frau eine fremde unbefruchtete Eizelle überträgt" und (Nr. 2) „es unternimmt, eine Eizelle zu einem anderen Zweck künstlich zu befruchten, als eine Schwangerschaft der Frau herbeizuführen, von der die Eizelle stammt."

Abs. 1 Nr. 1 soll Eizellspenden verhindern, durch die es zu einer sog. gespaltenen Mutterschaft kommt, bei der genetische und austragende Mutter nicht identisch sind. Als Begründung wurde aufgeführt, es gebe noch keine Erkenntnisse darüber, wie junge Menschen – etwa in der Pubertätszeit – seelisch den Umstand zu verarbeiten vermögen, dass genetische wie austragende Mutter gleichermaßen seine Existenz mitbedingt haben. Das Kind werde entscheidend sowohl durch die von der genetischen Mutter stammenden Erbanlagen als auch durch die enge während der Schwangerschaft bestehende Bindung zwischen ihm und der austragenden Mutter geprägt. Es liege nahe, dass dem jungen Menschen, der sein Leben gleichsam drei Elternteilen zu verdanken hat, die eigene Identitätsfindung wesentlich erschwert sein werde. Zudem sei im Fall der Eizellspende nicht auszuschließen, dass die genetische Mutter versuchen werde, Anteil am Schicksal des von der anderen Frau

---

[31] „Eine Tat kann nur bestraft werden, wenn die Strafbarkeit gesetzlich bestimmt war, bevor die Tat begangen wurde."

[32] BVerfGE 71, 108 (115); BVerfGE 92, 1 (13).

[33] BVerfGE 47, 109 (120).

[34] Siehe zur medizinisch assistierten Reproduktion S. 78 ff.

geborenen Kindes zu nehmen, was bei diesem erhebliche seelische Konflikte auslöse. Es seien zudem seelische Belastungen der Spenderin zu befürchten, stellte diese einer Empfängerin (überzählige) Eizellen zur Verfügung und glückte bei dieser eine Schwangerschaft, bei ihr selbst jedoch nicht. IVF und Embryotransfer seien in zahlreichen Fällen erfolglos, sodass sich die Spenderin mit der Tatsache auseinandersetzen zu müssen, selbst kinderlos zu sein, während eine anderen Frau ein ihr „genetisch zugehöriges“ Kind bekomme.[35]

Abs. 1 Nr. 2 verbietet einerseits das Unternehmen der Befruchtung von Eizellen zu anderen Zwecken als der Herbeiführung einer *Schwangerschaft*, also etwa zu Forschungszwecken. Andererseits verbietet sie das Ziel der Herbeiführung einer Schwangerschaft bei einer *anderen* Frau als der, von der die Eizelle stammt. Hierdurch soll der Embryonenspende vorgebeugt werden, durch die ebenso eine gespaltene Mutterschaft herbeigeführt wird. Zudem sollen Ammenmutterschaften[36] verhindert werden, bei denen zwischen den Beteiligten abgesprochen ist, dass das Kind nach der Geburt an die genetischen Eltern herausgegeben werden soll. Die Vorschrift ist als Unternehmensdelikt ausgestaltet, was nach § 11 Abs. 1 Nr. 6 StGB[37] bedeutet, dass der Versuch der vollendeten Tat gleichsteht. Der Erfolg i.S.e. Befruchtung, also einer Kernverschmelzung, muss nicht eintreten: Der Täter soll nicht dadurch entlastet werden, dass es durch von ihm nicht beeinflussbaren Umständen nicht zu einer Befruchtung kommt.[38]

Beachtlich ist, dass die Eizellspende verboten ist, die Embryonenspende hingegen in bestimmten Fällen nicht. Zum einen stellt § 1 Abs. 1 Nr. 1 ESchG auf eine unbefruchtete Eizelle ab, sodass eine Anwendung der Vorschrift auf befruchtete Eizellen, also Embryonen, aufgrund des Analogieverbots ausgeschlossen ist. Zum anderen setzt Abs. 1 Nr. 2 voraus, dass ein Embryo gezielt zur Spende hergestellt wird und bezieht sich folglich nicht auf die Spende *überzähliger* Embryonen. Eine

---

[35] BT-Drucks. 11/5460, S. 7 f.; siehe hierzu auch *Bundesrat*, Entschließung des Bundesrats zur extrakorporalen Befruchtung, BR-Drucks. 210/86, S. 5; *Bundesministerium der Justiz* (Hrsg.), Abschlußbericht der Bund-Länder-Arbeitsgruppe „Fortpflanzungsmedizin“, Bundesanzeiger Nr. 4a vom 6. Januar 1989, S. 21; *Taupitz*, in: Günther et al. (Hrsg.), ESchG, § 1 Abs. 1 Nr. 1 Rn. 1; *Günther*, in: Günther et al. (Hrsg.), ESchG, § 1 Abs. 1 Nr. 2 Rn. 1 und 5; § 1 Abs. 2 Rn. 4. Umstritten ist dabei, ob eine solche gespaltene Mutterschaft tatsächlich das Wohl des Kindes gefährdet, siehe *Gassner*, ZRP 2015, S. 126 (126), mit Verweis auf BVerfG, NJW 1998, S. 519 (522), wonach nicht die Zeugungsart für die kindliche Entwicklung maßgeblich sei, sondern die Qualität des Eltern-Kind-Verhältnisses; so auch *Taupitz*, in: Günther et al. (Hrsg.), ESchG, § 1 Abs. 1 Nr. 1 Rn. 7 m.w.N.

[36] Fall der Ersatzmutterschaft, bei der eine Frau einen Embryo austrägt, der aus einer für sie fremden Eizelle besteht, siehe *Günther*, in: Günther et al. (Hrsg.), ESchG, § 1 Abs. 1 Nr. 7 Rn. 8.

[37] „Im Sinne dieses Gesetzes ist […] 6. Unternehmen einer Tat: Versuch und deren Vollendung; […].“

[38] BT-Drucks. 11/5460, S. 8; siehe auch *Günther*, in: Günther et al. (Hrsg.), ESchG § 1 Abs. 1 Nr. 2 Rn. 22. Bereits die Benda-Kommission äußerte diese Bedenken, dennoch hielt sie die Zulassung einer Eizellspende unter bestimmten Absicherungen für vertretbar, siehe *Der Bundeminister für Forschung und Technologie* (Hrsg.), In-vitro-Fertilisation, Genomanalyse und Gentherapie, S. 18 ff.

Spende von überzähligen Embryonen ist als letzte Möglichkeit, diesen das Leben zu retten, erlaubt.[39]

Ebenso wie in Abs. 1 wird nach Abs. 2 bestraft, „wer 1. künstlich bewirkt, dass eine menschliche Samenzelle in eine menschliche Eizelle eindringt, oder 2. eine menschliche Samenzelle in eine menschliche Eizelle künstlich verbringt, ohne eine Schwangerschaft der Frau herbeiführen zu wollen, von der die Eizelle stammt." Die Vorschrift ergänzt die Regelung des Abs. 1 Nr. 2 für den Fall, dass die Handlung nicht auf eine Befruchtung – d. h. die Kernverschmelzung –, sondern lediglich auf die Erzeugung der entsprechenden Vorkerne abzielt. Der Befruchtungsvorgang kann durch Kryokonservierung – d. h. durch Tiefgefrieren – jederzeit unterbrochen werden, was nicht nur tief greifende Manipulationen an den Vorkernen erlaubt, sondern es darüber hinaus auch ermöglicht, den Befruchtungsvorgang jederzeit durch Auftauen der Eizelle gleichsam von selbst zum Abschluss zu bringen. Jederzeit können hier Embryonen entstehen, die, nicht für einen Embryotransfer vorgesehen, dem Absterben ausgesetzt wären. Es soll ein Experimentieren mit Eizellen verboten werden, bei denen der Befruchtungsvorgang bereits wesentlich vorangeschritten ist und bei denen im Vorkernstadium sogar schon das genetische Programm des späteren Embryos festgelegt ist.[40]

§ 1 Abs. 1 Nr. 7 ESchG verbietet die Ersatzmutterschaft[41] und bestraft, „wer es unternimmt, bei einer Frau, welche bereit ist, ihr Kind nach der Geburt Dritten auf Dauer zu überlassen (Ersatzmutter), eine künstliche Befruchtung durchzuführen oder auf sie einen menschlichen Embryo zu übertragen." Ersatzmutterschaften bergen die Gefahr, dass das Kind Gegenstand von Konflikten zwischen den verschiedenen beteiligten Parteien wird: So ist nicht auszuschließen, dass die Ersatzmutter während der Schwangerschaft eine Bindung zum Kind aufbaut und sich anschließend weigert, das Kind herauszugeben, oder aber, dass sie aufgrund des Wissens um die spätere Weggabe eine Distanz zum Kind aufbaut und ihren Lebenswandel nicht den Bedürfnissen des *nasciturus* anpasst (Alkoholkonsum etc.). Denkbar ist auch,

---

[39] *Günther*, in: Günther et al. (Hrsg.), ESchG, Vor § 1 Rn. 11; *Taupitz und Hermes*, NJW 2015, S. 1802 (1803); so bereits *Der Bundeminister für Forschung und Technologie* (Hrsg.), In-vitro-Fertilisation, Genomanalyse und Gentherapie, S. 21; die Embryonenspende hingegen ablehnend *Bundesrat*, Entschließung des Bundesrats zur extrakorporalen Befruchtung, BR-Drucks. 210/86, S. 5; *Bundesministerium der Justiz* (Hrsg.), Abschlußbericht der Bund-Länder-Arbeitsgruppe „Fortpflanzungsmedizin", Bundesanzeiger Nr. 4a vom 6. Januar 1989, S. 22. Umstritten ist dabei, ob auch eine Spende überzähliger Vorkernstadien erlaubt ist bzw. ob das Auftauen und Weiterkultivieren dieser Zellen eine verbotene „Verwendung zur Befruchtung" nach Abs. 1 Nr. 2 ESchG darstellt oder nicht: Abs. 1 Nr. 2 bejahend etwa *Günther*, in: Günther et al. (Hrsg.), ESchG, § 1 Abs. 1 Nr. 2 Rn. 15; *Taupitz und Hermes*, NJW 2015, S. 1802 (1804 ff.); Abs. 1 Nr. 2 verneinend *Frommel*, Juristisches Gutachten, S. 2; *LG Augsburg*, BeckRS 2018, 35087, Rn. 47 ff. (zitiert über *beck-online*).

[40] BT-Drucks. 11/5460, S. 9; siehe auch *Günther*, in: Günther et al. (Hrsg.), ESchG, § 1 Abs. 2 Rn. 1 f.

[41] Zu den Begrifflichkeiten „Fremdmutterschaft", „Leihmutterschaft", „Mietmutterschaft", „Tragemutterschaft", „Ammenmutterschaft", „Surrogatmutterschaft" und „übernommene Mutterschaft", welche mit unterschiedlichen Nuancen verwendet werden, im Wesentlichen aber die Ersatzmutterschaft beschrieben, siehe *Günther*, in: Günther et al. (Hrsg.), ESchG, § 1 Abs. 1 Nr. 7 Rn. 6.

dass das Kind körperlich oder geistig behindert zur Welt kommt und sich keiner der Beteiligten mehr bereit erklärt, das Kind aufzunehmen. Wenn sie zudem einen Embryo austrägt, der aus einer für sie fremden Eizelle besteht, kommt außerdem das Problem der gespaltenen Mutterschaft hinzu.[42] Allgemein könne das Trennen des Kindes von der austragenden Mutter die Identitätsfindung des Kindes erschweren.[43]

Hinzuweisen ist zudem auf die Strafausschließungsgründe § 1 Abs. 3 ESchG[44] wonach in den Fällen des Abs. 1 Nr. 1 und 2 die Frau, von der die Eizelle oder der Embryo stammt, sowie die Frau, auf die die Eizelle übertragen wird oder der Embryo übertragen werden soll, nicht bestraft werden (Abs. 3 Nr. 1). Ebenso werden im Falle des Abs. 1 Nr. 7 die Ersatzmutter sowie die Person, die das Kind auf Dauer bei sich aufnehmen will, nicht bestraft (Abs. 3 Nr. 2). Letztlich können daher nur die Personen strafrechtlich belangt werden, die als Ärzte, Biologen oder Angehörige der Heilhilfsberufe die Fortpflanzungstechniken anwenden.[45] Ein Bedürfnis, Teilnahmehandlungen der anderen Beteiligten strafrechtlich zu erfassen, bestehe, so die Gesetzesbegründung, nicht. Es genüge, diejenigen strafrechtlich zur Verantwortung zu ziehen, die die neuen Techniken der Fortpflanzungsmedizin anwenden und die negativen Folgen eines Missbrauchs in ihrer vollen Tragweite zu erkennen vermögen. Insbesondere die ei- oder embryonenspendenden Frauen handelten häufig aus altruistischen Gründen. Auch die Frauen, die sich als Ersatzmütter zur Verfügung stellten, müssten nicht bestraft werden. Häufig könnten diese nicht im Voraus überblicken, in welche Konfliktsituationen sie gerieten, wenn sie im Laufe der Schwangerschaft eine Bindung zum Kind aufbauten. Entschieden sie sich dann dafür, das Kind nicht herauszugeben, sei schon im Interesse des Kindes eine Strafverfolgung nicht sinnvoll. Ähnliches gelte für die Bestelleltern: Komme es zur Adoption, schade ein Strafverfahren dem Interesse des Kindes. Auch sei der Kinderwunsch der Bestelleltern zwar nicht billigenswert, aber doch immerhin verständlich.[46]

---

[42] *Der Bundeminister für Forschung und Technologie* (Hrsg.), In-vitro-Fertilisation, Genomanalyse und Gentherapie, S. 22 f.; BT-Drucks. 11/5460, S. 8.

[43] *Bundesregierung*, Kabinettbericht zur künstlichen Befruchtung beim Menschen, BT-Drucks. 11/1856, S. 8; *Bundesministerium der Justiz* (Hrsg.), Abschlußbericht der Bund-Länder-Arbeitsgruppe „Fortpflanzungsmedizin", Bundesanzeiger Nr. 4a vom 6. Januar 1989, S. 23; kritisch *Günther*, in: Günther et al. (Hrsg.), ESchG, § 1 Abs. 1 Nr. 7 Rn. 10, der den Fall mit einer Adoption vergleicht, m.w.N. und weiteren Argumenten für und gegen die Zulässigkeit der Ersatzmutterschaft, im Ergebnis das Verbot des Abs. 1 Nr. 7 als Verstoß gegen das verfassungsrechtliche Übermaßverbot wertend.

[44] „Nicht bestraft werden

1. in den Fällen des Absatzes 1 Nr. 1, 2 und 6 die Frau, von der die Eizelle oder der Embryo stammt, sowie die Frau, auf die die Eizelle übertragen wird oder der Embryo übertragen werden soll, und
2. in den Fällen des Absatzes 1 Nr. 7 die Ersatzmutter sowie die Person, die das Kind auf Dauer bei sich aufnehmen will."

[45] *Günther*, in: Günther et al. (Hrsg.), ESchG, § 1 Abs. 4 Rn. 2.

[46] BT-Drucks. 11/5460, S. 9 f.

bb. § 2 Abs. 1 ESchG: Missbräuchliche Verwendung von Embryonen

Gemäß § 2 Abs. 1 ESchG wird mit Freiheitsstrafe bis zu drei Jahren oder mit Geldstrafe bestraft, „wer einen extrakorporal erzeugten oder einer Frau vor Abschluss seiner Einnistung in der Gebärmutter entnommenen menschlichen Embryo veräußert oder zu einem nicht seiner Erhaltung dienenden Zweck abgibt, erwirbt oder verwendet." Hinter dieser Norm steht die Erwägung, dass menschliches Leben grundsätzlich nicht zum Objekt fremdnütziger Zwecke gemacht werden darf. Diese Überlegung müsse auch für menschliches Leben im Stadium seiner frühesten embryonalen Entwicklung gelten.[47] Unter einem Embryo solle dabei nur der lebende, d. h. entwicklungsfähige Embryo zu verstehen sein.[48] Aus der Regelung folgt insbesondere ein Verbot der Nutzung von Embryonen zu Forschungszwecken.

Überlegungen im Vorfeld des Erlasses des ESchG gingen dabei teilweise in eine andere Richtung. Die Benda-Kommission stand einer Verwendung von Embryonen zu Forschungszwecken aufgeschlossener gegenüber. Jedenfalls in bestimmten Konstellationen sei eine solche Verwendung denkbar: So müsse die Forschung auf der Grundlage einer tierexperimentellen Absicherung vorgenommen werden, ein Embryotransfer auf die Mutter nicht möglich sein oder sich ein Transfer wegen krankhafter Veränderungen der Embryonen verbieten. Des Weiteren müsse die Forschung dem Entstehen oder der Bewahrung gesunden menschlichen Lebens dienen, es dürfe keine Entwicklung des Embryos über die erste Zellteilung hinaus erfolgen und es müssten diejenigen eingewilligt haben, aus deren Gameten die extrakorporal befruchtete Eizelle entstanden ist. Lediglich die Erlaubnis der Herstellung von Embryonen zu Forschungszwecken lehnte die Mehrheit der Arbeitsgruppe ab.[49] Der Gesetzgeber schloss sich diesen Ausführungen jedoch nicht an und nahm von jeglicher Embryonenforschung Abstand.

---

[47] BT-Drucks. 11/5460, S. 10; so bereits *Bundesrat*, Entschließung des Bundesrats zur extrakorporalen Befruchtung, BR-Drucks. 210/86, S. 4; *Bundesministerium der Justiz* (Hrsg.), Abschlußbericht der Bund-Länder-Arbeitsgruppe „Fortpflanzungsmedizin", Bundesanzeiger Nr. 4a vom 6. Januar 1989, S. 24 f. Die Bund-Länder-Arbeitsgruppe „Fortpflanzungsmedizin" sah zwar Forschung an überzähligen Embryonen nicht grundsätzlich als mit der Menschenwürde unvereinbar an, da überzähligen Embryonen auch nur ein verringerter Lebensschutz zukomme. Dennoch müsse solche Forschung verboten sein, da sie eine Entwicklung einleiten könnte, die mit der objektiven Idee der Menschenwürde nicht mehr vereinbar wäre: So könnten bewusst überzählige Embryonen erzeugt werden, obwohl dies nach dem Stand der Wissenschaft vermeidbar wäre. Außerdem könnte der Bedarf mit überzähligen Embryonen eines Tages nicht mehr zu decken sein, was zu einer Erzeugung von Embryonen zu Forschungszwecken führen könnte; gegen Forschung an überzähligen Embryonen auch *Bundesregierung*, Kabinettbericht zur künstlichen Befruchtung beim Menschen, BT-Drucks. 11/1856, S. 8.

[48] BT-Drucks. 11/5460, S. 12.

[49] *Der Bundeminister für Forschung und Technologie* (Hrsg.), In-vitro-Fertilisation, Genomanalyse und Gentherapie, S. 29; so auch *Bundesministerium der Justiz*, Diskussionsentwurf eines Gesetzes zum Schutze von Embryonen (abgedruckt in Günther und Keller (Hrsg.), Fortpflanzungsmedizin und Humangenetik – strafrechtliche Schranken?, S. 349 (357 f.)).

cc. § 5 ESchG: Künstliche Veränderung menschlicher Keimbahnzellen

Gemäß § 5 Abs. 1 wird mit Freiheitsstrafe bis zu fünf Jahren oder mit Geldstrafe bestraft, „wer die Erbinformation einer menschlichen Keimbahnzelle künstlich verändert." Ebenso wird nach Abs. 2 bestraft, „wer eine menschliche Keimzelle mit künstlich veränderter Erbinformation zur Befruchtung verwendet."

Bereits die Benda-Kommission kam in ihrem Bericht zu dem Ergebnis, dass jedenfalls derzeit ein Gentransfer in Keimbahnzellen zu verbieten sei. Angesichts der Missbrauchsmöglichkeiten im Hinblick auf eugenische Maßnahmen und der Gefahren, die derzeit mit einem ungezielten Gentransfer in Keimbahnzellen für die Betroffenen und die künftigen Generationen verbunden seien, sei eine Genübertragung in eine befruchtete menschliche Eizelle zu untersagen. Im Hinblick auf die geringe Erfolgsquote in Tierexperimenten sei bei einer Anwendung am Menschen außerdem eine Selektion der wenigen erfolgreich transformierten Embryonen erforderlich. Mit anderen Worten würde eine Vernichtung artspezifischen menschlichen Lebens in Kauf genommen.[50] Einschränkend wurde jedoch sogleich festgestellt, „dass sich möglicherweise in Zukunft Entwicklungen ergeben werden, die es erforderlich machen könnten, ein generelles Verbot im Interesse des Lebens und des Gesundheitsschutzes zu lockern."[51] Wenn überhaupt, sei jedoch nur an eine Anwendung zur Verhinderung schwerster monogener Krankheiten zu denken.[52] Eine gewisse Offenheit gegenüber künftigen Keimbahntherapien zeigten auch weitere Stellungnahmen, indem sie solche Maßnahmen stets nur als jedenfalls zum jetzigen Zeitpunkt unvertretbar bzw. nicht durchführbar deklarierten.[53]

Im Gesetzesentwurf der Regierung, der ohne weitere Änderungen übernommen wurde,[54] wurde das Verbot schließlich, zum Schutz vor unverantwortlichen Humanexperimenten auf Kosten des menschlichen Lebens, der körperlichen Unversehrtheit und der Menschenwürde, als konkretes Gefährdungsdelikt ausgestaltet.[55] Ausweislich der Begründung des Gesetzesentwurfs der Regierung soll das

---

[50] *Der Bundeminister für Forschung und Technologie* (Hrsg.), In-vitro-Fertilisation, Genomanalyse und Gentherapie, S. 45 (Hervorhebung durch Autorin).

[51] *Der Bundeminister für Forschung und Technologie* (Hrsg.), In-vitro-Fertilisation, Genomanalyse und Gentherapie, S. 47; eine künftige Lockerung des Verbots für schwerste Erbkrankheiten ebenfalls nicht ausschließend *Bundesministerium der Justiz*, Diskussionsentwurf eines Gesetzes zum Schutz von Embryonen (abgedruckt in: *Günther und Keller* (Hrsg.) Fortpflanzungsmedizin und Humangenetik – strafrechtliche Schranken?, S. 349 (360)).

[52] *Der Bundeminister für Forschung und Technologie* (Hrsg.), In-vitro-Fertilisation, Genomanalyse und Gentherapie, S. 46.

[53] Hinweisend darauf, dass eine Keimbahntherapie „zumindest zur Zeit" noch nicht möglich sei *Bundesministerium der Justiz*, Diskussionsentwurf eines Gesetzes zum Schutz von Embryonen (abgedruckt in: Günther und Keller (Hrsg.), Fortpflanzungsmedizin und Humangenetik – strafrechtliche Schranken?, S. 349 (360)), bzw. „bislang [...] nicht möglich" *Bundesministerium der Justiz* (Hrsg.), Abschlußbericht der Bund-Länder-Arbeitsgruppe „Fortpflanzungsmedizin", Bundesanzeiger Nr. 4a vom 6. Januar 1989, S. 25.

[54] *v. Bülow*, in: Winter et al. (Hrsg.), Genmedizin und Recht, S. 127 (139 Rn. 333).

[55] *Günther*, in: Günther et al. (Hrsg.), ESchG, § 5 Rn. 3.

Verbot Experimente an menschlichem Leben verhindern. Es sei davon auszugehen, dass die Methode eines Gentransfers in menschliche Keimbahnzellen ohne vorherige Versuche am Menschen nicht entwickelt werden kann. Derartige Experimente seien aber wegen der irreversiblen Folgen der in der Experimentierphase zu erwartenden Fehlschläge – d. h. von nicht auszuschließenden schwersten Missbildungen oder sonstigen Schädigungen – jedenfalls nach dem gegenwärtigen Erkenntnisstand nicht zu verantworten. Ausdrücklich offen gelassen wird dabei, ob es grundsätzlich oder irgendwann einmal verantwortet werden kann, eine künstliche Veränderung menschlicher Erbanlagen auf dem Wege eines Keimbahntransfers in Keimbahnzellen zuzulassen. Es wird lediglich darauf hingewiesen, die Gefahr des Missbrauchs, die sich aus der Möglichkeit, diese Techniken zur Menschenzüchtung zu nutzen, sei nicht übersehen.[56] Der Gesetzgeber stützte sich daher, wie schon die Benda-Kommission, allein auf die faktisch zu erwartenden Beeinträchtigungen der körperlichen Unversehrtheit der von einer Keimbahntherapie betroffenen Menschen. Es bestand für ihn aufgrund dieses bereits für sich allein ausreichenden Risikoarguments keine Notwendigkeit, sich darüber hinaus mit kategorischen Verbotsgründen auseinanderzusetzen. Auch der nachgeschobene Hinweis, die Gefahr von Missbrauch sei „jedenfalls" nicht zu übersehen, kann nicht als zweites Begründungsstandbein angesehen werden: Der Gesetzgeber zieht aus diesem Hinweis selbst keinerlei Konsequenzen. Insbesondere könnte das Bestehen einer Missbrauchsgefahr auch lediglich bedeuten, dass diese bei einer begrenzten Zulassung der Keimbahntherapie bekämpft werden muss und kann.[57]

Gemäß Abs. 4 findet Abs. 1 „keine Anwendung auf eine künstliche Veränderung der Erbinformation einer außerhalb des Körpers befindlichen Keimzelle, wenn ausgeschlossen ist, daß diese zur Befruchtung verwendet wird" (Nr. 1). Abs. 1 findet auch „keine Anwendung auf eine künstliche Veränderung der Erbinformation einer sonstigen körpereigenen Keimbahnzelle, die einer toten Leibesfrucht, einem Menschen oder einem Verstorbenen entnommen worden ist, wenn ausgeschlossen ist, dass a) diese auf einen Embryo, Foetus oder Menschen übertragen wird oder b) aus

[56] BT-Drucks. 11/5460, S. 11; *Bundesregierung*, Kabinettbericht zur künstlichen Befruchtung beim Menschen, BT-Drucks. 11/1856, S. 8; die Entscheidung, ob die Keimbahntherapie zur Vermeidung schwerster Erbkrankheiten in der Zukunft zulässig sein könnte, ausdrücklich offen lassend auch Bundesministerium der Justiz (Hrsg.), Abschlußbericht der Bund-Länder-Arbeitsgruppe „Fortpflanzungsmedizin", Bundesanzeiger Nr. 4a vom 6. Januar 1989, S. 26.

[57] So im Ergebnis die Gesetzesbegründung interpretierend auch *Gassner et al.*, Fortpflanzungsmedizingesetz, S. 66; *Günther*, in: Günther et al. (Hrsg.), ESchG, § 5 Rn. 5; *Reich et al.*, in: BBAW (Hrsg.), Genomchirurgie beim Menschen, S. 17 f.; *Aslan et al.*, CfB-Drucks. 4/2018, S. 7 Fn. 9; *Taupitz und Deuring*, in: Hacker (Hrsg.), Nova Acta Leopoldina, S. 63 (66 f.); a.A. *Schroeder*, in: Kühne (Hrsg.), Festschrift für Koichi Miyazawa, S. 533 (540 f.), kritisierend, dass der Gesetzgeber diese Begründung nicht weiter vertiefte; *v. Bülow*, in: Winter et al. (Hrsg.), Genmedizin und Recht, S. 127 (141 Rn. 340); *Schächinger*, Menschenwürde und Menschheitswürde, S. 170; uneins, ob kategorische Gründe gegen eine Keimbahntherapie sprechen und diese Therapieart daher als „gegenwärtig" unzulässig bewertend bereits *Enquête-Kommission „Chancen und Risiken der Gentechnologie"*, BT-Drucks. 10/6775, S. 187 ff.

ihr eine Keimzelle entsteht" (Nr. 2). Diese Vorschriften tragen dem Umstand Rechnung, dass es im Hinblick auf die in Art. 5 Abs. 3 GG garantierten Forschungsfreiheit bedenklich wäre, Experimente zu verbieten, die von vornherein zu keiner Gefährdung eines Individuums führen können.[58] Schließlich ist Abs. 1 auch nicht anwendbar „auf Impfungen, strahlen-, chemotherapeutische oder andere Behandlungen, mit denen eine Veränderung der Erbinformation von Keimbahnzellen nicht beabsichtigt ist" (Nr. 3). Der Gesetzgeber räumt den Heilungsinteressen eines Individuums den Vorrang vor dem Schutz künftig entstehender Menschen ein.

dd. § 6 EschG: Klonen

Gemäß § 6 Abs. 1 ESchG wird mit Freiheitsstrafe bis zu fünf Jahren oder mit Geldstrafe bestraft, „wer künstlich bewirkt, dass ein menschlicher Embryo mit der gleichen Erbinformation wie ein anderer Embryo, ein Foetus, ein Mensch oder ein Verstorbener entsteht." Ebenso wird nach Abs. 2 bestraft, „wer einen in Absatz 1 bezeichneten Embryo auf eine Frau überträgt."

Hintergrund ist die Überlegung, dass „in besonders krasser Weise" ein Verstoß gegen die Menschenwürde vorliege, wenn einem künftigen Menschen gezielt seine Erbanlagen zugewiesen werden.[59]

ee. § 7 Abs. 1 ESchG: Chimären- und Hybridbildung

§ 7 Abs. 1 ESchG verbietet das Unternehmen, (Nr. 1) „Embryonen mit unterschiedlichen Erbinformationen unter Verwendung mindestens eines menschlichen Embryos zu einem Zellverband zu vereinigen" sowie (Nr. 2) „mit einem menschlichen Embryo eine Zelle zu verbinden, die eine andere Erbinformation als die Zellen des Embryos enthält und sich mit diesem weiter zu differenzieren vermag."[60] Diese Verfahren führen zur Herstellung von sog. Chimären. Hintergrund dieses Verbots ist

[58] BT-Drucks. 11/5460, S. 11.

[59] BT-Drucks. 11/5460, S. 11; diesen in der Gesetzesbegründung genutzten „Kraftausdruck" als „Begründungsdefizit" bezeichnend *Schroeder*, in: Kühne (Hrsg.), Festschrift für Koichi Miyazawa, S. 533 (541); zur Gesetzesbegründung auch *Günther*, in: Günther et al. (Hrsg.), ESchG, § 6 Rn. 4; für ein Verbot des Klonens aufgrund des damit verbundenen Menschenwürdeverstoßes bereits *Der Bundeminister für Forschung und Technologie* (Hrsg.), In-vitro-Fertilisation, Genomanalyse und Gentherapie, S. 35; *Bundesministerium der Justiz*, Diskussionsentwurf eines Gesetzes zum Schutze von Embryonen (abgedruckt in Günther und Keller (Hrsg.), Fortpflanzungsmedizin und Humangenetik – strafrechtliche Schranken?, S. 349 (361 f.), da das menschliche Leben dann nicht mehr als Selbstzweck beachtet werde; *Bundesministerium der Justiz* (Hrsg.), Abschlußbericht der Bund-Länder-Arbeitsgruppe „Fortpflanzungsmedizin", Bundesanzeiger Nr. 4a vom 6. Januar 1989, S. 26; ohne nähere Begründung für ein Verbot auch *Enquête-Kommission „Chancen und Risiken der Gentechnologie"*, BT-Drucks. 10/6775, S. 190.

[60] In Nr. 3 wird zudem die Hybridbildung verboten, also die Verschmelzung von tierischen und menschlichen Gameten.

auch hier, dass derartige Praktiken laut der Gesetzesbegründung „in besonders krasser Weise“ gegen die Menschenwürde verstoßen.[61]

2. Regelung der medizinisch assistierten Reproduktion

a. Einführung

Allgemeine Voraussetzungen für die Anwendung von Fortpflanzungstechniken sind nicht gesetzlich geregelt, sondern waren bis Mai 2018 in der (Muster-)Richtlinie zur Durchführung der assistierten Reproduktion der Bundesärztekammer vom 17. Februar 2006 festgelegt.[62] Diese Richtlinie ist jedoch nicht verbindlich, sondern dient lediglich als Orientierung. Verbindlichkeit erlangen nur die Richtlinien der LÄK, auf die in der Regel durch die jeweiligen Berufsordnungen verweisen werden.[63]

Im Mai 2018 wurde die (Muster-)Richtlinie zur Durchführung der assistierten Reproduktion der Bundesärztekammer durch Beschluss der Bundesärztekammer für gegenstandslos erklärt und ersetzt durch die Richtlinie zur Entnahme und Übertragung von menschlichen Keimzellen im Rahmen der assistierten Reproduktion.[64] Diese Richtlinie wurde von der Bundesärztekammer im Einvernehmen mit dem Paul-Ehrlich-Institut auf der Grundlage von § 16b Abs. 1 S. 1 TPG[65] erlassen. Sie stellt den allgemein anerkannten Stand der Erkenntnisse der medizinischen Wissenschaft hinsichtlich der im Zusammenhang mit der medizinisch assistierten Reproduktion stehenden Maßnahmen fest. Gemäß § 16b Abs. 2 TPG wird die Einhaltung

[61] BT-Drucks. 11/5460; ein Begründungsdefizit des Gesetzgebers kritisierend *Schroeder*, in: Kühne (Hrsg.), Festschrift für Koichi Miyazawa, S. 533 (541); diese Begründung bereits anführend *Der Bundeminister für Forschung und Technologie* (Hrsg.), In-vitro-Fertilisation, Genomanalyse und Gentherapie, S. 35; *Bundesministerium der Justiz*, Diskussionsentwurf eines Gesetzes zum Schutze von Embryonen (abgedruckt in Günther und Keller (Hrsg.), Fortpflanzungsmedizin und Humangenetik – strafrechtliche Schranken?, S. 349 (362)) ; ohne nähere Begründung für ein Verbot auch *Enquête-Kommission „Chancen und Risiken der Gentechnologie“*, BT-Drucks. 10/6775, S. 190; *Bundesministerium der Justiz* (Hrsg.), Abschlußbericht der Bund-Länder-Arbeitsgruppe „Fortpflanzungsmedizin“, Bundesanzeiger Nr. 4a vom 6. Januar 1989, S. 26, allerdings nur bezogen auf Mischwesen aus menschlichen und tierischen Zellen.

[62] Abgedruckt in DÄBl. 2006, S. A1392 ff.

[63] Zu den Regelungen der LÄK siehe auf S. 80 f.

[64] Der Beschluss ist abgedruckt in DÄBl. 2018, S. A1096, die Richtlinie ist abgedruckt in DÄBl. 2018, S. A1 ff.

[65] „Die Bundesärztekammer kann ergänzend zu den Vorschriften der Rechtsverordnung nach § 16a in Richtlinien den allgemein anerkannten Stand der Erkenntnisse der medizinischen Wissenschaft im Einvernehmen mit der zuständigen Bundesoberbehörde zur Entnahme von Geweben und deren Übertragung feststellen, insbesondere zu den Anforderungen an 1. die ärztliche Beurteilung der medizinischen Eignung als Gewebespender, 2. die Untersuchung der Gewebespender und 3. die Entnahme, Übertragung und Anwendung von menschlichen Geweben.“

des Standes der Erkenntnisse der medizinischen Wissenschaft vermutet, wenn die Richtlinie beachtet wurde.

Bislang bestehen also die der alten Richtlinie der BÄK entsprechenden Richtlinien der LÄK sowie die neue Richtlinie der BÄK nebeneinander, sodass die verschiedenen Regelwerke gesondert beleuchtet werden sollen.

b. Die (Muster-)Richtlinie zur Durchführung der assistierten Reproduktion der BÄK vom 07. Februar 2006 und die Richtlinien der LÄK

aa. Die (Muster-)Richtlinie zur Durchführung der assistierten Reproduktion der BÄK vom 07. Februar 2006

Die Musterrichtlinie definiert medizinisch assistierte Fortpflanzung in Art. 1 als „ärztliche Hilfe zur Erfüllung des Kinderwunsches eines Paares durch medizinische Hilfen und Techniken." Diese medizinischen Hilfen und Techniken werden anschließend in den Art. 2.1 ff. näher spezifiziert, indem insbesondere für jede Methode auch die jeweilige Indikation genannt wird, die die Anwendung der Methode rechtfertigt. Als Methoden werden genannt die hormonelle Stimulation der Follikelreifung, die homologe Insemination, die homologe In-vitro-Fertilisation mit intrauterinem Embryotransfer (IVF mit ET) von einem (SET), von zwei (DET) oder drei Embryonen, der intratubare Gametentransfer (GIFT), die intrazystoplasmatische Spermieninjektion (ICSI), die heterologe Insemination, die heterologe In-vitro-Fertilisation mit intrauterinem Embryotransfer (IVF mit ET), heterologe intrazystoplasmatische Spermieninjektion (ICSI mit ET) und die Polkörperdiagnostik (PKD). Allen Methoden ist gemein, dass ihre Anwendung von bestimmten medizinischen Indikationen abhängt, meistens von einer Fertilitätsstörung bzw. bei der PKD von bestimmten gesundheitlichen Risiken für das Kind.

Die Musterrichtlinie legt zudem fest, dass Methoden der assistierten Reproduktion unter Beachtung des Kindeswohls grundsätzlich nur bei Ehepaaren angewendet werden sollen. Sie können aber auch bei einer nicht verheirateten Frau angewendet werden, allerdings nur, wenn der behandelnde Arzt zu der Einschätzung gelangt ist, dass die Frau mit einem nicht verheirateten Mann in einer fest gefügten Partnerschaft zusammenlebt und dieser Mann die Vaterschaft an dem so gezeugten Kind anerkennen wird (Art. 3.1.1). Dabei darf grundsätzlich nur der Samen des Partners verwendet werden. Dies gilt nicht, wenn die Voraussetzungen von Art. 2.6. vorliegen, d. h. bei einer dort festgelegten Indikation, welche sind: schwere Formen männlicher Fertilitätsstörungen, erfolglose Behandlung einer männlichen Fertilitätsstörung mit intrauteriner und/oder intratubarer Insemination und/oder In-vitro-Fertilisation und/oder intrazytoplasmatischer Spermieninjektion im homologen System oder ein nach humangenetischer Beratung festgestelltes hohes Risiko für ein Kind mit schwerer genetisch bedingter Erkrankung. Daneben sind die weiteren Voraussetzungen des Art. 5.3 zu berücksichtigen. Diese Vorschrift regelt etwa weitere medizinische Voraussetzungen, wie eine Kontrolle des Samenspenders vor der ersten Spende auf HIV1 und 2, sowie besondere rechtliche Voraussetzungen, wie eine Dokumentationspflicht über die Identität des Samenspenders.

Zum Verständnis der Regelungen hat die BÄK einen unverbindlichen Kommentar zur den Vorschriften verfasst. In diesem Kommentar wird insbesondere die Befruchtung im homologen System als unproblematisch bewertet: Es bestünden zwischen einer künstlichen Befruchtung und einer durch natürliche Zeugung bewirkten Geburt keine rechtlichen Unterschiede. Seien die künftigen Eltern verheiratet, sei der Ehemann leiblicher Vater und Vater im Rechtssinne. Die Art der Zeugung sei dafür ohne Bedeutung, sodass die Richtlinie für die Zulässigkeit der Anwendung medizinisch assistierter Reproduktionstechniken auf das Bestehen einer Ehe abstelle. Sei die Frau mit dem künftigen (genetischen) Vater hingegen nicht verheiratet, müsse sichergestellt werden, dass das mit einer Methode der assistierten Reproduktion gezeugte Kind nicht ohne sozialen und rechtlichen Vater aufwachse. Hiervon könne nur dann ausgegangen werden, wenn die künftige Mutter und der künftige (genetische) Vater beiderseits nicht mit einem Dritten verheiratet seien, in einer fest gefügten Partnerschaft miteinander lebten und der künftige (genetische) Vater seine Vaterschaft frühestmöglich anerkenne und damit auch zum Vater des Kindes im Rechtssinn werden werde.

Das heterologe System müsse, auch im Hinblick auf die damit verbundenen rechtlichen Konsequenzen und Unabwägbarkeiten, an zusätzliche enge Voraussetzungen geknüpft werden. Besondere Zurückhaltung sei dabei bei einem unverheirateten Paar angebracht: Dem zu zeugenden Kind müsse eine stabile Beziehung zu beiden Elternteilen gesichert werden. Deshalb sei eine heterologe Insemination bei alleinstehenden oder in gleichgeschlechtlichen Partnerschaften lebenden Frauen ausgeschlossen.

In allen Fällen der medizinisch assistierten Fortpflanzung sei auf jeden Fall darauf zu achten, dass zwischen den Eheleuten oder Partnern eine Beziehung bestehe, die sich als für die mit diesen Methoden im Einzelfall möglicherweise verbundenen medizinischen und psychologischen Probleme hinreichend tragfähig darstellt.[66]

bb. Die Richtlinien der Landesärztekammern

Diese Vorstellungen der BÄK hinsichtlich der Konstellationen, in denen eine künstliche Befruchtung erlaubt sein soll, entsprechen aber bei weitem nicht der tatsächlichen Praxis. Zum einen haben nicht alle LÄK dem Muster entsprechende Richtlinien erlassen. Zum anderen enthalten die bestehenden Richtlinien keine ausdrücklichen Verbote bzgl. der Durchführung künstlicher Befruchtungen in anderen als den von den Richtlinien vorgesehenen Fällen.

Keinerlei Richtlinien haben die Ärztekammern der Bundesländer Bayern, Berlin und Brandenburg erlassen. Ohne Regelung ist es den Ärzten unbenommen, bei alleinstehenden Frauen oder Frauen in gleichgeschlechtlichen Partnerschaften künstliche Befruchtungen vorzunehmen.[67]

---

[66] DÄBl. 2006, S. A1392 (A1400).

[67] Die Inanspruchnahme von Techniken der assistierten Reproduktion durch gleichgeschlechtliche weibliche Paare in Bayern, Berlin und Brandenburg als erlaubt bewertend auch *BFH*, Az.: VI R 47/15, Rn. 19 ff. (zitiert über *juris*), vor allem mit dem Hinweis darauf, es existiere auch in der Muster-RL kein explizites Verbot der heterologen Insemination bei weiblichen gleichgeschlechtlichen Paaren.

Alle anderen Bundesländer außer Hamburg haben dem Inhalt der Musterrichtlinie entsprechende Richtlinien erlassen.[68] Ausdrücklich verboten ist die Anwendung von Techniken assistierter Reproduktion in anderen als den dort vorgesehenen Fällen dort nicht, was zahlreiche Ärztekammern auf Nachfrage des LSVD (Lesben- und Schwulenverband in Deutschland) zu Recht zu der Aussage veranlasste, die Entscheidung über die Durchführung künstlicher Befruchtungen bei Frauen in gleichgeschlechtlichen Partnerschaften bleibe letztendlich den Ärzten überlassen.[69] Gleiches muss aufgrund eines fehlenden ausdrücklichen Verbots auch für die Anwendung von Techniken der medizinisch assistierten Reproduktion bei alleinstehenden Frauen gelten. Im Bundesland Hamburg ist mit Art. 3.1.1. der Richtlinie zur Durchführung der assistierten Reproduktion vom 13. April 2015 (Anhang zur § 13 Abs. 2 der Berufsordnung der Hamburger Ärzte und Ärztinnen vom 27.03.2000 i.d.F. vom 02.12.2013) eine künstliche Befruchtung bei alleinstehenden Frauen sogar ausdrücklich erlaubt.

Im Ergebnis hängt die Entscheidung über die Durchführung einer künstlichen Befruchtung also allein vom Willen des aufgesuchten Arztes ab.[70]

c. Die Richtlinie zur Entnahme und Übertragung von menschlichen Keimzellen im Rahmen der assistierten Reproduktion der BÄK

Im Gegensatz zur alten Richtlinie beschäftigt sich diese neue Richtlinie bewusst nur noch mit medizinisch-wissenschaftlichen Fragestellungen und nicht mehr mit gesellschaftspolitischen Aspekten.[71] So stellt sie insbesondere Vorgaben auf für die Information und Aufklärung vor der Entnahme und Übertragung menschlicher Keimzellen (Art. 2) sowie für die Art und Weise der Keimzellgewinnung und – untersuchung (Art. 3). Die Richtlinie benennt dabei jedenfalls für Samenzellen bestimmte Methoden, um die Keimzellen vor ihrer Verwendung aufzubereiten. Die

---

[68] Manche Richtlinien haben zudem den unverbindlichen Kommentar der Musterrichtlinie übernommen (Saarland, Sachsen, Thüringen). Zu einer Übersicht siehe beim Lesben- und Schwulenverband, https://www.lsvd.de/recht/ratgeber/kuenstliche-befruchtung.html (zuletzt geprüft am 28.03.2018).

[69] Positive Stellungnahmen insofern von den Ärztekammern Baden-Württemberg, Bremen, Hessen, Mecklenburg-Vorpommern, Niedersachsen, Nordrhein-Westfalen, Saarland, Schleswig-Holstein, Thüringen und vom Ministerium für Soziales, Arbeit, Gesundheit und Demografie Rheinland-Pfalz, abrufbar unter: https://www.lsvd.de/recht/ratgeber/kuenstliche-befruchtung.html (zuletzt geprüft am 28.03.2018); die Anwendung von Techniken der medizinisch assistierten Reproduktion bei gleichgeschlechtlichen weiblichen Paaren als konkret in den Bundesländern Bayern, Berlin, Brandenburg (siehe bereits Fn. 67) und Hessen erlaubt bewertend auch *BFH*, Az.: VI R 47/15, Rn. 22. (zitiert über *juris*); ebenso für die Bundesländer Berlin und Hessen *BFH*, Az.: VI R 2/17, Rn. 20 ff.

[70] a.A. *Müller-Götzmann*, Artifizielle Reproduktion und gleichgeschlechtliche Elternschaft, S. 300; *Ratzel*, in: Ratzel und Lippert (Hrsg.), Kommentar zur (Muster-)Berufsordnung der deutschen Ärzte (MBO), S. 240 f.

[71] *Prof. Dr. med. Jan-Steffen Krüssel*, zitiert über *Richter-Kuhlmann*, DÄBl. 2018, S. A1050 (1050 f.).

gängigsten Präparationsverfahren für Samenzellen sind das einfache Waschen, das Swin-up-Verfahren oder die Dichtegradient-Zentrifugation (Art. 3.1.1). Hinsichtlich der Verwendung der Eizellen nach der Entnahme spricht die Richtlinie nur von einer Überführung in das Kulturmedium, um die Eizelle der weiteren Verarbeitung zuzuführen (Art. 3.1.2). Darüber hinaus nennt sie ebenso bestimmte Indikationen für bestimmte Methoden der assistierten Reproduktion (Art. 3.3.2). So sieht die Richtlinie als Befruchtungsmethoden die homologe intrauterine Insemination, die heterologe Insemination, die IVF und die ICSI vor. Als Indikationen werden insbesondere Fertilitätsstörungen genannt.

Diese Richtlinie stellt keine Voraussetzungen mehr auf bzw. trifft keine Wertung mehr hinsichtlich der Lebensumstände des die Techniken in Anspruch nehmenden Paares oder Menschen. Wie die alte Richtlinie enthält auch sie zum einen keine expliziten Verbote. Zum anderen geht sie zwar, wie sich den beschriebenen Indikationen entnehmen lässt, von einer medizinisch veranlassten Durchführung der medizinisch assistierten Reproduktion aus, enthält sich aber nun sogar einer Beurteilung, ob bestimmte Familienformen geschaffen werden sollten bzw. dürften oder nicht. Aus diesem Grund spricht nun noch mehr dafür, dass die Entscheidung, ob die Methoden der medizinisch assistierten Reproduktion von einem Menschen oder einem Paar in Anspruch genommen werden dürfen, allein dem jeweiligen Arzt obliegt.

III. Rechtliche Bewertung der Verfahren

Die Frage, die sich nun stellt, ist, welche Aussagen diese Regelungen hinsichtlich der Anwendung von CRISPR/Cas9 an Keimbahnzellen, sei es zur Bestimmung der genetischen Konstitution der Nachfahren, sei es zur Ermöglichung der Fortpflanzung, hinsichtlich des Mitochondrientransfers und hinsichtlich der Verwendung künstlicher Gameten bereithalten. Dabei muss, sofern die Vorschriften dies erfordern, wieder differenziert werden, ob die Techniken zu bloßen Forschungszwecken im Labor oder mit Auswirkung auf geborene Menschen angewendet werden.

1. Die Anwendung von CRISPR/Cas9 an Keimbahnzellen

Für die rechtliche Bewertung der Anwendung von CRISPR/Cas9 an Keimbahnzellen, sei es zu Bestimmung der genetischen Konstitution, sei es zu „bloßen" Reproduktionszwecken durch genetische Behandlung defekter Spermatogonien, sind § 5 ESchG (künstliche Veränderung menschlicher Keimbahnzellen), § 2 Abs. 1 ESchG (missbräuchliche Verwendung von Embryonen), § 1 Abs. 1 Nr. 2 und Abs. 2 ESchG (missbräuchliche Anwendung von Fortpflanzungstechniken) und § 7 Abs. 1 Nr. 1 und 2 ESchG (Chimären- und Hybridbildung) relevant.[72]

[72] Siehe im Überblick auch *Taupitz und Deuring*, Nova Acta Leopoldina, S. 63 (97 ff.); *Deuring*, in: Taupitz und Deuring (Hrsg.), Rechtliche Aspekte der Genom-Editierung an der menschlichen

a. § 5 ESchG: Künstliche Veränderung menschlicher Keimbahnzellen

aa. § 5 Abs. 1 und Abs. 4 ESchG

§ 5 Abs. 1 ESchG untersagt jede künstliche Veränderung der Erbinformation einer menschlichen Keimbahnzelle. § 5 Abs. 4 ESchG statuiert hiervon einige Ausnahmen.

aaa. § 5 Abs. 1 ESchG

Die Anwendbarkeit der Vorschrift setzt voraus, dass die Erbinformation einer menschlichen Keimbahnzelle verändert wurde.

(1) Erbinformation einer menschlichen Keimbahnzelle

Die Anwendbarkeit des § 5 ESchG hängt davon ab, dass CRISPR/Cas9 an einer *Keimbahnzelle* i.S.d. ESchG verwendet wird. Was unter einer Keimbahnzelle zu verstehen ist, ist in § 8 Abs. 3 ESchG niedergelegt: „Keimbahnzellen im Sinne dieses Gesetzes sind alle Zellen, die in einer Zell-Linie von der befruchteten Eizelle bis zu den Ei- und Samenzellen des aus ihr hervorgegangenen Menschen führen, ferner die Eizelle vom Einbringen oder Eindringen der Samenzelle an bis zu der mit der Kernverschmelzung abgeschlossenen Befruchtung." Dies entspricht auch der naturwissenschaftlichen Definition. Insbesondere gehören nach dieser gesetzlichen Definition zur Keimbahn auch die Zellen des Embryos, von denen noch nicht gesagt werden kann, in welchen Zelltyp sie sich ausdifferenzieren werden: Die Keimbahn muss eine ununterbrochene gerade Linie sein, um einen möglichst umfassenden Schutz vor Eingriffen zu gewähren, deren Wirkungen an Nachkommen weitergegeben werden.[73] Ferner muss es sich um eine *menschliche* Keimbahnzelle handeln. Dies ist der Fall, wenn das in ihr codierte Erbgut ausschließlich menschlichen Ursprungs ist.[74]

Unklar ist dabei, ob eine Keimbahnveränderung dann straffrei möglich ist, wenn sie an einem Embryo vorgenommen wird, der nicht entwicklungsfähig ist, aus dem sich also nie ein geborenes Individuum entwickeln kann. Das ESchG schützt keine arretierten Embryonen, bei denen keine Zellteilung mehr stattfindet. Wie weit die Entwicklungsfähigkeit reichen muss, ob Teilungsfähigkeit ausreicht oder gar Nidationsfähigkeit zu verlangen ist, ist im Einzelnen umstritten,[75] kann jedoch dahinstehen. § 5 ESchG stellt nicht auf einen (entwicklungsfähigen) Embryo ab, sondern eben auf Keimbahnzellen.[76] Zwar greift dann die *ratio* des § 5 ESchG, geborene

Keimbahn (Kapitel „Genom-Editierung an der menschlichen Keimbahn - Deutschland", im Erscheinen).

[73] *Schlüter*, Schutzkonzepte für menschliche Keimbahnzellen in der Fortpflanzungsmedizin, S. 6 f.; *Günther*, in: Günther et al. (Hrsg.), ESchG, § 5 Rn. 10; siehe bereits oben S. 10; *Taupitz und Deuring*, in: Hacker (Hrsg.), Nova Acta Leopoldina, S. 67.

[74] *Günther*, in: Günther et al. (Hrsg.), ESchG, § 5 Rn. 10.

[75] Teilungsfähigkeit für Befruchtungsembryonen als ausreichend betrachtend *Taupitz*, in: Günther et al. (Hrsg.), ESchG, § 8 Rn. 32 f., für andere Entitäten sei jedoch Nidationsfähigkeit notwendig Rn. 24 und 61.

[76] *Reich et al.*, in: BBAW (Hrsg.), Genomchirurgie beim Menschen, S. 16.

Menschen vor Risiken zu schützen, bei solchen Entitäten nicht, sodass eine Anwendung der Strafnorm nicht zwingend ist.[77] Die Fälle, in denen ausnahmsweise eine Strafbarkeit ausgeschlossen ist, hat der Gesetzgeber jedoch in § 5 Abs. 4 ESchG vorgesehen. Hätte er gewollt, dass arretierte Embryonen vom Abs. 1 ausgenommen sein sollen, hätte er dies regeln können. Da eine solche Regelung unterblieben ist, besteht kein Anlass, die Anwendbarkeit des Abs. 1 zu verneinen.[78]

Unklar ist zudem, ob künstliche Gameten als Tatobjekte in Betracht kommen. Die Beantwortung dieser Frage soll im Zusammenhang mit der Herstellung und Verwendung artifizieller Gameten erfolgen.[79]

Schließlich muss sich die Tathandlung auf die *Erbinformation* einer Keimbahnzelle beziehen. Derzeit ist lediglich von einem kleinen Teil der DNA, den Genen, bekannt, dass sie Erbinformation enthalten und weitergeben, während die Funktion der restlichen etwa 75 % der DNA im Zellkern unbekannt ist. Keiner weiß daher, ob und inwieweit dieser Teil der DNA uncodiert ist, etwa als genetische Reserve für die menschliche Evolution, oder ob man nur noch nicht in der Lage ist, sie zu „lesen". Die Ausgestaltung der Vorschrift als Gefährdungsdelikt führt dazu, dass die gesamte menschliche DNA in den Schutz einbezogen ist. Die Vorschrift erfasst im Übrigen auch strukturelle Veränderungen der DNA der Mitochondrien.[80]

(2) Verändern

§ 5 Abs. 1 ESchG untersagt das künstliche *Verändern*. Eine Veränderung liegt dann vor, wenn auch nur ein Basenpaar des Gesamtgenoms vom ererbten Zustand abweicht. Um künstlich zu sein, darf die Veränderung nicht auf natürliche Weise durch Mutation, Umwelteinflüsse etc. geschehen, sondern muss durch menschlichen Eingriff gleich welcher Art veranlasst worden sein.[81] Die „künstliche Veränderung" stellt auf eine verfahrensbezogene Betrachtungsweise ab und betont explizit den Vorgang, sodass es auch keine Rolle spielt, ob die erzielte genetische Veränderung so auch in der Natur vorkommen könnte oder nicht. Eine § 3 Nr. 3 GenTG[82] vergleichbare Norm, die durch Bezugnahme auf „durch Kreuzen oder natürliche Rekombination" produzierbare Veränderungen eine Ergebnisorientierung aufweist, existiert im ESchG nicht.[83] Unerheblich ist außerdem, ob die Veränderung mit dem

---

[77] *Deuring und Taupitz*, Pharmakon 2017, S. 287 (288).

[78] Abs. 4 Nr. 2 schließt in diesem Zusammenhang lediglich die Veränderung der Erbinformation von Keimbahnzellen, die einer toten Leibesfrucht, einem Menschen oder einem Verstorbenen entnommen wurden, aus. Der arretierte Embryo in vitro wird nicht erwähnt. Siehe hierzu bereits *Aslan et al.*, CfB-Drucks. 4/2018, S. 7 Fn. 10.

[79] Siehe zur Herstellung und Verwendung künstlicher Gameten unten S. 104 ff.

[80] *Günther*, in: Günther et al. (Hrsg.), ESchG, § 5 Rn. 11.

[81] *Günther*, in: Günther et al. (Hrsg.), ESchG, § 5 Rn. 12.

[82] „[…] gentechnisch veränderter Organismus

ein Organismus, mit Ausnahme des Menschen, dessen genetisches Material in einer Weise verändert worden ist, *wie sie unter natürlichen Bedingungen durch Kreuzen oder natürliche Rekombination nicht vorkommt*; […]". Siehe zu § 3 Nr. 3 GenTG unten S. 383 ff.

[83] *Faltus*, ZfMER 2017, S. 52 (63 f.).

Ziel einer Fortpflanzung oder nur zu Forschungszwecken im Rahmen von Grundlagenforschung erfolgt. Zur Vollendung der Tat ist im Übrigen erforderlich, dass die Erbinformation tatsächlich verändert wurde. Kommt es nicht zu einer Neukombination der DNA, handelt es sich um einen Versuch (§ 5 Abs. 3 ESchG).[84] Die Anwendung von CRISPR/Cas9 mit dem Ergebnis einer genetischen Veränderung stellt folglich ein „Verändern" dar.

(3) Zwischenergebnis

§ 5 Abs. 1 ESchG erfasst lückenlos die Verwendung von CRISPR/Cas9 an allen (natürlichen) Keimbahnzellen, auch solche arretierter Embryonen, sowohl im Hinblick auf die Kern-DNA als auch auf die mitochondriale DNA. Ob die genetische Veränderung zu bloßen Forschungszwecken erfolgt oder Auswirkung auf geborene Menschen haben soll, ist unerheblich.

bbb. § 5 Abs. 4 ESchG

§ 5 Abs. 4 ESchG statuiert einige Ausnahmen zu Abs. 1. Die Frage ist, in welchen Fällen CRISPR/Cas9 an Keimbahnzellen angewendet werden darf.

(1) Abs. 4 Nr. 1

Die Anwendung von CRISPR/Cas9 an Keimzellen, die sich außerhalb des Körpers befinden und bei denen eine Weiterverwendung zur Befruchtung ausgeschlossen ist, ist straflos. Das Kriterium des „Ausgeschlossenseins" ist objektiv zu beurteilen, nicht aus der subjektiven Sicht des Täters. Die Gamete muss aus der Sicht eines sachverständigen Beobachters entweder aufgrund ihrer Beschaffenheit keine Befruchtung mehr ermöglichen, z. B. mangels In-vitro-Aufbereitung und Kultivierung, oder der Täter muss Vorkehrungen treffen, die eine Verwendung zur Befruchtung ausschließen.[85]

Die Frage ist aber, wie es sich mit der Anwendung von CRISPR/Cas9 an imprägnierten Eizellen bzw. Vorkernstadien verhält. Dem Wortlaut nach setzt § 5 Abs. 4 Nr. 1 ESchG eine „Keimzelle" voraus, worunter unbefruchtete Ei- oder Samenzellen verstanden werden.[86] Imprägnierte Eizellen und Vorkernstadien sind noch nicht „fertig befruchtet", und können damit grundsätzlich als „unbefruchtet" eingeordnet werden.[87] Auch kann eine Verwendung zur Befruchtung, trotz bereits erfolgter erster Befruchtungshandlung, noch ausgeschlossen und folglich die Straflosigkeit herbeigeführt werden.[88] Die Zelle muss schließlich weiterkultiviert werden, damit es

[84] *Günther*, in: Günther et al. (Hrsg.), ESchG, § 5 Rn. 13.

[85] *Günther*, in: Günther et al. (Hrsg.), ESchG, § 5 Rn. 19.

[86] BT-Drucks. 11/5460, S. 11.

[87] *Taupitz*, in: Günther et al. (Hrsg.), ESchG, § 1 Abs. 1 Nr. 1 Rn. 19.

[88] Anders aber wohl *Günther*, in: Günther et al. (Hrsg.), ESchG, § 5 Rn. 19, wonach Abs. 4 Nr. 1 ESchG keine Anwendung findet, da bereits Befruchtungshandlungen vorgenommen wurden und die Verwendung zur Befruchtung folglich nicht mehr ausgeschlossen werden kann.

zur Befruchtung kommt. Der Befruchtungsvorgang kann zudem auch aufgehalten werden, etwa durch Kryokonservierung, wobei das anschließende Auftauen und Weiterkultivieren weitgehend als eigenständige Befruchtungshandlung angesehen wird.[89] Es gibt daher sogar die Möglichkeit einer nochmaligen Befruchtungshandlung und damit einer neuen „Verwendung zur Befruchtung" von Vorkernstadien, die folglich wiederum ausgeschlossen werden kann, was eine Anwendbarkeit von Abs. 4 Nr. 1 auch auf Vorkernstadien nahelegt. Allerdings verbietet § 1 Abs. 2 ESchG gerade die Erzeugung von Vorkernstadien zu Forschungszwecken, da der Gesetzgeber auch diese Entitäten vor Manipulationen schützen wollte. Forschung an Vorkernstadien soll folglich nach dem Willen des Gesetzgebers verboten sein. Im Hinblick auf diese Vorschrift kann eine genetische Veränderung von Vorkernstadien nicht als straflose Veränderung von Keimzellen eingestuft werden, sodass Keimzelle als „unbefruchtete Eizelle" restriktiv in dem Sinne verstanden werden muss, dass die Eizelle noch nicht mit einem Spermium in Kontakt getreten sein darf.[90]

(2) Abs. 4 Nr. 2

Nach Abs. 4 Nr. 2 ist eine Strafbarkeit auch ausgeschlossen, „wenn sich die künstliche Veränderung auf die Erbinformation einer sonstigen körpereigenen Keimbahnzelle bezieht, die einer toten Leibesfrucht, einem Menschen oder einem Verstorbenen entnommen worden ist, und ausgeschlossen ist, dass diese auf einen Embryo, Fötus oder Menschen übertragen wird oder aus ihr eine Keimzelle entsteht." Eine „sonstige körpereigene Zelle" ist eine solche, aus denen sich die Samen- und Eizellen bilden. Die Ei- und Samenzellen, die befruchtete Eizelle und der Embryo in vitro fallen nicht unter diesen Begriff, sodass die Anwendung von CRISPR/Cas9 an diesen Entitäten nicht zu einem Strafausschluss nach Abs. 4 Nr. 2 führt. Bezüglich der auszuschließenden Umstände kommt es wie bei Abs. 4 Nr. 1 auf die objektive Einschätzung der Situation und nicht auf die subjektive Sicht des Täters an.[91] CRISPR/Cas9 kann folglich an den Vorläuferzellen der Keimzellen von lebenden Menschen verwendet werden, etwa in vitro an Stammzellen, die sich zu Spermien entwickeln können; eine Rückinjizierung in den Körper bzw. eine Entwicklung zu einer Keimzelle muss jedoch ausgeschlossen sein.

(3) Abs. 4 Nr. 3

Abs. 4 Nr. 3 nimmt eine Keimbahnveränderung als unbeabsichtigte Nebenfolge von Impfung, Chemotherapie oder Bestrahlung vom Verbot des Abs. 1 aus. „Unbeabsichtigt" bedeutet, dass der behandelnde Arzt im Rahmen seiner Therapie eine Veränderung der Erbinformation für möglich halten und billigen (bedingter Vorsatz) bzw. diese sogar als sicher voraussehen (direkter Vorsatz) darf. Er darf sie lediglich

[89] *Günther*, in: Günther et al. (Hrsg,), ESchG, § 1 Abs. 1 Nr. 2 Rn. 15; *Taupitz und Hermes*, NJW 2015, S. 1802 (1804 ff.); a.A. *Frommel*, Juristisches Gutachten, S. 2; *LG Augsburg*, BeckRS 2018, 35087, Rn. 47 ff. (zitiert über *beck-online*).

[90] Anders noch *Deuring*, MedR 2017, S. 215 (216 f.).

[91] *Günther*, in: Günther et al. (Hrsg.), ESchG, § 5 Rn. 21.

nicht zielgerichtet anstreben.[92] Die Vorschrift benennt zwar nicht ausdrücklich die Keimbahnveränderung als unbeabsichtigte Folge einer somatischen Gentherapie. Nach der *ratio legis* muss jedoch auch diese straffrei sein.[93] Anders kann dies allenfalls für genetisches Enhancement sein. Die Aufzählung „Impfungen, strahlen-, chemotherapeutische [...] Behandlungen" zeigt, dass auch „andere Behandlungen" wohl einen therapeutischen Hintergrund haben müssen, zumal auch der Begriff „Behandlung" selbst einen therapeutischen Hintergrund impliziert. Lässt der Gesetzgeber die Heilung eines Individuums zu, trotz der Gefahr einer unbeabsichtigten Veränderung der Keimbahn, so muss dies nicht notwendigerweise auch dann gelten, wenn nur verbessernde Ziele verfolgt werden. In diesem Fall ist der Schutz der Nachkommen vor negativen Folgen vorrangig.

bb. § 5 Abs. 2 ESchG

Abs. 2 ergänzt Abs. 1, indem er die Verwendung zur Befruchtung einer Keimzelle mit veränderter Erbinformation unter Strafe stellt. Ob diese Handlung zu Fortpflanzungszwecken oder lediglich zur Forschung geschieht, ist unerheblich.

„Verwendung zur Befruchtung" bedeutet, dass der Täter die Absicht haben muss, die Zellkerne von Ei- und Samenzelle zur Zygote zu vereinigen.[94] Die Vollendung der Befruchtung ist nicht Tatbestandsvoraussetzung. Da auch imprägnierte Eizellen noch zur Befruchtung (weiter-)verwendet werden können,[95] ist auch das Weiterkultivieren einer solchen genetisch veränderten imprägnierten Eizelle bzw. einer solchen im Vorkernstadium, die als unbefruchtete Eizellen gelten – was wiederum der Definition einer Keimzelle entspricht – tatbestandsmäßig.[96]

---

[92] *Günther*, in: Günther et al. (Hrsg.), ESchG, § 5 Rn. 22.

[93] *Reich et al.*, in: BBAW (Hrsg.), Genomchirurgie beim Menschen, S. 15; *Voss*, Rechtsfragen der Keimbahntherapie, S. 158.

[94] *Günther*, in: Günther et al. (Hrsg.), ESchG, § 5 Rn. 26.

[95] Siehe oben S. 85 f.

[96] Gegen dieses Ergebnis spricht auch nicht, dass im Rahmen des § 5 Abs. 4 Nr. 1 der Begriff „Keimzelle" geradezu gegensätzlich ausgelegt wurde, sodass imprägnierte Eizellen und solche im Vorkernstadium von diesem Begriff gerade nicht erfasst waren. Es ist anerkannt, dass derselbe Ausdruck in verschiedenen Strafgesetzen durchaus in unterschiedlichem Sinne verstanden werden kann, siehe *v. Heintschell-Heinegg*, in: v. Heintschell-Heinegg (Hrsg.), BeckOK StGB, § 1 Rn. 20; zur tatbestandsspezifischen Auslegung von Begriffen auch *BGH*, NJW 1999, S. 299 (300). Dabei ist darauf zu achten, dass „sich die Gesamtheit der gesetzlichen Bestimmungen tunlichst zu einem widerspruchslosen Ganzen zusammenfügt", siehe *BGH*, NJW 1959, S. 1230 (1234). Auf der Basis dieser Grundsätze ist die Auslegung von § 5 Abs. 4 Nr. 1 ESchG auf der einen Seite und § 5 Abs. 2 ESchG auf der anderen hinsichtlich des Begriffs „Keimzelle" durchaus stimmig: § 5 Abs. 2 soll den entstehenden Menschen schützen, was nur lückenfrei gewährleistet werden kann, wenn auch die imprägnierten und genetisch veränderten Zellen nicht weiterkultiviert werden dürfen. § 5 Abs. 4 Nr. 1 soll Forschung nur insoweit schützen, als keine höherrangigen Interessen berührt sind. Über die Regelung des § 1 Abs. 2 ESchG hat der Gesetzgeber zum Ausdruck gebracht, dass auch Forschung an Vorkernstadien unzulässig sein soll und diese Entitäten insofern als schützenswert eingestuft. Beide Vorschriften verfolgen gänzlich unterschiedliche Ziele, was eine spezifische Auslegung der jeweiligen Begriffe erfordert. Aufgrund der unterschiedlichen Zielsetzungen überschneiden sich beide Vorschriften in ihrer Anwendung auch nicht in einer Weise, dass die unterschiedliche Auslegung unstimmig oder widersprüchlich würde.

cc. Zwischenergebnis

Die Verwendung von CRISPR/Cas9 an der Kern-DNA oder der mitochondrialen DNA von Keimbahnzellen, gleich ob zu Forschungs- oder Fortpflanzungszwecken, unterfällt § 5 Abs. 1 ESchG. Konkret findet § 5 Abs. 1 ESchG Anwendung auf die Veränderung von Keimbahnzellen eines (arretierten oder lebenden) Embryos. Die genetische Veränderung von unbefruchteten Keimzellen und imprägnierten Eizellen oder Vorkernstadien fällt ebenfalls unter Abs. 1, ihre Weiterverwendung zur Befruchtung zudem unter Abs. 2. Ob diese Weiterverwendung zur Befruchtung im Rahmen bloßer Grundlagenforschung oder mit dem Ziel der Entstehung eines geborenen Menschen erfolgt, ist auch hier irrelevant. Schließt der Täter aber eine Verwendung zur Befruchtung von gänzlich unbefruchteten und noch nicht einmal imprägnierten Eizellen aus, ist er, in Ausnahme zu Abs. 1, gem. Abs. 4 Nr. 1 straffrei. Erfolgt die genetische Veränderung an körpereigenen Keimbahnzellen, also solchen, aus denen sich Ei- und Samenzellen entwickeln, einer toten Leibesfrucht, eines Menschen oder eines Verstorbenen, ist der Täter nach Abs. 4 Nr. 2 ebenfalls straffrei, wenn eine Rückübertragung auf einen Embryo, Fötus oder Menschen bzw. die Entstehung einer Keimzelle hieraus ausgeschlossen ist. Erfolgt die genetische Veränderung der Keimbahnzellen unbeabsichtigt, etwa als Nebeneffekt einer therapeutischen Behandlung, wie z. B. einer somatischen Gentherapie, ist der Täter nach Abs. 4 Nr. 3 straffrei.

c. § 2 Abs. 1 ESchG: Missbräuchliche Verwendung von Embryonen

Die Anwendung von CRISPR/Cas9 an der *entwicklungsfähigen befruchteten Eizelle*, also einer solchen nach Kernverschmelzung, die nach der Definition des § 8 Abs. 1 ESchG[97] einen Embryo darstellt, verstößt zudem gegen § 2 Abs. 1 ESchG, wonach ein menschlicher Embryo nicht zu einem nicht seiner Erhaltung dienenden Zweck verwendet werden darf. Der Erhaltung des Embryos dient, „was seine Überlebenschancen verbessert, zumindest nicht verschlechtern (neutrale Handlungen) soll“.[98] Allenfalls bei einer therapeutischen Korrektur mit Transferabsicht läge bei positiver Risiko-Nutzen-Abwägung ein nicht verbotener Heilversuch vor.[99] Jede reine Forschungshandlung ohne Transferabsicht, also die Verwendung von CRISPR/Cas9 zu Forschungszwecken, ist hingegen strafbar.

---

[97] „Als Embryo im Sinne dieses Gesetzes gilt bereits die befruchtete, entwicklungsfähige menschliche Eizelle vom Zeitpunkt der Kernverschmelzung an, ferner jede einem Embryo entnommene totipotente Zelle, die sich bei Vorliegen der dafür erforderlichen weiteren Voraussetzungen zu teilen und zu einem Individuum zu entwickeln vermag.“

[98] *Günther*, in: Günther et al. (Hrsg.), ESchG, § 2 Rn. 41.

[99] *Taupitz*, NJW 2001, S. 3433 (3435); beim einem Heilversuch § 2 Abs. 1 ESchG ausschließend auch *John*, Die genetische Veränderung des Erbgutes menschlicher Embryonen, S. 45; *Huwe*, Strafrechtliche Grenzen der Forschung an menschlichen Embryonen und embryonalen Stammzellen, S. 115.

Dabei ist umstritten, wie das Merkmal der Entwicklungsfähigkeit bei Befruchtungsembryonen zu interpretieren ist.[100] In den ersten 24 Stunden nach der Kernverschmelzung jedenfalls gilt die befruchtete Zelle als entwicklungsfähig, es sei denn, dass schon vor Ablauf dieses Zeitraums festgestellt wird, dass sich diese nicht über das Ein-Zellstadium hinaus zu entwickeln vermag (§ 8 Abs. 2 ESchG). Wie der Begriff darüber hinaus zu verstehen ist, ist unklar. Es wird vertreten, das Gesetz schütze lediglich Entitäten, die die Fähigkeit der Entwicklung bis zu Implantation oder Nidation haben. Dies folge aus der Überlegung, dass das ESchG vor allem ein Gesetz zur Regelung der assistierten Reproduktion sei. Der Begriff der „Entwicklungsfähigkeit" sei deshalb ein reproduktionsmedizinischer Begriff und in der Reproduktionsmedizin sei die Nidationsfähigkeit die bedeutsamste Eigenschaft des Embryos.[101] Das ESchG befasst sich aber nicht nur mit der Weiterentwicklung von Embryonen im Rahmen einer Schwangerschaft bzw. mit Verboten, Embryonen diese Weiterentwicklung vorzuenthalten, sondern bezweckt darüber hinaus ein Verbot der Instrumentalisierung von Embryonen. Gerade § 2 Abs. 1 ESchG dient dem Schutz von Embryonen, denen nicht die Chance zur Weiterentwicklung in utero gegeben wird. Bei einem Instrumentalisierungsverbot kann es nicht darauf ankommen, ob sich die zu schützende Entität ohne die Instrumentalisierung noch mehr oder weniger lang entwickelt hätte.[102] „Entwicklungsfähig" bedeutet in den ersten Phasen der Embryonalentwicklung daher „teilungsfähig". Nur arretierte Embryonen sind nicht mehr Schutzobjekte des ESchG.[103] Kann nicht nachgewiesen werden, dass der Embryo beim Eingriff noch gelebt hat, also entwicklungsfähig war, gilt *in dubio pro reo.*[104] An arretierten Embryonen kann folglich Forschung betrieben werden, allerdings nur insofern, als dabei nicht auch gleichzeitig gegen § 5 Abs. 1 ESchG verstoßen wird; das ist bei einer Forschung mittels CRISPR/Cas9 an Keimbahnzellen jedoch der Fall.

Bei Embryonen, die anders als durch Befruchtung entstanden sind, etwa durch somatischen Zellkerntransfer (SCNT = *somatic cell nucleus transfer*), ist umstritten, ob sie überhaupt als Embryonen i.S.d. § 8 Abs. 1 ESchG einzuordnen sind, der

---

[100] Hierzu und zum Folgenden ausführlich *Taupitz*, in: Günther et al. (Hrsg.), ESchG, § 8 Rn. 14 ff.

[101] *Neidert*, MedR 2007, S. 279 (284 f.); den Schutz nur auf solche Entitäten beziehend, die mindestens das Stadium der extrauterinen Lebensfähigkeit erreichen können, *Koch*, in: Arnold (Hrsg.), Festschrift für Albin Eser zum 70. Geburtstag, S. 1091 (1102).

[102] *Taupitz*, in: Günther et al. (Hrsg.), ESchG, § 8 Rn. 17.

[103] *Taupitz*, in: Günther et al. (Hrsg.), ESchG, § 8 Rn. 21. Einem Embryo gleichgestellt ist nach § 8 Abs. 1 im Übrigen auch eine jede einem Embryo entnommene totipotente Zelle, die sich bei Vorliegen der dafür erforderlichen weiteren Voraussetzungen zu teilen und zu einem Individuum zu entwickeln vermag. Es genügt folglich nicht, dass sie sich nur zu teilen vermag, sie muss zusätzlich auch die Fähigkeit haben, sich zu einem Individuum zu entwickeln. Die Zelle muss die Fähigkeit haben, das Stadium der unzweifelhaft gegebenen Individualität zu erreichen, ab der eine Zwillingsbildung nicht mehr möglich ist. Dies ist der Zeitpunkt der Individuation bzw. Nidation, siehe *Taupitz*, in: Günther et al. (Hrsg.), ESchG, § 8 Rn. 23 m.w.N.

[104] *Taupitz*, in: Günther et al. (Hrsg.), ESchG, § 8 Rn. 20.

zunächst einmal auf die Entstehung des Embryos durch „Befruchtung“ abstellt,[105] und folglich § 2 Abs. 1 ESchG unterfallen. Meist wird versucht, durch die Formulierung „bereits“ andere Embryonen als Befruchtungsembryonen in die Definition einzubeziehen: „Bereits“ sei im Sinne von „auch“ zu lesen. Hierdurch habe der Gesetzgeber deutlich gemacht, dass die Definition nicht abschließend sei.[106] Es liegt jedoch semantisch viel näher, „bereits“ in einem bloß temporalen Sinne zu verstehen, mit dem Ergebnis, dass (nur) der Befruchtungsembryo „bereits“ ab Kernverschmelzung als Embryo gilt.[107] An Nicht-Befruchtungsembryonen kann folglich geforscht werden, ohne gegen § 2 Abs. 1 ESchG zu verstoßen. Dabei darf natürlich nicht gleichzeitig gegen § 5 Abs. 1 ESchG verstoßen werden, was bei einer Forschung mittels CRISPR/Cas9 allerdings an Keimbahnzellen des „Embryos“ wiederum der Fall wäre.[108]

Wird CRISPR/Cas9 an einer *imprägnierten Eizelle oder einer solchen Vorkernstadium* angesetzt, ist § 2 Abs. 1 ESchG nicht einschlägig: Mangels vollendeter

[105] Die Embryoneneigenschaft bejahend, weil es auf die Entstehungsart des Embryos nicht ankomme, etwa *v. Bülow*, DÄBl. 1997, 94 (12), A-718 (A-721); *Eser et al.*, in: Honnefelder und Streffer (Hrsg.), Jahrbuch der Wissenschaft und Ethik, Band 2, S. 357 (369); *Keller*, in: Eser (Hrsg.), Festschrift für Theodor Lenckner zum 70. Geburtstag, S. 477 (485 f.); *Rosenau*, in: Amelung (Hrsg.), Strafrecht, Biorecht, Rechtsphilosophie, S. 761 (763 Fn. 13); *Koch*, in: Arnhold (Hrsg.), Festschrift für Albin Eser zum 70. Geburtstag, S. 1091 (1109); *Taupitz*, in: Günther et al. (Hrsg.), ESchG, § 8 Rn. 48 ff.; a.A. *Gutmann*, in: Roxin und Schroth (Hrsg.), Medizinstrafrecht, S. 353 (355 f.); *Schroth*, JZ 2002, S. 170 (172); *Witteck und Erich*, MedR 2003, S. 258 (259); *Höfling*, in: Bitburger Gespräche, Jahrbuch 2002/II, S. 99 (109); *Kersten*, Das Klonen von Menschen, S. 36 ff. Von dieser Einordnung hängt im Übrigen (unter anderem) auch ab, ob der SCNT als Klonierung nach § 6 Abs. 1 ESchG verboten ist, die der Entstehung eines „menschlichen Embryos“ voraussetzt.

[106] Statt vieler *Taupitz*, in: Günther et al. (Hrsg.), ESchG, § 8 Rn. 50 ff.

[107] Statt vieler *Schroth*, JZ 2002, S. 170 (172). Subsumierte man die Entität, die nicht durch Befruchtung entstanden ist, grundsätzlich unter § 8 Abs. 1 ESchG, stellt sich im Übrigen die Frage, wie in diesem Fall die Entwicklungsfähigkeit zu bestimmen ist. Es soll dabei auf die funktionale Äquivalenz abzustellen sein. Es sei eine vergleichbare „prinzipielle und typische“ Entwicklungsfähigkeit zu verlangen, wie sie auch bei Befruchtungsembryonen bestehe. Das Potential dieser Zelle müsse dem der befruchteten Eizelle als „Standard-Embryo“ entsprechen. Hieraus folge, dass sie nur dann geschützt werde, wenn sie „prinzipiell und typischerweise“ das Nidationsstadium erreichen könne, siehe *Taupitz*, in: Günther et al. (Hrsg.), ESchG, § 8 Rn. 24 m.w.N.; siehe auch *Koch*, in: Arnold (Hrsg.), Festschrift für Albin Eser zum 70. Geburtstag, S. 1091 (1102 f.); *Neidert*, MedR 2007, S. 279 (284 f.).

[108] Es verstieße im Übrigen bereits der somatische Zellkerntransfer (wie auch der Kerntransfer im Rahmen einer Mitochondrienspende) an sich gegen § 5 Abs. 1 ESchG, siehe unten S. 93 ff. Soll an den sich aus diesem „Embryo“ entwickelnden Zellen anschließend mittels CRISPR/Cas9 geforscht werden, muss man sich strenggenommen die Frage stellen, ob es sich dabei um die Veränderung der Erbinformation von „Keimbahnzellen“ handelt, da diese nach § 8 Abs. 3 ESchG als aus einer Zelllinie entspringend, ausgehend von zwei befruchteten Gameten beschrieben werden. Die Zellen, die nach SCNT verändert werden, entspringen aber auf den ersten Blick keiner solchen Zelllinie, da sie nicht unmittelbar nach einer Befruchtung, sondern eben nach dem SCNT entstanden. Allerdings darf nicht übersehen werden, dass schließlich die Eizelle, die entkernt wurde, eine solche menschliche Keimbahnzelle ist. Durch das Verfahren des SNCT wurde sie verändert und es wurde ihr in gewisser Weise eine Weiterentwicklung bzw. Teilung in verschiedene andere Zellen ermöglicht. Aufgrund der „Abstammung“ von dieser Keimbahnzelle sind folglich auch die nach dem SNCT entstehenden „Tochterzellen“ als Keimbahnzellen einzuordnen.

Kernverschmelzung liegt noch kein Embryo vor. Besonderes Augenmerk soll an dieser Stelle auf die im Juli 2017 in den USA erfolgten Versuche gelenkt werden, bei denen CRISPR/Cas9 mit dem Spermium in eine sich im Metaphase II-Stadium befindliche Eizelle injiziert wurde.[109] Dort wurde dann durch homologe Rekombination ein genetischer Defekt in der DNA des Spermiums korrigiert. Als Korrekturvorlage nutzte die Zelle statt der miteingeführten DNA-Sequenz das mütterliche Chromosom. Der Zeitpunkt, zu dem die genetische Veränderung erfolgte, muss auf den Moment datiert werden, in dem die beiden Genome sich zur ersten Zellteilung zusammengefunden haben, die Befruchtung also abgeschlossen ist, denn die Nutzung der mütterlichen DNA als Korrekturvorlage ist nur denkbar, wenn die Chromosomen räumlich gesehen nahe genug beieinanderliegen. Folglich wurde das Genom eines Embryos verändert und ein Embryo, da Gegenstand von Forschung, nicht zu einem seiner Erhaltung dienenden Zweck verwendet.[110]

d. § 1 Abs. 1 Nr. 2, Abs. 2 ESchG: Missbräuchliche Anwendung von Fortpflanzungstechniken

Über § 1 Abs. 1 Nr. 2[111] und Abs. 2[112] ESchG wird verhindert, dass zu Forschungszwecken die Befruchtung von Eizellen unternommen wird bzw. Pronuklei-Stadien gezeugt werden. Diese Handlungen dürfen nur zur Herbeiführung einer Schwangerschaft vorgenommen werden. Es dürfen also keine Embryonen oder Vorkernstadien zu Forschungszwecken gezeugt werden. Hieraus folgt, dass es z. B. nicht möglich ist, zu Forschungszwecken Gameten mit CRISPR/Cas9 zu bearbeiten und anschließend einer Befruchtung zuzuführen, um zu prüfen, ob der hieraus entstehende Embryo (Abs. 1 Nr. 2) oder die hieraus entstehenden Vorkernstadien (Abs. 2) die gewünschten Korrekturen aufweist. Ebenso wenig dürfen genetisch veränderte imprägnierte Eizellen und solche im Vorkernstadium zu Forschungszwecken mit der Absicht, die Befruchtung abzuschließen, weiterkultiviert werden (Abs. 1 Nr. 2).

e. § 7 Abs. 1 Nr. 1 und 2 ESchG

Wird eine totipotente Zelle eines Embryos mittels CRISPR/Cas9 in vitro bearbeitet und dem Embryo rückinjiziert, entsteht eine Chimäre nach § 7 Abs. 1 Nr. 1 ESchG, da so Embryonen mit unterschiedlichen Erbinformationen zu einem Zellverband

---

[109] *Ma et al.*, Nature 2017, 548 (7668), S. 413 ff.

[110] *Taupitz und Deuring*, in: Hacker (Hrsg.), Nova Acta Leopoldina, S. 72.

[111] Hiernach wird bestraft, „wer es unternimmt, eine Eizelle zu einem anderen Zweck künstlich zu befruchten, als eine Schwangerschaft der Frau herbeizuführen, von der die Eizelle stammt […]“.

[112] „Ebenso wird bestraft, wer 1. künstlich bewirkt, daß eine menschliche Samenzelle in eine menschliche Eizelle eindringt, oder 2. eine menschliche Samenzelle in eine menschliche Eizelle künstlich verbringt, ohne eine Schwangerschaft der Frau herbeiführen zu wollen, von der die Eizelle stammt.“

vereinigt werden. Handelt es sich um die Rückinjizierung einer in vitro bearbeiteten Zelle, die über das Stadium der Totipotenz bereits hinaus ist, ist Nr. 2 einschlägig, da dann mit einem Embryo eine Zelle verbunden wird, die eine andere Erbinformation als die Zellen des Embryos enthält und sich mit diesem weiter zu differenzieren vermag.

Wird CRISPR/Cas9 direkt in die Zellen injiziert, ohne diese vorher vom Embryo abzutrennen, sind die Normen nicht erfüllt, da es dann an einer „Vereinigung zu einem Zellverband" bzw. „Verbinden mit einem Embryo" fehlt.

f. Ergebnis

§ 5 Abs. 1 ESchG erfasst die Veränderung von (natürlichen) menschlichen Keimbahnzellen durch CRISPR/Cas9, ob nun zu Forschungszwecken oder mit dem Ziel der Zeugung eines geborenen Menschen. Unerheblich ist, ob sich die Veränderung auf die mitochondriale DNA oder die Kern-DNA bezieht. Unerheblich ist auch das Ziel der Veränderung, etwa ob diese nun der Bestimmung der genetischen Konstitution des Nachkommens dient oder lediglich zur Ermöglichung einer Fortpflanzung vorgenommen wird, wie durch genetische Manipulation defekter Spermatogonien. Der Täter kann durch die Ausnahmen des Abs. 4 Straffreiheit erlangen, wenn er etwa die Verwendung zur Befruchtung einer genetisch veränderten Keimzelle, zu denen bereits imprägnierte Eizellen nicht gehören, ausschließt.

Wird ein Embryo, also eine „fertig" befruchtete Eizelle, zu Forschungszwecken genetisch verändert, ist zudem § 2 Abs. 1 ESchG einschlägig. Dies gilt dann, wenn der Embryo, der aus einer Befruchtung hervorgegangen ist, entwicklungsfähig i.S.v. teilungsfähig ist. Auf arretierte Embryonen findet die Vorschrift keine Anwendung, ebenso nicht auf Embryonen, die auf andere Weise als durch Befruchtung entstanden sind.

Es ist ebenso verboten, Keimzellen genetisch zu verändern und dann zu Fortpflanzungs- oder Forschungszwecken einer Befruchtung zuzuführen bzw. den Befruchtungsverlauf bis zum Vorkernstadium voranschreiten zu lassen (§ 5 Abs. 2, § 1 Abs. 1 Nr. 2 und Abs. 2 ESchG). Ebenso ist es verboten, zu Forschungszwecken genetisch veränderte imprägnierte Eizellen oder solche im Vorkernstadium dann zu Fortpflanzungs- oder Forschungszwecken bis zur Vollendung der Befruchtung weiter zu kultivieren (§ 5 Abs. 2, § 1 Abs. 1 Nr. 2 ESchG).

§ 7 Abs. 1 Nr. 1 bzw. 2 ESchG sind erfüllt, wenn in vitro eine totipotente oder eine weiter ausdifferenzierte Zelle des Embryos genetisch verändert und diesem dann rückinjiziert wird.

2. Mitochondrientransfer

Die Techniken des Mitochondrientransfers erfassen zum einen den Kerntransfer zwischen unbefruchteten Eizellen und solchen im Vorkernstadium sowie zum anderen das Injizieren „gesunder" Mitochondrien in die Eizelle, die zur Befruchtung verwendet werden soll und deren Mitochondrien einen Defekt aufweisen („Zytoplasmatransfer"). Die relevanten Vorschriften sind § 5 ESchG (künstliche Veränderung menschlicher Keimbahnzellen), § 1 Abs. 1 Nr. 1 und 2, Abs. 2 ESchG (missbräuchliche Anwendung von Fortpflanzungstechniken), § 6 Abs. 1 ESchG (Klonen) und § 7 Abs. 1 Nr. 1 und 2 ESchG (Chimärenbildung).

a. § 5 ESchG: Künstliche Veränderung menschlicher Keimbahnzellen

Ob der Mitochondrientransfer unter das Verbot der künstlichen Veränderung menschlicher Keimbahnzellen fällt, ist umstritten. Insbesondere die juristische Bewertung des Zellkerntransfers ist seit langem umstritten.[113]

aa. § 5 Abs. 1 und Abs. 4 Nr. 1 ESchG beim Zellkerntransfer

Die Frage ist, ob der Zellkerntransfer eine Veränderung der Erbinformation einer Keimbahnzelle nach § 5 Abs. 1 ESchG darstellt und ob der Strafausschluss des § 5 Abs. 4 Nr. 1 ESchG einschlägig ist.

aaa. § 5 Abs. 1 ESchG

Beim Transfer zwischen Keimbahnzellen besteht die Besonderheit, dass im Ergebnis an zwei Keimbahnzellen „verändernde" Handlungen durchgeführt werden: Zwei Zellen werden entkernt und eine hiervon erhält den Kern der anderen Zelle. Damit liegen *zwei* mögliche Tatobjekte vor: die Empfängerzelle, also die Zelle, die einen neuen Kern erhält, sowie die Kernspenderzelle. Die Handlungen an diesen beiden Zellen sollen gesondert untersucht werden. Dabei stellt sich zum einen die Frage, ob die Entkernung der jeweiligen Zelle tatbestandsmäßig ist, sowie zum anderen, ob der Transfer des Zellkerns eine verändernde Handlung darstellt.

(1) Entkernung

Die Entkernung der Zellen, also die Entfernung des Kerngenoms, könnte bereits eine Veränderung darstellen. Etwas, das nach einem Eingriff anders ist also davor, wurde zweifellos verändert. Aber trifft dies auch auf etwas zu, das nach dem Eingriff gar nicht mehr existiert? So wird eingewendet, die Entkernung verändere die Erbinformation nicht, sondern beseitige sie. So würde, als vergleichendes Beispiel, eine Urkunde nicht gefälscht (§ 267 StGB),[114] sondern unterdrückt (§ 274 StGB).[115,

[113] Zu den folgenden Ausführungen dieses Abschnitts ausführlich *Deuring*, MedR 2017, S. 215 ff.

[114] Abs. 1: „Wer zur Täuschung im Rechtsverkehr eine unechte Urkunde herstellt, eine echte Urkunde verfälscht oder eine unechte oder verfälschte Urkunde gebraucht, wird mit Freiheitsstrafe bis zu fünf Jahren oder mit Geldstrafe bestraft."

[115] Abs. 1: „Mit Freiheitsstrafe bis zu fünf Jahren oder mit Geldstrafe wird bestraft, wer (Nr. 1) eine Urkunde oder eine technische Aufzeichnung, welche ihm entweder überhaupt nicht oder nicht ausschließlich gehört, in der Absicht, einem anderen Nachteil zuzufügen, vernichtet, beschädigt oder unterdrückt, […]".

[116] Diese Betrachtungsweise lässt jedoch fälschlicherweise die mitochondriale DNA als Teil der Erbinformation der Zelle außer Betracht. Geht man davon aus, dass diese eine „individuenspezifische, wichtige und dringend erforderliche Funktion“[117] ausübt, scheint es fragwürdig, sie im Rahmen des § 5 Abs. 1 ESchG außer Betracht zu lassen. So wurde zwar das Kerngenom entfernt, und damit wohl eher beseitigt als verändert. Nimmt man jedoch das Gesamt-Genom der Zelle in Betracht, das eben aus Kerngenom *und* mitochondrialer DNA besteht, so wurde die Erbinformation durch Entfernung eines Teils hiervon durchaus verändert.[118] Wenn man zudem von einer „Veränderung“ sprechen kann, wenn auch nur ein Basenpaar vom ererbten Zustand abweicht, dann müsste eine Veränderung auch durch Entkernung möglich sein, da auch ein gar nicht vorhandenes Gen nicht mit dem ererbten Zustand identisch sei.[119] Bereits die Entkernungshandlung ist also tatbestandsmäßig.

(2) Veränderung der Empfängerzelle durch Einfügen des Zellkerns

Das Einfügen des Zellkerns in die Empfängerzelle könnte eine weitere Veränderungshandlung darstellen bzw., wenn diese Handlung schon bei der Entkernung geplant ist und in engem zeitlichem Zusammenhang mit der Entkernung einhergeht, Teil einer einheitlichen Handlung sein und als Schwerpunkt der Handlung die eigentliche Veränderung darstellen. Ob durch den Kerntransfer die Erbinformation einer Keimbahnzelle *verändert* wird, ist umstritten.[120]

(i) Streitstand

Vielfach wird der Zellkerntransfers nicht als „Veränderung“ der Erbinformation gewertet.[121] Die Vertreter dieser Auffassung weisen dabei auf die Auslegungsschranke des noch möglichen Wortsinns hin. Diese verbiete es, den Vorgang als „Veränderung“ aufzufassen. Es liege vielmehr ein „Austausch“ der Erbinformation vor. Zudem liege nach Entkernung der Eizelle gerade keine Zelle mehr vor, da die Erbinformation vollständig beseitigt wurde. Die wenige in den Mitochondrien vorhandene

---

[116] *Günther*, in: Günther et al. (Hrsg.), ESchG, § 5 Rn. 14 mit Fn. 21; eine „Veränderung“ durch die Entnahme des Kerns auch verneinend *v. Bülow*, DÄBl. 1997, S. A-718 (A-724).

[117] So im Rahmen des § 6 Abs. 1 ESchG bei Auslegung des Begriffs „gleiche Erbinformation“ *Günther*, in: Günther et al. (Hrsg.), ESchG, § 6 Rn. 16, siehe hierzu zugleich bei Fn. 131. Die Bedeutung der Mitochondrien zeigt sich schon in den weitreichenden Krankheitsfolgen, die eine Mutation dieser DNA haben kann.

[118] So im Ergebnis *Eser et al.*, in: Honnefelder und Streffer (Hrsg.), Jahrbuch für Wissenschaft und Ethik, Band 2, S. 357 (369).

[119] *Schütze*, Embryonale Humanstammzellen, S. 306.

[120] Die Diskussion wird insbesondere im Rahmen des somatischen Zellkerntransfers geführt, siehe exemplarisch *Günther*, in: Günther et al. (Hrsg.), ESchG, § 5 Rn. 14 m.w.N.

[121] *Günther*, in: Günther et al. (Hrsg.), ESchG, § 5 Rn. 14; so auch *v. Bülow*, DÄBl. 1997, 94 (12), S. A-718 (A-724); *Taupitz*, NJW 2001, S. 3433 (3435); *John*, Die genetische Veränderung des Erbgutes menschlicher Embryonen, S. 45; *Reich et al.*, in: BBAW (Hrsg.), Genomchirurgie beim Menschen, S. 17; anders wohl *Taupitz et al.*, in: Taupitz (Hrsg.), Das Menschenrechtsübereinkommen zur Biomedizin des Europarats, S. 471.

DNA könne daran nichts ändern.[122] Ein Verändern setze sprachlich voraus, dass das Objekt erhalten bleibt. Die entkernte Spendereizellhülle sei aber keine Keimbahnzelle mehr, sondern nur noch der Rest einer solchen.[123] Im Ergebnis liege ein *aliud* und keine veränderte Erbinformation vor.[124]

Demgegenüber steht die Auffassung, wonach ein Zellkerntransfer durchaus zu einer Veränderung der Erbinformation eine Eizelle führt.[125] Es sei falsch, eine entkernte Eizelle nicht mehr der Kategorie „Eizelle" zuzuordnen. Schon die sprachliche Bezeichnung entkernte *Eizelle* spreche dagegen. Eine andere Wertung könne nur dann erfolgen, wenn die Eizelle durch den Vorgang vollständig vernichtet werde. Des Weiteren dürfe die DNA der übrig gebliebenen Mitochondrien nicht außer Acht gelassen werden. Schließlich sei auch nach der Gegenauffassung die Entfernung eines Gens oder auch eines ganzen Chromosoms aus dem Zellkern eine Veränderung, obwohl die Eizelle in diesem Fall auch nur noch einen „Rest" darstelle. Die von der Gegenauffassung aufgestellten Kriterien für eine Grenzziehung seien völlig unklar. Die einengende Auslegung sei außerdem weder aufgrund der Motive des Gesetzes noch aufgrund der *ratio legis* geboten.[126] Zudem sei der „Austausch" der kompletten Erbinformation die weitest gehende „Veränderung", die man sich vorstellen könne.[127]

(ii) Stellungnahme

Die Ansicht, wonach § 5 Abs. 1 ESchG den Zellkerntransfer nicht erfasst, bedient sich letztendlich zweier Argumente: Erstens entfalle durch das Entkernen das Tatbestandsmerkmal „Keimbahnzelle", da im Moment der Entkernung eine solche nicht mehr vorliege und deshalb auch keine ihr zugehörige Erbinformation mangels Zugehörigkeitsobjekts mehr verändert werden könne. Zweitens werde die Erbinformation auch nicht verändert, sondern ausgetauscht.

Dem ersten Argument ist folgendes entgegenzuhalten: Es hat sich bereits als falsch erwiesen, dass durch die Entkernung die Keimbahnzelle keine solche mehr darstellen soll. Die Entkernung verändert diese lediglich.[128] Auch gibt es, gerade wenn der Kerntransfer das eigentliche Ziel der Handlung ist, keinen zwingenden Grund, in der Entkernung eine solche Zäsur zu sehen. Zwar ist die Keimbahnzelle ohne Kern sicherlich keine funktionstüchtige Zelle. Aber sie ist dennoch eine Zelle, der eben ein Teil entnommen wurde. Es ist vielmehr der gesamte Handlungszusam-

---

[122] *Günther*, in: Günther et al. (Hrsg.), ESchG, § 5 Rn. 14.

[123] *John*, Die genetische Veränderung des Erbgutes menschlicher Embryonen, S. 45.

[124] *Günther*, in: Günther et al. (Hrsg.), ESchG, § 5 Rn. 14.

[125] *Eser et al.*, in: Honnefelder und Streffer (Hrsg.), Jahrbuch für Wissenschaft und Ethik, Band 2, S. 357 (369); *Beier*, in: Korff et al. (Hrsg.), Lexikon der Bioethik, Band 2, Stichwort „Klonieren", S. 402; *Schütze*, Embryonale Humanstammzellen, S. 305 f.

[126] *Schütze*, Embryonale Humanstammzellen, S. 306.

[127] *Röger*, Verfassungsrechtliche Probleme medizinischer Einflußnahme auf das ungeborene Leben im Lichte des technischen Fortschritts, S. 227; *Beier*, in: Korff et al. (Hrsg.), Lexikon der Bioethik, Band 2, Stichwort „Klonieren", S. 402.

[128] Siehe oben S. 93 f.

menhang, der im Kernaustausch besteht, zu betrachten. Dieser ändert die genetische Identität der Zelle, aber stellt nicht ihre Lebenskontinuität in Frage.[129] Eine Sache kann schließlich auch dadurch verändert werden, dass sie zunächst auseinander gebaut und anschließend, auch mit teilweise neuen Bestandteilen, wieder zusammengefügt wird. Notgedrungen liegt sie dann in einem Zwischenschritt gewissermaßen als „Rest" vor. An dieser Stelle eine Zäsur zu setzen, um so den Tatbestand auszuhebeln, erscheint künstlich und besonders spitzfindig.

Das zweite Argument, die Erbinformation der Keimbahnzelle werde nicht verändert, sondern ausgetauscht, muss ebenfalls in Frage gestellt werden. Zwar wird die DNA des Zellkerns tatsächlich ausgetauscht. Nun könnten sich aber die Begriffe „austauschen" und „verändern" zum einen nicht kategorisch ausschließen und zum anderen könnte die DNA der Zelle *insgesamt* hierdurch durchaus eine Veränderung im engeren Sinne erfahren.

Den „Austausch" als „Veränderung" zu interpretieren ist nur dann zulässig, wenn dies nicht als Verstoß gegen semantische Regeln angesehen werden kann, denn dem stünde das Analogieverbot und Bestimmtheitsgebot des Art. 103 Abs. 2 GG entgegen.[130] Ein solcher Verstoß liegt aber nicht vor: Wenn durch das Entkernen die Existenz der Zelle nicht aufgehoben wird, dann wird ihr Bestandteil „Erbinformation" durch den Einsatz eines neuen Zellkerns, und damit durch den Austausch desselben, eben verändert. Darüber hinaus, und dies ist das wichtigere Argument, ist auch das Gesamtgenom der Zelle in den Blick zu nehmen: Das Vorhandensein der Mitochondrien führt vielmehr dazu, dass nicht die Gesamt-DNA der Zelle ausgetauscht wird, wie oft behauptet, sondern lediglich ein Teil hiervon. Das Gesamt-Genom, bestehend aus Kern-DNA und mitochondrialer DNA, hingegen, wird verändert.[131]

---

[129] So auch *Kersten*, Das Klonen von Menschen, S. 46, den Streit im Ergebnis aber offen lassend.

[130] Auf die Begriffe „gleich" und „nahezu gleich" des § 6 ESchG bezogen *Schroth*, JZ 2002, S. 170 (172).

[131] Diejenigen, die im Rahmen des § 5 ESchG argumentieren, die mitochondriale DNA sei zu gering, um ihr Bedeutung beizumessen, kommen bei der Bewertung des somatischen Zellkerntransfers (SCNT) im Rahmen des § 6 Abs. 1 ESchG im Übrigen teilweise zu völlig konträren Ergebnissen: Im Rahmen des § 6 Abs. 1 ESchG sei die mitochondriale DNA zu berücksichtigen, sodass nach einem SCNT kein Klon vorliege, denn die DNA zwischen „Klon" und kloniertem sei, aufgrund der differierenden mitochondrialen DNA schließlich eine andere (und nicht „die gleiche"), siehe *Günther*, in: Günther et al. (Hrsg.), ESchG, § 6 Rn. 15 f.; so auch *Höfling*, in Bitburger Gespräche, Jahrbuch 2002/II, S. 99 (109); *Reich et al.*, in: BBAW (Hrsg.), Genomchirurgie am Menschen, S. 17. Die h.M. bejaht beim SCNT das Merkmal „der gleichen" Erbinformation, siehe etwa *Eser et al.*, in: Honnefelder und Streffer (Hrsg.), Jahrbuch der Wissenschaft und Ethik, Band 2, 1997, S. 357 (369); *v. Bülow*, DÄBl. 1997, S. A-718 (A-720 f.); *Taupitz*, NJW 2001, 3433 (3434); *Rosenau*, in: Amelung (Hrsg.), Strafrecht, Biorecht, Rechtsphilosophie, S. 761 (764); *Witteck und Erich*, MedR 2003, 258 (259); *Schütze*, Embryonale Humanstammzellen, S. 301 ff. und 308 ff.; *Beck*, Stammzellforschung und Strafrecht, S. 166; a.A. *Gutmann*, in: Roxin und Schroth (Hrsg.), Medizinstrafrecht, S. 353 (354 f.).

(3) Veränderung der Kernspenderzelle durch Einbetten in neues Zytoplasma

Der Kern der Kernspenderzelle wird in neues Zytoplasma eingebettet. Dadurch erhält *diese* Zelle statt eines neuen Kerns gewissermaßen neues Zytoplasma. Auch hier könnte, jedenfalls nach der Gegenansicht, der Zwischenschritt des Trennens des Kerns vom Rest der Zelle dazu führen, dass keine Keimbahnzelle mehr vorliegt, sondern nur noch der Rest einer Keimbahnzelle, sodass die Erbinformation dieser (nicht mehr existierenden) Zelle nicht mehr verändert werden könnte. Eine klare Stellungnahme zu dieser Frage findet sich bei der Gegenansicht nicht. Anhand der Bewertung des Verfahrens des Kerntransfers anhand anderer Normen könnte man dieser Ansicht aber gar ein Bejahen des Merkmals „Keimbahnzelle" unterstellen: So wird beispielsweise beim Transfer des Kerns einer *befruchteten* Eizelle in eine andere Eizelle im Rahmen des § 2 Abs. 1 ESchG geschrieben, der Embryo, dessen Kern übertragen wird, werde „erhalten".[132] Dies ist jedoch nur denkbar, wenn der Embryo durch die Trennung von Kern und Zytoplasma nicht als zerstört betrachtet wird. Auf diesen Fall übertragen stellte der Kern der Spenderzelle noch ein taugliches Tatobjekt des § 5 Abs. 1 ESchG dar. Allerdings würde wohl dennoch eine „Veränderung der Erbinformation" abgelehnt, da das Auswechseln der nur marginalen mitochdondrialen DNA nicht die Qualität einer Veränderung erreiche.[133]

Nach der hier vertretenen Ansicht wird jedenfalls, ebenso wenig wie die Empfängerzelle, die Spenderzelle durch die Trennung in der Form zerstört, dass sie zwischenzeitlich ihren Status als Zelle verlieren würde. Darüber hinaus stellt das Einbetten des Kerns in neues Zytoplasma auch eine Veränderung der Erbinformation dar, da die Kern-DNA der Kernspenderzelle mit neuer mitochondrialer DNA kombiniert wird. Wenn bereits der Austausch eines Basenpaars eine Veränderung im Sinne der Norm darstellt, dann muss dies auch für den Austausch der Mitochondrien gelten, auch wenn diese nur einen marginalen Teil der Gesamt-DNA darstellen. Auf Mengenverhältnisse kommt es nicht an.

bbb. § 5 Abs. 4 Nr. 1 ESchG

Unmittelbar nach der Entkernung eignen sich weder die unbefruchtete Empfänger- noch die Kernspenderzelle zur Befruchtung, sodass, bliebe es bei diesem Zwischenstadium und folgten keine weiteren Handlungen, der Strafausschluss anwendbar wäre. Nach einem Kerntransfer liegt jedoch wieder eine funktionstüchtige Zelle vor. Der Täter muss also geeignete Maßnahmen ergreifen, um eine Befruchtung auszuschließen.[134] Der Ausschluss gilt dabei nicht für bereits imprägnierte Eizellen.[135]

[132] *Taupitz*, NJW 2001, S. 3433 (3435).

[133] So wohl *Taupitz*, NJW 2001, S. 3433 (3435).

[134] *Günther*, in: Günther et al. (Hrsg.), ESchG, § 5 Rn. 19.

[135] Siehe oben S. 857 f. ; a.A. noch *Deuring*, MedR 2017, S. 215 (218 f.).

ccc. Zwischenergebnis

Sowohl die Entkernung der Zellen als auch der Transfer des Kerns zwischen unbefruchteten und imprägnierten Eizellen stellen Veränderungshandlungen i.S.d. Abs. 1 dar. Der Täter kann aber, sofern unbefruchtete Eizellen, zu denen imprägnierte Eizellen in diesem Zusammenhang nicht mehr zählen, betroffen sind, Straffreiheit nach Abs. 4 Nr. 1 ESchG erlangen.

bb. § 5 Abs. 1 und Abs. 4 Nr. 1 ESchG beim Zytoplasmatransfer

Ebenso findet Abs. 1 Anwendung auf den Zytoplasmatransfer. Durch das Hinzufügen neuer mitochondrialer DNA wird das Genom der Eizelle verändert. Die Tatsache, dass die Gesamt-DNA der Zelle nur geringfügig verändert wird, spielt keine Rolle. Die Norm gibt, wie bereits erwähnt, keinen Mindestprozentsatz vor, der als unterste Grenze zur Erfüllung des Tatbestands verändert sein muss. Verhindert der Täter eine Verwendung zur Befruchtung nach der Veränderung unbefruchteter Eizellen, ist er nach Abs. 4 Nr. 1 straffrei.

cc. § 5 Abs. 2 ESchG

Werden unbefruchtete Eizellen nach dem Kerntransfer oder nach dem Zytoplasmatransfer mit dem Ziel der Befruchtung imprägniert, ist Abs. 2, der die Verwendung zur Befruchtung genetisch veränderter Keimzellen verbietet, erfüllt. Auch imprägnierte Eizellen können noch zur Befruchtung (weiter-)verwendet werden,[136] sodass das Weiterkultivieren einer im Vorkernstadium veränderten Eizelle zur Anwendbarkeit des Abs. 2 führt. Ob das Verwenden zur Befruchtung zu reinen Forschungszwecken oder mit dem Ziel der Fortpflanzung erfolgt, ist unerheblich.

b. Weitere Vorschriften des ESchG

Neben § 5 ESchG kommen zudem § 2 Abs. 1 ESchG und § 1 Abs. 1 Nr. 1 und 2 sowie Abs. 2 ESchG in Betracht.

aa. Transfer des Kerns zwischen unbefruchteten Eizellen

Der Kerntransfer kann zum einen zu Fortpflanzungszwecken und zum anderen zu reinen Forschungszwecken erfolgen. Diese beiden Konstellationen werden getrennt untersucht.

---

[136] Siehe oben S. 87.

aaa. Kerntransfer zu Fortpflanzungszwecken

Eine unbefruchtete Eizelle stellt keinen Embryo dar, sodass § 2 Abs. 1 ESchG, der eine missbräuchliche Verwendung von Embryonen verbietet, sowohl für die Spender- als auch für die Empfängerzelle ausscheidet.

Wird eine Eizelle, die Kern und Mitochondrien von zwei verschiedenen Frauen enthält, auf die Frau übertragen, von der der Eizellkern stammt, wird § 1 Abs. 1 Nr. 1 ESchG verletzt. Durch Befruchtungshandlungen an dieser Zelle zum Zweck der beschriebenen Übertragung wird zudem § 1 Abs. 1 Nr. 2 ESchG verwirklicht. Wie bereits erwähnt, sollen durch die Normen gespaltene Mutterschaften verhindert werden. Daher dürfen Eizellen, die nicht auch von der Frau stammen, die Mutter werden will, nicht übertragen und auch keinen Befruchtungsmaßnahmen unterzogen werden.[137]

Zwar stammt bei dem Verfahren des Zellkerntransfers immerhin die „hauptsächliche" DNA des Kerns von der Frau, auf die eine Übertragung des Eizellkonstrukts geplant ist, sodass immerhin der wesentliche Teil der Zelle von dieser Frau stammt. So sprechen sich diejenigen, die die Mitochondrien als vernachlässigbar bewerten, gegen eine Anwendbarkeit des § 1 Abs. 1 Nr. 2 ESchG (und damit wohl auch § 1 Abs. 1 Nr. 1 ESchG) aus.[138] Dem steht jedoch bereits der Wortlaut der Normen entgegen, der auf eine Eizelle (in ihrer Gesamtheit) abstellt, eben nicht nur auf den Eizellkern. Da zivilrechtliche Normen nicht anwendbar sind, können auch keine etwaigen Eigentumsbegründungen nach den § 946 ff. BGB berücksichtigt werden. Andernfalls könnte man auf die Idee kommen, die Frau, die den Embryo austragen möchte, würde über § 947 Abs. 2 BGB Alleineigentümerin der Eizelle, weil sie bei der Verbindung zweier Sachen, also der zwei Eizellen, die Hauptsache in Form des Zellkerns liefert. Das Verbot des ESchG würde auch leerlaufen, könnte die Frau, die die Eizellhülle spendet, auch das Eigentum hieran übertragen oder das Eigentum hieran aufgeben.[139] Die Eizelle ist für die empfangende Frau deshalb „fremd", da „fremd" nicht nur im Sinne von *vollständig* fremd, sondern ebenso im Sinne von *auch* fremd interpretiert werden kann. Diese Auslegung gebietet zum einen der Schutzzweck der Normen, der gespaltene Mutterschaften verhindern will.[140] Wenn es bereits gegen das Kindeswohl verstößt, dass genetische und austragende Mutter nicht identisch sind, dann muss dies, jedenfalls nach der Logik des Gesetzgebers, erst recht gelten, wenn sogar zwei genetisch unterschiedliche Mütter vorliegen. Zum anderen steht dem auch nicht das Analogieverbot entgegen. Ein Verständnis

---

[137] Zu diesen Vorschriften und zum Folgenden ausführlich *Deuring*, MedR 2017, S. 215 (219 f.).

[138] So *Taupitz*, zitiert über https://www.sciencemediacenter.de/en/our-offers/research-in-context/details/article/erstes-baby-nach-keimbahntherapie-mit-zellkern-transfer-lebend-geboren/ (zuletzt geprüft am 24.04.2018).

[139] *Taupitz*, in: Günther et al. (Hrsg.), ESchG, § 1 Abs. 1 Nr. 1 Rn. 17.

[140] Den Fall von zwei biologischen Müttern durch Mitochondrientransfer auch als gespaltene Mutterschaft, die das ESchG verhindern will, betrachtend wohl *Taupitz und Hermes*, NJW 2015, S. 1802 (1806).

von „fremd“ als „auch fremd“ ist etwa auch bei § 242 StGB unbestritten: Im Rahmen des § 242 Abs. 1 StGB wird eine Sache auch dann als für den Täter „fremd“ bewertet, wenn sie im Miteigentum eines anderen steht, mit anderen Worten „auch fremd“ ist.[141]

bbb. Kerntransfer zu Forschungszwecken

§ 1 Abs. 1 Nr. 2 ESchG ist darüber hinaus auch anwendbar, wenn eine Verwendung zur Befruchtung zu reinen Forschungszwecken ohne geplante Übertragung erfolgt, da dann nicht mit dem Ziel einer Schwangerschaft eine Befruchtung herbeigeführt werden soll. Es ist daher nicht möglich, nach dem Kerntransfer einen Embryo zu erzeugen, um die Wirksamkeit der Technik zu erforschen. In diesem Zusammenhang ist auch § 1 Abs. 2 ESchG anwendbar, wenn die Zelle nach dem Kerntransfer einer Befruchtungshandlung unterzogen wird und nur bis zu den Vorkernstadien entwickelt werden soll.

bb. Transfer der Vorkerne zwischen imprägnierten Eizellen

Der Transfer der Vorkerne verstößt nicht gegen § 2 Abs. 1 ESchG, da in der Vorkernphase mangels vollendeter Befruchtung weder auf Spender- noch auf Empfängerseite ein Embryo i.S.d. ESchG vorliegt.[142] Anwendbar sind jedoch die Vorschriften über die missbräuchliche Anwendung von Fortpflanzungstechniken.[143] Bei der Untersuchung wird wieder zwischen dem Kerntransfer zu Fortpflanzungszwecken und dem zu bloßen Forschungszwecken unterschieden.

aaa. Kerntransfer zu Fortpflanzungszwecken

(1) § 1 Abs. 1 Nr. 1 ESchG: Missbräuchliche Anwendung von Fortpflanzungstechniken

§ 1 Abs. 1 Nr. 1 ESchG ist auch auf den Transfer fremder imprägnierter Eizellen anwendbar, da, um Strafbarkeitslücken zu vermeiden, die imprägnierte Eizelle im Rahmen dieser Norm als unbefruchtet zu klassifizieren ist.[144] Es ist daher auch ver-

[141] *Fischer*, StGB, § 242 Rn. 5b.

[142] *Kaiser*, in: Günther et al. (Hrsg.), ESchG, A.II. Rn. 37; *Günther*, in Günther et al. (Hrsg.), ESchG, § 2 Rn. 10.

[143] Siehe zu den folgenden Ausführungen *Deuring*, MedR 2017, S. 2015 (220).

[144] *Taupitz*, in: Günther et al. (Hrsg.), ESchG, § 1 Abs. 1 Nr. 1 Rn. 19: Diese Eizellen sind nicht „befruchtet“ und folglich im Umkehrschluss „unbefruchtet“; dazu, dass imprägnierte Eizellen nicht i.S.d. ESchG als „befruchtet“ gelten *Krüger*, Das Verbot der post-mortem-Befruchtung, S. 6 f.; *Taupitz und Hermes*, NJW 2015, S. 1802 (1807); a.A. *Frommel*, Juristisches Gutachten, S. 2.

boten, eine Eizelle im Vorkernstadium, die die mitochondriale DNA einer fremden Frau enthält, auf die Frau zu übertragen, von der der weibliche Vorkern stammt.

(2) § 1 Abs. 1 Nr. 2 ESchG: Missbräuchliche Anwendung von Fortpflanzungstechniken

Zur Prüfung des § 1 Abs. 1 Nr. 2 ESchG, der das Unternehmen der künstlichen Befruchtung einer Eizelle unter Strafe stellt, wenn diese auf eine Frau, von der die Eizelle nicht stammt, übertragen werden soll, ist wieder zwischen Empfänger- und Kernspenderzelle zu differenzieren. Der Tatbestand setzt bei entsprechender Absicht, eine Befruchtung i.S.e. Kernverschmelzung herbeizuführen, bereits mit der Imprägnationshandlung ein. Eine Imprägnationshandlung erfolgt bei beiden Zellen. Die Frage ist, welcher Zelle die anschließend erfolgende Kernverschmelzung zuzuordnen ist, bzgl. welcher Zelle also eine Befruchtungsabsicht vorliegt.

Die Imprägnation der *Empfängerzelle* geschah, sofern sie zu dem Zweck eines Mitochondrientransfers vorgenommen wurde, von Anfang an mit dem Ziel, die Kerne zu entnehmen und nie verschmelzen zu lassen. Soll der Vereinigungsvorgang – wie hier – von Anfang an wieder abgebrochen werden, scheidet ein Unternehmen der Befruchtung mangels Vorsatzes aus.

Eine Vereinigung der Vorkerne der *Kernspenderzelle* war bei der Imprägnation hingegen geplant und ist tatbestandsmäßig. Das „Unternehmen der Befruchtung" scheitert auch nicht am zwischen Imprägnation und Kernverschmelzung durchgeführten Kerntransfer, denn dieser ist keine neue Befruchtungshandlung der Empfängerzelle. Zwar erfolgt die Kernverschmelzung dann in neuem zytoplasmischen Umfeld; dies unterbricht den Befruchtungsprozess der Kernspenderzelle jedoch nicht. Es ließe sich zwar einwenden, eine Befruchtung benötige immer ein bestimmtes Bezugsobjekt, also eine bestimmte Eizelle, die dann eben durch die Kernverschmelzung befruchtet wird. Dieses Bezugsobjekt verändert sich durch den Transfer. Es ist aber sachgerecht, den Befruchtungsvorgang dennoch weiter der Kernspenderzelle zuzuordnen; dies entspricht schon der in § 5 Abs. 1 ESchG getroffenen Wertung, dass diese Zelle durch den Vorgang verändert wird. Zudem bestimmen die Vorkerne der (Kernspender-)Zelle den Gang der Befruchtung, da der Befruchtungsverlauf anhand des Verhaltens und der Veränderung der Kerne bestimmt wird, nicht durch das Umfeld.

Diese Imprägnation erfolgt allerdings nicht mit dem Zweck, eine Schwangerschaft der Frau herbeizuführen, von der die Eizelle stammt, sodass § 1 Abs. 1 Nr. 2 ESchG erfüllt ist. Zwar stammte die Eizelle bei Imprägnation noch von der Frau, auf die das Konstrukt nach Kerntransfer auch übertragen werden soll, maßgeblicher Zeitpunkt für die Beurteilung der Abstammung der Eizelle muss aber der geplante Zeitpunkt der Herbeiführung der Schwangerschaft sein. Bei der gewöhnlichen Eizellspende verändert sich die Abstammung der Eizelle zwischen Imprägnation und Übertragung nicht, sodass die Eizelle auch schon bei Imprägnation nicht von der Frau stammt, auf die sie dann übertragen werden soll. Der oben bereits erwähnte Sinn und Zweck der Norm, gespaltene Mutterschaften zu verhindern, ergibt aber, dass auch und vor allem auf das Abstammen der Zelle bei geplanter Übertragung abgestellt werden muss, nicht bei

Imprägnation, da sich eben zwischenzeitlich noch vom Täter selbst herbeigeführte tatbestandsrelevante Veränderungen ergeben können bzw. die Gefahr der gespaltenen Mutterschaft sich ohnehin erst im Moment der Übertragung der Eizelle tatsächlich realisiert. Der Wortlaut steht dieser Interpretation nicht entgegen. Vielmehr ist hiernach die Absicht der Herbeiführung der Schwangerschaft bei einer bestimmten Frau das über die Strafbarkeit entscheidende Ereignis, sodass dann auch der Zustand der Eizelle zu diesem Zeitpunkt maßgeblich sein muss.

(3) § 1 Abs. 2 ESchG: Missbräuchliche Anwendung von Fortpflanzungstechniken

Da die Norm bereits das Herstellen imprägnierter Eizellen, ohne dass der Abschluss der Befruchtung geplant ist, erfasst,[145] fällt hierunter also auch das Herstellen der Empfängerzelle zum Zwecke der Aufnahme der fremden Vorkerne. Kein Konflikt mit § 1 Abs. 2 ESchG besteht, wenn überzählige Eizellen im Vorkernstadium zur Aufnahme der fremden Vorkerne verwendet werden: Die Imprägnation und Kryokonservierung derselben zu dem im Zeitpunkt dieser Handlungen bestehenden Zweck, sie zu einem späteren Zeitpunkt auf die Frau, von der sie stammen, zu übertragen, ist nicht strafbar, auch wenn es dazu dann nicht mehr kommt.[146]

(4) § 6 Abs. 1 ESchG: Klonen

§ 6 Abs. 1 ESchG verbietet, künstlich zu bewirken, dass ein menschlicher Embryo mit der gleichen Erbinformation wie ein anderer Embryo, ein Fötus, ein Mensch oder ein Verstorbener entsteht. Durch den Transfer der Vorkerne und des Weiterkultivierens der Zelle bis zur Kernverschmelzung entsteht jedoch kein menschlicher Embryo, der mit einem anderen Embryo oder einem anderen Menschen identisch wäre. Der Tatbestand der Klonierung scheitert schon daran, dass die Entität, deren Vorkerne übertragen wurden, noch kein Mensch oder Embryo i.S.d. ESchG ist. Es kann also kein Embryo entstehen, der mit einem anderen identisch wäre, denn einen anderen als Vergleichsobjekt gibt es nicht.

(5) § 7 Abs. 1 Nr. 1 und 2: Chimärenbildung

§ 7 Abs. 1 Nr. 1 und Nr. 2 ESchG verbietet das Verbinden mehrerer Embryonen, sofern mindestens einer menschlichen Ursprungs ist, bzw. das Verbinden einer fremden Zelle mit einem menschlichen Embryo. Der Kerntransfer zwischen Eizellen im Vorkernstadium wird von den Vorschriften schon deshalb nicht erfasst, weil es sich bei diesen Zellen noch nicht um Embryonen i.S.d. ESchG handelt.

---

[145] *Günther*, in: Günther et al. (Hrsg.), ESchG, § 1 Abs. 2 Rn. 1.

[146] *Günther*, in: Günter et al. (Hrsg.), ESchG, § 1 Abs. 1 Nr. 2 Rn. 20; diese Handlung ist auch nicht nach § 1 Abs. 1 Nr. 5 ESchG („[…] wird bestraft, wer […] 5. es unternimmt, mehr Eizellen einer Frau zu befruchten, als ihr innerhalb eines Zyklus übertragen werden sollen; […]“) strafbar, da der Befruchtungsprozess vor Beendigung der Befruchtung unterbrochen wird, siehe *Günther*, in: Günther et al. (Hrsg.), ESchG, § 1 Abs. 1 Nr. 5 Rn. 27.

bbb. Kerntransfer zu Forschungszwecken

Ein Kerntransfer zu Forschungszwecken ginge einher mit der Zeugung von Embryonen zu Forschungszwecken, da sich nur so am gezeugten Embryo prüfen lässt, ob die Technik funktioniert, sodass die Imprägnation der Kernspenderzelle mit dem Ziel der Kernverschmelzung nach § 1 Abs. 1 Nr. 2 ESchG strafbar ist. Das Kultivieren der Empfängerzelle, deren Kerne zur Aufnahme der fremden Kerne entnommen werden soll, bis zum Pronuklei-Stadium fällt zudem unter § 1 Abs. 2 ESchG.

cc. Zytoplasmatransfer

Eine Eizelle, der fremdes Zytoplasma injiziert wurde, ist für die Frau, von der die Zelle ursprünglich stammte, ebenso fremd, sodass mit denselben Argumenten wie beim Kerntransfer zwischen unbefruchteten Eizellen § 1 Abs. 1 Nr. 1 ESchG erfüllt wird, wenn die Zelle auf die Frau übertragen wird. Ebenso wird § 1 Abs. 1 Nr. 2 ESchG erfüllt, wenn die Zelle befruchtet werden soll, um sie auf diese Frau zurück zu übertragen, bzw. wenn eine Befruchtung zu bloßen Forschungszwecken, ohne die Absicht, eine Schwangerschaft herbeizuführen, geplant ist. Darüber hinaus erfasst § 1 Abs. 2 ESchG das Erzeugen von Vorkernstadien zu Forschungszwecken.

c. Ergebnis

Die Entkernung und der Kerntransfer zwischen unbefruchteten und imprägnierten Eizellen, ob zu Forschungszwecken oder mit dem Ziel der Erzeugung eines geborenen Menschen, unterfällt § 5 Abs. 1 ESchG. Der Täter kann aber über § 5 Abs. 4 Nr. 1 ESchG Straffreiheit erlangen, wenn er Keimzellen, also unbefruchtete Zellen, zu denen imprägnierte Eizellen in diesem Zusammenhang nicht mehr gehören, genetisch verändert und eine Verwendung zur Befruchtung ausgeschlossen ist. Die Weiterverwendung zur Befruchtung veränderter unbefruchteter bzw. sich im Vorkernstadium befindlichen Eizelle fällt unter § 5 Abs. 2 ESchG.

Zielt der Kerntransfer auf die Erzeugung eines geborenen Menschen ab, sind darüber hinaus § 1 Abs. 1 Nr. 1 und Nr. 2 ESchG einschlägig, da das nach dem Kerntransfer entstandene Produkt für die Frau, auf die die Übertragung stattfinden soll und von der die Kernspenderzelle stammt, aufgrund der nicht von ihr stammenden mitochondrialen DNA fremd ist. Die so zusammengesetzte Zelle darf nicht auf diese Frau übertragen werden und auch nicht mit dem Ziel einer solchen Übertragung Befruchtungshandlungen mit der Absicht, die Kernverschmelzung zu erreichen, unterzogen werden. Die Vorschriften sind auf unbefruchtete Eizellen und Vorkernstadien nach dem Kerntransfer anwendbar. Eine Besonderheit besteht, wenn der Kerntransfer zwischen Vorkernstadien erfolgt ist: Für die Zelle, deren Kerne entnommen werden, um die fremden Kerne aufzunehmen, gilt zusätzlich § 1 Abs. 2 ESchG, der die Herstellung von Vorkernstadien ohne Absicht der Herbeiführung einer Schwangerschaft erfasst.

§ 1 Abs. 1 Nr. 2 und Abs. 2 ESchG sind auch dann anwendbar, wenn der Kerntransfer und die anschließende Weiterverwendung zur Befruchtung bzw. Weiterkultivierung bis zum Pronuklei-Stadium zu reinen Forschungszwecken ohne geplanten Transfer auf eine Frau durchgeführt werden.

§ 1 Abs. 1 Nr. 1 und Nr. 2 sowie Abs. 2 ESchG sind mit derselben Argumentation wie beim Kerntransfer zwischen unbefruchteten Eizellen auch beim Zytoplasmatransfer erfüllt.

3. Die Herstellung und Verwendung von hiPS-Zellen zu reproduktiven Zwecken

Durch Verwendung von aus hiPS-Zellen hergestellten Gameten wäre die Fortpflanzung nicht mehr nur Mann und Frau gemeinsam vorbehalten, sondern auch zwei Männer oder zwei Frauen oder gar ein Mann und eine Frau je allein könnten genetisch verwandten Nachwuchs zeugen. Diese Art der Fortpflanzung ginge stets einher mit einem genetischen Eingriff in eine Zelle, der auf die Nachkommenschaft weitervererben wird. Aus diesem Grund ist wieder § 5 ESchG zu untersuchen. Daneben kommen die Vorschriften über die missbräuchliche Anwendung von Fortpflanzungstechniken (§ 1 ESchG) und das Klonierungsverbot (§ 6 Abs. 1 ESchG) sowie die allgemeinen Vorschriften zur medizinisch assistierten Reproduktion der entsprechenden Richtlinien der Landesärztekammern in Betracht.

a. § 5 ESchG: Künstliche Veränderung menschlicher Keimbahnzellen.

aa. § 5 Abs. 1 ESchG

Die Herstellung von hiPS-Zellen fällt nicht unter Abs. 1, solange hierfür keine Keimbahnzellen genutzt werden.[147] Auch das Ausdifferenzieren der hiPS-Zelle zur Keimzelle ist nicht tatbestandsmäßig, da auch die hiPS-Zelle selbst keine Keimbahnzelle ist.

Die künstlich hergestellte Keimzelle wiederum könnte aber taugliches Tatobjekt sein, sodass Veränderungen an dieser tatbestandsmäßig sind. Das Gesetz äußert sich nicht dazu, ob nur natürlich entstandene Gameten oder auch künstlich hergestellte Keimzellen, eben solche aus hiPS-Zellen, vom Verbot des Abs. 1 erfasst sind.

Überwiegend wird davon ausgegangen, dass das Gesetz auch künstlich hergestellte Keimzellen erfasst, sofern sie den auf natürlichem Wege entstandenen Keimzellen funktional äquivalent sind.[148]

---

[147] § 5 Abs. 1 ESchG wäre nur dann nicht mehr einschlägig, wenn eine Reprogrammierung möglich wäre, ohne dabei die Erbinformation der Zelle zu verändern.

[148] *Günther*, in: Günther et al. (Hrsg.), ESchG, § 5 Rn. 10; *Reich et al.*, in: BBAW (Hrsg.), Genomchirurgie beim Menschen, S. 17; siehe zu den folgenden Ausführungen zur umstrittenen Einbeziehung von hiPS-Zellen in das ESchG bereits *Taupitz und Deuring*, in: Hacker (Hrsg.), Nova Acta Leopoldina, S. 63 (67 f.).

Faltus jedoch verneint eine Einbeziehung künstlich erzeugter Keimzellen in das ESchG. Eine Anwendung des Gesetzes auf diese Zellen stelle eine verbotene Analogie dar. Dies ergebe sich aus § 8 Abs. 3 ESchG, der Keimbahnzellen als alle Zellen einer Zell-Linie von der befruchteten Eizelle bis zu den Ei- und Samenzellen des aus ihr hervorgegangenen Menschen definiert. Nach der Logik dieser Norm entstünden Keimzellen stets aus Keimbahnzellen. Daher umfasse der Begriff „Keimbahnzellen" auch Keimzellen. Zwar verwende das ESchG die Begriffe „Keimbahnzelle" und „Keimzelle" gesondert, etwa in § 5 Abs. 1 und 2 ESchG, was jedoch wegen der Definition des § 8 Abs. 3 ESchG keine eigenständige Bedeutung habe. Das Gesetz knüpfe daher bei der Bestimmung dessen, was Keimzellen seien, an den in § 8 Abs. 3 ESchG vorgeschriebenen Prozess an, der bei artifiziell erzeugten Keimzellen aber gerade nicht gegeben sei: Diese entstammten nicht der von § 8 Abs. 3 ESchG dargestellten Zell-Linie. Man könne allenfalls überlegen, ob durch die Möglichkeiten der Reprogrammierung nicht jede Körperzelle zur Keimbahnzelle werde. Von der Zygote ab betrachtet ergebe sich auch hier eine ununterbrochene Zell-Linie: Zygote > Körperzelle > reprogrammierte Stammzelle > künstlich redifferenzierte Keimzelle. Diese Argumentation stehe aber im Widerspruch zum naturwissenschaftlich-medizinischen Wortsinn des Begriffs „Keimbahn" und sei daher nicht mehr mit dem Wortlaut vereinbar.[149] Dem ist insofern zuzustimmen, dass künstliche Keimzellen nicht aus der in § 8 Abs. 3 ESchG beschriebenen Zell-Linie resultieren und folglich keine Keim*bahn*zellen sind, sodass § 5 Abs. 1 ESchG nicht auf sie anwendbar ist.[150] Dies bedeutet aber im Umkehrschluss nicht, dass diese Zellen für das ESchG vollständig unsichtbar wären.[151]

bb. § 5 Abs. 2 ESchG

Die Frage ist, ob die „bloße" Verwendung von aus hiPS-Zellen hergestellten Keimzellen zur Befruchtung unter § 5 Abs. 2 ESchG fällt. Der Wortlaut der Norm spricht jedoch sehr dafür, dass die Erbinformation einer schon vorhandenen Keimzelle verändert worden sein muss („[...] wer eine menschliche Keimzelle mit künstlich veränderter Erbinformation zur Befruchtung verwendet"), was bei einer aus einer hiPS-Zelle hergestellten Gamete nicht der Fall ist. Es reicht folglich nicht aus, dass eine Keimzelle zur Befruchtung verwendet wurde, die ihrerseits durch Manipulation der Erbinformation einer anderen Zelle entstanden ist.[152] Dies gilt auch dann, wenn der somatischen Zelle oder der hiPS-Zelle vor der Ausdifferenzierung noch weitere genetische Veränderungen zugefügt wurden als die, die zu Herstellung der hiPS-Zelle bzw. der Keimzelle notwendig waren.

---

[149] *Faltus*, Stammzellenreprogrammierung, S. 459 ff.

[150] So auch *Müller-Terpitz*, in: Spickhoff (Hrsg.), Medizinrecht, § 5 ESchG Rn. 5.

[151] Siehe zum Verbot des Abs. 2 ESchG sogleich.

[152] *Deutscher Ethikrat*, Stammzellforschung, S. 5; *Taupitz und Deuring*, in: Hacker (Hrsg.), Nova Acta Leopoldina, S. 71; eine Befruchtung mittels artifizieller Gameten nicht vom Verbot des Abs. 2 erfasst sehend auch: *Müller-Terpitz*, in: Spickhoff (Hrsg.), Medizinrecht, § 5 ESchG Rn. 5.

Die Verwendung zur Befruchtung einer künstlich hergestellten Gamete, *deren* Erbinformation verändert wurde, fällt hingegen unter den Tatbestand, ob nun zum Zwecke des Transfers auf eine Frau oder zu Forschungszwecken.[153] Dagegen wendet sich die bereits dargestellte Ansicht von *Faltus*, wonach künstlich hergestellte Gameten für das ESchG insgesamt unsichtbar seien. Keimzellen seien von der Definition des § 8 Abs. 3 ESchG miterfasst, die zwar primär Keimbahnzellen erfasse, aber Keimzellen durch das Abstellen auf eine ununterbrochene Zell-Linie miteinschließe.[154] Dieser Argumentation lässt sich aber gewissermaßen ihre eigene Begründung entgegenhalten: § 8 Abs. 3 ESchG definiert eben gerade „Keimbahnzellen". Hierunter fallen alle dort genannten Zellen dieser Zell-Linie, auch die Keimzellen, die aus dieser Linie entstehen. Hierdurch wird aber gerade nicht die Keimzelle als solche definiert. Eine Keimzelle, die aus dieser Linie stammt, ist eine Keimbahnzelle. Aber was ist mit Keimzellen, die nicht aus dieser Linie resultieren? Diese sind nach § 8 Abs. 3 ESchG in der Tat keine Keimbahnzellen, aber dennoch Keimzellen. Spricht der Gesetzgeber von Keimzellen (oder Ei- oder Samenzellen), ist eben nur relevant, ob eine Keimzelle vorliegt und nicht auch, ob sie darüber hinaus der Keimbahn entspringt.[155]

b. § 1 Abs. 1 Nr. 1, 2 und 7, Abs. 2 ESchG: Missbräuchliche Anwendung von Fortpflanzungstechniken

Die Verwendung von aus hiPS-Zellen hergestellten Gameten erfährt durch § 1 Abs. 1 Nr. 1 und 2 und Abs. 2 ESchG eine Einschränkung.

---

[153] Siehe zu den folgenden Ausführungen zu diesem Problem bereits *Taupitz und Deuring*, in: Hacker (Hrsg.), Nova Acta Leopoldina, S. 71.

[154] *Faltus*, Stammzellenreprogrammierung, S. 459 ff.

[155] Zwar lautet die Überschrift des § 5 ESchG „Veränderung von Keimbahnzellen", was dafür sprechen könnte, nur solche seien in den verschiedenen Tatbeständen der Norm erfasst. Zwar ist die Normüberschrift nicht Bestandteil der Norm selbst, sie fließt aber in die systematische Auslegung mit ein und kann Hinweise für die gesetzgeberische Intention liefern (*v. Heintschel-Heinegg*, in: v. Heintschel-Heinegg (Hrsg.), BeckOK StGB, § 1 Rn. 20), ebenso wie für den Wortgebrauch, den der Gesetzgeber zugrunde legen wollte (*Schmitz*, in: Joecks und Miebach (Hrsg.), MüKO StGB, Band 1, § 1 Rn. 83). Die Überschrift „künstliche Veränderung menschlicher Keimbahnzellen" gibt aber unmittelbar und vor allem nur Abs. 1 wieder. Auf dieses Verbot hat sich der Gesetzgeber jedoch nicht beschränkt, sondern er hat mit Abs. 2 zusätzlich die Verwendung von veränderten Keimzellen zur Befruchtung unter Strafe gestellt. Somit beschränkte er sich im Normtext nicht auf die im Titel beschriebene Handlungsweise, sondern verhinderte zusätzlich durch das Verbieten noch einer weiteren Handlung die Weitergabe von veränderter Erbinformation an die weiteren Generationen. Damit geht Abs. 2 schon inhaltlich über die Überschrift des § 5 hinaus, sodass der Titel der Vorschrift zur Auslegung des Abs. 2 nichts beiträgt und diesen schon gar nicht einschränken kann. Siehe bereits *Taupitz und Deuring*, in: Hacker (Hrsg.), Nova Acta Leopoldina, S. 63 (71 Fn. 63).

aa. Verwendung von hiPS-Zellen zu Fortpflanzungszwecken

Eine Eizelle, die aus einer hiPS-Zelle hergestellt wurde, ist fremd in diesem Sinne für jede Frau, von der nicht auch die hiPS-Zelle bzw. die Ursprungszelle stammt.[156] Diese Eizellen, gänzlich unbefruchtet oder bereits imprägniert bzw. im Vorkernstadium, dürfen nicht auf eine andere Frau übertragen werden (Abs. 1 Nr. 1). Die Eizellen wurden zwar künstlich hergestellt, was zu der Annahme veranlassen könnte, sie stammten streng genommen von niemandem; jedoch wird es im Hinblick auf den *Telos* der Norm, gespaltene Mutterschaften zu verhindern, darauf ankommen, von wem das verwendete Zellmaterial stammt. Es genügt daher, dass die Keimzelle mittelbar von einer anderen Frau stammt. Nicht anwendbar sind die Vorschriften daher, wenn eine Rückübertragung auf die Frau im Raum steht, von der die hiPS-Zelle stammt. An den künstlichen Eizellen darf auch keine Befruchtung unternommen werden, sofern der Zweck nicht in der Herbeiführung einer Schwangerschaft der Frau, von der das Zellmaterial stammt, besteht (Abs. 1 Nr. 2).

Eine Verwendung von aus hiPS-Zellen hergestellten Samenzellen unterfällt keinem strafrechtlichen Verbot.

Diese Feststellungen bedeuten, dass sich somit eine Frau straflos allein fortpflanzen könnte, indem eine von ihr stammende künstliche Samenzelle und eine ebenso von ihr stammende künstliche oder natürliche Eizelle verwendet werden. Zwei Frauen können sich ebenso gemeinsam fortpflanzen, indem aus einer Zelle der einen das Spermium hergestellt und von der anderen entweder eine natürliche oder eine künstliche Eizelle zur Befruchtung verwendet wird, sofern die Eizelle auch auf die Frau zurückübertragen, von der sie stammt, bzw. auch nur zu diesem Zweck befruchtet wird. Einem Mann allein oder zwei Männern gemeinsam hingegen ist eine Fortpflanzung verwehrt: Hierfür müsste auf jeden Fall eine Übertragung der unbefruchteten Eizelle oder des Embryos auf eine Frau erfolgen. Die Eizelle wäre für diese Frau aber stets fremd (Abs. Nr. 1), eine Befruchtung erfolgte nicht zur Herbeiführung einer Schwangerschaft bei der Frau, von der die Eizelle stammt (Abs. 1 Nr. 2), und es bestünde zudem die verbotene Absprache, dass das Kind nach der Geburt an die Wunscheltern herausgegeben ist (Nr. 7).

bb. Verwendung von hiPS-Zellen zu Forschungszwecken

Die Zeugung von Embryonen aus künstlichen Eizellen oder Samenzellen zu Forschungszwecken ist über § 1 Abs. 1 Nr. 2 ESchG ausgeschlossen. Auch dürfen solche Zellen nicht zu Forschungszwecken lediglich bis zum Pronuklei-Stadium kultiviert werden, § 1 Abs. 2 ESchG.

---

[156] *Deutscher Ethikrat*, Stammzellforschung, S. 5; *Taupitz und Deuring*, in: Hacker (Hrsg.), Nova Acta Leopoldina, S. 63 (72).

c. § 6 Abs. 1 ESchG: Klonen

Das bloße Rückprogrammieren von ausdifferenzierten Zellen in hiPS-Zellen ist kein Klonen nach § 6 Abs. 1 ESchG, da eine hiPS-Zelle nur pluripotent und nicht totipotent ist.

Auch die Verwendung von Keimzellen von ein und derselben Person zur Befruchtung fällt nicht unter das Klonierungsverbot. Die aus einer Befruchtung der beiden Gameten entstehende Zygote hätte zwar dann die DNA nur einer Person, sie hätte aber nicht „die gleiche" Erbinformation wie eben diese, denn diese Person gibt ihre Gene möglicherweise in anderer Kombination als bei ihr selbst vorhanden weiter: So könnte beispielsweise dieser Mensch heterozygot für ein bestimmtes dominantes Gen sein, aber in den beiden Keimzellen nur das rezessive Gen weitergeben. Zudem durchläuft die Zelle eine induzierte Meiose, im Rahmen derer es zur Rekombinierung des Genmaterials kommt.[157] Die so entstehenden genetischen Abweichungen von der Ausgangszelle sind so wesentlich, dass nicht mehr von „der gleichen" Erbinformation gesprochen werden kann.[158]

d. Regelungen zur medizinisch assistierten Reproduktion

Die allgemeinen Voraussetzungen zur medizinisch assistierten Fortpflanzung sind gesetzlich nicht geregelt, sondern lediglich in Richtlinien der LÄK und in der seit Mai 2018 geltenden Richtlinie zur Entnahme und Übertragung von menschlichen Keimzellen im Rahmen der assistierten Reproduktion der BÄK grob umrissen. Letztlich obliegt die Entscheidung, bei wem eine medizinisch assistierte Befruchtung durchgeführt wird, dem Arzt.[159] Dies bedeutet, dass eine vom ESchG nicht verbotene Fortpflanzung von zwei Frauen oder einer Frau allein auch nicht aufgrund anderer Vorgaben hinsichtlich des Zugangs zur medizinisch assistierten Reproduktion *per se* ausgeschlossen ist.

Es ergibt sich aus den Richtlinien auch kein grundsätzliches Verbot dahingehend, in den Richtlinien nicht aufgeführte Verfahren oder Vorgehensweisen der assistierten Reproduktion seien verboten. So wird die künstliche Herstellung und Verwendung

---

[157] Siehe oben S. 29.

[158] Siehe bereits *Taupitz und Deuring*, in: Hacker (Hrsg.), Nova Acta Leopoldina, S. 63 (74). Ob grundsätzlich eine hundertprozentige Übereinstimmung der Genome zwischen Klon und Kloniertem gefordert werden kann, ist umstritten. Der Streit wird im Rahmen des SCNT ausgetragen, da die mitochondriale DNA in diesem Fall von der Ausgangszelle abweicht. Dabei eine hundertprozentige Übereinstimmung fordernd *Gutmann*, in: Roxin und Schroth (Hrsg.), Medizinstrafrecht, S. 353 (354 f.); *Günther*, in: Günther et al. (Hrsg.), ESchG, § 6 Rn. 16; a.A. *Eser et al.*, in: Honnefelder und Streffer (Hrsg.), Jahrbuch für Wissenschaft und Ethik, Band 2, S. 357 (369); *v. Bülow*, DÄBl. 1997, S. A-718 (A-720 f.); *Taupitz*, NJW 2001, S. 3433 (3434); *Rosenau*, in: Amelung (Hrsg.), Strafrecht, Biorecht, Rechtsphilosophie, S. 761 (764); *Witteck und Erich*, MedR 2003, S. 258 (259); *Schütze*, Embryonale Humanstammzellen, S. 301 ff. und 308 ff.; *Beck*, Stammzellforschung und Strafrecht, S. 166.

[159] Siehe oben S. 81.

von Gameten etwa aktuell in der Richtlinie zur Entnahme und Übertragung von menschlichen Keimzellen im Rahmen der assistierten Reproduktion, da realistischer Weise noch nicht in Betracht kommend, natürlich nicht etwa als Methode zur „Aufbereitung" von Keimzellen aufgeführt.[160] Eine Ausschließlichkeit der dort aufgezählten und behandelten Methoden lässt sich aus der Richtlinien allerdings nicht ableiten. Die Anwendung der dort genannten Verfahren lässt lediglich die Einhaltung des wissenschaftlichen Standards vermuten, was aber nicht spiegelbildlich einem zu sanktionierenden Verbot anderer Verfahren entspricht. Aus der ehemaligen Richtlinie der BÄK sowie den noch geltenden Richtlinien der LÄK ergibt sich zur Aufbereitungsweise der Keimzellen sogar überhaupt nichts, sodass sich aus diesen Regelwerken erst recht keine Beschränkung entnehmen lässt. Insbesondere wäre bei einer Fortpflanzung mit künstlichen Gameten bei einem verschiedengeschlechtlichen Paar, bei dem eine Fortpflanzung im homologen System nicht gelingt, sowie bei einem gleichgeschlechtlichen weiblichen Paar auch kein Rückgriff auf Spendersamen mehr notwendig. Dem Einsatz von Spendersamen stehen die Richtlinien skeptisch gegenüber, sodass dieser nur subsidiär, wenn die Verwendung von homologem Samen nicht möglich ist, in Betracht kommt.[161] Durch die Verwendung von künstlichen Gameten würde aber gerade eine genetische Verbindung zu beiden Elternteilen ermöglicht und dem Kind nicht, wie bei einer Gametenspende, eine biologisch verwandte Bezugsperson „vorenthalten".

e. Ergebnis

Die Herstellung künstlicher Gameten unterfällt keiner Strafvorschrift. Auch die genetische Veränderung dieser Zellen ist nicht strafbar. Werden solche nach ihrer Herstellung noch zusätzlich genetisch veränderten Gameten aber zur Befruchtung verwendet, sei es zu Fortpflanzungs- oder zu Forschungszwecken, gilt § 5 Abs. 2 ESchG.

Die Verwendung von künstlichen, genetisch nicht nach ihrer Herstellung noch zusätzlich veränderten Gameten zur Befruchtung ist in den Grenzen des § 1 Abs. 1 Nr. 1 und 2 ESchG möglich. Dies bedeutet, dass künstliche Eizellen nicht auf eine fremde Frau übertragen bzw. mit dem Ziel einer solchen Übertragung zur Befruchtung verwendet werden dürfen. Eine Fortpflanzung nur unter Männern ist darüber hinaus auch wegen § 1 Abs. 1 Nr. 7 ESchG ausgeschlossen. Sofern eine alleinstehende Frau oder ein gleichgeschlechtliches weibliches Paar allerdings eigene Eizellen und zusätzlich künstliche Samenzellen verwenden, ist das ESchG nicht einschlägig. Zudem ist auch ganz allgemein die Anwendung von Techniken der assistierten Reproduktion bei einem gleichgeschlechtlichen weiblichen Paar oder einer Frau allein nicht ausgeschlossen.

[160] Siehe zu den anerkannten Aufbereitungsmethoden oben S. 81 f.

[161] Siehe in der neuen Richtlinie DÄBl. 2018, S. A1 (A12, Art. 3.3.2.1,), siehe in der alten Richtlinie S. A1392 (A1394, Art. 2.1.2).

Künstliche Gameten dürfen nach § 1 Abs. 1 Nr. 2 ESchG nicht zu Forschungszwecken zur Befruchtung verwendet werden bzw. nach § 1 Abs. 2 auch nicht zu solchen Zwecken bis zum Pronuklei-Stadium kultiviert werden.

IV. Zusammenfassung

Das deutsche Recht bietet ein engmaschiges Netz von Verbotsvorschriften, die der Anwendung neuartiger Methoden von Keimbahneingriffen in den meisten Fällen entgegenstehen. Dennoch bestehen einige Regelungslücken.

Sofern es um Grundlagenforschung oder präklinische Forschung geht, verbietet das deutsche Recht Forschungshandlungen an überzähligen Embryonen, also an teilungsfähigen Entitäten, die durch Befruchtung entstanden sind (§ 2 Abs. 1 ESchG i.V.m. § 8 Abs. 1 ESchG). Solche Entitäten, die durch andere Methoden als durch Befruchtung entstanden sind, etwa durch SCNT, sind vom Forschungsverbot nicht erfasst.[162] An ihnen kann folglich geforscht werden, allerdings nicht durch Anwendung von CRISPR/Cas9, da hiermit die Veränderung der Erbinformation von Keimbahnzellen einherginge (§ 5 Abs. 1 ESchG). Das Forschungsverbot gilt auch für die Verwendung von CRISPR/Cas9 an arretierten Embryonen, da § 5 Abs. 1 ESchG nicht einen lebenden Embryo voraussetzt, sondern lediglich „Keimbahnzellen", sowie für genetische Veränderungen durch CRISPR/Cas9 oder Mitochondrientransfer an imprägnierten Eizellen bzw. solchen im Vorkernstadium, die zwar noch keine Embryonen sind, auf die aber die Ausnahme des § 5 Abs. 4 Nr. 1 ESchG nicht anwendbar ist. Aus § 5 Abs. 4 Nr. 1 ESchG ergibt sich nur die Erlaubnis, an unbefruchteten Keimzellen genetische Eingriffe vorzunehmen, sofern eine Verwendung zur Befruchtung ausgeschlossen ist. Die Herstellung künstlicher Gameten ist ebenso straflos. Ausdrücklich verboten ist jedoch die gezielte Zeugung von Embryonen oder Vorkernstadien durch Befruchtung zu Forschungszwecken (§ 5 Abs. 2, § 1 Abs. 1 Nr. 2 und Abs. 2 ESchG), sodass mittels CRISPR/Cas9 oder durch Mitochondrientransfer veränderte Gameten oder Vorkernstadien ebenso wie künstlich erzeugte Gameten nicht zur Befruchtung oder Bildung der Vorkerne verwendet werden dürfen.

Hinsichtlich der Anwendung der Verfahren zur Erzeugung eines geborenen Menschen haben sich durch die hier vertretene Gesetzesauslegung einige Regelungslücken bzw. Unklarheiten ergeben.

Zunächst scheitern nach hier vertretener Ansicht sowohl die Anwendung der CRISPR/Cas9-Technik als auch der Mitochondrientransfer an den strafrechtlichen Verboten des ESchG: Genetisch veränderte Keimzellen dürfen nicht zur Befruchtung verwendet werden (§ 5 Abs. 2 ESchG) und zusätzlich dürfen durch Verfahren des Mitochondrientransfers veränderte Eizellen nicht auf die Frau übertragen werden, von der der Zellkern stammt (§ 1 Abs. 1 Nr. 1 ESchG) oder zum Zweck einer

[162] Dies ist im Einzelnen umstritten. Zudem kann natürlich die Herstellung dieser Entitäten selbst schon strafbar sein, siehe zur Strafbarkeit des SCNT die Quellen in Fn. 131.

solchen Übertragung Befruchtungshandlungen unterzogen werden (§ 1 Abs. 1 Nr. 2 ESchG). Allerdings ist die Gesetzesauslegung dabei nicht immer ganz eindeutig, sodass, um Unklarheiten zu beseitigen, Nachbesserungsbedarf besteht. Hinsichtlich der Nutzung künstlicher Gameten aus hiPS-Zellen ist lediglich verboten, eine künstlich hergestellte Eizelle (unbefruchtet oder imprägniert bzw. im Vorkernstadium) auf eine Frau zu übertragen, von der nicht auch das genetische Material stammt bzw. zu diesem Zweck die Zelle einer Befruchtung zuzuführen (§ 1 Abs. 1 Nr. 1 und 2 ESchG). Aufgrund des Verbots der Leihmutterschaft (§ 1 Abs. 1 Nr. 7 ESchG) kann auch kein rein männliches Paar oder ein Mann allein einen Menschen durch Verwendung eigener künstlicher Gameten zur Welt bringen. Außerhalb dieser Fälle ist die Verwendung künstlicher Gameten jedoch nicht verboten. Insbesondere enthalten die Regelungen der medizinisch assistierten Reproduktion keine Restriktionen hinsichtlich der Elternschaft gleichgeschlechtlicher weiblicher Paare oder alleinstehender Frauen.

Das ESchG ist im Übrigen nur einschlägig, wenn die Tat im Inland begangen wurde.[163] Werden nach dem ESchG strafbare Handlungen im Ausland begangen, ist der Handelnde nur dann nach dem ESchG strafbar, wenn er Deutscher ist und die Tat auch im Ausland strafbar ist.[164] Zu beachten ist jedoch, dass über § 9 Abs. 2 S. 2 StGB auch eine im Inland begangene Teilnahme an einer Auslandstat nach deutschem Recht bestraft wird, auch wenn die Tat nach dem Recht des Tatorts nicht mit Strafe bedroht ist.[165] Zudem unterliegen im Inland begangenen täterschaftliche Beteiligungshandlungen nach § 9 Abs. 1 i.Vm. § 3 StGB ebenso deutschem Strafrecht.[166]

B. Frankreich

I. Einleitung

Keimbahninterventionen, insbesondere vor dem Hintergrund der Entdeckung von CRISPR/Cas9, waren und sind auch in Frankreich Gegenstand politischer und gesellschaftlicher Diskussion. So haben sich einige nationale Gremien mit der Thematik befasst und hierzu Stellungnahmen veröffentlicht. Zu nennen sind insbesondere die der Ethikkommission des *Institut national de la santé et de la recherche médicale* (*Inserm*) vom Februar 2016, November 2016 sowie Dezember 2017. Das

[163] § 3 StGB: „Das deutsche Strafrecht gilt für Taten, die im Inland begangen werden."

[164] § 7 Abs. 2 StGB: „Für andere Taten, die im Ausland begangen werden, gilt das deutsche Strafrecht, wenn die Tat am Tatort mit Strafe bedroht ist oder der Tatort keiner Strafgewalt unterliegt und wenn der Täter (Nr. 1) zur Zeit der Tat Deutscher war […]."

[165] *v. Heintschel-Heinegg*, in: v. Heintschel-Heinegg (Hrsg.), BeckOK StGB, § 9 Rn. 15. Zur Problematik der Anwendung des § 9 Abs. 2 S. 2 StGB im Bereich der grenzüberschreitenden Fortpflanzungsmedizin und der Strafbarkeit der Ärzte siehe *Magnus*, NStZ 2015, S. 57 (57 ff.).

[166] *v. Heintschel-Heinegg*, in: v. Heintschel-Heinegg (Hrsg.), BeckOK StGB, § 9 Rn. 16.

Gremium sprach sich in der ersten Stellungnahme dafür aus, Forschung zur Verbesserung von CRISPR/Cas9 weiterzuverfolgen. Dies sei notwendig, um herauszufinden, welche Anwendungsformen mit therapeutischer Zielsetzung am Menschen in der Zukunft vertretbar seien. Bei entsprechender Risiko-Nutzen-Abwägung könne auch eine Keimbahntherapie in Betracht gezogen werden.[167] Hinsichtlich des mitochondrialen Transfer verwies die Ethikkommission von *Inserm* auf eine in Großbritannien erteile Genehmigung, in der die Technik aufgrund der wenig betroffenen DNA, die im Übrigen substanziell auch nicht verändert werde, als ethisch weniger problematisch eingestuft wurde. Die Ethikkommission wies aber dennoch darauf hin, dass aufgrund des unbekannten Zusammenspiels fremder mitochondrialer DNA und der DNA des Kerns eventuell gar eine Veränderung des mitochondrialen Genoms mittels CRISPR/Cas9 vorzugswürdig sein könnte.[168] Die Ethikkommission konkretisierte ihre Forderungen durch eine Stellungnahme im November 2016, in der sie die europäische Ebene in den Blick nahm und insbesondere die Errichtung europäischer Komitees zur Erarbeitung von Methoden, Normen und Referenzen der Risikobewertung und zur Festlegung des tolerierbaren Maßes an Nebeneffekten in der klinischen Anwendung forderte. Zudem regte das Gremium einen breit gefächerten und offenen Diskurs zwischen allen betroffenen Disziplinen an.[169] In seiner Stellungnahme von Dezember 2017 beleuchtete die Ethikkommission nochmals die Methoden des Mitochondrientransfers und grenzte diese wiederholt deutlich von der „eigentlichen" Keimbahntherapie ab.[170] Im Wesentlichen stünden einer klinischen Anwendung lediglich Sicherheitsfragen im Wege, wobei es an der Zeit sei, sich auch in Frankreich über die Anwendung der Technik bzw. die damit verbundene Risiko-Nutzen-Abwägung Gedanken zu machen. Jedenfalls sei Forschung zur Klärung dieser Sicherheitsfragen zu begrüßen.[171] Auch die *Académie nationale de médecine* verschloss sich in einer Stellungnahme vom April 2016 einer möglichen künftigen klinischen Anwendung von CRIPSR/Cas9 an Embryonen oder Keimbahnzellen für begrenzte therapeutische Zwecke nicht und wies auf die Bedeutung eines interdisziplinären Diskurses hin, auch betreffend die Methoden des Mitochondrientransfers. Die genetische Veränderung von Embryonen in vitro zu reinen Forschungsgwecken solle jedenfalls erlaubt sein.[172] Im Jahre 2017 befasste sich das *Office Parlementaire d'Évaluation des Choix Scientifiques et Technologiques (OPECST)*, ein gemeinsames Organ der *Assemblée nationale* („Volksversammlung")

[167] *Inserm*, Saisine concernant les questions liées au développement de la technologie CRISPR (clustered regularly interspaced short palindromic repeat)-Cas, S. 13 ff.

[168] *Inserm*, Saisine concernant les questions liées au développement de la technologie CRISPR (clustered regularly interspaced short palindromic repeat)-Cas, S. 10 f.

[169] Zitiert über *Le Déaut und Procaccia (OPECST)*, Rapport au nom de l'Office Parlementaire d'Évaluation des Choix Scientifiques et Technologiques sur les enjeux économiques, environnementaux, sanitaires et éthiques des biotechnologies à la lumière des nouvelles pistes de recherche – Tome II, Annex 14, S. 353 ff.

[170] *Inserm*, De la recherche à la thérapie embryonnaire, S. 4.

[171] *Inserm*, De la recherche à la thérapie embryonnaire, S. 12.

[172] *Académie nationale de médecine*, Modifications du génome des cellules germinales et de l'embryon humains, S. 11 ff.

und des Senats, der beiden Kammern des Parlaments, mit der Thematik der Keimbahnintervention und schloss eine künftige Überarbeitung des in der Biomedizinkonvention niedergelegten Verbots der Keimbahnintervention nicht aus.[173] Betreffend den Mitochondrientransfer forderte das Organ eine offene Debatte. Insbesondere sollte die Thematik bei der geplanten Überarbeitung der *lois de bioéthique* im Jahre 2018/2019 Berücksichtigung finden.[174] Gegen jegliche Veränderung menschlicher Keimbahnzellen, sei es zu Forschungszwecken, sei es in der klinischen Anwendung, spricht sich hingegen die *Alliance Vita* aus.[175]

Die Verwendung von hiPS-Zellen zu reproduktiven Zwecken hat bislang nur wenig Berücksichtigung gefunden. Lediglich die *Agence de la biomédecine* (*ABM*) befasste sich knapp mit der Problematik und wies auf die ethischen Bedenken sowie die gesundheitlichen Risiken für das so gezeugte Kind hin.[176] Zudem findet sie am Rande Erwähnung in einer Stellungnahme des *OPECST*, wobei sich das Gremium auf die Feststellung beschränkt, man müsse sich über die ethischen Implikationen bald Gedanken machen.[177]

Im Folgenden wird die französische einfachgesetzliche Rechtslage hinsichtlich der Anwendung von CRISPR/Cas9 an Keimbahnzellen, des Mitochondrientransfers sowie der Verwendung von aus hiPS-Zellen hergestellter Gameten untersucht. Hierfür wird, nach einer kurzen Einführung in das französische Rechtssystem, die geschichtliche Entwicklung der relevanten Gesetze dargestellt, um die Dynamik und den gesellschaftlichen Wandel im Hinblick auf diese Themen nachzuvollziehen und um als Grundlage für die anschließende Auslegung der Vorschriften im Rahmen der rechtlichen Prüfung sowie dem Rechtsvergleich zu dienen. In dieser rechtlichen Prüfung wird untersucht, ob und inwieweit diese Verfahren mit den Gesetzen im Widerspruch stehen oder sich im Gegenteil in die Reihe der bereits zulässigen Methoden einfügen.

---

[173] *Le Déaut und Procaccia (OPECST)*, Rapport au nom de l'Office Parlementaire d'Évaluation des Choix Scientifiques et Technologiques sur les enjeux économiques, environnementaux, sanitaires et éthiques des biotechnologies à la lumière des nouvelles pistes de recherche – Tome I, S. 103 und S. 306.

[174] *Le Déaut und Procaccia (OPECST)*, Rapport au nom de l'Office Parlementaire d'Évaluation des Choix Scientifiques et Technologiques sur les enjeux économiques, environnementaux, sanitaires et éthiques des biotechnologies à la lumière des nouvelles pistes de recherche – Tome I, S. 112 und S. 307.

[175] Siehe nur die Petition zur Verhinderung von Embryonenforschung: http://www.alliancevita.org/2016/05/stop-bebe-ogm-une-campagne-citoyenne-dalerte-sur-crispr-cas9/ (zuletzt geprüft am 13.09.2017) sowie die kritische Stellungnahme zum Mitochondrienstransfer: http://www.alliancevita.org/2017/04/revelations-inquietantes-sur-le-1er-bebe-fiv-3-parents-un-an-apres/ (zuletzt geprüft am 13.09.2017). Die *Alliance Vita* ist eine 1993 gegründete und durch private Spenden unterstützte Vereinigung, die es sich zur Aufgabe gemacht hat, die Bevölkerung für den Schutz des menschlichen Lebens, für die Achtung der Würde des Menschen und für den Schutz von Kindern zu sensibilisieren. Hierfür veranstaltet die *Alliance Vita* etwa Konferenzen oder publiziert Stellungnahmen.

[176] *ABM*, Les cellules souches pluripotentes induites, S. 25 f.

[177] *Claeys und Valiatte (OPECST)*, Rapport sur l'évaluation de la loi n° 2004-800 du 6 août 2004 – Tome I, S. 199.

II. Einführung in das französische Rechtssystem

1. Das französische Recht

Einführend sollen die verschieden Regelwerke der französischen Rechtsordnung sowie die Auslegungsregeln betrachtet werden.

a. Regelwerke

Die Gesetze im weiteren Sinne werden in verschiedene Kategorien unterteilt. An oberster Stelle steht die Verfassung. Aktuell in Kraft ist die Verfassung der 5. Republik vom 4. Oktober 1958. Sie regelt die Funktionsweise der politischen Institutionen, das politische System, das Verhältnis zwischen den drei Gewalten (Exekutive, Legislative und Judikative), die Ernennung der Regierenden sowie ihre Kompetenzen. Sie garantiert zudem die Rechte und Freiheiten der Bürger, enthält aber, im Unterschied zu den Verfassungen anderer Länder, keinen aufzählenden Katalog. In ihrer kurzen Präambel allerdings verweist sie auf weitere Texte, die solche Rechte enthalten, wie die Erklärung der Menschen- und Bürgerrechte von 1789 („*Déclaration des droits de l'homme et du citoyen*“), bestätigt und ergänzt durch die Präambel der Verfassung von 1946. Diese beiden Texte sind Bestandteil der Verfassung. Weitere Grundrechte ergeben sich, so die Präambel der Verfassung von 1946, aus den (zeitlich vor der Verfassung von 1946 in Kraft getretenen) „Gesetzen der Republik“. Es obliegt dabei den Verfassungsrichtern, diese Rechte ausfindig zu machen und sie mit Verfassungsrang auszustatten.[178] All diese Texte und hieraus resultierenden Rechte und Werte mit Verfassungsrang bilden den „*bloc de constitutionnalité*“.[179]

Gesetze im engeren Sinne sind jene Texte, die von der gesetzgebenden Gewalt erlassen werden. Unterkategorien bilden dabei zum einen die sog. Referendumsgesetze („*lois référendaires*“).[180] Zum anderen existieren sog. organische Gesetze („*lois organiques*“), welche die Vorgaben der Verfassung ergänzen oder genauer bestimmen, sowie die ordentlichen Gesetze („*lois ordinaires*“). Beide Gesetzestypen werden vom Parlament erlassen.[181] Letztere bilden die Mehrzahl der Gesetze. Ihr Erlass gliedert sich in drei Phasen: die Gesetzesinitiative, die Diskussionen und Abstimmungen im Parlament sowie die Verkündung. Das Initiativrecht steht dem Premierminister und den Mitgliedern des Parlaments zu (Art. 39 der Verfassung). Der Gesetzesvorschlag wird dann einer der beiden Kammern des Parlaments vorgelegt. Hierfür existieren je nach Regelungsbereich bestimmte Vorgaben. Es be-

---

[178] *Denizeau*, Droit des libertés fondamentales, S. 20 ff.

[179] *Fulchiron und Eck*, Introduction au droit français, S. 33 ff.

[180] Diese Regelungen werden vom Volk erlassen, auf Initiative des Präsidenten, beider Kammern des Parlaments, also *Assemblée nationale* und Senat, oder eines Fünftels der Mitglieder des Parlaments, unterstützt von einem Zehntel der Wähler.

[181] *Fulchiron und Eck*, Introduction au droit français, S. 45 f.

ginnt sodann die sog. „*Navette*“, also die Prüfung des Gesetzesvorschlages durch das Parlament. Dabei finden in der Regel[182] in jeder Kammer abwechselnd je zwei Lesungen statt. Bei jeder Lesung wird der Gesetzesvorschlag durch Ausschüsse der Kammern geprüft und anschließend in öffentlicher Versammlung über diesen abgestimmt. Kann zwischen beiden Kammern keine Einigung erzielt werden, wird eine „*commission mixte paritaire*“, bestehend aus Vertretern beider Kammern, gebildet. Das letzte Wort hat bei unüberwindbarer Uneinigkeit die *Assemblée nationale*. Nach endgültiger Annahme des Gesetzesvorschlags wird das Gesetz durch den Präsidenten der Republik verkündet (Art. 10 der Verfassung).[183]

Daneben existieren sog. Verordnungen (*„règlements“).* Diese Kategorie erfasst alle Rechtsakte, die von der exekutiven Gewalt erlassen werden, also vom Premierminister, dem Präsidenten der Republik, den Ministern oder anderen Hoheitsträgern. Verordnungen, welche vom Präsidenten oder vom Premierminister erlassen werden, werden als sog. Dekrete („*décrets*“) bezeichnet, solche von anderen Hoheitsträgern, wie Ministern oder Präfekten, als sog. Erlasse („*arrêtés*“).[184] Es wird dabei unterschieden zwischen autonomen Verordnungen („*règlements autonomes*“), also solchen, die mangels Zuständigkeit des Gesetzgebers erlassen werden, und Anwendungsverordnungen („*règlements d'application*“), welche die Ausführung der Gesetze sicherstellen.[185] Verordnungen sind in den Gesetzestexten durch den Zusatz „R.“ („*règlement*“) zu erkennen. Handelt es sich um Anwendungsverordnungen, entspricht ihre Nummerierung dem jeweiligen durch ordentliches Gesetz erlassenen Artikel. Letzterer ist dann durch die Kennzeichnung „L.“ („*loi*“) erkennbar. Die Verfassung gibt in Art. 34 vor, welche Materien durch Gesetze geregelt werden müssen. Alle anderen Bereiche sind Verordnungen zugänglich, Art. 37.[186]

b. Gesetzesauslegung

Da die Gesetzesauslegung im Folgenden eine wesentliche Rolle spielen wird, soll an dieser Stelle ein knapper Überblick über die Auslegungsmethoden im französischen Recht gegeben werden.

Grundsätzlich kommt die Auslegung eines Gesetzestextes nur dann in Betracht, wenn der Gesetzestext unklar oder mehrdeutig ist oder ein Widerspruch zwischen verschiedenen Regelungen besteht. Ist der Wortlaut klar und eindeutig, muss das Gesetz nach der „*théorie de l'acte clair*“ entsprechend seinem Wortlaut angewendet werden und eine hiervon abweichende Auslegung, etwa unter Heranziehung des Willens des Gesetzgebers, verbietet sich: *Interpretatio cessat in claris*. Eine

---

[182] Die Ausnahme bildet das beschleunigte Verfahren, bei dem es in jeder Kammer nur eine Lesung gibt.

[183] *Fulchiron und Eck*, Introduction au droit français, S. 175 ff.

[184] *Fulchiron und Eck*, Introduction au droit français, S. 50.

[185] *Fulchiron und Eck*, Introduction au droit français, S. 51.

[186] *Fulchiron und Eck*, Introduction au droit français, S. 46 und 51.

Ausnahme besteht dort, wo die Anwendung einer Vorschrift zu absurden Ergebnissen führen würde.[187]

Ist eine Norm unklar, stehen dem Richter verschiedene Auslegungsmethoden zur Verfügung. Es wird unterschieden zwischen einer „*interprétation exégétique*" (exegetische Auslegung) und einer freien „*interprétation objective et scientifique*" (objektive und wissenschaftliche Auslegung). Bei der exegetischen Auslegung gilt es, durch grammatikalische und logische[188] Interpretation des Normtextes sowie Heranziehung der Gesetzesmaterialien den Willen des Gesetzgebers zu ergründen. Es soll die *ratio legis*, der „*esprit de la loi*" aufgedeckt werden.[189] Die Auslegung orientiert am Willen des Gesetzgebers ist dabei die üblicherweise angewendete Auslegungsmethode, die sich jedoch umso schwieriger gestaltet, je älter das Gesetz ist und je weniger dieses den tatsächlichen aktuellen Gegebenheiten entspricht.[190] Im Rahmen der objektiven und wissenschaftlichen Auslegung hingegen schwingt sich der Richter in gewisser Weise zum Gesetzgeber auf und sucht nach der Lösung, die ihm angebracht scheint, indem er eine bestimmte Rechtsnorm in ihrer sozialen, wirtschaftlichen und geschichtlichen Wirklichkeit betrachtet und entsprechend interpretiert. Es stehen ihm hierfür verschiedene anerkannte Methoden zur Verfügung, unter denen er frei auswählen kann, wie die Analogiebildung, der Erst-Recht-Schluss, der Umkehrschluss, die Ableitung allgemeiner Rechtsprinzipien aus einzelnen Vorschriften und die Auslegung nach Sinn und Zweck („*théorie de l'effet utile*"). Daneben bestehen noch weitere Auslegungsregeln, wie etwa das Gebot, Ausnahmeregelungen stets eng auszulegen („*exceptio est strictissimae interpretationes*"), speziellen Normen vor allgemeinen Normen den Vorrang einzuräumen („*specialia generalibus derogant*") und dort keine Unterscheidung zu treffen, wo das Gesetz keine solche trifft („*ubi lex non distinguit nec nos distinguere debemus*").[191] Insgesamt sind die französischen Gerichte bei der Wahl ihrer Auslegungsmethode sehr flexibel, es ist ihnen keine bestimmte vorgegeben.[192]

---

[187] *Capitant*, in: Kahn-Freund et al. (Hrsg.), A source-book on French law, S. 100 und 103; *West et al.*, The French legal system, S. 52; *Vogenauer*, Die Auslegung von Gesetzen in England und auf dem Kontinent, S. 247 ff. und S. 272; *Lasserre*, in: Savaux (Wissenschaftliche Gesamtleitung), Répertoire de droit civil, Stichwort „loi et règlement", Rn. 243 ff. (zitiert über dalloz.fr).

[188] Syllogismen, Umkehrschlüsse etc.

[189] *Capitant*, in: Kahn-Freund et al. (Hrsg.), A source-book on French law, S. 100, allerdings auch kritisch zur Heranziehung der Gesetzesmaterialen, *dort*, S. 100 ff.; *West et al.*, The French legal system, S. 53; *Lasserre*, in: Savaux (Wissenschaftliche Gesamtleitung), Répertoire de droit civil, Stichwort „loi et règlement", Rn. 251 (zitiert über dalloz.fr).

[190] *West et al.*, The French legal system, S. 54.

[191] *West et al.*, The French legal system, S. 53 f.; *Lasserre*, in: Savaux (Wissenschaftliche Gesamtleitung), Répertoire de droit civil, Stichwort „loi et règlement", Rn. 254 ff. (zitiert über dalloz.fr).

[192] So hat die *Cour de cassation* entschieden, die *Cour d'appel* von Paris habe aufgrund ihrer Auslegungsfreiheit keine Verpflichtung gehabt, im Rahmen ihrer Auslegung die Gesetzesmaterialen heranzuziehen („[...] *la Cour d'appel ne saurait se voir reprocher de ne pas s'être livrée à une recherche sur le contenu des travaux préparatoires à la loi du 3 juillet 1985, qui relevait de sa liberté quant aux méthodes d'interprétation de la loi.*"), siehe das „*Résumé*" von *Cass. Civ. 1re*, 29. Januar 2002, n° 00-10.788, Société France 2/Société EMI Records Limited UK (verfügbar unter lexis360.fr); siehe auch *Lasserre*, in: Savaux (Wissenschaftliche Gesamtleitung), Répertoire de

Speziell im Strafrecht befindet sich ein gesetzlich verankertes Gebot der „strengen Auslegung" (Art. 111-4 C. pén.):[193] Bei eindeutigem und klarem Wortlaut bedeutet dieses Gebot, dass der Richter die Strafnorm ihrem Wortlaut nach anwenden muss und er sie nicht auf nichtgeregelte Sachverhalte ausdehnen darf (Analogieverbot),[194] es sei denn, die Ausdehnung wirkt sich zu Gunsten des Täters aus.[195] Ist der Wortlaut unklar, muss der Richter auch strafrechtliche Normen auslegen. Dabei wird eine starr am Wortlaut haftende Auslegung („*interprétation littérale*") nicht mehr vertreten.[196] Es ist anerkannt, dass nach der Intention des Gesetzgebers und der hinter der Norm stehenden Sinn gefragt werden muss („*interprétation téléologique*"). Nicht der Wortlaut soll also ausschlaggebend sein, sondern die *ratio legis*. Die Richter haben so die Möglichkeit, Strafvorschriften „dynamisch" auf Fälle anzuwenden, die der Gesetzgeber nicht vorhersehen konnte, solange diese Fälle der Gesetzesformulierung unterfallen bzw. dem Wortlaut nicht offensichtlich zuwiderlaufen.[197] Er muss dabei nicht zwingend die Auslegung wählen, die für den Angeklagten am günstigsten ist.[198] Zur Ermittlung des gesetzgeberischen Willens kann der Richter neben dem Wortsinn auf die Gesetzesmaterialien, Präzedenzfälle, die gesellschaftliche, wissenschaftliche und gar philosophische Entwicklung zurückgreifen, um einer Norm in ihrem aktuellen Umfeld zu maximaler Wirksamkeit zu verhelfen.[199] Der Übergang von einer noch zulässigen teleologischen Auslegung zu einer verbotenen Analogie ist allerdings fließend: Als zulässige teleologische Auslegung wurde etwa die Ausdehnung des Tatbestands, der „böswillige Telefonanrufe"

droit civil, Stichwort „loi et règlement", Rn. 251 („*L'interprétation exégétique* [...] *n'est qu'une méthode parmi d'autres pouvant être choisie librement par les interprètes.*") und Rn. 255 („*Dès lors que l'interprétation est libre, cela implique aussi le libre choix par l'interprète de la méthode d'interprétation qui lui semble la plus appropriée.*") (zitiert über dalloz.fr).

[193] „*La loi pénale est d'interprétation stricte.*"

[194] *Bouloc*, Droit pénal général, S. 134 f.; *Jeandidier*, JurisClasseur Pénal Code, Fasc. 20, Juni 2017, Rn. 11 (zitiert über lexis360.fr); *Vogenauer*, Die Auslegung von Gesetzen in England und auf dem Kontinent, S. 262 f.

[195] *Merle und Vitu*, Traité de droit criminel, S. 253 und 257; *Jeandidier*, JurisClasseur Pénal Code, Fasc. 20, Juni 2017, Rn. 41 (zitiert über lexis360.fr).

[196] *Merle und Vitu*, Traité de droit criminel, S. 248 f. und 253 f.; *Boré und Boré*, La cassation en matière pénale, Kapitel 104 („*Interprétation de la loi pénale*") Überschrift Nr. 104.20 („*Intention du législateur*"); *Jeandidier*, JurisClasseur Pénal Code, Fasc. 20, Juni 2017, Rn. 8 und 15 ff. (zitiert über lexis360.fr).

[197] *Merle und Vitu*, Traité de droit criminel, S. 249 f.; *Boré und Boré*, La cassation en matière pénale, Kapitel 104 („*Interprétation de la loi pénale*"), Überschrift Nr. 104.41 („Adaptation du texte aux innovations") und Nr. 104.32. („Interprétation des textes obscurs"): „*Certes, il [le juge] ne doit pas faire prévaloir les travaux préparatoires de la loi sur le texte de celle-ci lorsque ses termes sont clairs et précis.*" (zitiert über dalloz.fr); *Bouloc*, Droit pénal général, S. 134; *Jeandidier*, JurisClasseur Pénal Code, Fasc. 20, Juni 2017, Rn. 13 f. *(„[...] la lettre de la loi ne saurait être ouvertement contrecarrée ou bafouée [...]*") (zitiert über lexis360.fr); auf die Grenze des Wortsinns hinweisend auch *Vogenauer*, Die Auslegung von Gesetzen in England und auf dem Kontinent, S. 273.

[198] *Bouloc*, Droit pénal général, S. 134.

[199] *Merle und Vitu*, Traité de droit criminel, S. 250.

unter Strafe stellt, auf die böswillige Versendung von SMS gewertet.[200] Ebenso wurde in einer frühen Entscheidung der *Cour de cassation*[201] „Elektrizität" als unter den Diebstahlstatbestand fallende „Sache" eingestuft, was in der Literatur teilweise als „zulässige Anpassung des Gesetzes an neue Gegebenheiten" bewertet wird.[202] Auch das Sich-Bemächtigen des Informationsgehalts einer Diskette wertete die *Cour de cassation* als Diebstahl einer „Sache",[203] was ebenso von Teilen der Literatur als zulässige teleologische Interpretation angesehen wird.[204] Der Strafrichter verfügt also, innerhalb der sehr dehnbaren Wortlautgrenzen, über einen breiten Auslegungsspielraum.

2. Rechtsprechung

Das französische Gerichtssystem ist unterteilt in eine ordentliche Gerichtsbarkeit für Zivil- und Strafsachen und eine Verwaltungsgerichtsbarkeit. Daneben existieren auch Sondergerichtsbarkeiten.

Die erste Instanz der ordentlichen Gerichtsbarkeit bilden die Instanzgerichte („*tribunaux d'instance*") und die großen Instanzgerichte („*tribunaux de grande instance*"), deren Zuständigkeit sich aus dem betroffenen Rechtsgebiet bzw. der Höhe des Streitwerts oder in Strafsachen aus der Höhe der Strafe ergibt.

Für Urteile der Instanzgerichte und der großen Instanzgerichte folgt in zweiter Instanz das Berufungsgericht („*la cour d'appel*"). Über diesen Gerichten steht die *Cour de cassation,* das Kassationsgericht, welches als Revisionsgericht fungiert und die vorangegangenen Urteile auf Rechtsfehler untersucht. Es hat zudem eine (nicht bindende) beratende Funktion, wenn Richter unterer Instanzen vor neuen Rechtsfragen stehen.[205]

Der Verwaltungsrechtsweg ist gegliedert in die Verwaltungsgerichte erster Instanz („*tribunaux administratifs*") und die Verwaltungsgerichtshöfe zweiter Instanz („*cours administratifs d'appel*"), an deren Spitze der *Conseil d'État* („Staats-

---

[200] *Cass. Crim.*, 30. September 2009, n° 09-80373 (verfügbar unter https://www.legifrance.gouv.fr/affichJuriJudi.do?oldAction=rechJuriJudi&idTexte=JURITEXT000021192812&fastReqId=687483202&fastPos=1 (zuletzt geprüft am 08.04.2019)); zu dieser Entscheidung und weiteren Beispielen auch *Boré und Boré*, La cassation en matière pénale, Kapitel 104 („Interprétation de la loi pénale"), Überschrift Nr. 104.41 („Adaptation du texte aux innovations") (zitiert über dalloz.fr).

[201] Höchstes französisches ordentliches Gericht, siehe zum Gerichtsaufbau sogleich.

[202] *Jeandidier*, JurisClasseur Pénal Code, Fasc. 20, Juni 2017, Rn. 39 mit Verweis auf *Cass. Crim.*, 3. August 1912 (zitiert über lexis360.fr); diese Entscheidung als unzulässige Analogie zu Lasten des Täters bewertend *Vogenauer*, Die Auslegung von Gesetzen in England und auf dem Kontinent, S. 264 m.w.N.

[203] *Cass. Crim.*, 12 Januar 1989, n° 87-82.265 (verfügbar unter lexis360.fr).

[204] *Jeandidier*, JurisClasseur Pénal Code, Fasc. 20, Juni 2017, Rn. 39 (zitiert über lexis360.fr); a.A. *Vogenauer*, Die Auslegung von Gesetzen in England und auf dem Kontinent, S. 264 m.w.N.

[205] *Fulchiron und Eck*, Introduction au droit français, S. 232 ff.; siehe auch *Hübner und Constantinesco*, Einführung in das französische Recht, S. 17 ff.

rat") steht. Ihm kommt, neben der Prüfung der Entscheidungen unterer Instanzen, zudem beratende Funktion zu, indem ihm, teils verpflichtend, teils fakultativ, Gesetzes- oder Verordnungsentwürfe zur Prüfung vorgelegt werden müssen oder können.[206]

Über allem steht der *Conseil constitutionnel* („Verfassungsrat"). Er wacht über die Verfassungsmäßigkeit der Gesetze im engeren Sinne, sowohl vor als auch nach deren Erlass.[207]

III. Die „lois de bioéthique" *(„Bioethikgesetze")*

Die für diese Untersuchung relevanten Vorschriften wurden durch die „*lois de bioéthique*" („Bioethikgesetze") erlassen und anschließend in regelmäßigen Abständen reformiert.

1. Einführung

Biomedizinische Praktiken waren in Frankreich lange Zeit nicht gesetzlich geregelt. Bis 1994 existierten lediglich vier Gesetze, die bruchstückhaft bestimmte Tätigkeiten erfassten. So gab es etwa ein Gesetz zum Schwangerschaftsabbruch und ein Gesetz zum Schutz von Personen, die sich biomedizinischer Forschung zur Verfügung stellen.[208] Dieses regulatorische Vakuum führte im Jahre 1983 zur Gründung des *Comité consultatif national d'éthique pour les sciences de la vie et de la santé (CCNE)*, um ein Mindestmaß an ethischer Reflektion zu gewährleisten.[209] Die Funktion der Kommission sollte es sein, „ihre Ansichten über Probleme zu äußern, die sich durch die Forschung auf dem Gebiet der Biologie, der Medizin und der

---

[206] *Fulchiron und Eck*, Introduction au droit français, S. 234 ff.; siehe auch *Hübner und Constantinesco*, Einführung in das französische Recht, S. 19 ff.

[207] Vor Erlass sind vorlageberechtigt der Präsident der Republik, der Premierminister, die Kammerpräsidenten oder mindestens 60 Vertreter der parlamentarischen Versammlung. Nach Erlass sind die einfachen Gerichte vorlageberechtigt. Diese müssen ihre Zweifel an der Verfassungsmäßigkeit eines (für den bei ihnen anhängigen Rechtsstreit relevanten) Gesetzes aber erst der *Cour de cassation* oder dem *Conseil d'État* (je nach Gerichtsbarkeit) dartun, welche eine Vorprüfung vornehmen, um den Verfassungsgerichtshof zu entlasten. Diese beiden Gerichte entscheiden darüber, ob der Fall dem *Conseil constitutionnel* vorgelegt wird, siehe *Fulchiron und Eck*, Introduction au droit français, S. 105 ff.; siehe auch *Hübner und Constantinesco*, Einführung in das französische Recht, S. 68 f., allerdings veraltet zur Frage der nachträglichen Verfassungskontrolle. Die Verfassungsmäßigkeit von Verordnungen wird von den Richtern der einfachen Gerichte selbst geprüft, siehe *Fulchiron und Eck*, Introduction au droit français, S. 113, außer die Verordnung dient der Anwendung eines verfassungswidrigen Gesetzes, denn dann würde der Richter die Verfassungsmäßigkeit des Gesetzes prüfen, wozu er nicht befugt ist. Es muss dann die Verfassungsmäßigkeit des Gesetzes selbst gerügt werden.

[208] *Legros*, Droit de la bioéthique, S. 20 ff., dort auch zu den anderen beiden Gesetzen.

[209] *Legros*, Droit de la bioéthique, S. 22.

Gesundheit gestellt haben, gleich ob diese Probleme den Menschen, soziale Gruppen oder die Gesellschaft insgesamt betreffen."[210] Daneben gab es vereinzelt Entscheidungen der *Cour de cassation*, welche die rechtlichen Lücken jedenfalls in den ihr vorgelegten Fällen füllen konnten.[211]

Dem erstmaligen Tätigwerden des Gesetzgebers gingen einige offizielle Stellungnahmen voraus. Zu nennen sind eine Studie des *Conseil d'État*[212](auch genannt „*rapport Braibant*", nach dem Vorsitzenden der die Stellungnahme ausarbeitenden Arbeitsgruppe) sowie der Bericht von *Noelle Lenoir* aus dem Jahre 1991, die vom Premierminister mit einer Mission für das Recht der Bioethik und der Lebenswissenschaften beauftragt wurde.[213] Auch der *CCNE* äußerte sich, insbesondere mit der Empfehlung, die Keimbahntherapie zu verbieten.[214]

Im Jahr 1994 schließlich schuf der Gesetzgeber die sog. „*lois de bioéthique*", die „Bioethikgesetze",[215] insgesamt drei an der Zahl. Wichtig für diese Untersuchung sind das Gesetz n° 94-653 vom 29. Juli 1994 über die Achtung des menschlichen Körpers[216] und das Gesetz n° 94-654 vom 29. Juli 1994 über die Spende und die Verwendung von Elementen und Produkten des menschlichen Körpers, die

[210] Art. 1 Abs. 2 des Dekrets n° 83-132 vom 23. Februar 1983 (veröffentlicht im JO vom 25.02.1983) zur Schaffung eines *Comité consultatif national d'éthique pour les sciences de la vie et de la santé*. Dies wurde durch Art. 23 des Gesetzes n° 94-654 vom 29. Juli 1994 bestätigt und in ist seit der ersten Reform der *lois de bioéthique* im Jahre 2004 in Art. L. 1412-1 des CSP niedergelegt.

[211] So etwa die Entscheidung über die Unzulässigkeit von Leihmutterschaften, die sie als gegen das Prinzip die Unverfügbarkeit des menschlichen Körpers und der Unverfügbarkeit des Personenstandes verstoßend betrachtete, *Cass. AP*, 31. Mai 1991, n° 90-20105 (verfügbar unter https://www.legifrance.gouv.fr/affichJuriJudi.do?idTexte=JURITEXT000007026778 (zuletzt geprüft am 08.04.2019)).

[212] *Conseil d'État*, Sciences de la vie, de l'éthique au droit.

[213] Zu den verschiedenen Stellungnahmen siehe *Montagut*, Concevoir l'embryon, S. 15 f.; *Bioulac (Assemblée nationale)*, Rapport n° 2871 (1992) – Tome 1, S. 9.

[214] *CCNE*, Avis n° 22, S. 1. Der *CCNE* sah nicht nur eine Gefahr für das menschliche Erbgut, sondern auch praktische Probleme: Insbesondere würden doch immer auch gesunde Embryonen im Rahmen einer medizinisch assistierten Reproduktion erzeugt, sodass es keine Notwendigkeit gebe, reparierte Embryonen zu übertragen, siehe *dort*, S. 3.

[215] Diese Bezeichnung blieb nicht ohne Kritik. Bioethik sei zu verstehen als „behutsame Reflexion des Zwecks der Medizin und ihrer Macht angesichts der Gefahren für die Menschheit ausgehend von biomedizinischen Praktiken". Ein „Recht der Bioethik" („*droit de bioéthique*") könne es nicht geben, da Ethik und Recht zwei zu trennende Gebiete seien. Die Ethik sei (und dadurch sei eine Verbindung zum Recht zwar vorstellbar) als Grundlage des Rechts denkbar, sodass von der Ethik zum Recht übergegangen werden könne. Sobald aber eine Regel juristisch werden, trenne sie sich von der moralischen Norm, die ihr als Grundlage diente. Das Recht genüge sich dann selbst, da es sich mit der Befolgung der Gesetze begnügt, ohne Beachtung der Motive, die hinter dieser Unterwerfung unter das Gesetz stehen, siehe *Feuillet-Le Mintier*, in: Feuillet-Le Mintier (Hrsg.), Normativité et Biomédecine, S. 1 (5 ff.); kritisch auch *Binet*, Le nouveau droit de la bioéthique, S. 3. Der Gesetzgeber folgte der Kritik an dieser Semantik jedoch nicht, siehe *Legros*, Droit de la bioéthique, S. 19.

[216] „*Loi relative au respect du corps humain*", veröffentlicht im JO n° 175 vom 30/07/1994.

medizinisch assistierte Fortpflanzung und die Pränataldiagnostik.[217] Die erste Gesetzesreform erfolgte im Jahre 2004 durch das Gesetz n° 2004-800 vom 6. August 2004 über die Bioethik,[218] welches auf die sich seit 1994 neu gestellten Fragen und neu aufgetretenen Bedürfnisse reagierte. Insbesondere wurde hierdurch die Forschung mit überzähligen Embryonen erlaubt und das reproduktive Klonen verboten. Zum zweiten Mal reformiert schließlich wurde das Gesetz im Jahre 2011 durch das Gesetz n° 2011-814 vom 7. Juli 2011 über die Bioethik,[219] insbesondere wieder mit leichten Veränderungen betreffend die Embryonenforschung. Darüber hinaus erfolgten zeitweise punktuelle Änderungen, wie etwa im Jahr 2013 durch das Gesetz n° 2013-715 vom 6. August 2013[220] und im Jahr 2016 durch das Gesetz n° 2016-41 vom 26. Januar 2016.[221] Beide Veränderungen betrafen nochmals die Regelungen zur Embryonenforschung.[222] Eine Besonderheit der Bioethikgesetze ist ihre regelmäßige Reformierung. Die Gesetze enthalten bereits jeweils den Termin, bis zu dem die nächste Überarbeitung spätestens stattgefunden haben muss.[223] Ein Verstreichenlassen der Fristen ist allerdings sanktionslos, es handelt sich um einen bloßen Appell an den Gesetzgeber. Die nächste Reform findet nun im Jahr 2019/2020 statt.[224]

Die einzelnen Bestimmungen dieser Gesetze sind nicht in einem Regelwerk vereint, sondern verstreut in verschiedene Gesetzbücher eingefügt worden.[225] So wurden einige Bestimmungen in das Zivilgesetzbuch („*Code civil*", im Folgenden C. civ.) aufgenommen. Manche Handlungsweisen wurden im Gesetz über das öffentliche Gesundheitswesen („*Code de la santé publique*", im Folgenden CSP) geregelt. Zudem wurden manchen Praktiken als Straftatbestände ausgestaltet und in das Strafgesetzbuch („*Code pénal*", im Folgenden C. pén.) eingegliedert.

---

[217] „*Loi relative au don et à l'utilisation des éléments et produits du corps humain, à l'assistance médicale à la procréation et au diagnostic prénatal*", veröffentlicht im JO n° 175 vom 30.07.1994.

[218] „*Loi relative à la bioéthique*", veröffentlicht im JO n° 276 vom 27.11.2004.

[219] „*Loi relative à la bioéthique*", veröffentlicht im JO n° 157 vom 08.07.2011.

[220] „*Loi tendant à modifier la loi n° 2011-814 du 7 juillet 2011 relative à la bioéthique en autorisant sous certaines conditions la recherche sur l'embryon et les cellules souches embryonnaires*", veröffentlicht im JO n° 182 vom 07.08. 2013.

[221] „*Loi de modernisation de notre système de santé*", veröffentlicht im JO n° 22 vom 27.01.2016.

[222] Siehe zum Überblick über die Entwicklung der *lois de bioéthiques* bei *Legros*, Droit de la bioéthique, S. 23 ff.; *Buffelan-Lanore und Larribau-Terneyre*, Droit civil, S. 327 ff.; *Le Déaut und Procaccia (OPECST)*, Rapport au nom de l'Office Parlementaire d'Évaluation des Choix Scientifiques et Technologiques sur les enjeux économiques, environnementaux, sanitaires et éthiques des biotechnologies à la lumière des nouvelles pistes de recherche – Tome I, S. 91 ff.; siehe zum Überblick über die Entwicklung der Gesetze zur Embryonenforschung *Bergoignan-Esper*, Feuillets mobiles Litec Droit médical et hospitalier, Fasc. 50, Mai 2018, Rn. 28 (zitiert über lexis360.fr).

[223] Die Gesetze des Jahres 1994 und 2004 sahen hierfür eine Frist von 5 Jahren ab Inkrafttreten vor, das Gesetz von 2011 eine solche von 7 Jahren, siehe *Legros*, Droit de la bioéthique, S. 23 f.

[224] Siehe zum Voranschreiten des Gesetzgebungsverfahrens unten S. 164 ff.

[225] *Legros*, Droit de la bioéthique, S. 26.

2. Die gesetzlichen Regelungen

a. Vorüberlegungen

Die Prinzipien, die die Bioethikgesetze tragen und deren Schutz durch diese Gesetze garantiert werden sollen, werden im Folgenden dargestellt. Die Analyse soll auf die Motive und die Bestimmungen beschränkt werden, die für diese Untersuchung relevant sind. Der Gesetzgeber hat dabei weder konkret den Einsatz von CRISPR/Cas9 noch den Mitochondrientransfer oder die Verwendung artifizieller Gameten geregelt. Es werden daher all die Vorschriften untersucht, die bei einer entsprechenden Anwendung dieser Verfahren einschlägig sind bzw. für die Bewertung eine Rolle spielen.[226]

Die Prüfung beschäftigt sich mit den maßgeblichen Gesetzen in chronologischer Reihenfolge, durch die die relevanten Normen erlassen bzw. wieder modifiziert wurden. Der Wortlaut dieser Normen wird unter der Überschrift des jeweiligen Gesetzes zunächst dargestellt („Regelungen“) und anschließend werden die Erlass- bzw. Änderungsgründe erläutert („Gesetzesbegründung“), als Vorbereitung für die anschließend erfolgende Gesetzesauslegung.

b. Gesetz n° 94/653 vom 29. Juli 2004: Gesetz über die Achtung des menschlichen Körpers

Das Gesetz n° 94/653 befasste sich insbesondere mit dem Verbot der Erzeugung vererbbarer genetischer Veränderungen sowie mit dem Verbot der Leihmutterschaft.

aa. Regelungen

aaa. Verbot vererbbarer genetischer Veränderungen

In den *Code civil* wurde ein neues Kapitel namens „Von der Achtung des menschlichen Körpers“ eingefügt. Dieses Kapitel wurde durch Art. 16 eingeleitet: „Das Gesetz[227] sichert die Vorrangstellung des Menschen, verbietet jeden Angriff auf seine Würde und sichert die Achtung des menschlichen Wesens ab Beginn seines

[226] In Bezug auf die Verwendung von CRISPR/Cas9 an Gameten, Eizellen im Vorkernstadium und Embryonen sind dies die Vorschriften, die sich mit vererblichen genetischen Veränderungen befassen. Hinsichtlich des Mitochondrientransfers sind dies darüber hinaus die Vorschriften zur Gameten- und Embryonenspende. Hinsichtlich der Verwendung von artifiziellen Gameten, die aus hiPS-Zellen hergestellt wurden sind dies darüber hinaus, aufgrund der sich hieraus ergebenden neuartigen Möglichkeiten sich fortzupflanzen, die Vorschriften zur medizinisch assistierten Reproduktion, die die in diesem Zusammenhang erlaubten biologischen Verfahren regeln sowie allgemein den Zugang zu diesen Techniken regeln. Darüber hinaus kommen die Vorschriften zum Klonierungsverbot in Betracht. Für alle Techniken sind die zudem die Vorschriften zur Embryonenforschung relevant.

[227] „Das Gesetz“ bedeutet „jedes Gesetz“ *Molfessis*, in: Pavia und Revet (Hrsg.), La dignité de la personne humaine, S. 107 (108).

Lebens." Diese Vorschrift sowie die nun folgenden Regelungen bestehen heute noch in dieser Form.

Die diesem Artikel nachfolgenden Vorschriften sollen diese Prinzipien weiter ausgestalten und absichern. Für diese Untersuchung ist insbesondere Art. 16-4 C. civ. von Interesse. Dieser besagt im Abs. 1: „Niemand darf die Integrität der menschlichen Gattung beeinträchtigen." Dieser Grundsatz wiederum soll durch die Abs. 2 und 3 weiter ausgestaltet werden: „Jede eugenische Praktik, die auf die organisierte Selektion von Personen gerichtet ist, ist verboten" (Abs. 2). „Es darf, unbeschadet der Forschung gerichtet auf Prävention und Behandlung genetischer Krankheiten, keine Veränderung genetischer Merkmale herbeigeführt werden mit dem Ziel, die Nachkommenschaft der Person zu verändern" (Abs. 3).

In den *Code pénal* wurde in Art. 511-1 C. pén. das Verbot eugenischer Praktiken normiert: „Die Vornahme eugenischer Praktiken, die auf die organisierte Selektion von Personen gerichtet ist, wird mit Freiheitsstrafe von zwanzig Jahren bestraft."

bbb. Ersatzmutterschaft

Art. 16-7 C. civ. regelte (und regelt bis heute) die Nichtigkeit jeder Vereinbarung, die auf eine Fortpflanzung oder Schwangerschaft im Auftrag Dritter gerichtet ist.

Ebenso wurden folgende, bis heute unveränderte Vorschriften erlassen: Gemäß Art. 227-12 Abs. 1 C. pén. wird mit sechs Monaten Freiheitsstrafe und 7500 EUR[228] Geldstrafe bestraft, wer entweder mit Gewinnerzielungsabsicht oder durch Spende, Versprechen, Drohung oder Machtmissbrauch die Eltern oder einen von beiden dazu bringt, ein geborenes oder noch zu gebärendes Kind abzugeben.

Nach Abs. 2 wird mit einem Jahr Freiheitsstrafe und 15.000 EUR[229] bestraft, wer mit Gewinnerzielungsabsicht zwischen einer Person, die ein Kind adoptieren will, und einem Elternteil, der sein geborenes oder noch zu gebärendes Kind abgeben will, vermittelt. Ebenso wird bestraft, wer zwischen einer Person oder einem Paar, welches ein Kind aufnehmen will, und einer Frau, die sich bereit erklärt, dieses Kind mit dem Ziel auszutragen, ihnen dieses zu überlassen, vermittelt. Wird dies regelmäßig oder mit Gewinnerzielungsabsicht durchgeführt, werden die Strafen verdoppelt.

bb. Gesetzesbegründung

aaa. Verbot vererbbarer genetischer Veränderungen

Es werden gesondert die Hintergründe der allgemeineren Vorschriften des *Code civil* sowie des Eugenik-Verbots des *Code pénal* untersucht.

---

[228] Seit 2002, ursprünglich 50.000 F.

[229] Seit 2002, ursprünglich 100.000 F.

(1) Code Civil

Ziel des neuen Kapitels des *Code civil* war die Regelung der Beziehung des Menschen zu seinem Körper sowie der Grenzen der Verfügbarkeit über den Körper und dessen Teile. Der erste Entwurf des Justizministers *Sapin* enthielt drei Teile, wobei der erste Teil die allgemeinen Prinzipien benannte, „welche die Grundlage für den juristischen Status des menschlichen Körpers bilden, um hierdurch die Achtung der Würde des Menschen zu sichern, und welche die Integrität des Erbguts (und durch dieses die menschliche Gattung) schützen."[230] Es schien den Autoren unentbehrlich, nicht nur den Körper des Menschen, sondern diesen in seiner Gesamtheit, inklusive seiner genetischen Identität, in den Blick zu nehmen. Man müsse sich auch gegen genetische Manipulationen schützen, die die Eigenschaften gar der menschlichen Gattung verändern könnten, insbesondere gegen eugenische Praktiken. Ausgenommen sollten dabei genetische Eingriffe an einer Person zu therapeutischen Zwecken sein, allerdings stets unter der Voraussetzung, hierdurch nicht absichtlich die genetischen Eigenschaften der Nachkommen zu beeinflussen.[231] Es sollte daher, neben den Prinzipien der Unverletzlichkeit und der Unverfügbarkeit des menschlichen Körpers, auch der „Schutz der Integrität des menschlichen Erbguts" als Prinzip im einem das neue Kapitel des C. civ. einleitenden Artikel gesetzlich verankert (in diesem Entwurf Art. 17 C. civ.) und anschließend in einem der nachfolgenden Artikel näher ausgestaltet werden, konkret durch ein Verbot eugenischer Praktiken und ein Verbot der absichtlichen Veränderung der Eigenschaften von Nachkommen (in diesem Entwurf Art. 20 C. civ.).

Der Entwurf wurde anschließend einem Ausschuss der *Assemblée nationale* zur Überprüfung vorgelegt. Auch dieser sorgte sich um Veränderungen des Genoms und eine hiermit verbundene Veränderung der menschlichen Gattung. Er lehnte es aber ab, den Begriff „Schutz der Integrität des menschlichen Erbguts" in das Gesetz aufzunehmen: Es gebe für den Begriff „menschliches Erbgut" keine Definition, er könne sich sowohl auf ein Individuum als auch auf die Menschheit insgesamt beziehen.[232] Es wurde entschieden, im einleitenden Art. 17 C. civ. als auch in dem sich speziell hiermit befassenden Art. 20 C. civ. statt von „Integrität des menschlichen Erbguts" von „Integrität der menschlichen Gattung, die niemand beeinträchtigen darf" zu sprechen.[233] Betont wurde auch nochmals der Zusammenhang zwischen dem Verbot der Veränderung der Eigenschaften von Nachkommen auf der einen Seite und dem Schutz der Integrität der menschlichen Gattung auf der anderen Seite.[234] Als Schlussfolgerung hielt der Ausschuss fest: Gentherapien seien akzeptabel,

[230] *Sapin*, Projet de loi n° 2599 (1992), S. 3. Der zweite Teil befasste sich mit der Durchführung von Gentests und der dritte mit Abstammungsfragen als Folge medizinisch assistierter Reproduktion. Diese beiden Teile bleiben bei der weiteren Untersuchung außer Betracht.

[231] *Sapin*, Projet de loi n° 2599 (1992), S. 4 f.

[232] *Bioulac (Assemblée nationale)*, Rapport n° 2871 – Tome 1 (1992), S. 13 und 17; so auch der Einwand des Abgeordneten *Jean-Francois Mattei*, siehe *Bioulac* (*Assemblée nationale*), Rapport n° 2871 – Tome 1 (1992), S. 111 und 121.

[233] *Bioulac (Assemblée nationale)*, Rapport n° 2871 – Tome 1 (1992), S. 13 und 17.

[234] *Bioulac (Assemblée nationale)*, Rapport n° 2871 – Tome 1 (1992), S. 110.

solange sie die menschliche Gattung nicht beeinflussten. Letzteres setzte er mit einem „Abkommen vom rechten Weg"[235] durch dieselbe gleich.[236] Das Verbot der Veränderung der Nachkommen diene zudem auch dazu, eugenische Tendenzen zu verhindern.[237] Ausdrücklich ausgenommen von den Verboten seien unbeabsichtigte Veränderungen der Keimbahn.[238] Den Schutz künftiger Generationen wollte der Ausschuss zudem in einer weiteren Norm sichern: Eine Norm sollte vorsehen, dass keine Einwilligung in einen körperlichen Eingriff, auch wenn hierdurch therapeutische Ziele verfolgt werden, eine Gesundheitsgefährdung Dritter oder künftiger Generationen rechtfertigen könne.[239]

Der so überarbeitete Entwurf wurde schließlich dem Senat weitergeleitet, wo sich ebenfalls ein Ausschuss mit dessen Prüfung befasste. Dieser Ausschuss schlug zunächst eine Änderung des das neue Kapitel des *Code civil* eröffnenden Artikels vor (inklusive Änderung der Nummerierung, ehemals Art. 17, nun Art. 16 C. civ.), indem insbesondere der Schutz der menschlichen Gattung dort nicht mehr als Prinzip genannt werden sollte, sondern dessen Erwähnung in einem einzigen, speziell für dieses Rechtsgut vorgesehenen Artikel (ehemals Art. 20, nun Art. 16-4 C. civ.) als ausreichend betrachtet wurde.[240] Des Weiteren hielt er die Erwähnung der Gesundheit künftiger Generationen im Rahmen der Vorschrift zur Einwilligung eines Individuums in körperliche Eingriffe nicht für notwendig, da er diesen Aspekt schon vom Verbot der Keimbahntherapie erfasst betrachtete.[241] Diese Feststellung zeigt den Gedanken des Gesundheitsschutzes künftiger Menschen, der (unter anderem) hinter dem Verbot der Keimbahntherapie steht.

Im weiteren Verlauf des Gesetzgebungsverfahrens wurde zudem das Verbot der Veränderung der Nachkommenschaft um eine Erlaubnis ergänzt, Forschung mit dem Ziel der Prävention und Heilung genetischer Krankheiten zu betreiben, eingefügt.[242] Diese Erlaubnis wird teils als Ausnahme zum grundsätzlichen Verbot des Keimbahneingriffs aufgefasst.[243] Diese Aussage ist aber missverständlich, denn natürlich soll nicht eine Ausnahme zum Verbot der Keimbahntherapie, also eine Erlaubnis derselben zu Forschungszwecken, begründet, sondern lediglich klargestellt

---

[235] „*[...] qu'elles [les thérapies géniques] ne dévoient pas l'éspèce humaine.*" (wörtlich: „[...] dass sie [die Gentherapien] die menschliche Gattung nicht verderben."

[236] *Bioulac (Assemblée nationale)*, Rapport n° 2871 – Tome 1 (1992), S. 17: „*[...] les thérapies géniques sont donc acceptables dès lors qu'elles n'affectent pas, c'est-à-dire dévoient pas, l'éspèce humaine.*"

[237] *Bioulac (Assemblée nationale)*, Rapport n° 2871 – Tome 1 (1992), S. 121.

[238] *Bioulac (Assemblée nationale)*, Rapport n° 2871 – Tome 1 (1992), S. 121; so auch in zweiter Lesung nochmals betont *Bignon (Assemblée nationale)*, Rapport n° 1062 (1994), S. 35.

[239] *Bioulac (Assemblée nationale)*, Rapport n° 2871- Tome 1 (1992), S. 14.

[240] *Cabanel (Sénat)*, Rapport n° 230 (1993–1994), S. 45.

[241] *Cabanel (Sénat)*, Rapport n° 230 (1993–1994), S. 49.

[242] *Cabanel (Sénat)*, Rapport n° 398 (1993–1994), S. 27: „*[...] sont autorisées les recherches tendant à la prévention et au traitement des maladies génétiques.*". Bereits in der Stellungnahme n° 230 war eine Forschungserlaubnis vorgesehen, diese hatte die *Assemblée nationale* aber abgelehnt, siehe *Cabanel (Sénat)*, Rapport n° 398 (1993–1994), S. 27.

[243] *Legros*, RGDM 2016, (61), S. 159 (165).

werden, dass die Norm nicht allgemein der Forschung mit dem Ziel der Therapie oder Prävention genetischer Krankheiten entgegensteht.[244] Hintergrund dieser Klarstellung ist, dass der Nutzen einer Keimbahntherapie, d. h. die Befreiung von Nachkommen von schweren Krankheiten, durchaus gesehen wurde. Aus diesem Grund müsse, so die Begründung, Forschung in diese Richtung unterstützt werden.[245] Eingeführt wurde jedoch ein Verbot der Herstellung von Embryonen zu Forschungszwecken sowie ihrer Verwendung zur Forschung.[246]

Verstöße gegen die in Art. 16 und Art. 16-4 festgelegten Verbote sind (mit Ausnahme des Eugenikverbots) mit keinen strafrechtlichen Sanktionen verbunden. Der Senat war der Ansicht, die Höhe der Strafe sei schlicht nicht bestimmbar.[247] Zudem handle es sich um einen Bereich, in dem es sehr schwierig sei, die Elemente des Tatbestands zu bestimmen.[248] Verstöße könnten jedoch grundsätzlich eine zivilrechtliche Haftung desjenigen, der gegen diese Regelungen verstoße, auslösen. Des Weiteren könne die Sache auch bereits unter Heranziehung von Art. 16-2[249] vorsorglich vor Gericht gebracht werden.[250] Eine zivilrechtliche Haftung setzt allerdings voraus, dass es einen Geschädigten gibt, der einen Schaden geltend machen kann, sodass die Begründung einer zivilrechtlichen Haftung schwierig sein dürfte. Jedenfalls aber kann, wenn der Handelnde Arzt ist, ein Verstoß gegen Art. 16-4 C. civ. berufsrechtliche Konsequenzen haben.[251]

(2) Code pénal

Im Rahmen der zweiten Lesung im Senat kam der Vorschlag auf, einen strafrechtlichen Eugeniktatbestand einzuführen.[252] Eugenik war zunächst verstanden worden als „Untersuchung der Faktoren, von denen man sich eine Verbesserung der

---

[244] *Cabanel (Sénat)*, Rapport n° 398 (1993–1994), S. 27 („*[…] l'article 16-4 du code civil ne met pas ces recherches hors la loi […]*".

[245] *Cabanel (Sénat)*, Rapport n° 398 (1993–1994), S. 26 f.; anders noch *Conseil d'État*, Sciences de la vie, de l'éthique au droit, S. 84, wonach auch Forschung in diese Richtung zu verbieten sei, um die menschliche Gattung vor Entwicklungen, die sich aus derartiger Forschung ergeben könnten, zu schützen.

[246] *Cabanel (Sénat)*, Rapport n° 398 (1993–1994), S. 13 und 39, bereits in den Gesetzesentwurf eingefügt durch die *Assemblée nationale* nach 2. Lesung, siehe *Sénat*, Text n° 356 (1994), S. 8 (verfügbar unter http://www.senat.fr/leg/1993-1994/i1993_1994_0356.pdf (zuletzt geprüft am 08.04.2019)), dann geregelt durch das Gesetz n° 94/654, siehe unten S. 132.

[247] *Cabanel (Sénat)*, Rapport n° 230 (1993–1994), S. 49.

[248] *Bioulac (Assemblée nationale)*, Rapport n° 2871 -Tome 1 (1992), S. 69 (Anhörung von *Michel Vauzelle*, 26. Mai 1992).

[249] Art. 16-2 (in seiner aktuellen Fassung): „Der Richter kann alle Maßnahmen anordnen, die dazu geeignet sind, einen widerrechtlichen Angriff auf den menschlichen Körper oder widerrechtliche Handlungen bezogen auf Elemente oder Produkte des menschlichen Körpers, auch nach dem Tod, zu verhindern oder zu beenden."

[250] *Cabanel (Sénat)*, Rapport n° 230 (1993–1994), S. 49.

[251] *Binet*, JurisClasseur Civil Code, Fasc. 30, März 2014, Rn. 92 f., 41 f.

[252] Der Vorschlag geht zurück auf *Cabanel (Sénat)*, Rapport n° 398 (1993–1994), S. 6 und 18.

menschlichen Gattung verspricht, und die praktische Umsetzung dieses Ziels".[253] Im Rahmen dieser zweiten Lesungen aber wurde die zusätzliche Voraussetzung eines organisierten Vorgehens von kollektiver Reichweite im Gegensatz zu individuellen, auf Einzelfälle beschränkte Maßnahmen eingeführt: Eugenik sei somit „die organisierte Selektion von Personen"[254] bzw. „die Wiederholung von Selektionsmaßnahmen in einem organisierten Rahmen".[255]

In der Literatur wird einerseits insbesondere die Ungenauigkeit der Strafnorm kritisiert: Es fehle eine gesetzliche Definition dafür, was unter Eugenik zu verstehen sei. Andererseits könne dies aber auch vom Gesetzgeber so gewollt sein, um Eugenik in allen Ausprägungsformen erfassen zu können. So könne man sich bei der Auslegung auf die Definition des Wörterbuches *Larousse* stützen, wonach Eugenik „die Gesamtheit der Methoden" sei, „die die Verbesserung des Erbguts bestimmter Gruppen erstrebe, indem die Fortpflanzung von Individuen mit als negativ bewerteten Eigenschaften begrenzt oder die Fortpflanzung von solchen, deren Eigenschaften als wünschenswert angesehen werden, gefördert werde."[256] Zwischenzeitlich hat sich auch der *CCNE* des Eugenikbegriffs angenommen und definiert als „jede kollektive institutionalisierte Praktik, durch die das Auftreten bestimmter Eigenschaften gefördert oder andere als negativ bewertet Eigenschaften verhindert wird." Solle durch bestimmte Maßnahmen nur individuellen Wünschen nachgekommen werden, handle es sich nicht um Eugenik.[257] Dem stellte sich der *Conseil d'État* entgegen: Eugenik könne auch die Summe einer Vielzahl gleichläufiger individueller Entscheidungen zukünftiger Eltern in einer Gesellschaft, die danach strebe, das perfekte Kind oder jedenfalls ein solches frei von schlimmen Krankheiten zu zeugen, sein.[258] Der Gesetzestext zielte mit dem von ihm gewählten Wortlaut („organisierte Selektion") aber ausdrücklich auf einen kollektiven Aspekt ab, mit der Folge, dass nur die organisierte, verpflichtende Selektion verboten ist. Individuelle eugenische Maßnahmen sind, vorbehaltlich anderer Verbote, erlaubt.[259]

---

[253] *Cabanel (Sénat)*, Rapport n° 230 (1993–1994), S. 50: „*l'étude des facteurs susceptibles d'améliorer l'espèce humaine et la mise en pratique de cet objectif*".

[254] So die Definition der *Assemblée nationale*, *Bignon (Assemblée nationale)*, Rapport n° 1062 (1994), S. 36, wonach, so *Jean-François Mattei*, die organisierte Durchführung eugenischer Maßnahmen verwerflich sei, die individuelle hingegen eine Gewissensfrage.

[255] So die Definition des Senats, siehe *Cabanel (Sénat)*, Rapport n° 389 (1993–1994), S. 26: „*[...] la répétition d'actes de sélection dans un cadre organisé.*".

[256] *Mistretta*, Droit pénal médical, S. 376 f.

[257] *CCNE*, Avis n° 66, in: Journal International de Bioéthique, S. 97 (98).

[258] *Conseil d'État*, La révision des lois de bioéthique, S. 30.

[259] *Mathieu*, La bioéthique, S. 71; *Laude et al.*, Droit de la santé, S. 626 f.; die kollektive Dimension der Norm auch hervorhebend *Mistretta*, Droit pénal médical, S. 377; *Vigneau et al.*, Dictionnaire permanent santé, bioéthique, biotechnologies, Stichwort „eugénisme", Rn. 25 (zitiert über *elnet*), zum Straftatbestand auch dort Rn. 30; *Deuring*, RGDM 2018, S. 97 (106); a.A. wohl *Legros*, La bioéthique, S. 56, wonach einzelne eugenische Maßnahmen nur als Ausnahmen zum allgemeinen Eugenikverbot erlaubt seien, wo das Gesetz solche ausdrücklich zulassen (z. B.: PND unf PID).

(3) Fazit

Festzuhalten bleibt, dass der französische Gesetzgeber Keimbahneingriffe mit einer Verletzung der Integrität der menschlichen Gattung assoziiert. So sei der Schutz der Integrität der menschlichen Gattung das oberste Prinzip, konkretisiert durch das Verbot von Keimbahneingriffen.[260] Er argumentiert folglich nicht primär bezogen auf das jeweils betroffene genetisch veränderte Individuum, sondern auf die Menschheit als Kollektiv, ohne allerdings genau darzulegen, was er unter der „Integrität der menschlichen Gattung" versteht bzw. weshalb genau die Keimbahntherapie eine Verletzung dieses Schutzguts darstellt.

Definitionsversuche sind in der Literatur zu finden. So werde die menschliche Gattung bestimmt durch das, was den Menschen von anderen Arten unterscheide und umfasse all das, was allen Menschen gemeinsam und ihnen eigen sei. Integrität beschreibe eine Einheit und Gesamtheit, zum einen verstanden als eine Unveränderlichkeit („*non-altération*"), zum anderen als eine Vollständigkeit („*complétude*").[261] Der in Art. 16-4 C. civ. angelegte Schutz der menschlichen Gattung diene dazu, zu erhalten, was die Eigenart der menschlichen Gattung ausmache, die Menschheit in ihrer biologischen Dimension zu schützen, wobei die menschliche Eigenart nicht nur (aber damit wohl auch) genetischer Natur sei.[262] Es wird in diesem Zusammenhang auf ein „Erbgut der Menschheit" Bezug genommen, welches durch vererbliche genetische Eingriffe verändert würde.[263] Jenes „Erbgut der Menschheit" bilde die unantastbare Grundlage der Integrität der menschlichen Gattung, ein Gemeinschaftsgut der Menschheit,[264] die Bedingung derselben.[265] Dabei bleibt ein gewisser Interpretationsspielraum offen, was konkret unter dem „Erbgut der Menschheit", dessen Veränderung die Integrität der Gattung berühre, zu verstehen ist. Zum einen könnte dieser Begriff die Gesamtheit aller individuellen Genome beschreiben, zum anderen aber auch die allen Menschen gemeinsame Erbinformation. Letzteres suggeriert, nur eine die Gattungsgrenzen überschreitende Veränderung verändere das „Erbgut der Menschheit" und beeinträchtige so die Integrität der menschlichen

---

[260] *Beignier und Binet*, Droit des personnes et de la famille, S. 136; *Terré und Fenouillet*, Droit civil. Les personnes, S. 79.

[261] *Terré und Fenouillet*, Droit civil. Les personnes, S. 78 f.; die Integrität auch beschreibend als „Zustand, der keine Veränderung erfahren hat" *Binet*, JurisClasseur Civil Code, Fasc. 30, März 2014, Rn. 25 (zitiert über lexis360.fr).

Eine andere Frage ist die nach dem juristischen Status bzw. der Rechtssubjektivität der menschlichen Gattung, siehe hierzu m.w.N. *Beignier und Binet*, Droit des personnes, S. 13 f.

[262] *Binet*, JurisClasseur Civil Code, Fasc. 30, März 2014, Rn. 19 ff. (zitiert über lexis360.fr). Diese Vorstellung des menschlichen Erbguts als Teil der Eigenart der menschlichen Gattung zeigt auch der Gang des Gesetzgebungsverfahrens: So war zunächst der Schutz „des menschlichen Erbguts" vorgesehen, welcher im weiteren Verlauf durch einen umfassenderen, die Kollektivität des Schutzgut besser zum Ausdruck bringenden Schutz der „menschlichen Gattung" erweitert wurde. Die Eigenart der menschlichen Gattung, die durch Art. 16-4 CC geschützt wird, mit ihren genetischen Eigenschaften gleichsetzend *Belrhomari*, Génome humain, espèce humaine et droit, S. 225.

[263] *Peis-Hitier*, Recuel Dalloz (Chronique) 2005, S. 865 (868).

[264] *Bellivier*, Le patrimoine génétique humain: étude juridique, S. 20 und 80.

[265] *Edelman*, Recueil Dalloz (Chronique) (1995), S. 205 ff., Rn. 28 (zitiert über dalloz.fr).

Gattung. Entsprechend wird Art. 16-4 Abs. 1 C. civ. in der Literatur teilweise dahingehend ausgelegt, es dürften weder Eigenschaften der Menschheit entfernt werden, noch solche anderer Spezies hinzugefügt werden.[266] Diese Interpretation kann jedoch vor dem Hintergrund, dass in Art. 16-4 Abs. 4 C. civ *jegliche* vererblichen Veränderungen verboten wurden, nicht richtig sein. Etwas allgemeiner wird daher argumentiert, es solle die natürliche und unbeeinflusste Entwicklung der Gattung („*évolution naturelle de l'éspèce*") gesichert werden.[267] Vor diesem Hintergrund ist in jeder vererblichen Veränderung eine (nicht gewünschte) Auswirkung auf die menschliche Gattung gesehen.[268] Das „Erbgut der Menschheit" umfasst folglich die Gesamtheit aller individuellen Genome und nicht lediglich die bei allen Menschen identische Erbinformation. Folglich werden nicht nur den die Gattungsgrenzen überschreitenden, sondern allen vererblichen genetischen Eingriffen eine Auswirkung auf die menschliche Gattung zugeschrieben und mit einer Verletzung der Integrität der menschlichen Spezies assoziiert. Als weiterer Gesichtspunkts wird angeführt, von technischen Neuerungen könne zudem eine Gefahr für das Bestehen der Menschheit an sich ausgehen. Heutige Generationen dürften nicht das Überleben künftiger Generationen aufs Spiel setzen. Für die künftigen Menschen trügen die Menschen heute eine Verantwortung.[269] An dieser Stelle ist auch der Gesundheitsschutz zugunsten der künftigen Generationen zu erwähnen, den der Gesetzgeber ebenso in Art. 16-4 Abs. 4 C. civ. angelegt sah.

Die Verknüpfung zwischen dem Verbot der Keimbahntherapie und dem Schutz der Integrität der menschlichen Gattung kann also so verstanden werden, dass vererbbare genetische Veränderungen aufgrund ihrer Auswirkungen als Veränderungen des Genoms der Gattung und somit der Gattung selbst verstanden werden. Darüber hinaus sollen die künftigen Menschen vor den Gefahren neuer Technologien geschützt werden, die sich auf deren Gesundheit oder den Bestand der Spezies auswirken können.

Diesen Motiven steht die Überlegung des Gesetzgebers gegenüber, es solle dennoch Forschung im Hinblick auf eine Keimbahntherapie durchgeführt werden. Es scheint, als hielte sich der Gesetzgeber die Möglichkeit offen, sein absolutes Verbot in der Zukunft bei entsprechendem Forschungsstand gegebenenfalls zu überdenken. Das Verbot könnte also, obwohl sich der Gesetzgeber nicht ausdrücklich dazu bekennt, ein vorübergehendes sein.

Aus den Berichten und Debatten der *Assemblée nationale* und des Senats ergibt sich zudem eine stetige Verknüpfung zwischen Keimbahninterventionen und der Gefahr von Eugenik. So soll das Verbot der Keimbahntherapie auch eugenische Praktiken verhindern, also die Selektion bestimmter wünschenswerter Eigenschaften.[270]

---

[266] *Binet*, JurisClasseur Civil Code, Fasc. 30, März 2014, Rn. 25 (zitiert über lexis360.fr).

[267] *Bellivier*, Le patrimoine génétique humain: étude juridique, S. 436.

[268] So allgemein auch *Thouvenin*, Recueil Dalloz (Chronique) (1995), S. 149 (166), die nur davon spricht, Art. 16-4 Abs. 4 diene dazu zu verhindern, dass eine genetische Veränderung eine Auswirkung („*incidence*") auf die Gattung habe.

[269] *Bellivier*, Le patrimoine génétique humain: étude juridique, S. 437 f.

[270] So auch *Legros*, RGDM 2016, (61), S. 159 (165); *dies.*, Droit de la bioéthique, S. 61.

Man befürchtete, die Entwicklung der Keimbahntherapie könne irgendwann eine Verwendung der Technik zur Verbesserung der Menschheit nach sich ziehen.[271] Ob diese Begründung bei wissenschaftlich bestätigten therapeutischen Nutzung der Keimbahntherapie ein Verbot noch zu tragen vermag, ist ungewiss.

bbb. Verbot der Ersatzmutterschaft

Zudem wurde das heute noch so bestehende Verbot der Ersatzmutterschaft („*maternité de substitution*" bzw. „*mère porteuse*") eingeführt. So sind Vereinbarungen, die auf eine solche Ersatzmutterschaft gerichtet sind, nichtig. Als Begründung wird die Unverfügbarkeit des Körpers angeführt.[272] Zudem werde durch die Weggabe des Kindes der eigentliche Zweck der Adoption umgangen, welcher darin bestehe, einem Kind eine Familie zu schenken, dem eine solche verwehrt bleibe.[273] Die Menschenwürde und der Familienstand („*état civil*") des Kindes sprächen ebenso gegen diese Praktik. Auch müssten mittellose Frauen, die sich aus finanziellen Aspekten als Leihmütter zur Verfügung stellten, vor Ausbeutung geschützt werden.[274] Das Verbot müsse zudem strafrechtlich verankert werden. Von der Strafbarkeit erfasst sein sollten allerdings nur die Vermittler zwischen den Wunscheltern und der Ersatzmutter, die den Abschluss entsprechender Vereinbarungen fördern. Wunscheltern und Ersatzmutter sollten straffrei bleiben.[275]

c. Gesetz n° 94/654 vom 29. Juli 1994: Gesetz über die Spende und die Verwendung von Elementen und Produkten des menschlichen Körpers, die medizinisch assistierte Fortpflanzung und die Pränataldiagnostik

Das zweite wichtige Bioethikgesetz schließlich befasste sich (unter anderem)[276] mit den Zulässigkeitsvoraussetzungen und den Modalitäten der medizinisch assistierten Fortpflanzung und dem Verbot der Embryonenforschung.

aa. Regelungen

aaa. Medizinisch assistierte Reproduktion

Das Gesetz legte die allgemeinen Zugangsvoraussetzungen zur medizinisch assistierten Reproduktion fest und regelte besondere Maßnahmen im Rahmen derselben, wie die Gameten- und Embryonenspende.

---

[271] *Bellivier*, Le patrimoine génétique humain: étude juridique, S. 435.

[272] *Sapin*, Projet de loi n° 2599 (1992), S. 6; *Bioulac (Assemblée nationale)*, Rapport n° 2871-Tome 1 (1992), S. 17.

[273] *Bioulac (Assemblée nationale)*, Rapport n° 2871- Tome 1 (1992), S. 17.

[274] *Cabanel (Sénat)*, Rapport n° 230 (1993–1994), S. 54.

[275] *Bioulac (Assemblée nationale)*, Rapport n° 2871- Tome 1 (1992), S. 18; so auch bereits *Conseil d'État*, Sciences de la vie, de l'éthique au droit, S. 60 f.

[276] Die anderen Bereiche betrafen die Organspende, die Präimplantationsdiagnostik und Pränataldiagnostik. Diese Bereiche bleiben bei dieser Untersuchung außer Betracht.

(1) Allgemeine Voraussetzungen der medizinisch assistierten Reproduktion

In den *Code de la santé publique*[277] wurden folgende Bestimmungen eingefügt:

Gemäß Art. L. 152-1[278] wurde medizinische Unterstützung zur Fortpflanzung definiert als „klinische und biologische Praktiken, die eine Empfängnis in vitro ermöglichen, der Embryonentransfer, die künstliche Insemination sowie jede Technik mit gleicher Wirkung, die eine Fortpflanzung außerhalb des natürlichen Vorgangs ermöglicht."

Die so beschriebenen Fortpflanzungstechniken durften gem. Art. L. 152-2 nur angewendet werden, um den Kinderwunsch eines Paares zu erfüllen („*répondre à la demande parentale d'un couple*"). [279] Ihr Ziel musste sein, eine medizinisch festgestellte Sterilität zu überwinden oder die Übertragung einer Krankheit von besonderer Schwere auf das Kind zu verhindern. Das Paar musste lebend, im fortpflanzungsfähigen Alter, verheiratet oder in der Lage sein, einen Beweis des gemeinsamen Lebens seit mindestens zwei Jahren zu erbringen.

Gemäß Art. L. 152-3 durfte ein Embryo in vitro nur im Rahmen einer medizinischen Unterstützung zur Fortpflanzung unter den Voraussetzungen des Art. L 152-2 erzeugt werden.[280] Die weiteren Sätze des Art. L. 152-3 betrafen Regelungen über die Anzahl der zu zeugenden Embryonen, die hier nicht näher beleuchtet werden sollen.

(2) Gameten- und Embryonenspende

Ebenfalls im CSP geregelt wurden die Vorschriften zur Gameten- und Embryonenspende.

Die assistierte Fortpflanzung unter Rückgriff auf einen Spender wurde in Art. L. 152-6 geregelt. Sie durfte nur vorgenommen werden als *ultima ratio*, wenn die Fortpflanzung des Paares ohne Rückgriff auf eine Spende Dritter[281] nicht möglich war. In Art. L. 673-1 wurde die Gametenspende definiert als die Beibringung von Spermien oder Eizellen durch einen Dritten im Hinblick auf eine medizinisch assistierte Reproduktion. Für sie galten und gelten auch noch aktuell die allgemeinen

[277] Es wurden zudem einige Verbote strafrechtliche im *Code pénal* verankert. Auf diese soll aber nicht näher eingegangen werden, da sich bereits aus den Vorschriften des *Code de la santé publique* ergibt, welche Maßnahmen erlaubt waren und welche nicht. Der Verweis auf die zwischenzeitlich bestehenden (und mit der Veränderung des *Code de la santé publique* immer wieder abgeänderten) Straftatbestände bringt für diese Untersuchung daher keinen Mehrwert. Die Tatbestände des *Code pénal* werden lediglich am Schluss im Überblick über die aktuellen gesetzlichen Regelungen dargestellt.

[278] Die Nummerierung der angegebenen Vorschriften entspricht dem damaligen Stand des *Code de la santé publique*. Zu den aktuellen Nummerierungen siehe unten S. 167 ff.

[279] Wortwörtlich „den Bedarf eines Paares nach Elternschaft zu befriedigen".

[280] Diese Regelung besteht so auch noch heute in Art. L. 2141-3 Abs. 1 CSP.

[281] Nicht präzisiert, ob Gameten- oder Embryonenspende, daher wohl für beide anwendbar.

Bestimmungen für Spenden von Körpermaterialien (Anonymität der Spende, Werbeverbot, Unentgeltlichkeit der Spende, Untersuchung auf übertragbare Krankheiten vor therapeutischer Verwendung, Art. L. 665-10 – Art. L. 665-16). Die weiteren Voraussetzungen und Begleitumstände sind für diese Untersuchung nicht relevant.[282]

Bezüglich der Embryonenspende wurde in Art. L. 152-4 die Möglichkeit für Paare geregelt, ausnahmsweise schriftlich darin einwilligen zu können, dass ihre eingelagerten Embryonen von einem anderen Paar unter den in Art. L. 152-5 genannten Bedingungen aufgenommen werden. Gemäß Art. L. 152-5 konnte ausnahmsweise ein Paar, welches die Voraussetzungen des Art. L. 152-2[283] erfüllte und für welches eine Fortpflanzung ohne Rückgriff auf eine Spende nicht möglich war, einen Embryo aufnehmen. Auch die weiteren Voraussetzungen der Embryonenspende werden nicht weiter untersucht.[284]

bbb. Embryonenforschung

Gemäß Art. L. 152-8 Abs. 1 CSP war die Zeugung von menschlichen Embryonen in vitro zu Zwecken von Studien, Forschung oder Experimenten verboten. Ebenso war jedes Experimentieren an bereits gezeugten Embryonen nach Abs. 2 verboten. Ausnahmsweise konnte das Erzeugerpaar nach Abs. 3 allerdings die Durchführung von Studien an ihrem Embryo erlauben. Diese Studien mussten ein medizinisches Ziel verfolgen und durften den Embryo nicht verletzen, Abs. 4. Sie durften nach Abs. 5 nur nach positiver Bewertung der in Art. L. 184-3 benannten Kommission[285] und unter den Bedingungen, die durch Dekret unter beratender Einbeziehung des *Conseil d'État*[286] festgelegt wurden, unternommen werden.

[282] Gem. Art. L. 673-2 muss der Spender etwa in einer Partnerschaft leben, im Rahmen derer eine Fortpflanzung bereits stattgefunden hat. Die Einwilligung beider Paare muss schriftlich abgegeben werden.

[283] Voraussetzungen des Zugangs zur medizinisch assistierten Reproduktion.

[284] Die Spende bzw. die Übertragung des Embryos bedarf etwa einer gerichtlichen Genehmigung. Zudem muss die Spende anonym und unentgeltlich erfolgen. Die weiteren Modalitäten der Spende wurden einer Regelung durch Dekret unter beratender Einbeziehung des *Conseil d'État* (Dekret n° 99-925, erlassen am 2. November 1999, veröffentlicht im JO vom 06.11.1999) überlassen.

[285] *Commission nationale de médecine et de biologie de la reproduction et du diagnostic prénatal.*

[286] Dekret n° 97/613 vom 27. Mai 1997, veröffentlicht im JO vom 01.06.1997. Hierdurch wurden, wie in Art. L. 152-8 CSP festgelegt, die Regelungen zu den erlaubten „Studienmaßnahmen" an Embryonen weiter ausgestaltet. Insbesondere wurde durch dieses Dekret Art. R. 152-81-1 Abs. 3 in den CSP eingefügt, welcher besagte, dass keine Studie an Embryonen durchgeführt werden durften, wenn ihr Ziel war, die genetische Information des Embryos zu verändern oder mit ihrer Durchführung jedenfalls ein solches Risiko einherging. Zudem durfte durch die Maßnahmen nicht die Entwicklungsfähigkeit beeinträchtigt werden.

bb. Gesetzesbegründung

Im Folgenden sollen die hinter dem Erlass der Vorschriften stehenden Gründe beleuchtet werden.

aaa. Medizinisch assistierte Reproduktion

(1) Allgemeine Voraussetzungen der medizinisch assistierten Reproduktion

Bereits der erste Gesetzesentwurf von *Bianco* sah die Inanspruchnahme von Techniken medizinisch assistierter Reproduktion nur für streng medizinische Zwecke vor: Einzige Ziele durften sein, die medizinisch bestätigte Unfruchtbarkeit eines Paares zu überwinden oder die Übertragung einer schlimmen und unheilbaren Krankheit auf das Kind zu verhindern.[287] Der sich anschließend mit dem Entwurf befassende Ausschuss der *Assemblée nationale* betonte zudem die Tatsache, dass derartige Techniken nur von einem Paar, bestehend aus Mann und Frau, zur Erfüllung eines „Elternschaftsprojekts" in Anspruch genommen werden durften.[288] Diese Voraussetzung diene dem psychisch-emotionalen Gleichgewicht des Kindes, welches das Vorhandensein einer Mutter und eines Vaters voraussetze.[289] Zur Sicherung dieses Gleichgewichts müsse zudem sichergestellt werden, dass die Fortpflanzung nur bei „stabilen Partnerschaften" durchgeführt werde. Das die Technik in Anspruch nehmende Paar müsse daher mindestens zwei Jahre verheiratet sein oder seit mindestens zwei Jahren ein gemeinsames Leben führen.[290] Zur gesetzlichen Festlegung dieses Erfordernisses bestand im weiteren Gesetzgebungsverlauf weiter Uneinigkeit, sie setzte sich aber letztlich durch.[291] Der Senat in erster Lesung legte zudem fest, durch eine Hierarchisierung im Gesetzestext müsse klargemacht werden, dass

---

[287] *Bianco*, Projet de loi n° 2600 (1992), S. 9; bereits die Sterilität des Paares als Legitimitätsvoraussetzung betonend *Conseil d'État*, Sciences de la vie, de l'éthique au droit, S. 54.

[288] „*Projet parental*"; Begriff ersetzt durch den Senat nach der ersten Lesung in der öffentlichen Sitzung durch „*demande parentale*", *Sénat*, Projet de loi, Text n° 76 (1993–1994), Art. L. 152-1, S. 10 (verfügbar unter https://www.senat.fr/leg/1993-1994/ta1993_1994_0076.pdf (zuletzt geprüft am 08.04.2019), übernommen von *Assemblée nationale* in zweiter Lesung, siehe *Mattei (Assemblée nationale)*, Rapport n° 1057 (1994), S. 105.

[289] *Bioulac (Assemblée nationale)*, Rapport n° 2871 – Tome 2, S. 68 f. (Dies schließe daher auch eine Insemination *post mortem* aus, siehe *dort*, S. 69; *Mattei (Assemblée nationale)*, Rapport n° 1057 (1994), S. 106.) Die Notwendigkeit heterosexueller Eltern entspreche der vorherrschenden Meinung in Frankreich, wonach das Wohl des Kindes, sein emotionales Gleichgewicht, welches insbesondere auf der Anwensenheit eines Vaters und einer Mutter basiere, Vorrang haben müsse vor etwaigen Kinderwünschen solcher Menschen, die durch eben ihren Kinderwunsch das traditionelle Familienmodell in Frage stellten. Medizinisch assistierter Reproduktion nur bei einem Paar bestehend aus Mann und Frau befürwortend bereits *Conseil d'État*, Sciences de la vie, de l'éthique au droit, S. 57 ff.

[290] *Chérioux (Sénat)*, Rapport n° 236 (1993–1994), S. 70 f.

[291] Siehe zu den weiteren Diskussionen *Mattei (Assemblée nationale)*, Rapport n° 1057 (1994), S. 106; *Chérioux (Sénat)*, Rapport n° 395 (1993–1994), S. 34; *Chérioux und Mattei (Sénat und Assemblée nationale)*, Rapport n° 497 (1993–1994), S. 12 ff.

primäres Anwendungsfeld medizinisch assistierter Fortpflanzung stets die Sterilität des Paares sei und nur ausnahmsweise die Vermeidung besonders schwerer Krankheiten. Diese Klarstellung solle helfen, eugenischen Tendenzen vorzubeugen.[292]

(2) Gameten- und Embryonenspende

Bereits im ersten Gesetzesentwurf befand sich der Vorschlag, die Gameten- (sowohl bezogen auf Samenzellen als auch auf Eizellen) und Embryonenspende zuzulassen. Zulässigkeitsvoraussetzung sei lediglich die Zustimmung des Spenders bzw. des Spenderpaares und des Empfängerpaares. Die mit einer solchen Spende verbundenen Probleme wurden dabei nicht übersehen. So wurde auf die hieraus resultierende Spaltung der Elternschaft hingewiesen: Die biologischen Eltern (Mutter oder Vater bzw. bei der Embryonenspende gar beide) seien dann andere als diejenigen, die das Kind aufzögen. Habe der Rückgriff auf die medizinisch assistierte Fortpflanzung aber einen therapeutischen Hintergrund, sollten diese Techniken aber dennoch zugelassen werden.[293] „Therapeutischer Hintergrund" bedeute in diesem Zusammenhang, dass ein Paar an ärztlich festgestellter Sterilität leiden müsse oder aber hierdurch die Übertragung einer schlimmen und unheilbaren Krankheit vermieden werden solle.[294]

Zur Thematik der Eizellspende äußerte der Ausschuss der *Assemblée nationale* in erster Lesung einige spezifische Bedenken, wie die Notwendigkeit eines chirurgischen Eingriffs zur Gewinnung der Eizellen und die Aufspaltung der genetischen und austragenden Mutterschaft, hinsichtlich derer die Menschheit noch keinerlei Erfahrung habe. Diese Besonderheiten gegenüber der Samenspende sei jedoch nicht ausreichend, um eine unterschiedliche Behandlung beider Arten der Gametenspende zu begründen.[295] Forderungen, wie in Deutschland nur die Samenzellspende zu erlauben, weil die Eizellspende Identitätsprobleme nach Geburt noch verschlimmern könnte,[296] blieben unberücksichtigt. Die Zulässigkeit der Eizellspende wurde im weiteren Verlauf des Gesetzgebungsverfahrens nicht mehr in Frage gestellt.[297]

Die Zulässigkeit der Embryonenspende wurde, über das bereits im ursprünglichen Entwurf festgelegte Einwilligungserfordernis, davon abhängig gemacht, dass

[292] *Chérioux (Sénat)*, Rapport n° 236 (1993–1994), S. 70 f.; begrüßt durch *Mattei (Assemblée nationale)*, Rapport n° 1057 (1994), S. 105 mit Formulierungsvorschlägen.

[293] *Bianco*, Projet de loi n° 2600 (1992), S. 4.

[294] *Bianco*, Projet de loi n° 2600 (1992), S. 9.

[295] *Bioulac (Assemblée nationale)*, Rapport n° 2871 – Tome 2, S. 79.

[296] *Bioulac (Assemblée nationale)*, Rapport n° 2871- Tome 1, S. 98 (Aussage von *Christine Boutin* im Rahmen einer allgemeinen Diskussion, 20. Mai 1992).

[297] Noch vorhandene Skepsis der Parlamentarier bzgl. der Auswirkungen gespaltener Elternschaft auf das Kind wurde in den parlamentarischen Debatten mit dem Argument begegnet, Fortpflanzung mit Spenden Dritter seien ja nur als *ultima ratio* möglich, *Mattei (Assemblée nationale)*, Rapport n° 1057 (1994), S. 120 und 128. Die Möglichkeit der Eizellspende sei, auch wenn sie mit der Spermienspende nicht vergleichbar sei, etwa aufgrund der Schwierigkeit, sie zu entnehmen, auch für das „Gleichgewicht" des Gesetzgebungsprojekts („équilibre du projet") erforderlich, S. 129.

auch das Empfängerpaar die Voraussetzungen für die Vornahme einer assistierten Reproduktion erfüllen müsse, also entweder eine Sterilität vorliegen oder die Übertragung einer schweren unheilbaren Krankheit verhindert werden müsse. Zudem sollten die allgemein für die Spende von Körperprodukten und -teile geltenden Prinzipien Anwendung finden.[298]

Der anschließend mit der Prüfung beauftragte Ausschuss des Senats versuchte, die Voraussetzungen der Fortpflanzung mit Spenden Dritter noch weiter einzuschränken. Diese Einschränkung sei notwendig, da derartige Verfahren nicht ohne Auswirkung auf die Psyche des Kindes blieben. Eine solche Fortpflanzung solle daher, neben den von der *Assemblée nationale* geschaffenen Voraussetzungen, als *ultima ratio* nur dann möglich sein, wenn eine Fortpflanzung „innerhalb des Paares" ohne Rückgriff auf einen Spender nicht möglich sei.[299] Dieser Vorschlag setzte sich in der öffentlichen Abstimmung im Senat durch und wurde in den Gesetzestext aufgenommen. Für den Fall der Embryonenspende dürften zudem, so der Ausschuss des Senats, im Interesse des künftigen Kindes, nicht einfach die allgemeinen Prinzipien über die Spende von Körperprodukten und -teilen Anwendung finden. Es seien verschärfte Voraussetzungen zu fordern. So dürfe ein Paar einen Embryo nur dann für eine Spende freigeben, wenn es selbst die Aufnahme aus legitimen und gerichtlich zu prüfenden Gründen verweigere. Diese Vorschläge zur Embryonenspende blieben aber unberücksichtigt.[300]

bbb. Embryonenforschung

Die *Assemblée nationale* entschied sich in erster Lesung neben der im Gesetzesentwurf bereits vorgesehenen Zulassung der Embryonenspende erstmals auch für eine Freigabe von Embryonen zu Forschungszwecken.[301] Der Prüfungsausschuss des Senats kritisierte diesen Vorschlag jedoch heftig und setzte damit ein Verbot der Nutzung von Embryonen zu Forschungszwecken durch. Eine solche Regelung führe zu einer untragbaren „Herrschaft der Eltern über ihre Embryonen".[302] Insbesondere fehle es beim Vorschlag der *Assemblée nationale* an Vorgaben hinsichtlich

---

[298] Diese sind gem. Art. L. 666-2 bis Art. L. 666-6 des Entwurfs der *Assemblée nationale* nach erster Lesung lediglich die Einwilligung des Spenders, das Werbeverbot im Hinblick auf solche Spenden, die Unentgeltlichkeit und Anonymität der Spender sowie das der Verwendung zu therapeutischen Zecken vorangegangene Testen des Spenders auf übertragbare Krankheiten.

[299] *Chérioux* (Sénat), Rapport n° 236 (1993–1994), S. 75.

[300] Aufgenommen wurde allerdings die Voraussetzung, auch das Empfängerpaar müsse für die Aufnahme des Embryos eine gerichtliche Genehmigung erwirken, siehe *Chérioux (Sénat)*, Rapport n° 236 (1993–1994), S. 74.

[301] Siehe der dem Senat übermittelte Entwurf n° 67 (verfügbar unter http://www.senat.fr/leg/1992-1993/i1992_1993_0067.pdf (zuletzt geprüft am 08.04.2019)); Forschung an Embryonen nicht grundsätzlich ausschließend bereits *Conseil d'État*, Sciences de la vie, de l'éthique au droit, S. 84 ff.

[302] *Chérioux (Sénat)*, Rapport n° 236 (1993–1994), S. 72. Insbesondere konnten die Eltern nach dem Entwurf der *Assemblée nationale* auch jederzeit über den Abbruch der Aufbewahrung überzähliger Embryonen verfügen.

der erlaubten Forschungsziele bzw. dazu, unter welchen Umständen Forschung an Embryonen überhaupt notwendig sei. Ebenso schweige das Gesetz über das Schicksal von Embryonen, an denen Forschungsmaßnahmen durchgeführt wurden.[303] Forschung an Embryonen sowie ihre Erzeugung zu solchen Zwecken müsse vielmehr ausdrücklich verboten bleiben: Jede Forschung, die die Integrität des Embryos verletze, verstoße gegen das Gebot der Achtung des menschlichen Lebens. Die einzige Berufung des Embryos liege schließlich darin, zu einem geborenen Menschen zu werden, was durch Forschung aber missachtet werde. Erlaubt seien lediglich Studien oder Beobachtungen von Embryonen, die weder zur Zerstörung des Embryos noch zu irreversiblen Schädigungen führten.[304]

cc. Fazit

Fortpflanzung war nach Wertung des französischen Gesetzgebers Mann und Frau vorbehalten. Medizinisch assistierte Fortpflanzung durfte ein Paar darüber hinaus nur dann in Anspruch nehmen, wenn eine gewisse Stabilität der Beziehung gesichert war, also durch Heirat oder ein gemeinsames Leben von mindestens zwei Jahren. So sollte das psychische Gleichgewicht des Kindes geschützt werden. Anderen Familienformen stand der Gesetzgeber ablehnend gegenüber.

Der Schutz von Embryonen war ein wesentliches Ziel dieses Gesetzes. Dementsprechend wurde, nach einigem Ringen zwischen der liberaleren *Assemblée nationale* und dem konservativeren Senat, versucht, den Verfügungsbefugnissen über Embryonen möglichst enge Grenzen zu ziehen. Aus diesem Grund wurden lediglich „Studien“ an Embryonen erlaubt. Diese Regelung wurde heftig kritisiert. Eine Studie, durch die tatsächlich auf den Embryo eingewirkt wird, könnte letztlich immer zu einer Schädigung des Embryos führen, sodass damit einzig Beobachtungen zulässig seien. Der medizinische Nutzen solcher Studien sei folglich denkbar gering.[305] Kritikpunkt des Gesetzes war zudem, dass das Schicksal von nach Inkrafttreten des Gesetzes entstandenen und überzählig gewordenen Embryonen ungeregelt bliebt.[306]

Hinsichtlich der Regelungen zur Verwendung von Embryonen fällt zudem auf, dass der französische Gesetzgeber keine Definition des Embryos nennt, sich also nicht mit dem Zeitpunkt beschäftigt, ab dem die sich entwickelnde Zelle als ein solcher anzusehen wäre. Er äußert sich auch nicht zum juristischen Status desselben. Letzterem enthielt er sich bewusst.[307]

---

[303] *Chérioux (Sénat)*, Rapport n° 236 (1993–1994), S. 17 f.

[304] *Chérioux (Sénat)*, Rapport n° 236 (1993–1994), S. 75 f.; sich dem Text des Senats in zweiter Lesung anschließend *Mattei (Assemblée nationale)*, Rapport n° 1057 (1994), S. 121 ff.

[305] *Claeys (Assemblée nationale)*, Rapport n° 3528 (2002), S. 217; *Claeys und Huriet (OPECST)*, Rapport sur l'application de la loi n° 94-654 du 29 juillet 1994 relative au don et à l'utilisation des éléments et produits du corps humain, à l'assistance médicale à la procréation et au diagnostic prénatal, S. 129 ff.

[306] *Claeys (Assemblée nationale)*, Rapport n° 3528 (2002), S. 196.

[307] *Mattei (Assemblée nationale)*, Rapport n° 1057 (1994), S. 27 („*il paraît plus sage ‚de s'en tenir*

Der Gesetzgeber äußerte sich auch nicht über die Teilnahme von Embryonen in vitro am Würdeschutz. Art. 16-1 C. civ. gewährt die „Achtung des menschlichen Wesens ab Beginn seines Lebens". Was diese Achtung bezogen auf menschliche Embryonen konkret bedeutet, soll sich (mittelbar) aus dem CSP ergeben, der die Umgangsregeln mit Embryonen festlegt.[308] Diese Regelungen waren allerdings derart ausgestaltet, dass der *Conseil constitutionnel*, der mit der verfassungsrechtlichen Überprüfung der *lois de bioéthique* befasst war, zu dem Schluss kam, Embryonen in vitro nähmen nach Ansicht des Gesetzgebers am Würdeschutz überhaupt nicht teil. So habe der Gesetzgeber insbesondere die Zerstörung überzähliger Embryonen, die im Zeitpunkt des Gesetzeserlasses bereits vorhanden waren, ermöglicht, statt eine Pflicht, diese auf unbestimmte Dauer aufzubewahren, zu begründen: Art. 9 des Gesetzes n° 94/654 legte fest, dass diese Embryonen nach Ablauf von fünf Jahren ab Erlass des Gesetzes zu zerstören waren.[309] Das Gericht habe aber die Einschätzungsprärogative des demokratisch legitimierten Gesetzgebers zu berücksichtigen und daher nicht die Kompetenz, dessen Entscheidung in Frage zu stellen.[310]

d. Gesetz n° 2004/800 vom 6. August 2004: Gesetz über die Bioethik

Die erste Reform der *lois de bioéthique* erfolgte im Jahr 2004. Sie betraf insbesondere den (zwischenzeitlich durch die Verordnung n° 2000-548 vom 15. Juni 2000 (veröffentlicht im JO n° 143 vom 22.06.2000) umstrukturierten)[311] CSP. Diese erste Reform brachte zwei wesentliche Veränderungen: Zum einen wurde ein Klonie-

à des règles effectives et de ne pas rechercher une définition sur laquelle nul ne s'est jamais accordé.'"); *Legros*, Droit de la bioéthique, S. 33; *Parizer-Krief*, Étude comparative du droit de l'assistance médicale à la procréation France, Allemagne et Grande-Bretagne, S. 176 ff. Die französische Rechtsordnung sieht ein binäres Klassifizierungssystem vor, wonach etwas entweder „Sache" oder „Person" ist. Ob diese Kategorien auf den Embryo anwendbar sind, und wenn ja welche, ist umstritten, siehe mit zahlreichen Nachweisen *Legros*, Droit de la bioéthique, S. 34 ff. Der *CCNE* hat für den Embryo die Kategorie der „potentiellen Person" entwickelt *CCNE*, Avis n° 1, S. 2 ff.

[308] *Parizer-Krief*, Étude comparative du droit de l'assistance médicale à la procréation France, Allemagne et Grande-Bretagne, S. 178.

[309] Seine Ansicht zum Würdeschutz von Embryonen hat der *Conseil constitutionnel* inzwischen geändert *CC*, 01. August 2013, n° 2013-674 DC, Rn. 17, indem er die Vorschriften zur Forschung an Embryonen als mit deren Würde vereinbar bewertet hat: Hieraus lässt sich schließen, dass Embryonen also grundsätzlich am Würdeschutz teilnehmen. (Entscheidung verfügbar unter https://www.conseil-constitutionnel.fr/decision/2013/2013674DC.htm (zuletzt geprüft am 08.04.2019)); siehe zu den Entscheidungen des *Conseil constitutionnel* bei *Vigneau et al.*, Dictionnaire permanent santé, bioéthique, biotechnologies, Stichwort „embryon et foetus in utero", Rn. 17 (zitiert über *elnet*).

[310] *CC*, 27. Juli 1994, n° 343/344, Rn. 9 f. (verfügbar unter https://www.conseil-constitutionnel.fr/decision/1994/94343_344DC.htm (zuletzt geprüft am 08.04.2019)).

[311] Hierdurch erhielten die Artikel neue Nummerierungen. Darauf soll hier nicht näher eingegangen werden. Die aktuellen Nummerierungen zu den relevanten Vorschriften werden am Schluss im Überblick zu den relevanten Vorschriften genannt.

rungsverbot gesetzlich verankert und zum anderen Embryonenforschung unter bestimmten Voraussetzungen zugelassen. Daneben wurden zudem die Vorschriften zur medizinisch assistierten Reproduktion verändert. Dem Erlass des Gesetzes ging wiederum eine längere beratende Phase voraus, gekennzeichnet durch Stellungnahmen des *CCNE*,[312] des *Conseil d'État*[313] und des *OPECST*.[314]

aa. Klonierungsverbot

Durch die Reform wurde ein Verbot des reproduktiven Klonens eingeführt, also sowohl ein Verbot von Klonierungshandlungen mit dem Ziel, genetisch identischen Nachwuchs zu erzeugen, etwa durch Zellkerntransfer oder Embryosplitting, als auch ein Verbot des therapeutischen Klonens, also das Verbot, durch Zellkerntransfer bestimmte Zelllinien zu therapeutischen Zwecken heranzuzüchten.[315] Daneben wurde auch ein Verbot der Klonierung zur Forschungszwecken erlassen.[316]

aaa. Regelungen

Das (bis heute unveränderte) Verbot des reproduktiven Klonens wurde eingefügt in Art. 16-4 Abs. 3 C. civ. und Art. 214-2 C. pén. So erhielt Art. 16-4 Abs. 3 C. civ. folgenden Wortlaut: „Es ist jede Handlung verboten, die zum Ziel hat, ein Kind zur Welt („*faire naître*") zu bringen, das mit einer lebenden oder verstorbenen Person genetisch identisch ist." Der Straftatbestand des C. pén. übernahm diese Formulierung[317] und belegte derartige Handlungen mit einer Freiheitsstrafe von dreißig Jahren und mit einer Geldstrafe von 7500.000 EUR. Art. L. 2163-1 des CSP wiederholt dieses Verbot durch Verweis auf Art. 214-2 C. pén. Daneben wurden einige mit der Klonierung im Zusammenhang stehende Tatbestände eingefügt.[318]

---

[312] *CCNE*, Avis n° 60.

[313] *Conseil d'État*, Les lois de bioéthique: cinq ans après.

[314] *Claeys und Huriet (OPECST)*, Rapport sur l'application de la loi n° 94-654 du 29 juillet 1994 relative au don et à l'utilisation des éléments du corps humain, à l'assistance médicale à la procréation et au dianostic prénatal; *Claeys und Huriet (OPECST)*, Rapport sur le clonage, la thérapie cellulaire et l'utilisation thérapeutique des cellules embryonnaires.

[315] Zur Unterscheidung zwischen beiden Arten der Klonierung *CCNE*, Avis n° 54, S. 17 f.; *Claeys und Huriet (OPECST)*, Rapport sur le clonage, la thérapie cellulaire et l'utilisation thérapeutique des cellules embryonnaires, S. 27 ff. Das therapeutische Klonen bleibt in der weiteren Untersuchung außer Betracht.

[316] Hierzu sogleich unten bei den Ausführungen zur Embryonenforschung auf S. 145 ff.

[317] Diese Formulierung ermöglicht es auch, Klonierungshandlungen zu bestrafen, auch wenn das Ergebnis, also die tatsächliche Geburt eines Kindes, nicht gelingt, siehe *Binet*, Le nouveau droit de la bioéthique, S. 70.

[318] Siehe unten bei der Zusammenfassung Fn. 471 f.

bbb. Gesetzesbegründung

Ein explizites gesetzliches Verbot von Klonierungstechniken wurde zunächst nicht als unbedingt notwendig erachtet. Der *CCNE* sah die bekannten Klonierungstechniken wie den Zellkerntransfer oder die Spaltung von Embryonen bereits als durch die Bioethikgesetze von 1994 erfasst. So verbiete bereits Art. 16-4 C. civ. derartige Praktiken, denn Ziel all' dieser Techniken sei, die Nachkommenschaft zu verändern. Durch das Entfernen des Kerns der Eizelle, die den somatischen Zellkern aufnehme, würden deren genetische Eigenschaften verändert und es werde ihr zudem verwehrt, ihr Erbgut weiterzugeben. Im Übrigen handle es sich auch um eine genetische Veränderung des lebenden Menschen, wenn er sich nun ohne Verschmelzung von Keimzellen fortpflanzen könne. Diese Verfahren griffen des Weiteren durch massive Veränderung der Fortpflanzungsweise i.S.e. Abkehr von der sexuellen Reproduktion in die Integrität der menschlichen Gattung ein. Der Wunsch nach identischen Nachfahren sei zudem eine eugenische Praktik und folglich auch strafrechtlich verboten. Im Übrigen verbiete der C. pén. auch die Zeugung von Embryonen zu Forschungszwecken, also somit eine Klonierung zur Forschungszwecken. Glücklicherweise habe der Gesetzgeber im Jahre 1994 den Begriff des Embryos nicht definiert, sodass nicht zu erwarten sei, ein Richter verschone einen unvorsichtigen Forscher von seiner gerechten Strafe mit dem Argument, durch die Klonierung sei gar kein Embryo entstanden. Auch das Gesetz n° 94/954 habe Möglichkeiten geschaffen, Klonierungen zu verhindern. Es definiere „medizinisch unterstützte Fortpflanzung" anhand einer Aufzählung von Techniken, welche von einer Verschmelzung von Ei- und Samenzellen ausgehen. Nur auf diese Art der Fortpflanzung bezögen sich die sehr eingeschränkten Erlaubnistatbestände des Gesetzes. Man könne auch nicht den Schluss ziehen, dass alles, was nicht ausdrücklich verboten sei, automatisch erlaubt sei. Im Gegenteil verweise Art. 665-10 CSP[319] auf die Art. 16 ff. des C. civ. sowie die ihm selbst nachfolgenden Normen. Diese Vorschriften böten weiteren Schutz. Im Übrigen verbiete auch der CSP die Zeugung und Verwendung von Embryonen zu Forschungszwecken und auch hier sei der Embryo nicht definiert, das Gesetz also in der Lage, die Klonierungstechniken zu erfassen.[320]

Der Ansicht, ein Klonierungsverbot sei in den bestehenden Gesetzen bereits enthalten, war auch der *Conseil d'État*. Dennoch sei es vor dem Hintergrund, dass die *lois de bioéthique* von 1994 auch andere im Widerspruch mit der Achtung des Menschen stehenden Techniken explizit verböten, kohärent, auch die Klonierung explizit zu verbieten und zudem strafrechtlich zu verankern.[321] Dieser Ansicht schloss sich der Gesetzgeber an. Insbesondere durch die Geburt des Klonschafs Dolly im Jahre 1997 war die Anwendung von Klonierungstechniken am Menschen, die im

---

[319] Jetzt Art. L. 1211-1 CSP. Die in den darauffolgenden Vorschriften niedergelegten Prinzipien über die Spende und Verwendung von Körperteilen und -produkten betreffen etwa das Gebot der vorherigen Einwilligung, des Werbeverbots, der Unentgeltlichkeit und der Anonymität.

[320] *CCNE*, Avis n° 54, S. 21 ff.

[321] *Conseil d'État*, Les lois de bioéthique: cinq ans après, S. 16.

Jahre 1994 noch nicht bedacht worden war, plötzlich in unmittelbare Nähe gerückt und ein gesetzliches Verbot schien empfehlenswert.[322]

Die Überlegungen des *CCNE* zu den Verbotsgründen des Klonens wurden in der Begründung des ersten Gesetzesentwurfs sowie in den folgenden Berichten der *Assemblée nationale* aufgegriffen und als Grundlage für die neu zu schaffenden Verbote herangezogen. Dabei wurde insbesondere die (durch Klonierung umgangene) Notwendigkeit der Verschmelzung von Ei- und Samenzelle als Entstehungsgrundlage des Menschen hervorgehoben. Nur eine solche Verschmelzung gewährleiste eine Entstehung des Menschen ohne vorherbestimmbare Eigenschaften, was Voraussetzung sei für seine Einzigartigkeit und seine Autonomie, zweier wesentlicher Elemente menschlichen Daseins. Eine andere Art der Fortpflanzung verstoße gegen die Würde des Menschen und stelle eine untragbare Instrumentalisierung der Person dar.[323] Außerdem bedeute eine solche Fortpflanzung eine völlige Verschiebung von Verwandtschafts- und Abstammungsverhältnissen. Der Erzeuger erschaffe sich einen Klon, der einerseits ein zeitlich gesehen asynchroner Zwilling und andererseits gleichzeitig Sohn oder Tochter sei. Es sei dem Klon nicht möglich, seinen Platz in der genealogischen Ordnung zu finden.[324]

In diesem Sinne war das in Art. 16-4 C. civ. einzufügende Verbot des reproduktiven Klonens und die entsprechende Strafvorschrift im C. pén. in den ersten Formulierungsversuchen des Gesetzesentwurfes noch als Verbot jeglicher Handlung ausgestaltet, „die als Ziel hat, ein Kind zur Welt zu bringen oder einen Embryo zu entwickeln, das oder der nicht direkt aus Gameten eines Mannes und einer Frau entstanden ist".[325] Diese Formulierung sollte in der Lage sein, alle Techniken der Klonierung zu erfassen.[326] Der Formulierungsvorschlag des *Conseil d'État*, der, in Übereinstimmung mit dem Klonierungsverbot der Biomedizinkonvention[327] das Verbot jeglicher Handlungen vorsah, „deren Ziel es ist, ein Kind zur Welt zu bringen oder einen Embryo zu entwickeln, dessen Erbgut identisch mit dem eines anderen lebenden oder verstorbenen Menschen ist", war in der Kritik, insbesondere aufgrund der Tatsache, dass beim Kernzelltransfer aufgrund der vorhandenen Mitochondrien nie vollständige genetische Identität entstehen könne.[328] Die Formulierung der *As-*

---

[322] *Fagniez (Assemblée nationale)*, Rapport n° 761 (2ème partie), S. 40 f.

[323] *Guigou*, Projet de loi n° 3166, S. 43 f.; *Claeys (Assemblée nationale)*, Rapport n° 3528 (2002), S. 151; *Fagniez (Assemblée nationale)*, Rapport n° 761 (2ème partie) (2003), S. 37 f.; den Verstoß gegen die menschliche Würde hervorhebend auch *Binet*, Le nouveau droit de la bioéthique, S. 71 f.

[324] *Fagniez (Assemblée nationale)*, Rapport n° 761 (2ème partie) (2003), S. 38.

[325] *Guigou*, Projet de loi n° 3166, S. 88, Art. 15; *Assemblée nationale*, Texte n° 763 (2002), Art. 19, S. 36 f. (verfügbar unter http://www.assemblee-nationale.fr/legislatures/11/pdf/ta/ta0763.pdf (zuletzt geprüft am 08.04.2019)).

[326] *Claeys (Assemblée nationale)*, Rapport n° 3528 (2002), S. 153 f.

[327] Art. 1 des Zusatzprotokolls um Übereinkommen zum Schutz der Menschenrechte und der Menschenwürde im Hinblick auf die Anwendung von Biologie und Medizin über das Verbot des Klonens von menschlichen Lebewesen: „Verboten ist jede Intervention, die darauf gerichtet ist, ein menschliches Lebewesen zu erzeugen, das mit einem anderen lebenden oder toten menschlichen Lebewesen genetisch identisch ist."

[328] *Giraud (Senat)*, Rapport n° 128 (2002–2003), S. 140 f.

semblée nationale schien diese Schwierigkeit zu umgehen und richtete zudem die Aufmerksamkeit auf die Tatsache, dass das reproduktive Klonen gerade die sexuelle Fortpflanzung beruhend auf der Verschmelzung zweier Gameten unterschiedliche Geschlechts aufhebt.[329] Diese Formulierung setzte sich aber letztlich nicht durch. Im Laufe des Gesetzgebungsverfahrens kam man auf die vom *Conseil d'État* vorgeschlagene Formulierung zurück, indem die genetische Identität wieder in den Mittelpunkt der Regelung gerückt wurde. Hierdurch würden Klonierungstechniken effizienter erfasst, deren Ziel es letztlich nicht sei, die herkömmliche sexuelle Reproduktion zu umgehen, sondern die Zeugung eines identischen Menschen zu ermöglichen.[330] Identisch sei dabei aufgrund der mitochondrialen DNA zwar nur „fast identisch", aber letztlich seien doch, wenn von „Erbgut" gesprochen werde, nach allgemeinem Verständnis die 46 Chromosomen des Zellkerns gemeint.[331] Das Verbot des Art. 16-4 C. civ. wurde schließlich auch auf das zur Welt Bringen eines Kindes beschränkt und die Alternative der „bloßen" Entwicklung eines Embryos entfernt: Art. 16-4 C. civ. sollte sich allein auf das reproduktive Klonen beschränken.[332]

bb. Medizinisch assistierte Reproduktion

Die allgemeinen Voraussetzungen der medizinisch assistierten Reproduktion sowie die Voraussetzungen zur Gameten- und Embryonenspende erfuhren leichte Veränderungen.

aaa. Allgemeine Voraussetzungen der medizinisch assistierten Reproduktion

Bezüglich der Zugangsvoraussetzungen sowie der Modalitäten der medizinisch assistierten Reproduktion erfolgten lediglich einige kleinere Veränderungen.[333] Die Definition der medizinische Unterstützung zur Fortpflanzung wurde leicht verändert, indem hierunter nun klinische und biologische Praktiken verstanden wurden,

---

[329] *Fagniez (Assemblée nationale)*, Rapport n° 761 (2ème partie), S. 42.

[330] *Fagniez (Assemblée nationale)*, Rapport n° 761 (2ème partie), S. 43. Zum entsprechenden Änderungsantrag der Regierung siehe das Protokoll der Sitzung des Senats vom 29. Januar 2002 (verfügbar unter https://www.senat.fr/seances/s200301/s20030129/s20030129008.html (zuletzt geprüft am 08.04.2019)). Insbesondere der Minister *Jean-François Mattei* sprach sich dafür aus, die genetische Identität wieder in den Fokus zu rücken und daher den Änderungsantrag der Regierung anzunehmen, siehe *dort*. Dies war nicht ohne Widerspruch geblieben. Insbesondere die Abgeordneten der *Assemblée nationale* sahen im Rahmen der zweiten Lesung weiterhin das zu verhütende Übel in der Fortpflanzung ohne Nutzung zweier Gameten unterschiedlichen Geschlechts. Der Antrag, zur ursprünglichen Formulierung in diesem Sinne zurückzukehren, wurde aber abgelehnt, siehe *Fagniez* (*Assemblée nationale*), Rapport n° 761 (2ème partie), S. 43 f.

[331] So Minister *Jean-François Mattei*, siehe https://www.senat.fr/seances/s200301/s20030129/s20030129008.html (zuletzt geprüft am 08.04.2019). Zwingend ist diese Interpretation nicht. Die Norm sieht sich bzgl. des Zellkerntransfers daher denselben Fragen ausgesetzt wie § 6 Abs. 1 ESchG.

[332] *Fagniez (Assemblée nationale)*, Rapport n° 761 (2ème partie), S. 44.

[333] Einen Überblick hierzu auch bei *Malpel-Bouyjou*, in: Larribau-Terneyre und Lemouland (Hrsg.), La révision des lois de bioéthique Loi n° 2011-814 du 7 juillet 2011, S. 145 (145 ff.); *Beviere*, LPA 2005, 35, S. 69 (69 ff.).

die die Befruchtung in vitro, den Embryonentransfer und die künstliche Insemination ermöglichen, „sowie alle Verfahren mit gleicher Wirkung, die in einem Erlass des Gesundheitsministers nach Stellungnahme der *ABM* aufgeführt werden“[334] (Art. L. 2141-1 CSP). Diese Veränderung sollte eine Kompromisslösung darstellen. Einerseits schien es notwendig, ein Genehmigungssystem für Techniken der assistierten Reproduktion zu entwickeln, basierend auf einer vorherigen Prüfung der Wirksamkeit und Unbedenklichkeit. Andererseits bedeutete eine solche vollständige Prüfung der Wirksamkeit einer neuen Technik den Verstoß gegen zwei Verbote: das Verbot, Embryonen zu Forschungszwecken zu erzeugen, und das Verbot, Embryonen, an denen Forschungsmaßnahmen durchgeführt wurden, auf eine Frau zu übertragen.[335] Diese Liste verfolgte also das Ziel, die Techniken zu erlauben, denen lediglich vertretbare Risiken anhafteten.[336] Zur Erstellung derselben kam es jedoch nie. Die Formulierung des Gesetzes ließ hinsichtlich des Inhalts dieser Liste einen zu weiten Interpretationsspielraum offen. So bestand insbesondere Uneinigkeit über den Grad an Neuheit, der vorliegen muss, um eine neue Technik von einer bereits existierenden zu unterscheiden. Der Stand der Technik war „festgefroren“.[337]

Die Zugangsvoraussetzungen zur medizinisch assistierten Reproduktion blieben weitestgehend unverändert, insbesondere die Voraussetzungen an eine solide Partnerschaft, deren Nachweis durch Heirat oder mindestens zweijähriges Zusammenleben erbracht werden musste. So bezeichnete der *Conseil d’État* in seinem Gutachten zur Vorbereitung der Reform die Voraussetzung auch fünf Jahre nach Erlass des Gesetzes als „völlig angemessen“. Ihre Beibehaltung sei zum Schutz des Kindes wünschenswert.[338] Die Zugangsvoraussetzungen wurden insofern verschärft, als nun gesetzlich klargestellt wurde, dass, wie im ersten Gesetzesentwurf ausgedrückt, die „Auflösung des Paares“[339] der Inanspruchnahme von Techniken assistierter Reproduktion entgegenstand. Als Hinderungsgründe für die Inanspruchnahme wurden schließlich der Tod eines Partners, die Einreichung des Scheidungsantrags oder des

---

[334] Vormals: „[…] sowie jede Technik mit gleicher Wirkung, die eine Fortpflanzung außerhalb des natürlichen Vorgangs ermöglicht.“.

[335] Aus diesem Grund einen entsprechenden Vorschlag der *Assemblée nationale*, neue Fortpflanzungstechniken in vitro zu testen und eine klinische Anwendung derselben anhand der erzielten Ergebnisse in Betracht zu ziehen, verwerfend *Giraud (Sénat)*, Rapport n° 128 (2002–2003), S. 50 und 177; siehe hierzu auch *Conseil d’État*, La révision des lois de bioéthique, S. 57 f.; *Murat*, JurisClasseur Civil Code, Fasc. 40, Juni 2016, Rn. 29 (zitiert über lexis360.fr).

[336] So *Jean-François Mattei*, zitiert über http://www.assemblee-nationale.fr/12/cra/2003-2004/098.asp (zuletzt geprüft am 24.04.2018).

[337] *Leonetti (Assemblée nationale)*, Rapport n° 3111 (2011), S. 48; *Claeys und Leonetti (Assemblée nationale)*, Rapport d’information (2010), S. 76 f.; *Murat*, JurisClasseur Civil Code, Fasc. 40, Juni 2016, Rn. 29 f. (zitiert über lexis360.fr).

[338] *Conseil d’État*, Les lois de bioéthique: cinq ans après, S. 40 f. Das Gericht machte sogar den Vorschlag, auch bei verheirateten Paaren müsse der Nachweis eines seit zwei Jahren bestehenden gemeinsamen Lebens erbracht werden, siehe *dort*, S. 41.

[339] So die Formulierung in den ersten Entwürfen, siehe *Guigou*, Projet de loi n° 3166 (2002), S. 49. Als zu vage eingestuft wurde diese Formulierung dann im Laufe des Gesetzgebungsverfahrens vom Senat präzisiert, so wie letztlich auch gesetzlich verabschiedet, siehe *Giraud (Sénat)*, Rapport n° 128 (2002–2003), S. 169.

Antrags auf Trennung ohne Auflösung des Ehebandes oder die Beendigung des gemeinsamen Lebens sowie die schriftliche Rücknahme der Einwilligung durch einen Partner in das Gesetz aufgenommen (Art. L. 2141-2 Abs. 3 CSP).

Eine gewisse Erweiterung des Zugangs zu Techniken medizinisch assistierter Reproduktion erfolgte dergestalt, dass nun auch die Vermeidung der Übertragung einer Krankheit von besonderer Schwere auf den Partner eine Inanspruchnahme legitimieren konnte (Art. L. 2141-2 Abs. 2 CSP).[340]

bbb. Gametenspende

Bezüglich der assistierten Fortpflanzung unter Verwendung von Spendergameten Dritter hegte der *Conseil d'État* den Wunsch, diese, im Einklang mit Art. L. 2141-2 CSP,[341] auch zuzulassen, wenn ansonsten die Vererbung einer schweren Krankheit drohte. Alles andere führe zwangsläufig zu Abtreibung oder PID.[342] Dabei dürfe Fortpflanzung durch Gametenspende auch nicht wie bislang nur als *ultima ratio*, wenn eine Fortpflanzung sonst nicht möglich ist, erlaubt sein: Diese Voraussetzung impliziere, dass das Paar zunächst erfolglose Versuche mit eigenen Gameten hinter sich haben müsse, was nicht ohne gesundheitliche Gefahren für die Frau sei. Das Paar müsse nach Aufklärung frei darüber entscheiden können, ob es auf eine Gametenspende zurückgreifen wolle oder nicht.[343] Dem folgte der Gesetzgeber. Die Verwendung von Spendergameten wurde neu geregelt in Art. L. 2141-7 CSP, wonach eine Fortpflanzung unter Beteiligung eines Drittspenders möglich ist, wenn die Gefahr besteht, dem Kind oder einem Partner könnte sonst eine Krankheit von besonderer Schwere übertragen werden oder wenn eine Fortpflanzung unter Verwendung von Gameten des Paares nicht möglich ist oder das Paar, das entsprechend Art. 2141-10[344] aufgeklärt wurde, darauf verzichtet.[345] Diese Regelung besteht noch heute so.

Die weiteren Voraussetzungen der Gametenspende änderten sich nur geringfügig.[346]

---

[340] Vor dieser Reform konnte, abgesehen von der Sterilität des Paares, nur die Gefahr der Übertragung einer „Krankheit von besonderer Schwere auf das Kind" die Inanspruchnahme rechtfertigen.

[341] Allgemeine Voraussetzungen zur Inanspruchnahme von Techniken der assistierten Reproduktion. Auch dort ist die Gefahr der Übertragung einer schlimmen Krankheit als Indikation anerkannt.

[342] *Conseil d'État*, Les lois de bioéthique: cinq ans après, S. 41 f.; siehe auch *Guigou*, Projet de loi n° 3166, S. 51 f.

[343] *Guigou*, Projet de loi n° 3166 (2001), S. 51 f.; *Claeys (Assemblée nationale)*, Rapport n° 3528 (2002), S. 191.

[344] Dort ist geregelt, dass der medizinisch assistierten Fortpflanzung ein Beratungsgespräch vorangehen muss, dessen Inhalt in der Norm detailliert dargelegt ist.

[345] Vorher war eine Fortpflanzung mit Spendergameten nur als *ultima ratio*, als letzte Indikation möglich.

[346] So war nun nur noch Voraussetzung, dass sich der Spender bereits fortgepflanzt haben muss, nicht mehr, wie noch 1994, das Paar, Art. L. 1244-2. Bezüglich der Eizellspende wurde Art. L. 1244-7 ein Absatz hinzugefügt, wonach die Eizellspenderin über die Umstände der Eizellstimulation und der Eizellentnahmen sowie über die damit verbundenen Risiken und Einschränkungen informiert werden muss. Ebenso muss sie über die Prinzipien der Anonymität und Unentgeltlichkeit der Spende aufgeklärt werden.

ccc. Embryonenspende

Das Verfahren der Embryonenspende war auf Empfängerseite nach wie vor nur „ausnahmsweise“ dann möglich, wenn eine Fortpflanzung unter Verwendung von eigenen Gameten nicht möglich ist.[347] Weiterhin konnte das Spenderpaar nur „ausnahmsweise“ einer Spende zustimmen, Art. L. 2141-5 CSP. Inhaltliche Veränderungen erfolgten nicht.[348]

cc. Embryonenforschung

Das Gesetz erlaubte erstmals unter bestimmten Voraussetzungen Forschung an Embryonen.

aaa. Regelungen

Die neue Regelung zum Schicksal überzähliger Embryonen in Art. L. 2141-4 Abs. 2 CSP ermöglichte es den Eltern nun auch neben einer Freigabe der Embryonen zur Spende oder der Beendigung ihrer Aufbewahrung, diese für Forschungszwecke freizugeben.[349]

Art. L. 2151-5 Abs. 1 CSP bestimmte zwar nach wie vor ein grundsätzliches Verbot der Verwendung von Embryonen zu Forschungszwecken. Abs. 3 der Norm sah nun aber eine Ausnahme zu diesem Abs. 1 vor: Es war nun möglich, für eine begrenzte Dauer von fünf Jahren, gerechnet ab Erlass des in Art. 2151-8[350] näher bezeichneten Dekrets, Forschungsmaßnahmen an Embryonen und embryonalen Zellen zu erlauben, wenn von diesen Maßnahmen bedeutende therapeutische Fort-

[347] In diesem Punkt unterschieden sich nun Embryonen- und Gametenspende, da letztere schon bei bloßer Entscheidung des Paares für eine solche zulässig war.

[348] Das Verfahren der Embryonenspende wurde lediglich ergänzt um eine Risikoaufklärung des Empfängerpaares (Art. L. 2141-6 Abs. 1 CSP) sowie um die Beschränkung der Wirksamkeit der gerichtlichen Genehmigung für die Aufnahme des Embryos durch das Empfängerpaar auf drei Jahre (Art. L. 2141-6 Abs. 2 CSP).

[349] Der Gesetzgeber hatte allgemein das Bedürfnis erkannt, das Schicksal überzähliger Embryonen zu regeln, um die rechtliche Lücke des Gesetzes von 1994 zu schließen. Es sollte nun jede denkbare Situation geregelt werden, siehe *Claeys (Assemblée nationale)*, Rapport n° 3528 (2002), S. 196 f. Art. L. 2141-4 Abs. 2 sah also vor, dass die Eltern jedes Jahr dazu befragt werden müssen, ob sie ihre Familienplanung bzgl. ihrer aufbewahrten Embryonen aufrechterhalten. Sie können dann gemeinsam über eine Embryonenspende, die Freigabe zu Forschungszwecken oder die Beendigung der Aufbewahrung entscheiden. Diese Entscheidung muss nach einer dreimonatigen Überlegungsfrist nochmals bestätigt werden. Reagiert das Paar auf die Anfrage nach mehrmaligem Versuch nicht oder ist sich das Paar über das Schicksal der Embryonen nicht einig, wird die Aufbewahrung der Embryonen beendet, wenn diese bereits mindestens fünf Jahre andauert. Dasselbe gilt, wenn das Paar einer Embryonenspende zugestimmt hat und es innerhalb von fünf Jahren nicht gelungen ist, die Spende durchzuführen. Diese Regelungen bestehen im Wesentlichen auch aktuell noch mit diesem Inhalt.

[350] Hiernach sollen die Modalitäten der Erlaubniserteilung und der Umsetzung der Forschung durch Dekret unter beratender Einbeziehung des *Conseil d'État* geregelt werden. Dieses Dekret n° 2006-121 wurde am 6. Februar 2006 erlassen (veröffentlicht im JO vom 07.02.2006).

schritte erwartet werden können und wenn diese Fortschritte nach dem Stand der wissenschaftlichen Kenntnisse nicht durch alternative Methoden mit vergleichbarer Wirksamkeit erzielt werden können. Gemäß Abs. 4 durfte Forschung nur an Embryonen in vitro betrieben werden, die im Rahmen einer medizinischen assistierten Reproduktion gezeugt wurden und nicht zur Erfüllung eines Kinderwunsches benötigt wurden. Sie durfte nur nach schriftlicher Zustimmung des Erzeugerpaares oder des überlebenden Teils dieses Paares, die nach dreimonatiger Überlegungsfrist nochmals bestätigt werden musste, erfolgen, wobei die Einwilligung jederzeit widerruflich war. Das Paar musste zudem über die anderen Verwendungsmöglichkeiten aufgeklärt werden (Spende oder Beendigung der Aufbewahrung). Abs. 5 und 6 regelten das Verfahren der Genehmigungserteilung. Diese wurde von der *ABM* erteilt, nach Stellungnahme des der *ABM* angegliederten „*conseil d'orientation*“,[351] und musste den Ministern für Gesundheit und Forschung mitgeteilt werden. Gem. Abs. 7 war es verboten, Embryonen, an denen geforscht wurde, auf eine Frau zu übertragen.[352]

Gemäß Abs. 2 des Art. L. 2151-5 CSP waren im Übrigen Studien, die den Embryo nicht verletzen, weiterhin erlaubnisfähig.

Art. L. 2151-2 CSP verbot ausdrücklich die Zeugung von Embryonen, sei es durch Befruchtung, sei es durch Klonierung, zur Forschungszwecken, was sich im Übrigen bereits aus Art. L. 2141-3 Abs. 1 CSP ergab, wonach Embryonen in vitro nur zu Fortpflanzungszwecken erzeugt werden durften. Diese beiden Vorschriften bestehen auch aktuell noch in dieser Form.

bbb. Gesetzesbegründung

Diese Ermöglichung der Forschung an Embryonen ging im Wesentlichen auf eine Studie des *Conseil d'État* aus dem Jahre 1999 zurück. Dieser war der Ansicht, das Gesetz müsse einen neuen Ausgleich suchen zwischen der Achtung des Lebens ab dessen Beginn und den Rechten von schwerkranken Menschen auf Hilfe durch Fortschritte der Forschung. Des Weiteren würde Forschung an Embryonen jedenfalls im Ausland durchgeführt und Frankreich habe damit wissenschaftlichen Rückstand zu erleiden. Verboten bleiben müsse aber die Herstellung von Embryonen zu Forschungszwecken. Aufgrund der vorhandenen Anzahl überzähliger Embryonen sei eine solche Herstellung auch nicht notwendig. Der *Conseil d'État* schlussfolgerte im Ergebnis, es sei durchaus möglich, Embryonenforschung zu erlauben, ohne auf das Prinzip der Achtung des Menschen ab seinem Lebensbeginn zu verzichten und ohne den Embryo als Sache zu instrumentalisieren: Embryonen, die Gegenstand eines Elternschaftsprojekts seien, seien aufgrund der Beziehung zu ihren Eltern und ihrer Bestimmung, zu geborenen Menschen zu werden, von Forschung ausgeschlossen. Der Mensch sei, so der Verweis auf *Habermas*, ein Wesen

---

[351] Der „*conseil d'orientation*“ ist ein Organ der *ABM*, das nach Art. L. 1418-4 Abs. 1 CSP „über die Qualität ihrer medizinischen und wissenschaftlichen Expertise wacht, unter Berücksichtigung möglicherweise auftretender ethischer Fragen.“.

[352] Ein Überblick über die neuen Regelungen bei *Lisanti*, RDS 2004, (1), S. 12 (17).

der Beziehungen, sodass der Menschwerdungsprozess des Embryos, solange der Embryo Gegenstand von Beziehungen zu anderen Menschen sei, geachtet werden müsse. Diejenigen aber, die gerade nicht mehr Gegenstand eines Elternschaftsprojekts seien, könnten zerstört werden: Diese Zerstörung sei von nun an ihre Bestimmung. Zwar gebe es einen grundsätzlichen Unterschied zwischen einem „natürlichen Tod" durch Beendigung der Aufbewahrung und Tod durch Forschung, dennoch müsse die Entscheidung hierüber den Erzeugern überlassen werden. Die Forschung müsse aber dazu dienen, Kenntnisse über den Fortgang der Fortpflanzung zu erlangen oder neuen Therapien zu entwickeln. Es müsse zudem ausgeschlossen bleiben, dass Embryonen, an denen geforscht wurde, implantiert würden. Forschung sei durch ihren experimentalen Charakter geprägt und daher ein für das geborene Kind nicht hinzunehmendes Risiko. Der *Conseil d'État* schlug vor, die zu erlassenden Regelungen zu ihrer Erprobung zunächst für einen Zeitraum von fünf Jahren zu erlassen, um sie zu erproben.[353] Forschung an Embryonen war zu diesem Zeitpunkt vor allem als Forschung an embryonalen Stammzellen geplant.[354]

Den Ausführungen schlossen sich die Autoren im ersten Gesetzesentwurf ausdrücklich an und begründeten die Zulassung von Forschung an Embryonen zudem mit der Solidarität, die die Gesellschaft im Besonderen Trägern von Krankheiten, die bislang unheilbar seien, schulde und für die, nach Meinung aller Experten, die Forschung an aus totipotenten Zellen gewonnenen Zelllinien einen immensen therapeutischen Nutzen haben könne.[355] In diesem Sinne sprach sich auch der *CCNE* in seiner Stellungnahme im Jahre 1998[356] aus. Angesichts der ethischen Bedenken sah der Gesetzgeber allerdings die Notwendigkeit wachsamer Begleitmaßnahmen und strenger Bestimmungen. So sollte der zulässige Forschungszweck streng gesetzlich festgelegt werden und auf therapeutische Ziele beschränkt sein.[357] Insbesondere müsse auch Voraussetzung sein, dass nicht gleicherweise erfolgsversprechend auch an anderem Zellmaterial, etwa adulten Stammzellen, geforscht werden könne. Forschung dürfe zudem nur an überzähligen Embryonen und nur nach Einwilligung der Erzeuger nach einer gewissen Überlegungsfrist erlaubt sein. Der Durchführung des Forschungsvorhabens müsse die Genehmigung der Minister für Gesundheit und Forschung nach einer Stellungnahme einer neu zu schaffenden „Agentur der menschlichen Fortpflanzung, Embryologie und Humangenetik" (im weiteren Ge-

[353] *Conseil d'État*, Les lois de bioéthique: cinq ans après, S. 26 ff.

[354] *Conseil d'État*, Les lois de bioéthique: cinq ans après, S. 22 ff. und S. 30; von einer Forschung an embryonalen Stammzellen ausgehend auch *Guigou*, Projet de loi n° 3166 (2001), S. 55.

[355] *Guigou*, Projet de loi n° 3166 (2001), S. 6 f.

[356] *CCNE*, Avis n° 60, S. 9. f.

[357] *Assemblée nationale*, Projet de loi n° 3166 (2001), S. 55 f. Teils wurde eine weiter gefasste Zielsetzung gefordert, etwa die bloße „wissenschaftliche Relevanz" mit der Begründung, von einem unmittelbaren medizinischen Nutzen der Forschung sei man noch weit entfernt. Zunächst gelte es, jede Art der Forschung zuzulassen, insbesondere um Grundlagenforschung zu betreiben, siehe *Claeys (Assemblée nationale)*, Rapport n° 3528 (2002), S. 221. Diese Formulierung wurde aber nicht in den Entwurf der *Assemblée nationale* nach erster Lesung aufgenommen, siehe *Assemblée nationale*, Text n° 736 (2002), Art. 19, S. 36 (verfügbar unter http://www.assemblee-nationale.fr/legislatures/11/pdf/ta/ta0763.pdf (zuletzt geprüft am 08.04.2019)).

setzgebungsverfahren dann umstrukturiert und umbenannt in *Agence de la biomédecine*)[358] vorangehen.[359] Diese Aspekte blieben im weiteren Verlauf des Gesetzgebungsverfahrens weitestgehend unverändert. Die grundsätzliche Zulassung der Embryonenforschung in diesem begrenzten Rahmen wurde in keinem weiteren Entwurf mehr verändert oder in Frage gestellt.[360]

In diesem Zusammenhang muss auch darauf hingewiesen werden, dass Embryonenforschung auch vom Gesetzgeber vor allem als Forschung an embryonalen Stammzellen verstanden wurde. Die neu eingeführte Ausnahme vom grundsätzlichen Verbot der Embryonenforschung sollte der Gewinnung von Erkenntnissen darüber ermöglichen, ob die Forschung an embryonalen Stammzellen gegenüber derjenigen an adulten Stammzellen tatsächlich Vorteile berge. Die gesetzlich festgelegte vorübergehende Geltung von fünf Jahren dieser Erlaubnis diente, wie vom *Conseil d'État* vorgeschlagen, vor allem der Möglichkeit zur Umkehr: Führte die Forschung an embryonalen Stammzellen nicht zu den gehofften Erfolgen, könne und müsse so zum ursprünglichen Verbot zurückgekehrt werden.[361] Dennoch ermöglichte der Gesetzgeber auch die Forschung am Embryo *in toto*, auch wenn er zuvörderst die Forschung an embryonalen Stammzellen im Blick hatte.[362] Eine gewisse Unstimmigkeit im System ist allerdings zu vermerken: Verboten wurde nur die Forschung an Embryonen *in toto*, nicht aber an embryonalen Stammzellen, während sich die Ausnahmevorschrift hingegen auf beides bezog. Es stellte sich die Frage, ob dann die Forschung an embryonalen Stammzellen, da in der Verbotsnorm nicht ausdrücklich genannt, überhaupt grundsätzlich verboten war.[363]

---

[358] Nach Vorschlag des Ministers *Mattei*, siehe *Giraud (Sénat)*, Rapport n° 128 (2003), S. 241 f., der die Existenz von bereits zu vielen Agenturen im Bereich des Medizin- und Gesundheitswesens beklagte und durch die Schaffung der Agentur für Biomedizin eine Zusammenlegung einiger dieser Agenturen mit neu definierten Kompetenzbereichen befürwortete.

[359] *Guigou*, Projet de loi n° 3166 (2001), S. 56; i.d.S. auch *Claeys (Assemblée nationale)*, Rapport n° 3528 (2002), S. 219 ff.

[360] Forschung an Embryonen zwar als Übergriff auf das Prinzip der Achtung des Lebens ab seinem Beginn betrachtend, aber dennoch den Wunsch äußernd, die Tür zu dieser Art von Forschung nicht endgültig zu verschließen etwa *Giraud (Sénat)*, Rapport n° 128 (2002–2003), S. 183 ff.

[361] So *Jean-François Mattei*, Diskussion zu Art L. 2151-1 CSP in der Sitzung vom 30. Januar 2003 (verfügbar unter https://www.senat.fr/seances/s200301/s20030130/s20030130_mono.html (zuletzt geprüft am 08.04.2019)); zu diesen Zielsetzungen siehe auch *Binet*, Le nouveau droit de la bioéthique, S. 85 f. Dies wurde auch in Art. 26 des Gesetzes 2004-800 verankert: Sechs Monat vor Ablauf der fünf Monate sollen die *ABM* und das *OPECST* je einen Bericht erstellen über die jeweiligen Ergebnisse der Forschung an embryonalen und adulten Stammzellen, um dem Parlament eine Überprüfung der betreffenden Bestimmungen zu ermöglichen.

[362] Die meisten bei der *ABM* eingereichten Forschungsprotokolle bezogen sich in den folgenden Jahren auch auf die Forschung an embryonalen Stammzellen. Bis 2008 wurden lediglich drei Forschungsanträge betreffend Forschung am Embryo *in toto* eingereicht, siehe *Conseil d'État*, La révision des lois de bioéthique, S. 29; *ABM*, Bilan d'application de la loi de bioéthique du 6 août 2004, S. 66. Im Jahre 2008 waren lediglich zwei weitere hinzugekommen *Inserm*, État de la recherche sur l'embryon humain et propositions, S. 4.

[363] *Conseil d'État*, La révision des lois de bioéthique, S. 29.

Diese Reform führte zu einem Bruch mit den Grundsätzen der Gesetze von 1994. Im Gegensatz zum Gesetz aus dem Jahre 1994, in dem der Gesetzgeber die Achtung, die man Embryonen schulde, auf deren bloße Natur bzw. Eigenschaft zurückführte, sollte dieser Achtungsanspruch nun an also von der Zugehörigkeit der Embryonen von einem „Elternschaftsprojekt" abhängen, was in der Literatur teilweise als Vergegenständlichung von Embryonen bewertet wurde: Der Embryo werde hierdurch in den Dienst anderer gestellt, der kollektiven Solidarität werde der Vorrang eingeräumt.[364]

e. Gesetz n° 2011-814 vom 7. Juli 2011: Gesetz über die Bioethik

Diesem Gesetz ging eine lange Beratungszeit voraus, gekennzeichnet durch vorbereitende Stellungnahmen des *Conseil d'État*,[365] des *CCNE*,[366] des *OPECST*[367] und der 2004 eingerichteten *ABM*.[368] Zudem wurde die gesamte französische Bevölkerung durch die Ermöglichung öffentlicher Debatten über sog. *„états généraux de la bioéthique"* in den Prozess einbezogen, ausgestaltet als regionale Diskussions-Foren in Marseille, Rennes und Strasbourg und eine Webseite, über die die Bürger ihre Beiträge einbringen konnten.[369] Durch dieses Gesetz wurde die französische Regierung im Übrigen auch ermächtigt, die BMK zu ratifizieren.[370] Die Reform betraf wieder die Zugangsvoraussetzungen der medizinisch assistierten Reproduktion, die Vorschriften zur Embryonenforschung sowie diejenigen zur Gameten- und Embryonenspende.

aa. Medizinisch assistierte Reproduktion

aaa. Regelungen

Die Definition der medizinisch assistierten Fortpflanzung selbst erfuhr keine Veränderung.[371] Allerdings sollte nun der Erlass der zuvor gescheiterten Liste des

---

[364] *Vigneau et al.*, Dictionnaire permanent santé, bioéthique, biotechnologies, Stichwort „embryon in vitro", Rn. 11 (zitiert über *elnet*).

[365] *Conseil d'État*, La révision des lois de bioéthique.

[366] *CCNE*, Avis n° 105.

[367] *Claeys und Valiatte (OPECST)*, Rapport sur l'évaluation de la loi n° 2004-800 du 6 août 2004 – Tome I.

[368] *ABM*, Bilan d'application de la loi de bioéthique du 6 août 2004.

[369] Seitdem ist, wenn ethische Fragen betroffen sind, die Einbeziehung der Öffentlichkeit in die Gesetzgebung gesetzlich vorgeschrieben, Art. L. 1412-1-1 CSP.

[370] *Milon (Sénat)*, Rapport n° 388 (2010–2011), S. 27; dann Art. 1 des Gesetzes.

[371] So sind hierunter gem. Art. L. 2141-1 Abs. 1 CSP nach wie vor „klinische und biologische Praktiken" zu verstehen, „die die Befruchtung in vitro, die Konservierung von Gameten, von Keimgewebe und von Embryonen, den Embryonentransfer und die künstliche Insemination ermöglichen."

Gesundheitsministers und der *ABM* zu den biologischen Verfahren, die im Rahmen der medizinischen Unterstützung zur Fortpflanzung genutzt werden dürfen, ermöglicht werden. Hierzu sollten durch Dekret unter beratender Einbeziehung des *Conseil d'État* die Modalitäten und Voraussetzung für eine Aufnahme von Verfahren in diese Liste präzisiert werden. Dieses Dekret n° 2012-360 wurde am 14. März 2012 erlassen (veröffentlicht im JO n° 65 vom 16.03.2012). Hierdurch wurden die Art. R. 2141-1 ff. in den CSP eingefügt. Insbesondere Art. R. 2141-1 CSP legt nun fest, was unter den Verfahren der zu erstellenden Liste zu verstehen ist: „Unter biologischen Verfahren, die bei der medizinisch assistierten Fortpflanzung zur Anwendung kommen, sind Methoden zur Aufbereitung („*préparation*") und Konservierung von Gameten und Keimgewebe, Methoden der in vitro Befruchtung und der Konservierung von Embryonen, sei es mit dem Ziel einer medizinisch assistierten Fortpflanzung oder der Erhaltung der Fruchtbarkeit" zu verstehen. Um auf die Liste aufgenommen werden zu können, muss das Verfahren gem. Art. L. 2141-1 und Art. R. 2141-1-1 CSP die in Art. 16 bis 16-8 C. civ., Art. L. 2151-2[372] und L. 2151-3[373] CSP festgelegten Prinzipien achten und mit dem Ziel des Art. 2141-1 Abs. 5[374] vereinbar sein. Zudem muss die Wirksamkeit und Reproduzierbarkeit des Verfahrens und, nach dem Stand der wissenschaftlichen Kenntnisse, die Sicherheit der Anwendung für die Frau und das künftige Kind hinreichend feststehen. Der *ABM* obliegt es dabei gem. Art. R. 2141-1-3 Abs. 1 Nr. 3 eine Risikobewertung des in Frage stehenden neuen Verfahrens vorzunehmen.[375]

Die Zulässigkeitsvoraussetzungen für die Inanspruchnahme assistierter Reproduktionstechniken wurden ebenso reformiert. So wurde in Art. L. 2141-2 CSP insbesondere die Voraussetzung der „Erfüllung des Kinderwunsches" („*répondre à la demande parentale d'un couple*")[376] gestrichen, sodass nunmehr nur noch Voraussetzung ist, dass die medizinische Unterstützung der Fortpflanzung der Umgehung der medizinisch bestätigten Unfruchtbarkeit eines Paares oder der Vermeidung der Übertragung einer besonders schweren Krankheit an das Kind oder den Partner dient (Abs. 1). Zudem wurde die Voraussetzung gestrichen, wonach das Paar verheiratet sein oder den Nachweis eines gemeinsamen Lebens seit mindestens zwei Jahren erbringen können musste. Die Partner müssen demnach nur noch lebend und im fortpflanzungsfähigen Alter sein (Abs. 2).

Diese Regelungen sind bis heute unverändert.

---

[372] Verbot der Erzeugung von Embryonen zu Forschungszwecken sowie transgener und chimärischer Embryonen.

[373] Erzeugung klonierter Embryonen zu kommerziellen oder industriellen Zwecken.

[374] Bevorzugung von Praktiken und Techniken im Rahmen medizinisch assistierter Reproduktion, durch die die Entstehung überzähliger Embryonen begrenzt werden kann.

[375] Weitere Einzelheiten, insbesondere dazu, welche Verfahren als „neu" zu bewerten sind und daher auf die Liste aufgenommen werden können, siehe unten S. 169 f.

[376] Wortwörtlich „den Bedarf eines Paares nach Elternschaft zu befriedigen".

bbb. Begründung

Durch Änderung des Art. L. 2141-1 CSP wurde nun die Anwendung neuer Verfahren der assistierten Reproduktion gesetzlich erfasst: Es sollte nach wie vor eine Liste von erlaubten Verfahren der medizinisch assistierten Reproduktion geben und zudem sollte auch geregelt werden, wie neue Verfahren in die Liste aufgenommen werden. Dies geschah nun durch eine Prüfung dieser Verfahren anhand von Kriterien, die durch Dekret festgelegt werden sollten. Durch die Modifizierung des Art. L. 2141-1 CSP und den Erlass des die weiteren Voraussetzung näher beschreibenden Dekrets sollte die Erstellung der 2004 gescheiterten Liste ermöglicht werden.[377] Diese Liste wurde durch ministeriellen Erlass am 18. Juni 2012 festgelegt (veröffentlicht im JO n° 147 vom 26.06.2012).[378]

Die Streichung der Voraussetzung der „Erfüllung eines Kinderwunsches“ sollte das primäre Ziel der medizinisch assistierten Reproduktion, nämlich der Überwindung einer pathologischen Unfruchtbarkeit, wieder in den Vordergrund rücken. Dieses primäre Ziel gerate durch den bisherigen Gesetzeswortlaut in den Hintergrund, da die Erfüllung des Kinderwunsches als Ziel in Abs. 1 genannt werde, die medizinische Indikation jedoch erst in Abs. 2.[379] Sei der Kinderwunsch der zentrale Aspekt, lasse sich die Liste der Indikationen immer weiter ausdehnen, von einer medizinischen Unfruchtbarkeit hin zu einer „sozialen Unfruchtbarkeit“, wie etwa bei homosexuellen Paaren.[380] Die „medizinische“ Unterstützung der Fortpflanzung solle aber sein, was schon ihr Name andeute: Eine medizinische Antwort auf ein medizinisches Problem.[381]

Der Zugang zu Fortpflanzungstechniken von gleichgeschlechtlichen Paaren und alleinstehenden Frauen war zentraler Diskussionsgegenstand. Insbesondere der Zugang von alleinstehenden Frauen zu solchen Techniken wurde im Vorfeld des Gesetzeserlas-

[377] *Assemblée nationale*, Étude d'impact (2008), S. 72; *Murat*, JurisClasseur Civil Code, Fasc. 40, Juni 2016, Rn. 34 (zitiert über lexis360.fr).

[378] Der „*Arrêté du 18 juin 2012 fixant la liste des procédés biologiques utilisés en assistance médicale à la procréation*“ ist abrufbar unter https://www.agence-biomedecine.fr/IMG/pdf/20120618_liste_procedesbioamp.pdf (zuletzt geprüft am 04.04.2018). Zu den Einzelheiten siehe unten bei der Zusammenfassung S. 169 f.

[379] *Leonetti (Assemblée nationale)*, Rapport n° 3111 (2008), S. 58.

[380] *Binet*, La réforme de la loi bioéthique, S. 50.

[381] *Assemblée nationale*, Étude d'impact (2008), S. 74; *Leonetti (Assemblée nationale)*, Rapport n° 3403 (2011), S. 97. Letztlich müsse man auch bedenken, dass die medizinische Indikation der Grund für die Übernahme der Maßnahme durch die Sozialversicherung sei, siehe *Malpel-Bouyjou*, in: Terneyre und Lemouland (Hrsg.), La révision des lois de bioéthique Loi n° 2011-814 du 7 juillet 2011, S. 145 (148). Kein Recht auf ein Kind, sondern nur ein Recht auf Gesundheit anerkennend *Murat*, JurisClasseur Civil Code, Fasc. 40, Juni 2016, Rn. 36 (zitiert über lexis360.fr); kritisch *Paricard*, in: Marais (Hrsg.), La procréation pour tous?, S. 13 (19 ff.): Auch bei sterilen heterosexuellen Paaren stehe doch der Kinderwunsch im Vordergrund, von einer therapeutischen Maßnahme könne nicht die Rede sein: Es werde kein mit Maßnahmen der Heilung oder Gesundheitsverbesserung erzielbarer Zustand geschaffen, sondern ein Kind gezeugt. Damit sei die medizinisch assistierte Reproduktion von Anfang an eine „Wunschmedizin“ („*médecine de convenance*“) gewesen. Die Voraussetzung der Sterilität sei nichts weiter als eine Beschränkung des Zugangs der Techniken auf Kinderwünsche in bestimmten Paarkonstellationen.

ses erwogen,[382] im Laufe des Gesetzgebungsverfahrens aber gleich zu Beginn ausgeschlossen. Eine solche Art der Fortpflanzung führe zu vaterlosen Kindern und verstoße gegen ein seit Schaffung der *lois de bioéthique* existierendes Prinzip: Jeder solle „einen Vater, eine Mutter, nicht einen/eine mehr, nicht einen/eine weniger" („*un père, une mère, pas un de plus, pas un de moins*") haben. Die medizinisch assistierte Reproduktion verfolge einen streng medizinischen Zweck und diene nicht dazu, persönliche Wünsche zu erfüllen.[383] Daher verwehrte man auch gleichgeschlechtlichen Paaren weiter den Zugang zu besagten Techniken.[384] Man erkannte zwar die Tatsache, dass gleichgeschlechtliche stabile Partnerschaften dem Wohl des Kindes nicht unbedingt widersprechen müssen, sah aber in der Reform der *lois de bioéthique* nicht den richtigen Rahmen für Behandlung dieser Thematik. Startschuss für die gesetzliche Einführung gleichgeschlechtlicher Elternschaft sollten nicht die Vorschriften zu medizinisch assistierte Fortpflanzung sein.[385] Bei einem rein männlichen Paar komme eine Fortpflanzung zudem nicht ohne Leihmutterschaft aus. Diese wolle man unter keinen Umständen zulassen: Zu groß seien die körperlichen und psychischen Risiken für die betroffenen Frauen. Das ganze Konzept missachte die Beziehungen, die eine Mutter während der Schwangerschaft zum Kind aufbaue. Zudem bestünden auch psychologische Risiken für das Kind, das die Art seiner Entstehung als ein „Verlassenwerden" begreifen könnte.[386] Lediglich

---

[382] *Claeys und Valiatte (OPECST)*, Rapport sur l'évaluation de la loi n° 2004-800 du 6 août 2004 – Tome I, S. 125. Ein häufig vorgebrachtes Argument, die medizinisch assistierte Fortpflanzung alleinstehenden Frauen zugänglich zu machen, besteht in einem Vergleich mit dem Adoptionsrecht, welches es alleinstehenden Menschen erlaubt, Kinder zu adoptieren. Die Lage sei doch, so der *Conseil d'État*, nicht vergleichbar: Bei der Adoption werde es einem schon geborenen Kind ermöglicht, einen Vater oder eine Mutter zu haben. Bei der medizinisch assistierten Fortpflanzung werde von vornherein ein vaterloses Kind gezeugt. Dies widerspreche dem Kindeswohl, siehe *Conseil d'État*, La révision des lois de bioéthique, S. 49.

[383] *Leonetti (Assemblée nationale)*, Rapport n° 3111 (2011), S. 59.

[384] Jedenfalls gefordert, diese Möglichkeit in die Debatte miteinzubeziehen hatten *Claeys und Valiatte (OPECST)*, Rapport sur l'évaulation de la loi n° 2004-800 du 6 août 2004 – Tome I, S. 125.

[385] *Conseil d'État*, La révision des lois de bioéthique, S. 49 f.; auch bei *Leonetti (Assemblée nationale)*, Rapport n° 3111 (2011), S. 59 f.; *Malpel-Bouyjou*, in: Terneyre und Lemouland (Hrsg.), La révision des lois de bioéthique Loi n° 2011-814 du 7 juillet 2011, S. 145 (149), wonach dies eher eine im Familienrecht zu behandelnde Problematik sei. Damals waren Fragen zu gleichgeschlechtlicher Elternschaft noch nicht vom Gesetzgeber behandelt worden. Eine Öffnung der medizinisch assistierten Fortpflanzung für gleichgeschlechtliche Paare wäre die erste Regelung in diese Richtung gewesen. Ein Adoptionsrecht für gleichgeschlechtliche Paare gibt es in Frankreich erst seit 2013.

[386] *Leonetti (Assemblée nationale)*, Rapport n° 3111 (2011), S. 60 ff. *Leonetti* weist zudem darauf hin, dass auch eine Zulassung der Leihmutterschaft nicht zwingend verhindere, dass Frauen, die anders keinen Nachwuchshaben können, im Ausland die Dienste von Leihmüttern in Anspruch nähmen. Das Ausweichen auf Leihmütter im Ausland sei eines der Argumente, das häufig für eine Zulassung der Leimutterschaft angeführt werde. Dieses Phänomen sei etwa in Großbritannien zu beobachten: Es gebe nur sehr wenige Frauen, die sich als Leihmütter zur Verfügung stellten, was daran liegen könne, dass die Leihmutterschaft nur unentgeltlich durchgeführt werden dürfe. Hierfür seien viele potentielle Leihmütter nicht bereit. Es dürfe ihnen nur eine Entschädigung gezahlt werden. Nichtsdestotrotz sei kostengünstiger, im Ausland eine Leihmutter, die eine Bezahlung verlangen darf, zu beauftragen. Zu den parlamentarischen Debatten zur Leihmutterschaft siehe m.w.N. *Binet*, La réforme de la loi bioéthique, S. 52 ff.; einer Zulassung der Leihmutterschaft aufgeschlossen gegenüberstehend *Mecary*, in Marais (Hrsg.): Légaliser la gestation pour autrui?, S. 101 (116 ff.).

der Senat versuchte in erster Lesung in dieser Hinsicht einen revolutionären Weg einzuschlagen, indem er vorschlug, die Notwendigkeit eines medizinischen Nachweises der Unfruchtbarkeit zu streichen und die Inanspruchnahme der Techniken allgemein „den *Personen*, die ein Paar bilden“ zu eröffnen, um so gleichgeschlechtlichen weiblichen Paaren den Zugang zu Techniken der medizinisch assistierten Fortpflanzung zu ermöglichen.[387] Die *Assemblée nationale* verwarf dies in zweiter Lesung aber sofort wieder: Medizinisch assistierte Fortpflanzung sei eine Unterstützung bei medizinischer Unfruchtbarkeit, kein juristisches Mittel um bestimmte Verbindungen oder Lebensformen zu legalisieren. Sie sei keine Lösung für alle Formen von Kinderwünschen oder sozialer Unfruchtbarkeit.[388] Durch die nächste Reform der *lois de bioéthique* im Jahr 2019/2020 wird nun aber eine Öffnung des Zugangs zur medizinisch assistierten Reproduktion für alle Frauen, unabhängig von ihren persönlichen Lebensumständen, erwartet.[389]

Bezüglich der weiteren Zugangsvoraussetzungen zur medizinisch assistierten Reproduktion wurden die Anforderungen an einen bestimmten zivilrechtlichen Familienstand bzw. die Mindestdauer eines zweijährigen Zusammenlebens aller anderen Paare ganz fallengelassen: Eine medizinisch bestätigte Unfruchtbarkeit reiche aus, um sicherzustellen, dass die technisch assistierte Reproduktion nicht zu einer „Bequemlichkeitslösung“ werde. Zudem weigerten sich viele Ärzte, diese Voraussetzung überhaupt zu berücksichtigen bzw. diesbzgl. Nachweise zu fordern, da sie der Ansicht waren, dies sei nicht ihre Aufgabe.[390] Paare, die eine medizinisch assistierte Fortpflanzung in Anspruch nehmen, hätten in der Regel ohnehin bereits einen langen gemeinsamen Lebensweg hinter sich, weitere Voraussetzungen zu fordern sei überflüssig.[391]

---

[387] Siehe *Sénat*, Projet de loi n° 95 (2010–2011), Art. 20, S. 20 (verfügbar unter http://www.senat.fr/leg/tas10-095.pdf (zuletzt geprüft am 08.04.2019)).

[388] *Leonetti (Assemblée nationale)*, Rapport n° 3403 (2011), S. 13 und 98. In zweiter Lesung wich der Senat von seinem eigenen Vorschlag wieder ab, siehe *Milon (Sénat)*, Rapport n° 571 (2010–2011), S. 36; zu diesen Vorgängen auch *Binet*, La réforme de la loi bioéthique, S. 59 ff. Diskutiert wurde auch wieder die Zulassung der Fortpflanzung *post mortem*, jedenfalls die Möglichkeit eines Embryonentransfers nach dem Tod des Mannes auf die Frau, siehe zu den Debatten mit weiteren Nachweisen *Binet*, La réforme de la loi bioéthique, S. 55 ff. Inzwischen offen gegenüber einem Zugang gleichgeschlechtlicher weiblicher Partnerschaften und alleinstehenden Frauen zu Techniken der assistierten Reproduktion das *CCNE*, siehe *CCNE*, Avis n° 126, S. 28, nicht hingegen gegenüber Fortpflanzungskonstellationen, bei denen ein Rückgriff auf Leihmütter notwendig ist, siehe *dort*, S. 40.

[389] *N.N.*, Le Monde, Artikel vom 12.09.2017; der nun bekannte Gesetzesvorschlag enthält tatsächlich eine solche Öffnungsklausel für weibliche gleichgeschlechtliche Paare und alleinstehende Frauen, siehe die Stellungnahme des *Conseil d'État* vom Juli 2019: *Conseil d'État*, Avis sur un projet de loi relatif à la bioqéthiue, S. 4 ff.

[390] *Leonetti (Assemblée nationale)*, Rapport n° 3111 (2011), S. 62. Zwischenzeitlich wurden durch den mit der Prüfung des Gesetzesentwurfs beauftragten Ausschuss des Senats bestimmte Anforderungen an die Verbindung des Paares wieder eingefügt, um die Stabilität der Beziehung zu garantieren, siehe *Milon (Sénat)*, Rapport n° 388 (2010–2011), S. 81 sowie der Entwurf Ausschusses, Art. 20, S. 25 (verfügbar unter http://www.senat.fr/leg/pjl10-389.pdf (zuletzt geprüft am 08.04.2019)), ebenso der Entwurf des Ausschusses in zweiter Lesung, Art. 20, S. 20 (verfügbar unter http://www.senat.fr/leg/pjl10-572.pdf (zuletzt geprüft am 08.04.2019)).

[391] *Leonetti (Assemblée nationale)*, Rapport n° 3043 (2011), S. 98. Allerdings könnte, so wurde eingewandt, nun die Arbeit des Arztes noch mehr erschwert worden sein, denn nun wurden klare

bb. Embryonenforschung

aaa. Regelungen

Art. L. 2151-2 wurde um einen heute noch bestehenden Absatz 2 ergänzt, welcher besagte: „Die Erzeugung transgener oder chimärischer Embryonen ist verboten."

Ebenso wurden die Voraussetzungen zur Zulässigkeit der Embryonenforschung in Teilen verändert. Art. L. 2151-5 Abs. 1 verbot nach wie vor grundsätzlich die Forschung an menschlichen Embryonen, wurde aber erweitert auf ein grundsätzliches Forschungsverbot an embryonalen Stammzellen und an Zelllinien von Stammzellen.[392] Abs. 2 nannte die Voraussetzungen, unter denen Forschung in Abweichung von Abs. 1 möglich sein sollte. Diese Voraussetzungen wichen in wesentlichen Punkten von den im Jahr 2004 aufgestellten ab. So musste nun insbesondere die Forschung bedeutende *medizinische* Fortschritte (ehemals therapeutische Fortschritte) erwarten lassen, die wissenschaftliche Relevanz des Forschungsprojekts musste feststehen und dieses Projekt und seine Umsetzung mussten die ethischen Prinzipien zur Forschung an Embryonen und embryonalen Stammzellen beachten. Darüber hinaus musste die Forschung weiterhin alternativlos sein, wobei diese Voraussetzung nun wie folgt ausgestaltet wurde: Es musste ausdrücklich feststehen, dass die zu erwartenden Ergebnisse nicht auch durch andere Forschung als solcher an Embryonen, embryonalen Stammzellen oder Stammzelllinien erzielt werden können.[393] In Abs. 3 war in unveränderter Weise das Erfordernis einer schriftlichen Einwilligung durch das Erzeugerpaar oder des überlebenden Teiles dieses Paares, sowie die Pflicht, diese nach dreimonatiger Überlegungsfrist nochmal zu bestätigen, geregelt. Zudem war das Erzeugerpaar weiterhin über andere Verwendungsmöglichkeiten ihrer Embryonen aufzuklären. Bezüglich der Widerruflichkeit der Einwilligung der Erzeuger in ein solches Forschungsprojekt wurde ergänzt, dass diese solange möglich sein sollte, wie die Forschung noch nicht begonnen habe.[394]

Leicht umformuliert wurden in Abs. 4 die Voraussetzungen der Genehmigungserteilung durch die *ABM*, aber ohne wesentliche inhaltliche Veränderungen. Gemäß Abs. 5 war es weiterhin verboten, Embryonen, an denen Forschung durchgeführt worden war, auf eine Frau zu übertragen. Die Durchführung von Studien an Embryonen war weiterhin nach Abs. 6 erlaubt.

---

gesetzliche Vorgaben ersetzt durch die bloße Anforderung, es müsse sich um „ein Paar" handeln. Der Arzt müsse nun strenggenommen einen Nachweis fordern, dass es sich auch wirklich um ein Paar handelt, siehe *Binet*, La réforme de la loi de bioéthique, S. 64 ff.; *Malpel-Bouyjou*, in: Terneyre und Lemouland (Hrsg.), La révision des lois de bioéthique Loi n° 2011-814 du 7 juillet 2011, S. 145 (156). Eine Übersicht zu den Veränderungen durch das Gesetz n° 2011-814 auch bei *Binet*, JurisClasseur Civil Code, Fasc. 5, Dezember 2014, n° 106 ff. (zitiert über lexis360.fr).

[392] So wurde die Unstimmigkeit aufgehoben, dass sich das Verbot bislang nur auf Forschung an Embryonen *in toto* bezog, die Ausnahme hierzu allerdings auch auf Forschung an embryonalen Stammzellen.

[393] Vormals „[Die zu erwartenden bedeutenden therapeutischen] Fortschritte können nach dem Stand der wissenschaftlichen Kenntnisse nicht durch alternative Methoden mit vergleichbarer Wirksamkeit erzielt werden."

[394] Dies erfolgte aus praktischen Gründen: So können etwa aus dem Embryo schon Stammzelllinien abgeleitet worden sein, deren Ursprung bei Vermengung mit anderem Forschungsmaterial nicht mehr nachvollziehbar ist, siehe *Leonetti (Assemblée nationale)*, Rapport n° 3111 (2011), S. 87.

bbb. Begründung

(1) Verbot der Zeugung transgener und chimärischer Embryonen

Es wurde die Zeugung transgener und chimärischer Embryonen verboten, also, so die Gesetzesbegründung, „die Vermischung menschlicher und tierischer Zellen“. Derartige Praktiken verstießen gegen grundsätzliche ethische Verbote und dürften in Frankreich nicht toleriert werden.[395] Es solle durch dieses Verbot einer grenzenlosen Manipulation menschlichen Lebens Einhalt geboten werden. Die Technik dürfe die menschliche Natur nicht verändern, ihr müsse absoluter Schutz gewährt werden.[396] Das Verbot diene der Stärkung des in Art. 16-4 niedergelegten Schutzes der menschlichen Gattung.[397]

Dabei sei ein transgener Embryo ein solcher, in dessen Genom eine oder mehrere exogene DNA-Sequenzen, also solche, die nicht vom Embryo selbst stammen, hinzugefügt wurden. Diese DNA-Sequenze(n) könnte(n) menschlichen oder tierischen Ursprungs sein.[398] Diese Erklärung impliziert, dass ein transgener Embryo nur entsteht, wenn ein bereits existierender Embryo durch Zufügung fremder DNA-Sequenzen verändert wird (nur dann kann vom Erbgut „dieses“ Embryos gesprochen werden). Werden hingegen die Keimzellen vor Befruchtung manipuliert, entstünde ein solcher Embryo nicht, denn es existiert im Moment der Manipulation noch kein Embryo, auf den sich eine Zuordnung des in die Zelle eingebauten DNA-Strangs beziehen könnte. Im Wortlaut ist dies jedoch nicht notwendigerweise angelegt: Von diesem ausgehend kann ein transgener Embryo auch gezeugt werden, wenn die Keimzellen schon vor der Befruchtung genetisch verändert werden. Die DNA des Embryos wird die der Keimzellen sein: DNA, die für die Keimzellen fremd ist, ist dann auch für den aus ihnen entstehenden Embryo fremd. Auf den Zeitpunkt des Eingriffs abzustellen ermöglichte Umgehungen dieser Vorschrift, sodass dieser nicht ausschlaggebend sein kann.

Chimärische Embryonen hingegen seien solche, die Zellen unterschiedlichen Ursprungs enthielten, ohne dass es zu einer Vermischung des Genmaterials komme. Zu unterscheiden seien solche Embryonen, denen in einem sehr frühen Entwicklungsstadium pluripotente Zellen fremden Ursprungs hinzugefügt werden, sowie die Zeugung von Embryonen durch Transfer eines menschlichen somatischen

---

[395] *Milon (Sénat)*, Rapport n° 388 (2010–2011), S. 90; zu diesem Verbot auch *Legros*, RGDM 2016, (61), S. 159 (165 f.).

[396] *Delage*, Médecine & Droit 2012, S. 111 (112).

[397] *Binet*, La réforme de la loi bioéthique, S. 19 ff.; *ders.*, JurisClasseur Civil Code, Fasc. 5, Dezember 2014, Rn. 47 ff. (zitiert über lexis360.fr).

[398] *Leonetti (Assemblée nationale)*, Rapport n° 3403 (2011), S. 113; siehe diese Definition der Transgenese auch bei *Conseil d'État*, Révision de la loi de bioéthique: quelles options pour demain?, S. 159, wonach der Gesetzgeber auch gerade jene naturwissenschaftliche Definition diesem Verbot zugrunde legen wollte; *Mission d'information sur la révision de la loi relative à la bioéthique (Assemblée nationale)*, Rapport d'information, S. 136.

Zellkerns in eine entkernte tierische Eizelle („*cybrides*“).[399] Hier wird jedoch eine Ungenauigkeit deutlich: Ein „*cybride*“ ist, auch wenn der Gesetzgeber dieses Verhalten gerne verbieten wollte, keine Chimäre, sondern, wie der Name schon andeutet, eine Hybridart, bei der es zur Vermischung genetischen Materials unterschiedlichen Ursprungs kommt.[400] Es ist vielmehr zu unterscheiden zwischen sog. primären Chimären, die durch Vermischen von Zellen innerhalb des Embryos vor der Organogenese gewonnen werden, und so genannten sekundären Chimären, die durch Injektion oder Transfer von Zellen auf ein Individuum oder ein Tier entstehen.[401] Eine Chimäre setzt sich also mosaikartig aus Zellen unterschiedlicher Herkunft mit unterschiedlichem genetischen Inhalt zusammen, die sich miteinander weiterentwickeln. Dies ist bei der Schaffung eines zytoplasmischen Hybriden nicht der Fall: Alle Zellen des sich hieraus entwickelnden Organismus werden dieselbe genetische Struktur haben.[402]

Das ausdrückliche Verbot dieser Praktiken wurde für notwendig erachtet, da es, bei grundsätzlicher Übereinstimmung hinsichtlich der Unvertretbarkeit der Zeugung von transgenen und chimärischen Wesen, nicht als sicher galt, ob diese Praktiken von den bestehenden gesetzlichen Verboten bereits erfasst wurden. Insbesondere könne nicht eindeutig bejaht werden, ob Art. 16-4 Abs. 4 C. civ.[403] ein ausreichendes Verbot darstelle. Unsicherheit bzgl. der Anwendbarkeit des Artikels bestünden deshalb, da zum einen der Embryo im Rahmen von Forschungsmaßnahmen nach dem Eingriff zerstört würde, die genetischen Veränderungen also nicht weitervererbt würden und keine „Nachkommen“ entstünden. Zum anderen könnte der Zusatz „vorbehaltlich Forschungsmaßahmen“ geradezu implizieren, im Rah-

---

[399] *Leonetti (Assemblée nationale)*, Rapport n° 3403 (2011), S. 114; „Cybrids“ ebenfalls als Chimären qualifizierend *Legros*, RGDM 2016, (61), S. 159 (169).

[400] Diesen als „Hybrid“ bezeichnend *Chartier*, Glossaire de génétique moléculaire et génie génétique, Stichwort „cybride“, S. 11.

[401] So die Definition der *ABM*, siehe *ABM*, Les cellules souches pluripotentes, S. 26 ff.; auf das Kombinieren von Zellen unterschiedlicher Herkunft abstellend auch CCNE, Avis n° 129, S. 57; *Mission d'information sur la révision de la loi relative à la bioéthique (Assemblée nationale)*, Rapport d'information, S. 136 f.

[402] Das Produkt eines Zellkerntransfers zwischen einer tierischen Eizelle und einer menschlichen Somazelle, wobei der Kern der Somazelle in die Eizelle aufgenommen wird, als Hybriden bezeichnend auch *Reynier*, RDS 2008, S. 550 f. Zur naturwissenschaftlichen Unterscheidung zwischen Chimären und Hybriden siehe der Vortrag von *Prof. Dr. Jens Reich* in *Deutscher Ethikrat*, Wortprotokoll. Niederschrift über den öffentlichen Teil der Plenarsitzung des Deutschen Ethikrates am 26. Juni 2008 in Berlin, S. 19 ff.; so auch die Erklärungen von *Bader et al.*, in: Taupitz und Weschka (Hrsg.), CHIMBRIDS – Chimeras and Hybrids in Comparative European and International Research, S. 21 (21 ff.).

[403] Nach dieser Vorschrift darf niemand die Integrität der menschlichen Gattung beeinträchtigen und, vorbehaltlich Forschungsmaßnahmen zur Prävention und Heilung genetischer Krankheiten, dürfen auch keine Modifikationen genetischer Eigenschaften mit dem Ziel, die Nachkommenschaft zu verändern, erfolgen.

men von Forschung dürften auch transgene und chimärische Embryonen erzeugt werden. Eine explizite Regelung sei daher empfehlenswert.[404]

Allerdings ist dieses neue Verbot sehr schwacher Natur, da es mit keinen strafrechtlichen Sanktionen verknüpft ist. Zwar ist eine zivilrechtliche Haftung grundsätzlich denkbar, aber schwer zu begründen, müsste man doch erst einmal einen Schaden und ein Opfer identifizieren.[405]

(2) Allgemeine Voraussetzungen der Embryonenforschung

Die Beibehaltung der Erlaubnis, an Embryonen zu forschen, wurde als sinnvoll erachtet: Man könne insbesondere nicht davon ausgehen, dass auf Forschung an embryonalen Stammzellen völlig verzichtet und stattdessen mit gleicher Wirkung nur noch an adulten Stammzellen oder den neu entdeckten ipS-Zellen geforscht werden könne. Die verschiedenen Zellen stünden aus Forscherperspektive nicht in Konkurrenz zueinander, sie ergänzten sich vielmehr.[406] Der Gesetzgeber entschied dabei, bei einem grundsätzlichen Verbot von Forschung an Embryonen zu bleiben und hiervon lediglich begrenzte Ausnahmen zuzulassen.[407] Den Wechsel zu einem System der Erlaubnis unter Vorbehalt lehnte er ab. Das Verbot habe symbolische Bedeutung und unterstreiche den Ausnahmecharakter derartiger Handlungen, was aus moralischer Sicht notwendig sei.[408] Das Verbot wurde explizit auf die Forschung an

---

[404] *Leonetti (Assemblée nationale)*, Rapport n° 3403 (2011), S. 114 f.; *Binet*, La réforme des lois de bioéthique, S. 23 f. zu den gesetzlichen Unsicherheiten betreffend transgene Embryonen; ebenso *Belrhomari*, Génome humain, espèce humaine et droit, S. 225; *Legros*, Droit de la bioéthique, S. 62, wonach es durch diese Forschungserlaubnis auch erlaubt gewesen sei, zu Forschungszwecken Veränderungen der Keimbahn herbeizuführen. Durch das neue Verbot sei nun eine Keimbahnveränderung auch verboten, wenn ihr Zweck der Forschung an genetischen Krankheiten dient. Dies ist insofern allerdings nicht ganz richtig, als die Übertragung von Embryonen, die Gegenstand von Forschung waren, bereits nach damals geltender Gesetzeslage verboten war.

[405] *Delage*, Médecine & Droit 2012, S. 111 (112); zur fehlenden strafrechtlichen Sanktionierung *Belrhomari*, Génome humain, espèce humaine et droit, S. 225; *Byk*, JurisClasseur Pénal Code, Fasc. 20, Juni 2016, Rn. 16 (zitiert über lexis360.fr). Nicht diskutiert wird in der Literatur eine mögliche Anwendbarkeit des Art. 511-19 C. pén., der Forschung an Embryonen, im Rahmen derer die gesetzlichen Vorgaben nicht eingehalten werden, unter Strafe stellt. So könnte es sich doch um eine gesetzliche Vorgabe handeln, keine transgenen oder chimärischen Embryonen zu erzeugen.

[406] *Conseil d'État*, La révision des lois de bioéthique, S. 24 ff.

[407] *Leonetti (Assemblée nationale)*, Rapport n° 3111 (2011), S. 69 ff. Einige Institutionen hatten gefordert, auf ein System grundsätzlicher Erlaubnis der Forschung an Embryonen, ergänzt durch einzelne Verbote, überzugehen, etwa *Claeys und Vilatte (OPECST)*, Rapport sur l'évaluation de la loi n° 2004–2008 du 6 août 2004 – Tome I, S. 193; *Conseil d'État*, La révision des lois de bioéthique, S. 26 ff.; *ABM*, Bilan d'application de la loi de bioéthique du 6 août 2004, S. 71 f. So auch der Vorschlag des Ausschusses des Senats in erster Lesung, *Milon (Senat)*, Rapport n° 388 (2010–2011), S. 92 f.; im Überblick *Vigneau*, Recueil Dalloz (32) 2011, S. 2224 (2226 ff.).

[408] *Assemblée nationale*, Étude d'impact (2010), S. 78 f.; *Leonetti (Assemblée nationale)*, Rapport n° 3403 (2011), S. 121 f. Auch sei das Gesetz nicht, wie teils behauptet, unklar: Lediglich ein zu hastiges Lesen könne einen falschen Eindruck vermitteln. Auf das Verbot folge unmittelbar im nächsten Absatz die Aussage, dass Forschungsmaßnahmen zugelassen werden könnten. Hieran sei nichts missverständlich. Das grundsätzliche Verbot behindere auch nicht die Forschungsarbeit:

embryonalen Stammzellen und Stammzelllinien erweitert, da auch die Forschung an solchen Zellen die Zerstörung des Embryos bedinge: Eine juristisch unterschiedliche Behandlung zwischen Forschung an Embryonen *in toto* und Forschung an embryonalen Stammzellen sei daher ethisch nicht gerechtfertigt.[409]

Hinsichtlich der zulässigen Forschungsziele wurde der Begriff der bedeutenden „therapeutischen" Fortschritte durch den Begriff „medizinisch" ersetzt. Diese Änderung sollte es ermöglichen, auch Forschung mit dem Ziel der Diagnostik und der Prävention von Krankheiten betreiben zu dürfen. Man wollte zudem verhindern, dass Projekte, die eher der Grundlagenforschung zuzuordnen seien, aber dennoch den Weg zu bedeutenden therapeutischen Erkenntnissen bereiten könnten, durch die Spezifizität des bisher verwendeten Begriffs „therapeutisch" der *ABM* gar nicht erst vorgelegt würden.[410]

cc. Sonstige Veränderungen

Der Verbleib überzähliger Embryonen wurde in Art. L. 2141-4 CSP umstrukturiert, aber hinsichtlich der Entscheidungsmöglichkeiten des Paares nicht wesentlich verändert. Das Paar konnte nach wie vor seine überzähligen Embryonen spenden, zur Forschung freigeben oder deren Aufbewahrung beenden.[411] Es erfolgten zudem kleine Veränderungen bzgl. der Embryonenspende. Zum einen konnte ein Paar anders als bisher nicht mehr nur „ausnahmsweise" in eine Spende seines Embryos einwilligen. Der Begriff wurde gestrichen (Art. L. 2141-5 CSP). Zum anderen konnte ein Paar nun einen Embryo auch nicht mehr nur „ausnahmsweise" aufnehmen, „wenn eine Fortpflanzung ohne Rückgriff auf eine Spende (von Gameten oder Embryonen) nicht möglich ist". Die Aufnahme eines Embryos durch ein Paar, welches die Voraussetzungen des Art. L. 2141-2 CSP[412] erfüllt, war nun möglich, wenn eine Fortpflanzung unter Verwendung nur eigener Gameten nicht möglich ist

Forscher würden durch das Verbot nach eigenen Aussagen nicht verunsichert und fühlten sich nicht eingeschränkt, siehe hierzu und zu weiteren Argumenten gegen die grundsätzliche Zulassung der Embryonenforschung *dort*, S. 122 ff. Dies wurde vom *Sénat* in zweiter Lesung heftig bestritten und es wurde wiederum für eine grundsätzliche Zulassung der Embryonenforschung plädiert, *Milon (Sénat)*, Rapport n° 571 (2010–2011), S. 39 ff.; ausführlich zu den Debatten *Binet*, La réforme de la loi bioéthique, S. 75 ff.

[409] *Conseil d'État*, La révision des lois de bioéthique, S. 30 zur Überlegung, die Forschung an embryonalen Stammzellen grundsätzlich zu erlauben.

[410] *Leonetti (Assemblée nationale)*, Rapport n° 3111 (2011), S. 86, letztere Gefahr allerdings aufgrund der weiten Interpretation des Begriffs „therapeutisch" durch die *ABM* eher hypothetischer Natur.

[411] Zusätzlich konnte das Paar nun auch nach den Voraussetzungen von Art. L. 1125-1 darin einwilligen, dass Zelllinien, die von ihrem Embryo abgeleitet sind, zur Vorbereitung einer therapeutischen Behandlung verwendet werden. (Diesbzgl. gab es durch Verordnung n° 2016-800 vom 16. Juni 2016 nochmals eine kleinere, hier nicht näher zu beleuchtende Veränderung.) Zudem muss, wenn ein Partner verstorben ist, dem überlebenden Partner ein Jahr Zeit gegeben werden, bevor er zum Schicksal der überzähligen Embryonen befragt wird, außer dieser äußert sich in Eigeninitiative dazu.

[412] Allgemeine Zugangsvoraussetzungen zur medizinisch assistierten Reproduktion.

oder wenn das Paar, das entsprechend Art. 2141-10 CSP[413] aufgeklärt wurde, darauf (auf eine Fortpflanzung unter Verwendung eigener Gameten) verzichtet (Art. L. 2141-6 CSP). Insofern wurde nun ein Gleichlauf zwischen Embryonen- und Gametenspende hergestellt, indem nun der Embryonenspende auch nicht mehr erfolglose Fortpflanzungsversuche mit eigenen Gameten vorausgehen mussten. Die weiteren Voraussetzungen der Gametenspende veränderten sich nur geringfügig.[414]

Auch diese Regelungen sind so noch heute gültig.

f. Gesetz n° 2013-715 vom 6. August 2013: Gesetz zur Veränderung des Gesetzes n° 2011-814 vom 7. Juli 2011 zur Erlaubnis unter bestimmten Voraussetzungen der Forschung an Embryonen und embryonalen Stammzellen

Im Jahre 2013 wurde schließlich das grundsätzliche Verbot der Forschung an Embryonen und embryonalen Stammzellen aufgehoben und ersetzt durch eine Regelung, wonach „keine Forschung an menschlichen Embryonen oder embryonalen Stammzellen eines menschlichen Embryos ohne Genehmigung durchgeführt werden darf. Eine solche Genehmigung kann nur erteilt werden, wenn (1) die wissenschaftliche Relevanz feststeht, (2) die angewandte Forschung oder Grundlagenforschung einen medizinischen Zweck verfolgt, (3) nach dem Stand der Wissenschaft[415] diese Forschung nicht durchgeführt werden kann, ohne auf diese Embryonen oder diese embryonalen Stammzellen zurückzugreifen, und (4) das Forschungsprojekt und seine Umsetzung die ethischen Prinzipien bzgl. der Forschung an Embryonen und embryonalen Stammzellen achten“ (Art. L. 2151-5 Abs. 1 CSP). Die weiteren Voraussetzungen zur Einwilligung des Erzeugerpaares oder des überlebenden Teiles dieses Paares sowie zum Widerruf derselben und zur Aufklärung über andere Verwendungsmöglichkeiten der Embryonen blieben unverändert in Abs. 2 geregelt. Die Voraussetzungen für die Genehmigungserteilung unterschieden sich lediglich geringfügig von denjenigen, die nach der vorherigen Gesetzgebung eine ausnahmsweise Erlaubnis zur Embryonenforschung ermöglichten. Zuständig für die Genehmigungserteilung waren nach wie vor die *ABM* nach Stellungnahme des *„conseil d'orientation*“, wobei die Genehmigung den Ministern für Gesundheit und Forschung mitgeteilt werden musste (Abs. 3).[416]

[413] Dort ist geregelt, dass der medizinisch assistierten Fortpflanzung ein Beratungsgespräch vorangehen muss, dessen Inhalt in der Norm detailliert dargelegt ist.

[414] Eingefügt wurde etwa in Art. L. 1244-2 CSP ein Abs. 3, wonach ein volljähriger Spender sich nicht fortgepflanzt haben muss, um Gametenspender sein zu können. Damit wurde die Voraussetzung der bereits erfolgten Fortpflanzung quasi völlig aufgegeben, siehe *Paricard*, in: Marais (Hrsg.), La procération pour tous?, S. 13 (29). Zudem erfolgte eine sprachliche Klarstellung von „darauf verzichtet“ auf „auf eine Fortpflanzung innerhalb des Paares verzichtet.“ (Art. L. 2141-7).

[415] Wieder eingefügt, diese Voraussetzung war im Gesetz n° 2011-814 gestrichen worden.

[416] Die damit zusammenhängenden Vorschriften angepasst durch Dekret n° 2015-155 vom 11. Februar 2015.

Diese Vorschriften zur Embryonenforschung sind in dieser Ausgestaltung noch heute gültig.

Der Gesetzgeber war nun der Ansicht, die bisherige Gesetzeslage habe französische Forscher bei ihrer Arbeit behindert und zu einem Rückstand gegenüber ausländischen Forschern geführt.[417] Es sei zudem mehr als widersprüchlich, einerseits ein Verbot zu statuieren und es sogleich durch die Einräumung von Forschungsmöglichkeiten wieder auszuhöhlen, vor allem da diese Möglichkeiten, anders als nun 2004, auch nicht mehr zeitlich befristet seien. Die ehemalige Regelung habe nur zu Verunsicherung und rechtlicher Unsicherheit beigetragen.[418] Diese Unsicherheit ergebe sich für laufende Forschungsarbeiten, da die Wahl der Formulierung einer Regelung Auswirkung habe auf deren Auslegung. Gebe es ein grundsätzliches Verbot, würden die Erlaubnistatbestände eng ausgelegt, um dem Verbot Geltung zu verschaffen. Bei einer grundsätzlichen Erlaubnis aber würde dem Prinzip der Freiheit Vorrang eingeräumt und dieses weit interpretiert, sodass die Bedingungen eng ausgelegt werden müssten. Diese Interpretation habe bereits Gerichte dazu veranlasst, Forschungsgenehmigungen wieder zurückzunehmen, da sie aus dem grundsätzlichen Verbot schlossen, die *ABM* müsse die Erfüllung der Voraussetzungen für die Erlaubnis nachweisen. So sei es in einigen Fällen nicht gelungen nachzuweisen, dass die zu erwartenden Forschungsergebnisse nicht auch durch Forschung an anderen Zellen erzielt werden könnten. Die Forscher müssten dann unter Androhung strafrechtlicher Verfolgung sofort ihre Arbeit niederlegen.[419] Auch sei die „Symbolik" des Verbots letztlich ein leeres Versprechen. Zudem könne auch das bisher normierte Verbot nicht garantieren, dass Forschung nicht in eine ethisch unerwünschte Richtung abdrifte, hin zu einer Erschaffung des menschlichen Lebens nach freien Wünschen,[420] und schütze zudem den Embryo auch nicht effektiver.[421]

Der *Conseil constitutionnel* beurteilte das Gesetz als verfassungskonform. Die gesetzlichen Vorgaben seien, entgegen der vorgebrachten Kritik, klar und eindeutig formuliert und verstießen deswegen nicht gegen die Prinzipien der Gesetzesklarheit und Unmissverständlichkeit, sodass hieraus kein Verstoß gegen das Prinzip der Achtung des menschlichen Lebens ab seinem Beginn, der Integrität der menschlichen Gattung oder der Unverletzlichkeit und Unveräußerlichkeit des menschlichen

[417] *Mézard et al.*, Proposition de loi n° 576 (2011–2012), S. 4 f. Widersprüchlich ist allerdings, dass gleichzeitig die hohe Anzahl an erteilten Genehmigungen angeführt wird, um zu zeigen, dass auch das Verbotsregime keinen effektiveren Embryonenschutz ermöglicht habe, siehe *Orliac (Assemblée nationale)*, Rapport n° 825 (2013), S. 20 f.

[418] *Orliac (Assemblée nationale)*, Rapport n° 825 (2013), S. 11 und 21.

[419] *Orliac (Assemblée nationale)*, Rapport n° 825 (2013), S. 21; *Barbier (Sénat)*, Rapport n° 10 (2012–2013), S. 12, die Voraussetzung des Nachweises, die Forschungsergebnisse könnten nicht auch durch andere Forschungsmaßnahmen ohne Rückgriff auf embryonale Stammzellen erzielt werden, als quasi unmöglich zu erfüllen bezeichnend.

[420] *Orliac (Assemblée nationale)*, Rapport n° 825 (2013), S. 19; *Barbier (Sénat)*, Rapport n° 10 (2012–2013), S. 11.

[421] *Orliac (Assemblée nationale)*, Rapport n° 825 (2013), S. 19 ff. So seien nach der bisherigen Gesetzeslage überzählige Embryonen auch ohne Forschung an ihnen zu Zerstörung verdammt.

Körpers folge. Insbesondere die Voraussetzung der Achtung „ethischer Prinzipien" im Rahmen von Forschung an Embryonen sei nicht missverständlich oder unklar. Es handle sich hierbei um die Prinzipien der Art. L. 2151-1 ff. CSP (Vorschriften über die Erzeugung und Aufbewahrung von Embryonen) sowie um diejenigen der Art. 16 ff. C. civ und der Art. L. 1211-1 CSP (Vorschriften über die Achtung des menschlichen Körpers).[422]

Die gesonderte Erlaubnis, „Studien" an Embryonen durchzuführen, wurde aufgegeben. Diese seien nur beobachtender Natur und müssten nicht so streng reguliert sein.[423] Stattdessen wurden durch Dekret n° 2015-155 vom 11. Februar 2015 (veröffentlicht im JO n° 37 vom 13.02.2015) über Art. R. 1125-14 Abs. 2 CSP nichtinterventionelle Forschungsmaßnahmen an zum Transfer bestimmten Embryonen und an Gameten, die zur Zeugung eines Embryos bestimmt sind, erlaubt.[424] Art. R. 1125-14 Abs. 2 CSP wurde später auf der Grundlage des Gesetzes n° 2016-41 vom 26. Januar 2016[425] durch Dekret n° 2016-273 vom 4. März 2016 (veröffentlicht im JO n° 56 vom 06.03.2016) wieder aufgehoben, wodurch die Beschränkung auf nicht-interventionelle Forschungsmaßnahmen an solchen Gameten und Embryonen beseitigt und Forschung auf weitere Eingriffe erweitert wurde.[426]

---

[422] *CC*, 1. August 2013, n° 2013-674 (verfügbar https://www.conseil-constitutionnel.fr/decision/2013/2013674DC.htm (zuletzt geprüft am 13.09.2018)); so auch der Kommentar der Regierung zu dieser Entscheidung, siehe http://www.conseil-constitutionnel.fr/conseil-constitutionnel/francais/les-decisions/acces-par-date/decisions-depuis-1959/2013/2013-674-dc/observations-du-gouvernement.137985.html (zuletzt geprüft am 24.04.2018). Gemäß *Jean-René Binet* handle es sich bei den angesprochenen „ethischen Prinzipien" konkret um die Prinzipien der Unentgeltlichkeit, der Einwilligung und der Anonymität, siehe *Mission d'information sur la révision de la loi relative à la bioéthique (Assemblée nationale)*, Rapport d'information, S. 141.

[423] *Barbier (Sénat)*, Rapport n° 10 (2012–2013), S. 24. *Inserm* daraufhin die Frage stellend, ob diese nun illegal seien oder nun einfach ohne jegliche Genehmigungspflicht, da aus dem regulierten Bereich ausgenommen, möglich seien, siehe *Inserm*, État de la recherche sur l'embryon humain et propositions, S. 2.

[424] Siehe zu diesem Dekret *CE, 1ère – 6ème chambres*, 8. Juni 2016, n° 389450 (verfügbar unter https://www.legifrance.gouv.fr/affichJuriAdmin.do?idTexte=CETATEXT000032699003 (zuletzt geprüft am 08.04.2019)). Die *Fondation Jérôme Lejeune* hatte Beschwerde gegen dieses Dekret eingelegt. Der Gesetzgeber habe die darin vorgesehenen Maßnahmen mit dem Verbot des Art. L 2151-5 Abs. 4, Embryonen zu übertragen, an denen Forschungsmaßnahmen durchgeführt worden sind, gerade verhindern wollen. Dem zuwiderlaufende Vorschriften könnten nicht per Dekret erlassen werden, dies zu ändern liege allein im Kompetenzbereich des Gesetzgebers selbst. Der *Conseil d'État* verwarf die Beschwerde jedoch mit dem Argument, nicht-interventionelle Forschung habe der Gesetzgeber bei seinem Verbot des Art. L. 2151-5 gerade nicht im Blick gehabt. Das Dekret sei daher rechtmäßig. Zu diesem Dekret auch *Perot*, Lexbase Hebdo – édition privée 2016, (644), S. 1 (3); *Vigneau et al.*, Dictionnaire permanent santé, bioéthique, biotechnologies, Stichwort „embryon in vitro", Rn. 54 (zitiert über *elnet*).

[425] Zu diesem Gesetz sogleich im nächsten Abschnitt.

[426] Zu diesen Forschungsmaßnahmen sogleich S. 161 ff.

g. Gesetz n° 2016-41 vom 26. Januar 2016: Gesetz zur Modernisierung unseres [des französischen] Gesundheitssystems

Die jüngste gesetzliche Änderung stammt aus dem Jahr 2016.[427] Eingefügt wurde in Art. L. 2151-5 CSP ein Absatz 5: „Vorbehaltlich des Titels IV dieses 1. Buches,[428] kann biomedizinische Forschung im Rahmen von medizinisch assistierter Fortpflanzung auch an Gameten durchgeführt werden, aus denen ein Embryo erzeugt werden soll, und ebenso an Embryonen in vitro vor oder nach ihrem Transfer, wenn jeder Partner des Paares dem zustimmt. Diese Forschung wird unter den Voraussetzungen des Titels II des ersten Buches des ersten Teils[429] durchgeführt."[430] Ziel war es, unter Anwendung der für Forschung am Menschen geltenden Bestimmungen (Art. L. 1121-1 ff. CSP und Art. R. 1125-14 bis Art. R. 1125-25 CSP) eine legale Grundlage für Forschungsarbeit im Bereich der medizinisch assistierten Fortpflanzung zu schaffen. Diese Art der Forschung an Embryonen mit dem Ziel des späteren Transfers war bislang nicht erlaubt.[431] Erlaubt war Forschung nur im Rahmen des durch Dekret 2015-155 geschaffenen Art. R. 1125-14 Abs. 2 CSP, also nicht-interventionelle Forschung.[432] Diese neue Vorschrift sollte es nun ermöglichen, so die erläuternden Ausführungen des *Conseil constitutionnel*,[433] noch unerprobte Maßnahmen durchzuführen, die entweder die Wirksamkeit der medizinisch assistierten Fortpflanzung verbessern oder den Embryo vor Krankheiten schützen oder von Krankheiten heilen sollen und die daher für diesen kein unangemessenes

---

[427] Zu diesem Gesetz auch *Perot*, Lexbase Hebdo – édition privée 2016, (644), S. 1 (3).

[428] Vorschriften über die medizinisch assistierte Fortpflanzung.

[429] Vorschriften über Forschungen an Menschen („*Recherches impliquant la personne humaine*") (Art. L. 1121-1 ff.). Die Vorschriften nennen einige Prinzipien der Forschung (Art. L. 1121-1 bis L. 1121-17), regeln die Aufklärung der Person sowie die Einholung ihrer Einwilligung (Art. L. 1122-1 – L. 1122-2) und regeln die Bildung von Gremien („*comité de protection des personnes*"), die ggfs. im Rahmen der Genehmigungserteilung beratend hinzuzuziehen sind (Art. L. 1123-1 bis L. 1123-4).

[430] Biomedizinische Forschung (seit 2016 bezeichnet als „Forschung am Menschen") wird in Art. L. 1121-1 CSP definiert. Sie erfasst jegliche Forschungsmaßnahmen am Menschen zur Entwicklung der biologischen und medizinischen Kenntnisse. Hierzu zählt interventionelle und nicht-interventionelle Forschung. Art. L. 2151-5 Abs. 5 verweist insgesamt auf biomedizinische Forschung und erfasst daher sowohl interventionelle als auch nicht-interventionelle Forschung. Art. R. 1125-14 Abs. 2 CSP a. F. hingegen war auf die Durchführung nicht-interventioneller Studien beschränkt.

[431] So *Marisol Touraine* in der öffentlichen Sitzung der *Assemblée nationale* vom 10. April 2015 (verfügbar unter http://www.assemblee-nationale.fr/14/cri/2014-2015/20150209.asp#P508158 (zuletzt geprüft am 08.04.2019)); hierzu auch *Milon et al. (Sénat)*, Rapport n° 653 – Tome I (2014–2015), S. 351; *Sebaoun et al. (Assemblée nationale)*, Rapport n° 3215 (2015), S. 308 ff.

[432] Siehe oben S. 160. Nach Auslegung des *CCNE* erfasst auch der neue Art. L. 2151-5 Abs. 5 CSP lediglich nicht interventionelle Forschung, siehe *CCNE*, Avis n° 129, S. 49. Woraus sich diese Beschränkung ergeben soll, ist jedoch unklar.

[433] *CC*, 21. Januar 2016, n° 2015-727 DC (verfügbar unter http://www.conseil-constitutionnel.fr/conseil-constitutionnel/francais/les-decisions/acces-par-date/decisions-depuis-1959/2016/2015-727-dc/decision-n-2015-727-dc-du-21-janvier-2016.146887.html (zuletzt geprüft am 08.04.2019)).

Risiko darstellen.[434] Das nähere ergebe sich aus dem Verweis auf die Vorschriften zur Forschung an Menschen. Die Versuche bedürften daher einer Genehmigung, erteilt von der „*Agence nationale de sécurité du médicament et des produits de santé*" (im Folgenden *ANSM*). Aus dem Verweis folge zudem, dass die Interessen der Person, die sich der Forschung zur Verfügung stellt, immer im Vordergrund stehen müssten und die Forschung nur bei positiver Risiko-Nutzen-Abwägung stattfinden dürfe.[435] Zu guter Letzt sei die Vorschrift auch nicht missverständlich und stehe auch nicht im Widerspruch zu den anderen Absätzen des Art. L. 2151-5 CSP.[436]

Es handelt sich also um eine Ausnahme zum grundsätzlichen Verbot der Übertragung von Embryonen, an denen Forschung durchgeführt wurde, wenn diese Forschung für den Embryo kein unangemessenes Risiko darstellt. Die Einwilligung in die Forschung kann naturgemäß nicht der Embryo selbst erteilen: Diese wird von seinen genetischen Eltern abgegeben.[437] Wie die Angemessenheit des Risikos, damit die Forschung überhaupt zulässig ist, aber festgestellt werden soll, ist unklar.[438] Manche geben also zu bedenken, dass diese Vorschrift den Weg für jegliche Manipulation des künftigen Lebens öffne. Nichts ergebe sich aus dem Wortlaut zur Art der zulässigen Forschung, was ein unendlich weites Anwendungsfeld der Norm zur Folge habe, also auch (jedenfalls sobald eine positive Risiko-Nutzen-Abwägung

---

[434] Dies wird aber in Frage gestellt, da die Norm gerade nichts über die zulässigen Forschungsziele aussagt. Sie erwähne nicht als Ziel, anders als die früheren Vorschriften zu Studien mit Embryonen, eine „Pflege" desselben oder eine Verbesserung der medizinisch assistierten Reproduktion. *Legros*, RGDM 2015, (56), S. 145 (152); ebenso die Professoren *Jacques Testart* und *Alain Privat* (zitiert über *N.N.*, Gènétique, Artikel vom 24.04.2015) und die Beschwerdeführer (Beschwerde verfügbar unter https://www.legifrance.gouv.fr („*Saisine du Conseil constitutionnel en date du 21 décembre 2015 présentée par au moins soixante députés, en application de l'article 61, alinéa 2, de la Constitution, et visée dans la décision n° 2015-727 DC*"), zuletzt geprüft am 08.04.2019). Zur Entscheidung des *CC* und dem Hinweis darauf, die Forschung könne, bei positiver Risiko-Nutzen-Abwägung, dazu dienen, den Embryo von einer Krankheit zu heilen, bei *Inserm*, La Lettre d'information du comité d'éthique n° 4; *Bergoignan-Esper*, Feuillets mobiles Litec Droit médical et hospitalier, Fasc. 50, Mai 2018, Rn. 36 (zitiert über lexis360.fr).

[435] In Art. L. 1121-2 ist unter anderem geregelt, dass das durch die Forschung eingegangene Risiko nicht außer Verhältnis stehen darf zum Nutzen für die Person oder die Studie. Diese Risiko-Nutzen-Abwägung als einzige Grenze für Forschungsmaßnahmen ansehend *Vigneau*, Dictionnaire Permanent Santé, Bioéthique, Biotechnologies, Bulletin n° 269, April 2016 (zitiert über *elnet*).

[436] a.A. *Inserm*, État de la recherche sur l'embryon humain et propositions (2ème partie), S. 9, das eine Streichung des vorangehenden Absatzes befürwortet; die Beschwerdeführer (Beschwerde verfügbar unter https://www.legifrance.gouv.fr („*Saisine du Conseil constitutionnel en date du 21 décembre 2015 présentée par au moins soixante députés, en application de l'article 61, alinéa 2, de la Constitution, et visée dans la décision n° 2015-727 DC*"), zuletzt geprüft am 08.04.2019); die Sinnhaftigkeit der Verortung der Vorschrift auch hinterfragend *Vigneau*, Dictionnaire permanent santé, bioéthique, biotechnologies, Bulletin n° 269, April 2016 (zitiert über *elnet*): Die Forschung am Embryo im Rahmen der medizinisch assistierten Reproduktion solle für den Embryo doch risikofrei sein, geregelt ist sie jedoch im Kapitel über die allgemeine Forschung am Embryo, die, da zu seiner Zerstörung führend, alles andere als risikofrei für diesen sei.

[437] *Mission d'information sur la révision de la loi relative à la bioéthique (Assemblée nationale)*, Rapport d'information, S. 132.

[438] *Legros*, RGDM 2016, (61), S. 159 (162).

erzielt werden kann) genetische Korrekturen und Verbesserungen des Embryos ermögliche.[439]

Hiergegen spricht jedoch schon Art. R. 1125-14 S. 2 CSP, welcher den Anwendungsbereich des Art. L. 2151-5 Abs. 5 CSP dahingehend präzisiert, dass sich die Forschung auf biologische und klinische Verfahren der medizinisch assistierten Reproduktion beziehen muss („*Ces recherches portent sur les activités cliniques et biologiques d'assistance médicale à la procréation.*") Dies klingt stark nach Entwicklung und Verbesserung von Reproduktionsverfahren und weniger nach der „klassischen" Keimbahntherapie, die über eine bloße medizinisch assistierte Reproduktion hinausgeht.[440]

Doch selbst bei einem weitem Verständnis dieses Forschungsziels[441] steht einer Anwendung von gentechnologischen Verfahren in diesem Bereich das Verbot des Art. 16-4 Abs. 4 C. civ. entgegen.[442] Diese Vorschrift verbietet die Keimbahntherapie, allerdings „vorbehaltlich Forschungsmaßnahmen mit dem Ziel der Heilung und Prävention von Krankheiten". Es stellt sich die Frage nach dem Verhältnis von Art. 16-4 Abs. 4 C. civ. und Art. L. 2151-5 Abs. 5 CSP, denn letzterer erlaubt ohne ausdrückliche Einschränkungen der Art und Weise Forschungsmaßnahmen mit Auswirkung auf den geborenen Menschen und könnte daher eine Ausnahme zu Art. 16-4 Abs. 4 C. civ. darstellen. Sähe man die versuchsweise genetische Veränderung von Embryonen mit dem Ziel ihrer Übertragung in einen weiblichen Uterus allerdings als eine erlaubte Forschungsmaßnahme i.S.d. Art. 16-4 Abs. 4 C. civ. an, höhlte man diese Vorschrift gleichzeitig vollständig aus. Welchen Anwendungsbereich hätte die Norm dann noch? Das Verbot einer Keimbahntherapie nicht als Forschung, sondern als Standardbehandlung? Dies wäre allerdings vollständig sinnlos, da dann eine risikobehaftete Versuchsbehandlung erlaubt wäre, eine etablierte Behandlung mit überschaubaren Risiken hingegen nicht. Das Prinzip des Art. 16-4 Abs. 4 C. civ. muss vielmehr bei der Auslegung des Art. L. 2151-5 Abs. 5 CSP berücksichtigt werden: Genetische Veränderungen sind auch im Rahmen des Art. L. 2151-5 Abs. 5 CSP verboten. Dafür spricht auch, dass nicht lediglich Risikofragen den Gesetzgeber zum Erlass des Art. 16-4 Abs. 4 C. civ. bewegt haben. Wäre dies der Fall, ließe sich argumentieren, Art. 16-4 Abs. 4 C. civ. könne vom Schutzzweck her keine Schranke darstellen, da Art. L. 2151-5 Abs. 5 CSP ohnehin auch eine positive Risiko-Nutzen-Abwägung voraussetzt. Der Gesetzgeber sah aber in einer Veränderung des Erbgutes mit Auswirkung auf die Nachkommen allgemein, auch ohne gesundheitliche Gefahren, eine Bedrohung für die Integrität der Menschheit: Das Erbgut soll grundsätzlich unverändert erhalten bleiben.

---

[439] So die Professoren *Jacques Testart* und *Alain Privat*, siehe *N.N.*, Gènétique, Artikel vom 24.04.2015.

[440] Allenfalls genetische Veränderungen, die die Fortpflanzung überhaupt erst ermöglichen, könnten hierunter fallen (also etwa die genetische Veränderung von Spermatogonien).

[441] So wohl *Mission d'information sur la révision de la loi relative à la bioéthique (Assemblée nationale)*, Rapport d'information, S. 134 f.

[442] Zu zum Folgenden bereits *Deuring*, RGDM 2018, S. 97 (105 f.).

Interessant ist, dass bis heute kein einziges Forschungsprojet auf der Grundlage dieser neuen Vorschrift autorisiert wurde.[443]

h. Ausblick auf dritte Reform der *lois de bioéthique*

Zahlreich waren bereits im Vorfeld die Mutmaßungen, Erwartungen und Forderungen hinsichtlich der gesetzlichen Änderungen im Rahmen der dritten Reform der *lois de bioéthique* in den Jahren 2019/2020. Insbesondere die Öffnung des Zugangs zu Techniken der medizinisch assistierten Reproduktion für alleinstehende Frauen und gleichgeschlechtliche weibliche Paare, der insbesondere Präsident *Emanuel Macron* sowie der *CCNE* (mehrheitlich) und der *Conseil d'État* positiv gegenüberstehen, wird die Abgeordneten beschäftigen.[444] Auch die Leihmutterschaft war stets Diskussionsthema, wobei der *CCNE* und der *Conseil d'État* für eine Beibehaltung des Verbots plädiert.[445]

Die *ABM* hat bereits im Jahr 2018 eine Stellungnahme zur anstehenden Reform verfasst und insbesondere auf die aktuell bestehenden gesetzlichen Unklarheiten hingewiesen, deren Klärung dem Gesetzgeber aufgegeben sei. So sei angesichts neuer technischer Verfahren zu klären, was mit den Begriffen „transgen" und „chimärisch" gemeint sei. Außerdem solle verbindlich festgelegt werden, wie lange Embryonen in vitro zu Forschungszwecken kultiviert werden dürfen. Hinsichtlich der Möglichkeit, künstliche Gameten zu erzeugen, müssten zum einen die ethischen Aspekte bewertet werden und zum anderen eine Möglichkeit gefunden werden, die Funktionalität dieser Gameten zu testen: Einzige Möglichkeit, dies zu testen, sei die Zeugung von Embryonen zu Forschungszwecken, was jedoch aktuell verboten sei.[446]

Die *états généraux de la bioéthique* zur Erfassung der Meinungen und Vorschläge in der Gesellschaft haben vom 18. Januar 2018 bis Ende Mai 2018 mittels einer Internetplattform, auf der die Bevölkerung zu bestimmten Themen ihre Ansichten mitteilen konnte, sowie durch öffentliche Konferenzen und Anhörungen von Wissenschaftlern und Organisationen durch der *CCNE* stattgefunden. Der *CCNE* hat die Beiträge, Debatten und Stellungnahmen ausgewertet. Hinsichtlich der Embryonenforschung sei insbesondere von Seiten der Forscher gefordert worden, gesetzliche Unklarheiten, wie etwa hinsichtlich der genetischen Veränderung von Embryonen und Zeugung von Chimären, zu beheben.[447] In der Bevölkerung seien die Meinungen bzgl. der Frage, ob Forschung an überzähligen Embryonen überhaupt

---

[443] *ABM*, Rapport sur l'application de la loi de bioéthique, S. 41.

[444] *N.N.*, Le Monde, Artikel vom 18.01.2018; *CCNE*, Avis n° 126, S. 27 f.; *Conseil d'État*, Révision de la loi de bioéthique: quelles options pour demain?, S. 47 ff.

[445] *CCNE*, Avis n° 126, S. 40 f.; *Conseil d'État*, Révision de la loi de bioéthique: quelles options pour demain?, S. 74 ff.; so auch *Mission d'information sur la révision de la loi relative à la bioéthique (Assemblée nationale)*, Rapport d'information, S. 110 ff.

[446] *ABM*, Rapport sur l'application de la loi de bioéthique, S. 56 ff.

[447] *CCNE*, Rapport de synthèse du Comité consultatif national d'éthique, S. 26.

zulässig sein solle, immer noch sehr gespalten.[448] Es gebe allerdings auch einige Stimmen, die die sogar Zeugung von Embryonen zu Forschungszwecken als vertretbar bewerteten.[449] Wenig Berücksichtigung fand die Möglichkeit, künstliche Gameten zur Befruchtung zu verwenden. Lediglich eine Organisation forderte ein hierauf gerichtetes ausdrückliches gesetzliches Verbot.[450] Die Anwendung von CRISPR/Cas9, trotz Mediatisierung dieser Technik, sei ebenso so gut wie gar nicht behandelt worden. Sofern die Thematik Berücksichtigung gefunden habe, sei eine ablehnende Haltung gegenüber vererblichen genetischen Veränderungen vorherrschend gewesen.[451] Hinsichtlich der Ermöglichung für gleichgeschlechtliche weibliche Paare und alleinstehende Frauen, Techniken der medizinisch assistierten Reproduktion in Anspruch zu nehmen, seien die Meinungen sehr auseinandergehend, ebenso hinsichtlich einer Zulassung von Leihmutterschaften.[452]

Im September 2018 hat der *CCNE* schließlich seine eigene Stellungnahme zur anstehenden Gesetzesreform veröffentlicht. Darin hat er sich zum einen mit den Vorschriften zur Embryonenforschung befasst und sich dafür ausgesprochen, Forschung an Embryonen auf der einen Seite und Forschung an pluripotenten Zellen, seien sie aus Embryonen gewonnen oder aus adulten Zellen, auf der anderen getrennt zu regeln. Pluripotente Zellen seien nicht mehr wegen ihrer Herkunft so „sensibel", sondern, weil sie nun eben nicht mehr nur aus Embryonen, sondern auch aus adulten Zellen gewonnen werden könnten, eben gerade aufgrund ihrer Pluripotenz: Hieraus ergeben sich Forschungsmöglichkeiten, wie etwa die Herstellung künstlicher Gameten, die vom Gesetzgeber eingeschränkt werden bzw. mit denen er sich jedenfalls befassen müsse.[453] Hinsichtlich des Verbots der Herstellung transgener Embryonen hat der *CCNE* die Gesetzeslücke erkannt, die sich aus der Anwendung von CRISPR/Cas9 ergibt.[454] Dabei hat er sich im Übrigen dafür ausgesprochen, genetische Veränderungen von Embryonen in vitro zu reinen Forschungszwecken zuzulassen.[455] Bezüglich der Herstellung von Embryonen zu Forschungszwecken stellte der *CCNE* lediglich fest, derartige Handlungen würden als Instrumentalisierung embryonalen Lebens bewertet. Dabei betonte das Komitee allerdings, dass das strikte Verbot auch medizinischer Forschung im Wege stehe, etwa wenn es darum gehe, neuartige Methoden der assistierten Fortpflanzung zu testen. Diesbezüglich sei an eine Ausnahme zu denken.[456] Zum anderen hat sich der *CCNE* klar dafür

---

[448] *CCNE*, Rapport de synthèse du Comité consultatif national d'éthique, S. 22 ff.

[449] *CCNE*, Rapport de synthèse du Comité consultatif national d'éthique, S. 24 f.

[450] *CCNE*, Rapport de synthèse du Comité consultatif national d'éthique, S. 25. Wissenschaftler forderten lediglich eine Reflexion hinsichtlich Möglichkeiten, bestimmte Forschungsprojekte wie die künstliche Herstellung von Gameten zu regeln, siehe *dort*, S. 25.

[451] *CCNE*, Rapport de synthèse du Comité consultatif national d'éthique, S. 27, 37, 42 und 43.

[452] *CCNE*, Rapport de synthèse du Comité consultatif national d'éthique, S. 125.

[453] *CCNE*, Avis n° 129, S. 54.

[454] *CCNE*, Avis n° 129, S. 56 und 60.

[455] So auch *Mission d'information sur la révision de la loi relative à la bioéthique (Assemblée nationale)*, Rapport d'information, S. 153 f.

[456] *CCNE*, Avis n° 129, S. 58.

ausgesprochen, allen Frauen, unabhängig davon, ob und in welcher Art einer Partnerschaft sie sich befinden, den Zugang zu Techniken der assistierten Reproduktion zu ermöglichen. Das traditionelle Familienbild sei im Wandel, aber nicht zwingend mit negativen Auswirkungen für die betroffenen Kinder: Emotionale Bindungen könnten in diesen Familien ebenso aufgebaut werden wie in anderen und das Kind könne ebenso wie in anderen Familien ein Verständnis für seine Herkunft aufbauen, vorausgesetzt, und dies sei notwendig, es werde über die Art seiner Entstehung informiert. Diese Öffnung des Zugangs zu Fortpflanzungstechniken könnte durch geeignete Begleitmaßnahmen ergänzt werden, wie sie etwa auch bei Adoptionen bereits bestünden.[457] Leihmutterschaften hingegen sollten verboten bleiben: Es handle sich dabei um eine Ausbeutung von Frauen und eine Versachlichung der so gezeugten Kinder. Der *CCNE* empfiehlt ein internationales Übereinkommen zum Verbot von Leihmutterschaften.[458]

Der *Conseil d'État* hat, der Tradition entsprechend, ebenso im Juni 2018 eine Studie zur dritten Reform der *lois de bioéthique* veröffentlicht. Darin hat er, wie bereits erwähnt, eine Zulassung gleichgeschlechtlicher weiblicher Paare und alleinstehender Frauen zu den Techniken der assistierten Fortpflanzung begrüßt, jedoch auch gleichzeitig festgestellt, dass es keine rechtliche Pflicht gebe, diesen Personengruppen den Zugang zu diesen Techniken zu gewähren: Ein Recht auf ein Kind gebe es nicht. Der Gesetzgeber könne diesen Zugang eröffnen, müsse dies aber nicht tun.[459] Leihmutterschaften hingegen müssten verboten bleiben: Derartige Praktiken verstießen gegen wesentliche Prinzipien der *lois de bioéthique*, wie etwa gegen das Prinzip der Unverfügbarkeit des Körpers, an dem auch kein an andere übertragbares Vermögensrecht bestehe.[460] Hinsichtlich der Verfahren der Genom-Editierung richtete der *Conseil d'État* seine Aufmerksamkeit zunächst auf die Regelungslücke, die im Rahmen des Verbots der Zeugung transgener Embryonen bestehe: Lediglich wenn fremde DNA in das Genom eines Embryos eingebaut werde, was bei den Verfahren der Genom-Editierung nicht stets der Fall sei, sei das Verbot anwendbar. Der Gesetzgeber müsse also entweder diese Lücke schließen, wenn er Veränderungen am Genom von Embryonen nach wie vor für grundsätzlich unzulässig halte, oder das Verbot aufheben.[461] Ganz grundsätzlich hielt er das aktuelle Regelungssystem zur Forschung an Embryonen aber für kohärent und angemessen, lediglich kleinere Präzisierungen seien notwendig: So solle der Gesetzgeber etwa eine Frist für die in vitro-Kultivierung von Embryonen zu Forschungszwecken festlegen. Die Bestimmung dessen, wie lang diese Frist sein solle, obliege dem Gesetzgeber.[462] Hinsichtlich Keimbahninterventionen mit Auswirkung auf geborene Menschen wies der *Conseil d'État* auf bestehende ethische Probleme hin, wie etwa die Frage, ob es ein (rechtliches) Gebot gebe, ein etwaiges Erbgut der Menschheit zu

---

[457] *CCNE*, Avis n° 129, S. 120 ff.

[458] *CCNE*, Avis n° 129, S. 122 ff.

[459] *Conseil d'État*, Révision de la loi de bioéthique: quelles options pour demain?, S. 47 ff.

[460] *Conseil d'État*, Révision de la loi de bioéthique: quelles options pour demain?, S. 74 ff.

[461] *Conseil d'État*, Révision de la loi de bioéthique: quelles options pour demain?, S. 159 f.

[462] *Conseil d'État*, Révision de la loi de bioéthique: quelles options pour demain?, S. 182 ff.

schützen (ein Argument, dem er im Ergebnis wohl eher kritisch gegenüber steht). Eine Festlegung ob der (künftigen) Zulässigkeit von Keimbahninterventionen unterließ er jedoch.[463]

Die Stellungnahme des *OPECST* vom 25. Oktober 2018 zur Gesetzesreform fiel relativ knapp aus: Zu den hier relevanten Themen sprach sich das Komitee lediglich zu einer gesetzlichen Fixierung einer Zeitgrenze von 14 Tagen hinsichtlich der Kultivierung von Embryonen in vitro zu Forschungswecken aus und bestätigte, dass Forschung nur an überzähligen Embryonen zulässig sei.[464] Eine Empfehlung ob der Öffnung des Zugangs zu Techniken der assistierten Reproduktion für gleichgeschlechtliche weibliche Paare und alleinstehende Frauen unterblieb.[465]

Viele dieser Anregungen wurden im inzwischen bekannten Gesetzesentwurf berücksichtigt. So ist darin der Zugang von alleinstehenden Frauen und gleichgeschlechtlichen weiblichen Paaren zu Techniken der assistierten Reproduktion vorgesehen. (Fußnote einfügen: *Conseil d'État*, Avis sur un projet de loi relatif à la bioéthique, S. 4 ff.) Auch sollen Forschung an Embryonen und Forschung an embryonalen Stammzellen in Zukunft in gesonderten Vorschriften behandelt werden. Forschung an embryonalen Stammzellen muss der *ABM* in Zukunft nur noch angezeigt werden, nicht mehr genehmigt. Die *ABM* muss, wenn sie der Ansicht ist, die (im Wesentlichen gleich bleibenden) Voraussetzungen zur Zulässigkeit solcher Forschung seien nicht erfüllt, explizit ihre Ablehnung äußern. (Fußnote einfügen: *Conseil d'État*, Avis sur un projet de loi relatif à la bioéthique, S. 21 f.) Im Übrigen werden nun auch hiPS-Zellen künftig ausdrücklich in die gesetzlichen Regelungen einbezogen: Forschungsprojekte, die zum Ziel haben, Gameten oder mit Embryonen vergleichbare Entitäten aus hiPS-Zellen zu entwicklen, müssen ebenso der *ABM* angezeigt werden, die der Durchführung der Forschung wiederum widersprechen kann, wenn das Forschungsprotokoll oder dessen Umsetzung „ethische Prinzipien" missachten. (Fußnote einfügen: *Conseil d'État*, Avis sur un projet de loi relatif à la bioéthique, S. 22 f.) Hinsichtlich der Forschung an überzähligen Embryonen soll das Verbot der Zeugung transgener Embryonen aufgehoben werden, das Verbot der Zeugung chimärischer Embryonen um die Klarstellung ergänzt werden, hierbei handle es sich um das Verbringen von Zellen anderer Spezies in einen menschlichen Embryo. (Fußnote einfügen: *Conseil d'État*, Avis sur un projet de loi relatif à la bioéthique, S. 23.) Zudem gibt es künftig ein gesetzliches Verbot, Embryonen länger als 14 Tage in vitro zu kultivieren. (Fußnote einfügen: *Conseil d'État*, Avis sur un projet de loi relatif à la bioéthique, S. 22)

---

[463] *Conseil d'État*, Révision de la loi de bioéthique: quelles options pour demain?, S. 161 ff.

[464] *Eliaou und Delmont-Koropoulis (OPECST)*, Rapport au nom de l'Office Parlementaire d'Évaluation des Choix Scientifiques et Technologiques sur l'évaluation de l'application de la loi n° 2011-814 du 7 juillet 2011 relative à la bioéthique, S. 121 f.; für eine Verlängerung der Kultivierungsdauer, möglicherweise auch über 14 Tage hinaus: *Mission d'information sur la révision de la loi relative à la bioéthique (Assemblée nationale)*, Rapport d'information, S. 144.

[465] Zu diesem Thema und den Fragen, die sich stellen, wenn der Gesetzgeber eine solche Öffnung beschließt: *Eliaou und Delmont-Koropoulis (OPECST)*, Rapport au nom de l'Office Parlementaire d'Évaluation des Choix Scientifiques et Technologiques sur l'évaluation de l'application de la loi n° 2011-814 du 7 juillet 2011 relative à la bioéthique, S. 121.

3. Zusammenfassung

Die für diese Arbeit relevanten Vorschriften betreffen spezielle Verbote biomedizinischer Praktiken, die Zugangsvoraussetzungen zur medizinisch assistierten Reproduktion sowie die Zulässigkeit der Gameten- und Embryonenspende sowie die Modalitäten der Embryonenforschung. Der Wortlaut der aktuell geltenden Vorschriften (Stand Oktober 2019) soll im Folgenden widergegeben werden.

a. Spezielle Verbote biomedizinischer Praktiken

Art. 16 C. civ. regelt in allgemeiner Weise: Das Gesetz stellt den Vorrang des Menschen sicher, verbietet jeden Angriff auf seine Würde und garantiert die Achtung des menschlichen Wesens ab Beginn seines Lebens.

Art. 16-4 C. civ. legt in seinem Abs. 1 fest, dass niemand die Integrität der menschlichen Gattung beeinträchtigen darf. Dies ausgestaltend regelt Abs. 2 das Verbot jeder eugenischer Praktik, die auf die organisierte Selektion von Personen gerichtet ist. Abs. 3 verbietet jede Handlung, die das Ziel hat, ein Kind zur Welt zu bringen, das mit einer lebenden oder verstorbenen Person genetisch identisch ist. Nach Abs. 4 ist es verboten, unbeschadet der Forschung gerichtet auf Prävention und Behandlung genetischer Krankheiten, Veränderungen genetischer Eigenschaften mit dem Ziel, die Nachkommenschaft der Person zu verändern, herbeizuführen.

Im C. pén. befinden sich zwei Tatbestände unter der Überschrift „Straftaten gegen die menschliche Gattung". Art. 214-1 verbietet zum einen die Vornahme eugenischer Praktiken, die auf die organisierte Selektion von Personen gerichtet sind und bestraft diese Handlungen mit einer Freiheitsstrafe von 30 Jahren und einer Geldstrafe in Höhe von 7500.000 EUR. Zum anderen ist in Art. 214-2 C. pén. (wiedergegeben in Art. L. 2163-1 CSP) explizit das reproduktive Klonen verboten, also die Vornahme einer Handlung, die das Ziel hat, ein Kind zur Welt zu bringen, das mit einer lebenden oder verstorbenen Person genetisch identisch ist. Die Handlung wird mit einer Freiheitsstrafe von dreißig Jahren und mit einer Geldstrafe von 7500.000 EUR bestraft.[466]

Einige Vorschriften befinden sich zudem im 5. Buch („Von anderen Taten und Vergehen") im Kapitel „Von Straftaten im Bereich der Bioethik", die einige Vorbereitungshandlungen des Klonens unter Strafe stellen:

Gemäß Art. 511-1 C. pén. (widergegeben in Art. L. 2163-2 CSP) wird mit zehn Jahren Freiheitsstrafe und Geldstrafe von 150.000 EUR bestraft, wer Zellen oder

[466] Art. 214-3 C. pén. erhöht für beide Taten die Strafe auf eine lebenslange Freiheitsstrafe (inklusive Geldstrafe von 7500.000 EUR), wenn die Tat durch eine organisierte Bande begangen wird. Das sich Anschließen einer Gruppierung oder das Eingehen einer Vereinbarung, die sich im Hinblick auf die Vorbereitung zur Begehung des Straftatbestands der Klonierung oder eugenischer Praktiken gebildet hat oder zu diesem Zweck geschlossen wurden, werden ebenso bestraft (Art. 214-4 C. pén.).

Gameten mit dem Ziel entnimmt, ein Kind zur Welt zu bringen, das mit einem lebenden oder verstorbenen Menschen genetisch identisch ist.[467]

Die Ersatzmutterschaft ist verboten. Art. 16-7 C. civ. regelt die Nichtigkeit jeder Vereinbarung, die auf eine Fortpflanzung oder Schwangerschaft im Auftrag Dritter gerichtet ist. Gemäß Art. 227-12 Abs. 1 C. pén. wird mit sechs Monaten Freiheitsstrafe und 7500 EUR[468] Geldstrafe bestraft, wer entweder mit Gewinnerzielungsabsicht oder durch Spende, Versprechen, Drohung oder Machtmissbrauch die Eltern oder einen von beiden dazu bringt, ein geborenes oder noch zu gebärendes Kind abzugeben.[469]

b. Medizinisch assistierte Reproduktion

aa. Allgemeine Voraussetzungen der medizinisch assistierten Reproduktion

Die Zulässigkeitsvoraussetzungen der medizinisch assistierten Reproduktion sind in den Art. L. 2141-1 ff. CSP geregelt. Zum einen ist hierunter nach Art. L. 2141-1 CSP jede klinische und biologische Praktik zu verstehen, die die Befruchtung in vitro, die Konservierung von Gameten, von Keimgewebe und von Embryonen, den Embryonentransfer und die künstliche Insemination ermöglicht. Zum anderen sind dort die Zugangsvoraussetzungen geregelt. So darf die medizinisch assistierte Reproduktion nur bei einem Paar angewendet werden, bei dem eine Unfruchtbarkeit medizinisch festgestellt wurde bzw. wenn die Übertragung einer besonders schweren Krankheit auf das Kind oder den Partner verhindert werden soll. Mann und Frau müssen lebend und im fortpflanzungsfähigen Alter sein und vor der Übertragung des Embryos oder vor der Insemination einwilligen. Der Insemination oder der Übertragung des Embryos stehen der Tod eines Partners, das Einreichen eines Scheidungsantrags oder eines Antrags auf Trennung ohne Auflösung des Ehebandes oder die Beendigung des gemeinsamen Lebens sowie die schriftliche Rücknahme der Einwilligung durch einen der Partner entgegen (Art. L. 2141-2 CSP).

Gemäß Art. 511-24 C. pén. (wiedergegeben in Art. L. 2162-5 CSP) wird die Durchführung von Fortpflanzungsmaßnahmen zu anderen Zielen als denen in

---

[467] Gem. Art. 511-1-1 C. pén. (widergegeben in Art. L. 2163-2 CSP) ist auch strafbar, wer als französischer Staatsbürger oder als üblicherweise auf dem französischen Staatsgebiet Ansässiger die Tat im Ausland begeht. Gem. Art. 511-1-2 C. pén. macht sich zudem strafbar, wer durch Spende, Versprechen, Drohung, Befehl, Missbrauch von Autorität oder Macht einen anderen dazu bringt, sich Zellen oder Gameten entnehmen zu lassen, um ein Kind zu zeugen, welches mit einer anderen lebenden oder verstorbenen Person genetisch identisch ist. Die Tat wird mit drei Jahren Freiheitsstrafe und 45.000 EUR Geldstrafe bestraft. Mit derselben Strafe wird bestraft, wer Propaganda oder Werbung für Eugenik oder reproduktives Klonen betreibt.

[468] Seit 2002, ursprünglich 50.000 F.

[469] Nach Abs. 2 wird mit einem Jahr Freiheitsstrafe und 15.000 EUR (seit 2002, ursprünglich 100.000 F.) bestraft, wer mit Gewinnerzielungsabsicht zwischen einer Person, die ein Kind adoptieren will, und einem Elternteil, der sein geborenes oder noch zu gebärendes Kind abgeben will, vermittelt. Ebenso wird nach Abs. 3 bestraft, wer zwischen einer Person oder einem Paar, welches ein Kind aufnehmen will, und einer Frau, die sich bereit erklärt, dieses Kind auszutragen mit dem Ziel, ihnen dieses zu überlassen, vermittelt. Wird dies regelmäßig oder mit Gewinnerzielungsabsicht durchgeführt, werden die Strafen verdoppelt.

Art. 2141-2 CSP genannten mit Freiheitsstrafe in Höhe von 5 Jahren und einer Geldstrafe in Höhe von 75.000 EUR bestraft.

Welche biologischen Verfahren im Rahmen der medizinisch assistierten Reproduktion zur Anwendung kommen dürfen, regelt eine vom Gesundheitsminister nach Beratung durch die *ABM* festgelegte Liste (Art. L. 2141-1 und Art. R. 2141-1-3 CSP).[470] Was unter einem solchen biologischen Verfahren zu verstehen ist, regelt zunächst Art. R. 2141-1 CSP: Unter biologischen Verfahren, die bei der medizinisch assistierten Fortpflanzung zur Anwendung kommen, sind Methoden zur Aufbereitung („*préparation*") und Konservierung von Gameten und Keimgewebe, Methoden der In-vitro-Befruchtung und der Konservierung von Embryonen, sei es mit dem Ziel einer medizinisch assistierten Fortpflanzung oder mit dem Ziel der Erhaltung der Fruchtbarkeit, zu verstehen. In den Art. R. 2141-1 ff. CSP sind die Modalitäten der Aufnahme neuer Verfahren auf die Liste näher festgelegt.[471] Ein Verfahren ist nach der Definition der *ABM* dann neu, wenn eine Veränderung eines existierenden Verfahrens dergestalt vorliegt, dass ein zusätzlicher „kritischer Schritt"[472] oder eine zusätzliche Manipulation von Gameten, Keimgewebe oder Embryonen vorgenommen wird.[473]Art. R. 2141-1-1 CSP legt fest, welche Voraussetzungen für die Aufnahme eines neuen Verfahrens auf die Liste erfüllt sein müssen, so insbesondere die Beachtung der Art. 16 bis 16-8 des C. civ., der Art. L. 2151-2 CSP[474] und L. 2151-3 CSP[475] und der Ziele des Art. L. 2141-1 Abs. 5 CSP.[476] Zudem muss die Wirksamkeit, die Reproduzierbarkeit und, nach dem Stand der wissenschaftlichen Kenntnisse, die Sicherheit der Anwendung des Verfahrens für die Gesundheit der Frau und des Kindes hinreichend nachgewiesen sein. Um die Erfüllung dieser Voraussetzungen sicherzustellen, obliegen der *ABM* einige in Art. R. 2141-1-3 Abs. 1 und 2 CSP niedergelegte Pflichten, etwa die Analyse der vorhersehbaren Risiken

---

[470] Der Erlass ist abrufbar unter https://www.agence-biomedecine.fr/IMG/pdf/20120618_liste_procedesbioamp.pdf (zuletzt geprüft am 24.04.2018). Die dort genannten biologischen Verfahren sind die Aufbereitung des Spermas im Hinblick auf die Durchführung einer medizinisch assistierten Reproduktion, die In-vitro-Befruchtung mit oder ohne Mikromanipulation, das Einfrieren von Gameten, Keimgewebe und Embryonen und die In-vitro-Reifung von Eizellen. Die *ABM* stellt Unterlagen bereit, die diese Verfahren genauer beschreiben, siehe https://www.agence-biomedecine.fr/IMG/pdf/20131031_liste_procedes_amp_autorises.pdf (zuletzt geprüft am 24.04.2018).

[471] Erlassen durch Dekret n° 2012-360 vom 14. März 2012 (veröffentlicht im JO n° 65 vom 16.03.2012), inzwischen teils verändert durch nachfolgende Dekrete. Hier abgebildet sind die Vorschriften in ihrer aktuellen Fassung.

[472] „*Étape critique*", also ein wesentlicher Zwischenschritt. Ein solcher wesentlicher Zwischenschritt ist etwa bei dem Verfahren „Aufbereitung der Spermien" die Isolierung derselben sowie deren Reinigung, siehe https://www.agence-biomedecine.fr/IMG/pdf/20131031_liste_procedes_amp_autorises.pdf, S. 2 (zuletzt geprüft am 24.04.2018).

[473] Diese Definition eines „neuen Verfahrens" verfügbar unter https://www.agence-biomedecine.fr/Procedes-et-techniques-d-AMP?lang=fr#1 (zuletzt geprüft am 24.04.2018).

[474] Verbot der Zeugung von Embryonen zu Forschungszwecken und der Zeugung transgener und chimärischer Embryonen.

[475] Verbot der Zeugung von Embryonen zu industriellen oder geschäftsmäßigen Zwecken.

[476] Bevorzugung von Techniken und Verfahren, die es ermöglichen, die Zahl überzähliger Embryonen zu verringern.

und die Vorlage wissenschaftlicher Nachweise, wie etwa Veröffentlichungen oder Studien über Versuche an Tieren oder am Menschen im Inland oder Ausland. Wenn die Aufnahme auf die Liste durch die *ABM* verweigert wird, kann sie anregen, biomedizinische Forschung nach dem Modell der Art. R. 1125-14 bis Art. R. 1125-25 CSP[477] durchzuführen (Art. R. 2141-1-3 Abs. 3 CSP).[478]

Techniken, die auf der Liste auftauchende Verfahren lediglich verbessern und folglich nicht neu sind, werden durch den Generaldirektor der *ABM* genehmigt nach einer begründeten Stellungnahme des *conseil d'orientation* (Art. R. 2141-1-5 ff. CSP).

bb. Gameten- und Embryonenspende

Eine Fortpflanzung unter Rückgriff auf eine Gametenspende eines Dritten kann durchgeführt werden, wenn das Risiko der Übertragung einer besonders schweren Krankheit auf das Kind oder den Partner besteht, wenn eine medizinisch unterstützte Fortpflanzung bei Verwendung eigener Gameten nicht möglich ist, oder wenn das Paar auf eine solche Fortpflanzung unter ausschließlicher Verwendung eigener Gameten verzichtet, Art. L. 2141-7 CSP. Dem muss eine Beratung nach Art. 2141-10 CSP[479] vorausgehen. Die Gametenspende muss insbesondere anonym und unentgeltlich erfolgen (Art. L. 665-13 und L. 665-14 CSP).

Ein die Voraussetzungen des Art. L. 2141-2 CSP erfüllendes Paar kann einen Embryo aufnehmen, wenn eine medizinisch unterstützte Fortpflanzung bei Verwendung eigener Gameten nicht möglich ist oder wenn das Paar darauf verzichtet, Art. L. 2141-6 Abs. 1 CSP. Auch hier muss eine Beratung nach Art. L. 2141-10 CSP erfolgen. Der Spende bzw. der Übertragung des Embryos muss eine gerichtliche Genehmigung vorausgehen (Art. L. 2141-6 Abs. 2 CSP). Zudem erfolgt auch die Embryonenspende anonym und unentgeltlich (Art. L. 2141-6 Abs. 3 und 5 CSP).

Gemäß Art. 511-16 C. pén. (wiedergegeben in Art. L. 2162-2 CSP) wird bestraft, wer einen Embryo erhält, ohne die Voraussetzungen der Art. L. 2141-5[480] und L. 2141-6 CSP zu beachten. Die Tat wird mit Freiheitsstrafe von sieben Jahren und Geldstrafe von 100.000 EUR bestraft.

---

[477] Vorschriften zur Forschung im Rahmen medizinisch assistierter Fortpflanzung, also an Embryonen, die in einen weiblichen Uterus übertragen werden sollen, und an Gameten, die der Zeugung eines solchen Embryos dienen sollen.

[478] Dieser Verweis ist jedoch sehr widersprüchlich. Letztlich folgt hieraus, dass es erlaubt ist, obwohl ein Verfahren nicht sicher genug ist, um auf die Liste aufgenommen zu werden, im Hinblick auf dieses Verfahren mit Auswirkung auf geborene Menschen Forschung zu betreiben. Es ist eine Klarstellung notwendig, welche Maßnahmen erlaubt sein sollen.

[479] Dort ist geregelt, dass der medizinisch assistierten Fortpflanzung ein Beratungsgespräch vorangehen muss, dessen Inhalt in der Norm detailliert dargelegt ist.

[480] Einwilligungserfordernis der Eltern zur Freigabe ihres Embryos zu einer Spende.

c. Embryonenforschung

Forschung an Embryonen ist in zweierlei Hinsicht durchführbar:

Erstens ist die „gewöhnliche" Embryonenforschung mit dem Ergebnis ihrer Zerstörung erlaubt, Art. L. 2151-5 ff. CSP. Die Forschung muss wissenschaftlich relevant sein (Art. L. 2151-5 Abs. 1 Nr. 1), ein medizinisches Ziel verfolgen (Abs. 1 Nr. 2) und nach dem Stand der Wissenschaft nicht gleichermaßen ohne Rückgriff auf Embryonen durchführbar sein (Abs. 1 Nr. 3). Das Forschungsprojekt und seine Umsetzung müssen zudem die ethischen Prinzipien bzgl. Forschung an Embryonen beachten (Abs. 1 Nr. 4). Erlaubt ist Forschung nur an überzähligen Embryonen, die nicht mehr Gegenstand eines Kinderwunsches sind, nach Einwilligungserteilung des Erzeugerpaares oder des überlebenden Teiles dieses Paares, die nach dreimonatiger Überlegungsfrist nochmals bestätigt werden muss, sowie nach Aufklärung dieses Paares auch über andere Verwendungsmöglichkeiten ihrer Embryonen (Beendigung der Aufbewahrung oder Freigabe zur Spende), Art. 2151-5 Abs. 2 CSP.[481] Die Einwilligung kann ohne Benennung von Gründen solange widerrufen werden, wie mit der Forschung noch nicht begonnen wurde (Art. L. 2151-5 Abs. 2). Das Forschungsprojekt muss zudem durch die *ABM* nach Stellungnahme des *conseil d'orientation* genehmigt und den Ministern für Gesundheit und Forschung mitgeteilt werden (Art. L. 2151-5 Abs. 3 CSP). Verboten sind dabei „nur" einige spezifische Praktiken, wie die Erzeugung transgener oder chimärischer Embryonen (Art. L. 2151-2 Abs. 2 CSP) und die Herstellung von Embryonen zu Forschungszwecken, sei es durch Klonierung, sei es durch Befruchtung (Art. L. 2151-2 Abs. 1 CSP)[482]. Embryonen, die Gegenstand von Forschung waren, dürfen nicht in einen weiblichen Uterus übertragen werden (Art. L. 2151-5 Abs. 4 CSP). Einige der Handlungen sind strafrechtlich verboten. So ist es gem. Art. 511-18 C. pén. (wiedergegeben in Art. L. 2163-4 CSP) verboten, Embryonen zu Forschungszwecken in vitro zu zeugen oder durch Klonierung herzustellen. Die Tat wird mit sieben Jahren Freiheitsstrafe und Geldstrafe in Höhe von 100.000 EUR bestraft. Es ist ebenso gem. Art. 511-19 C. pén. (wiedergegeben in Art. L. 2163-6 CSP) verboten, Forschung an Embryonen ohne die hierfür erforderliche Erlaubnis durchzuführen bzw. eine solche Forschung durchzuführen, ohne dabei die gesetzlichen Vorgaben oder diejenigen, die in der Erlaubnis genannt sind, einzuhalten. Die Tat wird mit sieben Jahren Freiheitsstrafe und 100.000 EUR Geldstrafe bestraft.

[481] Das Paar wird im Übrigen jedes Jahr schriftlich kontaktiert und befragt, wie mit den Embryonen verfahren werden soll (Art. 2141-4 Abs. 2 CSP). Äußert sich das Paar zum Schicksal der Embryonen nach mehrmaligen Kontaktversuchen nicht oder sind sich die Partner nicht einig, wird die Aufbewahrung beendet, im ersten Fall nach fünf Jahren ab Beginn der Aufbewahrung (Art. 2141-4 Abs. 3 CSP).

[482] Dies ergibt sich auch aus Art. L. 2141-3 CSP, welcher allgemein regelt, dass Embryonen nur im Rahmen einer medizinisch assistierte Reproduktion in vitro erzeugt werden dürfen.

Im Übrigen ist nicht gesetzlich festgelegt, wie lange die Forschungsembryonen in vitro entwickelt werden dürfen. Gemäß Empfehlung des *CCNE* soll die Grenze bei sieben Tagen liegen.[483]

Zweitens darf gem. Art. L. 2151-5 Abs. 5 CSP als Ausnahme zu Abs. 4 unter den für die allgemeine Forschung am Menschen geltenden Voraussetzungen auch Forschung an Embryonen, die in einen weiblichen Uterus übertragen werden sollen, sowie an Gameten, die der Erzeugung eines solchen Embryos dienen sollen, durchgeführt werden. Die Zulässigkeit der Maßnahme richtet sich nach den für die Forschung am Menschen geltenden Bestimmungen (Art. L. 1121-1 ff. CSP). Dies bedeutet, so die Interpretation des *Conseil d'État*, dass die Forschung der Verbesserung der Effizienz der medizinisch assistierten Reproduktion oder der Heilung oder Prävention von Krankheiten des Embryos dienen muss. Dabei müssen insbesondere die Eltern einwilligen und die Maßnahme darf für den Embryo kein den Nutzen übersteigendes Risiko bergen. Die Genehmigung für diese Forschung erteilt die *ANSM*.

IV. Rechtliche Bewertung der Verfahren

Bei der nun folgenden Gesetzessubsumtion wird zwischen bloßer Forschung auf der einen Seite und der Anwendung der Techniken mit Auswirkung auf geborene Menschen auf der anderen unterschieden.

1. Grundlagenforschung und präklinische Forschung

Im Folgenden werden die Vorgaben des französischen Rechts hinsichtlich der Forschungsmaßnahmen mittels CRISPR/Cas9 an Embryonen, Eizellen im Vorkernstadium bzw. imprägnierten Eizellen und Gameten, mittels der Methoden des Mitochondrientransfers sowie der Forschung mit künstlichen Gameten aus hiPS-Zellen untersucht.[484]

a. Anwendung von CRISPR/Cas9 an Embryonen, Eizellen im Vorkernstadium und Gameten

aa. Forschung an Embryonen

Forschung an überzähligen Embryonen, also „fertig" befruchteten Eizellen, ist zulässig, wenn ein medizinisches Ziel verfolgt wird und eine entsprechende Genehmigung der *ABM* vorliegt, Art. L. 2151-5 CSP. Der Begriff der „medizinischen Zielsetzung" erfasst Grundlagenforschung und Forschung mit dem Ziel der Heilung,

---

[483] *CCNE*, Avis n° 112, S. 51 f., denn ab dem siebten Tag habe der Embryo ein Stadium erreicht, in dem er sich in einen weiblichen Uterus einpflanzen könne. Diese Grenze rechtfertige in ethischer Hinsicht einen Unterschied bei der Behandlung des Embryos. Siehe auch *Jacques*, Technosciences et responsabilités en santé, S. 215.

[484] Siehe einen groben Überblick hierzu bei Deuring, in: Taupitz und Deuring (Hrsg.), Rechtliche Aspekte der Genom-Editierung an der menschlichen Keimbahn (Kapitel „Überblick über die nationalen Regelungen", im Erscheinen).

Prävention und Diagnostik von Krankheiten, also Forschung, die mit CRISPR/Cas9 durchgeführt werden kann.

Allerdings könnten durch die Anwendung von CRISPR/Cas9 sog. „transgene Embryonen" entstehen, sodass diese Art der Forschung verboten wäre, Art. L. 2151-2 Abs. 2 CSP. Bei einem transgenen Embryo handelt es sich um einen solchen, in den eine exogene DNA-Sequenz eingeführt wurde. Die Entstehung eines so definierten transgenen Embryos nach Anwendung von CRISPR/Cas9 wurde bislang kaum in Frage gestellt: Die *Académie nationale de médecine* gibt dies dadurch konkludent zu verstehen, indem sie in ihrem Bericht über die Verwendung von CRISPR/Cas9 forderte, das Verbot der Zeugung transgener Embryonen zu Forschungszwecken abzuschaffen.[485] Erst der *CCNE* und der *Conseil d'État* warfen in zwei Stellungnahmen aus dem Jahre 2018 diesbezüglich Zweifel auf.[486] Hintergrund ist die Tatsache, dass die Verwendung von CRISPR/Cas9 gerade nicht den Einsatz einer exogenen DNA-Sequenz bedingt, die in das Genom des Embryos eingebaut wird, sondern der Komplex bewirkt genetische Korrekturen mittels zelleigener Bausteine durch NHEJ oder HDR. Aus wissenschaftlicher Sicht sind diese Modifizierungen nicht als Transgenese zu bewerten.[487] Bei strikter Anwendung der „*théorie de l'acte clair*" fallen CRISPR/Cas9-Experimente an Embryonen nicht unter Art. L. 2151-2 CSP.[488] Man könnte allenfalls überlegen, ob das vorübergehende Vorliegen der CRISPR/Cas9-Komponenten (sgRNA, Cas9-Protein in Form von DNA oder RNA) im Embryo diesen nicht jedenfalls zwischenzeitlich zu einem transgenen Embryo machen.[489]

---

[485] *Académie nationale de médecine*, Modifications du génome des cellules germinales et de l'embryon humains, S. 10. Die Norm beim Einsatz von CRISPR/Cas9 ebenfalls unkritisch besprechend *Legros*, RGDM 2016, (61), S. 159 (163 ff.).

[486] *CCNE*, Avis n° 129, S. 56; *Conseil d'État*, Révision de la loi de bioéthique: quelles options pour demain?, S. 159.

[487] *HCB*, „Nouvelles Techniques" – „New Plant Breeding Techniques", Première étape de la réflexion de HCB – Introduction générale, S. 5. Dabei wird ausdrücklich nur das Einfügen einer fremden DNA-Sequenz als „Transgenese" bezeichnet, nicht jedoch die Methoden der nicht-homologen End-zu-End-Verknüpfung und der homologen Rekombination. „Transgenese" auf das Einfügen exogener DNA beziehend auch *Bobek*, Schlussanträge des Generalanwalts Michael Bobek vom 18. Januar 2018, Rechtssache C-528/16, Rn. 43. Unklar insofern die Stellungnahme des *Conseil d'État*, der das Vebrot nur dann nicht als anwendbar erachtet, wenn die Verfahren der Genom-Editierung angewendet werden, um ein Gen zu inaktivieren, was einem NHEJ entspricht, siehe *Conseil d'État*, Révision de la loi de bioéthique: quelles options pour demain?, S. 159. Jedoch erfolgt auch, wie beschrieben, beim Verfahren des HDR streng genommen kein Einfügen einer exogenen DNA-Sequenz.

[488] So bereits *Deuring*, RGDM 2018, S. 97 (101).

[489] So das *Comité Scientifique* des *HCB* bzgl. Pflanzen, in denen diese Elemente („*effecteurs*": „*[...] les molécules [protéines ou acides nucléiques (ARN ou ADN)] utilisées afin d'obtenir la modification attendue dans la plante*") noch vorliegen. Das Vorliegen dieser Elemente *könne* zu einem transgenen Organismus führen, wobei an dieser Stelle nicht ganz sicher ist, ob das *Comité* erst nach einer Integration der fremden DNA-Sequenz die Transgenität des Organismus annimmt, siehe *HCB (Comité Scientifique)*, Avis sur les nouvelles techniques d'obtention de plantes (New Plant Breeding Techniques-NPBT), S. 9, auf S. 30 spricht es dann jedoch ausdrücklich von „*transgénèse transitoire*" (vorübergehender Transgenese), wenn die CRISPR/Cas9-Elemente in Form

Die Frage ist auch, wie es sich mit Forschung an toten oder nicht entwicklungsfähigen Embryonen verhält. Das Gesetz schweigt hierzu. Da es jedoch pauschal auf „Embryonen" abstellt, ohne weitere Qualifizierung derselben, müssen auch tote und nicht entwicklungsfähige Embryonen unter die Vorschriften über die Embryonenforschung subsumiert werden.

bb. Forschung an imprägnierten Eizellen und solchen im Vorkernstadium

Die Frage ist, ab welchem Entwicklungszeitpunkt von einem Embryo gesprochen werden kann. Wie verhält es sich insbesondere mit genetischen Eingriffen an Eizellen, in die ein Spermium bereits eingedrungen ist, eine Kernverschmelzung aber noch nicht stattgefunden hat? Von der Bejahung oder Verneinung der Embryoneneigenschaft hängt ab, ob Eingriffe an solchen Entitäten unter die Vorschriften über die Embryonenforschung fallen und folglich den Genehmigungsvoraussetzungen unterliegen. Entscheidend ist diese Frage auch deshalb, weil das Weiterkultivieren dieser Entitäten, verneinte man ihre Embryoneneigenschaft, zu einer verbotenen Zeugung eines Embryos zu Forschungszwecken führte, Art. L. 2151-2 Abs. 1 CSP. Der Gesetzgeber hat den Begriff des Embryos nicht definiert, auch die Literatur befasst sich so gut wie nicht mit dem Zeitpunkt des Existenzbeginns des Embryos, sondern lediglich mit dem juristischen Status (Person oder Sache) desselben.[490] Ab welchem Zeitpunkt dieser juristische Status allerdings überhaupt relevant wird, wird weitestgehend ausgespart.

Wenn überhaupt wird die Frage im Rahmen einer Entscheidung des EuGH zur Patentierbarkeit der Verwendung menschlicher Embryonen diskutiert.[491] In der Entscheidung hatte sich das Gericht für ein weites Verständnis des Embryobegriffs in Art. 6 Abs. 2 Buchst. c der Richtlinie 98/44/EG des Europäischen Parlaments und des Rates vom 6. Juli 1998 über den rechtlichen Schutz biotechnologischer Erfindungen[492] ausgesprochen, um einen möglichst umfassenden Schutz zu erreichen.

---

von DNA oder RNA in der Zelle vorliegen; siehe zu dieser Stellungnahme auch *Vigneau et al.*, Dictionnaire permanent santé, bioéthique, biotechnologies, Stichwort „organismes génétiquement modifiés", Rn. 142 (zitiert über *elnet*). Es ist im Übrigen auch nicht auszuschließen, dass ein Richter im Falle des Falles die Vorschrift so auslegen würde, dass genetische Veränderungen im Allgemeinen unter das Verbot fallen, um Gesetzeslücken zu vermeiden. Der Gesetzeswortlaut kann neuartige gentechnische Verfahren, die zu keiner (dauerhaften) Transgenese führen, nicht mehr erfassen, sodass die Vorschrift vor dem Hintergrund des technischen Fortschritts und unter Heranziehung des gesetzgeberischen Willens möglicherweise weit auslegt würde. Auch eine Analogiebildung ist, da es sich um keine strafrechtliche Norm handelt, nicht ausgeschlossen.

[490] Siehe etwa *Gillet-Hauquier*, RGDM 2015, (15), S. 125 (127 ff.); ausführlich auch zum Status des Embryos *Bellivier*, Le patrimoine génétique humain: étude juridique, S. 163 ff.

[491] Siehe statt vieler *Boulet*, RGDM 2012, (42), S. 133 (133 ff.); die fehlende Definition im französischen Recht feststellend und im Übrigen nur auf die Definition auf unionsrechtlicher Ebene eingehend *Buffelan-Lanore und Larribau-Terneyre*, Droit civil, S. 335 f.; die fehlende Defintion im französischen Recht ebenso feststellend *Bergoignan-Esper*, Feuillets mobiles Litec Droit médical et hospitalier, Fasc. 50, Mai 2018, Rn. 2 (zitiert über lexis360.fr).

[492] Als nicht patentierbar gilt „die Verwendung von menschlichen Embryonen zu industriellen oder kommerziellen Zwecken".

Insofern sei jede menschliche Eizelle vom Stadium ihrer Befruchtung an als „menschlicher Embryo“ anzusehen.[493] Dies lässt zum einen wieder offen, welcher Zeitpunkt für das Vorliegen der Voraussetzung „Befruchtung“ relevant sein soll. Zum anderen bestimmt der EuGH den Begriff lediglich für diese konkrete Vorschrift des Gemeinschaftsrechts. Er weist auf das unterschiedliche Begriffsverständnis in den verschiedenen Mitgliedstaaten hin und schließt gerade hieraus das Bedürfnis, ein einheitliches Verständnis des Embryobegriffs im Anwendungsbereich der Richtlinie festzulegen.[494]

Im französischen nationalen Recht spielte der Embryobegriff bislang hingegen eine mehr als untergeordnete Rolle.[495] Der *CCNE* beschränkte sich in einer seiner Stellungnahmen bei seiner Definition etwa auf die Formulierung des *Dictionnaire Robert*: „Sich entwickelnder Organismus; etwas, das zu sein beginnt, aber noch nicht vollständig ist.“[496] Auch anderorts beschränkte man sich auf Definitionen allgemeiner Wörterbücher der französischen Sprache: So sei ein Embryo ein „sich entwickelnder Organismus, ab der befruchteten Eizelle bis zum Erreichen einer zu autonomen und aktiven Leben fähigen Daseinsform.“[497] Genauere Ausführung zum Merkmal „befruchtet“ fehlen. Sofern tatsächlich konkretere Definitionsversuche unternommen werden, wird der Beginn der Embryoneneigenschaft tendenziell auf den frühestmöglichen Zeitpunkt datiert. So sei ein Embryo das Produkt der Befruchtung einer Eizelle durch ein Spermium, sobald die Befruchtung stattgefunden habe.[498] Als Befruchtung könne man dabei den Zeitpunkt des Eindringens des Spermiums in die Eizelle betrachten. Einen späteren Zeitpunkt mit der Befruchtung gleichzusetzen sei willkürlich. Ab Eindringen des Spermiums existiere ein biologisches Wesen, die unabhängige Existenz der Gameten ende.[499]

---

[493] *EuGH*, Brüstle/Greenpeace, C-34/10, Entscheidung vom 18. Oktober 2011, Rn. 35 (zitiert über http://curia.europa.eu/juris/document/document.jsf?text=&docid=111402&pageIndex=0&doclang=DE&mode=req&dir=&occ=first&part=1 (zuletzt geprüft am 24.04.2018)).

[494] *EuGH*, Brüstle/Greenpeace, C-34/10, Entscheidung vom 18. Oktober 2011, Rn. 28 (zitiert über http://curia.europa.eu/juris/document/document.jsf?text=&docid=111402&pageIndex=0&doclang=DE&mode=req&dir=&occ=first&part=1 (zuletzt geprüft am 24.04.2018)).

[495] Zum Folgenden bereits *Deuring*, RGDM 2018, S. 97 (101 f.).

[496] *CCNE*, Avis n° 54, S. 3.

[497] So *Gillet-Hauquier*, RGDM 2005, (15), S. 125 (126), verweisend auf die Definition des Wörterbuchs *Larousse*; ähnlich auch *Vigneau et al.*, Dictionnaire permanent santé, bioéhique, biotechnologies, Stichwort „embryon et fœtus in utero“, Rn. 1 (zitiert über *elnet*), wonach ein Embryo „das menschliche Wesen in den ersten Stadien seiner Entwicklung“ ist. Die Befruchtung der Eizelle durch das Spermium sei das „erste Ereignis des pränatalen Lebens“. Eine genauere Definierung des Ereignisses „Befruchtung“ findet dabei nicht statt. Auf die Befruchtung als maßgebliches naturwissenschaftliches Ereignis abstellend, ohne aber den Begriff der Befruchtung genauer zu spezifizieren, auch *Bergoignan-Esper*, Feuillets mobiles Litec Droit médical et hospitalier, Fasc. 50, Mai 2018, Rn. 2 (zitiert über lexis360.fr)

[498] *Dhonte-Isnard*, L’embryon humain in vitro et le droit, S. 74.

[499] *Dhonte-Isnard*, L’embryon humain in vitro et le droit, S. 90; den „Beginn embryonalen Lebens“ auf den Zeitpunkt der Imprägnation beziehend auch *CCNE*, Avis n° 8, S. 26, wie sich aus folgender chronologischer Beschreibung des Befruchtungsvorgangs ergibt: Im Rahmen des Befruchtungsprozesses träfen die Eizelle und das Spermium aufeinander. Die hieraus entstehende Zelle sei der

Die französische Rechtslage ist insofern unklar. Es empfiehlt sich, im Einklang mit den vereinzelten Stellungnahmen in der Literatur die Embryoneneigenschaft ab Imprägnation anzunehmen. Dies ermöglicht zum einen Forschung an solchen Entitäten, indem diese dann auch weiterkultiviert werden können, ohne gegen das Verbot des Zeugens von Embryonen zu Forschungszwecken zu verstoßen. Zum anderen dient diese Einordnung auch dem Schutz dieser Entitäten: Forschung bleibt erlaubt, aber nicht i.S.e. beliebigen Manipulation, sondern nur unter den Voraussetzungen des Art. L. 2151-5 CSP und nur nach Genehmigung der *ABM*.

cc. Forschung an Gameten und deren Vorläuferzellen

Die Anwendung von CRISPR/Cas9 an unbefruchteten Gameten bzw. deren Vorläuferzellen in vitro ist zulässig.[500] Sie dürfen lediglich nicht zur Zeugung eines Embryos verwendet werden.

b. Mitochondrientransfer

Der Mitochondrientransfer kann durch Zellkerntransfer durchgeführt werden, entweder zwischen zwei Eizellen im Vorkernstadium oder zwischen zwei unbefruchteten Eizellen. Der Kernaustausch zwischen zwei unbefruchteten Eizellen als Forschung an Gameten begegnet keinen rechtlichen Bedenken. Rechtlich unproblematisch ist auch der Transfer von Zytoplasma in eine fremde unbefruchtete Eizelle. Die Zeugung eines Embryos aus diesen Gameten wäre aufgrund des Verbots der Herstellung von Embryonen zu Forschungszwecken allerdings unzulässig, Art. L. 2151-2 CSP.

Der Kerntransfer zwischen zwei Eizellen im Vorkernstadium ist insofern problematisch, als wiederum unsicher ist, ob es sich hierbei bereits um Embryonen handelt oder nicht. Wäre dies der Fall, wären bereits für das Verfahren des Kerntransfers die

Beginn embryonalen Lebens. Während etwa 20 Stunden blieben die Kerne der Ei- und Samenzelle getrennt, dann näherten sie sich an und verschmölzen; auf den einheitlichen Entwicklungsprozess hinweisend und daraus die Schwierigkeit, unterschiedliche Behandlungen für die verschiedenen Stadien der Embryogenese zu rechtfertigen *Vigneau et al.*, Dictionnaire permanent santé, bioéthique, biotechnologie, Stichwort „embryon in vitro", Rn. 1 (zitiert über *elnet*).

[500] Forschung an menschlichen Zellen richtet sich grundsätzlich nach den Vorschriften über die Forschung am Menschen („*recherche impliquant la personne humaine*",) Art. L. 1121-1 ff. CSP. Gem. Art. L. 1121-2 CSP muss die Forschung insb. einer positiven Risiko-Nutzen-Abwägung (Risiken für die Person selbst oder die Forschung) standhalten und gem. Art. L. 1122-1-1 CSP von einer Einwilligung gedeckt sein (zur Einwilligung in die Entnahme von Körpermaterialien siehe Art. L. 1211-2 CSP). Forschung am Menschen bedarf der zustimmenden Bewertung des „*comité de protection des personnes*" (Art. L. 1121-4 CSP i.V.m. Art. L. 1123-1 CSP) und, je nach Forschungseingriff, einer Genehmigung der *ANSM* (Art. L. 1121-4 CSP i.V.m. Art. L. 1123-12 CSP). Eine Ausnahme hinsichtlich der Einwilligung besteht dann, wenn die Zellen im Rahmen einer Heilbehandlung oder Forschungsmaßnahme entnommen wurden und anschließend im Rahmen eines anderen Forschungsprojekts verwendet werden. In diesem Fall reicht es aus, wenn die Person, von der das Material stammt, über diese weitere Forschung informiert wurde und diesbzgl. keinen entgegenstehenden Willen kundtut (Art. L. 1211-2 Abs. 2 CSP). Siehe zur Forschung an menschlichen Materialen ausführlich, *Dupont*, Feuillets mobiles Litec Droit médical et hospitalier, Oktober 2011, Fasc. 34-2, Rn. 30 ff. (allerdings mit teilweise veralteter Rechtslage).

Art. L. 2151-1 ff. CSP anzuwenden, wäre das Vorhaben also genehmigungspflichtig. Dabei dürften auch nur Zellen, die bereits im Vorkernstadium vorhanden sind, und nicht mehr Gegenstand eines „Elternschaftsprojekts" sind, genutzt werden. Sie dürften nicht extra hergestellt werden. Handelte es sich nicht um Embryonen, wäre zum einen die Herstellung dieser Zellen erlaubt und zum anderen der Kerntransfer nicht von den Voraussetzungen der Art. L. 2151-1 ff. CSP abhängig. Das hieraus entstehende Produkt dürfte aber nicht weiterkultiviert werden, da ansonsten ein Embryo eigens zu Forschungszwecken hergestellt würde, Art. L. 2151-2 Abs. 1 CSP.

Mit dem Verfahren des Kerntransfers zwischen Eizellen im Vorkernstadium hatte sich im Jahre 2017 das *tribunal administratif* von Montreuil zu befassen.[501] Die *Fondation Jérôme Lejeune*[502] hatte sich gegen eine Forschungsgenehmigung der *ABM* gewendet und rügte, durch die Verfahren des Transfers der Pronuklei würden Embryonen zu Forschungszwecken gezeugt. Der Transfer von Vorkernen zwischen zwei Eizellen stelle im Übrigen auch eine Klonierung dar. Zudem würden transgene Embryonen erzeugt.

Zunächst ist festzustellen, dass sowohl die *ABM* als auch das Gericht den Eizellen im Vorkernstadium ganz offensichtlich Embryoneneigenschaft zusprachen, da sie weder die Notwendigkeit einer Forschungserlaubnis in Frage stellten noch eine Zeugung von Embryonen zu Forschungszwecken durch *Weiterkultivierung* der Zellen problematisierten. Dies unterstützt die hier vertretene These, wonach diese Zellen bereits als Embryonen gelten.

Das Gericht führte aus, es werde durch den Transfer selbst kein „neuer" Embryo gezeugt.[503] Dem ist zuzustimmen, da das Verfahren die Embryonen verändert, hierdurch aber kein neues Leben entsteht. Das Gericht wies zudem die Rüge zurück, wonach durch das Verfahren Embryonen geklont würden.[504] Auch diese Zurückweisung ist richtig, da kein mit einem anderen Menschen identischer Embryo entsteht.

Die Entstehung transgener Embryonen lehnte das Gericht jedoch vorschnell ab: Die Transgenese setze das Einfügen einer fremden DNA-Sequenz in ein Empfängergenom voraus, sodass eine sog. „rekombinante DNA" entstehe. Beim Verfahren des Kerntransfers erfolge ein solches Einfügen einer fremden DNA-Sequenz in das

---

[501] Siehe zu diesen Unklarheiten bzgl. des Begriffs des Embryos im CSP bereits *Deuring*, RGDM 2018, S. 97 (103 f.).

[502] Bei der *Fondation Jérôme Lejeune* handelt es sich um eine gemeinnützige Organisation, deren Ziel es ist, sich für Menschen mit genetisch bedingter geistiger Beeinträchtigung einzusetzen, siehe https://www.fondationlejeune.org/la-fondation/presentation/a-propos-de-la-fondation/ (zuletzt geprüft am 24.04.2018). Die Organisation versucht seit einigen Jahren, durch gerichtliche Klagen gezielt Forschungsgenehmigungen der *ABM* bzgl. Forschungsprojekten an Embryonen zu beseitigen, siehe *N.N.*, *Le Monde*, Artikel vom 30.03.2017.

[503] *Tribunal administratif* von Montreuil, 7. Juni 2017, n° 1610385, Fondation Jérôme Lejeune, Rn. 9 (Urteil verfügbar unter http://www.conseil-etat.fr/content/download/113053/1139677/version/1/file/1610385.pdf (zuletzt geprüft am 08.04.2019)).

[504] *Tribunal administratif* von Montreuil, 7. Juni 2017, n° 1610385, Fondation Jérôme Lejeune, Rn. 10 (Urteil verfügbar unter http://www.conseil-etat.fr/content/download/113053/1139677/version/1/file/1610385.pdf (zuletzt geprüft am 08.04.2019)).

Genom aber nicht.[505] Allerdings kann bereits das bloße Vorhandensein einer fremden DNA-Sequenz in einer Zelle die Transgenität begründen.[506] Die zwingende Voraussetzung einer Integration in das Genom, gar nur in das Kern-Genom, lässt sich nicht begründen. Durch den Kerntransfer werden DNA-Elemente verschiedener Herkunft kombiniert, sodass der hieraus entstehende Embryo transgen ist.

Dem Mitochondrienaustausch könnte in allen denkbaren Konstellationen, auch wenn von den Parteien nicht vorgetragen und daher vom Gericht nicht untersucht, zudem das Verbot der Erzeugung chimärischer Embryonen entgegenstehen. Eine Chimäre könnte vorliegen, denn die aus dem Kerntransfer entstehenden Embryonen enthalten Zellelemente verschiedener Herkunft. Allerdings setzt die Erzeugung einer Chimäre voraus, dass ein Organismus fremde Zellen aufnimmt, die sich dann miteinander bzw. nebeneinander weiterentwickeln. Bei diesem Verfahren aber setzt sich der Embryo nicht aus Zellen unterschiedlicher Herkunft zusammen, die sich miteinander mosaikartig weiterentwickeln, sondern es entsteht *eine* Zelle. Das hierausentstehende Produkt ist vielmehr mit einem zytoplasmischen Hybriden vergleichbar, der aber gerade keine Chimäre ist.[507]

c. Zeugung von Embryonen aus hiPS-Zellen

Die Herstellung von hiPS-Zellen und deren Ausdifferenzierung zu Gameten verstößt gegen kein gesetzliches Verbot. Eine Zeugung von Embryonen zu Forschungszwecken aus diesen Zellen ist hingegen verboten, Art. L. 2151-2 Abs. 1 CSP.

d. Ergebnis

Die Anwendung von CRISPR/Cas9 zu Forschungszwecken, sofern hiermit medizinische Zwecke verfolgt werden, ist an Gameten, deren Vorläuferzellen und überzähligen Embryonen möglich, letzteres mit entsprechender Genehmigung der *ABM*. Als Embryo ist bereits die imprägnierte Eizelle anzusehen, was allerdings einer Klarstellung des Gesetzgebers bedarf. Von der Genehmigungspflicht erfasst ist auch die Forschung mit toten Embryonen.

Als Embryonenforschung einzustufen ist auch der Vorkerntransfer zwischen Eizellen. Hierbei entstehen allerdings transgene Embryonen, sodass dieses Verfahren, entgegen der aktuellen Praxis der *ABM*, nicht genehmigungsfähig ist. Der Kerntransfer zwischen unbefruchteten Eizellen sowie der Zytoplasmatransfer sind als „bloße" Forschung am Menschen zulässig. Die so entstehenden Eizellen dürfen jedoch nicht zur Befruchtung verwendet werden.

---

[505] *Tribunal administratif* von Montreuil, 7. Juni 2017, n° 1610385, Fondation Jérôme Lejeune, Rn. 10 (Urteil verfügbar unter http://www.conseil-etat.fr/content/download/113053/1139677/version/1/file/1610385.pdf (zuletzt geprüft am 08.04.2019)).

[506] Siehe oben S. 174.

[507] Siehe oben S. 154 f.

Die Herstellung von künstlichen Gameten aus hiPS-Zellen ist ebenso ohne Genehmigung der *ABM* möglich. Diese Zellen dürfen lediglich nicht zur Befruchtung verwendet werden.

2. Anwendung der Techniken mit Auswirkung auf geborene Menschen

Hinsichtlich der Anwendung der Techniken mit dem Ziel der Zeugung geborener Menschen soll zwischen der Verwendung gentechnischer Methoden zur Bestimmung der genetischen Konstitution des Nachkommens auf der einen Seite und der Verwendung solcher Methoden zur Ermöglichung der Fortpflanzung unterschieden werden.

a. Verwendung gentechnischer Methoden zur genetischen Bestimmung des Nachwuchses des Kindes

Gentechnische Methoden zur Bestimmung der genetischen Konstitution des Nachkommens sind die Anwendung des CRISPR/Cas9-Komplexes zur Heilung oder sonstigen Verbesserung des Nachwuchses sowie die Verfahren des Mitochondrientransfers.

aa. CRISPR/Cas9

Das grundsätzliche Verbot des Art. 16-4 Abs. 4 C. civ. steht der Keimbahntherapie mit Auswirkung auf geborene Menschen, unabhängig ihrer Zielsetzung, entgegen. Eine Veränderung der Nachkommenschaft wäre mit jeder Zielsetzung gegeben, sei sie therapeutischer, präventiver oder verbessernder Natur.[508]

Auf der anderen Seite steht Art. L. 2151-5 Abs. 5 CSP, welcher Eingriffe an Gameten und Embryonen im Rahmen medizinisch assistierter Fortpflanzung zulässt, sofern, so die Auslegung des *Conseil constitutionnel*, diese mit einem Nutzen für den Embryo verbunden ist, also diesen vor Krankheiten schützt oder solche heilt. Diese Zielsetzung entspricht einer Keimbahntherapie zu therapeutischen oder präventiven Zwecken. Allerdings kann sich die Norm wie bereits gesehen nicht über das Verbot des Art. 16-4 Abs. 4 C. civ. hinwegsetzen, sondern ist im Zusammenhang mit diesem zu lesen.

Die Würde des Menschen (oder der Menschheit)[509] hat der Gesetzgeber bei Erlass der *lois de bioéthique* nicht als Grund für ein Verbot der Keimbahntherapie genannt, bzw. Art 16 C. civ. wurde nicht als Schranke für vererbliche gentherapeutische Eingriffe geschaffen. Der Artikel sollte als „Schutzwall" gegen die Instrumentalisierung des Menschen und seines Körpers zu wissenschaftlichen Zwecken

[508] Siehe einen groben Überblick hierzu bei *Deuring*, in: Taupitz und Deuring (Hrsg.), Rechtliche Aspekte der Genom-Editierung an der menschlichen Keimbahn (Kapitel „Überblick über die nationalen Regelungen", im Erscheinen).

[509] So wohl *Binet*, JurisClasseur Civil Code, Fasc. 30, März 2014, Rn. 19 (zitiert über lexis360.fr), wonach Art. 16 die Menschheit in ihrer „nicht biologischen Dimension" schütze.

dienen. Aber auch darüber hinaus kann die Würde gegen all das, was auf die „Erniedrigung der menschlichen Person" abzielt, angeführt werden.[510] So könnte dieser Artikel auch einer Keimbahntherapie im Wege stehen, wenn sich diese als Verstoß gegen die Würde des keimbahnveränderten Menschen darstellte. Die Würde ist dabei ein Prinzip, das sich bereits aus der Präambel der Verfassung von 1946 ableiten lässt und durch den Verweis der aktuellen Verfassung auf diese Präambel Geltung erlangt.[511] Die ausdrückliche Nennung im C. civ. ist folglich lediglich eine Art Erinnerung des Gesetzgebers.[512] Das Gebot der Würde schützt vor jeder Art von Unterjochung und Herabwürdigung.[513] Der Mensch darf also nicht zu einem Zweck, der ihm fremd ist (Unterjochung), wie ein Objekt behandelt werden (Herabwürdigung).[514] Beachtlich ist in diesem Zusammenhang wieder, dass ein Verstoß gegen Art. 16 C. civ., also ein Verstoß gegen die Würde, sanktionslos bleibt, also in keiner Vorschrift Konsequenzen für den Fall eines Verstoßes geregelt sind.[515] Die Frage, ob die Keimbahntherapie, bezogen auf den künftigen geborenen Menschen, mit ihren diversen Zielsetzungen einen Würdeverstoß darstellt, kann an dieser Stelle nicht abschließend beantwortet werden.[516] Es soll lediglich darauf hingewiesen werden, dass Art. 16 C. civ. zu berücksichtigen ist. Ob die Würde wie im deutschen Recht abwägungsresistent ist, ist im Übrigen umstritten.[517]

Das Eugenikverbot der Art. 16-4 Abs. 2 C. civ. und Art. 214-1 C. pén. erfasst die hier untersuchte Vorgehensweise nicht, solange sie nicht in einem organisierten Rahmen durchgeführt wird. Individuelle Entscheidungen der Eltern über das So-

---

[510] *Beignier und Binet*, Droit des personnes et de la famillle, S. 127.

[511] *CC*, 27. Juli 1994, n° 94-343/344 DC (verfügbar unter https://www.conseil-constitutionnel.fr/decision/1994/94343_344DC.htm (zuletzt geprüft am 08.04.2019)). Die Würde des Menschen sei daher ein Prinzip mit Verfassungsrang.

[512] *Mathieu*, La Bioéthique, S. 34; auf die Existenz des Prinzips der Menschenwürde auch vor der ausdrücklichen Erwähnung durch den Gesetzgeber hinweisend auch *Molfessis*, in: Pavia und Revet (Hrsg.), La dignité de la personne humaine, S. 107 (113 ff.).

[513] *CC*, 27. Juli 1994, n° 94-343/344 DC (verfügbar unter https://www.conseil-constitutionnel.fr/decision/1994/94343_344DC.htm (zuletzt geprüft am 08.04.2019)).

[514] *Mathieu*, La Bioéthique, S. 34.

[515] *Molfessis*, in: Pavia und Revet (Hrsg.), La dignité de la personne humaine, S. 107 (110).

[516] Hierzu ausführlich unten im verfassungsrechtlichen Teil S. 266 ff. Einen Würdeverstoß bei verbessernden, also eugenischen Maßnahmen jedenfalls annehmend *Vigneau et al.*, Dictionnaire permanent santé, bioéthique, biotechnologies, Stichwort „eugénisme", Rn. 28 (zitiert über *elnet*).

[517] Dafür *Mathieu*, La Bioéthique, S. 38 mit Verweis auf Entscheidungen des *Conseil constitutionnel*: So hatte der *Conseil constitutionnel* in seiner Entscheidung vom 27. Juli 1994 das Würdeprinzip als unabdingbar bezeichnet, allerdings inzwischen relativiert durch seine Entscheidung zum Schwangerschaftsabbruch, siehe *CC*, 27. Juni 2001, n° 2001-446 DC, verfügbar unter http://www.conseil-constitutionnel.fr/conseil-constitutionnel/francais/les-decisions/acces-par-date/decisions-depuis-1959/2001/2001-446-dc/decision-n-2001-446-dc-du-27-juin-2001.505.html (zuletzt geprüft am 08.04.2019), in der das Gericht das Würdeprinzip in eine Abwägung eingestellt hat: Das Gericht spricht von einem „Gleichgewicht" des Würdeprinzips auf der einen Seite und der Freiheitsrechte der Frau auf der anderen (mit der Folge der Verfassungsmäßigkeit der Vorschriften zum Schwangerschaftsabbruch); *Jackson*, RGDM 2000, (4), S. 67 (70); dagegen *Molfessis*, in: Pavia und Revet (Hrsg.), La dignité de la personne humaine, S. 107 (122 ff.).

Sein ihres Kindes werden von diesen Normen nicht erfasst.[518] Das Gebot der strikten Auslegung strafrechtlicher Gesetze steht einer Analogiebildung entgegen.[519]

bb. Mitochondrientransfer

Die Methoden des Mitochondrientransfers führen durch das Zusammenführen von DNA unterschiedlicher Herkunft zur Entstehung transgener Embryonen, sodass die Verfahren nach Art. L. 2151-2 Abs. 2 CSP verboten sind.[520] Darüber hinaus stellt sich die Frage, ob der Anwendung dieser Verfahren zu Fortpflanzungszwecken noch weitere Vorschriften entgegenstehen.

aaa. Methode des Zellkerntransfers

Der Mitochondrientransfer setzt zunächst das Spenden einer fremden unbefruchteten oder sich im Vorkernstadium befindlichen Eizelle voraus. Eizell- und Embryonenspenden sind im französischen Recht erlaubt. Hierfür reicht es bereits, dass die Eltern die Übertragung einer Krankheit auf ihren Nachwuchs verhindern wollen (Art. L. 2141-6 CSP und Art. L. 2141-7 CSP). Eine solche Situation liegt letztlich auch vor, wenn die Eltern das Vererben defekter Mitochondrien verhindern wollen. Problematisch ist allerdings, dass die Eizelle im Vorkernstadium nach hier vertretener Ansicht bereits als Embryo i.S.d. CSP gilt, sodass ein zulässiger Mitochondrientransfer die Verwendung überzähliger Eizellen im Vorkernstadium als Empfängerzellen der zu transferierenden Vorkerne voraussetzte. Sie dürfen nicht extra für den Mitochondrientransfer hergestellt werden. Beachtlich ist auch, dass diese Zellen bei der weiteren Vorgehensweise nicht lediglich gespendet, sondern dabei durch die Entkernung auch zerstört, mindestens aber beschädigt, werden. Allerdings erlaubt das französische Recht nicht nur eine Spende von überzähligen Embryonen, sogar einen zerstörerischen Umgang mit denselben. Der Mitochondrientransfer, folglich irgendwo zwischen Gameten- bzw. Embryonenspende und deren Zerstörung einzuordnen, fügt sich in das französische Regelungssystem über den Umgang mit überzähligen Embryonen und die medizinisch assistierte Fortpflanzung grundsätzlich ein.

Allerdings könnte das Verbot des Art. 16-4 Abs. 4 C. civ. dem Mitochondrientransfer entgegenstehen.[521] Dieses spricht von einem Verbot „der Veränderung genetischer Merkmale, um die Nachkommen zu verändern." *Inserm* verweist auf eine entsprechende Genehmigung in Großbritannien und führt aus, allerdings ohne dies

---

[518] Auf die kollektive Dimension des Eugenikverbots hinweisend *Mistretta*, Droit pénal médical, S. 377.

[519] Dieses Gebot wird von der Rechtsprechung jedoch nicht konsequent angewendet. Es ist folglich nicht auszuschließen, dass ein Gericht anders entscheiden würde.

[520] Streng genommen könnte man sich an dieser Stelle die Frage stellen, ob das Verbot nicht auf reine Forschungsmaßnahmen begrenzt ist, da sich die Vorschrift im Abschnitt über Forschung an Embryonen befindet. Allerdings verbietet die Vorschrift selbst allgemein die Zeugung transgener Embryonen, der Wortlaut selbst erwähnt die Forschung nicht, sodass sich diese Norm auf die Herstellung transgener Embryonen im Allgemeinen anwenden lässt.

[521] Siehe zum Folgenden bereits *Deuring*, RGDM 2018, S. 97 (106 f.).

unmittelbar an Art. 16-4 Abs. 4 C. civ. festzumachen, der Mitochondrientransfer sei zwar auch eine Art der Keimbahnveränderung, es erfolge aber keine „externe, absichtliche“ Veränderung der DNA. Die Maßnahme sei eher vergleichbar mit einer Organellenspende, ohne dass dabei die Bestandteile der Organelle verändert würden. Zudem codierten die Gene der Mitochondrien nicht für sichtbare (Augenfarbe) oder erstrebte (Größe) Eigenschaften, sondern lediglich für grundlegende Enzyme des Metabolismus.[522] In dieser Aussage schwingt eine gewisse Unbedenklichkeitsbewertung dieser Maßnahme mit. Allerdings ergibt sich aus dem Wortlaut und dem Sinn und Zweck des Art. 16-4 Abs. 4 C. civ. nicht, dass sich die Veränderung auf sichtbare Merkmale beziehen bzw. mit einer Modifizierung der DNA-Struktur herbeigehen müsste. Eine Veränderung genetischer Merkmale liegt auch vor, wenn diese neu kombiniert werden, ohne jeweils strukturell beeinflusst zu werden.[523] Auch muss sich eine „Veränderung der Nachkommen“ nicht zwingend auf sichtbare Eigenschaften beziehen: Verändert ist der Nachkomme auch, wenn mit den Worten des Ethikkomitees von *Inserm* dessen „grundlegende Enzyme des Metabolismus“ anders (bzw. richtig) funktionieren. Der Maßstab der Veränderung ist nicht ausschlaggebend.[524] Alles andere wäre eine in Art. 16-4 Abs. 4 C. civ. nicht angelegte enge Auslegung. Auch der Schutzzweck der Integrität der menschlichen Gattung spricht für eine grundsätzliche Unantastbarkeit des Erbguts: Ob sichtbar oder nicht, ob mit Veränderung der DNA-Struktur oder nicht, das Erbgut als Teil der Eigenart der menschlichen Gattung soll insgesamt einem Zugriff entzogen sein. Auch der mit Art. 16-4 Abs. 4 C. civ bezweckte Gesundheitsschutz lässt sich (aktuell noch) anführen, da längst nicht alle Sicherheitsbedenken ausgeräumt sind.[525] Eine solche Auslegung entspricht im Übrigen auch dem Verbot des Art. 13 BMK, welches für Frankreich schließlich bindend ist: Art. 13 BMK verbietet eine Veänderung des *Genoms* der Nachkommen. Von auf phänotypischer Ebene sichtbaren Veränderung ist nicht die Rede. Folglich ist es im Einklang mit den internationalen Vorgaben, auch im nationalen Recht eine Veränderung auf genetischer Ebene aussreichen zu lassen, ohne weitere Anforderungen an diese Veränderung zu stellen. Art. 16-4 Abs. 4 C. civ. verbietet folglich die Verfahren des Mitochondrientransfers.[526] Art.

---

[522] *Inserm*, Saisine concernant les questions liées au développement de la technologie CRISPR, S. 10.

[523] *Inserm* spricht von „Veränderung“ i.S.v. „Austausch“ (*„modifier, au sens ici de remplacement“*), siehe *Inserm*, Saisine concernant les questions liées au développement de la technologie CRISPR S. 10. *Inserm* spricht also das in Deutschland diskutierte Problem, ob ein „Austausch“ überhaupt eine „Veränderung“ sein kann, nicht an. Als Austausch muss die Handlung jedoch noch nicht einmal betrachtet werden, da ja die DNA der Zelle *insgesamt* verändert wird.

[524] Abgesehen davon ist auch das Haben bzw. Nicht-Haben einer mitochondrialen Krankheit nach außen durchaus sichtbar, sodass schon die Aussage, die Veränderung beziehe sich nicht auf sichtbare Eigenschaften, nicht ganz richtig ist.

[525] Das Bestehen von Sicherheitsfragen unterstreichend: *Inserm*, Saisine concernant les questions liées au développement de la technologie CRISPR S. 11.

[526] So auch *Astrid Marais*, zitiert über http://actu.dalloz-etudiant.fr/focus-sur/article/la-conception-dun-enfant-a-trois-parents/h/ab42fdb1c884c09935a02b449c5e5adb.html (zuletzt geprüft am 24.04.2018).

L. 2151-5 Abs. 5 CSP, der Eingriffe an Embryonen, sofern sie diesem nützen und eine Risiko-Nutzen-Abwägung positiv ausfällt, erlaubt, kann sich wie bereits erwähnt darüber nicht hinwegsetzen.[527]

Der Transfer der Vorkerne zwischen zwei Eizellen verstößt schließlich nicht gegen das Klonierungsverbot der Art. 16-4 Abs. 3 C. civ., Art. L. 214-2 C. pén. und Art. L. 2163-1 CSP.[528]

bbb. Methode des Zytoplasmatransfers

Auch durch den Zytoplasmatransfer wird die Nachkommenschaft verändert. Art. 16-4 C. civ ist wie beschrieben nicht auf Veränderungen der Kern-DNA beschränkt.

b. Verwendung gentechnischer Methoden zu Ermöglichung der Fortpflanzung

Der CRISPR/Cas9-Komplex kann auch zur bloßen Ermöglichung einer Fortpflanzung verwendet werden. Diesen Zweck erfüllt auch die Nutzung von aus hiPS-Zellen hergestellten Gameten.

aa. Verwendung von CRISPR/Cas9

Wird CRISPR/Cas9 verwendet, um Spermatogonien so zu bearbeiten, dass sie sich zu funktionsfähigen Spermien ausdifferenzieren können, wird das Genom des künftigen Menschen genetisch verändert, da die Veränderung vererblich ist: Die Korrektur liegt in all seinen Zellen, auch in seinen Keimzellen vor, selbst wenn sich diese genetische Veränderung bei ihm nicht weiter auswirken mag.[529]

Art. 16-4 Abs. 4 C. civ. setzt aber eine Handlung mit dem *Ziel* voraus, die Nachkommenschaft zu verändern. Die Frage ist nun, ob an die Art oder das Ziel der Veränderung bestimmte Voraussetzungen zu knüpfen sind, die im hier behandelten Fall gerade nicht vorliegen. So könnte etwa eine rein genetische Veränderung der Nachkommenschaft ohne *irgendeine* beabsichtigte weitere Auswirkung bei selbiger nicht ausreichend sein. Aber hierfür ist im Wortlaut des Art. 16-4 Abs. 4 C. civ. nichts

---

[527] Anders ohne Erwähnung des Art. 16-4 Abs. 4 CC offenbar Professor *Alain Privat*, der in diesem „Freibrief" den Weg zum 3-Eltern-Kind eröffnet sieht, *N.N.*, Génètique, Artikel vom 24.04.2015.

[528] Siehe oben S. 123.

[529] Es ist im Übrigen nicht gesagt, dass sich das reparierte Gen nicht weiter auswirkt. So exprimiert etwa ein für die Spermatogenese verantwortliches Gen namens Tex11 in männlichen Keimzellen, also dann natürlich auch in denen des männlichen Nachkommen. Ist der Nachkomme also ein Mann, funktioniert es jedenfalls bei diesem weiter in der korrigierten Art und Weise, sodass es insofern auch das So-Sein des Menschen bestimmt. Ist der Nachkomme eine Frau, bleibt das reparierte Gen nur dann „stumm", wenn es nicht auch noch andere Funktionen wahrnimmt. Diese (möglichen) Auswirkungen sind aber nicht primäres Ziel der Maßnahme: Es geht nicht darum, den künftigen Menschen in seinen genetischen Eigenschaften zu bestimmen, sondern ihn überhaupt zu zeugen. Die Auswirkung des Gens bei diesem Menschen ist eher ein Nebeneffekt.

angelegt. Es werden keine besonderen Anforderungen an die Art der Veränderung der Nachkommenschaft aufgestellt, sodass jede genetische Veränderung erfasst ist. Problematisch ist insofern allerdings, ob diese (genetische) Veränderung der Nachkommenschaft auch das Ziel der Maßnahme ist. Dies muss man bejahen, wenn man „Ziel" lediglich als Gegenstück zur ungewollten Keimbahnveränderung begreift, etwa als unbeabsichtigte Folge einer Therapie. Ein solches Verständnis kann deshalb unterstellt werden, weil der Gesetzgeber solche unbeabsichtigten Veränderungen der Keimbahn gerade nicht als von Art. 16-4 Abs. 4 C. civ. erfasst sehen wollte und daher einiges dafür spricht, dass die gewählte Formulierung gerade diesen Ausschluss ermöglichen soll.[530] Unbeabsichtigt ist die Veränderung in dem hier behandelten Fall der Anwendung von CRISPR/Cas9 ja nun gerade nicht, sondern der Eingriff in die Keimbahn erfolgt gezielt. Zudem wollte der Gesetzgeber das Erbgut der Menschheit einem Zugriff vollständig entziehen und folglich lückenlos alle vererblichen genetischen Eingriffe erfassen, zum Schutz der gesamten menschlichen Gattung. Er sah auch in einer Entwicklung entsprechender Techniken die Gefahr einer möglichen künftigen Anwendung zu eugenischen Zielen. Den ersten Schritt dorthin könnte bereits die Verwendung von CRISPR/Cas9 „nur" zur Korrektur von Genen zur Ermöglichung der Fortpflanzung darstellen.

bb. Verwendung von hiPS-Zellen zu Fortpflanzungszwecken

Die Verwendung von hiPS-Zellen zu Fortpflanzungszwecken ist in verschiedenen Konstellationen denkbar. Auf diese Art können sich Mann und Frau fortpflanzen oder zwei Frauen oder zwei Männer (letztere bei gleichzeitiger Inanspruchnahme einer Leihmutter) oder in der Theorie sogar eine Frau bzw. ein Mann (letzterer wieder nur bei gleichzeitiger Inanspruchnahme einer Leihmutter) allein, ohne Rückgriff auf eine fremde Gamete.

Eine Fortpflanzung unter Verwendung von hiPS-Zellen setzt auf jeden Fall eine Befruchtung in vitro oder eine künstliche Insemination voraus, also die Anwendung von Fortpflanzungstechniken i.S.d. Art. L. 2141-1 CSP. Der Zugang zu solchen Techniken ist jedoch nur einem ganz bestimmten Personenkreis eröffnet: einem unfruchtbaren Paar, bestehend aus Mann und Frau. Alle anderen Personen (gleichgeschlechtliche Paare, alleinstehende Frauen oder Männer) sind von vornherein ausgeschlossen.

Um aber wenigstens heterosexuellen Paaren zur Verfügung zu stehen, müsste es sich bei der Herstellung und Verwendung von hiPS-Zellen bzw. von Gameten aus diesen Zellen um erlaubte „biologische Verfahren der medizinisch assistierten Reproduktion" i.S.d. vom Gesundheitsminister nach Beratung durch die *ABM* erlassenen Liste handeln (Art. L. 2141-1 und Art. R. 2141-1-3 CSP).[531] Die dort genannten

[530] *Bignon* (*Assemblée nationale*), Rapport n° 1062 (1994), S. 35 („*[…] ne peut „avoir pour objet" d'altérer la descendance de l'intéressé: cela exclut l'hypothèse où l'on n'a pas cherché à modifier la descendance mais où la thérapie employée se révèle ultérieurement avoir des incidences accidentelles dans la transmission génétique (par exemple dans l'hypothèse d'une chimiothérapie)*."

[531] Siehe zum Folgenden bereits *Deuring*, RGDM 2018, S. 97 (107 f.).

aktuell erlaubten biologischen Verfahren sind: die Aufbereitung des Spermas im Hinblick auf die Durchführung einer medizinisch assistierten Reproduktion, die In-vitro-Befruchtung mit oder ohne Mikromanipulation, das Einfrieren von Gameten, Keimgewebe und Embryonen und die In-vitro-Reifung von Eizellen.[532] Die Herstellung von Gameten aus hiPS-Zellen ist dort nicht genannt. Allenfalls könnte, etwa für die Herstellung von Spermien, ein „Aufbereiten des Spermas in vitro" vorliegen. Bislang sind die beiden anerkannten Schritte für eine solche Aufbereitung aber lediglich die Isolierung und die Reinigung der Spermien.[533] Die künstliche Spermienherstellung geht darüber hinaus und ist folglich aktuell nicht zulässig.

Aus diesem Grund müsste die Herstellung von Gameten aus hiPS-Zellen als neues Verfahren in die Liste aufgenommen werden. Hierfür müsste die Herstellung unter die allgemeine Definition „biologisches Verfahren zur medizinisch assistierten Fortpflanzung" fallen. Unter einem solchen biologischen Verfahren werden Methoden zur Aufbereitung („*préparation*") und Konservierung von Gameten und Keimgewebe, Methoden der In-vitro-Befruchtung und der Konservierung von Embryonen, sei es mit dem Ziel einer medizinisch assistierten Fortpflanzung oder mit dem Ziel der Erhaltung der Fruchtbarkeit, verstanden (Art. R. 2141-1 CSP). Die künstliche Gametenproduktion kann als eine Art Aufbereitung von Gameten verstanden werden. Es handelte sich auch um ein neues Verfahren, da nichts Vergleichbares bislang in der Liste vorgesehen ist und zahlreiche neue „kritische", also wesentliche, Zwischenschritte verglichen mit der bisher durchgeführten Art der Aufbereitung von Gameten notwendig sind.

In den Art. R. 2141-1-1 ff. CSP sind die weiteren Voraussetzungen festgelegt, nach denen ein Verfahren auf die Liste aufgenommen werden kann. So müssen insbesondere die Prinzipien der Art. 16 bis 16-8 des C. civ., der Art. L. 2151-2 CSP[534] und L. 2151-3 CSP[535] sowie die Ziele des Art. L. 2141-1 Abs. 5 CSP[536] beachtet werden. Zudem muss die Wirksamkeit, die Reproduzierbarkeit und, nach dem Stand der wissenschaftlichen Kenntnisse, die Sicherheit der Anwendung des Verfahrens für die Gesundheit der Frau und des Kindes hinreichend nachgewiesen sein.

Insbesondere ist die Frage, ob die Art. 16 bis 16-8 C. civ. der Verwendung von hiPS-Zellen zu Fortpflanzungszwecken im Wege stehen. Art. 16 C. civ. statuiert das Gebot, die Würde des Menschen zu achten, also das Gebot, einen Menschen nicht zu einem Objekt zu degradieren und ihn nicht zu einem fremden Zweck zu instrumentalisieren. Diese Problematik kann an dieser Stelle, wie schon zuvor, nicht in vollem

---

[532] Der diese Liste festlegende Erlass ist abrufbar unter https://www.agence-biomedecine.fr/IMG/pdf/20120618_liste_procedesbioamp.pdf (zuletzt geprüft am 24.04.2018). Die *ABM* stellt Unterlagen bereit, die diese Verfahren genauer beschreiben. Diese Unterlagen sind verfügbar unter https://www.agence-biomedecine.fr/IMG/pdf/20131031_liste_procedes_amp_autorises.pdf (zuletzt geprüft am 08.04.2019).

[533] S. 2 der zur Verfügung gestellten Unterlagen, siehe Fn. 537.

[534] Verbot der Zeugung von Embryonen zu Forschungszwecken.

[535] Verbot der Zeugung von Embryonen zu industriellen oder geschäftsmäßigen Zwecken.

[536] Bevorzugung von Techniken und Verfahren, die die es ermöglichen, die Zahl überzähliger Embryonen zu verringern.

Umfang diskutiert werden.[537] Es ist zu überlegen, ob die Entstehung eines Menschen aus einer Zelle, die erst durch künstliche Prozesse zu einer Gamete wurde, den Menschen zu einem Objekt degradiert. „Besonders schwer" wiegt der Fall, wenn zudem eine bestimmte Geschlechtszelle von einem Menschen des anderen Geschlechts produziert wird, um so gleichgeschlechtlichen Paaren eine Fortpflanzung zu ermöglichen (vorausgesetzt, in solchen Konstellationen würde zunächst allgemein der Weg zur assistierten Reproduktion geöffnet). Die Abstammung von Mann und Frau würde dann aufgehoben. Bereits bei der Klonierungsdebatte wurden andere Arten der Fortpflanzung als die durch Verschmelzung der Geschlechtszellen von Mann und Frau als Würdeverletzung qualifiziert.[538] Es ist folglich zu erwarten, dass der Gesetzgeber nach aktuellem Stand auch die Fortpflanzung durch hiPS-Zellen als eine solche Würdeverletzung qualifizieren würde, jedenfalls dann, wenn nicht ein Mann *und* eine Frau an einer solchen Fortpflanzung beteiligt sind.

Darüber hinaus könnte der Schutz der menschlichen Gattung des Art. 16-4 Abs. 1 C. civ. in seiner konkreten Ausprägung des Verbots der Veränderung der Eigenschaften der Nachkommen (Art. 16-4 Abs. 4 C. civ.) relevant sein. Dies ist jedenfalls dann der Fall, wenn das Erbgut der künstlich hergestellten Gamete, der hiPS-Zelle oder der Zelle, aus der die hiPS-Zelle hergestellt wurde, noch zusätzlich verändert würde. Aber auch ohne diese zusätzliche Veränderung kann eine hiPS-Zelle bzw. eine künstliche Gamete nur durch gentechnische Veränderungen der Ausgangszelle hergestellt werden, die dann auch im Genom des Nachkommen vorhanden sind, sodass insofern eine Veränderung der Nachkommen (sofern keine besonderen Anforderungen an die Art und Sichtbarkeit der Veränderung gestellt werden) vorliegt.[539] Zudem wird durch das Einfügen von Genen zur Herstellung der hiPS-Zelle, aus der dann nach weiteren Zwischenschritten ein Embryo entstehen soll, ein transgener Embryo geschaffen, was ebenso verboten ist (Art. L. 2151-2 Abs. 2 CSP).[540]

Eine Rolle spielen könnte zudem das Klonierungsverbot des Art. 16-4 Abs. 3 C. civ. und Art. 214-2 C. pén. (auch wiedergegeben in Art. L. 2163-1 CSP): Diese Normen verbieten jede Handlung, die das Ziel hat, ein Kind zur Welt zu bringen, das mit einer lebenden oder verstorbenen Person genetisch identisch ist. Wie bereits dargestellt, entsteht durch eine Fortpflanzung mit Gameten aus hiPS-Zellen, auch wenn diese von ein und derselben Person stammen, keine genetisch identische Person.[541]

Interessant ist an dieser Stelle aber die Feststellung, dass das Klonierungsverbot zunächst ganz allgemein Fortpflanzungsarten, die nicht in einer Verschmelzung zweier Gameten von Mann und Frau bestanden, verhindern sollte. Entsprechend lauteten die ersten Gesetzesentwürfe. Diese wurden lediglich verworfen, weil man

[537] Siehe hierzu unten im verfassungsrechtlichen Teil S. 266 ff.

[538] Siehe oben S. 139 f.

[539] Anders wäre die Beurteilung nur, wenn eine Reprogrammierung und Ausdifferenzierung ohne Veränderung des Erbguts möglich wäre.

[540] Auch diese Bewertung wäre nur dann anders, wenn eine Reprogrammierung und Ausdifferenzierung ohne Veränderung des Erbguts möglich wäre.

[541] Siehe oben S. 108, falsch insofern *N.N.*, Génètique, Artikel vom 06.01.2015.

letztlich die genetische Identität und nicht die Art und Weise der Fortpflanzung als das Kernproblem der Klonierung betrachtete.[542] Hierdurch hat der Gesetzgeber gewissermaßen „die Chance verspielt", auch die Fortpflanzung durch Verwendung von hiPS-Zellen unter Strafe zu verbieten. Lediglich die Fortpflanzung von Mann und Frau durch Verwendung solcher Zellen wäre dann nicht erfasst gewesen.

Art. 16-4 C. civ. (ggfs. Art. 16 C. civ.) und Art. L. 2151-2 Abs. 2 CSP stehen unter Heranziehung der die *lois de bioéthique* tragenden Prinzipien und Motive des Gesetzgebers einer Aufnahme der Herstellung und Verwendung von hiPS-Zellen zu reproduktiven Zwecken auf die Liste der biologischen Verfahren zur medizinisch assistierten Reproduktion also entgegen.

c. Ergebnis

Alle gentechnischen Verfahren scheitern letztlich an Art. 16-4 C. civ., der die Erzeugung vererblicher genetischer Veränderungen untersagt, wenngleich ohne Sanktion. Dabei bietet aber das Verbot des Art. 16-4 Abs. 4 C. civ. sehr viel Interpretationsspielraum dahingehend, ob tatsächlich alle vererbbaren genetischen Veränderungen stets oder nur unter gewissen Voraussetzungen verboten sind. Diese Vorschrift sollte daher klarer gefasst werden.

Zwar erlaubt das französische Recht auch Forschung an Embryonen, die zum Transfer in einen weiblichen Uterus gedacht sind, und Gameten, die der Erzeugung eines solchen Embryos dienen sollen, wenn die Forschungsmaßnahme dem Embryo nützt und kein unverhältnismäßiges Risiko für diesen darstellt (Art. L. 2151-5 Abs. 5 CSP). Über Art. 16-4 C. civ. kann sich diese Erlaubnis jedoch nicht hinwegsetzen.

Die Anwendung der Techniken des Mitochondrientransfers scheitert zudem am Verbot der Erzeugung transgener Embryonen (Art. L. 2151-2 Abs. 2 CSP). Die Verwendung von hiPS-Zellen zu Befruchtungszwecken scheitert ebenso zusätzlich am Verbot der Zeugung transgener Embryonen und, jedenfalls bei gleichgeschlechtlichen Paaren und alleinstehenden Menschen, darüber hinaus an den Vorschriften zur medizinisch assistierten Reproduktion, wonach diesen Personengruppen ein Zugang zu selbiger nicht erlaubt ist. Männern, ob nun in gleichgeschlechtlichen Partnerschaften oder alleinstehend, steht diese Art der Fortpflanzung schon deshalb nicht offen, da sie sich ohne Leihmütter nicht fortpflanzen können. Leihmutterschaft ist jedoch untersagt. Aber auch bei einem verschiedengeschlechtlichen Paar ist eine Fortpflanzung mittels hiPS-Zellen nicht möglich, da die Herstellung künstlicher Gameten nicht zu den aktuell zulässigen Verfahren gehört. Auch ist eine Aufnahme auf die Liste zulässiger Verfahren bei aktueller Gesetzeslage nicht möglich.

[542] Siehe oben S. 139 ff.

V. Zusammenfassung

Das französische Recht gebietet einer Vielzahl von gentechnischen Methoden durch entsprechende Verbotsvorschriften Einhalt, lässt aber, insbesondere im Bereich der Forschung an Embryonen, auch einige Handlungsweisen zu.

Forschung an überzähligen Embryonen ist erlaubt, sofern ein medizinisches Ziel verfolgt wird, die Erzeuger einwilligen und die Forschung alternativlos und wissenschaftlich bedeutsam ist (Art. L. 2151-5 CSP). Der Embryobegriff wird dabei nicht definiert, die Auslegung hat jedoch ergeben, dass hiermit bereits die imprägnierte Eizelle gemeint ist. Damit kann unter Einhaltung der für Forschung an Embryonen geltenden Voraussetzungen mittels CRISPR/Cas9 an diesen Entitäten geforscht werden. Aufgrund des Verbots der Herstellung transgener Embryonen (Art. L. 2151-2 Abs. 2 CSP) darf jedoch, entgegen der Praxis der *ABM*, kein Vorkerntransfer zwischen Eizellen vorgenommen werden. Aus diesem Grund dürfen durch Mitochondrientransfer veränderte Gameten auch keinen Befruchtungshandlungen unterzogen werden. Es ist zudem verboten, Embryonen zu Forschungszwecken herzustellen, sei es durch Befruchtung oder durch Klonierung (Art. L. 2151-2 Abs. 1 CSP). Gameten, an denen CRISPR/Cas9 angewendet wurde oder die durch Methoden des Mitochondrienstransfers verändert wurden, dürfen also nicht zu Forschungszwecken befruchtet oder imprägniert werden. Ebenso wenig dürfen künstlich hergestellte Gameten zu Forschungszwecken befruchtet bzw. imprägniert werden.

Einer Anwendung der Verfahren zur Erzeugung eines geborenen Menschen steht im Wesentlichen Art. 16-4 Abs. 4 C. civ. im Wege, der allerdings keine strafrechtlichen Sanktionen vorsieht. Darüber hinaus steht den Verfahren des Mitochondrientransfers sowie der Verwendung künstlicher Gameten zu Reproduktionszwecken das Verbot der Erzeugung transgener Embryonen entgegen, welches im Übrigen ebenso keine rechtlichen Konsequenzen vorsieht. Der Verwendung künstlicher Gameten stehen zusätzlich die Vorschriften über den Zugang zur assistierten Reproduktion im Wege (Art. L. 2141-1 ff. CSP): Gleichgeschlechtlichen Paaren und alleinstehenden Menschen steht der Zugang zu dieser Technik nicht offen. Eine Fortpflanzung zwischen gleichgeschlechtlichen männlichen und von alleinstehenden Männern ist auch deshalb nicht möglich, weil eine Fortpflanzung ohne Rückgriff auf eine Leihmutter nicht möglich wäre, Leihmutterschaften aber verboten sind. Aber auch ein verschiedengeschlechtliches Paar kann sich nicht mittels hiPS-Zellen fortpflanzen, da die Herstellung künstlicher Gameten nicht zu den aktuell zulässigen Verfahren gehört. Auch ist eine Aufnahme auf die Liste zulässiger Verfahren bei aktueller Gesetzeslage aufgrund des Verstoßes gegen Art. 16-4 Abs. 4 C. civ. und Art. 2151-2 Abs. 2 CSP nicht möglich.

VI. Verfassungsrechtliche Überlegungen zu Keimbahninterventionen mit Auswirkungen auf geborene Menschen

Das französische Verfassungsrecht soll in dieser Arbeit nicht ausführlich untersucht werden, sondern lediglich einige wichtige Aspekte zu Keimbahninterventionen mit Auswirkung auf geborene Menschen herausgestellt werden.

Ein Grundrechtskatalog, wie er im deutschen Grundgesetz zu finden ist, ist der französischen Verfassung fremd.[543] Verfassungsrechtlicher Grundrechtsschutz wird vielmehr aus der *Déclaration des Droits de l'Homme et du Citoyen* aus dem Jahre 1789 hergeleitet, auf die die Präambel verweist. Zudem etablierte sich auf der Grundlage der „von den Gesetzen der Republik anerkannten Grundprinzipien“[544] weitere Grundrechtsrechtsprechung.[545] Alles in allem ist das französische Rechtssystem weitaus weniger verfassungsrechtlich geprägt als das deutsche. Langezeit diente vielmehr die EMRK als quasi komplementäre Verfassung. Entsprechend schwächer ausgeprägt ist die französische Grundrechtsdogmatik.[546] Wichtig ist dabei, dass Grundrechte auch in Frankreich grundsätzlich nur aufgrund eines Parlamentsgesetzes eingeschränkt werden dürfen (Art. 34 der Verfassung). Besonders wichtige Grundrechte, wie die Meinungs- und die Pressefreiheit, dürfen nur eingeschränkt werden, wenn sie mit anderen Prinzipien von Verfassungsrang in Ausgleich gebracht werden sollen. Andere Grundrechte, wie das allgemeine Freiheitsrecht („*liberté individuelle*“ oder „*liberté personnelle*“) des Art. 4 der *Déclaration des Droits de l'Homme et du Citoyen*,[547] dürfen hingegen bereits zum Schutz des allgemeinen Interesses beschränkt werden, mit der Grenze, sie nicht völlig ihres Sinnes zu berauben.[548] Wichtig ist auch der Hinweis, dass die Würde des Menschen erst seit der Entscheidung des *Conseil Constitutionnel* aus dem Jahre 1994 zu einem

---

[543] Eine wenige Freiheiten sind explizit genannt, wie in Art. 34 der Verfassung die „öffentlichen Freiheiten“ („*libertés publiques*“), konkret die Freiheit, der Pluralsismus und die Unabhängigkeit der Medien.

[544] Siehe oben S. 114.

[545] *Classen*, in: Sonnenberger und Classen (Hrsg.), Einführung in das französische Recht, S. 74 f.

[546] *Hochmann*, in: Marsch et al. (Hrsg.), Deutsches und Französisches Verfassungsrecht, S. 323 (329 ff. und S. 335 f.): Erst seit dem Jahr 2008 beispielsweise kann der *Conseil Constitutionnel* im Rahmen einer *question prioritaire de constitutionnalité* von einem Richter, bzw. über das höchste Gericht der Gerichtsbarkeit, der er angehört, auf Antrag eines Prozessbeteiligten angerufen werden, um zu prüfen, ob ein (in Kraft getretenes) Gesetz mit den Grundrechten des Prozessbeteiligten vereinbar ist.

[547] „Die Freiheit besteht darin, alles tun zu können, was keinem anderen schadet: Daher kennt die Ausübung der natürlichen Rechte jeder Person keine anderen Grenzen als diejenigen, die sicherstellen, dass andere Mitglieder der Gesellschaft dieselben Rechte genießen. Diese Grenzen können nur durch das Gesetz festgelegt werden.“

[548] *Classen*, in: Sonnenberger und Classen (Hrsg.), Einführung in das französische Recht, S. 75 ff.

Prinzip mit Verfassungsrang erhoben wurde.[549] Die Würde ist dabei weniger als Grundrecht ausgestaltet, sondern mehr als „Matrizengrundsatz", von dem sich weitere Grundrecht ableiten.[550]

In der Diskussion rund um Keimbahninterventionen werden verfassungsrechtliche Aspekte in der Literatur und auch den Stellungnahmen nationaler Institutionen kaum erwähnt. Beispielhaft genannt sei die Stellungnahme des *Conseil d'État* aus dem Jahre 2018. Der *Conseil d'État* befasste sich mit der Überlegung, welche Grundsätze einer klinischen Anwendung von CRISPR auf die Keimbahn entgegenstehen könnten. Einziger Aspekt, den er hierbei heranzog, war ein etwaiger Schutz des Erbguts der Menschheit: Es sei zu überlegen, ob durch Keimbahninterventionen die genetische Diversität gefährdet werde. So könnten bestimmte Gene, die jetzt noch als schädlich bewertet werden, eines Tages einen jetzt noch unbekannten Vorteil darstellen. Außerdem könnten sich schädliche Nebeneffekte möglicherweise erst zeigen, wenn es schon zu spät sei, also das Kind schon geboren sei. Die Einbeziehung dieser Überlegungen setze aber die Heranziehung des Vorsorgeprinzips voraus. Hinderlich an der Heranziehung dieses Prinzips sei jedoch, dass es aus dem Umweltrecht stamme und bislang noch nie im Bereich der Bioethik angewendet worden sei. Außerdem sei auch zu bedenken, dass Gene sich stetig veränderten und somit auch die Existenz eines unantastbaren Erbguts der Menschheit fraglich sei. Durch einen solchen Schutz werde die Menschheit auch in fragwürdigerweise auf ihre genetischen Eigenschaften reduziert. Zu guter Letzt sei auch zu beachten, dass das Prinzip eines Erbguts der Menschheit kein Prinzip von Verfassungsrang sei: Hiergegen habe sich der *Conseil Constitutionnel* ausdrücklich ausgesprochen.[551]

In verfassungsrechtlicher Hinsicht zu untersuchen ist zudem, ob das allgemeine Freiheitsrecht des Art. 4 *der Déclaration des Droits de l'Homme et du Citoyen* auf Seiten der Eltern zu einem Recht auf Durchführung von Keimbahninterventionen führt. Auf der Grundlage dieses Rechts wird jedenfalls der Zugang von allen Frauen unabhängig ihres Lebenswandels zu Techniken der assistierten Reproduktion gefordert.[552] Eine Einschränkung dieses Rechts unterläge jedenfalls, wie eben erwähnt, keinen hohen Anforderungen, sondern könnte bereits zum Schutz allgemeinen Interesses erfolgen. Wichtig ist für die Bewertung der hier untersuchten Techniken aber auch, dass ein etwaiges Recht auf ein Kind abgelehnt wird: Ein Mensch, also auch das Kind, ist Rechtsträger und kann nicht gleichzeitig Gegen-

[549] *CC*, 27. Juli 1994, n° 94-343/344, Rn. 2 und18 (verfügbar unter https://www.conseil-constitutionnel.fr/decision/1994/94343_344DC.htm (zuletzt geprüft am 07.04.2019)).

Das Prinzip der Menschenwürde basiere auf dem Bezug auf die menschliche Person („*la personne humaine*") der Präambel der Verfassung von 1946, siehe *dort*, Rn. 2.

[550] *Hochmann*, in: Marsch et al. (Hrsg.), Deutsches und Französisches Verfassungsrecht, S. 323 (347).

[551] *Conseil d'État*, Révision de la loi de bioéthique: quelles options pour demain?, S. 161 f. mit Verweis auf *CC*, 27. Juli 1994, n° 343/344.

[552] *Conseil d'État*, Révision de la loi de bioéthique: quelles options pour demain?, S. 39.

stand von Rechten sein.[553] Für eine Zulassung ließe sich auch das Solidaritätsprinzip anführen, ein wichtiges, die *lois de bioéthique* tragendes Prinzip: Dieses ermöglicht, den Wunsch nach genetisch verwandtem und gesundem Nachwuchs von denjenigen Menschen, die ohne entsprechende Techniken diesen Wunsch nicht erfüllen können, zu Geltung zu verhelfen. Spiegelbildlich gebietet dieses Prinzip jedoch aber auch, die Auswirkung bestimmter Praktiken auf die schwächsten Mitglieder der Gesellschaft, wie etwa Behinderte, zu berücksichtigen.[554] Ob zum Schutz der so gezeugten Kinder zudem das „Kindeswohl" berücksichtigt werden muss („*l'intérêt de l'enfant*"), dessen Anwendbarkeit im präkonzeptionellen bzw. pränatalen Bereich äußerst umstritten ist, ist unklar. Befürworter verweisen auf eine vereinzelte Vorschrift im *Code de la santé publique*, wonach ein Arzt unter Berücksichtigung des Kindeswohls die Vornahme einer medizinisch assistierten Reproduktion verweigern kann (Art. L. 2141-10 CSP). Verfassungsrang kommt diesem Prinzip aber jedenfalls nicht zu.[555] Zudem ist zu überlegen, ob Keimbahninterventionen mit der Würde des Menschen vereinbar sind. Ausführungen hierzu finden sich keine. Der *Conseil Constitutionnel* weist zur Reichweite des Würdeschutzes jedenfalls auf den weiten Einschätzungsspielraum des Gesetzgebers hin.[556] Sofern bestimmte Praktiken des Weiteren eine Leihmutterschaft voraussetzen, wie etwa eine Fortpflanzung mittels hiPS-Zellen eines gleichgeschlechtlichen männlichen Paares, stehen einige im *Code Civil* verankerterten bzw. anerkannten Grundsätze einer Zulassung im Wege, wie etwa das Prinzip der Unverfügbarkeit des menschlichen Körpers, wonach der menschliche Körper nicht Gegenstand von privatrechtlichen Beziehungen sein kan, sowie des Personenstandes, wonach identitätsbildende Aspekte, wie insbesondere die Abstammung, nicht vom bloßen Willen der Betroffenen abhängen könnten. Außerdem widerspricht die Leihmutterschaft, sofern sie unentgeltlich erfolgt, dem Prinzip, wonach der menschliche Körper keinen Vermögensswert hat. Diese Prinzipien haben jedoch ebenso keinen Verfassungsrang. Mit der Verfassung in Konflikt träte eine Leihmutterschaft nur dann, wenn sie einen Verstoß gegen die Würde des Menschen darstellte. Es gebe jedoch, so der *Conseil d'État*, keinerlei Hinweis in der Rechtsprechung des *Conseil Consitutionnel*, dass die Leihmutterchaft zwingend so zu bewerten sei.[557]

Alles in allem ist die verfassungsrechtliche Diskussion rund um Keimbahninterventionen wenig entwickelt und vor allem sehr ergebnisoffen. Viele der Grundsätze, die gegen Keimbahninterventionen angeführt werden könnten, lassen sich nicht in der Verfassung verankern, sodass bei einer Beurteilung der Praktiken als verfassungswidrig Zurückhaltung geboten ist. Jedenfalls aber gebührt dem Gesetzgeber ein weiter Beurteilungsspielraum.

[553] *Conseil d'État*, Révision de la loi de bioéthique: quelles options pour demain?, S. 50.

[554] *Conseil d'État*, Révision de la loi de bioéthique: quelles options pour demain?, S. 39 f.

[555] *Conseil d'État*, Révision de la loi de bioéthique: quelles options pour demain?, S. 53 f.

[556] So zum Embryonenschutz CC, 27. Juli 1994, n° 94-343/344, Rn. 9 f. (verfügbar unter https://www.conseil-constitutionnel.fr/decision/1994/94343_344DC.htm (zuletzt geprüft am 08.04.2019)).

[557] *Conseil d'État*, Révision de la loi de bioéthique: quelles options pour demain?, S. 78 ff.

C. Vergleich der Rechtslage in Deutschland und Frankreich

I. Gegenüberstellung der Endergebnisse

Genetische Veränderungen von Keimbahnzellen zu Forschungszwecken sind in Deutschland lediglich an unbefruchteten Keimzellen erlaubt, in Frankreich hingegen, sofern keine transgenen oder chimärischen Embryonen entstehen, auch an überzähligen Embryonen. Die Auslegung hat ergeben, das CRISPR/Cas9 nicht zur Entstehung transgener Embryonen führt, der Mitochondrientransfer hingegen schon. Insofern ist der Vorkerntransfer, entgegen der Praxis der *ABM*, nach französischem Recht verboten. Die Zeugung von Embryonen, auch von Vorkernstadien, zu Forschungszwecken ist in beiden Ländern verboten.

Keimbahninterventionen mit Auswirkung auf geborene Menschen mittels CRISPR/Cas9 und durch Verfahren des Mitochondrientransfers sind in beiden Ländern untersagt. Während dieses Verbot in Deutschland strafrechtlich ausgestaltet ist, bleibt es in Frankreich sanktionslos.

Fortpflanzung mittels hiPS-Zellen ist in Frankreich in allen Konstellationen verboten, wenn auch nicht strafrechtlich sanktioniert. In Deutschland besteht eine Regelungslücke hinsichtlich einer Fortpflanzung verschiedengeschlechtlicher Paare, gleichgeschlechtlicher weiblicher Paare und alleinstehender Frauen, da die Verwendung künstlicher Gameten, sofern hiermit keine Eizellspende einhergeht, nicht untersagt ist.

II. Grundsätzliche Wertungen

In beiden Ländern haben sich verschiedene Institutionen und Gremien mit der ethischen Vertretbarkeit biotechnologischer Methoden befasst, wobei der Schwerpunkt in beiden Ländern auf der Bewertung des Einsatzes von CRISPR/Cas9 liegt. Einigkeit besteht dabei, dass jedenfalls gegenwärtig die Anwendung von CRISPR/Cas9 mit Auswirkung auf geborene Menschen unterbleiben muss. In keinem der beiden Länder wurde jedoch einer künftig denkbaren Verwendung der Technologie jedenfalls zur Vermeidung schwerer Erbkrankheiten eine endgültige Absage erteilt, wenn auch die Bereitschaft, sich klar und eindeutig für eine solche künftige Verwendung zu positionieren, gering ist. Insbesondere in Deutschland beschränken sich die Stellungnahmen auf die Feststellung, vor einer tatsächlichen Anwendung müsse man sich über die ethischen Implikationen Gedanken machen. Die Verwendung von hiPS-Zellen zu Fortpflanzungszwecken ist in beiden Ländern nicht wirklich Thema. Stellungnahmen beschränken sich, sofern sie dieser Thematik überhaupt ein paar Zeilen widmen, auf die Feststellung, ein solches Vorgehen berge ethische Probleme. Der Mitochondrientransfer hat in Deutschland kaum

Aufmerksamkeit erfahren, während in Frankreich eine Tendenz besteht, die Anwendung dieses Verfahrens nicht mehr auf die lange Bank zu schieben.[558]

Die Gesetze beider Länder ähneln sich insofern, als sie beide genetische Veränderungen mit Auswirkungen auf den geborenen Menschen vom Grundsatz her untersagen. Unterschiede existieren dabei bei den hinter diesen Verboten stehenden Gründen. Der deutsche Gesetzgeber konzentrierte sich allein auf den experimentellen Charakter von Keimbahneingriffen und die unvorhersehbaren Risiken für künftige Menschen, sodass eine Keimbahntherapie *gegenwärtig* verboten sein müsse. Der französische Gesetzgeber hingegen beschränkte sich nicht auf das Risikoargument. Den Regelungen dort liegt vielmehr eine weitaus naturalistischere Argumentation zugrunde, wonach vererbbare Veränderungen des Erbguts *grundsätzlich* die Integrität der Menschheit verletzten, da hierdurch die Menschheit selbst verändert werde. Die Menschheit habe ein gemeinsames Erbgut, welches als Grundlage dieser Spezies am Integritätsschutz teilnehme. Zudem soll das Verbot einer Entwicklung von Methoden der Gentechnik zu eugenischen Zwecken verhindern. Diese Argumentationsweise steht einer künftigen Zulassung der Keimbahntherapie entgegen, wobei, etwas widersprüchlich hierzu, der potenzielle Nutzen dieser Therapieform durchaus gesehen wurde und daher auch Forschung in diese Richtung erlaubt werden sollte.

Hinter den Regelungen zur medizinisch assistierten Reproduktion stehen teils sehr unterschiedliche Wertungen. In Frankreich sind Embryonen-, Ei- und Samenzellspende als Methoden der assistierten Reproduktion erlaubt, trotz der befürchteten Gefahren für die kindliche Entwicklung, die insbesondere bei einer Eizellspende vermutet wurden. Die Voraussetzungen hierzu wurden im Laufe der Jahre stetig gelockert, sodass Eltern, die auf natürlichem Wege keine Kinder bekommen können oder bei denen die Gefahr der Übertragung einer Krankheit auf Partner oder Kinder besteht, auf diese Methoden zurückgreifen können, ohne sich vorher Reproduktionsversuchen mit eigenen Gameten unterziehen zu müssen. In Deutschland ist nur die Samenzellspende erlaubt, bei entsprechender Indikation auch im heterologen System. Die Eizellspende ist hingegen verboten, die Embryonenspende nur erlaubt, um einem überzähligen Embryo das Leben zu retten: Der Verhinderung gespaltener Mutterschaften wurde in Deutschland der Vorrang vor allen anderen an einer solchen Fortpflanzung bestehenden Interessen eingeräumt. Dies führt dazu, dass die Methoden des Mitochondrientransfers, die mit einer Eizellspende einhergehen, den aktuellen Wertungen des deutschen Gesetzgebers widersprechen, während sie in dieser Hinsicht mit denen des französischen Gesetzgebers im Einklang sind. Entsprechend sind Fortpflanzungstechniken mit hiPS-Zellen Grenzen gesetzt.

Die grundsätzlichen Vorstellungen darüber, wer sich Techniken der medizinisch assistierten Reproduktion bedienen können soll, unterscheiden sich ebenso. Der französische Gesetzgeber ist, trotz stetiger Lockerungen des Zugangs zur medizinisch assistierten Reproduktion, bislang (anders jedoch voraussichtlich die künftige Rechtslage nach Abschluss der Reform der Bioethikgesetze) nicht von der Vorstellung abgewichen, nur ein Paar bestehend aus Mann und Frau könne einem Kind die Umgebung bieten, die es für seine psychische Stabilität und Entwicklung brauche. Aus diesem Grund kann (aktuell noch) nur ein solches Paar diese Technik in Anspruch

[558] So etwa die Forderung des *OPECST*, die Verfahren der Mitochondrienspende bei der Refrom im Jahre 2019/2020 zu berücksichtigen, siehe oben S. 113.

nehmen. Die Durchführung einer medizinisch assistierten Reproduktion bei alleinstehenden Frauen oder bei gleichgeschlechtlichen weiblichen Paaren ist den Ärzten in Deutschland hingegen nicht untersagt. Vor diesem Hintergrund ist die der Zugang zur medizinisch assistierten Reproduktion in Deutschland weitaus liberaler ausgestaltet als (noch) in Frankreich. In diesem Sinne scheitert die Verwendung von hiPS-Zellen in Deutschland jedenfalls nicht daran, dass durch Maßnahmen der assistierten Reproduktion neuartige Familienmodelle, in denen zwei Frauen oder einer Frau allein die Elternrolle wahrnehmen, entstehen; anders hingegen in Frankreich. Männern bleibt dieser Weg in beiden Ländern versperrt, da Leihmutterschaften in beiden Rechtsordnungen verboten sind.

Die vor einer denkbaren Anwendung biotechnologischer Methoden mit Auswirkung auf den geborenen Menschen notwendige Grundlagenforschung ist, knapp zusammengefasst, nur in Frankreich möglich, nicht aber in Deutschland. In Deutschland ist Forschung an Embryonen unter Strafe verboten, der Gesetzgeber maß dem Schutz des Embryos, jedenfalls in dieser Hinsicht,[559] eine überragende Bedeutung bei. Forschung sei verbotene Instrumentalisierung zu fremden Zwecken. Der französische Gesetzgeber hat sich von der Idee des über allem stehenden Embryonenschutzes im Laufe der Jahre befreit und sich 2004 für eine pragmatische Lösung des Konflikts zwischen Heilungsinteressen schwer kranker Menschen und dem Lebensinteresse des Embryos entschieden, indem auf den Nutzen der Embryonenforschung nicht mehr verzichtet werden sollte: Kranken Menschen in der Gesellschaft werde Solidarität geschuldet, überzählige Embryonen könnten mit Einwilligung der Erzeuger für Forschung freigegeben werden, sofern die Forschung medizinischen Zwecken diene und alternativlos sei. In diesem Falle werde der Embryo nicht instrumentalisiert, so der *Conseil d'État*. Wie lange sich der deutsche Gesetzgeber den Rufen nach einer vergleichbaren Regelung, wie etwa von Wissenschaftlern der *Leopoldina*,[560] noch entziehen kann, bleibt abzuwarten.

III. Das Regelungssystem

1. Unterschiede und Gemeinsamkeiten

Der wesentliche Unterschied zwischen den Regelungssystemen beider Länder ist schnell aufgespürt: Während in Deutschland, abgesehen von den Richtlinien zur medizinisch assistierten Reproduktion, alle relevanten Regelungen im ESchG gesammelt und dort, so jedenfalls die in dieser Untersuchung relevanten Regelungen, seit 1990 „festgefroren" sind, ist in Frankreich über die Jahre ein regelrechtes Dickicht an Vorschriften entstanden, verstreut über drei verschiedene Gesetzbücher,

---

[559] An anderer Stelle hingegen war der Gesetzgeber durchaus gewillt, den Embryonenschutz hintenanzustellen. So dürfen geklonte Embryonen nicht übertragen werden und sind somit dem Tod geweiht. Gleiches gilt für Befruchtungsembryonen, wenn sich die Frau gegen einen Transfer entscheidet.

[560] *Bonas et al.*, in: Deutsche Akademie der Naturforscher Leopoldina e. V. – Nationale Akademie der Wissenschaften (Hrsg.), Ethische und rechtliche Beurteilung des genome editing in der Forschung an humanen Zellen; offen gegenüber einer Zulassung von Forschung an Embryonen auch *Schöne-Seifert*, Ethik Med 2017, S. 93 (95).

mal erlassen in der Form einfacher Gesetze, mal in der Form von Verordnungen und zudem einige Male durch Reformen umstrukturiert und/oder inhaltlich verändert. So entstand ein zwar detailliertes Regelungssystem, das Verhältnis der verschiedenen Vorschriften zueinander ist aber häufig nicht eindeutig, was ihre Handhabung erschwert.[561] Standesrechtliche Regelungen zur medizinisch assistierten Reproduktion wie in Deutschland sind dem französischen Recht ebenso fremd.

Die Ausgestaltung des ESchG als Strafgesetz mündet in das Problem des verfassungsrechtlich garantierten Analogieverbots, was die Einbeziehung neuartiger Techniken unter Umständen unmöglich macht und zu Gesetzeslücken führt. Ein solches Analogieverbot existiert vom Grundsatz her auch in Frankreich, wird dort aber von den Gerichten teilweise weniger streng gehandhabt. Gerichte gewähren sich dort immer wieder die Freiheit, Normen, auch Strafvorschriften, ergebnisorientierter anzuwenden. So bleibt eine gewisse Flexibilität bei der rechtlichen Bewertung neuartiger Technologien gewährleistet.

Ein Unterschied zwischen beiden Ländern, der allerdings weniger im Regelungssystem selbst angelegt, sondern vielmehr in den Gepflogenheiten der Rechtswissenschaften verankert ist, ist der des Versuchs, die Normen in Bezug auf neuartige Techniken auszulegen: Während in Deutschland Rechtswissenschaftler oder auch Expertengremien eine detaillierte Gesetzesauslegung vornehmen, um etwaige Regelungslücken, die durch die Entwicklung neuartiger Technologien möglicherweise entstanden sein könnten, aufzuspüren, findet die konkrete Gesetzesauslegung in der französischen Rechtswissenschaft nur wenig Berücksichtigung. Publikationen oder Stellungnahmen hierzu finden sich kaum. Der Schwerpunkt liegt bei diesen vielmehr stets in einer von einer konkreten einfachgesetzlichen Grundlage losgelösten ethischen Bewertung neuer Technologien. Die Frage, was passierte, wenn nun ein Forscher oder Arzt auf die Idee käme, eine neue Technik anzuwenden, also ob dann die „gesetzlichen Dämme" hielten, wird in der französischen Rechtswissenschaft kaum gestellt. Selbst eine Anfrage beim Rechtsdienst der *ABM* bezogen auf die in dieser Arbeit dargestellten Gesetzeslücken bzw. -unklarheiten verlief fruchtlos. Es erfolgte lediglich der Hinweis, diese Überlegungen könnten Gegenstand der geplanten Reform im Jahre 2019/2020 werden.

2. Vorbildcharakter der Regelungssysteme

Trotz des dem Analogieverbot geschuldeten engen „Korsetts" strafrechtlicher Normen bieten sich strafrechtliche Regulierungen für solche Praktiken an, bei denen über die Notwendigkeit eines Verbots Einigkeit besteht, wie etwa (aktuell) beim Verbot von Keimbahnveränderungen mit Auswirkung auf künftige Menschen. Konsequenzlose Regelungen wie das Keimbahninterventionsverbot im französischen C. civ. oder das Verbot der Erzeugung transgener Embryonen im CSP als bloßer Appell

[561] Als Beispiel genannt sei etwa nochmals das Verhältnis zwischen Art. L. 2151-5 Abs. 4 und Abs. 5 CSP: In Abs. 4 wird einerseits das Transferverbot von Embryonen, an denen geforscht wurde, geregelt und in Abs. 5 andererseits werden Forschungsmaßnahmen an Embryonen, die transferiert werden sollen, erlaubt.

an die Forscher sind letztlich wirkungslos bzw. deren Einhaltung ist allein von der Gesetzestreue der Forscher abhängig. Die strafrechtlichen Regelungen in Deutschland sind daher effektiver. Wie schwach „zahnlose" Verbote letztlich sind, zeigte jüngst das Beispiel der Geburt zweier genom-editierter Mädchen in China Ende November 2018.[562] Derartige Experimente waren in China zwar verboten, jedoch ohne dass bei einem Verstoß Sanktionen, insbesondere strafrechtlicher Natur, drohten.[563] Zwar sind natürlich auch strafrechtliche Regelungen kein Garant dafür, dass die Handlungen, die gerade verhindert werden sollen, auch wirklich unterlassen werden. Allerdings handelt es sich dabei um die intensivste Möglichkeit eines Staates, menschliches Handeln zu steuern. Von dieser Möglichkeit sollte er im sensiblen Bereich von Keimbahninterventionen Gebrauch machen. Um den Gesetzgeber jedoch zu „zwingen", sich stetig über die Strafwürdigkeit dieser Handlungen Gedanken zu machen und sich nicht von gesellschaftlichen und naturwissenschaftlichen Entwicklungen abhängen zu lassen, sollte aber, entsprechend dem Modell der *lois de bioéthique*, gesetzlich eine Frist festgelegt werden, bis zu deren Ablauf der Gesetzgeber die entsprechenden Regelungen neu begutachtet und überarbeitet haben muss. Diese Frist ist dabei ein bloßer Appell an den Gesetzgeber, eine Missachtung dieser Frist ist mit keinen Konsequenzen verbunden. Ebenso ist auch eine Sondierung des Meinungsstandes in der Bevölkerung zu bioethischen Fragestellungen durch die Schaffung von Diskussionsforen in Deutschland wünschenswert. Gesetzliche Regelungen bedürfen für ihre tatsächliche Wirksamkeit schließlich auch stets der Akzeptanz der Bevölkerung. Gerade bioethische Fragestellungen und Entwicklungen sind in hohem Maße gesellschaftlich geprägt, sodass der Gesetzgeber nicht an den Vorstellungen, Bedürfnissen und Wünschen der Gesellschaft „vorbei" tätig werden sollte.

Die Handhabung der Vorschriften des CSP würde um ein Vielfaches vereinfacht, definierte der französische Gesetzgeber, wie es der deutsche Gesetzgeber getan hat, den Begriff des Embryos. Dabei sollte er, um Forschung auch schon im Vorkernstadium von Eizellen zu ermöglichen, allerdings auf den Zeitpunkt der Imprägnation der Eizelle abstellen und nicht wie der deutsche Gesetzgeber auf den des Abschlusses der Befruchtung. Allgemein ist der Gehalt einiger französischer Vorschriften nicht ganz klar, insbesondere was etwa das Verbot des Art. 16-4 Abs. 4 C. civ. anbelangt. Die Vorschrift lässt viel Interpretationsspielraum dahingehend, welche Veränderungen der Nachkommenschaft verboten sind bzw. ob diese Veränderungen bestimmte Eigenschaften erfüllen müssen, um als solche i.S.d. Vorschrift zu gelten. Auf der anderen Seite birgt das Verbot des Art. 16-4 Abs. 4 C. civ. auch Vorteile gegenüber dem Verbot des § 5 Abs. 1 ESchG: Indem Art. 16-4 Abs. 4

[562] Siehe zu diesen Versuchen etwa *Kolata et al.*, The New York Times, Artikel vom 26.11.2018.

[563] Diese Information stammt von Dr. Jiang Li, die im Rahmen des vom BMBF geförderten Forschungsprojekts „GenE-TyPE (Genome Editing – from Therapy via Prevention to Enhancement?) Eine naturwissenschaftliche, ethische und rechtliche Analyse moderner Verfahren der Genom-Editierung und deren möglicher Anwendungen" (FKZ: 01GP1610A) einen Bericht zur Rechtslage Chinas in Bezug auf Keimbahninterventionen erstellte. Dieser Beitrag wird in einem sich aktuell in Entstehung befindenden Sammelwerk (Deuring und Taupitz (Hrsg.), Rechtliche Aspekte der Genom-Editierung an der menschlichen Keimbahn (im Erscheinen)) erscheinen.

C. civ. nicht auf ein bestimmtes Eingriffsobjekt, wie etwa im deutschen Recht eine „Keimbahnzelle“, sondern auf die Eingriffswirkung, nämlich die Vererblichkeit der genetischen Veränderung, abstellt, ist der Anwendungsbereich wesentlich weiter und sind bestimmte Handlungen, die die unerwünschte Wirkung nach sich ziehen, nicht deshalb von der Vorschrift ausgenommen, weil sie sich nicht auf das „richtige“ Eingriffsobjekt beziehen. Eine entsprechende Regelung ist auch deshalb sinnvoll, da ja gerade die Eingriffswirkung der als unerwünscht bewertete Umstand ist, nicht die Einwirkung auf ein bestimmtes Objekt.[564]

Sollte sich Deutschland für eine Zulassung der Forschung an überzähligen Embryonen entscheiden und seinen strengen Embryonenschutz aufgeben, könnte das französische Regelungssystem für eine deutsche gesetzliche Regulierung Modell stehen. Die dort aufgestellten Voraussetzungen, die im Wesentlichen aus der Einholung einer Genehmigung, der Verfolgung eines medizinischen Zwecks, der Alternativlosigkeit der Forschung sowie der Einhaltung bestimmter Prinzipien, wie etwa dem Verbot der Zeugung von Embryonen zu Forschungszwecken oder der Klonierung von Embryonen, bestehen, haben sich in der Praxis als handhabbar erwiesen.[565] Dabei wird gleichzeitig durch die Beschränkung auf bestimmte Forschungsziele, das Erfordernis der Alternativlosigkeit der Forschung und den Hinweis auf einzuhaltende ethische Prinzipien immer noch eine gewisse Achtung des Embryos gewährleistet.

[564] Siehe i.d.s. auch *Deuring*, in: Taupitz und Deuring (Hrsg.), Rechtliche Aspekte der Genom-Editierung an der menschlichen Keimbahn (Kapitel „Vergleich der nationalen Regelungen“, im Erscheinen).

[565] Die *ABM* nennt in ihrem Jahresbericht des Jahres 2016 sechs genehmigte Forschungsprojekte zu Forschung an Embryonen und embryonalen Stammzellen und weist auf die „Dynamik“ der französischen Embryonenforschung hin: Französische Forschung sei im Hinblick auf die Zahl wissenschaftlicher Publikationen, der Zusammenarbeit mit anderen Forscherteams innerhalb Europas und der durchgeführten klinischen Anwendungen international anerkannt. Forscherteams, die vor zehn Jahren ihre Forschungsarbeit begonnen hätten, verfolgten diese noch heute, was von der Beständigkeit der von der *ABM* genehmigten Forschungsprojekte zeuge, siehe *ABM*, Rapport annuel 2016, S. 84. Seit 2004 wurden 18 Projekte zur Forschung an Embryonen genehmigt, *ABM*, Rapport sur l'application de la loi de bioéthique, S. 54.

Kapitel 6
Verfassungsrechtliche Bewertung von Keimbahneingriffen mit Auswirkung auf geborene Menschen

Der folgende Abschnitt widmet sich der verfassungsrechtlichen Bewertung von Keimbahneingriffen mit Auswirkung auf geborene Menschen. Es gilt zu erörtern, ob die derzeitigen Forschungs- und Anwendungsverbote im deutschen Recht auch in Zukunft – unter Zugrundelegung technologischer Verbesserungen zugunsten einer höheren Anwendungssicherheit – von Verfassungs wegen verboten sein müssen oder, jedenfalls unter bestimmten Voraussetzungen, erlaubt werden können bzw. müssen. Hierfür muss untersucht werden, in welche grundrechtlichen Schutzbereiche die Verbote eingreifen und ob der Eingriff aufgrund einer Abwägung mit Rechten und verfassungsrechtlich relevanten Belangen gerechtfertigt werden kann. Diese Untersuchung dient als Grundlage für einen Handlungsvorschlag an den Gesetzgeber.

Bei der verfassungsrechtlichen Analyse von Keimbahneingriffen mit Auswirkung auf geborene Menschen soll wieder unterschieden werden zwischen solchen zur gezielten Bestimmung der genetischen Konstitution der Nachkommen und solchen zur (bloßen) Ermöglichung der Fortpflanzung, ohne dass der Eingriff auf bestimmte Eigenschaften des Kindes einwirken soll.

A. Bestimmung der genetischen Konstitution des Nachwuchses

Im Folgenden werden die Techniken verfassungsrechtlich bewertet, die das Ziel haben, zur Herbeiführung bestimmter Eigenschaften das Genom des Kindes zu bestimmen. Hierunter fällt die Anwendung von CRISPR/Cas9 zu therapeutischen, verbessernden und präventiven Zwecken sowie der Mitochondrientransfer. Einfüh-

S. Deuring, *Rechtliche Herausforderungen moderner Verfahren der Intervention in die menschliche Keimbahn*, Veröffentlichungen des Instituts für Deutsches, Europäisches und Internationales Medizinrecht, Gesundheitsrecht und Bioethik der Universitäten Heidelberg und Mannheim 49,
https://doi.org/10.1007/978-3-662-59797-2_6

rend müssen einige Begrifflichkeiten geklärt werden. Anschließend werden die Interessen und Rechte dargestellt, die für und gegen die Durchführung dieser Maßnahmen sprechen.

I. Begriffsbestimmung

Für die verfassungsrechtliche Bewertung ist eine inhaltliche Bestimmung der Begriffe „Therapie", „Enhancement" und „Prävention" unerlässlich.[1]

1. Einführung in die Problematik

Keine Diskussion um Keimbahneingriffe kommt aus ohne die Frage nach der möglichen Zielsetzung. Man liest von zu verbietendem „*enhancement engineering*" auf der einen Seite und „therapeutisch begründeten" Eingriffen auf der anderen.[2] Der Keimbahneingriff zu nicht-therapeutischen Zwecken stoße unwiderruflich an die Grenzen der Menschenwürde, während ein Eingriff zu heilenden Zwecken mit den verfassungsrechtlichen Interessen aller in Einklang stehe.[3] Die Unterscheidung zwischen heilendem und verbessernden Eingriff wird in der allgemeinen Diskussion letztendlich genutzt, um Gewolltes von Ungewolltem zu trennen.[4] In unproblematischen Fällen wie monogenen Defekten, die bei den Betroffenen zu schwerem körperlichen Leiden und zumeist frühem Tod führen, ist die Einordnung als Krankheit (und damit als zu therapierender Zustand) offensichtlich.[5] Bei weniger schweren Leiden trifft diese Feststellung jedoch nicht notwendigerweise zu.

Aufgrund dieser schwierigen Einteilung wird teilweise bestritten, dass eine Abgrenzung überhaupt vorgenommen werden sollte. Ein solches Konzept müsse eine Definierung des Punktes sein, wo Krankheitsbekämpfung aufhöre und wo darüber hinausgehende Manipulation beginne. Da diese Definierung aber in den meisten Fällen von persönlichen Wertungen abhänge, die rational kaum nachvollziehbar seien, da es eine solche Grenze letztendlich gar nicht gebe, sei ein Konzept zur Abgrenzung Gesundheit und Krankheit nicht begründbar.[6] Und wer solle sich das Recht und die Macht einräumen, zu bestimmten, was krank ist und was nicht?[7]

---

[1] Siehe zu den Begriffen „Therapie" und „Enhancement" bereits *Welling*, Genetisches Enhancement, S. 12 ff.

[2] *Rehmann-Sutter*, in: Rehmann-Sutter und Müller (Hrsg.), Ethik und Gentherapie, S. 225 (228) (Hervorhebungen im Original); siehe auch *Buchanan et al.*, From Chance to Choice, S. 106 m.w.N.

[3] *John*, Die genetische Veränderung des Erbguts menschlicher Embryonen, S. 113 und 124.

[4] *Beck*, MedR 2006, S. 95 (96); zu dieser Diskussion siehe auch *Allhoff*, Journal of Evolution and Technology 2008, 18 (2), S. 10 (11).

[5] *Wagner*, Der gentechnische Eingriff in die menschliche Keimbahn, S. 83.

[6] *Mersson*, Fortpflanzungstechnologien und Strafrecht, S. 88 f.

[7] *Mersson*, Fortpflanzungstechnologien und Strafrecht, S. 85; *Löw*, in Koslowski et al. (Hrsg.), Die

Eine Abgrenzung ist aber sinnvoll, um eine differenzierte Prüfung zu ermöglichen. Gerade beim Eingriff in die menschliche Keimbahn kommt es auf Nuancen an, führt man sich vor Augen, wie viele unterschiedliche Zwecke mit einem solchen Eingriff verfolgt werden können. Die verfolgbaren Ziele sind so zahlreich und teilweise von ihrer gesellschaftlichen Akzeptanz und ethischen Vertretbarkeit so weit voneinander entfernt, geradezu gegensätzlich, dass eine pauschale Untersuchung des Keimbahneingriffs *per se* zu undifferenzierten Lösungen führen würde. Eine fundierte Untersuchung dieses Themas muss die möglichen Eingriffsziele gesondert in den Blick nehmen.[8]

In der Ethik existiert mit dem siebenstufigen sog. Eskalationsschema bereits ein Modell zur Bewertung gentechnischer Eingriffe, bei dem jede Stufe eine mögliche Behandlungsform darstellt. Der Keimbahneingriff wird von den Stufen vier bis sieben erfasst, eingeteilt in Therapie zur Behandlung von krankheitsverursachenden Erbfehlern (Stufe 4), Therapie mit Einführung „neuer" Gene zur Krankheitsprävention (Stufe 5), Therapie als Präventivmaßnahme gegen Risikofaktoren oder Normabweichungen (Stufe 6) und Therapie zur Veränderung menschlicher Gattung (Stufe 7).[9] Diese Arbeit löst sich von diesem Schema und versucht zum Zwecke einer übersichtlichen Prüfung ein vereinfachtes Modell anhand der Kriterien „Therapie – Prävention – Enhancement" zu schaffen.[10]

2. (Gen-)Therapie

a. Definition der (Gen-)Therapie

Als Gentherapie bezeichnet man jede Form der ärztlichen Behandlung von Krankheiten, die sich molekularbiologischer Methoden bedient, um Zellen in vivo oder in vitro genetisch mit dem Ziel zu modifizieren, in vivo krankheitsrelevante Defekte zu korrigieren (Gen-Korrektur) oder Ersatzfunktionen (Gen-Ersatz) bzw. therapeutisch erwünschte Neufunktionen (Gen-Addition) auf zellulärer Ebene einzuführen.[11] Teilweise ist statt von Therapie auch von „negativer Eugenik" die Rede.[12] Therapie ist also Krankheitsbehandlung,[13] sodass geklärt werden muss, was unter einer Krankheit zu verstehen ist.

Verführung durch das Machbare, S. 34 (45).

[8] So auch *Winnacker et al.*, Gentechnik, S. 25.

[9] *Winnacker et al.*, Gentechnik, S. 36 ff.

[10] Diese Dreiteilung vornehmend nun jüngst auch der Deutsche Ethikrat in *Deutscher Ethikrat*, Eingriffe in die menschliche Keimbahn, S. 143 ff.

[11] *Lindemann und Mertelsmann*, in: Korff et al. (Hrsg.), Lexikon der Bioethik, Band 2, Stichwort „Gentherapie", S. 61; *DFG*, Entwicklung der Gentherapie, S. 6.

[12] *Kröner*, in: Korff et al. (Hrsg.), Lexikon der Bioethik, Band 1, Stichwort „Eugenik", S. 694.

[13] Für einen erweiterten Therapiebegriff, der auch das präventive Stärken der Gesundheit hierunter fasst *Lenk*, Therapie und Enhancement, S. 35.

b. „Therapie" im Rahmen von Keimbahneingriffen

Bevor der Krankheitsbegriff beleuchtet werden kann, muss zunächst geklärt werden, inwiefern im Rahmen eines Keimbahneingriffs überhaupt von Therapie gesprochen werden kann. Die „zu heilende" Krankheit hat sich schließlich noch nicht manifestiert, da der Eingriff gerade vor Ausbruch derselben vorgenommen werden soll. Aus diesem Umstand wird teilweise geschlossen, dass nicht von Therapie, sondern nur von Prävention gesprochen werden könne.[14] Aus der Natur der Sache folgt zwar tatsächlich, dass bei Keimbahneingriffen die Maßnahme stets im Vorfeld ihrer Manifestierung ergriffen wird, dennoch soll eine Unterscheidung zwischen beiden Kategorien beibehalten werden. Eine pauschale Anwendung des Begriffs „Prävention", die allein mit dem Zeitpunkt des Eingriffs begründet wird, erfasste zu viele inhaltlich nicht vergleichbare Fälle und verhinderte differenzierte Prüfungen.[15]

c. Der Krankheitsbegriff

Über die Definition des Begriffs „Krankheit" ist seit jeher viel geschrieben worden, was zu einer quasi unüberschaubaren Zahl an Definitionen und einer Flut an Beiträgen in der Literatur geführt hat. Es sollen daher in vertretbarer Kürze nur die grundlegenden Richtungen dargestellt werden. Im Wesentlichen stehen sich auf der einen Seite Definitionen unter Rückgriff auf rein deskriptive bzw. objektive Aspekte und auf der anderen Seite solche unter Einbeziehung evaluativer Elemente gegenüber.[16]

aa. Deskriptiver Ansatz

Insbesondere *Boorse*[17] und *Daniels*[18] versuchen, den Begriff „Krankheit" rein deskriptiv zu definieren. Krankheit ist nach diesem Konzept reine biologische Dysfunktionalität, die an der Natur des Menschen abzulesen ist. Der Krankheit

---

[14] *Richter und Schmid*, DMW 1995, S. 1212 (1216); *Wagner*, Der gentechnische Eingriff in die menschliche Keimbahn, S. 30; *Lenk*, Therapie und Enhancenemt, S. 29, der schreibt, es handle sich „eher um eine Art präventiver Maßnahme als um Therapie im üblichen Sinne".

[15] Zum Inhalt des Begriffs „Prävention" siehe unten S. 209; siehe auch *John*, Die genetische Veränderung des Erbguts menschlicher Embryonen, S. 30, die auch von der *„Heilung von monogenetisch bedingten Erbkrankheiten*" (Hervorhebung durch Autorin) im Rahmen der Keimbahntherapie spricht.

[16] Siehe ausführlich zu den unterschiedlichen Ansätzen *Lanzerath*, in: Korff et al. (Hrsg.), Lexikon der Bioethik, Band 2, Stichwort „Krankheit", S. 478 ff.; *Lenk*, Therapie und Enhancement, mit einem Überblick auf S. 36; die Thematik aufgearbeitet auch bei *Welling*, Genetisches Enhancement, S. 14 ff.

[17] *Boorse*, Philosophy of Science 1977, 44 (4), S. 542 (542 ff.), *Boorse* unterscheidet zudem zwischen *„disease*" und *„illness*". Siehe zu diesem Krankheitsverständnis auch *Fedoryka*, The Journal of Medicine and Philosophy 1997, 22 (2), S. 143 (144 f.).

[18] *Daniels*, in: Murphy und Lappé (Hrsg.), Justice and the Human Genome, S. 122; *ders.*, Just

gegenüber steht die Gesundheit, die geprägt ist durch biologische Funktionalität und statistische Normalität. Normal und natürlich soll dabei das sein, was als arttypisch zu qualifizieren ist.[19] Um gesund zu sein, muss ein Organismus alle Funktionen gemäß seinem Bauplan ausführen können, wie er seinerseits einer bestimmten Umwelt angepasst ist. Sind eine oder mehrere funktionale Fähigkeiten auf einen Zustand unterhalb des typischen Wirkungsgrades herabgesetzt und liegt daher eine biologische Funktionsstörung vor, ist ein Organismus als krank zu definieren.[20]

Das objektive Begriffsverständnis nach *Boorse* und *Daniels* mag zwar eine geeignete wissenschaftliche Operationalisierbarkeit ermöglichen, die Reduktion auf das bloße biologische Funktionieren entspricht jedoch nicht der üblichen Verwendung des Krankheitsbegriffs. Man kann durchaus biologische Funktionsstörungen an sich erfahren, ohne sich dabei krank fühlen zu müssen, so wie umgekehrt Zustände als Krankheit erfahren werden, die mir einer biologischen Funktionsstörung nicht hinreichend erfasst sind.[21] Zudem ist der Mensch nicht als reines umweltgebundenes Wesen zu begreifen. Der Mensch handelt nicht aus natürlichen Ursachen heraus, sondern aus Gründen, und setzt seine eigenen Ziele. „Krankheit“ muss im Kontext dieses Weltverhältnisses und der eigenen Lebensplanung gesehen werden.[22]Auch lässt sich nie wirklich feststellen, wann die speziestypische normale Funktionsweise erreicht ist. Wir wissen nicht, wo das obere Limit dieser normalen Funktionsweise liegt; eine sichtbare Grenze gibt es nicht.[23]

bb. Evaluative Ansätze

Evaluativ beurteilt demgegenüber die Weltgesundheitsorganisation (WHO) den Begriff „Gesundheit“ und im Umkehrschluss hierzu „Krankheit“. Sie definiert in der Präambel ihrer Satzung Gesundheit wie folgt: „*Health is a state of complete physical, mental and social well-being and not merely the absence of disease or infirmity.*“[24] Das ausschlaggebende Kriterium soll das subjektive Wohlbefinden bzgl. allen denkbaren Faktoren sein, was Gesundheit gleichsetzt mit „Glück“ oder einer „unbe-

---

health care, S. 28; siehe hierzu auch *Juengst*, The Journal of Medicine and Philosophy 1997, 22 (2), S. 125 (129).

[19] *Boorse*, Philosophy of Science, 44 (4), 1977, S. 542 (542 f.); siehe auch *Lanzerath*, in: Korff et al. (Hrsg.), Lexikon der Bioethik, Band 2, Stichwort „Krankheit“, S. 479; *Lanzerath und Honnefelder*, in: Düwell und Mieth (Hrsg.), Ethik in der Humangenetik, S. 51 (54).

[20] *Lanzerath und Honnefelder*, in: Düwell und Mieth (Hrsg.), Ethik in der Humangenetik, S. 51 (55).

[21] *Fedoryka*, The Journal of Medicine and Philosophy 1997, 22 (2), S. 143 (151); *Lanzerath und Honnefelder*, in: Düwell und Mieth (Hrsg.), Ethik in der Humangenetik, S. 51 (57).

[22] *Lanzerath*, in: Korff et al. (Hrsg.), Lexikon der Bioethik, Band 2, Stichwort „Krankheit“, S. 480.

[23] *Juengst*, The Journal of Medicine and Philosophy 1997, 22 (2), S. 125 (131).

[24] Deutsch: „Zustand vollständigen körperlichen, geistigen und sozialen Wohlbefindens und nicht nur des Freiseins von Krankheit und Gebrechen“, siehe *Lanzerath und Honnefelder*, in: Düwell und Mieth (Hrsg.), Ethik in der Humangenetik, S. 51 (52).

einträchtigten Glücksfähigkeit".[25] Dieses Verständnis ist jedoch viel zu weit. Nach dieser Definition wäre jeder Mensch kränklich und verbesserungsbedürftig.[26] Zudem würde ein derart empathisches Krankheitsverständnis den Arzt über die Medizin hinaus auch zur Lösung sozialer Probleme verpflichten.[27]

Ein weiterer evaluativer Ansatz versucht, die Krankheitsdefinition an soziokulturellen Werturteilen festzumachen.[28] *Lenk* führt hierzu als Überbegriff einen sog. „relationalen Aspekt" ein, der über die soziale Umwelt hinaus auch das Verhältnis von internen Ressourcen und Fähigkeiten zu selbst gesetzten Zielen und/oder externen Anforderungen der Bedingungen der natürlichem Umwelt einbezieht.[29] Die Medizin im Allgemeinen müsse der Ideologie und den Zielen einer bestimmten Gesellschaft dienlich sein, sodass auch das Konzept „Krankheit" den Stand der Technik, die gesellschaftlichen Erwartungen, die Arbeitsteilung und die Umweltbedingungen dieser Bevölkerungen wiederspiegeln müsse.[30] Nicht die bloße Abweichung von einer bestimmten Norm sage etwas über das Vorliegen von Gesundheit oder Krankheit aus, da beispielsweise auch überdurchschnittliche Intelligenz eine Normabweichung sei, aber schwerlich als Krankheit eingestuft werde.[31] Es gebe auch keinen fixen Punkt dafür, was „normal" sei.[32] *Engelhardt* führt als Beispiel die Sichelzellanämie an. Auf der einen Seite spreche gegen die Einstufung dieses Zustandes als Krankheit, dass eine genetische Beratung die Häufigkeit des Sichelzellanämie-Allels verringere und damit auch die Anpassungsfähigkeit unserer Spezies abnehme. Auf der anderen Seite stehen der Schmerz und der frühe Tod des betroffenen Individuums. Nicht die Natur mache eine „Krankheit" zu einer solchen. Die Natur habe nicht das Wohl des einzelnen Individuums zum Ziele. Es sei der Mensch, der die Zuordnung zur Kategorie „Krankheit" vornehme, indem er das Wohl des Einzelnen über das Überleben der Spezies stelle. Diese Wertung werde ihm nicht durch die Anerkennung natürlicher Standards oder Normen aufgezwungen.[33] Allerdings ist an dieser evaluativen Bewertung problematisch, dass sich so der Krank-

---

[25] *Lanzerath und Honnefelder*, in: Düwell und Mieth (Hrsg.), Ethik in der Humangenetik, S. 51 (52).

[26] *Mersson*, Fortpflanzungstechnologien und Strafrecht, S. 89 Fn. 1; die Definition auch als zu weit empfindend *Wagner*, Der gentechnische Eingriff in die menschliche Keimbahn, S. 84.

[27] *Lanzerath und Honnefelder*, in: Düwell und Mieth (Hrsg.), Ethik in der Humangenetik, S. 51 (62).

[28] So *Margolis*, The Journal of Medicine and Philosophy 1976, 1 (3), S. 238 (238 ff.); *Engelhardt*, The Journal of Medicine and Philosophy 1976, 1 (3), S. 256 (256 ff.); *Kovács*, The Journal of Medicine and Philosophy 1989, 14 (3), S. 261 (263); *Reznek*, The Journal of Medicine and Philosophy 1995, 20 (5), S. 571 (571 ff.).

[29] Mit einem Überblick über die relevanten Aspekte *Lenk*, Therapie und Enhancement, S. 36, ausführlich zum relationalen Aspekt S. 181 ff.

[30] *Margolis*, The Journal of Medicine and Philosophy 1976, 1 (3), S. 238 (252).

[31] *Reznek*, The Journal of Medicine and Philosophy 1995, 20 (5), S. 571 (574).

[32] *Margolis*, The Journal of Medicine and Philosophy 1976, 1 (3), S. 238 (246).

[33] *Engelhardt*, The Journal of Medicine and Philosophy 1976, 1 (3), S. 256 (266).

heitsbegriff zur „reinen Konvention im sozialen Handlungsfeld“ entwickelt. Hierdurch entsteht ein willkürliches Wertemuster.[34]

cc. Stellungnahme

Alle Kriterien tragen Essentielles zum Verständnis von Krankheit und Gesundheit bei. Bei der Krankheitsdefinition sind also sowohl physische, psychische als auch soziale bzw. relationale Determinanten zu berücksichtigen. Wie genau das Verhältnis zwischen den verschiedenen Faktoren grundsätzlich auszusehen hat und woraus sich die zu berücksichtigenden Größen ableiten, ist dabei im Detail umstritten. Letztlich sind die verschiedenen Aspekte je nach Kontext ausschlaggebend und müssen auch nicht stets kumulativ vorliegen.[35] Besondere Bedeutung kommt dabei dem objektiven Ansatz, dem pathologischen Zustand, der „Normabweichung“ zu.[36] Ist kein Aspekt betroffen, ist ein Mensch auf jeden Fall gesund, sind alle drei betroffen, ist er auf jeden Fall krank.[37]

Wichtig ist die Feststellung, dass es eine optimale Lösung nicht gibt. Es gibt kein „Geheimrezept“, mittels dessen alle Zustände Fällen objektiv, wertfrei und definitiv der ein oder anderen Kategorie zugeordnet werden könnten.[38] Dies führt dazu, dass die Zuordnung eines Zustands zu einer bestimmten Kategorie letztlich nur anhand einer Bewertung jedes Einzelfalls vorgenommen werden kann.

d. Exkurs: Behinderung

Der Begriff der Krankheit wird in der Regel von dem der Behinderung unterschieden. Behinderung beschreibt nach *Lanzerath* eine dauerhafte, allenfalls symptomatisch therapierbare Beeinträchtigung des physischen oder psychischen Zustands, die angeboren oder erworben sein kann.[39] Die WHO definiert Behinderung als eine durch einen Gesundheitsschaden verursachte funktionelle Einschränkung, die die Fähigkeit, am Leben der Gemeinschaft teilzunehmen, nicht nur vorübergehend be-

---

[34] *Lanzerath*, in: Korff et al. (Hrsg.), Lexikon der Bioethik, Band 2, Stichwort „Krankheit“, S. 479 f.

[35] *Lenk*, Therapie und Enhancement S. 227 ff.; siehe auch *Rothschuh*, in Rothschuh (Hrsg.), Was ist Krankheit?, S. 397 (415 ff); *Fedoryka*, The Journal of Medicine and Philosophy 1997, 22 (2), S. 143 (155 f.); *Uexküll und Wesiack*, in: Uexküll und Adler (Hrsg.), Psychosomatische Medizin, S. 4 (4); *Welling*, Genetisches Enhancement, S. 18; siehe zu der Beziehung der drei Elemente zueinander auch *Lanzerath und Honnefelder*, in: Düwell und Mieth (Hrsg.), Ethik in der Humangenetik, S. 51 (59 f.), wonach unter Berücksichtigung mannigfacher individueller, sozialer und kultureller Faktoren die individuelle Hilfsbedürftigkeit bestimmt werde. Konkret geschehe dies, indem diese in der praktischen Beziehung zwischen Arzt und Patient unter den Bedingungen des soziokulturellen Umfelds gewissermaßen „ausgehandelt“ werde.

[36] *Lenk*, Therapie und Enhancement S. 228.

[37] *Lenk*, Therapie und Enhancement S. 229.

[38] *Lenk*, Therapie und Enhancement S. 222.

[39] *Lanzerath*, in: Korff et al. (Hrsg.), Lexikon der Bioethik, Band 1, Stichwort „Behinderung/Behinderte“, S. 327.

einträchtigt.[40] Gemäß Art. 1 Abs. 2 der UN-Behindertenrechtskonvention sind behinderte Menschen solche, „die langfristige körperliche, seelische, geistige oder Sinnesbeeinträchtigungen haben, welche sie in Wechselwirkung mit verschiedenen Barrieren an der vollen, wirksamen und gleichberechtigten Teilhabe an der Gesellschaft hindern können." Das BVerfG beschreibt eine Behinderung als „jede nicht nur vorübergehende Funktionsbeeinträchtigung, die auf einem regelwidrigen körperlichen, geistigen oder seelischen Zustand beruht."[41] Zentrales Merkmal der Behinderung ist also eine funktionelle Einschränkung oder Beeinträchtigung.[42]

Für die Unterscheidung zwischen Krankheit und Behinderung soll vor allem Folgendes eine Rolle spielen: Behinderungen könnten nur in ihren Auswirkungen gelindert werden, Krankheiten hingegen seien hingegen vorübergehende Zustände, die durch den Menschen veränderbar und umkehrbar seien.[43] Daneben soll vor allem die Erfahrung des oder der Betroffenen, seine Selbstinterpretation ausschlaggebend sein. Der Kranke fühle sich in seinen Möglichkeiten beraubt, er empfinde seine Lebenspläne als unterbrochen, gefährdet oder zerstört, er vergleiche den Ist- mit dem Soll-Zustand und komme zu dem Ergebnis, dass er durch den Ist-Zustand beeinträchtigt werden. Für den Kranken gebe es ein Damals, mit dem er sich vergleichen könne. Hiervon unterscheide sich der Behinderte. Dieser habe seine begrenzten Möglichkeitsbedingungen akzeptiert und sehe diese als gefestigt und offen konstituiert.[44] Er stelle keinen Vergleich des Ist- mit dem Sollzustand an. Ein solcher Selbstvergleich sei bei jemandem, der mit einer Behinderung geboren wurde, schon gar nicht möglich.[45]

Auf eine begriffliche Unterscheidung zwischen Krankheit und Behinderung soll im weiteren Verlauf dieser Arbeit verzichtet werden. Zum einen sind die eben benannten Kriterien äußerst fragwürdig, da sie zu einer Abgrenzung zwischen Behinderung und Krankheit so gut wie nichts beitragen. Die Kriterien etwa der Dauerhaftigkeit und der Unumkehrbarkeit des Zustands der Behinderung einerseits und der Veränderbarkeit von Krankheiten andererseits sind schlicht nicht zielführend, da viele der Zustände, die durch Keimbahntherapie verhindert werden sollen, gerade auch dauerhaft und unumkehrbar sind, wie etwa die Cystische Fibrose. Zum anderen ist auch nicht einzusehen, weshalb sich ein Kranker aufgrund eines Vergleichs mit dem Soll-Zustand pauschal seiner Lebenspläne beraubt sehen soll, ein Behinderter jedoch nicht. Tritt eine Behinderung zu einem späteren Zeitpunkt des Lebens auf, wird es doch den Behinderten in gleicher Weise wie den Kranken herausfor-

[40] Zitiert über *Baron von Maydell*, in: Korff et al. (Hrsg.), Lexikon der Bioethik, Band 1, Stichwort „Behinderung/Behinderte", S. 325.

[41] *BVerfG*, NJW 1998, S. 131 (131).

[42] Nach Ansicht des BVerfG *wird* man auch nicht behindert, etwa durch gesellschaftliche Einstellung, sondern *ist* es, siehe *Kischel*, in: Epping und Hillgruber (Hrsg.), BeckOK GG, Art. 3 Rn. 233 mit Verweis auf *BVerfG*, NJW 1998, S. 131 (132).

[43] Hierzu und zum Folgenden *Lanzerath*, in: Korff et al. (Hrsg.), Lexikon der Bioethik, Band 1, Stichwort „Behinderung/Behinderte", S. 327.

[44] *Rawlinson*, in: Kerstenbaum (Hrsg.), The humanity of the ill, S. 69 (75).

[45] *Canguilhem*, Das Normale und das Pathologische, S. 91 f.

dern, sich mit seinem Zustand besser anzufreunden. Zudem können sowohl Krankheiten als auch Behinderungen von Geburt an vorliegen, sodass nicht zu erklären ist, weshalb in dem einen Fall ein als Leiden empfundener Vergleich mit dem Ist-Zustand erfolgen soll, in dem anderen jedoch nicht. Außerdem spielt eine solche Unterscheidung für die Problematik der Keimbahntherapie aus rechtlicher Sicht letztlich keine Rolle. Ob eine körperliche, geistige oder seelische Funktionsstörung oder Beeinträchtigung, die aufgrund einer genetischen Veranlagung beim geborenen Menschen auftritt und von der dieser befreit werden soll, als Krankheit oder Behinderung zu bezeichnen ist, macht für die rechtliche Prüfung keinen Unterschied.

3. Enhancement

Die gängigste Interpretation des Begriffs „Enhancement" erfolgt durch Abgrenzung zum Begriff „Therapie". Daneben bestehen einige weitere Differenzierungsvorschläge.

Die häufigste, einfachste und handhabbarste Interpretation des Begriffs „Enhancement", der auch hier gefolgt werden soll, stellt auf die Abgrenzung zur Therapie ab. Das Enhancement ist gewissermaßen das Gegenstück zur Therapie, was auch einem intuitiven Verständnis dieses Begriffs entspricht.[46] Teilweise begegnet man in diesem Zusammenhang auch den Begriffen „positive Eugenik"[47] oder „Wunschmedizin" und „wunscherfüllende Medizin".[48]

Dabei geht es um die „Verbesserung des Menschen", um Maßnahmen zur Optimierung seiner Anlagen und Steigerung seiner Fähigkeiten,[49] wobei es gerade an einem pathologischen Befund fehlt.[50]

Die Möglichkeit, so zu differenzieren, wird teilweise anhand folgenden Beispiels in Zweifel gezogen:

Johnny ist ein 11-jähriger Junge, der aufgrund eines Hirntumors an einer Wachstumshormonstörung leidet. Seine Eltern sind durchschnittlich groß, er selbst wird jedoch ohne Hormonbehandlung im Erwachsenenalter lediglich 1m60 erreichen.

Billy ist ein 11-jähriger Junge mit normaler Wachstumshormonproduktion. Seine Eltern sind jedoch besonders klein, so dass er ebenso im Erwachsenenalter lediglich 1m60 erreichen wird.

Dieses Beispiel führt die Schwäche der Abgrenzungsversuche vor Augen und zeigt, dass die Therapie-Enhancement-Unterscheidung dazu zwingt, ähnliche Fälle

---

[46] *Lenk*, Therapie und Enhancement, S. 27; *Juengst*, in: Parens (Hrsg.), Enhancing Human Traits, S. 29 (32); *Allhoff*, Journal of Evolution and Technology 1997, 18 (2), S. 11 (12); die Thematik aufgearbeitet auch bei *Welling*, Genetisches Enhancement, S. 10 ff.

[47] *Kröner*, in: Korff et al. (Hrsg.), Lexikon der Bioethik, Band 1, Stichwort „Eugenik", S. 694.

[48] *Eberbach*, MedR 2008, S. 325 (325 ff.); zu weiteren Begrifflichkeiten siehe *Fuchs*, in: Korff et al. (Hrsg.), Lexikon der Bioethik, Band 1, Stichwort „Enhancement", S. 604.

[49] *Eberbach*, MedR 2008, S. 325 (325).

[50] *Lenk*, Therapie und Enhancement, S. 228.

ungleich zu behandeln. Ähnlich sind die Fälle deshalb, weil beide Jungen ohne Behandlung dieselben sozialen Nachteile erleben werden. Beide sind aufgrund eines biologischen „Lotteriespiels" und nicht durch eigenes Verschulden oder irgend beeinflussbare Gründe klein.[51] Die Ungleichbehandlung liegt darin, dass Johnny „krank" ist und daher Anspruch auf therapeutische Hilfe hat, Billy jedoch nicht.[52]

Letztendlich bleiben die Kriterien willkürlich, wie stark ausgeprägt objektive, subjektive und gesellschaftliche Faktoren vorliegen muss, damit von Krankheit gesprochen werden kann. Diese Unsicherheit führt allerdings nicht dazu, dass eine Abgrenzung gänzlich abzulehnen ist. Eine Grenzziehung findet in der medizinischen Praxis und im Versicherungswesen Anwendung und ist in unsere eigene Wahrnehmung darüber eingegangen, wem medizinische Hilfe zukommen soll und wem nicht.[53] Sie soll daher in dieser Arbeit beibehalten werden.

Als weitere Untergliederung schlagen *Walters* und *Palmer* vor, zwischen *health-related enhancements* und *non-health-related enhancements* zu unterscheiden. So soll etwa die Immunisierung gegen Infektionskrankheiten als *health-related enhancement* letztendlich eine Stärkung des Immunsystems darstellen und damit eine Verbesserung der Eigenschaften, die von den Eltern geerbt wurden.[54] Zwar wird tatsächlich zunächst eine gewisse Stärkung vorgenommen und dem Immunsystem zu einer Leistung verholfen, zu der es ohne die Maßnahme nicht in der Lage wäre. Dennoch liegt das Ziel eben nicht in einer allgemeinen Förderung oder allgemeinen Funktionssteigerung, sondern es soll vor einer Krankheit geschützt werden. So ist die Maßnahme viel mehr mit therapeutischer Prävention vergleichbar, was sich auch dadurch zeigt, dass man den Eingriff als fehlgeschlagen bezeichnen würde, wenn die Krankheit, die verhindert werden sollte, dennoch ausbricht. Diese Bewertung gilt auch dann, wenn durch die Maßnahme nebenbei noch andere positive Ef-

---

[51] *Daniels*, in: Murphy und Lappé (Hrsg.), The Genome Project, Individual Differences and Just Health Care, S. 110 (123); zu diesem Beispiel siehe auch *Beck*, MedR 2006, S. 95 (97).

[52] *Beck*, MedR 2006, S. 95 (97). *Welling* versucht darzulegen, dass es sich nur um ein scheinbares Paradoxon handelt. Die Fälle seien gerade nicht vergleichbar, da die kleine Größe des einen Kindes eben nicht aus einer Dysfunktion resultiere, sondern aus seinen genetischen Anlagen. Aufgrund dieser unterschiedlichen Situationen sei eine andere Beurteilung der Verabreichung von synthetischen Wachstumshormonen gerechtfertigt, siehe *Welling*, Genetisches Enhancenemt, S. 18. Gerade die Fixierung auf die Ursache steht jedoch im Zentrum der Kritik dieses Beispiels: Kann es richtig sein, allein gestützt auf die unterschiedlichen Ursachen unterschiedliche Wertungen vorzunehmen? *Welling* beantwortet diese Frage in geradezu zirkelschlussähnlicher Weise wie folgt: Ja, eben weil unterschiedliche Ursachen vorliegen. Aber dies ist ja gerade die Frage! Siehe zu diesem Beispiel auch *Allhoff*, Journal of Evolution and Technology, 1997 (18) 1, S. 11 (12); siehe auch mit weiteren Beispielen *Buchanan et al.*, From Chance to Choice, S. 110 ff. Möchte man die Ungerechtigkeit, die man hier empfindet, beseitigen, böte sich zur Abgrenzung zwischen Therapie und Enhancement lediglich an, sich nicht zu sehr auf die Ätiologie zu versteifen, sondern die Auswirkungen auch an stärker an subjektiven und gesellschaftlichen Maßstäben zu messen, siehe *Lenk*, Therapie und Enhancement, S. 253.

[53] *Buchanan et al.*, From Chance to Choice, S. 110, mit ausführlicher Darstellung von Für und Wider bis Seite 203.

[54] *Walters und Palmer*, The ethics of human gene therapy, S. 110.

fekte erzielt wurden.[55] Derartige Maßnahmen werden daher nicht als Enhancement gewertet, denn Prävention erscheint als sinnvoller Bestandteil medizinischer Praxis, wartet man doch nicht ab, bis „das Kind in den Brunnen gefallen ist".[56] Als Enhancement werden zum Zwecke einer sauberen Differenzierung nur die Maßnahmen bezeichnet, die in keinerlei Zusammenhang mit einem pathologischen Zustand stehen, sondern die menschliche Gestalt über das Maß hinaus verbessern sollen, das für die Erhaltung oder Widerherstellung der Gesundheit erforderlich ist.[57] Beispiele für Maßnahmen des Enhancements sind die Veränderung der Körpergröße, die Reduzierung von Schlafbedürftigkeit, das Aufhalten des Alterungsprozesses, die Steigerung von Gedächtnisleistungen und die Eindämmung von Aggressivität.[58]

4. Prävention

Es wurde bereits erwähnt, dass im Rahmen von Keimbahneingriffen alle therapeutischen Maßnahmen im Vorfeld eines Krankheitsausbruchs und damit grundsätzlich präventiv erfolgen. Dabei wurde auch dargestellt, dass der Begriff „Prävention" jedoch nicht nur über die zeitliche Relation zum Ausbruch einer Krankheit definiert werden soll, da sonst letztendlich alle Maßnahmen in diese Kategorie fielen. Ebenso ist bereits angeklungen, dass Eingriffe, die der Stärkung des Körpers dienen, damit dieser zur Abwehr einer bestimmten, zukünftig eventuell auftretenden Krankheit befähigt wird, nicht gemeinsam mit Maßnahmen zum Ziele etwa der Verschönerung oder Intelligenzsteigerung in einen Topf geworfen werden und daher auch nicht als Enhancement bezeichnet werden können. Es ist daher ein Nebeneinander von Therapie, Prävention und Enhancement zu befürworten.[59]

Im Umkehrschluss lässt sich daher folgende Aussage treffen: Prävention ist alles, was nicht Therapie und nicht Verbesserung ist. Positiv ausgedrückt sollen durch

---

[55] *Lenk*, Therapie und Enhancement, S. 231 ff.; *Juengst*, in: Parens (Hrsg.), Enhancing human capacities, S. 29 (33 f.).

[56] *Welling*, Genetisches Enhancement, S. 19; a.A. *Schmidt*, in: Bayertz (Hrsg.), Somatische Gentherapie, S. 109 (120), der die Unterscheidung zwischen präventiven und steigernden Maßnahmen als willkürlich betrachtet; a.A. letztlich auch diejenigen, die für die Definition des Krankheitsbegriffs die „speziestypische normale Funktionsweise" heranziehen, da eine Erkrankung bei Infizierung mit bestimmten Viren zu dieser normalen Funktionsweise gehört, siehe *Junegst*, Journal of Medicine and Philosophy 1997, 22 (2), S. 125 (133).

[57] *Welling*, Genetisches Enhancement, S. 20; *Eberbach*, MedR 2008, S. 325 (325).

[58] Zu den naturwissenschaftlichen Details siehe *Walters und Palmer*, The ethics of human gene therapy, S. 101 ff.; weitere Beispiele bei *Doudna und Sternberg*, A crack in creation, S. 230. Es existieren in der Literatur noch weitere Untergliederungsversuche. *Anderson* will zwischen Enhancement-Maßnahmen und „eugenischen" Maßnahmen unterscheiden. Enhancement soll eine vorhandene Charakteristik verstärken und während Eugenik komplexere Eigenschaften, wie Körperstruktur, Persönlichkeit und Intelligenz verbessern soll, siehe *Anderson.*, The Journal of Medicine and Philosophy 1985, 10 (3), S. 75 (287 ff.); *ders.*, in: Stock und Campbell (Hrsg.), A New Front Battle against Disease, S. 43 (44).

[59] So vom Grundsatz her auch *Coenen et al.*, in: Savulescu et al. (Hrsg.), Enhancing human capacities, S. 521 (524).

Prävention Krankheiten verhindert werden, mit denen sich das Individuum im Laufe seines Lebens infizieren *kann*, wie beispielsweise AIDS, und solche, für die es eine genetische Disposition trägt und für die daher bei Hinzutreten weiterer Umstände eine *Wahrscheinlichkeit* eines Ausbruchs besteht, wie beispielsweise bei Trägerinnen des Risikogens BRCA1 für Brustkrebs.[60] Die Prävention ist daher gekennzeichnet durch die *Möglichkeit* eines Krankheitsausbruchs, weil *möglicherweise* ein Individuum zu einem Zeitpunkt seines Lebens alle Faktoren (Virusinfektion etc.) in sich vereinigen wird, die zum Ausbruch einer Krankheit führen.

5. Fazit

Eine alle denkbaren Fälle erfassende, unfehlbare und allgemeingültige Abgrenzungsmöglichkeit zwischen den Zuständen „Gesundheit" und „Krankheit" und folglich auch zwischen den Kategorien „Therapie", „Prävention" und „Enhancement" gibt es nicht. Letztlich muss jeder Einzelfall beleuchtet und anhand der herausgearbeiteten Kriterien beurteilt werden, wobei natürlich auch dann die Beurteilung nie frei von persönlichen Wertungen sein wird.

Zur Groborientierung soll in dieser Arbeit folgendes Konzept verfolgt werden:

Die Beurteilung, ob ein Zustand eine Krankheit ist, erfolgt durch Heranziehung objektiver, subjektiver und relationaler bzw. soziale Aspekte. Der objektive Aspekt beschreibt eine „Einschränkung der normalen Funktion", der subjektive Aspekt ein „eingeschränktes Wohlbefinden" und der relationale Aspekt eine „Behinderung bei der Ausübung von Aufgaben im privaten oder beruflichen Bereich".[61] Der soziale Aspekt bezieht mit ein, wie ein Zustand innerhalb einer Gesellschaft bewertet wird.

Dementsprechend ist Therapie als Krankheitsbehandlung zu verstehen, wobei dies im Rahmen der Keimbahntherapie bedeutet, dass ein Zustand verhindert werden soll, der sich beim geborenen Menschen im Laufe seines Lebens mit Sicherheit irgendwann als Krankheit manifestieren wird. Prävention hingegen beschreibt den Schutz des Menschen vor Krankheiten, die er im Laufe seines Lebens möglicherweise erwerben wird bzw. für deren Ausbruch er bestimmte genetische Anlagen besitzt, wobei der Ausbruch nicht mit Sicherheit prognostiziert werden kann. Das Enhancement bezeichnet eine Verbesserung oder Veränderung des Menschen ohne jeglichen pathologischen Bezug.

---

[60] *Hofmann*, Die Anwendung des Gentechnikgesetzes auf den Menschen, S. 20 f., allerdings bezogen auf die somatische Gentherapie. Dieser Begriffsbestimmung folgen wohl auch *Winnacker et al.*, Gentechnik, S. 34, die zwar das Brustkrebsrisikogen im Rahmen der Keimbahntherapie wie die klassischen Erbkrankheiten der Kategorie „Therapie" zuordnen, S. 40 ff. Explizit von „Krankheitsprävention" sprechen sie aber jedenfalls in den Fällen, in denen es um das Einfügen eines Resistenzgens, z. B. gegen AIDS, und die Vermeidung sonstiger Risikofaktoren geht, siehe S. 48 ff. Ohne sich auf bestimmte Definitionen festzulegen, trifft diese Unterscheidung auch *Wagner*, Der gentechnische Eingriff in die menschliche Keimbahn, S. 90.

[61] Diese Definitionen bei *Lenk*, Therapie und Enhancement, S. 228.

II. Für Keimbahneingriffe sprechende Rechte und Interessen

Im folgenden Abschnitt wird untersucht, welche Rechte für die Zulässigkeit von Keimbahneingriffen sprechen bzw. durch ein Verbot derselben berührt sind.

1. Rechte der Eltern

Für die Vornahme von Keimbahninterventionen sprechen zum einen die Rechte der Eltern an den Entitäten, an denen die Eingriffe durchgeführt werden sollen. Diese sind die einzelnen Gameten bzw. deren Vorläuferzellen oder der Embryo, also die aus der Kernverschmelzung von Ei- und Samenzelle entstandenen Zelle. Während im ersten Fall der Eingriff streng genommen nur den Keimzellspender selbst betrifft, da gewissermaßen an „ihm selbst“, an einer nur ihm gehörigen Zelle manipuliert wird, besteht im zweiten Fall eine Entität, die bereits eine gewisse Eigenständigkeit besitzt. Zwischen diesen beiden Konstellationen muss auch rechtlich unterschieden werden. Zudem ist ein Eingriff in den zwischen der unbefruchteten Eizelle und der Zygote liegenden Entwicklungszeitpunkten möglich. Die Rechtsbeziehung zwischen den Gametenspendern und diesen Entitäten bedarf einer Klärung.

Zum anderen sind zu berücksichtigen die Fortpflanzungsfreiheit der Eltern, das allgemeine Persönlichkeitsrecht, das Recht auf Leben und körperliche Unversehrtheit sowie die Menschenwürde.

a. Eingriff an den Gameten und Vorläuferzellen

aa. Rechte an Gameten und Vorläuferzellen

Als Rechte der Keimzellträger an ihren Gameten kommen insbesondere die Eigentumsgarantie des Art. 14 GG und das allgemeine Persönlichkeitsrecht des Art. 2 Abs. 1 i.V.m. Art. 1 Abs. 1 GG in Betracht. Da Art. 14 GG lediglich Rechtspositionen schützt, die von der einfachgesetzlichen Rechtsordnung als Eigentum anerkannt werden und auch das zivilrechtliche allgemeine Persönlichkeitsrecht in Art. 2 Abs. 1 i.V.m. Art. 1 Abs. 1 GG verankert ist, kann im Folgenden auf die zivilrechtliche Diskussion zu diesem Thema zurückgegriffen werden.[62]

Am eigenen Körper besteht zunächst unstreitig ein Verfügungsrecht. Woraus sich die Befugnis ergibt, ist umstritten. So wird vertreten, sie ergebe sich aus der allgemeinen Handlungsfreiheit des Art. 2 Abs. 1 GG,[63] aus dem Recht auf körperliche Unversehrtheit des Art. 2 Abs. 2 S. 1 GG[64] oder aus einer Zusammenschau von

---

[62] So bereits *Schlüter*, Schutzkonzept für menschliche Keimbahnzellen, S. 132.

[63] *Hofmann*, JZ 1986, S. 253 (256).

[64] Jedenfalls sofern es um eine Preisgabe des Körpers zu Heileingriffen geht *Amelung*, Die Einwilligung in die Beeinträchtigung eines Grundrechtsguts, S. 29 f.; *Vollmer*, Genomanalyse und

Art. 2 Abs. 1, Art. 1 Abs. 1 und Art. 2 Abs. 2 S. 1 GG.[65] Da das Recht unstreitig anerkannt ist, kann die genaue grundrechtsdogmatische Verortung dahinstehen.

aaa. Körpersubstanzen allgemein

Vier Ansätze zur rechtlichen Einordnung von vom Körper abgetrennten Substanzen lassen sich unterscheiden, wobei es im Wesentlichen darum geht, ob das Verfügungsrecht über die eigenen Körperteile aus einem eigentumsrechtlichen Bestimmungsrecht oder einer Bestimmungsbefugnis kraft Persönlichkeitsrecht folgt.[66] So werden nach dem rein sachenrechtlichen Ansatz Körperteile mit ihrer Abtrennung vom übrigen Körper zu eigentumsfähigen Sachen nach § 90 BGB. Das Persönlichkeitsrecht, das am menschlichen Körper bestehe, könne nicht an abgetrennten Substanzen fortgesetzt werden.[67] Alternativ hierzu wird ein rein persönlichkeitsrechtlicher Ansatz vertreten, wonach auch abgetrennte Teile vom Persönlichkeitsrecht am eigenen Körper erfasst sein sollen. Eine persönlichkeitsrechtliche Beziehung bestehe jedenfalls, wenn ein persönliches Interesse an dem Bestandteil vorliege. Werde dieses Interesse preisgegeben, „verwandle" sich die Beziehung in eine eigentumsrechtliche.[68] Nach h.M. kommt sowohl dem Eigentumsrecht als auch dem Persönlichkeitsrecht eine Schutzfunktion zu; beide Rechte existierten gewissermaßen nebeneinander.[69] Dieser

---

Gentherapie, S. 120 ff.; *Schmidt*, Rechtliche Aspekte der Genomanalyse, S. 109 ff.

[65] *BVerfG*, NJW 1979, S. 1925 (1930 f.) – Sondervotum der Richter *Hirsch*, *Niebler* und *Steinberger*; *Katzenmaier*, in: Laufs et al. (Hrsg.), Arztrecht, V. A. II. Rn. 5; *Di Fabio*, in: Herzog et al. (Hrsg.), Maunz/Dürig GG, Art. 2 Abs. 1 Rn. 204.

[66] Siehe zu allen Ansichten im Überblick *Halàsz*, Das Recht auf bio-materielle Selbstbestimmung, S. 20 ff.; *Zech*, Gewebebanken für Therapie und Forschung, S. 24 ff.; *Roth*, Eigentum an Körperteilen, S. 57 ff.; *Breithaupt*, Rechte an Körpersubstanzen und deren Auswirkung auf die Forschung mit abgetrennten Körpersubstanzen, S. 123 ff.

[67] *Dilcher*, in: Staudinger BGB, 1995, § 90 Rn. 15 f. (weniger strikt nun die neue Auflage, wonach persönlichkeitsrechtliche Befugnisse auch an abgetrennten Substanzen weiterbestehen: *Stieper*, Staudinger BGB, 2017, § 90 Rn. 29); *Marly*, in: Wolf et al. (Hrsg.), Soergel BGB, § 90 Rn. 7.

[68] *Forkel*, JZ 1974, S. 593 (596); *Jansen*, Die Blutspende aus zivilrechtlicher Sicht, S. 90 ff. und S. 126 ff., wonach ein persönliches Interesse bspw. vorliege, wenn eine Spende einer Körpersubstanz an eine individuell ausgesuchte Person erfolgen solle; kritisch hierzu *Zech*, Gewebebanken für Therapie und Forschung, S. 29, da diese Betrachtungsweise keine klare rechtliche Einordnung ermögliche. Insbesondere, wenn Körpersubstanzen zur Diagnostik entnommen würden und diese Ansicht dann einen Verzicht auf das Persönlichkeitsrecht annehme, stehe dies den Interessen des Betroffenen entgegen, da dieser nun keine weitere Möglichkeit habe, die Verwendung der Substanzen zu steuern.

[69] Nach der sog. „Überlagerungsthese" sei der Körper sowohl Materie, also eine dem Eigentumsrecht zugängliche Sache, als auch persönlichkeitsrechtlich dem Willen des Menschen zugeordnet. Solange der Körper der Person zugeordnet sei, überlagere die persönlichkeitsrechtliche Seite die sachenrechtliche. Durch Trennung von Teilen des Körpers vom Rest könne die sachenrechtliche Seite maßgeblich werden. Eigentumsrecht und Persönlichkeitsrecht stünden dabei in einem Alternativverhältnis: Das Persönlichkeitsrecht an abgetrennten Körperteilen erlösche ganz, wenn der Rechtsinhaber hierauf verzichte. Dann erst trete die eigentumsrechtliche Seite zu Tage, siehe *Schünemann*, Die Rechte am menschlichen Körper, S. 89 ff. und S. 100 ff.; anders *Schröder und Taupitz*, Menschliches Blut, S. 93, wonach durch eine „abgestufte Betrachtungsweise" zum Aufleben

Kombinationslösung ist der Vorzug zu geben: Der Rechtsinhaber kann entweder über sein Eigentum verfügen oder auf sein Persönlichkeitsrecht verzichten und das jeweils andere Recht behalten, oder aber auf beide Rechte verzichten.[70] So kann der Substanzträger über das Persönlichkeitsrecht stets seine Interessen wahren, auch wenn er anderen das Eigentum an der Körpersubstanz einräumt. Dieses Persönlichkeitsrecht beschränkt das Eigentumsrecht i.S.v. § 903 BGB.[71, 72] Seine persönlichkeitsrechtlichen Befugnisse kann der Substanzträger gegen seinen Willen nicht verlieren, auch wenn er das Eigentum nach den §§ 932 ff. BGB verliert.[73]

bbb. Keimzellen und ihre Vorläuferzellen

Auch an Keimzellen und deren Vorläuferzellen bestehen Persönlichkeits- und Eigentumsrechte.

Die Überlegung, *Keimzellen* unter Ausschluss der Rechte des Spenders eigene Persönlichkeitsrechte zuzusprechen, ist abzulehnen. Dem Keimgut selbst haftet nichts Personenhaftes an. Zwar können sich aus ihm Menschen entwickeln, diese Entwicklungschance ist jedoch eine sehr vage, da es hierfür stets der Verschmelzung mit einer weiteren Keimzelle bedarf.[74] Zudem ist auch angesichts des gentechnologischen Fortschritts diese Potenzialität nicht mehr allein der (natürlich entstandenen) Keimzelle vorbehalten. Neben Klonierungstechniken wie dem Dolly-Verfahren, bei dem der diploide Chromosomensatz zur Entwicklung eines Menschen genutzt werden kann,[75] können neuerdings auch Somazellen zu hiPS-Zellen rückprogrammiert und diese wiederum zu Keimzellen ausdifferenziert werden.[76]

---

der Eigentümerbefugnisse nicht gänzlich auf das Persönlichkeitsrecht verzichtet werden muss. Zu einem ähnlichen Ergebnis kommt der sog. modifizierte sachenrechtliche Ansatz, wonach mit der Abtrennung der Substanzträger auch Eigentümer der abgetrennten Substanz werde, kumulativ aber auch sein Persönlichkeitsrecht hieran weiterhin fortbestehe, siehe *Freund und Weiss*, MedR, 2004, S. 315 (316); *Halàsz*, Das Recht auf bio-materielle Selbstbestimmung, S. 40.

[70] *Schröder und Taupitz*, Menschliches Blut, S. 92 ff.; ein solches Nebeneinander bejahend auch *Halàsz*, Das Recht auf bio-materielle Selbstbestimmung; S. 35 ff.; *Zech*, Gewebebanken für Therapie und Forschung, S. 31 ff.; *Breithaupt*, Rechte an Körpersubstanzen und deren Auswirkung auf die Forschung mit abgetrennten Körpersubstanzen, S. 131 ff. Der BGH stellt für die rechtliche Einordnung von abgetrennten Körpersubstanzen auf die Endzweckbestimmung ab, die Grund der Trennung vom Körper war: Sollen die dem Körper entnommenen Bestandteile später wieder mit dem Körper vereinigt werden, sind sie als Teil des Körpers vom allgemeinen Persönlichkeitsrecht erfasst, andernfalls als Sachen den eigentumsrechtlichen Vorschriften unterworfen, siehe *BGH*, NJW 1994, S. 127 (127 f.).

[71] „Der Eigentümer einer Sache kann, soweit nicht das Gesetz oder Rechte Dritter entgegenstehen, mit der Sache nach Belieben verfahren und andere von jeder Einwirkung ausschließen."

[72] *Schlüter*, Schutzkonzepte für menschliche Keimbahnzellen, S. 136.

[73] *Halàsz*, Das Recht auf bio-materielle Selbstbestimmung, S. 40.

[74] *Lanz-Zumstein*, Die Rechtsstellung des unbefruchteten und befruchteten menschlichen Keimguts, S. 145 ff.

[75] Auf dieses Verfahren hinweisend *Halàsz*, Das Recht auf bioethische Selbstbestimmung, S. 45.

[76] Den Zellen kommt auch keine Teil- oder Vorpersonalität zu, siehe ausführlich *Lanz-Zumstein*, Die Rechtsstellung des unbefruchteten und befruchteten menschlichen Keimguts, S. 185 ff.; siehe

Keimzellen sind folglich wie andere Körpersubstanzen zu behandeln. Sie sind Sachen[77] oder jedenfalls sachähnlich,[78] an denen die Persönlichkeitsrechte der Keimzellträger weiter bestehen.[79] Gegen eine Einordnung als Sache wird zwar eingewendet, hierdurch werde die Keimzelle zur Ware degradiert. Sie unterstehe damit der freien Verfügungsbefugnis des Eigentümers, der sie beliebig weiterveräußern könnte.[80] Von einer solchen unbegrenzten Verfügungsbefugnis kann jedoch nicht die Rede sein, da, wie auch bei anderen Körpersubstanzen, durch § 903 BGB diese Eigentümerrechte Dritter durch das allgemeine Persönlichkeitsrecht des Keimzellspenders eingeschränkt werden.

Diese Erwägungen gelten auch für *Vorläuferzellen*. Sie sind aufgrund ihres noch diploiden Chromosomensatzes sogar noch weiter davon entfernt als Keimzellen, einen Menschen hervorzubringen, sodass eine Andersbehandlung verglichen mit sonstigem Körpermaterial noch fernliegender ist.[81]

ccc. Zwischenergebnis

Die Keimzellspender bzw. Spender der Vorläuferzellen haben bzgl. ihrer Gameten und Vorläuferzellen nicht nur Eigentumsrechte, sondern auch Persönlichkeitsrechte. Aus diesen Persönlichkeitsrechten folgt das Selbstbestimmungsrecht über ihre Keimzellen, durch welches sie über die Art der Verwendung der Keimzellen bestimmen können.[82] Dieses Recht ermöglicht ihnen also auch, an diesen gentechnische Eingriffe vornehmen zu lassen. Ein Verbot von Keimbahninterventionen greift folglich in das Persönlichkeitsrecht bzw. das Selbstbestimmungsrecht des Gametenspenders ein.

---

auch *Halàsz*, Das Recht auf bioethische Selbstbestimmung, S. 44; *Schlüter*, Schutzkonzepte für menschliche Keimbahnzellen, S. 139 f.

[77] Statt vieler *Schick*, in: Bernat (Hrsg.), Lebensbeginn durch Menschenhand, S. 183 (192 ff.); *ders.*, in: Günther und Keller (Hrsg.), Fortpflanzungsmedizin und Humangenetik, S. 327 (342); siehe auch *Britting*, die postmortale Insemination als Problem des Zivilrechts, S. 22 und *Halàsz*, Das Recht auf bioethische Selbstbestimmung, S. 46, je m.w.N.; a.A. *Coester-Waltjen*, in: Ständige Deputation des Deutschen Juristentages (Hrsg.), Die künstliche Befruchtung bei Menschen, S. B5 (B 31), die das Bestimmungsrecht des Ehemannes über seinen Samen unabhängig von der genauen Rechtsnatur des Spermas aus dem allgemeinen Persönlichkeitsrecht ableitet.

[78] *Lanz-Zumstein*, Die Rechtsstellung des unbefruchteten und befruchteten menschlichen Keimguts, S. 202 ff.

[79] *Halàsz*, Das Recht auf bioethische Selbstbestimmung, S. 48 f. m.w.N.; eine solches Nebeneinander bei Keimzellen auch bejahend *Britting*, Die postmortale Insemination als Problem des Zivilrechts, S. 103 ff., wonach Keimzellen zwar Sachen seien, jedoch herrenlos und verkehrsunfähig; *Schlüter*, Schutzkonzepte für menschliche Keimbahnzellen, S. 141.

[80] *Britting*, Die postmortale Insemination als Problem des Zivilrechts, S. 70.

[81] *Halàsz*, Das Recht auf bioethische Selbstbestimmung, S. 54; *Schlüter*, Schutzkonzepte für menschliche Keimbahnzellen, S. 141.

[82] Statt vieler *Baston-Vogt*, Der sachliche Schutzbereich des zivilrechtlichen allgemeinen Persönlichkeitsrechts, S. 328; *Schlüter*, Schutzkonzepte für menschliche Keimbahnzellen, S. 145 m.w.N.

Das allgemeine Persönlichkeitsrecht ist jedoch nicht schrankenlos. Es unterliegt den in Art. 2 Abs. 1 genannten Schranken,[83] insbesondere können Rechte anderer dieses Recht beschränken.[84]

bb. Fortpflanzungsfreiheit

Ebenso könnte die Fortpflanzungsfreiheit für die Vornahme von Keimbahninterventionen sprechen und folglich durch ein Verbot des Gesetzgebers, solche Eingriffe vorzunehmen, berührt sein. Die Existenz eines Rechts auf Fortpflanzung ist unbestritten, lediglich die dogmatische Herleitung ist strittig. Vorgeschlagen werden als Grundlage die allgemeine Handlungsfreiheit aus Art. 2 Abs. 1 GG,[85] das allgemeine Persönlichkeitsrecht aus Art. 2 Abs. 1 i.V.m. Art. 1 Abs. 1 GG[86] sowie der Ehe- und Familienschutz aus Art. 6 Abs. 1 GG.[87] Letztlich steht die Fortpflanzung in engem Zusammenhang mit dem Familienschutz, da sie gerade die Bildung einer Familie ermöglicht, sodass die Fortpflanzungsfreiheit aufgrund dieses spezifischen Zusammenhangs bei Art. 6 Abs. 1 GG[88] zu verorten ist. Das allgemeine Persönlichkeitsrecht, ebenso wie die allgemeine Handlungsfreiheit, die nur einschlägig ist, wenn kein spezielleres Grundrecht betroffen ist,[89] sind insofern subsidiär.[90]

Das Recht erfasst das Ob, Wann, Warum und Wie der Fortpflanzung.[91] Auch die Bestimmung der genetischen Ausstattung des Kindes betrifft das „Wie" der Fortpflanzung, selbst bei einem genetischen Eingriff zur Verbesserung der Erbanlagen. Auch dabei handelt es sich im Grundsatz um eine verfügbare Technik im Rahmen der assistierten Reproduktion, also um eine Modalität der Reproduktion.[92] Dagegen spricht auch nicht, dass das Grundgesetz von einem Leitbild der Befruchtung ausgeht, bei dem die Neukombination des genetischen Erbguts auf einem natürlichen, zufälligen und unbeeinflussten Vorgang beruht. Anerkanntermaßen sind die Grundrechte nicht abschließend. Der Wandel der Verhältnisse kann und muss berücksichtigt

---

[83] *Dreier*, in: Dreier (Hrsg.), GG, Band 1, Art. 2 Abs. 1 Rn. 86.

[84] Zur Grundrechtsabwägung unten S. 341 ff. Als weitere Schranken sind die verfassungsmäßige Ordnung und das Sittengesetz zu nennen.

[85] So *Beckmann*, MedR 2001, S. 169 (172).

[86] So *Röger*, Verfassungsrechtliche Probleme medizinischer Einflußnahme auf das ungeborene Leben im Lichte des technischen Fortschritts, S. 37 ff., sofern der Kinderwunsch in einer nicht-ehelichen Gemeinschaft besteht.

[87] So *Hufen*, MedR 2001, S. 440 (442); *Gröschner*, in: Dreier (Hrsg.), GG, Band 1, Art. 6 Rn. 65; *Müller-Terpitz*, in: Spickhoff (Hrsg.), Medizinrecht, Art. 6 GG Rn. 2; so auch *Röger*, Verfassungsrechtliche Probleme medizinischer Einflußnahme auf das ungeborene Leben im Lichte des technischen Fortschritts, S. 37 ff., sofern der Kinderwunsch in einer Ehe besteht.

[88] „Ehe und Familie stehen unter dem besonderen Schutze der staatlichen Ordnung."

[89] *Di Fabio*, in: Herzog et al. (Hrsg.), Maunz/Dürig GG, Art. 2 Abs. 1 Rn. 15 und 21 f.

[90] *Müller-Terpitz*, in: Spickhoff (Hrsg.), Medizinrecht, Art. 6 GG Rn. 2; *Hermes*, Die Ethikkommissionen für Präimplantationsdiagnostik, S. 138 m.w.N.

[91] *Gröschner*, in: Dreier (Hrsg.), GG, Band 1, Art. 6 Rn. 65 m.w.N.

[92] So auch *Welling*, Genetisches Enhancement, S. 95. Zur reproduktiven Autonomie aus ethischer Sicht siehe *Aslan et al.*, CfB-Drucks. 4/2018, S. 21 ff.

werden.[93] Es spricht folglich nichts dagegen, auch die gezielte Kombination von Genen in den Schutz der Fortpflanzungsfreiheit einzubeziehen.[94]

Geht es um die Verhinderung von Krankheiten, fällt zudem unter die Fortpflanzungsfreiheit die Entscheidung, ob das Risiko der Geburt eines kranken Kindes eingegangen werden soll, wenn bei den Eltern entsprechende Erbanlagen vorliegen. Auch „Risikoeltern", also Eltern mit genetischen Belastungen oder sonstigen Risiken, haben das Recht auf Verwirklichung ihres Kinderwunsches nach dem jeweiligen Stand der Medizin. Eine staatlich verordnete Zwangsalternative „Verzicht oder Risiko" ist verfassungswidrig, wenn es medizinische Möglichkeiten zur Verringerung dieses Risikos gibt.[95]

Ein Eingriff in die Fortpflanzungsfreiheit aus Art. 6 Abs. 1 GG kann nur durch Heranziehung verfassungsimmanenter Schranken (kollidierende Grundrecht, kollidierende Verfassungsgüter) gerechtfertigt werden.[96]

cc. Das allgemeine Persönlichkeitsrecht

Des Weiteren könnte der Schutzbereich des allgemeinen Persönlichkeitsrechts eröffnet sein und folglich durch ein Verbot von Keimbahneingriffen verletzt sein. Das allgemeine Persönlichkeitsrecht, das in Art. 2 Abs. 1 i.V.m. Art. 1 Abs. 1 GG verankert ist, ist eine Schöpfung des Bundesverfassungsgerichts.[97] Es dient dem Schutz des Kernbereichs menschlicher Persönlichkeit. Es wurzelt in Art. 2 Abs. 1 GG und erfährt eine Verstärkung durch Art. 1 Abs. 1 GG bei der Ermittlung des Inhalts und der Reichweite des Gewährleistungsumfangs als Interpretationsrichtlinie. Aufgrund dieser Ausstrahlungswirkung des Art. 1 Abs. 1 GG unterliegt die Verhältnismäßigkeits-

---

[93] *John*, Die genetische Veränderung des Erbguts menschlicher Embryonen, S. 80 ff.

[94] Solch ein weites Verständnis vertretend wohl auch *Deutscher Ethikrat*, Eingriffe in die menschliche Keimbahn, S. 149, 158; siehe auch *Taupitz und Deuring*, in: Hacker (Hrsg.), Nova Acta Leopoldina, S. 63 (75); a.A. *Koch*, in: Maio und Just (Hrsg.), Vom Embryonenschutzgesetz zum Stammzellgesetz, S. 97 (113), wonach Methoden, die die zufällige Vermischung haploider Chromosomensätze ausschalten, nicht dem Schutzbereich unterfallen sollen. So müssten auch nicht Tabuschutz und Menschenwürde für entsprechende Verbote herhalten. Sachgerechter scheint es jedoch, neue gentechnische Methoden nicht pauschal und grundsätzlich zu verbannen, sondern auf Rechtfertigungsebene nach den Gründen zu suchen, die eine Beschränkung rechtfertigen. Sofern es um die Erzeugung von Nachkommen geht, gibt es keinen Grund, bereits die Eröffnung des Schutzbereichs abzulehnen; a.A. auch *Gassner et al.*, Fortpflanzungsmedizingesetz, S. 33; *Dorneck*, Das Recht der Reproduktionsmedizin de lege lata und de lege ferenda, S. 71 f.

[95] So im Rahmen der PID *Hufen*, MedR 2001, S. 440 (442); *Kloepfer*, JZ 2002, S. 417 (424), wonach es zum Recht der Eltern gehöre, über den Gesundheitszustand des Kindes Bescheid zu wissen, um sich für oder gegen eine Implantation zu entscheiden. Dazu, dass das Recht auf reproduktive Selbstbestimmung grundsätzlich ein Recht auf Inanspruchnahme aller zur Verfügung stehenden biomedizinischen Techniken, um ein gesundes Kind zu bekommen, beinhaltet: *Kersten*, NVwZ 2018, S. 1248 (1249).

[96] *Müller-Terpitz*, in: Spickhoff (Hrsg.), Medizinrecht, Art. 6 Rn. 9. Zur Grundrechtsabwägung unten S. 341 ff.

[97] Siehe bspw. BVerfGE 35, 202 (219); BVerfGE 72, 155 (170); für weitere Beispiele aus der Rechtsprechung siehe *Dreier*, in: Dreier (Hrsg.), GG, Band 1, Art. 2 Abs. 1GG Rn. 68 Fn. 260.

prüfung bzgl. Einschränkungen des allgemeinen Persönlichkeitsrechts verstärkten Rechtfertigungsanforderungen.[98] Seine Grundlage findet es in Art. 2 Abs. 1 GG, weil es wie die allgemeine Handlungsfreiheit nicht auf bestimmte Bereiche begrenzt ist, sondern in allen Lebensbereichen relevant ist. Die Verbindung zu Art. 1 Abs. 1 GG ergibt sich aus dem Umstand, dass es den Einzelnen weniger in seinem Verhalten als in seiner Qualität als autonomes Subjekt berührt. Das Grundrecht schützt die Fähigkeit, vor dem Hintergrund eines Selbstentwurfs begründete Entscheidungen treffen zu können.[99] Nach der Rechtsprechung des Bundesverfassungsgerichts soll das allgemeine Persönlichkeitsrecht „die engere persönliche Lebenssphäre und die Erhaltung ihrer Grundbedingungen [...] gewährleisten, die sich durch die traditionellen konkreten Freiheitsgarantien nicht abschließend erfassen lassen; diese Notwendigkeit besteht namentlich auch im Hinblick auf moderne Entwicklungen und die mit ihnen verbundenen Gefährdungen für den Schutz der menschlichen Persönlichkeit."[100] Unter Bildung von Fallgruppen hat das Bundesverfassungsgericht dieses Recht weiter konkretisiert. Für alle dem allgemeinen Persönlichkeitsrecht zuzuordnenden Einzelverbürgungen ist die Abwehr von Beeinträchtigungen der engeren persönlichen Lebenssphäre, der Selbstbestimmung und der Grundbedingungen der Persönlichkeitsentfaltung kennzeichnend.[101]

Das Verbot von Keimbahneingriffen könnte das allgemeine Persönlichkeitsrecht in seiner Ausprägung als „Recht auf autonome Gestaltung der eigenen Lebenssphäre" berühren. Dieser Teilbereich des allgemeinen Persönlichkeitsrechts schützt die Möglichkeit autonomer Selbstentfaltung und Lebensplanung.[102] Dahinter steht der Gedanke, dass genetische Störungen gravierende Auswirkungen auf die Lebensplanung und -gestaltung der genetischen Eltern haben. Im Zusammenhang mit der PID wird ausgeführt, die Eltern müssten daher von genetischen Aberrationen ihres Embryos wissen dürfen: Die genetische Struktur könne nicht nur das Leben der gesamten Familie betreffen, sondern auch die körperliche und seelische Gesundheit der Mutter. Diese Information sei von großer Bedeutung für die Identität der Eltern. Ohne diese Information sei eine eigenverantwortliche Entscheidung über Fragen wie Kinderwunsch und Akzeptanz eines behinderten Kindes nicht möglich.[103] Diese Überlegungen sollen im Übrigen nicht nur für Krankheiten gelten, die sich im Kindesalter manifestieren. Auch bei solchen Krankheiten, die erst später auftreten, wie etwa Chorea Huntington, erfasse das allgemeinen Persönlichkeitsrecht

[98] Die Herleitung übersichtlich aufgearbeitet bei *Hieb*, Die gespaltene Mutterschaft im Spiegel des deutschen Verfassungsrechts, S. 12 f.

[99] *Kingreen und Poscher*, Grundrechte, S. 118 Rn. 441.

[100] BVerfGE 54, 148 (153).

[101] *Hieb*, Die gespaltene Mutterschaft im Spiegel des deutschen Verfassungsrechts, S. 14, zu den einzelnen Fallgruppen des allgemeinen Persönlichkeitsrechts siehe *dort*, S. 14 ff.; *Dreier*, in: Dreier (Hrsg.), GG, Band 1, Art. 2 Abs. 1 Rn. 69 ff.

[102] Dieses Grundrecht so benennend im Zusammenhang mit der PID *Müller-Terpitz*, Der Schutz des pränatalen Lebens, S. 549.

[103] *Hufen*, MedR 2001, S. 440 (443), der diesen Aspekt beim Recht auf informationelle Selbstbestimmung verortet; *Kloepfer*, JZ 2002, S. 417 (424); *Hermes*, Die Ethikkommissionen für Präimplantationsdiagnostik, S. 131 m.w.N.

die PID, da die Eltern ansonsten stets in der Angst und Sorge leben müssten, ihr Kind werde einmal schwer erkranken.[104]

Anders als bei der PID, und dies könnte einer Übertragung der Argumentation entgegenstehen, geht es beim Keimbahneingriff im Gametenstadium aber nicht um die *Kenntnis* der genetischen Struktur des Nachwuchses: Während die PID dem Paar und insbesondere der Frau die Möglichkeit geben soll, sich zu entscheiden, ob sie einen kranken Embryo aufnehmen möchte(n) oder nicht, geht es beim Keimbahneingriff nicht um die Ermöglichung einer eigenverantwortlichen Entscheidung, sondern er *ist* die Ausführung der getroffenen Entscheidung, also die Entscheidung gegen ein krankes Kind. Dies kann jedoch keinen entscheidenden Unterschied machen, denn auf nichts Anderes läuft die PID hinaus: Die Frau soll die Informationen über den Embryo ja nicht um der Informationen willen erhalten. Die Kenntnis der genetischen Struktur soll es ihr gerade ermöglichen, den Embryo aufgrund seiner Krankheit auch ablehnen zu können. Die Gewährung des Rechts auf eine Entscheidungsmöglichkeit ohne auch die konkreten möglichen Entscheidungen selbst zu sichern, wäre widersinnig.[105] Soll also die Geburt eines kranken Kindes mittels Keimbahneingriff verhindert werden, ist das allgemeine Persönlichkeitsrecht ebenso wie bei der PID einschlägig.

Bei rein enhancenden Maßnahmen ist das allgemeine Persönlichkeitsrecht der Eltern nicht betroffen. Es stellt keine besondere Belastung für Eltern dar, wenn ihre Kinder nicht bestimmt Eigenschaften besitzen, die die Eltern für erstrebenswert befinden.[106] Ein schützenswerter Aspekt, der die Heranziehung des allgemeinen Persönlichkeitsrechts als auf der Menschenwürde fußendes Grundrecht rechtfertigen würde, ist nicht erkennbar. Schießlich geht es bei diesem Grundrecht um den Schutz eines „Kernbereichs" menschlicher Lebensführung: Inwiefern es aber den Kernbereich der Lebensführung und der Lebensplanung eines Menschen (der Eltern) berühren soll, dass ein anderer Mensch (das Kind) optisch oder charakterlich nicht bestimmten Vorstellungen entspricht, ohne dass dies die Lebensführung dieses Menschen (der Eltern) beeinflusst, ist nicht ersichtlich. Die Eltern haben schließlich kein allgemeines Persönlichkeitsrecht an ihrem Kind, sondern nur bezogen auf ihre *eigene* Lebensführung: Mit einem Verbot des Enhancements erfolgt nicht gleichermaßen ein Einschnitt in die weitere Lebensführung der Eltern, wie es bei einem Verbot, das Kind vor tödlichen Krankheiten zu schützen der Fall ist.[107]

---

[104] *Middel*, Verfassungsrechtliche Fragen der Präimplantationsdiagnostik und des therapeutischen Klonens, S. 58 f.

[105] Mit dem Hinweis darauf, dass nicht die Kenntnis der Daten, sondern die Entscheidung an sich den Schwerpunkt bildet, *Middel*, Verfassungsrechtliche Fragen der Präimplantationsdiagnostik und des therapeutischen Klonens, S. 58 Fn. 243.

[106] So auch *Middel*, Verfassungsrechtliche Fragen der Präimplantationsdiagnostik und des therapeutischen Klonens, S. 58.

[107] Von der allgemeinen Handlungsfreiheit des Art. 2 Abs. 1 GG ist das Enhancement jedoch sicherlich erfasst. Dieses Grundrecht tritt aber hinter der Fortpflanzungsfreiheit, die ebenso als einschlägig bewertet wurde (siehe S. 215 f.), zurück.

Bei präventiven Maßnahmen ist zu differenzieren. Eine besondere Belastung der Eltern ist dann nicht auszumachen, wenn sie ihre Kinder lediglich gegen erwerbbare Krankheiten „wappnen" wollen. Das Kind ist gesund und sieht sich damit lediglich mit den „allgemeinen Lebensgefahren" konfrontiert. Handelt es sich hingegen um Krankheiten, die im Genom des Kindes verankert sind und mit einer erhöhten Wahrscheinlichkeit ausbrechen werden, wie etwa Brustkrebs, ist das allgemeine Persönlichkeitsrecht hingegen einschlägig. Auch hier besteht eine begründete, die Eltern belastende Unsicherheit, ob das Kind nicht eines Tages an einer tödlichen Krankheit leiden wird.

Im Übrigen wird die Betroffenheit des allgemeinen Persönlichkeitsrechts grundsätzlich mit der Argumentation in Zweifel gezogen, der Schutzbereich des allgemeinen Persönlichkeitsrechts könne nicht den Eingriff in Rechte und Interessen eines Dritten erfassen. So sei die PID nicht vom allgemeinen Persönlichkeitsrecht der Eltern erfasst, da sie das Leben eines Dritten gefährde bzw. über die Erhebung von Daten eines Dritten bestimme. Das allgemeine Persönlichkeitsrecht gewähre nicht den rein eigennützigen Zugriff auf Rechtsgüter Dritter.[108]

Diese Argumentation ist hier insofern von Relevanz, als der Keimbahneingriff zwar an den Gameten oder den Vorläuferzellen erfolgt und folglich nicht unmittelbar an einem Dritten, sich der Eingriff aber am künftigen Menschen auswirken wird. Das allgemeine Persönlichkeitsrecht könnte also, gleichermaßen wie die PID, nicht den Zugriff auf einen anderen Menschen, konkret die Veränderung von dessen Genoms erfassen. Es gibt jedoch keinen Anlass, diese Diskussion auf Schutzbereichsebene zu führen. Letztlich handelt es sich hierbei um eine Abwägungsfrage zwischen den verschiedenen kollidierenden Rechten. Denn letztlich ist das allgemeine Persönlichkeitsrecht nicht dadurch betroffen, dass bestimmte Daten um der Daten willen nicht erhoben werden dürften oder dass das Genom um der Veränderung willen nicht künstlich verändert werden dürfte; dahinter steht vielmehr die Lebensplanung und die Selbstbestimmung des Menschen. Diese Lebensplanung und Selbstbestimmung werden dadurch beschnitten, dass es dem Menschen verwehrt wird, darauf Einfluss zu nehmen: Ob ihm die Handlung, die ihm den Einfluss ermöglichen würde, dennoch versagt wird, weil Rechte Dritter entgegenstehen, ist eine Frage der Abwägung.

dd. Das Recht auf Leben und körperliche Unversehrtheit

Keimbahneingriffe könnten zudem am Recht auf Leben und körperliche Unversehrtheit der Frau aus Art. 2 Abs. 2 S. 1 GG zu messen sein. Das Recht auf Leben schützt das körperliche Dasein des Menschen i.S.e. lebenden, biologisch-physischen Existenz.[109] Das Recht auf körperliche Unversehrtheit erfasst drei Aspekte. Zum

---

[108] Insofern einem „engen Tatbestandsverständnis" folgend *Schmidt*, Rechtliche Aspekte der Genomanalyse, S. 165; *Böckenförde-Wunderlich*, Präimplantationsdiagnostik als Rechtsproblem, S. 214; *Müller-Terpitz*, Der Schutz des pränatalen Lebens, S. 549 f.; *Schmidt*, Rechtliche Aspekte der Genomanalyse, S. 165.

[109] *Schulze-Fielitz*, in: Dreier (Hrsg.), GG, Band 1, Art. 2 Abs. 2 Rn. 25.

einen schützt es die Gesundheit im engeren biologisch-physiologischen Sinne, die durch Verletzungen beeinträchtigt werden kann. Daneben besteht Schutz vor nichtkörperlichen Einwirkungen, die in ihren Wirkungen einem körperlichen Eingriff gleichzustellen sind, weil sie das Befinden des Menschen in einer der Zufügung von Schmerzen vergleichbaren Weise verändern. Schließlich wird die körperliche Integrität als solche gewahrt, sodass grundsätzlich auch Heileingriffe zur Erhaltung der Gesundheit die körperliche Integrität verletzen.[110]

Über die körperliche Unversehrtheit im biologisch-physischen Sinne, also über die körperliche Integrität hinaus, wird auch der geistig-seelische Bereich i.S.d. psychischen Wohlbefindens geschützt, soweit die Einwirkung zu körperlichen Schmerzen oder mit anderen körperlichen Beeinträchtigungen vergleichbaren Wirkungen führt.[111] Im Zusammenhang einer Schwangerschaft mit einem kranken oder behinderten Kind wird angeführt, der Gedanke an das Austragen und Gebären eines kranken oder behinderten Kindes werde in der Regel zwar nicht dazu führen, dass die Frau suizidgefährdet sei und damit in lebensbedrohliche Situationen gerate. Auch eine physische Beeinträchtigung sei regelmäßig nicht zu erwarten, da sich der Ablauf einer Schwangerschaft mit einem kranken Kind in der Regel nicht von demjenigen mit einem gesunden Kind unterscheide. Die Sorge, mit der Pflege und Sorge überfordert bzw. den Anforderungen nicht gewachsen zu sein und das Leid des Kindes nicht ertragen zu können, könne aber eine die Gesundheit schwer und ernsthaft beeinträchtigende „Vorwirkung" haben.[112] Um dies zu verhindern wird der Frau ein Recht auf Kenntnis der genetischen Daten ihres Embryos zugesprochen, damit sie sich gegen eine Implantation desselben entscheiden kann.[113] Diese Argumentation ließe sich so grundsätzlich auf die Keimbahntherapie übertragen, geht jedoch im Ergebnis zu weit. Der sicherlich vorhandenen psychischen Belastung, ein möglicherweise schwerkrankes Kind zu bekommen, das Gewicht einer Gesundheitsverletzung der Frau beizumessen, sprengt den Rahmen des Art. 2 Abs. 2 S. 1 GG. Selbiges gilt für präventive Maßnahmen.

Der Schutzbereich des Rechts auf körperliche Unversehrtheit ist erst recht nicht eröffnet, sofern es nur um enhancende Maßnahmen geht. Bei diesen geht es nicht um die Verhinderung der Entstehung kranker Embryonen, sondern diese sind von vornherein gesund. Sie weisen keine Veranlagungen auf, die die geschützten Interessen der Mutter beeinträchtigen könnten. Ein Verbot solcher Techniken führt auch nicht zu einer Erhöhung der natürlichen Schwangerschaftsrisiken.[114]

---

[110] *Schulze-Fielitz*, in: Dreier (Hrsg.), GG, Band 1, Art. 2 Abs. 2 Rn. 33 ff.

[111] *Di Fabio*, in: Herzog et al. (Hrsg.), Maunz/Dürig GG, Art. 2 Abs. 2 S. 1 Rn. 55.

[112] *Böckenförde-Wunderlich*, Präimplantationsdiagnostik als Rechtsproblem, S. 215 f.

[113] *Hufen*, MedR 2001, S. 440 (444); *Kloepfer*, JZ 2002, S. 417 (424); *Hermes*, Die Ethikkommissionen für Präimplantationsdiagnostik, S. 134; a.A. *Müller-Terpitz*, Der Schutz des pränatalen Lebens, S. 550 f., dieses Ergebnis aber wohl nicht auf Schutzbereichs-, sondern erst auf Rechtfertigungsebene herbeiführend.

[114] *Welling*, Genetisches Enhancement, S. 109.

ee. Die Menschenwürde der Frau

Ein Verbot von Keimbahninterventionen verletzt die Menschenwürde der Frau aus Art. 1 Abs. 1 S. 1 nicht. Zur Bestimmung, ob die Menschenwürde verletzt ist, ist nach der Rechtsprechung danach zu fragen, ob der Mensch zum bloßen Objekt der Staatsgewalt herabgewürdigt wird und dabei einer Behandlung ausgesetzt wird, die seine Subjektqualität prinzipiell in Frage stellt.[115] Eine solche Behandlung ist im Verbot der Keimbahntherapie nicht zu erkennen. Hat die Frau nicht die Möglichkeit, eine Keimbahnintervention durchführen zu lassen, muss sie sich entscheiden zwischen der Zeugung eines möglicherweise kranken Kindes und dem Verzicht auf genetische Kinder. Diese Alternativen beschränken sicherlich ihre Lebensinteressen und ihre Selbstentfaltung. Eine Würdeverletzung i.S.e. verächtlichen Degradierung zu einem Objekt liegt hierin jedoch nicht.[116] Insbesondere liegt keine Würdeverletzung darin, dass sie ein krankes Kind austragen „muss", wenn sie sich denn für ein Kind entscheidet bzw. ein solches zeugt.[117] Erst recht keine Würdeverletzung liegt in einem Verbot von enhancenden Maßnahmen.[118]

ff. Das Elternrecht

Das Elternrecht des Art. 6 Abs. 2 GG gewährt eine gewisse Bestimmungs- und Herrschaftsmöglichkeit der Eltern über ihre Kinder.[119] Die Vorschrift gewährt den Eltern das Recht, die elterliche Sorge für ihre Kinder wahrzunehmen, indem ihnen die „Pflege und Erziehung" ihres Kindes auferlegt wird. „Pflege und Erziehung" umfassen das körperliche Wohl des Kindes und die Sorge für die seelisch-geistige Entwicklung, Bildung und Ausbildung.[120] „Pflege und Erziehung" ist als einheitlicher Begriff zu verstehen und beschreibt kurz die „umfassende Verantwortung für die Lebens- und Entwicklungsbedingungen des Kindes".[121] Grenze elterlichen Handelns ist dabei das „Kindeswohl".[122]

Die Frage ist, ob der Schutzbereich des Elternrechts, das den Eltern letztlich eine Bestimmungsbefugnis über einen anderen Menschen einräumt, hinsichtlich der

---

[115] BVerfGE 1, 30 (25 f.); BVerfGE 109, 279 (312 f.); *Kingreen und Poscher*, Grundrechte, S. 112 Rn. 422 ff.; siehe zum Schutzbereich der Menschenwürde auch ausführlich unten S. 266 ff.

[116] So im Rahmen der PID argumentierend *Böckenförde-Wunderlich*, Präimplantationsdiagnostik als Rechtsproblem, S. 216 f.; *Middel*, Verfassungsrechtliche Fragen der Präimplantationsdiagnostik und des therapeutischen Klonens, S. 74 ff.; *Hermes*, Die Ethikkommissionen für Präimplantationsdiagnostik, S. 145 f.; a.A. *Hufen*, MedR 2001, S. 440 (444).

[117] *Müller-Terpitz*, Der Schutz des pränatalen Lebens, S. 551.

[118] *Welling*, Genetisches Enhancement, S. 110.

[119] *Böckenförde*, in: Krautscheidt und Marré (Hrsg.), Kraft und Grenzen der elterlichen Erziehungsverantwortung unter den gegenwärtigen gesellschaftlichen Verhältnissen, S. 54 (59 f.).

[120] *Coester-Waltjen*, in: v. Münch und Kunig (Hrsg.), GG, Band 1, Art. 6 Rn. 63.

[121] *Coester-Waltjen*, in: v. Münch und Kunig (Hrsg.), GG, Band 1, Art. 6 Rn. 63.

[122] *Badura*, in: Herzog et al. (Hrsg.), Maunz/Dürig GG, Art. 6 Rn. 110; *Coester-Waltjen*, in: v. Münch und Kunig (Hrsg.), GG, Band 1, Art. 6 Rn. 78, 81. Zum Begriff des Kindeswohls noch ausführlich unten S. 243 ff.

Durchführung von Keimbahneingriffen an Gameten und Vorläuferzellen eröffnet ist.

Während eine „Ausdehnung" des Art. 6 Abs. 2 GG auf den Zeitpunkt von Konzeption bis Geburt diskutiert wird, findet man nur wenige Literaturstimmen, die sich mit einer Vorwirkung auf den präkonzeptionellen Bereich befassen. Allenfalls in Zusammenhang mit der postmortalen Verwendung von Samenzellen und der heterologen Insemination finden sich hierzu Ausführungen. So verstoße die postmortale Verwendung von Samenzellen eines Mannes gegen Art. 6 Abs. 2 GG, da dieser Mann von vornherein nicht die Möglichkeit habe, seiner in dieser Norm niedergelegten Elternverantwortung nachzukommen.[123] Im Rahmen der Beurteilung der heterologen Insemination wurde ebenso eine Berücksichtigungsfähigkeit von Art. 6 Abs. 2 GG bejaht. So wurde angeführt, das noch nicht gezeugte, sondern lediglich geplante und mit Hilfe der Fortpflanzungsmedizin erst *zu erzeugende* Kind könne zwar noch keiner „aktuellen" elterlichen Sorge unterfallen. Dennoch sei, soweit das Kindeswohl als Maßstab und Grenze möglicher Reproduktionsmaßnahmen herangezogen werde, eine Vorverlagerung elterlicher Verantwortlichkeit auf den Zeitpunkt *vor* der Erzeugung geboten und zulässig.[124] Dabei wird Art. 6 Abs. 2 GG aber jeweils zum Schutz des künftigen Kindes beschränkend herangezogen und gerade nicht, um ein Recht der Eltern zu begründen.

Einer direkten Anwendung des Art. 6 Abs. 2 GG und der Ableitung eines unmittelbaren Elternrechts steht jedenfalls entgegen, dass Pflege und Erziehung eines Kindes zunächst dessen Existenz voraussetzen.[125] Spiegelbildlich fehlt es auch an Grundrechtsträgern: Grundrechtsträger sind die Eltern, die Anwendbarkeit der Norm setzt also das Vorliegen einer natürlichen Elternschaft voraus.[126] Zum Zeitpunkt vor der Zeugung gibt es jedoch noch keine natürlichen Eltern, es gibt nur „potentielle" Eltern. Das Kind soll erst noch gezeugt werden. Die Zeugung selbst ist aber nicht Teil der elterlichen Sorge, keine „Pflege" oder „Erziehung", sondern Fortpflanzung. Es stehen sich noch nicht die zwei Rechtskreise gegenüber, die für Art. 6 Abs. 2 GG Voraussetzung sind.

Es muss jedoch auch berücksichtigt werden, dass die Keimbahnintervention über die bloße Zeugung hinausgeht: Letztlich erfolgt etwa ein therapeutischer Eingriff nur deswegen zu diesem frühen Zeitpunkt, da er später am geborenen Kind, wenn das Elternrecht vollumfänglich zum Tragen käme, nicht mehr mit gleicher Wirksamkeit durchgeführt werden kann. Dieser Umstand muss i.S.e. „positiven",

---

[123] *Starck*, in: Ständige Deputation des Deutschen Juristentages (Hrsg.), Die künstliche Befruchtung bei Menschen, S. A7 (A21); *Laufs*, in: Günther und Keller (Hrsg.), Fortpflanzungsmedizin und Humangenetik, S. 89 (100 f.); a.A. *Britting*, Die postmortale Insemination als Problem des Zivilrechts, S. 114, wonach dem verstorbenen Mann das Elternrecht aus Art. 6 Abs. 2 GG nicht zustehe und er folglich auch keine entsprechende Verpflichtung habe. Um eine etwaige Verantwortung könne es daher schon gar nicht gehen.

[124] *Röger*, Verfassungsrechtliche Probleme medizinischer Einflußnahme auf das ungeborene Leben im Lichte des technischen Fortschritts, S. 54 (Hervorhebungen dort).

[125] *Böckenförde-Wunderlich*, Präimplantationsdiagnostik als Rechtsproblem, S. 211; *Hieb*, Die gespaltene Mutterschaft im Spiegel des deutschen Verfassungsrechts, S. 139 (allerdings erst ab Geburt); *Coester-Waltjen*, in: v. Münch und Kunig (Hrsg.), GG, Band 1, Art. 6 Rn. 67.

[126] *Baumgarte*, Das Elternrecht im Bonner Grundgesetz, S. 55.

die Rechte der Eltern verstärkenden Vorwirkung des Art. 6 Abs. 2 GG in die Abwägung zwischen den Interessen der Eltern einerseits und denen der künftigen Kinder andererseits mit einfließen und kann gegebenenfalls den Entscheidungsmaßstab zu Gunsten der Interessen der Eltern beeinflussen.[127]

gg. Ergebnis

Verschiedene Rechte der Eltern sind hinsichtlich einer Durchführung von Eingriffen an Gameten oder deren Vorläuferzellen vom Schutzbereich her eröffnet. Zu nennen sind ihr allgemeines Persönlichkeitsrecht, das an diesen Zellen besteht, und die Fortpflanzungsfreiheit. Sofern der Eingriff der Verhinderung einer Krankheit dient, kann auch das allgemeine Persönlichkeitsrecht i.S.e. „Rechts auf autonome Gestaltung der eigenen Lebenssphäre" angeführt werden. Ein Verbot von Keimbahninterventionen stellt folglich einen Eingriff in diese Rechte dar.

Von der Maßnahme werden der künftige Embryo, der künftige geborene Mensch sowie weitere künftige Nachkommen betroffen sein. Deren Rechte sind, soweit sie berührt werden, vom Staat zu schützen, und können die Bestimmungsbefugnis der Gametenspender daher begrenzen.[128] Dabei ist aber mit in Betracht zu ziehen, dass durch den Eingriff letztlich Eltern über ihre Kinder bestimmen, was gem. Art. 6 Abs. 2 GG innerhalb der Grenzen des Kindeswohls erlaubt ist. Dieser Umstand wird in der Abwägung zwischen den verschiedenen betroffenen Rechte zu berücksichtigen sein.

b. Eingriff an Eizelle ab Zeitpunkt der Imprägnation

Die Frage ist, welche Rechte bei einem Keimbahneingriff an der Entität, die durch Imprägnation der Eizelle durch eine Samenzelle entsteht, bzw. an allen darauffolgenden Entwicklungsstadien einschlägig sind. Insbesondere ist die Frage, ob an diesen Entitäten auch Persönlichkeitsrechte der Eltern bestehen, aus denen sich ein Recht ergibt, diese genetisch zu verändern. In Betracht kommen zudem wiederum das Elternrecht, die Fortpflanzungsfreiheit und das „Recht auf autonome Gestaltung der eigenen Lebenssphäre".

aa. Persönlichkeitsrechte der Eltern

Entsprechend den Ausführungen bzgl. der rechtlichen Einordnung von Gameten könnten den Keimzellspendern auch an der Zygote bzw. der Eizelle in den Entwicklungsstadien ab Imprägnation Eigentumsrechte sowie Persönlichkeitsrechte i.S.e. Selbstbestimmungsrechts zustehen.

---

[127] So bereits *Taupitz und Deuring*, in: Hacker (Hrsg.), Nova Acta Leopoldina, S. 63 (75); *Deuring*, in: Taupitz und Deuring (Hrsg.), Rechtliche Aspekte der Genom-Editierung an der menschlichen Keimnbahn (Kapitel „Genom-Editierung an der menschlichen Keimbahn – Deutschland", im Erscheinen); siehe zu diesem veränderten Maßstab im Rahmen der Grundrechtsabwägung S. 378 ff.

[128] Siehe zu den entgegenstehenden Rechten S. 263 ff.

aaa. Persönlichkeitsrecht aufgrund von Sacheigenschaft

Sind Eizellen ab dem Zeitpunkt der Imprägnation Sachen, so gelten dieselben Regelungen wie bei unbefruchteten Keimzellen. Keimzellspender hätten hieran Eigentums- und Persönlichkeitsrechte. Aufschluss darüber gibt die Diskussion über den verfassungsrechtlichen Status dieser Entitäten. Sind sie Grundrechtsträger und nehmen sie Teil am Recht auf Leben und am Menschenwürdeschutz, können sie nicht mehr als Sachen angesehen werden.[129]

(1) Übersicht über die verfassungsrechtliche Debatte

Die einzige prägnante Zusammenfassung des Standes der Diskussion ist: Es gibt nichts, was nicht vertreten würde.[130] Von der vollwertigen Grundrechtsträgerschaft über einen objektiv-rechtlichen Schutz bis hin zu einem bloßen „Recht" des Gesetzgebers, derartige Entitäten zu schützen, ohne dass diesen irgendein verfassungsrechtlicher Status zukomme, ist mit allen erdenklichen Schattierungen alles vertreten.

Die h.M. begreift die Zygote ab Abschluss der Befruchtung im Rahmen des Lebensrechts des Art. 2 Abs. 2 S. 1 GG als Grundrechtssubjekt.[131] Im Anschluss hieran wird dem Embryo teilweise ab Befruchtung auch subjektiv-rechtlicher Menschenwürdeschutz aus Art. 1 Abs. 1 S. 1 GG zuerkannt,[132] teilweise wird für eine Entkopplung beider Grundrechte plädiert, mit der Folge, dass der Menschenwürdeschutz später einsetzen soll als der Lebensschutz.[133] Bezüglich Umfang und Ausgestaltung dieses subjektiv-rechtlichen Grundrechtsschutzes besteht ebenso keine Einigkeit. Es wird vertreten, der Schutz sei, wie auch beim geborenen Menschen, vollumfänglich.[134] Andere wiederum argumentieren für einen abgestuften Lebens- und Würdeschutz, der immer intensiver wird, je weiter der Embryo entwickelt ist.[135]

---

[129] Eine Sacheigenschaft mangels Grundrechtsträgerschaft bejaht etwa *Schlüter*, Schutzkonzepte für menschliche Keimbahnzellen, S. 144, mit der Folge, dass an Embryonen und Vorkernstadien Persönlichkeitsrechte der Keimzellspender bestehen, S. 153; dazu, welche Form von zivilrechtlicher Rechtssubjektivität dem verschmolzenen Keimgut als Folge seiner Grundrechtsträgerschaft zukommt, siehe *Lanz-Zumstein*, Die Rechtsstellung des unbefruchteten und befruchteten menschlichen Keimguts, S. 288 ff.

[130] Zum Meinungsstand ausführlich *Hartleb*, Grundrechtsschutz in der Petrischale, S. 117 ff.; *Schächinger*, Menschenwürde und Menschheitswürde, S. 43 ff.

[131] Statt vieler *Vollmer*, Genomanalyse und Gentherapie, S. 84; *Kunig*, in: v. Münch und Kunig (Hrsg.), GG, Band 1, Art. 2 Abs. 2 Rn. 49; mit ausführlicher Begründung und zahlreichen Nachweisen *Müller-Terpitz*, Der Schutz des pränatalen Lebens, S. 270 ff.

[132] *Geddert-Steinacher*, Menschenwürde als Verfassungsbegriff, S. 70; *Müller-Terpitz*, Der Schutz des pränatalen Lebens, S. 343; *Schächinger*, Menschenwürde und Menschheitswürde, S. 101 f.; *Herdegen*, in: Herzog et al. (Hrsg.), Maunz/Dürig GG, Art. 1 Abs. 1 Rn. 65 f.; *Hillgruber*, in: Epping und Hillgruber (Hrsg.), BeckOK GG, Art. 1 Rn. 4.

[133] *Heun*, JZ 2002, S. 517 (518 ff.); *Dreier*, in: Dreier (Hrsg.), GG, Band 1, Art. 1 Abs. 1 Rn. 67 f.

[134] *Müller-Terpitz*, Der Schutz des pränatalen Lebens, S. 282 ff.

[135] Einen abgestuften Lebensschutz bejahend etwa *Schächinger*, Menschenwürde und Mensch-

Statt eines subjektiv-rechtlichen Grundrechtsschutzes schlagen andere eine nur objektiv-rechtliche Einbeziehung in den Schutz des Grundgesetzes vor. So betrachtet insbesondere *Ipsen* den Embryo als bloßes Schutzgut, dem nur eine objektiv-rechtliche Schutzpflicht zugutekommt. Begründet wird dies mit einer Vorwirkung der Menschenwürde bzw. des Rechts auf Leben und körperliche Unversehrtheit.[136] Eine solche Vorwirkung kann durch eine Parallele zum postmortalen Grundrechtsschutz,[137] die Begründung nicht-reziproker Schutzpflichten[138] oder durch das Bestehen eines Anwartschaftsrechts am künftigen vollwertigen Grundrechtsschutz[139] dogmatisch ausgestaltet werden. Auch im Zusammenhang mit solch objektiv-rechtlichen Schutzpflichten wird ein abgestufter Grundrechtsschutz vertreten.[140] *Heun* geht noch weiter, indem er dem Embryo nicht einmal objektiv-rechtlichen Grundrechtsschutz zuspricht. Der Gesetzgeber sei lediglich berechtigt, Embryonen zu schützen, ohne dass diesen irgendein verfassungsrechtlicher Status zukomme.[141]

(2) Embryo als Grundrechtsträger

Die Diskussion bezieht sich in der Regel auf den „Embryo" als Grundrechtsträger, also auf die Entität ab Abschluss der Befruchtung. In diesem Sinne soll nun auch hier zunächst in die Debatte eingestiegen werden. Im Verlauf wird dann weiter zwischen den verschiedenen Befruchtungsstadien differenziert.

(i) Recht auf Leben und körperliche Unversehrtheit

Gemäß Art. 2 Abs. 2 S. 1 GG hat „jeder" das Recht auf „Leben". Leben meint das körperliche Dasein, die biologisch-physische Existenz.[142] Kern der Frage ist, wem diese Existenz zugesprochen werden kann, wer also „jeder" ist. Notwendige Bedingung ist auf jeden Fall die Zugehörigkeit zur Gattung „Mensch".[143]

---

heitswürde, S. 70 ff.; einen abgestuften Würdeschutz bejahend *Schächinger*, Menschenwürde und Menschheitswürde, S. 103 ff.; *Herdegen*, in: Herzog et al. (Hrsg.), Maunz/Dürig GG, Art. 1 Abs. 1 Rn. 59 ff. und 69 ff.

[136] *Ipsen*, JZ 2001, S. 989 (989 ff.).

[137] Sog. „Spiegeltheorie", hierzu ausführlich und m.w.N. *Hartleb*, Grundrechtsschutz in der Petrischale, S. 254 ff; so wohl auch *Di Fabio*, in: Herzog et al. (Hrsg.), Maunz/Dürig GG, Art. 2 Abs. 2 S. 1 Rn. 28.

[138] Hierzu ausführlich und m.w.N. *Hartleb*, Grundrechtsschutz in der Petrischale, S. 261 ff.

[139] Hierzu ausführlich und m.w.N. *Hartleb*, Grundrechtsschutz in der Petrischale, S. 258 ff.

[140] *Taupitz*, NJW 2001, S. 3433 (3438).

[141] *Heun*, JZ 2002, S. 517 (523); den Grundrechten „keine Aussage zum Schutz des Embryos" entnehmend auch *Enders*, in: Friauf und Höfling (Hrsg.), Berliner Kommentar zum GG, Band 1, Art. 1 Rn. 133.

[142] *Schulze-Fielitz*, in: Dreier (Hrsg.), GG, Band 1, Art. 2 Abs. 2 Rn. 25. Zum Recht auf körperliche Unversehrtheit siehe oben S. 234.

[143] *Schlüter*, Schutzkonzepte für menschliche Keimbahnzellen, S. 41; *Müller-Terpitz*, Der Schutz des pränatalen Lebens, S. 134.

(i.1.) Rechtsprechung des Bundesverfassungsgerichts
In der Debatte um den Status von Embryonen werden regelmäßig die Urteile zum Schwangerschaftsabbruch des BVerfG vom 25. Februar 1975[144] und vom 28. Mai 1993[145] angeführt. Eine Auseinandersetzung mit der Rechtsprechung des BVerfG ist deswegen richtig, da diese gem. § 31 Abs. 1 BVerfGG[146] für die anderen Verfassungsorgane verbindlich ist und sie daher, mit den Worten von *Müller-Terpitz*, „wie kein anderer Rechtsakt die Wirklichkeit zu gestalten"[147] vermag. Allerdings sind die Urteile für die Bestimmung des Beginns der Grundrechtsträgerschaft nicht aussagekräftig. Zum einen hatte sich das Gericht nur mit dem Schutz des *nasciturus*, also des bereits eingenisteten Embryos zu befassen. Zum anderen ließ es dessen Grundrechtstatus mit der Begründung offen, im zu entscheidenden Fall komme es nur auf das Bestehen einer Schutzpflicht an, die bereits aus dem objektiv-rechtlichen Gehalt der Grundrechtsnormen geschlossen werden könne.[148]

(i.2.) Klassische juristische Auslegungsmethoden
Klassische juristische Interpretationsversuche führen ebenso nicht weiter. Wie *Schächinger* zutreffend ausführt, leistet insbesondere die Wortlautauslegung des Art. 2 Abs. 2 S. 1 GG nicht mehr, als die Frage aufzuwerfen, wer „jeder" ist.[149]

Bei einer systematischen Auslegung muss auf die Positionierung der Vorschrift im Gesetz und die mit ihr in kontextuellem Zusammenhang stehenden Vorschriften abgestellt werden. Da Art. 2 Abs. 2 S. 1 GG relativ am Anfang des Grundgesetzes steht, lässt sich hieraus eine immense Bedeutung des Grundrechts ableiten. Über die Reichweite hingegen sagt dies noch nichts aus. Normen des BGB, wie etwa § 1 BGB, der die Rechtsfähigkeit ab Geburt beginnen lässt, dürfen als einfachgesetzliche Normen nicht zur Auslegung der Verfassung herangezogen werden.[150]

Bei der historischen Auslegung wird die Entstehungsgeschichte der Norm relevant, die jedoch auch nicht weiterführt. Das Recht auf Leben und auf körperliche Unversehrtheit wurde vom historischen Gesetzgeber, vom sog. Parlamentarischen Rat, im Jahre 1949 angenommen. Die Deutsche Partei-Fraktion stellte einen Antrag, auch das ungeborene Leben in den Schutz mit aufzunehmen, welchen der Hauptausschuss des Parlamentarischen Rats mit 11 zu 7 Stimmen ablehnte. Die

---

[144] BVerfGE 39, 1 ff.

[145] BVerfGE 88, 203 ff.

[146] „Die Entscheidungen des Bundesverfassungsgerichts binden die Verfassungsorgane des Bundes und der Länder sowie alle Gerichte und Behörden."

[147] *Müller-Terpitz*, Der Schutz des pränatalen Lebens, S. 135.

[148] BVerfGE 39, 1 (37) und (41 ff.). Das Gericht betonte dabei, auch das ungeborene Leben sei „Jeder". Die Frage ist dann aber, wer dieser „Jeder" sein soll, wenn nicht der Grundrechtsträger. Auch im zweiten Urteil ging das Gericht nicht ausdrücklich auf eine Grundrechtsträgerschaft ein. Eine Grundrechtsträgerschaft schließt das BVerfG in diesem Urteil nicht ausdrücklich aus, es äußert sich vielmehr gar nicht dazu und geht allein auf eine Schutzpflicht für das ungeborene Leben ein. Dabei spricht es aber dennoch an mancher Stelle vom „Lebensrecht des Ungeborenen", siehe BVerfGE 88, 203 (252 und 254). Wo ein Recht, da eigentlich auch ein Rechtsträger.

[149] *Schächinger*, Menschenwürde und Menschheitswürde, S. 48.

[150] *Schächinger*, Menschenwürde und Menschheitswürde, S. 49.

Frage ist nun, ob Grund hierfür war, dass das keimende Leben als ohnehin schon von Art. 2 Abs. 2 S. 1 GG erfasst angesehen wurde und lediglich eine Übernormierung vermieden werden sollte, oder aber ob eine solche Reichweite der Norm gerade nicht gewollt war. Zu Beantwortung dieser Frage werden vereinzelte Anträge und Aussagen verschiedenster Abgeordneter sowie das Abstimmungsverhalten in den unterschiedlichen Phasen des Gesetzgebungsverfahrens herangezogen. Letztlich lassen sich hieraus jedoch bestenfalls Mutmaßungen ableiten.[151]

Im Rahmen der teleologischen Auslegung wird auf den intensiven Schutz jedes Lebens, der mit Art. 2 Abs. 2 S. 1 GG erreicht werden soll, verwiesen: Vor dem Hintergrund der nationalsozialistischen Willkürherrschaft, im Rahmen derer das Leben in „lebenswert" und „lebensunwert" eingeteilt wurde, soll das Leben als fundamentales Individualrechtsgut umfassend geschützt sein.[152] Der Schutz bliebe unvollständig, wären nicht auch die Entwicklungsformen vor Geburt einbezogen.[153] Hiergegen wird eingewendet, es gelte eben erst noch zu begründen, dass das ungeborene Leben von Verfassungs wegen schutzbedürftig ist und daher in den personalen Tatbestand des Grundrechts einzubeziehen ist.[154] Von der Intensität des Schutzes lasse sich nicht auf das Objekt des Schutzes schließen.[155] Allerdings ist dieser Einwand mithilfe eines normhistorisch begründbaren „streng formalen Differenzierungsverbots"[156] zurückzuweisen: Jedes menschliche Leben soll ausnahmslos gleichwertig sein. Ein solches Ergebnis lässt sich nur erreichen, wenn für den grundrechtlichen Schutz nichts anderes maßgeblich ist als „die schiere Existenz menschlichen biologisch-physiologischen Lebens".[157] Die normhistorische Interpretation gebietet, jedes solche menschliche Leben zu schützen, und zwar unabhängig von Entwicklungsreife, Alter, genetischer Veranlagung oder sonstigen geistigen wie körperlichen Parametern.[158]

---

[151] Das Lebensrecht des Ungeborenen aus historischer Perspektive als vom Grundgesetz erfasst betrachtend etwa BVerfGE 39, 1 (39); *Schächinger*, Menschenwürde und Menschheitswürde, S. 53 ff.; kritisch *Merkel*, Forschungsobjekt Embryo, S. 29 f.; *Schulze-Fielitz*, in: Dreier (Hrsg.), GG, Band 1, Art. 2 Abs. 2 Rn. 5; *Müller-Terpitz*, Der Schutz des pränatalen Lebens, S. 235 ff. Siehe in diesen Quellen auch zu den in diesem Abschnitt getätigten Ausführungen.

[152] *Schächinger*, Menschenwürde und Menschheitswürde, S. 58.

[153] BVerfGE 39, 1 (37).

[154] *Merkel*, Forschungsobjekt Embryo, S. 28.

[155] *Schächinger*, Menschenwürde und Menschheitswürde, S. 58.

[156] *Müller-Terpitz*, Der Schutz des pränatalen Lebens, S. 242.

[157] *Müller-Terpitz*, Der Schutz des pränatalen Lebens, S. 242.

[158] *Müller-Terpitz*, Der Schutz des pränatalen Lebens, S. 242 ff. *Schächinger* führt zudem gegen eine Einbeziehung von Embryonen in den Grundrechtsschutz aus normhistorischer Sicht an, der Ungeborene sei gerade nicht Gegenstand der Verfolgungen durch Nationalsozialisten gewesen. Jedenfalls der *nasciturus* war aber durchaus auch im Visier der nationalsozialistischen Rassenpolitik. Auf Anordnung des „Reichsgesundheitsführer" *Leonardo Conti* vom 1. März 1943 wurden etwa an der Frauenklinik Erlangen mindestens 136 Zwangsarbeiterinnen aus Polen und der Sowjetunion Schwangerschaftsabbrüche vorgenommen. Diese Abtreibungen gehörten als präventive „Ausmerzung" zu den bevölkerungspolitischen Instrumentarien der NS-Politik. Siehe zu diesen Geschehen den Beitrag des Universitätsklinikums Erlangen, verfügbar unter http://www.200.uk-erlangen.de/en/geschichte/momentaufnahmen-des-universitaetsklinikums-erlangen/praeventi-

Zur Kernfrage wird dadurch, ab wann das „Lebendigsein" eines menschlichen Organismus im biologisch-physiologischen Sinne zu bejahen ist.

(i.3.) Naturwissenschaftliche Begründungsansätze

Die Frage nach dem Beginn des „Lebendigseins eines menschlichen Organismus im biologisch-physiologischen Sinne" leitet über in den Bereich der Naturwissenschaften, denn diese Frage kann nicht ohne Rückgriff auf naturwissenschaftliche Aspekte geklärt werden. Zwar verbietet sich ein unreflektierter Rückschluss von biologischen Fakten auf normative Wertungen, aber ohne Rückanbindung an biologische Erkenntnisse kann der Beginn menschlichen Lebens nicht bestimmt werden.[159] Die Naturwissenschaft erfüllt insofern eine „Sachverständigenfunktion".[160] Vorschläge für den Zeitpunkt des Lebensbeginns sind zahlreich: Als maßgebliche Zeitpunkte werden vorgeschlagen die Geburt, die extrauterine Lebensfähigkeit, die ersten spürbaren Kindsbewegungen, die Beginn der Hirnaktivität, die Individuation bzw. Nidation oder eben die Fertilisation.[161]

Für die *Geburt* als relevanten Zeitpunkt wird vorgetragen, dass durch den Geburtsakt der Säugling nicht mehr mit dem mütterlichen Organismus verbunden sei. Von nun an erfolge Nährstoff- und Sauerstoffaufnahme sowie Abgabe der Exkrete nicht mehr über die Mutter. Zudem bilde der Embryo vor der Geburt mit seiner Mutter eine untrennbare Einheit, sodass er bis dahin kein eigenes Rechtssubjekt darstelle.[162] In der Geburt liegt jedoch kein qualitativer Sprung in der Ontogenese eines menschlichen Individuums, sondern sie stellt lediglich eine Veränderung des physiologischen Milieus des Fötus dar, da der Uterus der Frau zu diesem Zeitpunkt nicht mehr in der Lage ist, diesen zu versorgen und zu behausen. Hinzukommt, dass der Fötus in der späten Embryonalphase abgesehen von den eben genannten biologisch-physiologischen Veränderungen bereits über dieselben Eigenschaften und Funktionen wie das Neugeborene verfügt. Er hat bereits dieselben individuellen Gesichtszüge und kognitiven, sensorischen sowie physiologischen Fähigkeiten. Außerdem ist ein Frühgeborenes sogar weniger weit entwickelt als der Fötus kurz vor seinem errechneten Entbindungstermin. Der Embryo und die Mutter stellen auch keine untrennbare Einheit dar. Sie haben von Anfang an getrennte Blutkreis-

---

ve-ausmerzung/ (zuletzt geprüft am 08.04.2019). Außerdem soll, als Reaktion auf die Geschichte, *jedes* Bewertungskriterium ausgeschlossen sein, also nicht nur die zu NS-Zeiten herangezogenen Aspekte, sondern auch denkbare neue, wie entwicklungsbiologische Aspekte, siehe *Müller-Terpitz*, Der Schutz des pränatalen Lebens, S. 242 ff.

[159] *Böckenförde-Wunderlich*, Präimplantationsdiagnostik als Rechtsproblem, S. 168; *Müller-Terpitz*, Der Schutz des pränatalen Lebens, S. 243.

[160] *Müller-Terpitz*, Der Schutz des pränatalen Lebens, S. 243 Fn. 486.

[161] Übersichten hierzu finden sich bei *Böckenförde-Wunderlich*, Präimplantationsdiagnostik als Rechtsproblem, S. 167 ff.; *Schlüter*, Schutzkonzepte für menschliche Keimbahnzellen, S. 44 ff.; *Müller-Terpitz*, Der Schutz des pränatalen Lebens, S. 172 ff.; *Welling*, Genetisches Enhancement, S. 169 ff.

[162] Hierzu *Spiekerkötter*, Verfassungsfragen der Humangenetik, S. 42 f.; *Müller-Terpitz*, Der Schutz des pränatalen Lebens, S. 172 f.

läufe und Stoffwechsel, teils auch verschiedene Blutgruppen. Auch kann der *nasciturus* im Uterus sterben und die Mutter überleben, ebenso andersherum.[163]

Extrauterine Lebensfähigkeit besteht ca. ab der 20. bis 22. Entwicklungswoche p.c., sei es auch mit künstlicher Hilfe. Hieran kann der Beginn der Grundrechtsträgerschaft jedoch nicht geknüpft werden, da die Umwandlung der Abhängigkeit von der Mutter in eine von Hightech-Medizin keinen rechtlich relevanten Lebensbeginn begründen kann. Dieser Lebensbeginn wäre abhängig von den sich stets wandelnden Möglichkeiten der pränatalen Intensivmedizin und folglich äußerst willkürlich.[164]

Die ersten spürbaren Kindsbewegungen sind nur noch von rechtshistorischer Bedeutung für den Beginn des Lebensschutzes.[165] Hieran den Lebensbeginn zu koppeln entspricht jedoch nicht mehr dem heutigen Stand der Wissenschaft. Durch Einführung des Ultraschalls ist bekannt, dass der *nasciturus* schon wesentlich früher Bewegungen im Mutterleib vollzieht. Die Frau spürt diese Bewegungen lediglich nicht, da der Fötus mit seinen Gliedmaßen noch nicht die Bauchdecke erreichen kann.[166]

Entsprechend dem Hirntod als maßgeblichem Zeitpunkt für das Lebensende soll nach einer weiteren Ansicht der *Beginn der Hirnaktivität* für den Lebensbeginn bestimmend sein.[167] Ab dem 57. Tag p.c. sei biologisch das Zellmaterial vorhanden, aus dem später funktionierendes Organleben entstehe. Die Hirnaktivität beginne am 70. Tag p.c., sodass sich dieser Tag als Gegenstück zum Zeitpunkt des Hirntods anbiete. Als „zusätzliches ethisches Sicherheitsnetz" solle jedoch der 57. Tag p.c. für den Lebensschutz maßgeblich sein.[168] Dieser Ansatz steht jedoch vor den Problem, dass der Beginn der Hirnfunktion zum einen kein „unverrückbarer Anfangspunkt" ist.[169] Zum anderen ist der Hirntod als Todeszeitpunkt selbst nicht unumstritten, sodass eine Parallele nicht ohne weiteres gezogen werden kann.[170] Außerdem hat

---

[163] *Müller-Terpitz*, Der Schutz des pränatalen Lebens, S. 173 f.; gegen die Geburt als relevante Zäsur auch *Schirmer*, Status und Schutz des frühen Embryos bei der „In-vitro-Fertilisation", S. 153 ff.; *Böckenförde-Wunderlich*, Präimplantationsdiagnostik als Rechtsproblem, S. 174; das Lebensrecht erst ab Geburt bejahend etwa *Rüpke*, ZRP 1974, S. 73 (74 ff.); *Frommel*, ZRP 1990, S. 351 (352).

[164] *Stürner*, JZ 1974, S. 709 (715); *Böckenförde-Wunderlich*, Präimplantationsdiagnostik als Rechtsproblem, S. 174; *Welling*, Genetisches Enhancement, S. 172.

[165] *Müller-Terpitz*, Der Schutz des pränatalen Lebens, S. 181; zur Bedeutung der ersten spürbaren Kindsbewegung („*quickening*") im *common law*, siehe *Schirmer*, Status und Schutz des frühen Embryos bei der „In-vitro-Fertilisation", S. 167 ff.

[166] *Müller-Terpitz*, Der Schutz des pränatalen Lebens, S. 182.

[167] *Sass*, in: Flöhl (Hrsg.), Genforschung – Fluch oder Segen?, S. 38 ff.; *ders.*, in: Sass (Hrsg.), Medizin und Ethik, S. 160 (167 ff. und 172 ff.); hierzu auch *Schirmer*, Status und Schutz des frühen Embryos bei der „In-vitro-Fertilisation", S. 80 ff.; *Böckenförde-Wunderlich*, Präimplantationsdiagnostik als Rechtsproblem, S. 171; *Müller-Terpitz*, Der Schutz des pränatalen Lebens, S. 182 ff.

[168] *Sass*, in: Sass (Hrsg.), Medizin und Ethik, S. 160 (171 ff.).

[169] *Böckenförde-Wunderlich*, Präimplantationsdiagnostik als Rechtsproblem, S. 175.; so auch *Giwer*, Rechtsfragen der Präimplantationsdiagnostik, S. 69.

[170] *Müller-Terpitz*, Der Schutz des pränatalen Lebens, S. 184.

auch das Ende der Hirnfunktion eine ganz andere Bedeutung als der Beginn derselben. Während der Funktionsausfall des Gehirns dazu führt, dass der Organismus nicht mehr von dieser übergeordneten Einheit gesteuert wird und die Organ- und Körperfunktionen nur noch mittels intensivmedizinischer Unterstützung ausgeübt werden können, spielt hingegen der Beginn der Hirnaktivität für die Embryonalentwicklung keine konstitutive Rolle, zumal das Gehirn weder am 57. noch am 70. Tag p.c. funktionsfähig ist. Bereits vor der Anlage von Hirnstrukturen findet eine aktive Selbststeuerung statt.[171] Der Beginn einer Hirnfunktion stellt nichts weiter dar als den Übergang von Leben zu einem weiterentwickelten Leben. Es kann nicht einleuchten, warum ein Mehr an Potenzial von rechtlich solch großer Bedeutung ist.[172]

Besonderer Beliebtheit erfreuen sich die *Individuation* bzw. *Nidation* als maßgebliche Zeitpunkte für den Lebensbeginn.

Unter der *Individuation* versteht man den Zeitpunkt, ab dem eine eineiige Mehrlingsbildung des Embryos nicht mehr möglich ist. Dieser Zeitpunkt kann datiert werden auf dem Moment der Bildung des Primitivstreifens. Es endet auch die Möglichkeit, dass zwei oder mehrere Embryonen zusammenwachsen und eine Chimäre bilden.[173] So wird also vertreten, ab der Befruchtung bestehe nur *art*spezifisches Leben, *individual*spezifisches und damit rechtlich schützenswertes Leben bestehe erst ab Individuation.[174] Hiergegen sprechen jedoch einige Aspekte. Trotz der Potenzialität der Mehrlings- oder Chimärenbildung existiert der Embryo auch vor Individuation als eine unverwechselbare und ungeteilte funktionale Entität. Eine spätere Zwillings- oder Chimärenbildung ändert hieran nichts. Vielmehr könnte sich aus der Tatsache, dass aus einem Individuum mehrere entstehen können, erst recht ein Grundrechtsschutz ergeben.[175] Darüber hinaus hat das Verfahren der Kerntransfers gezeigt, dass selbst der geborene Mensch durch Vervielfältigung „teilbar" ist. Der Tatsache, dass aus einem Embryo zwei werden können, sollte also keine maßgebliche Bedeutung zukommen.[176] Im Übrigen bestehen bei einem solchen Teilungs-

[171] *Müller-Terpitz*, Der Schutz des pränatalen Lebens, S. 185 f.; siehe auch *Vollmer*, Genomanalyse und Gentherapie, S. 73.

[172] *Böckenförde-Wunderlich*, Präimplantationsdiagnostik als Rechtsproblem, S. 175 f.; *Welling*, Genetisches Enhancement, S. 170; gegen den Beginn des Hirnlebens als maßgebliche Zäsur auch *Honnefelder*, in: Damschen und Schönecker (Hrsg.), Der moralische Status menschlicher Embryonen, S. 61 (73).

[173] *Müller-Terpitz*, Der Schutz des pränatalen Lebens, S. 187 f.

[174] *Müller-Terpitz*, Der Schutz des pränatalen Lebens, S. 188 (Hervorhebung dort); die Individuation als maßgeblichen oder jedenfalls möglichen Zeitpunkt für den Lebensbeginn betrachtend *Coester-Waltjen*, FamRZ 1984, S. 230 (235); *Hofmann*, JZ 1986, S. 253 (259); *Ronellenfitsch*, in: Dolde (Hrsg.), Umweltrecht im Wandel, S. 701 (713); *Taupitz*, NJW 2001, S. 3433 (3438).

[175] *Müller-Terpitz*, Der Schutz des pränatalen Lebens, S. 192; so auch *Sternberg-Lieben*, JuS 1986, S. 673 (677); *Schirmer*, Status und Schutz des frühen Embryos bei der „In-vitro-Fertilisation", S. 200; *Keller*, in: Günther und Keller (Hrsg.), Fortpflanzungsmedizin und Humangenetik, S. 111 (115); *Schmidt*, Rechtliche Aspekte der Genomanalyse, S. 96; *Böckenförde-Wunderlich*, Präimplantationsdiagnostik als Rechtsproblem, S. 176; *Sacksofsky*, KJ 2003, S. 274 (278); gegen das Individuationsargument auch *Honnefelder*, in: Damschen und Schönecker (Hrsg.), Der moralische Status menschlicher Embryonen, S. 73 f.

[176] *Dederer*, AöR 2002, S. 1 (9).

vorgang auch biologische Ungewissheiten. So gibt es nicht lediglich die Deutungsmöglichkeit, dass beim Teilungsprozess der ursprüngliche Embryo untergeht und zwei neue Embryonen entstehen, sondern denkbar ist auch, dass es gewissermaßen zu der Abspaltung eines „Tochterembryos" vom „Mutterembryo" kommt. Es handelte sich dann um eine Art asexueller Reproduktion: Dann kann dem Ausgansembryo aber schlecht seine Individualität im biologischen Sinne abgesprochen werden.[177]

Für das Ereignis der *Nidation* als Lebensbeginn wird die natürliche Auslese angeführt, denn bis zu 50 % und mehr aller befruchteten Eizellen sterben vor der Einnistung ab. Der Mensch könne nicht dazu verpflichtet sein, sich sorgfältiger zu verhalten als die Natur.[178] Des Weiteren habe erst der Embryo ab Nidation eine wirkliche Entwicklungsperspektive.[179] Erst durch das Hinzutreten epigenetischer Faktoren durch den mütterlichen Organismus werde eine autopoietische Embryonalentwicklung in Gang gesetzt.[180] In der Phase vor der Nidation hingegen gebe es noch keine aktive Potenzialität,[181] die aber für Leben im biologischen Sinne Voraussetzung sei. Aufgrund dieser wesentlichen Zäsur könne vor der Einnistung auch gerade noch nicht von einer kontinuierlichen Embryonalentwicklung, womit ein Grundrechtsschutz schon zu einem früheren Zeitpunkt begründet werden könnte, gesprochen werden.[182] Auch diese Überlegungen sind jedoch nicht frei von Kritik. Zum einen kann ein Naturereignis nicht menschliches Handeln rechtfertigen. Auch erscheint es fragwürdig, das Lebensrecht von der Überlebensperspektive abhängig zu machen.[183] Zum anderen vermag auch die Tatsache, dass die Nidation für die weitere Entwicklung des Embryos unentbehrlich ist, nicht gegen ein Lebensrecht auch schon zu früheren Zeitpunkten sprechen. Zwar ist richtig, dass der Unterschied zwischen einer belebten und einer nicht belebten Entität gerade darin besteht, dass erstere das in ihr enthaltene Potenzial aus sich heraus entfalten kann. Der Annahme

---

[177] *Müller-Terpitz*, Der Schutz des pränatalen Lebens, S. 193 f.; eine ungeschlechtliche Vermehrung bejahend *Beckmann*, JZ 2004, S. 1010 (1010).

[178] In diesem Sinne *Bernat*, in: Bernat (Hrsg.), Lebensbeginn durch Menschenhand, S. 125 (160); *Schroth*, JZ 2002, S. 170 (176); hierzu m.w.N *Schmidt*, Rechtliche Aspekte der Genomanalyse, S. 86; *Müller-Terpitz*, Der Schutz des pränatalen Lebens, S. 201 f.

[179] *Rosenau*, in: Amelung (Hrsg.), Reproduktives und therapeutisches Klonen, S. 761 (772); in diesem Sinne auch *Dederer*, AöR 2002, S. 1 (14 f.).

[180] Zu diesem Argument *Müller-Terpitz*, Der Schutz des pränatalen Lebens, S. 205 und 210 f.; in diesem Sinne *Taupitz*, NJW 2001, S. 3433 (3438); *Hufen*, JZ 2004, S. 313 (315), wonach bei der Nidation noch „erhebliche, ja identitätsbestimmende Faktoren hinzukommen"; *Murswiek*, in: Sachs (Hrsg.), GG, Art. 2 Rn. 145a f.

[181] Aktive Potentialität beschreibt die Fähigkeit einer Entität, aus sich heraus das zu realisieren, wozu sie die Potentialität hat, siehe *Illies*, Zeitschrift für philosophische Forschung 2003, S. 233 (243). Bei passiver Potentialität muss zur Realisierung noch eine Einwirkung von außen hinzukommen, siehe *Sass*, in: Sass (Hrsg.), Medizin und Ethik, S. 160 (175).

[182] *Ipsen*, JZ 2001, S. 989 (994).

[183] *Böckenförde-Wunderlich*, Präimplantationsdiagnostik als Rechtsproblem, S. 176; so auch *Sternberg-Lieben*, JuS 1986, S. 673 (677); *Vollmer*, Genomanalyse und Gentherapie, S. 77; *Schmidt*, Rechtliche Aspekte der Genomanalyse, S. 95; *Giwer*, Rechtsfragen der Präimplantationsdiagnostik, S. 68; *Müller-Terpitz*, Der Schutz des pränatalen Lebens, S. 203.

eines autonomen Entwicklungsvermögens steht jedoch nicht entgegen, dass zur Entfaltung aktiver Potenzialität noch bestimmte Ermöglichungs- oder Umgebungsbedingungen hinzutreten müssen. Bestimmte Ermöglichungsbedingungen, die im Übrigen auch beim geborenen Menschen vorliegen (Nahrung, Sauerstoff etc.), steuern keinen Informationsgehalt zur Verwirklichung des Potenzials bei, sondern sie stellen Faktoren dar, deren jeder Organismus bedarf, um eben dieses Potenzial zu entfalten. An einem autonomen Entwicklungsvermögen vor Nidation fehlte es folglich dann, wenn der mütterliche Organismus das Entwicklungsprogramm des Embryos überhaupt erst vervollständigte und nicht lediglich eine Ermöglichungsbedingung darstellte. Ersteres lässt sich so aber nicht belegen. Die Mutter steuert zwar unabdingbare epigenetische Faktoren für die Genexpression des Embryos bei. Diese von außen hinzutretenden Ereignisse werden aber durch das im Embryo bereits enthaltene Programm in einem bestimmten Entwicklungsfortschritt umgesetzt. Aus dem naturwissenschaftlichen Sachstand ergibt sich nicht, dass die Mutter einen noch fehlenden Teil des embryonalen Entwicklungsprogramms ergänzt.[184] Außerdem gibt es bereits eine Interaktion zwischen Mutter und Embryo auf dessen Wanderung durch den Eileiter. So wird etwa verhindert, dass der Embryo wie ein Fremdkörper abgestoßen wird oder sich vorzeitig in die Schleimhaut des Eileiters einnistet. Wird also für die Frage, ob der Embryo über ein vollständiges und autonomes Entwicklungspotenzial verfügt, maßgeblich auf die mütterlichen Steuerungsimpulse abgestellt, kann schon aus diesem Grund nicht das spätere Ereignis der Nidation ausschlaggebend sein.[185] Zudem hat letztlich auch der pränidative Embryo aktives Entwicklungspotenzial, wodurch er sich jedenfalls bis zum Blastozystenstadium entwickeln kann. Diese Entwicklung mag ohne Nidation begrenzt sein, am Vorliegen eines sich selbst entfaltenden Organismus und damit Leben im biologisch-physiologischen Sinne ändert dies zunächst nichts.[186]

Mit der herrschenden Meinung ist daher an den Zeitpunkt der Fertilisation anzuknüpfen, welcher den Lebensbeginn markiert.

Konkret wird hierbei meist auf den Abschluss der Befruchtung, also die „Kernverschmelzung" i.S.e. Vereinigung des männlichen und weiblichen Vorkerns, abgestellt (Konjugation).[187] Jedenfalls ab Konjugation, die das Ende des Befruchtungsvorgangs

---

[184] *Müller-Terpitz*, Der Schutz des pränatalen Lebens, S. 211 f.; so auch *Rager*, Zeitschrift für medizinische Ethik 2000, S. 81 (85); *Böckenförde-Wunderlich*, Präimplantationsdiagnostik als Rechtsproblem, S. 176; *Honnefelder*, in: Damschen und Schönecker (Hrsg.), Der moralische Status menschlicher Embryonen, S. 61 (74); *Beckmann*, JZ 2004, S. 1010 (1011).

[185] *Müller-Terpitz*, Der Schutz des pränatalen Lebens, S. 213; so auch *Schirmer*, Status und Schutz des frühen Embryos, S. 204 f.; *Böckenförde-Wunderlich*, Präimplantationsdiagnostik als Rechtsproblem, S. 176 f.; zum embryo-maternalen Dialog in dieser Phase *Rager*, in: Rager und Baumgartner (Hrsg.), Die biologische Entwicklung des Menschen, S. 67 (77); *ders.*, Zeitschrift für medizinische Ethik 2000, S. 81 (84).

[186] *Müller-Terpitz*, Der Schutz des pränatalen Lebens, S. 213.

[187] So bspw. *Sternberg-Lieben*, JuS 1986, S. 673 (677); *Pap*, Extrakorporale Befruchtung und Embryotransfer aus arztrechtlicher Sicht, S. 245; *Spiekerkötter*, Verfassungsfragen der Humangenetik, S. 54; *Schmidt*, Rechtliche Aspekte der Genomanalyse, S. 98, die allerdings missverständlicher Weise nicht lediglich von der „Konjugation" sondern auch vom „Verschmelzen der Keimzellen"

markiert, besteht eine „funktionelle, sich selbst organisierende und differenzierende Einheit". Diese Entität hat das Potenzial, sich bei Bereitstellung der erforderlichen Umgebungsbedingungen in einem kontinuierlichen Prozess zu entwickeln.[188] Zwar ist richtig, dass Kontinuität *per se* kein zwingendes Argument ist für eine rechtliche Gleichbehandlung in jedem Abschnitt der Entwicklung. Aber entkräftende Gegenargumente gibt es eben auch nicht, sodass sich überzeugender die Gleich- als die Ungleichbehandlung begründen lässt. Ab Befruchtung besitzt die Entität auch all die genetischen Eigenschaften, die sie ihr Leben lang haben wird und die (wenn auch nicht allein) ihre weitere Entwicklung steuern werden: Der künftige Mensch ist jetzt genetisch festgelegt.[189]

Fraglich ist, ob nicht auch bereits ein früherer Zeitpunkt der Befruchtungskaskade als Beginn des Lebensschutzes anzusehen ist. Die Befruchtung durchläuft mehrere Stadien: das Eindringen des Spermiums in die Eizelle (Imprägnation), die Bildung des männlichen und weiblichen Vorkerns nach Abstoßen des zweiten Polkörperchens (Vorkernstadium) sowie die Vereinigung der Vorkerne (Konjugation).[190] Diese Eigenschaften einer sich selbst organisierenden Einheit, die kontinuierlich wächst und deren genetische Konstitution bereits fest bestimmt ist, könnte bereits im Vorkernstadium vorliegen. Dies wird teilweise mit dem Argument verneint, die aktive Potenzialität, die darin besteht, sich aus sich heraus bei entsprechenden Umgebungsbedingungen kontinuierlich zu entwickeln, setze die *Befähigung zur mitotischen Zellteilung* voraus. Erst wenn die Chromosomen beider Vorkerne in der Metaphaseplatte zur ersten Furchungsteilung zusammenträten, werde diese Fähigkeit erlangt.[191] Diese Argumentation ist aber nicht schlüssig. Denn wenn sich die Oozyte selbstständig vom Vorkernstadium hin zur „Kernverschmelzung" entwickelt, warum ist sie dann keine zur mitotischen Zellteilung befähigte Entität? In einem selbstorganisierten Verlauf können sich die Chromosomen doch gerade so organisieren, dass es zu einer Zellteilung kommt. Auch eine „gewöhnliche" diploide Zelle muss schließlich bestimmte Vorbereitungsstadien durchlaufen (Verdopplung der Chromatiden, Anordnung der Chromosomen etc.), bis sie ihre Befähigung zur Zellteilung konkret umsetzen kann.

Ein anderes Argument gegen eine Grundrechtsträgerschaft liegt darin, die Zelle im Vorkernstadium sei noch kein „funktionsfähiges Ganzes", sondern dieser Zustand

spricht; *Giwer*, Rechtsfragen der Präimplantationsdiagnostik, S. 77 ff.; *Starck*, in: von Mangoldt et al. (Hrsg.), GG, Band 1, Art. 1 Abs. 1 Rn. 19 ff. (Auflage 7), zwar bezogen auf Art. 1, wobei aber Art. 1 und Art. 2 Abs. 2 GG zeitgleich einsetzen sollen Rn. 20 f.; *Giwer*, Rechtsfragen der Präimplantationsdiagnostik, S. 77 ff.

[188] *Müller-Terpitz*, Der Schutz des pränatalen Lebens, S. 216.

[189] Auf diese genetische Identität zwischen Zygote und späterem Menschen abstellend *Welling*, Genetisches Enhancement, S. 174 f.

[190] Zu diesen Stadien *Müller-Terpitz*, Der Schutz des pränatalen Lebens, S. 214.

[191] *Müller-Terpitz*, Der Schutz des pränatalen Lebens, S. 254 (Hervorhebung dort); eine sich selbst organisierende Einheit im Vorkernstadium ablehnend auch *Honnefelder*, in: Damschen und Schönecker (Hrsg.), Der moralische Status menschlicher Embryonen, S. 61 (71); Grundrechtsschutz der Zelle im Vorkernstadium auch ablehnend *Lorenz*, in: Kahl et al. (Hrsg.), Bonner Kommentar zum GG, Ordner 1a, Art. 2 Abs. 2 S. 1 Rn. 422.

werde erst durch das Zusammentreten der Chromosomensätze herbeigeführt.[192] Bis zu diesem Zeitpunkt gehorche die Zygote den Anlagen der Keimzellen, nicht ihrer eigenen genetischen Programmierung. Die Keimzellen seien lediglich räumlich verbunden, aber im Kern noch getrennt. Solange die Chromosomensätze noch getrennt seien, bestehe genetisch noch der gleiche Zustand wie vor der Imprägnation.[193] Auch dieses Argument steht auf wackeligem Grund. Denn auch der Embryo bis zum Vier- oder Acht-Zellstadium gehorcht noch dem genetischen Programm der Eizelle, die ihm Reserven an mRNA, Ribosomen, tRNA und Vorläuferproteinen zur Verfügung stellt. Dennoch wird ihm nicht abgesprochen, ein sich selbst entwickelndes System zu sein.[194] Darüber hinaus steht auch im Vorkernstadium bereits das individuelle Genom fest, das der künftige Mensch haben wird. Dies unterscheidet das Vorkernstadium von den unbefruchteten Keimzellen und von der imprägnierten Eizelle vor Ausstoßung des zweiten Polkörperchens.[195] Erst nach dieser Ausstoßung ist klar, welches Genom der so gezeugte Mensch haben wird, da sich die in der Oozyte vorhandenen 23 Chromosomen je von einer Chromatide trennen, die in diesem Polkörperchen aus der Zelle ausgeschleust werden.

Der maßgebliche Zeitpunkt für die Entstehung individuellen Lebens ist daher nicht erst die Konjugation, sondern bereits das Vorkernstadium bzw. noch genauer der Moment der Ausstoßung des zweiten Polkörperchens. Ab diesem Zeitpunkt liegt sich kontinuierlich und autonom entwickelndes Leben mit einem endgültig festgelegten individuellen Genom vor.[196]

(i.4.) Zwischenergebnis

Bereits im Vorkernstadium, noch genauer: ab Ausstoßung des zweiten Polkörperchens liegt verfassungsrechtlich relevantes menschliches Leben vor. Aus dieser Erkenntnis folgt, dass die Zygote im Vorkernstadium auch „jeder" i.S.e. *Grundrechtsträgers* ist. Ein bloß objektiv-rechtlicher Grundrechtsschutz ist schon aus rechtsdogmatischen Gründen abzulehnen. Die objektiv-rechtliche und die subjektivrechtliche Dimension der Grundrechte sind zwei Seiten ein und derselben Medaille. Sie beziehen sich beide auf dasselbe Rechtsgut in seiner konkreten personalen Ausgestaltung. Wird der Embryo aus dem grundrechtlichen personalen Schutzbereich

---

[192] *Müller-Terpitz*, Der Schutz des pränatalen Lebens, S. 255.

[193] *Pap*, Extrakorporale Befruchtung und Embryotransfer aus arztrechtlicher Sicht, S. 244 f.

[194] *Schlüter*, Schutzkonzepte für menschliche Keimbahnzellen in der Fortpflanzungsmedizin, S. 75; zur genetischen Steuerung des Embryos bis zum Vier- bzw. Acht-Zell-Stadium siehe *Rager*, Zeitschrift für medizinische Ethik, 2000, S. 81 (84); *Müller-Terpitz*, Der Schutz des pränatalen Lebens, S. 217.

[195] *Schlüter*, Schutzkonzepte für menschliche Keimbahnzellen in der Fortpflanzungsmedizin, S. 74.

[196] *Röger*, in: Referate der öffentlichen Veranstaltung vom 6. Mai 2000 in Würzburg, S. 55 (58 Fn. 5); *Schlüter*, Schutzkonzepte für menschliche Keimbahnzellen in der Fortpflanzungsmedizin, S. 75; das Vorliegen des einzigartigen Genoms des entstehenden Menschen ab dem Vorkernstadium auch betonend *Rager*, Zeitschrift für medizinische Ethik 2000, S. 81 (83). *Rager* stellt fest, es sei lediglich eine „Definitionsfrage", ob man erst nach Verschmelzung der Vorkerne oder auch schon zuvor von einer Zygote sprechen wollte. Im Informationsgehalt des Genoms ändere sich nichts mehr, S. 86; dieser Überlegung nicht völlig abgeneigt auch *Nationaler Ethikrat*, Genetische Diagnostik vor und während der Schwangerschaft, S. 82.

herausgefiltert, kann er nicht über die Konstruktion des objektiven Grundrechtsgehalts wieder in diesen Schutzbereich hineingezogen werden.[197]

Zu klären bleibt, ob nun der Zygote ab Ausstoßung des zweiten Polkörperchens auch vollwertige Schutzintensität zukommt oder in lediglich abgeschwächter Form, wobei der Schutz immer intensiver würde, je weiter sich der Embryo entwickelt. Eingriffe in das Leben von frühen Embryonen unterlägen dann weniger strengen Rechtfertigungsvoraussetzungen als solche in das Leben von weiterentwickelten Embryonen. Die Abstufbarkeit solle aus Art. 2 Abs. 2 S. 3 GG[198] folgen, wonach das Lebensrecht unter einem Eingriffsvorbehalt stehe und damit ohnehin nicht schrankenlos gewährt sei. Dieser Vorbehalt zeige eine „Offenheit des Lebensgrundrechts“,[199] die es ermögliche, dieses Recht zu relativieren und entsprechend dem Entwicklungsstadium des Embryos mehr oder weniger stark auszugestalten.[200] Die befruchtete Zelle, oder wie hier vertreten die Zelle ab Ausstoßung des zweiten Polkörperchens, sei weder ein bloßer Zellhaufen i.S.e. Sache noch bereits ein ganzer Mensch, sondern die Wahrheit liege irgendwo dazwischen. Durch diese Unterscheidung vom „fertigen“ Menschen sei ihr Grundrechtsschutz weniger stark ausgeprägt, was im Übrigen auch konsistente Antworten auf Problemkonstellationen ermögliche, für die die einen Standpunkt „verabsolutierenden“ Ansichten keine Lösung bieten könnten.[201]

Dieser Argumentation ist zunächst entgegenzuhalten, dass es widersprüchlich ist, über das Entwicklungspotenzial eine Grundrechtsträgerschaft zu begründen, um also eine *Gleichbehandlung* herzuleiten, nur um über diesen Aspekt in einem nächsten Schritt den Grundrechtsschutz wieder einzuschränken, um also eine *Ungleichbehandlung* zu begründen.[202] Selbiges gilt für die Feststellung, dass auf der Schutzbereichsebene erst keine wesentliche Zäsuren im Entwicklungsprozess des Embryos

[197] *Müller-Terpitz*, Der Schutz des pränatalen Lebens, S. 171. Nicht zu verwechseln hiermit ist die grundrechtliche Schutzpflicht in ihrer vorwirkenden Dimension, die den Schutz erst künftig existierender Grundrechtsberechtigter ermöglicht. Diese künftigen Grundrechtsträger sollen schon durch Ergreifung von Maßnahmen im Vorfeld vor Beeinträchtigungen bewahrt werden, die sie später als Grundrechtsträger einmal erleiden können, siehe *Müller-Terpitz*, Der Schutz des pränatalen Lebens, S. 153 f.; objektiv-rechtlichen Grundrechtsschutz ohne spiegelbildichen Grundrechtsstatus auch verneinend *Geddert-Steinacher*, Menschenwürde als Verfassungsbegriff, S. 67 ff.

[198] „In diese Rechte darf nur auf Grund eines Gesetzes eingegriffen werden.“

[199] Dieser Begriff bei *Müller-Terpitz*, Der Schutz des pränatalen Lebens, S. 282.

[200] *Schächinger*, Menschenwürde und Menschheitswürde, S. 95 f.

[201] *Sacksofsky*, Der verfassungsrechtliche Status des Embryos in vitro, S. 24 ff.; *dies.*, KJ 2003, S. 274 (279 f.); einen abgestuften Lebensschutz vertritt auch *Dreier*, in: Dreier (Hrsg.), GG, Band 1, Art. 1 Abs. 1 S. 1 Rn. 70; *ders.*, ZRP 2002, S. 377 ff., allerdings nicht in Verbindung mit einem subjektiven-rechtlichen Grundrechtsstatus des Embryos, sondern vermittelt durch einen objektiv-rechtlichen Schutz; *Graf Vitzthum*, ZRP 1987, S. 33 (35); *ders.*, in: Lug und Kriele (Hrsg.), Menschen- und Bürgerrechte, S. 119 (135); *Classen*, WissR 1989, S. 235 (242); *Dederer*, AöR 2002, S. 1 (19); *Schächinger*, Menschenwürde und Menschheitswürde, S. 95 ff.; *Schwarz*, KritV 2001, S. 182 (197).

[202] *Hartleb*, Grundrechtsschutz in der Petrischale, S. 205.

erkannt wurden, aber auf der Schrankenseite nun auf einmal doch unterschiedliche Entwicklungsstadien unterschiedlichen Schutz begründen sollen.[203]

Was jedoch nicht übergangen werden kann, ist die faktische Ungleichbehandlung von geborenem und ungeborenem Leben in der Realität. Als Beispiel ließe sich der Fall eines brennenden Hauses anführen, in dem kryokonservierte Embryonen lagern und sich ebenfalls Neugeborene befinden. Bestünden für beide gleichwertige Schutzpflichten, hätten beide gleichermaßen Anspruch auf Rettung. Auf diese Idee käme in der Realität jedoch niemand.[204] Auch die Rechtsordnung ist durchzogen von Regelungen, die einen solchen abgestuften Grundrechtsschutz nahelegen und von der Rechtsprechung im Übrigen auch gebilligt sind. Gemäß § 1 BGB beginnt die Rechtsfähigkeit erst mit Geburt, und auch im Strafrecht wird hinsichtlich der Strafbarkeit des Schwangerschaftsabbruchs in den § 218 ff. StGB nach dem Entwicklungsstand differenziert.[205] Ohne die §§ 218 ff. StGB wäre das Töten des Embryos überhaupt nicht strafbar und auch das Strafmaß unterscheidet sich erheblich von dem, welches einem Täter bei Tötung eines geborenen Menschen droht.[206] Ganz allgemein stellt sich im Rahmen des Abtreibungsrechts die Frage, wie weit her es denn mit einem Grundrecht auf Leben sein kann, das derart in das Belieben der Mutter gestellt wird und teils nur mit der Auflage eines Beratungsgesprächs versehen dem Persönlichkeitsrecht der Mutter zu weichen hat. Dasselbe gilt für den Embryo in vitro, der bei einer PID mit unerwünschtem Ergebnis verworfen wird.[207]

Allerdings ist das einfache Recht kein Maßstab für die Interpretation des Verfassungsrechts. Insbesondere bei den §§ 218 ff. StGB handelt es sich um einen hochkomplexen und speziellen Problemkreis auf sozialer und gesellschaftlicher Ebene, bei dem es darum geht, das mehrpolige Beziehungsgeflecht (Mutter, Vater, Kind), die mit der Schwangerschaft verbundene soziale Komponente wie eine mögliche Behinderung des Kindes oder hohe finanzielle Belastungen, und vor allem auch das Schutzbedürfnis des Ungeborenen in ein angemessenes Verhältnis zu bringen. Hieraus eine Leitlinie für den Lebensschutz von Embryonen allgemein zu zie-

---

[203] *Müller-Terpitz*, Der Schutz des pränatalen Lebens, S. 286 f.

[204] *Sacksofsky*, Der verfassungsrechtliche Status des Embryos in vitro, S. 27 f.; *dies.*, KJ 2003, S. 274 (280).

[205] *Sacksofsky*, Der verfassungsrechtliche Status des Embryos in vitro, S. 25; *dies.*, KJ 2003, S. 274 (279).

[206] *Dreier*, ZRP 2002, S. 377 (378).

[207] Diese und weitere Beispiele, die die faktische Stufung im Lebensschutz untermauern, bei *Schächinger*, Menschenwürde und Menschheitswürde, S. 70 ff.; noch weitergehender *Merkel*, Forschungsobjekt Embryo, S. 110 ff., wonach die Rechtsordnung dem Embryo dadurch, dass er bei einem Schwangerschaftsabbruch einfach getötet werden dürfe, faktisch keinen Grundrechtsstatus gewähre. Damit habe der Embryo keine Grundrechte. Eine Analyse der Regelungen zum Schwangerschaftsabbruch auch bei *Kersten*, Das Klonen von Menschen, S. 564 ff., der aber zu Recht darauf hinweist, ein Recht auf Leben des Embryos erfasse nicht das Recht auf einen anderen Körper, den er benötige, um zu überleben. Ebenso wenig habe ein geborenes Kind kein Recht auf ein Körperorgan seiner Eltern, auch wenn es das Organ benötige, um zu überleben. Der Schwangerschaftsabbruch stelle daher die Subjektqualität des Embryos, seine Würde und sein Lebensrecht nicht in Frage.

hen ginge zu weit.[208] Die grundsätzliche Frage, ob das Abtreibungskonzept mit dem hier vertretenen verfassungsrechtlichen Konzept übereinstimmt, ist nicht Gegenstand dieser Arbeit.

Es bleibt festzuhalten, dass die Eizelle ab Ausstoßung des zweiten Polkörperchens grundsätzlich subjektiv-rechtlichen, nicht abstufbaren Grundrechtsschutz aus Art. 2 Abs. 2 S. 1 GG genießt.

(ii) Menschenwürde

Nur kurz soll nun noch auf das Grundrecht der Menschenwürde eingegangen werden, da im Wesentlichen auf die im Rahmen des Art. 2 Abs. 2 S. 1 GG getätigten Ausführungen verwiesen werden kann.

Die entscheidende Frage ist, ob dieses Recht zeitgleich mit dem Recht auf Leben einsetzt oder auf personaler Ebene von diesem zu entkoppeln ist. Letzteres wird insbesondere von *Dreier* vertreten. Leben sei *conditio sine qua non*, aber nicht *conditio per quam* des Art. 1 Abs. 1 GG.[209] Als zusätzliche Erfordernisse für den Würdeschutz werden genannt das Ich-Bewusstsein oder Autonomie, Schmerzempfindlichkeit sowie weitere biologische Entwicklungsstadien des Embryos.[210] Es ist aber bereits auf der Ebene des Normtextes fraglich, inwiefern „Mensch" mehr bedeuten kann als „jeder" in Art. 2 Abs. 2 S. 1 GG (was doch nur „jeder *Mensch*" bedeuten kann).[211] Auch entstehungsgeschichtlich ist kein anderes Ergebnis angezeigt. So wurde auch erwogen, anstelle der Formulierung „Würde des Menschen" die Begriffe „Würde des menschlichen Lebens",[212] „Würde des menschlichen Daseins"[213] oder „Würde des menschlichen Wesens"[214] zu verwenden. Letztlich sorgten Gründe der sprachlichen Eleganz dafür, dass „Würde des Menschen" gewählt wurde.[215] Auch die *ratio* des Art. 1 Abs. 1 S. 1 GG, ausnahmslos jedem Menschen den in der Norm verbürgten Wert- und Achtungsanspruch zukommen zu lassen, verbietet ein

---

[208] *Müller-Terpitz*, Der Schutz des pränatalen Lebens, S. 288 f.; so auch *Geddert-Steinacher*, Menschenwürde als Verfassungsbegriff, S. 69 f.; a.A. *Dreier*, ZRP 2002, S. 377 (382): Indirekte Auslegungen und Verständnisse müssten herangezogen werden und die Prärogative des Gesetzgebers müsse respektiert werden. Es gebe so etwas wie Grundrechtsentfaltung und – konkretisierung durch das Gesetz. Gegen ein abgestuftes Lebensrecht auch *Spiekerkötter*, Verfassungsfragen der Humangenetik, S. 66; *Vollmer*, Genomanalyse und Gentherapie, S. 79 ff.; *Hartleb*, Grundrechtsschutz in der Petrischale, S. 205.

[209] *Dreier*, in: Dreier (Hrsg.), GG, Band 1, Art. 1 Abs. 1 Rn. 67; so auch *Heun*, JZ 2002, S. 517 (518).

[210] *Dreier*, in: Dreier (Hrsg.), GG, Band 1, Art. 1 Abs. 1 Rn. 83; eine Entkopplung des Tatbestands bejaht auch *Schmidt-Jortzig*, DÖV 2001, S. 925 (927 ff.): „Mensch" i.S.d. Würdeschutzes sei nur da auszumachen, wo man das lebende Etwas als Mensch erkennen könne (S. 929), auf dem Embryo in den frühesten Stadien treffe das jedenfalls nicht zu (S. 930).

[211] *Hartleb*, Grundrechtsschutz in der Petrischale, S. 196 (Hervorhebung dort), mit Verweis auf *Murswiek*, in: Sachs (Hrsg.), Art. 2 Rn. 145a.

[212] *Der Parlamentarische Rat 1948–1949*, Band V/1, S. 70 (*Dr. Carlo Schmid*).

[213] *Der Parlamentarische Rat 1948–1949*, Band V/1, S. 72 (*Dr. Carlo Schmid*).

[214] *Der Parlamentarische Rat 1948–1949*, Band V/1, S. 67 (*Dr. Theodor Heuss*).

[215] *Hartleb*, Grundrechtsschutz in der Petrischale, S. 199 f.; *Müller-Terpitz*, Der Schutz des pränatalen Lebens, S. 340; gegen eine Entkopplung auch *Kluth*, ZfP 1989, S. 115 (120).

Normenverständnis, welches auf „Personen“ beschränkt wäre. Aufgrund der historischen Erfahrung kommt jedem Angehörigen der Spezies Mensch als „Gattungswesen“ die Menschenwürde zu.[216]

Auch im Rahmen der Menschenwürde wird ein abgestuftes Schutzkonzept vertreten. In der Vermeidung künstlicher Trennungslinien beim „Ob“ des Schutzes liege der Vorzug bei einer prozesshaften Betrachtung des Würdeschutzes mit entwicklungsabhängiger Intensität des Achtungs- und Schutzanspruchs. Bei diesem Konzept handle es sich auch nicht um eine (verbotene) Abwägungsmöglichkeit mit kollidierenden Belangen, sondern lediglich um eine besondere Ausprägung der bilanzierenden Gesamtbetrachtung, mittels derer letztlich immer der Würdeschutz näher bestimmt werde. Dieser abgestufte Schutz entspreche zum einen auch einer „natürlichen“ Betrachtung, zum anderen stünden dahinter auch Jahrtausende abendländischer, namentlich christlicher und jüdischer Geistesgeschichte.[217] Diese Ansicht vermag jedoch nicht zu überzeugen. Der Entwicklungsstand des Embryos kann nicht als Aspekt in eine Gesamtbetrachtung zur Definierung des Gewährleistungsgehalts des Art. 1 Abs. 1 GG eingeführt werden, wurde er doch eben noch als irrelevant für die Bestimmung der Grundrechtsträgerschaft entlarvt. Wird eine menschliche Entität als „Mensch“ i.S.d. Norm anerkannt, müssen die gleichen Anwendungsparameter gelten wir für einen geborenen Menschen. Andere Parameter sind nur denkbar bei einer Verneinung einer Grundrechtsträgerschaft.[218]

(iii) Zwischenergebnis

Der Embryo bzw. die Zelle ab Ausstoßung des zweiten Polkörperchens ist Grundrechtsträger des Art. 1 Abs. 1 S. 1 GG und des Art. 2 Abs. 2 S. 1 GG ist. Eine Einordnung als Sache mit der Folge eines hieran bestehenden Persönlichkeitsrechts der Keimzellspender verbietet sich folglich.[219]

---

[216] *Müller-Terpitz*, Der Schutz des pränatalen Lebens, S. 340 f.

[217] Bei der Bestimmung des Schutzanspruchs seien im Übrigen auch das Entstehen durch natürliche Entwicklungsprozesse bzw. Abweichungen hiervon zu berücksichtigen. Bei bestimmten Erscheinungsformen menschlichen Lebens sei der Rekurs auf die Menschenwürde verfehlt, wie bspw. bei nach dem „Dolly“-Prinzip veränderten Eizellen oder einer zur Totipotenz rückprogrammierten Stammzelle. Auch der Zweck biomedizinischer Maßnahmen, die Finalität potentieller Eingriffe spiele bei der Reichweite des Schutzes eine Rolle, siehe *Herdegen*, Die Menschenwürde im Fluß des bioethischen Diskurses, S. 773 (774 f.); *ders.*, in: Herzog et al. (Hrsg.), Maunz/Dürig GG, Art. 1 Abs. 1 Rn. 60. Einen abgestuften Würdeschutz vertretend auch: *Ipsen*, JZ 2001, S. 989 (994); *Hufen*, JZ 2004, S. 313 (315); *Schächinger*, Menschenwürde und Menschheitswürde, S. 95 ff.; *Dorneck*, Das Recht der Reproduktionsmedizin de lege lata und de lege ferenda, S. 64 ff.

[218] *Hartleb*, Grundrechtsschutz in der Petrischale, S. 213 f.; gegen eine Abstufung auch *Graf Vitzthum*, ZRP 1987, S. 33 (35 f.); *ders.*, in: Klug und Kriele (Hrsg.), Menschen- und Bürgerrechte, S. 119 (135); *Schmidt-Jortzig*, DÖV 2001, S. 925 (931); *Müller-Terpitz*, Der Schutz des pränatalen Lebens, S. 351 f.

[219] A.A. *Schlüter*, Schutzkonzepte für menschliche Keimbahnzellen, S. 153.

bbb. Erstreckung des Persönlichkeitsrechts der Keimzellspender

Teils wird vertreten, es bestehe dennoch ein allgemeines Persönlichkeitsrecht und hieraus folgend ein Selbstbestimmungsrecht der Gametenspender am Embryo (und nach hier vertretener Ansicht konsequenterweise auch an der Zelle ab Ausstoßung des zweiten Polkörperchens), auch ohne die Sacheigenschaft desselben. Grund hierfür sei, dass diese Entitäten selbst ein solches Recht (noch) nicht hätten, da sie noch nicht die Fähigkeit zur Selbstbestimmung besäßen. Das Selbstbestimmungsrecht, das an den Gameten bestanden habe, erstrecke sich weiter auf diese Entitäten.[220]

Diese Überlegungen vermögen jedoch nicht zu überzeugen. Zum einen hat das BVerfG selbst betont, dass Art. 2 Abs. 1 GG nur eine „potentiell oder künftig handlungsfähige Person" voraussetze, sodass eine Anwendbarkeit auf frühe Formen menschlichen Lebens durchaus möglich ist.[221] Zum anderen ist es auch bedenklich, diese Entitäten, welche eben noch in den Schutzbereich der Art. 2 Abs. 2 S. 1 und insbesondere Art. 1 Abs. 1 S. 1 GG einbezogen wurden, in völlige Abhängigkeit von Rechten Dritter zu stellen. Letztlich wäre dies nichts anderes als eine vollständige Instrumentalisierung dieser Entitäten, die auf eklatante Weise im Widerspruch zu Art. 1 Abs. 1 GG stünde.[222] Sie sind eigenständige Wesen, die keinem gehören und nicht mehr dem freien Bestimmungsrecht der Gametenspender unterliegen.[223] Teils wird auch von einem „werdenden Persönlichkeitsrecht" gesprochen, das durch die Erzeuger stellvertretend wahrgenommen wird.[224]

ccc. Zwischenergebnis

Die Eltern haben an ihrem Embryo bzw. an der Zelle ab Ausstoßung des zweiten Polkörperchens keine Persönlichkeitsrechte.

---

[220] Jeweils ohne auf die Vorkernstadien einzugehen *Der Bundesminister für Forschung und Technologie* (Hrsg.), In-vitro-Fertilisation, Genomanalyse und Gentherapie, S. 8; *Losch*, Wissenschaftsfreiheit, Wissenschaftsschranken, Wissenschaftsverantwortung, S. 382; *Taupitz*, ZRP 2002, S. 111 (114); *Halàsz*, Das Recht auf bio-materielle Selbstbestimmung, S. 51.

[221] BVerfGE 30, 173 (194); so bereits *Enders*, in: Mellinghoff et al. (Hrsg.), Die Leistungsfähigkeit des Rechts, S. 157 (174, Fn. 65); *Schmidt*, Rechtliche Aspekte der Genomanalyse, S. 122, unter Bezugnahme auf *Robbers*, Sicherheit als Menschenrecht, S. 218.

[222] *Lanz-Zumstein*, Die Rechtsstellung des unbefruchteten und befruchteten menschlichen Keimguts, S. 307. *Lanz-Zumstein* führt eine zivilrechtliche Diskussion, da sich jedoch auch dort das allgemeine Persönlichkeitsrecht aus Art. 2 Abs. 1 i.V.m. Art. 1 Abs. 1 GG ergibt, können die Argumente übertragen werden.

[223] *Enders*, in: Mellinghoff et al. (Hrsg.), Die Leistungsfähigkeit des Rechts, S. 157 (180); *Baston-Vogt*, Der sachliche Schutzbereich des zivilrechtlichen allgemeinen Persönlichkeitsrechts, S. 330; *Lorenz*, in: Eberle (Hrsg.), Der Wandel des Staates vor den Herausforderungen der Gegenwart, S. 450.

[224] *Deutsch*, MDR 1985, S. 177 (180); *ders.* in: Reichart (Hrsg.), Insemination, In-vitro-Fertilisation, S. 251 (274).

bb. Das Elternrecht

aaa. Allgemeines

Aus diesen Erkenntnissen folgt, dass die Bestimmung über Embryonen bzw. Eizellen nach Ausstoßung des zweiten Polkörperchens keine Selbstbestimmung, sondern Fremdbestimmung darstellt.[225] Die Rechtsgrundlage, die es Eltern ermöglicht, über die Verwendung dieser Entitäten zu bestimmen, bildet Art. 6 Abs. 2 GG.[226] Das Recht und die Pflicht zur elterlichen Fürsorge ergibt sich einfachgesetzlich aus §§ 1626 ff. BGB. § 1912 Abs. 2 BGB normiert diesbzgl. eine Vorwirkung der Sorgeberechtigung und spricht die Fürsorge für künftige (und gegenwärtige[227]) Rechte einer Leibesfrucht den Eltern insoweit zu, als ihnen die elterliche Sorge zustünde, wenn das Kind bereits geboren wäre.[228] Für den Embryo in vitro muss die Vorschrift analog angewendet werden, da der Gesetzgeber bei Schaffung der Norm nur vom intrakorporalen *nasciturus* ausging. Der Bedarf einer analogen Anwendung ergibt sich daraus, dass der Ort der Befindlichkeit des Embryos kein ausschlaggebendes Kriterium sein kann. Entscheidend ist allein dessen Pflegebedürftigkeit. Die so erkannte Personensorge führt dem Inhalt nach zu den §§ 1626 ff. BGB[229] analog.[230]

[225] So auch *Coester-Waltjen*, in Ständige Deputation des Deutschen Juristentages (Hrsg.), Die künstliche Befruchtung bei Menschen, S. B5 (B 103).

[226] Zum Inhalt dieser Norm siehe oben S. 221 ff. und zugleich S. 243 ff.

[227] *Geiger*, FamRZ 1987, S. 1177 (1177); *Gernhuber und Coester-Waltjen*, Familienrecht, § 75 III Rn. 18; a.A. *Vennemann*, FamRZ 1987, S. 1068 (1069).

[228] *Coester-Waltjen*, NJW 1985, S. 2175 (2176 f.); *dies.*, in: Ständige Deputation des Deutschen Juristentages (Hrsg.), Die künstliche Befruchtung bei Menschen, S. B5 (B104); *Bienwald*, in: Staudinger BGB, 2013, § 1912 Rn. 5; *Schwab*, in: Säcker et al. (Hrsg.), MüKO BGB, Band 8, § 1912 Rn. 4; *Huber*, in: Säcker et al. (Hrsg.), MüKO BGB, Band 8, § 1626 Rn. 1.

[229] Vorschriften über die elterliche Sorge.

[230] *Baumgarte*, Das Elternrecht im Bonner Grundgesetz, S. 54 ff.; *Coester-Waltjen*, in Ständige Deputation des Deutschen Juristentages (Hrsg.), Die künstliche Befruchtung bei Menschen, S. B5 (B104); *van den Daele*, KJ 1988, S. 16 (25); *Vollmer*, Genomanalyse und Gentherapie, S. 115 ff., S. 223; *Lanz-Zumstein*, Die Rechtsstellung des unbefruchteten und befruchteten menschlichen Keimguts, S. 322 ff.; *Cramer*, Genom- und Genanalyse, S. 70; *Baston-Vogt*, Der sachliche Schutzbereich des zivilrechtlichen allgemeinen Persönlichkeitsrechts, S. 330 ff.; *Brohm*, JuS 1998, S. 197 (201); *Dickescheid*, in: Mitglieder des Bundesgerichtshofs (Hrsg.), BGB – RGRK, § 1912 Rn. 3; *Lorenz*, in: Eberle (Hrsg.), Der Wandel des Staates vor den Herausforderungen der Gegenwart, S. 441 (451); *John*, Die genetische Veränderung des Erbgutes menschlicher Embryonen, S. 83; *Schwab*, in: Säcker et al. (Hrsg.), MüKO BGB, Band 8, § 1912 Rn. 4, jedenfalls dann, wenn Vorschriften angewendet werden sollen, die eine Rechtstellung des schon Gezeugten festlegen; den Beginn der Elternschaft auf den Moment der Zeugung datierend: *Robbers*, in: v. Mangoldt et al. (Hrsg.), GG, Band 1, Art. 6 Abs. 2 Rn. 155 (Auflage 7); *Müller-Terpitz*, in: Spickhoff (Hrsg.), Medizinrecht, Art. 6 GG Rn. 17; implizit bejahend, indem der Frage nachgegangen wird, ob eine PID unter den Begriff der „Pflege" fällt *Middel*, Verfassungsrechtliche Fragen der Präimplantationsdiagnostik und des therapeutischen Klonens, S. 66 f.; *Hermes*, Die Ethikkommissionen für Präimplantationsdiagnostik, S. 139.

bbb. Exkurs: Bestimmung der Elternschaft bei den Verfahren des Mitochondrientransfers

Die Bestimmung der Elternschaft, also der Personen, die über das geborene Kind oder den Embryo bestimmen dürfen, ist durch die verschiedenen technischen Reproduktionstechniken nicht ganz unkompliziert geworden. So wird es durch das Verfahren des Mitochondrientransfers etwa zwei genetische Mütter geben, sodass sich die Frage stellt, welcher Frau das Elternrecht zukommen soll. Dabei muss, sofern für den Kerntransfer Eizellen im Vorkernstadium verwendet werden, unterschieden werden zwischen der Mutterschaft *nach* dem Kerntransfer und der *vor* selbigem. Geschieht der Transfer zwischen zwei unbefruchteten Eizellen, stellt sich ebenso die Frage nach der Mutterschaft an der nach der Befruchtung entstehenden Entität, die genetisch mit zwei Frauen verwandt ist.

Ein Kind kann grundsätzlich mehrere Väter und Mütter im verfassungsrechtlichen Sinne haben.[231] So können etwa in Fällen gespaltener Mutterschaft sowohl die genetische als auch die austragende Frau Elternteil gem. Art. 6 Abs. 2 GG sein. Für erstere ergibt sich dies aus der genetischen Verbindung, für letztere aus der sich in der Schwangerschaft ausprägenden, pränatalen Mutter-Kind-Beziehung.[232] Im Fall des Mitochondrientransfers kommen daher, nach dem Kerntransfer bzw. nach der Befruchtung, beide genetische Mütter als Elternteil gem. Art. 6 Abs. 2 GG in Betracht.

Dabei ist aber noch nichts darüber gesagt, wer aus dem Kreis der verfassungsmäßig als Eltern zu bezeichnenden Personen tatsächlich Träger des Elternrechts sein soll: Es obliegt dem einfachen Gesetzgeber, diese Zuteilung durchzuführen.[233] Dabei gilt nach Ansicht des BVerfG, dass Träger des Elternrechts nach Art. 6 Abs. 2 S. 1 GG nur *eine* Mutter und *ein* Vater sein können, was sich grundsätzlich schon aus dem Umstand ergebe, dass ein Kind nur von einem Elternpaar abstammen könne. Dies lasse darauf schließen, dass der Verfassungsgeber auch nur *einem* Elternpaar das Elternrecht für ein Kind habe zuweisen wollen.[234] Zu multipler

---

[231] *Coester-Waltjen*, in: v. Münch und Kunig (Hrsg.), GG, Band 1, Art. 6 Rn. 73.

[232] *Jestaedt*, in: Kahl et al. (Hrsg.), Bonner Kommentar zum GG, Ordner 2, Art. 6 Abs. 2 und 3 Rn. 79 (Stand 2017); eine mehrfache Mutterschaft auch annehmend *Jestaedt und Reimer*, in: Kahl et al. (Hrsg.), Bonner Kommentar zum GG, Ordner 2, Art. 6 Abs. 2 und 3 Rn. 218 (Stand Dezember 2018).

[233] *Coester-Waltjen*, in: v. Münch und Kunig (Hrsg.), GG, Band 1, Art. 6 Rn. 75; *Badura*, in: Herzog et al. (Hrsg), Maunz/Dürig GG, Art. 6 Rn. 99.

[234] BVerfGE 108, 82 (101). Träger des Elternrechts aus Art. 6 Abs. 2 S. 1 GG sei der rechtliche Vater, der die Elternverantwortung wahrnehme. Art. 6 Abs. 2 S. 1 GG eröffne dem leiblichen Vater, der aufgrund der Abstammung auch „Eltern" i.S.d. Artikels sei, wenn dieser nicht auch gleichzeitig rechtlicher Vater sei, lediglich einen verfahrensrechtlichen Zugang zum Elternrecht und mache diesen nicht automatisch auch zum Träger des Elternrechts. Dabei sei Art. 6 Abs. 2 S. 1 GG aber nicht zu entnehmen, dass sich die leibliche Elternschaft immer gegenüber der rechtlichen Elternschaft durchsetzen müsse: „Art. 6 Abs. 2 Satz 1 GG geht zwar von einer auf Zeugung begründeten leiblichen Elternschaft aus, nimmt aber über diese Zuordnung hinausgehend die Eltern-Kind-Beziehung als umfassendes Verantwortungsverhältnis von Eltern gegenüber ihren der Pflege und Erziehung bedürftigen Kindern unter seinen Schutz. Voraussetzung dafür, entsprechend dem Eltern-

Elternschaft hat sich das BVerfG noch nicht geäußert.[235] Dementsprechend hat der Gesetzgeber die Vorschriften zur Elternschaft im BGB ausgestaltet: Jedes Kind hat nur einen Vater und eine Mutter.[236]

Die Frage ist, was sich aus diesen Erkenntnissen hinsichtlich der Bestimmung der Mutterschaft im Rahmen der Verfahren des Mitochondrientransfers ergibt.

Zunächst ist festzustellen, dass sich der einfache Gesetzgeber mit der Mutterschaft vor der Geburt bislang nicht auseinandergesetzt hat. Die Abstammungsvorschriften der §§ 1591 ff. BGB knüpfen an die Geburt des Kindes an. Auch in der Literatur findet man meist nur Stellungnahmen zur Elternschaft nach der Geburt.[237] Die Bestimmung der Mutterschaft vor der Geburt kann also nicht unmittelbar aus dem BGB abgeleitet werden, sondern nur mittelbar auf der Grundlage der gesetzlichen Wertvorstellungen abgeleitet werden.

Bezogen auf die nach dem Transfer der Vorkerne bzw. nach Befruchtung der veränderten Gameten entstandene Entität gibt es einerseits die Möglichkeit, die Frau als Mutter anzusehen, die nach der Geburt des Kindes die Mutterschaft innehaben wird.[238] Mutter ist nach § 1591 BGB die Frau, die das Kind geboren hat. In Anlehnung hieran könnte Mutter des Embryos in vitro die Frau sein, die das Kind gebären wird. Für diese Lösung spricht, dass § 1912 Abs. 2 BGB (analog) das Fürsorgerecht den Eltern soweit zuspricht, als ihnen die elterliche Sorge zustünde, wenn das Kind bereits geboren wäre. Wäre das Kind geboren, stünde gem. § 1591 BGB die elterliche Sorge der gebärenden Frau zu.[239] Andererseits könnte die Frau (bzw. im Fall des Mitochondrientransfers die Frauen) als Trägerin(nen) des Elternrechts anzuse-

recht Verantwortung für das Kind tragen zu können, ist insofern auch die soziale und personale Verbundenheit zwischen Eltern und Kind."; zu diesem Urteil auch *Badura*, in: Herzog et al. (Hrsg.), Maunz/Dürig, Art. 6 Rn. 101; *Coester-Waltjen*, in: v. Münch und Kunig (Hrsg.), GG, Band 1, Art. 6 Rn. 75.

[235] Bundesministerium der Justiz und für Verbraucherschutz (Hrsg.), Arbeitskreis Abstammungsrecht – Empfehlungen für eine Reform des Abstammungsrechts, S. 75.

[236] Diese Annahme einer Abstammung von nur zwingend zwei Menschen trifft aber im Übrigen bei einem Drei-Eltern-Kind nicht mehr zu, was dann auch die Möglichkeit der Zuordnung des Elternrechts zu mehr als zwei Personen durch den Gesetzgeber eröffnen könnte. Für eine Beibehaltung des Zwei-Eltern-Prinzips jedoch Bundesministerium der Justiz und für Verbraucherschutz (Hrsg.), Arbeitskreis Abstammungsrecht – Empfehlungen für eine Reform des Abstammungsrechts, S. 76.

[237] Zu den verschiedenen Kombinationsmöglichkeiten und der zivilrechtlichen Elternschaft nach Geburt siehe *Coester-Waltjen*, FamRZ 1984, S. 230 (231 f.); Bundesministerium der Justiz und für Verbraucherschutz (Hrsg.), Arbeitskreis Abstammungsrecht – Empfehlungen für eine Reform des Abstammungsrechts.

[238] Diesen Weg geht wohl *Coester-Waltjen*, in: Ständige Deputation des Deutschen Juristentages (Hrsg.), Die künstliche Befruchtung bei Menschen – Zulässigkeit und zivilrechtliche Folgen, S. B5 (B103 f.), indem sie denjenigen, von denen die Keimzellen stammen, die Elternschaft zuspricht, mit dem Argument, diese Personen seien auch die Eltern, sobald das Kind lebend geboren würde.

[239] Die Gefahr besteht hierbei natürlich darin, dass die Mutterschaft dann vom Willen der Frauen abhängt und daher auch, je nachdem, wer sich zur Implantation bereit erklärt, wieder wechseln kann. Dies widerspricht dem Sinn der BGB Normen, die eine feste und unveränderliche Mutterschaft begründen wollen.

hen sein, die eine genetische Verbindung zum Embryo aufweist(en).[240] Hierfür spricht grundsätzlich, dass die gemeinsame genetische Abstammung das einzige Verbindungsglied zum Embryo in vitro ist. Entfällt das Zuordnungskriterium Geburt oder Ehe, können als Sorgeberechtigte nur die Gametenträger in Betracht kommen.[241] Das BVerfG hat ebenso darauf hingewiesen, dass der einfache Gesetzgeber gehalten ist, die Zuweisung elterlicher Rechtspositionen an der Abstammung des Kindes auszurichten.[242] Gibt es also eine genetische Verbindung zu zwei Frauen und entfallen andere Zuordnungskriterien, müsste es nach dieser Argumentation auch zwei Mütter geben können. Allerdings lässt sich auch argumentieren, eine genetische Verbindung von weniger als 1 % reiche nicht für eine „genetische" Mutterschaft. Diese Argumentation ist deswegen vorzugswürdig, da das geltende Recht von der Existenz nur einer Mutter ausgeht und daher eine Entscheidung zugunsten einer Frau fordert. Beide Ansätze zur Bestimmung der Mutterschaft an der Entität nach dem Kerntransfer kommen daher zum selben Ergebnis: Trägerin des Elternrechts ist die Frau, von der der Zellkern stammt und die das Kind gebären wird.[243]

Vor dem Kerntransfer jedoch, soweit Eizellen im Vorkernstadium genutzt werden, gibt es noch zwei Mütter: In diesem Moment liegen zwei Entitäten mit einer vollwertigen genetischen Verbindung zu je einer Frau vor, die jeweils als Mutter anzusehen ist. Die Mutterschaft an der künftigen Verbindung zur anderen Frau auszurichten, ist zu diesem Zeitpunkt, zu dem zu der anderen Frau noch überhaupt keine Verbindung besteht, fernliegend. Insofern findet ein Wechsel der Mutterschaft nach Übertragung der Vorkerne statt. Über den Zellkerntransfer selbst entscheidet aber zunächst jede Frau für *ihre* Eizelle im Vorkernstadium aus *ihrem* Elternrecht heraus. Ob es dieses Elternrecht einer Frau ermöglicht, über die Verwerfung ihrer Vorkerne zu verfügen, gilt es noch näher zu beleuchten.[244]

ccc. Inhalt des Elternrechts

Wie bereits erörtert, gewährt das Elternrecht den Eltern eine gewisse Bestimmungsbefugnis über ihre Kinder, wobei das elterliche Handeln durch das „Kindeswohl" begrenzt wird.

---

[240] Auf die genetische Verbindung abstellend *Lorenz*, in: Eberle (Hrsg.), Der Wandel des Staates vor den Herausforderungen der Gegenwart, S. 441 (450), der dies aus dem familienrechtlichen „Schlüsselbegriff der Abstammung" schließt.

[241] *Lanz-Zumstein*, Die Rechtsstellung des unbefruchteten und befruchteten menschlichen Keimguts, S. 323.

[242] BVerfGE 108, 82 (100).

[243] Anders wäre dies nur, wenn der Zellkern ebenso gespendet würde und von einer dritten Person stammte, also weder von der Wunschmutter noch von der die Eizellhülle spendenden Frau. In diesem Fall müsste wohl der Überlegung der Vorzug gegeben werden, wonach die „genetische Mehrheit" ausschlaggebend für die rechtliche Mutterschaft ist: Ein Abstellen auf die Wunschmutterschaft wäre zu diesem Zeitpunkt mit Rechtsunsicherheit behaftet, da die Übertragung und damit auch die Mutterschaft allein vom Willen dieser Frau abhingen. Wirklich sicher ist zu diesem Zeitpunkt nur die genetische Abstammung.

[244] Hierzu unten S. 284.

Was für das Wohl des Kindes wesentlich ist, kann nicht abstrakt definiert werden, sondern lediglich von Fall zu Fall festgestellt werden.[245] Das BVerfG hat beispielsweise die gesunde körperliche und seelische Entwicklung des Kindes[246] sowie den Schutz der emotionalen Bindung zu seinen beiden Elternteilen auf der einen Seite[247] und die Möglichkeit der Entwicklung zu einer eigenverantwortlichen Persönlichkeit auf der anderen Seite hervorgehoben.[248] *Röger* konkretisiert den Kindeswohlbegriff dahingehend, „dass er die körperliche (physische) Gesundheit des Kindes ebenso umfasst wie sein geistig-seelisches Wohlbefinden sowie vor allem auch die für dieses Wohlbefinden wesentlichen prägenden psycho-sozialen Umstände in Form des dem Alter und Entwicklungsstand des Kindes jeweils entsprechenden „Spannungsverhältnisses" zwischen gesicherter emotionaler elterlicher Einbindung und ermöglichter eigenverantwortlicher Persönlichkeitsbildung."[249] Negativ gewendet laufen dem „Kindeswohl" solche Gefährdungssachverhalte zuwider, die die Kindesentwicklung schädigen können.[250] Dabei steht es grundsätzlich den Eltern zu, darüber zu bestimmen, was dem Kindeswohl entspricht und was nicht.[251] Dem Staat steht lediglich eine „Unvertretbarkeitskontrolle" zu (negativer Standard); er kann nicht positiv feststellen, was das Beste für das Kind ist (positiver Standard).[252]

Das Kindeswohl bildet bereits auf Schutzbereichsebene eine innere Grenze des Elternrechts, auf eine Drittwirkung von Grundrechten kommt es nicht an.[253] Das Kind ist selbstverständlich auch Träger eigener Grundrechte, diese werden jedoch dogmatisch betrachtet innerhalb des Geltungsbereichs des Art. 6 Abs. 2 GG überlagert. Erst wenn das Elternrecht tatbestandlich nicht einschlägig ist, weil die Grenze überschritten wurde und sich das elterliche Handeln nicht mehr unter

[245] *Keller*, in: Jeschek und Vogler (Hrsg.), Festschrift für Herbert Tröndle zum 70. Geburtstag, S. 705 (710); *Hieb*, Die gespaltene Mutterschaft im Spiegel des deutschen Verfassungsrechts, S. 141.

[246] BVerfGE 25, 167 (196); zu dieser sowie zu den folgenden Entscheidungen siehe *Röger*, Verfassungsrechtliche Probleme medizinischer Einflußnahme auf das ungeborene Leben im Lichte des technischen Fortschritts, S. 51.

[247] BVerfGE 84, 168 (182).

[248] BVerfGE 24, 119 (114).

[249] *Röger*, Verfassungsrechtliche Probleme medizinischer Einflußnahme auf das ungeborene Leben im Lichte des technischen Fortschritts, S. 51.

[250] *Keller*, in: Jeschek und Vogler (Hrsg.), Festschrift für Herbert Tröndle zum 70. Geburtstag, S. 705 (711).

[251] Einfach gesetzlich ist dies in § 1627 S. 1 BGB verbürgt: „Die Eltern haben die elterliche Sorge in eigener Verantwortung und in gegenseitigem Einvernehmen zum Wohl des Kindes auszuüben."

[252] *Fateh-Moghadam*, RW 2010, S. 115 (131); *Jestaedt*, in: Kahl et al. (Hrsg.), Bonner Kommentar zum GG, Ordner 2, Art. 6 Abs. 2 und 3 Rn. 44 (Stand 2017); *Jestaedt und Reimer*, in: Kahl et al. (Hrsg.), Bonner Kommentar zum GG, Ordner 2, Art. 6 Abs. 2 und 3 Rn. 96 (Stand Dezember 2018).

[253] *Coester-Waltjen*, in: v. Münch und Kunig (Hrsg.), GG, Band 1, Art. 6 Rn. 81; *Jestaedt und Reimer*, in: Kahl et al. (Hrsg.), Bonner Kommentar zum GG, Ordner 2, Art. 6 Abs. 2 und 3 Rn. 89 und 367 (Stand Dezember 2018).

„Pflege und Erziehung“ subsumieren lässt, kommt es zu einer Grundrechtskollision und Grundrechte des Kindes werden verletzt.[254]

Auch wenn dogmatisch gesehen die Grundrechte des Kindes innerhalb des Anwendungsbereichs des Art. 6 Abs. 2 S. 1 GG nicht verletzt werden, so ergibt sich der Gehalt des Kindeswohls dennoch aus dem Kind zustehenden Grundrechten. Dabei gibt es kein Grundrecht des „Kindeswohls“, dieses setzt sich vielmehr zusammen aus den grundrechtlichen Positionen des Pflege- und Erziehungsbedürftigen,[255] wie dessen Recht auf Leben und körperliche Unversehrtheit sowie insbesondere dessen allgemeines Persönlichkeitsrecht.[256] Diese grundrechtlichen Positionen müssen untersucht werden und es muss danach gefragt werden, ob die elterliche Entscheidung für einen Keimbahneingriff angesichts der hierdurch berührten Belange des Kindes noch von Art. 6 Abs. 2 S. 1 GG erfasst ist. Dies soll bei der Frage behandelt werden, ob die Eltern in die Grundrechtsbeeinträchtigung oder -gefährdungen ihres Kindes einwilligen dürfen.[257]

Dabei besteht bei Keimbahneingriffen die Besonderheit, dass sich diese nicht nur auf die Kinder auswirken werden, sondern gegebenenfalls auch auf die Kindeskinder und weitere Generationen. Auf diese erstreckt sich das Elternrecht nicht, sodass auch keine Befugnis besteht, in Grundrechtsverletzungen dieser Menschen einzuwilligen.[258] *Möller* umgeht dieses Problem, indem er eine mutmaßliche

---

[254] *Jestaedt*, in: Kahl et al. (Hrsg.), Bonner Kommentar zum GG, Ordner 2, Art. 6 Abs. 2 und 3 Rn. 145 (Stand 2017); *Jestaedt und Reimer*, in: Kahl et al. (Hrsg.), Bonner Kommentar zum GG, Ordner 2, Art. 6 Abs. 2 und 3 Rn. 130 (Stand Dezember 2018); a.A. *Röger*, Verfassungsrechtliche Probleme medizinischer Einflußnahme auf das ungeborene Leben im Lichte des technischen Fortschritts, S. 53 ff.

[255] *Müller-Terpitz*, Der Schutz des pränatalen Lebens, S. 370 Fn. 20; *Müller-Terpitz*, in: Spickhoff (Hrsg.), Medizinrecht, Art. 6 GG Rn. 16; das Kindeswohl als eigenständiges, sich aus Art. 6 Abs. 2 GG ergebendes Grundrecht betrachtend *Röger*, Verfassungsrechtliche Probleme medizinischer Einflußnahme auf das ungeborene Leben im Lichte des technischen Fortschritts, S. 52 f.

[256] Teils wird das Kindeswohl (nur) in Art. 2 Abs. 1 i.V.m. Art. 1 Abs. 1 GG verortet (siehe BVerfGE 79, 51 (64); *Hieb*, Die gespaltene Mutterschaft im Spiegel des deutschen Verfassungsrechts, S. 140 ff.; *Schlüter*, Schutzkonzepte für menschliche Keimbahnzellen, S. 125; *Jestaedt*, in: Kahl et al. (Hrsg.), Bonner Kommentar zum Grundgesetz, Ordner 1a, Art. 6 Abs. 2 und 3 Rn. 33 und 35 (Stand 2017) bzw. *Jestaedt und Reimer*, in: Kahl et al. (Hrsg.), Bonner Kommentar zum Grundgesetz, Ordner 1a, Art. 6 Abs. 2 und 3 Rn. 93 und 130 (Stand Dezember 2018), wonach das Kindeswohl als subjektives Recht vom Grundrecht auf freie Entfaltung der Persönlichkeit des Kindes umschlossen sei. Einige Aspekte, wie bspw. die körperliche Unversehrtheit, sind jedoch auch in spezielleren Grundrechten angelegt. So weist *Röger* neben Art. 2 Abs. 1 i.V.m. Art. 1 Abs. 1 GG zu Recht auch auf Art. 2 Abs. 2 S. 1 GG hin, die das Kindeswohl selbst dann ausgestalten, wenn es, wie *Röger* es vertritt, im Eltern-Kind-Verhältnis rechtsdogmatisch auf Art. 6 Abs. 2 GG zurückzuführen ist, siehe *Röger*, Verfassungsrechtliche Probleme medizinischer Einflußnahme auf das ungeborene Leben im Lichte des technischen Fortschritts, S. 53 f.

[257] So etwa eine Dritteinwilligung der Eltern in eine Beeinträchtigung der körperlichen Unversehrtheit des Kindes im Rahmen einer Genomanalyse prüfend *Schmidt*, Rechtliche Aspekte der Genomanalyse, S. 117 ff.; zur Dritteinwilligung in eine Beeinträchtigung des allgemeinen Persönlichkeitsrechts des Kindes, *dort* S. 123 ff.

[258] *John*, Die genetische Veränderung des Erbgutes menschlicher Embryonen, S. 93.

Einwilligung der Zygote unterstellt.[259] Dem steht aber schon entgegen, dass eine mutmaßliche Einwilligung die Fähigkeit des Betroffenen voraussetzt, *grundsätzlich* einen eigenen Willen zu bilden. Bei einem Embryo kann hiervon aber nicht ausgegangen werden.[260] Eine Grundrechtsverletzung der Kindeskinder kann folglich nicht mit einer solchen Einwilligung beseitigt werden. Hier sind, sollten grundrechtliche Interessen dieser künftigen Menschen betroffen sein, die verschiedenen kollidierenden Verfassungsgüter in angemessenen Ausgleich zu bringen. Eine Verletzung grundrechtlicher Belange der Kindeskinder ist nur dann gerechtfertigt, wenn sich andere Grundrechte als durchsetzungskräftiger erweisen.

cc. Sonstige Rechte der Eltern

Sonstige Grundrechte der Eltern sind neben dem Elternrecht im Übrigen nicht völlig bedeutungslos. So findet auch beim Keimbahneingriff an einem Embryo vom Zeitpunkt seiner Entstehung an, also ab Ausstoßung des zweiten Polkörperchens, die Fortpflanzungsfreiheit der Eltern Anwendung. In diesem Stadium ist der Prozess der Fortpflanzung noch nicht beendet. Der Keimbahneingriff stellt auch zu diesem Zeitpunkt noch eine Fortpflanzungsmodalität dar. Darüber hinaus können sich die Eltern ebenso auf ihr allgemeines Persönlichkeitsrecht in seiner Ausprägung als Recht auf autonome Lebensgestaltung berufen, sofern die Keimbahntherapie dazu dienen soll, den Nachwuchs vor Krankheiten zu bewahren.

Diese Grundrechte kommen dann zum Zuge, wenn eine Grundrechtsverletzung des Embryos nicht über das Konstrukt der elterlichen Dritteinwilligung aus Art. 6 Abs. 2 S. 1 GG abgelehnt werden kann, weil sich die elterliche Entscheidung nicht innerhalb der Grenzen des Kindeswohls bewegt. Dann können sich gegebenenfalls im Rahmen einer „gewöhnlichen" Kollisionslösung die Grundrechte der Eltern als die durchsetzungskräftigeren erweisen.[261]

dd. Ergebnis

An der Eizelle ab Ausstoßung des zweiten Polkörperchens sowie an all den darauffolgenden Entwicklungsstadien haben die Eltern dieser Zelle keine Persönlichkeitsrechte. Ihre Bestimmungsbefugnis über diese Entität leitet sich aus dem Elternrecht des Art. 6 Abs. 2 S. 1 GG ab, welches den Eltern ermöglicht, innerhalb der Grenzen des Kindeswohls Entscheidungen für und über ihre Kinder zu treffen. Aus diesem Recht kann sich, sofern sie sich im Rahmen des Kindeswohls bewegen, die Zulässigkeit von Keimbahneingriffen ergeben. Daneben sprechen auch die Fortpflanzungsfreiheit sowie das allgemeine Persönlichkeitsrecht der Eltern in der Ausprägung als „Recht auf autonome Lebensgestaltung" für eine solche Zulässigkeit. Diese Rechte kommen dann zur Anwendung, wenn sich die elterliche Entscheidung

[259] *Möller*, in: Hallek und Winnacker (Hrsg.), Ethische und juristische Aspekte der Gentherapie, S. 27 (46 f.).

[260] *Schmidt*, Rechtliche Aspekte der Genomanalyse, S. 108.

[261] Zu dieser Dogmatik bereits *Schmidt*, Rechtliche Aspekte der Genomanalyse, S. 159.

nicht innerhalb der Grenzen des Kindeswohls bewegt, und müssen dann gegen die Rechte des Kindes abgewogen werden.

2. Recht auf Gesundheit des künftigen kranken Kindes

Die Frage ist, ob ein „Recht auf Gesundheit" des künftigen kranken Kindes besteht und wie dieses beschaffen ist, ob als positives Leistungsrecht oder als bloßes Abwehrrecht. Dieses Recht könnte für die Durchführung von Keimbahneingriffen jedenfalls zu therapeutischen und präventiven Zwecken sprechen und folglich durch ein Verbot entsprechender Therapien verletzt sein.

a. Positives Leistungsrecht

Im Folgenden wird untersucht, ob sich aus dem Grundgesetz ein Recht auf Gesundheit i.S.e. positiven Leistungsrechts ergibt. Wäre dies der Fall, bestünde ein Anspruch des künftigen kranken Menschen auf Zulassung von Keimbahninterventionen jedenfalls zu therapeutischen Zwecken und Zurverfügungstellung entsprechender Technologien.

aa. Grundsatz

Ein „Recht auf Gesundheit" wird postuliert, wenn es um Keimbahneingriffe zu therapeutischen Zwecken geht. Ein Recht auf Gesundheit soll sich aus Art. 2 Abs. 2 S. 1 GG, gegebenenfalls auch im Zusammenhang mit dem Sozialstaatsgebot des Art. 20 Abs. 1 GG[262] oder Art. 1 Abs. 1 GG,[263] ergeben.[264] Dabei gilt, dass sich diesem „Recht auf Gesundheit" in der Regel keine Leistungspflicht des Staates entnehmen lässt.[265] Der Staat ist über die Schutzpflichtendimension der Grundrechte nur verpflichtet, Vorkehrungen zum Schutz der Grundrechte zu treffen, die zur Erreichung des Ziels nicht völlig unzureichend und unzulänglich sind. Dem Gesetzgeber ist dabei weitestgehend freie Hand gewährt. Tatsächliche Leistungspflichten bestehen lediglich in Bezug auf eine medizinische Grundversorgung, sachgerechte Ausgestaltung der staatlichen Krankeneinrichtungen sowie auf Teilhabe an vorhandenen Einrichtungen der öffentlichen Hand. Bei über diesen Bestandsschutz hinausgehenden Ansprüchen ist schon aufgrund des Vorbehalts der Finanzierbarkeit Zurückhaltung geboten.[266] Seiner Grundaufgabe, den Einzelnen vor Krankheit zu

[262] „Die Bundesrepublik Deutschland ist ein demokratischer und sozialer Bundesstaat."

[263] *Seewald*, Gesundheit als Grundrecht, S. 13.

[264] *Van den Daele*, KritV 1991, S. 257 (263), in Fn. 13 Verweis auf BVerfGE 57, 70 (99); *John*, Die genetische Veränderung des Erbgutes menschlicher Embryonen, S. 93.

[265] *BVerfG*, NJW 1998, S. 1775 (1776).

[266] *Di Fabio*, in: Herzog et al. (Hrsg.), Maunz/Dürig GG, Art. 2 Abs. 2 S. 1 Rn. 94; zur Gewährleistung einer medizinischen Grundversorgung siehe *Seewald*, Zum Verfassungsrecht auf Gesundheit, S. 76 ff.; *Wiedemann*, in: Umbach und Clemens (Hrsg.), GG, Band 1, Art. 2 Abs. 2 Rn. 376;

schützen, ist der Staat bereits dadurch nachgekommen, indem er durch Einführung der gesetzlichen Krankenversicherung als öffentlich-rechtlicher Pflichtversicherung für den Krankenschutz eines Großteils der Bevölkerung Sorge getragen und die Art und Weise der Durchführung dieses Schutzes geregelt hat.[267] Leistungsansprüche ergeben sich dann aus dem einfachen Gesetz.[268] Aus der Schutzpflicht des Staates Ansprüche auf ganz konkrete Heilmaßnahmen abzuleiten überdehnte das Grundgesetz. Es fehlt schlicht an einem Ansatzpunkt für Art und Maß der notwendigen Heilfürsorge, die in einer freiheitlichen Gesellschaft zuerst den Bürgern selbst in die Hand gelegt ist.[269]

bb. Der „Nikolaus"-Beschluss

Das Bundesverfassungsgericht hat in seinem „Nikolaus"-Beschluss vom 06.12.2005 lediglich im Einzelfall mittelbar aus der Verfassung einen Anspruch auf eine bestimmte Therapie abgeleitet, hielt aber dem Grundsatz nach daran fest, dass sich aus Art. 2 Abs. 2 S. 1 GG regelmäßig kein verfassungsrechtlicher Anspruch gegen die Krankenkassen auf Bereitstellung bestimmter Gesundheitsleistungen ergibt.[270] Es bestehe lediglich die Pflicht zur verfassungskonformen Auslegung des SGB V. Das Gesetz als solches hat es dabei nicht in Frage gestellt. Insbesondere sei es verfassungsrechtlich nicht zu beanstanden, dass Leistungen unter Berücksichtigung des Wirtschaftlichkeitsgebots zur Verfügung gestellt würden und der Leistungskatalog auch von finanzwirtschaftlichen Erwägungen mitbestimmt sei.[271] Bei lebensbedrohlichen oder regelmäßig gar tödlich verlaufenden Krankheiten, für die keine schulmedizinischen Therapiemöglichkeiten mehr zur Verfügung stehen, sei allerdings vor dem Hintergrund von Art. 2 Abs. 1 GG i.V.m dem Sozialstaatsgebot eine Kostenübernahme durch die GKV in Folge verfassungskonformer Auslegung des SGB V angebracht: Letztlich werde der Bürger zur Mitgliedschaft im Versicherungssystem verpflichtet. Hierdurch werde er durch (von ihm nicht beeinflussbare und einen wesentlichen Teil seiner Einkünfte bindende) Beitragszahlungen daran gehindert, diese für eine private Vorsorge zu verwenden. Es bedürfe daher einer besonderen Rechtfertigung, wenn dem Versicherten Leistungen für die Behand-

---

Schmidt-Aßmann, NJW 2004, S. 1689 (1691).

[267] BVerfGE 68, 193 (209); *Becker und Kingreen*, in: Becker und Kingreen (Hrsg.), SGB V, § 1 Rn. 22 m.w.N.

[268] *Wissenschaftliche Dienste (Deutscher Bundestag)*, Grundgesetzlicher Anspruch auf gesundheitliche Versorgung, S. 5; *Becker und Kingreen*, in: Becker und Kingreen (Hrsg.), SGB V, § 1 Rn. 23.

[269] *Di Fabio*, in: Herzog et al. (Hrsg.), Maunz/Dürig GG, Art. 2 Abs. 2 S. 1 Rn. 94; allgemein zum Anspruch auf Heilmaßnahmen *Schulze-Fielitz*, in: Dreier (Hrsg.), GG, Band 1, Art. 2 Abs. 2 Rn. 96; bezogen auf die Keimbahntherapie *Graf Vitzthum*, in: Ethische und rechtliche Fragen der Gentechnologie und der Reproduktionsmedizin, S. 263 (273); *John*, Die genetische Veränderung des Erbgutes menschlicher Embryonen, S. 94.

[270] *BVerfG*, NJW 2006, S. 891 (893); zu diesem Beschluss auch *Becker und Kingreen*, in: Becker und Kingreen (Hrsg.), SGB V, § 1 Rn. 23.

[271] *BVerfG*, NJW 2006, S. 891 (893).

lung einer Krankheit und insbesondere einer lebensbedrohlichen oder regelmäßig tödlichen Erkrankung vorenthalten werde.[272] Zudem sei auch Art. 2 Abs. 2 S. 1 GG zu beachten. Das Leben stelle den Höchstwert der Verfassung dar, was auch bei der Anwendung und Auslegung der Vorschriften des Krankenversicherungsrechts zu berücksichtigen sei.[273] Übernehme der Staat daher mit dem System der gesetzlichen Krankenversicherung Verantwortung für Leben und körperliche Unversehrtheit der Versicherten, so gehöre die Vorsorge in Fällen einer lebensbedrohlichen oder gar tödlichen Erkrankung zum Kernbereich der Leistungspflicht und der von Art. 2 Abs. 2 S. 1 GG geforderten Mindestvoraussetzung.[274]

So kann auch dieser Beschluss nicht als Grundlage für einen unmittelbaren verfassungsrechtlichen Anspruch auf bestimmte gesundheitliche Leistungen herangezogen werden. Das BVerfG hat gerade nicht entschieden, dass jedem unabhängig von einer gesetzlichen Regelung ein Anspruch auf eine Therapiemaßnahme zusteht, auch wenn diese lebensrettend ist.[275] Die Grundrechte dienen lediglich als Auslegungsmaßstab für eine bestehende gesetzliche Regelung. Der Frage, inwiefern ein Anspruch nach SGB V auf Keimbahntherapie besteht wird später noch nachgegangen.[276]

cc. Ergebnis

Ein „Recht auf Gesundheit“ i.S.e. verfassungsrechtlichen Leistungsrechts existiert nicht.[277]

---

[272] *BVerfG*, NJW 2006, S. 891 (892, 894); *Padé*, NZS 2007, S. 352 (353).

[273] *BVerfG*, NJW 2006, S. 891 (893).

[274] *BVerfG*, NJW 2006, S. 891 (894). Das Urteil hat mit § 2 Abs. 1a in das SGB V Eingang gefunden: „Versicherte mit einer lebensbedrohlichen oder regelmäßig tödlichen Erkrankung oder mit einer zumindest wertungsmäßig vergleichbaren Erkrankung, für die eine allgemein anerkannte, dem medizinischen Standard entsprechende Leistung nicht zur Verfügung steht, können auch eine von Absatz 1 Satz 3 abweichende Leistung beanspruchen, wenn eine nicht ganz entfernt liegende Aussicht auf Heilung oder auf eine spürbare positive Einwirkung auf den Krankheitsverlauf besteht.“

[275] So bereits *Seewald*, Zum Verfassungsrecht auf Gesundheit, S. 75 f. in Bezug auf BVerwGE, 9, 78 ff. In diesem Urteil waren Personen ohne besonderen Grund vom Schutz gegen eine lebensgefährdende Ansteckung, konkret von einem Recht auf Pockenimpfung, ausgeschlossen worden. Die Verwaltung war von einer einfachgesetzlichen Verpflichtung abgewichen und hat den dort normierten Schutz der Gesundheit versagt. Dies stellte sich als Verstoß gegen Art. 3 Abs. 1 und Art. 2 Abs. 2 S. 1 GG. *Seewald* interpretiert das Urteil dahingehend, dass nicht Art. 2 Abs. 2 S. 1 GG die direkte Anspruchsgrundlage für das Recht auf Impfung war, sondern die einfachgesetzliche Grundlage.

[276] Zum sozialgesetzlichen Anspruch auf Vornahme einer Keimbahntherapie siehe noch S. 413 ff.

[277] So auch *Graf Vitzthum*, in: Braun et al. (Hrsg.), Ethische und rechtliche Fragen der Gentechnologie und der Reproduktionsmedizin, S. 263 (273).

b. Recht auf Gesundheit als Abwehrrecht

Die Frage ist nun, ob es jedenfalls ein Recht auf Gesundheit i.S.e. Abwehrrechts gibt, und welche Konsequenzen dessen Existenz für die Bewertung von Keimbahneingriffen hat.

aa. Allgemeines

Als Abwehrrecht schützt Art. 2 Abs. 2 S. 1 GG auch vor solchen Eingriffen, die nur mittelbar eine Verletzung dieses Grundrechts darstellen. Ein solcher mittelbarer Eingriff liegt vor, wenn der Staat den Weg zu verfügbaren Therapien versperrt.[278] Dies gilt, gemünzt auf die Keimbahntherapie und das in § 5 ESchG bestehende Verbot, auch bei Technikregulierungen, die auf Heilungsverbote hinauslaufen. Wenn die Technik verfügbar ist und eine medizinischen Indikation vorliegt, müsste der Gesetzgeber eine Regelung finden, durch die der Zugang zur Technik erhalten bleibt.[279] Diese Überlegung setzt natürlich voraus, dass keine weiteren Gründe bestehen, die ein Verbot rechtfertigen und damit eine Einschränkung des Art. 2 Abs. 2 S. 1 über Art. 2 Abs. 2 S. 3 GG ermöglichen.[280] Zunächst stellt sich jedoch die Frage, ob sich diese aus dem Abwehrrechtscharakter des Art. 2 Abs. 2 S. 1 GG hergeleitete Überlegung, das Vorenthalten einer Therapie sei ein Eingriff in dieses Grundrecht, auf jede Anwendungsform der Keimbahntherapie zutrifft und folglich uneingeschränkt als Argument für die Zulässigkeit des Keimbahneingriffs in die Waagschale fällt.

bb. Grundrechtsträger schon existent

Wird der therapeutische Eingriff an einer befruchteten Eizelle, einer Eizelle im Vorkernstadium bzw. einer imprägnierten Eizelle ab Ausstoßung des zweiten Polkörperchens vorgenommen, existiert nach hier vertretener Auffassung bereits ein Grundrechtsträger, dessen (Abwehr-)Recht aus Art. 2 Abs. 2 S. 1 GG verletzt würde, enthielte man ihm eine zugängliche Therapie vor. Die Eltern dieser Entität verhülfen mit ihrer Einwilligung, einen solchen Eingriff vorzunehmen, dem „Recht auf Gesundheit" zur Geltung. Ein Verbot – und folglich ein Eingriff in Art. 2 Abs. 2 S. 1 GG – ist nur dann statthaft, wenn dieses über Art. 2 Abs. 2 S. 3 GG gerechtfertigt werden kann, etwa zum Schutz anderer Verfassungsgüter.[281]

---

[278] *Möller*, in: Hallek und Winnacker (Hrsg.), Ethische und juristische Aspekte der Gentherapie, S. 27 (44), mit Verweis auf BVerfGE 79, 256 (269). In diesem Urteil entschied das BVerfG, das allgemeine Persönlichkeitsrecht des Art. 2 Abs. 1 i.V.m. Art. 1 Abs. 1 GG verleihe kein Recht auf Verschaffung von Kenntnissen der eigenen Abstammung, sondern schütze die Vorenthaltung erlangbarer Informationen. Siehe zum Recht aus Gesundheit als Abwehrrecht auch *John*, Die genetische Veränderung des Erbgutes menschlicher Embryonen, S. 94.

[279] *van den Daele*, KritV 1991, S. 257 (263).

[280] Zu den entgegenstehenden Aspekten unten S. 263 ff.

[281] Siehe zu den entgegenstehenden Belangen unten S. 263 ff.

cc. Grundrechtsträger noch nicht existent

Schwieriger ist die Lage, wenn der Keimbahneingriff an unbefruchteten Keimzellen oder deren Vorläuferzellen vorgenommen wird, denn dann soll ein künftiger Mensch, dessen Existenz rechtsdogmatisch erst mit Vorliegen der Eizelle nach Ausstoßung des zweiten Polkörperchens beginnt, geheilt werden.

aaa. Problemaufriss

Die Frage ist, ob für diesen noch nicht existierenden Grundrechtsträger ebenso ein „Recht auf Gesundheit" i.S.e. Abwehrrechts begründet werden kann, welches den Inhalt hätte, dass zu seinen Gunsten eine verfügbare Keimbahntherapie nicht verboten werden darf. An dieser Stelle lassen sich auch die noch nicht existierenden Nachkommen dieses geheilten Menschen mit einbeziehen. Auch diese würden durch einen Keimbahneingriff von der Last einer Krankheit befreit.

Zunächst wird untersucht, in welchem dogmatischen Gewand die Belange Künftiger in unsere heutigen Entscheidungen Eingang finden. Dem folgt die Überlegung, welche Konsequenzen sich hieraus bzgl. einer möglichen Pflicht zur Zulassung der Keimbahntherapie ergeben.

bbb. Dogmatische Einbeziehung künftiger Menschen in den grundrechtlichen Schutz

Möglich wäre zunächst, den Künftigen, ebenso wie lebende Menschen, als Träger subjektiver Grundrechte anzusehen. Alternativ ist auf objektiv-rechtlicher Ebene nach einem Schutzkonzept zu suchen.

(1) Exkurs: (Un)gültigkeit des Grundgesetzes in der Zukunft

Einer grundgesetzlichen Reflexion der Belange Künftiger könnte rein faktisch entgegenstehen, dass das Grundgesetz in Zukunft nicht mehr existiert, weil es geändert oder gar durch ein späteres Regime abgeschafft wird. Dann könnten die Menschen in der Zukunft die Grundrechte ohnehin nicht in Anspruch nehmen und eine gegenwärtige Schutzpflicht könnte entfallen.

Insbesondere die Abschaffung des Grundgesetzes durch ein diktatorisches Unrechtsregime kann jedoch den Geltungsanspruch gegenüber dem heutigen Rechtsanwender nicht beseitigen. Ein Staatsstreich oder ähnliches wäre aus Sicht des Normanwenders ohnehin illegal und unbeachtlich, sodass die grundrechtlichen Schutzgüter für ihn fortbestehen würden.[282]

Auch eine möglicherweise legale Verfassungsänderung entbindet den heutigen Rechtsanwender nicht, da maßgeblich für die Bewertung einer gegenwärtigen Handlung mit zukünftiger Wirkung die materielle Rechtslage im zukünftigen Zeitpunkt ist, wie sie nach der gegenwärtigen formellen Rechtslage im zukünftigen

[282] *Tepperwien*, Nachweltschutz im Grundgesetz, S. 108.

Zeitpunkt sein wird.[283] Der Rechtsanwender darf dabei keine Entscheidungen aufgrund zukünftig bloß möglicher Änderungen der Rechtslage treffen.[284] Nur bereits geltende zeitliche Gültigkeitsgrenzen sind beachtlich, nicht jedoch bloß potenzielle.[285] Da das Grundgesetz in keiner Vorschrift sein Außerkrafttreten bestimmt, ist von der unbegrenzten Gültigkeit des Grundgesetzes auszugehen.[286] Auch die Mutmaßung, es könnte in der Zukunft möglicherweise überhaupt keine Staatsbürger mehr geben, ist unbeachtlich. Solange eine noch so kleine Wahrscheinlichkeit der Existenz zukünftiger Bundesbürger besteht, müssen die Folgen für diese Bürger bei der Vornahme staatlicher Handlungen berücksichtigt werden.[287]

(2) Künftige Menschen als Rechtsträger in der Gegenwart

Der künftige Mensch könnte ebenso wie der lebende Mensch schon jetzt Träger subjektiver (Grund-)Rechte sein.

Ein subjektives Recht ist im Gegensatz zum rein objektiven Recht durch eine dreistellige Relation gekennzeichnet zwischen dem Rechtsträger (a), dem Adressaten oder Verpflichteten (b) und dem Gegenstand des Rechts (G): a hat gegenüber b ein Recht auf G.[288] Diesem subjektiven Recht korrespondiert stets eine relationale Pflicht. Diese subjektiven Rechte und Pflichten sind zwei Seiten derselben Sache.[289]

Auf die Ebene der Grundrechte übertragen bedeutet dies, dass der Träger eines Grundrechts vor allem einen Abwehranspruch gegen die Beeinträchtigung dieses Grundrechts hat.[290] Hieraus könnte also ein Anspruch resultieren, dass das Verbot

---

[283] *Murswiek*, Die staatliche Verantwortung für die Risiken der Technik, S. 212 f.; *Unnerstall*, Rechte zukünftiger Generationen, S. 427.

[284] *Unnerstall*, Rechte zukünftiger Generationen, S. 428.

[285] *Tepperwien*, Nachweltschutz im Grundgesetz, S. 108, jedoch mit der Einschränkung, dass bei Vorliegen positiver Indizien für eine Gesetzesänderung eine an sich unbefristete Norm schon vor ihrer Abschaffung teleologisch reduziert werden darf, S. 109.

[286] *Unnerstall*, Rechte zukünftiger Generationen, S. 427, wonach auch Art. 146 GG („Dieses Grundgesetz, das nach Vollendung der Einheit und Freiheit Deutschlands für das gesamte deutsche Volk gilt, verliert seine Gültigkeit an dem Tage, an dem eine Verfassung in Kraft tritt, die von dem deutschen Volke in freier Entscheidung beschlossen worden ist.") keine solche Vorschrift darstellt, sondern nur eine Bedingung, bei deren Vorliegen das Grundgesetz außer Kraft treten würde, ohne anzugeben, ob und wann diese Bedingung erfüllt sein wird; *Ekardt*, in: Calliess und Mahlmann, Der Staat der Zukunft, S. 203 (212 f.); *Tepperwien*, Nachweltschutz im Grundgesetz, S. 109, mit dem Hinweis, dass der Kernbereich des Grundgesetzes ohnehin nicht geändert werden könne.

[287] *Hofmann*, Rechtsfragen der atomaren Entsorgung, S. 262, wonach stets davon auszugehen sei, dass es in der Zukunft noch Menschen gebe, die zu schützen sind; *Henseler*, AöR 1983, S. 489 (552); *Unnerstall*, Rechte zukünftiger Generationen, S. 429; *Ekardt*, in Calliess und Mahlmann, Der Staat der Zukunft, S. 203 (213).

[288] *Alexy*, Theorie der Grundrechte, S. 171 ff.; *ders.*, Der Staat 1990, S. 49 (53); so auch *Kleiber*, Der grundrechtliche Schutz künftiger Generationen, S. 84.

[289] *Alexy*, Der Staat 1990, S. 49 (53); so auch *Kleiber*, Der grundrechtliche Schutz künftiger Generationen, S. 86.

[290] Zu den klassischen Grundrechtsfunktionen und ihren Ausprägungen als subjektive Recht siehe *Alexy*, Theorie der Grundrechte, S, 174 ff.; *Dreier*, Jura 1994, S. 505 (505 ff.); *Kingreen und Po-*

von Keimbahneingriffen aufgehoben wird, um seinem Recht auf Gesundheit zu entsprechen. Fraglich ist, ob diese Konstruktion auch ohne die aktuelle Existenz des Rechtsgutsträgers denkbar ist.

Teilweise wird die Bildung subjektiver Rechte für Nichtexistierende befürwortet.[291] Die rechtsstaatliche Verfassung mache keinen Schnitt auf der Zeitgerade, auch nicht im Hinblick auf die Grundrechtsträgerschaft.[292] Trotz Nicht-Existenz könnten ihnen Grundrechte als subjektive Ansprüche zur Seite gestellt werden, da diese auch durch einen Vertreter wahrgenommen werden könnten.[293]

Diese Ansicht wird jedoch zu Recht abgelehnt. Existiert kein Rechtssubjekt, kann es auch keinen Träger subjektiver Rechte geben.[294] Dem zukünftigen Menschen kann auch durch keinen juristischen Kunstgriff Subjektqualität zugesprochen werden. Zwar gibt es keine Exklusivität lebender Menschen als Rechtsträger für subjektive Rechte, wie sich schon die von der Rechtsprechung des BVerfG anerkannte Konstruktion des postmortalen Persönlichkeitsrechts zeigt.[295] Ein subjektives Recht, bezogen auf eine Einzelperson, also ein individuelles subjektives Recht, setzt als Rechtsträger jedoch immer ein Individuum voraus.[296] Individualität erfordert eine Identität und damit eine gewisse Bestimmbarkeit und Möglichkeit der Abgrenzung. Im Rahmen des postmortalen Persönlichkeitsrechts kann an das verstorbene Individuum angeknüpft werden. Eine Individualisierbarkeit eines künftigen Menschen ist aber aufgrund seiner Unbestimmtheit in der Komposition und seines nur potenziellen Charakters gerade nicht möglich.[297]

---

scher, Grundrechte, S. 36 ff. Rn. 95 ff.

[291] *Saladin und Zenger*, Rechte künftiger Generationen; siehe hierzu auch *Saladin und Leimbacher*, in: Däubler-Gmelin (Hrsg.), Menschengerecht, S. 195 (216 ff.), wonach Grundrechte Künftiger ausdrücklich in der Verfassung anerkannt werden sollten.

[292] *Saladin und Zenger*, Rechte künftiger Generationen, S. 63, wonach auch die Grundrechtsträgerschaft „zeitunspezifisch" sei, und S. 77, wonach Grundrechtssubjekte „alle Menschen" seien.

[293] *Saladin und Zenger*, Rechte künftiger Generationen, S. 100 und S. 107 ff.; für eine Rechtsträgerschaft Zukünftiger im Kontext einer Ergänzung des Art. 20a GG auch *Däubler-Gmelin*, ZRP 2000, S. 27 (28); siehe auch *Appel*, Staatliche Zukunfts- und Entwicklungsvorsorge, S. 73 ff.

[294] *Hofmann*, Rechtsfragen der atomaren Entsorgung, S. 260 ff.; *Murswiek*, Die staatliche Verantwortung für die Risiken der Technik, S. 207; *Hofmann*, ZRP 1986, S. 87 (88); *Vollmer*, Genomanalyse und Gentherapie, S. 54; *Kloepfer*, in: Gethmann et al. (Hrsg.), Langzeitverantwortung im Umweltstaat, S. 22 (26 ff.); *Unnerstall*, Rechte zukünftiger Generationen, S. 423; *Calliess*, Rechtsstaat und Umweltstaat, S. 120; *Ekardt*, in: Calliess und Mahlmann, Der Staat der Zukunft, S. 203 (205 f.); *Szczekalla*, Die sogenannten grundrechtlichen Schutzpflichten im deutschen und europäischen Recht, S. 289; *Kersten*, Das Klonen von Menschen, S. 308; *Kahl*, DÖV 2009, S. 2 (7); *Tepperwien*, Nachweltschutz im Grundgesetz, S. 110; mit aufwändiger Argumentation i. E. auch dagegen *Kleiber*, Der grundrechtliche Schutz künftiger Generationen, S. 146 ff. und S. 294 ff. Siehe auch bereits zusammenfassend *Taupitz und Deuring*, in: Hacker (Hrsg.), Nova Acta Leopoldina, S. 63 (76); *Deuring*, in: Taupitz und Deuring (Hrsg.), Rechtliche Aspekte der Genom-Editierung an der menschlichen Keimbahn (Kapitel „Genom-Editierung an der menschlichen Keimbahn – Deutschland", im Erscheinen).

[295] *Kleiber*, Der grundrechtliche Schutz künftiger Generationen, S. 160 ff.; zum postmortalen Persönlichkeitsrecht siehe *BVerfG*, NJW 2971, S. 1645 ff.

[296] *Kleiber*, Der grundrechtliche Schutz künftiger Generationen, S. 112 f. Ist hingegen ein Kollektiv Rechtsträger, spricht *Kleiber* von kollektiven Rechten, siehe *dort*, S. 113 ff.

[297] *Kleiber*, Der grundrechtliche Schutz künftiger Generationen, S. 162 ff.; so auch *Bubnoff*, Der

Damit wäre auch das nächste Stichwort gefallen, das als Argument für eine Rechtsträgerschaft ins Feld geführt werden könnte: die Potenzialität des Seins. So könnte ein *potenzieller* Rechtsträger für das Vorliegen eines subjektiven Rechts genügen. Dabei genügt für die Anerkennung einer Rechtsträgerschaft jedenfalls nur die aktive Potenzialität, also die Fähigkeit, sich aus sich heraus, „von der Potenz in den Akt" zu entwickeln.[298] Weder der noch nicht gezeugte, später vom Eingriff unmittelbar betroffene Mensch noch dessen Nachfahren besitzen aber aktives Potenzial. Ersterer wird erst durch Verschmelzung von Ei- und Samenzelle gezeugt. Für die Entstehung der Nachfahren müssen zudem auch erst noch die jeweiligen Vorfahren gezeugt werden. Es bedarf also noch wesentlicher Einflussnahme von außen, damit diese Menschen zur Entstehung kommen. Es gibt keinen Anknüpfungspunkt, von dem eine Entwicklung „aus sich heraus" zum künftigen Menschen ausgehen könnte.[299]

(3) Grundrechtsschutz künftiger Menschen auf objektiv-rechtlicher Ebene

Ein subjektiv-rechtlicher Schutz für künftige Menschen lässt sich nicht begründen. Der Schutz ist daher auf eine objektiv-rechtliche Ebene zu verlagern. Zunächst ließe sich dieser über die Anerkennung eines Schutzes von Grundrechtsvoraussetzungen erzielen.[300] Die andere Möglichkeit bildet die zeitliche Ausdehnung einer grundrechtlichen Schutzpflicht i.S.e. Vorwirkung.[301]

(i) Schutz von Grundrechtsvoraussetzungen

Als zeitneutral geltendes Prinzip könnte der Schutz von Grundrechtsvoraussetzungen in einer objektiv-rechtlichen Ausgestaltung grundsätzlich auch für künftige Generationen aktiviert werden, um bestimmte reale Bedingungen zu erhalten, damit die Realisierung grundrechtlicher Freiheiten künftiger Menschen nicht leer läuft.[302] Es geht im Kern um einen Grundrechtsausübungsschutz.

Schutz künftiger Generationen im deutschen Umweltrecht, S. 48. Ein künftiger Staatsbürger ist nur eine „Denkmöglichkeit menschlichen Seins", siehe *Henseler*, AöR 1983, S. 489 (551).

[298] Meist im Zusammenhang mit der Grundrechtsträgerschaft von Embryonen in vitro diskutiert und überwiegend bejaht, siehe etwa *Rager*, in: Beckmann (Hrsg.), Fragen und Probleme einer medizinischen Ethik, S. 254 (273 ff.); *Merkel*, Forschungsobjekt Embryo, S. 162 ff.; a.A. *Sass*, in: Sass (Hrsg.), Medizin und Ethik, S. 160 (175), wonach dem Embryo auch nur passive Potentialität zukommt, siehe auch oben S. 231 Fn. 181.

[299] So auch *Kleiber*, Der grundrechtliche Schutz künftiger Generationen, S. 173.

[300] Siehe zum Schutz künftiger Generationen über Grundrechtsvoraussetzungen ausführlich *Kleiber*, Der grundrechtliche Schutz künftiger Generationen, S. 309 ff.

[301] Siehe zur Ausdehnung grundrechtlicher Schutzpflichten ausführlich, *Kleiber*, Der grundrechtliche Schutz künftiger Generationen, S. 296 ff.

[302] *Kleiber*, Der grundrechtliche Schutz künftiger Generationen, S. 312 f. und 320; so auch *Frenz*, in: Marburger et al. (Hrsg.), Jahrbuch des Umwelt- und Technikrechts 1999, S. 37 (65 f.), der die Zukunftsbezogenheit sogar in subjekt-rechtlicher Ausrichtung bejaht, indem er auf den jetzt Lebenden abstellt, der für seine Lebensspanne (ca. 80 Jahre) Anspruch auf Erhaltung der Grundrechtsvoraussetzungen hat. Dadurch, dass ununterbrochen Menschen geboren werden, erneuert sich dieser Anspruch fortlaufend.

Grundrechtsvoraussetzungen sind, verkürzt gesagt, Faktoren, die notwendig sind, damit den Grundrechtsträgern die Grundrechte „nicht nur als abstrakte Idee, sondern als konkrete Handlungsmöglichkeit" zur Verfügung stehen.[303] Insbesondere *Isensee* und *Kloepfer* haben den Begriff der Grundrechtsvoraussetzung geprägt. *Isensee* beschreibt Grundrechtsvoraussetzungen als „Faktoren rechtlicher oder realer Art, von denen die effektive Geltung der Grundrechtsnormen oder die Möglichkeit ihrer praktischen Wahrnehmung abhängt." Es seien „die Bedingungen der Möglichkeit dafür, dass der Geltungsanspruch der Grundrechtsnormen zur Wirksamkeit gelangt und dass die Grundrechtsberechtigten tatsächlich erhalten, was ihnen die Grundrechtsnormen an Freiheit und Leistung versprechen."[304] *Kloepfer* entwickelte zur Konkretisierung verschiedene Kategorien in Form von sachverhaltsverschaffendem, sachverhaltsermöglichendem, sachverhaltsförderndem, sachverhaltssicherndem, chancensicherndem und entstehenssicherndem Grundrechtsvoraussetzungsschutz.[305] Über die genaue verfassungsrechtliche Grundlage dieses Schutzes besteht dabei wenig Einigkeit. So wird vertreten, der Schutz von Grundrechtsvoraussetzungen ergebe sich aus den Grundrechtsnormen selbst,[306] aus dem Sozialstaatsgebot[307] oder aus einer Kombination beider.[308]

Der Schutz von Grundrechtsvoraussetzungen bezieht sich also auf externe Faktoren, gewissermaßen die „Umwelt", in der die Verfassung existiert.[309] Als Beispiele von Grundrechtsvoraussetzungen werden das tatsächliche Besitzen einer Wohnung

---

[303] *Krisor-Wietfeld*, Rahmenbedingungen der Grundrechtsausübung, S. 24.

[304] *Isensee*, in: Isensee und Kirchhof (Hrsg.), Handbuch des Staatsrechts, Band 9, § 190 Rn. 49.

[305] *Kloepfer*, Grundrechte als Entstehenssicherung, S. 17 ff. vgl. zu den Begriffsbestimmungen von *Kloepfer, Isensee* und weiteren Vorschlägen aus der Literatur auch *Krisor-Wietfeld*, Rahmenbedingungen der Grundrechtsausübung, S. 18 ff. und S. 144 ff., die im Ergebnis eine Unterscheidung vorschlägt zwischen Grundrechtsgutsvoraussetzungen (i.S.v. schutzgutskonstituierenden staatlichen Maßnahmen) und Rahmenbedingungen (Bedingungen, die die Existenz des Schutzguts voraussetzen und allein die Ausübbarkeit eines Grundrechts betreffen), S. 25 ff.

[306] Einzelgrundrechtsspezifisch von der Rechtsprechung bejaht, so bspw. BVerwGE 27, 360 (364): Das BVerwG leitet aus Art. 7 Abs. 4 S. 1 GG einen Anspruch auf staatliche Zuschüsse, als faktische Voraussetzung der Grundrechtsausübung, her, da ohne staatliche Unterstützung die verfassungsrechtlich garantierte Einrichtung der Privatschulen nicht mehr gewährleistet sei. Zu weiteren Einzelfällen aus der Rechtsprechung vgl. *Krisor-Wietfeld*, Rahmenbedingungen der Grundrechtsausübung, S. 135 ff., die jedenfalls bei Grundrechten in ihrer Funktion als Abwehrrechte einen Schutz von Rahmenbedingungen anerkennt; eine generelle Ableitung des Schutzes von Grundrechtsvoraussetzungen aus den Grundrechtsnormen bejahend *Sailer*, DVBl. 1976, S. 521 (525 ff., insb. 529); hierzu ausführlich, aber im Ergebnis ablehnend *Kleiber*, Der grundrechtliche Schutz künftiger Generationen, S. 313 ff.

[307] *Isensee*, in: Isensee und Kirchhof (Hrsg.), Handbuch des Staatsrechts, § 190 Rn. 184 ff.; hierzu ausführlich, aber im Ergebnis ablehnend *Kleiber*, Der grundrechtliche Schutz künftiger Generationen, S. 316 f.

[308] *Häberle*, in: Martens und Häberle (Hrsg.), Grundrechte im Leistungsstaat, S. 43 (95); hierzu ausführlich und im Ergebnis zustimmend *Kleiber*, Der grundrechtliche Schutz künftiger Generationen, S. 317 ff.

[309] Den Begriff der „Umwelt" als Umschreibung für Grundrechtsvoraussetzungen verwendet auch *Krüger*, in: Ehmke (Hrsg.), Festschrift für Ulrich Scheuner, S. 285 (286); siehe hierzu auch, *Isensee*, in: Isensee und Kirchhof (Hrsg.), Handbuch des Staatsrechts, Band 9, § 190 Rn. 51.

genannt, damit das Grundrecht auf Unverletzlichkeit der Wohnung ausgeübt werden kann,[310] oder das Reinhalten der Luft, damit das Recht auf Leben und körperliche Unversehrtheit nicht wertlos wird.[311]

Ein Schutz zukünftiger Menschen kann im hier untersuchten Zusammenhang hierüber aber nicht begründet werden. Wie auch die Beispiele zeigten, setzen Grundrechtsvoraussetzungen stets an der Umwelt an, in der sich das Grundrecht entfalten soll. Solche externen, realen Faktoren werden durch ein Verbot der Keimbahntherapie jedoch nicht berührt. Dieses berührt bzw. verletzt vielmehr den Gehalt des Grundrechts selbst und keine Voraussetzungen der Ausübbarkeit: Das in Art. 2 Abs. 2 S. 1 GG verbürgte Rechtsgut „Gesundheit" ist unmittelbar berührt.[312] Das Vorenthalten der keimbahntherapeutischen Maßnahme wurde, sofern Art. 2 Abs. 2 S. 1 GG als Abwehrrecht im Spiel ist, als Grundrechtseingriff identifiziert, sodass nicht auch gleichzeitig der Schutz von „bloßen" Grundrechtsvoraussetzungen relevant sein kann.

(ii) Zukunftsgerichtete Schutzpflicht („Vorwirkung")

Der Begriff der „Vorwirkung" könnte, in Anbetracht der Flut an Beiträgen in der Literatur, die hierzu verfasst wurden, schillernder kaum sein. Die verschiedenen Interpretationen sollen hier nicht dargestellt werden.[313] Allein ein von *Hartleb* entwickelter Aspekt soll herausgegriffen werden:[314] Meist wird die Vorwirkung von Grundrechten herangezogen, um den Schutz von bereits existierenden Entitäten, wie etwa Embryonen, zu begründen. Kurz gesagt bezieht sich diese Vorwirkung auf werdende Menschen (*„potential people*"), bei denen aufgrund des biologisch bestehenden Lebens schon jetzt ein tatsächlicher Anknüpfungspunkt für einen Grundrechtsschutz vorhanden ist („Vorwirkung im engeren Sinne"). Bei der hier relevanten Vorwirkung geht es um die Begründung eines Nachweltschutzes („Vorwirkung im weiteren Sinne"), also um den Schutz von völlig inexistenten Menschen (*„possible people*").[315] In der ersten Kategorie richtet sich der Blick gewissermaßen auf die Gegenwart, in der zweiten Kategorie auf die Zukunft.[316]

Die dogmatische Verortung dieser „Vorwirkung im weiteren Sinne" ist in der Literatur uneinheitlich. *Häberle* etwa spricht von einer Schutzpflicht, die in der

[310] *Kloepfer*, Grundrechte als Entstehenssicherung, S. 16.

[311] *Kleiber*, Der grundrechtliche Schutz künftiger Generationen, S. 313.

[312] *Kloepfer* sieht in der (Wieder-)Herstellung der Gesundheit den Art. 2 Abs. 2 S. 1 GG liegenden entstehenssichernden Schutz aktiviert. Art. 2 Abs. 2 S. 1 GG führe so „zu einer „entstehens"-schützenden verfassungsrechtlichen Absicherung des Heilverfahrens", siehe *Kloepfer*, Grundrechte als Entstehenssicherung, S. 54 f. Allerdings, sieht man in diesem Fall den Grundrechtsvoraussetzungsschutz aktiviert, verschwimmt die Abgrenzung zu „gewöhnlichen" Eingriffen in die grundrechtliche Gewährleistung. Das Vorenthalten von Therapien betrifft unmittelbar das in Art. 2 Abs. 2 S. 1 GG verbürgte Rechtsgut. Grundrechtsvoraussetzungsschutz bezieht hingegen sich auf äußere Umstände.

[313] Die Stimmen der Literatur zusammengefasst bei *Schlüter*, Schutzkonzepte für menschliche Keimbahnzellen, S. 103 ff.

[314] *Hartleb*, Grundrechtsschutz in der Petrischale; *ders.*, DVBl. 2006, S. 672 (672 ff.).

[315] *Hartleb*, Grundrechtsschutz in der Petrischale, S. 249 ff.; *ders.*, DVBl. 2006, S. 672 (673) (Hervorhebung durch Autorin).

[316] So umschreibt es *Hartleb*, Grundrechtsschutz in der Petrischale, S. 271.

Verfassung i.S.e. „Gesellschafsvertrags“ als eine Art Selbstverpflichtung der derzeit Lebenden gegenüber zukünftigen Generationen angelegt sei.[317] *Kersten* entwickelt ein objektiv-rechtliches Schutzkonzept aus dem „Vorsorgeprinzip“ des Umweltrechts in seiner Ausprägung der „Risikovorsorge“, durch die auf technische und wissenschaftliche Ungewissheiten reagiert werden soll. Dieses Vorsorgeprinzip wendet er auch im Bereich der Fortpflanzung an und stellt die Belange Künftiger als Schutzgut in Vorsorgeentscheidungen ein. Verfassungsrechtlich koppelt er das Vorsorgeprinzip in diesem Bereich an Art. 1 GG und Art. 74 Abs. 1 Nr. 26 Alt. 1 und 2 GG in Verbindung mit der Präambel des Grundgesetzes.[318] In dieser Arbeit soll die Figur der „grundrechtlichen Schutzpflicht“ in einer zukunftsgerichteten Ausprägung angewendet werden.[319] Danach bestehen *jetzt* Schutzpflichten für *künftige* Rechtsgüter:

Klassischerweise bezieht sich die aus objektiv-rechtlichen Grundrechtsgehalten hergeleitete Lehre von den grundrechtlichen Schutzpflichten auf Konstellationen, in denen der Staat den einzelnen Bürger vor Ein- oder Übergriffen durch andere Bürger schützen und durch positive Maßnahmen eine Rechtsgutsverletzung vermeiden soll. Der Staat ist nicht wie bei der Abwehrdimension der Grundrechte zum Unterlassen sondern zum Handeln aufgefordert.[320]

Hinderlich könnte an dieser Stelle zum einen sein, dass dem zu schützenden Gut noch kein existierender, bestimmter Rechtsträger zugeordnet werden kann, da das

---

[317] *Häberle*, in: Peisl und Mohler (Hrsg.), Die Zeit, Band 6, S. 289 (333 ff.).

[318] *Kersten*, Das Klonen von Menschen, 311 ff. Er lehnt zwar eine „Vorwirkung“ ab, meint hiermit aber eine Konstruktion, die zur Begründung subjektiver Rechte führt, S. 310. Siehe auch *Kersten*, NVwZ 2018, S. 1248 (1250). Siehe zum Vorsorgeprinzip auch *Hartleb*, Grundrechtsschutz in der Petrischale, S. 248 ff.

[319] Zu diesen Schutzpflichten *Kleiber*, Der grundrechtliche Schutz künftiger Generationen, S. 296 ff. mit einer Darstellung der Stimmen in der Literatur; zukunftsbezogene Schutzpflichten bejahend *Hofmann.*, Rechtsfragen der atomaren Entsorgung, S. 259 ff.; *Murswiek*, Die staatliche Verantwortung für die Risiken der Technik, S. 207; *Hofmann*, ZRP 1986, S. 87 (88); *Steinberg*, NJW 1996, S. 1985 (1987); *Unnerstall*, Rechte zukünftiger Generationen, S. 430 ff.; *v. Bubnoff*, Der Schutz künftiger Generationen im deutschen Umweltrecht, S. 49 ff.; *Voss*, Rechtsfragen der Keimbahntherapie, S. 333; *Szczekalla*, Die sogenannten grundrechtlichen Schutzpflichten im deutschen und europäischen Recht, S. 290 m.w.N. in Fn. 1151; *Appel*, Staatliche Zukunfts- und Entwicklungsvorsorge, S. 117 f.; *Dietlein*, Die Lehre von den grundrechtlichen Schutzpflichten, S. 126; *Müller-Terpitz*, Der Schutz des pränatalen Lebens, S. 107; *John*, Die genetische Veränderung des Erbgutes menschlicher Embryonen, S. 107; so wohl auch *Henseler*, AöR 1983, S. 489 (547 ff.); *Mückl*, in: Depenheuer (Hrsg.), Staat im Wort, S. 183 (201), der allerdings die praktische Wirksamkeit bezweifelt; a.A. *Kahl*, DÖV 2009, S. 2 (5).

[320] *Dreier*, Jura 1994, S. 505 (512); *Dreier*, in: Dreier (Hrsg.), GG, Band 1, Vorb. Rn. 101 ff.; *Kingreen und Poscher*, Grundrechte, S. 46 ff. Rn. 133 ff. Die dogmatische Herleitung dieser Schutzpflicht ist dabei umstritten. Die Rechtsprechung leitet die Schutzpflicht aus den objektiven Wertentscheidungen (hierzu *BVerfG*, NJW 1985, S. 257 (357)) des jeweiligen Grundrechts ab, häufig zusätzlich auf die sich aus Art. 1 Abs. 1 S. 2 und Abs. 3 GG ergebende Verpflichtung gestützt, für die Umsetzung dieser Wertentscheidung zu sorgen, siehe z. B. BVerfGE 39, 1 (41); BVerfGE 49, 89 (142). Siehe für einen Überblick der dogmatischen Begründungsansätze in Rechtsprechung und Literatur *Klein*, NJW 1989, S. 1633 (1636); *Calliess*, Rechtsstaat und Umweltstaat, S. 312 ff.; *Schächinger*, Menschenwürde und Menschheitswürde, S. 39 ff.

künftige Kind (noch) kein konkretes Subjekt ist. Sollte das Vorliegen eines konkreten Rechtsträgers Voraussetzung für die Bildung von Schutzpflichten sein, könnten solche für Künftige nicht begründet werden.[321]

Dies ist jedoch nicht der Fall. Die Schutzpflicht muss keinem *konkreten* Rechtsträger zugeordnet werden können. Es genügt, dass das zu schützende Gut irgendeinem, auch künftigen, Subjekt zugewiesen ist.[322] Dies folgt schon aus der logischen Möglichkeit, dass nicht bei jeder Maßnahme, vor der es zu schützen gilt, gesagt werden kann, *wen* ihre Auswirkungen treffen werden, nur *dass* sie jemanden treffen werden. Es muss folglich, da es auf die Bestimmbarkeit, wer verletzt wird, nicht ankommt, auch genügen, dass in der Zukunft irgendjemand betroffen sein wird.[323] Die Kritik an einem Schutz ohne konkretes Zuordnungssubjekt richtet sich zudem häufig eher gegen die Bemühung objektiv-rechtlicher Schutzpflichten für Güter, denen überhaupt *nie* ein Rechtsträger korrespondieren wird, wie eine etwaige Gattungswürde abgeleitet aus der Menschenwürde.[324] So „rein objektiv" stellt sich der Sachverhalt hier jedoch gerade nicht dar. Es geht um eine zeitliche Ausdehnung, nicht um völlige Abstrahierung von einem Rechtssubjekt.[325]

Eine bloße Rechtsfolgenfrage ist es folglich, ob der Schutzpflicht auch ein Rechtsanspruch gegenüberstehen kann.[326] Dieser korrespondierende Rechtsan-

---

[321] Diese Voraussetzung fordernd *Caspar*, in: Koch (Hrsg.), Klimaschutz im Recht, S. 367 (369 f.); *Enders*, in: Friauf und Höfling (Hrsg.), Berliner Kommentar zum Grundgesetz, Art. 1 Rn. 140; *Merkel*, Forschungsobjekt Embryo, S. 38: Im Gegensatz zu diesen „grundrechtsbezogenen Schutzpflichten" solle aus der „objektiv-rechtlichen Werteordnung" jedoch ein rein „objektiver Schutz" folgen, i.S.e. gattungsbezogenen Würdekonzepts, S. 39 ff.; *Heun*, JZ 2002, S. 517 (519), wonach kaum nachvollziehbar sei, wie etwas zu schützen sein könne, das noch nicht Grundrechtsträger ist; so wohl auch *Spiekerkötter*, Verfassungsfragen der Humangenetik, S. 94, der Art. 1 Abs. 1 GG lediglich ein „objektiv-rechtliches Konstitutionsprinzip" entnimmt, welches nicht die individuelle Würde, sondern das der Verfassung zugrunde liegende Menschenbild schützt.

[322] *Geddert-Steinacher*, Menschenwürde als Verfassungsbegriff, S. 68, wonach auch ein später existierender Rechtsgutsträger Zuordnungsobjekt dieser Gewährleistung sein kann; *Tepperwien*, Nachweltschutz im Grundgesetz, S. 110 ff.; *Müller-Terpitz*, Der Schutz des pränatalen Lebens, S. 106; *Schächinger*, Menschenwürde und Menschheitswürde, S. 154.

[323] *Murswiek*, Die staatliche Verantwortung für die Risiken der Technik, S. 207; *Appel*, Staatliche Zukunfts- und Entwicklungsvorsorge, S. 117; *Dietlein*, Die Lehre von den grundrechtlichen Schutzpflichten, S. 126; *Müller-Terpitz*, Der Schutz des pränatalen Lebens, S. 107; siehe auch bereits *Taupitz und Deuring*, in: Hacker (Hrsg.), Nova Acta Leopoldina, S. 63 (76); *Deuring*, in: Taupitz und Deuring (Hrsg.), Rechtliche Aspekte der Genom-Editierung an der menschlichen Keimbahn (Kapitel „Genom-Editierung an der menschlichen Keimbahn – Deutschland", im Erscheinen); a.A. *Enders*, in: Friauf und Höfling (Hrsg.), Berliner Kommentar zum Grundgesetz, Art. 1 Rn. 140.

[324] So *Dreier*, in: Dreier (Hrsg.), GG, Band 1, Art. 1 GG Rn. 117, der mit diesem Argument eine „Würde der Menschheit" ablehnt; *Classen*, DVBl. 2002, S. 141 (143), wonach ein Menschenwürdeschutz „ohne Zuordnung zu einem konkreten Individuum diesen zu einem „Menschenbildschutz" deklassiert".

[325] Hierzu sowie weitere Einwände gegen eine zukunftsgerichtete Schutzpflicht aufzeigend und widerlegend *Kleiber*, Der grundrechtliche Schutz künftiger Generationen, S. 300 ff.

[326] *Hofmann*, ZRP 1986, S. 87 (88); *Müller-Terpitz*, Der Schutz des pränatalen Lebens, S. 107; einen Rechtsanspruch bejahend BVerfGE 77, 170 (214), siehe auch *Klein*, NJW 1989, S. 1633 (1636 ff.); *Dirnberger*, Recht auf Naturgenuß und Eingriffsregelung, S. 169 ff.

spruch ist nicht „Tatbestandsmerkmal" einer Schutzpflicht.[327] Dies zeigt schon die Entscheidung des BVerfG zum Schwangerschaftsabbruch von 1975.[328] Dort begründete das Gericht eine Pflicht zum Schutz von Rechtsgütern, obwohl dieser Pflicht nicht (oder jedenfalls nicht zweifelsfrei) subjektive Rechte von Rechtsträgern gegenüberstanden.[329] Die einzig relevante Frage für die Begründung einer Schutzpflicht lautet, ob sich die Schutzpflicht auf ein konkretes Individuum beziehen muss, was verneint wurde. Schutzpflicht und Schutzanspruch können sich daher entsprechen, müssen aber nicht.[330] Konkret auf den Fall des künftigen Menschen bezogen bedeutet dies, dass dieser einen Schutzanspruch haben könnte, wäre er fähig, Träger von Rechten zu sein. Dies ist jedoch wie oben dargestellt nicht der Fall.[331] *Hofmann* spricht in diesem Zusammenhang von „nicht reziproken Pflichten", von „Destinatären ohne Anspruchsberechtigung".[332]

Hinderlich könnte zum anderen sein, dass bei dem hier zu beurteilenden Verbot von Keimbahneingriffen kein privater Dritter der Störer ist, sondern der Staat selbst. Staatliche Eingriffe aktivieren aber stets die abwehrrechtliche Seite der Grundrechte. Für das Konzept der Schutzpflichten, welche sich aus objektiv-rechtlichen Grundrechtsgehalten speisen, könnte daneben, schon aus Gründen einer klaren Abgrenzung, kein Raum sein. Allerdings kann es im Zusammenhang mit künftigen Menschen ein solches Abgrenzungsproblem schon deshalb nicht geben, weil das grundrechtliche Abwehrrecht künftigen Menschen ohnehin nicht zusteht. Außerdem nimmt auch das BVerfG keine solch strikte Trennung vor. So prüft es stellenweise zunächst die abwehrrechtliche Seite der Grundrechte und anschließend, sofern eine Verletzung des Abwehrrechts nicht feststellbar ist, das Bestehen grundrechtlicher Schutzpflichten.[333]

---

[327] *Murswiek*, Die staatliche Verantwortung für die Risiken der Technik, S. 207, wonach die Schutzpflichten unabhängig von subjektiven Ansprüchen bestehen, es bedarf lediglich der Anknüpfung an ein Individualrechtsgut, das einem (auch zukünftigen) Subjekt zugeordnet ist; a.A. wohl *Merkel*, Forschungsobjekt Embryo, S. 39 ff., der gewissermaßen den zweiten Schritt vor dem ersten macht: Seiner Ansicht nach entsprechen grundrechtsbezogenen Schutzpflichten zwingend subjektive Rechte des Geschützten, S. 42. Daraus schließt er, dass sich Schutzpflichten immer auf Grundrechtsträger beziehen müssen, S. 48.

[328] BVerfGE 39, 1 ff.

[329] *Hofmann*, Rechtsfragen der atomaren Entsorgung, S. 261; *Unnerstall*, Rechte zukünftiger Generationen, S. 430; *Ipsen*, JZ 2001, S. 989 (993); a.A. *Merkel*, Forschungsobjekt Embryo, S. 53 ff., wonach das BVerfG von einer Subjektstellung von Embryonen ausgegangen sei.

[330] Zum Verhältnis von Schutzpflicht und Schutzanspruch siehe auch *Hermes*, Das Grundrecht auf Schutz von Leben und Gesundheit, S. 216 f.; so wohl auch *Schlüter*, Schutzkonzepte für menschliche Keimbahnzellen, S. 101.

[331] So auch *Murswiek*, Die staatliche Verantwortung für die Risiken der Technik, S. 217 f., da der Nachgeborene noch nicht subjektiv betroffen ist.

[332] *Hofmann*, Rechtsfragen der atomaren Entsorgung, S. 261; *ders.*, ZRP 1986, S. 87 (88).

[333] *Kleiber*, Der grundrechtliche Schutz künftiger Generationen, S. 302 f., mit Verweis auf BVerfGE 49, 89 (140 ff.). Das BVerfG überprüfte die staatlich festgelegten Zulassungsvoraussetzungen von Atomenergieanlagen und prüfte dabei neben den Grundrechten in ihrer abwehrrechtlichen Dimension auch einen Verstoß gegen objektiv-rechtliche Schutzpflichten durch eben diese Zulassungskriterien.

(iii) Zwischenergebnis

Die zukunftsgerichteten grundrechtlichen Schutzpflichten sind geeignet, den Schutz grundrechtlicher Belange künftiger Menschen zu sichern. Hierdurch bleibt die Anbindung an ein Individuum gewährleistet, was notwendige Voraussetzung aller grundrechtlicher Funktionen ist.

ddd. Pflicht zur Zulassung verfügbarer Keimbahntherapie aus objektivrechtlicher Schutzpflicht?

Bei der Ausgestaltung seiner Schutzpflicht hat der Gesetzgeber weitestgehend freie Hand. Der Gestaltungsspielraum des Gesetzgebers ist dabei begrenzt durch das sog. Untermaßverbot, welches Mindestanforderungen an die Ausgestaltung des Schutzes formuliert. Diese Anforderungen hängen ab von der Schutzbedürftigkeit und dem Rang des betroffenen Rechtsguts und vom Gewicht der damit kollidierenden Rechtsgüter. Ganz allgemein ist der Gesetzgeber verpflichtet, diejenigen Vorkehrungen zu treffen, die nicht gänzlich ungeeignet oder völlig unzulänglich sind, das Schutzziel zu erreichen.[334] Die Frage ist nun, ob aus dem Bestehen dieser objektivrechtlichen Schutzpflicht aus Art. 2 Abs. 2 S. 1 GG auch eine Pflicht hergeleitet werden kann, die Keimbahntherapie bei Verfügbarkeit der Technik zuzulassen, also „die künstliche Erzeugung von Gesundheit" zu erlauben.[335]

Zunächst einmal ist grundsätzlich auch die Gesundheit künftiger Menschen Gegenstand staatlicher Schutzpflichten. Klassischerweise bezieht sie sich darauf, dass diesen Menschen, sobald sie geboren sind, kein Schaden von außen zugefügt werden soll. Dies betrifft beispielsweise die Endlagerung radioaktiver Stoffe.[336] Dabei geht es also um Handlungen, die später entstehende Grundrechte gefährden können. Hier ist jedoch die Frage, ob ein Unterlassen des Staates, das die Entstehung eines gesunden Menschen verhindert (umgekehrt die Entstehung eines kranken Menschen erzwingt), grundrechtsgefährdend ist. Diese Überlegung widerstrebt auf den ersten Blick. Denn unterstellt man so nicht, dass die natürliche Entstehung eines Menschen, durch die dieser Mensch krankmachende Gene enthält, schlecht ist und daher verhindert werden muss? Nicht notwendigerweise. Denn es geht nicht darum, dass der Staat eine Keimbahntherapie zur Pflicht macht (sodass die eben unterstellte Aussage tatsächlich zuträfe), sondern dass er sie nur *erlaubt*. Lässt er sie nicht zu, nimmt er dem künftigen Menschen die Chance, gesund zu sein. Dieses von

---

[334] *Di Fabio*, in: Herzog et al. (Hrsg.), Maunz/Dürig GG, Art. 2 Abs. 2 S. 1 GG Rn. 41; *Lang*, in: Epping und Hillgruber (Hrsg.), BeckOK GG, Art. 2 Rn. 74 ff.; *Schulze-Fielitz*, in: Dreier (Hrsg.), GG, Band 1, Art. 2 Abs. 2 GG Rn. 86 ff.

[335] Zum Zitat siehe *Möller*, in: Hallek und Winnacker (Hrsg.), Ethische und juristische Aspekte der Gentherapie, S. 27 (44), der das Bestehen einer solchen Schutzpflicht wohl verneint; ein Unterlassen von Keimbahninterventionen zur Vermeidung monogen vererbbarer Krankheiten vor diesem Hintergrund jedenfalls als rechtfertigungsbedürftig bezeichnend *Deutscher Ethikrat*, Eingriffe in die menschliche Keimbahn, S. 149.

[336] *Hofmann*, Rechtsfragen der atomaren Entsorgung, S. 281 f.; *v. Bubnoff*, Der Schutz der künftigen Generationen im deutschen Umweltrecht, S. 51 f.

vornherein „Keine-Chance-Haben“ ist als Beeinträchtigung des „Rechts auf Gesundheit“ des künftigen Menschen zu werten.[337]

Die Frage ist letztlich nur, welchen Inhalt diese Pflicht hat, also ob der Staat seiner Pflicht nur dann genügt, wenn er die Keimbahntherapie (in noch zu erörterndem Umfang) zulässt. Auf die klassische Dreieckskonstellation (Bürger-Bürger-Staat) übertragen besteht die „primäre Schutzpflicht“ des Staates darin, Eingriffe Dritter in Rechte anderer Privater, die sich nicht verfassungsrechtlich rechtfertigen lassen, zu verbieten. Das verletzende Tun wird also gestoppt. Die Anforderungen an die Rechtfertigung von Eingriffen Dritter entsprechen den materiellen Anforderungen an die Rechtfertigung staatlicher Eingriffe. Insbesondere muss der Grundsatz der Verhältnismäßigkeit beachtet werden.[338] Diese klassische Dreieckskonstellation besteht hier gerade nicht, aber die eben dargestellten Grundsätze könne auf den Fall des „verletzenden“ Verbotes der Keimbahntherapie übertragen werden: Die „primäre Schutzpflicht“ des Staates besteht darin, dass er das Verbot, welches Belange künftiger Menschen gefährdet, aufheben muss, wenn es sich verfassungsrechtlich, also zum Schutz anderer Verfassungsgüter, nicht rechtfertigen lässt. Das staatliche Unterlassen ist der verletzende Faktor, der „gestoppt“ werden muss.

dd. Ergebnis

Das in Art. 2 Abs. 2 S. 1 GG verankerte „Recht auf Gesundheit“ schützt vor Verboten des Staates, durch die bestimmte verfügbare Therapien nicht in Anspruch genommen werden dürfen. Dieses Recht kann dabei nicht nur bereits existierenden Grundrechtsträgern zugeordnet werden, sondern auch künftigen Menschen. Diesen steht dieses „Recht“ zwar noch nicht in der Form eines subjektiv-rechtlichen Abwehrrechts zu, jedoch kann es ihnen über die objektiv-rechtlich ausgestaltete Schutzpflichtendogmatik zugeordnet werden.

In beiden Fällen stellt sich das Verbot der Keimbahntherapie als Beeinträchtigung dieses „Rechts auf Gesundheit“ dar. Dieses Recht, welches auf Art. 2 Abs. 2 S. 1 GG basiert, kann gem. Art. 2 Abs. 2 S. 3 GG durch Gesetz eingeschränkt werden, welches wiederum natürlich verhältnismäßig sein muss.[339]

3. Sonstige Rechte

Der Vollständigkeit halber sei hier auch auf die Rechte und Interessen Dritter hingewiesen, die für die Zulassung der Keimbahntherapie sprechen könnten. Zum einen ist die Berufsfreiheit des Arztes oder des Gentechnikers, denen die Durchführung

---

[337] Siehe bereits *Taupitz und Deuring*, in: Hacker (Hrsg.), Nova Acta Leopoldina, S. 63 (78); *Deuring*, in: Taupitz und Deuring (Hrsg.), Rechtliche Aspekte der Genom-Editierung an der menschlichen Keimbahn (Kapitel „Genom-Editierung an der menschlichen Keimbahn – Deutschland“, im Erscheinen).

[338] *Murswiek*, in: Sachs (Hrsg.), GG, Art. 2 Rn. 27.

[339] Siehe zur Abwägung unten S. 341 ff.

von Keimbahneingriffen untersagt wird, aus Art. 12 Abs. 1 S. 1 GG[340] betroffen. Die Berufsfreiheit gewährt das Recht auf freie Berufswahl und freie Berufsausübung.[341] Ein Beruf ist dabei jede Tätigkeit, die auf Dauer angelegt ist und der Schaffung und Aufrechterhaltung einer Lebensgrundlage dient.[342] Hierunter fallen die Tätigkeiten als Arzt und Gentechniker. Daran ändert auch das aktuell bestehende Verbot von Keimbahneingriffen nichts: Die Berufsfreiheit schützt nicht lediglich gesetzlich erlaubte Tätigkeiten.[343] Wird diesen Berufsgruppen die Vornahme von Keimbahneingriffen verwehrt, wird ihre Berufsausübung beschränkt.[344] Gemäß Art. 12 Abs. 1 S. 2 GG kann die Berufsausübung durch Gesetz oder aufgrund eines Gesetzes eingeschränkt werden.[345]

Darüber hinaus kann sich der Arzt oder Gentechniker auch auf die Forschungs- und Wissenschaftsfreiheit des Art. 5 Abs. 3 S. 1 GG[346] berufen. Wissenschaft umfasst alle wissenschaftlichen Tätigkeiten, also alles „was nach Inhalt und Form als ernsthafter planmäßiger Versuch zur Ermittlung der Wahrheit anzusehen ist".[347] Forschung ist „die geistige Tätigkeit mit dem Ziele, in methodischer, systematischer und nachprüfbarer Weise neue Erkenntnisse zu gewinnen".[348] Solange die gentechnischen Methoden noch keine Standardanwendung darstellen, wird es stets auch noch um die Verbesserung der Techniken sowie um Erkenntnisse bzgl. des menschlichen Genoms und Folgen eines Eingriffs in dieses gehen. Dabei handelt es sich um Wissenschaft und Forschung.[349] Der Eröffnung des Schutzbereichs des Art. 5 Abs. 3 S. 1 GG steht auch nicht im Wege, dass der Eingriff sich an künftigen Menschen manifestieren wird und insofern im Rechtskreis eines Dritten interveniert wird.[350] Verfassungsrechtlich sachgerechte Ergebnisse lassen sich weniger durch eine Beschneidung des Schutzbereichs und eher im Rahmen der Güterabwägung auf Rechtfertigungsebene finden.[351] Die Forschungsfreiheit kann nur über kollidierendes Verfassungsrecht eingeschränkt werden.[352]

---

[340] „Alle Deutschen haben das Recht, Beruf, Arbeitsplatz und Ausbildungsstätte frei zu wählen."

[341] *Scholz*, in: Herzog et al. (Hrsg.), Maunz/Dürig GG, Art. 12 Rn. 1.

[342] BVerfGE 97, 228 (252); BVerfGE 7, 377 (397); BVerfGE 54, 301 (313).

[343] *Wieland*, in: Dreier (Hrsg.), GG, Band 1, Art. 12 Rn. 57; BVerfGE 115, 276 (300 f.); a.A. *Kingreen und Poscher*, Grundrechte, S. 260 Rn. 937.

[344] So zum genetischen Enhancement auch *Welling*, Genetisches Enhancement, S. 96 f.

[345] Siehe zur Abwägung unten S. 341 ff.

[346] „Kunst und Wissenschaft, Forschung und Lehre sind frei."

[347] BVerfGE 35, 79 (112); *Pernice*, in: Dreier (Hrsg.), GG, Band 1, Art. 5 Abs. 3 Rn. 24.

[348] BVerfGE 35, 79 (113); *Pernice*, in: Dreier (Hrsg.), GG, Band 1, Art. 5 Abs. 3 Rn. 24.

[349] So zum genetischen Enhancement auch *Welling*, Genetisches Enhancement, S. 87 f.

[350] *Haßmann*, Embryonenschutz im Spannungsfeld internationaler Menschenrechte, staatlicher Grundrechte und nationaler Regelungsmodelle zur Embryonenforschung, S. 108 f.; a.A., da die Forschungsfreiheit nicht den Zugriff auf das Leben Dritter gewähre, etwa *Lerche*, in: Lukes und Scholz (Hrsg.), Rechtsfragen der Gentechnologie, S. 88 (93); *Müller-Terpitz*, Der Schutz des pränatalen Lebens, S. 123 ff.

[351] *Classen*, WissR 1989, S. 235 (236); *Haßmann*, Embryonenschutz im Spannungsfeld internationaler Menschenrechte, staatlicher Grundrechte und nationaler Regelungsmodelle zur Embryonenforschung, S. 108 m.w.N.

[352] Siehe zur Abwägung unten S. 3 ff.

4. Fazit

Für die Durchführung von Keimbahneingriffen sprechen in erster Linie die Rechte der Eltern, also ihre Fortpflanzungsfreiheit sowie, sofern durch den Eingriff eine Krankheit des Kindes verhindert werden soll, ihr allgemeines Persönlichkeitsrecht in der Form eines „Rechts auf autonome Lebensgestaltung". Wird der Eingriff an Gameten oder deren Vorläuferzellen durchgeführt, spricht für die Durchführung zudem das Persönlichkeitsrecht der Zellspender an diesen Zellen. Erfolgt der Eingriff an einer Eizelle ab Ausstoßung des zweiten Polkörperchens, die also bereits imprägniert wurde, richtet sich die Bestimmungsbefugnis der Eltern an dieser Entität primär nach dem Elternrecht des Art. 6 Abs. 2 GG. Sollte sich die Entscheidung als nicht mit dem Kindeswohl vereinbar erweisen, kommen die weiteren Rechte der Eltern zur Anwendung und sind durch Abwägung mit den Rechten der Kinder in Ausgleich zu bringen. Doch auch wenn das Elternrecht noch nicht unmittelbar zur Anwendung gelangt, da der Eingriff noch vor Befruchtung geschehen soll, ist dieses jedenfalls im Rahmen der Abwägung der Rechte von (künftigen) Eltern und (künftigen) Kindern zu berücksichtigen, da nicht außer Acht gelassen werden kann, dass sich der Eingriff letztlich an den (künftigen) Kindern auswirken wird und die (künftigen) Eltern ohnehin eine gewisse Bestimmungsbefugnis über selbige besitzen.

Darüber hinaus besteht ein „Recht auf Gesundheit" in der Form eines Abwehrrechts, soweit bereits ein Grundrechtsträger, also mindestens eine Eizelle ab Ausstoßung des zweiten Polkörperchens, an der der Eingriff vorgenommen werden soll, existiert, bzw. in der Form zukunftsbezogener Schutzpflichten, sofern ein solcher Grundrechtsträger noch nicht existiert. Aus diesem „Recht" ergibt sich, dass der Staat den Zugang zu verfügbaren Therapien nicht versperren darf, also auch nicht den Zugang zur Keimbahntherapie, sofern keine anderen Belange dagegen sprechen. Zu guter Letzt sprechen auch die Forschungsfreiheit und die Berufsfreiheit des Arztes bzw. Gentechnikers für die Durchführung von Keimbahneingriffen.

III. Durch Keimbahneingriffe verletzte Interessen und Rechte

Der Durchführung von Keimbahneingriffen können Interessen und Rechte des unmittelbar keimbahntherapierten Menschen sowie seiner weiteren Nachfahren bzw. künftiger Generationen als Kollektiv entgegenstehen. Auch gesellschaftliche Belange sind zu berücksichtigen. Diese Rechte und Belange sind bei der anschließenden Prüfung, ob der Gesetzgeber das Verbot von Keimbahninterventionen aufrechterhalten kann, zu berücksichtigen und können, sofern sie überwiegen, den Eingriff in die im vorherigen Abschnitt geprüften Grundrechte rechtfertigen.

1. Schutz des unmittelbar keimbahntherapierten Menschen

Im Folgenden wird untersucht, welche Belange und Interessen des unmittelbar keimbahntherapierten Menschen gegen Keimbahninterventionen sprechen.

a. Vorüberlegungen

aa. Rechtsdogmatische Einordnung

Der unmittelbar betroffene Mensch ist nach hier vertretener Auffassung ab Vorliegen der Eizelle im Vorkernstadium, genauer ab Ausstoßung des zweiten Polkörperchens, Grundrechtsträger. Der einfacheren Lesbarkeit wegen soll im Folgenden nur von „Embryonen" die Rede sei, wobei damit stets alle Entwicklungsstadien der Eizelle ab Ausstoßung des zweiten Polkörperchens gemeint sind. Wird der Keimbahneingriff ab diesem Zeitpunkt vorgenommen, existiert bereits eine Entität mit subjektiv-rechtlichen Grundrechten. Bei einem Eingriff im Vorfeld dieses Stadiums kommen objektiv-rechtliche Schutzpflichten in ihrer zukunftsbezogenen Form zum Tragen.

bb. Fortpflanzungstechniken als Schadensursache

Die Berücksichtigungsfähigkeit der Rechte zukünftiger Menschen bei der Bewertung von Fortpflanzungstechniken wird teilweise in Frage gestellt: Die Existenz der künftigen Menschen hänge von den Handlungen ab, die wir heute vornehmen, auch von den Handlungen, die wir als schädigend auffassen. Wenn aber die schädigende Handlung auch gleichzeitig Bedingung für die Existenz von Menschen ist, wie könnten diese dann als geschädigt gelten?[353] Insbesondere bezogen auf Würdeverletzungen wird häufig ausgeführt, Vorgänge, die überhaupt erst die Existenz eines Menschen ermöglichen, könnten nicht gleichzeitig dessen Würde verletzen.[354] Dieses Problem ist hier insofern von Relevanz, als durchaus die Möglichkeit besteht, dass sich Menschen ohne die Möglichkeit eines Keimbahneingriffs gegen Nachwuchs entscheiden.

Dieses ethische Problem geht aber zum einen schlicht an der Rechtsrealität vorbei, die davon ausgeht, dass eine normative Reflexion auf die Rechte Künftiger möglich ist. So heißt es etwa in der Begründung des ESchG: „In besonders krasser Weise würde es gegen die Menschenwürde verstoßen, gezielt einem *künftigen Menschen* seine Erbanlagen zuzuweisen."[355]

Zum anderen verfangen auch grundrechtsdogmatische Einwände nicht.[356] So wird vertreten, dass, wollte man in der Schaffung einer Existenz eine Würdeverlet-

[353] *Meyer*, Historische Gerechtigkeit, S. 3; siehe auch *Tepperwien*, Nachweltschutz im Grundgesetz, S. 113 ff.; *Kleiber*, Der grundrechtliche Schutz künftiger Generationen, S. 48 ff.

[354] So *Dreier*, in: Dreier (Hrsg.), GG, Band 1, Art. 1 Rn. 93; *Wagner*, Der gentechnische Eingriff in die menschliche Keimbahn, S. 66; verneinend bezogen auf einen Schutz des Kindeswohls durch Erzeugungsverbot *Jungfleisch*, Fortpflanzungsmedizin als Gegenstand des Strafrechts?, S. 113, wonach Existenz wohl immer im Interesse des Individuums; so auch *Coester-Waltjen*, in: Ständige Deputation des Deutschen Juristentages (Hrsg.), Die künstliche Befruchtung am Menschen, S. B5 (B46); *Schlüter*, Schutzkonzepte für menschliche Keimbahnzellen, S. 129.

[355] *Kersten*, Das Klonen von Menschen, S. 316 (Hervorhebung dort) mit weiteren Beispielen; Zitat aus BT-Drucks. 11/5460, S. 11.

[356] Die Debatte konzentriert sich an dieser Stelle rund um die Menschenwürde, kann aber auf jedes

zung sehen, es einen (nicht existierenden) „die eigene Existenz […] transzendierenden Anspruch“ brauche.[357] Auf ein Recht auf Nicht-Existenz kommt es jedoch gar nicht an. Denn nicht die Existenz verletzt die Würde, sondern die Handlungen, die zur Existenz führen, können die mit Existenz *eintretende* Würde verletzen. Die Nichtexistenz ist nur Konsequenz daraus, dass die Würde nicht anders verteidigt werden kann. Die Frage ist daher allenfalls, ob es ein Recht auf Leben (also auf Existenz) gibt, das ggfs. mehr Gewicht hat als etwaige entgegenstehende Interessen bzw. das verletzt würde, verhinderte man die Erzeugung des Menschen. Dies ist jedoch nicht der Fall, da einem nicht Existierenden kein subjektives Recht zusteht.[358] Auch aus etwaigen Schutzwirkungen des Rechts auf Leben des Art. 2 Abs. 2 S. 1 GG ergibt sich keine Pflicht, die Erzeugung eines „jedermanns“ mit verfassungsrechtlichen Mitteln zu befördern.[359] Lebensschutz und Würdeschutz sind auch nicht zu vermischen: Ebenso, wie nicht jede Tötung gleichzeitig eine Würdeverletzung darstellt, äußert sich nicht in jeder Erzeugung eine Respektierung der Würde des erzeugten Menschen.[360]

Als weitere dogmatische Hürde wird eingewandt, Inhalt einer Schutzpflicht von Grundrechten könne nie die Existenzverhinderung des zukünftigen Menschen sein, denn hierdurch werde das Individuum beseitigt, dessen es jedoch bedürfe, um eine zukunftsgerichtete Schutzpflicht überhaupt zu begründen. Das rechtliche Fundament der Schutzpflicht ginge verloren, sodass das Schutzpflichtkonzept in sich zusammenbreche.[361] Dem ist jedoch entgegenzuhalten, dass das Konstrukt der zukunftsbezogenen Schutzpflichten in seiner konsequenten Handhabung eben gerade die Berücksichtigungsfähigkeit künftiger Rechte bei Handlungen in der Gegenwart ermöglicht: Die Zeugung eines Menschen führt zur Entstehung von Rechten, die in die Bewertung der Zeugungshandlung mit einfließen können.[362] Akzeptierte man die Existenzverhinderung nicht als Inhalt der Schutzpflicht, liefe diese letztlich leer. Denn wie sonst sollte faktisch der Zukünftige vor der Verletzung seiner Würde, die der Erzeugung immanent ist, geschützt werden, als eben durch Verhinderung seiner Erzeugung? Darin liegt kein Widerspruch im Schutzpflichtkonzept selbst. Denn dieses verlangt nichts weiter, als dass es in einem ersten Schritt ein denkmögliches zukünftiges Individuum gibt, dessen Grundrechte durch eine bestimmte Maßnahme in der Gegenwart beeinträchtigt werden könnten. Diese Beeinträchtigung muss in

---

andere Interesse des Künftigen übertragen werden.

[357] So auch argumentierend bezogen auf eine Verletzung des Kindeswohls *Coester-Waltjen*, in: Ständige Deputation des Deutschen Juristentages (Hrsg.), Die künstliche Befruchtung am Menschen, S. B46; zum „Recht auf Nichtexistenz“ auch *Steigleder*, in: Düwell (Hrsg.), Ethik in der Humangenetik, S. 91 (101), wonach sich nur bei Bestehen eines solchen Rechts sinnvoll sagen lasse, der Betreffende werde durch seine Existenz in seinen Rechten verletzt.

[358] *Schächinger*, Menschenwürde und Menschheitswürde, S. 190.

[359] *Müller-Terpitz*, Der Schutz des pränatalen Lebens, S. 274.

[360] *Neumann*, in: Neumann (Hrsg.), Recht als Struktur und Argumentation, S. 35 (45); ähnlich auch *Gröner*, in: Günther und Keller (Hrsg.), Fortpflanzungsmedizin und Humangenetik, S. 293 (308).

[361] *Hieb*, Die gespaltene Mutterschaft im Spiegel des deutschen Verfassungsrechts, S. 101; *Müller-Terpitz*, Der Schutz des pränatalen Lebens, S. 353 ff., S. 122 f.

[362] *Neumann*, in: Neumann (Hrsg.), Recht als Struktur und Argumentation, S. 35 (46).

einem zweiten Schritt verhindert werden. Dass bestimmte Konsequenzen, wie die Entstehungsverhinderung, *per se* nicht zulässig wären, ergibt sich aus dem Schutzpflichtkonzept selbst nicht. Die Gegenansicht macht vielmehr gewissermaßen den zweiten Schritt vor dem ersten und führte zudem geradezu zu einem Verbot jeglicher Regulierung künstlicher Befruchtung. Es müsste dann auch die gezielte Erzeugung eines schwerkranken Menschen zulässig und gar in dessen Interesse sein. Das Risiko schwerster Fehl- und Missbildungen wäre nicht in der Lage, ein Verbot künstlicher Fortpflanzungsmethoden zu rechtfertigen.[363]

b. Verletzung der Menschenwürde

Die Menschenwürde aus Art. 1 Abs. 1 S. 1 GG ist wohl das am häufigsten herangezogene Argument gegen Keimbahneingriffe. Ob dieses Grundrecht[364] verletzt wird, ist Gegenstand der folgenden Untersuchung.

aa. Schutzgehalt

aaa. Überblick

Über den Schutzgehalt der Menschenwürde ist seit jeher viel geschrieben worden. Im Wesentlichen lassen sich die Umschreibungen der Menschenwürde in positive und negative Definitionsversuche untergliedern.

Positiv formuliert soll die Menschenwürde den „Schutz eines engeren Bereichs der persönlichen Selbstbestimmung“, die „Gewährleistung seelischer und körperlicher Integrität“ und den „sozialen Geltungsanspruch des Einzelnen“ sowie den „Schutz vor Willkür“ sichern.[365] Die Grundlage hierfür sehen Vertreter der *Leistungstheorie* in der Leistung des Menschen, sich eine eigene Identität und ein selbstständiges Persönlichkeitsprofil aufzubauen.[366] Anhänger der *Kommunikationstheorie* konstruieren die Würde auf dem Fundament einer gegenseitigen Achtung des Menschen in seinen kommunikativen Beziehungen und in seinem sozialen Geltungsanspruch. Schutzgut ist die „mitmenschliche Solidarität“.[367] Die *Wert- oder Mitgifttheorien* letztendlich sehen die Menschenwürde in einer den Menschen auszeichnenden Qualität. Diese Theorien sind untergliedert in eine christliche und eine naturrechtlich-idealistische Variante. Die christliche Variante knüpft an die *imago-*

---

[363] *Taupitz*, in: Günther et al. (Hrsg.), ESchG, § 1 Abs. 1 Nr. 1 Rn. 8; siehe auch *Taupitz und Deuring*, in: Hacker (Hrsg.), Nova Acta Leopoldina, S. 63 (81 f.).

[364] Mit der h.M. wird in dieser Arbeit vertreten, dass es sich bei Art. 1 Abs. 1 S. 1 GG um ein Grundrecht handelt, siehe statt vieler *Herdegen*, in: Herzog et al. (Hrsg.), Maunz/Dürig GG, Art. 1 Rn. 29 mit Verweis auf BVerfGE 1, 332 (343); BVerfGE 12, 113 (123) und m.w.N.; *Starck*, in: v. Mangoldt/Klein/Starck, GG I, Art. 1 Abs. 1, Rn. 28 (Auflage 7).

[365] Zu den positiven Definitionsversuchen *Herdegen*, in: Herzog et al. (Hrsg.), Maunz/Dürig GG, Art. 1 Rn. 34, m.w.N.

[366] Hierzu auch *Dreier*, in: Dreier (Hrsg.), GG, Band 1, Art. 1 GG Rn. 56.

[367] *Hofmann*, AöR 1993, S. 353 (364); *Dreier*, in: Dreier (Hrsg.), GG, Band 1, Art. 1 GG Rn. 57.

dei-Lehre an und stellt auf die „besondere Auszeichnung des Menschen im Rahmen der göttlichen Schöpfungsordnung“ ab. Die naturalistisch-idealistische Variante hingegen, geprägt durch die Philosophie *Immanuel Kants*, verknüpft die besondere Qualität des Menschen mit „seiner Fähigkeit zu freier Selbstbestimmung und sittlicher Autonomie“. Beide Variante gestehen jedem Menschen, unabhängig von geistigen oder sonstigen Fähigkeiten, Würde zu.[368]

Alle drei Theorien enthalten wichtige Aspekte bzgl. dessen, was unter Menschenwürde zu verstehen ist.[369] Dennoch haftet ihnen als erhebliche Schwäche an, dass sie, neben der Schwierigkeit einer klaren positiven Begriffsbestimmung, nicht zu definieren vermögen, durch welche Handlungen die Menschenwürde verletzt ist.[370]

In der Rechtsprechung und Literatur dominiert daher ein negatives Würdeverständnis, das die Menschenwürde vom Verletzungsvorgang her definiert.[371] Vorherrschend ist die von *Günter Dürig* in Anlehnung an die Zweck/Mittel-Variante des kategorischen Imperativs *Kants* entwickelte „Objektformel“.[372] In *Kants* Zweck/Mittel-Formel oder Instrumentalisierungsverbot heißt es: „Handle so, dass du die Menschheit, sowohl in deiner Person, als auch in der Person eines jeden andern, jederzeit zugleich als Zweck, niemals bloß als Mittel brauchtest.“[373] Anknüpfend hieran definiert die Objektformel eine Menschenwürdeverletzung wie folgt: „Die Menschenwürde als solche ist getroffen, wenn der konkrete Mensch zum Objekt, zu einem bloßen Mittel, zur vertretbaren Größe, herabgewürdigt wird.“[374] Das Element des „bloßen Mittels“ ist dabei das Bindeglied zu *Kants* Zweck/Mittel-Formel; die Objektformel enthält ebenso ein Instrumentalisierungsverbot.

Daneben enthält die Objektformel jedoch auch die Elemente „Objekt“ und „vertretbare Größe“, sodass die Objektformel über das Instrumentalisierungsverbot hinausgeht.[375] Liegt in der Behandlung eines Menschen nicht zugleich dessen Nutzung

---

[368] *Dreier*, in: Dreier (Hrsg.), GG, Band 1, Art. 1 GG Rn. 55.

[369] *Kingreen und Poscher*, Grundrechte, S. 111 Rn. 415.

[370] *Böckenförde-Wunderlich*, Präimplantationsdiagnostik als Rechtsproblem, S. 151.

[371] Wobei natürlich auch eine Definition vom Verletzungsvorgang her zunächst ein bestimmtes „Vorverständnis“ voraussetzt, was denn konkret verletzt werden kann und soll, siehe *Müller-Terpitz*, Der Schutz des pränatalen Lebens, S. 319, Fn. 135; dazu, wie dieses Vorverständnis aussieht, siehe *dort*, S. 322; siehe auch unten Fn. 1164; so auch *Dürig* selbst, siehe *Dürig*, AöR 1956, S. 117 (125); so auch *Enders*, Die Menschenwürde in der Verfassungsordnung, S. 386; *Kersten*, Das Klonen von Menschen, S. 431 ff. Dennoch ist eine solche negative Begriffsbestimmung mehr als positive Definitionen in der Lage, der Menschenwürde schärfere Konturen zu geben, siehe *Böckenförde-Wunderlich*, Präimplantationsdiagnostik als Rechtsproblem, S. 151.

[372] Zur „Objektformel“ sowie zu den weiteren Ausführungen siehe *Müller-Terpitz*, Der Schutz des pränatalen Lebens, S. 319 ff.

[373] *Kant*, in: Kant et al. (Hrsg.), Grundlegung zur Metaphysik der Sitten, S. 54 f. Vergleichbar formulierte er an anderer Stelle: „Die Menschheit selbst ist eine Würde; denn der Mensch kann von keinem Menschen (weder von Anderen noch von sogar sich selbst) bloß als Mittel, sondern muß jederzeit zugleich als Zweck gebraucht werden, und darin besteht eben seine Würde (die Persönlichkeit) [...]“, siehe *Kant*, in: Kant und Ludwig (Hrsg.), Metaphysische Anfangsgründe der Tugendlehre, § 38 S. 110; zu *Kants* Instrumentalisierungsverbot ausführlich *Kersten*, Das Klonen von Menschen, S. 408 ff.

[374] *Dürig*, AöR 1956, 117 (127).

[375] Hierzu und zum Folgenden *Kersten*, Das Klonen von Menschen, S. 425 f.

als Mittel i.S.e. instrumentalisierenden Zielsetzung, ist die Zweck/Mittel-Formel nicht in der Lage, diese Behandlung zu erfassen. Beispielhaft für solche Handlungen ohne Zielsetzung ist der Umgang mit Menschen in Konzentrationslagern zu Zeiten des Nationalsozialismus. Im Zentrum der dort stattfindenden Folter- und Vernichtungshandlungen stand nicht eine Instrumentalisierung der Opfer zur Erreichung eines bestimmten Zwecks, sondern ihre schlichte Erniedrigung und Objektivierung. Eine sprachliche Konstruktion dergestalt, die Opfer würden als Mittel zum Zweck ihrer eigenen Folterung oder Tötung verwendet, überzeugt nicht. Das Folteropfer ist Objekt der Folter, nicht Mittel hierzu. Man könnte allenfalls überlegen, diese Handlungen als Mittel zur Erreichung der dahinterstehenden verbrecherischen Absicht anzusehen. So könnte die Durchführung der Folter dem Zweck dienen, die Intention der Folterung und Vernichtung von Juden zu erfüllen. Allerdings ließe sich so jedes Handlungsresultat als Mittel interpretieren. Das Überreichen eines Blumenstraußes an eine Freundin könnte hiernach ebenso bloß Mittel sein, um einen entsprechenden Handlungswunsch zu realisieren, und könnte so unter das Instrumentalisierungsverbot fallen. Diese Interpretation weitete das Instrumentalisierungsverbot unendlich weit aus.[376] Im Hinblick auf diese Schwäche geht die Objektformel über *Kants* Instrumentalisierungsverbot hinaus und erfasst auch die bloße Reduktion des Menschen auf ein Objekt, auch wenn damit kein zielgerichteter Gebrauch des Menschen als Mittel einhergeht.[377]

Es gilt nun herauszufinden, wann eine Herabwürdigung zu einem Objekt vorliegt. Das BVerfG hat im „Mikrozensus-Beschluss" das „Objektsein" insofern präzisiert, als es lediglich die Behandlung des Menschen als „*bloßes* Objekt" pönalisiert.[378] Weitere Konkretisierungsversuche hat es in seinem „Abhörurteil" unternommen: „Hinzukommen muß, daß er [der Mensch] einer Behandlung ausgesetzt wird, die seine Subjektqualität prinzipiell in Frage stellt, oder daß in der Behandlung im konkreten Fall eine willkürliche Mißachtung der Würde des Menschen liegt. Die Behandlung des Menschen durch die öffentliche Hand, die das Gesetz vollzieht, muß also, wenn sie die Menschenwürde berühren soll, Ausdruck der Verachtung des Wertes, der dem Menschen kraft seines Personseins zukommt, also in diesem Sinne eine „verächtliche Behandlung" sein."[379] Das Erfordernis des

[376] *Hilgendorf*, in: Byrd (Hrsg.), Jahrbuch für Recht und Ethik 1999, S. 137 (144).

[377] *Kersten*, Das Klonen von Menschen, S. 425 f.; so auch *Hilgendorf*, in: Byrd (Hrsg.), Jahrbuch für Recht und Ethik 1999, S. 137 (150), selbst aber eine auf bestimmte Fallgruppen beschränkte „Ensembletheorie" entwerfend; a.A. wohl *Müller-Terpitz*, Schutz des pränatalen Lebens, S. 321, der die Objektformel anscheinend nur i.S.d. Instrumentalisierungsverbots versteht.

[378] BVerfGE 27, 1 (6); zu diesem Beschluss ausführlich *Kersten*, Das Klonen von Menschen, S. 449 ff, insb. S. 456.

[379] BVerfGE 30, 1 (26); zu diesem Urteil ausführlich *Kersten*, Das Klonen von Menschen, S. 459 ff. Gerade für die Einführung des Elements einer *willkürlichen* Missachtung ist das BVerfG stark kritisiert worden. Auf die Intention des Handelnden kann es bei der Frage nach einer Würdeverletzung richtigerweise nicht ankommen. Auch eine Missachtung des Personenwertes „in guter Absicht" bleibt eine Menschenwürdeverletzung, siehe *Geddert-Steinacher*, Menschenwürde als Verfassungsbegriff, S. 46 ff.; *Dreier*, in: Dreier (Hrsg.), GG, Band 1, Art. 1 Rn. 53 m.w.N.; *Müller-Terpitz*, Schutz des pränatalen Lebens, S. 323 m.w.N.; *Hofmann*, AöR 1993, S. 354 (360); so

prinzipiellen In-Frage-Stellens der Subjektqualität hat das BVerfG in seiner Entscheidung zum „Großen Lauschangriff" wie folgt weiter spezifiziert: „Das ist der Fall, wenn die Behandlung durch die öffentliche Gewalt die Achtung des Wertes vermissen lässt, der jedem Menschen um seiner selbst willen zukommt."[380] Ausgangspunkt der Objektformel ist also der Eigenwert des Menschen.[381] Der Eigenwert geht auf im Achtungsanspruch, der dem Einzelnen aufgrund seiner Fähigkeit, sich selbst bewusst zu werden, sich selbst zu bestimmen und sich und die Umwelt zu gestalten, zukommt. Eine Missachtung dieses Eigenwerts, eine „Entpersönlichung" machen den Menschen zum bloßen Objekt, wenn der Mensch in der ihm widerfahrenden Behandlung nicht mehr Anschluss an dieses Selbstverständnis als selbstbewusstes, selbstbestimmtes und selbstentfaltendes Subjekt findet.[382] Hierin findet sich letztlich die Würdebegründung *Kants* wieder, der die Autonomie des Menschen als zentralen Definitionsbegriff verwendet.[383]

Auch diese Konkretisierungen können nicht darüber hinwegtäuschen, dass die Objektformel an erheblicher Unbestimmtheit leidet.[384] Es ist dem BVerfG daher zuzustimmen, dass solch „allgemeine Formeln lediglich die Richtung andeuten können, in der Fälle der Verletzung der Menschenwürde gefunden werden können."[385] Letztlich machen wir uns, mit den Worten *Hofmanns*, gegenseitig fortwährend zum Mittel und zum Objekt, angefangen beim Taxifahren, Zeitungskauf und Haareschneiden bis hin zum akademischen Berufungsverfahren. Zudem seien wir ständig Objekte irgendwelcher obrigkeitlicher Wohltaten, ohne dass dabei jemand groß an unsere Personalität dächte.[386] Allein hierin kann natürlich keine Menschenwürdeverletzung liegen.[387]

---

auch im Sondervotum des Urteils BVerfGE 30, 1 (40).

[380] BVerfGE 109, 279 (313); auf diesen Eigenwert abstellend auch *Hilgendorf*, in: Byrd (Hrsg.), Jahrbuch für Recht und Ethik 1999, S. 137 (147); *Rosenau*, in: Amelung (Hrsg.), Festschrift für Hans-Ludwig Schreiber, S. 761 (777).

[381] *Dürig* beschreibt den Eigenwert als „Persönlichkeit sein", siehe *Dürig*, JR 1952, S. 259 (261). Dieser Eigenwert entspricht auch dem Vorverständnis, das man haben muss, um einen Verletzungsvorgang überhaupt feststellen zu können, *Müller-Terpitz*, Schutz des pränatalen Lebens, S. 322 m.w.N.

[382] *Dürig*, AöR 1956, S. 117 (125 ff.), wobei der in der Freiheit liegende Eigenwert jedem zusteht, auch demjenigen, der zur Verwirklichung dieser Freiheit nicht in der Lage ist; *Geddert-Steinacher*, Menschenwürde als Verfassungsbegriff, S. 32 mit Verweis auf einschlägige verfassungsgerichtliche Rechtsprechung; *Kersten*, Das Klonen von Menschen, S. 431 ff, insb. S. 440 und 482, mit einer ausführlichen Auseinandersetzung mit der Objektformel im Rahmen der Rechtsprechung des BVerfG, S. 444 ff.

[383] *Kant*, in: Kant et al. (Hrsg.), Grundlegung zur Metaphysik der Sitten, S. 63: „*Autonomie* ist also der Grund der Würde der menschlichen und jeder vernünftigen Natur." (Hervorhebung dort); hierzu auch *Geddert-Steinacher*, Menschenwürde als Verfassungsbegriff, S. 32.

[384] *Dreier*, in: Dreier (Hrsg.), GG, Band 1, Art 1 Rn. 53.

[385] BVerfGE 30, 1 (25).

[386] *Hofmann*, AöR 1993, S. 354 (360); *Dreier*, in: Dreier (Hrsg.), GG, Band 1, Art. 1 Rn. 53 m.w.N.

[387] Hiervon ging auch schon *Kant* aus. Solche Abhängigkeitsverhältnisse, in denen der Mensch als ein Mittel gebraucht wird, müssten normativ so ausgestaltet sein, dass sich der Mensch jederzeit zugleich als Zweck an sich selbst verstehen kann. Wichtigste „normative Kompensation" sei die

Ob die Menschenwürde verletzt ist, ergibt sich folglich aus einer kontextbezogenen und situationsspezifischen Gesamtbetrachtung. Eine Verletzung des Grundrechts kann nicht pauschal bestimmt werden, sondern nur durch Analyse aller Umstände des konkreten Einzelfalls. Das Verhältnis von Art, Intensität, Finalität und Zweck einer Behandlung sowie aller übrigen Bedingungen der Situation bestimmt hierüber. Ein vom Einzelfall unabhängiger Schutzanspruch wäre entweder pauschal gefasst oder bestünde aus einem Katalog verletzender Maßnahmen. Ersteres birgt die Gefahr unreflektierter Anwendung, letzteres die Gefahr der Beschränkung der Menschenwürde auf ewig auf evidente Fälle wie Folter und ähnliches, für die sich eindeutig Evidenz und gesellschaftlicher Konsens begründen lässt.[388] Eine solche „Versteinerung“ der Menschenwürde könnte aber weder neuartige, jetzt noch nicht vorstellbare Verletzungen noch „subtilere“ Verletzungshandlungen, die mitunter ebenso menschenwürdewidrig sein können, erfassen.[389]

Daraus folgt auch keine Aufweichung der Menschenwürdegarantie dergestalt, es könnten nun stets bestimmte Umstände herangezogen werden, die ein Verletzungsurteil relativierten. Evidente und geradezu prototypische Fälle von Würdeverletzungen bleiben solche, unabhängig irgendwelcher Umstände. Solche Handlungen, wie auch Sklaverei, Leibeigenschaft, Menschenhandel, Erniedrigung, Deportation und Vertreibung bestimmter Personengruppen etc., laufen dem ureigenen Verständnis von Menschenwürde zuwider und begründen bereits aus sich heraus eine Würdeverletzung, sodass weitere Umstände keine Rolle mehr spielen. Diese Bewertung folgt auch aus der Funktion des Art. 1 GG als Reaktion auf die jüngere deutsche Geschichte.[390] Durch eine Würdigung der Umstände des Einzelfalls erfolgt auch keine Güterabwägung „durch die Hintertür“, sondern der Gehalt der Menschenwürde wird vielmehr erst bestimmt. Dieser so bestimmte Gehalt ist dann in einem zweiten Schritt „unantastbar“ und hierdurch abwägungsresistent. Eine solche Berücksichtigung aller Umstände erfolgt im Übrigen nicht nur im Rahmen der Menschenwürde, sondern ist jedem Subsumtionsvorgang immanent. Be-

---

Einwilligung der Person, siehe hierzu *Kersten*, Das Klonen von Menschen, S. 413 ff, zusammenfassend S. 423 f.

[388] Zur kontextspezifischen Interpretation siehe *Schächinger*, Menschenwürde und Menschheitswürde, S. 108 ff., hier zitierter Text S. 109 und 111; *Herdegen*, in: Herzog et al. (Hrsg.), Maunz/Dürig GG, Art. 1 Rn. 46 ff.

[389] *Müller-Terpitz*, Schutz des pränatalen Lebens, S. 325; siehe auch *Böckenförde-Wunderlich*, Präimplantationsdiagnostik als Rechtsproblem, S. 152; dazu, dass die Menschenwürde nicht nur auf mit Grausamkeiten der NS-Zeit vergleichbare Fälle beschränkt werden darf, *Geddert-Steinacher*, Menschenwürde als Verfassungsbegriff, S. 31.

[390] *Schächinger*, Menschenwürde und Menschheitswürde, S. 112 f., wobei auch bei scheinbar evidenten Würdeverletzungen letztlich diese Verletzung aus den Gesamtumständen folgt. Nicht eine Tötung per se verletzt die Menschenwürde. Sie tut es allerdings, wenn sich in ihr eine Verachtung des Lebensrechts durch politische Willkür ausdrückt, S. 109; siehe auch *Herdegen*, in: Herzog et al. (Hrsg.), Maunz/Dürig GG, Art. 1 Rn. 46 ff., der von einem gegenständlich festumschriebenen „Begriffskern“ und einen für bilanzierende Wertungen offenen „Begriffshof“ spricht, *dort*, Rn. 48 f.

sondere Bedeutung erlangt dies im Rahmen der Menschenwürde nur aufgrund des hohen Abstraktionsgrades des Begriffs. Hier ist der Blick für Details entscheidend.[391] Dabei darf der Rechtsanwender bei der Bewertung nie den entstehungsgeschichtlich bedingten Höchstwert der Art. 1 GG aus den Augen verlieren und er muss sich bewusst machen, dass die Norm zum Schutz vor schweren Beeinträchtigungen elementarer Persönlichkeitsverletzungen eine Tabugrenze markiert. Sie ist kein „Auffangproblemlöser".[392]

In der Literatur haben sich Fallgruppen herauskristallisiert, die den Verdacht einer Objektstellung des Menschen, einer Missachtung seines Eigenwerts nahelegen können. Art. 1 GG gewährt hiernach Schutz der körperlichen Integrität, die Sicherung menschengerechter Lebensgrundlagen, die Gewährleistung elementarer Rechtsgleichheit sowie die Wahrung personaler Identität.[393] Insbesondere die letzte Fallgruppe kann spielt bei Keimbahneingriffen eine Rolle. Personale Identität kann einerseits verstanden werden als diachrone Personenidentität, also als die Voraussetzungen, die erfüllt sein müssen, um von einer bestimmten Person sagen zu können, sie bleibe über die Zeit hinweg dieselbe Person. Um von einer Manipulation dieser diachronen Identität sprechen zu können, muss also bereits eine Person mit einer Identität existieren. Dieser Aspekt könnte relevant sein, wenn in einen schon existierenden Grundrechtsträger eingegriffen wird.[394] Andererseits lässt sich Identität auch als Selbstverständnis eines Individuums verstehen, also Wer oder Was eine Person sein will, als die Persönlichkeit des Menschen. In dieser Hinsicht könnte ein Keimbahneingriff unzulässig sein, wenn er die Persönlichkeit eines Menschen auf unzulässig Weise vorherbestimmte.[395]

---

[391] *Schächinger*, Menschenwürde und Menschheitswürde, S. 110 f.; für eine Gesamtbetrachtung auch BVerfGE 30, 1 (25): „[...] unter welchen Umständen die Menschenwürde verletzt sein kann. Offenbar läßt sich das nicht generell sagen, sondern immer nur in Ansehung des konkreten Falles."; siehe auch *Rosenau*, in: Amelung (Hrsg.), Festschrift für Hans-Ludwig Schreiber, S. 761 (777); *Di Fabio*, JZ 2004, S. 1 (5); *Kersten*, Das Klonen von Menschen, S. 473 f., zusammenfassend S. 479, der Menschenwürde als „Diskursprinzip" statt nur als „Konsensprinzip" begreift; *Müller-Terpitz*, Schutz des pränatalen Lebens, S. 325 m.w.N.

[392] *Böckenförde-Wunderlich*, Präimplantationsdiagnostik als Rechtsproblem, S. 152 f. m.w.N.; zu der Pflicht des Rechtsanwenders, sich zwischen den „beiden Polen" einer Verengung der Menschenwürde auf historisch vergleichbare Fälle einerseits und einer inflationären Entwertung der Menschenwürde andererseits zu bewegen, siehe *Müller-Terpitz*, Schutz des pränatalen Lebens, S. 324 f.

[393] Siehe *Hofmann*, AöR 1993, S. 354 (363); *Hilgendorf*, in: Byrd (Hrsg.), Jahrbuch für Recht und Ethik 1999, S. 137 (148), der hierin Fallgruppen seiner „Ensembletheorie" sieht; *Dreier*, in: Dreier (Hrsg.), GG, Band 1, Art. 1 Rn. 53 ff.; *Müller-Terpitz*, Schutz des pränatalen Lebens, S. 324; *Kingreen und Poscher*, Grundrechte, S. 111 Rn. 415, dort aber statt von „personaler Identität" von „menschlicher Subjektivität" sprechend.

[394] Siehe hierzu S. 274.

[395] Zu den Identitätsbegriffen m.w.N. *Wagner*, Der gentechnische Eingriff in die menschliche Keimbahn, S. 73 ff.

bbb. Zwischenergebnis

Eine Verletzung der Menschenwürde lässt sich am besten durch das Instrumentalisierungsverbot sowie die Objekt/Subjekt-Formel aufspüren. Ein Mensch darf nicht als „bloßes" Mittel zu einem fremdnützigen Zweck instrumentalisiert werden, sondern er muss sich stets als Zweck an sich selbst verstehen können. Zudem darf er auch nicht zu einem „bloßen" Objekt degradiert werden. Ausgangspunkt ist hierbei der Eigenwert des Menschen, dessen Selbstverständnis und dessen Freiheit, sich selbst als selbstbewusste, selbstbestimmte und sich selbst entfaltende Person, als autonomes und freies Subjekt, zu verstehen.

Was sich im Einzelfall als Degradierung zum „bloßen" Objekt oder „bloßen" Mittel darstellt, muss durch Würdigung aller Umstände ermittelt werden, wobei stets die Stellung der Menschenwürde als Höchstwert der Verfassung im Blick bleiben muss.

bb. Verletzungstatbestände

aaa. Problemaufriss

Zum einen könnte in der Zuweisung der Gene eine Verletzung i.S.e. Objektivierung des unmittelbar keimbahntherapierten Menschen liegen. Kernfrage ist, ob diese Zuweisung den Eigenwert des Menschen, dessen Freiheit, sich als selbstbewusste, selbstbestimmte und sich selbst entfaltende Person, als autonomes und freies Subjekt zu empfinden, in Frage stellt. Zum anderen könnte die Menschenwürde in seiner Ausprägung als Instrumentalisierungsverbot betroffen sein, indem dieser Mensch durch den Eingriff rein fremden Zwecken unterstellt würde.[396]

Nach heutigem Kenntnisstand wäre eine Anwendung gentechnischer Methoden, unabhängig von der Zielsetzung, wohl würdeverletzend. Die Anwendung ginge einher mit unvorhersehbaren Risiken, die das menschliche Leben zum Objekt von Experimenten machte.[397]

Aber auch für den Fall, dass in Zukunft Keimbahneingriffe sicher (oder jedenfalls hinreichend sicher) durchführbar wären, wird erwogen, Eingriffe in das Genom kategorisch und pauschal als Menschenwürdeverletzung anzusehen. Ob dies zutrifft, soll im Folgenden untersucht werden.

bbb. Objektivierung

(1) Naturalistischer Ansatz

Zur Begründung einer Würdeverletzung wird häufig in verschiedenen Ausprägungen mit der Natur des Menschen argumentiert.[398]

---

[396] Zu dieser Unterscheidung bei der Prüfung der Menschenwürde im Rahmen der Klonierungsdebatte bereits *Kersten*, Das Klonen von Menschen, S. 482 ff.

[397] *Benda*, in: Lukes und Scholz (Hrsg.), Rechtsfragen der Gentechnologie, S. 56 (71); *Schächinger*, Menschenwürde und Menschheitswürde, S. 107.

[398] Siehe eine Zusammenfassung der Ausführungen dieses Abschnitts bei *Taupitz und Deuring*, in: Hacker (Hrsg.), Nova Acta Leopoldina, S. 63 (79 f.); *Deuring*, in: Taupitz und Deuring (Hrsg.),

So wird vertreten, es gebe ein Gebot, „das menschliche Erbgut nicht anzutasten und die Kontingenz genetischer Kombinationen hinzunehmen“. Die Würde des Menschen gebiete prinzipiell die Unantastbarkeit des menschlichen Erbguts.[399] Jeglicher Eingriff in das Genom sei ein Eingriff in die Natur des Menschen, wodurch dessen menschliche Natur, zu der aber seine Würde gehöre, negiert werde.[400] Dagegen spricht jedoch, dass die Würde des Menschen nicht in seiner biologischen Ausstattung liegt, sondern in seiner vernünftig-sittlichen Natur. Die personale, soziale, nicht aber die biologische Dimension des Menschen ist der logische Ort der Menschenwürde.[401] Hinter einer solchen Annahme verbirgt sich zudem die Gefahr eines naturalistischen Fehlschlusses, dem zum Opfer fällt, wer von einem biologischen Faktum auf dessen Unantastbarkeit schließt. Außerdem wird hierdurch die menschliche Natur zum „Fluchtpunkt moralischer Erörterungen“, was aber einen Rückgriff auf eine theologische Deutung der Natur erfordert und metaphysische Annahmen impliziert. Ein solcher Rückgriff kann aber nicht als Grundlage für allgemein verbindliche moralische oder rechtliche Normen dienen.[402] Der Mensch ist im Übrigen auch nicht nur ein Produkt der Natur, sondern auch seiner eigenen Zivilisation und ihrer technischen Entwicklungen. Gegenüber den vielfältigen Entwicklungs- und Fortschrittsmöglichkeiten der Biotechnologie kann die Menschenwürde nicht Mittel zu einem undifferenzierten und antiquierten *„retour à la nature“* nutzbar gemacht werden.[403] Zurecht wird an der Auffassung, wonach das Genom grundsätzlich unantastbar sein solle, zudem die „Inhumanität einer blinden Genfixierung“ kritisiert: Damit werde letztlich auch die Unverfügbarkeit von genetischen Defekten beschworen und ihre Weitergabe an Nachkommen als Menschenwürdegebot betrachtet. Die unverfügbare Menschenwürde erfasse jedoch nicht das Schicksal, mit einer schweren Behinderung aufgrund einer genetisch bedingten Krankheit geboren zu werden. Es gebe keine Pflicht, die Erbanlagen unangetastet zu lassen.[404] Es müsste letztlich auch die Anfälligkeit des Menschen für Krankheit,

Rechtliche Aspekte der Genom-Editierung an der menschlichen Keimbahn (Kapitel „Genom-Editierung an der menschlichen Keimbahn – Deutschland“, im Erscheinen).

[399] *Isensee*, in: Bohnert (Hrsg.), Verfassung – Philosophie – Kirche, S. 243 (261 f.), allerdings bezogen auf eine vom Individuum abstrahierte Würde.

[400] *Löw*, Die politische Meinung 1981, S. 19 (25); *Flämig*, Die genetische Manipulation des Menschen, S. 57; *Spiekerkötter*, Verfassungsfragen der Humangenetik, S. 98, der die Zufälligkeit der Entstehung als die natürliche Basis der Menschenwürde betrachtet.

[401] *Neumann*, ARSP 1998, S. 153 (161); *ders.*, in: Neumann (Hrsg.), Recht als Struktur und Argumentation, S. 35 (48).

[402] *Neumann*, in: Klug und Kriele (Hrsg.), Menschen- und Bürgerrechte, S. 139 (148); *Gutmann*, in: van den Daele (Hrsg.), Biopolitik, S. 235 (247 ff.); *Neumann*, in: Neumann (Hrsg.), Recht als Struktur und Argumentation, S. 35 (41 ff.), wonach insbesondere eine teologische Sichtweise eine solche Interpretation nahelegt. Sieht man die Natur als „gottgegeben“, ist jeder Eingriff hierin frevelhafte Anmaßung. Diese Interpretation verbietet sich jedoch, da Glaubenshinhalte nicht die Normen der säkulären Verfassungsordnung bestimmten können. So auch *Schöne-Seifert*, Ethik Med 2017, S. 93 (94).

[403] *Scholz*, in: Leßmann und Lukes (Hrsg.), Festschrift für Rudolf Lukes, S. 203 (221); *ders.*, in: Gesellschaft für Rechtspolitik Trier (Hrsg.), Bitburger Gespräche, Jahrbuch 1986/1, S. 59 (73).

[404] *Dreier*, in: Dreier (Hrsg.), GG, Band 1, Art. 1 Rn. 107; *Rosenau*, in: Schreiber (Hrsg.), Globalisierung der Biopolitik, des Biorechts und der Bioethik?, S. 149 (155); *Gassner et al.*, Fortpflanzungsmedizingesetz, S. 66.

Leid und frühen Tod von Verfassungs wegen zu konservieren sein, was gerade im Bereich der Medizin, wo es letztlich darum geht, „der Natur" gerade nicht ihren Lauf zu lassen, jeglicher Logik entbehrt.[405] Im Übrigen bleibt auch die Frage offen, warum nur eine Veränderung der Erbanlagen, aber nicht auch sonstige medizinische Eingriffe die menschliche Natur in unzulässiger Weise manipulieren soll.[406]

Ebenso wird die Befürchtung geäußert, durch einen Keimbahneingriff gehe die individuelle Identität, die Einmaligkeit und Unverfälschtheit menschlicher Individualität verloren.[407] Eine auch nur punktuell erfolgende Neukombination von Genen führe zu einer Veränderung und Verfälschung der menschlichen Identität.[408] Dies sind zunächst jedoch nur Behauptungen, die zudem auf einem empirisch nicht belegbaren genetischen Determinismus gründen.[409] Der Mensch wird weder physisch noch psychisch durch sein Genom determiniert.[410] Zudem ist fraglich, wie eine Identität verfälscht werden kann, die nur so, wie sie durch den Eingriff geprägt ist, entsteht,[411] sodass jedenfalls die Identität i.S.d. Persönlichkeit des Menschen, wer oder was er sein will, nicht berührt ist. Zudem ist auch die diachrone Identität nicht beeinträchtigt, also die Voraussetzungen, die erfüllt sein müssen, um von einer bestimmten Person sagen zu können, sie bleibe über die Zeit hinweg dieselbe Person.[412] Dieser Gedanke gilt auf jeden Fall dann, wenn der Eingriff an einer unbefruchteten Gamete vorgenommen wird, es also noch gar keinen Menschen gibt, aber auch dann, wenn der Keimbahneingriff an einer Eizelle im Vorkernstadium oder in einer späteren Entwicklungsstufe erfolgt: Das „Gleichbleiben" eines Menschen setzt nicht voraus, dass das Genom unverändert ist. Das Genom ist im Laufe des Lebens vielmehr unzähligen Mutationen ausgesetzt.[413] Dabei liegt nicht bei jeder Mutation jedes Mal ein anderer Mensch vor. Auch die bloße Tatsache, dass einzelne Gene verändert werden, macht den Menschen noch nicht zu einem anderen. Zwar mag es gelingen, bestimmte Eigenschaften, sei es charakterlicher oder körperlicher

---

[405] *Gutmann*, in: van den Daele (Hrsg.), Biopolitik, S. 235 (247 ff.); *Neumann*, in: Neumann (Hrsg.), Recht als Struktur und Argumentation, S. 35 (41 ff.).

[406] *Wagner*, Der gentechnische Eingriff in die menschliche Keimbahn, S. 79; *Rosenau*, in: Schreiber (Hrsg.), Globalisierung der Biopolitik, des Biorechts und der Bioethik?, S. 149 (155); so auch *Schöne-Seifert*, Ethik Med 2017, S. 93 (94); *Doudna und Sternberg*, A crack in creation, S. 228; kritisch zu den Natürlichkeitsargumenten auch *Aslan et al.*, CfB-Drucks. 4/2018, S. 24 ff.; *Deutscher Ethikrat*, Eingriffe in die menschliche Keimbahn, S. 150.

[407] *Graf Vitzthum*, MedR 1985, S. 249 (256).

[408] *Eser*, in: Reiter und Theile (Hrsg.), Genetik und Moral, S. 130 (141); *Löw*, in: Koslowski et al. (Hrsg.), Die Verführung durch das Machbare, S. 34 (45).

[409] *Welling*, Genetisches Enhancement, S. 146.

[410] *Kersten*, Das Klonen von Menschen, S. 491; *Eser et al.*, in: Honnefelder und Streffer (Hrsg.), Jahrbuch für Wissenschaft und Ethik 1997, Band 2, S. 257 (364).

[411] *Welling*, Genetisches Enhancement, S. 146.

[412] Zu den Identitätsbegriffen m.w.N. *Wagner*, Der gentechnische Eingriff in die menschliche Keimbahn, S. 73 ff.

[413] Pro Sekunde geschehen in einem menschlichen Körper rund eine Million genetische Mutationen. Ein Keimbahneingriff verblasste geradezu neben diesem „genetischen Sturm, der in jedem von uns wütet", siehe *Doudna und Sternberg*, A crack in creation, S. 223.

Art, durch Keimbahneingriff zu beeinflussen oder gar zu verändern. Hierbei von einer derart grundlegenden Veränderung zu sprechen, dass tatsächlich ein ganz neuer Mensch entstünde, ist aber fernliegend.

Das Haben oder Nicht-Haben eines bestimmten Genoms gerät mit der Menschenwürde folglich nicht in Konflikt. Die Gefährdung der Subjektqualität könnte aber gerade in der durch Keimbahneingriff möglichen bestimmten *Zuweisung* der Gene durch Menschenhand liegen.[414]

Man nähert sich dem Kernproblem daher eher mit der Befürchtung, die Aufhebung der Zufälligkeit der Entstehung stelle eine Verletzung der zur Menschenwürde gehörenden Selbstbestimmung dar. Der Mensch müsse sich als ein fremder Planung unterworfenes Objekt fühlen, was sich als unzulässige Fremdbestimmung darstelle.[415] Der Mensch müsse „Produkt des Zufalls" bleiben, alles andere beeinträchtige die Unabhängigkeit der Menschen voneinander und ihren individuellen Eigenwert.[416] Diese Bedenken lassen sich auch nicht mit der Überlegung aus dem Weg räumen, auch der genetisch nicht manipulierte Mensch werde nicht zu seiner Genausstattung befragt[417] und auch der natürliche Zeugungsakt sei letztlich ein Akt der Fremdbestimmung.[418] Da es ein Selbstbestimmungsrecht bzgl. der genetischen Ausstattung nicht gebe, sei die Menschenwürde bei einem Keimbahneingriff nicht anders berührt als etwa durch die Partnerwahl der Eltern.[419] Im Grundsatz ist dem insoweit zuzustimmen, als dass natürlich niemand Anspruch auf eine bestimmte genetische Ausstattung haben kann. Dies ist jedoch nicht der springende Punkt: Das bloße Faktum, dass der Mensch eine bestimmte genetische Konstitution hat, die er selbst nie beeinflussen konnte, tangiert die Würde in der Tat nicht. Das Problem liegt aber in der gezielten Zuweisung. Eine solche Zuweisung hat eine völlig andere Qualität als eine „Fremdbestimmung" durch natürliche Zeugung: Ersteres bestimmt über das „So-Sein", letzteres nur über das „Da-Sein".

Die Frage ist also, welche Bedeutung diese Zuweisung für die Subjektqualität des Einzelnen hat.[420]

Zunächst muss aber definiert werden, welche Bedeutung das Genom für den Menschen hat. Auf dieser Grundlage wird dann untersucht, inwieweit ein Eingriff in die Erbsubstanz eine Instrumentalisierung oder Objektivierung darstellt.

---

[414] So bereits *Kersten* zum Klonen, siehe *Kersten*, Das Klonen von Menschen, S. 490.

[415] *Mersson*, Fortpflanzungstechnologien und Strafrecht, S. 75; *Benda*, NJW 1985, S. 1730 (1733); *Spiekerkötter*, Verfassungsfragen der Humangenetik, S. 98.

[416] *Enquête-Kommission „Chancen und Risiken der Gentechnologie"*, BT.-Drucks. 10/6775, S. 187 f.

[417] *Püttner und Brühl*, JZ 1987, S. 529 (536).

[418] *Lerche*, in: Lukes und Scholz (Hrsg.), Rechtsfragen der Gentechnologie, S. 88 (106 f.).

[419] *Ronellenfitsch*, in: Hendler et al. (Hrsg.), Jahrbuch des Umwelt- und Technikrechts 2000, S. 91 (107 f.); *ders.*, in: Dolde (Hrsg.), Umweltrecht im Wandel, S. 701 (713).

[420] Siehe für den unmittelbar keimbahnveränderten Menschen unten S. 279 ff.

(2) Die Bedeutung des Genoms

Kersten hat in seiner Habilitationsschrift die Bedeutung des Genoms für den Menschen herausgearbeitet. Seine Arbeit dient daher als Grundlage für die folgenden Ausführungen.[421]

Das Genom mag den Menschen zwar nicht determinieren, für die Entwicklung des Individuums einschließlich seines Selbstverständnisses ist es jedoch dennoch nicht irrelevant.[422] So wird die Bedeutung des Genoms teils als „essentiell" beschrieben: Die Gene determinieren zwar nicht alle Aspekte eines Individuums, sie spielen aber, beeinflusst durch stetige Interaktion mit der Umwelt, dennoch eine essenzielle Rolle bei der Bildung biologischer und charakterlicher Eigenschaften.[423] Gerade einige physische Eigenschaften lassen sich zudem recht eindeutig auf genetische Grundlagen zurückführen, wie etwa Augen- und Haarfarbe.[424] Wird das Genom des Menschen verfügbar, bestimmen jedenfalls Dritte darüber, wie wir sind, *mit*.[425]

Fraglich ist nun, was diese biologisch gesehen wesentliche Rolle des Genoms für das Individuum bedeutet.

Der *CCNE* spricht den einmaligen phänotypischen Eigenschaften von Körper und Gesicht eines jeden Menschen, die wiederum aus der Einmaligkeit seines Genoms resultieren, einen symbolischen Wert für diesen Menschen zu. Diese einmalige Erscheinung und folglich auch die zugrunde liegende einmalige genetische Ausstattung seien symbolischer Ausdruck der personalen Identität.[426] Eine Symbolkraft genetisch bestimmter Merkmale ist zwar durchaus einleuchtend, entbehrt jedoch eines empirischen Fundaments.[427]

---

[421] Siehe *Kersten*, Das Klonen von Menschen, S. 490 ff. m.w.N.

[422] Siehe ausführlich zu der Wirkungsweise des Genoms aus biomedizinischer Sicht auf die diversen phänotypischen Eigenschaften *Wildfeuer und Woopen*, (dieser Teil nur von *Woopen*), in: Gethmann und Hübner (Hrsg.), Forschungsprojekt: die „Natürlichkeit" der Natur und die Zumutbarkeit von Risiken, S. 118 (127 ff.).

[423] *National Bioethics Advisory Commission*, Cloning human beings, S. 32; *Fuchs*, in: v. Sturma et al. (Hrsg.), Jahrbuch für Wissenschaft und Ethik 2000, Band 5, S. 78 f.; *Kersten*, Das Klonen von Menschen, S. 497 f.; insofern unterscheidend zwischen „strong genetic determinism" (Gen G führt fast immer zur Entwicklung von Eigenschaft T), „moderate genetic determinism" (Gen G führt in mehr als 50 % der Fälle zu Entwicklung von Eigenschaft T) und „weak genetic determinism" (Gen G führt in weniger als 50 % der Fälle zur Entwicklung von Eigenschaft T), *Resnik und Vorhaus*, Philosophy, ethics, and humanities in medicine 2006, 1 (1), S. 1 (3).

[424] Dies zugebend auch *Welling*, Genetisches Enhancement, S. 217 f.

[425] Es ist natürlich nicht ausgeschlossen, dass die Veränderung eines bestimmten Gens nicht zur Entwicklung der gewünschten Eigenschaft führt. Dies ändert aber nichts an der Tatsache, dass von menschlicher Seite eine Mitbestimmung erfolgt: Die mitbestimmende Handlung wird durchgeführt, mag sie auch „im Versuch stecken bleiben." Dem kann daher nicht von vornherein Bedeutungslosigkeit beigemessen werden. Siehe unten S. 288 bei Fn. 474.

[426] *CCNE*, in: v. Sturma et al. (Hrsg.), Jahrbuch für Wissenschaft und Ethik 1998, Band 3, S. 351 (369 f.).

[427] Dieses empirische Fundament fordernd *Fuchs*, in: v. Sturma et al. (Hrsg.), Jahrbuch für Wissenschaft und Ethik 2000, Band 5, S. 63 (77); ebenso *Kersten*, Das Klonen von Menschen, S. 499, wonach der *CCNE* im Übrigen durch das Schließen vom Phänotyp auf den Genotyp grundsätzlich

Empirisch untermauern lässt sich diese These durch Untersuchung des Verhältnisses der Person zu seinem Genom, welches vergleichbar ist mit dem Verhältnis der Person zu ihrem Körper:

Ausgangspunkt ist die Überlegung, dass das Ich mit seinem Körper als Leib einerseits eine unlösliche Einheit bildet und andererseits dieses Ich dem eigenen Körper gegenübersteht.[428] Das Spannungsverhältnis zwischen Körperhaben und Leibsein muss der Mensch in seiner Selbstentfaltung ausgleichen.[429] In vergleichbarer Weise muss sich der Mensch einerseits als Ausdruck einer genetischen Prädisposition verstehen und sein Genom als seine „essentielle Ausgangsbedingung" leiblich erfahren, er kann sich aber andererseits auch dazu verhalten.[430] So lässt sich das Genom auch als „Dispositionsfeld des handelnden Subjekts" umschreiben. Dem Menschen sind durch sein Genom bestimmte Dispositionen vorgegeben, ihre Ausgestaltung ist ihm jedoch selbst aufgegeben. Erst das Subjekt bildet im Umgang mit diesen Dispositionen, auch im Hinblick auf Erbkrankheiten, die von den Genen unveränderbar festgelegt sind, „handelnd oder leidend heraus, was die unverwechselbare Identität seiner Person ausmacht." Das Genom kodiert all diejenigen Veranlagungen, „gemäß denen sich die individuelle Leiblichkeit im Wechselspiel mit Umwelteinflüssen und eigenem Verhalten fortentwickelt [...]."[431] Ähnliche Umschreibungen dieses einzigartigen Verhältnisses von Genom und Person finden sich auch an anderen Stellen der Literatur. So spricht *Fuchs* von einem „wesentlichen Teil der Ausgangsbedingungen des Menschen",[432] *Lanzerath* von einer „zentrale[n], naturale[n] Anfangsbedingung für die Entfaltung von Identität und Individualität"[433] und der *Nationale Ethikrat* von einem „biologische[n] Spielraum, innerhalb dessen sich seine [des Menschen] personale Identität entfalten kann".[434, 435]

---

noch die Perspektive eines genetischen Determinismus einnehme, diese strikte Kausalität jedoch unterbricht, indem es die Symbolkraft des Genoms für das individuelle Selbstbewusstsein des Menschen unterstreicht.

[428] *Lanzerath*, in: Düwell und Steigleder (Hrsg.), Der geklonte Mensch, S. 258 (261); siehe auch *Honnefelder*, in: Korff et al. (Hrsg.), Lexikon der Bioethik, Band 2, Stichwort „Humangenetik", S. 255.

[429] *Kersten*, Das Klonen von Menschen, S. 502.

[430] *Kersten*, Das Klonen von Menschen, S. 502; so bereits *Lanzerath*, in: Düwell und Steigleder (Hrsg.), Der geklonte Mensch, S. 258 (261).

[431] *Honnefelder*, in: Bundeszentrale für gesundheitliche Aufklärung (Hrsg.), FORUM Sexualaufklärung und Familienplanung 2000, S. 48 (50); so auch, *Wildfeuer und Woopen*, in: Gethmann und Hübner (Hrsg.), Forschungsprojekt: die „Natürlichkeit" der Natur und die Zumutbarkeit von Risiken, S. 118 (154 ff.).

[432] *Fuchs*, in: v. Sturma et al. (Hrsg.), Jahrbuch für Wissenschaft und Ethik 2000, Band 5, S. 63 (78).

[433] *Lanzerath*, in: Düwell und Steigleder (Hrsg.), Der geklonte Mensch, S. 258 (261); ähnlich auch *Woopen*, Reproduktionsmedizin 2002, S. 233 (239).

[434] *Nationaler Ethikrat*, Zum Import menschlicher embryonaler Stammzellen, S. 29.

[435] Zitate gefunden bei *Kersten*, Das Klonen von Menschen, S. 500 f., siehe dort auch für weitere Beispiele.

Daraus folgt, dass eine fremdbestimmte Zuweisung des Genoms für ein Subjekt nicht ohne Folgen bleibt. Ihm bleibt zwar die Möglichkeit, sich bewusst zu diesem Genom zu verhalten und sich damit auseinanderzusetzen. Aus dieser Selbstreflektion folgt aber gerade das Problem des Bewusstseins, nicht vollständig natürlichen Ursprungs, sondern Ergebnis einer Zuweisung durch Dritte zu sein.[436] Diese Erkenntnis wirkt sich auf die Menschenwürde in zweifacher Ausprägung aus, wie *Kersten* jedenfalls für den Fall der Klonierung herausgearbeitet hat, und was im Folgenden dargestellt wird. Die Auseinandersetzung mit der Frage, ob diese Aspekte in selber Weise bei Keimbahneingriffen berührt sind, erfolgt im Anschluss.

Erstens gehe dem Klon vollständig die Möglichkeit verloren, zwischen seiner eigenen Natur und fremder Vorgabe zu unterscheiden, was jedoch für die Entwicklung eines individuellen Selbstverständnisses unabdingbar sei. *Kersten* verweist dabei auf *Habermas*, der zwischen „Natur- und Sozialisationsschicksal" unterscheidet. Das Genom müsse dem Menschen als Naturschicksal erhalten bleiben, nur dann fühle sich der Mensch in seinem Leib zuhause. Die genetische Fremdbestimmung führe aber dazu, dass der Mensch nur über ein Sozialisationsschicksal verfüge. Der Klon entdecke in seinem Leib dann nicht seine eigene Natur, die er aber brauche, um sich im Verhalten zu dieser als Person zu verstehen, zu bestimmen und zu entfalten. Einer Person, die ausschließlich auf ein Sozialisationsschicksal zurückblicken könne, „entglitte [...] ihr >Selbst<."[437] *Häberle* schreibt im Einklang hiermit, die Zuweisung nehme einer Person die Möglichkeit einer „höchstpersönlichen, eigen-artigen Person-Werdung".[438] Für die Selbstentfaltung und das Selbstverständnis des Menschen sei also es unabdingbar, dass sein natürliches Dasein kein fremdbestimmtes So-Sein sei.[439]

Damit gehe, und das ist der zweite Aspekt, der Verlust des Freiheitsbewusstseins des Klons einher. Eine Beeinflussung des Genoms als „Dispositionsfeld" stelle auch die Handlungsfreiheit des Menschen in Frage. Der Klon gehe sich „als Zurechnungsobjekt für als frei verstandene Handlungen verloren",[440] denn eigene Freiheit werde nur in Bezug auf etwas natürlich Unverfügbares erlebt. Die Person weiß sich

---

[436] Kersten, Das Klonen von Menschen, S. 503.

[437] *Kersten*, Das Klonen von Menschen, S. 503 ff., mit Verweis auf *Habermas*, Die Zukunft der menschlichen Natur, S. 100 ff. (Zitat auf S. 103); so auch *Woopen*, Reproduktionsmedizin 2002, S. 233 (236 ff.); *Lanzerath*, in: Düwell und Steigleder (Hrsg.), Der geklonte Mensch, S. 261 ff., wonach es von „elementarer Bedeutung" sei, die eigene Natur als „etwas zufällig Entstandenes und nicht von Anderen Hergestelltes" vorzufinden. Die Abhängigkeit von einem fremden Willen konstituiere eine Einschränkung der Selbstbestimmung. a.A *Gerhardt*, in: Kettner (Hrsg.), Biomedizin und Menschenwürde, S. 272 (284 f.), wonach jeder Mensch das, was er an sich vorfinde, als Natur begreifen könne. Die Natur mache niemanden unfrei; die Freiheit beginne vielmehr mit jedem Menschen neu und liege in nichts Anderem als darin, mit seinen Anlagen so umzugehen, wie man es für richtig halte.

[438] *Häberle*, in: Isensee und Kirchhof (Hrsg.), Handbuch des Staatsrechts, Band 2, § 22 Rn. 92; *Laufs*, NJW 2000, S. 2716 (2717); ähnlich *Wildfeuer und Woopen*, in: Gethmann und Hübner (Hrsg.), Forschungsprojekt: die „Natürlichkeit" der Natur und die Zumutbarkeit von Risiken, S. 118 (158).

[439] *Kersten*, Das Klonen von Menschen, 505.

[440] *Kersten*, Das Klonen von Menschen, 506; bezogen auf Äußerungen auch *Werner*, in: Kettner (Hrsg.), Menschenwürde in der bioethischen Debatte, S. 191 (219).

dann als „nicht hintergehbarer[n] Ursprung eigener Handlungen und Ansprüche".[441] Eine weitere treffende Umschreibung findet *Habermas*, indem er die Zuweisung von Menschenhand als „asymmetrische Beziehung zwischen dem Genprogrammierer und dem Betroffenen" beschreibt, die eine unumkehrbare Abhängigkeit mit sich bringe und die übliche „Reziprozität zwischen Ebenbürtigen" aufhebe.[442]

Kersten und *Habermas* suggerieren dabei, dass dem Betroffenen der manipulierende Geneingriff auch bekannt ist. Wisse er nichts von der Veränderung, könne er in sich grundsätzlich auch nur „Natur" entdecken.[443] Aber auch ein Nicht-Wissen ändert nichts an einer möglichen Verletzung der Subjektstellung, denn der Mensch geriete jedenfalls dann in den beschriebenen Konflikt um sein eigenes Selbstverständnis, wenn er es *wüsste*. Das potenzielle Wissen muss zur Bejahung der Verletzung der Menschenwürde ausreichen, denn diese kann nicht davon abhängen, ob die Umstände, aus denen sich diese die Subjektqualität in Frage stellende Fremdbestimmung ergibt, dem Individuum bewusst sind. Dem fremden Willen begegnet er in und an sich, unabhängig davon, ob er ihn erkennt oder nicht.

(3) Die verschiedenen Eingriffsziele: Therapie – Enhancenemt – Prävention

Die Ausschaltung des genetischen Zufalls stellt also (grundsätzlich) das Selbstverständnis des Menschen in Frage. Wer genetisch nicht natürlichen Ursprungs ist, kann seine eigene Entwicklung nicht auf die Natur zurückführen, was jedoch zur Entfaltung eines individuellen Selbstverständnisses unabdingbar ist. Dies zieht auch eine Beeinträchtigung der erlebten Freiheit nach sich.

Aber gelten diese Überlegungen für jede Art von Eingriffen in das Genom? Ein nur punktueller Eingriff belässt es im Wesentlichen bei der natürlichen zufälligen Rekombination der Gene.[444] Welche Auswirkung ein genetischer Eingriff für einen Menschen hat, kann nur von der Zielsetzung desselben abhängen.[445]

(i) Therapie

(i.1.) Therapie durch CRISPR/Cas9

Im Rahmen der Diskussion um die Zulässigkeit von therapeutischen Keimbahneingriffen wird häufig auf das Identitätsargument zurückgegriffen und danach gefragt, ob ein solcher Eingriff eine unzulässige Manipulation der Identität oder

[441] *Habermas*, Die Zukunft der menschlichen Natur, S. 101.

[442] Bezogen auf die Eugenik *Habermas*, Die Zukunft der menschlichen Natur, S. 110 f., der auch dies an das Wissen des Betroffenen knüpft, da dieser sich nicht als „ebenbürtig" empfinden könne. Diese Asymmetrie bleibt jedoch auch im Falle der Unkenntnis bestehen.

[443] *Habermas*, DZPhil 2002, S. 283 (290 f.), der es aber für eine moralische Pflicht hält, den Betroffenen davon in Kenntnis zu setzen. Eine solche Mitteilungspflicht tritt jedoch möglicherweise in Konflikt mit dem sich aus dem allgemeinen Persönlichkeitsrecht ergebendem Recht auf informationelle Selbstbestimmung in der Form des Rechts auf Nichtwissen.

[444] *Kersten*, Das Klonen von Menschen, S. 507.

[445] Eine Zweckdifferenzierung bei der Bewertung von Keimbahneingriffen vornehmend auch *Köbl*, in: Forkel und Kraft (Hrsg.), Beiträge zum Schutz der Persönlichkeit und ihrer schöpferischen Leistungen, S. 161 (188); *Neumann*, ARSP 1998, S. 153 (161).

Persönlichkeit ist.[446] Diese Frage meint zwar wohl das Richtige, ist jedoch falsch gestellt. Nicht um die Verfälschung einer Identität geht es,[447] sondern um die Manipulation einer *Bedingung* zur Entwicklung einer eigenen Identität. Die richtige Frage ist daher auf die Auswirkung gerichtet, die die genetische Zuweisung zu therapeutischen Zwecken für die Entwicklung eines Selbstverständnisses des Individuums hat. Kann er „selbst" sein und bleibt er zu „höchstpersönlichen Person-Werdung" befähigt, obwohl er (vereinfacht gesagt) ein Gen, das für eine Krankheit codiert oder jedenfalls in Kombination mit einem anderen Gen zu einer Krankheit geführt hätte, aufgrund menschlichen Eingriffs nicht hat, welches ihm die Natur aber an sich zugelost hätte, oder wird hierdurch eine Bedingung für die Entwicklung der eigenen Identität menschenwürdewidrig vorbestimmt?

Plausibel erscheint die Feststellung, dass eine Krankheit sicherlich die Identität eines Menschen prägt. Jemand, der von einer Erbkrankheit verschont bleibt, wird sicherlich eine andere Persönlichkeit entwickeln als derjenige, der mit einer solchen leben muss. Insofern wird durch das Ausschalten des verantwortlichen Gens auch auf die Persönlichkeitsentwicklung eingewirkt.[448] In eine ähnliche Richtung geht die Überlegung, durch genetische „Normalisierung" werde möglicherweise die Entstehung hochrangiger kultureller Leistungen verhindert, zu denen ihr Schöpfer eben gerade wegen seiner körperlichen, geistigen und seelischen Defekte in der Lage ist. So könnte ein Zusammenhang bestehen zwischen *Lord George Gordon Byrons* Lyrik und seinem Klumpfuß und der Malerei *Henri de Toulouse-Lautrecs* und seiner körperlichen Missbildung. Selbst wenn man jedoch einen solchen Zusammenhang zwischen „Genie und Wahnsinn" unterstellte, so ließe dies den ebenfalls naheliegende Zusammenhang dahingehend außer Betracht, dass genauso viele gute Anlagen unter der Last körperlicher und seelischer Defekte nicht zur Entfaltung kommen.[449] Letztlich wirken alle Umstände des Lebens darauf ein, welche Persönlichkeit ein Mensch entwickelt. Diese Tatsache sagt jedoch nichts darüber aus, ob diese Umstände deswegen unverfügbar sind und ihre Veränderung den Betroffenen daran hindert, sich selbst als höchstpersönlich und originär zu begreifen.

Sicherlich lassen sich auch Aussagen von kranken Menschen finden, die angeben, ihre Krankheit habe sie zu dem gemacht was sie sind und sie seien froh zu sein, wie sie sind.[450] Nur weil ein glückliches Leben auch *mit* einer Krankheit funktio-

---

[446] So *van den Daele*, KritV 1991, S. 257 (265); *Isensee*, in: Bohnert (Hrsg.), Verfassung-Philosophie-Kirche, S. 243 (262).

[447] Diese entwickelt der Mensch erst, siehe oben S. 274.

[448] *Van den Daele*, KritV 1991, S. 257 (265 f.); *Wagner*, Der gentechnische Eingriff in die menschliche Keimbahn, S. 76.

[449] *Köbl*, in: Forkel und Kraft (Hrsg.), Beiträge zum Schutz der Persönlichkeit und ihrer schöpferischen Leistungen, S. 161 (175) mit diesen Beispielen; *Rütsche*, Ethik Med 2017, S. 243 (246). Die Verhinderung der Ausprägung eigener individueller Merkmale durch den Austausch von Genen zur Verhinderung von Erbleiden befürchtete jedoch das *Bundesministerium der Justiz*, Diskussionsentwurf eines Gesetzes zum Schutz von Embryonen (abgedruckt in: *Günther und Keller* (Hrsg.), Fortpflanzungsmedizin und Humangenetik – strafrechtliche Schranken?, S. 349 (361)).

[450] So bspw. das fast blinde Mädchen *Ruthie*, zitiert über *Check Hayden*, Nature 2016, 530 (7591), S. 402 (403). Ruthie antwortete auf die Frage, ob sie gewollt hätte, dass ihre Eltern das Gen, das

niert, kann aber nicht im Umkehrschluss angenommen werden, die Ermöglichung eines Lebens *ohne* Krankheit sei menschenwürdewidrig. Denn auch ein solchen Leben wäre für einen Menschen ohne Zweifel (wenn man nicht „erst recht" sagen will) ein gutes Leben. Zudem kann letztlich jedem Zustand auch etwas Positives abgewonnen werden, was aber nicht heißt, dass der Zustand als solcher als unverfügbar bewertet werden muss.[451] Ein Blick auf den Alltag in Praxen und Krankenhäuser zeigt die grundsätzliche Tendenz, dass jedenfalls der überwiegende Teil der Menschen es vorziehen würde, gesund zu sein, sonst nähme wohl kaum der Großteil die verfügbaren Mittel in Anspruch, um seine Krankheit zu heilen oder jedenfalls zu lindern. Dies trifft auch auf Menschen zu, die mit Erbkrankheiten auf die Welt kommen (vereinzelte Ausnahmen mag es dabei sicherlich geben). Sie betrachten der Erkrankung damit wohl auch selbst nicht als unverfügbaren Teil ihrer Selbst. Man wird also auch im Wege einer „mutmaßlichen Einwilligung" davon ausgehen dürfen, dass der betroffene Mensch einem solchen Eingriff zustimmen würde.[452] Diese gedachte Zustimmung gleicht insbesondere in gewisser Weise das eingangs beschriebene asymmetrische Verhältnis zwischen Programmierer und Betroffenem wieder aus. Zu einer solchen vorgeburtlichen Intervention kann sich der Betroffenen in der Zukunft anders verhalten als jemand, der erfährt, dass seine genetischen Anlagen alleine nach den Präferenzen Dritter bestimmt wurden.[453] Die mutmaßliche Einwilligung als Begründungsfigur setzt zwar normalerweise die Existenz des Individuums voraus. Diese Voraussetzung besteht jedoch insbesondere dann, wenn Handlungen positiv gerechtfertigt werden sollen, nicht so hingegen, wenn „nur"

---

für ihre Blindheit in Folge von Albinismus verantwortlich ist, vor ihrer Geburt repariert hätten, ohne zu zögern: Nein.

[451] Ähnlich *van den Daele*, KritV 1991, S. 257 (266)

[452] *Habermas*, Die Zukunft der menschlichen Natur, S. 91; *Joerden*, Menschenleben. S. 103; *Siep*, in: Honnefelder et al (Hrsg.), Das genetische Wissen und die Zukunft des Menschen, S. 78 (83); *Rosenau*, in: Schreiber (Hrsg.), Globalisierung der Biopolitik, des Biorechts und der Bioethik?, S. 149 (153 f.); von Begegnungen mit kranken Menschen und deren Familien berichtend, die die Durchführung von Keimbahntherapien uneingeschränkt befürworten: *Doudna und Sternberg*, A crack in creation, S. 228. Dagegen ließe sich einwenden, auch manche von der Gesundheit abweichende körperliche Zustände können von Vorteil sein: So finden etwa Schwerbehinderte auf dem Arbeitsmarkt besondere Berücksichtigung, sodass es je nach Lebenslage auch gut sein könnt e, von einer Krankheit oder einer Behinderung betroffen zu sein. So müssen nach § 154 Abs. 1 SGB IX private und öffentliche Arbeitgeber mit jahresdurchschnittlich monatlich mehr als 20 Arbeitsplätzen 5 % der Arbeitsplätze mit Schwerbehinderten besetzen. Dieses Argument ist jedoch geradezu zynisch auf die Spitze getrieben. Die Gesellschaft mag in bestimmten Bereichen besondere Regelungen einführen, um Diskriminierungen vorzubeugen und Minderheiten möglichst Chancengleichheit zu ermöglichen. Aus diesen doch nur sehr vereinzelten Vorteilen oder bevorzugten Behandlungen zu schließen, es sei geradezu gut, behindert oder krank zu sein, geht jedoch zu weit, zumal insbesondere, um beim Beispiel des Arbeitsrechts zu bleiben, viele betroffene Unternehmen ihrer Pflicht zur Beschäftigung einer Mindestzahl von Schwerbehinderten nicht nachkommen, siehe *Deinert*, in: Becker et al. (Hrsg.), Homo faber disabilis?, S. 119 (119 f.). Insbesondere begreifen viele Arbeitgeber die Zahlung der Abgabe, die bei Nichterfüllung der Beschäftigungspflicht zu entrichten ist, als wirtschaftlich günstiger im Vergleich zur Beschäftigung schwerbehinderter Menschen, siehe *dort*, S. 124.

[453] *Habermas*, Die Zukunft der menschlichen Natur, S. 92.

argumentativ versucht wird, den Einwand der Menschenwürdewidrigkeit dieser Handlungen zurückzuweisen. Mutmaßliche Einwilligung ist in diesem Falle nicht technisch zu verstehen, sondern sucht lediglich die Interessen des künftigen Menschen zu berücksichtigen.[454]

Ausschlaggebend ist letztlich auch folgende Überlegung: Man sollte sich ins Gedächtnis rufen, wer letztlich für wen über die Vornahme des Keimbahneingriffs entscheidet Es sind die Eltern, die diese therapeutische Maßnahme für ihre Kinder anordnen. Diese Befugnis (bzw. Pflicht), therapeutische Maßnahmen zu veranlassen, haben Eltern jedenfalls in Bezug auf ihre geborenen Kinder. Dabei käme niemand auf die Idee zu behaupten, die Eltern verletzten hierdurch die Würde ihres Kindes, weil es dem Kind obliege zu entscheiden, ob es mit einer Krankheit leben wolle oder nicht, oder weil es die Persönlichkeit des Kindes auf unzulässige Weise beeinflusse oder gar weil es in den Eingriff nicht einwilligen könne. Weshalb also sollte die Tatsache, dass die Eltern zu einem früheren Entwicklungsstadium ihres Kindes oder vor dessen Entstehung entscheiden, ihr (künftiges) Kind solle eine bestimmte Krankheit nicht haben, würdeverletzend sein?[455] Weshalb ein wesentlicher Unterschied darin liegen soll, dass der Eingriff auf genetischer Ebene erfolgt, ist nicht ersichtlich, zumal einziger Grund hierfür der Umstand ist, dass eine andere therapeutische Maßnahme zu einem späteren Zeitpunkt, etwa nach Geburt, nicht gleich effektiv wäre.

Die Verhinderung von Leiden hindert also das Individuum nicht daran, ein eigenes Selbstverständnis zu entwickeln und verletzt nicht dessen Würde.[456]

---

[454] So auch *Werner*, in: Kettner (Hrsg.), Biomedizin und Menschenwürde, S. 191 (217 Fn. 9); eine „mutmaßliche Einwilligung" annehmend auch *Eberbach*, MedR 2016, S. 758 (771).

[455] Einen Vergleich mit der Behandlung geborener Kinder anstellend auch bereits *Schöne-Seifert*, Ethik Med 2017, S. 93 (94); die Situation einer Keimbahntherapie jedenfalls mit einer Behandlung des Nasciturus vergleichend *Rosenau*, in: Schreiber (Hrsg.), Globalisierung der Biopolitik, des Biorechts und der Bioethik?, S. 149 (153); insofern den fehlenden *informed consent* fälschlicherweise als maßgebliches Problem der Keimbahntherapie bewertend *Kipke et al.*, Ethik Med 2017, S. 249 (251).

[456] So auch folgende Autoren, die Krankheit und Leiden nicht als unveräußerlichen Teil der menschlichen Identität ansehen bzw. eine Würdeverletzung verneinen: *Sternberg-Lieben*, JuS 1986, S. 673 (678); *Scholz*, in: Leßmann und Lukes (Hrsg.), Festschrift für Rudolf Lukes, S. 203 (221); anders *Isensee*, in: Bohnert (Hrsg.), Verfassung-Philosophie-Kirche, S. 243 (262), der aber dennoch Keimbahneingriffe, um dem Individuum Leid zu ersparen, für erlaubt hält. Eine Menschenwürdeverletzung bei Keimbahneingriffen zur Verhinderung schwerer Erbkrankheiten verneinend auch *ders.*, MedR 1985, S. 249 (256); *Hofmann*, JZ 1986, S. 253 (259 f.); *Scholz*, in: Leßmann und Lukes (Hrsg.), Festschrift für Rudolf Lukes, S. 203 (221); *Graf Vitzthum*, in: Maurer (Hrsg.), Das akzeptierte Grundgesetz, S. 185 (189); *van den Daele*, KritV 1991, S. 257 (265); *Siep*, in: Honnefelder et al. (Hrsg.), Das genetische Wissen und die Zukunft des Menschen, S. 78 (85); *Rosenau*, in: Schreiber (Hrsg.), Globalisierung der Biopolitik, des Biorechts und der Bioethik?, S. 149 (153); *Neumann*, in: Neumann (Hrsg.), Recht als Struktur und Argumentation, S. 35 (48); *Deutscher Ethikrat*, Eingriffe in die menschliche Keimbahn, S. 145 ff.; siehe auch *Werner*, in: Kettner (Hrsg.), Biomedizin und Menschenwürde, S. 191 (219); jedenfalls in einer Keimbahntherapie keine Manipulation der Persönlichkeit eines Menschen betrachtend *Dabrock et al.*, Menschenwürde und Lebensschutz, S. 283; Keimbahninterventionen ebenfalls nicht kategorisch ablehnend wohl auch *Aslan et al.*, CfB-Drucks. 4/2018, S. 31 f.; a.A.: *Benda*, in: Gesellschaft für

Diese Feststellung gilt jedenfalls dann, wenn es sich um schwere Erbkrankheiten wie Chorea Huntington oder die Cystische Fibrose handelt, die mit frühem Tod und langem Leiden verbunden sind und deren Qualifikation als Krankheit niemand, und damit auch nicht der Betroffene selbst, vernünftigerweise in Frage stellen würde. Dann sind genetische Eingriffe nur eng begrenzt möglich. Durch diese engen Grenzen äußert sich die Respektierung der Naturwüchsigkeit des Subjekts als Grundlage der Entwicklung seines individuellen Selbstverständnisses.

Aber auch Eingriffe zur Verhinderungen weniger schwerer Krankheiten oder Behinderungen stellen keine menschenunwürdige Verobjektivierung dar. Ausschlaggebend ist allein, ob Ziel der Maßnahme der Erhalt bzw. die Herstellung von Gesundheit ist. Einem Menschen einen gesunden Zustand zu gewähren, verobjektiviert ihn nicht, auch dann nicht, wenn die Krankheit nicht schwerwiegend ist. Praktisch problematisch ist natürlich, dass sich der Übergang von einem (noch) kranken Zustand zu einem (schon) gesunden Zustand nicht klar definieren lässt. Letztlich muss jeder Einzelfall gesondert beleuchtet werden. Neben objektiven Maßstäben prägen auch subjektive und kulturelle Aspekte die Krankheitsdefinition. Weil letztere so schwer zu fassen sind, muss dem objektiven Kriterium die größte Beurteilung zukommen, sodass jedenfalls eine körperliche Dysfunktion als Mindestvoraussetzung stets vorliegen muss.[457]

(i.2.) Therapie durch Mitochondrientransfer

Im Falle des Mitochondrientransfers kommt zu der (grundsätzlich unproblematischen) therapeutischen Zielsetzung[458] hinzu, dass eine doppelte genetische Mutterschaft entsteht. In dieser neuartigen Form der Abstammung von zwei Frauen liegt jedoch kein die Menschenwürde verletzender Aspekt. Durch Mitochondrientransfer erhält das Kind gleich einer Organspende von einem anderen Menschen bestimmte Elemente, um das Funktionieren seines Organismus zu gewährleisten. Die Tatsache, dass diese Elemente in Form von DNA vorliegen, macht keinen wesentlichen Unterschied. Eine „Abstammung" von zwei Frauen ist letztlich nur der Nebeneffekt, da die Spende nur in diesem frühen Zeitpunkt vorgenommen werden kann und nicht zu einem späteren Entwicklungszeitpunkt durch das Injizieren bestimmter Elemente in den Körper des Kindes gleichermaßen heilende Effekte erzielt werden können.

Rechtspolitik Trier (Hrsg.), Bitburger Gespräche, Jahrbuch 1986/1, S. 17 (27 f.), wonach auch die Keimbahntherapie eine unzulässige Fremdbestimmung sei.

[457] Zu den Konsequenzen dieses Unvermögens, Therapie und Enhancement streng voneinander trennen zu können, hinsichtlich einer Regulierung der Keimbahntherapie und der Entscheidung, wer die Einordnung letztlich vornehmen können soll, siehe unten S. 428 ff.

[458] Insofern kann argumentativ auf die Ausführungen zur Veränderung der Kern-DNA zu therapeutischen Zwecken zurückgegriffen werden. Therapeutische Veränderung genetischer Eigenschaften sind mit der Würde des betroffenen Menschen vereinbar, unabhängig davon, ob nun die Kern-DNA oder die mitochondriale DNA betroffen ist. In diese Richtung auch bereits *Bredenoord et al.*, Human reproduction update 2008, 14 (6), S. 669 (674): Man könne letztlich auch überlegen, ob Veränderungen mitochondrialer DNA aufgrund der Tatsache, dass sie keine wirkliche phänotypische Auswirkung habe, nicht ohnehin „ethisch irrelevant oder neutral" ist. Allerdings, so die Autoren, könne man nie sicher ausschließen, dass ein Gen auch unbekannte Wirkungen hat.

Eine Besonderheit gilt, wenn der Mitochondrientransfer durch Vorkerntransfer erfolgt. In diesem Stadium liegen nach hier vertretener Ansicht bereits zwei Grundrechtsträger vor. Die Befruchtung der die Vorkerne aufnehmenden Zelle wird durch Verwerfen ihrer Vorkerne unterbrochen, das Individuum damit „getötet", indem nur die Hülle weiterverwendet wird. An dieser Stelle bietet sich ein Vergleich mit der Situation an, in der überzählige Embryonen in verbrauchender Weise zu Forschungszwecken verwendet werden. Wenn eine verbrauchende Forschung an diesen Entitäten zulässig ist, muss es auch zulässig sein, sie zum Zwecke einer Spende durch Entnahme der Vorkerne zu zerstören. Die verfassungsrechtliche Untersuchung der verbrauchenden Embryonenforschung erfolgt erst später, es soll jedoch an dieser Stelle vorweggenommen werden, dass solche Forschung an überzähligen Embryonen, die zur künstlichen Befruchtung gezeugt wurden, bei denen aber keine Aussicht auf einen Transfer in einen weiblichen Uterus besteht und die also somit dem Tod geweiht sind, vor dem Hintergrund der geltenden Rechtslage, deren Verfassungsmäßigkeit unterstellt, verfassungsrechtlich vertretbar ist. Eine Herstellung von Embryonen zu Forschungszwecken ist verfassungsrechtlich jedoch unzulässig.[459] Mit der Menschenwürde vereinbar ist also auch das Verwenden überzähliger Vorkernstadien zum Zweck eines Mitochondrientransfers. Nicht zulässig wäre es hingegen, sie zu diesem Zweck herzustellen.

(ii) Enhancement

(ii.1.) Allgemein

Wie bei therapeutischen Eingriffen stellt sich die Frage, ob das Selbstverständnis des Künftigen durch die Zuweisung von den Menschen verbessernden genetischen Eigenschaften beeinträchtigt ist.

Ebenso wie ein Mensch es bevorzugen würde, ohne die Last einer schweren Erbkrankheit geboren zu werden, würde er, so wird argumentiert, es auch sicherlich begrüßen, über möglichst viele positive Eigenschaften zu verfügen. So erhalte er schließlich einen größtmöglichen Entwicklungs- und Entfaltungsspielraum. Entscheide er sich dafür, diese Fähigkeiten ungenutzt zu lassen, so sei die Maßnahme für ihn höchstens neutral.[460] Auch könne eine Maßnahme, die das subjektiv empfundene Wohl steigere, schwerlich als menschenwürdewidrig klassifiziert werden. Jedenfalls gelte diese Feststellung für die Güter, die jeder Mensch erstrebe und zu schätzen wisse, oder die zumindest die ganz überwiegende Mehrheit der Menschen unseres Kulturkreises hoch schätze. *Welling* bezieht sich hierbei auf *Rawls' primary goods*, also bestimmte Grundgüter, die jeder Mensch auch unter Zugrundelegung verschiedenartigster Lebenspläne vernünftigerweise wünsche bzw. bezüglich derer man einen solchen Wunsch vernünftigerweise unterstellen dürfe, weil die Ablehnung solcher Güter schlichtweg irrational sei.[461] Hierunter sollen beispielsweise Intelligenz, Talente und Vorstellungsgabe fallen.[462] *Köbl* stellt in ähnlicher Weise da-

---

[459] Siehe zur Embryonenforschung unten S. 367 ff.

[460] *Welling*, Genetisches Enhancement, S. 149.

[461] *Welling*, Genetisches Enhancement, S. 150 f.

[462] *Welling*, Genetisches Enhancement, S. 150 mit Verweis auf *Allhoff*, Journal of Evolution and

rauf ab, dass jeder Mensch ein „genetisch besseres[n] Absichtsergebnis" gegenüber einem „genetisch schlechteren[s] Zufallsergebnis" vorziehen würde. Ethisch verantwortbar seien so eng begrenzte, von allgemeiner und langwährender Zustimmung getragene Verbesserungsziele, wie Verbesserungen der körperlichen Konstitution oder die Verbesserung sonstiger Eigenschaften, die wir bis heute durch (bewusste oder unbewusste) Partnerwahl zu erreichen und durch Erziehung und Bildung „anzuerziehen" und zu fördern versuchten. Die Art der Fremdbestimmung sei sicherlich eine neue, aber nicht unbedingt weniger legitime als herkömmliche Arten der Formung und Lenkung, wie Partnerwahl oder Erziehung und Bildung. Schließlich dürfe man auch nicht die Komponenten an Fremdbestimmung unterschätzen, „die wir dem Leben unserer Nachkommen mit Hilfe des Erziehungswesens, der gesellschaftlichen Strukturen, der Moral und des Rechtssystems, oft eigenwillig, wenig einfühlsam und mit fragwürdigem Ergebnis einzupressen versuchen".[463]

Es ist jedoch falsch, an dieser Stelle eine gedachte Zustimmung der Betroffenen zu unterstellen. Denn dabei handelt es sich eben im wahrsten Sinne nur um eine *Unterstellung*. Beim therapeutischen Eingriff hat sich das Gut „Gesundheit" als absolut erstrebenswert erwiesen, denn Krankheiten führen zu Schmerz und Leid, dementsprechend ist der therapeutische Keimbahneingriff vom Einverständnis des Betroffenen mutmaßlich gedeckt.[464] Bei anderen als therapeutischen Eingriffen kann schon vom Grundsatz her keine Einigkeit darüber erzielt werden, welche Eigenschaften durchweg positiv und wünschenswert sein sollen. Geschmäcker verändern sich und sind nicht nur subjektiv, sondern auch gesellschaftlich geprägt. Auch vermeintlich rein erstrebenswerte Eigenschaften wie besonders hohe Intelligenz können darüber hinaus unerwünschte Nebeneffekte haben: Ist ein Mensch besonders intelligent, verspürt er möglicherweise besonderen Erfolgs- und Leistungsdruck in seinem Umfeld. Auch aufgrund solcher Effekte kann keine uneingeschränkte Zustimmung des Betroffenen unterstellt werden.[465] Erst recht kann hinsichtlich der Beeinflussung körperlicher Eigenschaften kein Einverständnis unterstellt werden. Nicht nur sind diese in besonderer Weise individuellen Geschmäckern unterworfen,

---

Technology, 2008, 18 (2), S. 10 (20 ff.); ähnlich *Köbl*, in: Forkel und Kraft (Hrsg.), Beiträge zum Schutz der Persönlichkeit und ihrer schöpferischen Leistungen, S. 161 (188).

[463] *Köbl*, in: Forkel und Kraft (Hrsg.), Beiträge zum Schutz der Persönlichkeit und ihrer schöpferischen Leistungen, S. 161 (188 f.); insgesamt ein pauschales kategorisches Verbot des Enhancements wohl ablehnend auch: *Deutscher Ethikrat*, Eingriffe in die menschliche Keimbahn, S. 207 f. Zu überlegen sei allerdings, ob durch die Zulassung des Enhancements nicht ein sozialer Wertewandel statfinde, durch den die Würde von Menschen in deren Zugehörigkeit zu bestimmten Bevölkerungsgruppen verletzt würde, wie wenn etwa die Eingriffe durch unterschwellig rassistische Einstellungen einer Gesellschaft motiviert sind. Allerdings müsse der Staat entsprechende Entwicklungen beobachten und gegebenenfalls regulierend eingreifen; ein kategorisches Verbot ergebe sich hieraus nicht. Siehe *Deutscher Ethikrat*, Eingriffe in die menschliche Keimbahn, S. 177.

[464] Eine mutmaßliche Einwilligung beim Enhancement verneinend auch *Kipke et al.*, Ethik Med 2017, S. 249 (250 f.).

[465] Dagegen *Welling*, Genetisches Enhancement, S. 153, wonach ein unerwünschter Nebeneffekt nicht das Gut *per se* weniger erstrebenswert erscheinen lasse. Dies ist jedoch abzulehnen. Wie kann die vollständige Akzeptanz des Künftigen bzgl. der genetischen Veränderung unterstellt werden, wenn er unter dem Gut zusätzlich zu leiden hätte?

sie sind vor allem auch nicht in allen Situationen vorteilhaft. Besondere Körpergröße mag etwa erstrebenswert sein, wenn eine Karriere als Basketballspieler angestrebt wird, in anderen Lebenslagen aber eher hinderlich, etwa im engen Flugzeug. Im Gegensatz zu therapeutischen Eingriffen kann auch nicht mit der Bestimmungsbefugnis der Eltern über ihre Kinder argumentiert werden: Eltern dürfen auch in Bezug auf ihre (geborenen) Kinder nicht nach ihrem Gutdünken nicht-indizierte medizinische Eingriffe anordnen.

Auch kann der so oft gezogene Vergleich zu Partnerwahl und herkömmlichen Erziehungsmethoden nicht überzeugen. Genetische Faktoren lassen sich durch Partnerwahl in keiner Weise vergleichbar steuern. Auch Erziehungsmethoden und weitere kommunikativ vermittelte Einstellungen und Werte eines Menschen sind anderer Natur. Erziehungsprozesse laufen über kommunikatives Handeln. Das Kind wird als Zweite Person angesprochen und die charakterformierenden Erwartungen der Eltern sind grundsätzlich „anfechtbar“. Der Heranwachsende hat die Möglichkeit, zu antworten und sich „retroaktiv zu befreien“. Solche Fixierungen lassen sich analytisch durch die Erarbeitung von Einsichten auflösen. Diese Chance hat der Mensch bei einer genetischen Fixierung nicht. Es fehlt der kommunikative Spielraum, in dem das Kind in einen Verständigungsprozess einbezogen werden könnte. Das genetische Programm ist eine stumme und in gewissem Sinne unbeantwortbare Tatsache.[466] Selbstverständlich kann der Mensch bestimmte Eigenschaften, jedenfalls sofern Begabungen und Talente betroffen sind, auch einfach ungenutzt lassen. Insofern ist sein Lebensweg durch das genetische Enhancement nicht unmittelbar vorherbestimmt, ihm ist nicht sein „Recht auf eine offene Zukunft“ genommen.[467] Ein musikalisches Kind beispielsweise muss nicht Musiker werden. Aber die Veranlagungen sind da, es wird sie nicht ablegen können.[468] Sofern das genetische Enhancement körperliche Eigenschaften betrifft, verbietet sich ein Vergleich mit herkömmlichen Erziehungsmethoden ohnehin, da solche nicht anerzogen und auch nicht abgelegt werden können.

Neben den eben getätigten Überlegungen, welche jedenfalls geeignet sind, die Unbedenklichkeit von verbessernden Keimbahneingriffen, wie sie von manchen Autoren propagiert wird, in Zweifel zu ziehen, haftet dem Enhancement aber vor allem ein wesentliches Merkmal an: Es ist, basierend auf rein subjektiven Wertungen, nichts weiter als eine völlig beliebige Bestimmung darüber, welche Eigenschaften der betroffene Mensch zu haben hat und welche nicht. Gleich einem Baukasten soll so ein Mensch nach den Vorstellungen eines anderen zusammengesetzt

[466] *Habermas*, Die Zukunft der menschlichen Natur, S. 106 f.; das Eltern-Kind-Verhältnis durch das Enhancement, anders als bei Erziehungsmethoden, als gestört bewertend auch *Kipke et al.*, Ethik Med 2017, S. 249 (250).

[467] Dagegen auch *Resnik und Vorhaus*, Philosophy, ethics and humanities in medicine 2006, S. 1 (6 f.); *Welling*, Genetisches Enhancement, S. 149.

[468] Dabei kann man natürlich gesondert die Frage aufwerfen, ob bei charakterlichen Eigenschaften nicht eine „Lösung“ von diesen Eigenschaften möglich ist. Ein Mensch, der bspw. besonders emotional ist und hierzu eine Veranlagung besitzt, kann möglicherweise lernen, diese Emotionalität abzulegen und sich bewusst anders zu verhalten. Insofern ist die Irreversibilität etwas in Frage gestellt.

werden. Der Mensch sieht in sich das Produkt der willkürlichen Vorstellungen und Wünsche seiner Eltern, was die Bedeutung des natürlichen genetischen Ursprungs für das individuelle Selbstverständnis völlig negiert. In dieser Stellung, in dieser Abhängigkeit von willkürlichen Wünschen anderer liegt auch der (so oft als nicht erkennbar bemängelte) Unterschied zum Keimbahneingriff zu therapeutischen Zwecken.[469] Der therapeutische Eingriff dient der Verhinderung von Krankheiten, was auf jeden Fall dann frei von Willkür ist, wenn die Einordnung als Krankheit, wie schwere Erbkrankheiten, nicht vernünftigerweise in Zweifel gezogen werden kann.[470] Aber auch ganz grundsätzlich ist die Heilung von Menschen, insbesondere von Kindern und veranlasst von deren Eltern, trotz aller Graubereiche zwischen den Kategorien „Krankheit" und „Gesundheit" als geboten und erlaubt anerkannt und insofern sind Keimbahninterventionen zu therapeutischen Zwecken hinsichtlich der Zielsetzung nicht als fundamental anders oder gar als willkürlich zu bewerten. Im genetischen Enhancement drückt sich aber eine andersartige erhöhte Stellung aus, eben jenes eingangs erwähnte asymmetrische Verhältnis, die oder das sich ein Mensch gegenüber einem anderen selbst einräumt, indem er diesem anderen frei nach seinen Vorstellungen erschafft. Dieses asymmetrische Verhältnis zwischen Designer und genprogrammierter Person geht weit über das gewöhnliche soziale oder auch genealogische Abhängigkeitsverhältnis zwischen Eltern und Kindern hinaus.[471] Hierin liegt die Objektivierung, die sein Selbstverständnis grundsätzlich in Frage stellt.

Relativierend wird eingewandt, genetische Ausprägungen hätten *per se* eine äußerst untergeordnete bzw. keine Bedeutung für die Persönlichkeitsentwicklung, sodass auch das Enhancement egal welcher Art für die Persönlichkeits- und Identitätsfindung ohne Bedeutung sei.[472] Bezug genommen wird dabei auf Studien, bei denen Menschen dazu befragt wurden, ob sie glaubten, sie seien eine andere Person geworden, hätten vorgegebene Merkmale eine andere Ausprägung gehabt. Dabei wurden Eigenschaften wie etwa das Aussehen für die eigene Persönlichkeit als unbedeutend eingestuft. Wichtig seien vielmehr allgemeine Wert- und Rechtsvorstellungen, aber auch die Eltern und die eigene Geschlechtszugehörigkeit. Da diese wirklich wichtigen Aspekte durch genetisches Enhancement aber gar nicht betroffen seien, sondern durch dieses nur irrelevante Aspekte beeinflusst werden könnten, könne nicht davon

---

[469] Einen Menschenwürdeverstoß beim Enhancement bejahend auch *Mersson*, Fortpflanzungstechnologien und Strafrecht, S. 74 ff.; *Graf Vitzthum*, MedR 1985, S. 249 (256); *ders.*, JZ 1985, S. 201 (208); *Vollmer*, Genomanalyse und Gentherapie, S. 145 f.; *Möller*, in: Hallek und Winnacker (Hrsg.), Ethische und juristische Aspekte der Gentherapie, S. 27 (42); *Rosenau*, in: Schreiber (Hrsg.), Globalisierung der Biopolitik, des Biorechts und der Bioethik?, S. 149 (151 ff.); *John*, Die genetische Veränderung menschlicher Embryonen, S. 123 f.

[470] Je weniger schwerwiegend ein Zustand ist, desto mehr hängt die Einordnung als Krankheit natürlich von persönlichen Einschätzungen ab. In diesem Bereich sehen sich Entscheidungen ebenso dem Vorwurf der Willkür ausgesetzt. Um das Kind vor Würdeverletzungen zu schützen, darf die Einordnung, ob ein Zustand eine Krankheit ist oder nicht, nicht allein den Eltern oder einem Arzt überlassen werden. Siehe hierzu noch unten S. 409 f.

[471] *Habermas*, Die Zukunft der menschlichen Natur, S. 109 ff.

[472] *Welling*, Genetisches Enhancement, S. 218.

gesprochen werden, der Mensch werde durch ein Enhancement wie ein Gegenstand produziert und vorherbestimmt.[473] Es ist jedoch schon nicht richtig, das „Herstellen als Produkt“ an eine bestimmte persönlichkeitsprägende Wirkung zu knüpfen. Die „Herstellung“ muss doch vielmehr schon in der Zuweisung von Genen liegen. Ob dies auf seine Persönlichkeitsentwicklung eine Auswirkung hat, ist erst die zweite Frage. Zur Beantwortung dieser zweiten Frage taugt die ins Feld geführte Studie aber gerade nicht. Sie lässt nämlich die Unterscheidung außer Betracht, ob Eigenschaften wie das Aussehen gerade ein natürliches Zufallsprodukt oder aber von Dritten aktiv vorgegeben sind. Es bleibt also bei dem Ergebnis, dass eine die Zuweisung von Eigenschaften für das Selbstverständnis des Menschen nicht bedeutungslos ist.

Es kann dabei natürlich vorkommen, dass der Eingriff phänotypisch betrachtet folgenlos bleibt: Aufgrund der Umweltbedingungen exprimiert das Gen nicht und der gewünschte Erfolg bleibt aus. Aber hierin liegt kein relevanter Unterschied. Das „genetische Dispositionsfeld“ ist und bleibt von Dritten festgelegt. Die Tatsache, dass der Eingriff fehlschlug, ändert nichts daran, dass der Mensch nach dem Willen und den Vorstellungen Dritter „konstruiert“ wurde bzw. werden sollte.[474]

Mit eben diesem Verfügbarmachen der „Ausgangsbedingungen“ geht auch ein Verlust von Freiheit des betroffenen Menschen einher. Zu einem Freiheitsverlust kommt es spätestens dann, wenn ein Keimbahneingriff tatsächlich charakterliche Eigenschaften und kognitive Fähigkeiten (mit-)bestimmt. Dann kann sich der Betroffene seine Handlungen und Äußerungen nicht mehr selbst zurechnen, sondern sieht in ihnen nur einen fremden Willen verkörpert.[475] Aber auch bei der Zuweisung anderer Merkmale steht ein Freiheitsverlust zu befürchten. Mit jedem verbessernden Eingriff geht die Natur ein Stück weit als notwendige Basis individueller Freiheit verloren. Dabei ist gerade nicht von Relevanz, ob die konkrete Eigenschaft den Menschen beschränkt oder nicht. Es ist die bloße Verfügung anderer über das So-Sein, das freiheitsbeschränkend wirkt: „Mein Leib wäre nicht mehr im gleichen Sinne wie bisher *mein* Leib.“[476] Wer auch nur ein gemachtes Gen in sich trägt, muss sich zudem insgesamt als gemachter, von anderen geplanter und deren Absichten unterliegender Mensch begreifen. Wie kann er denn noch sicher sein, dass nur das veränderte Gen Gegenstand einer bewussten Entscheidung war, und nicht auch möglicherweise alle anderen unveränderten Gene? Der Mensch wird zum beliebig verfügbaren Größe. Wo nicht die Natur, sondern ein fremder Wille die Ausgangsbedingungen des Menschen (mit-) bestimmt, geht sich der Mensch „selbst als Zurechnungsobjekt für als frei verstandene Handlungen verloren“.[477]

---

[473] *Welling*, Genetisches Enhancement, S. 218 f. mit Verweis auf *Nunner-Winkler*, in: van den Daele (Hrsg.), Biopolitik, S. 265 (283 ff.).

[474] Anders *Resnik und Vorhaus*, Philosophy, ethics and genetic determinism 2006, 1 (1), S. 1 (8), die aus der mangelnden Kontrollierbarkeit des Eingriffs schließen, der Mensch werde nicht zum Produkt. Weshalb der Fehlschlag des Eingriffs hieran etwas ändern soll, ist aber nicht ersichtlich, denn sowohl die Handlung als auch die dahinter stehende Intuition sind die gleiche, ob der Eingriff gelingt oder nicht.

[475] *Werner*, in: Kettner (Hrsg.), Biomedizin und Menschenwürde, S. 191 (218 f.).

[476] *Werner*, in: Kettner (Hrsg.), Biomedizin und Menschenwürde, S. 191 (218).

[477] *Kersten*, Das Klonen von Menschen, S. 506.

(ii.2.) Sonderfälle

Daneben gibt es auch Eigenschaften, die schon aufgrund ihrer Qualität menschenwürdeverletzend sind. Ein Beispiel hierfür wäre das „einprogrammieren“ tierischer Eigenschaften. Kann ein Mensch beispielsweise nicht mehr sprechen, sondern nur Tierlaute von sich geben oder wird er so „programmiert“, dass er für Menschen unnatürliche Fähigkeiten besitzt, wie etwa im Dunkeln zu leuchten, muss nicht erst das Kriterium der „Willkürlichkeit“ herangezogen werden, um einen Verstoß gegen die Menschenwürde zu begründen. Niemand darf zum Spielball forscherischen Ehrgeizes und Übermuts gemacht werden.

Denkbar wäre auch, Gene gezielt so zu bearbeiten, dass sie zu einem körperlichen oder gesundheitlichen „Nachteil“ führen. Eindeutig eine Verletzung der Menschenwürde wäre jedenfalls das Einschleusen von Genen, die zu Zuständen führen, die allgemein anerkannt als Krankheiten oder Behinderungen bewertet werden. Die grundrechtliche Schutzpflicht gebietet zu verhindern, dass Menschen bewusst krankmachende Anlagen zugewiesen werden. An dieser Stelle wird selbstredend das Problem der Abgrenzung zwischen Krankheit und Gesundheit relevant: Welcher Zustand ist für einen Menschen „nachteilig“, „schädigend“, „behindernd“ oder „krankmachend“, und welche Eigenschaft macht ihn „besser“ oder jedenfalls nur „anders“ und bewegt sich im Bereich des „Gesunden“? Da nach hier vertretener Ansicht das Enhancement aber insgesamt unzulässig ist, kommt es auf die Frage nach noch und nicht mehr zulässigem Enhancement nicht an.

(iii) Prävention

Zu guter Letzt stellt sich die Frage, wie die Prävention unter dem Gesichtspunkt der Menschenwürde zu beurteilen ist. Sie unterscheidet sich von der Therapie durch die Unsicherheit des Eintritts eines Krankheitsfalls und vom Enhancement durch den pathologischen Bezug. Was bedeutet es also für das Selbstverständnis des Menschen, dass er genetisch verändert ist, um einen *möglichen* Krankheitsausbruch zu verhindern? Eine solche mögliche Krankheit ist insbesondere Brustkrebs, (mit-)verursacht durch das Risikogen BRCA1, oder AIDS, verursacht durch HIV.

(iii.1.) Risikogene

Durch einen präventiven Eingriff wird dem Menschen, bei dem die durch ein Risikogen (mit-)verursachte Krankheit ohne korrigierenden Eingriff *tatsächlich ausgebrochen wäre*, ermöglicht, seine Gesundheit dauerhaft zu erhalten, sodass von seiner „mutmaßlichen Einwilligung“ ausgegangen werden kann. Es gelten insofern dieselben Erwägungen wie beim therapeutischen Eingriff.

Doch auch wenn die Krankheit selbst ohne den gentechnischen Eingriff *nicht ausgebrochen wäre*, ist der betroffene Mensch nicht in seiner Würde verletzt. Er wird nie mit Sicherheit wissen, ob die Krankheit ausgebrochen wäre oder nicht, denn eine Wahrscheinlichkeit bestand allemal. Er kann sich aus diesem Grund auch nicht als „grundlos“ und willkürlich gentechnisch aufpolierter Mensch empfinden. Nicht-willkürlich ist die Maßnahme vor allem dann nicht, wenn ein Zustand verhindert werden soll, über dessen Qualifikation als Krankheit Einigkeit besteht, wie es etwa bei schweren Krankheiten wie Brustkrebs der Fall sein dürfte. Aber auch bei weniger schweren Krankheiten ist, wie im Rahmen der Untersuchung therapeutischer Maßnahmen festgestellt, die Menschenwürde nicht verletzt: Einem Menschen den Erhalt seiner Gesundheit zu ermöglichen, ist nie würdewidrig.[478] Zudem wird der künftige Mensch wohl die hundertprozentige Gesundheitswahrscheinlichkeit der sonst in ihm angelegten geringeren Gesundheitswahrscheinlichkeit vorziehen, sodass auch von einer mutmaßlichen Einwilligung auszugehen ist.[479]

(iii.2.) Erwerbbare Krankheiten

Ebenso ist auch der Schutz vor erwerbbaren Krankheiten kein Würdeverstoß. Die Zielsetzung einer solchen Maßnahme ist nicht willkürlich, denn es geht auch hier nicht um die Einführung beliebig festlegbarer vermeintlich positiver Eigenschaften, sondern um den Erhalt von Gesundheit. Der Eingriff unterscheidet sich von einem solchen, der ein Risikogen ausschalten soll, zwar durch seine Anlasslosigkeit. Es gibt in der genetischen Ausstattung des betroffenen Menschen keine Abweichung vom „Normalzustand", vom „Gesundheitszustand". Der Maßnahme liegt daher, trotz des pathologischen Bezugs, in gewissem Sinne eine genetische Aufpolierung des Menschen inne, eine Absicherung gegen bestimmte Lebenseventualitäten, wobei niemand weiß, ob der Umstand, vor dem geschützt werden soll, überhaupt jemals eintreten wird. Zu einem Wertungsunterschied führt dieser Umstand jedoch nicht. Es besteht dennoch ein Krankheitsbezug, sodass sich der Mensch zu diesem Eingriff anders verhalten wird als zu einer beliebigen enhancenden Maßnahme: Es bleibt beim genetischen Zufall, mit der Ausnahme einer Korrektur, um ihm künftiges mögliches Leiden zu ersparen, sodass auch hier insbesondere von einer mutmaßlichen Einwilligung auszugehen ist.[480]

(iv) Zwischenergebnis

Das Selbstverständnis des Menschen, das im Zusammenhang mit gentechnologischen Verfahren an den natürlichen Ursprung der genetischen Grundlage anknüpft, ist lediglich dann beeinträchtigt, wenn sich die Maßnahme als willkürliche Zuweisung genetischer Eigenschaften darstellt. Wenn die genetische Ausstattung eines Menschen vollständig in die Hände eines Dritten gelegt wird und diesem Dritten

---

[478] Der Deutsche Ethikrat unterscheidet an dieser Stelle zwischen therapeutischen und präventiven Maßnahmen: So spricht er bei präventiven Eingriffen die Gefahr an, lebenden Menschen mit entsprechenden genetischen Veranlagungen, wie etwa dem BRCA-Gen, könnte die gesellschaftliche Solidarität aufgekündigt werden (was er unter dem Stichwort „Menschenwürde" diskutiert), siehe *Deutscher Ethikrat*, Eingriffe in die menschliche Keimbahn, S. 157 f. und S. 162. Weshalb er dies dann aber nicht auch im Rahmen seiner Ausführungen zu den Keimbahninterventionen zur Vermeidung monogen vererbbarer Krankheiten diskutiert, ist allerdings unklar. Bei einem Eingriff, um das Risiko einer Alzheimer-Erkrankung zu senken, solle allerdings die Würde für einen solchen Eingriff sprechen: Die Würde manifestiere sich in der Erfahrung eigener Selbstwirksamkeit, wechselseitiger Achtung und dem starken Gefühl sozialer Zugehörigkeit: Diese Aspekte seien bei einer Alzheimer-Demenz aber gerade erschwert, wenn nicht gar unmöglich, siehe *Deutscher Ethikrat*, Eingriffe in die menschliche Keimbahn, S. 165 f.

[479] Zu den Konsequenzen des Unvermögens, Therapie und Enhancement streng voneinander trennen zu können, bzgl. einer Regulierung der Keimbahntherapie und der Entscheidung, wer die Einordnung letztlich vornehmen können soll, siehe unten S. 428 ff.

[480] Zu den Konsequenzen des Unvermögens, Therapie und Enhancement streng voneinander trennen zu können, bzgl. einer Regulierung der Keimbahntherapie und der Entscheidung, wer die Einordnung letztlich vornehmen können soll, siehe unten S. 428 ff.

überlassen wird, wie der Mensch „zu sein hat", kann der betroffene Mensch kein eigenes „Selbst" entwickeln. Er wird beliebig verfügbar und zu einem „Produkt". Anders ist die Lage bei therapeutischen oder präventiven Eingriffen zur Heilung oder Verhinderung von Krankheiten, ob diese nun schwer sind oder nicht. Die Anknüpfung an die Vermeidung von Krankheiten beseitigt die Willkürlichkeit des Eingriffs und respektiert die Naturwüchsigkeit des Subjekts als Grundlage seines individuellen Selbstverständnisses. Die Erhaltung der Gesundheit entspricht vielmehr auch dem mutmaßlichen Willen eines jeden Menschen.

In der Praxis lassen sich krankhafte Zustände und solche, die als gesund zu bewerten sind, nicht zweifelsfrei voneinander abgrenzen, sodass viel Interpretationsspielraum besteht, ob eine Maßnahme noch als Therapie oder schon als Enhancement einzuordnen ist. Dies wird Konsequenzen haben für eine entsprechende Regelung des Gesetzgebers und der Frage, wer diese Einordnung vornehmen können soll.[481]

ccc. Instrumentalisierungsverbot

Keimbahneingriffe könnten zudem eine Instrumentalisierung von Menschen darstellen. Hierfür ist Voraussetzung, dass der Mensch durch den Eingriff als Mittel für fremdnützige Zwecke missbraucht wird.

Zunächst sollen die Maßnahmen, ob therapeutisch, präventiv oder verbessernd, in der Regel dem Betroffenen zugutekommen. Ihm sollen, um seiner selbst willen, die jeweiligen Eigenschaften zuteilwerden, um ihm möglichst viele Chancen im Leben einzuräumen. Eine Instrumentalisierung liegt hierin nicht.

Die Eltern könnten dabei jedoch *zusätzlich* eigennützige Ziele verfolgen. So könnten sie durch Inanspruchnahme von genetechnischen Mitteln insbesondere zu Zwecken des Enhancements auch eine persönliche Aufwertung und Darstellung erstreben oder aber finanzielle Absicherung im Alter erreichen wollen, die am ehesten dann gewährleistet ist, wenn das Kind die Fähigkeiten besitzt, einen besonders lukrativen Beruf zu ergreifen.[482] Oder die Eltern könnten fragwürdige ideologische Vorstellungen haben und diese zu realisieren versuchen. Das Instrumentalisierungsverbot verbietet es aber nur, den Menschen *bloß* als Mittel anzusehen, und gebietet, dass der Mensch immer *zugleich* als Zweck an sich selbst gebraucht wird. Wenn also der Eingriff *auch* um des Nachfahren willen geschieht, sind daneben bestehende fremdnützige Motive unschädlich.[483]

Anders wäre diese Beurteilung also nur, wenn Sinn der Maßnahme die *reine* Indienststellung des Kindes zu subjektiven Interessen der Eltern wäre. Dies ist in der Theorie zwar denkbar, aber im Ergebnis realitätsfern und vor allem nicht mit objektiver Sicherheit feststellbar. Eine solche Planung der Eltern wird praktisch eine bloße Unterstellung bleiben: Die Tatsache, dass durch die Maßnahme auch gleichzeitig ein (nicht-instrumentalisierender) Kinderwunsch erfüllt werden soll bzw.

---

[481] Siehe unten S. 428 ff.

[482] Dieses Beispiel bei *Welling*, Genetisches Enhancement, S. 149.

[483] *Kersten*, Das Klonen von Menschen, S. 486.

diese auch um des Kindes willen erfolgt, wird man in der Praxis nie schließen können. Eine Instrumentalisierung ist also fernliegend.[484]

Allein das serienmäßige Herstellen von Menschen mit besonderen Eigenschaften, die für besonders wertvoll gehalten werden, instrumentalisiert die betroffenen Menschen. Solches Verhalten ist weniger von den Eltern als von dritter, etwa staatlicher, Seite ausgehend denkbar. Derartige Menschenzuchtprogramme sind jedoch nicht Gegenstand dieser Arbeit.

ddd. Gefährdung der Menschenwürde durch gesellschaftliche Auswirkung von Keimbahneingriffen

Eine eher mittelbare Würdeverletzung durch Keimbahninterventionen wird in dem Sinne befürchtet, dass die experimentellen Menschen, wenn nicht durch den Eingriff selbst, aber jedenfalls von den anderen, nicht keimbahnveränderten Menschen „stigmatisiert und menschenunwürdig […] behandelt" werden könnten.[485] Noch weitergehendere Überlegungen stellt *Schächinger* in Anlehnung an die „Tanz der Teufel"-Entscheidung des BVerfG an. In diesem Urteil hatte das Gericht die Frage zu beantworten, ob die Zurschaustellung grausamen Filmmaterials die Menschenwürde beeinträchtigen könne. Es entschied, das Filmmaterial sei „geeignet, einer allgemeinenen Verrohung Vorschub zu leisten, den Respekt vor der Würde des Mitmenschen beim Betrachter zu mindern und so auch die Gefahr konkreter Verletzungen dieses Rechtsguts zu erhöhen."[486] *Schächinger* hat diesen Gedanken weitergesponnen und fragt danach, ob so auch humangenetische Eingriffe allgemein zu einer Verrohung der Gesellschaft führen können, indem die soziale Achtung und die Wertschätzung des Einzelnen durch die anderen Mitglieder der Gesellschaft mit der Folge drohender Würdeverletzungen negiert werden könnten. Durch genetische Veränderungen zeige sich eine Beliebigkeit und Verfügbarkeit menschlichen Lebens, die geeignet sei, den Respekt vor jedem künftigen Menschen sinken zu lassen.[487] Hierin könnte sich eine Gefährdung der Menschenwürde für alle Menschen äußern, wovon auch die „experimentellen" betroffen wären.

Zunächst einmal gibt es keine Anhaltspunkte dafür, dass Menschen, die keimbahntherapiert auf die Welt kommen, geringere Wertschätzung entgegengebracht würde. Diese Überlegung gilt jedenfalls dann, sofern es um therapeutische und präventive Eingriffe geht. Inwiefern sie durch die Beseitigung oder Verhinderung einer Erbkrankheit oder sonstigen schweren Krankheit stigmatisiert werden könnten, ist

---

[484] So im Rahmen der Klonierung argumentierend *Kersten*, Das Klonen von Menschen, S. 486 ff., S. 489, wonach auch beim reproduktiven Klonen die Erfüllung eines (nicht instrumentalisierenden) Kinderwunsches neben fremdnützigen Zielen nie ausgeschlossen werden kann bzw. „Mentalreservationen hinsichtlich fremdnütziger Motive" der Eltern nicht objektiv feststellbar sind. Der Kinderwunsch selbst sei nicht instrumentalisierend, denn in ihm komme symbolisch der Selbstzweck des Kindes zum Ausdruck.

[485] *Schroeder-Kurth*, in: Bender (Hrsg.), Eingriff in die menschliche Keimbahn, S. 159 (170).

[486] BVerfGE 87, 209 (228 f.).

[487] *Schächinger*, Menschenwürde und Menschheitswürde, S. 240 f.

nicht ersichtlich. Letztlich ließe sich eine solche Befürchtung auch für Menschen, die durch Verfahren der künstlichen Befruchtung, PID oder Spermienselektion entstanden sind, begründen, da auch diesen Menschen irgendwie „der Makel der Künstlichkeit" anhaftet, der zu Stigmatisierung oder – wenn nicht zu menschenunwürdiger dann jedenfalls – zu anderer Behandlung durch Dritte führen könnte. Für eine solche Andersbehandlung gibt es jedoch keine Erfahrungswerte. Auch bei enhancenden Maßnahmen bewegen sich solche Befürchtungen im Bereich des rein Spekulativen.[488]

Auch ist es nicht recht einzusehen, weshalb humangenetische Eingriffe, die an Entitäten „von der halben Größe etwa des Punktes am Ende dieses Satzes" vorgenommen werden, geeignet sein könnte, den Respekt allgemein gegenüber allem geborenem Leben herabzusetzen geeignet sein sollten.[489] Die Einräumung eines Zugriffs auf menschliches Leben in diesem frühen Entwicklungsstadium verleitet nicht automatisch zu einem Zugriff gegenüber geborenem Leben.[490] Dies gilt umso mehr, als der Keimbahneingriff therapeutischen oder präventiven Zwecken dient. Wie diese Handlungen mitmenschlicher Solidarität mit sinkendem Respekt gegenüber menschlichem Leben und einer Verrohung der Lebenden gegenüber jedermann zusammenhängen könnten, ist nicht ersichtlich. Ein empirisches Indiz, welches diese Befürchtung untermauern könnte, findet sich nicht.[491]

cc. Ergebnis

Die Menschenwürde steht in ihrer Ausprägung als Objektivierungsverbot lediglich Keimbahneingriffen zu Zwecken des Enhancements entgegen. Therapeutische und präventive Ziele stellen weder eine Objektivierung noch eine Instrumentalisierung des betroffenen Menschen dar.

Für den Mitochondrientransfer gilt, dass, sofern dieser durch Vorkerntransfer erfolgen soll, nur überzählige imprägnierte Eizellen zur Entkernung und Aufnahme der fremden Vorkerne genutzt werden dürfen.

c. Verletzung des Rechts auf Leben und körperliche Unversehrtheit

Die Frage ist des Weiteren, ob das Recht auf Leben und körperliche Unversehrtheit aus Art. 2 Abs. 2 S. 1 GG der Durchführung von Keimbahneingriffen entgegensteht oder ob ab einem gewissen Grad erreichbarer Sicherheit der Techniken dieses Recht nicht mehr einschränkend wirkt.

---

[488] So auch *Schächinger*, Menschenwürde und Menschheitswürde, S. 242, wonach der erste gentisch veränderte Mensch wohl Aufsehen erregen würde, aber ihm wohl kaum weniger Respekt gezollt würde als seinen Mitbürgern.

[489] So bereits *Merkel* im Rahmen der Stammzellforschung, siehe *Merkel*, Forschungsobjekt Embryo, S. 206.

[490] *Van den Daele*, in: van den Daele (Hrsg.), Biopolitik, S. 97 (105).

[491] *Merkel*, Forschungsobjekt Embryo, S. 207.

aa. Schutzbereich

Bereits der Embryo ist vollwertiger Träger des Rechts auf Leben und körperliche Unversehrtheit. Gegen letzteres wird angeführt, der Embryo habe noch keine körperliche Gestalt, sodass es eine Verletzung dieses Rechts nicht geben könne.[492] Es ist zwar richtig, dass ein Embryo in vitro optisch nicht einem geborenen Menschen gleicht und auch nur unter Zuhilfenahme bestimmter Instrumente sichtbar ist, aber auch diese Entität hat eine körperliche Gestalt im naturwissenschaftlichen Sinne: Er verflüchtigt sich nicht zu Gas und hat eben die Gestalt eines menschlichen Wesens in diesem frühen Entwicklungsstadium.[493] Darüber hinaus spielt nicht nur die körperliche Integrität des Embryos, an dem der Eingriff vorgenommen wird, eine Rolle, sondern vor allem die des betroffenen geborenen Menschen, an dem sich der Eingriff auswirkt, zumal der Eingriff nicht nur an einem Embryo vorgenommen werden kann, sondern bereits vor dessen Zeugung an den Gameten.

bb. Verletzungstatbestände

Verletzungen des Rechts auf Leben und körperliche Unversehrtheit sind auf unterschiedliche Art und Weise möglich. Dabei ist zum einen die Frage, wie sich das Grundrecht zur bloßen Gefahr einer Verletzung verhält und zum anderen, welche Verletzungstatbestände in Betracht kommen.

aaa. Schutz vor Gefährdung

Das Grundrecht schützt nicht nur vor unmittelbaren Verletzungen, sondern auch vor der Gefahr einer Verletzung.[494] Die rechtlich erhebliche Gefahr bestimmt sich nach dem Produkt aus Eintrittswahrscheinlichkeit und Schadensausmaß bzw. -umfang.[495]

Teilweise wird versucht, diesen Gefahrenbegriff zu relativieren, indem begrifflich zwischen Gefahr, Risiko und Restrisiko unterschieden wird. Unter den Begriff „Restrisiko" sollen all' die Ereignisse fallen, deren Eintritt so selten oder unwahrscheinlich ist, dass sie als zu vernachlässigende Größe keine Gefahr im Rechtssinne darstellen und keine Schutzpflicht auslösen können.[496] Unter Berufung auf die „praktische Vernunft"[497] wird angeführt, ein Leben ohne Risiken sei nicht denkbar, wolle man die Technik nicht gänzlich abschaffen. Diese Überlegung mag

---

[492] *Schulze-Fielitz*, in: Dreier (Hrsg.), GG, Art. 2 Abs. 2 Rn. 40.

[493] *Welling*, Genetisches Enhancement, S. 187; *Böckenförde-Wunderlich*, Präimplantationsdiagnostik als Rechtsproblem, S. 203 f.

[494] *Hermes*, Das Grundrecht auf Leben und Gesundheit, S. 227.

[495] Hierzu und zum Folgenden *Hermes*, Das Grundrecht auf Leben und Gesundheit, S. 237 ff.

[496] So bspw. *Breuer*, DVBl. 1978, S. 834 ff.; *Steiger*, in: Salzwedel und Burhenne (Hrsg.), Grundzüge des Umweltrechts, S. 21 (36 ff.), wonach Restrisiko einen nach menschlicher Erkenntnisfähigkeit nicht erkennbaren Schadenseintritt beschreibt, siehe *dort*, S. 39.

[497] Dieser Begriff wird bspw. verwendet in BVerfGE 49, 89 (143).

zwar stimmen, ändert aber nichts an der Gefahrenqualität eines wenn auch unwahrscheinlichen Ereignisses. Vor allem aber vermag die Theorie vom Restrisiko keine auch nur annähernd präzisen Kriterien dafür zu liefern, ob ein Risiko gerade noch rechtlich relevant ist oder nicht. Es bleibt also dabei, dass sich eine Gefahr nach dem Produkt aus Eintrittswahrscheinlichkeit und Schadensumfang bemisst und auch eine sehr geringe Eintrittswahrscheinlichkeit nicht zu einem rechtlich irrelevanten Risiko führt. Letztlich versteckt sich hinter der Theorie vom Restrisiko der Versuch, den Bereich von Gefahr zu bestimmen, der als zumutbar hinzunehmen sein soll. Solche wertenden Überlegungen lassen sich statt beim Gefahrenbegriff jedoch sinnvoller bei der Frage nach Art und Umfang der Schutzpflicht anstellen, also auf Abwägungsebene. Dort können statt diffuser Kriterien rationale rechtfertigende Belange zur Herbeiführung eines angemessenen Ergebnisses eingeführt werden.[498]

bbb. Eingriffe

(1) Verletzung der körperlichen Integrität des Embryos

Wird der Keimbahneingriff an einem bereits bestehenden Embryo durchgeführt, wird durch diesen Akt dessen körperliche Integrität verletzt.

(2) Fehlschlagsrisiko

Aktuell ist ein gentechnischer Eingriff in das Genom nicht risikofrei durchführbar. Techniken wie CRISPR/Cas9 sind noch extrem fehleranfällig. So kommt es nach wie vor zu Fehlschnitten im Genom. Auch die erwünschten Korrekturen lassen sich noch nicht präzise durchführen. Insbesondere das Verfahren der homologen Rekombination ist längst nicht hinreichend steuerbar. All' diese Nebenwirkungen führen zu unkontrollierbaren Schäden mit unbekannten Auswirkungen, was die betroffenen Menschen in ihrem Recht auf körperliche Unversehrtheit verletzt.

Ist die Technik eines Tages zu hundert Prozent risikofrei, ist das Recht auf Leben und körperliche Unversehrtheit unter diesem Aspekt nicht mehr berührt. Art. 2 Abs. 2 S. 1 GG beinhaltet nicht das Recht auf Naturbelassenheit der verwendeten Gameten.[499] Im strengen Sinne risikofrei ist keine Technik.[500] Es muss also noch untersucht werden, welches Maß an Risiko toleriert werden kann.[501]

---

[498] *Hermes*, Das Grundrecht auf Leben und Gesundheit, S. 239 f.

[499] *Vollmer*, Genomanalyse und Gentherapie, S. 114.

[500] *Kluxen*, in: Flöhl (Hrsg.), Genforschung – Fluch oder Segen, S. 16 (27); zuversichtlich hinsichtlich einer künftigen sehr hohen Genauigkeit von CRISPR/Cas9 *Doudna und Sternberg*, A crack in creation, S. 222.

[501] Hierzu unten S. 329 ff.

(3) Folgeschäden

Darüber hinaus sind die verschiedensten Funktionen der Gene nach wie vor nicht bekannt. Eine auf den ersten Blick nur nachteilige genetische Variante kann aber ebenso auch positive Effekte haben. Schulbeispiel ist dabei die Sichelzellanämie. Das defekte Gen, welches für diese Erkrankung verantwortlich ist, führt gleichzeitig zu einer Malaria-Resistenz.[502] Eine solche Wirkung ist inzwischen auch beim Gen CCR5 bekannt, bei dem eine bestimmte Mutation zu einer Resistenz der Zelle gegen HIV führt. Neben diesem positiven Effekt erhöht die Mutation aber auch die Anfälligkeit für eine Infektion mit dem West-Nil-Virus. Andersherum gewendet: CCR5 im „Normalzustand" führt zu einer Resistenz gegenüber einer solchen Infektion.[503] Derartige Effekte sind auch für alle anderen „krankmachenden" Gene denkbar. Werden diese nun verändert, sehen sich die betroffenen Menschen möglicherweise anderen Gesundheitsgefährdungen ausgesetzt.

Darüber hinaus ist auch über die Wechselwirkung der Gene wenig bekannt. Welche Zusammenhänge durch Keimbahneingriffe verändert oder beeinträchtigt werden, weiß niemand. Negative oder sogar tödliche Nebenwirkungen können unter Umständen auch erst Generationen später manifest werden.[504] Das Zusammenspiel und die Wechselwirkung aller Gene ist zudem bei jedem Menschen individuell. Daher lässt sich die „Verträglichkeit" der Gentherapie auch nicht pauschal für alle Menschen feststellen. So wird die Gentherapie zwar höchstwahrscheinlich bei allen Menschen die Entstehung der einen behandelten Krankheit verhindern – bei dem einen vielleicht ohne weitere Nebenwirkungen, bei dem anderen aber vielleicht mit fatalen Konsequenzen für andere Funktionen seines Körpers. Bei der Keimbahntherapie betrifft die genetische Veränderung gerade jedes Organ, jede der unzähligen verschiedenen Zellen und Zelltypen des Menschen, sodass die Konsequenzen für das gesamte Zusammenspiel der Gene nur schwer für den Einzelnen vorhergesagt werden können.[505]

(4) Bewusste Erzeugung eines „kranken" Menschen

Wie bereits im Rahmen der Prüfung der Menschenwürde erwähnt, ist es theoretisch auch denkbar, bewusst „kranke" Menschen zu erzeugen. Ein Beispiel, an dem die Aktualität dieser Fragstellung sichtbar wird, ist der immer wieder in der Presse auftauchende Fall zweier tauber Eltern, die sich ein taubes Kind wünschen. So wollte beispielsweise ein taubes britisches Paar im Jahr 2008 ein taubes Baby per künstlicher Befruchtung zeugen. Die Betroffenen sahen in ihrer Taubheit keine Behinde-

---

[502] *Vollmer*, Genomanalyse und Gentherapie, S. 162; *Baylis und Robert*, Bioethics 2008, 18 (1), S. 1 (8).

[503] *Glass et al.*, The Journal of experimental medicine 2006, 203 (1), S. 35 (35 ff.); *Doudna und Sternberg*, A crack in creation, S. 164 f.

[504] *Radau*, Die Biomedizinkonvention des Europarates, S. 335.

[505] *Hengstschläger*, science.ORF.at, Artikel vom 03.08.2015.

rung, sondern einen Kulturzustand.[506] In diesem Fall ging es zwar „nur" um die Frage, ob ein Embryo, der dieses Kriterium erfüllt, gezielt ausgewählt werden darf. Es wäre jedoch auch denkbar, einem Embryo, der diese Eigenschaft des Taubseins nicht aufweist, mittels Genom-Editierung die entsprechende Genveränderung einzufügen.

An dieser Stelle sieht man sich wiederum mit der Abgrenzungsfrage von Gesundheit und hiervon abweichenden Zuständen konfrontiert. Es sollten daher im Rahmen des Art. 2 Abs. 2 S. 1 GG möglichst nicht die ideologisch und auch emotional aufgeladenen Begrifflichkeiten „krank", „behindert" oder „gesund" eine Rolle spielen, sondern allein die bei dem betroffenen Menschen an sich gegebene körperliche Funktionsfähigkeit. Nichts anderes verlangt das Grundrecht. Das Beeinträchtigen oder Aufheben körperlicher oder geistiger Funktionen eines Menschen ist demnach eine Verletzung der körperlichen Unversehrtheit. Wird also die Fähigkeit des Hörens bei einem Menschen, der sie eigentlich aufweisen würde, aktiv verhindert, liegt eine Beeinträchtigung des Grundrechts aus Art. 2 Abs. 2 GG vor. Schließlich, und diese Feststellung soll gewissermaßen als Gegenprobe dienen, hielte auch niemand folgende Aussagen für plausibel: „I have just accidently deafened your child; it was quite painless and no harm was done so you needn't be concerned or upset." Oder: „Unless we give you a drug your fetus will become deaf, since the drug costs £ 5 and as there is no harm in being deaf we see no reason to fund this treatment."[507] Letztlich kann auch ein Vergleich mit einem geborenen Menschen gezogen werden: Würde einem geborenen Menschen die Funktion des Hörens genommen, käme niemand auf die Idee, eine Verletzung der körperlichen Unversehrtheit zu verneinen. Es ist nicht ersichtlich, weshalb eine Beseitigung dieser Funktion vor der Geburt oder Entstehung anders zu bewerten wäre.

cc. Einwilligung

An dieser Stelle wird nun das Elternrecht des Art. 6 Abs. 2 GG relevant.[508] Eltern sind befugt, unter Berücksichtigung des „Kindeswohls" über ihre Kinder zu bestimmen, folglich auch in Grundrechtsverletzungen einzuwilligen. Eine solche Einwilligung

---

[506] Siehe *Luyken*, Die Zeit Online, Artikel vom 20.03.2008.

[507] *Harris*, Enhancing Evolution, S. 103.

[508] Wird der Keimbahneingriff am Embryo vorgenommen, also am schon existierenden Kind, ist Art. 6 Abs. 2 GG unmittelbar anwendbar. Dies ist nicht der Fall, wenn der Eingriff an unbefruchteten Keimzellen stattfindet. Das Eingriffsrecht der Eltern ergibt sich in diesem Stadium aus ihrem allgemeinen Persönlichkeitsrecht sowie ihrer Fortpflanzungsfreiheit. Insofern handelt es sich beim Aufeinandertreffen dieser Rechte mit dem Recht auf Leben und körperliche Unversehrtheit des künftigen Kindes um einen Fall der Grundrechtskollision, der durch Abwägung aufzulösen ist. Dabei muss aber derselbe Maßstab gelten, der auch bei unmittelbarer Anwendbarkeit des Art. 6 Abs. 2 GG gilt. Art. 6 Abs. 2 GG wirkt insoweit vor. Der Zeitpunkt des Eingriffs kann keinen Unterschied machen. Es wäre sinnwidrig, den Eltern bei einem Keimbahneingriff, wenn schon eine als ihr Kind anzusehende Entität vorliegt, weitere Befugnisse einzuräumen als bei einem Eingriff zu einem Zeitpunkt, zu dem ein solches Kind noch nicht vorliegt. Daher werden beide Fälle hier gleichzeitig behandelt, auch wenn es sich für den Fall des Keimbahneingriffs an Gameten und Vorläuferzellen strenggenommen nicht um eine Einwilligung in eine Grundrechtsverletzung handelt.

beseitigt den durch den durch den Keimbahneingriff eigentlich erfolgenden Eingriff in Art. 2 Abs. 2 S. 1 GG.

aaa. Allgemeines

Die Konkretisierung des Kindeswohls obliegt den Eltern, dem Staat steht insoweit nur eine Unvertretbarkeitskontrolle zu. Die Eltern dürfen im Rahmen des Kindeswohls in die Gefährdung oder Beeinträchtigung grundrechtlich geschützter Güter des Kindes einwilligen, dies allerdings nur, soweit das Schutzbedürfnis des Kindes es erfordert. Wo die Grenze verläuft kann nicht klar umrissen werden. Sie ist wohl dann erreicht, „wenn sich eine elterliche Maßnahme unter keinem denkbaren Gesichtspunkt mehr als Konkretisierung des Kindeswohls in diesem Sinne begreifen lässt. Nur dasjenige Verhalten der Eltern gegenüber ihren Kindern, das nicht mehr nachvollziehbar als Pflege und Erziehung aufgefasst werden kann, sondern als Missbrauch dieses Auftrags oder als Vernachlässigung der Kinder bezeichnet werden muss, überschreitet die Grenzen des Elternrechts und eröffnet damit die Ausübung des staatlichen Wächteramts."[509]

bbb. Therapeutische Maßnahmen

Hinsichtlich der Einwilligung in keimbahntherapeutische Maßnahmen muss zwischen dem Einsatz von CRISPR/Cas9 und den Verfahren des Mitochondrientransfers unterschieden werden.

(1) Möglichkeit der Einwilligung in therapeutische Eingriffe mittels CRISPR/Cas9

(i) Voraussetzungen der Einwilligung in therapeutische Maßnahmen
Hinsichtlich therapeutischer Maßnahmen gilt allgemein, dass Eltern befugt sind, in Gefährdungen oder Beeinträchtigungen der körperlichen Unversehrtheit ihres Kindes einzuwilligen, wenn mit der Maßnahme kein unzulässiges Risiko einhergeht. Sie können also in Heileingriffe und Heilversuche[510] einwilligen, wenn die Eingriffe einer Risiko-Nutzen-Analyse standhalten.[511] Die Maßnahme muss insbesondere im Rahmen eines Heilversuchs den konkreten Heilerfolg wahrscheinlicher machen als, wenn keine Behandlungsalternativen verfügbar sind, die Nichtbehandlung, oder, bei vorhandenen Alternativen, die Standardbehandlung.[512] Dabei können Eltern

[509] Siehe zum Elternrecht *Hörnle und Huster*, JZ 2013, S. 328 ff, zum Zitat siehe S. 332, mit Verweis auf BVerfGE 24, 119 (144); *Ruf*, Enhancements, S. 342 ff.; *Müller-Terpitz*, Der Schutz des pränatalen Lebens, S. 369 ff. Siehe auch bereits oben S. 221 ff. und S. 240 ff.

[510] Eine neuartige Therapie im Gegensatz zur Standardbehandlung, siehe unten S. 402 f.

[511] *Fateh-Moghadam*, RW 2010, S. 115 (134); *Schmidt*, Rechtliche Aspekte der Genomanalyse, S. 113; *Fischer*, Medizinische Versuche am Menschen, S. 63 ff.; so auch *Vollmer*, Genomanalyse und Gentherapie, S. 129 ff. m.w.N.

[512] *Fischer*, Medizinische Versuche am Menschen, S. 44 ff.; *Schmidt*, Rechtliche Aspekte der Genomanalyse, S. 112 ff.

auch die Zustimmung zu riskanten Eingriffen geben.[513] Übertragen auf den Keimbahneingriff bedeutet dies: Je eher eine Heilung der Krankheit auf andere Weise nicht zu erreichen ist und je negativer der Krankheitsverlauf auf das Individuum einwirkt, desto eher wird das Recht der Eltern überwiegen.[514]

In diesen Feststellungen sind zwei Elemente verborgen: Zum einen dürfen Risiken für das Kind hingenommen werden, solange nur der erwartete Nutzen überwiegt. Zum anderen besteht das Problem, wie dieser überwiegende Nutzen ermittelt werden kann. Für den Fall der Keimbahntherapie stehen für die Risikoermittlung folgende Möglichkeiten zur Verfügung: Tierversuche, Versuche an Keimzellen und Embryonen, sowie das Warten auf eine erfolgreich durchgeführte Keimbahntherapie im Ausland, um auf dortige Erfahrungswerte zurückgreifen zu können.

(ii) Die Risiko-Nutzen-Analyse

(ii1) Ermittlung der relevanten Daten

Durch Forschung an Embryonen lassen sich die Techniken selbst perfektionieren.[515] Über die Auswirkungen von Keimbahneingriffen für die Gesundheit des betroffenen Menschen selber sagen derartige Versuche jedoch nichts aus. Hierfür könnte man eben abwarten, bis im Ausland Keimbahneingriffe umgesetzt werden, und beobachten, wie sich die betroffenen Menschen entwickeln. Treten bei diesen tatsächlich gesundheitsschädliche Effekte auf, stellt sich dabei allerdings auch die Frage, wie sich überprüfen lässt, dass diese tatsächlich eine Folge des Keimbahneingriffs sind. Eine solche Schlussfolgerung wird man nur ziehen können, wenn dieselben Folgen bei mehreren Betroffenen auftreten. Auch dabei wird natürlich keine umfassende Risikofreiheit erreichbar sein, denn ein Erfolg bei einem Menschen garantiert keinen Erfolg auch bei einem anderen Menschen. Eine solche hundertprozentige Voraussage ist jedoch für eine positive Risiko-Nutzen-Analyse auch keine Voraussetzung: Es genügt, dass die Wahrscheinlichkeit des Nutzens die des Risikos überwiegt. Eine solche Prognose gewährleisten Erfahrungswerte aus dem Ausland allemal.

Die Frage ist, ob auch eine Anwendung in Deutschland möglich ist, ohne dass abgewartet werden muss, bis derartige Eingriffe im Ausland durchgeführt werden. Dann können, neben Versuchen an Embryonen, nur noch Daten aus Tierversuchen in die Risiko-Nutzen-Analyse einfließen. Tierversuche als Grundlage einer Anwendung von Techniken am Menschen, auch mit Auswirkung auf künftige Menschen, sind keine Neuheit. So hatte sich *Professor Siegfried Trotnow*, der „Vater" des ersten „Retortenbabys" Deutschlands, das im Jahre 1982 geboren wurde, vor allem durch intensive Tierversuche auf das Verfahren vorbereitet. Lediglich von einer australische Forschergruppe, die bereits im Jahre 1980 ein IVF-Kind zur Welt gebracht hatten, bekam er *Know-How* zur Verfügung gestellt. Die Wissenschaftler, die die

[513] *Ruf*, Enhancements, S. 351.

[514] *Vollmer*, Genomanalyse und Gentherapie, S. 133.

[515] Eine verbrauchende Forschung an überzähligen Embryonen befürwortend jüngst *Bonas et al.*, in: Deutsche Akademie der Naturforscher Leopoldina e. V. – Nationale Akademie der Wissenschaften (Hrsg.), Ethische und rechtliche Beurteilung des *genome editing* in der Forschung an humanen Zellen, S. 11.

Erzeugung des ersten IVF-Kindes *Louise Brown* in England ermöglicht hatten, gaben die von ihnen verwendete Methode nicht Preis. Zu *Trotnows* Team selbst gehörten sogar noch Tiermediziner.[516] Auf Erfahrungswerte bzgl. der Entwicklung von Menschen, die durch Inanspruchnahme von Techniken assistierter Reproduktion entstanden sind, konnte er nicht zurückgreifen. Auch beim Kerntransfer zwischen Eizellen, der jedenfalls teilweise das Genom des entstehenden Menschen bestimmt, wurde bei der Zulassung solcher Verfahren in Großbritannien im Jahre 2015 auf die Erfahrungswerte aus Tierversuchen und Forschung an Embryonen zurückgegriffen.[517] So gelang es zum einen, im Tierversuch gesunde Primaten heranzuzüchten und zum anderen, menschliche Eizellen nach einem Kerntransfer (allerdings mit einer gewissen Fehlschlagsquote) bis zum Blastozystenstadium zu entwickeln.[518] Die Datenbasis bestehend aus Embryonenforschung und Tierversuchen bildet also auch in anderen Bereichen der Fortpflanzungsmedizin die Grundlage für die Anwendung am Menschen. Eine strenge Anwendung des Vorsorgeprinzips i.S.e. „*better safe than sorry*"[519] ist der Wirklichkeit der Fortpflanzungstechnologien fremd.[520]

Im Sinne einer „positiven" Prognose, auch ohne vorherige Anwendung im Ausland, ist bei einer Therapie mittels CRISPR/Cas9 zusätzlich zu berücksichtigen, dass sich zur Vermeidung einer Krankheit eine Korrektur des mutierten Gens hin zu einer Veränderung desselben in eine Variante anbietet, wie sie Millionen von Menschen unbeschadet und ohne Nebenwirkungen tragen. Zwar mag dies keine hundertprozentige Sicherheit dahingehend liefern, dass eine entsprechende Korrektur bei jedem Menschen vollständig risikofrei sein wird, dennoch ist hierdurch eine gewisse Unbedenklichkeitsprognose möglich, wie sie in keinem anderen medizinischen Bereich bei erstmaliger Anwendung von Behandlungsmethoden oder Arzneimitteln erreichbar ist.[521] Selbst bei einer Restgefahr von *off target*-Effekten muss berücksichtigt werden, dass der Mensch von Beginn seiner Existenz an ständigen Mutationen ausgesetzt ist: Pro Sekunde finden in einem menschlichen Körper ca.

---

[516] Siehe die Pressemitteilung der Universität Erlangen unter http://www.presse.uni-erlangen.de/infocenter/presse/pressemitteilungen/nachrichten_2004/04/3599trotnow_verst.shtml (zuletzt geprüft 22.05.2017); *Haaf*, Zeit Online, Artikel vom 22.01.1982.

[517] *Servick*, Science, Artikel vom 19. Mai 2016; *Reznichenko et al.*, Applied&translational genomics, 2016, 11, S. 40 (45).

[518] *Tachibana et al.*, Nature 2009, 461 (7262), S. 367 (367 ff.); *Bahnsen*, Zeit Online, Artikel vom 25.10.2015; *Tachibana et al.*, Nature 2013, 493 (7434), S. 627 (627 ff.); *Reznichenko et al.*, Applied & translational genomics 2016, 11, S. 40 (45).

[519] *Sunstein*, Regulation Winter 2002–2003, S. 32.

[520] Falsch insofern die Feststellung von *Kipke et al.*, wonach die Forderung, man müsse die Sicherheit der Technik vor klinischen Tests gründlich erforschen, „Augenwischerei" sei, weil sich die Auswirkungen eines Keimbahneingriffs am Embryomodell nie vollständig prüfen ließen, siehe *Kipke et al.*, Ethik Med 2017, S. 249 (250). Die Autoren verkennen, dass eine vollständige Sicherheitsprüfung nicht nur der Reproduktionsmedizin, sondern jeglichem neuartigen therapeutischen Eingriff fremd ist. Was durch Forschung erreicht werden muss, sind Daten, die eine positive Risiko-Nutzen-Abwägung ermöglichen.

[521] Den Genetiker *George Church* zitierend *Doudna und Sternberg*, A crack in creation, S. 225; zum Vorschlag, Gene hin zu in der Natur vorkommenden Varianten zu korrigieren *NASEM*, Human Gene Editing, S. 93.

eine Million Mutationen statt. Jede Veränderung, die CRISPR/Cas9 durchführte, ob nun beabsichtigt oder nicht, verblasste quasi vollständig neben dem „in jedem von uns wütenden genetischen Sturm“.[522]

Es bietet sich an, als Vergleichsmaßstab für das tolerierbare Restrisiko bei erstmaliger Anwendung auf die Risikoprognose zurückzugreifen, wie sie bei Anwendung der Techniken der assistierten Reproduktion (ICSI und IVF) besteht. Dabei ist natürlich zu bedenken, dass eine Keimbahntherapie ohnehin auf Techniken wie ICSI und IVF angewiesen ist und die diesen Verfahren immanenten Risiken daher ohnehin bestehen. Es kommt folglich darauf an, dass die darüber hinausgehenden bzw. die hinzukommenden Risiken diese schon vorhandenen Gefahren nicht unverhältnismäßig übersteigen. Die Neuheit von Techniken ermöglicht zudem, einen gewissen Sicherheitsabschlag zu tolerieren.[523] Ein zusätzlicher Sicherheitsabschlag ist auch deshalb zu gewähren, weil ein therapeutischer Erfolg erzielt werden soll, worin eine gewisse Kompensation des teils aus Tierversuchen bekannten teils aber auch unbekannten Restrisikos liegt. Weil aber die Technik so neu ist und Restrisiken nicht auszuschließen sind, liegt eine solche Kompensation erstmal nur bei schweren Erbkrankheiten vor, die mit großem Leid und tödlichem Ausgang verbunden sind.[524] Jedenfalls aber kann die Risikoprognose derjenigen entsprechen, wie sie bei erstmaliger Anwendung der Techniken medizinisch assistierter Reproduktion bestand, wobei der therapeutische Nutzen wie erwähnt einen gewissen Sicherheitsabschlag ermöglicht.

Embryonenforschung und Tierversuche kommen also kombiniert als Grundlage für eine Anwendung der Keimbahntherapie in Betracht. Nichtsdestotrotz soll und darf der künftige Mensch natürlich keinen unnötigen Risiken ausgesetzt werden. In die Risiko-Nutzen-Analyse muss also auch mit einfließen, welche Alternativbehandlungen zur Verfügung stehen. Bei den klassischen monogenetischen Erbkrankheiten ist dies einfach beantwortet: Grundsätzlich keine. Allenfalls die PID oder die PKD könnten als risikoärmere Verfahren in Betracht kommen. Dies ist natürlich dann nicht der Fall, wenn es aufgrund der genetischen Konstitution der Eltern nicht möglich ist, einen gesunden Embryo zu zeugen. Gibt es hingegen diese Möglichkeit, ist die Frage, ob die PID oder die PKD als sinnvollere Alternative ins Feld geführt werden kann.

---

[522] Den Genetiker *George Church* zitierend *Doudna und Sternberg*, A crack in creation, S. 223.

[523] So bereits im Rahmen der Klonierung ICSI und IVF als Vergleich heranziehend und einen Sicherheitsabschlag befürwortend *Kersten*, Das Klonen von Menschen, S. 518 und 522, allerdings dort einen therapeutischen Erfolg, der das Risiko ausgleichen könnte, verneinend. Nach den Erhebungen des IVF-Registers lagen die Fehlbildungsraten im Jahre 2014 bspw. bei der IVF bei 1,2 % und bei der ICSI bei 1,1 %, die Totgeburtsraten bei der IVF bei 0,8 % und bei der ICSI bei 0,7 %, siehe *Deutsches IVF-Register*, Jahrbuch 2015, S. 18. Zu der Möglichkeit, aufgrund des „weitreichenden Nutzens“ der Keimbahntherapie ggfs. auch ein höhreres Risiko zuzulassen: *Aslan et al.*, CfB-Drucks. 4/2018, S. 12.

[524] Unter dem Aspekt der großen Ungleichheit des gesamten genetischen Hintergrunds, der bei jedem Menschen individuell ist, den positiven Effekt des „Ausgleichens“ des genetischen „Defekts“ in Frage stellend *Hengstschläger*, Riskantes Tüfteln am Erbgut.

(ii2) PID und PKD als Alternative bei Möglichkeit der Zeugung eines gesunden Embryos auch ohne CRISPR/Cas9

Ein gesunder Embryo kann dann erzeugt werden, wenn ein Elternteil nur eine Genkopie einer dominant vererbbaren Erbkrankheit besitzt, oder aber wenn bei einer rezessiv vererbbaren Krankheit nicht bei beiden Elternteilen zwei krankmachende Genkopien vorliegen.

Setzte man CRISPR/Cas9 an den Keimzellen an, obwohl nicht sicher ist, dass jede Zelle den *dominant vererbbaren genetischen Defekt* trägt, geschähe der Eingriff „auf Verdacht", mangels Möglichkeit, die Keimzellen ohne ihre Zerstörung vorher auf das tatsächliche Tragen des genetischen Defekts zu testen. Selbiges gilt für die Eizelle im Vorkernstadium sowie den einzelligen Embryo. Eine Ausnahme bildet die Polkörperdiagnostik (PKD), mittels derer durch Untersuchung des ersten und zweiten Polkörperchens festgestellt werden kann, welche Gene in der imprägnierten Eizelle verblieben sind. Ist die Frau also heterozygote Trägerin einer dominant vererbbaren Krankheit, kann so untersucht werden, ob das kranke Gen aus der Eizelle ausgeschleust wurde oder nicht. Eine sichere Prognose macht, aufgrund der während der Meiose stattfindenden genetischen Rekombination, die Untersuchung beider Polkörperchen notwendig.[525] Sollte sich bei Untersuchung dieses zweiten Polkörperchens herausstellen, dass das krankmachende Gen in der Zelle verblieben ist, wäre eine Keimbahntherapie schon an frühen Embryo, noch bevor eine PID möglich ist, angezeigt.

Liegt das Krankheitsrisiko im Genom des Spermiums begründet, kommt eine Keimbahntherapie nur mit dem Risiko in Betracht, dass möglicherweise gerade in eine gesunde Zelle eingegriffen wird. Im Idealfall bliebe CRISPR/Cas9 untätig, wenn die Zelle gar keinen genetischen Defekt aufweist und daher die sgRNA keine ihr entsprechende Gensequenz aufspüren kann. Aufgrund sehr hoher Homologie zwischen defekter und gesunder Gensequenz sind Schnitte im Genom aber durchaus zu erwarten, sowie auch bislang weitere *off target*-Effekte nicht ausgeschlossen werden können.[526] Lassen sich solche Schnitte anschließend beim gezeugten Embryo durch PID feststellen, könnten die betroffenen Embryonen aussortiert werden. Für den geborenen Menschen birgt diese Methode daher, vorausgesetzt alle *off target*-Schnitte können aufgespürt werden, keine Risiken. Der Embryo hingegen wird hierdurch der hohen Gefahr ausgesetzt, als nicht transferierbar deklariert und verworfen zu werden. Es ist mit der Eigenschaft als Grundrechtsträger nicht vereinbar, mit großer Wahrscheinlichkeit voraussichtlich geschädigte und nicht transfe-

---

[525] Siehe zur Feststellung monogenetischer Erbkrankheiten durch Polkörperdiagnostik *van der Ven et al.*, DÄBl. 2008, S. 1086 (1086 f.). Sofern durch Untersuchung des ersten Polkörperchens aber schon zuverlässig Auskunft darüber erteilt werden kann, dass in der Zelle auf jeden Fall noch krankmachende Gene vorhanden sind, und gibt es, sofern die genetische Ausstattung der Frau dies zulässt, die Möglichkeit, eine Eizelle zur Befruchtung auszuwählen, die solche Gene nicht mehr trägt, da diese aller Ansicht nach schon ausgeschleust wurden, sollten nur solche „gesunden" Eizellen verwendet werden. Die bewusste Auswahl der Zelle, die den Defekt noch trägt, führte zur Inkaufnahme der Zeugung eines kranken Embryos.

[526] Ich danke an dieser Stelle Herrn Prof. Dr. Boris Fehse vom Universitätsklinikum Hamburg-Eppendorf für die Aufklärung über die naturwissenschaftlichen Hintergründe.

rierbare Embryonen zu zeugen. Diese Methode darf daher erst dann gewählt werden, wenn keine *off target*-Effekte mehr zu erwarten sind und sicher ist, dass Cas9 nur dann einen Schnitt durchführt, wenn tatsächlich eine defekte Sequenz vorliegt. Es bietet sich daher in der Anfangsphase der Keimbahntherapie an, in diesen Fällen erst den Embryo zu zeugen und ihn dann durch PID daraufhin zu untersuchen, ob eine Gentherapie überhaupt notwendig ist.

Selbiges gilt, wenn zwar tatsächlich eine krankmachende Gensequenz in der Ei- oder Samenzelle vorliegt, das Kind hieran aber möglicherweise gar nicht erkranken würde, weil es sich um eine *rezessiv vererbbare Krankheit* handelt und der andere Elternteil eine gesunde Genkopie geliefert hat oder dies jedenfalls möglich wäre. Dann spürte CRISPR/Cas9 die Sequenz auf und reparierte sie, wenngleich aus Sicht des betroffenen Menschen (möglicherweise) unnötigerweise und verknüpft mit all den in im Anfangsstadium unbekannten Nebeneffekten. Daher sollte der Keimbahneingriff auch in diesem Fall erst dann durchgeführt werden, wenn mittels PID sicher ermittelt wurde, dass ein kranker Embryo vorliegt und die Therapie notwendig ist.

Das erste Problem, das sich bei der Möglichkeit einer PID oder PKD stellt, ist jedoch folgendes: Man könnte von all den gezeugten Embryonen[527] auch gleich die gesunden auswählen und auf die Frau übertragen, bzw. so viele Embryonen zeugen, bis ein gesunder gefunden werden kann. Die Durchführung einer Keimbahntherapie würde bedeuten, *bewusst* einen kranken Embryo auszusuchen, um ihn zu heilen, also ein Risiko einzugehen, obwohl auch Embryonen, die man ohne solche Risiken übertragen könnte, verfügbar wären. Man ist geneigt, der PID und der PKD aufgrund der vermeidbaren Risiken für den später geborenen Menschen den Vorzug zu geben; diese Entscheidung stünde aber auf verfassungsrechtlich schwachem Fundament: Sie bezieht sich nämlich auf einen nur „abstrakten" Kinderwunsch von Eltern auf gesunden Nachwuchs. Für diesen abstrakten Wunsch ist eine einfache PID oder PKD die sicherste Methode: Es ist sicherer, *irgendeinen* gesunden Embryo auszuwählen, als *irgendeinen* kranken zu therapieren. Die Risiko-Nutzen-Abwägung wird dann aber zwischen verschiedenen Embryonen vorgenommen, was aber für eine solche Abwägung zur Bewertung von Therapien unüblich ist. Eine Risiko-Nutzen-Abwägung muss sich auf ein und denselben Menschen beziehen. Es ist paradox zu sagen, der eine Embryo soll nicht geheilt werden, denn das Risiko ist geringer, wenn ein anderer Embryo implantiert wird. Das Risiko mag für einen abstrakten geborenen Menschen geringer sein, aber dieser Mensch ist eben nicht abstrakt, sondern bereits in embryonaler Form anwesend. Ob eine Keimbahntherapie zulässig ist, muss sich also allein danach richten, ob der Eingriff bezogen auf *diesen konkreten Embryo* einer positiven Risiko-Nutzen-Analyse standhält: Wenn also *dieser eine* Embryo krank ist und ein Heilversuch möglich wäre, spricht nichts dagegen, *diesen* Embryo zu heilen und *ihm* ebenso die Chance auf ein gesundes Leben zu geben, wie auch seinen „gesunden" Geschwistern. Das Argument, dass diesen therapierten Embryonen im Ergebnis möglicherweise ohnehin die Verwer-

---

[527] Auch in der Zukunft wird es wohl nicht ausreichen, zur Herbeiführung einer Schwangerschaft nur einen Embryo zu zeugen, siehe *Sigrid Graumann*, zitiert über: *Deutscher Ethikrat*, Zugriff auf das menschliche Erbgut, Simultanmitschrift der Jahrestagung vom 22. Juni 2016, S. 52.

fung drohe, wenn die nach dem Eingriff durchgeführte PID zeige, dass der Eingriff nicht erfolgreich war, verfängt nicht: Sie bekommen durch die Keimbahntherapie wenigstens die Chance, nicht verworfen zu werden. Die bloße PID oder PKD mit anschließender Selektion ist jedoch für den betroffenen, kranken Embryo keine Alternative.

Das zweite Problem liegt darin, dass der Embryo, bei dem die Krankheit nur durch PID festgestellt werden kann, aufgrund seines fortgeschrittenen Entwicklungsstadiums bereits aus mehreren Zellen besteht. Es müsste also gelingen, all diese Zellen zu erreichen und erfolgreich ohne Fehlschnitte zu reparieren.[528] Eine nochmalige PID zur Überprüfung des Gelingens des Eingriffs ist ebenso nicht möglich, da letztlich jede einzelne Zelle kontrolliert werden müsste. Ein Eingriff in diesem späteren Zeitpunkt könnte also weniger effektiv sein als zu einem früheren, auch wenn zu diesem Zeitpunkt nur ein gewisses Krankheits*risiko* besteht. Letztlich obliegt es der Forschung zu zeigen, welcher Eingriffszeitpunkt sinnvoller und mit den wenigsten Risiken behaftet ist. Es muss die Methode gewählt werden, die dem Embryo oder dem künftigen Embryo die größtmögliche Chance auf Gesundheit unter Eingehung des geringstmöglichen Risikos gewährt. Solange die Techniken aber in der Erprobungsphase sind, wird man sie nur benutzen, wenn die Notwendigkeit hierfür hundertprozentig gegeben ist, um kein unnötiges Risiko einzugehen, also nur, wenn gar kein gesunder Embryo erzeugt werden kann bzw. ein kranker Embryo schon vorliegt. Dies kann sich aber mit weiterem Fortschritt in der Forschung ändern.

(iii) Zwischenergebnis

Die zukünftigen Eltern sind folglich befugt, in einen Keimbahneingriff zu therapeutischen Zwecken einzuwilligen, sobald er einer positiven Risiko-Nutzen-Analyse standhält. Als Grundlage für diese Abwägung können nur Daten aus Tierversuchen kombiniert mit Forschung an Embryonen dienen. Dabei wird man einen strengen Sicherheitsmaßstab anlegen müssen. Erst wenn die Eingriffe regelmäßig erfolgreich verlaufen, kommt die Erstanwendung mit dem Ziel der Zeugung eines geborenen Menschen in Betracht. Als Orientierung kann diejenige Risikoprognose dienen, wie sie bei erstmaliger Anwendung von ICSI und IVF bestand. Der Nutzen überwiegt jedenfalls in der Anfangsphase nur dann, wenn die Therapie der Heilung einer schweren Erbkrankheit dient und wenn der Eingriff absolut notwendig ist. Dies bedeutet, dass ein Eingriff an Gameten, deren Vorläuferzellen oder am einzelligen Embryo nur vorgenommen werden darf, wenn die Zeugung eines gesunden Embryos nicht möglich ist. Am frühen Embryo, noch bevor eine PID durchgeführt werden kann, darf ausnahmsweise dann eine Keimbahntherapie durchgeführt werden, wenn durch PKD zuverlässig nachgewiesen werden konnte, dass der Embryo Träger einer Krankheit ist. Andernfalls darf nur der bereits aus mehreren Zellen bestehende Embryo therapiert werden, bei dem das Vorliegen der Krankheit durch PID festgestellt wurde.

---

[528] Wobei bei manchen Krankheiten zur Erreichung eines gesunden Zustands bereits ausreichen kann, wenn ein Teil der Zellen „gesund“ ist.

(2) Möglichkeit der Einwilligung in Mitochondrientransfer

Gesundheitliche Risiken können bei diesen Techniken in zweierlei Hinsicht bestehen: Zum einen ist nicht sicher, ob eine Vermischung mitochondrialer DNA wie beim Zytoplasmatransfer unterschiedlichen Ursprungs ohne Nebeneffekte bleibt. Aber auch bei einem Kerntransfer ist nicht auszuschließen, dass ein kleiner Teil der defekten Mitochondrien in die fremde gesunde Eizelle mitübertragen wird. Zum anderen ist auch sehr wenig bekannt über epigenetische Faktoren, wie das Zusammenspiel zwischen mitochondrialer DNA und Kern-DNA.[529] Bzgl. der Einwilligungsmöglichkeit gelten dieselben Ausführungen wie im Rahmen des Keimbahneingriffs an der Kern-DNA. Die Frau, bei der der Kern ihrer unbefruchteten Eizelle in eine andere übertragen wird, bzw. die Eltern der im Vorkernstadium befindlichen Eizelle, deren Vorkerne übertragen werden sollen, können in diesen Transfer einwilligen, wenn das Risiko-Nutzen-Verhältnis nach entsprechender Forschung positiv ist. Das Verfahren muss aufgrund der Neuheit des Verfahrens dazu dienen, schwere mitochondriale Krankheiten zu verhindern. Zudem darf das Verfahren erst dann angewendet werden, wenn sehr wahrscheinlich ist, dass das Kind von einer solchen Krankheit betroffen sein wird. Hiervon wird man ausgehen können, wenn bereits ein betroffenes Kind geboren wurde.[530]

Schwieriger ist die Beurteilung der Einwilligung der Eltern, die die Vorkerne ihrer Eizelle verwerfen und nur die Hülle spenden. Hierdurch töten sie diese Entität ab, eine Einwilligung nach Art. 6 Abs. 2 GG steht dem grundsätzlich entgegen. An dieser Stelle kann jedoch auf die im Rahmen der Prüfung der Menschenwürde getätigten Aussagen verwiesen werden.[531] Werden überzählige Zellen verwendet, stehen dem Mitochondrientransfer keine grundrechtlichen Bedenken entgegen. Lediglich eine Herstellung solcher Zellen zum Zwecke einer Spende wäre nicht erlaubt.

ccc. Enhancement

Möglicherweise ließe sich auch bei enhancenden Maßnahmen das Prinzip der positiven Risiko-Nutzen-Abwägung mit der Folge anwenden, dass die Eltern enhancende Maßnahmen an der Zygote oder am Keimgut vornehmen dürfen (sofern eine Menschenwürdeverletzung durch solche Maßnahmen verneint wird), wenn nur der zu erwartende Erfolg das Risiko ausgleicht.

Es wird vertreten, eine Einwilligung in Eingriffe in die körperliche Unversehrtheit von Kindern komme nur bei Heileingriffen in Betracht.[532] Jede Missachtung des kindlichen Rechts auf Leben und körperliche Unversehrtheit stelle eine Gefähr-

[529] *Bredenoord et al.*, Human reproduction update 2008, 14 (6), S. 669 (672 f.) m.w.N.

[530] Man kann auch eine Mitochondriopathie nicht sinnvoll vor Befruchtung durch Test der Eizelle feststellen: Nicht jede Eizelle ist gleichstark betroffen, sodass bei einem Test unsicher wäre, ob überhaupt ein aussagekräftiger Teil der Mitochondrien getestet wurde. Wenn jedoch das Paar bereits ein erkranktes Kind gezeugt hat, besteht jedenfalls eine gewisse Wahrscheinlichkeit dahingehend, dass weitere kranke Kinder entstehen könnten.

[531] Siehe oben S. 284.

[532] *Kern*, NJW 1994, S. 753 (756).

dung des Kindeswohls dar und falle nicht in den Schutzbereich des Art. 6 Abs. 2 GG. Das Recht auf Leben und körperliche Unversehrtheit des Kindes seien objektivierbare Rechtspositionen, sodass für eine ausfüllende Bestimmung ihres Inhalts durch die Eltern kein Raum bestehe.[533] Allerdings sind diese Grundrechtspositionen nur dann vollständig objektivierbar, wenn und soweit sie „nicht eine bestimmte Freiheit der Betätigung, sondern einen Zustand schützen".[534] So ist Art. 2 Abs. 2 S. 1 GG nicht (nur) auf einem objektiven Zustandsschutz gerichtet, sondern gewährleistet vielmehr „zuvörderst Freiheitsschutz im Bereich der leiblich-seelischen Integrität".[535] Das Grundrecht garantiert also auch ein körperbezogenes Selbstbestimmungsrecht, welches gerade die Einwilligung in medizinische Eingriffe ermöglicht. Die Wahrnehmung und Ausfüllung der körperbezogenen Selbstbestimmungsinteressen obliegt als grundrechtlich geschützter Teil der Personensorge vorrangig den Eltern. Sie haben einen Ermessensspielraum, der erst dann überschritten ist, wenn sich die Entscheidung als evidenter Missbrauch des Sorgerechts darstellt.[536]

Die Frage ist nun, ob das genetische Enhancement einen solchen Missbrauch darstellt. Hierfür muss wieder eine Risiko-Nutzen-Abwägung vorgenommen werden und es dürfen keine spezifisch kindeswohlverletzenden Eingriffsmodalitäten vorliegen.[537] Letzteres ist nach hier vertretener Ansicht jedoch gerade der Fall: Das „Enhancen" des eigenen Kindes nach den beliebigen Vorstellungen der Eltern verletzt dessen Menschenwürde. Der Vollständigkeit halber soll dennoch untersucht werden, ob derartige Eingriffe einer Risiko-Nutzen-Abwägung standhalten könnten.

Dagegen spricht, dass es, anders als bei therapeutischen Eingriffen zur Vermeidung schwerster monogenetischer Erbkrankheiten, aufgrund des Zusammenspiels mehrerer Gene bzw. der Unsicherheit, welchen Anteil diese Gene überhaupt am gewünschten Ergebnis haben, meist wesentlich schwieriger sein wird, planbare und vorhersehbare Effekte zu erzielen. Dies gilt jedefalls für die Eigenschaften, die nicht lediglich auf ein Gen zurückzuführen sind, wie etwa die Intelligenz eines Menschen. Die Wahrscheinlichkeit, dass der Nutzen überhaupt eintritt, wird daher geringer sein. Zudem wird das damit einhergehende gesundheitliche Risiko aufgrund des Zusammenspiels verschiedenster Gene von Natur aus ein höheres – möglicherweise gar ein unvermeidbares – bleiben als bei therapeutischen Eingriffen. Die Frage ist außerdem, ob, selbst wenn nur ein Gen in die Ausbildung der jeweiligen Eigenschaft involviert sein sollte, der gedachte Nutzen einer enhancenden Maß-

---

[533] Fateh-Moghadam, RW 2012, 115 (131 f.); *Jestaedt*, in: Kahl et al. (Hrsg.), Bonner Kommentar zum GG, Ordner 1a, Art. 6 Abs. 2 und 3 Rn. 136 (Stand 2017), beide im Ergebnis aber anders; *Lohse*, Jura 2005, S. 815 (819).

[534] *Jestaedt*, in: Kahl et al. (Hrsg.), Bonner Kommentar zum GG, Ordner 1a, Art. 6 Abs. 2 und 3 Rn. 136 (Stand 2017).

[535] BVerfGE 52, 131 (174); BVerfGE 89, 120 (130).

[536] *Fateh-Moghadam*, RW 2010, S. 115 (132) (Zitat und Hervorhebung dort); so auch *Suhr*, Der medizinisch nicht indizierte Eingriff zur kognitiven Leistungssteigerung aus rechtlicher Sicht, S. 262 f.

[537] *Fateh-Moghadam*, RW 2010, S. 115 (134).

nahme je so groß sein kann, dass damit (überhaupt irgendein) gesundheitliches Risiko aufgewogen werden können. Bei therapeutischen Maßnahmen steht den Risiken ein echter, fundierter medizinischer Nutzen i.S.e. Linderung oder Heilung von Krankheit und Leid gegenüber.[538] Mit solchen Zielsetzungen kann das Enhancement nicht mithalten. Verbessernde Maßnahmen zeichnen sich dadurch aus, dass sie gerade nicht notwendig sind, sondern „Luxus" darstellen und daher geradezu verzichtbar sind. Diese Bewertung gilt insbesondere für rein ästhetische Veränderungen, die überhaupt keinen „objektiven" Nutzen haben, außer eben dem Geschmack der Eltern zu entsprechen. Aber auch andere Manipulationen, wie klassischerweise das Verleihen erhöhter Intelligenz, können kein gesundheitliches Risiko ausgleichen. Sicherlich wird das Kind gewisse Vorteile haben, wenn es besonders intelligent ist. Es wird mit größerer Wahrscheinlichkeit beruflich besonders erfolgreich sein und dadurch finanziell besonders gut situiert sein. Es ist auch den Eltern, die ja letztlich darüber bestimmen dürfen, was für das Kind gut ist und was nicht, nicht versagt, das Kind auf ein solches Leben hinführen zu wollen. Aber das Kind hierfür einem erheblichen gesundheitlichen Risiko auszusetzen, erscheint geradezu absurd. Der Sicherung des *status quo* muss hier mehr Gewicht beigemessen werden als dem Gewinn weiteren Nutzens.[539] Verstoßen die Eltern dagegen, liegt ein Missbrauch der elterlichen Verfügungsmacht vor. Allenfalls bei solchen Risiken, deren Eintritt extrem unwahrscheinlich ist und die auch in der Auswirkung nur sehr geringfügig sind, kann man dies anders beurteilen.[540] Es ist jedoch extrem unrealistisch, dass die Risiken des genetischen Enhancements je derart geringfügig und unbedeutend sein werden. Folglich können die Eltern in solche Eingriffe nicht einwilligen.[541]

ddd. Prävention

Der Nutzen hat bei der Krankheitsprävention einen gesundheitlichen Bezug, indem der Erwerb oder der eventuelle Ausbruch einer Krankheit verhindert werden soll. Problematisch ist, dass es nicht mit Sicherheit zum Ausbruch der Krankheit kommen wird, entweder, weil die Krankheit erst erworben werden „muss" oder weil lediglich eine genetische Disposition gegeben ist, die sich erst bei Vorliegen besonderer äußerer Umstände realisiert. Es müssen beide Situationen getrennt beurteilt werden.

---

[538] *Welling*, Genetisches Enhancement, S. 184, mit Verweis auf *Lenk*, Therapie und Enhancement, S. 68.

[539] *Welling*, Genetisches Enhancement, S. 184, mit Verweis auf *Daniels*, in: Bostrom und Savulescu (Hrsg.), Human Enhancement, S. 38; Enhancement bei erheblichen gesundheitlichen Risiken auch ablehnend *Ruf*, Enhancements, S. 352 ff.

[540] Auch bei sehr kleinen Risiken das Enhancement ablehnend *Lenk*, Therapie und Enhancement, S. 69.

[541] Weniger kritisch *Köbl*, in: Forkel und Kraft (Hrsg.), Beiträge zum Schutz der Persönlichkeit und ihrer schöpferischen Leistungen, S. 161 (182); Bedenken auch hinsichtlich der Frage, ob der Nutzen des Enhancements je auch nur kleinste gesundheitliche Risiken überwinden kann *NASEM*, Human Gene Editing, S. 122.

Gegen den Erwerb von Krankheiten kann sich der Mensch in der Regel schützen. Wer entsprechende Maßnahmen ergreift, wird etwa nicht an AIDS erkranken. Diese Möglichkeit schmälert die Notwendigkeit und damit auch den Nutzen eines entsprechenden genetischen Eingriffs. Die unbekannten Risiken, die mit der erstmaligen Anwendung von Keimbahneingriffen einhergehen, gebieten es, die Anwendung auf die Fälle zu beschränken, bei denen ein Selbstschutz zu Lebzeiten nicht möglich ist. Ist dies nicht möglich, muss in die Risiko-Nutzen-Abwägung mit einfließen, wie wahrscheinlich eine Infektion ist und wie schwerwiegend ihre Auswirkungen sind.

Krankheiten, die sich aus genetischen Dispositionen entwickeln, lassen sich weniger steuern. Ob es zum Ausbruch von Brustkrebs bei einer Frau kommt, die Trägerin eines Risikogens wie beispielsweise BRCA1 ist, lässt sich von dieser Frau nicht beeinflussen. Da die Krankheit tödlich verlaufen kann und zudem ein hohes Risiko besteht, zu erkranken, kann die Risiko-Nutzen-Abwägung (bei entsprechender vorangegangener Forschung am Tiermodell und Embryonen) also positiv ausfallen. Je weniger schwerwiegend aber eine Krankheit ist bzw. je geringer die Wahrscheinlichkeit ihres Eintritts ist, weil der Mensch sich etwa durch einen entsprechenden Lebenswandel selbst schützen oder jedenfalls die Wahrscheinlichkeit des Krankheitsfalls senken kann, desto mehr Gewicht ist in der Abwägung den Risiken zuzuschreiben. Hinsichtlich der Modalitäten der Durchführung, also ob der Eingriff an Gamete oder Embryo erfolgen soll, muss natürlich auch hier berücksichtigt werden, ob die Zeugung eines „gesunden“ Embryos möglich ist oder nicht.[542]

Die Beurteilung darüber, ob Eltern in präventive Maßnahmen einwilligen können oder nicht, kann daher nicht einheitlich erfolgen. Aufgrund der Risiken, die insbesondere mit der Erstanwendung von Keimbahneingriffen einhergehen, wird man auch hier das Einwilligungsrecht der Eltern auf Extremfälle beschränken müssen. Voraussetzung ist, dass der betroffene Mensch nicht in der Lage sein wird, sich zu Lebzeiten selbst gegen die entsprechende Krankheit zu schützen bzw. den Verlauf jedenfalls zu beeinflussen. Zudem muss es sich um eine Krankheit handeln, die mit schwerstem Leid oder einem tödlichen Verlauf verbunden ist, und die Wahrscheinlichkeit ihres Ausbruchs muss sehr hoch sein.[543] Ein Beispiel für eine solche Krankheit ist der durch das Risikogen BRCA1 (mit-)verursachte Brustkrebs. Erwerbbare Krankheiten, die diese Voraussetzungen erfüllen, existieren auf dem Gebiet der Bundesrepublik Deutschland derzeit nicht.

eee. Bewusste Erzeugung eines „kranken“ Menschen

Eine Einwilligung in einen Eingriff zur Beeinträchtigung körperlicher oder geistiger und an sich vorliegender Funktionen ist den Eltern verwehrt. Zum einen sind derartige Eingriffe dem Bereich des Enhancements zuzuordnen, da sie nicht dem bloßen Erhalt von Gesundheit durch Therapie oder Prävention dienen und folglich

---

[542] Siehe die Ausführungen zum therapeutischen Eingriff S. 302 ff.

[543] Ähnliche Kriterien anlegend: *Deutscher Ethikrat*, Eingriffe in die menschliche Keimbahn, S. 205.

gegen die Würde des Kindes verstoßen. Zum anderen ist die absichtliche Verschlechterung körperlicher oder geistiger Funktionen des Kindes mit dem Kindeswohl nicht vereinbar.

dd. Ergebnis

Eltern können in die Gefährdung des Rechts auf Leben und körperliche Unversehrtheit ihrer Kinder durch Keimbahneingriffen zu präventiven und therapeutischen Zwecken dann einwilligen, wenn die Techniken hinreichend sicher sind. Zur Bestimmung dieses Zeitpunkts bietet es sich, neben der Durchführung entsprechender Forschung, an, sich an der Risikoprognose zu orientieren, wie sie bei erstmaliger Durchführung von IVF und ICSI bestand. Dabei gilt, dass Keimbahneingriffe mittels CRISPR/Cas9 nur zur Verhinderung bzw. Heilung schwerer Krankheiten zulässig ist, da jedenfalls in der Anfangsphase nur in einem solchen Fall der Nutzen groß genug ist, um die bestehenden Restrisiken auszugleichen. Dieser Umstand ermöglicht zudem einen größeren Sicherheitsabschlag bei der Risikobewertung. Zudem dürfen diese Eingriffe in den Anfangsphasen, wenn aufgrund der genetischen Konstitution der Eltern die Möglichkeit besteht, auch gesunde Embryonen zu zeugen, nur an Embryonen vorgenommen werden, bei denen eine Krankheit oder die Gefahr einer Krankheit durch PID oder PKD diagnostiziert wurde. Lediglich wenn die Eltern keine Möglichkeit haben, gesunden Nachwuchs zu bekommen, darf der Keimbahneingriff bereits vor Befruchtung bzw. an einer Zygote erfolgen. Hinsichtlich präventiver Eingriffe ist in vergleichbarer Weise Voraussetzung, dass die Verhinderung einer schweren Krankheit bezweckt ist und der Eintritt des Krankheitsfalls sehr wahrscheinlich ist. Dabei spielt auch eine Rolle, ob sich der Mensch zu Lebzeiten vor einem Krankheitsausbruch hinreichend schützen kann.

Hinsichtlich mitochondrialer Erkrankungen gilt in selber Weise, dass einer Anwendung entsprechende Forschung vorausgehen muss. Das Kind muss zudem voraussichtlich von einer schweren mitochondrialen Krankheit betroffen sein. Hiervon wird man ausgehen können, wenn das Paar in der Vergangenheit bereits ein krankes Kind gezeugt hat. Werden Vorkernstadien für einen Kerntransfer genutzt, dürfen als Empfängerzelle nur überzählige Vorkernstadien genutzt werden.

d. Verletzung der psychischen Integrität

Die Auswirkungen von Reproduktionstechniken auf das seelische und psychische Wohlbefinden des Kindes, das aus der Reproduktionstechnik resultiert, wird in der Regel unter dem Stichwort „Kindeswohl" diskutiert.[544]

---

[544] Siehe etwa *Nationaler Ethikrat*, Genetische Diagnostik vor und während der Schwangerschaft, S. 192 f. und S. 136 f.; *Taupitz*, in: Günther et al. (Hrsg.), ESchG, § 1 Abs. 1 Nr. 1 Rn. 8; zum Begriff des Kindeswohls auch *Schlüter*, Schutzkonzepte für menschliche Keimbahnzellen, S. 123 ff. Nach dem Verständnis dieser Arbeit verbergen sich hinter den Begriff „Kindeswohl" die grundrechtlichen Rechtsgüter des Kinders. Das hier behandelte Rechtsgut der psychischen Integrität ist

aa. Dogmatische Grundlage

Der Schutz der psychischen Integrität lässt sich nicht eindeutig einem Grundrecht zuordnen.[545] Weder das Recht auf freie Entfaltung der Persönlichkeit (Art. 2 Abs. 1 GG) noch das allgemeine Persönlichkeitsrecht (Art. 2 Abs. 1 und Art. 1 Abs. 1 GG) noch das Recht auf körperliche Unversehrtheit (Art. 2 Abs. 2 S. 1 GG) umfassen die psychische Integrität je für sich. Art. 2 Abs. 2 S. 1 GG gewährleistet die körperliche Unversehrtheit nur insoweit, als ihre Beeinträchtigung zu körperlichen Folgewirkungen führt.[546] Das Recht auf freie Entfaltung der Persönlichkeit und das allgemeine Persönlichkeitsrecht schützen in erster Linie die Selbstbestimmungs-, Selbstentwicklungs- und Selbstentfaltungssphären der Person. Die psychische Integrität findet eher mittelbar Berücksichtigung, indem eine psychische Folgenbetrachtung vorgenommen wird.[547] So hat das BVerfG bei seinen Urteilen rund um das Recht auf Kenntnis der eigenen Abstammung untersucht, ob das Vorenthalten dieser Kenntnis negative Folgen für das psychische Wohlbefinden nach sich zieht.[548] Das BVerfG hat zwar betont, dass der Mensch eine „Einheit von Leib, Seele und Geist“[549] ist, hat aber dennoch die psychische Unversehrtheit keinem konkreten Grundrecht zugeordnet. Es ist daher davon auszugehen, dass sowohl an Art. 2 Abs. 2 S. 1 GG als auch Art. 2 Abs. 1 GG angeknüpft werden muss. Die Grundlage bildet dabei Art. 2 Abs. 2 S. 1 GG, wenn sich die psychische Beeinträchtigung auch körperlich auswirkt. Ist dies nicht der Fall, kann auf den Gedanken der körperlichen und geistigen Einheit des Menschen zurückgegriffen werden, der in der Selbstentfaltung der Persönlichkeit in Art. 2 Abs. 1 GG seinen Niederschlag findet.[550]

bb. Eingriff

Für die Beurteilung, ob die psychische Unversehrtheit durch einen Keimbahneingriff gefährdet wird, soll wieder zwischen den verschiedenen Eingriffszielen differenziert werden.

aaa. Therapie und Prävention

Die Verwendung von CRISPR/Cas9 auf der einen Seite und die Methoden des Mitochondrientransfers auf der anderen Seite werden im Folgenden wieder getrennt untersucht.

---

lediglich ein Teil davon, das Kindeswohl ist hierauf nicht beschränkt.

[545] Zum Schutz der psychischen Integrität und zum Folgenden *Kersten*, Das Klonen von Menschen, S. 524 ff., siehe dort auch zu den jeweiligen Zitaten.

[546] *Murswiek*, in: Sachs (Hrsg.), GG, Art. 2 Abs. 2 S. 1 Rn. 149.

[547] Anders wohl *Enders*, in: Mellinghoff et al. (Hrsg.), Die Leistungsfähigkeit des Rechts, S. 157 (180), der das Recht auf ungestörte psychosoziale Entwicklung als unmittelbar vom allgemeinen Persönlichkeitsrecht erfasst sieht.

[548] BVerfGE 79, 256 (268 f.); BVerfGE 90, 263 (270 f.).

[549] BVerfGE 56, 54 (74 f.).

[550] *Kersten*, Das Klonen von Menschen, S. 525.

(1) Therapie und Prävention mittels CRISPR/Cas9

Das Bewusstsein darüber, gentherapiert zu sein, da ansonsten die Gefahr des Ausbruchs einer Krankheit bestanden hätte, wird beim Kind wohl keine Beeinträchtigung seiner psychischen Unversehrtheit hervorrufen. Eingriffe dieser Art stellen sein Selbstverständnis nicht in Frage, sondern respektieren seine Naturwüchsigkeit: Er ist in allen Aspekten und Facetten so, wie die Natur es „entschieden" hat, nur der Zustand der Gesundheit wurde ihm durch menschlichen Eingriff gesichert und hierfür ganz punktuell der genetische Zufall ausgeschaltet. Es gibt auch keinerlei Hinweise darauf, die Eltern könnten durch den Eingriff an ihrem Kind bestimmte übersteigerte und dieses belastende Erwartungen haben, da durch den Eingriff kein Einfluss auf irgendwelche Fähigkeiten oder Eigenschaften des Kindes genommen wird.[551]

(2) Mitochondrientransfer

Ein Sonderproblem stellt sich beim Mitochondrientransfer. Der Umstand, zwei genetische Mütter zu haben, könnte für das psychische Wohlbefinden und die seelische Entwicklung des Kindes hinderlich sein.[552] Empirische Daten gibt es hierzu nicht, da weltweit erst zwei Kinder nach einem Kerntransfer geboren wurden und diese gerade erst im Kleinkindalter sind.[553] Überlegungen lassen sich aber auf die Erkenntnisse solcher Reproduktionsmaßnahmen stützen, die zu gespaltener Mutterschaft führen und bei denen das Kind ebenfalls zwei Mütter haben wird: eine genetische und eine austragende. Eine solche Folge haben die Leihmutterschaft und die Eizellspende. Sollten diese Verfahren mit dem Kindeswohl unvereinbar sein, könnten sich hieraus Rückschlüsse ziehen lassen für den Fall, in dem das Kind sogar zwei genetische Mütter haben wird.

Studien zu diesen Verfahren zeigten im Hinblick auf die kindliche Entwicklung aber im wesentlichen unproblematische Ergebnisse.[554]

Insbesondere die Studien von *Susan Golombok* und ihrem Team können als Grundlage angeführt werden. Bereits bei einer Studie im Jahr 1999 ergaben sich keine Unterschiede bzgl. emotionalen oder verhaltensbezogenen Problemen zwischen vier- bis achtjährigen Kindern, die nach einer Eizellspende geboren wurden,

---

[551] So schon im Rahmen der PID *Nationaler Ethikrat*, Genetische Diagnostik vor und während der Schwangerschaft, S. 137.

[552] Dieses Problem angesprochen bei *Bredenoord et al.*, Human reproductive update 2008, 14 (6), S. 669 (674), aber im Ergebnis offen, ob die doppelte genetische Mutterschaft einer Anwendung der Technik entgegensteht.

[553] Sie zu den beiden im Jahr 2016 und 2017 geborenen Kindern *Zhang et al.*, Fertility and Sterility 2016, 106 (3), S. e 375 (e375 f.); *Coghlan*, New Scientist, Artikel vom 18.01.2017; *NASEM*, Human Gene Editing, S. 85 f. Ergbenisse von Studien zur Entwicklung der Kinder, die in Folge eines Zytoplasmatransfers gezeugt wurden, sind nicht bekannt. Eine solche Studie läuft wohl derzeit am *Institute for Reproductive Medicine and Science (IRMS)* in New Jersey (USA), siehe *Connor*, Independent, Artikel vom 25.08.2014.

[554] Auf die in dieser Hinsicht bestehende Unbedenklichkeit neuartiger Methoden sich fortzupflanzen hinweisend auch *Inserm*, De la recherche à la thérapie embryonnaire, S. 10.

und solchen, die aus einer IVF oder natürlicher Zeugung entstanden sind oder adoptiert wurden. Familien, in denen Kinder nicht mit ihrer Mutter genetisch verwandt waren, erzielten sogar allgemein bessere Ergebnisse bzgl. der Qualität familiärer Beziehungen. Vieles spricht dafür, dass die Erzeugung eines Kindes, das mit der Mutter nicht genetisch verwandt ist, von dem unfruchtbaren Paar als besondere Herausforderung empfunden wird und die Eltern daher besonders engagiert sind.[555] Diese Ergebnisse bestätigten sich in einer sich anschließenden Studie, in der diese Kinder im Alter von zwölf Jahren gemeinsam mit ihren Familien nochmals befragt und untersucht wurden.[556] Eine große Langzeitstudie starteten *Golombok et al.* im Jahre 2004, als sie über 13 Jahre hinweg das Familienleben von anfangs[557] 42 Familien analysierten, in denen Kinder durch Leihmutterschaft zur Welt gebracht wurden.[558] Des Weiteren wurden 51 Familien begleitet, bei denen durch Eizellspende ein Kind gezeugt wurde, und 80 Familien, bei denen durch natürliche Zeugung Kinder entstanden waren. Die erste Untersuchungsphase wurde im Alter von einem Jahr der Kinder durchgeführt.[559] Weitere Untersuchungen wurden anschließend durchgeführt im Alter von zwei,[560] drei,[561] sieben,[562] zehn[563] und vierzehn[564] Jahren. Dabei muss hervorgehoben werden, dass insbesondere in den ersten drei Kindheitsjahren die Eltern den Leihmutterkindern besonders viel Liebe und Zuneigung entgegenbrachten.[565] Die Qualität der Eltern-Kind-Beziehung variierte dann im Laufe der Jahre phasenweise. In der vierten Studienphase (Alter der Kinder: 7 Jahre) fielen Leihmutterkinder und Eizellspendenkinder beispielsweise durch eine weniger positive Mutter-Kind-Interaktion auf, als dies bei natürlich gezeugten Kindern der Fall war.[566] Insgesamt weisen die Autoren aber darauf hin, dass beide Fa-

---

[555] *Golombok et al.*, Journal of Child Psychology and Psychiatry 1999, 40 (4), S. 519 (525). Allerdings war den meisten Kindern bei dieser Studie ihr „Spenderursprung" nicht bekannt.

[556] *Murray et al.*, Fertility and Sterility 2006, 85 (3), S. 610 ff. Auch in diesem Stadium wussten nur 4 von 17 Kindern über ihren Ursprung Bescheid.

[557] Zur Studie im ersten Jahr siehe *Golombok et al.*, Developmental Psychology 2004, 40 (3), S. 400 (400 ff.). Die Teilnehmerzahl nahm im Laufe der Jahre ab. Bei der letzten Studie im Jahr 2017 stellten sich nur noch 27 Familien, bei denen eine Eizellspende erfolgt war, 28 Familien, die für ihre Fortpflanzung auf Ersatzmütter zurückgegriffen hatten, und 54 Familien, die sich auf natürliche Weise fortgepflanzt hatten, zur Verfügung, *Golombok et al.*, Developmental Psychology 2017, 53 (10), S. 1966 (1966 ff.).

[558] Bei manchen wurde eine Eizelle der Ersatzmutter zur Befruchtung genutzt (*partial (genetic) surrogacy*), bei manchen eine Eizelle der Wunschmutter (*full (nongenetic) surrogacy*).

[559] *Golombok et al.*, Developmental Psychology 2004, 40 (3), S. 400 (400 ff.).

[560] *Golombok et al.*, Journal of Child Psychology and Psychiatry 2006, 47 (2), S. 213 (213 ff.).

[561] *Golombok et al.*, Human reproduction 2006, 21 (7), S. 1918 (1918 ff.).

[562] *Golombok et al.*, Developmental psychology 2011, 47 (6), S. 1579 (1579 ff.).

[563] *Jadva et al.*, Human reproduction 2012, 27 (10), S. 3008 (3008 ff.).

[564] *Golombok et al.*, Developmental Psychology 2017, 53 (10), S. 1966 (1966 ff.).

[565] *Golombok et al.*, Developmental Psychology 2004, 40 (3), S. 400 (408); *Golombok et al.*, Human reproduction 2006, 21 (7), S. 1918 (1922); *Golombok et al.*, Developemental psychology 2011, 47 (6), S. 1579 (1585).

[566] *Golombok et al.*, Developmental psychology 2011, 47 (6), S. 1579 (1585 f.).

milientypen in diesem Stadium dennoch gut funktionieren und sich die Kinder gut entwickelten.[567] Allgemein wiesen Leihmutterkinder und Eizellspendenkinder, deren psychologische Anpassung (*psychological adjustment*) ab dem Alter von drei Jahren untersucht wurde, im wesentlichen keine Abweichungen gegenüber Kindern aus natürlicher Zeugung auf.[568] Auch in dieser Hinsicht schwankten natürlich phasenweise die Ergebnisse. So wiesen beispielsweise die Kinder, die durch Leihmutterschaften gezeugt worden waren, im Alter von sieben Jahren mehr psychologische Schwierigkeiten auf als anders gezeugte Kinder. Allerdings, so die Autoren, entwickelten sich auch diese Kinder sehr gut und ihre Werte seien im normalen Bereich. Zwischen Eizellspendenkindern und Samenzellspendenkindern bestand hingegen kein Unterschied, sie entwickelten sich wie natürlich gezeugte Kinder.[569] 44 % der Kinder wussten dabei im Altern von 3 Jahren bereits über die Leihmutterschaft Bescheid, 88 % im Alter von 7 Jahren und 91 % im Alter von 10 Jahren.[570] Dabei hatten 67 % der Zehnjährigen neutrale Gefühle gegenüber der Tatsache, aus einer Leihmutterschaft zu resultieren, 24 % sogar positive. Negative Gefühle diesbzgl. hatte keines der Kinder.[571] Lediglich 47 % der Eizellspendenkinder hingegen wussten im Alter von 10 Jahren von ihrem „Spenderursprung“.[572] Diejenigen, denen ihre Spenderherkunft bekannt war, hatten aber eine positive Einstellung hierzu.[573] Auch im Alter von 14 Jahren gab es verglichen mit natürlich gezeugten Kindern keine Auffälligkeiten in der psychologischen Entwicklung der Kinder und der Qualität der Beziehung zu den Eltern. Der starke Kinderwunsch in diesen Familien wird dabei wieder als Grund für die positiven Ergebnisse hinsichtlich der psychischen Verfassung von Müttern und Kindern gesehen.[574]

Die Studien erfassen nur eine verhältnismäßig geringe Anzahl von Betroffenen, die betroffenen Kinder sind noch verhältnismäßig jung und nicht in allen Konstellationen war die Mehrzahl der Kinder über ihren Ursprung aufgeklärt. Eine hundert-

---

[567] *Golombok et al.*, Developmental psychology 2011, 47 (6), S. 1579 (1579).

[568] *Golombok et al.*, Developmental psychology 2011, 47 (6), S. 1579 (1586).

[569] *Golombok et al.*, Journal of Child Psychology and Psychiatry 2013, 54 (6), S. 653 (657). Die Autoren stellten die Vermutung auf, das Fehlen einer schwangeschaftlichen Verbindung könne problematischer sein als das Fehlen einer genetischen Verbindung zur Mutter.

[570] *Jadva et al.*, Human reproduction 2012, 27 (10), S. 3008 (3012), Tabelle 3 und S. 3013. Nur in der Hälfte der „*full (genetic) surrogacy*“-Fälle wussten die Kinder hingegen auch von der Verwendung der Eizelle der Ersatzmutter zur Befruchtung.

[571] *Jadva et al.*, Human reproduction 2012, 27 (10), S. 3008 (3012), Tabelle 4.

[572] *Jadva et al.*, Human reproduction 2012, 27 (10), S. 3008 (3013).

[573] *Blake et al.*, Children & Society 2014, 28 (6), S. 425 (435).

[574] *Golombok et al.*, Developmental psychology 2017, 53 (10), S. 1966 (1973 ff.). Leichte Unterschiede ergaben sich beim Mutter/Kind-Verhältnis bei Ersatzmutterkindern und solchen, die aus einer Eizellspende entstanden waren. Das Verhältnis zwischen Ersatzmutterkindern und ihren (sozialen) Müttern war im Schnitt besser als das zwischen Kindern, die aus einer Eizellspende entstanden waren, und ihren (sozialen) Müttern. Dies könne daran liegen, dass einige Frauen bei der Ersatzmutterschaft ihre eigenen Eizellen benutzt hatten und zudem ein noch stärkerer Kinderwunsch vorhanden sei, als in Familien, die auf eine Eizellspende zurückgriffen. Ersatzmutterschaft hafte nach wie vor etwas Negatives an, sodass sich für diese Option auch nur Eltern entschieden, die einen äußerst starken Kinderwunsch hätten.

prozentig sichere Prognose dahingehend, wie sich die Kinder weiterentwickeln werden, können sie aufgrund dieser Lücken und Mängel nicht liefern. Sie bieten aber eine Grundlage für einen hoffnungsvollen und positiven Blick in die Zukunft: Die Familien funktionieren gut, die Kinder empfingen von ihren Eltern die gleiche Wärme und Zuneigung (wenn nicht gar mehr) wie solche aus natürlicher Zeugung, es sind keine wesentlichen Abweichungen in der psychologischen Verfassung der Kinder erkennbar. Es lässt sich der vorsichtige Schluss ziehen, dass die Qualität der familiären Verbindungen größeren Einfluss auf das Wohlsein des Kindes hat als die An- oder Abwesenheit einer biologischen Verbindung zwischen Mutter und Kind.[575]

Adoptionsfälle oder Fälle, in denen Kinder Stiefeltern hinzubekommen, also ebenfalls gewissermaßen mehrere Elternteile existieren, lassen sich als Vergleich nicht heranziehen. Auch in diesen Fällen gibt es zwar wie gesagt mehrere Elternteile: Die Erzeuger auf der einen Seite und die rechtlichen Adoptiveltern auf der anderen. Wenn die Kinder in diesen Fällen psychische Schwierigkeiten aufweisen, hängt dies aber oft mit den für diese Situationen typischen Umständen zusammen, wie etwa vorangegangene Scheidung, Durchreichen durch zahlreiche Übergangsfamilien oder Not und Elend in der prä-adoptiven Umgebung.[576]

Für den Fall des Mitochondrientransfers lässt sich daher eine eher positive Prognose aufstellen.[577] Die Beteiligung einer zweiten Frau bei der Zeugung eines Kindes birgt, so die Untersuchungen, nicht *per se* eine Gefahr für das Kindeswohl. Beim Mitochondrientransfer werden die Kinder zudem im Bauch ihrer späteren sozialen Mutter ausgetragen, wodurch eine bei der Leihmutterschaft fehlende schwangerschafliche Bindung begründet wird. Zudem erhalten sie, im Gegensatz zur gewöhnlichen Eizellspende, ihr gesamtes Kern-Genom von der austragenden Mutter, sodass auch eine sehr starke genetische Bindung besteht. Die bei Eizellspende und Leihmutterschaft angesprochenen fehlenden Bindungen sind beim Mitochondrientransfer also sogar beide vorhanden. Andersartig ist die Tatsache, genetisch jedenfalls minimal auch von einer anderen Frau abzustammen. Anhaltspunkte dafür, dass die Kinder hiermit weniger gut umgehen können als mit den anderen Entstehungsarten, bei denen weitere Frauen beteiligt sind, gibt es aber nicht. Maßgeblich wird hier wieder die Qualität der familiären Beziehungen sein. Für besonders positive Beziehungen spricht auch hier, dass diese Kinder „absolute Wunschkinder“ sein werden, insbesondere, wenn auf natürlichem Wege gezeugte Kinder aufgrund der mitochondrialen Erkrankung bereits verstorben sind. Wichtig (und nicht gar schädlich) scheint vor allem ein offener Umgang gegenüber den Kindern darüber, wie sie

[575] *Thorn*, Hessisches Ärzteblatt 2006, S. 173 (175); *Golombok et al.*, Developmental psychology 2011, 47 (6), S. 1579 (1587).

[576] *Blake et al.*, Children & Society 2014, 28 (6), S. 425 (425 f.).

[577] Zu dem Ergebnis, ebenso mit Verweis auf Leihmutterschaft und Eizellspende, ein Mitochondrientransfer gefährde das Wohl des Kindes nicht kommt auch: *Dorneck*, Das Recht der Reproduktionsmedizin de lege lata und de lege ferenda, S. 106 Fn. 433.

entstanden sind.[578] Ein gesetzliches Verbot des Mitochondrientransfers (allein) aus Gründen des Kindeswohls wäre daher auf „verfassungsrechtlich dünnem Eis“.[579]

bbb. Enhancement

Beim Enhacement sieht sich der Nachgeborene stets der Grundsatzfrage ausgesetzt: „Wie wäre ich gewesen, hätte es den Eingriff nicht gegeben? Wie groß wäre ich gewesen? Wie intelligent wäre ich gewesen? Was hätte mir gelegen?“ Dies sind Fragen, die die Identität und das Selbstverständnis des Menschen grundlegend in Frage stellen. Die (ausweglose) Suche und die (unbeantwortbare) Frage nach dem „eigentlichen Ich“ kann zu einer erheblichen psychischen Belastung führen. Hinzu kommt das Gefühl, ein von anderen konzipiertes Produkt zu sein.

Voraussetzung dafür, dass sich der betroffene Mensch diese Fragen überhaupt stellt, ist natürlich, dass ihm die Manipulation bekannt ist. Aber auch hier gilt wieder, dass bereits eine Grundrechtsgefährdung ausreichend ist: Jedenfalls dann, wenn er Bescheid wüsste, würde er sich diese Fragen stellen. Hiervor muss er bewahrt werden.

Zudem enthält das Kind nicht nur die von seinen Eltern festgelegten Gene, es kommt mutmaßlich auch mit den hinter der „Genwahl“ stehenden Motiven in Berührung: Wird das Kind besonders intelligent, kann damit eine gewisse Erwartungshaltung der Eltern einhergehen. Das Kind könnte sich an den Projektionen der Eltern gemessen fühlen und darunter leiden, wenn es diesen Projektionen nicht genügt.[580] Dieser Umstand ist aber keine Besonderheit des genetischen Enhancements. Viele Eltern haben besondere Erwartungen an ihre Kinder oder einen bestimmten Lebensweg für diese vor Augen, auch ohne dass sie das Genom derselben zur bestmöglichen Erfüllung ihrer Erwartungen extra anpassen. Eltern erwarten oft von ihren Kindern bestimmte Leistungen, auch ohne dass ihr Kind ein entsprechendes Talent aufweist.

Es wird auch befürchtet, Eltern könnten nicht verstehen, dass durch den Eingriff die Chance für einen bestimmten Wesenszug oder eine bestimmte Eigenschaft unter Umständen lediglich erhöht wird, sondern dass sie die gewünschte Folge als gesetzt

---

[578] Teilnehmer einer Studie mit Erwachsenen, die durch Samenspende gezeugt worden waren, gaben an, sie litten unter dem Geheimnis, unter den ungünstigen Umständen, die zu seiner Lüftung geführt hatten, sowie unter dem Vertrauensverlust gegenüber den Eltern. Psychologische Fachkräfte raten, Kinder nach Gametenspende frühzeitig aufzuklären, *Thorn*, Hessisches Ärzteblatt 2006, S. 173 (175); diese Überlegungen auch bei *Murray et al.*, Fertility and Sterility 2006, 85 (3), S. 610 (617 f.); *Rueter et al.*, Journal of Reproductive and Infant Psychology 2015, 34 (1), S. 90 (90 ff.).

[579] Diesen Ausdruck im Hinblick auf die Gesetzesbegründung („Kindeswohl“) zum Verbot der heterologen Eizellspende verwendend *Müller-Terpitz*, in: Spickhoff (Hrsg.), Medizinrecht, § 1 ESchG Rn. 7. Ebenso darauf hinweisend, dass aufgrund der Erfahrungen im Bereich der Eizellspende heutzutage eine Gefährdung des Kindeswohls keine tragfähige Begründung mehr für ein Verbot derselben wäre *Kersten*, NVwZ 2018, S. 1248 (1251).

[580] Diese Frage schon im Rahmen der PID aufwerfend und im Ergebnis verneinend *Nationaler Ethikrat*, Genetische Diagnostik vor und während der Schwangerschaft, S. 136 f.

betrachten. Zum einen gilt auch hier wieder, dass Eltern sehr häufig besondere Erwartungen an ihre Kinder haben und sie in eine bestimmte Richtung drängen wollen, ohne Rücksicht darauf, ob diese für die ausgewählte Tätigkeit das entsprechende Talent oder die entsprechende Neigung aufweisen oder nicht. Zum anderen ließen sich solche unrealistischen Erwartungen mit entsprechender Aufklärung durch den den Eingriff vornehmenden Arzt eindämmen. Im Übrigen unterscheidet sich diese Erwartungshaltung nicht von derjenigen solcher Eltern, die als Samenzellspender (oder, sofern im entsprechenden Land erlaubt, Eizellspenderin) etwa einen Weltklassemusiker auswählen, um ihrem Kind ein „Musikergen" mitzugeben.[581]

Mit dem Enhancement könnte aber auch einhergehen, dass das Kind möglicherweise nicht um seiner selbst willen geliebt wird (oder sich jedenfalls nicht geliebt fühlt), sondern aufgrund seiner genetischen Eigenschaften. Allerdings sind auch bei natürlicher Zeugung diverse Gründe denkbar, aus denen Eltern ihre Kinder lieben oder nicht lieben, oder aus denen Kinder sich geliebt fühlen oder nicht geliebt fühlen. Ein Kind, welches zufällig bestimmte Eigenschaften erbt, die den Eltern besonders gefallen und auf die sie besonders stolz sind, läuft ebenso Gefahr, sich auf diese Eigenschaften reduziert zu werden oder sich so fühlt. Wofür das Kind geliebt wird, gehört letztlich zu seinem „allgemeinen Lebensrisiko". Das genetische Enhancement birgt keine darüber hinausgehende Gefahr.

cc. Ergebnis

Verletzungen der psychischen Integrität des Kindes sind nur bei Keimbahneingriffen mittels CRISPR/Cas9 zum Zwecken des Enhancements zu befürchten.

e. Verletzung des allgemeinen Persönlichkeitsrechts

Das allgemeine Persönlichkeitsrecht, das in Art. 2 Abs. 1 i.V.m. Art. 1 Abs. 1 GG verankert ist, ist eine Schöpfung des Bundesverfassungsgerichts.[582] Der Schutzbereich des allgemeinen Persönlichkeitsrechts wird nicht abstrakt definiert, sondern stellt sich zusammen aus einer Reihe von von der Rechtsprechung entwickelten Fallgruppen.[583]

aa. Eingriff in den Schutzbereich

Denkbar wäre zum einen, die im Rahmen der Menschenwürde herausgearbeiteten Aspekte auch als vom allgemeinen Persönlichkeitsrecht erfasst anzusehen.[584] Eine hierauf zugeschnittene Fallgruppe wurde von der Rechtsprechung noch nicht ent-

---

[581] *Resnik und Vorhaus*, Philosophy, ethics and humanities in medicine 2006, 1 (1), S. 1 (7).

[582] Siehe bspw. BVerfGE 35, 202 (219); BVerfGE 72, 155 (170); für weitere Beispiele siehe *Dreier*, in: Dreier (Hrsg.), GG, Band 1, Art. 2 Abs. 1GG Rn. 68 Fn. 260.

[583] Siehe oben S. 217.

[584] Diesen Weg beschreiten bzw. erkennen bislang nur wenige in der Literatur, so aber etwa *Enders*,

wickelt.[585] Eine Analyse der anerkannten Fallgruppen zeigt jedoch, dass eine Einbeziehung dieser Aspekte nicht ausgeschlossen ist. So dient beispielsweise der Schutz der Privatsphäre dem Schutz der freien und selbstverantwortlichen Entfaltung der Persönlichkeit[586] sowie das Recht auf Kenntnis der eigenen Abstammung dem Schutz der Entwicklung und Entfaltung der eigenen Individualität und der Identitätsfindung.[587] Zudem dienen zahlreiche Fallgruppen dem Schutz der „Selbstbestimmung“ des Menschen, wie das Recht auf eine selbstbestimmte Selbstdarstellung nach außen[588] oder das Recht auf informationelle Selbstbestimmung[589] sowie auf sexuelle Selbstbestimmung.[590] Bestimmend für das allgemeine Persönlichkeitsrecht ist folglich der Gedanke personaler grundrechtlicher Autonomie. Deren Grundbedingungen als Voraussetzung für eine freie Entfaltung sind zu wahren.[591]

Auch Keimbahneingriffe zu enhancenden Zwecken berühren, wie im Rahmen der Menschenwürde erörtert,[592] Aspekte, der Persönlichkeitsentfaltung. Freie (und vor allem als frei erlebte) Persönlichkeitsentfaltung, so die These dieser Arbeit, setzen voraus, dass der Mensch in seiner genetischen Ausstattung, also in seinen „Anfangsbedingungen“ an den natürlichen Zufall anknüpfen kann und insofern auf ein Naturschicksal zurückblicken kann. Mit einem zugewiesenen Genom geht dem Menschen daher eine Grundbedingung zur freien Selbstentfaltung, gewissermaßen die ursprünglichste aller Grundbedingungen, verloren. Es kann somit als Fallgruppe des allgemeinen Persönlichkeitsrechts ein „Recht auf Unantastbarkeit der genetischen Ausgangsbedingungen zu anderen als therapeutischen und präventiven Zwecken“ gebildet werden.

Im Übrigen ist als „Begleiterscheinung“ des Keimbahneingriffs auch das allgemeine Persönlichkeitsrecht in seiner Ausprägung als Recht auf informationelle Selbstbestimmung berührt. Durch dieses Grundrecht wird der Einzelne „gegen un-

---

in: Mellinghoff et al. (Hrsg.), Die Leistungsfähigkeit des Rechts, S. 157 (174 ff.); *Schwabe*, Rechtliche Überlegungen zur gentechnischen Veränderung des menschlichen Erbguts, S. 41 ff. Dabei läge dieser Weg gerade für diejenigen nahe, die nicht die Menschenwürde als Argument gegen Keimbahnveränderungen bedienen möchten bzw. in ihnen keine menschenverachtende Objektivierung sehen.

[585] Eine solche unter der Bezeichnung „Grundrecht auf genetische Selbstbestimmung“ vorschlagend *Feick*, BayVBl. 1986, S. 449 (456).

[586] BVerfGE 27, 1 (6); hierzu auch *Koppernock*, Das Grundrecht auf bioethische Selbstbestimmung, S. 39.

[587] BVerfGE 90, 263 (270); BVerfGE 79, 256 (286 f.); hierzu auch *Degenhart*, JuS 1992, S. 361 (366 f.); *Koppernock*, Das Grundrecht auf bioethische Selbstbestimmung, S. 47 ff.

[588] BVerfGE 54, 148 (155); hierzu auch *Degenhart*, JuS 1992, S. 361 (364 f.); *Koppernock*, Das Grundrecht auf bioethische Selbstbestimmung, S. 41 f.

[589] BVerfGE 65, 1 (42); hierzu auch *Degenhart*, JuS 1992, S. 361 (363 f.); *Koppernock*, Das Grundrecht auf bioethische Selbstbestimmung, S. 42 ff.

[590] BVerfGE 47, 46 (73); hierzu auch *Degenhart*, JuS 1992, S. 361 (367 f.); *Koppernock*, Das Grundrecht auf bioethische Selbstbestimmung, S. 44 ff.

[591] *Enders*, in: Mellinghoff et al. (Hrsg.), Die Leistungsfähigkeit des Rechts, S. 157 (176 f.); *Degenhart*, JuS 1992, S. 361 (368); *Lorenz*, JZ 2005, S. 1121 (1125).

[592] Siehe oben S. 284 ff.

begrenzte Erhebung, Speicherung, Verwendung und Weitergabe seiner persönlichen Daten“ geschützt. „Das Grundrecht gewährleistet insoweit die Befugnis des Einzelnen, grundsätzlich selbst über die Preisgabe und Verwendung seiner persönlichen Daten zu bestimmen.“[593] Zu diesen persönlichen Daten gehören auch die Daten über die genetische Konstitution.[594] Erstens wird dem Eingriff, jedenfalls wenn er an einem aus wenigen Zellen bestehenden Embryo durchgeführt wird, eine Genomanalyse vorausgehen, damit überhaupt festgestellt werden kann, ob der Embryo einen bestimmten genetischen Defekt hat. Schon durch diesen Vorgang werden Daten über diesen Menschen erhoben. Zweitens führt ein Keimbahneingriff an egal welcher Entität aber auch ohne vorherige Analyse dazu, dass Dritte, insbesondere die Eltern, jedenfalls über das Vorhandensein eines bestimmten Gens, nämlich des veränderten Gens, Bescheid wissen, insbesondere wenn im Anschluss an den Eingriff noch zu Kontrollzwecken eine PID durchgeführt wird.

bb. Einwilligung

Auch hier könnten die Eltern das Recht haben, eine Dritteinwilligung vorzunehmen. Die Bestimmung von Umfang und Grenzen einer am Kindeswohl orientierten Dritteinwilligungsbefugnis ist beim allgemeinen Persönlichkeitsrecht wesentlich schwieriger als beim Recht auf Leben und körperliche Unversehrtheit. Es muss danach gefragt werden, ob im Zuge einer Gesamtsaldierung unter Kindeswohlgesichtspunkten der Vorteil für den Embryo bzw. das künftige Kind den Eingriff in das Persönlichkeitsrecht übersteigt.[595]

Eine Einwilligung in die Beschränkung der Möglichkeit zur freien Selbstentfaltung und Selbstbestimmung als solche, die mit dem Enhancement einhergeht, ist nicht möglich. Dies folgt aus der Überlegung, dass Ziel des Elternrechts gerade ist, das Kind zu Selbstbestimmung zu befähigen und darauf hinzuführen.[596] Das Enhancement, welches diese Selbstbestimmung i.S.e. Entfaltung und Herausbildung eines eigenen „Selbsts“ erschwert, liefe dem quasi diametral entgegen.

Der Eingriff in das Recht auf informationelle Selbstbestimmung kann hingenommen werden, wenn die Genomanalyse der Feststellung einer durch Keimbahneingriff therapierbaren Krankheit dient bzw. der Eingriff selbst therapeutischer oder präventiver Natur ist. Die Maßnahme dient durch den damit verbundenen Nutzen für die Gesundheit des Kindes der Wahrnehmung von Kindesinteressen, sodass die Einwilligung auch die hierfür notwendige Datenerhebung erfasst.[597] Selbiges muss auch für die PID nach dem Keimbahneingriff gelten. Durch diesen Eingriff wird

---

[593] BVerfGE 65, 1 (43).

[594] *Schmidt*, Rechtliche Aspekte der Genomanalyse, S. 120.

[595] *Schmidt*, Rechtliche Aspekte der Genomanalyse, S. 123 und 125.

[596] *Böckenförde*, in: Krautscheidt und Marré (Hrsg.), Kraft und Grenze der elterlichen Erziehungsverantwortung unter den gegenwärtigen gesellschaftlichen Verhältnissen, S. 54 (65); *Schmidt*, Rechtliche Aspekte der Genomanalyse, S. 126; *Höfling*, in: Isensee und Kirchhof (Hrsg.), Handbuch des Staatsrechts, Band 7, § 155 Rn. 55.

[597] So auch *Schmidt*, Rechtliche Aspekte der Genomanalyse, S. 125 f.

sichergestellt, dass die Maßnahme auch geglückt ist, sodass sie gewissermaßen einen Teil der Therapie darstellt.

cc. Ergebnis

Verletzungen des allgemeinen Persönlichkeitsrechts des Kindes sind nur bei Keimbahneingriffen mittels CRISPR/Cas9 zum Zwecken des Enhancements zu befürchten.

f. Fazit

Lediglich Keimbahneingriffe zum Zwecke des Enhancements haben sich folglich als mit der Würde des betroffenen Menschen nicht vereinbar erwiesen. Keimbahneingriffe mit therapeutischen und präventiven Zielen hingegen sind mit den Rechten dieses Menschen vereinbar, sofern es sich in der Anphangsphase der Keimbahnintervention um die Verhinderung bzw. Heilung schwerer Krankheiten geht und eine hohe Wahrscheinlichkeit eines Krankheitsfalls besteht. Hierbei spielt auch eine Rolle, ob sich der Mensch zu Lebzeiten selbst ausreichend gegen den Krankheitsausbruch schützen kann. Eine Keimbahntherapie darf, jedenfalls in den Anfängen, nur durchgeführt werden, wenn die Eltern aufgrund ihrer genetischen Konstitution keine Möglichkeit haben, ein gesundes Kind zu bekommen bzw. wenn ein kranker Embryo, bei dem eine Krankheit durch PID oder PKD sicher festgestellt wurde, vorliegt.

2. Schutz der zukünftigen Generation

Keimbahneingriffe könnten auch die Belange künftiger Generationen berühren. Dabei müssen zum einen die Interessen individueller künftiger Menschen sowie die Interessen der künftigen Generationen als Kollektiv unterschieden werden. Auch diese Interessen und Belange müssen im Rahmen der Abwägung zwischen den für und gegen Keimbahninterventionen streitenden Aspekte herangezogen werden und könnten insofern ein Verbot solcher Interventionen rechtfertigen, wenn ihnen mehr Gewicht beizumessen ist als den für die Zulässigkeit von Keimbahneingriffen sprechenden Rechten.

a. Der individuelle Nachgeborene

Zunächst stellt sich die Frage, ob die Belange der Nachfahren des unmittelbar keimbahntherapierten Menschen betroffen sind. Diese zukünftigen Menschen sollen im Folgenden auch als „Nachgeborene“[598] bezeichnet werden.

---

[598] Diesen Begriff verwendet auch *Appel*, Staatliche Zukunfts- und Entwicklungsvorsorge, S. 116.

aa. Einführung

Die Interessen des Nachgeborenen sind über das Institut der zukunftsbezogenen Schutzpflichten berücksichtigungsfähig. Dabei ist allerdings zu bedenken, dass nicht nur die Existenz dieses Nachgeborenen zum Zeitpunkt der Vornahme der gentechnischen Maßnahme zweifelhaft ist, sondern auch, ob er das manipulierte Gen entsprechend der Mendelschen Gesetze überhaupt erben wird. Dieser Umstand steht jedoch der Berücksichtigungsfähigkeit der Rechte nicht entgegen. Bereits eine mögliche Gefährdung der Grundrechte, die mit der Möglichkeit des Erbens der entsprechenden Gene einhergeht, aktiviert die Schutzpflicht.[599]

bb. Verletzung der Menschenwürde (Art. 1 Abs. 1 GG)

Die Frage ist, wie es sich auf die Subjektqualität des Nachgeborenen auswirkt, dass ihm seine Gene jedenfalls mittelbar zugewiesen wurden.

aaa. Zuweisung von Genen und Auswirkung auf Nachgeborene

Die Menschenwürde könnte deshalb nicht betroffen sein, weil der Nachgeborene selbst nicht unmittelbar keimbahnverändert wird. Er erbt „nur" die designten Gene seiner Vorfahren. Es stellt sich also die Frage, ob er in oder an sich überhaupt einen fremden Willen erkennt, der ihn daran hindert, ein ureigenes Selbstverständnis zu entwickeln.

Die *Enquête-Kommission* war der Ansicht, jede zukünftige Generation müsse biologisch selbst an der gegebenen Natur des Menschen ansetzen können und nicht an den Resultaten der Manipulation ihrer Vorfahren. Nichts rechtfertige eine Herrschaftsmacht der jetzigen Generation, über die Fähigkeiten und Anlagen der künftigen Generationen zu entscheiden.[600] *Kaufmann* spricht von einer „Herrschaft der Toten über die Lebenden".[601] Aber mit derartigen Floskeln ist noch nicht viel gesagt. Es muss vielmehr die Entstehung des Nachgeborenen genauer beleuchtet werden.

Zwischen dem Nachgeborenen und der fremdbestimmten Zuweisung von Genen liegt mindestens eine natürliche Zeugung, und zwar die vom Nachgeborenen selbst. Die Zufälligkeit der Zeugung ist bei ihm also gewahrt. Das designte Gen bekommt er ebenso zufällig zugelost wie die anderen, unberührten Gene, mit dem einzigen Unterschied, dass dieses eine Gen im Gegensatz zu den anderen irgendwann einmal „gemacht" wurde. Aus der Perspektive des Nachgeborenen ist es aber ein Gen in einem großen Topf von vielen anderen, die bei seinen Vorfahren vorhanden sind und die sich in seinem Genom möglicherweise wiederfinden werden. Plastisch formuliert lässt sich über den Nachgeborenen sagen: „Du bist so, weil deine Eltern *so sind*", während beim unmittelbar Betroffenen noch gilt: „Du bist so, weil deine El-

---

[599] *Vollmer*, Genomanalyse und Gentherapie, S. 164.

[600] *Enquête-Kommission „Chancen und Risiken der Gentechnologie"*, BT.-Drucks. 10/6775, S. 187 f.

[601] *Kaufmann*, JZ 1987, S. 837 (845).

tern dich *so gemacht haben.*“ Der Nachgeborene knüpft also hinsichtlich der Zusammensetzung seines Genoms wieder an die Natur an.[602] Diese Feststellung schließt eine Würdeverletzung aber aus, da gerade die Tatsache, in seinem genetischen Dispositionsfeld „gemacht“ zu sein, als der würdeverletzende Umstand identifiziert wurde.[603]

Aufgrund der zwischengeschalteten natürlichen Zeugung scheidet eine Menschenwürdeverletzung folglich aus.

bbb. Gefährdung der Würde durch drohenden „Dammbruch“

Maßnahmen des Enhancements, die Generationen vorher vorgenommen wurden, sind wie dargestellt nicht geeignet, den Nachgeborenen in seiner Würde zu verletzen. Eine Würdeverletzung bliebe es aber natürlich, wenn die Nachgeborenen selbst unmittelbar „enhanced“ würden. Fraglich ist an dieser Stelle, ob von der Zulassung therapeutischer und präventiver Keimbahneingriffe eine Gefahr dergestalt für die Nachgeborenen ausgeht, dass aufgrund „aufgeweichter“ gesellschaftlicher Anschauungen, die mit einer begrenzten Zulassung des Keimbahneingriffs auf Dauer einhergehen könnten, auch weitere Eingriffsarten immer gesellschaftsfähiger würden. So würden nach und nach, aber unaufhaltsam i.S.e. Kettenreaktion, Hemmschwellen abgebaut, bis letztendlich auch das Enhancement kein Entsetzen mehr hervorrufen könnte und Nachgeborene somit Gefahr liefen, selbst mittels Einsatz enhancender Maßnahmen gezeugt zu werden.[604] Diese „Kettenreaktion“ kann wie folgt beschrieben werden: Wird die Handlung H_0 zugelassen, führt dies zu einer Zulassung der Handlung H_1, bis irgendwann auch die befürchtete Handlung H_n, als kausale Folge der vorangegangenen und erlaubten Handlung H_{n-1}, zugelassen wird.[605] Letztlich geht es um das *„slippery slope*“- oder Dammbruch-Argument im rechtsdogmatischen Gewand einer Gefährdung der Menschenwürde für zukünftige Menschen.

Dieser unaufhaltsame Übergang zwischen einer Handlung zur jeweils nächsten könnte entweder durch logische Verbindung zwischen beiden Handlungen bzw. Verwendung bestimmter ungenauer Begrifflichkeiten bei der Regulierung von Keimbahninterventionen, das Vorangehen eines Präzedenzfalles oder durch Kausalität bzw. empirische Grundlagen begründet werden.[606]

---

[602] So auch *Radau*, Die Biomedizinkonvention des Europarates, S. 148 f.

[603] Siehe oben S. 286 f .

[604] *Schroeder-Kurth*, in: Benda (Hrsg.), Eingriffe in die menschliche Keimbahn, S. 159 (171); *Dabrock et al.*, Menschenwürde und Lebensschutz, S. 283 f., diese Gefahr aber wohl nicht als ausreichend betrachtend, um Keimbahninterventionen zu therapeutischen Zwecken als unzulässig zu bewerten.

[605] *Guckes*, Das Argument der schiefen Ebene, S. 5; *Welling*, Genetisches Enhancement, S. 232; kritisch zu den Dammbruchargumenten im Zusammenhang mit der Keimbahntherapie bereits: *Aslan et al.*, CfB-Drucks. 4/2018, S. 12 ff.

[606] Zu diesen Aspekten und zum Folgenden *Merkel*, Forschungsobjekt Embryo, S. 200 ff. *Merkel* untersucht die *„slippery slope*“-Argumentation im Falle der Embryonenforschung. Die im folgenden angeführten Überlegungen und Argumente sind hieran angelehnt und auf den Keimbahneingriff übertragen.

Schon eine logische Verbindung zwischen Keimbahneingriffen zur Vermeidung schwerster Erbkrankheiten und solchen zur Behebung weniger beeinträchtigender Defekte ist nicht erkennbar. Es gibt unter logischen Gesichtspunkten keine Veranlassung, auch trivialere Eingriffsgründe als eben die Vermeidung schwerster Erbkrankheiten zu akzeptieren.[607] Zwar hat sich die Verhinderung von Krankheiten bzw. der Schutz vor Krankheiten allgemein, ob nun schwer oder nicht, als mit der Würde der betroffenen Menschen grundsätzlich vereinbar erwiesen, was jedoch nicht bedeutet, dass eine Maßnahme zum Schutz vor der einen Krankheit logischerweise auch die Zulassung zum Schutz vor einer anderen Krankheit bedeuten würde: Die Zulassungsfähigkeit eines Keimbahneingriffs setzt mehr voraus als nur seine Vereinbarkeit mit der Menschenwürde. Insbesondere muss einer Risiko-Nutzen-Abwägung standhalten. Eingriffe in die menschliche Keimbahn sind auch gesellschaftlich und ethisch stark umstritten, sodass weder die erstmalige Zulassung der Keimbahntherapie noch ihre Zulassung irgendwelchen weiteren Zwecken irgendeiner Logik folgen, sondern das Ergebnis ausführlicher Debatte und Abwägung sind. Jedenfalls aber zwischen der Verhinderung pathologischer Zustände und einer Beeinflussung nicht-pathologischer Merkmale besteht schon aufgrund der unterschiedlichen Wertung im Rahmen des Art. 1 Abs. 1 S. 1 GG keine logische Verbindung.

Bei entsprechender Regelung erfolgt auch über Begrifflichkeiten kein Dammbruch. So sind zwar Begriffe wie „Krankheit" nicht klar zu definieren und lassen sich nicht trennscharf von gesunden Zuständen definieren. Sie können daher gesellschaftlichen Entwicklungen und einem veränderten Verständnis unterworfen sein. Bei klarer Festlegung aber, dass lediglich Keimbahneingriffe zur Verhinderung schwerster Erbkrankheiten, möglicherweise mit einem Katalog behandelbarer Krankheiten, zulässig sein sollen, lässt sich dem entgegenwirken.[608]

Auch die Überlegung vom Typ „Präzedenzfall", wonach eine Handlung H_{n-1} unweigerlich zur Handlung H_n führe, da ihr gegenüber der Ausgangshandlung H_{n-1} keine stichhaltigen moralischen Einwände entgegengesetzt werden könnten, geht fehl. Hinzukommen muss nämlich stets noch eine psychologische Komponente: die Neigung des Handelnden, dem Druck des Präzedenzfalles auch tatsächlich nachzugeben.

Dieser Aspekt leitet über zur „Kausalitäts-"Argumentation, die zur Begründung eines Dammbruchs an Erfahrungswerten ansetzen will. Dabei setzt sie voraus, dass sich bestimmte Menschen in bestimmten Situationen so oder so verhalten, also konkret dem Druck, der sich aus einem Präzedenzfall ergibt, nachgeben werden. Eine solche Pauschalisierung verschiedenster Bevölkerungsgruppen ist jedoch viel zu undifferenziert.[609] So lässt sich insbesondere nicht vorhersehen, ob die politischen

[607] *Merkel*, Forschungsobjekt Embryo, S. 201.

[608] Eine Begrenzung etwa durch Zwischenschaltung von Ethikkommissionen vorschlagend und zudem darauf hinweisend, dass jedenfalls schwerste Erbkrankheiten wohl unstreitig als Krankheiten gelten *Rosenau*, in: Schreiber (Hrsg.), Globalisierung der Biopolitik, des Biorechts und der Bioethik?, S. 149 (157). Insofern falsch der Einwand von *Kipke et al.*, einer Zulassung von Keimbahninterventionen zu therapeutischen Zwecken stehe entgegen, dass „Krankheit" und „Gesundheit" sich nicht abgrenzen ließen, siehe *Kipke et al.*, Ethik Med 2017, S. 249 (251).

[609] *Merkel*, Forschungsobjekt Embryo, S. 202 ff.

Entscheidungsträger, die die in Frage stehende Handlung H_n legalisieren könnten, einem solchen Druck nachgeben werden. Dafür könnte zwar sprechen, dass sie sich möglicherweise aufgrund mehrheitlicher Akzeptanz der Handlung H_n in der Bevölkerung einem erhöhten Druck ausgesetzt sehen könnten. Aber auch innerhalb der Bevölkerung ist das Herausbilden einer solchen Mehrheit nicht prognostizierbar. Wieso sollte die Bevölkerung insgesamt eine weitere Ausdehnung gutheißen und nicht dem Keimbahneingriff weiter skeptisch gegenüberstehen? An empirischen Daten, die die Befürchtung einer solchen moralischen Erosion der Gesellschaft durch Gewöhnung oder ähnliches untermauern könnten, fehlt es eben regelmäßig.[610] Der Blick auf technische Neuerungen in der Vergangenheit ermöglicht keine eindeutige Prognose. Mehrere Maßnahmen haben in der Vergangenheit Bedenken hinsichtlich befürchteter künftiger Verwendung hervorgerufen. Gewisse Erweiterungen in der Anwendung sind zugegebenermaßen auch tatsächlich eingetreten. So gelangte man von der Wiederherstellungschirurgie irgendwann zur ästhetischen Schönheitschirurgie. Oder die In-vitro-Fertilisation, die ursprünglich zur Umgehung von Eileiterblockaden entwickelt wurde, wurde bald auch angewendet, um altersbedingte Unfruchtbarkeit zu umgehen.[611] Auch die Pränataldiagnostik ist inzwischen fester Bestandteil der Schwangerschaftsvorsorge geworden, obwohl sie ursprünglich nur bei wenigen Indikationen vorgesehen war.[612] Es gibt aber genauso Gegenbeispiele: Trotz Zulassung der Anwendung der PID in vielen Staaten fand dort nicht automatisch eine Ausweitung für immer weitere Anwendungsfelder statt. So hat Italien gar die PID nach jahrelanger Anwendung im privaten Sektor im Jahr 2004 wieder verboten.[613] Neue Techniken können zwar natürlich immer zur Forderung nach größeren Freiräumen führen, sie können Sensibilitäten jedoch auch verstärken und Restriktionen befördern. Die verantwortlichen Entscheidungsträger müssen die Entwicklungen folglich beobachten und ggfs. regulieren. Würde das Dammbruchargument hingegen zum entscheidenden Argument, unterstellte man der Gesellschaft und zukünftigen Generationen mangelndes ethisch-moralisches Differenzierungsvermögen.[614] Gesetzliche Restriktionen stehen zudem gerade für die moralischen Grundnormen, an denen festgehalten werden soll. Weshalb die

---

[610] *Mauron/Thévoz*, Journal of Medicine and Philosophy 1991, 19 (6), S. 649 (657); *Voss*, Rechtsfragen der Keimbahntherapie, S. 354; *Schütze*, Embryonale Humanstammzellen, S. 284; insofern zu pauschal und unbegründet der Einwand von *Kipke et al.*, eine langfristige Begrenzung des Gene Editing auf Krankheitsbehandlung sei „nicht glaubhaft", siehe *Kipke et al.*, Ethik Med 2017, S. 249 (251).

[611] *NASEM*, Human Gene Editing, S. 98.

[612] *Nationaler Ethikrat*, Genetische Diagnostik vor und während der Schwangerschaft, S. 96 (Votum für eine Beibehaltung und Präzisierung des im ESchG enthaltenen Verbots der assistierten Reproduktion (extrakorporalen Befruchtung) zu diagnostischen Zwecken und damit des Verbots der PID sowie zur künftigen Handhabung der PND).

[613] *Deutscher Ethikrat*, Präimplantationsdiagnostik, S. 100 (Votum für eine begrenzte Zulassung der PID).

[614] *Nationaler Ethikrat*, Genetische Diagnostik vor und während der Schwangerschaft, S. 144 f. (Votum für eine verantwortungsvolle, eng begrenzte PID). So auch bereits bei *Taupitz und Deuring*, in: Hacker (Hrsg.), Nova Acta Leopoldina, S. 63 (80) .

Gesellschaft bei einer restriktiven Zulassung der Keimbahntherapie von dieser begrenzten Zulassung eher korrumpiert als bestärkt werden sollte, ist nicht einzusehen. Dies gilt vor allem für den „gesunden“ Teil der Bevölkerung, für den schon die Anfänge der Keimbahntherapie nicht verfügbar wären und der diesen Techniken auch bei einer Zulassung mangels Berührungspunkten weiterhin befremdlich gegenüber stünde.[615] Im Übrigen ist auch nicht erkennbar, weshalb einem umfassenden Verbot stets ohne weiteres volle Wirksamkeit beim Kampf gegen den Missbrauch zugesprochen wird, differenzierten Verboten jedoch nicht. Darüber hinaus ist es auch vor dem Grundsatz der Verhältnismäßigkeit fragwürdig, durch „Verbote auf Vorrat“ die drängenden Probleme konkret Betroffener vollständig zu vernachlässigen.[616] Zudem dauert auch die Auseinandersetzung mit bereits zugelassenen Maßnahmen wie dem Schwangerschaftsabbruch und der PID[617] noch immer an, was als Zeichen fortdauernder Reflexion gegen ein Abgleiten auf eine schiefe Bahn spricht.[618] Es gilt also, die Wirkungen zu kontrollieren, statt die Ursache, die für sich genommen nicht verwerflich ist, zu beseitigen. *Abusus non tollit usum.*[619]

ccc. Ergebnis

Im Gegensatz zum unmittelbar betroffenen Menschen wird der Nachgeborene nicht durch enhancende Maßnahmen, die Generationen vor seiner Geburt vorgenommen werden, in seiner Würde verletzt. Auch eine konkrete Gefahr dergestalt, der Nachgeborene könnte aufgrund unaufhaltsamer gesellschaftlicher Entwicklungen, sollten therapeutische oder präventive Keimbahninterventionen zugelassen werden, Opfer enhancender Maßnahmen und somit von Würdeverletzungen werden, lässt sich nicht begründen.

cc. Verletzung des Rechts auf Leben und körperliche Unversehrtheit (Art. 2 Abs. 2 S. 1 GG)

Es könnte allerdings das Recht auf Leben und körperliche Unversehrtheit aus Art. 2 Abs. 2 S. 1 GG des künftigen Menschen durch die Vornahme eines Keimbahneingriffs betroffen sein.

---

[615] So argumentierend im Rahmen der Embryonenforschung *Merkel*, Forschungsobjekt Embryo, S. 207.

[616] *Nationaler Ethikrat*, Genetische Diagnostik vor und während der Schwangerschaft, S. 144 f. (Votum für eine verantwortungsvolle, eng begrenzte PID). So auch bereits bei *Taupitz und Deuring*, in: Hacker (Hrsg.), Nova Acta Leopoldina, S. 63 (80) .

[617] Die PID ist im Grundsatz auch nach wie vor verboten und nur bei „Risiken einer schwerwiegenden Erbkrankheit“ ausnahmsweise erlaubt. Anzeichen dafür, der „Damm“ dieser restriktiven Erlaubnis könne nicht halten und die Moral der Gesellschaft verweichliche gerade, gibt es nicht. Dabei muss aber anerkannt werden, dass diese restriktive Erlaubnis erst seit kurzem besteht.

[618] *Welling*, Genetisches Enhancement, S. 234.

[619] *Welling*, Genetisches Enhancement, S. 233 und 235; *Rütsche*, Ethik Med 2017, S. 243 (246).

aaa. Eingriff

Nachgeborene sind ebenso wie unmittelbar keimbahntherapierte Menschen von Fehlschlagsrisiken sowie von der Gefahr unbekannter Nebenwirkungen betroffen. An dieser Stelle kann uneingeschränkt nach oben verwiesen werden.[620]

bbb. Einwilligung

Das Dritteinwilligungsrecht der Eltern aus Art. 6 Abs. 2 GG erstreckt sich jedoch, wie bereits erwähnt, nur auf die eigenen Kinder, nicht auch auf die Kindeskinder und weitere Nachfahren.[621] In Grundrechtsbeeinträchtigungen dieser Menschen kann folglich durch die über den Eingriffe entscheidenden Vorfahren nicht eingewilligt werden.

ccc. Ergebnis

Keimbahneingriffe jeder Art gefährden die Gesundheit bzw. das Leben des Nachgeborenen. Diese Grundrechtsgefährdung kann nur im Rahmen einer Abwägung über kollidierendes Verfassungsrecht beseitigt werden.

dd. Verletzung der psychischen Integrität

Der Nachgeborene knüpft hinsichtlich seiner genetischen Konstitution wieder vollständig an die Natur an und erhält all' seine Gene in natürlicher Weise „zugelost“. Eine Verletzung der psychischen Integrität ist ausgeschlossen.

ee. Verletzung des allgemeinen Persönlichkeitsrechts (Art. 2 Abs. 1 i.V.m. Art. 1 Abs. 1 GG)

Auch eine Verletzung des allgemeinen Persönlichkeitsrechts des Nachgeborenen liegt mit derselben Begründung nicht vor.

ff. Ergebnis

Keimbahninterventionen berühren aufgrund der mit ihnen verbundenen Risiken lediglich das Recht auf Leben und körperliche Unversehrtheit des Nachgeborenen.

b. Schutz von kollektiven Gütern

Neben individuellen grundrechtlichen Aspekten werden auch kollektive Güter in die Diskussion zu Keimbahneingriffen eingebracht. So könnten der Schutz künftiger Generationen als solche, der Schutz des menschlichen Genpools sowie der

---

[620] Siehe oben S. 295 ff.

[621] Siehe oben S. 245 f.

Schutz der Bevölkerung vor Gesundheitsgefahren und die Würde der Menschheit der Durchführung von Keimbahneingriffen entgegenstehen.

aa. Dogmatische Einbeziehung

Zunächst stellt sich die Frage, wie kollektive Güter verfassungsrechtlich erfasst werden können.

aaa. Kollektives Recht auf kollektives Gut

Ein kollektives Gut, teils auch bezeichnet als „Gemeinwohl" oder „Gemeinwohlbelang", zeichnet sich durch seine nicht-distributive Struktur aus, es ist also weder teilbar noch lässt es sich einzelnen Individuen zuordnen.[622] Auch kollektive Güter können Gegenstand subjektiver individueller Rechte sein. So hat etwa ein Individuum ein Recht auf das Kollektivgut „reine Luft".[623] Mit subjektiven Individualrechten kann jedoch im Zusammenhang mit künftigen Menschen nicht gearbeitet werden, da der individuelle künftige Mensch mangels Individualisierbarkeit nicht als Rechtsträger angesehen werden konnte. Eine Rechtsträgerschaft lässt sich auch nicht über eine aktive Potenzialität begründen, da dem einzelnen künftigen Menschen nur passive Potenzialität zukommt.

Kollektive Güter können aber auch Gegenstand kollektiver subjektiver Rechte sein.[624] Die Frage ist also, ob der Schutz kollektiver Güter über subjektive Rechte der künftigen Generationen als Kollektiv erreicht werden kann.

Auch für die Rechtsträgerschaft eines Kollektivs wird ein Mindestmaß an Einheitlichkeit und bestimmbare Identität dieser Einheit verlangt. Da einheitsstiftende Merkmal könnte, so *Kleiber*, gerade die Tatsache bilden, dass es sich um künftige Menschen handelt, denen eine bloße potenzielle Natur eigen ist.[625] Diese Argumentation ist jedoch nicht nachvollziehbar. Es soll ja gerade erst begründet werden, dass künftige Menschen eine Einheit bilden. Diese dann durch das „Merkmal" des „Künftig-Seins" begründen zu wollen, ist zirkelschlüssig. Zudem wird das Merkmal der Einheitlichkeit vollständig ausgehebelt, wenn selbst generationenübergreifend die nicht abgrenzbare Gesamtheit aller Menschen darunterfiele. Dann stellt sich die Frage, was im Gegenzug noch als uneinheitlich gelten würde. Zudem ist auch die Identität dieses Kollektivs ist nicht feststellbar. Die genaue Zusammensetzung des Kollektivs ist aufgrund des künftigen Charakters nicht bestimmbar.[626] Dieser Umstand ist nach *Kleiber* aber deswegen unschädlich, weil dem Kollektiv, im Gegensatz zum künftigen Individuum, aktive Potenzialität zukomme, was ausreiche, um eine Rechtsträgerschaft zu bejahen. Das Kollektiv bestehe zwar auf der einen Seite

[622] *Kleiber*, Der grundrechtliche Schutz künftiger Generationen, S. 118 f. und S. 225, zu den Terminologien siehe S. 118.

[623] *Kleiber*, Der grundrechtliche Schutz künftiger Generationen, S. 117.

[624] *Kleiber*, Der grundrechtliche Schutz künftiger Generationen, S. 116 f.

[625] So jedoch *Kleiber*, Der grundrechtliche Schutz künftiger Generationen, S. 167.

[626] So auch *Kleiber*, Der grundrechtliche Schutz künftiger Generationen, S. 167.

aus der Summe der einzelnen Individuen, für deren Entstehung noch wesentliche Zwischenschritte erforderlich sind und die daher, wie bereits untersucht, noch dem Bereich der passiven Potenzialität zuzuordnen seien. Der Blick sei hier jedoch vom einzelnen Bestandteil des Kollektivs zu lösen und auf künftige Generationen als selbstständige Einheit zu richten. Diese Einheit könne sich aus sich heraus entwickeln und besitze mit anderen Worten aktive Potenzialität. Solange es Menschen gebe, finde immer zugleich eine Fortsetzung der Population statt, sodass in der Existenz der gegenwärtigen Menschen als Kollektiv bereits die Veranlagung liege, dass es auch in der Zukunft Menschen – und damit das Kollektiv künftiger Generationen – geben werde.[627] Dem kann zwar nicht widersprochen werden, über das Problem der Uneinheitlichkeit des Kollektivs hilft dies jedoch nicht hinweg.

Darüber hinaus müssten, um kollektive subjektive Rechte begründen zu können, im hier relevanten grundrechtlichen Bereich auch Rechte gewährt werden, die ein Kollektiv als Grundrechtsträger vorsehen. Dies ist aber so nicht der Fall. Zwar können Grundrechte in bestimmten Fällen auf juristische Personen angewendet werden und damit in gewisser Hinsicht auf ein Kollektiv. So erstreckt sich Art. 9 Abs. 1 GG beispielsweise auch direkt auf den Verein und nicht nur das einzelne Mitglied und Art. 19 Abs. 3 GG ermöglicht in allgemeiner Form die Erstreckung von Grundrechten auf juristische Personen. Eine Möglichkeit, *grundsätzlich* Kollektivgrundrechte zu bilden, ergibt sich hieraus jedoch nicht. Die geregelten Erweiterungen auf juristische Personen dienen zum einen gerade dem Schutz der hinter der juristischen Person stehenden natürlichen Person. Zum anderen ist eine juristische Person auch nicht gleichzusetzen mit einem Kollektiv an Personen. Eine juristische Person kann eine Personenmehrheit sein, muss es aber nicht, wie das Beispiel der Stiftung zeigt. Zudem unterscheidet sich die juristische Person als rechtlich geschaffenes Konstrukt auch strukturell von einem Kollektiv an Menschen als reinem sozialen Faktum.[628]

bbb. Schutz durch „Gemeinwohlprinzip“

Das Grundgesetz gewährt damit keine kollektiven Rechte. Damit ist jedoch noch nicht gesagt, dass kollektive Belange nicht berücksichtigungsfähig wären.

Der Staat ist befugt kollektive Güter zu schützen und zu diesem Schutz Grundrechte von Individuen einzuschränken.[629] Diese Befugnis bedarf einer verfassungsrechtlichen Verankerung, die, sofern keine speziellen Bestimmungen im Grundgesetz vorhanden sind, im Republikprinzip des Art. 20 Abs. 1 GG als „Gemeinwohlprinzip“

[627] Ausführlich *Kleiber*, Der grundrechtliche Schutz künftiger Generationen, S. 173 ff.; eine Rechtsträgerschaft bejahend auch *Burchardt*, in: Burchardt (Hrsg.), Kollektivität – Öffentliches Recht zwischen Gruppeninteressen und Gemeinwohl, S. 187 (194 ff.).

[628] *Kleiber*, Der grundrechtliche Schutz künftiger Generationen, S. 279 ff., m.w.N.; ähnlich auch *Dreier*, in: Dreier (Hrsg.), GG, Band 1, Art. 19 Abs. Rn. 54, wonach Art. 19 Abs. 3 GG nicht schlichte Personenmehrheiten, die nicht ansatzweise eine organisierte Struktur aufweisen, erfasst.

[629] *Grimm*, in: Münkler und Fischer (Hrsg.), Gemeinwohl und Gemeinsinn im Recht, S. 125 (134 ff.); *Anderheiden*, Gemeinwohl in Republik und Union, S. 176 ff.

liegt.[630] Beispiele für solche vom Bundesverfassungsgericht begründeten kollektiven Güter bzw. Gemeinwohlgüter sind beispielsweise die „Gewährleistung einer funktionstüchtigen Strafrechtspflege“,[631] der „Schutz der Bevölkerung vor Gesundheitsgefahren“[632] oder auch ganz unspezifisch „verfassungsrechtlich geschützte Gemeinschaftsgüter“.[633] Inwiefern solche Güter auch die Beschränkung vorbehaltlos gewährleisteter Grundrechte, die bekanntlich nur durch Kollision mit Grundrechten Dritter oder anderen Gütern von Verfassungsrang gerechtfertigt werden kann, ermöglichen, ist im Detail umstritten.[634] Das Bundesverfassungsgericht untersagt, eine solche Rechtfertigung „formelhaft“ etwa mit dem „Schutz der Verfassung“ zu rechtfertigen: Es sei aufgrund der großen Bedeutung der vorbehaltlos gewährten Grundrechte geboten, anhand einzelner Grundgesetzbestimmungen die konkret verfassungsrechtlich geschützten Rechtsgüter festzustellen, die der Ausübung des in Frage stehenden Grundrechts entgegenstehen, und in Konkordanz mit diesem Grundrecht zu bringen.[635]

bb. Schutz von Kollektivgütern

aaa. Schutz der künftigen Generationen

Insbesondere kommen die künftigen Generationen selbst als zu schützendes Kollektivgut in Betracht.[636] So wird im Rahmen der Diskussion um Keimbahneingriffe teils recht allgemein vom „Schutz der Nachkommen“ gesprochen.[637] Aber was steckt dahinter? Es stellt sich die Frage: *Wovor* sollen sie geschützt werden? Die Frage nach dem Schutz der Nachkommen kann also nicht beantwortet werden, ohne die konkreten Belange oder Güter zu benennen, die für die Nachkommen eben gerade geschützt oder bewahrt werden sollen. Es ist daher präziser, sich auf sich Suche nach eben diesen konkreten Belangen zu machen, die zu Gunsten dieser künftigen Generationen bewahrt werden sollen, statt pauschal die künftigen Generationen als eigenes Schutzgut zu bemühen.

---

[630] Zu diesem Prinzip ausführlich *Anderheiden*, Gemeinwohl in Republik und Union, S. 216 f., S. 271.

[631] BVerfGE 51, 324 (343).

[632] BVerfGE 121, 317 (349); weitere Beispiele bei *Stern*, in: Badura und Dreier (Hrsg.), Festschrift 50 Jahre Bundesverfassungsgericht, S. 1 (15 f.); *Grimm*, in: Münkler und Fischer (Hrsg.), Gemeinwohl und Gemeinsinn im Recht, S. 125 (136); *Kleiber*, Der grundrechtliche Schutz künftiger Generationen, S. 119.

[633] BVerfGE 47, 327 (380).

[634] Zu den schutzwürdigen Rechtsgütern aus den nicht-grundrechtlichen Verfassungsnormen, welche Grundrechte ohne verfassungsunmittelbare oder –mittelbare Schranken einschränken sollen *Stern*, in: Badura und Dreier (Hrsg.), Festschrift 50 Jahre Bundesverfassungsgericht, S. 1 (15 f.). Zur Frage, welche Kriterien ein Rechtsgut erfüllen muss, um auch Eingriffe in schrankenlos gewährte Grundrechte rechtfertigen zu können, siehe die Ausführungen bei *Lackermair*, Hybride und Chimären, S. 273 f.

[635] BVerfGE 77, 240 (255). Siehe zu dieser Entscheidung auch *Lackermair*, Hybride und Chimären, S. 273.

[636] *Kleiber*, Der grundrechtliche Schutz künftiger Generationen, S. 226.

[637] So bspw. *John*, Die genetische Veränderung des Erbgutes menschlicher Embryonen, S. 107.

bbb. Schutz des menschlichen Genpools und Schutz der Bevölkerung vor Gesundheitsgefahren

Um gesundheitliche Schäden und Gefahren von künftigen Generationen fernzuhalten, könnte es verboten sein, manipulierend in den menschlichen Genpool einzugreifen.

Der Schutz des Genpools könnte dabei der Spezialnorm des Art. 20a GG unterfallen. Voraussetzung ist, dass die Varianz des Genpools unter die „natürlichen Lebensgrundlagen" i.S.d. Art. 20a GG subsumiert werden kann. Aber auch wenn es terminologisch möglich ist, auch den menschlichen Genpool als „natürliche Lebensgrundlage" zu charakterisieren, so ist mit diesem Begriff die Umwelt des Menschen, wie er im Kontext des Umweltschutzes verstanden wird, gemeint: Art. 20a GG erfasst alle Umweltgüter, die funktional Grundlage menschlichen Lebens sind, weil ohne sie das menschliche Leben über längere Zeiträume nicht fortbestehen könnte. Dies betrifft vor allem Güter, die nicht vom Individualrechtsschutz des Grundgesetzes erfasst sind: Natur, Landschaft, Lebensräume für Tiere und Pflanzen, Luft, Wasser, Klima.[638] Geschützt wird „die natürliche Umwelt des Menschen",[639] nicht aber dieser selbst.[640] Geschützt ist also der Genpool der Tier- und Pflanzenwelt,[641] nicht aber der der Menschheit.

Der Genpool bzw. die Varianz des Genpools stellt demnach ein „unbenanntes" kollektives Gut dar, welches der Staat durch die „Generalklausel" Art. 20 Abs. 1 GG im Falle einer drohenden Beeinträchtigung zu schützen berechtigt ist und auch schützen muss. Durch die befürchtete Beeinträchtigung des Genpools und deren negativen Auswirkung auf die Gesundheit, das Leben oder die Überlebenschance künftiger Generationen ist auch der vom BVerfG geschaffene Belang des „Schutzes der Bevölkerung vor Gesundheitsgefahren" berührt,[642] sodass ergänzend Art. 2 Abs. 2 S. 1 GG herangezogen werden kann.[643] Die Frage ist nun, unter welchen Aspekten der menschliche Genpool bedroht sein könnte und welche Auswirkungen damit verbunden sind.

Insbesondere *Vollmer* hat auf die Gefahr einer Vereinheitlichung des Genpools durch die Vornahme von Keimbahneingriffen hingewiesen. So seien Krankheitsanfälligkeit und Krankheitsausbreitung umso eher – epidemieartig – zu befürchten, je

---

[638] *Murswiek*, NVwZ 1996, S. 222 (224); *Kersten*, Das Klonen von Menschen, S. 342; *Epiney*, in: v. Mangoldt et al. (Hrsg.), GG, Band 2, Art. 20a Rn. 16 ff.; *Sommermann*, in: v. Münch und Kunig (Hrsg.), GG, Band 1, Art. 20a Rn. 29; *ders.*, in: Sachs (Hrsg.), GG, Art. 20 a Rn. 27 ff.; *Schulze-Fielitz*, in: Dreier (Hrsg.), GG, Band 2, Art. 20a Rn. 32.

[639] *Sommermann*, in: v. Münch und Kunig (Hrsg.), GG, Band 1, Art. 20a Rn. 28.

[640] *Kersten*, Das Klonen von Menschen, S. 342; a.A. *Möller*, in: Hallek und Winnacker (Hrsg.), Ehtische und juristische Aspekte der Gentherapie, S. 27 (39); *Radau*, Die Biomedizinkonvention des Europarates, S. 352, je ohne nähere Erläuterung.

[641] *Kniesel und Müllensiefen*, NJW 1999, S. 2564 (2565); *Schulze-Fielitz*, in: Dreier (Hrsg.), GG, Band 2, Art. 20a Rn. 34.

[642] Die Volksgesundheit als Gemeinwohlbelang deklarierend etwa BVerfGE 1, 377 (414).

[643] Diese grundgesetzliche Verankerung dürfte genügen, um auch die Einschränkung vorbehaltloser Grundrechte, wie etwa der Forschungsfreiheit, zu rechtfertigen.

weniger die Vielfalt des menschlichen Genoms Krankheitsresistenzen entgegensetzen könne. Derartige Auswirkungen seien heute bereits in der durch Zucht und Vereinheitlichung von Erbanlagen bedingten Anfälligkeiten von Monokulturen im Ackerbau und in der Viehzucht zu beobachten. Eine Vereinheitlichung des Genoms der Menschheit führe zu denselben Gefahren. Auch seien schwerste Krankheiten in der Lage, zugleich gegen andere Krankheiten resistent zu machen. So breite sich Malaria besonders in den Gegenden häufig aus, wo die Sichelzellenanämie im Genotyp der Bevölkerung selten ist. Die Gefährdung der Bevölkerung sei bei gleichzeitiger Resistenzbildung der Malariastämme gegen Penicillin und Tetracyclin nicht zu unterschätzen.[644] Ob ein Gen gut oder schlecht ist, so Molekularbiologe *Jürgen Brosius*, sei auch nicht nur für die Gegenwart relevant. Unter anderen Bedingungen, wie verändertem Klima, könnten Gene, die wir heute loswerden wollen, lebenswichtig sein. Die genetische Variabilität sei einer der größten Schätze der Menschheit, sie sichere unser Überleben. Der Mensch beraube sich der Fähigkeit, auf künftige Umweltherausforderungen zu reagieren.[645] Eine weitere Gefahr liege darin, dass das Bevölkerungsgenom durch Keimbahneingriffe überzüchtungsbedingten Schädigungen ausgesetzt werde.[646]

Andere sehen optimistischer in die Zukunft. Genveränderte Menschen seien, so Evolutionsbiologe *George Williams*, keine große Bedrohung. Schon aus Kostengründen bleibe die genetische Optimierung zunächst in den Händen vergleichsweise weniger Personen. Selbst wenn es Gentechnikern gelänge, jährlich 10.000 Embryonen gentechnisch aufzurüsten, bliebe dies eine verschwindend geringe Zahl im Vergleich zu den vielen Milliarden „natürlicher" Menschen.[647] Zudem beruhten die meisten Erbgutveränderungen auf spontanen Mutationen, deren Häufigkeit durch eine Keimbahntherapie nicht beeinflusst wird.[648] Darüber hinaus nehme der Mensch schon seit langem auf die Erbmasse Einfluss, indem etwa durch die klassische phänotypische Medizin immer mehr (leichtere) Erbkrankheiten therapierbar würden und immer mehr Erbkranke ein fortpflanzungsfähiges Alter erreichten. Hierdurch verbreiteten sich Krankheitsanlagen schneller im Genom als ohne medizinische Hilfe, da so eine natürliche Selektion verhindert werde.[649]

Eindeutige wissenschaftliche Erkenntnisse gibt es zu diesen Fragen also nicht. Letztlich sind Überlegungen auf dieser Ebene höchst spekulativ.[650]

---

[644] *Vollmer*, Genomanalyse und Gentherapie, S. 161 f.

[645] *Jürgen Brosius*, zitiert über *Hollricher*, Bild der Wissenschaft, Artikel vom 01.11.2000; *Jonas*, Scheidewege 1982, S. 462 (474).

[646] *Vollmer*, Genomanalyse und Gentherapie, S. 162.

[647] *George Williams* zitiert über *Hollricher*, Bild der Wissenschaft, Artikel vom 01.11.2000; bereits dazu, dass durch PID keine relevante Veränderung des Bevölkerungsgenoms zu erreichen sei, *Graumann*, in: Arndt (Hrsg.), Fortpflanzungsmedizin in Deutschland, S. 215 (216); eine Vereinheitlichung des Genpools anzweifelnd auch *Baylis and Robert*, Bioethics 2008, 18 (1), S. 1 (7 f.).

[648] *Radau*, Die Biomedizinkonvention des Europarates, S. 351.

[649] *Radau*, Die Biomedizinkonvention des Europarates, S. 351.

[650] Aus diesem Grund zur Vorsicht mit dem Argument „Genpool" anmahnend *Möller*, in: Hallek und Winnacker (Hrsg.), Ehtische und juristische Aspekte der Gentherapie, S. 27 (39).

ccc. Würde der Menschheit

Als weiterer kollektiver Aspekt könnte die Würde der Menschheit den Individualgrundrechten einschränkend entgegengehalten werden. Art. 1 Abs. 1 S. 1 GG könnte sich auf ein zeitneutrales abstrakteres Gut als die Würde eines einzelnen Menschen beziehen. Insgesamt drei Güter, auf die sich eine solche Ausdehnung beziehen könnte, haben sich in der Literatur herausgebildet.

So wird vertreten,[651] auch die Menschheit an sich, das Menschengeschlecht, sei vom Schutzbereich erfasst. Daraus ergebe sich eine zeitlose Komponente der Menschenwürde, die i.S.e. Gattungswürde auch geeignet sei, künftige Generationen zu erfassen.[652] Diese Extension sei notwendig, da gerade im Bereich der Humangenetik ansonsten eine Schutzlücke bestehe, weil alle Grundrechtsgarantien auf die Existenz eines Menschen abstellten.[653] In eine ähnliche Richtung, auch teilweise mit dem ersten Aspekt vermischt,[654] geht das Begehren, über Art. 1 Abs. 1 GG die Erhaltung eines Menschenbildes zu sichern. Insbesondere die Humangenetik betrete ein Gebiet, dass das von der Verfassung vorausgesetzte abstrakte Menschenbild zerstören könne. Werde die Genveränderung ungehindert zugelassen, stünde am Ende des Weges ein radikal verändertes Menschenbild. Um diese Gefährdungen zu erfassen, sei es angebracht, im Schutz der Menschenwürde keinen bloßen „Singulärschutz" des Menschen zu sehen, sondern diesen auf ein ganzheitliches Menschenbild zu erstrecken.[655]

Einem solchen kollektivistischen Menschenwürdeverständnis widerspricht neben dem Wortlaut des Art. 1 Abs. 1 S. 1 GG („Würde des Menschen") auch die Entstehungsgeschichte der Norm. Die Menschenwürde dient dem Schutz des Individuums, nachdem die Würde von Millionen Menschen in der Vergangenheit unter Berufung auf kollektivistische Merkmale rassischer, ethnischer, politischer oder biologischer

---

[651] Häufig bezugnehmend auf *Kant*, in: Kant und Ludwig (Hrsg.), Metaphysische Anfangsgründe der Tugendlehre, § 39, S. 111: „So kann es schimpfliche, die Menschheit selbst entehrende Strafen geben [...], die nicht bloß dem Ehrliebenden [...] schmerzhafter sind als der Verlust der Güter und des Lebens, sondern auch dem Zuschauer Schamröte abjagen, zu einer Gattung zu gehören, mit der man so verfahren darf."; siehe *Neumann*, ARSP 1998, S. 153 (157).

[652] *Isensee*, in: Bohnert (Hrsg.), Verfassung – Philosophie – Kirche, S. 243 (253); *Witteck und Erich*, MedR 2003, S. 258 (262); *Wagner*, Der gentechnische Eingriff in die menschliche Keimbahn, S. 75 ff.; siehe auch *Schmidt-Preuß*, NJW 1995, S. 985 (987) mit Verweis auf BVerfG, NJW 1993, S. 1457 (1459), das den Begriff „Würde des Menschen als Gattungswesen" verwendet. Der Verweis ist jedoch insofern missverständlich, als das BVerfG hierdurch nicht die Gattung an sich als Schutzgut ausweist, sondern nur verdeutlichen will, dass die Menschenwürde einem Individuum bereits aufgrund seiner Zugehörigkeit zu dieser Gattung zukommt, unabhängig von Eigenschaften, Leistung und sozialem Status. Zu dieser Fehlinterpretation auch *Gutmann*, in: van den Daele (Hrsg.), Biopolitik, S. 235 (Fn. 14); *Seelmann*, in: Fateh-Moghadam und Ellscheid (Hrsg.), Grenzen des Paternalismus, S. 206 (213); *Dreier*, in: Dreier (Hrsg.), GG, Band 1, Art. 1 Rn. 116.

[653] *Grimm*, NJW 1989, S. 1305 (1310).

[654] *Merkel*, Forschungsobjekt Embryo, S. 39 ff., der von einem „gattungsbezogenen Würdekonzept" spricht, aus dem der Schutz eines Menschenbildes folge.

[655] *Benda*, in: Gesellschaft für Rechtspolitik Trier (Hrsg.), Bitburger Gespräche, Jahrbuch 1986/1, S. 17 (27); ähnlich auch *Graf Vitzthum*, JZ 1985, S. 201 (209).

Art vollständig missachtet wurde.[656] Ein derartiges Verständnis der Menschenwürde hätte mit den Worten *Gutmanns* eine „destruktive Rückwirkung“ zur Folge, indem der individuellen Menschenwürde ein Kollektivgut gegenübergestellt würde, das sich sogar gegen den fundamentalen Achtungsanspruch einzelner durchzusetzen in der Lage wäre.[657] Die Würde des Menschen als „Eigenschaft eines selbstständigen Kollektivsubjekts“, die unabhängig von der Beeinträchtigung der Würde unmittelbar betroffener Individuen verletzt wäre, diente nicht der Sicherung, sondern der Einschränkung der moralischen und rechtlichen Autonomie der Person.[658]

Daneben erscheint auch die dogmatische Verankerung fragwürdig, insbesondere eine Herleitung aus einer objektiv-rechtlichen Dimension der Menschenwürde. Diese kann zwar abstrahiert werden von einem konkreten, sogar von einem existierenden Subjekt, nicht jedoch vollständig von *irgendeinem* Subjekt. Grundrechte schützen in allen Grundrechtsfunktionen Grundrechts*träger* als Subjekte.[659]

Das Grundgesetz dient zudem dem Schutz von Menschen, nicht von Menschenbildern. Ihm ist der Begriff des Menschenbildes vollkommen fremd.[660] Dadurch, dass das Grundgesetz selber kein Menschenbild vorgibt und dieses im Übrigen auch nicht an der Vorstellung der „Grundgesetzväter“ ausgerichtet werden kann, da das Grundgesetz nicht dem Schutz eines bestimmten *status quo* dient, sondern elementare Rechte in einer sich verändernden Welt sichern soll, sind es letztendlich stets die subjektiven moralischen Vorstellungen des einzelnen Verfassungsinterpreten, die das Menschenbild definieren.[661] Der Begriff ist also gefährlich ideologieanfällig.[662] Ideologien schützt das Grundgesetz aber gerade nicht.[663]

---

[656] M.w.N. *Schütze*, in: v. Sturma und Honnefelder (Hrsg.), Jahrbuch für Wissenschaft und Ethik 2000, Band 5, S. 305 (317); *Müller-Terpitz*, Der Schutz des pränatalen Lebens, S. 330 f.; *Schächinger*, Menschenwürde und Menschheitswürde, S. 229; siehe auch *Taupitz und Deuring*, in: Hacker (Hrsg.), Nova Acta Leopoldina, S. 63 (80 f.); *Deuring*, in: Taupitz und Deuring (Hrsg.), Rechtliche Aspekte der Genom-Editierung an der menschlichen Keimbahn (Kapitel „Genom-Editierung an der menschlichen Keimbahn – Deutschland“, im Erscheinen).

[657] *Gutmann*, in: van den Daele (Hrsg.), Biopolitik, S. 235 (242 f.), der sich auch gegen die Begründung sog. „Würdepflichten“ des Einzelnen gegenüber seiner Gattung ausspricht, da sich auch damit die Würde gegen den einzelnen Rechtsträger richtete, siehe *dort*, S. 243 ff.; *Müller-Terpitz*, Der Schutz des pränatalen Lebens, S. 331.

[658] *Neumann*, ARSP 1998, S. 153 (157); *ders.*, in: Neumann (Hrsg.), Recht als Struktur und Argumentation, S. S. 35 (40 f.); skeptisch gegenüber einer zuschützenden Gattungswürde auch *Aslan et al.*, CfB-Drucks. 4/2018, S. 19 f.

[659] *Geddert-Steinacher*, Menschenwürde als Verfassungsbegriff, S. 67 ff.; *Schlüter*, Schutzkonzepte für menschliche Keimbahnzellen in der Fortpflanzungsmedizin, S. 97 ff.; *Schächinger*, Menschenwürde und Menschheitswürde, S. 96 ff. und S. 231 f.; *Dreier*, in: Dreier (Hrsg.), GG, Band 1, Art. 1 GG Rn. 117; *Müller-Terpitz*, Der Schutz des pränatalen Lebens, S. 149 ff. und S. 333; a.A. *Ipsen*, JZ 2011, S. 989 (992 f.). Siehe hierzu bereits oben S. 253 f.

[660] *Neumann*, ARSP 1998, S. 153 (162); *Schächinger*, Menschenwürde und Menschheitswürde, S. 233.

[661] *Schächinger*, Menschenwürde und Menschheitswürde, S. 234 ff.; so auch *Herdegen*, in: Herzog et al. (Hrsg.), Maunz/Dürig GG, Art. 1 Rn. 32.

[662] *Dreier*, in: Dreier (Hrsg.), GG, Band 1, Art. 1 GG Rn. 169.

[663] *Neumann*, in: Klug und Kriele (Hrsg.), Menschen und Bürgerrechte, S. 139 (145); gegen die

Die dritte Möglichkeit bestünde darin, statt gattungsbezogen eher gesellschaftsbezogen zu argumentieren.[664] Über gentechnische Eingriffe könne hiernach zwar niemandes individuelle Würde verletzt werden, aber eine „Interaktionsstörung“ und ein „Verlust an Orientierungssicherheit“ bei denjenigen Menschen der Gesellschaft eintreten, die ein solches Geschehen miterleben müssen. Eine solche Ausdehnung birgt jedoch die Gefahr eines unzulässigen Schutzes bestimmter moralischer Meinungen. Zwar muss es dem Recht erlaubt sein, zur Sicherung der sozial unerlässlichen kommunikativen Basis in Extremfällen auch auf desorientierende Wirkungen von Gefühlsbeeinträchtigungen zu reagieren. Orientierung ist jedoch stets kulturell geprägt und ständigen Veränderungen unterworfen. Aufgabe des Staates kann nicht sein, bestimmte inhaltliche Orientierungen aufrechtzuerhalten, will man von der Recht/Moral-Differenzierung nicht prinzipiell abrücken.[665] *Seelmann* will den Bereich einer Würdeverletzung daher erst dann erreicht wissen, wenn der Einzelne durch ein bestimmtes Verhalten anderer seine „Orientierungskompetenz“, seine Kompetenz, sich in dieser Welt zurecht zu finden, verliere.[666] Diese Kompetenz werde erst dann in Frage gestellt, wenn auch im herkömmlichen Sinne von einer Rechtsverletzung ausgegangen werden könne.[667] Man darf hierbei aber nicht vergessen, dass es in pluralistischen Gesellschaften kein Recht auf „nicht-Ansehen-Müssen“ bestimmter Handlungen gibt. Das Argument der Interaktionsstörung ist also nur mit größter Zurückhaltung und allenfalls dort einzusetzen, wo breite einhellige Ablehnung bzgl. bestimmter Praktiken besteht.[668] Hinsichtlich der verschiedenen Ziele des Keimbahneingriffs gibt es eine solche einhellige Ablehnung nicht, schon gar nicht was therapeutische und präventive Eingriffe anbelangt. Selbst wenn bzgl. enhancender Eingriffe tatsächlich überwiegend große Skepsis besteht, so stoßen selbst diese nicht ausschließlich auf Ablehnung.[669] Der Eingriff in die menschliche Keimbahn ist ein Bereich, dessen Für und Wider vielmehr gerade bewertet und diskutiert und dessen Auswirkungen, auch auf das menschliche Miteinander, aktuell untersucht werden. Aufgrund der Zurückhaltung, mit der die Kategorie des Verlustes der Orientierungskompetenz eingesetzt werden soll, kann ein solcher Verlust im

---

Einbeziehung eines „Menschenbildes“ oder einer Menschheitswürde in Art. 1 Abs. 1 S. 1 GG auch *Enders*, Die Menschenwürde in der Verfassungsordnung, S. 497 ff.; *Hilgendorf*, in: Byrd (Hrsg.), Jahrbuch für Recht und Ethik 1999, S. 137 (140); *Lerche*, in: Lukes und Schloz (Hrsg.), Rechtsfragen der Gentechnologie, S. 88 (111).

[664] Hierzu und zum Folgenden *Dreier*, in: Dreier (Hrsg.), GG, Band 1, Art. 1 Rn. 119.

[665] Bezogen auf strafrechtliche Normen *Seelmann*, in: Zaczyk (Hrsg.), Festschrift für E. A. Wolff, S. 481 (492 f.).

[666] *Seelmann*, in: Zaczyk (Hrsg.), Festschrift für E. A. Wolff, S. 481 (492); *ders.*, in: Fateh-Moghadam und Ellscheid (Hrsg.), Grenzen des Paternalismus, S. 206 (215); *Gutmann*, in: van den Daele (Hrsg.), Biopolitik, S. 235 (259 f.), wobei dieser Schutz nicht mehr aus Art. 1 GG resultieren soll. *Gutmann* bespricht des Weiteren eine „symbolische Beschädigung unserer Selbstwahrnehmung“, den Schutz eines Selbstbilds, *dort*, S. 250 f.

[667] *Seelmann*, in: Fateh-Moghadam und Ellscheid (Hrsg.), Grenzen des Paternalismus, S. 216.

[668] *Dreier*, in: Dreier (Hrsg.), GG, Band 1, Art. 1 Rn. 119.

[669] Siehe zu den das Enhancement begrüßenden Stimmen oben S. 284 f.

Hinblick auf das „mit-Ansehen-Müssen“ enhancender Maßnahmen nicht einfach und vorschnell unterstellt werden.

Es gibt folglich kein aus Art. 1 Abs. 1 S. 1 GG abzuleitendes kollektives Schutzgut, welches Eingriffen in die menschliche Keimbahn entgegenstünde.

cc. Ergebnis

Allenfalls der Schutz des menschlichen Genpools sowie der Schutz der Bevölkerung vor Gesundheitsgefahren vermögen für ein Verbot von Keimbahneingriffen zu sprechen. Allerdings sind die für diese Güter bestehenden Gefahren äußerst spekulativ.

c. Fazit

Keimbahninterventionen berühren das Recht auf Leben und körperliche Unversehrtheit des Nachgeborenen, wobei diese Rechtsverletzung bzw. – gefährdung durch Abwägung mit kollidierenden Rechten beseitigt werden kann. Als kollektive Belange sind der Schutz des menschlichen Genpools sowie der Schutz der Bevölkerung vor Gesundheitsgefahren zu berücksichtigen, wobei Gefährdungen dieser Güter höchst spekulativ sind.

3. Schutz von gesellschaftlichen Belangen

Der Gesetzgeber ist auch zum Schutz gesellschaftlicher Interessen befugt und kann, unter Beachtung des Grundsatzes der Verhältnismäßigkeit, hierfür grundrechtliche Freiheiten einschränken.[670] Als gesellschaftliche Belange sind das Verbot von Diskriminierung Kranker und Behinderter, die Gefahr der Entstehung gesellschaftlichen Drucks, Keimbahneingriffe vornehmen zu lassen, sowie die Gefahr der Entstehung einer Zwei-Klassen-Gesellschaft zu berücksichtigen.

a. Diskriminierungsverbot

Eine Zulassung von Keimbahneingriffen zur Verhinderung schwerer Erbkrankheiten, gar durch einen entsprechenden Indikationskatalog, könnte eine Diskriminierung der Menschen darstellen, die an einer solchen Krankheit leiden. In Art. 3 Abs. 3 S. 2 GG[671] ist das Diskriminierungsverbot Behinderter angelegt. Dabei handelt es sich zunächst um ein subjektives Abwehrrecht.[672] Darüber hinaus enthält die

[670] So im Rahmen der PID *Nationaler Ethikrat*, Genetische Diagnostik vor und während der Schwangerschaft, S. 138 f. (Votum für eine verantwortungsvolle, eng begrenzte Zulassung der PID).

[671] „Niemand darf wegen seiner Behinderung benachteiligt werden.“

[672] *Langenfeld*, in: Herzog et al. (Hrsg.), Maunz/Dürig GG, Art. 3 Abs. 3 Rn. 14.

Vorschrift aber auch eine objektive Wertentscheidung, die auf die rechtliche Gestaltung in der gesellschaftlichen Wirklichkeit Einfluss nehmen soll.[673] Es handelt sich insofern um eine Staatszielbestimmung, durch die den Belangen behinderter Menschen ein hoher Rang eingeräumt wird.[674] Unter einer Behinderung ist jede nicht nur vorübergehende Funktionsbeeinträchtigung zu verstehen, die auf einem regelwidrigen körperlichen, geistigen oder seelischen Zustand beruht.[675] Jedenfalls sobald eine schwere monogenetische Erbkrankheit sich auszuwirken beginnt, liegt eine solche Funktionsbeeinträchtigung vor.[676]

Bereits im Rahmen der PID wurde argumentiert, durch die Zulassung der PID komme es zu einem „gesellschaftliche[n] Wertewandel, der im Zusammenspiel vieler individueller Entscheidungen, gesellschaftlicher Erwartungen und damit verbundenen „Lebenswertzuschreibungen" zur Beförderung unserer ohnehin schon behindertenfeindlichen Gesellschaft führen kann." Es sei zu befürchten, „dass dies zur gesellschaftlichen Legitimierung einer zunehmenden Diskriminierung, Stigmatisierung und Entsolidarisierung von chronisch Kranken, Behinderten und deren Familien führt." Hierdurch erfolge eine „Stigmatisierung und Diskriminierung durch ein gesellschaftliches Klima, welches suggeriert, chronisch Kranke und Behinderte seien „verhinderbar"".[677] Dem lässt sich mit *Taupitz* aber geradezu zynisch entgegenhalten, dass dann also im Umkehrschluss eine Gesellschaft eine bestimmte Anzahl von Kranken und Behinderten brauche, um zu lernen und nicht zu verlernen, mit ihnen umzugehen.[678] Es wäre schon eine ziemlich egoistische Herange-

---

[673] *Böckenförde-Wunderlich*, Präimplantationsdiagnostik als Rechtsproblem, S. 208.

[674] *Middel*, Verfassungsrechtliche Fragen der Präimplantationsdiagnostik und des therapeutischen Klonens, S. 162; *Nußberger*, in: Sachs (Hrsg.), GG, Art. 3 Rn. 307; allgemein für den besonderen Gleichheitssatz des Art. 3 Abs. 3 S. 1 GG in ähnlicher Weise von einem „Gemeinwohlbelang" bzw. „fakultativen Diskriminierungsschutz" sprechend *Langenfeld*, in: Herzog et al. (Hrsg.), Maunz/Dürig GG, Art. 3 Abs. 3 Rn. 92 f. Inwiefern aus Art. 3 Abs. 3 S. 2 GG Schutzpflichten im engeren Sinne des Staates resultieren, ist umstritten: dagegen im Rahmen des besonderen Gleichheitssatzes des Art. 3 Abs. 3 S. 1 GG *Kischel*, in: Epping und Hillgruber (Hrsg.), BeckOK GG, Art. 3 Rn. 210 (die Ablehung dabei übertragend auf die speziellen Gleichheitssätze), *Langenfeld*, in: Herzog et al. (Hrsg.), Maunz/Dürig GG, Art. 3 Abs. 3 Rn. 83 ff.; *Nußberger*, in: Sachs (Hrsg.), GG, Art. 3 Rn. 307; dafür *Schmidt*, in: Müller-Glöge et al. (Hrsg.), Erfurter Kommentar zum Arbeitsrecht, Art. 3 GG Rn. 67.

[675] BVerfGE 96, 288 (301); *Kischel*, in: Epping und Hillgruber (Hrsg.), BeckOK GG, Art. 3 Rn. 233.

[676] *John*, Die genetische Veränderung des Erbgutes menschlicher Embryonen, S. 96.

[677] *Graumann*, in: Arndt (Hrsg), Fortpflanzungsmedizin in Deutschland, S. 215 (219); für eine Diskriminierung Lebender durch die PID argumentierend auch *Nationaler Ethikrat*, Genetische Diagnostik vor und während der Schwangerschaft, S. 83 f. (Votum für die Beibehaltung und Präzisierung des im ESchG enthaltenen Verbots der assistierten Reproduktion (extrakorporalen Befruchtung) zu diagnostischen Zwecken und damit des Verbots der PID sowie zur künftigen Handhabung der PND); eine Diskriminierungsgefahr bei Keimbahninterventionen ansprechend auch *Dabrock et al.*, Menschenwürde und Lebensschutz, S. 284, aber letztlich nicht für ein Verbot von Keimbahninterventionen, sondern dafür plädierend, die Integration Behinderter müsse im Gesellschaftlichen Bewusstsein verankert werden, damit die Bekämpfung genetischer Krankheiten nicht zu seiner solchen Diskriminierung führe.

[678] *Taupitz*, in: Günther et al. (Hrsg.), ESchG, § 3 Rn. 6.

hensweise, Kranke und Behinderte als „sittliche Prüfsteine“ und „stete Mahnung“ zu benutzen.[679]

Auch liegt in dem Umstand, dass bestimmte Paare sich gegen ein Kind mit einer bestimmten Krankheit bzw. Behinderung entscheiden bzw. diese Krankheit oder Behinderung durch Keimbahntherapie „heilen“, kein Unwerturteil gegenüber allen Menschen mit dieser Krankheit/Behinderung.[680]

Es gibt zudem keine Anhaltspunkte dafür, dass mit der Zulassung der Keimbahntherapie allgemein ein behinderten- oder krankenfeindliches gesellschaftliches Umfeld geschaffen würde, wodurch die Solidarität mit Betroffenen untergraben und ihr Existenzrecht in Frage gestellt würde. Es gibt insbesondere keine empirischen Indikatoren.[681] In unserer Gesellschaft gibt es insgesamt vielmehr einen stabilen Trend zur Aufwertung der Position behinderter Menschen. Die Rechtsordnung,[682] die politischen Programmatik der Parteien und eine professionalisierte und etablierte Sozialbürokratie sichern diesen Trend institutionell ab.[683] Eine Veränderung dieser Zustände durch bestimmte Eingriffsmöglichkeiten im pränatalen Bereich ist nicht angezeigt, schon deshalb nicht, weil die Zahl der angeborenen und genetisch bedingten Behinderungen (oder Krankheiten) einen verschwindend kleinen Anteil der Gesamtzahl der Behinderten in Deutschland darstellen. Im Jahr 2015 verzeichnete das Statistische Bundesamt insgesamt 7615.560 Behinderte. Davon haben 3,8 % eine angeborene Behinderung. Überwiegend sind die Behinderungen verursacht durch allgemeine Krankheiten (86,4 %).[684] Unter diese allgemeinen Krankheiten fallen zwar auch monogen bedingte Erbkrankheiten, gewissermaßen den „heißesten Kandidaten“ für die Keimbahntherapie, sie machen allerdings nur einen Bruchteil

---

[679] *Schmidt-Jortzig*, Rechtsfragen der Biomedizin, S. 36. Die Argumente dieses Abschnitts auch bei *Taupitz und Deuring*, in: Hacker (Hrsg.), Nova Acta Leopoldina, S. 82 f. Das Argument, genetische Interventionen diskriminierten lebende Menschen mit der entsprechenden Krankheit oder Behinderung, ablehnend auch *Wert et al. (ESHG und ESHRE)*, European Journal of human genetics 2018, 26, S. 450 (462): Mit diesem Argument müsste jegliche Prävention im Rahmen einer Schwangerschaft verboten sein, wie etwa auch die Vergabe von Folsäure, um das Risiko von Neuralrohrdefekten des Embryos zu senken.

[680] *Taupitz*, in: Günther et al. (Hrsg.), ESchG, § 3 Rn. 6; dies einräumend auch *Graumann*, in: Arndt (Hrsg), Fortpflanzungsmedizin in Deutschland, S. 215 (219).

[681] Hierzu und zum Folgenden *van den Daele*, in: van den Daele (Hrsg.), Biopolitik, S. 97 (99 ff.); die empirische Basis für die Gefahr einer Entsolidarisierung ebenso als unklar und in Teilen spekulativ und umstritten bezeichnend *Deutscher Ethikrat*, Eingriffe in die menschliche Keimbahn, S. 155. Auch einen mit dem Enhancement gegebenfalls einhergehenden Mentalitätswandel, wonach eine Art „soziale Eugenik“ entstehen könne, wenn Eltern stets versuchten, ihrem Kind das beste Genom mitzugeben, womit auch eine Diskriminierung (wenn nicht gar Würdeverletzung) derjenigen einhergehen könne, die diesen Merkmalen nicht entsprechen, begründe kein kategorisches Verbot, sondern eine Pflicht des Staates, solche Entwicklungen zu beobachten und gegebenenfalls regulierend einzugreifen, siehe *Deutscher Ethikrat*, Eingriffe in die menschliche Keimbahn, S. 176 f.

[682] Etwa durch die Einführung des Diskriminierungsverbots in Art. 3 GG, die Pflegeversicherung im Sozialgesetzbuch XI sowie die Regelungen zu Rehabilitation und Teilhabe behinderter Menschen im Sozialgesetzbuch IX.

[683] *Van den Daele*, in: van den Daele (Hrsg.), Biopolitik, S. 97 (102).

[684] *Statistisches Bundesamt*, Statisktik Schwerbehinderte Menschen, Kurzbericht 2015, S. 15.

aller in der Bevölkerung zu Behinderung führenden Krankheitsfälle aus (weit unter 10 %). Es ist nicht davon auszugehen, dass durch die Keimbahntherapie in einer derart geringen Zahl von Fällen allgemein den Behinderten in Deutschland die Solidarität aufgekündigt würde.[685]

Es gibt auch keine empirischen Daten dafür, dass sich die Solidarität gerade gegenüber denjenigen Menschen, die an eben den konkret durch Keimbahneingriff behandelbaren Krankheiten leiden, verringern würde. Wie bereits an anderer Stelle ausgeführt, lässt sich nicht vom Umgang mit vorgeburtlichem Leben auf den mit geborenem Leben schließen.[686] Der Eingriff in vorgeburtliches Leben stellt kein Modell dar, an dem die Gesellschaft lernte, man brauche das Lebensrecht behinderter Menschen nicht so ernst zu nehmen.[687] Ein solcher Abwärtstrend hätte sich vielmehr schon bei der Abtreibung zeigen müssen, blieb aber aus.[688] Vielmehr zeigen Daten, dass die hohe Abtreibungsrate insbesondere von Down-Syndrom-Kindern[689] nicht zu einer Ablehnung der betroffenen Menschen geführt hat. So sprachen sich im Jahre 2000 bei einer Umfrage 82 % der Befragten dafür aus, behinderte Kinder in der gleichen Klasse oder auch am gleichen Schultisch mit nicht behinderten Kindern zu unterrichten.[690] Auch die Idee, geistig Behinderte aus der Gesellschaft auszuschließen und sie billig und unsichtbar zu „verwahren" stößt auf immer weniger Resonanz.[691] Die Bedenken, das Lebensrecht Behinderter werde in Frage gestellt, verfangen hier sogar noch weniger als in der Diskussion um PID und PND, da bei der Keimbahntherapie, anders als bei den eben genannten Verfahren, keine Embryoselektion erfolgen soll, sondern gerade allen Embryonen zum Transfer verholfen werden soll: Nicht der Embryo wird beseitigt, nur seine Krankheit. Insofern handelt es sich gewissermaßen um eine Behandlungsmethode, von der die geborenen Kran-

---

[685] So argumentierend bereits *van den Daele*, in: van den Daele (Hrsg.), Biopolitik, S. 97 (103); *ders.*, in: Leonhardt (Hrsg.), Wie perfekt muss der Mensch sein?, S. 177 (189); ebenso darauf hinweisend, dass viele Krankheiten und Behinderungen nicht genetisch bedingt seien *Dabrock et al.*, Menschenwürde und Lebensschutz, S. 284.

[686] Siehe oben S. 293. Die Unterschiede zwischen geborenem und vorgeburtlichem Leben betonend auch *Taupitz*, in: Günther et al. (Hrsg.), ESchG, § 3 Rn. 6; *Deutscher Ethikrat*, Präimplantationsdiagnostik, S. 65.

[687] *Van den Daele*, in: Leonhardt (Hrsg.), Wie perfekt muss der Mensch sein?, S. 177 (190); *ders.*, in: van den Daele (Hrsg.), Biopolitik, S. 97 (105).

[688] Mit ausführlichen Untersuchungen zum Umgang mit geborenen behinderten Kindern bei *van den Daele*, in: Leonhardt (Hrsg.), Wie perfekt muss der Mensch sein?, S. 177 (190 ff.);, *ders.*, in: van den Daele (Hrsg.), Biopolitik, S. 97 (105 ff.); so auch *Middel*, Verfassungsrechtliche Fragen der Präimplantationsdiagnostik und des therapeutischen Klonens, S. 163.

[689] Diese liegt bei 90 Prozent, siehe *van den Daele*, in: van den Daele (Hrsg.), Biopolitik, S. 97 (98).

[690] *Wocken*, in: Albrecht (Hrsg.), Perspektiven der Sonderpädagogik, S. 283 (296) mit weiteren Umfrageergebnissen bzgl. Nachbarschaft mit Behinderten (95 % positiv) und Urlaub im selben Hotel wie geistig Behinderte (83 % positiv).

[691] *Nationaler Ethikrat*, Genetische Diagnostik vor und während der Schwangerschaft, S. 140 Fn. rr (Ergänzendes Votum), mit dem Hinweis darauf, die Zustimmung zur Förderung Behinderter und die Bereitschaft, mit ihnen zusammenzuleben, habe in den letzten 30 Jahren deutlich zugenommen; allgemein zur Lebenssituation und zur rechtlichen Absicherung behinderter Menschen auch *Deutscher Ethikrat*, Präimplantationsdiagnostik, S. 65 f.

ken und Behinderten nur nicht mehr profitieren können. Diese Situation ist aber bei der Entwicklung neuer Therapien für bislang unheilbare Krankheiten immer gegeben und keine Besonderheit der Keimbahntherapie: Mit dem medizinischen Fortschritt hören manche Lebensformen einfach auf zu existieren.[692]

Dennoch ist nicht auszuschließen, dass die Zulassung der Keimbahntherapie bei Menschen mit entsprechender Krankheit oder Behinderung als Kränkung dahingehend aufgefasst wird, sie seien „verhinderbar". Ob aber als Gegenreaktion ein vollständiges Verbot der Keimbahntherapie gerechtfertigt ist, ist fraglich. Man wird dem, schon vor dem Hintergrund des Grundsatzes der Verhältnismäßigkeit, anders begegnen müssen,[693] wenn Betroffene diese Kränkung nicht gar hinnehmen müssen. Es ist offenkundig, dass das Urteil „unerwünscht" der Behinderung oder Krankheit als Eigenschaft gilt und nicht dem behinderten oder kranken Menschen als Person.[694] Hinzu kommt, dass sehr fraglich ist, worin sich das Ziel der Keimbahntherapie überhaupt von anderen im zulässigen Maßnahmen im Rahmen der Schwangerschaftsvorsorge unterscheiden soll: So dienen auch andere Handlungen dazu, Behinderungen und Krankheiten zu vermeiden, wie etwa Ultraschalle im Hinblick auf eine Abtreibung, die Einnahme von Vitaminen während der Schwangerschaft und sogar der Verzicht auf Alkohol während selbiger.[695]

b. Gesellschaftlicher Druck

Es ist nicht auszuschließen, dass sich Eltern, die sich gegen eine Keimbahntherapie entscheiden und in der Folge ein krankes Kind zur Welt bringen, dem Vorwurf ausgesetzt sehen: „Das hättet ihr aber verhindern können!"[696] Die Gefahr von Entste-

---

[692] So etwa bei Opfern von Kinderlähmung, die selbst nicht therapiert werden können und die aber hinnehmen müssen, dass es Menschen mit ihrer Krankheit nicht mehr geben wird, siehe *Nationaler Ethikrat*, Genetische Diagnostik vor und während der Schwangerschaft, S. 142 (Votum für eine verantwortungsvolle, eng begrenzte Zulassung der PID); *van den Daele*, in: Leonhardt (Hrsg.), Wie perfekt muss der Mensch sein?, S. 177 (186); *Middel*, Verfassungsrechtliche Fragen der Präimplantationsdiagnostik und des therapeutischen Klonens, S. 164; verweisend darauf, dass das Diskriminierungsargument jeden medizinischen Fortschritt verhinderte *Rosenau*, in: Schreiber (Hrsg.), Globalisierung der Biopolitik, des Biorechts und der Bioethik?, S. 149 (158).

[693] So auch bzgl. PID und PND *Nationaler Ethikrat*, Genetische Diagnostik vor und während der Schwangerschaft, S. 142 f. (Votum für eine verantwortungsvolle, eng begrenzte Zulassung der PID).

[694] *Van den Daele*, in: Leonhardt (Hrsg.), Wie perfekt muss der Mensch sein?, S. 177 (186).

[695] So im Zusammenhang mit der Problematik einer Diskriminierung Behinderter und der Frage, ob von der Keimbahntherapie eine gesteigerte Gefahr von Eugenik ausgehe, *Doudna und Sternberg*, A crack in creation, S. 233 f.

[696] *Joerden*, Menschenleben, S. 81 m.w.N.; aufgrund der Entstehung eines neuen „Verantwortungsprofils" der Eltern und die Etablierung neuer Handlungszwänge durch Zulassung der PID dieselbe daher ablehend *Graumann*, in: Arndt (Hrsg.), Fortpflanzungsmedizin in Deutschland, S. 215 (218). Die Entstehung solchen Drucks als möglich erachtend, aber dessen Bekämpfung berfürwortend, statt aus diesem Grund Keimbahntherapien zu verbieten *Dabrock et al.*, Menschenwürde und Lebensschutz, S. 284.

hung gesellschaftlichen Drucks, eine Keimbahntherapie vorzunehmen, um diesem Vorwurf nicht ausgesetzt zu sein, lässt sich nicht von der Hand weisen. Es ist jedoch sehr fragwürdig, aus diesem Grund Handlungsrechte zu beschneiden. Die Entstehung von Druck bei manchen Menschen rechtfertigt es nicht, die Handlungsrechte der Menschen, die sich für eine solche Maßnahme entscheiden wollen, von vornherein zu beschneiden. Letztlich sieht sich der Mensch tagtäglich sozialem Druck ausgesetzt. Eine kritische Reflexion über die eigenen Handlungen, ob dem Druck nachgegeben werden soll oder nicht, wird man von jedem erwarten dürfen.[697] Zudem ist die Frage, ob der Druck wirklich durch Zulassung der Keimbahntherapie zunimmt, da Eltern in den meisten Fällen auch die PID oder jedenfalls ein Schwangerschaftsabbruch offensteht.[698]

c. Zwei-Klassen-Gesellschaft

Sollte die Keimbahntherapie nicht zum GKV-Katalog des SGB V gehören,[699] besteht die Gefahr, dass sich nur der reiche Teil der Bevölkerung entsprechende Eingriffe wird leisten können.[700] Um eine solche gesellschaftliche Kluft zu vermeiden, könnte es angezeigt sein, die Keimbahntherapie insgesamt zu verbieten oder eben für jeden verfügbar zu machen. Diese Pflicht könnte sich aus Art. 3 Abs. 1 GG, ggfs. i.V.m. dem Sozialstaatsprinzip ergeben.

Leistungspflichten und -ansprüche folgen hieraus aber in der Regel nur als derivative Pflichten und Ansprüche, bei denen ein gleichheitswidriger Begünstigungsausschluss entweder die Einstellung aller Begünstigungen oder die Ausdehnung der Begünstigung auf die zu Unrecht Ausgeschlossenen verlangt.[701] Dieser Aspekt ist jedoch nicht einschlägig, da der Staat nicht manchen Menschen eine Keimbahntherapie gewährt und anderen nicht. Originäre Förderpflichten- und Ansprüche sind hingegen die Ausnahme. Das Unterlassen der konkreten Leistung muss mit Blick auf die finanziellen Möglichkeiten des Staates und seine gesamtgesellschaftliche Verantwortung einen evidenten Verfassungsverstoß darstellen. Für solche Ansprüche gilt ein „Vorbehalt des Möglichen".[702] Für therapeutische Maßnahmen gilt dabei, wie schon im Rahmen des „Rechts auf Gesundheit" erwähnt, dass es keinen

[697] *Welling*, Genetisches Enhancement, S. 226; siehe auch bereits *Taupitz und Deuring*, in: Hacker (Hrsg.), Nova Acta Leopoldina, S. 82 f. Das Argument des gesellschaftlichen Drucks bewertet der Deutsche Ethikrat auch im Kontext des Enhancements als nicht tragend: Es sei ein Gebot der politischen Gerechtigkeit zu gewährleisten, dass Eltern Eingriffe in das Genom ihrer Kinder auch ablehnen können, siehe *Deutscher Ethikrat*, Eingriffe in die menschliche Keimbahn, S. 185 f.

[698] *Wert et al. (ESHG und ESHRE)*, European Journal of human genetics 2018, 26, S. 450 (462); so argumentierend bzgl. der PID *Middel*, Verfassungsrechtliche Fragen der Präimplantationsdiagnostik und des therapeutischen Klonens, S. 167.

[699] In dieser Arbeit wird dies bejaht, siehe unten S. 413 ff.

[700] Zu dieser Befürchtung siehe m.w.N. *Aslan et al.*, CfB-Drucks. 4/2018, S. 29.

[701] *Grzeszick*, in: Herzog et al. (Hrsg.), Maunz/Dürig GG, Art. 20 (VIII. C. II. 3.) Rn. 32.

[702] *Grzeszick*, in: Herzog et al. (Hrsg.), Maunz/Dürig GG, Art. 20 (VIII. C. II. 3.) Rn. 33 f.

Anspruch etwa auf konkrete Leistungen der gesetzlichen Krankenversicherung über die medizinische Grundversorgung hinaus gibt.[703]

Auch zu einem Verbot, welches die Ungleichheit zweifelsfrei ebenso beseitigen würde, ist der Gesetzgeber aus Art. 3 Abs. 1 GG nicht verpflichtet.[704] Der Staat ist hiernach nur zur Herstellung rechtlicher Gleichheit verpflichtet, nicht auch zu faktischer Gleichheit. Rechtliche Gleichheit wehrt Ungleichbehandlungen ab, die aus einer diskriminierenden Gesetzgebung resultieren. Faktische Gleichheit muss der Gesetzgeber hingegen erst herstellen, was er nicht durch bloße rechtliche Gleichstellung erreichen kann; hierfür muss er vielmehr wegnehmen und umverteilen. Wollte der Gesetzgeber faktische Gleichheit herstellen, müsste er hierzu rechtliche Freiheit beschneiden, weil der frei handelnde Mensch ständig die faktische Gleichheit der Menschen bedroht.[705] Die im Grundgesetz garantierten Freiheitsrechte schließen die Vorstellung einer faktischen Freiheit aus.[706] Eine Schutzpflicht bzgl. faktischer Freiheit verbietet sich daher schon aufgrund folgender Überlegung: Pflichten zur Herstellung faktischer Gleichheit bewirken Grundrechtseingriffe zu Lasten Dritter und Ungleichbehandlungen. Rechtliche Gleichheit ermöglicht und bewahrt Freiheit und damit faktische Ungleichheit. Als Beispiel führt *Heun* den berühmten Satz von *Anatole France* an, wonach „*la majestueuse égalité des lois... interdit au riche comme au pauvre de coucher sous les ponts, de mendier dans les rues et de voler du pain.*" Ein und derselben Norm (dem Gleichheitssatz), kann aber nicht ein Prinzip und sein Gegenteil entnommen werden, nämlich ein Recht auf Gleichbehandlung und auf Herstellung faktischer Gleichheit.[707]

Aus dem Sozialstaatsprinzip hingegen ist der Staat grundsätzlich zu „Gleichmacherei" im Faktischen befugt: Hierüber darf er schädliche Auswirkungen schrankenloser Freiheit verhindern und die Gleichheit fortschreitend bis zu dem vernünftigerweise zu fordernden Ziel verwirklichen. Das Sozialstaatsprinzip erlaubt eine Angleichung der faktischen Verhältnisse soweit, wie nicht die Verfassung, insbesondere die Grundrechte oder das Rechtsstaatsprinzip, Grenzen stecken.[708] Dabei lässt sich aber, um eine solche „Gleichmacherei" zu erreichen, nicht ohne weiteres ein

---

[703] Siehe oben S. 247 ff.

[704] Hierzu und zum Folgenden *Welling*, Genetisches Enhancement, S. 199 ff.

[705] *Starck*, in: von Mangoldt et al. (Hrsg.), GG, Band 1, Art. 3 Abs. 1 Rn. 4 (Auflage 6); *Starck*, in: Isensee und Kirchhof (Hrsg.), Handbuch des Staatsrechts, Band 8, § 181 Rn. 163; ebenso jedenfalls aus Art. 3 alleine keine Pflicht zur Herstellung faktischer Gleichheit herleitend *Wollenschläger*, in: von Mangoldt et al. (Hrsg.), GG, Band 1, Art. 3 Abs. 1 Rn. 177 (Auflage 7).

[706] *Starck*, in: von Mangoldt et al. (Hrsg.), GG, Band 1, Art. 3 Abs. 1 Rn. 4 (Auflage 6); a.A. *Hesse*, AöR 1951/1952, S. 167 (180), wonach der Gleichheitssatz auch faktische Gleichheit gewährt.

[707] *Heun*, in: Dreier (Hrsg.), GG, Band 1, Art. 3 Rn. 67 f.; *Starck*, in: von Mangoldt et al. (Hrsg.), GG, Band 1, Art. 3 Abs. 1 Rn. 5 (Auflage 6); eine Schutzpflicht auf Herstellung von Gleichheit auch ablehnend *Dietlein*, Die Lehre von den grundrechlichen Schutzpflichten, S. 84, da Gleichheit keinen „abstrakten Wert" habe, sondern seine Wertigkeit erst mit Blick auf die Ausübung staatlicher Macht erhalte.

[708] *Starck*, in: von Mangoldt et al. (Hrsg.), GG, Band 1, Art. 3 Abs. 1 Rn. 6, 27 ff. (Auflage 6); *Heun*, in: Bauer und Dreier (Hrsg.), GG, Band 1, Art. 3 Rn. 68; *Wollenschläger*, in: von Mangoldt et al. (Hrsg.), GG, Band 1, Art. 3 Abs. 1 Rn. 177 (Auflage 7).

Verbot begründen, welches massiv in Handlungsrechte eingriffe. Vielmehr müsste der Gesetzgeber vor dem Grundsatz der Verhältnismäßigkeit eine Lösung dafür finden, wie ein Ausgleich für die Ungleichheit aufgrund der sozialen Schwäche mancher Mitglieder der Gesellschaft gefunden werden kann.[709]

Ungleichheiten können auch dann bestehen, wenn man mögliche Folgewirkungen von Keimbahneingriffen betrachtet. Folgewirkungen zeigen sich weniger bei Keimbahneingriffe zu therapeutischen Zwecken, sondern vielmehr solche mit verbessernder Zielsetzung. So könnten beispielsweise intellektuell verbesserte Menschen in der Lage sein, bessere Arbeitsleistungen zu erbringen und daher für Arbeitgeber attraktiver werden. Nicht verbesserte Menschen könnten auf dem Arbeitsmarkt dann erhebliche Nachteile erleiden. Statt aus diesem Grund das Enhancement jedoch vollständig zu verbieten, ließe sich aber auch auf eine Quotenregelung zurückgreifen, wonach Arbeitgeber verpflichtet wären, eine gewisse Anzahl genunveränderter Menschen zu beschäftigen. Entsprechende Regelungen bestehen im SGB IX bereits für Behinderte.[710] Auch in anderen kompetitiven Bereichen, wie bei schulischen Leistungsprüfungen oder bei sportlichen Wettkämpfe, wird man sich überlegen müssen, wie mit man Unterschieden hinsichtlich der Vergleichbarkeit der Leistungen umzugehen ist. Eine Idee wäre hierbei eine Anpassung der Evaluationsmaßstäbe, wie sie bereits bei der Bewertung sportlicher Erfolge bei Olympischen Spielen für Sportler mit Behinderungen, den Paralympics erfolgt. Ebenso könnte eine Offenbarungs- oder Deklarierungspflicht eingeführt werden, sodass aus dem Evaluationsergebnis ersichtlich wird, dass das Ergebnis durch Enhancement beeinflusst ist.[711]

d. Ergebnis

Der Durchführung von Keimbahneingriffen stehen keine gesellschaftlichen Belange entgegen. Weder das Diskriminierungsverbot noch die Sorge vor gesellschaftlichem Druck oder der Entstehung einer Zwei-Klassen-Gesellschaft vermögen ein Verbot zu rechtfertigen.

IV. Abwägung und Ergebnis

Die herausgearbeiteten betroffenen Rechte und Interessen gilt es nun als Grundlage für einen Regelungsvorschlag an den Gesetzgeber gegeneinander abzuwägen.[712] Die Frage ist, ob der Gesetzgeber das Verbot unabhängig von technischen Entwicklungen

[709] *Welling*, Genetisches Enhancement, S. 200 f. Auf die Regulierungspflicht des Gesetzgebers hinweisend, wenn das genetische Enhancement drohte, die gesellschaftliche Chancengleichheit weiter zu verschärfen: *Deutscher Ethikrat*, Eingriffe in die menschliche Keimbahn, S. 184 f.

[710] Dieser und weitere ausführliche Vorschläge in diese Richtung *Welling*, Genetisches Enhancement, S. 202 f.

[711] Ausführlich *Welling*, Genetisches Enhancement, S. 211 ff.

[712] Zu diesem Regelungsvorschlag siehe unten S. 428 ff.

und verbesserter Sicherheit der Verfahren aufrecht erhalten darf bzw. muss, oder ob er den Rechten, die für eine Durchführung von Keimbahninterventionen sprechen, den Vorrang einräumen darf oder muss.

Dabei gilt, dass der Gesetzgeber die Grundrechte berührende Regelungen nur auf der Basis einer zuverlässig ermittelten Tatsachengrundlage sowie einer vertretbaren Prognose in Bezug auf abzuwehrende Gefährdungen treffen kann.[713] Fehlen hinreichend sichere Erkenntnissen, hat er jedoch einen Einschätzungs- und Prognosespielraum.[714] Bereits Zweifel berechtigten den Gesetzgeber bei Unklarheit etwa über negative gesundheitliche Folgen bestimmter Handlungen dazu, im Rahmen des Erforderlichen alle Schutzmaßnahmen zu ergreifen, die einem wirksamen Gesundheitsschutz dienlich sind.[715] Hinsichtlich des „Ob" und „Wie" der Maßnahme steht ihm dabei ebenfalls ein Bewertungs- und Gestaltungsspielraum zu.[716] Das BVerfG hat die Anforderungen für die Erfüllung der Schutzpflicht durch das „Untermaßverbot" konkretisiert. Hiernach ist der Gesetzgeber verpflichtet diejenigen Maßnahmen zu treffen, die nicht gänzlich ungeeignet und ungenügend sind, das Schutzziel zu erreichen.[717] Darüber hinaus hat er bei Eingriffen in Freiheitsrechte das „Übermaßverbot" und den Grundsatz der Verhältnismäßigkeit zu beachten.[718] Grundrechtsgefährdendes Handeln wird der Staat jedenfalls erst dort untersagen können, „wo die ungeschützte Hinnahme des drohenden Risikos angesichts der auf dem Spiel stehenden grundrechtlichen Schutzgüter sowie angesichts des Interesses an der Durchführung des risikobehafteten Tuns nicht mehr vertretbar erscheint."[719] Im Rahmen der Abwägung ist auch zu berücksichtigen, dass, mit Ausnahme der Menschenwürde, keine Grundrechtsnorm vor einer anderen absoluten Vorrang beansprucht.[720] Durch die Qualifizierung der Menschenwürde als unantastbar wird diese jedem Abwägungsvorgang entzogen.[721]

Auf Seiten der Eltern spricht für die Zulassung von Keimbahneingriffen, sowohl in Form eines Mitochondrientransfers als auch mit Hilfe von CRISPR/Cas9, zunächst ihr Persönlichkeitsrecht bzw. ihr Selbstbestimmungsrecht aus Art. 2

[713] *BVerfG*, NJW 2003, S. 41 (54); *Kluth*, ZfMER 2017, 8 (1), S. 24 (27). Siehe die folgenden Ausführungen zum Umfang der Schutzpflichten des Staates im Wesentlichen bereits bei *Taupitz und Deuring*, in: Hacker (Hrsg.), Nova Acta Leopoldina, S. 63 (78 und 83); *Deuring*, in: Taupitz und Deuring (Hrsg.), Rechtliche Aspekte der Genom-Editierung an der menschlichen Keimbahn (Kapitel „Genom-Editierung an der menschlichen Keimbahn – Deutschland", im Erscheinen).

[714] *BVerfG*, NVwZ 2004, S. 579 (599); *Kluth*, ZfMER 2017, 8 (1), S. 24 (27).

[715] *Vollmer*, Genomanalyse und Gentherapie, S. 161 mit Verweis auf BVerfGE, 39, 210 (230).

[716] *Schulze-Fielitz*, in: Dreier (Hrsg), GG, Band 1, Art. 2 Abs. 2 Rn. 86.

[717] BVerfGE 88, 203 (254); *Di Fabio*, in: Herzog et al. (Hrsg.), Maunz/Dürig GG, Art. 2 Abs. 2 S. 1 Rn. 41; *Lang*, in: Epping und Hillgruber (Hrsg.), BeckOK GG, Art. 2 Rn. 74 ff.; *Schulze-Fielitz*, in: Dreier (Hrsg), GG, Band 1, Art. 2 Abs. 2 Rn. 89.

[718] *Kluth*, ZfMER 2017, 8 (1), S. 24 (27); *Schulze-Fielitz*, in: Dreier (Hrsg.), GG, Band 1, Art. 2 Abs. 2, Rn. 86.

[719] *Dietlein*, Die Lehre von den grundrechtlichen Schutzpflichten, S. 114.

[720] *Hermes*, Das Grundrecht auf Schutz von Leben und Gesundheit, S. 252 f.; *Vollmer*, Genomanalyse und Gentherapie, S. 197 f.; *Böckenförde-Wunderlich*, Präimplantationsdiagnostik als Rechtsproblem, S. 219 f., je m.w.N.

[721] *Herdegen*, in: Herzog et al. (Hrsg.), Maunz/Dürig GG, Art. 1 Abs. 1 Rn. 73.

Abs. 1 i.V.m. Art. 1 Abs. 1 S. 1 GG, frei über die Verwendung von von ihrem Körper abgetrennten Substanzen zu entscheiden, also auch über gentechnische Eingriffe an diesen. Dieses Recht kommt dann zur Anwendung, wenn der Eingriff an Gameten oder deren Vorläuferzellen geschehen soll. Auf Abwägungsebene ist dann miteinzubeziehen, dass die Eltern hierdurch faktisch Maßnahmen für ihre künftigen Kinder vornehmen lassen und somit das Elternrecht des Art. 6 Abs. 2 GG bereits i.S.e. Vorwirkung Wirkung entfaltet. Dieses ermöglicht es, innerhalb der Grenzen des Kindeswohls für ihre Kinder Entscheidungen zu treffen und im Rahmen dessen auch in Eingriffe in deren (künftige) Rechte einzuwilligen. Geschieht der Eingriff an einer Eizelle nach Ausstoßung des zweiten Polkörperchens oder einer solchen Entität in einem darauffolgenden, späteren Entwicklungsstadium, folgt die Bestimmungsbefugnis der Eltern unmittelbar aus Art. 6 Abs. 2 GG. Daneben kommt in beiden Fällen ihre Fortpflanzungsfreiheit aus Art. 6 Abs. 1 GG sowie, jedenfalls im Fall von Therapie und Prävention, ihr Recht auf autonome Gestaltung der eigenen Lebenssphäre aus Art. 2 Abs. 1 i.V.m. Art. 1 Abs. 1 S. 1 GG zur Anwendung. Für einen Keimbahneingriff zu therapeutischen und präventiven Zwecken spricht zudem das Gesundheitsinteresse des betroffenen Menschen: Der Staat darf verfügbare Therapien also nicht verbieten. Betroffen sind zudem die Forschungsfreiheit aus Art. 5 Abs. 3 S. 1 GG sowie die Berufsfreiheit aus Art. 12 Abs. 1 GG des handelnden Arztes bzw. Gentechnikers. Insbesondere die Forschungsfreiheit, das Elternrecht und die Fortpflanzungsfreiheit können nur über kollidierende Verfassungsgüter eingeschränkt werden, sodass ein Verbot der Keimbahntherapie nur begründet werden kann, wenn andere verfassungsrechtliche Belange überwiegen.[722]

Diesen Rechten stehen bestimmte individuelle und kollektive Belange gegenüber. Auf individueller Ebene sind zunächst die Rechte, oder bei (Noch-)Nicht-Existenz die über das Konstrukt der zukunftsbezogenen Schutzpflichten einzubeziehenden schützenswerten Belange, des keimbahnveränderten Menschen sowie von dessen weiteren Nachfahren zu nennen. Das Enhancement wurde als Würdeverstoß und Eingriff in das Recht auf Leben und körperliche Unversehrtheit und in das allgemeine Persönlichkeitsrecht der unmittelbar betroffenen Menschen identifiziert. Therapeutische und präventive Interventionen hingegen stellen keinen Eingriff in die Menschenwürde dar. Sie geraten aufgrund der Risiken, denen derartige Eingriffe anhaften, jedoch mit dem Recht auf Leben und körperliche Unversehrtheit der unmittelbar sowie der mittelbar betroffenen Menschen sowie mit dem allgemeinen Persönlichkeitsrecht in seiner Ausprägung als Recht auf informationelle Selbstbestimmung der unmittelbar betroffenen Menschen in Konflikt. Bezogen auf das Recht auf Leben und körperlicher Unversehrtheit und das allgemeine Persönlichkeitsrecht des unmittelbar keimbahntherapierten Menschen besteht bei Keimbahneingriffen, die an schon existierenden Grundrechtsträgern durchgeführt werden, die Besonderheit, dass Eltern die Befugnis haben, in die Beeinträchtigung dieser Rechte einzuwilligen, wenn der Keimbahneingriff bestimmte Voraussetzungen erfüllt, insbesondere einer positiven Risiko-Nutzen-Abwägung standhält und einen therapeu-

[722] Die anderen genannten Grundrechte sind aufgrund einfachen Gesetzesvorbehaltes einschränkbar und folglich unter weniger strengen Voraussetzungen.

tischen oder präventiven Zweck verfolgt:[723] Diese Einwilligung beseitigt den Grundrechtseingriff, sodass diese Grundrechte nicht verletzt sind und keines staatlichen Schutzes bedürfen; ein Verbot kann auf Art. 2 Abs. 2 S. 1 GG und Art. 2 Abs. 1 i.V.m. Art. 1 Abs. 1 GG folglich nicht gestützt werden. Bei Eingriffen, die vor der Entstehung eines Grundrechtsträgers vorgenommen werden, also an Gameten oder Vorläuferzellen, besteht keine unmittelbare Einwilligungsmöglichkeit, sodass ein Eingriff in diese Grundrechte des unmittelbar keimbahntherapierten Kindes nicht rechtsdogmatisch bereits durch Einwilligung, sondern, wie bereits erwähnt, nur aufgrund einer Abwägung gerechtfertigt werden kann.

Zunächst verfolgt das Verbot von Keimbahneingriffen jedenfalls den legitimen Zweck, diese genannten Güter zu schützen. Darüber hinaus ist es sicher auch geeignet und erforderlich, da eine weniger einschneidende, aber gleich effektive Maßnahme nicht ersichtlich ist.

Allerdings müsste das Verbot auch verhältnismäßig im engeren Sinne, also angemessen sein, was bedeutet, dass die widerstreitenden Interessen gegeneinander abgewogen und gewichtet werden müssen.

Da Maßnahmen des Enhancements nicht mit der Würde des keimbahnveränderten Menschen vereinbar sind, ist ein Verbot derartiger Maßnahmen durch den Gesetzgeber stets gerechtfertigt.

Hinsichtlich therapeutischer und präventiver Keimbahneingriffe an Gameten und Vorläuferzellen und einer hiermit einhergehenden Verletzung des Rechts auf Leben und körperliche Unversehrtheit sowie des allgemeinen Persönlichkeitsrechts des Kindes wird an dieser Stelle nun relevant, dass letztlich Eltern auch in dieser Situation über ärztliche Maßnahmen in Bezug auf ihre (künftigen) Kinder entscheiden und folglich aufgrund einer „Vorwirkung" ihres Elternrechts Keimbahneingriffe ebenso durchführen dürfen wie am bereits gezeugten Embryo: Es kann keinen Unterschied machen, ob ein Kind in geborener oder embryonaler Form bereits vorliegt oder nicht. In allen Fällen müssen die Eltern gleichermaßen über therapeutische und präventive Maßnahmen bestimmen können.

Grenze des Elternrechts ist das Kindeswohl, also dessen grundrechtlichen Interessen, welche jedoch nicht beeinträchtigt sind, wenn Keimbahneingriffe unter folgenden Voraussetzungen erfolgen:

CRISPR/Cas9 darf angewendet werden, wenn sonst kein gesunder Nachwuchs gezeugt werden kann bzw. wenn bereits ein Embryo gezeugt wurde, bei dem mittels PID oder PKD nachgewiesen wurde, dass der Behandlung tatsächlich bedarf. Ebenso muss der Eingriff aufgrund der aktuell noch bzw. in der Anfangsphase der Anwendung noch bestehenden Risiken auf die Heilung oder Prävention von schweren Krankheiten beschränkt sein, gegen die sich das später lebende Kind nicht auch selbst schützen kann und deren Ausbruch oder Erwerb sehr wahrscheinlich ist. Hinsichtlich *mitochondrialer Erkrankungen* gilt in selber Weise, dass das Kind voraussichtlich von einer schweren mitochondrialen Krankheit betroffen sein muss. Hiervon wird man ausgehen können, wenn das Paar in der Vergangenheit bereits ein krankes Kind gezeugt hat. Werden Vorkernstadien für einen Kerntransfer genutzt,

[723] Siehe zu den genaueren Voraussetzungen sogleich.

dürfen als Empfängerzelle im Übrigen nur überzählige Vorkernstadien genutzt werden.[724] Hinsichtlich der Risiken-Nutzen-Abwägung bietet sich ein Vergleich mit der Datenlagen an, wie sie bei erstmaliger Durchführung von IVF und ICSI bestand: Wenn die Erfolgsquote ein ähnliches Maß erreicht, können Keimbahneingriffe im eben umrissenen Rahmen zugelassen werden; der therapeutische oder präventive Nutzen ermöglicht gar noch einen weiteren Sicherheitsabschlag. In dieser Situation kann der Staat, auch im vor dem Hintergrund des Rechts auf Gesundheit des künftigen Kindes bzw. des Embryos, Keimbahneingriffe nicht mehr verbieten.

Die grundsätzlich zu schützenden Rechte der weiteren Nachfahren können sich hierüber nicht hinwegsetzen und keine Beschränkung des Elternrechts bzw. andere Bewertung als die im Rahmen der Abwägung zwischen Rechten der Kinder und dem künftigen Elternrecht vorgenommene rechtfertigen. Die Gefährdung der genannten Rechte dieser Nachfahren reicht nicht aus, um ein Verbot der Keimbahntherapie zu therapeutischen und präventiven Zwecken im umrissenen Rahmen zu begründen. Wäre dies der Fall, führte dies faktisch dazu, dass das Individuum sein eigenes Interesse an Gesundheit bzw. die Eltern ihr Interesse an der Gesundheit ihrer Kinder und an freier Fortpflanzung zum Schutz der späteren Nachfahren hintanstellen müssten. Diese radikale Lösung und Fixierung auf den Schutz der künftigen Nachfahren wäre ein tiefer Einschnitt in die betroffenen Freiheitsrechte und entspräche im Übrigen auch nicht der Rechtsrealität: In dieser sind bzw. waren auch andere Heilmethoden, wie etwa Chemotherapien, die für die Nachkommen schädliche Auswirkungen haben können, nicht untersagt. Auch Fortpflanzungstechniken, wie die IVF oder ICSI, wurden irgendwann einmal zugelassen, obwohl in der Anfangsphase die Risiken noch nicht bekannt waren. Um die Nachfahren jedoch keinen unnötigen Risiken auszusetzen, muss die Keimbahntherapie auch vor diesem Hintergrund auf die Verhinderung schwerer Krankheiten, deren Ausbruch wahrscheinlich ist und gegen die sich der Mensch nicht auch zu Lebzeiten hinreichend schützen kann, beschränkt sein. Gegen ein vollständiges Verbot der Keimbahntherapie spricht auch, dass diese schließlich auch den Nachgeborenen zugutekommen kann, da sie auch diese vor der Gefahr, ein krankmachendes Gen zu bekommen oder für eine Krankheit anfällig zu sein, schützt.

Unter einem kollektiven Aspekt müssen auch die befürchtete Beeinträchtigung des Genpools und die daraus resultierenden Gesundheitsgefahren für künftige Generationen in die Abwägung eingestellt werden. Die Meinungen hinsichtlich des tatsächlichen Bestehens dieser Gefahren gehen weit auseinander. Zwar kann der Gesetzgeber auch bei Zweifeln Schutzmaßnahmen ergreifen, allerdings scheint die Risikoprognose in diesem Zusammenhang zu spekulativ. Ein vollständiges Verbot der Keimbahntherapie zu therapeutischen und präventiven Zwecken, welches mit einem Eingriff in Freiheitsrechte einhergeht, allein aus diesen Gründen wäre ein

[724] Für alle anderen Fälle, in denen diese Voraussetzungen nicht vorliegen, kann der Gesetzgeber Keimbahninterventionen weiter verbieten: Weder die Rechte der Eltern, noch die Forschungsfreiheit noch die Berufsfreiheit vermögen, sich gegenüber dem Recht auf Leben und körperliche Unversehrtheit der betroffenen Menschen zu behaupten. Insbesondere die Fortpflanzungsfreiheit und die Berufsfreiheit können sich keines Falls über dieses Recht hinwegsetzen.

Verstoß gegen das Übermaßverbot und damit verfassungswidrig. Der Gesetzgeber genügt seiner Schutzpflicht, indem er die Keimbahntherapie auf eng umgrenzte Fälle beschränkt. Hierdurch wird verhindert, dass diese zu einem „Massenphänomen" wird, und gewährleistet, dass nur in einigen wenigen Fällen in den Genpool eingegriffen wird.

Weitere Aspekte zur Begründung eines vollständigen Verbots haben sich im Laufe der Prüfung als nicht tragfähig erwiesen. So sind weder die Dammbruchargumente,[725] noch eine Gefährdung einer Menschheitswürde[726] oder gesellschaftliche Belange[727] hinreichend konkret bzw. eine hiervon ausgehende Gefährdung hinreichend sicher feststellbar, um ein solches Verbot zu stützen.

Im Ergebnis ist also festzuhalten, dass die Rechte, die für die Durchführung von Keimbahneingriffen mittels CRISPR/Cas9 sprechen, dann überwiegen, wenn ein solcher Eingriff der Heilung von oder dem Schutz vor schweren Krankheiten dient, gegen die sich der betroffene Mensch zu Lebzeiten nicht selbst ausreichend schützen kann und für deren Ausbruch bzw. deren Erwerb ein hohes Risiko besteht. Krankheiten, die durch Infektionen erlangt werden und auf die diese Voraussetzungen zutreffen, sind in Deutschland derzeit nicht vorhanden, sodass ein Keimbahneingriff letztlich nur zur Verhinderung genetisch (mit-)verursachter Krankheiten in Betracht kommt. Dabei darf ein solcher Eingriff in der Anfangsphase nur dann durchgeführt werden, wenn er erwiesenermaßen notwendig ist. Es dürfen also die Gameten, Vorläuferzellen, die imprägnierte Eizelle bzw. die im Vorkernstadium und die Zygote gentechnisch verändert werden, wenn die Zeugung gesunden Nachwuchses ausgeschlossen ist. Am frühen Embryo, an dem noch keine PID möglich ist, darf ausnahmsweise dann eine Keimbahntherapie durchgeführt werden, wenn durch PKD zuverlässig nachgewiesen werden konnte, dass der Embryo Träger einer Krankheit ist. Ansonsten darf der Eingriff nur vorgenommen werden, wenn durch PID festgestellt wurde, dass der bereits gezeugte Embryo von einer Krankheit betroffen ist. Ein Mitochondrientransfer kommt ebenso in Betracht, wenn eine mitochondriale Krankheit sehr wahrscheinlich ist, was jedenfalls dann der Fall ist, wenn die Eltern bereits in der Vergangenheit ein krankes Kind gezeugt haben.

B. Keimbahneingriffe zur Ermöglichung der Fortpflanzung

Im Folgenden werden die Techniken verfassungsrechtlich bewertet, die das Ziel haben, Menschen, die sich nicht auf natürliche Weise fortpflanzen können, zu Nachwuchs zu verhelfen. Hierunter fällt die Verwendung von CRISPR/Cas9 an Spermatogonien, um eine Reifung befruchtungsfähiger Spermien zu ermöglichen. Zudem fällt hierunter die Verwendung von künstlichen Gameten zu Befruchtungszwecken, die aus hiPS-Zellen hergestellt wurden. Es stellt sich wiederum die Frage, ob der-

[725] Siehe oben S. 321 ff.

[726] Siehe oben S. 331 ff.

[727] Siehe oben S. 334 ff.

artige Verfahren von Verfassungs wegen zu verbieten sind oder unter bestimmten Voraussetzungen, etwa bei hinreichender technischer Sicherheit, einer Erlaubnis zugeführt werden können.

I. Behandlung von Spermatogonien zur Erzeugung befruchtungsfähiger Spermien

1. Rechte zugunsten des Eingriffs

Die genetische Veränderung von Spermatogonien ist vom Selbstbestimmungsrecht aus Art. 2 Abs. 1 i.V.m. Art. 1 Abs. 1 S. 1 GG des Mannes, an den von seinem Körper abgetrennten Substanzen derartige Veränderungen vornehmen zu lassen, und von seiner Fortpflanzungsfreiheit aus Art. 6 Abs. 1 GG, alle verfügbaren technischen Mittel, die ihm eine Fortpflanzung ermöglichen, zu nutzen, erfasst.[728] Ein Verbot derartiger Maßnahmen stellte daher einen Eingriff in diese Rechte dar.

Rechte des Kindes zugunsten der Maßnahme gibt es nicht, da insbesondere ein Recht auf „Gezeugtwerden" nicht existiert.

Daneben sind auch hier die Forschungsfreiheit des Art. 5 Abs. 3 S. 1 GG sowie die Berufsausübungsfreiheit des Art. 12 Abs. 1 S. 1 GG einschlägig.[729]

2. Entgegenstehende Rechte des Kindes

Die Frage ist wiederum, welche Rechte und Belange ein Verbot und damit einen Eingriff in die für die Durchführung der hier untersuchten Verfahren sprechenden Rechte rechtfertigen können. Hierfür muss zunächst herausgearbeitet werden, welche Rechte durch die genetische Veränderung von Spermatogonien zu Fortpflanzungszwecken betroffen sind.

a. Verletzung der Menschenwürde

Die Menschenwürde aus Art. 1 Abs. 1 S. 1 GG wird durch dieses Verfahren nicht beeinträchtigt. Es geht nicht darum, das So-Sein des Kindes zu bestimmen, sondern vielmehr „nur" dessen Da-Sein zu ermöglichen. Zwar wird auch hier eine Veränderung des Genoms herbeigeführt, sodass auch das Kind insofern, ebenso wie bei der gezielten Bestimmung der genetischen Konstitution, ein manipuliertes Gen in sich trägt, aber die dahinterstehende Intention ist eine ganz andere, was auch zu einer unterschiedlichen Bewertung führt. Es sollen lediglich funktionstüchtige Spermien erzeugt werden, in keiner Weise soll irgendeine Eigenschaft des Kindes vorherbe-

[728] Zur Begründung siehe oben S. 211 ff. und 215 ff.

[729] Zur Begründung siehe oben S. 261 f.

stimmt oder beeinflusst werden. Es findet also auch keine genetische Fremdbestimmung statt, wodurch das Kind seines „Naturschicksals" beraubt würde. Der punktuelle genetische Eingriff ist für das Kind von so geringer Bedeutung, dass es dem Kind nicht die Möglichkeit nimmt, bzgl. seines Ursprungs an die Natur anzuknüpfen. Die Maßnahme ist von der Zielsetzung her eher eine ärztliche Behandlung des Vaters, als dass dabei an das Genom des Kindes gedacht würde. Sie ist vor diesem Hintergrund mit herkömmlichen Techniken assistierter Reproduktion zu vergleichen: So wenig, wie die diesen Techniken anhaftende Künstlichkeit die Würde des Kindes berührt, führt auch dieses Verfahren nicht zu einer Würdeverletzung des Kindes. Der einzige Unterschied zu anderen Techniken ist eben, dass am Genom einer Zelle des Vaters angesetzt wird und die Künstlichkeit sich nicht etwa nur auf die Zusammenführung der Gameten oder eine „bloße" Reifung der Gameten in vitro (In-vitro-Maturation) bezieht. Subtile Unterschiede im Grad der Künstlichkeit finden sich aber bei allen Reproduktionstechniken, sodass es schwierig ist, die eine als künstlicher als die andere zu bewerten und hieraus eine Unzulässigkeit der Technik zu schließen, bzw. die eine als „Vergegenständlichung" zu betrachten und die andere nicht.[730]

b. Verletzung des Rechts auf Leben und körperliche Unversehrtheit

Als entgegenstehendes Interesse des künftigen Kindes ist nur das Recht auf Leben und körperliche Unversehrtheit des Art. 2 Abs. 2 S. 1 GG betroffen, wenn mit der Technik unkalkulierbare Risiken einhergehen. Sind die Risiken jedoch beherrschbar, d. h. ausreichend im Tierversuch getestet, und bewegt sich die prognostizierte Erfolgs- bzw. Fehlschlagsquote etwa im selben Bereich wie in der Anfangsphase von IVF oder ICSI, überwiegen die Rechte des Mannes.[731] Hinsichtlich der Neuheit der Technik wird man auch hier einen gewissen Sicherheitsabschlag tolerieren können, allerdings wird man dabei strenger sein müssen als beim Keimbahneingriff therapeutischer oder präventiver Natur, bei dem auch das Interesse an Gesundheit des künftigen Menschen für einen solchen Eingriff spricht. Bei der Keimbahntherapie zur Vermeidung der Weitergabe von Erbkrankheiten hat der Mensch, der ohne den Eingriff mit einem gesundheitlichen Nachteil geboren würde oder jedenfalls hätte geboren werden können, ein gesundheitliches Interesse an dieser Maßnahme. Letztlich handelt es sich um einen ärztlichen Eingriff, dessen Vornahme auf den Zeitpunkt der Entstehung des Menschen verlagert wird, da er nur zu diesem Zeitpunkt effektiv durchgeführt werden kann. Dieser Einordnung als ärztliche Maßnahme zu therapeutischen oder präventiven Zwecken stellt einen Ausgleich für mit der Maßnahme verbundene Risiken dar, stets verbunden mit der Überlegung, dass dieser Mensch schließlich auch ohne den Eingriff gezeugt würde oder werden könnte, dann aber eben mit einem gesundheitlichen Nachteil leben müsste. Bei

---

[730] Bezogen auf die psychische Unversehrtheit so *Master*, Human Reproduction 2005, 21 (4), S. 857 (860).

[731] Siehe zur Begründung bereits oben S. 299 ff.

Keimbahninterventionen zu rein reproduktiven Zwecken steht nur die Frage des Existierens oder Nicht-Existierens im Raum. Derartige Eingriffe dienen lediglich der Erfüllung von Kinderwünschen. Ein Recht auf Existenz besteht aber nicht, sodass eine Nichtvornahme dieser Techniken auch keine Interessen künftiger Menschen berührt und folglich auch kein Risiko kompensiert werden kann.

c. Verletzung der psychischen Integrität

Die Frage ist, ob das Wissen um die Künstlichkeit der Entstehung dem Kind schadet bzw. ob das Wissen um die konkrete Maßnahme der genetischen Veränderung eine zusätzliche Belastung darstellt.

Zunächst stellt sich die Frage, weshalb dem Kind die Art seiner Entstehung überhaupt mitgeteilt werden sollte. Für das Kind hat diese Information im Fall der genetischen Veränderung von Spermatogonien eher keinen Mehrwert.

Doch selbst wenn das Kind von dem Eingriff erführe: Studien zeigten, dass die Zeugung durch Techniken der assistierten Reproduktion, wie etwa die IVF, bei Kindern trotz Wissens hierum zu keinen psychologischen Schwierigkeiten führte. Im Anschluss hieran wurde bereits in der Debatte um Fortpflanzung durch Nutzung embryonaler Stammzellen argumentiert, das Wissen um diese spezielle Art der künstlichen Zeugung führe aller Wahrscheinlichkeit nach ebenso nicht zu psychologischen Beeinträchtigungen: Die Zeugung durch embryonale Stammzellen sei genauso „künstlich" wie jede andere Maßnahme assistierter Fortpflanzung auch, wie etwa die schon angesprochene In-vitro-Maturation von Eizellen. Dem ist, jedenfalls für den hier untersuchten Kontext, zuzustimmen. So kann es, wie bereits erwähnt, stets subtile Unterschiede hinsichtlich der „Künstlichkeit" der Methoden assistierter Reproduktion geben. Hieraus zu schließen, die eine Methode sei „künstlicher" als die andere und führe daher beim Kind zu psychischen Schäden, mutet doch sehr spekulativ an.[732]

Es gibt folglich keine Anzeichen dafür, dass die Künstlichkeit der Fortpflanzung *per se* zu einer Verletzung der psychischen Integrität des Kindes führt. Es ist auch nicht ersichtlich, weshalb dies anders sein sollte, wenn der Prozess der Fortpflanzung zudem noch eine punktuelle genetische Veränderung der Ausgangszelle beinhaltet.

---

[732] *Master*, Human reproduction 2006, 21 (4), S. 857 (860); siehe zu einer Studie über die psychische Entwicklung von IVF-Kindern, die von der Art ihrer Zeugung wussten, *Solpin und Soenen*, Human Reproduction 2002, 17 (2), S. 1116 (1122): Diese Kinder wiesen, verglichen mit Kindern, die über ihre Entstehungsart nicht Bescheid wussten, mehr zwar Verhaltensprobleme auf, allerdings war in der Gesamtschau auch ihr Verhalten noch als „normal" einzustufen. Zudem waren die Ergebnisse aufgrund der geringen Anzahl teilnehmender Testpersonen mit Vorsicht zu interpretieren. Eine weitere Studie bei Teenagern führte zu dem Ergebnis, dass sich solche, die durch IVF gezeugt worden waren, in ihrer sozialen und emotionalen Verhaltensweise nicht von natürlich gezeugten oder adoptierten Kindern unterschieden, siehe *Golombok et al.*, Child Developement 2001, 72 (2), S. 599 (599 ff.). Positive Ergebnisse insgesamt verzeichnend auch *Klausen et al.*, European child & adolescent psychiatry 2017, 26 (7), S. 771 (771 ff.).

d. Ergebnis

Lediglich das Recht auf Leben und körperliche Unversehrtheit des Kindes spricht gegen die gentechnische Behandlung von Spermatogonien zu Fortpflanzungszwecken und könnte ein Verbot daher stützen.

3. Sonstige entgegenstehende Aspekte

Weitere Gründe, die bereits bei der verfassungsrechtlichen Bewertung solcher Technologien, durch die das Genom des Kindes vorherbestimmt werden soll, untersucht wurden, sind auch an dieser Stelle nicht tragfähig. Insbesondere der Schutz künftiger Generationen steht einer Zulassung nicht entgegen: Wie alle neuen Reproduktionstechnologien bestehen anfangs unbekannte Risiken. Sobald aber durch Forschung das Gelingen hinreichend gesichert ist, kann insbesondere allein die mehr oder weniger spekulative Sorge vor Gefahren für künftige Menschen den Gesetzgeber aufgrund des Verhältnismäßigkeitsprinzips nicht daran hindern, die Techniken zuzulassen.

II. Verwendung von aus hiPS-Zellen hergestellten Gameten

Die grundrechtliche Situation bei der Verwendung von Gameten, die aus hiPS-Zellen hergestellt wurden, ist schwieriger. Zwar wird dabei die genetische Konstitution des Menschen nicht zur Herbeiführung bestimmter Eigenschaften beeinflusst und vorherbestimmt, seine Entstehung verdankt der Mensch aber einer Zelle, die ursprünglich nicht zur Fortpflanzung gedacht war. In „besonders schweren Fällen" stammt dieser Mensch nicht einmal von einem Mann auf der einen Seite und einer Frau auf der anderen ab, sondern möglicherweise von zwei Männern oder zwei Frauen oder gar von nur einem Mann oder nur einer Frau.

1. Rechte zugunsten der Maßnahme

Zunächst einmal sprechen auch hier wieder das Selbstbestimmungsrecht an eigenen vom Körper abgetrennten Substanzen aus Art. 2 Abs. 1 i.V.m. Art. 1 Abs. 1 S. 1 GG sowie die Fortpflanzungsfreiheit aus Art. 6 Abs. 1 GG[733] für die Zulässigkeit einer solchen Vorgehensweise.[734] Ebenso sind auch hier wieder die Forschungsfreiheit

[733] Zur Begründung siehe oben S. 211 ff. und 215 ff. Insbesondere ist darauf hinzuweisen, dass die Fortpflanzungsfreiheit auch alleinstehenden und homosexuellen Menschen zukommt, siehe *Kersten*, NVwZ 2018, S. 1248 (1249).

[734] Hinsichtlich einer sachgerechten Zuordnung der Elternschaft an den aus der Befruchtung künstlicher Gameten entstandenen Entitäten versagen die existierenden gesetzlichen Regelungen voll-

des Art. 5 Abs. 3 S. 1 GG sowie die Berufsausübungsfreiheit des Art. 12 Abs. 1 S. 1 GG betroffen.[735] Ein Verbot greift folglich in diese Rechte ein.

2. Entgegenstehende Rechte des Kindes

Wiederum stellt sich die Frage, ob bestimmte Rechte ein solches Verbot (dauerhaft) rechtfertigen können.

a. Verletzung der Menschenwürde

Es könnte gegen die Würde des Menschen aus Art. 1 Abs. 1 S. 1 GG verstoßen, aus einer Entität hervorzugehen, die von der Natur her zunächst einmal nicht zur Fortpflanzung bestimmt war. Sicherlich besteht ein gewisses Unbehagen bei der Vorstellung, Menschen könnten aus beliebigem Zellmaterial „produziert" werden. Die Frage ist aber, ob dieses Unbehagen den Grad einer Objektivierung oder Instrumentalisierung erreicht, ob der Mensch also seines Naturschicksals beraubt wird und in sich nur soziale Kausalität entdeckt, die es ihm unmöglich macht, sich selbst als Person zu verstehen, zu bestimmen und zu entfalten.[736]

---

ends. Man wird die Gametenspender als biologische Eltern ansehen müssen, wobei dieser biologischen Elternschaft nach geltendem Recht nicht immer auch eine rechtliche Elternschaft entspricht. Die biologischen Eltern sind folglich nicht auch immer Träger des Elternrechts. Pflanzen sich etwa zwei Frauen gemeinsam fort, ist die das Kind gebärende Frau die Mutter dieses Kindes, die die Samenzelle liefernde Frau aber nicht der Vater, da die Vorschriften des BGB zur Begründung der Vaterschaft einen Mann voraussetzen. Allenfalls könnten diese Vorschriften analog angewendet werden, was jedoch von der hM jedenfalls in den Fällen, in denen es zur Mit-Mutter keine genetische Verbindung gibt, abgelehnt wird, siehe m.w.N. *Bundesministerium der Justiz und für Verbraucherschutz* (Hrsg.), Arbeitskreis Abstammungsrecht, S. 69. Die die Samenzelle liefernde Frau kann nur durch Adoption des anschließend geborenen Kindes auch Mutter werden. Die Vorschriften über die Begründung der Vaterschaft können aber als Modell für eine entsprechende Regelung dieser Mutterschaft dienen, siehe *Bundesministerium der Justiz und für Verbraucherschutz* (Hrsg.), Arbeitskreis Abstammungsrecht, S. 70 f. Schwierigkeiten bestehen insofern auch bei einer Fortpflanzung zweier Männer, die nur unter Inanspruchnahme einer Leihmutter Nachwuchs erzeugen können. Das BGB sieht lediglich die Mutterschaft der das Kind gebärenden Frau (§ 1591 BGB) sowie die Vaterschaft *eines* Mannes (§ 1592 BGB) vor. Hiervon abweichende Elternschaften können nur durch Adoption begründet werden (bzw. durch Anerkennung einer im Ausland erfolgten Gerichtsentscheidung, die die Feststellung der rechtlichen Verwandtschaft enthält: So hat der BGH entschieden, die rechtliche Vaterschaft zweier Lebenspartner, die durch Gerichtsentscheidung des *Superior Court* festgestellt ist, sei anerkennungsfähig, da nicht gegen den deutschen *ordre public* verstoßend, siehe BGH, XII ZB 463/13 (zitiert über *juris*)). Das Elternrecht an den Embryonen in vitro kann mangels anderer Zuordnungskriterien nur den Keimzellspendern zustehen, auch wenn dem nach geltendem Recht keine rechtliche Elternschaft nach BGB entspricht.

[735] Zur Begründung siehe oben S. 261 f.

[736] Verwiesen sei nochmals auf die Ausführungen von *Kersten*, Das Klonen von Menschen, S. 504 ff.

aa. Abstammung von Mann und Frau

Eine die Subjektqualität des Individuums in Frage stellende Behandlung liegt nicht vor, wenn die Abstammung von einem Mann auf der einen Seite und einer Frau auf der anderen gewährleistet ist. Von der natürlichen Zeugung unterscheidet sich dieser Vorgang nur dadurch, dass eine (oder beide) Gamete(n) künstlich hergestellt wurde(n). Diese Künstlichkeit verletzt, da sie das So-Sein des Menschen nicht gezielt und bewusst zu bestimmen sucht, sondern das genetische Material weiter zufällig weitergegeben wird, nicht die Menschenwürde. Auch die Gamete, die aus natürlichen Vorgängen heraus zur Gamete wurde, entwickelte sich aus einer anderen Substanz zu einer solchen, aus „Material" der Eltern, aus den Vorläuferzellen. Nun diente zwar anderes „Material", eine somatische Zelle, als Grundlage, aber eben immer noch eine Zelle, die die genetische Information der Eltern trägt. Künstlich ist lediglich das Herbeiführen eines haploiden Chromosomensatzes, um das genetische Material in eine fortpflanzungsfähige Form zu bringen, wobei die Zusammensetzung der Chromosomen weiter dem Zufall überlassen bleibt. In der bloßen Haploidisierung des elterlichen Genmaterials liegt keine Verletzung der menschlichen Würde.

Des Weiteren gilt auch hier, dass auch andere Methoden der Fortpflanzung nicht frei von Künstlichkeit sind. Wenn etwa unreife Ei- oder Samenzellen entnommen und in vitro zur Reife herangezüchtet werden (In-vitro-Maturation), wird ebenso künstlich nachgeholfen, um eine reproduktionsfähige Substanz zu erzeugen. Der Grad der Künstlichkeit mag bei den verschiedenen Methoden der assistierten Reproduktion auf subtile Weise variieren, aber es ist nicht einzusehen, weshalb die eine Methode einen Verstoß gegen die Würde darstellen soll, die andere aber nicht.

bb. Abstammung von zwei Männern oder zwei Frauen

In dieser Konstellation liegt der Unterschied darin, dass keine Abstammung von Mann und Frau erfolgt, sondern von zwei Personen gleichen Geschlechts.

Zunächst wäre es ein naturalistischer Fehlschluss, anzunehmen, eine derartige Maßnahme sei nur deshalb abzulehnen, weil die Natur eine Fortpflanzung zwischen gleichgeschlechtlichen Menschen nicht vorgesehen habe. Auch ist aus grundrechtlicher Perspektive die Feststellung, ein solches Vorgehen sei alltagsweltlich befremdlich oder neuartig, nicht von Relevanz.[737]

Die Frage, die es hier zu beantworten gilt, ist, ob es zur Würde eines Menschen gehört, von Mann *und* Frau abzustammen, ob dies, mit den Worten *Heinemanns*, „eine normativ relevante Grundbedingung jedes Subjekts" ist, „die um seiner Würde willen sicherzustellen ist".[738] Diese Überlegung stellte *Heinemann* im Zusammenhang mit der Frage an, ob es mit der Würde des Menschen vereinbar sei, ihn mit aus embryonalen Stammzellen gewonnenen Gameten zu zeugen. Dieser Mensch hätte als Eltern keine lebenden Menschen, sondern eine bloße Zelllinie. So könnten die aufgehobenen Verwandtschaftsverhältnisse als Indiz dafür gewertet werden, dass

[737] So aus ethischer Perspektive *Kreß*, Gynäkologische Endokrinologie 2012, S. 238 (242).

[738] *Heinemann*, Klonieren beim Menschen, S. 564.

das Kind nicht als Zweck an sich selbst gezeugt würde, sondern als ein „Artefakt, dem als solchem die Zwecksetzung Anderer, nämlich die Artifizialisierung, inhäriert".[739] So „schwer" wiegt der hier behandelte Fall aber nicht. Zwar hat es auch etwas „Artifizielles", wenn ein Mensch des einen Geschlechts eine Fortpflanzungszelle des anderen Geschlechts liefert und hieraus ein Mensch gezeugt wird. Dann wird nicht „bloß" der natürliche Fall „nachgespielt", wie wenn beispielsweise einem unfruchtbaren Mann durch induzierte Haploidisierung einer aus einer seiner somatischen Zellen entstandenen hiPS-Zelle zu fruchtbaren Spermien verholfen wird. Dies könnte als nicht mehr zu duldende „Entmenschlichung" gewertet werden. Dennoch ließe sich hier wohl aber auch eine Vereinbarkeit mit der Würde des zu zeugenden Kindes vertreten. Im Gegensatz zu dem Fall, in dem ein Mensch aus embryonalen Stammzellen gezeugt wird, gibt es hier, ebenso wie bei einer Kindeszeugung von Mann und Frau, zwei Menschen, die sich fortpflanzen und die Verantwortung von Elternschaft übernehmen möchten. Wieso sollte die künstliche Erzeugung der hierfür erforderlichen Gamete das eine Mal mehr und das andere Mal weniger menschenwürdeverletzend sein? Das Kind soll in beiden Fällen um des Kindes willen gezeugt werden; in beiden Fällen wird das Genmaterial der fortpflanzungswilligen Personen in eine fortpflanzungsfähige Form gebracht. Das Kind wird auch nicht dadurch, dass sich auf natürlichem Wege zwei gleichgeschlechtliche Menschen eigentlich nicht fortpflanzen können und es nun durch Technologien dennoch ermöglicht wird, zum „Produkt eines bestimmenden und nur erlittenen Sozialisationsschicksals".[740] Die Eltern entscheiden nicht weitergehender über das Kind als bei einer natürlichen Fortpflanzung, sondern lediglich darüber, von *wem* es abstammen soll. Diese Entscheidung fällen sie jedoch bei jeder Art der Fortpflanzung frei. Und auch bei einem infertilen verschiedengeschlechtlichem Paar wird letztlich eine Fortpflanzung ermöglicht, die bei diesen konkreten Personen von Natur aus eigentlich nicht möglich wäre. Nimmt man den Gedanken ernst, dass Würdeschutz (rechtlich) nicht allein mit einem festgefahrenen Schutz von „Natürlichem" gleichzusetzen ist, folgt aus der bloßen Abweichung vom Vater-Mutter-Modell wohl noch nicht automatisch ein Würdeverstoß.

Die Frage, die letztlich hinter allem steht, ist die Akzeptabilität des Kinderwunsches.[741] Lehnt man es ab, genetische Kinder aus gleichgeschlechtlichen Paaren zu zeugen, steht dahinter letztlich die Überlegung, gleichgeschlechtliche Elternschaft sei eben nicht akzeptabel oder unmoralisch.

Ob eine solche Art der Fortpflanzung zu psychologisch belastenden Folgen für das Kind führt, wird noch zu untersuchen sein.

[739] *Heinemann*, Klonieren beim Menschen, S. 565.

[740] Zitat bei *Habermas*, Die Zukunft der menschlichen Natur, S. 103.

[741] Dies für entscheidend haltend bereits *Mertes und Pennings*, Health care analysis 2010, 18 (3), S. 146 (272); hinter einer Ablehnung von Fortpflanzung gleichgeschlechtlicher Paare letztlich Diskriminierung und Homophobie vermutend *Testa und Harris*, Bioethics 2005, 19 (2), S. 146 (164 f.).

cc. Abstammung von nur einer Frau oder einem Mann

In dieser Situation stammt der Mensch von nur einer einzigen Person ab. Die Kombinationsmöglichkeiten, wie sein Genom ausgestaltet sein wird, sind dann zwar verglichen mit einer Abstammung von zwei Personen beschränkt, eine aktive Beeinflussung und eine Auswahl der Gene ist aber auch mit dem Verfahren nicht verbunden. Im Gegensatz zur Klonierung, wo das Genom des Kindes vorgegeben ist, da der vorhandene diploide Chromosomensatz eines anderen Menschen unverändert übernommen wird, liegen hier am Ursprung des Menschen zwei haploide Zellen, deren Inhalt zufällig zusammengestellt wurde.

Das Vorliegen nur eines Elternteils ändert nichts an der Bewertung, die auch in den beiden anderen Fällen vorgenommen wurde. Auch hier könnte eine Vereinbarkeit eines solchen Fortpflanzungsvorgangs mit der Würde des Kindes wohl angenommen werden. Auch wenn nur ein Elternteil vorliegt, gibt es jedenfalls eine Person, die die Elternschaft verantwortlich übernehmen möchte und die das Kind um des Kindes willen erzeugt, ohne dieses in seinem So-Sein gezielt zu beeinflussen. Die bloße dem Vorgang inhärente Künstlichkeit bzw. die bloße Überschreitung des von Natur aus Möglichen begründen ebenso wenig wie „gewöhnliche" Methoden der künstlichen Befruchtung selbst eine Würdeverletzung. Zudem bleibt eine menschliche Abstammung gewahrt. Erst, wenn diese Abstammung aufgegeben würde, wäre eine Würdeverletzung anzunehmen.

Die Frage, ob psychisch belastende Folgen eintreten können, ist auch hier keine Frage der Menschenwürde.

dd. Ergebnis

Die Menschenwürde des Kindes steht einer Fortpflanzung mittels hiPS-Zellen bei einem entsprechenden Würdeverständnis in keiner der untersuchten Konstellationen entgegen. Dabei ist anzumerken, dass dem Gesetzgeber bei der Frage, ob eine Würdeverletzung gegeben ist, ein Beurteilungsspielraum zusteht. Die hier getroffene Schlussfolgerung ist sicher nicht zwingend. Sie zeigt jedoch die argumentative Schwierigkeit, eine Würdeverletzung rechtlich zu begründen.

b. Verletzung des Rechts auf Leben und körperliche Unversehrtheit

Die Verfahren sind derzeit lediglich und auch nur teilweise im Tierversuch erprobt, sodass das Recht auf Leben und körperliche Unversehrtheit des Kindes aus Art. 2 Abs. 2 S. 1 GG der Maßnahme entgegensteht. Durch weitere Forschung könnte sich dies ändern. Der Anwendung am Menschen müssen weitere Tierversuche vorausgehen, bei denen keine erkennbaren Nebenwirkungen mehr auftreten dürfen. Dabei werden aber spezifische Risiken für die Anwendung am Menschen bestehen bleiben, die sich eben erst in einer Anwendung am Menschen zeigen werden. Es wird daher eine „vorsichtige Herangehensweise" angemahnt.[742] Offen bleibt dabei aber stets, wie eine solche aussehen soll. Es gibt letztlich nur die Optionen, entweder ir-

[742] *Whittaker*, Human fertiliy 2007, 10 (1), S. 1 (4).

gendwann einmal zur Anwendung überzugehen oder eine solche für immer zu untersagen. Welche „vorsichtige Herangehensweise" zwischen diesen beiden Handlungsmöglichkeiten liegen soll, ist schleierhaft. Für die Frage, wann das Risiko weitestgehend ausgeräumt ist, wird man auf die Daten und Einschätzungen von Forschern zurückgreifen müssen, die die Entscheidungsträger mit den entsprechenden Informationen versorgen müssen. Die entsprechenden Daten können wiederum nur aus Tierversuchen und Embryonenforschung, gegebenenfalls aus Anwendungsversuchen im Ausland stammen. Entsprechend den Ausführungen, die im Rahmen der gentechnischen Behandlung von Spermatogonien getätigt wurden, gilt auch hier, dass man hinsichtlich der zu tolerierenden Fehlschlagsquote keinen strengeren Maßstab wird anlegen können als in der Anfangsphase von ICSI und der IVF, wobei allerdings wieder strengere Voraussetzungen zu fordern sind als beim Keimbahneingriff zu therapeutischen und präventiven Zwecken.

Hinsichtlich einer hypothetischen Solo-Elternschaft, also einer Fortpflanzung durch eine Person ohne das Hinzufügen von Genmaterial einer weiteren Person, bestehen aber Bedenken, ob je gesundheitliche Risiken weitestgehend ausgeschlossen werden können. Die meisten Menschen tragen zahlreiche mutierte Gene in sich, die sie von dem einen oder anderen Elternteil geerbt haben, die aber durch eine gesunde Kopie des anderen Elternteils „neutralisiert" werden. Die Risiken des Nachwuchses eines Menschen, der sich selbst durch eigene Gameten reproduziert, sind ähnlich hoch wie in dem Fall, dass sich Zwillinge reproduzieren.[743] Eine derart „inzestuöse" Reproduktion wird aus diesem Grund verboten bleiben müssen.[744]

c. Verletzung der psychischen Integrität

Die Auswirkungen auf die psychische Integrität des Kindes sind äußert spekulativ. Im Folgenden soll versucht werden, eine entsprechende Prognose zu erstellen. Zum einen spielt wieder das Wissen um die „Künstlichkeit der Entstehung" eine Rolle. Zum anderen muss untersucht werden, ob es dem Kind schaden könnte, in einer nicht-traditionellen Familienstruktur aufzuwachsen.

aa. Die Künstlichkeit der Entstehung

Auch hier stellt sich wieder die Frage, ob die Art der Entstehung dem Kind überhaupt mitgeteilt werden muss. Wenn das Kind von seinen genetischen Eltern, bestehend aus Mann und Frau, aufgezogen wird, spielt es doch letztlich keine Rolle, ob die Gamete des Vaters oder der Mutter künstlich erzeugt wurde oder nicht. Es stammt genetisch, wie bei einer Zeugung durch natürliche Gameten, zur Hälfte von jedem Elternteil ab. Das Wissen um die Art der Entstehung könnte schließlich gerade erst Auslöser eines Konfliktes sein. Die Information hat nur dann einen

[743] *Smajdor und Cutas* (Nuffield Council on Bioethics), Background Paper, Artificial Gametes, S. 10.

[744] *Whittaker*, Human fertiliy 2007, 10 (1), S. 1 (4), wonach selbst reproduktives Klonen im Vergleich ziemlich sicher (*„pretty safe"*) sei.

Mehrwert, wenn das Kind sonst nicht über seinen genetischen Ursprung Bescheid wüsste.[745] Sie ist also nur sinnvoll, wenn das Kind genetisch von einem gleichgeschlechtlichen Paar abstammt oder gar nur von einer Person, da sich das Kind sonst die Frage stellen könnte, ob irgendwo noch ein andersgeschlechtlicher Elternteil existiert, und es folglich keine Sicherheit über seinen genetischen Ursprung hätte.

Hinsichtlich der Auswirkungen dieses Wissens auf die psychische Integrität kann nach oben verwiesen werden: Das Wissen um die Künstlichkeit der Entstehung, wie Studien um die IVF gezeigt haben, wirkt sich beim Kind wohl nicht negativ aus. Anhaltspunkte dafür, dies sei anders, wenn eine Methode „künstlicher" ist als die andere, gibt es nicht.

bb. Das Aufwachsen in nicht-traditionellen Familienstrukturen

Untersuchungen nicht-traditioneller Familienmodelle zeigten bei dort aufwachsenden Kindern keine negativen Auswirkungen.

aaa. Kinder in gleichgeschlechtlichen Partnerschaften

Bereits im Jahre 1997 wurden insgesamt 30 Familien, bestehend aus lesbischen Müttern mit vier- bis achtjährigen Kindern, die mithilfe von Spendersamen gezeugt worden waren, begleitet und mit 38 heterosexuellen Familien verglichen, die ebenso Spendersamenkinder aufzogen, sowie mit 30 heterosexuellen Familien, in denen es natürlich gezeugte Kinder gab. Die Kinder entwickelten sich in allen Familienmodellen gleich gut und nahmen zwei Mütter als ebenso gleichwertige Eltern wahr wie Mutter und Vater. Die Qualität der Beziehung zwischen der (nur) sozialen Mutter und dem Kind war sogar höher als die zwischen Kind und Vater in beiden Gruppen der heterosexuellen Familien. Auch die Entwicklung des Geschlechterrollen-Verhaltens, also „jene Merkmale im Verhalten, worin sich die Geschlechter eines bestimmten Kulturkreises unterscheiden",[746] verlief in allen Modellen im Wesentlichen gleich.[747] Die sexuelle Orientierung der Eltern hat hierauf sichtlich keinen Einfluss. Die Entwicklung dieses Verhaltens ist ein komplexer Prozess, in dem die Kinder sich selbst durch Beobachtung vieler Männer, Frauen, Jungen und Mädchen als männlich oder weiblich sozialisieren.[748]

---

[745] Dieser Gedanke bzgl. einer Fortpflanzung mit Spendergameten Dritter bereits bei *Mertes und Pennings*, Health care analysis 2010, 18 (3), S. 267 (275).

[746] *Müller-Götzmann*, Artifizielle Reproduktion und gleichgeschlechtliche Elternschaft, S. 67.

[747] *Golombok et al.*, Journal of Child Psychology and Psychiatry 1983, 24 (4), S. 551 (568); *Brewaeys et al.*, Human Reproduction 1997, 12 (6), S. 1349 (1349 ff.); zur „normalen" Entwicklung des Geschlechterrollen-Verhaltens mit Verweis auf zahlreiche Studien *Patterson*, Child Development 1992, 63 (5), S. 1025 (1030 f.); *Fthenakis*, in: Basedow et al. (Hrsg.), Gleichgeschlechtliche Lebensgemeinschaften und kindliche Entwicklung, S. 351 (383 f.); das Augenmerk hingegen auf die in den Studien beobachteten „statistisch relevanten" Unterschiede richtend und daher bestreitend, die Konstellation des Elternpaares in geschlechtlicher Hinsicht habe keine Auswirkungen *Stacey und Biblarz*, American Sociological Review 2001, 66 (2), S. 159 (168 ff.).

[748] *Brewaeys et al.*, Human Reproduction 1997, 12 (6), S. 1349 (1357).

Studien zeigten ebenso, dass die Entwicklung der Geschlechtsidentität, also die Selbstwahrnehmung als männlich oder weiblich, „adäquat“ verläuft: Jungen nahmen sich als männlich wahr, Mädchen als weiblich.[749] Sie äußerten auch, froh zu sein, ihr jeweiliges Geschlecht zu haben.[750] Man befürchtete auch, Kinder in homosexuellen Familien könnten ebenso homosexuell „werden“. Untersuchungen bestätigten diese Befürchtungen aber nicht. Die jungen Erwachsenen, die bei gleichgeschlechtlichen Eltern aufwuchsen, bezeichneten sich, wie auch solche verschiedengeschlechtlicher Eltern, mehrheitlich als heterosexuell.[751] Auch bezogen auf andere Aspekte der kindlichen Entwicklung gibt es keine Indizien dahingehend, das Aufwachsen von Kindern bei gleichgeschlechtlichen Eltern könnte für die Entwicklung des Kindes problematisch sein. So wurden bei Kindern und Jugendlichen in gleichgeschlechtlichen Familien, ob nun mit nur männlichen oder nur weiblichen Eltern, gegenüber solchen in heterosexuellen Familien keine wesentlichen Abweichungen bzgl. akademischer Leistungen, kognitiver und sozialer Entwicklungen, psychologischen Wohlbefindens und Verhaltensproblemen festgestellt.[752] Einen zwingenden Bedarf an einem Elternteil jeden Geschlechts scheint es nicht zu geben. Zwar hat es Studien gegeben, die zeigten, dass Kinder, die bei alleinerziehenden Müttern ohne Vater aufwuchsen, Verhaltensprobleme aufwiesen, was wiederum gerade der Abwesenheit eines Vaters geschuldet sein könnte. Allerdings muss berück-

---

[749] Auf Studien aus den siebziger Jahren bezugnehmend *Golombok*, Reproductive BioMedicine Online 2005, 10 (Suppl. 1), S. 9 (10).

[750] *Golombok et al.*, Journal of Child Psychology and Psychiatry 1983, 24 (4), S. 551 (562); zur „normalen“ Entwicklung der Geschlechtsindentität mit Verweis auf zahlreiche Studien *Patterson*, Child Development 1992, 63 (5), S. 1025 (1030); *Fthenakis*, in: Basedow et al. (Hrsg.), Gleichgeschlechtliche Lebensgemeinschaften und kindliche Entwicklung, S. 351 (383 f.).

[751] *Golombok und Tasker*, Developmental psychology 1996, 32 (1), S. 3 (7), die 24-Jährige befragten, die bei lesbischen Müttern aufgewachsen waren; zu dieser Studie auch *Golombok*, Reproductive BioMedicine Online 2005, 10 (Suppl. 1), S. 9 (10); ähnliche Ergebnisse berichtend *Golombok et al.*, Journal of Child Psychology and Psychiatry 1983, 24 (4), S. 551 (568), die 17-Jährige befragt hatten; zur „unauffälligen“ sexuellen Orientierung auch *Patterson*, Child Development 1992, 63 (5), S. 1025 (1031 f.); *Pennings*, in: Funcke und Thorn (Hrsg.), Die gleichgeschlechtliche Familie mit Kindern, S. 225 (231); *Kläser*, Regenbogenfamilien, S. 121 f.; siehe auch *Müller-Götzmann*, Artifizielle Reproduktion und gleichgeschlechtliche Elternschaft, S. 51 m.w.N. Die Interpretation der Studien wird von manchen als zu undifferenziert in Frage gestellt und es wird etwa darauf hingewiesen, es müsse in die Ergebnisse miteinbezogen werden, dass diese Kinder häufiger als solche mit heterosexuellen Eltern davon berichtet hätten, offen gegenüber homoerotischen Abenteuern zu sein *Stacey und Biblarz*, American Sociological Review 2001, 66 (2), S. 159 (170 ff.). Es stellt sich allerdings die Frage, ob, selbst wenn Kinder in homosexuellen Partnerschaften häufiger zu Homosexualität neigten, die sexuelle Orientierung des Kindes tatsächlich Maßstab für die Qualität bzw. die Legitimität der Elternschaft sein soll, siehe *Crouch et al.*, BMC public health 2014, (14:635), S. 2 (Online-Dokument).

[752] Mit zahlreichen Nachweisen zur unauffälligen Entwicklung der Kinder *Patterson*, Child Development 1992, 63 (5), S. 1025 (1032 ff.); *Müller-Götzmann*, Artifizielle Reproduktion und gleichgeschlechtliche Elternschaft, S. 68; *Pennings*, in: Funcke und Thorn (Hrsg.), Die gleichgeschlechtliche Familie mit Kindern, S. 225 (232) mit Nachweisen in Fn. 19; *Menning et al.*, Population research and policy review 2014, 33 (4), S. 485 ff.; zur (nicht vorhandenen) gesteigerten Gefahr des Kindesmissbrauchs durch homosexuelle Eltern *Fthenakis*, in: Basedow et al. (Hrsg.), Die Rechtsstellung gleichgeschlechtlicher Lebensgemeinschaften, S. 351 (380 f.).

sichtigt werden, dass es sich in diesen Studien um Kinder handelte, die die traumatische Erfahrung der Trennung der Eltern durchleben mussten, was ihnen bei einer „unmittelbaren“ Zeugung in einer gleichgeschlechtlichen Partnerschaft erspart bliebe. Die Verhaltensprobleme sind daher eher auf die für das Kind schwer zu verarbeitende Trennung der Eltern zurückzuführen.[753] Aus diesem Grund sind auch Abweichungen hinsichtlich der kindlichen Entwicklung in Fällen, in denen gleichgeschlechtliche Paare Kinder adoptieren, mit Vorsicht zu interpretieren: Probleme der kindlichen Entwicklung können ihre Ursache eher in den Umständen der Adoption als in der Gleichgeschlechtlichkeit der Eltern haben.[754]

Wichtig ist auch die Erkenntnis, dass Kinder gleichgeschlechtlicher Familien in der Regel gute Kontakte zu Gleichaltrigen haben sowie sozial angepasst und integriert sind wie andere Kinder auch. Zudem lernen diese Kinder Respekt, Sympathie und Toleranz gegenüber der multikulturellen Gesellschaft und Umwelt, in der sie und andere leben.[755] Zuzugeben ist allerdings, dass sie einem höheren Diskriminierungs- und Stigmatisierungsrisiko ausgesetzt als andere Kinder.[756] Insbesondere in der Schule erleben sie immer wieder diskriminierende Verhaltensweisen.[757] Diesem Umstand kann und muss aber im Hinblick auf den Grundsatz der Verhältnismäßigkeit anders als durch ein Verbot gleichgeschlechtlicher Elternschaft begegnet werden, etwa durch Darstellung solcher Lebensformen in der Schule als selbstverständlich. Die Schule könnte einen wesentlichen Beitrag zur Antidiskriminierung leisten.[758] Es bleibt Aufgabe einer offenen Gesellschaft, gegen solche Diskriminierungen vorzugehen, statt sie als Argument für weitere Diskriminierungen zu nutzen.[759] Außerdem zeigt die Forschung auch, dass die Selbsteinschätzung und die Freundschaftsbeziehungen der Kinder nicht sehr stark unter sozialer Stigmatisierung leiden, und die Kinder Bewältigungsstrategien entwickeln, um mit derartigen Problemen umzugehen. Prozesse sozialer Stigmatisierung sind komplex und viel-

[753] *Brewaeys et al.*, Human Reproduction 1997, 12 (6), S. 1349 (1356 f.); *Fthenakis*, in: Basedow et al. (Hrsg.), Die Rechtsstellung gleichgeschlechtlicher Lebensgemeinschaften, S. 351 (376 f. und 379).

[754] Die Begleitumstände der Adoption als „Störvariablen“ bezeichnend *Pennings*, in: Funcke und Thorn (Hrsg.), Die gleichgeschlechtliche Familie mit Kindern, S. 225 (233).

[755] *Müller-Götzmann*, Artifizielle Reproduktion und gleichgeschlechtliche Elternschaft, S. 68 f.; *Kläser*, Regenbogenfamilien, S. 122 f. und S. 193.

[756] *Müller-Götzmann*, Artifizielle Reproduktion und gleichgeschlechtliche Elternschaft, S. 70; *Kläser*, Regenbogenfamilien, S. 193; von keinen Auffälligkeiten berichtend hingegen *Fthenakis*, in: Basedow et al. (Hrsg.), Gleichgeschlechtliche Lebensgemeinschaften und kindliche Entwicklung, S. 351 (385 f.) m.w.N.; *Golombok*, Reproductive BioMedicine Online 2005, 10 (Suppl. 1), S. 9 (10).

[757] *FamilienForschung Baden-Württemberg*, Report „Familien in BadenWürttemberg“, Gleichgeschlechtliche Lebensgemeinschaften und Familien, 2/2013, S. 29 ff.

[758] *FamilienForschung Baden-Württemberg*, Report „Familien in BadenWürttemberg“, Gleichgeschlechtliche Lebensgemeinschaften und Familien, 2/2013, S. 32; allgemein den Vorschlag äußernd, man müsse auf die möglichen Konsequenzen von Stigmatisierung hinweisen und entsprechende Interventionsangebote bereitstellen *Fthenakis*, in: Basedow et al. (Hrsg.), Gleichgeschlechtliche Lebensgemeinschaften und kindliche Entwicklung, S. 351 (387).

[759] *Müller-Götzmann*, Artifizielle Reproduktion und gleichgeschlechtliche Elternschaft, S. 71.

schichtig. Es ist nicht davon auszugehen, dass ein Kind von allen seinen Freunden gehänselt wird, und ein solches Verhalten wird auch nicht immer schwerwiegende Konsequenzen für die Entwicklung des Selbstbildes und der sozialen Beziehungen haben. Die Auswirkungen der Stigmatisierung hängen von zahlreichen Faktoren ab, wie z. B. vom Alter des Kindes, dem Vertrauen in der Vater-Kind- oder Mutter-Kind-Beziehung sowie der Offenheit, mit der die Eltern mit ihrer sexuellen Orientierung umgehen.[760]

Bei der Fortpflanzung zweier Männer müssten diese zusätzlich auf eine Leihmutter zurückgreifen, die den Embryo austrägt. Kinder, die von Leihmüttern ausgetragen werden, weisen aber ebenso wenig besondere psychische Probleme auf.[761] Dieser Aspekt steht folglich einer Fortpflanzung zweier Männer nicht im Wege. Hinsichtlich der Erkenntnisse zu schwulen Vätern muss aber einschränkend festgestellt werden, dass sich die meisten Studien auf rein weibliche Elternschaften beziehen und sich daher die Frage stellt, ob die Ergebnisse auf gleichgeschlechtliche Elternschaften im Allgemeinen übertragen werden können.[762] Dafür spricht, dass die (wenigen) verfügbaren Studien, die männliche Väter einbezogen, durchaus von mit denen aus Untersuchungen weiblicher Elternschaften vergleichbaren Ergebnissen berichten.[763]

bbb. Kinder alleinerziehender Eltern

Ebenso führt das Aufwachsen bei alleinerziehenden Eltern nicht zwingend zu negativen psychischen Folgen bei Kindern. Zwar haben Studien teilweise solche Effekte gezeigt: So wiesen Kinder, die bei alleinerziehenden Müttern lebten, mehr psycho-

[760] *Fthenakis*, in: Basedow et al. (Hrsg.), Gleichgeschlechtliche Lebensgemeinschaften und kindliche Entwicklung, S. 351 (387 f.) m.w.N.

[761] Siehe oben S. 311 ff.

[762] *Müller-Götzmann*, Artifizielle Reproduktion und gleichgeschlechtliche Elternschaft, S. 64; *Pennings*, in: Funcke und Thorn (Hrsg.), Die gleichgeschlechtliche Familie mit Kindern, S. 225 (233). Ein Grund dafür, dass es vergleichsweise wenige gleichgeschlechtliche männliche Eltern gibt, ist, dass die meisten Kinder schwuler Väter noch in heterosexuellen Beziehungen entstanden sind. Nach der Trennung der Eltern und dem Coming-Out des Vaters wird das Sorgerecht meist den Müttern zugesprochen.

[763] Von positiven Ergebnissen hinsichtlich des Erziehungsstils homosexueller Väter berichtend *Fthenakis*, in: Basedow et al. (Hrsg.), Gleichgeschlechtliche Lebensgemeinschaften und kindliche Entwicklung, S. 351 (372) m.w.N.; bezogen auf die „unauffällige" sexuelle Orientierung der Kinder *Bailey et al.*, Developmental psychology 1995, 31 (1), S. 124 (128); *Fthenakis*, in: Basedow et al. (Hrsg.), Gleichgeschlechtliche Lebensgemeinschaften und kindliche Entwicklung, S. 351 (382); bezogen auf die Entwicklung im Allgemeinen und Studien mit weiblichen und männlichen gleichgeschlechtlichen Eltern berücksichtigend *Manning et al.*, Population research and policy review 2014, 33 (4), S. 485 ff.; bezogen auf die körperliche und mentale Gesundheit von erst im Rahmen der männlichen gleichgeschlechtlichen Partnerschaft gezeugten Kinder *Crouch et al.*, BMC public health 2014, (14:635), (Online-Dokument): Nur die mentale Gesundheit war stärker beeinträchtigt als bei Kinder in heterosexuellen Familien, da Kinder gleichgeschlechtlicher Eltern aufgrund ihrer familiären Umstände Stigmatisierung zu erleiden haben. Die körperliche Gesundheit unterschied sich nicht. Insbesondere sorgten Väter dafür, dass die Säuglinge auch mit Muttermilch gefüttert wurden.

logische Probleme auf und waren weniger leistungsstark in der Schule als solche, die bei zwei Elternteilen aufwuchsen. Dabei zeigte sich aber auch, dass diese Unterschiede zurückzuführen waren auf finanzielle Not, fehlenden sozialen Rückhalt sowie Konflikte vor, während und manchmal nach der Trennung oder Scheidung.[764] Diese Schwierigkeiten lassen sich aber nicht auf alle Situationen übertragen, in denen nur ein Elternteil das Kind aufzieht. Frauen, die sich ein Kind wünschen und dafür etwa auf eine Fremdsameninsemination zurückgreifen, befinden sich nicht notwendigerweise in finanzieller Not, erleben aber auf jeden Fall keine Trennungskonflikte. So zeigten Studien, dass Frauen, die sich über eine Fremdsamenspende zu einem Kind verhelfen, um dieses alleinerziehend aufzuziehen, tendenziell Ende 30 sind, einen Hochschulabschluss haben, vollzeitbeschäftigt und finanziell abgesichert sind.[765] Eine Studie, die sich mit solchen Frauen und ihren Kindern beschäftigte, zeigte, dass sich diese Kinder nicht schlechter entwickelten als solche, die bei zwei Elternteilen aufwuchsen.[766]

ccc. Ergebnis

Die psychologische Entwicklung des Kindes hängt vielmehr von sozioökonomischen Faktoren und von der Art und Weise ab, wie die Eltern ihre Kinder erziehen bzw. der Qualität des Familienlebens, als von dem Umstand, ob es nur bei einer alleinerziehenden Frau oder einem gleichgeschlechtlichen Paar lebt.[767] Ein pauschales „Bedürfnis des Kindes nach einem Vater" bzw. ein „Bedürfnis nach einer Mutter" mit der Folge von psychischen Schäden bei Nichterfüllung dieses Bedürfnisses scheint es nicht zu geben.[768]

---

[764] *Golombok*, Reproductive BioMedicine Online 2005, 10 (Suppl. 1), S. 9 (11).

[765] *Murray und Golombok*, The American journal of orthopsychiatry 2005, 75 (2), S. 242 (244).

[766] *Golombok*, Reproductive BioMedicine Online 2005, 10 (Suppl. 1), S. 9 (12); *Murray und Golombok*, The American journal of orthopsychiatry 2005, 75 (2), S. 242 (242 ff.). Die Kinder wurden allerdings nur in sehr frühen Kindheitsjahren untersucht.

[767] *Master*, Human reproduction 2006, 21 (4), S. 857 (860); *Blyth*, in: Funcke und Thorn (Hrsg.), Die gleichgeschlechtliche Familie mit Kindern, S. 195 (216); *Manning et al.*, Population research and policy review 2014, 33 (4), S. 485 (485 ff.).

[768] *Pennings*, in: Funcke und Thorn (Hrsg.), Die gleichgeschlechtliche Familie mit Kindern, S. 225 (233 f.), allerdings mit der Einschränkung, man wisse derzeit recht wenig über schwule Väter und die vorhandenen Studien seien auf Vaterschaften beschränkt, die noch in heterosexuellen Beziehungen entstanden seien; zum „Bedürfnis nach einem Vater" siehe auch *Blyth*, in: Funcke und Thorn (Hrsg.), Die gleichgeschlechtliche Familie mit Kindern, S. 195 (195 ff.). Dem deutschen Recht ist ein „Bedürfnis nach einem Vater" allerdings bislang inhärent. Dieses Bedürfnis steht etwa hinter dem Verbot der *post-mortem*-Befruchtung des § 4 Abs. 1 Nr. 3 ESchG und hinter dem in der (Muster-)Richtlinie zur Durchführung der assistierten Reproduktion (Fassung 2006) der Bundesärztekammer enthaltenen Verbot, bei unverheirateten Frauen eine assistierte Reproduktion durchzuführen, wenn sie nicht mit einem nicht verheiratetem Mann zusammenlebt und zu erwarten ist, dass dieser Mann die Vaterschaft anerkennen wird, siehe hierzu kritisch *Taupitz*, in: Günther et al. (Hrsg.), ESchG, § 4 Rn. 28. *Taupitz* stuft die sich hieraus ergebende Gefahren für das Kindeswohl als nicht hinreichend naheliegend für derartige Verbote ein.

Zu beachten ist auch, dass die Alternativen, die gleichgeschlechtliche Paare oder auch alleinstehende Frauen oder Männer haben, um genetisch verwandten Nachwuchs zu bekommen, auch konfliktträchtiger sein können. So muss beispielsweise ein lesbisches Paar auf einen unbekannten Samenspender zurückgreifen, mit dem das Kind möglicherweise erst in Kontakt kommt, wenn es sich auf die Suche nach selbigem begibt. In seiner Kindheit kommt es daher mit „der Hälfte seines Ursprungs" unter Umständen überhaupt nicht in Berührung und wächst daher in dem Unwissen seiner Herkunft auf. Diese Unwissenheit bliebe ihm erspart, wenn sich seine gleichgeschlechtlichen Eltern gemeinsam fortpflanzen könnten. Wählen die Frauen einen ihnen bekannten Samenspender, etwa in ihrem Umfeld, geraten sie möglicherweise mit diesem in Konflikt, wenn der Vater beginnt, sich in das Leben des Kindes einzumischen oder die Familie „stört".[769] Dann wird auch das Kind diesen Konflikten ausgesetzt. Zudem kann auch das Mutter-Kind-Verhältnis belastet werden, wenn das Kind von seinen Müttern eine Auskunft über die Identität des Vaters wünscht, die Mütter diese Auskunft aber verweigern und die Identität nicht preisgeben wollen.

Die eben dargestellten Aspekte sind letztlich nur Indizien und Hinweise dafür, wie sich eine Fortpflanzung durch hiPS-Zellen auf das Kind auswirken könnte. Sie berücksichtigen einige Aspekte nicht, insbesondere, dass es bislang in gleichgeschlechtlichen Familien oder auch bei alleinerziehenden Elternteilen jedenfalls biologisch gesehen irgendwo einen Elternteil des anderen Geschlechts gibt, während das bei einer Fortpflanzung durch hiPS-Zellen nicht mehr der Fall wäre. Das Wissen um diesen Umstand könnte einen für die Entwicklung des Kindes kritischen Aspekt darstellen, der sich nicht untersuchen lässt. Die Frage ist dabei aber, ob man das „Vorsorgeprinzip" soweit reichen lassen möchte, alternative Familienmodelle oder Reproduktionsmöglichkeiten erst dann zu erlauben, wenn sichergestellt ist, dass sie das Wohlergehen des Kindes nicht beeinträchtigen. Daraus ergibt sich aber die Zwickmühle, dass sich die Unschädlichkeit gerade nicht nachweisen lässt, bis nicht das erste Kind unter den fraglichen Umständen gezeugt wird und aufwächst. Ohne den Nachweis wiederum darf das Kind nicht gezeugt werden.[770] Was diese Unsicherheit für den Gesetzgeber bedeutet, wird noch zu beleuchten sein.[771]

d. Ergebnis

Der Nutzung von hiPS-Zellen in den untersuchten Fallkonstellationen steht, sofern nicht von einer Verletzung der Menschenwürde ausgegangen wird, lediglich das Recht auf Leben und körperliche Unversehrtheit entgegen, eine Hürde, die – jedenfalls bei Beibehaltung des Zwei-Eltern-Prinzips – durch Forschung und

---

[769] Auf diesen Konflikt hinweisend *Blyth*, in: Funcke und Thorn (Hrsg.), Die gleichgeschlechtliche Familie mit Kindern, S. 195 (200).

[770] *Pennings*, in: Funcke und Thorn (Hrsg.), Die gleichgeschlechtliche Familie mit Kindern, S. 225 (234).

[771] Siehe hierzu bei der Grundrechtsabwägung S. 362 ff.

wissenschaftlichen Fortschritt überwunden werden kann. Konkrete Anhaltspunkte dafür, die psychische Integrität des Kindes könnte durch solche Maßnahmen leiden, gibt es nicht.

3. Sonstige entgegenstehenden Aspekte

Sonstige Aspekte, wie etwa negative Auswirkungen auf die Gesundheit künftiger Generationen, sind nicht berührt. Wie bereits im Rahmen der genetischen Behandlung defekter Spermatogonien beschrieben, haftet jeder neuen Technik ein gewisses Risiko an, wobei der Gesetzgeber nicht aufgrund spekulativer Gefahren verpflichtet werden kann, die entsprechende Technik zu verbieten.

III. Abwägung und Ergebnis

Ein Verbot der Reparatur defekter Spermatogonien sowie der Verwendung von hiPS-Zellen stellt sich zunächst als Eingriff in das Recht auf Selbstbestimmung (Art. 2 Abs. 1 i.V.m. Art. 1 Abs. 1 GG) der betreffenden Person, an körpereigenen Materialen gentechnische Eingriffe durchführen zu lassen, sowie als Beeinträchtigung der Fortpflanzungsfreiheit (Art. 6 Abs. 1 GG) der reproduktionswilligen Person dar. Daneben sind auch hier wieder die Forschungsfreiheit (Art. 5 Abs. 1 GG) sowie die Berufsfreiheit (Art. 12 Abs. 1 GG) einschlägig. Dem entgegen steht jedenfalls das Recht auf Leben und körperliche Unversehrtheit (Art. 2 Abs. 2 S. 1 GG) des künftigen Kindes. Konkrete Anhaltspunkte für eine Gefährdung der psychischen Integrität des Kindes gibt es nicht. Die Frage ist, ob das Recht auf Leben und körperliche Unversehrtheit sowie eine spekulative Gefährdung der psychischen Integrität ein dauerhaftes Verbot dieser Techniken rechtfertigen kann.

Ein Verbot der hier untersuchten Fortpflanzungstechniken verfolgte jedenfalls einen legitimen Zweck und wäre ein geeignetes und erforderliches Mittel. Darüber hinaus müsste ein Verbot auch angemessen sein, wobei es nun wiederum gilt, die verschiedenen Belange gegeneinander abzuwägen.

Das Recht auf Leben und körperliche Unversehrtheit des Kindes überwiegt stets, wenn eine Fortpflanzung mittels Gameten von ein und derselben Person beabsichtigt ist, da ein solches Vorgehen erhebliche Gefahren für die Gesundheit des Kindes birgt: Eine solche bewusste Gefährdung ist zu verbieten. In den anderen Fällen jedoch stellt sich die Frage, ob der Gesetzgeber das Verbot aufrecht erhalten kann oder verpflichtet ist, die hier untersuchten Fortpflanzungstechniken unter Beibehaltung des Zwei-Eltern-Prinzips zuzulassen. Die Frage ist also, ob also dem Selbstbestimmungsrecht bzw. der Fortpflanzungsfreiheit sowie der Forschungs- und Berufsfreiheit ein solches Gewicht zukommt, dass auch nur geringe Risiken, insbesondere bezogen auf die Gesundheit und die psychische Integrität des Kindes, zurückstehen müssen.

Für eine solche Verpflichtung spricht zum einen wieder der Umgang mit assistierter Reproduktion im Allgemeinen: Der Gesetzgeber hat diese nicht verboten, obwohl insbesondere in den Anfängen gesundheitliche Risiken nicht ausgeschlossen werden konnten. Sind also die der Rückprogrammierung bzw. dem genetischen Eingriff immanenten Risiken vergleichbar mit denen, die zu Beginn der Durchführung von ICSI und IVF prognostizierbar waren, können die Techniken zugelassen werden. Angesichts der vorhandenen Datenlage zur Bewertung der psychischen Integrität ist dann fraglich, ob die Begründung eines Verbots allein auf diesen Aspekt gestützt gelingen kann oder ob sich der Gesetzgeber dabei nicht, wie ihm auch schon im Zusammenhang mit dem Verbot der Eizellspende vorgeworfen wurde, „auf verfassungsrechtlich dünnem Eis“ bewegen wird.[772] Die durchweg positiven Ergebnisse aus Studien führen vielmehr dazu, dass die Sorge um das Kindeswohl derart spekulativ ist, dass ein Verbot der Techniken gestützt allein auf diesen Aspekt wohl einen Verstoß gegen das Übermaßverbot darstellte.

Es mag zwar zweifelhaft anmuten, dass der Gesetzgeber, sollte er keine Würderverletzung annehmen, dem Bedürfnis nach genetisch verwandten Kindern, gleich in welchen familiären Konstellationen, um jeden Preis nachkommen, hierfür die Überwindung natürlicher Grenzen stets zulassen und „nur“ hierfür auch Risiken für diese Kinder, so gering diese auch sein mögen, in Kauf nehmen muss. In einer Rechtsordnung aber, die die individuellen Freiheitsrechte in den Vordergrund rückt und deren Fundament eine „lückenlose Ausgangsvermutung zu Gunsten der Freiheit jedermanns“[773] bildet, wird es dem Gesetzgeber nicht gelingen, auf verfassungsrechtlich haltbare Weise die Fortpflanzungsfreiheit und Selbstbestimmung der Menschen zu beschränken, wenn Risikofragen in dem hier herausgearbeiteten Maße ausgeräumt sein werden.[774]

Abschließend soll allerdings ein Zitat angebracht werden, welches insgesamt berechtigte Zweifel an der Dringlichkeit und Bedeutung dieses Themas ausdrückt und für Forscher und Förderer solcher Unternehmungen als Anregung zum Nachdenken dienen soll: „Is it morally acceptable that so much time, personnel and money is spent on the realization of the wish for genetic parenthood when the same time, personnel etc. can be used to help other people with more serious needs?“[775]

[772] Diesen Ausdruck im Hinblick auf die Gesetzesbegründung („Kindeswohl“) zum Verbot der heterologen Eizellspende verwendend *Müller-Terpitz*, in: Spickhoff (Hrsg.), Medizinrecht, § 1 ESchG Rn. 7.

[773] *Gassner et al.*, Fortpflanzungsmedizingesetz, S. 29.

[774] Die Freheitsvermutung im Rahmen der Reproduktion im Allgemeinen betonend auch *Kersten*, NVwZ 2018, S. 1248 (1249 ff.).

[775] *Mertes und Pennings*, Health care analysis 2010, 18 (3), S. 267 (269); ähnlich auch *Bredenoord et al.*, EMBO Molecular Medicine 2017, 9 (4), S. 396 (398) m.w.N.

Kapitel 7
Verfassungsrechtliche Bewertung von Keimbahneingriffen im Rahmen von Grundlagen- und präklinischer Forschung

Es gilt nun die Frage zu beantworten, wie Forschung an Keimbahnzellen verfassungsrechtlich zu bewerten ist. Derzeit gilt ein Verbot, überzählige Embryonen und solche, die zu Forschungszwecken hergestellt wurden, zu Forschungszwecken genetisch zu verändern sowie zu Forschungszwecken Embryonen aus genetisch veränderten Gameten zu erzeugen. Die Frage ist, ob dieses Verbot verfassungsrechtlich zwingend ist oder der Gesetzgeber auch eine andere Regelung treffen könnte.

A. Für Forschung sprechende Rechte

Zunächst gilt es, die für die Durchführung von Forschung sprechenden Rechte herauszuarbeiten. Ein Forschungsverbot stellt dann einen Eingriff in diese Rechte dar.

I. Rechte der Gamentespender

1. Forschung an Gameten und Vorläuferzellen

Zunächst einmal haben die Gametenspender an ihren Gameten sowie den Vorläuferzellen ein Persönlichkeitsrecht aus Art. 2 Abs. 1 i.V.m. Art. 1 Abs. 1 S. 1 GG, sodass sie über die Verwendung über diese bestimmen dürfen.[1] Dieses Recht beinhaltet auch die Befugnis, diese zu Forschungszwecken genetisch verändern zu lassen und einer Befruchtung zuzuführen.

[1] Siehe oben S. 211 ff.

S. Deuring, *Rechtliche Herausforderungen moderner Verfahren der Intervention in die menschliche Keimbahn*, Veröffentlichungen des Instituts für Deutsches, Europäisches und Internationales Medizinrecht, Gesundheitsrecht und Bioethik der Universitäten Heidelberg und Mannheim 49,
https://doi.org/10.1007/978-3-662-59797-2_7

2. Forschung an Embryonen

An Eizellen ab Ausstoßung des zweiten Polkörperchens bzw. den darauffolgenden Entwicklungsstadien haben die Eltern keine Persönlichkeitsrechte mehr, sondern ihre Bestimmungsbefugnis über diese Entitäten folgt aus dem Elternrecht des Art. 6 Abs. 2 GG, sofern das Handeln der Eltern vom Kindeswohl gedeckt ist. Andernfalls muss ein Ausgleich zwischen den Interessen der Eltern, etwa resultierend aus ihrer allgemeinen Handlungsfreiheit aus Art. 2 Abs. 1 S. 1 GG, und der Kinder durch Abwägung der kollidierenden Rechte und Interessen gefunden werden.[2]

II. Rechte Dritter

Darüber hinaus kann sich der Forscher auch auf die Forschungs- und Wissenschaftsfreiheit des Art. 5 Abs. 3 S. 1 GG berufen. Geschützt ist auch die Forschung zur Verbesserung gentechnischer Methoden und zur Verbesserung der Wirksamkeit im Hinblick auf eine künftige klinische Anwendung, auch wenn diese Forschung an Embryonen erfolgt und damit in Rechte Dritter eingreift.[3] Daneben ist auch die Berufsausübungsfreiheit des Art. 12 Abs. 1 S. 1 GG einschlägig, da dem Forscher eine bestimmte Art und Weise der Berufsausübung verboten wird.

B. Der Forschung entgegenstehende Rechte

Die Frage ist, welche Rechte der Forschung an Gameten, Vorläuferzellen der Gameten oder Embryonen in allen Entwicklungsstadien entgegenstehen und das Verbot damit rechtfertigen könnten. Dabei muss hinsichtlich der Forschung an Embryonen zwischen solcher an überzähligen Embryonen und der gezielten Zeugung von Embryonen zu Forschungszwecken unterschieden werden.

I. Forschung an Gameten und Vorläuferzellen

Gameten und Vorläuferzellen der Gameten haben keine eigenen Rechte. Es stehen der Forschung an diesen Zellen folglich keine Rechte entgegen. Ihre Verwendung zur Befruchtung führte jedoch zur Zeugung von Embryonen zu Forschungszwecken, worauf noch gesondert einzugehen ist.[4]

---

[2] Siehe oben S. 246.

[3] Siehe oben S. 262.

[4] Siehe unten S. 371 f.

II. Forschung an überzähligen Embryonen

Forschung an überzähligen Embryonen bedeutet Forschung an solchen, die im Rahmen einer assistierten Fortpflanzung gezeugt wurden, aber keine Aussicht mehr auf Übertragung in einen weiblichen Uterus haben. Diese Zellen werden kryokonserviert oder nicht weiterkultiviert, sodass sie absterben. Forschung an überzähligen Embryonen kommt in Betracht, wenn die Wirksamkeit von CRISPR/Cas9 an einer imprägnierten Eizelle ab Ausstoßung des zweiten Polkörperchens bzw. allen darauffolgenden Entwicklungsstadien getestet werden soll oder wenn ein Mitochondrientransfer zwischen Eizellen im Vorkernstadium vollzogen werden soll.

1. Verletzung der Menschenwürde

Es wird vertreten, Forschung an Embryonen verletzte die Würde (Art. 1 Abs. 1 S. 1 GG) derselben, da solche Forschung sie zum Forschungs*objekt* degradierte und ihre *Selbst*zweckhaftigkeit vollständig negierte.[5] Eine konsequente Erstreckung des Grundrechtsschutzes auf die Entitäten in vitro verbiete verbrauchende Forschungseingriffe an überzähligen Embryonen.

Dem ist insofern zuzustimmen, als eine verbrauchende Embryonenforschung jedenfalls keinen „Erweis von Würde" für das Gemeinwesen darstellt.[6] Im Anschluss hieran wird gefordert, man müsse den Embryo daher „in Würde" absterben lassen.[7] Schon gar nicht vermögen die Eltern über Art. 6 Abs. 2 GG in eine Tötung einzuwilligen.[8]

Es muss an dieser Stelle aber unterschieden werden zwischen Forschungseingriffen, durch die der Embryo zerstört wird, und solchen, die ihn nicht töten, sondern im Rahmen derer der Forscher lediglich zu einem gewissen Zeitpunkt entschließt, den Embryo nicht weiterzukultivieren, sodass dieser abstirbt.

Im ersten Fall wird der Embryo durch die Forschungsmaßnahme unmittelbar zerstört, was eine Würdeverletzung nach dem hier vertretenen Grundrechtsschutzmodell sicher nahelegt. Zur Bestimmung dessen, ob diese Forschung gegen die Würde der Embryonen verstößt, ist aber nicht nur starr auf deren Grundrechtsträgerschaft Bezug zu nehmen, sondern diese vielmehr auch in ihrer „Verfassungsrechtswirklichkeit" zu betrachten. In dem Augenblick, in dem die zerstörerische Forschung in Betracht kommt, hat die Würde der Embryonen bereits durch die Situation, in die sie (rechtmäßig!) gebracht wurden, eine besondere Ausgestaltung erfahren. Mit ihrer Würde vereinbar ist es offenbar, sie, wie es das einfache Recht erlaubt und wenn man nicht von der Verfassungswidrigkeit der einschlägigen Normen ausgehen

---

[5] *Müller-Terpitz*, Der Schutz des pränatalen Lebens, S. 519 (Hervorhebungen dort).

[6] *Classen*, WissR 1989, S. 235 (241); *Müller-Terpitz*, Der Schutz des pränatalen Lebens, S. 525 ff.; a.A. *Fechner*, JZ 1986, S. 653 (659).

[7] *Müller-Terpitz*, Der Schutz des pränatalen Lebens, S. 527.

[8] *Classen*, WissR 1989, S. 235 (241); *Müller-Terpitz*, Der Schutz des pränatalen Lebens, S. 519.

möchte (wovon hier nicht ausgegangen werden und was nicht weiter untersucht werden soll), absterben zu lassen,[9] sie gar aktiv wegzuschütten[10] oder zu kryokonservieren,[11] ihnen jedenfalls einen Transfer in einen weiblichen Uterus und damit eine Weiterentwicklung zu einem geborenen Menschen zu verwehren. In dieser Situation stellt sich die Frage nach einer Vertiefung des Erfolgsunrechts bei einer Nutzung zu Forschungszwecken.[12] Wieviel würdevoller ist es denn tatsächlich, einem Embryo den Transfer zu verweigern, um ihn stattdessen absterben zu lassen oder zu „Leben in ewigem Eis" zu verdammen? Zwar rechtfertigt Todesnähe keine Versagung grundrechtlichen Schutzes.[13] Aber was in den Laboren geschieht, ist nicht lediglich Todesnähe, sondern Eltern bestimmen faktisch darüber, dass Embryonen, die man implantieren könnte, sterben sollen. Diese Bestimmungsbefugnis der Eltern ist damit zu rechtfertigen, dass keine Frau gezwungen werden kann, einen Embryo auszutragen und kein Embryo ein Recht an einem oder auf einen anderen Körper hat, um zu überleben.[14] Wenn nun von der Rechtmäßigkeit dieser Prämisse auszugehen ist, welchen tatsächlichen Unterschied macht denn dann aber im Ergebnis eine begrenzt erlaubte Verwendung zu Forschungszwecken? Der Würde des Embryos ist in dieser Situation genüge getan, wenn er vor missbräuchlicher Verwendung geschützt wird. Missbräuchlich wäre eine beliebige Zugriffsmöglichkeit auf Embryonen, etwa zur Nutzung in wissenschaftlich nicht fundierten Experimenten. Um mit der Würde der überzähligen Embryonen vereinbar zu sein, muss die

[9] Das Absterbenlassen überzähliger Embryonen ist nicht gem. § 2 Abs. 1 ESchG strafbar, siehe *Günther*, in: Güther et al. (Hrsg.), ESchG, § 2 Rn. 36 f.; *Taupitz*, in: Güther et al. (Hrsg.), ESchG, § 3a Rn. 9 m.w.N.

[10] Auch diese Handlung ist nicht nach § 2 Abs. 1 ESchG strafbar, siehe *BGH*, NJW 2010, S. 2672 (2776); *Taupitz*, in: Güther et al. (Hrsg.), ESchG, § 3a Rn. 9 m.w.N.; *Huwe*, Strafrechtliche Grenzen der Forschung an menschlichen Embryonen und embryonalen Stammzellen, S. 116 ff.

[11] *Taupitz*, in: Güther et al. (Hrsg.), ESchG, § 3a Rn. 9 m.w.N.

[12] *Graf Vitzthum*, in: Braun et al. (Hrsg.), Ethische und rechtliche Fragen der Gentechnologie und der Reproduktionsmedizin, S. 263 (281); a.A. *Classen*, WissR 1989, S. 235 (244); *Taupitz et al.*, in: Taupitz (Hrsg.), Das Menschenrechtsübereinkommen zur Biomedizin des Europarates, S. 409 (466), wonach Unterlassen und aktives Tun strafrechtlich nicht gleich zu bewerten seien. Ein Unterlassen sei nur dann rechtswidrig, wenn dem Betroffenen die Möglichkeit zum Handeln zur Verfügung stehe, was im Fall eines nicht transferierbaren Embryos aber nicht der Fall sei. Aus diesem Grund hindere die Tatsache, dass der Embryo ohnehin seinem Schicksal überlassen bleibe, eine Pönalisierung der Embryonenforschung nicht. Diese Aussage mag für den Arzt gelten, sie verkennt jedoch, dass nicht dieser ursächlich für die Preisgabe des Lebensrechts des Embryos ist, sondern die Frau: Die Frau, die sich gegen einen Transfer ihres Embryos entscheidet, kann dies auch dann rechtmäßig tun, wenn ein Transfer möglich wäre, sie folglich also auch die Möglichkeit zu Handeln hätte. Dennoch ist ihr Unterlassen nicht strafbar und wird als mit den Rechten des Embryos vereinbar bewertet. Die Frau hat es folglich in der Hand, das Lebensrecht des Embryos völlig zu entwerten. Ist es erst einmal entwertet, kann eine Pönalisierung der Forschung durchaus in Frage gestellt werden.

[13] *Classen*, WissR 1989, S. 235 (243 f.); *Müller-Terpitz*, Der Schutz des pränatalen Lebens, S. 527.

[14] Gegen eine zwangsweise Übertragen sprechen das Persönlichkeitsrecht der Frau sowie ihr Recht auf körperliche Unversehrtheit, *Taupitz*, in: Günther et al. (Hrsg.), ESchG, § 4 Rn. 16. Dazu, dass niemand das Recht auf einen anderen Körper hat, um zu überleben, im Rahmen des Schwangerschaftsabbruchs diskutierend *Kersten*, Das Klonen von Menschen, S. 567.

Forschung absolut notwendig sein: Verbrauchende Forschung mit überzähligen Embryonen, die zum Absterben verurteilt wären und folglich keine Überlebenschance hätten, sind folglich zulässig, wenn die Forschung zur Erzielung klar definierter, hochrangiger medizinischer Erkenntnisse betrieben würde, die Forschung alternativlos wäre und in entscheidender Weise dem Leben anderer Menschen dienen könnte. Wenn es mit den Rechten des Embryos vereinbar sein soll, dass man ihn absterben lässt, vertieft es das Erfolgsunrecht nicht, wenn er vor seinem Tod noch einer sinnvollen Nutzung zugeführt wird.[15]

Diese Feststellung gilt erst recht, wenn der Embryo durch die Maßnahme selbst noch gar nicht getötet wird. In diesem Fall werden an ihm Experimente durchgeführt und anschließend wird er nicht mehr weiterkultiviert: Diese Situation entspricht vom Ergebnis her genau der, in der sich überzählige Embryonen auch sonst schon befinden, wenn eine Frau ihnen den Transfer verweigert: Sie werden sich selbst überlassen und sterben ab. Der Embryo kann dann, wie gefordert wird, in beiden Fällen, sowohl mit als auch ohne vorangehenden experimentellen Eingriff, gleichermaßen „in Würde absterben". Es ist nicht erkennbar, worin sich beide Situation hinsichtlich der Würdehaftigkeit des Absterbevorgangs unterscheiden sollen.

Vor diesem Hintergrund sind Forschungsmaßnahmen zum Mitochondrientransfer und mittels CRISPR/Cas9 mit dem Ziel der Therapie oder Prävention von Krankheiten zulässig. Diese Maßnahmen haben sich als mit der Würde der betroffenen Menschen vereinbar erwiesen. Keimbahninterventionen sind zudem für eine Reihe von Krankheiten die einzige Behandlungsalternative, die PID stellt auf verfassungsrechtlicher Ebene keine Alternative dar. Sie dient dem Recht auf Gesundheit der betroffenen Menschen sowie der Fortpflanzungsfreiheit von Menschen, die Träger

---

[15] So argumentierend bereits *Starck*, JZ 2004, S. 313 (318); *Graf Vitzthum*, in: Braun et al. (Hrsg.), Ethische und rechtliche Fragen der Gentechnologie und der Reproduktionsmedizin, S. 263 (278 ff.); einen Würdeverstoß bei Forschung an überzähligen Embryonen ablehnend *Keller*, in: Fortpflanzungsmedizin und Humangenetik – strafrechtliche Schranken?, S. 193 (200), wonach es schwerfalle, den rigiden Standpunkt des absoluten Forschungsverbots zu teilen; eine Verwendung überzähliger Embryonen zu Forschungszwecken auch bejahend *Starck*, in: Ständige Deputation des Deutschen Juristentages (Hrsg.), Die künstliche Befruchtung bei Menschen – Zulässigkeit und zivilrechtliche Folgen, S. A7 (A34 f.); *Fechner*, JZ 1986, S. 653 (659); *Eser*, in: Gesellschaft für Rechtspolitik (Hrsg.), Bitburger Gespräche, Jahrbuch 1986/1, S. 105 (120); *Buchborn*, in: Fuchs (Hrsg.), Möglichkeit und Grenzen der Forschung an Embryonen, S. 127 (134 ff.); *Ipsen*, JZ 2001, S. 989 (996); *Rütsche*, Ethik Med 2017, S. 243 (244), der die Würde von Embryonen der Forschungsfreiheit deshalb nicht überordnet, weil Embryonen mangels Empfindungsfähigkeit oder Bewusstsein noch keine eigenen Bedürfnisse haben, während Forschung vulnerablen Menschen helfe: Die Würde als abstrakter Wert ohne Bezug zur Verletzbarkeit eines individuellen Lebewesens müsse zurücktreten. Verbrauchende Embryonenforschung ablehnend *Laufs*, NJW 2000, S. 2716 (2717); *Böckenförde*, JZ 2003, S. 809 (813); *Müller-Terpitz*, Der Schutz des pränatalen Lebens, S. 525 ff. Nach dieser ablehnenden Ansicht werde der Embryo durch die Forschung, im Gegensatz zum Fall des Absterbenlassens, unter Verstoß gegen die Menschenwürde als Mittel zum Zweck eingesetzt werde. Offen bleibt aber, weshalb er durch das Absterbenlassen nicht ebenso verobjektiviert wird: Was nicht mehr gebraucht wird, lässt man absterben. Forschung an Embryonen mittels CRISPR/Cas9 ablehnend, da derartige Forschung den ersten Schritt auf die schiefe Ebene bedeute, an deren Ende das „Designerkind" warte, *Kipke et al.*, Ethik Med 2017, S. 249 (251).

von Erbkrankheiten sind. Allgemein sind der Erhalt bzw. die Ermöglichung von Gesundheit als hochrangiges Forschungsziel einzustufen.[16] Forschung an Embryonen ist des Weiteren unverzichtbar, da Keimbahneingriffe bloß am Tiermodell oder an anderen Zellen möglicherweise nicht hinreichend sicher erforscht werden können. Im Übrigen ist aus bisher erfolgten Versuchen mittels CRIRPS/Cas9 nicht bekannt, dass die Embryonen durch den Eingriff selbst absterben. Vielmehr wurde ihre Kultivierung nach einer gewissen Zeit einfach beendet.[17] Diese Erkenntnis zeigt deutlich, dass derartige Experimente letztlich zu keiner anderen Behandlung der überzähligen Embryonen führen als der, der sie ohnehin ausgesetzt sind.

2. Verletzung des Rechts auf Leben und körperliche Unversehrtheit

Forschungsmaßnahmen greifen zum einen in die Integrität des Embryos ein, sodass sein Recht auf körperliche Unversehrtheit aus Art. 2 Abs. 2 S. 1 GG betroffen ist. Zum anderen läuft der Embryo Gefahr, durch den Forschungseingriff zerstört zu werden, jedenfalls aber wird er aufgrund der durch den Eingriff entstehenden Risiken für geborene Menschen nicht mehr für einen Transfer in den weiblichen Uterus in Betracht kommen. Seine Weiterkultivierung wird folglich ab einem gewissen Zeitpunkt unterbrochen werden und er wird absterben, was seinem Recht auf Leben aus Art. 2 Abs. 2 S. 1 GG vom Grundsatz her zuwiderläuft. Dabei gilt auch, dass sich kein noch so hochrangiges Forschungsziel gegenüber dem Höchstwert Leben zu behaupten vermag.[18]

Man sollte sich in dem Zusammenhang, wie auch schon im Rahmen der Menschenwürde erörtert, aber die ehrliche Frage stellen, ob eine Verwendung von Embryonen zur Forschungszwecken für hochrangige Forschungsziele vor dem Hintergrund, dass man diese Embryonen ansonsten sowieso absterben ließe, tatsächlich eine Vertiefung des Erfolgsunrechts darstellt.[19] Durch die Verweigerung eines Transfers wird ihr Recht auf Leben bereits faktisch beschnitten und seines Inhalts beraubt. Da diese Verweigerung jedoch rechtens ist, wandelt sich insofern das Recht des Embryos in seiner Werthaltigkeit: Er ist zwar Rechtsträger, er kann sein Recht aber nicht durchsetzen und muss sein (durch andere beschlossenes) Absterben hinnehmen. Vor diesem Hintergrund wird durch Forschung das Erfolgsunrecht nicht vertieft, sondern sie fügt sich in eine Situation ein, in der der Zelle bzw. dem Embryo das Lebensrecht ohnehin schon genommen wurde.

---

[16] So auch *Rütsche*, Ethik Med 2017, S. 243 (244 f.).

[17] Siehe zu den Experimenten oben 16 f.

[18] *Müller-Terpitz*, Der Schutz des pränatalen Lebens, S. 518 f. m.w.N.

[19] *Graf Vitzthum*, in: Braun et al. (Hrsg.), Ethische und rechtliche Fragen der Gentechnologie und der Reproduktionsmedizin, S. 263 (278), allerdings einen abgestuften Lebensschutz vertretend.

3. Ergebnis

Weder das Recht auf Leben und körperliche Unversehrtheit noch die Menschenwürde stehen der Forschung an überzähligen Embryonen entgegen. Diese Embryonen sind in ihrer Rechtsrealität zu betrachten, in der die Eltern dieser Entitäten deren Rechte inhaltlich so ausgestalten können, dass eine Verwendung zur Forschung keine Vertiefung des Erfolgsunrechts darstellt. Das aktuell bestehende Verbot ist folglich nicht zwingend: Der Gesetzgeber gäbe, angesichts der Rechtslage, von deren Verfassungsmäßigkeit ausgegangen werden soll, weder in einer das Unrecht vertiefenden Weise das Recht auf Leben des Embryos noch dessen Würde preis, erlaubte er Forschung an überzähligen Embryonen.

III. Erzeugung von Embryonen zu Forschungszwecken

Eine Erzeugung von Embryonen zu Forschungszwecken kommt in Betracht, wenn zu experimentellen Zwecken genetisch veränderte Gameten oder deren Vorläuferzellen (sei es mittels CRISPR/Cas9, sei es durch einen Mitochondrientransfer) oder künstlich hergestellte Gameten einer Befruchtung zugeführt werden.

Anders als der überzählige Embryo wird der „reine" Forschungsembryo nicht zum Zwecke der Schaffung geborenen Lebens hergestellt, sondern es besteht von Anfang an die Absicht, ihn im Rahmen von Forschung zu verbrauchen. Dem so entstehenden Lebens- und Würderecht soll von Beginn an jegliche Werthaltigkeit genommen werden. Aus diesem Grund ist schon der Herstellungsakt selbst illegitim.[20] Dieser Akt dient ausschließlich einem außerhalb des entstehenden Lebens selbst liegenden Zweck, was mit dem Würdeschutz des zu zeugenden Embryos unvereinbar ist.[21] Wenn irgendwo menschliches Leben zum reinen Objekt degradiert wird, dann dort, wo mit seiner Erzeugung gleichzeitig seine Vernichtung beabsichtigt

[20] *Elsässer*, in: Reiter und Theile (Hrsg.), Genetik und Moral, S. 171 (182); *Graf Vitzthum*, in: Braun et al. (Hrsg.), Ethische und rechtliche Fragen der Gentechnologie und der Reproduktionsmedizin, S. 263 (281 Rn. 49).

[21] *Starck*, in: Ständige Deputation des Deutschen Juristentages (Hrsg.), Die künstliche Befruchtung beim Menschen, S. A7 (A33). Dagegen wird eingewendet, weder der aus dem Lebensrecht noch aus der Würdegarantie folgende Grundrechtsschutz könne herangezogen werden, um eine Existenzverhinderung zu begründen: Eine grundrechtliche Schutzpflicht könne nur um Sinne eines „Bestandsschutzes" bestehenden oder künftigen Lebens verstanden werden, siehe *Müller-Terpitz*, Der Schutz des pränatalen Lebens, S. 522 ff. Dieses Argument, grundrechtliche Schutzpflichten, insbesondere aus der Menschenwürde, könnten nicht herangezogen werden, um Handlungen, die der Zeugung menschlichen Lebens dienen, zu untersagen, verfängt jedoch nicht, wie bereits erörtert, siehe oben S. 264 ff.

wird. Kein noch so hochrangiges Forschungsziel vermag hieran etwas zu ändern.[22] Es ist auch mit dem Lebensrecht des Embryos unvereinbar, ihn nur zum Zwecke der Forschung zu erschaffen und anschließend zu töten.

C. Fazit

Forschung an überzähligen Embryonen bzw. Eizellen ab Ausstoßung des zweiten Polkörperchens verstößt nicht gegen das Recht auf Leben bzw. die Menschenwürdegarantie. Aufgrund der Situation, in der sich diese Entitäten befinden, liegt in einer verbrauchenden Embryonenforschung kein über ihre aktuelle Situation hinausgehender Verstoß gegen ihre Rechte.[23] Der Gesetzgeber könnte folglich, vor dem Hintergrund des Umgangs mit Embryonen in der Praxis der Reproduktionsmedizin, Forschung an Embryonen zulassen. Die Frage ist dabei, bis zu welchem Entwicklungszeitpunkt er solche Forschung zulassen kann, ob bis zu einer Grenze von 14 Tagen, wie es in zahlreichen Ländern bislang der Fall ist,[24] oder gar länger oder kürzer. Dieser Frage soll hier nicht im Detail nachgegangen werden. Der Gesetzgeber sollte aber, um Rechtssicherheit zu gewährleisten, eine feste Grenze festsetzen. Anders ist dies bei einer gezielten Zeugung zu Forschungszwecken: Ein solches Vorgehen ist mit der Würde und dem Recht auf Leben des Embryos nicht vereinbar.

---

[22] *Eser*, in: Gesellschaft für Rechtspolitik (Hrsg.), Bitburger Gespräche, Jahrbuch 1986/1, S. 105 (120); *Classen*, WissR 1989, S. 235 (242 m.w.N. in Fn. 32); *Herdegen*, JZ 2001, S. 773 (776); *Brewe*, Embryonenschutz und Stammzellgesetz, S. 93 f.; a.A. *Fechner*, JZ 1986, S. 653 (659), wonach die Entscheidung über die Zulässigkeit von der Dringlichkeit der Forschungsziele abhänge, die in die Güterabwägung einzubringen sei, wenn es um Abwehr und Heilung schwerer Krankheiten gehe; *Dederer*, AöR 2002, S. 1 (23 f.).

[23] Mit den Worten des *CCNE*: „Ce n'est donc pas la recherche qui est à l'origine de la décision de destruction de ces embryons, puisque l'abandon du projet parental destine ces embryons à la destruction.", siehe *CCNE*, Avis n° 129, S. 50 f.

[24] Siehe hierzu in der ausführlichen rechtsvergleichenden Untersuchung von *Taupitz und Deuring* (Hrsg.), Rechtliche Aspekte der Genom Editierung an der menschlichen Keimbahn. Ob die 14-Tage-Grenze noch sachgerecht ist, ist im Übrigen hoch umstritten, siehe *Nuffield Council on Bioethics*, Human Embryo Culture.

Kapitel 8
Rechtsrahmen des hypothetisch erlaubten Keimbahneingriffs

Eine hypothetische Streichung der Vorschriften, die der Durchführung von Keimbahneingriffen in der in dieser Arbeit untersuchten Form entgegenstehen, wirft aber die Frage auf, welche derzeit existierenden anderen rechtlichen Regelungen in Deutschland die tatsächliche Durchführung dieser Verfahren erfassen würden und ob insofern ein Regulierungsbedarf besteht.

A. Keimbahneingriffe im Rahmen von Grundlagen- und präklinischer Forschung

Verfassungsrechtlich zulässig ist Forschung an Gameten und deren Vorläuferzellen sowie an überzähligen Embryonen bzw. an Eizellen ab Ausstoßung des zweiten Polkörperchens sowie an alle darauffolgenden Entwicklungsstadien.[1] Es kann also CRISPR/Cas9 an diesen Entitäten getestet werden sowie versuchshalber ein Transfer der Vorkerne zwischen zwei Eizellen durchgeführt werden. Es können zudem hiPS-Zellen und künstliche Gameten hergestellt sowie ein Kerntransfer zwischen unbefruchteten Eizellen vollzogen werden. Diese Zellen dürfen aber nicht zur Befruchtung verwendet werden. Die Frage ist, ob die Durchführung dieser verfassungsrechtlich erlaubten Verfahren bereits durch bestimmte Regularien hinreichend „kontrollierend" erfasst ist oder existierende Regelungen, wie etwa die Grundsätze zur Durchführung von Humanexperimenten, ihr gar entgegenstehen. Diese Untersuchung zeigt folglich auf, ob und an welchen Stellen Regelungsbedarf durch

[1] Der Einfachheit halber soll auch hier im Folgenden nur von „Embryonen" die Rede sein, wobei alle Entwicklungsstadien ab Ausstoßung des zweiten Polkörperchens gemeint sind.

S. Deuring, *Rechtliche Herausforderungen moderner Verfahren der Intervention in die menschliche Keimbahn*, Veröffentlichungen des Instituts für Deutsches, Europäisches und Internationales Medizinrecht, Gesundheitsrecht und Bioethik der Universitäten Heidelberg und Mannheim 49,
https://doi.org/10.1007/978-3-662-59797-2_8

den Gesetzgeber besteht. Dabei wird differenziert zwischen Vorschriften zum Schutz Dritter und solchen zum Schutz des betroffenen Forschungssubjekts.

I. Vorschriften zum Schutz Dritter: Gentechnikgesetz (GenTG)

Die Frage ist, ob die Vorgaben des Gentechnikgesetzes (GenTG) zur Anwendung kommen.

1. Einführung

Das Gentechnikgesetz (GenTG) soll gem. § 1 Nr. 1 GenTG Leben und Gesundheit von Menschen, Tieren, Pflanzen sowie die sonstige Umwelt in ihrem Wirkungsgefüge und Sachgüter vor möglichen Gefahren gentechnischer Verfahren und Produkte schützen und dem Entstehen solcher Gefahren vorbeugen. Das GenTG dient damit dem Umweltschutz, dem Arbeitsschutz sowie dem Gesundheitsschutz.[2] Die spezifischen Risiken liegen vor allem darin, dass gentechnisch veränderte Organismen (GVO) in die Umwelt gelangen und dort unkontrollierte Prozesse in Gang setzen könnten, wodurch die Umwelt nachhaltig verändert werden könnte.[3] Des Weiteren soll das Gesetz den rechtlichen Rahmen für die Erforschung, Entwicklung, Nutzung und Förderung der wissenschaftlichen, technischen und wirtschaftlichen Möglichkeiten der Gentechnik schaffen (§ 1 Abs. 1 Nr. 3 GenTG).[4] Hierfür regelt das GenTG (sowie die Gentechnik-Sicherheitsverordnung – GenTSV) einzuhaltende Sicherheitsmaßnahmen sowie Genehmigungsverfahren, wobei, je nach Sicherheitsstufe des in Frage stehenden Verfahrens, mehr oder weniger strenge Anforderungen gelten.[5]

2. Das GenTG und Arbeiten an Keimbahnzellen

Die Frage ist, ob das Gentechnikgesetz für gentechnische Arbeiten an Keimbahnzellen überhaupt Anwendung findet. Der amtlichen Begründung des Regierungsentwurfs zufolge sollen gentechnische Arbeiten im Rahmen der Humangenetik wie die

[2] *Hoppe et al.*, Umweltrecht, § 35 Rn. 15, S. 820.

[3] *Kloepfer und Kohls*, Umweltrecht, § 18 Rn. 2, S. 1544.

[4] *Hoppe et al.*, Umweltrecht, § 35 Rn. 16, S. 820.

[5] Die Einstufung in die verschiedenen Sicherheitsstufen erfolgt nach §§ 4–7 GenTSV. Insgesamt gibt es vier Stufen. Die sich hieraus ergebenden Anforderungen an Sicherheitsmaßnahmen sowie Genehmigungsvoraussetzungen sind im hier untersuchten Kontext der Humangenetik die einzigen relevanten Aspekte des GenTG. Es erfolgt insbesondere kein Inverkehrbringen oder Freisetzen von GVO oder Produkten wie in der grünen Gentechnik, sodass die hiermit verbundenen gesetzlichen Vorgaben für diese Untersuchung keine Relevanz haben. Das „Freisetzen" nach § 3 Nr. 5 GenTG setzt ein Ausbringen von GVO „in die Umwelt" voraus. Bloße Forschungsarbeit in Laboren fällt nicht in diese Kategorie. Das „Inverkehrbringen" nach § 3 Nr. 6 erfordert die Abgabe von Produkten an Dritte, soweit die Produkte nicht zu gentechnischen Arbeiten in gentechnischen Anlagen bestimmt sind. Die Abgabe zu bloßer weiterer Bearbeitung in Laboren entsprechend dem Wortlaut ausdrücklich kein „Inverkehrbringen".

Keimbahntherapie (Eingriffe in Zellen der Keimbahn mit dem Ziel erblicher genetischer Modifikationen) sowie sämtliche gentechnische Arbeiten mit Zellen der menschlichen Keimbahn außerhalb des Anwendungsbereichs des GenTG liegen. Diese Bereiche sollen allein dem ESchG unterfallen.[6] In der Begründung des beim GenTG federführenden Ausschusses heißt es jedoch, im Gegensatz zum strikten Ausschluss in der Begründung des Regierungsentwurfs,[7] das GenTG gelte (jedenfalls) auch für Arbeiten an Keimzellen, die nicht zur Befruchtung verwendet werden.[8] Die Begründungen sind daher etwas widersprüchlich, sodass sie für die weitere Auslegung nur bedingt herangezogen werden können.

§ 2 GenTG regelt den Anwendungsbereich des GenTG. Gemäß § 2 Abs. 1 Nr. 2 GenTG gilt das Gesetz für gentechnische Arbeiten. Gentechnische Arbeiten sind gem. § 3 Nr. 2 GenTG die Erzeugung von GVO sowie die Vermehrung, Lagerung, Zerstörung oder Entsorgung sowie der innerbetriebliche Transport von GVO sowie deren Verwendung in anderer Weise. Ein Organismus ist gem. § 3 Nr. 1 GenTG jede biologische Einheit, die fähig ist, sich zu vermehren oder genetisches Material zu übertragen. Organismen sind auch menschliche Lebewesen einschließlich lebender Teile dieser Lebewesen (z.B. Einzelzellen in einem Kulturmedium).[9]

Von besonderer Bedeutung sind § 3 Nr. 3 HS. 1 GenTG und § 2 Abs. 3 GenTG. Gemäß § 3 Nr. 3 HS. 1 GenTG ist ein gentechnisch veränderter Organismus ein Organismus, *mit Ausnahme des Menschen*, dessen genetisches Material in einer Weise verändert worden ist, wie sie unter natürlichen Bedingungen durch Kreuzen oder natürliche Rekombination nicht vorkommt. Im Jahre 1993 erfolgte die Einfügung des § 2 Abs. 2 GenTG,[10] jetzt § 2 Abs. 3 GenTG,[11] durch den „die Anwendung von gentechnisch veränderten Organismen *am Menschen*" aus dem Geltungsbereich des Gesetzes ausgenommen wurde. Mit dieser Norm sollten die Bereiche der Prävention, der Diagnostik und der (somatischen) Therapie beim Menschen – soweit sie die unmittelbare Anwendung betreffen – ausdrücklich ausge-

---

[6] Amtliche Begründung des Regierungsentwurfs, abgedruckt bei *Herdegen*, in: Eberbach et al. (Hrsg.), Recht der Gentechnik und Biomedizin, Ordner 1, § 2 GenTG Rn. 3; *Eberbach und Ferdinand*, in: Eberbach et al. (Hrsg.), Recht der Gentechnik und Biomedizin, Ordner 2, § 3 GenTSV Rn. 37 Fn. 9; vgl. auch *Belijn et al.*, in: Raem und Winnacker (Hrsg.), Gen-Medizin, S. 526 (544 f.); *Fenger*, in: Spickhoff, Medizinrecht, § 2 GenTG Rn. 4.

[7] Aufgrund zahlreicher Änderungen durch Drängen des Bundesrats (vgl. BR-Drucks. 387/1/89) kann die amtliche Begründung des Regierungsentwurfs nur noch sehr bedingt herangezogen werden. Maßgeblich sind stattdessen wohl eher die Stellungnahme des Bundesrats sowie der Bericht des Gesundheitsausschusses des Bundestags (BT-Drucks. 11/6778), siehe *Kloepfer und Delbrück*, DÖV 1990, S. 897 (900 Fn. 17).

[8] Siehe die Begründung des Gesundheitsausschusses des Bundestags, BT-Drucks. 11/6778, S. 36; so auch *Hirsch und Schmidt-Didczuhn*, GenTG, § 2 Rn. 4 ff.; *Hofmann*, Die Anwendung des Gentechnikgesetzes am Menschen, S. 94; *Herdegen*, in: Eberbach et al. (Hrsg.), Recht der Gentechnik und Biomedizin, Ordner 1, § 2 GenTG Rn. 28.

[9] *Alt*, in: Joecks und Miebach (Hrsg.), MüKO StGB, Band 6, § 3 GenTG Rn. 1.

[10] Eingefügt durch das Erste Änderungsgesetz, abgedruckt bei *Herdegen*, in: Eberbach et al. (Hrsg.), Recht der Gentechnik und Biomedizin, Ordner 1, § 2 GenTG Rn. 6b.

[11] Eingefügt durch das Zweite GenTG-Änderungsgesetz, abgedruckt bei *Herdegen*, in: Eberbach et al. (Hrsg.), Recht der Gentechnik und Biomedizin, Ordner 1, § 2 GenTG Rn. 6g.

nommen sein.[12] Die Ausnahme gilt folglich nicht für Verfahren in vitro, die der unmittelbaren Anwendung am menschlichen Körper vorgelagert sind oder ihr folgen,[13] wie beispielsweise die Bearbeitung in vitro menschlichen Zellmaterials.[14]

Damit kann zum einen der Mensch selbst kein GVO sein und zum anderen ist auch die (unmittelbare) Anwendung von GVO auf den Menschen vom Bereich des GenTG ausgeschlossen.

Hieraus folgt, dass jedenfalls eine *Keimzelle bzw. deren Vorläuferzelle* selbst ein GVO sein kann.[15] Zudem ist auch die Anwendung von GVO an diesen Zellen nicht gem. § 2 Abs. 3 GenTG vom Anwendungsbereich ausgeschlossen.[16] Es erfolgt schon begriffsnotwendig keine Anwendung am Menschen.[17] Eine Einschränkung dahingehend, dass das GenTG nur für Keimzellen, die nicht zur Befruchtung verwendet werden, gelten sollte, wie in der Ausschussbegründung dargelegt,[18] lässt sich dem Wortlaut nicht entnehmen. Schließlich erfolgt unabhängig von etwaigen Verwendungsplänen die gentechnische Arbeit nicht an einem Menschen, sondern an einer Keimzelle. Aus diesem Grund stellt auch die Keimzelle, die entsprechend § 3 Nr. 3 GenTG verändert wurde, selbst einen GVO dar. Diese Feststellung gilt hingegen nicht für den Menschen, der aus der Keimzelle entsteht, da Menschen gem. § 3 Nr. 3 HS. 1 GenTG gerade keine GVO sind.[19] Der betroffene Mensch kann daher

[12] *Herdegen*, in: Eberbach et al. (Hrsg.), Recht der Gentechnik und Biomedizin, Ordner 1, § 2 GenTG Rn. 29; siehe auch *Simon und Weyer*, NJW 1994, S. 759 (765); *Hofmann*, Die Anwendung des Gentechnikgesetzes am Menschen, S. 100.

[13] Amtliche Begründung des Ersten Änderungsgesetzes, abgedruckt bei *Herdegen*, in: Eberbach et al. (Hrsg.), Recht der Gentechnik und Biomedizin, Ordner 1, § 2 GenTG Rn. 6d; vgl. auch *Simon und Weyer*, NJW 1994, S. 759 (765); *Fenger und Schmitz*, in: Winter et al. (Hrsg.), Genmedizin und Recht, S. 164 (166 Rn. 401); *Ronellenfitsch*, in: Dolde (Hrsg.), Umweltrecht im Wandel, S. 701 (717); *Fenger*, in: Spickhoff, Medizinrecht, § 2 GenTG Rn. 5; *Herdegen*, in: Eberbach et al. (Hrsg.), Recht der Gentechnik und Biomedizin, Ordner 1, § 2 GenTG Rn. 28.

[14] *Ronellenfitsch*, in: Dolde (Hrsg.), Umweltrecht im Wandel, S. 701 (711); vgl. auch *Kloepfer und Kohls*, Umweltrecht, § 18 Rn. 83, S. 1577 f.

[15] Siehe unten S. 378, 417 ff. dazu, ob diese Zellen durch die hier untersuchten Verfahren zu GVOs werden.

[16] So *Ronellenfitsch*, in: Dolde (Hrsg.), Umweltrecht im Wandel, S. 701 (717); mit Verweis auf die Gesetzesbegründung zum Gentechnikgesetz *Hofmann*, Die Anwendung des Gentechnikgesetzes am Menschen, S. 109; *Herdegen*, in: Eberbach et al. (Hrsg.), Recht der Gentechnik und Biomedizin, Ordner 1, § 2 GenTG Rn. 34.

[17] *Hofmann*, Die Anwendung des Gentechnikgesetzes am Menschen, S. 109 f. Dies müsste konsequenterweise dann auch bei der Veränderung von Keimzellen gelten, die zur Befruchtung verwendet werden sollen, da auch dort im Zeitpunkt der Veränderung noch keine unmittelbare Anwendung am Menschen erfolgt. A.A. wohl *Herdegen*, in: Eberbach et al. (Hrsg.), Recht der Gentechnik und Biomedizin, Ordner 1, § 2 GenTG Rn. 36, dessen Ansicht nach bei der Keimbahntherapie „ähnliche Grundsätze“ zu gelten hätten „wie bei der somatischen Gentherapie“ und der daher pauschal eine analoge Anwendung von § 2 Abs. 3 GG befürwortet.

[18] BT-Drucks. 11/6778, S. 36.

[19] Ein GVO ist nach § 3 Nr. 3 HS. 1 GenTG „ein Organismus, mit Ausnahme des Menschen, dessen genetisches Material in einer Weise verändert worden ist, wie sie unter natürlichen Bedingungen durch Kreuzung oder natürliche Rekombination nicht vorkommt.“ Der Ausschluss wurde eingefügt durch das Gesetz zur Neuordnung des Gentechnikrechts (GenTR-Neuordnungsgesetz) im Jahre 2004.

auch nicht i.S.d. § 2 Abs. 1 Nr. 3 als gentechnisch veränderter Organismus „freigesetzt" werden.[20]

Bei *Embryonen* hingegen könnte es sich bereits um Menschen i.S.d. § 2 Abs. 3 GenTG handeln, sodass das GenTG bei der Anwendung von GVO an diesen Entitäten keine Anwendung fände und sie nach § 3 Nr. 3 GenTG auch nicht als GVO eingestuft werden könnten. Der Wortlaut des § 2 Abs. 3 GenTG („Anwendung am Menschen") eröffnet einen weiten Auslegungsspielraum.

Gegen eine Anwendbarkeit der Ausschlussklausel spricht, dass auch sonstige Teilschritte in vitro dem Gentechnikrecht unterfallen. Die unterschiedliche Behandlung einer Zygote etwa als multiples Zellkonglomerat gegenüber einer sonstigen Zelle ist kaum erklärbar. In beiden Fällen bergen gentechnische Arbeiten das gleiche Gefahrenpotential.[21] Dieser Umstand spricht für eine restriktive Auslegung der Norm zum Schutz der betroffenen Rechtsgüter, wie dem Leben und Gesundheit der Ärzte und dem Laborpersonal.[22]

Für eine Anwendung der Ausschlussklausel werden ethische und auch verfassungsrechtliche Überlegungen angeführt, also der grundrechtliche Status des Embryos, die eine unterschiedliche Behandlung von Embryonen verglichen mit bloßen Keimzellen und eine Qualifizierung derselben als „Menschen" rechtfertigen sollen.[23] So bringen genetische Manipulationen am Menschen aus ethischen und verfassungsrechtlichen Gründen besondere und andersartige Probleme mit sich, während das Gentechnikrecht an das spezifische Umweltschutzrecht angelehnt ist.[24] Die Humangenetik steht rechtssystematisch außerhalb des Umweltrechts.[25] Diesem Argument kann zwar zugegebenermaßen entgegengehalten werden, dass der Schutzbedarf des Laborpersonals als eines der Schutzgüter des GenTG nicht von zusätzlich bestehenden Fragestellungen abhängen kann. Ausschlaggebend ist jedoch, dass § 2 Abs. 3 GenTG auch in Zusammenschau mit § 3 Nr. 3 GenTG gesehen werden muss: Behandelte man die Zygote im Rahmen der ersten Vorschrift nicht als Mensch, müsste dies auch im Rahmen der zweiten so sein. Dann wäre die Zygote folglich ein GVO nach § 3 Nr. 3 HS. 1 GenTG. Im Anschluss an diese Erkenntnis müsste sich aber – da der geborene Mensch definitiv kein GVO mehr ist – eine logische Erklärung dafür finden lassen, dass die Zygote zu irgendeinem Entwicklungszeitpunkt plötzlich zum „Menschen" i.S.d. GenTG wird und eine nach außen in keiner Weise erkennbare Verwandlung von einem GVO zu einem „normalen"

---

[20] Anders noch bei § 3 Nr. 3 GenTG a.F. *Ronellenfitsch*, in Dolde (Hrsg.), Umweltrecht im Wandel, S. 701 (717); siehe zum Problem des Menschen als GVO im alten Recht *Hofmann*, Die Anwendung des Gentechnikgesetzes am Menschen, S. 260 ff.

[21] *Hofmann*, Die Anwendung des Gentechnikgesetzes am Menschen, S. 111.

[22] Allgemein zum Normzweck *Ronellenfitsch*, VerwArch 2002, S. 439 (446 f.).

[23] *Hofmann*, Die Anwendung des Gentechnikgesetzes am Menschen, S. 111, im Ergebnis für eine Einbeziehung von gentechnischen Arbeiten an Zygoten in § 2 Abs. 3 ESchG.

[24] *Hoppe et al.*, Umweltrecht, § 35 Rn. 22, S. 821.

[25] *Kloepfer und Delbrück*, DÖV 1990, S. 897 (900); *Hofmann*, Die Anwendung des Gentechnikgesetzes am Menschen, S. 108; so wohl auch *Herdegen*, in: Eberbach et al. (Hrsg.), Recht der Gentechnik und Biomedizin, Ordner 1, § 2 GenTG Rn. 36, der eine analoge Anwendung des § 2 Abs. 3 GenTG für die Keimbahntherapie befürwortet.

Organismus stattfände. Einen solchen logischen Zeitpunkt gibt es aber nicht. Die Zygote muss also als Mensch betrachtet werden und ist aus dem GenTG ausgenommen.

So fallen also gentechnische Arbeiten an einzelnen Keimzellen und deren Vorläuferzellen unter das GenTG, nicht aber solche an Embryonen.

3. Das GenTG und neuartige Verfahren

Die Frage, die sich nun stellt, ist, ob die CRISPR/Cas9-Technik, die Verfahren des Mitochondrientransfers sowie diejenigen zur Herstellung künstlicher Gameten aus hiPS-Zellen als „Gentechnik" i.S.d. GenTG anzusehen sind.

a. Anwendung von CRISPR/Cas9

aa. Problemaufriss

Die Verwendung von GVOs an Keimzellen bzw. deren Vorläuferzellen fällt unter das GenTG. Die gentechnischen Konstrukte wie der CRISPR/Cas9-Komplex müssen also darauf untersucht werden, ob es sich um GVOs handelt. Dies ist dann zu bejahen, wenn die Komponenten in virale DNA verpackt in die Zelle verbracht werden, da dann der virale Vektor selbst ein gentechnisch veränderter Organismus ist.[26] Damit fällt auch die Herstellung derartiger Vektoren unter das GenTG.

Interessanter ist die Frage, ob auch das hieraus resultierende Produkt, also die bearbeitete Zelle, selbst zu einem GVO wird. Die folgende Untersuchung bezieht sich sowohl auf die Verwendung von CRISPR/Cas9 an Gameten oder deren Vorläuferzellen zur Bestimmung der genetischen Konstitution des Nachwuchses, sei es zu therapeutischen oder präventiven Zwecken, als auch zur Reparatur genetischer Defekte in Spermatogonien, die zur Sterilität eines Mannes, also zur Bildung funktionstüchtiger Spermien, führen.

bb. Entstehung von GVO

aaa. Einführung

Die Frage ist, ob die Bearbeitung einer Zelle mit CRISPR/Cas9 zu einem GVO i.S.d. dem GenTG führt. Nach der allgemeinen Norm des § 3 Nr. 3 HS. 1 GenTG ist ein GVO ein Organismus, „[…] dessen genetisches Material in einer Weise verän-

---

[26] *Hofmann*, Die Anwendung des Gentechnikgesetzes am Menschen, S. 101; Viren auch als „Organismen" i.S.d. § 3 Nr. 1 GenTG betrachtend *Ronellenfitsch*, in: Eberbach et al. (Hrsg.), Recht der Gentechnik und Biomedizin, Ordner 1, § 3 GenTG Rn. 98 f. Der Virus ist ein Mikroorganismus nach § 3 Nr. 1a GenTG, und fällt auch aus diesem Grund unter den Oberbegriff des Organismus (§ 3 Nr. 1 GenTG): zum „Organismus" als Oberbegriff siehe *Ronellenfitsch*, in: Eberbach et al. (Hrsg.), Recht der Gentechnik und Biomedizin, Ordner 1, § 3 GenTG Rn. 102.

dert worden ist, wie sie unter natürlichen Bedingungen durch Kreuzen oder natürliche Rekombination nicht vorkommt." Ungeklärt ist, ob dieses „Vorkommen unter natürlichen Bedingungen" allein prozessbezogen oder auch produktbezogen zu verstehen ist. Hintergrund ist, dass insbesondere Punktmutationen, die mittels einem durch CRISPR/Cas9 induzierten NHEJ entstehen, auch durch natürliche Prozesse hervorgerufen werden können, sodass bei einem auch produktbezogenen Verständnis, bei dem es gerade darauf ankommt, dass das *Ergebnis* der Behandlung unter natürlichen Bedingungen nicht vorkommt,[27] bei Punktmutationen etwa kein GVO entsteht. Bei einem rein prozessbezogenen Verständnis läge hingegen ein GVO vor, da es nur darauf ankommt, dass die Mutation durch nicht ein natürliches Verfahren hervorgerufen wird.[28] Dieser Streit besteht im Übrigen nicht lediglich auf nationaler, sondern auch auf europarechtlicher Ebene. Dort heißt es in Art. 2 Nr. 2 der Richtlinie 2001/18/EG: „Im Sinne dieser Richtlinien bedeutet: [...] 2. „gentechnisch veränderter Organismus (GVO)": ein Organismus, mit Ausnahme des Menschen, dessen genetisches Material so verändert worden ist, wie es auf natürliche Weise durch Kreuzen und/oder natürliche Rekombination nicht möglich ist."

Ein GVO liegt auf jeden Fall dann vor, wenn eines der Verfahren des § 3 Nr. 3a lit. a)–c) GenTG angewendet wird. Daher wird zunächst die Anwendbarkeit dieser Vorschriften geprüft, bevor auf die allgemeine Definition des § 3 Nr. 3 HS. 1 GenTG zurückzukommen sein wird. Anschließend wird geprüft, ob aufgrund der Ausnahme für Verfahren der Mutagenese nach § 3 Nr. 3b S. 2 lit. a) GenTG die Anwendung des GenTG ausgeschlossen ist.

bbb. § 3 Nr. 3a lit. a) und b) GenTG

(1) Allgemeines

Besondere Verfahren der Veränderung gentechnischen Materials sind in § 3 Nr. 3a GenTG aufgezählt, wobei durch das Wort „insbesondere" deutlich wird, dass es sich um keine abschließende Aufzählung handelt, sondern auch andere Verfahren gentechnikrechtlich relevant sein können. Vielfach werden die CRISPR/Cas9-Technik und ähnliche Verfahren wie genetische Veränderungen mittels ZFN unter § 3 Nr. 3a lit. a) GenTG gefasst und so versucht, den Anwendungsbereich des GenTG zu eröffnen. Nach § 3 Nr. 3a lit. a) GenTG sind „Verfahren der Veränderung genetischen Materials [...] insbesondere a) Nukleinsäure-Rekombinationstechniken, bei denen durch die Einbringung von Nukleinsäuremolekülen, die außerhalb eines Organismus erzeugt wurden, in Viren, Viroide, bakterielle Plasmide oder andere Vektorsysteme neue Kombinationen von genetischem Material gebildet werden und diese in einen Wirtsorganismus eingebracht werden, in dem sie unter natürlichen

[27] So *Ronellenfitsch*, in: Eberbach et al. (Hrsg.), Recht der Gentechnik und Biomedizin, Ordner 1, § 3 GenTG Rn. 115.

[28] Ein prozessbezogenes Verständnis vertretend *Dederer*, NuR 2001, S. 64 (65 Fn. 16); *ders.*, Forschung & Lehre 2017, S. 24 (24).

Bedingungen nicht vorkommen, […].“[29] Genetisches Material eines Wirtsorganismus ist also dann verändert, wenn in Viren oder anderen Vektorsystemen rekombinante Nukleinsäure,[30] also *neue Genkombinationen in den Wirtsorganismus eingebracht* werden, wo sie (die Kombinationen) unter natürlichen Bedingungen nicht vorkommen. § 3 Nr. 3 a lit. b) GenTG beschreibt in ähnlicher Weise „Verfahren, bei denen in einen Organismus direkt Erbgut eingebracht wird, welches außerhalb des Organismus hergestellt wurde und natürlicherweise nicht darin vorkommt, einschließlich Mikroinjektion, Makroinjektion und Mikroverkapselung“.[31]

Zur Prüfung, ob nach dieser Vorschrift durch Verwendung von CRISPR/Cas9 ein GVO vorliegt, muss unterschieden werden zwischen dem sog. „Zwischenorganismus“, also dem Organismus, in dem die die genetische Veränderung herbeiführenden Komponenten eingebracht wurden, ihre Arbeit aber noch nicht verrichtet haben, und dem sog. „Endorganismus“, also demjenigen, in dem die genetische Veränderung bereits vorgenommen wurde und die gentechnischen Komponenten selbst wieder abgebaut wurden.[32]

(2) Zwischenorganismus

CRISPR/Cas9 kann als DNA in einem viralen oder nicht-viralen Vektor verpackt in eine Zelle verbracht werden. In diesem Fall ist der CRISPR/Cas9-Komplex in Form von Nukleinsäure im Wirtsorganismus anwesend, sodass als Zwischenorganismus ein GVO nach § 3 Nr. 3a lit. a) GenTG vorliegt: Es wurde so eine Genkombination (der codierte CRISPR/Cas9-Komplex) in den Wirtsorganismus eingebracht, die dort unter natürlichen Bedingungen nicht vorkommt.[33]

---

[29] So auch Anhang I A Teil 1 Nr. 1 der Richtlinie 2001/18/EG: „Verfahren der genetischen Veränderung im Sinne von Artikel 2 Nummer 2 Buchstabe a) sind unter anderem:

1. DNA-Rekombinationstechniken, bei denen durch die Insertion von Nukleinsäuremolekülen, die auf unterschiedliche Weise außerhalb eines Organismus erzeugt wurden, in Viren, bakterielle Plasmide oder andere Vektorsysteme neue Kombinationen von genetischem Material gebildet werden und diese in einen Wirtsorganismus eingebracht wurden, in dem sie unter natürlichen Bedingungen nicht vorkommen, aber vermehrungsfähig sind; […]“. Der Zusatz „aber vermehrungsfähig sind“ findet sich im nationalen Recht nicht wieder.

[30] Rekombinante Nukleinsäure i.S.d. Gesetzes definierend als neukombiniertes genetisches Material *Bundesamt für Verbraucherschutz und Lebensmittelsicherheit*, Stellungnahme der ZKBS zu neuen Techniken für die Pflanzenzüchtung, S. 5.

[31] So auch Anhang I A Teil 1 Nr. 2 der Richtlinie 2001/18/EG: „[…] 2. Verfahren, bei denen in einen Organismus direkt Erbgut eingeführt wird, das außerhalb des Organismus zubereitet wurde, einschließlich der Mikroinjektion, Makroinjektion und Mikroverkapselung […]“.

[32] *Griebsch* ist der Ansicht, bei einer produktbezogenen Betrachtungsweise sei der „Zwischenorganismus“ nicht berücksichtigungsfähig, da die in diesem vorhandenen „Schneidewerkzeige“ nicht Teil der genetischen Komposition des zu bewertenden Organismus seien. Nur die letztendlich erfolgte genetische Veränderung sei zu berücksichtigen, siehe *Griebsch*, NuR 2018, S. 92 (99). Allerdings ist nicht ersichtlich, weshalb der Zwischenorganismus nicht auch als berücksichtungsfähiges „Produkt“ angesehen werden können sollte. Selbst wenn das Vorliegen eines GVO nur ein Zwischenschritt ist, liegt ein solcher jedenfalls zu einem bestimmten Zeitpunkt vor.

[33] So für ZFN bereits *Bundesamt für Verbraucherschutz und Lebensmittelsicherheit*, Stellungnahme der ZKBS zu neuen Techniken für die Pflanzenzüchtung, S. 7.

Umstritten ist, ob die sgRNA des CRISPR/Cas9-Komplexes für sich alleine neukombiniertes genetisches Material i.S.d. Norm darstellt.[34] Dagegen ist aber einzuwenden, dass es sich bei der RNA zwar tatsächlich um Nukleinsäure handelt, nicht aber um eine Neukombination von „genetischem Material", da RNA für menschliche Zellen kein genetisches Material darstellt.[35]

Wird zusätzlich eine DNA-Matrize zur Unterstützung homologer Rekombinationen eingefügt, wird auch hierdurch eine Genkombination in das Wirtsgenom eingebracht, die auf ihr natürliches Vorkommen hin untersucht werden kann. Dabei besteht jedoch der Streit, ob von einer „neuen" Kombination erst gesprochen werden kann, wenn die Matrize mit mehr als 20 Nukleotidpaaren von der Zielsequenz abweicht. Dies liegt daran, dass eine absichtliche Veränderung von weniger als 20 Nukleotidpaaren von dem zufälligen Vorkommen dieser Sequenz nicht hinreichend sicher unterschieden werden kann; sie ist mit gewisser Wahrscheinlichkeit in großen Genomen zu erwarten und nicht von natürlichen Mutationen oder konventioneller Mutagenese zu unterscheiden.[36] Aus diesem Grund kann nur bei einer Abweichnung von mehr als 20 Nukleotidpaaren von einer rekombinanten Nukleinsäure, also „neuen Kombination" gesprochen werden. Im hier untersuchten Kontext ist zusätzlich zu beachten, dass die genetischen Reparaturen jedenfalls zu therapeutischen Zwecken, also zur Verhinderung von Erbkrankheiten oder zur Reparatur defekter Spermatogonien, wohl zur Bildung von Genvarianten führen werden sollen, die mit einem gesunden Zustand assoziiert werden und folglich bei gesunden Menschen in der Natur so vorkommen. Dies senkt das Risiko von gesundheitlichen Folgen für den betroffenen Menschen, da die Genvariante bekannt ist.[37] In einem solchen Fall führt der Einsatz von CRISPR/Cas9 nicht zu einer Bildung von GVO, da dann keine „neue Genkombination" geschaffen wurde.

Ähnliche Fragen stellen sich bzgl. der Anwendbarkeit von § 3 Nr. 3a lit. b) GenTG. Bei dieser Norm kommt es gerade darauf, dass in einen Organismus direkt Erbgut eingebracht wird, welches außerhalb des Organismus hergestellt wurde und natürlicherweise nicht darin vorkommt. Wird CRISPR/Cas9 direkt in Form von Proteinen oder RNA eingebracht, ist die Norm nicht anwendbar, wenn nicht auch eine mit mindestens 20 Nukleotidpaaren abweichende bzw. bei anderen Menschen so nicht vorkommende DNA-Matrize mit eingebracht wird. „Erbgut" meint im Übrigen DNA,[38] so dass auch die bloße Anwesenheit von RNA, etwa der sgRNA, nicht ausreicht, um von einem GVO sprechen zu können. Diese Auslegung entspricht dem herkömmlichen Verständnis des Begriffs „Erbgut".

---

[34] Dafür *Krämer*, Legal questions concerning new methods for changing the genetic conditions in plants, S. 16; *Griebsch*, NuR 2018, S. 92 (96 f.).

[35] *Bundesamt für Verbraucherschutz und Lebensmittelsicherheit*, Stellungnahme der ZKBS zu neuen Techniken für die Pflanzenzüchtung, S. 8.

[36] *Bundesamt für Verbraucherschutz und Lebensmittelsicherheit*, Stellungnahme der ZKBS zu neuen Techniken für die Pflanzenzüchtung, S. 8; *Griebsch*, NuR 2018, S. 92 (96).

[37] So der Vorschlag der *NASEM*, Human Gene Editing, S. 93.

[38] *Ronellenfitsch*, in: Eberbach et al. (Hrsg.), Recht der Gentechnik und Biomedizin, Ordner 1, § 3 GenTG Rn. 91.

(3) Endorganismus

Mit dem Einfügen dieser Elemente ist die gentechnische Arbeit im Übrigen noch nicht beendet, denn sie sollen die „eigentliche" genetische Veränderung des Wirtsorganismus letztlich erst erzeugen bzw. auslösen. CRISPR/Cas9, in welcher Form auch immer es in die Zelle eingeführt wird, schneidet das Genom und führt eine nicht-homologe End-zu-End-Verknüpfung oder eine homologe Rekombination herbei. Allerdings fragt § 3 Nr. 3a lit. a) GenTG nicht nach einer Veränderung *durch* die rekombinante Nukleinsäure, sondern diese *selbst* muss bereits die relevante Veränderung, die relevante Neukombination darstellen („neue Kombinationen von genetischem Material [...] in einen Wirtsorganismus eingebracht [...], in dem *sie* unter natürlichen Bedingungen nicht vorkommen"). § 3 Nr. 3a lit. a) GenTG hat ganz offensichtlich die herkömmlichen gentechnologischen Verfahren im Blick, bei denen die *außerhalb erzeugte* Genkombination selbst schon die genetische Veränderung darstellt, da sie dort auch dauerhaft bleibt. Die eingebrachten Elemente erfüllen diese Voraussetzung jedoch gerade nicht, da sie selbst erst in der Zelle durch Aktivierung bestimmter Mechanismen eine Veränderung herbeiführen und anschließend wieder abgebaut werden.[39] Veränderungen *in Folge* des Einbringens von rekombinanter Nukleinsäure, die danach beurteilt werden müssten, ob sie unter natürlichen Bedingungen so vorkommen, erwähnt die Vorschrift hingegen nicht.[40] Diese Feststellung gilt auch für § 3 Nr. 3a lit. b) GenTG, welches das Einbringen von Erbgut voraussetzt, das in der Zelle unter natürlichen Bedingungen nicht vorkommt.

(4) Zwischenergebnis

Wird der CRISPR/Cas9-Komplex als DNA in die zu verändernde Zelle verbracht, liegt als Zwischenorganismus ein GVO nach § 3 Nr. 3a lit. a) GenTG vor. Ein solcher entsteht auch, wenn der Komplex als „fertiges" Protein in die Zelle verbracht wird und ihm eine DNA-Matrize beigefügt ist, die mit mehr als 20 Nukleotiden von der Zielsequenz abweicht: Aufgrund dieser Matrize liegt als Zwischenorganismus ein GVO nach § 3 Nr. 3a lit. b) GenTG vor. Im Kontext der Keimbahntherapie ist es jedoch sinnvoll, genetische Korrekturen zu schaffen, von denen aufgrund Vorkommens bei gesunden Menschen bekannt ist, dass sie zu keinen Nebenwirkungen führen. In der Praxis wird diese DNA-Matrize folglich keine „neue Genkombination" darstellen.

Der Endorganismus, in dem die genetischen Korrekturen vorgenommen wurden, ist kein GVO nach § 3 Nr. 3a lit. a) oder b) GenTG.

---

[39] So bauen sich CRISPR/Cas9-Komponenten wieder ab, wenn sie in aufbereiteter Form in die Zelle injiziert werden. Eine solche direkte Injizierung erfolgte etwa bei den Versuchen in den USA im Juli 2017, siehe *Ma et al.*, Nature 2017, 548 (7668), S. 413 (414 f.).

[40] Auf diese Besonderheit (fälschlicherweise) nicht eingehend und daher a.A. *Griebsch*, NuR 2018, S. 92 (97 (bei verfahrensbezogener Betrachtungsweise) und 99 (bei produktbezogener Betrachtungsweise)).

ccc. § 3 Nr. 3 HS. 1 GenTG

Dieser Endorganismus könnte jedoch als GVO nach der allgemeinen Vorschrift des § 3 Nr. 3 HS. 1 GenTG einzustufen sein. Dies hängt davon ab, ob ein prozess- oder produktbezogenes Verständnis vertreten wird. Im ersten Fall ist die Zelle, deren Genom durch CRISPR/Cas9 verändert wurde, unabhängig vom erzielten Ergebnis ein GVO. Im zweiten Fall ist sie dies nur dann, wenn ein Ergebnis erzielt wurde, das in der Natur nicht vorkommt, welches sich also mit mindestens 20 Nukleotiden von der Ausgangssequenz unterscheidet.

Mit der Frage, ob durch Anwendung von Verfahren der gezielten Mutagenese[41] wie CRISPR/Cas9 GVO entstehen, konkret, ob solche Verfahren von Art. 2 Nr. 2 der Richtlinie 2001/18/EG[42] erfasst sind, hatte sich im Juli 2018 der EuGH in einem Fall zu befassen, in dem es um die Herstellung herbizidresistenter Pflanzen ging. Der Gerichtshof stufte durch solche Verfahren entstandene Organismen dabei ohne große Umschweife als GVO ein. Seine Begründung beschränkt sich auf die Feststellung, durch die im Ausgangsverfahren in Rede stehenden Verfahren der Mutagenese würden Mutationen herbeigeführt, welche den in Art. 2 Nr. 2 der Richtlinie 2001/18/EG genannten Veränderungen entsprächen. Zudem würden durch diese Verfahren/Methoden, „da […] einige der genannten Verfahren/Methoden mit dem Einsatz chemischer oder physikalischer Mutagene und andere von ihnen mit dem Einsatz von Gentechnik verbunden sind, […] eine auf natürliche Weise nicht mögliche Veränderung am genetischen Material eines Organismus im Sinne dieser Vorschrift vorgenommen."[43] Damit unterstellt der EuGH stillschweigend ein prozessbezogenes Verständnis und umgeht den zentralen Streit innerhalb der Auslegung des Art. 2 Nr. 2 der Richtlinie 2001/18/EG um das rein prozess- oder das auch produktbezogene Verständnis vollständig. Er sieht das Ergebnis, wonach Mutageneseverfahren zur Bildung von GVO führen, vor allem in der Systematik der Richtlinie angelegt. Art. 2 Nr. 2 lit. a) der Richtlinie stelle klar, dass es mindestens durch den Einsatz der in Anhang I A Teil 1[44] aufgeführten Verfahren zu genetischen Veränderungen i.S.d. Gentechnikrechts komme. Zwar sei die Mutagenese dort nicht ausdrücklich erwähnt, die Aufzählung sei jedoch gerade nicht abschließend. Der Unionsgesetzgeber habe die Mutagenese zudem auch gerade nicht in die Reihe der Verfahren aufgenommen, die *nicht* zu genetischen Veränderungen i.S.d. Richtlinie führen sollen (Art. 2 Nr. 2 lit. b) i.V.m. Anhang I A Teil 2).[45] Die Mutagenese werde

---

[41] Siehe zur Mutagenese im Gentechnikrecht unten S. 385 ff.

[42] „Im Sinne dieser Richtlinien bedeutet: […] 2. „gentechnisch veränderter Organismus (GVO)": ein Organismus, mit Ausnahme des Menschen, dessen genetisches Material so verändert worden ist, wie es auf natürliche Weise durch Kreuzen und/oder natürliche Rekombination nicht möglich ist."

[43] *EuGH*, Confédération paysanne et al./Premier ministre et al., C-528/16, Entscheidung vom 25. Juli 2018, Rn. 29 (zitiert über http://curia.europa.eu/ (zuletzt geprüft am 06.08.2018)). Siehe zu einer ausführlichen Analyse und Kritik des Urteils: *Faltus*, ZUR 2018, S, 524 (524 ff.).

[44] Siehe zu diesem Anhang bereits oben Fn. 29.

[45] Art. 2 Nr. 2 lit. b) der Richtlinie: „Im Sinne dieser Definition gilt Folgendes: […] b) bei den in Anhang I A Teil 2 aufgeführten Verfahren ist nicht davon auszugehen, dass sie zu einer genetischen

lediglich im Abschnitt der Verfahren der „genetischen Veränderungen" genannt, auf die die gentechnikrechtlichen Regelungen „nur" keine Anwendung finden sollen (Anhang I B der Richtlinie).[46]

Mit diesem Ergebnis folgt der EuGH im Ansatz dem der Entscheidung vorausgehenden Schlussantrag des EuGH-Generalanwalts *Michael Bobek*. Der Generalanwalt argumentierte, eine relevante gentechnische Veränderung setze nicht das Einfügen exogener DNA („Transgenese") voraus, sondern GVOs könnten auch durch Mutagenese-Verfahren gewonnen werden. Zwar würden Organismen, die durch Mutagenese-Verfahren entstanden sind, vom Anwendungsbereich der gentechnischen Regelungen durch die Ausnahmevorschrift des Art. 3 Abs. 1 i.V.m. Anhang I B der Richtlinie ausgenommen.[47] Dieser Umstand ändere aber nichts daran, dass solche Organismen, um in einem zweiten Schritt von den gentechnischen Regelungen wieder ausgenommen werden zu können, in einem ersten Schritt logischerweise zunächst einmal als GVO und als diesen Regelungen unterfallend eingestuft werden müssten. Voraussetzung sei lediglich, dass „sie die materiellen Kriterien nach Art. 2 Nr. 2 der Richtlinie 2001/18" (bzw. nach deutschem Recht des § 3 Nr. 3 HS. 1 GenTG) erfüllten.[48] So könne es also durch Mutagenese gewonnene Organismen geben, die durch Erfüllung dieser Voraussetzungen GVO seien, und solche, die mangels dieser Erfüllung keine GVO seien.[49] Die Frage, die sich aus dieser Stellungnahme nicht beantworten lässt, ist aber gerade, ob die Einstufung als GVO nun daraus folgt, dass das Mutagenese*verfahren* die in den genannten Vorschriften aufgestellten Kriterien erfüllt (oder nicht erfüllt), also unter natürlichen Bedingungen nicht vorkommt (oder vorkommt), oder aus dem durch dieses Verfahren erzielten *Ergebnis*. Der EuGH hat an dieser Stelle wie bereits erwähnt nur wenig Licht ins Dunkel gebracht: Das Gericht unterstellt in seinem Urteil begründungslos ein prozessbezogenes Verständnis.

In dieser Arbeit soll ein produktbezogenes Verständnis vertreten werden. Aus dem Wortlaut des Art. 2 Nr. 2 der Richtlinie 2001/18/EG, der durch § 3 Nr. 3 GenTG umgesetzt wurde und der folglich zur Auslegung herangezogen werden kann,[50] ergibt sich, dass der Ausschluss des natürlichen Vorkommens auf das genetische Material

Veränderung führen;"; Anhang I A Teil 2: „Verfahren […] bei denen nicht davon auszugehen ist, dass sie zu einer genetischen Veränderung führen […], sind: 1. In-vitro-Befruchtung, 2. Natürliche Prozesse wie Konjugation, Transduktion, Transformation, 3. Polyploidie-Induktion."

[46] *EuGH*, Confédération paysanne et al./Premier ministre et al., C-528/16, Entscheidung vom 25. Juli 2018, Rn. 32 ff. (zitiert über http://curia.europa.eu/ (zuletzt geprüft am 06.08.2018)). Siehe zu dieser Ausnahmevorschrift für Mutageneseverfahren, die der EuGH im konkreten Fall im Übrigen ohnehin für nicht anwendbar erklärte, unten S. 385 ff.

[47] Siehe zu dieser Ausnahmevorschrift, die der EuGH im Übrigen ohnehin für nicht anwendbar erklärte, unten S. 385 ff.

[48] *Bobek*, Schlussanträge des Generalanwalts Michael Bobek vom 18. Januar 2018, Rechtssache C-528/16, Rn. 56 ff; *EuGH*, Pressemitteilung Nr. 4/18, S. 2.

[49] *Bobek*, Schlussanträge des Generalanwalts Michael Bobek vom 18. Januar 2018, Rechtssache C-528/16, Rn. 66.

[50] § 3 Nr. 3 HS. 1 GenTG ist mit der Formulierung „in einer Weise verändert" insofern zweideutiger, da diese einen Verfahrensbezug nahelegt.

bezogen ist, nicht auf die Weise der Veränderung („[…] dessen genetisches Material so verändert worden ist, wie es auf natürliche Weise […] nicht möglich ist.").[51] Dieses Ergebnis wird auch gestützt durch § 3 Nr. 3a lit. a) und b) GenTG.[52] Diese formulieren eindeutig die Voraussetzung, dass genetische Kombinationen, also *Ergebnisse*, gebildet werden müssen, die unter natürlichen Bedingungen nicht vorkommen.[53] Diese beiden Vorschriften zeigen die produktbezogene Ausrichtung des GenTG, sodass, i.S.e. einheitlichen Auslegung, auch die offenere Formulierung des § 3 Nr. 3 HS. 1 GenTG in diesem Sinne zu interpretieren ist. Eine solche Betrachtungsweise ist im Übrigen auch sinnvoll, denn die Risiken für die Umwelt, denen das GenTG unter anderem vorbeugen will, gehen letztlich vom Produkt aus, nicht vom verwendeten Verfahren.[54] Aus dieser Betrachtungsweise folgt jedoch, dass im therapeutischen Kontext die Bildung von gesunden Genvarianten herbeigeführt werden soll, die bekannt sind und folglich als „unter natürlichen Bedingungen vorkommend" qualifiziert werden müssen. Die Bildung von GVO im hier untersuchten Kontext ist folglich theoretisch denkbar, wird aber wohl in der Praxis nicht erfolgen.

ddd. § 3 Nr. 3b S. 2 lit. a) GenTG

Im Übrigen, jedenfalls für Punktmutationen, könnte die Anwendbarkeit des GenTG auch über § 3 Nr. 3b S. 2 lit. a) GenTG ausgeschlossen sein. Hiernach gilt die Mutagenese nicht als Verfahren der Veränderung genetischen Materials, es sei denn, es werden gentechnisch veränderte Organismen als Spender oder Empfänger verwendet.[55] Unter Mutagenese wird die Veränderung von genetischem Material durch äu-

---

[51] *Bundesamt für Verbraucherschutz und Lebensmittelsicherheit*, Stellungnahme zur gentechnikrechtlichen Einordnung von neuen Pflanzenzüchtungstechniken, insbesondere ODM und CRISPR/Cas9, S. 4. Dabei sei auch eine abstrakt-generelle und keine individuell-konkrete Betrachtungsweise relevant: Es genüge zur Bejahung der Voraussetzung des „unter natürlichen Bedingungen Vorkommens", dass die Veränderung abstrakt-generell in der Natur so auftreten könne. Darauf, dass die gleiche Veränderung konkret auch durch natürliche Prozesse eintreten würde, komme es nicht an. Eine individuell-konkrete Betrachtungsweise vertretend *Spranger*, Legal Analysis of Directive 2001/18/EC on genome editing commissioned by the German Federal Agency for Nature Conservation, S. 17 f.

[52] Lit. a): „[…] neue Kombinationen von genetischem Material gebildet werden und diese in einen Wirtsorganismus eingebracht werden, in dem sie [die neuen Kmbinationen] unter natürlichen Bedingungen nicht vorkommen"; lit b): „[…] Erbgut eingebracht wird, welches […] natürlicherweise nicht darin vorkommt […]".

[53] So auch bereits die des Ausschusses für Gesundheit (14. Ausschuss) des Bundestags zum Zweiten GenTG-Änderungsgesetz zu § 3 Nr. 3a lit. b) und c), abgedruckt bei *Herdegen*, in: Eberbach et al. (Hrsg.), Recht der Gentechnik und Biomedizin, Ordner 1, § 3 GenTG Rn. 47.

[54] *Dederer*, Forschung & Lehre 2017, S. 24 (25). *Dederer* kritisiert zudem zu Recht die praktische Wirksamkeit eines prozessbezogenen Verständnisses, da sich gerade bei CRISPR/Cas9 nicht nachweisen lässt, dass die Mutation eben auf dem Einsatz dieser Genschere beruht. Eine GVO-Zulassung setzt aber gerade voraus, dass für den jeweiligen GVO im Zulassungsantrag eine Identifizierungs- und Nachweismethode beschrieben wird. Dies auch anmerkend *Faltus*, ZUR 2018, S. 542 (531).

[55] So auch Art. 3 Abs. 1 der Richtlinie 2001/18/EG: „Diese Richtlinie gilt nicht für Organismen, bei denen eine genetische Veränderung durch den Einsatz der in Anhang I B aufgeführten Verfahren herbeigeführt wurde."; Anhang I B Nr. 1: „Verfahren/Methoden der genetischen Veränderung, aus

ßere Einflüsse verstanden.[56] Sie beinhaltet keinen Transfer von Fremd-DNA in einen lebenden Organismus.[57]

Die Frage ist also, ob das CRISPR/Cas9-Verfahren als Mutagenese anzusehen ist. Dabei gilt, dass Punktmutationen, die durch CRISPR/Cas9 herbeigeführt werden, von solchen, die durch natürliche oder induzierte Mutagenese, wie beispielsweise durch Chemikalien, entstanden sind, nicht zu unterscheiden sind.[58] Allerdings erfolgen sie nicht wie anerkannte Mutagenese-Verfahren zufällig, sondern gezielt. Es ist also fraglich, ob die zufällige Mutagenese, wie sie das Gesetz im Blick hatte, wirklich vergleichbar ist mit der zielgerichteten Herbeiführung einer Punktmutation durch CRISPR/Cas9.[59] Zudem wird eingewendet, der Gesetzgeber habe lediglich die herkömmlichen, als sicher einzustufenden Verfahren aus dem Anwendungsbereich der gentechnikrechtlichen Vorschriften ausnehmen wollen. Neue, unerprobte Verfahren sollten hingegen erfasst bleiben.[60] Diesem Einwand folgend hat der EuGH in seiner bereits erwähnten Entscheidung vom Juli 2018 Verfahren der gezielten Mutagenese von der Ausnahmevorschrift des Art. 3 Abs. 1 der Richtlinie 2001/18/EG[61] ausgenommen. Vor dem Hintergrund des 17. Erwägungsgrundes der Richtlinie, wonach die Richtlinie nicht für Organismen gelten sollte, „die mit Techniken zu genetischen Veränderung gewonnen werden, die herkömmlich bei einer Reihe von Anwendungen angewandt wurden und seit langem als sicher gelten", dürfe die Ausnahmevorschrift nicht die Verfahren der gezielten Mutagenese erfassen: Die mit dem Einsatz dieser Verfahren verbundenen Risiken könnten sich als vergleichbar mit den bei der Erzeugung und Verbreitung von GVO durch Transgenese auftretenden Risiken erweisen. Aus den Angaben, über die der Gerichtshof verfüge, ergebe sich, „dass mit der unmittelbaren Veränderung des genetischen Materials eines Organismus durch Mutagenese die gleichen Wirkungen erzielt werden können wie mit der Einführung eines fremden Gens in diesen Organismus, und [...], dass die Entwicklung dieser neuen Verfahren/Methoden die Erzeugung gene-

denen Organismen hervorgehen, die von der Richtlinie aus-zuschließen sind, vorausgesetzt, es werden nur solche rekombinanten Nukleinsäuremoleküle oder genetisch veränderten Organismen verwendet, die in einem oder mehreren der folgenden Verfahren bzw. nach einer oder mehreren der folgenden Methoden hervorgegangen sind: 1. Mutagenese [...]".

[56] *Ronellenfitsch*, in: Eberbach et al. (Hrsg.), Recht der Gentechnik und Biomedizin, Ordner 1, § 3 GenTG Rn. 101.

[57] *Bobek*, Schlussanträge des Generalanwalts Michael Bobek vom 18. Januar 2018, Rechtssache C-528/16, Rn. 44.

[58] *Bundesamt für Verbraucherschutz und Lebensmittelsicherheit*, Stellungnahme zur gentechnikrechtlichen Einordnung von neuen Pflanzenzüchtungstechniken, insbesondere ODM und CRISPR/Cas9, S. 9 f.

[59] Dies verneinend *Krämer*, Legal questions concerning new methods for changing the genetic conditions in plants, S. 16; *Spranger*, Legal Analysis of Directive 2001/18/EC on genome editing commissioned by the German Federal Agency for Nature Conservation, S. 24 ff.

[60] *Spranger*, Legal Analysis of Directive 2001/18/EC on genome editing commissioned by the German Federal Agency for Nature Conservation, S. 26.

[61] Siehe zum Inhalt dieser Vorschrift Fn. 55.

tisch veränderter Sorten in einem ungleich größeren Tempo und Ausmaß als bei der Anwendung herkömmlicher Methoden der Zufallsmutagenese ermöglicht."[62]

Mit dieser Entscheidung stellt sich der EuGH gegen den dem Urteil vorausgehende Schlussantrag des EuGH-Generalanwalt *Bobek*: Dieser kam zu dem Ergebnis, Verfahren wie CRISPR/Cas9 seien durchaus von der Mutagenese-Ausnahme erfasst. Es gebe keinen Hinweis dafür, dass der Unionsgesetzgeber nur sichere Mutagenese-Verfahren habe ausnehmen wollen. Als „Mutagenese" müssten alle Verfahren gelten, die zum gegebenen, für den betreffenden maßgeblichen Zeitpunkt als Bestandteil dieser Kategorie verstanden würden, was auch neue Verfahren einschließe.[63] Diesem Ansatz soll in dieser Arbeit gefolgt werden: Die durch CRISPR/Cas9 induzierte Punktmutation erfolgt zwar an einer präzisen Stelle, ist jedoch „inhaltlich" ebenso wenig zielgerichtet wie herkömmliche Mutageneseverfahren und folglich mit diesen vergleichbar.[64] Zudem ist alles andere als nachgewiesen, dass diese neuartigen Verfahren der Mutagenese tatsächlich risikoreicher sind als herkömmliche: Das Erzeugen von zufälligen Mutationen durch Chemikalien oder ionisierende Strahlen führt sogar zu mehr, häufig gar in großer Menge, unbeabsichtigten Nebeneffekten, also *off target*-Effekten, als die Nukleaseverfahren.[65] Die CRISPR/Cas9-Methode zur Herbeiführung von Punktmutationen ist folglich nach in dieser Arbeit vertretener Ansicht als Mutageneseverfahren nicht vom GenTG erfasst.

cc. Zwischenergebnis

Das GenTG sowie die zugrunde liegende Richtlinie folgen bzgl. der Entstehung von GVO einer nicht nur prozessbezogenen, sondern auch produktbezogenen Betrachtungsweise: Es kommt für die Entstehung von GVO nicht nur auf die Verwendung gentechnischer Verfahren an, sondern auch auf das Herbeiführen von Ergebnissen, die in der Natur nicht vorkommen können. Dieser Umstand ergibt sich aus Art. 2 Nr. 2 der Richtlinie 2001/18/EG, der zur Auslegung des § 3 Nr. 3 HS. 1 GenTG

---

[62] *EuGH*, Confédération paysanne et al./Premier ministre et al., C-528/16, Entscheidung vom 25. Juli 2018, Rn. 48 (zitiert über http://curia.europa.eu/ (zuletzt geprüft am 06.08.2018)).

[63] *EuGH*, Pressemitteilung Nr. 4/18, S. 2; *Bobek*, Schlussanträge des Generalanwalts Michael Bobek vom 18. Januar 2018, Rechtssache C-528/16, Rn. 68 ff.

[64] *Griebsch*, NuR 2018, S. 92 (95).

[65] *European Food Safety Authority*, EFSA Journal 2012, 10 (10), S. 1 (22) (Online-Dokument); *BVL*, Stellungnahme zur gentechnikrechtlichen Einordnung von neuen Pflanzenzüchtungstechniken, insbesondere ODM und CRISPR-Cas9, S. 12, insb. Fn. 36 m.w.N; *Holger Puchta*, (Geschäftsführende Direktor des Botanischen Instituts am Karlsruhe Institute of Technology (KIT)), zitiert über *Schmundt*, Spiegel online, Artikel vom 26.07.2018. Im Übrigen ist auch die Gefahr der klassischen Transgenese im Bereich der grünen Gentechnik, die der EuGH vergleichend heranzieht, nicht so eindeutig wie suggeriert: Weltweit führende Wissenschaftsorganisationen wie die WHO, die Wissenschaftsorganisation AAAS und die *American Medical Association* bewerten selbst mittels Einschleusung fremder Gene erzeugte Veränderungen in Pflanzen als sicher, siehe *Merlot*, Spiegel online, Artikel vom 25.07.2018; siehe etwa zur Einschätzung der WHO: http://www.who.int/mediacentre/news/notes/np5/en/ (zuletzt geprüft am 06.08.2018); so auch *Zinkant*, Süddeutsche Zeitung online, Artikel vom 25.07.2018, wonach der EuGH aus einem Bauchgefühl heraus entschieden habe, nicht aufgrund von Fakten.

herangezogen werden kann, sowie eindeutig aus den spezielleren Nr. 3a lit a) und b), in denen der Gesetzgeber dieses Erfordernis klar beschreibt. Die Anwendung von CRISPR/Cas9 zu therapeutischen Zwecken sowie zur Reparatur defekter Spermatogonien wird dabei wohl meist zur Schaffung von Genkombinationen führen, die auch unter natürlichen Bedingungen vorkommen können, sodass § 3 Nr. 3 HS. 1 GenTG in diesen Fällen keine Anwendung findet. Auch Nr. 3 a lit. a) und b) GenTG erfassen den Endorganismus nicht. Bei Punktmutationen ist darüber hinaus die Ausnahmeregelung des § 3 Nr. 3b S. 2 lit. a) GenTG einschlägig. Jedenfalls aber der zwischenzeitlich vorliegende Organismus, in dem die CRISPR/Cas9-Komponenten in Form von DNA vorliegen, kann als GVO qualifiziert werden (§ 3 Nr. 3a lit. a) GenTG). Selbiges gilt, wenn CRISPR/Cas9 in aufbereiteter Form gemeinsam mit einer DNA-Matrize, die sich mit mehr als 20 Nukleotiden von der Zielsequenz unterscheidet, in die Zelle eingebracht wird (§ 3 Nr. 3a lit. b) GenTG). Diese DNA-Matrize wird in der Praxis jedoch Gensequenzen entsprechen, die in der Natur vorkommen, sodass die Entstehung von GVO aufgrund der vorliegenden DNA-Matrize fernliegend ist.

In der Rechtspraxis wird jedoch aufgrund der EuGH-Entscheidung eine andere Bewertung maßgeblich sein: Mittels CRISPR/Cas9 erzeugte Organismen sind dort aufgrund der vom Gerichtshof vertretenen prozessbezogenen Auslegung der gentechnikrechtlichen Vorschriften stets als GVO anzusehen. Diese Auslegung wird weniger im Bereich von Laborarbeit an Keimbahnzellen mittels CRISPR/Cas9, als vielmehr auf dem Gebiet der grünen Gentechnik spürbare Auswirkungen haben. Für Forschungsarbeit an Keimbahnzellen sind lediglich die vom Gentechnikrecht vorgegebenen Sicherheitsmaßnahmen einzuhalten sowie gegebenenfalls Genehmigungen für gentechnische Arbeiten einzuholen.[66] Pflanzliche, mittels CRISPR/Cas9 veränderte Produkte hingegen unterliegen nun langwierigen Zulassungsverfahren und Kennzeichnungspflichten. Dies ist ein von Verbraucherschützern ein bejubelter Erfolg, gelangen nun doch keine CRISPR-veränderten Produkte ohne entsprechende Kennzeichnung in die Lebensmittelregale.[67] Was dabei verschleiert wird, ist, dass ohnehin schon zahlreiche genetisch veränderte Lebensmittel ohne entsprechende Kennzeichnung verfügbar sind, nämlich solche, die mittels herkömmlicher Verfahren der Mutagenese erzeugt wurden. Weshalb die einen gefährlicher sein sollen als die anderen, ist schlicht nicht einleuchtend.[68] Das Urteil schürt vielmehr Ängste vor einer Technik, die in sinnvoller Weise in der Landwirtschaft eingesetzt werden könnte: Pflanzen könnten aufgerüstet werden, um den Dürreperioden als Folgen des Klimawandels zu trotzen oder um Gifte auf den Äckern überflüssig zu machen. Die kostengünstige Genschere CIRPSR/Cas9 hätte die Entwicklung neuer,

[66] Siehe Fn. 4 1609 und S. 390.

[67] So etwa ein Sprecher der Umweltministerin *Svenja Schulze*, siehe *N.N.*, Der Tagesspiegel online, Artikel vom 25.07.2018.

[68] So auch *Merlot*, Spiegel online, Artikel vom 25.07.2018; *Zinkant*, Süddeutsche Zeitung online, Artikel vom 25.07.2018, wonach mit den neuen Methoden veränderte Pflanzen etwa so gefährlich seien wie alte Kartoffelsorten. Siehe auch *Faltus*, ZUR 2018, S. 524 (530), wonach der EuGH eine unzureichende Risikobewertung vorgenommen habe.

ungefährlicher Züchtungen binnen Monaten statt Jahrzenten ermöglicht: Die Entscheidung des EuGH hat solche Ziele nun erheblich erschwert.[69] Zudem sind die Methoden der Genom-Editierung einfach und günstig und somit auch geeignet für kleine Saatgutfirmen und Start-ups: Durch komplizierte Auflagen werden diesen Unternehmen nun aber die Chance zur Forschung und Entwicklung genommen.[70] Statt die Gentechnik vollständig zu verdammen, wären Einzelfallentscheidungen anhand der konkreten Eigenschaften eines Organismus sinnvoller gewesen.[71]

b. Mitochondrientransfer und Herstellung von hiPS-Zellen

Die Herstellung von hiPS-Zellen erfolgt auf herkömmliche Weise durch Einschleusen exogener DNA. Diese DNA kommt dort unter natürlichen Bedingungen nicht vor. Insofern ist das Produkt ein GVO nach § 3 Nr. 3 bzw. § 3 Nr. 3a GentG, ebenso die artifizielle Gamete, die diese DNA noch enthält.

Der Mitochondrientransfer, jedenfalls an unbefruchteten Eizellen, könnte unter § 3a lit. c) GenTG[72] fallen. Hiernach sind Verfahren der Veränderung genetischen Materials auch Zellfusionen oder Hybridisierungsverfahren, bei denen lebende Zellen mit neuen Kombinationen von genetischem Material, das unter natürlichen Bedingungen nicht darin vorkommt, durch die Verschmelzung zweier oder mehrerer Zellen mit Hilfe von Methoden gebildet werden, die unter natürlichen Bedingungen nicht vorkommen. Maßgeblich ist neben der Methode, die unter natürlichen Bedingungen nicht vorkommen darf, also auch, dass Ergebnisse erzielt werden, die unter natürlichen Bedingungen nicht vorkommen.[73] Da zwar eine Entkernung mit anschließendem Transfer in der Natur nicht vorkommt, die hieraus entstehende Genkombination aus menschlicher Kern-DNA und mitochondrialer DNA hingegen schon, fällt der Mitochondrientransfer nicht unter das GenTG. Zudem ist sehr frag-

[69] *Schadwinkel*, Zeit Online, Artikel vom 25.07.2018; *Holger Puchta*, (Geschäftsführende Direktor des Botanischen Instituts am Karlsruhe Institute of Technology (KIT)), zitiert über *Schmundt*, Spiegel online, Artikel vom 26.07.2018; *Merlot*, Spiegel online, Artikel vom 25.07.2018; *Zinkant*, Süddeutsche Zeitung online, Artikel vom 25.07.2018.

[70] *Holger Puchta*, (Geschäftsführende Direktor des Botanischen Instituts am Karlsruhe Institute of Technology (KIT)), zitiert über *Schmundt*, Spiegel online, Artikel vom 26.07.2018.

[71] So auch *Merlot*, Spiegel online, Artikel vom 25.07.2018.

[72] So auch Anhang I A Teil 1 Nr. 3 der Richtlinie 2001/18/EG: „Zellfusion (einschließlich Protoplastenfusion) oder Hybridisierungsverfahren, bei denen lebende Zellen mit neuen Kombinationen von genetischem Erbmaterial durch die Verschmelzung zweier oder mehrerer Zellen anhand von Methoden gebildet werden, die unter natürlichen Bedingungen nicht auftreten." Der Hinweis darauf, dass die das genetische Erbmaterial „unter natürlichen Bedingungen nicht vorkommen darf", fehlt hier allerdings.

[73] *Ronellenfitsch*, in: Eberbach et al. (Hrsg.), Recht der Gentechnik und Biomedizin, Ordner 1, § 3 GenTG Rn. 119, so auch die Ausschussbegründung, abgedruckt in *Ronellenfitsch*, in: Eberbach et al. (Hrsg.), Recht der Gentechnik und Biomedizin, Ordner 1, § 3 GenTG Rn. 47. Diese Voraussetzung ergibt sich auch eindeutig aus dem Wortlaut der Vorschrift („[...] neuen Kombinationen von genetischem Material, das unter natürlichen Bedingungen nicht darin vorkommt [...]").

lich, ob das Verwenden eines bloßen Chromosomensatzes überhaupt unter die Vorschrift fällt.[74]

4. Fazit

Das GenTG findet Anwendung auf gentechnische Arbeiten an Keimzellen bzw. deren Vorläuferzellen in vitro.

So fällt die Herstellung von viralen Genvektoren zur Übertragung des CRISPR/Cas9-Komplexes oder anderer Gene als Herstellung von GVO unter das GenTG. Ebenso ist für die Anwendung dieser Vektoren als GVO an Keimzellen bzw. deren Vorläuferzellen das GenTG einschlägig. Die Zellen selbst werden jedoch durch Bearbeitung mit CRISPR/Cas9 nicht selbst zu GVO, wenn die hierdurch erzielten Ergebnisse auch in der Natur vorkommen können. Dies ist dann der Fall, wenn ein therapeutischer Eingriff zu einer Genvariante führt, die bei gesunden Menschen so vorliegt. Im Kontext der Keimbahntherapie ist dieser Fall sehr wahrscheinlich. Organismen, die lediglich Punktmutationen aufweisen, sind zudem als durch Mutageneseverfahren entstandene Organismen nach § 3 Nr. 3b S. 2 lit. a) GenTG vom Geltungsbereich des Gesetzes ausgenommen. Lediglich der „Zwischenorganismus", also die Zelle, in der rekombinante Nukleinsäure vorliegt, gilt als GVO, so etwa eine Zelle, in der der CRISPR/Cas9-Komplex als DNA codiert eingefügt wurde.

Keimzellen, die durch Mitochondrientransfer entstanden sind, sind keine GVO. HiPS-Zellen sowie künstliche Gameten sind hingegen als GVO einzuordnen.

Soweit Arbeiten an Keimzellen oder deren Vorläuferzellen als gentechnische Arbeiten einzustufen sind, finden für diese Arbeitsschritte die Sicherheitsvorgaben und Genehmigungsverfahren des GenTG und der GenTSV Anwendung. So bedarf insbesondere die Errichtung und der Betrieb einer gentechnischen Anlage, in denen gentechnische Arbeiten durchgeführt werden müssen, gem. § 8 Abs. 1 und 2 GenTG je nach einschlägiger Sicherheitsstufe der geplanten gentechnischen Arbeiten,[75] einer Anlagengenehmigung (Sicherheitsstufe 3 und 4) bzw. einer Anzeige (Sicherheitsstufe 1) oder Anmeldung (Sicherheitsstufe 2). Weitere Vorgaben des GenTG sind nicht einschlägig. Insbesondere erfolgt bei bloßen Forschungsarbeiten im Labor kein Freisetzen der Keimzellen, die im Bereich der Keimbahntherapie, bei der in der Natur vorkommende Genvarianten erzeugt werden sollen, ohnehin keine GVO sind, oder der viralen Vektoren. Es erfolgt auch kein Inverkehrbringen. Eine auf eine Freisetzung oder ein Inverkehrbringen gerichtete Genehmigungspflicht nach §§ 14 ff. GenTG ist im hier untersuchten Rahmen nicht gegeben.[76]

---

[74] So im Rahmen des „Dolly-Verfahrens", bei dem ein diploider Chromosomensatz in eine entkernte Eizelle verbracht wird, bei *Wildhaber*, Haftung für gentechnische Produkte, S. 17.

[75] Die Sicherheitsstufe richtet sich nach den Vorgaben der GenTSV, siehe oben Fn. 4.

[76] Siehe oben Fn. 4.

II. Vorschriften zum Schutz des Betroffenen

Humanexperimente unterliegen bestimmten Zulässigkeitsvoraussetzungen. Die Untersuchung, inwieweit diese Zulässigkeitsvoraussetzungen auf die Forschung an Keimbahnzellen Anwendung finden, ist Gegenstand des nun folgenden Abschnitts.

1. Allgemeines

Ein Humanexperiment ist ein ärztlicher Eingriff, der nicht zur Verbesserung des Gesundheitszustandes des Probanden oder zur Linderung von dessen Schmerzen bestimmt ist, sondern dem Erkenntnisgewinn dient.[77] Es setzt einen Probandenvertrag voraus und muss zudem von einer sachlichen Rechtfertigung, einer Einwilligung nach Aufklärung und einer Durchführung *lege artis* getragen sein. Die sachliche Rechtfertigung betrifft insbesondere die Pflicht, vor Durchführung des Experiments die verfügbaren Informationen sorgfältig auszuwerten und die Forschung durch vorhergehende Labor- und Tierversuche vorzubereiten. Zudem ist eine Dokumentation des Vorhabens erforderlich. Schließlich müssen die Risiken des Eingriffs mit den Chancen abgewogen werden, wobei die Risiken für den Patienten und die Chancen und der Nutzen für die Allgemeinheit oder Dritte in Abwägung gestellt werden. Zudem ist die Einschaltung einer Ethikkommission nach § 15 Abs. 1 MBO ((Muster-)Berufsordnung für die in Deutschland tätigen Ärztinnen und Ärzte) vorgesehen und nach den dieser Vorschrift entsprechenden Vorschriften der Berufsordnungen der LÄK verpflichtend.[78] Weitere ethische Grundsätze befinden sich in der Deklaration von Helsinki des Weltärztebundes, auf die in § 15 Abs. 3 MBO[79] Bezug genommen wird. Auch dort ist in Punkt 23 die Einschaltung einer Ethik-Kommission vorgeschrieben.[80] In Punkt 16 ist zudem festgehalten, dass medizinische Forschung am Menschen nur durchgeführt werden darf, „wenn die Be-

[77] Zu den Voraussetzungen von Humanexperimenten ausführlich *Lipp*, in: Laufs et al. (Hrsg.), Arztrecht, XIII. E. I. Rn. 41 ff.; siehe zur Abgrenzung Heilversuch/Humanexperiment auch m.w.N. *Osieka*, Das Recht der Humanforschung, S. 127 ff.

[78] „Ärztinnen und Ärzte, die sich an einem Forschungsvorhaben beteiligen, bei dem in die psychische oder körperliche Integrität eines Menschen eingegriffen oder Körpermaterialien oder Daten verwendet werden, die sich einem bestimmten Menschen zuordnen lassen, müssen sicherstellen, dass vor der Durchführung des Forschungsvorhabens eine Beratung erfolgt, die auf die mit ihm verbundenen berufsethischen und berufsrechtlichen Fragen zielt und die von einer bei der zuständigen Ärztekammer gebildeten Ethik-Kommission oder von einer anderen, nach Landesrecht gebildeten unabhängigen und interdisziplinär besetzten Ethik-Kommission durchgeführt wird. Dasselbe gilt vor der Durchführung gesetzlich zugelassener Forschung mit vitalen menschlichen Gameten und lebendem embryonalen Gewebe."

[79] „Ärztinnen und Ärzte beachten bei der Forschung am Menschen nach § 15 Absatz 1 die in der Deklaration von Helsinki des Weltärztebundes i.d.F. der 64. Generalversammlung 2013 in Fortaleza niedergelegten ethischen Grundsätze für die medizinische Forschung am Menschen."

[80] „Das Studienprotokoll ist vor Studienbeginn zur Erwägung, Stellungnahme, Beratung und Zustimmung der zuständigen Forschungs-Ethikkommission vorzulegen."

deutung des Ziels die Risiken und Belastungen für die Versuchspersonen überwiegt." Nach Punkt 9 ist zudem Pflicht des Arztes, der sich an medizinischer Forschung beteiligt, „das Leben, die Gesundheit, die Würde, die Integrität, das Selbstbestimmungsrecht, die Privatsphäre und die Vertraulichkeit persönlicher Informationen der Versuchsteilnehmer zu schützen."

Ein Unterfall des Humanexperiments ist ein solches mit Arzneimitteln („klinische Prüfung"). Für derartige Experimente trifft das Arzneimittelgesetz (AMG) gesonderte Regelungen.[81] Eine klinische Prüfung ist gem. § 4 Abs. 23 AMG „jede am Menschen durchgeführte Untersuchung, die dazu bestimmt ist, klinische oder pharmakologische Wirkungen von Arzneimitteln zu erforschen oder nachzuweisen oder Nebenwirkungen festzustellen oder die Resorption, die Verteilung, den Stoffwechsel oder die Ausscheidung zu untersuchen, mit dem Ziel, sich von der Unbedenklichkeit oder Wirksamkeit der Arzneimittel zu überzeugen."[82] Die §§ 40 ff. AMG regeln die Voraussetzungen der Durchführung klinischer Prüfungen und bestimmen gewisse Schutzvorkehrungen für Patienten und Probanden. Die wichtigste ist das verpflichtend einzuholende Votum einer Ethikkommission sowie die Genehmigung durch die zuständige Bundesoberbehörde (§ 40 Abs. 1 S. 2, 77 AMG).[83] Wichtig ist

[81] Untersucht werden die zum Zeitpunkt der Erstellung dieser Arbeit geltenden Vorschriften des AMG. Auf künftige Änderungen, die sich aus der Verordnung (EU) Nr. 536/2014 ergeben werden, wird an den jeweiligen Stellen hingewiesen. Diese Verordnung bzw. das angepasste nationale Recht gelten ab Ablauf von 6 Monate nach Mitteilung im Amtsblatt der Europäischen Union darüber, dass das EU-Portal (zentrale Anlaufstelle für die Übermittlung von Daten und Informationen im Zusammenhang mit klinischen Prüfungen) und die EU-Datenbank (enthält alle Daten, die gem. der Verordnung übermittelt werden) voll funktionsfähig sind, Art. 99 VO (EU) 536/2014.

[82] Die Definition der klinischen Prüfung ändert sich durch die VO (EU) 536/2014 und ist dann enger gefasst als die des aktuellen AMG: Gem. § 4 Abs. 23 AMG n.F. (noch nicht in Kraft) i.V.m. Art. 2 Abs. 2 Nr. 2 VO ist eine *klinische Prüfung* „eine klinische Studie, die mindestens eine der folgenden Bedingungen erfüllt: a) Der Prüfungsteilnehmer wird vorab einer bestimmten Behandlungsstrategie zugewiesen, die nicht der normalen klinischen Praxis des betroffenen Mitgliedstaats entspricht; b) die Entscheidung, die Prüfpräparate zu verschreiben, wird zusammen mit der Entscheidung getroffen, den Prüfungsteilnehmer in die klinische Studie aufzunehmen, oder c) an den Prüfungsteilnehmern werden diagnostische oder Überwachungsverfahren angewendet, die über die normale klinische Praxis hinausgehen.". Eine *klinische Studie* ist nach Art. 2 Abs. 2 Nr. 1 VO „jede am Menschen durchgeführte Untersuchung, die dazu bestimmt ist, a) die klinischen, pharmakologischen oder sonstigen pharmakodynamischen Wirkungen eines oder mehrerer Arzneimittel zu erforschen oder zu bestätigen, b) jegliche Nebenwirkungen eines oder mehrerer Arzneimittel festzustellen oder c) die Absorption, die Verteilung, den Stoffwechsel oder die Ausscheidung eines oder mehrerer Arzneimittel zu untersuchen, mit dem Ziel, die Sicherheit und/oder Wirksamkeit dieser Arzneimittel festzustellen." Dies führt dazu, dass eine klinische Prüfung nach aktuellem AMG nicht zwingend auch eine solche nach der VO (EU) 536/2014 ist, sondern eher der Definition einer klinischen Studie entspricht, auf die die VO (EU) 536/2014 aber nicht anwendbar ist (Art. 1 VO (EU) 536/2014). Allerdings sind die Voraussetzungen des Art. 2 Abs. 2 Nr. 1 VO so weit gefasst, dass i.d.R. eine der dort genannten Bedingungen erfüllt sein wird, siehe *Huber*, Individueller Heilversuch und klinisches Experiment, S. 154 ff.

[83] § 40 Abs. 1 S. 2 AMG: „Die klinische Prüfung eines Arzneimittels bei Menschen darf vom Sponsor nur begonnen werden, wenn die zuständige Ethik-Kommission diese nach Maßgabe des § 42 Abs. 1 zustimmend bewertet und die zuständige Bundesoberbehörde diese nach Maßgabe des § 42 Abs. 2 genehmigt hat." § 77 AMG bezeichnet die zuständige Bundesoberbehörde. Diese ist i.d.R.

zudem Art. 9 Abs. 6 S. 2 der Richtlinie 2001/20/EG,[84] wonach Gentherapiestudien verboten sind, „die zu einer Veränderung der genetischen Keimbahnidentität der Prüfungsteilnehmer führen.“

2. Forschung an überzähligen Embryonen

Die Frage ist, ob die Forschung an überzähligen Embryonen mittels CRISPR/Cas9 oder durch Mitochondrientransfer, also durch Vorkerntransfer zwischen imprägnierten Eizellen, als klinische Prüfung von Arzneimitteln einzustufen ist und damit den Voraussetzungen des AMG unterfällt, bzw. weitergefasst als Humanexperiment anzusehen ist. Prüfungsteilnehmer bzw. Teilnehmer am Experiment sind die Embryonen selbst.

a. AMG

Voraussetzung der Anwendbarkeit der Vorschriften des AMG ist zum einen, dass Arzneimittel angewendet werden, und zum anderen, dass die Forschungsmaßnahme eine klinische Prüfung darstellt.

aa. Arzneimittel

Der CRISPR/Cas9-Komplex bzw. die Eizellhülle beim Mitochondrientransfer selbst müssten Arzneimittel sein.

---

das Bundesinstitut für Arzneimittel und Medizinprodukte (Abs. 1). Der Antragsteller braucht folglich zwei positive Entscheidungen. Dieses Genehmigungsverfahren ändert sich durch die VO (EU) 536/2014: Das Genehmigungsverfahren wird vollständig über das sog. EU-Portal abgewickelt. Sämtliche hierüber übermittelte Daten werden in der sog. EU-Datenbank gespeichert. Der betroffene bzw. berichterstattende Mitgliedstaat muss eine Bewertung der klinischen Prüfung vornehmen. In Deutschland ist erfolgt dies i.d.R. weiterhin durch die genannte Bundesoberbehörde. Zudem muss eine ethische Bewertung durch eine Ethikkommission erfolgen, Art. 4 VO. Die Punkte, zu denen die Ethikkommission Stellung nehmen soll, sind künftig in § 40 Abs. 3–5 AMG n.F. (noch nicht in Kraft) geregelt. Das Verhältnis zwischen Bewertung der Ethikkommission und der Bundesoberbehörde ist künftig in § 40 Abs. 8 AMG und § 41 Abs. 3 n.F. (noch nicht in Kraft) geregelt. Zu den neuen Genehmigungsvoraussetzungen der VO (EU) 536/2014 siehe *Dienemann und Wachenhausen*, PharmR 2014, S. 452 ff.

[84] Richtlinie 2001/20/EG des Europäischen Parlaments und des Rates vom 4. April 2001 zur Angleichung der Rechts- und Verwaltungsvorschriften der Mitgliedstaaten über die Anwendung der guten klinischen Praxis bei der Durchführung von klinischen Prüfungen mit Humanarzneimitteln; so im Übrigen auch die (noch nicht gültige) VO (EU) Nr. 536/2014 des Europäischen Parlaments und des Rates vom 16. April 2014 über klinische Prüfungen mit Humanarzneimitteln und zur Aufhebung der Richtlinie 2001/20/EG, dort Art. 90 Abs. 2.

Gameten, imprägnierte Eizellen oder Embryonen scheiden gem. § 4 Abs. 30 S. 2 AMG[85] als Arzneimittel aus. Die im Rahmen des Mitochondrientransfers gespendete Eizellhülle ist folglich kein Arzneimittel, da sie als „entkernte" imprägnierte Eizelle immer noch unter den Begriff „imprägnierte Eizelle" zu subsumieren ist.[86] Der Mitochondrientransfer kann daher keine klinische Prüfung i.S.d. AMG sein.

Der CRISPR/Cas9-Komplex hingegen kommt als Arzneimittel in Betracht. Nach der allgemeinen Definition des § 2 Abs. 1 Nr. 1 AMG sind Arzneimittel Stoffe oder Zubereitungen aus Stoffen, die zur Anwendung im oder am menschlichen Körper bestimmt sind und als Mittel mit Eigenschaften zur Heilung oder Linderung oder zur Verhütung menschlicher oder tierischer Krankheiten oder krankhafter Beschwerden bestimmt sind. Darüber hinaus sind nach Nr. 2 auch solche Stoffe oder Zubereitungen aus Stoffen Arzneimittel, die im oder am menschlichen oder tierischen Körper angewendet oder einem Menschen oder einem Tier verabreicht werden können, um entweder a) die physiologischen Funktionen durch eine pharmakologische, immunologische oder metabolische Wirkung wiederherzustellen, zu korrigieren oder zu beeinflussen oder b) eine medizinische Diagnose zu erstellen.

Darüber hinaus sind in § 4 Abs. 9 AMG[87] sog. Arzneimittel für neuartige Therapien (Gentherapeutika, somatische Zelltherapeutika, gentechnisch bearbeitete Gewebeprodukte) gesondert aufgeführt. Für diese Arzneimittel gelten teils besondere Vorschriften, insbesondere ist gem. der Verordnung (EG) 1394/2007 für das Inverkehrbringen ein zentrales Genehmigungsverfahren bei der Europäischen Arzneimittel-Agentur (EMEA) zu durchlaufen.[88] Ausschlaggebend für die Einordnung als Gentherapeutikum ist gem. § 4 Abs. 9 AMG i.V.m. Anh. I Teil IV Nr. 2.1 der Richtlinie 2001/83/EG in der durch Art. 1 i.V.m. dem Anhang der Änderungsrichtlinie 2009/120/EG gegebenen Fassung[89] das Vorliegen eines Wirkstoffes, der eine rekombinante Nukleinsäure enthält. Das somatische Zelltherapeutikum wird definiert

[85] „Menschliche Samen- und Eizellen (Keimzellen) sowie imprägnierte Eizellen und Embryonen sind weder Arzneimittel noch Gewebezubereitungen."

[86] Siehe unten zu den Vorschriften, die auf die Gewinnung und Verwendung von Keimzellen Anwendung finden, unten Fn. 122.

[87] „Arzneimittel für neuartige Therapien sind Gentherapeutika, somatische Zelltherapeutika oder biotechnologisch bearbeitete Gewebeprodukte nach Artikel 2 Absatz 1 Buchstabe a der Verordnung (EG) Nr. 1394/2007 des Europäischen Parlaments und des Rates vom 13. November 2007 über Arzneimittel für neuartige Therapien und zur Änderung der Richtlinie 2001/83/EG und der Verordnung (EG) Nr. 726/2004 (ABl. L 324 vom 10.12.2007, S. 121)."

[88] Siehe zu den rechtlichen Implikationen einer Einordnung eines Arzneimittels als Arzneimittel für neuartige Therapien oder „gewöhnliches" Arzneimittel *Scherer und Flory*, Bundesgesundheitsblatt 2015, S. 1201 (1205).

[89] Anhang der Änderungsrichtlinie 2009/120/EG, Punkt 2.1.: „Unter einem Gentherapeutikum ist ein biologisches Arzneimittel zu verstehen, das folgende Merkmale aufweist:

a) Es enthält einen Wirkstoff, der eine rekombinante Nukleinsäure enthält oder daraus besteht, der im Menschen verwendet oder ihm verabreicht wird, um eine Nukleinsäuresequenz zu regulieren, zu reparieren, zu ersetzen, hinzuzufügen oder zu entfernen.
b) Seine therapeutische, prophylaktische oder diagnostische Wirkung steht in unmittelbarem Zusammenhang mit der rekombinanten Nukleinsäuresequenz, die es enthält, oder mit dem Produkt, das aus der Expression dieser Sequenz resultiert.".

in § 4 Abs. 9 AMG i.V.m. Anh. I Teil IV Nr. 2.2 der Richtlinie 2001/83/EG in der durch Art. 1 i.V.m. dem Anhang der Änderungsrichtlinie 2009/120/EG gegebenen Fassung.[90] Das „biotechnologisch bearbeitete Gewebeprodukt" wird definiert in Art. 2 Abs. 1 b) der VO (EG) 1394/2007.[91]

Beim *CRISPR/Cas9-Komplex* handelt sich jedenfalls um ein Arzneimittel nach der allgemeinen Definition, da die Elemente jedenfalls chemische Elemente und daher „Stoffe" i.S.d. §§ 2 Abs. 1, § 3 Nr. 1 AMG sind. Zum anderen muss das Arzneimittel aber auch nach dieser Definition dazu bestimmt sein, *im Menschen verwendet oder ihm verabreicht* zu werden. Die Frage ist, ob Embryonen als Menschen i.S.d. AMG anzusehen sind. Von dieser Klassifizierung hängt etwa die Anwendbarkeit der §§ 40 ff. AMG ab, die bei Eingriffen an Embryonen teils mit dem Argument bestritten wird, die Vorschriften des AMG seien auf die Einwilligungsfähigkeit der Teilnehmer bzw. die Möglichkeit der stellvertretenden Einwilligung durch gesetzliche Vertreter ausgerichtet. Für Embryonen gebe es aber keine Vertreter im Rechtssinne, sodass die §§ 40 ff. AMG auf sie nicht anwendbar seien.[92] Nach hier vertretener Ansicht ist der Embryo jedoch eine Entität, der nach Art. 6 Abs. 2 GG und zivilrechtlich nach § 1912 Abs. 2 BGB analog der Personensorge der Eltern untersteht, sodass diese für den Embryo in medizinische Maßnahmen einwilligen können. Der Embryo ist folglich „Mensch" i.S.d. AMG.

Der *CRISPR/Cas9-Komplex* fällt zudem dann unter die Definition eines Gentherapeutikums, wenn man das Vorliegen einer rekombinanten Nukleinsäure bejaht: Jedenfalls der als DNA codierte CRISPR/Cas9-Komplex sowie die sgRNA sind als rekombinante Nukleinsäure einzustufen,[93] ebenso die gegebenenfalls beigefügte DNA-Matrize.[94]

---

[90] Anhang der Änderungsrichtlinie 2009/120/EG, Punkt 2.2. a): „Unter einem somatischen Zelltherapeutikum ist ein biologisches Arzneimittel zu verstehen, das folgende Merkmale aufweist: a) Es besteht aus Zellen oder Geweben, die substanziell bearbeitet wurden, so dass biologische Merkmale, physiologische Funktionen oder strukturelle Eigenschaften, die für die beabsichtigte klinische Verwendung relevant sind, verändert wurden, [...] b) Ihm werden Eigenschaften zur Behandlung, Vorbeugung oder Diagnose von Krankheiten durch pharmakologische, immunologische oder metabolische Wirkungen der enthaltenen Zellen oder Gewebe zugeschrieben und es wird zu diesem Zweck im Menschen verwendet oder ihm verabreicht."

[91] „Ein „biotechnologisch bearbeitetes Gewebeprodukt" ist ein Produkt,
- das biotechnologisch bearbeitete Zellen oder Gewebe enthält oder aus ihnen besteht und
- dem Eigenschaften zur Regeneration, Wiederherstellung oder zum Ersatz menschlichen Gewebes zugeschrieben werden oder das zu diesem Zweck verwendet oder Menschen verabreicht wird."

[92] *Vesting*, Somatische Gentherapie, S. 179 f.

[93] Im Gegensatz zum GenTG verlangen die arzneimittelrechtlichen Vorschriften kein „Erbgut" bzw. „genetisches Material", sodass der Begriff der Nukleinsäure nicht auf DNA begrenzt ist. Streng genommen könnte man sich an dieser Stelle aber noch die Frage stellen, ob diese rekombinante Nukleinsäure in unmittelbarem Zusammenhang mit der therapeutischen oder prophylaktischen Wirkung steht. Die sgRNA ist schließlich nur der „Spürhund" des CRISPR/Cas9-Komplexes. Die therapeutische oder prophylaktische Wirkung führen andere Elemente dieses Komplexes herbei.

[94] Im Gegensatz zu den gentechnikrechtlichen Vorschriften definieren die arzneimittelrechtlichen Normen „rekombinante Nukleinsäure" nicht als „Neukombination", sodass ein Vergleich mit in

bb. Voraussetzungen der klinischen Prüfung

Die Frage ist des Weiteren, ob Forschung an überzähligen Embryonen mittels CRISPR/Cas9 die Charakteristika einer klinischen Studie i.S.d. § 4 Abs. 23 AMG erfüllt. Eine klinische Prüfung ist gem. § 4 Abs. 23 AMG „jede am Menschen durchgeführte Untersuchung, die dazu bestimmt ist, klinische oder pharmakologische Wirkungen von Arzneimitteln zu erforschen oder nachzuweisen oder Nebenwirkungen festzustellen oder die Resorption, die Verteilung, den Stoffwechsel oder die Ausscheidung zu untersuchen, mit dem Ziel, sich von der Unbedenklichkeit oder Wirksamkeit der Arzneimittel zu überzeugen."[95]

Dabei stellt sich zunächst die Frage, ob, wie von § 4 Abs. 23 AMG vorausgesetzt, eine „Untersuchung am Menschen" vorliegt. Die Qualifizierung des Embryos als „Mensch" wurde bereits bejaht. Der Embryo ist folglich als minderjähriger Prüfungsteilnehmer anzusehen. Für klinische Prüfungen an gesunden Minderjährigen gilt § 40 Abs. 4 AMG, für einen kranken § 41 Abs. 2 AMG.[96] Gesunde Minderjährige dürfen insbesondere nach § 40 Abs. 4 Nr. 1 AMG nur an klinischen Prüfungen teilnehmen, wenn die Anwendung des Arzneimittels angezeigt ist, „um bei dem Minderjährigen eine Krankheit zu erkennen oder ihn vor einer Krankheit zu schützen" und nach Nr. 4 AMG, „wenn sie [die klinische Prüfung] für die betroffene Person mit möglichst wenig Belastungen und anderen vorhersehbaren Risiken verbunden ist". Kranke Minderjährige dürfen nach § 41 Abs. 2 Nr. 1 AMG teilnehmen, wenn die „Anwendung des Arzneimittels angezeigt ist, sein Leben zu retten, seine Gesundheit wiederherzustellen oder sein Leiden zu erleichtern". § 41 Abs. 2 Nr. 2 AMG ermöglicht darüber hinaus auch die sog. gruppennützige Forschung, bei der der kranke Minderjährige keinen individuellen Nutzen aus der Prüfung zieht. Aber auch in diesem Fall muss die Prüfung nach Abs. 2 Nr. 2 lit. d) „für die betroffene Person nur mit einem minimalen Risiko und einer minimalen Belastung verbunden sein".[97]

Die Anwendung von CRISPR/Cas9 an Embryonen in der präklinischen Forschung dient der Erforschung, ob CRISPR/Cas9 genetische Defekte wirksam be-

---

der Natur vorkommenden Gensequenzen nicht erfolgt. Rekombinant ist im arzneimittelrechtlichen Zusammenhang lediglich zu verstehen als Verknüpfung von Nukleinsäuremolekülen in vitro zu einem neuen Molekül. Siehe zur allgemeinen Definition der „rekombinanten Nukleinsäure" *Ronellenfitsch*, in: Eberbach et al. (Hrsg.), Recht der Gentechnik und Biomedizin, Ordner 1, § 3 GenTG Rn. 117.

[95] Zur künftigen Änderung der Definition siehe oben Fn. 82.

[96] Nach künftigem Recht Art. 32 VO (EU) 536/2014, § 40b Abs. 3 AMG n.F. (noch nicht in Kraft).

[97] Nach künftigem Recht ist (unter anderem) Voraussetzung, dass es wissenschaftliche Gründe für die Erwartung gibt, dass die Teilnahme des Minderjährigen an der klinischen Prüfung i) einen direkten Nutzen für den betroffenen Minderjährigen zur Folge haben wird, der die Risiken und die Belastungen überwiegt, oder ii) einen Nutzen für die Bevölkerungsgruppe, zu der der betroffene Minderjährige gehört, zur Folge haben wird und der betroffene Minderjährige im Vergleich zur Standardbehandlung seiner Krankheit durch die klinische Prüfung nur einem minimalen Risiko und einer minimalen Belastung ausgesetzt wird (Art. 32 Abs. 1 lit. g) VO (EU) 536/2014). Die Anwendung des AMG auf Forschung an Embryonen bejahend *John*, Die genetische Veränderung des Erbgutes menschlicher Embryonen, S. 132

heben kann, insbesondere ob *off target*-Effekte, also Nebenwirkungen, zu beobachten sind. Insgesamt soll die Unbedenklichkeit erforscht werden. Folglich entspricht die Zielsetzung dieser Forschung der einer klinischen Studie. Allerdings kann in keiner der Konstellationen, ob der Embryo nun gesund oder krank ist, von einem minimalen Risiko oder einer minimalen Belastung die Rede sein: Der Embryo wird vielmehr durch die genetische Veränderung einem massiven Eingriff ausgesetzt. Möglicherweise wird er durch die Maßnahme so schwer beschädigt, dass seine Entwicklungsfähigkeit beeinträchtigt wird. Jedenfalls wäre eine solche Folge nicht ausgeschlossen, sondern würde bei der Embryonenforschung in Kauf genommen: Das Wesen von Embryonenforschung ist gerade nicht, den Embryo möglichst vor Schaden zu bewahren. Mindestens aber wird die Forschungsmaßnahme darauf hinauslaufen, dass der Embryo seinem Schicksal überlassen und dem Absterben preisgegeben wird, da er sich durch den Forschungseingriff aufgrund des damit verbundenen (sicherlich nicht minimalen) Risikos für einen Transfer vollends „disqualifiziert".[98]

Zudem steht der Zulässigkeit der klinischen Prüfung auch entgegen, dass die Maßnahme nicht zum Nutzen des Embryos selbst ist, wie es bei Forschung an gesunden Minderjährigen und eigennütziger Forschung an kranken Minderjährigen Voraussetzung ist, denn sie soll ihn weder vor einer Krankheit schützen noch eine solche bei ihm aufdecken noch ihn von einer Krankheit heilen. An ihm wird lediglich getestet, ob diese Ziele grundsätzlich zum Nutzen später gezeugter Embryonen zu erreichen sind. Ein Nutzen hätte der Embryo selbst nur, wenn er im Falle der erfolgreichen Korrektur seiner Gene auch auf eine Frau übertragen würde, was bei Grundlagenforschung und präklinischer Forschung jedoch gerade nicht das Ziel ist. Eine solche gruppennützige Forschung verbietet sich aber insbesondere bei gesunden Minderjährigen und steht als weiteres Argument der Durchführung einer klinischen Prüfung im Wege. Bei kranken Minderjährigen setzte sie wiederum ein nur minimales Risiko voraus, was, wie gesehen, ebenso wenig gewährleistet ist.

Diese Analyse zeigt, dass von der Zielsetzung her die Forschung also als klinische Prüfung eingeordnet werden könnte, ihre Durchführung aber aufgrund der Nicht-Erfüllung der Bedingung der „minimalen" bzw. „möglichst wenigen" Belastung bzw. des Nutzens für den Embryo an den Voraussetzungen der arzneimittelrechtlichen Vorschriften scheiterte. Forschung an Embryonen mit CRISPR/Cas9 wäre daher nach den arzneimittelrechtlichen Vorschriften nicht durchführbar. Darüber hinaus verbietet Art. 9 Abs. 6 S. 2 der Richtlinie 2001/20/EG[99] klinische Prüfungen, bei denen die Keimbahn der Teilnehmer verändert wird. Das AMG kennt diese Voraussetzung nicht, muss aber richtlinienkonform ausgelegt werden: Die Richtli-

---

[98] Man könnte allenfalls überlegen, ob dadurch, dass die Embryonen ohnehin todgeweiht sind, Forschung nicht stets als mit einem minimalen Risiko bzw. einer minimale Belastung einhergehend bewertet werden kann. Doch selbst bei einer solchen Annahme ändert sich nichts daran, dass das AMG vom Sinn und Zweck her nicht anwendbar ist (siehe zu diesem Ergebnis sogleich). Man müsste sonst davon ausgehen, dass das AMG Voraussetzungen aufstellte, die im Ergebnis völlig inhaltsleer wären, da so gesehen für einen todgeweihten Embryo letztlich jede Behandlung nur noch ein minimales Risiko darstellte.

[99] Künftig der unmittelbar anwendbare Art. 90 Abs. 2 VO (EU) 536/2014.

nie gewährt den Mitgliedstaaten in dieser Hinsicht keinen Umsetzungsspielraum.[100] Diese Vorschrift könnte also herangezogen werden, um ein Forschungsverbot an Embryonen, bei dem das Genom derselben verändert werden soll, zu stützen.[101]

Dieses Ergebnis zeigt aber auch gleichzeitig, dass Forschung an Embryonen von der Durchführungsart her außerhalb des AMG und der arzneimittelrechtlichen Vorschriften angesiedelt werden muss und nicht von diesen beschränkt werden kann: Ihre Durchführung ist nicht auf andere Weise denkbar als gerade auf diejenige, die im Widerspruch zu den Voraussetzungen der klinischen Prüfung stehen. Das AMG hat Embryonenforschung schlicht nicht im Blick, denn es kennt insbesondere keine Forschung, bei denen die Teilnehmer durch die Prüfung oder jedenfalls nach der Prüfung sterben sollen, da sie mutmaßlich derart geschädigt sind, dass die Entstehung weiterentwickelten, also geborenen, Lebens verhindert werden „muss". Es hat also einen völlig anderen Ablauf, eine völlig andere Art der Forschung im Blick, nämlich solche an geborenen Menschen. Es ist folglich nicht sachgerecht, Forschung an Embryonen als klinische Prüfung einzuordnen, um ihre Durchführung dann an den Voraussetzungen des AMG scheitern zulassen, obwohl dieses auf diese Art der Forschung überhaupt nicht ausgerichtet ist. Auch das Verbot des Art. 9 Abs. 6 S. 2 der Richtlinie 2001/20/EG dient wohl eher dazu, die Vererbbarkeit versuchshalber durchgeführter genetischer Veränderungen aufgrund der damit verbundenen Risiken für die Nachkommen zu unterbinden, nicht um Risiken vom Prüfungsteilnehmer selbst fernzuhalten, denn für diesen birgt ein Eingriff in die Keimbahn letztlich keine weiteren Risiken als sonstige genetische (nicht verbotene) Eingriffe in seinen Körper. Auch dieser Gedanke zeigt, dass die Embryonenforschung, bei der eine Auswirkung auf Nachkommen gerade nicht erfolgt, außerhalb der arzneimittelrechtlichen Regelungen steht. Zwar birgt der Eingriff für den Embryo als „Prüfungsteilnehmer" zugegebenermaßen tatsächlich ein Risiko, da der Eingriff in die Keimbahn in einem solch frühen Stadium seines Lebens erfolgt und daher auch seine weitere Entwicklung – und nicht nur die seiner Nachkommen – negativ beeinflusst. An dieser Stelle kann jedoch auf den Gedanken zurückgegriffen werden, dass ein solches Risiko für den Embryo der Embryonenforschung gerade immanent ist, wartet doch an dessen Ende sogar noch ein wesentlich größeres „Risiko", nämlich sein Tod.

Die Vorschriften des AMG sind folglich teleologisch zu reduzieren: Die Anwendung von CRISPR/Cas9 an Embryonen ist keine klinische Prüfung von Arzneimitteln, sodass ihrer Durchführung keine arzneimittelrechtlichen Voraussetzungen entgegenstehen.

---

[100] Insbesondere Art. 9 Abs. 1 statuiert: „Die Mitgliedstaaten ergreifen die erforderlichen Maßnahmen, damit der Beginn einer klinischen Prüfung nach dem Verfahren dieses Artikels [des Artikel 9] verläuft."

[101] So wohl *Wert et al. (ESHG und ESHRE)*, European Journal of Human Genetics 2018, 26, S. 450 (460 f.); bejahend in Bezug auf die Regelung des künftig unmittelbar anwendbaren Art. 90 VO (EU) Nr. 536/2014 *Faltus*, ZfMER 2017, S. 52 (64 f.)

b. Allgemeine Anforderungen an Humanexperimente

Auch die Anwendung allgemeiner für die Durchführung von Humanexperimenten geltenden Grundsätze ist problematisch. So sieht etwa die Deklaration von Helsinki vor, dass das Leben der Versuchsteilnehmer zu schützen ist und die Maßnahme kein unverhältnismäßiges Risiko darstellen darf. Diese beiden Aspekte werden bei Forschung an Embryonen in vitro nicht erfüllt (und müssen aus verfassungsrechtlicher Perspektive auch nicht erfüllt werden), sodass sie auf die Embryonenforschung nicht sinnvoll übertragen werden können. Überzählige Embryonen in vitro können viel weitergehender „genutzt" werden als geborene Menschen, sodass die geltenden Beschränkungen für Humanexperimente mangels Vergleichbarkeit der Fälle keine Anwendung finden.

3. Forschung an Gameten, Vorläuferzellen und hiPS-Zellen

Die Behandlung in vitro von Gameten und Vorläuferzellen sowie die Herstellung von hiPS-Zellen und künstlicher Gameten stellen keine klinische Prüfung dar, da es an einer Untersuchung „am Menschen" fehlt.

Es kommen lediglich die allgemeinen Grundsätze zur Durchführung von Humanexperimenten zur Anwendung, die sich in diesem Fall auf die Entnahme des entsprechenden Zellmaterials und dessen Bearbeitung beziehen. Wenn es sich bei derartigen Forschungsvorhaben um Forschung an menschlichen Körpermaterialen handelt, die sich einem bestimmten Menschen zuordnen lassen, bedarf es insbesondere nach § 15 Abs. 1 MBO der Anrufung einer Ethikkommission zur Beratung im Vorfeld des Forschungsvorhabens. Für Forschung an menschlichen Gameten ist diese Voraussetzung dort sogar ausdrücklich normiert. Daneben müssen die Forschungsteilnehmer natürlich ihre Einwilligung erteilen und der Nutzen der Maßnahme muss das Risiko übersteigen. Da es sich um die bloße Entnahme von Zellmaterial handelt, ist Letzteres erfüllt.[102]

4. Fazit

Trotz Arzneimitteleigenschaft des CRISPR/Cas9-Komplexes fällt der experimentelle Einsatz desselben an Embryonen nicht unter das AMG. Es handelt sich um keine klinische Prüfung, da das gesamte Schutzkonzept des AMG nicht auf Forschung an Embryonen ausgerichtet ist. Die Anwendung der einschränkenden Bestimmungen wäre angesichts der Tatsache, dass das AMG sich auf Forschung mit geborenen Menschen bezieht, verfehlt. Für den Mitochondrientransfer zwischen

---

[102] Auf Besonderheiten hinsichtlich Forschung an Materialien, die von Biobanken bezogen werden, wie etwa im Hinblick auf Besonderheiten zur Einwilligungserteilung, soll hier nicht näher eingegangen werden. Siehe zu den Einwilligungsmodalitäten der Spender etwa *Nationaler Ethikrat*, Biobanken für die Forschung, S. 55 ff.

Eizellen im Vorkernstadium findet das AMG schon deshalb keine Anwendung, da keine Arzneimittel zum Einsatz kommen. Aber auch die Bestimmungen über Humanexperimente im Allgemeinen vermögen diese Art des Experimentierens nicht zu erfassen: Forschung, bei der menschliche Entitäten letztlich absterben werden, da sie aufgrund des mit dem Eingriff verbundenen Risikos nicht zu geborenen Menschen werden sollen, oder deren Tötung durch den Eingriff selbst in Kauf genommen wird, ist diesen Bestimmungen fremd. Derartige Forschung ist also von keiner rechtlichen Regelung erfasst. Der Gesetzgeber kann Forschung mit CRISPR/Cas9 an überzähligen Embryonen und die Mitchondrienspende zwischen Eizellen im Vorkernstadium folglich regulieren, ohne in irgendeiner Hinsicht durch existierende rechtliche Vorgaben beschränkt zu sein. Umgekehrt bedeutet dies auch: Er muss diese Verfahren regeln, wenn er sie zulassen will, denn ohne Regelung ist ein Schutz der Embryonen vor Missbrauch nicht gewährleistet.

Versuche in vitro an Gameten, Vorläuferzellen der Gameten sowie sonstigen menschlichen Zellen unterfallen den allgemeinen Bestimmungen über Humanexperimente und sind unter Berücksichtigung der hierfür geltenden Voraussetzungen zulässig. Folglich kann CRISPR/Cas9 an diesen Zellen angewendet, ein Mitochondrientransfer kann zu Versuchszwecken zwischen unbefruchteten Eizellen vorgenommen und künstliche Gameten können aus hiPS-Zellen hergestellt werden. Regelungsbedarf besteht also nicht. Es sei nochmals betont, dass eine Verwendung dieser Zellen zur Befruchtung mit dem Verfassungsrecht unvereinbar ist.

B. Keimbahneigriffe mit Auswirkung auf geborene Menschen

Die Frage, die es im folgenden Abschnitt zu beantworten gilt, ist, welchen Regelungen und Grundsätzen ein Keimbahneingriff mit Auswirkung auf geborene Menschen nach geltendem Recht unterfiele. Es soll wieder differenziert werden zwischen Vorschriften zum Schutz Dritter, also dem GenTG, und Vorschriften zum Schutz des betroffenen Subjekts. Zusätzlich wird untersucht, ob ein sozialrechtlicher Anspruch auf Durchführung von Keimbahneingriffen bestünde.

I. Vorschriften zum Schutz Dritter: Gentechnikgesetz (GenTG)

Für Teilschritte in vitro an Keimzellen bzw. deren Vorläuferzellen gilt das GenTG, auch wenn die Zeugung eines geborenen Menschen geplant ist.[103] Voraussetzung ist lediglich, dass gentechnische Arbeiten erfolgen. Dies wurde bereits erörtert und soll an dieser Stelle lediglich nochmals zusammengefasst werden.

[103] Siehe oben S. 376.

1. Verwendung von CRISPR/Cas9

Werden Zellen mit CRISPR/Cas9 bearbeitet, werden diese nicht zu GVO.[104] Da aber mit CRISPR/Cas9 ggfs. ein GVO an ihnen angewendet wird, ist das GenTG dennoch einschlägig, jedenfalls sofern die Anwendung an Gameten bzw. deren Vorläuferzellen erfolgt.

Die Frage ist, ob die Durchführung einer Befruchtung mit gentechnisch veränderter Gameten unter die Vorgaben des GenTG fällt. Grundsätzlich ist nach § 3 Nr. 3b lit. a) GenTG eine In-vitro-Befruchtung nicht als Verfahren der Veränderung genetischen Materials anzusehen, es sei denn, es werden gentechnisch veränderte Organismen verwendet. Da die Keimzellen bzw. Vorläuferzellen nach in dieser Arbeit vertretener Ansicht im Bereich der Keimbahntherapie nicht als GVO anzusehen sind,[105] erfolgt durch die Befruchtungshandlung mangels Verwendung von GVO keine genetische Veränderung. Selbst wenn diese Zellen als GVO eingestuft würden, muss berücksichtigt werden, dass der Mensch nach § 3 Nr. 3 GenTG selbst kein GVO ist, sodass die Befruchtungshandlung, die selbst nicht zur Entstehung eines GVO führt, kaum als für das GenTG relevante genetische Veränderung angesehen werden kann.

Im Übrigen stellt der Transfer einer Eizelle in einen weiblichen Uterus kein Freisetzen i.S.d. § 3 Nr. 5 GenTG, also kein gezieltes Ausbringen in die Umwelt, dar. Zum einen ist die Zelle im Kontext der Keimbahntherapie nach hier vertretener Ansicht kein GVO. Aber auch bei einer anderen Bewertung ist § 3 Nr. 5 GenTG nicht einschlägig: Selbst wenn dann im Einbringen in den weiblichen Körper ein „Ausbringen in die Umwelt" gesehen würde, muss der Ausschluss des § 2 Abs. 3 GenTG berücksichtigt werden, wonach das GenTG nicht für die Anwendung von GVO an Menschen gilt. Eine entsprechendes „Freisetzen" ist nicht nach dem GenTG genehmigungspflichtig.

Des Weiteren ist auch das anschließende Ausbringen in die Umwelt eines aus genetisch veränderten Zellen gezeugten Menschen kein Freisetzen i.S.d. § 3 Nr. 5 GenTG, da ein Mensch kein GVO ist.[106] Entsprechende Freisetzungsgenehmigungen sind ebenso nicht erforderlich.

Wegen § 2 Abs. 3 ESchG ist das GenTG nicht anwendbar auf die Einpflanzung einer gentechnisch veränderten Zygote in die Gebärmutter einer Frau.[107]

2. Mitochondrientransfer und Herstellung künstlicher Gameten aus hiPS-Zellen

Die hiPS-Zelle bzw. die künstliche Gamete ist ein GVO. Die Herstellung derselben unterfällt folglich den Vorschriften des GenTG.

---

[104] Siehe oben S. 378 ff.

[105] Siehe S. 378 ff.

[106] Siehe S. 375.

[107] *Hofmann*, Die Anwendung des Gentechnikgesetzes am Menschen, S. 111.

Der Mitochondrientransfer führt nicht zu einer Herstellung eines GVO.[108]

II. Vorschriften zum Schutz des Betroffenen

Die Frage ist, ob die Anwendung gentechnischer Verfahren mit Auswirkung auf geborene Menschen als Humanexperiment oder als individueller Heilversuch einzuordnen ist. Hiervon hängt die Anwendbarkeit bestimmter Schutzvoraussetzungen ab.

1. Abgrenzung Humanexperiment/klinische Prüfung/Heilversuch

Das Humanexperiment ist, wie bereits erörtert, ein ärztlicher Eingriff, der nicht zur Verbesserung des Gesundheitszustandes des Probanden oder zur Linderung von dessen Schmerzen bestimmt ist, sondern dem Erkenntnisgewinn dient. Ein Unterfall des Humanexperiments ist ein solches mit Arzneimitteln („klinische Prüfung"). Für derartige Experimente trifft das AMG gesonderte Regelungen.[109] Dabei besteht Einigkeit, dass das AMG, insbesondere die §§ 40 ff. AMG, auf klinische Prüfungen Anwendung findet, nicht aber auf individuelle Heilversuche.[110]

Ein individueller Heilversuch ist dadurch gekennzeichnet, dass ein Behandlungsinteresse gegeben ist, dass also die Maßnahme der Erzielung eines konkreten Therapieerfolges mittels eines gezielten Therapieversuches dient.[111] Den Heilversuch zeichnet seine Dringlichkeit aus, dogmatisch ist er auf § 34 StGB[112] zurückzuführen, sodass sich seine Zulässigkeit im AMG (d.h. die Rechtfertigung von Verstößen gegen arzneimittelrechtliche Vorschriften) danach richtet, ob die Anwendung des Arzneimittels keinen Aufschub mehr duldet.[113] Ein individueller Heilversuch folgt denselben Regelungen wie die Standardbehandlung. Es bedarf also eines Behandlungsvertrages, einer ärztlichen Indikation in dem Sinne, dass der Arzt sich im Hinblick auf gewisse Anhaltspunkte oder Erfahrungen und nach

[108] Siehe oben S. 389 f.

[109] Siehe oben S. 392 f.

[110] Siehe nur *Bender*, MedR 2005, S. 511 (512); *Listl-Nörr*, in: Spickhoff (Hrsg.), Medizinrecht, § 40 AMG Rn. 22; *Lipp*, in: Laufs et al. (Hrsg.), Arztrecht, XIII. D. Rn. 75.

[111] *Wagner*, NJW 1996, S. 1565 (1569); *Oswald*, in: Roxin und Schroth (Hrsg.), Handbuch des Medizinstrafrechts, S. 702; *Fateh-Moghadam*, in: Roxin und Schroth (Hrsg.), Handbuch des Medizinstrafrechts, S. 588; *Listl-Nörr*, in: Spickhoff (Hrsg.), Medizinrecht, § 40 AMG Rn. 22.

[112] „Wer in einer gegenwärtigen, nicht anders abwendbaren Gefahr für Leben, Leib, Freiheit, Ehre, Eigentum oder ein anderes Rechtsgut eine Tat begeht, um die Gefahr von sich oder einem anderen abzuwenden, handelt nicht rechtswidrig, wenn bei Abwägung der widerstreitenden Interessen, namentlich der betroffenen Rechtsgüter und des Grades der ihnen drohenden Gefahren, das geschützte Interesse das beeinträchtigte wesentlich überwiegt. Dies gilt jedoch nur, soweit die Tat ein angemessenes Mittel ist, die Gefahr abzuwenden."

[113] *Vesting*, Somatische Gentherapie, S. 71.

Abwägung des Für und Wider mit guten Gründen Hoffnung auf eine Hilfe durch die neue Methode machen kann, sowie einer Aufklärung und einer Einwilligung des Patienten.[114] Für Minderjährige können die Eltern in den Heilversuch einwilligen, §§ 1626 Abs. 1, 1629 Abs. 1 BGB.[115] Der individuelle Heilversuch ist nicht verbindlich geregelt, sondern findet lediglich in einigen unverbindlichen Regelwerken Erwähnung, wie etwa in der Deklaration von Helsinki.[116] In der Musterberufsordnung der Ärzte bzw. in den entsprechenden Regelungen der LÄK, die in den meisten Fällen der der Musterberufsordnung entsprechen, wird er hingegen nicht erwähnt: Die Musterberufsordnung regelt in § 15 lediglich die medizinische Forschung.[117] Die Vorschrift ist auf individuelle Heilversuche also nicht anwendbar. Dies führt dazu, dass der Arzt, anders als bei Forschungstätigkeiten am Menschen, nicht verpflichtet ist, vor einem Heilversuch die Beratung durch eine Ethikkommission einzuholen.[118]

Abgrenzungskriterium zwischen individuellem Heilversuch und Humanexperiment ist das hinter der Maßnahme stehende Interesse, also entweder das vorrangige Heilungs- bzw. Behandlungsinteresse oder das vorrangige Forschungsinteresse. Ein überwiegendes Forschungsinteresse wird dann angenommen, wenn aus Sicht eines objektiven Dritten die Versuchsbehandlung strukturell so angelegt ist, dass der wissenschaftliche Erkenntnisgewinn gewährleistet ist. Zu diesen Strukturen zählen bei klinischen Prüfungen die Ausrichtung auf wissenschaftliche Erkenntnis (Zielgerichtetheit), die systematische Planung (Planmäßigkeit) und ein festgelegter, prozeduraler Ablauf (Standardisierung).[119] Dabei ist zu beachten, dass klinische Prüfungen mit dem Charakter eines Heilversuchs vergleichbar sein können, da das AMG auch die Teilnahme einschlägig erkrankter Menschen an klinischen Prüfungen regelt und hierfür voraussetzt, dass die Anwendung des Prüfpräparats angezeigt ist, um „das Leben der betroffenen Person zu retten, ihre Gesundheit wiederherzustellen oder ihr Leiden zu erleichtern[...]".[120]

[114] Ausführlich *Huber*, Individueller Heilversuch und klinisches Experiment, S. 30 ff.; *Lipp*, in: Laufs et al. (Hrsg.), Arztrecht, XIII. D. Rn. 28 ff., je m.w.N.

[115] *Lipp*, in: Laufs et al. (Hrsg.), Arztrecht, XIII. D. Rn. 38.

[116] Nr. 37: „Bei der Behandlung eines einzelnen Patienten, für die es keine nachgewiesenen Maßnahmen gibt oder andere bekannte Maßnahmen unwirksam waren, kann der Arzt nach Einholung eines fachkundigen Ratschlags mit informierter Einwilligung des Patienten oder eines rechtlichen Vertreters eine nicht nachgewiesene Maßnahme anwenden, wenn sie nach dem Urteil des Arztes hoffen lässt, das Leben zu retten, die Gesundheit wiederherzustellen oder Leiden zu lindern. Diese Maßnahme sollte anschließend Gegenstand von Forschung werden, die so konzipiert ist, dass ihre Sicherheit und Wirksamkeit bewertet werden können. In allen Fällen müssen neue Informationen aufgezeichnet und, sofern angemessen, öffentlich verfügbar gemacht werden."

[117] Siehe oben Fn. 78.

[118] *Scholz*, in: Spickhoff (Hrsg.), Medizinrecht, § 15 MBO Rn. 3.

[119] *Fateh-Moghadam*, in: Roxin und Schroth (Hrsg.), Handbuch des Medizinstrafrechts, S. 588.

[120] Siehe für kranke, volljährige, einwilligungsfähige Personen § 41 Abs. 1 Nr. 1 AMG, für kranke Minderjährige § 41 Abs. 2 Nr. 1 AMG und für kranke, volljährige, nicht-einwilligungsfähige Menschen § 41 Abs. 3 Nr. 1 AMG. Daneben sind für die ersten beiden Konstellationen auch sog. gruppennützigen Prüfungen möglich, vgl. § 41 Abs. 1 Nr. 2 und Abs. 2 Nr. 2 AMG. Gesonderte Vorschriften für klinische Prüfungen an kranken Menschen entfallen künftig durch die VO (EU)

2. Arzneimittelgesetz (AMG)

Keimbahneingriffe in der hier untersuchten Form könnten also in der ersten Anwendungsphase als klinische Prüfung von Arzneimitteln den Vorschriften des AMG unterfallen. Es wird dabei unterschieden zwischen der Anwendung von CRISPR/Cas9 zur Bestimmung der genetischen Konstitution der Nachkommen auf der einen Seite und dem Mitochondrientransfer und genetischen Eingriffen zur Ermöglichung der Fortpflanzung auf der anderen. Handelt es sich um klinische Prüfungen, stünde der Durchführung wie bereits erwähnt Art. 9 Abs. 6 der Richtlinie 2001/20/EG[121] entgegen, wonach Gentherapiestudien verboten sind, „die zu einer Veränderung der genetischen Keimbahnidentität der Prüfungsteilnehmer führen."

a. Anwendbarkeit des AMG auf Keimbahneingriffe zur Bestimmung der genetischen Konstitution des Nachwuchses durch CRISPR/Cas9

Zum einen muss die behandelte Entität und zum anderen der CRISPR/Cas9-Komplex auf ihre Arzneimitteleigenschaft hin untersucht werden. Dabei gelten die bereits getroffenen Feststellungen: Die behandelten Gameten oder gar die Embryonen selbst scheiden, wie bereits erörtert, gem. § 4 Abs. 30 S. 2 AMG als Arzneimittel aus.[122] Werden sie also auf einen Menschen übertragen, ist das AMG nicht einschlägig.

536/2014. Als Sonderfälle betrachtet werden nur noch klinische Prüfungen mit nicht-einwilligungsfähigen Prüfungsteilnehmern (Art. 31 VO (EU) 536/2014, § 40b Abs. 4 AMG n.F. (noch nicht in Kraft)), Minderjährigen (Art. 32 VO (EU) 536/2014, § 40b Abs. 3 AMG n.F. (noch nicht in Kraft)), mit schwangeren und stillenden Frauen (Art. 33 VO (EU) 536/2014) und klinische Prüfungen in Notfällen (Art. 35 VO (EU) 536/2014, § 40b Abs. 5 AMG n.F. (noch nicht in Kraft)).

[121] Siehe oben S. 393, bei Fn. 84.

[122] Gameten sind für das AMG jedoch nicht gänzlich unsichtbar. Für sie gelten etwa, da sie als Gewebe i.S.d. § 1a Nr. 4 TPG anzusehen sind, die Vorschriften über die Erlaubnispflicht nach § 20b AMG (Erlaubnis für die Gewinnung von Gewebe und die Laboruntersuchungen). Dies gilt jedenfalls dann, wenn eine „Verwendung beim Menschen" beabsichtigt ist, was gem. Art. 3 lit. l) RL 2004/23/EG bei „jeglichem Einsatz von Gewebe in oder an einem menschlichen Empfänger sowie bei extrakorporaler Anwendung gegeben" der Fall ist. Da hierunter auch die Gewinnung von Gameten zur extrakorporalen Befruchtung fällt (*Kloesel und Cyran* (Hrsg.), Arzneimittelrecht – Kommentar, Band 2, A 1.0 § 20b Nr. 2), liegt diese Voraussetzung auch hier vor. Zudem gilt § 20c AMG (Erlaubnis für die Be- oder Verarbeitung, Konservierung, Prüfung, Lagerung oder das Inverkehrbringen von Gewebe oder Gewebezubereitungen) AMG (zu Voraussetzungen und Reichweite dieser Genehmigungen nach den §§ 20b und c AMG ausführlich *Müller-Terpitz und Ruf*, in: Spranger (Hrsg.), Aktuelle Anforderungen der Life Sciences, S. 33 (59 ff.)). Zudem gelten die Vorschriften über die Überwachung nach § 64 Abs. 1 S. 2 AMG und die Einfuhr nach § 72b Abs. 1 S. 1 AMG, nicht aber über die Zulassung oder die Genehmigung nach § 21a AMG (Genehmigung von Gewebezubereitungen), siehe *Kloesel und Cyran* (Hrsg.), Arzneimittelrecht – Kommentar, Band 1, A 1.0 § 4 Nr. 97. Ebenso ist das Transplantationsgesetz (TPG) zu berücksichtigen, welches die Entnahme von Organen und Gewebe zum Zweck der Übertragung auf einen anderen Menschen regelt (§ 1 Abs. 2 TPG) und diesbzgl. Anforderungen an die Gewinnung, Untersuchung sowie an Qualität und Sicherheit im Umgang mit menschlichen Gameten aufstellt (*Müller-Terpitz und Ruf*,

Als Arzneimittel kommen jedoch die Vorläuferzellen von Keimzellen, also Stammzellen, in Betracht, die ebenfalls mit CRISPR/Cas9 behandelt werden können, um dann auf den Menschen zurückübertragen zu werden. Diese sind in der Ausnahme des § 40 Abs. 30 S. 2 AMG nicht aufgezählt. Eine analoge Anwendung scheidet aus, da aufgrund der detaillierten und daher abschließenden Aufzählung („Samen- und Eizellen, einschließlich imprägnierter Eizellen (Keimzellen), und Embryonen") nicht davon auszugehen ist, dass der Gesetzgeber diese Stammzellen mit einbeziehen wollte, dies aber vergessen hat. Sie sind aber nach der allgemeinen Definition dennoch keine Arzneimittel: Sie werden zwar auf einen Menschen übertragen, sie dienen *ihm* aber nicht zur Heilung oder Linderung einer Krankheit und beeinflussen *dort* auch keine physiologischen Funktionen.

Allerdings ist der CRISPR/Cas9-Komplex selbst als Arzneimittel bzw. als Gentherapeutikum einzustufen. Die Erstanwendung an Embryonen oder anderen Keimbahnzellen mit dem Ziel der Herbeiführung einer Geburt könnte also, sofern die hierfür erforderlichen Voraussetzungen erfüllt sind, eine klinische Studie i.S.d. § 4 Abs. 23 AMG sein.

Dabei stellt sich aber die Frage, ob die Charakteristika einer klinischen Prüfung bei einer Keimbahntherapie überhaupt vorliegen. Zunächst wird jedenfalls der therapeutische Keimbahneingriff zur Heilung schwerer Erbkrankheiten immer das Wohl des Embryos bzw. des geborenen Menschen im Blick haben und das primäre Ziel der gesamten Maßnahme darstellen. Man kann allerdings nicht leugnen, dass damit auch ein massiver Erkenntnisgewinn einhergehen wird und dieser mit Sicherheit in genauen Beobachtungen und Untersuchungen festgehalten, in Form wissenschaftlicher Publikationen bekannt gemacht und vor allem als Grundlage für weitere Eingriffe dienen wird. Dieser Umstand könnte dafür sprechen, dass eine entsprechende wissenschaftliche Zweckbestimmung stets zu unterstellen ist.[123] Zudem dient das Institut des Heilversuchs im Zusammenhang mit Arzneimitteln gerade dazu, die Behandlung eines kranken Patienten zu ermöglichen, die keinen Aufschub duldet. Der verwaltungsrechtliche Aufwand, der mit der Durchführung einer klinischen Prüfung verbunden ist, wie etwa die Pflicht zur Prüfung verschiedenster

in: Spranger (Hrsg.), Aktuelle Anforderungen der Life Sciences, S. 33 (43)). Im Rahmen der assistierten Reproduktion gilt, was die Anforderungen an die Entnahme der Gameten betrifft, für die Gewinnung der Spermien § 8b Abs. 2 TPG (Ziel der Entnahme braucht nach dieser Norm nicht die Übertragung auf einen Menschen zu sein, was nur bei einer Insemination denkbar wäre (*Müller-Terpitz und Ruf*, in: Spranger (Hrsg.), Aktuelle Anforderungen der Life Sciences, S. 33 (45)) und für die Eizellgewinnung grds. § 8c TPG, welcher die Anforderungen für die *Rück*übertragung auf einen Menschen regelt. Rückübertragen wird allerdings der Embryo, folglich ein *„aliud"*, und nicht das entnommene Gewebe selbst, sodass das TPG auf die Eizellentnahme keine Anwendung findet (*Müller-Terpitz und Ruf*, in: Spranger (Hrsg.), Aktuelle Anforderungen der Life Sciences, S. 33 (37 ff. und 48 (Hervorhebung dort)). Diese Normen betreffen aber eher die Rahmenbedingungen der Keimbahntherapie und sollen in dieser Arbeit nicht näher beleuchtet werden.

[123] So *Abschlussbericht der Bund-Länder-Gruppe „Somatische Gentherapie"*, Bundesanzeiger Nr. 80a, 29.04.1998, S. 40; *Möller*, in: Hallek und Winnacker (Hrsg.), Ethische und juristische Aspekte der Gentherapie, S. 27 (50 f.); *Fateh-Moghadam*, in: Roxin und Schroth (Hrsg.), Handbuch des Medizinstrafrechts, S. 588 f. Dieser Gedanke ließe sich auch auf die Keimbahntherapie übertragen.

Unterlagen nach § 40 Abs. 1 S. 2 AMG beinhaltet, stünde dem im Wege.[124] Bei einer Keimbahntherapie allerdings würde streng genommen die Notstandslage vom Arzt bewusst herbeigeführt, denn er würde etwa Embryonen von einem genetisch kranken Paar zeugen, um dann festzustellen: Sie sind krank, sie müssen geheilt werden! Es bestünde durchaus die Möglichkeit, erst die formellen Voraussetzungen einer klinischen Prüfung zu erfüllen und erst im Anschluss daran die Embryonen zu erzeugen. Der umgekehrte Fall, dass Eltern mit den Petrischalen einen Arzt aufsuchen und notfallartig um Heilung ihrer kranken Embryonen bitten, ist eher unwahrscheinlich. Die vorgeschaltete Zeugung der Embryonen könnte daher gar als Umgehung der §§ 40 ff. AMG gewertet werden.

Gegen eine klinische Studie spricht jedoch wiederum, dass sich die Keimbahntherapie in ihren allerersten Anwendungen auf *einen* (künftigen) Menschen beschränken wird oder jedenfalls auf einige wenige Fälle. Zwar kann eine vordergründige Forschungsabsicht bereits dann vorliegen, wenn ein Eingriff an nur einer einzigen Person stattfindet.[125] Gerade klinische Prüfungen müssen aber Erkenntnisse über den Einzelfall hinaus liefern können. Aussagekräftige Ergebnisse lassen sich dabei nur durch Einbeziehung mehrerer Beteiligter erzielen.[126] Klinische Prüfungen nach dem AMG sind daher als Versuchsbehandlungen an einer *Gruppe* von Personen ausgestaltet.[127] Nur so ist überhaupt die Struktur einer klinischen Prüfung denkbar, wie sie standardmäßig durchgeführt wird, wie etwa die Prüfung eines Arzneimittels in vier Phasen.[128] Auf der anderen Seite ist es aber auch nicht ungewöhnlich, dass sich der Ablauf einer klinischen Prüfung den Umständen des jeweiligen Falles anpasst. So existieren Fälle, in denen die Ersterprobung eines Medikaments direkt an Kranken getestet wird (und daher nach den Voraussetzungen des § 41 AMG), wie etwa Antidote oder Krebsmittel. Sonst wäre es unmöglich, solche Arzneimittel in die Therapie einzuführen.[129] Insofern wird von dem Prinzip, dass das Medikament zunächst an Gesunden getestet wird, abgewichen. Es ist also nicht ausgeschlossen, dass, wenn erforderlich, zusätzlich von weiteren sonst üblichen Vorgehensweisen abgewichen werden kann, wie etwa im Fall der Keimbahntherapie vom Erfordernis der gleichzeitigen Anwendung des Medikaments an mehreren Kranken.

Eine Einbeziehung in das AMG scheint also bei entsprechender Argumentation durchaus möglich. Eine Rückbesinnung darauf, unter welchen Voraussetzungen der Keimbahneingriff aber verfassungsrechtlich überhaupt zu legitimieren ist, zeigt

---

[124] *Vesting*, Somatische Gentherapie, S. 71.

[125] *Vesting*, Somatische Gentherapie, S. 70; *Huber*, Individueller Heilversuch und klinisches Experiment, S. 123.

[126] *Vesting*, Somatische Gentherapie, S. 70 f. Fn. 393.

[127] Zur systematischen und standardisierten Versuchsbehandlung an einer Gruppe im Rahmen klinischer Prüfungen siehe *Hart*, MedR 2015, S. 766 (767 ff., insb. S. 469, Abschnitt 4.).

[128] Die klinische Prüfung läuft i.d.R. in vier Phasen ab. In der Phase I wird das Prüfmedikament an einigen wenigen gesunden Probanden getestet, in den Phasen II und III an einschlägig Erkrankten und in der Phase IV, die nach der Zulassung des Medikaments liegt, sollen seltene Nebenwirkungen erfasst und die Wirksamkeit und Verträglichkeit näher überprüft werden, siehe *Lipp*, in: Laufs et al. (Hrsg.), Arztrecht, XIII. D. Rn. 69.

[129] *Sander*, Arzneimittelrecht, Band 1, Erl. 41 AMG S. 11.

aber, dass dieser auf keinen Fall als klinische Prüfung mit vorrangigem Forschungsinteresse ausgestaltet sein *darf.* Er ist allein mit einem Individualnutzen für den Patienten zu rechtfertigen, weil es für die entsprechende Krankheit keine andere Heilungsmöglichkeit gibt, sodass der Nutzen gegenüber den weitestgehend unbekannten Risiken in den Vordergrund tritt.[130] Man wird von der präklinischen Forschung direkt in die Anwendung gelangen; ein sinnvolles Testen „am Menschen“ für Erkenntnisgewinne vor der eigentlichen Anwendung, wie es die klinische Prüfung gerade ermöglichen soll, ist beim Keimbahneingriff schlicht nicht denkbar: Wenn er durchgeführt wird, ist er unumkehrbar. Daher rechtfertigt sich der Eingriff *nur* durch einen Nutzen für das betroffene Individuum selbst. Selbst wenn der Arzt durch Zeugung der Embryonen die Notstandslage gewissermaßen selbst geschaffen hat, muss er doch die Möglichkeit haben, im Falle des Falles den kranken Embryonen zu Hilfe zu eilen. Auch die gedachte Möglichkeit, er könne doch im Vorfeld sämtliche Genehmigungen einholen, ändert nichts an der Tatsache, dass diese Genehmigungen sich ebenfalls nur auf die individuelle Heilung des Embryos durch Keimbahneingriff beziehen dürften und eben nicht auf Forschung. Sie wären nichts anderes als die antizipierte Erlaubnis, einen Heilversuch vorzunehmen, sollte ein solcher notwendig werden. Ein mit dem Heilversuch einhergehender Erkenntnisgewinn lässt sich natürlich nicht vermeiden und ist auch im Hinblick auf weitere mögliche Behandlungen wünschenswert. Aber allein aus unvermeidbarem Erkenntnisgewinn ergeben sich noch nicht die Charakteristiken einer klinischen Prüfung. Ausschlaggebend ist, dass der wissenschaftliche Erkenntnisgewinn nicht das dominierende Handlungsziel ist, bzw. mit anderen Worten: Angesichts der Unsicherheiten und Gefahren *darf* er nur nachrangigen Charakter haben.[131]

Keimbahninterventionen zu präventiven Zwecken rücken ebenfalls in die Nähe der therapeutischen Versuche, da dem Wohl eines Menschen auch Vorsorgemaßnahmen dienen, die ihn gegen bestimmte Krankheiten immunisieren, wobei natürlich die Indikation regelmäßig weniger dringend ist als bei therapeutischen Maßnahmen. Folglich ist es jedenfalls vom Grundsatz her denkbar, präventive Eingriffe ebenfalls den Grundsätzen des Heilversuchs zu unterwerfen. Dies gilt jedenfalls dann, wenn sie an besonders geschützten Personen erfolgen sollen, bei denen die Vornahme wissenschaftlicher Versuche nicht möglich, eine versuchsweise Erprobung aber unerlässlich ist. Diesem Bedürfnis trägt allerdings bereits § 40 Abs. 4 AMG Rechnung, der die Prüfung von Arzneimitteln an (gesunden) Minderjährigen erlaubt, sofern die Anwendung angezeigt ist, um den Minderjährigen vor Krank-

[130] So argumentieren bereits *Heinemann et al.*, in: Honnefelder und v. Sturma (Hrsg.), Jahrbuch für Wissenschaft und Ethik 2006, Band 11, S. 153 (186 ff.). Sie beleuchten einen Fall der somatischen Gentherapie und beschäftigen sich mit der Einrodnung der erstmaligen Anwendung als Heilversuch oder Humanexperiment. Sie kommen zu dem Ergebnis, der Gentransfer sei „vornehmlich durch den Individualnutzen für den Patienten ethisch zu rechtfertigen“, was einem individuellen Heilversuch entspreche (S. 186); siehe auch *Fuchs*, in: Fehse und Domasch (Hrsg.), Gentherapie in Deutschland, S. 185 (196 f.).

[131] Aus diesem Grund wäre erst recht eine klinische Prüfung nach § 41 Abs. 2 Nr. 2 AMG, also mit dem bloßen Ziel eines Gruppennutzens unzulässig. Die Keimbahntherapie kann nur mit einem individuellen Nutzen gerechtfertigt werden.

heiten zu schützen.[132] Aber auch hier gilt, dass ein Keimbahneingriff nicht mit vorrangigem Forschungsinteresse, wie es für klinische Prüfungen aber charakteristisch ist, gerechtfertigt werden darf und daher die Anwendung der Vorschriften über die klinische Prüfung ausgeschlossen sind.

b. Anwendbarkeit des AMG auf den Mitochondrientransfer und gentechnische Eingriffe zur Ermöglichung der Fortpflanzung

aa. Mitochondrientransfer

Die gespendete Eizellhülle ist kein Arzneimittel.[133] Erfolgt der Mitochondrientransfer durch Zytoplasmatransfer, wird hingegen nur ein geringer Teil der Substanz der Eizelle verwendet, der, da er nicht mehr selbst als „Eizelle" qualifiziert werden kann, als Arzneimittel angesehen werden kann: Nur weil eine Eizelle in ihrer Gesamtheit selbst kein Arzneimittel sein kann, bedeutet dies nicht, dass diese Feststellung auch zwingend auf einzelne Bestandteile derselben zutrifft. Allerdings dürfen auch hier keine rein experimentellen Ziele im Vordergrund stehen, sondern die Maßnahme darf nur zu Heilungszwecken des zu zeugenden Kindes durchgeführt werden.

bb. Gentechnik zur Ermöglichung der Fortpflanzung mittels CRISPR/Cas9 sowie die Verwendung von artifiziellen Gameten

Wird CRISPR/Cas9 verwendet, um defekte Spermatogonien funktionsfähig zu machen, wird die Erstanwendung ebenso keine klinische Studie sein, da es sich auch hier verbietet, experimentelle Gedanken in den Vordergrund zu stellen. Die Unumkehrbarkeit des Eingriffs mit Auswirkung auf die Keimbahn verbietet dies.

Künstlich hergestellte Gameten aus hiPS-Zellen sind schon nach § 40 Abs. 30 S. 2 AMG keine Arzneimittel. Da das AMG eine funktionsbezogene und keine ursprungsbezogene Definition von Gameten verwendet, sind artifizielle Gameten als solche i.S.d. AMG anzusehen.[134] Die Verwendung dieser Zellen fällt daher nicht mehr unter die arzneimittelrechtlichen Vorschriften.[135] Die Verwendung dieser Zellen kann daher keine klinische Prüfung i.S.d. AMG sein.

---

[132] *Fischer*, Medizinische Versuche am Menschen, S. 55; die Nähe zwischen Vorsorgemaßnahme und therapeutischem Versuch feststellend auch *Deutsch*, Medizin und Forschung vor Gericht, S. 39.

[133] Siehe oben S. 394.

[134] *Faltus*, MedR 2016, S. 866 (873); *ders.*, Stammzellenreprogrammierung, S. 668 f.

[135] Gem. *Faltus* soll sich der Prozess der Herstellung dieser Zellen nach den § 13 AMG (Herstellungserlaubnis) richten, da der Ausschluss des § 40 Abs. 30 S. 2 AMG erst Anwendung finde, sobald eine Keimzelle vorliege, siehe *Faltus*, MedR 2016, S. 866 (873); *ders.*, Stammzellenreprogrammierung, S. 670. § 13 AMG setzt jedoch die Herstellung eines *Arzneimittels* voraus, sodass es bei der Beurteilung über die Anwendbarkeit der Vorschrift auf das Endprodukt, das hergestellt werden soll, ankommt. Sieht man in den künstlichen Gameten solche i.S.d. § 4 Abs. 30 S. 2 AMG,

3. Grundsätze des individuellen Heilversuchs

Die Frage ist nun, ob nach Ablehnung der Anwendbarkeit des AMG die Grundsätze des Heilversuchs Anwendung finden, und welche Grenzen diese zu ziehen geeignet sind.

a. Bestimmung der genetischen Konstitution der Nachkommen mittels CRISPR/Cas9 und Mitochondrientransfers

Therapeutische und präventive Eingriffe mittels CRISPR/Cas9 bzw. Mitochondrientransfers dienen dem gesundheitlichen Nutzen des Embryos bzw. des hieraus entstehenden Menschen und sind folglich, wie die Ablehnung einer Einordnung als klinische Prüfung letztlich schon ergeben hat, als Heilversuche einzuordnen.[136]

Nach hier vertretener Ansicht gilt, jedenfalls sofern der Keimbahneingriff zu therapeutischen Zwecken an Embryonen vorgenommen wird, dass die Eltern über § 1912 Abs. 2 BGB analog in einen solchen Heilversuch einwilligen können.[137] Diese Möglichkeit der stellvertretenden Einwilligung garantiert die Einbeziehung wichtiger Aspekte wie die auf den Embryo bezogene Risiko-Nutzen-Abwägung. Diese Abwägung bleibt aber vollständig dem einzelnen Arzt überlassen, was im mit großen Unsicherheiten behafteten Bereich der Keimbahntherapie die Gesundheit des Kindes (und der Nachfahren) stark gefährdet. Aufgrund der Gefährlichkeit der Eingriffe und zum Schutz der Grundrechte des Kindes und der weiteren Nachkommen muss der Gesetzgeber diese Risiko-Nutzen-Abwägung vorgeben.[138] Es muss gewährleistet sein, dass der Keimbahneingriff auf die wenigen naturwissenschaftlich und ethisch vertretbaren Fälle beschränkt bleibt. Auch durch die schwierige Abgrenzung zum Enhancement und die hierdurch entstehende Gefährdung der Menschenwürde des Kindes darf kein ungeregelter Graubereich entstehen, in dem

---

kann § 13 AMG keine Anwendung finden. Allenfalls die Zwischenstufen des Reprogrammierungsverfahrens könnten Arzneimittel darstellen, wobei die Frage ist, inwieweit diese zur Verwendung im oder am Menschen bestimmt sind (§ 2 Abs. 1 AMG). Es findet daher wohl lediglich § 20b AMG i.V.m. § 1a Nr. 4 TPG (Erlaubnis für die Gewinnung von Gewebe und die Laboruntersuchungen) für die Entnahme der rückzuprogrammierenden Zellen Anwendung und für die Verarbeitung und das Inverkehrbringen (sofern überhaupt ein Inverkehrbringen vorliegt, worauf hier nicht näher eingegangen werden soll) gilt „nur" § 20c AMG (Erlaubnis für die Be- oder Verarbeitung, Konservierung, Prüfung, Lagerung oder das Inverkehrbringen von Gewebe oder Gewebezubereitungen). Die strengeren Voraussetzungen des § 21 AMG (Zulassungspflicht) sind nicht anwendbar, da die artifiziellen Gameten keine Arzneimittel sind, a.A. *Faltus*, Stammzellenreprogrammierung, S. 669, da es sich „an sich um Arzneimittel für neuartige Therapien" handle.

[136] Siehe zur Möglichkeit, auch präventive Maßnahmen als Heilversuche zu qualifizieren oben S. 407 f.

[137] So bereits *John*, Die genetische Veränderung des Erbgutes menschlicher Embryonen, S. 129 ff.

[138] In welchem Umfang wird noch zu untersuchen sein, siehe unten S. 428 ff. Ebenso darauf hinweisend, dass angesichts der weitreichenden Konsequenzen die Bewertung der Voraussetzungen der Keimbahntherapie nicht den Fortpflanzungsmedizinern überlassen werden kann, *Gassner et al.*, Fortpflanzungsmedizingesetz, S. 67.

es dem Arzt und den Eltern anheimgestellt wäre, über die Vertretbarkeit von solchen Eingriffen zu entscheiden. Die Grundsätze des Heilversuchs sind also als „Regelungsrahmen" der Keimbahntherapie nicht zufriedenstellend.

Erfolgt der Eingriff an unbefruchteten Gameten, ist eine stellvertretende Einwilligung *für* den künftigen Embryo oder den künftigen Menschen nach dem BGB nicht konstruierbar. Letztlich handelt es sich um eigene Einwilligungen der Gametenspender in die Verwendung von eigenem Körpermaterial. Diese Zuordnung wird der Sachlage aber nicht gerecht, da sich der Eingriff letztlich nicht bei den Eltern auswirkt, sondern auf das hieraus entstehende Kind und auch dessen Nachfahren. Insofern wird man hier eine in die Zukunft gerichtete Risiko-Nutzen-Abwägung konstruieren müssen. Es handelt sich um eine Art „antizipierten" Heilversuch, bei dem die therapeutische (oder präventive) Maßnahme schon im Vorfeld der Entstehung zur Anwendung kommt. Aber auch dann würde die Risiko-Nutzen-Abwägung allein dem einzelnen Arzt obliegen, was aufgrund der weitreichenden Auswirkungen zu verhindern ist.

b. Gentechnik zur Ermöglichung der Fortpflanzung mittels CRISPR/Cas9 und Verwendung artifizieller Gameten

Die *Behandlung von Spermatogonien mittels CRISPR/Cas9* zur Beseitigung der Unfruchtbarkeit eines Mannes stellt aufgrund des Heilungscharakters in Bezug auf diesen Mann ebenso einen Heilversuch dar. Die wesentliche Frage ist aber insbesondere, ob die Maßnahme für den künftigen Menschen und dessen Nachfahren risikofrei durchführbar ist. Es müssen also in die Risiko-Nutzen-Abwägung nicht nur die Risiken für den zu behandelnden Mann, sondern auch die Risiken für das aus den behandelten Zellen entstehende Kind einbezogen werden. Aufgrund der weitreichenden Auswirkungen darf aber auch hier die Einschätzung bzw. die Entscheidung darüber, welche genetischen Defekte behandelt werden können bzw. wann eine Risiko-Nutzen-Abwägung bzgl. der Behebung eines bestimmten Defekts positiv ausfällt, nicht allein dem Arzt überlassen werden.

Bei der *Verwendung artifizieller Gameten* zur Zeugung eines Menschen wird die Maßnahme stets dem individuellen Nutzen dienen, ungewollt Kinderlose bei der Realisierung ihres Kinderwunsches zu unterstützen. Diese Absicht führt dazu, dass das Verfahren jedenfalls kein auf reine Forschungsinteressen ausgerichtetes Humanexperiment ist.[139] Es stellt sich aber die Frage, ob im Umkehrschluss von einem Heilversuch gesprochen werden kann, was auf den ersten Blick schwierig erscheint: Es handelt sich letztlich um eine Technik der assistierten Reproduktion, durch die weder der gesundheitliche Zustand der Eltern noch der des geborenen Kindes beeinflusst wird. Methoden der medizinisch assistierten Reproduktion sind aber jedenfalls dann von der Zielsetzung her einem Heilversuch angenähert, wenn sie

[139] *Tech*, Assistierte Reproduktionstechniken, S. 105. Außerdem wäre eine rein experimentelle Zeugung von Menschen auch verfassungsrechtlich nicht zu rechtfertigen.

einem Paar oder einem Menschen, dem die Zeugung genetisch verwandter Kinder aufgrund einer funktionellen Störung i.S.e. Sterilität unmöglich ist, zu einem solchen Kind verhilft. Künstliche Fortpflanzungstechniken stellen insofern eine Kompensation, eine Funktionsübernahme, für etwas dar, was auf natürlichem Wege nicht möglich ist. Maßnahmen der Kompensation sind der Kategorie der Behandlung zuzuordnen, wie auch die ebenfalls kompensatorisch wirkenden Organtransplantationen zeigen: Auch sie stellen keine Heilung in dem Sinne dar, dass etwa eine geschädigte Niere nach einem Eingriff ihren Dienst wieder aufnimmt. Dennoch ist aufgrund der kompensatorischen Wirkung des neu eingesetzten Organs eine Einordnung als Heilbehandlung anerkannt. Parallel hierzu sind auch Techniken der medizinisch assistierten Reproduktion als Heilbehandlung einzustufen, bzw. neue Methoden wie die Fortpflanzung mit artifiziellen Gameten aufgrund ihrer Unerprobtheit als Heilversuch, jedenfalls dann, wenn die Kinderlosigkeit auf einer funktionelle Störung zurückzuführen ist.[140]

Eine Besonderheit gilt dabei bei einer Fortpflanzung von zwei Frauen oder zwei Männern oder gar einem Menschen allein mithilfe artifiziellen Gameten. In einem solchen Fall liegt die Kinderlosigkeit nicht in einer Funktionsstörung begründet, die kompensiert würde, sondern in der „gewählten" Lebensweise. Dennoch ist die Fortpflanzungsmaßnahme aufgrund des individuellen Nutzens auch in diesen Fällen kein Humanexperiment, sondern bleibt eine, wenn auch indikationslose Maßnahme, eine „ärztliche Hilfe zur Erfüllung eines Kinderwunsches".[141] Auch indikationslose Medizin, wie etwa außerhalb des Bereichs der Fortpflanzung die Schönheitschirurgie, unterliegt den allgemeinen Voraussetzungen jedes ärztlichen Eingriffs (Risiko-Nutzen-Abwägung, Einwilligung, Aufklärung). Der Indikationslosigkeit kommt „nur" insofern ein Gewicht zu, als sie dazu führt, dass der Arzt eine intensivere Aufklärung hinsichtlich Umfang und Genauigkeit derselben leisten muss, als wenn der Eingriff medizinisch indiziert ist.[142] Auch die Vor- und Nachteile sind intensiver gegeneinander abzuwägen.[143]

---

[140] *Tech*, Assistierte Reproduktionstechniken, S. 107 ff., dort auch der Vergleich zwischen medizinisch assistierter Reproduktion und Transplantation. Aufgrund der Kombination aus Behandlung durch Kompensation und dem nach wie vor bestehenden Forschungsinteresse sei die medizinisch assistierte Reproduktion insgesamt heute noch als Heilversuche einzuordnen. Von einem Standard könne man noch nicht sprechen.

[141] So die Definition in der Richtlinie zur Entnahme und Übertragung von menschlichen Keimzellen im Rahmen der assistierten Reproduktion der BÄK. Diesen Begriff verwendet auch *Tech*, um die Fälle von Inanspruchnahme medizinisch assistierter Reproduktion zu bezeichnen, bei denen die Kinderlosigkeit nicht auf eine funktionelle Störung zurückzuführen ist, siehe *Tech*, Assistierte Reproduktionstechniken, S. 117. Die Indikationslosigkeit bei medizinisch assistierter Fortpflanzung gleichgeschlechtlicher Paare ausführlich beleuchtend *Müller-Götzmann*, Artifizielle Reproduktion und gleichgeschlechtliche Elternschaft, S. 342 ff.

[142] *Katzenmeier*, Arzthaftung, S. 328; *Müller-Götzmann*, Artifizielle Reproduktion und gleichgeschlechtliche Elternschaft, S. 348; *Stock*, Die Indikation in der Wunschmedizin, S. 305 ff.; *Greiner*, in: Geiß und Greiner (Hrsg.), Arzthaftpflichtrecht, C. II. 1. Rn. 8, je m.w.N.

[143] „Bei einem medizinisch nicht indizierten Eingriff sind auch solche Risiken, die sich nur in ganz seltenen und unwahrscheinlichen Ausnahmefällen realisieren und auch keine besonders schwer-

Es kommen daher auch dann „bloß" die allgemeinen Prinzipien zur Anwendung. Es besteht also wieder die Gefahr, dass der Arzt selbst darüber entscheidet, ob die Herstellung bestimmter Gameten mithilfe bestimmter Verfahren aus bestimmten Zellen hinreichend sicher ist. Aufgrund der Auswirkung der Maßnahme auf künftige Menschen dürfen diese Punkte nicht in seinen Einschätzungsspielraum fallen.

Es entspricht bislang der deutschen Rechtspraxis im Bereich der medizinisch assistierten Reproduktion, die verschiedenen hierzu verwendeten Verfahren mehr oder weniger detailliert in Richtlinien der LÄK bzw. seit Mai 2018 in der Richtlinie zur Entnahme und Übertragung von menschlichen Keimzellen im Rahmen der assistierten Reproduktion der BÄK festzulegen. Ob diese Vorgehensweise auch für eine Regelung zur Herstellung und Verwendung künstlicher Gameten bzw. zur Reparatur defekter Spermatogonien mittels CRISPR/Cas9 in Betracht kommt, gilt es noch zu untersuchen.[144]

4. Fazit

Die ersten Anwendungen der hier untersuchten Formen des Keimbahneingriffs mit Auswirkung auf geborene Menschen entsprechen, abgesehen bei der Fortpflanzung eines gleichgeschlechtlichen Paares mittels künstlicher Gameten, bei dem keine medizinische Sterilität vorliegt, von der Zielsetzung her individuellen Heilversuchen. Diese Einordnung ergibt sich schon daraus, dass sie überhaupt nur dann zu legitimieren sind, wenn sie überwiegend einem individuellen Nutzen dienen. Dieser individuelle Nutzen besteht entweder in der Gesundheit des zu zeugenden Menschen oder in der Fähigkeit der unfruchtbaren Eltern, genetisch verwandten Nachwuchs zu zeugen. Die Rechtsfigur des individuellen Heilversuchs belässt dem Arzt sowie den einwilligenden Eltern jedoch einen zu großen Ermessensspielraum hinsichtlich der Risiko-Nutzen-Abwägung. Es existiert aktuell kein rechtlicher und schon gar kein legislativer Rahmen, der die Befugnisse der Ärzte und der Eltern im Hinblick auf das Wohl des Kindes hinreichend genau absteckt. Ähnliche Überlegungen gelten für die Fortpflanzung gleichgeschlechtlicher Paare mithilfe artifizieller Gameten. Als ärztliche indikationslose Maßnahmen unterliegen sie „bloß" den allgemeinen Voraussetzungen legitimen ärztlichen Handelns.

Ein solcher legislativer Rahmen muss daher geschaffen werden, insbesondere die Risiko-Nutzen-Abwägung darf nicht dem Arzt überlassen werden, sondern

wiegenden Folgen mit sich bringen, nicht nur vollumfänglich in den Abwägungsprozess einzubeziehen, sondern auch stärker zu gewichten, als dies bei medizinisch indizierten Eingriffen der Fall ist, die der Erhaltung oder Wiederherstellung der Gesundheit dienen", siehe *Suhr*, Der medizinisch nicht indizierte Eingriff zur kognitiven Leistungssteigerung aus rechtlicher Sicht, S. 154 f. und S. 269.

[144] Siehe unten S. 434 ff.

muss vom Gesetzgeber zum Schutz der betroffenen Grundrechte unter Rückgriff auf naturwissenschaftliche Erkenntnisse und die Ergebnisse präklinischer Versuche selbst vorgenommen werden oder jedenfalls an ein Fachgremium, das den Stand der Wissenschaft festlegt, delegiert werden. Bei der genaueren Ausgestaltung ist die Implementierung solcher Voraussetzungen für Keimbahneingriffe wünschenswert, die den für Humanexperimente verbindlichen Standards angenähert sind, also bestimmten kontrollierten Bedingungen.[145] Dies betrifft etwa den Einsatz von wissenschaftlich qualifiziertem Personal, die sorgfältige Dokumentation des Vorgehens und der Ergebnisse sowie gegebenenfalls das verpflichtend einzuholende Votum einer Ethik-Kommission.[146]

III. Sozialrechtlicher Anspruch auf Keimbahninterventionen

Würde das Verbot von Keimbahneingriffen in der hier untersuchten Form aufgehoben, stellt sich, gewissermaßen als Annex, die Frage danach, ob die Maßnahmen von den gesetzlichen Krankenkassen nach dem SGB V zu tragen wären.

1. Bestimmung der genetischen Konstitution des Nachwuchses mittels CRISPR/Cas9 und Mitochondrientransfers

a. Einführung

Das SGB V nennt in § 1 S. 1 die Aufgabe der Krankenversicherung als Solidargemeinschaft. „Solidargemeinschaft" bedeutet, dass alle Versicherten für den Fall der Krankheit des Einzelnen zusammenstehen und jeder so viel erhält, wie er zur Wiederherstellung seiner Arbeitsfähigkeit oder zur Behebung, Besserung oder Linderung seines Krankheitszustandes benötigt. Die notwendigen Aufwendungen werden, wie in § 3 S. 1 SGB V festgelegt, solidarisch finanziert: Jedes Mitglied der Gemeinschaft trägt nach seinen wirtschaftlichen Verhältnissen zur Finanzierung bei.[147] Die Aufgabe der GKV besteht darin, „die Gesundheit der Versicherten zu erhalten, wiederherzustellen oder ihren Gesundheitszustand zu verbessern." Hierbei

[145] Dies bereits für die Erstanwendung der somatischen Gentherapie fordernd und als „kontrollierten Heilversuch" bezeichnend *Heinemann et al.*, in: Honnefelder und v. Sturma (Hrsg.), Jahrbuch für Wissenschaft und Ethik 2006, Band 11, S. 153 (190).

[146] Diese und weitere Vorschläge bei *Heinemann et al.*, in: Honnefelder und v. Sturma (Hrsg.), Jahrbuch für Wissenschaft und Ethik 2006, Band 11, S. 153 (187 f.). Siehe ausführlich unten S. 474 ff.

[147] *Vossen*, in: Wagner und Knittel (Hrsg.), Krauskopf – Soziale Krankenversicherung, Pflegeversicherung, Band 1, § 1 SGB V Rn. 6.

wird ein breites Leistungsspektrum von Kuration über Pflege und Rehabilitation bis zur Prävention umrissen.[148]

Die Vorschriften zur Krankheitsbehandlung befinden sich in den §§ 27 ff. SGB V. Regelungen zur gesundheitlichen Prävention finden sich insbesondere in den §§ 20 ff. SGB V, welche vorbeugende Maßnahmen zur Erhaltung der Gesundheit und Verhütung von Krankheit, Behinderung, Erwerbsminderung und Pflegebedürftigkeit umfassen. Die gesundheitliche Prävention wird unterteilt in Gesundheitsförderung, die gesundheitsfördernde Lebensbedingungen, Fähigkeiten, Strukturen und Kontextfaktoren schafft und das selbstbestimmte, gesundheitsorientierte Handeln der Versicherten fördert, und primäre Prävention, die Krankheitsrisiken verhindert und vermeidet.[149]

Das SGB V definiert die Begriffe „Gesundheit“ und „Krankheit“ nicht. Die Klärung dieser Begriffe sollten der Rechtsprechung und Praxis überlassen bleiben.[150] Die Rechtsprechung des Bundessozialgerichts hat Krankheit als einen regelwidrigen Körper- und Geisteszustand beschrieben, der ärztlicher Behandlung bedarf oder – zugleich oder ausschließlich – Arbeitsunfähigkeit zur Folge hat.[151] Behandlungsbedürftig ist der regelwidrige Zustand dann, wenn er nach den Regeln der ärztlichen Kunst einer Heilbehandlung mit dem Ziel der Heilung, Besserung oder Verhütung der Verschlimmerung oder der Linderung von Schmerzen zugänglich ist.[152] Dabei braucht das Leiden dem Betroffenen auch (noch) keine besonderen Schmerzen oder Beschwerden bereiten. Ausreichend ist, dass sich der behandlungsbedürftige Körperzustand unbehandelt wahrscheinlich verschlimmert und dass dem Eintritt einer solchen Verschlimmerung am besten, d.h. mit der größten Aussicht auf Erfolg, durch eine möglichst frühzeitige Behandlung entgegengewirkt wird.[153]

Über die Abgrenzungsschwierigkeiten zwischen Krankheit und Gesundheit kann auch das SGB V nicht hinweghelfen. Die Einordnung von verschiedenen Zuständen bleibt daher im Einzelfall umstritten und muss der Rechtsprechung überlassen werden.

---

[148] *Geene und Heberlein*, in: Rolfs et al. (Hrsg.), BeckOK SGB V, § 1 Rn. 3.

[149] *Becker und Kingreen*, in: Becker und Kingreen (Hrsg.), SGB V, § 20 Rn. 6.

[150] *Nolte*, in: Körner et al. (Hrsg.), Kasseler Kommentar Sozialversicherungsrecht, Band 2, § 27 SGB V Rn. 9.

[151] *BSG*, NJW 1975, S. 2267 (2268) m.w.N; siehe auch *Becker und Kingreen*, in: Becker und Kingreen (Hrsg.), SGB V, § 11 Rn. 13 m.w.N.; *Nolte*, in: Körner et al. (Hrsg.), Kasseler Kommentar Sozialversicherungsrecht, Band 2, § 27 SGB V Rn. 9 m.w.N.

[152] *VGH Kassel*, BeckRS 2016, 43465 Rn. 18, m.w.N.

[153] *VGH Kassel*, BeckRS 2016, 43465 Rn. 18, m.w.N.

b. „Krankheitsbehandlung“ oder „Vorsorgeleistung“

Keimbahneingriffe zu therapeutischen oder präventiven Zwecken könnten als „Krankheitsbehandlung“ i.S.d. § 27 Abs. 1 S. 1 SGB V[154] oder als „Vorsorgeleistungen“ nach § 23 Abs. 1 Nr. 3 SGB V[155] einzustufen sein.[156]

Unabhängig von der Einordnung besteht jedoch die erste Hürde für die Anwendbarkeit des SGB V darin, dass beide Anspruchsgrundlagen als Anspruchsträger einen „Versicherten“ voraussetzen. Dem versicherten Personenkreis widmen sich die §§ 5 ff. SGB V. Die Frage ist, wie der Versichertenstatus bei den verschiedenen möglichen Eingriffszeitpunkten (Eingriff an Keimzellen oder Embryonen) begründet werden kann.

Jedenfalls *Embryonen* könnten über ihre Eltern mitversichert sein, etwa über die Familienversicherung nach § 10 Abs. 1 und 2 SGB V. Hiernach sind die Kinder von Mitgliedern bis zu gewissen Altersgrenzen beitragsfrei versichert. Sie haben Anspruch auf die gleichen Leistungen wie andere Versicherte.[157] Zu den familienversicherten Kindern gehören insbesondere die leiblichen Kinder des Stammversicherten i.S.v. §§ 1591 BGB.[158] Diese Normen des BGB beziehen sich auf die Elternschaft an geborenen Kindern. Die beschränkte Anwendbarkeit des SGB V auf geborene Menschen zeigt etwa auch die Aufzählung in § 10 Abs. 1 SGB V, welche gewisse Voraussetzungen an dic in den Versicherungsschutz einzubeziehenden Personen stellt. So müssen sie unter anderem ihren Wohnsitz oder gewöhnlichen Aufenthalt im Inland haben. Einen Wohnsitz hat jemand dort, wo er eine Wohnung unter Umständen innehat, die darauf schließen lassen, dass er die Wohnung beibehalten und benutzen wird (§ 30 Abs. 3 S. 1 SGB 1). Den gewöhnlichen Aufenthalt hat jemand dort, wo er sich unter Umständen aufhält, die erkennen lassen, dass er an diesem Ort oder in diesem Gebiet nicht nur vorübergehend verweilt (§ 30 Abs. 3 S. 2 SGB I). Von solchen Umständen wird man bei Embryonen jedoch noch nicht sprechen können: Sie haben weder einen Wohnsitz noch einen gewöhnlichen Aufenthalt.

---

[154] „Versicherte haben Anspruch auf Krankenbehandlung, wenn sie notwendig ist, um eine Krankheit zu erkennen, zu heilen, ihre Verschlimmerung zu verhüten oder Krankheitsbeschwerden zu lindern.“.

[155] „Versicherte haben einen Anspruch auf ärztliche Behandlung und Versorgung mit Arznei-, Verband-, Heil- und Hilfsmitteln, wenn diese notwendig sind [...] 3. Krankheiten zu verhüten oder deren Verschlimmerung zu vermeiden [...]“.

[156] Zur Einordnung einer genetischen Untersuchung auf BRCA-Mutationen siehe *Hauck*, NJW 2016, S. 2695 ff. Der Autor wertet diese Untersuchung als „Krankheitsbehandlung“. Siehe zum zugrundeliegenden Fall *VGH Kassel*, BeckRS 2016, 43465.

[157] *Peters*, in: Körner et al. (Hrsg.), Kasseler Kommentar Sozialversicherungsrecht, Band 2, § 3 SGB V Rn. 7.

[158] *Knauer und Bosse*, in: Spickhoff (Hrsg.), Medizinrecht, § 10 SGB V Rn. 7; *Baier*, in: Wagner und Knittel (Hrsg.), Krauskopf – Soziale Krankenversicherung, Pflegeversicherung, Band 1, § 10 SGB V Rn. 25; *Gerlach*, in: Hauck und Noftz (Hrsg.), Sozialgesetzbuch, Band 2, § 10 SGB V Rn. 27 ff.

In Betracht käme allenfalls eine analoge Anwendung des § 10 SGB V, die zum einen eine planwidrige Regelungslücke und zum anderen eine vergleichbare Interessenlage voraussetzte. An den Versicherungsschutz von Embryonen hat der Gesetzgeber sicherlich nicht gedacht, da eine Krankheitsbehandlung in diesem frühen Stadium menschlichen Lebens bislang außerhalb des Möglichen lag. Damit lässt sich eine planwidrige Regelungslücke begründen. Sinn und Zweck der Vorschrift ist, das finanzielle Risiko des Mitglieds im Falle der Erkrankung seines Kindes, für das er unterhaltspflichtig ist, von der Solidargemeinschaft abdecken zu lassen.[159] § 10 SGB V soll sicherstellen, dass Kinder, die selbst keine oder nur sehr geringfügige Einkünfte haben, nicht ohne Krankenversicherung bleiben. § 10 SGB V dient insofern dem Familienlastenausgleich.[160] Kinder, deren Lebensunterhalt vom Erwerbseinkommen des Mitglieds bestritten wird und für die im Krankheitsfall in aller Regel ein Mitglied im Rahmen seiner Unterhaltspflicht entstehende Aufwendungen tragen müsste, sollen den Schutz der GKV erhalten.[161] Die Frage ist nun, ob es in gleicher Weise angezeigt ist, auch Embryonen nicht ohne Krankenversicherung zu lassen. Dagegen spricht zunächst, dass gegenüber Embryonen keine Unterhaltspflicht besteht, die aus Gründen des Familienlastenausgleichs auf die Solidargemeinschaft übertragen werden müsste. § 1601 BGB, der die Unterhaltspflicht zwischen Verwandten in gerader Linie festlegt, knüpft an die Verwandtschafts – und Abstammungsregelungen der §§ 1589 ff. BGB an. Wie bereits erwähnt, befasst sich das BGB dort nur mit geborenen Kindern an: Verwandtschaft wird begründet durch Abstammung,[162] diese wiederum wird bestimmt durch die Geburt (siehe etwa § 1591 BGB). Eine dem § 1912 Abs. 2 BGB entsprechende Vorschrift, der die Vorwirkung der elterlichen Sorge (§§ 1626 ff. BGB) regelt, fehlt im Rahmen der Regeln zur Unterhaltspflicht. Gegenüber Embryonen besteht nach geltendem Recht folglich keine Unterhaltspflicht nach diesen Normen.

Eltern haben gegenüber ihren Kindern aber nicht „nur“ eine Unterhaltspflicht, sondern ganz grundsätzlich eine elterliche Verantwortung zu Pflege und Erziehung gegenüber ihrem Kind (§§ 1626 ff. BGB). Schon dieses Prinzip der elterlichen Verantwortung verlangt, den Unterhalt des Kindes sicherzustellen. Es besteht auch inhaltlich ein enger Zusammenhang zwischen elterlicher Sorge und Unterhalt: Die Eltern kommen schon durch Pflege- und Erziehungsleistung ihrer Unterhaltspflicht nach (§ 1606 Abs. 3 S. 2 BGB), bzw. die Plicht zu Erziehung und Pflege besteht bereits nach den Vorschriften über die elterliche Sorge (§§ 1626 ff. BGB). Die Unterhaltspflicht und die Pflicht zur elterlichen Sorgen sind insofern deckungsgleich.[163] Die Vorschriften über die elterliche Sorge finden dabei, wie bereits erwähnt, nicht

[159] *Gerlach*, in: Hauck und Noftz (Hrsg.), Sozialgesetzbuch, Band 2, § 10 SGB V Rn. 44.

[160] *SG Karlsruhe*, S 7 KR 2483/07 (Az.) Rn. 19 (zitiert über *juris*); zum Familienlastenausgleich siehe auch *Peters*, in: Körner et al. (Hrsg.), Kasseler Kommentar Sozialversicherungsrecht, Band 2, § 3 SGB V Rn. 7; *Noftz*, in: Hauck und Noftz (Hrsg.), Sozialgesetzbuch, Band 1, § 3 Rn. 82 ff.

[161] *Baier*, in: Wagner und Knittel (Hrsg.), Krauskopf – Soziale Krankenversicherung, Pflegeversicherung, Band 1, § 10 SGB V Rn. 3.

[162] *Budzikiewicz*, in: Jauernig (Hrsg.), BGB, § 1589 Rn. 1.

[163] *Schwab*, Familienrecht, § 85 Rn. 4067.

nur Anwendung auf geborene Kinder, sondern über § 1912 Abs. 2 BGB analog auch auf den Embryo in vitro. Die Eltern haben dabei nach § 1627 S. 1 BGB die elterliche Sorge zum Wohl des Kindes auszuüben. Ihnen steht insofern eine Einschätzungsprärogative zu, mit welchen Mitteln der Pflege und Erziehung dem Wohl ihres Kindes am besten gedient ist.[164] Die Grenze des Einschätzungsspielraums ist erreicht, wenn die Eltern sich weigern, einer erforderlichen therapeutischen Behandlung zuzustimmen.[165] Dieser Gedanke lässt sich auch auf die Keimbahntherapie übertragen: Wenn es medizinisch möglich ist, eine Krankheit des Embryos durch gentechnische Maßnahmen zu heilen, so hätten die Eltern die Pflicht, einen derartigen Heileingriff zu veranlassen und in ihn einzuwilligen.[166] Insofern, wenn man nun die Normenkette zu § 10 SGB V zurückverfolgt, sehen sich nicht nur die Eltern geborener Kinder, sondern auch die Eltern von Embryonen einem finanziellen Risiko ausgesetzt, wenn der Krankheitsfall eintritt.

Auf der anderen Seite kann jedoch nicht außer Acht gelassen werden, dass eine Frau sich ihre Embryonen aufgrund ihres Persönlichkeitsrecht nicht implantieren lassen muss, sodass eine durchsetzbare Pflicht welchen Inhalts auch immer in Bezug auf diese Embryonen nicht begründet werden kann. *Wenn* sie sich jedoch für eine Implantation entscheidet, spricht nichts dagegen, den Umgang mit diesem Embryo an der sich aus den §§ 1626 ff. BGB ergebenden Pflicht zu messen. Da sie ihrem geborenen Kind keine ärztlich notwendige Behandlung verweigern darf, stellt sich die Frage, wie dies nicht auch bereits im Embryonalstadium gelten sollte, wenn nur zu diesem Zeitpunkt eine effektive Krankheitsbehandlung möglich ist. Es könnte zudem auch aus finanziellen Aspekten für die Krankenkassen sinnvoller sein, diesen Eingriff einmalig zu übernehmen, als später für die ärztlichen Behandlungen aufzukommen, die das Kind eventuell ein Leben lang auf Grund seiner Krankheit in Anspruch nehmen muss.

Eine analoge Anwendung des § 10 SGB V ist nach hier vertretener Ansicht daher im Falle der Keimbahntherapie jedenfalls dann möglich, wenn ein zu therapierender *Embryo* vorliegt, sodass sich dann nur noch die Frage stellt, ob die Therapie als „Krankheitsbehandlung" (§ 27 SGB V)[167] oder „Vorsorgeleistung" (§ 23 Abs. 1 Nr. 3 SGB V)[168] einzustufen ist. Die Rechtsprechung tendiert dazu, auch genetische Erkrankungsrisiken bereits als Krankheit, also als einen regelwidrigen Körper- oder Geisteszustand, der die Notwendigkeit einer Heilbehandlung zur Folge hat, einzuordnen. So hat der VGH Kassel beispielsweise entschieden, das Vorliegen einer

---

[164] *Schwab*, Familienrecht, § 66 Rn. 789.

[165] *Veit*, in: Bamberger und Roth (Hrsg.), BeckOK BGB, § 1666 Rn. 34; so etwa die Weigerung, in eine lebensrettende Bluttransfusion einzuwilligen, *OLG Celle*, NJW 1995, S. 792 ff.

[166] *Coester-Waltjen*, in: Ständige Deputation des Deutschen Juristentages (Hrsg.), Die künstliche Befruchtung bei Menschen, S. B5 (B104).

[167] § 27 Abs. 1 S. 1 SGB V: „Versicherte haben Anspruch auf Krankenbehandlung, wenn sie notwendig ist, um eine Krankheit zu erkennen, zu heilen, ihre Verschlimmerung zu verhüten oder Krankheitsbeschwerden zu lindern."

[168] § 23 Abs. 1 Nr. 3 SGB V: „Versicherte haben Anspruch auf ärztliche Behandlung und Versorgung mit Arznei-, Verband-, Heil- und Hilfsmitteln, wenn diese notwendig sind [...] Nr. 3 Krankheiten zu verhüten oder deren Verschlimmerung zu vermeiden [...]."

BRCA-Gen-Mutation stelle bereits einen „regelwidrigen Körperzustand" dar. Die Behandlungsbedürftigkeit ergebe sich daraus, dass nach aktuellem Wissensstand die in diesem Fall begehrte prophylaktische Brustdrüsenentfernung die empfohlene Methode darstelle, um das Krankheitsrisiko signifikant zu verringern.[169] Übertragen auf den Fall der Keimbahntherapie bedeutet dies, dass auch dort genetische Mutationen, die entweder sicher oder mit gewisser Wahrscheinlichkeit zu einer Krankheit führen, „regelwidrige Körperzustände" bilden, die aufgrund der nun bestehenden Möglichkeit der Keimbahntherapie behandlungsbedürftig sind. Nur für den Fall erwerbbarer Krankheiten wird man den Keimbahneingriff als Vorsorgeleistung einstufen müssen, da es dann an einem schon vorliegenden regelwidrigen Körperzustand fehlt.

Die Frage ist nun, wie sich das SGB V zu genetischen Eingriffen an *unbefruchteten Keimzellen* oder deren *Vorläuferzellen* verhält. Diese Entitäten sind keine Personen und scheiden als Versicherte aus. Auch wird nicht den Eltern als Versicherten eine Krankheitsbehandlung oder Vorsorgeleistung gewährt, sodass auch nicht über die Eltern als Versicherte eine Kostenübernahme begründet werden kann. Eine analoge Anwendung des § 10 SGB V erforderte eine zeitliche Ausdehnung auf den Zeitpunkt vor Befruchtung bzw. die Anerkennung eines künftigen Menschen als Versicherten. Eine solche Ausdehnung scheint zwar den Rahmen des § 10 SGB V geradezu zu sprengen, ist jedoch zur Schaffung eines stimmigen Systems zu befürworten: Es wäre mehr als widersprüchlich, die Kostenübernahmepflicht der Krankenkassen am Eingriffszeitpunkt festzumachen, entscheidet der sich doch lediglich danach, was aus naturwissenschaftlicher Sicht machbar und mit dem geringsten Fehlschlagsrisiko verbunden ist. Auch die genetische Reparatur von unbefruchteten Keimzellen und Vorläuferzellen dient, ebenso wie der genetische Eingriff in Embryonen, der Heilung des Nachwuchses. Aus diesem Grund ist eine analoge Anwendung zu befürworten.

c. „Künstliche Befruchtung"

Eine weitere Möglichkeit bestünde darin, Keimbahneingriffe als Maßnahmen künstlicher Befruchtung anzusehen, sodass sich ein Anspruch aus § 27a Abs. 1 SGB V[170] ergeben könnte. Die Vorschrift räumt einen Anspruch auf Übernahme der Kosten einer künstlichen Befruchtung ein, wenn die Schwangerschaft auf natürlichem Wege nicht zustande kommt. Der auslösende Versicherungsfall ist die Unfähigkeit eines Ehepaares, auf natürlichem Wege Kinder zu zeugen nebst der daraus resultierenden Notwendigkeit einer künstlichen Befruchtung. Die Maßnahme der künstlichen Befruchtung dient dabei nicht der Beseitigung einer Krankheit.[171]

---

[169] *VGH Kassel*, BeckRS 2016, 43465 Rn. 25; hierzu auch *Hauck*, NJW 2016, S. 2695 ff.

[170] „Die Leistungen der Krankenbehandlung umfassen auch medizinische Maßnahmen zur Herbeiführung einer Schwangerschaft, wenn 1. diese Maßnahmen nach ärztlicher Feststellung erforderlich sind […]".

[171] *Gerlach*, in: Hauck und Noftz (Hrsg.), Sozialgesetzbuch, Band 2, § 27a SGB V Rn. 2 ff.

Das BSG hat die Anwendbarkeit der Vorschrift im Fall einer PID verneint: Die PID-IVF-Behandlung sei zur Herbeiführung einer Schwangerschaft nicht erforderlich. Der Zweck der PID liege darin, befruchtete Eizellen zu untersuchen und gegebenenfalls absterben zu lassen, nicht aber der Herbeiführung einer Schwangerschaft. Es sei dabei auch unerheblich, dass die PID auf den Gesamtvorgang der künstlichen Befruchtung angewiesen sei. Eine PID ohne IVF sei medizinisch sinnlos und rechtlich verboten, die Maßnahmen der künstlichen Befruchtung hingegen seien aber auf die PID nicht angewiesen.[172] Es sei auch nicht durch Art. 3 Abs. 1 GG geboten, die Behebung einer Fertilitätsstörung mit der Embryonen-Vorauswahl zur Vermeidung erbkranken Nachwuchses bei bestehender Fertilität gleichzusetzen.[173] Der Gesetzgeber sei darüber hinaus auch nicht verpflichtet, jede nicht verbotene Form der „medizinisch unterstützten Erzeugung menschlichen Lebens" (so die Formulierung des Kompetenztitels in Art. 74 Abs. 1 Nr. 26 GG) in den GKV-Leistungskatalog einzubeziehen.[174]

Diese Gedanken lassen sich so auf die Keimbahntherapie übertragen. Insbesondere dienen auch diese Maßnahmen nicht der Herbeiführung einer Schwangerschaft, sondern der genetischen Korrektur einer Gamete oder eines Embryos. Sie sind zwar ohne IVF sinnlos, die IVF ist aber gerade nicht auf sie angewiesen. Im Einklang mit der Rechtsprechung des BSG besteht deshalb kein Anspruch aus § 27a SGB V auf keimbahntherapeutische oder -präventive Maßnahmen.

2. Gentechnik zur Ermöglichung der Fortpflanzung mittels CRISPR/Cas9 und die Verwendung artifizieller Gameten

Werden gentechnische Methoden genutzt, um Unfruchtbarkeit zu heilen, kommt ein Anspruch aus § 27 Abs. 1 S. 4 SGB V in Betracht. Hiernach sind Gegenstand der Krankheitsbehandlung auch Leistungen zur Herstellung der Zeugungs- und Empfängnisfähigkeit, allerdings nicht durch künstliche Befruchtung. Letztere ist abschließend in § 27a SGB V geregelt. Maßnahmen der künstlichen Befruchtung dürfen erst angewendet werden, wenn eine Behandlung zur Herstellung der Zeugungs- bzw. Empfängnisfähigkeit keinen hinreichenden Erfolg hatte, von vornherein keine Aussicht auf Erfolg bietet und unzumutbar ist.[175]

Die gentechnische Bearbeitung von Stammzellen, um die Bildung befruchtungsfähiger Spermien zu gewährleisten, stellt eine solche Maßnahme zur Herstellung der Zeugungsfähigkeit dar und ist von § 27 Abs. 1 S. 4 SGB V abgedeckt.

Dies gilt auch für die Herstellung von hiPS-Zellen sowie deren Ausdifferenzierung zu Gameten. Auch hierdurch entstehen funktionstüchtige Gameten und wird die Zeugungsfähigkeit einer Person geschaffen. Voraussetzung ist dabei aber stets, dass die Person auch tatsächlich nicht zeugungsfähig ist. Die Frage ist dabei, wie

---

[172] *BSG*, Az.: B 1 KR 19/13 R Rn. 18 (zitiert über *juris*).

[173] *BSG*, Az.: B 1 KR 19/13 R Rn. 19 (zitiert über *juris*).

[174] *BSG*, Az.: B 1 KR 19/13 R Rn. 20 (zitiert über *juris*).

[175] *Steege*, in: Hauck und Noftz (Hrsg.), Sozialgesetzbuch, Band 2, § 27 SGB V Rn. 133.

dieser Umstand bei gleichgeschlechtlichen Paaren zu beurteilen ist, die schon aufgrund ihrer Lebensumstände nicht auf natürlichem Wege Kinder bekommen können.[176] Die Herstellung von Gameten des jeweils anderen Geschlechts, um ein mit beiden Elternteilen genetisch verbundenes Kind zu zeugen, dient dann gerade nicht der Herstellung einer körperlich nicht vorhandenen Zeugungsfähigkeit, sondern einer solchen, die aus dem Umstand resultiert, dass die Person in einer gleichgeschlechtlichen Beziehung lebt.

Zur Beurteilung dieses Umstands im Rahmen des SGB V kann folgender Fall als Vergleich herangezogen werden: Das Finanzgericht Münster hatte im Fall einer gleichgeschlechtlichen Partnerschaft zweier Frauen entschieden, die Kosten für eine künstliche Befruchtung seien nicht nach § 33 EStG absetzbar. Die Klägerin war unfruchtbar und lebte zudem in einer gleichgeschlechtlichen Partnerschaft. Sie wollte gemeinsam mit ihrer Partnerin in Dänemark eine künstliche Befruchtung vornehmen lassen. Das FG Münster führte aus, es fehle an der nach dem EStG vorausgesetzten „Zwangsläufigkeit" zwischen Maßnahmen und Krankheit. Die Kinderlosigkeit liege nicht maßgeblich in der Unfruchtbarkeit begründet, sondern darin, dass die Klägerin in einer gleichgeschlechtlichen Beziehung lebe, in der die Zeugung eines Kindes auf natürlichem Wege stets ausgeschlossen sei. Die künstliche Befruchtung diene daher nicht der Beseitigung einer Krankheit, sondern der Erfüllung eines Kinderwunsches.[177] Ein Verstoß gegen Art. 3 Abs. 1 GG liege nicht vor, da eine Ungleichbehandlung gegenüber in verschiedengeschlechtlichen Partnerschaften lebenden Frauen aufgrund der unterschiedlichen biologischen Ausgangslage gerechtfertigt sei.[178] Auch Art. 6 Abs. 1 GG sei nicht verletzt, denn der Gesetzgeber sei nicht verpflichtet, das Entstehen von Familien durch Förderung von Maßnahmen der künstlichen Befruchtung zu unterstützen.[179]

Etwas weitgehender entschied in diesem Fall das Hessische Finanzgericht, indem es die Kosten für IVF jedenfalls teilweise als abzugsfähig einstufte: So seien die Kosten für die hormonelle Stimulierung der Eierstöcke und die Entnahme der Eizellen krankheitsbedingt, nicht jedoch die Kosten für die Fremdsamenspende. Letztere seien gerade der Tatsache geschuldet, dass die Frau in einer gleichgeschlechtlichen Beziehung lebe: Auf eine Fremdsamenspende wäre sie auch angewiesen gewesen, wäre sie ansonsten zeugungsfähig.[180]

---

[176] Die folgenden Überlegungen gelten insbesondere bei weiblichen Partnerschaften, denn nur dann kann das Kind auch von der Frau ausgetragen werden, von der die Eizelle stammt. Männliche Partnerschaften sind hingegen auf eine Leihmutter angewiesen, ein Verfahren, das in Deutschland verboten ist.

[177] *FG Münster*, Az.: 6 K 93/13 E Rn. 20 (zitiert über *juris*). Kinderlosigkeit selbst stelle dabei keine Krankheit dar, siehe dort Rn. 17 m.w.N.

[178] *FG Münster*, Az.: 6 K 93/13 E Rn. 23 (zitiert über *juris*).

[179] *FG Münster*, Az.: 6 K 93/13 E Rn. 24 (zitiert über *juris*) mit Verweis auf BVerfGE 117, 316.

[180] *Hessisches FG*, Az.: 9 K 1718/13 Rn. 33 (zitiert über *juris*).

Beide Urteile wurden vom BFH im Revisionsverfahren aufgehoben. Der BFH entschied, die Behandlung sei, ebenso wie wenn sie bei einem infertilen verschiedengeschlechtlichen Paar durchgeführt worden wäre, eine Maßnahme zur Behandlung einer krankheitsbedingten Empfängnisunfähigkeit. Sei die Maßnahme zudem gesetzlich nicht verboten, sondern erlaubt, was bei einer IVF bei einem weiblichen Paar der Fall sei, finde § 33 EStG Anwendung. Auch seien die Behandlungskosten nicht in berücksichtigungsfähige und nicht-berücksichtigungsfähige Kosten teilbar: Die Behandlung sei eine untrennbare Einheit.[181]

Damit hat der BFH die Urteile zwar aufgehoben, stützte sich bei seiner Argumentation aber gerade auf das *zusätzliche* Vorliegen einer medizinischen Sterilität der Frau. Es hat hingegen nicht entschieden, dass das bloße Faktum des Lebens in einer gleichgeschlechtlichen Partnerschaft bereits eine Berücksichtigungsfähigkeit der Kosten begründet und damit als Ursache der Zwangslage, die zur Inanspruchnahme der IVF führt, als eigene Kategorie der Zeugungsunfähigkeit anzusehen ist. Es kann daher in Übereinstimmung mit den Ausgangsurteilen im Rahmen des § 27 Abs. 1 S. 4 SGB V argumentiert werden, die Herstellung von hiPS-Zellen und deren Ausdifferenzierung in Gameten zur Zeugung eines Kindes gleichgeschlechtlicher (und vom Grundsatz her fertiler) Paare diene nicht der Überwindung von Zeugungsunfähigkeit, sondern der Erfüllung eines Kinderwunsches. Dieser ist dem Paar nicht aufgrund von Unfruchtbarkeit verwehrt, sondern wegen des Lebens in einer gleichgeschlechtlichen Beziehung. Auch die Öffnung der Ehe für alle, also auch für gleichgeschlechtliche Paare, ändert an dieser Auslegung nichts, da die Vorschrift nicht auf ein „Ehepaar“ abstellt (anders § 27a SGB V), sondern auf eine vorhandene Unfruchtbarkeit.

§ 27a SGB V ermöglicht jedenfalls verheirateten verschiedengeschlechtlichen Paaren die Erstattungsfähigkeit der Kosten der Verwendung ihrer Geschlechtszellen zur künstlichen Befruchtung, da diese Maßnahme im Falle einer Sterilität des Paares notwendig ist und die bloße Herstellung von funktionstüchtigen Gameten für die Herbeiführung der Schwangerschaft noch nicht ausreichend ist. Vom Wortlaut her ermöglicht diese Vorschrift dies auch miteinander verheirateten gleichgeschlechtlichen Paaren, da sie gerade nicht auf eine Krankheit abstellt, sondern nur auf die Unmöglichkeit der Herbeiführung einer Schwangerschaft eines Ehepaares. Allerdings steht hinter dem Sinn und Zweck der Norm die Überlegung, dass die Eheleute aufgrund einer *Sterilität* keine Kinder zeugen können, was i.S.e. teleologischen Reduktion wiederum eine Einschränkung der Vorschrift erfordert. Diese Überlegung ergibt sich aus Nr. 1 des § 27a SGB V, wonach „diese Maßnahmen nach ärztlicher Feststellung erforderlich“ sein müssen, also „die künstliche Befruchtung und dabei gewählte Behandlungsmethode zur Überwindung der Sterilität medizinisch indiziert sein müssen, weil Behandlungsmaßnahmen nach § 27 SGB V keine hinreichende Aussicht auf Erfolg (mehr) bieten, nicht möglich oder unzumutbar sind.“[182]

[181] *BFH*, Az.: VI R 47/15, Rn. 17 ff. (zitiert über *juris*); *BFH*, Az.: VI R 2/17 (zitiert über *juris*).

[182] BT-Drucks. 11/6760, S. 14 f.; zur künstlichen Befruchtung als letztes Mittel, um eine Sterilität zu beseitigen bei *Gerlach*, in: Hauck und Noftz (Hrsg.), Sozialgesetzbuch, Band 2, § 27a SGB V Rn. 4 ff. und 9.

Gleichgeschlechtliche und grundsätzlich fertile Paare haben daher keinen Anspruch auf Übernahme der Kosten für die Herstellung und Verwendung ihrer künstlichen Gameten im Rahmen einer künstlichen Befruchtung. Dabei bliebe es dem Gesetzgeber aber natürlich nicht verwehrt, auch gleichgeschlechtliche Paare in den Leistungskatalog miteinzubeziehen.[183]

3. Fazit

Die Regelungen des SGB V erfassen Keimbahneingriffe in den hier untersuchten Formen nur unvollständig.

Bei der hier vertretenen Auslegung des Gesetzes ist es möglich, therapeutische und präventive Maßnahmen zugunsten des (künftigen) Kindes als von den gesetzlichen Krankenkassen zu tragende Maßnahmen einzuordnen.

Sollen gentechnische Maßnahmen „lediglich" der Zeugung von Nachwuchs dienen, wo dies auf natürlichem Wege nicht möglich ist, sind diese nur dann erstattungsfähig, wenn eine medizinische Sterilität vorliegt. Wünschen also (grundsätzlich zeugungsfähige) homosexuelle Paare die Inanspruchnahme von Methoden assistierter Reproduktion zur Zeugung genetisch verwandten Nachwuchses, ist das SGB V nicht einschlägig.

---

[183] Siehe auch *Müller-Götzmann*, Artifizielle Reproduktion und gleichgeschlechtliche Elternschaft, S. 352, der eine solche Einbeziehung allerdings aufgrund der „Kostenexplosion im Gesundheitswesen und der damit verbundenen Tendenz, den Leistungskatalog der gesetzlichen Krankenversicherung, insbesondere im Hinblick auf die künstliche Befruchtung zunehmend einzuschränken," als unwahrscheinlich einschätzt. Insbesondere sei im Jahr 2003 mit der Einführung von § 27a Abs. 3 S. 3 SGB V eine Beschränkung der Kostenübernahme bei künstlicher Befruchtung auf 50 % eingeführt worden, *dort*, Fn. 6 mit Verweis auf BT-Drucks. 15/1525, S. 77, 83. Zur Befugnis des Gesetzgebers, die Leistungen des § 27a SGB V auszuweiten, siehe *BGH*, NJW 2007, S. 1343 (1345).

Kapitel 9
Regulierungsvorschlag

Im Folgenden wird dargestellt, wie Regelungen zur Zulassung der in dieser Arbeit untersuchten gentechnischen Verfahren in den durch das Verfassungsrecht gezogenen Grenzen ausgestaltet sein sollten. Die Darstellung beschränkt sich dabei auf die wesentlichen Eckpunkte dieser Regelungen hinsichtlich der erlaubten Durchführung selbst. Nebenaspekte, wie etwa familienrechtliche Regelungsbedürfnisse zu Fragen der Zuweisung der Elternschaft, bleiben außer Betracht. Ebenso bleiben Regelungen zur Gentechnik und zum Sozialrecht unberücksichtigt. Zunächst wird dargelegt, wie der Gesetzgeber das aktuelle ESchG zur Schließung der aufgezeigten Regelungslücken reformieren könnte. Anschließend wird ein neues Konzept vorgestellt, mit welchem der Gesetzgeber die Fortpflanzungsmedizin im allgemeinen und damit zusammenhängende Bereiche, wie die Forschung an Embryonen, regeln könnte.

A. Schließung bestehender rechtlicher Lücken des ESchG

Der Gesetzgeber ist berufen, aktuelle Unklarheiten und Regelungslücken zu beseitigen. Die „sparsamste" und schnellste Art und Weise wären entsprechende Ergänzungen des ESchG.

Unklarheiten bestehen insbesondere im Zusammenhang mit den Techniken des Mitochondrientransfers, da der Gesetzgeber in § 5 Abs. 1 ESchG die „Veränderung der Erbinformation einer Keimbahnzelle" unter Strafe stellt und eben diese Tatbestandsmerkmale beim Kerntransfer umstritten sind. Zur Beseitigung dieser Unklarheiten sollte er die Methode des Kerntransfers in den Tatbestand explizit mitaufnehmen. Ebenso sollte er explizit verbieten, dass eine so entstandene Eizelle auf eine Frau übertragen wird oder zum Zwecke einer solchen Übertragung zur

S. Deuring, *Rechtliche Herausforderungen moderner Verfahren der Intervention in die menschliche Keimbahn*, Veröffentlichungen des Instituts für Deutsches, Europäisches und Internationales Medizinrecht, Gesundheitsrecht und Bioethik der Universitäten Heidelberg und Mannheim 49,
https://doi.org/10.1007/978-3-662-59797-2_9

Befruchtung verwendet wird. Das bisher in § 1 Abs. 1 Nr. 1 und 2 ESchG verwendete Merkmal „fremd" lässt zu viel Interpretationsspielraum.

Der Gesetzgeber sollte auch klarstellen, welche Embryonen vom ESchG geschützt werden, insbesondere durch einen Hinweis darauf, dass das ESchG Embryonen unabhängig von ihrer Entstehungsart erfasst.[1] Darüber hinaus sollte eine Konkretisierung dahingehend erfolgen, dass das ESchG teilungsfähige (statt entwicklungsfähige) Embryonen schützt.[2]

Rechtliche Lücken bestehen in Bezug auf die Verwendung von hiPS-Zellen zur Fortpflanzungszwecken, soweit künstlich Samenzelle hergestellt werden soll, um einem weiblichen gleichgeschlechtlichen Paar oder gar einer Frau allein eine Fortpflanzung zu ermöglichen. Die Herstellung und Verwendung solcher Gameten ist weder durch das ESchG noch durch Berufsrecht untersagt. Insbesondere ist fraglich, ob diese Zellen als „Keimzellen" oder „Keimbahnzellen" i.S.d. ESchG gelten. Um solche Verfahren sicher zu erfassen, könnte der Gesetzgeber zum einen § 5 Abs. 1 ESchG so modifizieren, dass nicht mehr auf das Eingriffsobjekt abgestellt wird, sondern nach französischem Modell auf die Eingriffswirkung (Art. 16-4 Abs. 4 C. civ): Tathandlung wäre dann nicht die genetische Veränderung einer Keimbahnzelle, sondern die absichtliche Herbeiführung vererbbarer genetischer Veränderungen. Zum anderen könnte er in § 8 Abs. 3 ESchG klarstellen, dass als Keimbahnzellen auch solche Zellen gelten, „die die natürlicherweise bei Keimbahnzellen auftretenden Eigenschaften haben."[3]

B. Erlass eines neuen Fortpflanzungsmedizingesetzes

I. Vorüberlegungen

Langfristig sollten die in dieser Arbeit behandelten Themenkomplexe bzw. die medizinisch assistierte Fortpflanzung und den Umgang mit Leben in seinen frühsten Entwicklungsstadien im Allgemeinen einheitlich in einem neuen Fortpflanzungsmedizingesetz (für welches der Bundesgesetzgeber nach Art. 74 Nr. 26 GG eine Gesetzgebungskompetenz besitzt) geregelt werden, welches nicht ausschließlich strafrechtlicher Natur sein sollte.[4] Die bisherige Rechtslage ist was

[1] So auch bereits *Faltus*, Stammzellenreprogrammierung, S. 500.

[2] Beide Vorschläge bereits bei *Kersten*, Das Klonen von Menschen, S. 579.

[3] *Faltus*, Stammzellenreprogrammierung, S. 500.

[4] Siehe etwa den sog. „Augsburger-Münchner-Entwurf" für ein entsprechendes Fortpflanzungsmedizingesetz bei *Gassner et al.*, Fortpflanzungsmedizingesetz, zur weiten Auslegung des Art. 74 Nr. 26 GG siehe *dort*, S. 22 f.; ein einheitliches Fortpflanzungsmedizingesetz vorschlagend auch *Beier et al.*, in: Deutsche Akademie der Naturforscher Leopoldina e.V. - Nationale Akademie der Wissenschaften (Hrsg.), Fortpflanzungsmedizingesetz; *Kersten*, Das Klonen von Menschen, S. 581.

den Umgang mit Techniken der assistierten Reproduktion bzw. den Zugang hierzu anbelangt defizitär, was etwa zu Diskriminierungen von gleichgeschlechtlichen Paaren, die die Inanspruchnahme dieser Techniken wünschen, führen kann. Auch das ESchG ist inzwischen überholt und sollte dem gesellschaftlichen Wandel angepasst werden.[5] Aufgrund des Zusammenhangs zwischen den allgemeinen Voraussetzungen medizinisch assistierter Fortpflanzung, neuer Fortpflanzungsmodalitäten und der Entstehung und dem zu regelnden Umgang mit überzähligen Embryonen sollte ein einheitliches Gesetz erlassen werden. Dieses Fortpflanzungsmedizingesetz sollte nach dem Modell der französischen *lois de bioéthique* in regelmäßigen Abständen reformiert werden, um den Anschluss an gesellschaftliche und naturwissenschaftliche Entwicklungen nicht zu verlieren; dem Gesetzgeber sind hierzu feste Fristen zu setzen.[6] Um den Gesetzgeber unter Handlungszwang zu setzen, könnte die Frist mit einem Verfallsdatum verknüpft werden, sodass bei Nichteinhaltung der Frist das zu revidierende Gesetz ungültig würde. Zudem sollte, ebenfalls nach französischem Vorbild, die Bevölkerung durch Erfassung der dort vorherrschenden Ansichten über sog. „*états généraux*" in den Erlass dieses Gesetzes einbezogen werden, etwa durch Einrichtung einer entsprechenden Internetseite und die Organisierung von Diskussionsveranstaltungen im ganzen Bundegebiet. Die „*états généraux*" werden in Frankreich vom *CCNE* organisiert. Entsprechend könnte sich der Deutsche Ethikrat dieser Aufgabe annehmen.

II. Regelung zur Forschung an Embryonen

Der Gesetzgeber hat die Möglichkeit, in diesem Gesetz die Forschung an überzähligen Embryonen zuzulassen. Angesichts der Tatsache, dass Keimbahneingriffe zu therapeutischen und präventiven Zwecken mit dem Verfassungsrecht in Einklang stehen und es für diese Maßnahmen sinnvolle Anwendungsfälle gibt, ist die Erlaubnis solcher Forschung zur Entwicklung entsprechender Verfahren auch empfehlenswert.

Das Gesetz sollte in einem ersten Schritt ganz allgemein das Schicksal überzähliger Embryonen regeln. Hierbei können wieder die französischen Regelungen herangezogen werden, wonach die Erzeuger oder der überlebende Teil über eine Spende, eine Aufbewahrung, die Vernichtung oder die Freigabe zur Forschung ihrer

[5] *Beier et al.*, in: Deutsche Akademie der Naturforscher Leopoldina e.V. – Nationale Akademie der Wissenschaften (Hrsg.), Fortpflanzungsmedizingesetz, S. 6.

[6] So kann das Gesetz den gesellschaftlichen und naturwissenschaftlichen Entwicklungen angepasst werden. Insbesondere vor dem Hintergrund, dass eine Keimbahntherapie zugelassen werden soll, bietet es sich an, das Gesetz automatisch regelmäßigen Kontrollen zu unterziehen, um so ggfs. auch einen Schritt zurück zu ermöglichen.

Embryonen entscheiden können.[7] Dabei sollte er festlegen, dass als Embryo bereits die imprägnierte Eizelle gilt.[8]

In einem zweiten Schritt sollte er die Möglichkeit der Freigabe überzähliger Embryonen zu Forschungszwecken weiter ausgestalten. Es existieren bereits einige Regelungsvorschläge zur Embryonenforschung in der Literatur, die im Wesentlichen alle dieselben Voraussetzungen aufstellen und weitestgehend den französischen Regelungen zur Embryonenforschung entsprechen[9]: Es bedarf also der Einwilligung der Erzeuger des Embryos und der Verfolgung hochrangiger Forschungsziele „für den wissenschaftlichen Erkenntnisgewinn, etwa im Bereich der Grundlagenforschung oder zur Entwicklung diagnostischer, therapeutischer oder präventiver Verfahren zur Anwendung am Menschen; zudem muss die Forschung alternativlos sein". Die Forschung sollte außerdem unter Genehmigungsvorbehalt gestellt werden.[10] Als Genehmigungsbehörde wird etwa das Robert Koch-Institut

---

[7] Art. L. 2141-4 CSP. Empfehlenswert ist auch die Übernahme der dort geregelten „Randprobleme", wie etwa was zu geschehen hat, wenn sich die Erzeuger hinsichtlich der weiteren Verwendung nicht einig sind, siehe S. 14455 Fn. 349.

[8] Ein überzähliger Embryo kann nur ein Befruchtungsembryo sein, da nur solche Embryonen zu Fortpflanzungszwecken verwendet werden dürfen, was entsprechend festgelegt werden muss. Darüber hinaus sollte der Gesetzgeber aber grundsätzlich die Embryodefinition so ausgestalten, dass nicht nur Befruchtungsembryonen hierunter zu fassen sind, sondern jede totipotente Zelle, unabhängig von ihrer Entstehungsart. Dabei muss er aber beachten, dass nicht ausgeschlossen werden kann, dass etwa hiPS-Zellen vor der Pluripotenz ein Stadium der Totipotenz durchlaufen. Will er vermeiden, dass die Herstellung solcher Zellen zu Forschungszwecken unmöglich wird, muss er darauf hinweisen, dass diese Zellen im Bereich der Forschung nicht als Embryonen gelten sollen, siehe *Kersten*, NVwZ 2018, S. 1248 (1250).

[9] Die Voraussetzungen sind im Einzelnen (Art. L. 2151-5 CSP): die wissenschaftliche Relevanz der Forschung, die Verfolgung eines medizinischen Ziels, die Alternativlosigkeit der Forschung, die Berücksichtigung ethischer Prinzipien, die Einwilligung der Erzeuger sowie die Genehmigungserteilung durch die *ABM* nach Stellungnahme des *„conseil d'orientation"*, siehe S. 171 f.

[10] Dieser Vorschlag bei: *Gassner et al.*, Fortpflanzungsmedizingesetz, S. 9 und 73 f., wobei die Autoren statt einer aktiven Einwilligung der Eltern das Fehlen eines Widerspruchs derselben ausreichen lassen. Diesen Vorschlag untersuchend und im Ergebnis für adäquat befindend: *Dorneck*, Das Recht der Reproduktionsmedizin de lege lata und de lege ferenda, S. 381 ff. Insbesondere befürwortet *Dorneck*, die Forschung nicht an eine ausdrückliche Einwilligung der Eltern, sondern an einen bloßen fehlenden Widerspruch zu knüpfen. Eine aktive Einwilligung erschwere die Freigabe der Embryonen „unnötig". Weshalb es aber unnötig sein soll, den Eltern des Embryos, also eines potentiellen Kindes, für eine solch weitreichende Entscheidung, die über Leben und Tod ihres Embryos entscheidet, eine aktive Einwilligung abzuverlangen, ist fraglich. Vielmehr scheint es angemessen, den Eltern zusätzlich eine gewisse Frist zu gewähren, ihre Einwilligung nochmal zu überdenken und diese nach Ablauf der Frist nochmals zu bestätigen, wie es auch im französischen Recht vorgesehen ist. Ähnliche Vorschläge für eine Regelung der Emrbyonenforschung bei: Der Bundesminister für Forschung und Technologie (Hrsg.), In-vitro-Fertilisation, Genomanalyse und Gentherapie, S. 29 f.; *Haßmann*, Embryonenschutz im Spannungsfeld internationaler Menschenrechte, staatlicher Grundrechte und nationaler Regelungsmodelle zur Embryonenforschung, S. 239 ff.; *Bonas et al.*, in: Deutsche Akademie der Naturforscher Leopoldina e.V. – Nationale Akademie der Wissenschaften (Hrsg.), Ethische und rechtliche Beurteilung des genome editing in der Forschung an humanen Zellen, S. 8, 11 und 13; weitergehender *Faltus*, der allgemeine eine Verwendung überzähliger Embryonen „für andere als fortpflanzungsmedizinische Zwecke" erlaubt wissen will, siehe *Faltus*, Stammzellenreprogrammierung, S. 496.

vorgeschlagen, da dieses auch die zuständige Behörde für die Einfuhr und Verwendung embryonaler Stammzellen ist und folglich Erfahrung mit dem Umgang mit embryonalem Gewebe hat.[11]

Um die ethische und wissenschaftliche Vertretbarkeit des Forschungsprojekts zu gewährleisten, sollte der Genehmigungserteilung zudem eine Stellungnahme durch eine interdisziplinär besetzte Kommission vorausgehen. Hinsichtlich der Bewertung der Hochrangigkeit der Forschungsziele, der Alternativlosigkeit der Forschung sowie der Frage, ob durch das Forschungsvorhaben wesentliche neue Erkenntnisse erwartet werden können, ist der Sachverstand von Personen von Nöten, die mit dem aktuellen Forschungsstand vertraut sind. Darüber hinaus ist auch eine ethisch reflektierte Betrachtung sinnvoll. Dieses Gremium sollte folglich mit Vertretern aus Biologie und Medizin sowie aus Ethik und Recht besetzt sein.[12] Hierdurch wird eine wechselseitige Interaktion zwischen den verschiedenen Fachrichtungen gewährleistet, sodass in einem Verfahren sowohl ethische, rechtliche als auch naturwissenschaftliche Aspekte berücksichtigt werden.[13] Diese Kommission könnte ebenso am Robert Koch-Institut eingesetzt werden und den Namen „Fortpflanzungsmedizinkommission" tragen.[14] Die Einrichtung einer solchen zentralen Kommission auf

[11] *Gassner et al.*, Fortpflanzungsmedizingesetz, S. 75; a.A. *Haßmann*, Embryonenschutz im Spannungsfeld internationaler Menschenrechte, staatlicher Grundrechte und nationaler Regelungsmodelle zur Embryonenforschung, S. 250, der dafür plädiert, die Genehmigungsbehörden auf Länderebene anzusiedeln. Grundsätzlich ist nach Art. 83 GG die Ausführung von Bundesgesetzen Ländersache, die in diesem Zusammenhang auch die Einrichtung der Behörden und das Verwaltungsverfahren selbst regeln, Art. 84 Abs. 1 GG. Der Bund kann aber nach Art. 87 Abs. 3 GG in den Bereichen, in denen ihm die Gesetzgebungszuständigkeit zusteht, durch Bundesgesetz selbständige Bundesoberhörden einrichten.

[12] *Haßmann*, Embryonenschutz im Spannungsfeld internationaler Menschenrechte, staatlicher Grundrechte und nationaler Regelungsmodelle zur Embryonenforschung, S. 248 f.; zur Besetzung der beratenden Kommission siehe *Gassner et al.*, Fortpflanzungsmedizingesetz, S. 81. In deren Zuständigkeitsbereich könnte nicht nur die Bewertung von Projekten der Embryonenforschung fallen, sondern auch der Erlass von Richtlinien hinsichtlich der Anwendung von Techniken der assistierten Reproduktion sowie der Keimbahntherapie, siehe *dort*, S. 82 f., siehe auch unten S. 429 ff. und 434 ff.

[13] *Haßmann*, Embryonenschutz im Spannungsfeld internationaler Menschenrechte, staatlicher Grundrechte und nationaler Regelungsmodelle zur Embryonenforschung, S. 251. Durch eine Regelung, wonach neben der zuständigen Behörde eine weitere Stelle am Genehmigungsverfahren beteiligt ist, ergeben sich keine Bedenken hinsichtlich der Forschungsfreiheit, da diese Kommission lediglich eine Stellungnahme abgibt und kein billigendes Votum für die Genehmigungserteilung erforderlich ist, siehe zu dieser Frage bei Errichtung der Zentralen Ethik-Kommission für Stammzellforschung bereits *Brewe*, Embryonenschutz und Stammzellgesetz, S. 226. Darüber hinaus wird durch eine so ausgestaltete Einbeziehung einer Ethikkommission die Forschung auch nicht von „subjektiven Präferenzentscheidungen" abhängig gemacht, da dieser Kommission nur die Prüfung der Einhaltung der gesetzlichen Voraussetzungen obliegt und kein Raum für ethische Wertungen besteht, die nicht im Gesetz angelegt sind, siehe so bereits zur Zentralen Ethik-Kommission für Stammzellforschung *Huwe*, Strafrechtliche Grenzen der Forschung an menschlichen Embryonen und embryonalen Stammzellen, S. 284.

[14] So bereits mit genau dieser Bezeichnung *Gassner et al.*, Fortpflanzungsmedizingesetz, S. 81.

Bundesebene dient dazu, bundesweit einheitliche Standards der Embryonenforschung zu gewährleisten.[15]

Um die Einhaltung des Genehmigungsverfahrens abzusichern, sollte Forschung ohne entsprechende Genehmigung bzw. unter Missachtung gesetzlicher sowie in der Genehmigung genannter Vorgaben nach französischem Modell[16] strafrechtlich sanktioniert werden. Zusätzlich sollte zum Schutz der Embryonen festgelegt werden, dass die Überlassung derselben zur Forschung unentgeltlich sein muss: Mit ihnen soll kein Geld verdient werden können.[17]

III. Regelungen hinreichend sicherer Keimbahneingriffe mit Auswirkung auf geborene Menschen

Im Folgenden wird dargestellt, wie die Zulassung der verschiedenen gentechnischen Verfahren mit Auswirkung auf geborene Menschen geregelt werden sollte.

1. Bestimmung der genetischen Konstitution der Nachfahren

a. CRISPR/Cas9

Die Anwendung von CRISPR/Cas9 muss (jedenfalls in ihren Anfängen) auf therapeutische und präventive Zwecke zur Heilung und Vermeidung schwerer Krankheiten gerichtet sein. Der Gesetzgeber sollte an einem grundsätzlichen Verbot festhalten, geknüpft an strafrechtliche Sanktionen, und in Ausnahme hierzu einen Erlaubnistatbestand festsetzen.[18]

Entsprechend den Ergebnissen der verfassungsrechtlichen Analyse sollte die Erlaubnis des Gesetzgebers folgende Aspekte berücksichtigen[19]: Ein gezielter Eingriff in die Keimbahn ist ausnahmsweise erlaubt, wenn er nach dem Stand der Wissenschaft darauf gerichtet ist, die von der Intervention betroffenen Nachkommen vor einer schwerwiegenden Beeinträchtigung des körperlichen oder geistigen Gesundheitszustands, deren Auftreten oder Erwerb sicher oder hoch wahrscheinlich[20] ist

[15] So bereits die Argumentation zur Errichtung der Zentralen Ethik-Kommission für Stammzellforschung auf Bundesebene, siehe BT-Drucks. 14/8394, S. 10.

[16] Art. 511-19 C. pén.

[17] *Gassner et al.*, Fortpflanzungsmedizingesetz, S. 73 f.

[18] Siehe zur Ausgestaltung der Verbotsvorschrift die Vorschläge zu einer einfachen Ergänzung des ESchG oben S. 423 f.

[19] Ein hiervon in einigen Punkten abweichender Vorschlag findet sich bereits bei *Gassner et al.*, Fortpflanzungsmedizingesetz, S. 64.

[20] Durch diese Formulierung können auch präventive Eingriffe einbezogen werden. Es muss aufgrund der grundgesetzlichen Schutzpflicht eine besonders hohe Wahrscheinlichkeit des Krankheitseintritts gefordert werden. Hierdurch wird ein gewisser Spielraum gewahrt, denn in mathema-

und gegen die sich die betroffenen Nachkommen nicht auch zu Lebzeiten selbst ausreichend schützen können, zu bewahren. Die vorhersehbaren Risiken und Nachteile müssen gegenüber dem Nutzen für die Nachkommen medizinisch vertretbar sein.

Handelt es sich um den Schutz vor einer solchen Beeinträchtigung, die genetisch verursacht oder mitverursacht ist, muss zwischen zwei Situationen unterschieden werden:

Besteht aufgrund der genetischen Konstitution der Eltern die Möglichkeit, einen Embryo zu zeugen, der diese genetischen Eigenschaften nicht hat, darf der Eingriff nur an einem Embryo durchgeführt werden, bei dem mittels PID oder durch Untersuchung des ersten und zweiten Polkörperchens das Vorhandensein des entsprechenden Gens oder der entsprechenden Gene nachgewiesen wurde. Ergibt die Untersuchung des ersten Polkörperchens bereits, dass in der Eizelle ein Krankheitsgen vorhanden ist, darf diese Eizelle nicht weiter zur Imprägnation verwendet werden.

Besteht die Möglichkeit der Zeugung eines gesunden Embryos nicht, ist der Eingriff nicht auf bereits gezeugte Embryonen beschränkt, sondern kann auch bereits an den Gameten oder Vorläuferzellen erfolgen.[21]

Zur Auslegung des Begriffs „schwerwiegend" kann auf die Gesetzesmaterialien von § 3a Abs. 2 ESchG zurückgegriffen werden, wonach eine (Erb-)Krankheit insbesondere dann schwerwiegend ist, „wenn sie sich durch eine geringe Lebenserwartung oder die Schwere des Krankheitsbildes und schlechte Behandelbarkeit von anderen Erbkrankheiten wesentlich unterscheidet."[22]

Auf der Grundlage dieser allgemeinen Definition und zur Konkretisierung der derselben sollte einem Fachgremium auf Bundesebene die weitere Ausgestaltung des Begriffs „schwerwiegende Beeinträchtigung" übertragen werden. Dies ist schon deshalb erforderlich, weil eine pauschale Definition mangels sicherer Abgrenzbarkeit zwischen „Gesundheit" und „Krankheit" nicht geeignet ist, die absolut notwendige Begrenzung auf therapeutische Eingriffe zu gewährleisten. Dieses Gremium muss folglich die für eine Keimbahntherapie in Frage kommenden Zustände auf ihre „Krankheitseigenschaft" hin bewerten, sowohl aus naturwissenschaftlicher, gesellschaftlicher und ethischer Perspektive. Auf der Grundlage dieser Bewertung muss es verbindlich festsetzen, in welchen Fällen und in Bezug auf welche genetischen Defekte eine Keimbahntherapie erlaubt werden kann.[23] Diese Festsetzung

tischen Prozentzahlen lässt sich kein Krankheitsausbruch unfehlbar prognostizieren, aber gleichzeitig klargestellt, dass nicht bereits jede abstrakte Möglichkeit ausreichend sein kann, sondern Keimbahneingriffe restriktiv durchgeführt werden und auf absolut notwendige Fälle beschränkt bleiben sollen. Eine „hohe Wahrscheinlichkeit" für das Auftreten einer Krankheit liegt vor, wenn sie wesentlich von der Wahrscheinlichkeit für die Durchschnittsbevölkerung abweicht, siehe BT-Drucks. 17/5452, S. 6 zum Begriff „hohe Wahrscheinlichkeit" des § 3a Abs. 2 ESchG.

[21] Siehe zur Begründung oben S. 302 ff.

[22] BT-Drucks. 17/5451, S. 8; *Hermes*, Die Ethikkommissionen für Präimplantationsdiagnostik, S. 63.

[23] In ähnlicher Weise die Bildung einer „Fortpflanzungsmedizin-Kommission" fordernd, die in einer Richtlinie die Voraussetzungen für die Durchführung einer Keimbahnintervention festlegt, *Gassner et al.*, Fortpflanzungsmedizingesetz, S. 64. Diese Kommission kann dieselbe sein wie

sollte durch Erstellung eines Krankheitskatalogs erfolgen.[24] Gegen die Erstellung solcher Kataloge wird eingewendet, letztlich könne nur der von einer Krankheit Betroffene bzw. dessen Angehörige den Schweregrad der Krankheit einstufen.[25] Zudem könnten sich genetisch bedingte Krankheiten in sehr unterschiedlichen Schweregraden manifestieren, was eine Entscheidung im Einzelfall erforderlich mache und nicht pauschal durch Kataloge vorweggenommen werden könne.[26] Diese Gedanken mögen berechtigt sein, verkennen jedoch einen für Keimbahneingriffe wesentlichen Faktor: Nur für diejenigen Gene, für die die Unbedenklichkeit der Veränderung hin zu einer bestimmten Genvariation wissenschaftlich nachgewiesen ist, darf eine Keimbahntherapie überhaupt zugelassen werden. Im Unterschied zur PID etwa, bei der auf einen solchen Krankheitskatalog gerade verzichtet wurde, hat die Keimbahntherapie Auswirkung auf geborene Menschen und darf daher nicht pauschal etwa „zur Vermeidung schwerer Erbkrankheiten" ohne irgendeine Konkretisierung zugelassen werde. Es ist nicht möglich, CRISPR/Cas9 eine Unbedenklichkeitsbescheinigung hinsichtlich der Verhinderung monogenetischer Erbkrankheiten im Allgemeinen zu erteilen, sondern stets nur in Bezug auf einzelne untersuchte Krankheitsfälle. Je nach Zielsequenz im Genom arbeitet CRISPR/Cas9 mehr oder weniger genau, je nach verändertem Gen zeigen sich mehr oder weniger (oder gar keine) Nebenwirkungen. Diese Überlegungen zeigen den Bedarf, die Fälle, in denen eine genetische Eigenschaft überhaupt keimbahntherapie*fähig* ist, konkret festzulegen.[27] Aufgrund der rasanten naturwissenschaftlichen Entwicklungen sollte dieser Krankheitskatalog auch nicht durch den Gesetzgeber selbst festgelegt

---

diejenige, die für die Stellungnahmen zu Genehmigungen der Embryonenforschung zuständig ist. Aufgrund der Missbrauchsmöglichkeiten der Technik darf die Entscheidung, welche Eigenschaften noch als zu therapierende Krankheitszustände gelten und welche nicht, nicht allein den Eltern oder den Ärzten überlassen werden, sondern muss insb. von medizinischer und ethischer Seite vorgegeben und streng überwacht werden.

[24] So auch *Ronellenfitsch*, in: Dolde (Hrsg.), Umweltrecht im Wandel, S. 701 (715); einen Krankheitskatalog, allerdings erlassen durch den Gesetzgeber selbst, aus Gründen der Rechtsklarheit und Bestimmtheit bei auf restriktive Anwendung bedachten gesetzlichen Regelungen befürwortend auch *Nationaler Ethikrat*, Genetische Diagnostik vor und während der Schwangerschaft, S. 114 f. (Votum für eine verantwortungsvolle, eng begrenzte Zulassung der PID).

[25] Zu § 3 ESchG siehe *Propping*, DÄBl. 1991, S. A-1833; m.w.N. auch *Dorneck*, Das Recht der Reproduktionsmedizon de lege lata und de lege ferenda, S. 354 und 318.

[26] *Nationaler Ethikrat*, Genetische Diagnostik vor und während der Schwangerschaft, S. 116 (Votum für eine verantwortungsvolle, eng begrenzte Zulassung der PID); zu diesen Fragen *Taupitz*, in: Günther et al. (Hrsg.), ESchG, § 3 Rn. 25.

[27] An dieser Stelle muss auch nochmals das Argument abgelehnt, werden durch einen solchen Katalog werde der Gedanke ausgedrückt, Menschen mit bestimmten Krankheiten oder Behinderungen seien nicht erwünscht. Erstens vollzieht sich auch die Anwendung einer Generalklausel über eine ständig anwachsende Zahl von Einzelfällen, sodass sich auch hiergegen ein Diskriminierungsvorwurf einwenden ließe, *Nationaler* Ethikrat, Genetische Diagnostik vor und während der Schwangerschaft, S. 115 (Votum für eine verantwortungsvolle, eng begrenzte Zulassung der PID). Zweitens wurde der Vorwurf der Diskriminierung durch die Durchführung von Keimbahneingriffen bereits an anderer Stelle widerlegt, siehe oben S. 334 ff. Weshalb dann die Fälle, in denen Keimbahneingriffe durchgeführt werden dürfen, nicht beim Namen genannt werden dürfen, erschließt sich nicht.

werden, sondern durch ein gesondertes Gremium, welches wesentlich schneller und flexibler in der Lage ist, diese Vorgaben den neusten Erkenntnissen anzupassen, auch im negativen Sinne bestimmte Eingriffe wieder zu verbieten, wenn sich gravierende Nebenwirkungen gezeigt haben.

Die Ansiedlung auf Bundesebene gewährleistet, dass auf dem gesamten Bundesgebiet anhand gesicherter naturwissenschaftlicher Erkenntnisse Keimbahneingriffe nur in einheitlich festgelegten Fällen durchgeführt werden dürfen. Hierdurch wird „Kommissionstourismus" vermieden.[28] Dieses Fachgremium muss aus Medizinern und Biologen bestehen, da nur diese die entsprechenden Fachkenntnisse liefern können. Darüber hinaus sollte es ebenso mit Ethikern und Juristen besetzt sein, da es sich um ein gesellschaftlich hoch umstrittenes Verfahren handelt und folglich eine ethische und juristische „Überwachung" und Beratung etwa bei der Erstellung dieser Liste die notwendige moralische Reflektion und Diskussion sowie die Berücksichtigung verfassungsrechtlicher Güter gewährleistet. Zudem wird so mutmaßlich auch die gesellschaftliche Akzeptanz dieser Liste erhöht bzw. es werden durch diese ethische und juristische Kontrollinstanz diejenigen Gemüter beruhigt, die die Sorge von Missbrauch und Dammbrüchen umtreibt. Dieses Gremium kann im Übrigen dasselbe sein, das auch für die Stellungnahmen in Bezug auf Forschungsprojekte mit Embryonen beauftragt ist, also bereits die bereits erwähnte „Fortpflanzungsmedizinkommission".

Um auch im jeweiligen Einzelfall die Notwendigkeit einer Keimbahntherapie zu überprüfen, sollte der konkreten Durchführung selbst ebenso stets noch eine zustimmende Bewertung vorausgehen, entweder wieder durch das bereits genannte Gremium auf Bundesebene oder durch Ethikkommissionen auf Länderebene.[29] Da die wichtigsten Vorgaben bereits zentral auf Bundesebene erfolgt sind, spricht nichts gegen eine Zuständigkeit von Ethikkommissionen auf Länderebene, die diese Vorgaben anwenden und lediglich die Einhaltung der Voraussetzungen im Einzelfall prüfen. Da sie alle an dieselben Voraussetzungen gebunden sind, sind keine wesentlich ungleichen Entscheidungen zu erwarten.

Kritiker von Ethikkommissionen wendeten allerdings bereits in der Debatte zur PID ein, eine solche einzelfallbezogene Prüfung durch derartige Kommissionen sei

[28] Anders bei der ausnahmsweise erlaubten Geschlechtswahl nach § 3 S. 2 ESchG, wonach einer „nach Landesrecht zuständige Stelle" die Anerkennung einer Krankheit als „schwerwiegende geschlechtsgebundene Erbkrankheit" obliegt. Diese Stellen sind meist Ministerien. Diese Zuständigkeit unterschiedlicher Behörden führt allerdings zu einer Zersplitterung des Rechts, siehe BT-Drucks. 11/8191, S. 1.

[29] Die Einsetzung von Ethikkommissionen auch befürwortend *Ronellenfitsch*, in: Dolde (Hrsg.), Umweltrecht im Wandel, S. 701 (715). Noch weitergehender ein behördliches Genehmigungsverfahren verlangend, vergleichend mit dem Einholen einer Genehmigung bei Forschung mit embryonalen Stammzellen nach dem StZG: *Donerck*, Das Recht der Reproduktionsmedizin de lege lata und de lege ferenda, S. 357. Das Einholen einer staatlichen Genehmigung vor Durchführung einer ärztlichen Behandlung wäre jedoch ein Fremdkörper im deutschen Recht, wo niemals für die Inanspruchnahme einer Heilbehandlung eine staatliche Genehmigung verlangt wird. Dieses Konzept erscheint doch recht fragwürdig. Auch hinkt der Vergleich mit dem StZG, da es sich dabei bei der Nutzung von embryonalen Stammzellen nach dem StZG um reine Forschung in vitro handelt und nicht um ärztliche Heiltätigkeit.

nicht notwendig, schließlich habe der Gesetzgeber auch bei einem Schwangerschaftsabbruch von der Einschaltung von Ethikkommissionen abgesehen, obwohl es dort um den Lebensschutz eines weitaus weiter entwickelten Menschen gehe als bei der PID.[30] Dieser Vergleich passt an dieser Stelle allerdings schon deswegen nicht, weil die Maßnahme hier sogar einen geborenen Menschen betreffen wird, der dann noch weiter entwickelt sein wird als der von einem Schwangerschaftsabbruch betroffene. Zudem gewährleistet die Prüfung durch eine Kommission gerade bei Vorschriften, die restriktiv angewendet werden sollen, eine durchaus wünschenswerte und sinnvolle zusätzliche Kontrolle, um auch in der konkreten Umsetzung Missbrauch und Experimente zu verhindern sowie um über die Einhaltung der gesetzlichen und der von der zentralen Kommission aufgestellten Vorgaben zu wachen.[31] Hierbei sei auch wieder auf die in der Gesellschaft hinsichtlich Keimbahninterventionen vorhandenen Bedenken verwiesen, etwa bezogen auf Missbrauchs- und Dammbruchgefahren, denen durch die Einschaltung von Ethikkommissionen Rechnung getragen werden kann: Je enger und stärker die Kontrolle, desto geringer die Beunruhigung.

Die Durchführung der Keimbahntherapie sollte zudem nur an wenigen lizensierten Zentren erfolgen. Dabei muss gewährleistet sein, dass diese Zentren neben der bloßen Vornahme des Eingriffs auch die notwendigen (langfristigen) Untersuchungs- und Begleitmaßnahmen zugunsten keimbahntherapierter Kinder leisten können. Zudem muss eine zentralisierte Dokumentation erfolgen, um angemessene Kontrollen und eine wissenschaftliche Auswertung der Daten zu ermöglichen.[32] Ebenso wie bei der PID könnte zudem die Bundesregierung verpflichtet werden, alle vier Jahre einen Bericht über die Erfahrungen mit der Keimbahntherapie zu erstellen.[33] Die gesetzliche Erlaubnis der Durchführung der Keimbahntherapie könnte

[30] *Deutscher Ethikrat*, Präimplantationsdiagnostik, S. 98 (Votum für eine begrenzte Zulassung der PID).

[31] Die Missbrauchsvermeidung sowie die Absicherung der restriktiven Durchführung der PID standen auch bei der Gesetzgebung zur PID hinter der Einsetzung entsprechender Ethikkommissionen, siehe BT-Drucks. 17/5451, S. 3; zu den Motiven mit zahlreichen Nachweisen *Hermes*, Die Ethikkommissionen für Präimplantationsdiagnostik, S. 36 ff.

[32] So schon die Vorschläge zu einer Regelung der PID *Nationaler Ethikrat*, Genetische Diagnostik vor und während der Schwangerschaft, S. 114 (Votum für eine verantwortungsvolle, eng begrenzte Zulassung der PID); *Deutscher Ethikrat*, Präimplantationsdiagnostik, S. 98 (Votum für eine begrenzte Zulassung der PID). Diese Voraussetzungen wurden in die Verordnung zur Regelung der Präimplantationsdiagnostik aufgenommen. So sind nach § 8 Abs. 2 der Verordnung die Zentren verpflichtet, einer Zentralstelle (nach § 9 Abs. 1 VO beim Paul-Ehrlich-Institut angesiedelt) folgende Daten in anonymisierter Form zu übermitteln: Anzahl der Anträge auf zustimmende Bewertung zur Durchführung einer PID, Anzahl der nach zustimmender Bewertung durchgeführter PIDs, Anzahl der abgelehnten Anträge auf zustimmende Bewertung zur Durchführung einer PID sowie die Anzahl des jeweiligen Begründungstyps der Indikationsstellung nach § 3a Abs. 2 ESchG einschließlich der genutzten genetischen Untersuchungsmethoden. Eine Abhängigkeit der Zulassung eines Zentrums von seiner Fähigkeit, auch die langfristigen Untersuchungen leisten zu können, wurde in die Verordnung nicht aufgenommen. Eine solche gesetzliche Verankerung wäre allerdings sinnvoll.

[33] § 3a Abs. 6 ESchG: „Die Bundesregierung erstellt alle vier Jahre einen Bericht über die Erfahrungen mit der Präimplantationsdiagnostik. Der Bericht enthält auf der Grundlage der zentralen

dementsprechend auf zunächst vier Jahre begrenzt werden, um deren weitere Zulassung von den sich in der Zwischenzeit ergebenden Erkenntnissen abhängig zu machen.

Es muss zudem eine Lösung gefunden werden, wie Langzeitkontrollen effektiv durchgeführt werden können, ggfs. generationsübergreifend.[34] Solche Kontrollen sind notwendig, um eventuelle gravierende Nebenwirkungen festzustellen und entsprechende Keimbahneingriffe wieder verbieten zu können. Dabei sind Schwierigkeiten bei der Rekrutierung betroffener Menschen zu erwarten.[35] Eine Verpflichtung zur Teilnahme an solchen Kontrollen wird sich nicht begründen lassen, da eine solche unvereinbar wäre mit dem Selbstbestimmungsrecht der betroffenen Menschen. Es sollte allerdings mit diesem Anliegen vor oder nach Vornahme der Keimbahntherapie an die Eltern herangetreten werden und auf die Wichtigkeit und Bedeutsamkeit derartiger Kontrollen nicht nur für das eigene Kind, sondern auch für andere potenziell betroffene Menschen hingewiesen werden. Die betroffenen Kinder müssen nach Erreichen der Volljährigkeit gebeten werden, weiter daran teilzunehmen. Auch dann kann entsprechende Aufklärung über die Bedeutung der Kontrollen auch für die eigene Gesundheit möglicherweise eine Bereitschaft zur Teilnahme fördern.

b. Mitochondrientransfer

Der Mitochondrientransfer sollte innerhalb der Vorschrift zur Erlaubnis der Keimbahntherapie in einem gesonderten Absatz eine eigene Stellung einnehmen. Es sollte, sofern eine positive Risiko-Nutzen-Abwägung erreicht ist, erlaubt werden, einen Zytoplasmatransfer bzw. Kerntransfer zwischen unbefruchteten Eizellen oder solchen im Vorkernstadium verschiedener Frauen mit dem Ziel durchzuführen, eine Schwangerschaft der Frau herbeizuführen, von der die das fremde Zytoplasma aufnehmende Eizelle bzw. der zu transplantierende Kern stammt, wenn das hohe Risiko[36] besteht, dass alle Eizellen dieser Frau Mitochondrien mit genetischen Mutationen enthalten und diese Mutationen beim Nachwuchs dieser Frau mit hoher Wahrscheinlichkeit zu schwerwiegenden mitochondrialen Krankheiten führen werden.[37] Es muss dabei sichergestellt werden, dass es sich bei den gespendeten Eizel-

---

Dokumentation und anonymisierter Daten die Zahl der jährlich durchgeführten Maßnahmen sowie eine wissenschaftliche Auswertung."

[34] Dies auch fordernd *NASEM*, Human Gene Editing, S. 103.

[35] *Wert et al. (ESHG und ESHRE)*, European Journal of human genetics 2018, 26, S. 445 (448).

[36] Eine hundertprozentige Sicherheit, ob alle Eizellen betroffen sein werden, lässt sich nicht vorhersagen. Eine solche Sicherheit kann daher nicht verlangt werden.

[37] Eine ähnliche Regelung findet sich in Großbritannien in den Art. 5 und 8 der Human Fertilisation and Embryology (Mitochondrial Donation) Regulations 2015: „[…] *there is a particular risk that any embryo which is created by the fertilisation of an egg extracted from the ovaries of a woman* […] *may have mitochondrial abnormalities caused by mitochondrial DNA* […]" (Art. 8, bezogen auch den Kerntransfer bei imprägnierten Eizellen) bzw. „*there is a particular risk that any egg extracted from the ovaries of a woman named in the determination may have mitochondrial abnor-*

len im Vorkernstadium um überzählige Eizellen handelt, da ansonsten Vorkernstadien, welche nach in dieser Arbeit vertretener Ansicht grundrechtlichen Schutz genießen, eigens zu ihrer anschließenden Zerstörung erzeugt werden müssten.

Anders als bei der Keimbahntherapie, bei der in die genetische Struktur selbst eingegriffen wird, bleibt die genetische Struktur der verwendeten Zellen bei den Methoden des Mitochondrientransfers unberührt. Es bedarf also nicht notwendigerweise eines Krankheitskatalogs, um die Fälle festzustellen, bei denen das Verfahren aus naturwissenschaftlicher Perspektive mehr oder weniger risikofrei in Betracht kommt. Der Mitochondrientransfer ist immer gleich risikofrei oder risikobehaftet, gleich welche Mitochondriopathie vermieden werden soll.

Die Frage ist, ob die Einschaltung einer Ethikkommission zur Bewertung des Einzelfalls sinnvoll ist. Durch einen Kerntransfer können keinen phänotypischen Eigenschaften beeinflusst werden, sodass die Techniken wesentlich weniger missbrauchsanfällig sind bzw. ein Missbrauch nur sehr schwer vorstellbar ist. Allerdings muss auch hier der Begriff der „schwerwiegenden Krankheit" näher bestimmt werden, sodass zur Beurteilung dieser Voraussetzung die Bewertung eines Fachgremiums angebracht ist, wie auch in allen anderen Fällen, in denen das Gesetz das Vorliegen einer solchen Krankheit zur Voraussetzung macht. Darüber hinaus ist aufgrund der therapeutischen Zielsetzung und der damit einhergehenden Einwirkung auf die genetische Konstitution des Kindes der Mitochondrientransfer mit einem Eingriff mittels CRISPR/Cas9 durchaus vergleichbar: Es ist sinnvoll, die Vornahme therapeutischer Keimbahneingriffe welcher Art auch immer denselben Voraussetzungen zu unterwerfen und somit einen Gleichlauf in der Anwendung zu gewährleisten, da sie alle geeignet sind, in der Bevölkerung Skepsis und Ängste hervorzurufen, bzw. jedenfalls ethisch umstritten sind.

2. Keimbahneingriffe zur Ermöglichung der Fortpflanzung

a. CRISPR/Cas9

Die gentechnische Behandlung von Gendefekten in Vorläuferzellen von Keimzellen oder Keimzellen eines Menschen sollte, sobald die naturwissenschaftliche Datenlage es erlaubt, für die Fälle erlaubt werden, in denen ohne diese Behandlung eine Fortpflanzung dieses Menschen ohne Rückgriff auf eine Gameten- oder Embryonenspende nicht möglich wäre.

Hinsichtlich der genaueren Ausgestaltung gäbe es die Möglichkeit, die konkreten Reparaturmechanismen in Richtlinien der BÄK und der LÄK zu regeln, so wie es aktuell für die herkömmlichen Methoden und Verfahren der medizinisch assistierten Reproduktion der Fall ist.[38] Vom Sinn und Zweck der Maßnahme her handelt

malities caused by mitochondrial DNA [...]" (Art. 5, bezogen auf den Kerntransfer bei unbefruchteten Eizellen) und „[...] *there is a significant risk that a person with those abnormalities will have or develop serious mitochondrial disease* [...]" (Art. 5 und 8).

[38] So legt etwa die Richtlinie zur Entnahme und Übertragung von menschlichen Keimzellen im

es sich letztlich um eine Aufbereitung von Keimmaterial, der sich die Richtlinien bereits mehr oder weniger detailliert widmen. Gegen eine Regelung durch die LÄK spricht aber, dass so bundesweit die Korrektur verschiedenster Gendefekte von Spermatogonien uneinheitlich erfolgen würde und so je nach Bundesland letztlich unterschiedliche Sicherheitsstandards gelten würden. Wie auch beim Einsatz von CRISPR/Cas9 zu therapeutischen und präventiven Zwecken zum Nutzen des künftigen Kindes kann CRISPR/Cas9 auch hier für genetische Korrekturen im Allgemeinen keine pauschale Unbedenklichkeitsbescheinigung erteilt werden. Aufgrund der gesundheitlichen Risiken, die durch diese Verfahren für den geborenen Menschen entstehen, sollte die Art und Weise ihrer Anwendung durch eine zentrale Stelle für alle Reproduktionsmediziner und Gentechniker streng kontrolliert und verbindlich vorgegeben werden. Insofern ist auch, mangels Verbindlichkeit, eine Regelung durch Richtlinien der BÄK nicht zielführend.

Es muss daher durch ein Gremium auf Bundesebene verbindlich festgelegt werden, welche Defekte mittels welcher Methoden korrigiert werden können. Dieses Gremium kann wiederum dasselbe sein, das auch über die Zulässigkeit von Projekten der Embryonenforschung entscheidet sowie die Voraussetzungen für die Keimbahntherapie zur Heilung und Prävention von Krankheiten festlegt („Fortpflanzungsmedizinkommission"). Die Kommission könnte im Übrigen auch ganz allgemein, nach dem Modell der französischen *lois de bioéthique*,[39] damit beauftragt werden, eine Liste der zulässigen Methoden und Techniken der medizinisch assistierten Reproduktion zu erstellen sowie, nach bestimmten gesetzlichen Vorgaben, auf Antrag die Aufnahme neuer Verfahren auf die Liste zu prüfen.

Die Einschaltung einer weiteren Ethikkommission zur Prüfung jedes Einzelfalls ist hingegen nicht angezeigt. Die zustimmende Bewertung ist bei der Anwendung von Methoden der medizinisch assistierten Reproduktion bislang keine Voraussetzung und es ist auch nicht ersichtlich, woraus sich in diesem Fall ein solcher Bedarf ergeben sollte. Es geht lediglich um die Feststellung, ob ein Mensch aufgrund eines bestimmten genetischen Defekts zeugungsunfähig ist. Dabei handelt es sich um einen naturwissenschaftlichen Fakt, der durch entsprechende ärztliche Untersuchung geklärt werden kann.

b. hiPS-Zellen

Der Regelung der Verwendung von hiPS-Zellen zu Fortpflanzungszwecken muss, sollte der Gesetzgeber diese Art der Fortpflanzung als mit der Verfassung vereinbar bewerten, zunächst die Regelung des Zugangs zur assistierten Fortpflanzung im

---

Rahmen der assistierten Reproduktion der BÄK fest, welche Methoden zur Aufbereitung der Samenzellen in Betracht kommen (Art. 3.1.1: einfaches Waschen, Swim-up-Verfahren, Dichtegradient-Zentrifugation).

[39] Art. L. 2141-1 CSP legt fest, dass durch ministeriellen Erlass und nach Beratung durch die ABM eine Liste der biologischen Verfahren der medizinisch assistierten Reproduktion erstellt wird. Die ABM prüft auf Antrag die Aufnahmefähigkeit neuer Verfahren auf diese Liste.

Allgemeinen vorausgehen. So sollte dieser Zugang jedem offenstehen, unabhängig von Familienstand oder sexueller Ausrichtung. Dabei sollten auch die Verfahren der Eizellspende und der Leihmutterschaft zugelassen werden.[40] Die Verwendung künstlicher Gameten, hergestellt aus körpereigenen hiPS-Zellen, könnte schließlich für die Fälle zugelassen werden, in denen ein Mensch auf natürliche Weise keine funktionsfähigen Gameten und/oder nicht die Gameten desjenigen Geschlechts, die für die gewünschte Fortpflanzung dieses Menschen mit einem bestimmten anderen Menschen notwendig sind, produziert. Damit steht die Fortpflanzung mit künstlichen Gameten fortpflanzungsunfähigen Menschen offen, die sich mit einem (anders- oder gleichgeschlechtlichen) Menschen fortpflanzen möchten, sowie grundsätzlich fortpflanzungsfähigen Menschen, die sich mit einem gleichgeschlechtlichen Menschen fortpflanzen möchten und denen folglich keine eigenen natürlichen Gameten des anderen Geschlechts zur Verfügung stehen. Zudem ist so ausgeschlossen, dass lediglich die komplementäre Gamete eines Menschen für eine alleinige Fortpflanzung desselben hergestellt wird.

Die konkrete Festlegung der Art und Weise der Herstellung künstlicher Gameten, also mittels welcher Methoden und anhand welcher Ausgangszelle, muss wieder durch die bereits erwähnte „Fortpflanzungsmedizinkommission" verbindlich festgelegt werden. Eine Regelung bloß durch Richtlinien der LÄK oder BÄK scheidet aus bereits genannten Gründen aus.

Die Einschaltung einer weiteren Ethikkommission zur Beurteilung des Einzelfalls ist auch hier nicht angezeigt: Bereits durch Gesetz sind die Fälle festgelegt, in denen eine Fortpflanzung mittels künstlicher Gameten aus hiPS-Zellen in Betracht kommt. Weitere Voraussetzungen, deren Einhaltung durch eine Ethikkommission sinnvoll geprüft werden könnten, gibt es nicht. Es wäre vielmehr fragwürdig, den Wunsch nach Fortpflanzung eines bestimmten Menschen mit einem anderen Menschen einer „ethischen" Beurteilung unterziehen zu wollen.

[40] Siehe für entsprechende Regelungsvorschläge: *Gassner et al.*, Fortpflanzungsmedizingesetz, S. 48 f. für die allgemeinen Voraussetzungen der medizinisch assistierten Reproduktion, S. 57 ff. für die Eizellspende und S. 61 ff. für die Leihmutterschaft.

Kapitel 10
Gesamtfazit

A. Erlaubnisfähige Keimbahneingriffe

Eingriffe in die menschliche Keimbahn mit Auswirkung auf geborene Menschen mittels CRISPR/Cas9, durch Verfahren des Mitochondrientransfers sowie durch Verwendung von hiPS-Zellen zu Reproduktionszwecken haben sich als nicht kategorisch unzulässig erwiesen, sondern können, sofern Sicherheitsfragen hinreichend geklärt sind, einer begrenzten Erlaubnis zugeführt werden.

So sind zunächst durch CRISPR/Cas9 und durch Mitochondrientransfer durchgeführte therapeutische und präventive Eingriffe, durch die die Nachkommen von schweren Krankheiten bewahrt werden sollen, deren Eintritt sicher oder sehr wahrscheinlich ist und gegen die sich der künftige Mensch nicht zu Lebzeiten selbst hinreichend schützen kann, dann einer Erlaubnis zugänglich, sobald die mit dem Eingriff verbundenen Risiken durch Tierversuche und Forschung an Embryonen weitestgehend ausgeschlossen werden können. Diese Voraussetzungen erfüllende erwerbbare Krankheiten sind derzeit innerhalb der Bundesrepublik Deutschland nicht bekannt, sodass Eingriffe zur Verhinderung erwerbbarer Krankheiten nicht zugelassen werden können. Es kommen folglich nur solche Krankheiten als „Eingriffsziele" in Betracht, deren Ausbruch genetisch (mit-)bedingt ist.

Für die Frage, wann Risiken als hinreichend ausgeschlossen anzusehen sind, kann als Orientierung die Datenlage herangezogen werden, wie sie bei erstmaliger Anwendung von Techniken der assistierten Reproduktion (IVF und ICSI) vorlag. Ist die voraussichtliche Erfolgs- bzw. Fehlschlagsquote vergleichbar mit der zum damaligen Zeitpunkt, können die Techniken in die Anwendung überführt werden.

S. Deuring, *Rechtliche Herausforderungen moderner Verfahren der Intervention in die menschliche Keimbahn*, Veröffentlichungen des Instituts für Deutsches, Europäisches und Internationales Medizinrecht, Gesundheitsrecht und Bioethik der Universitäten Heidelberg und Mannheim 49,
https://doi.org/10.1007/978-3-662-59797-2_10

Die therapeutische Zielsetzung der Eingriffe vermag gar noch einen weiteren Sicherheitsabschlag zu rechtfertigen.[1]

In der Anfangsphase der Anwendung darf ein Keimbahneingriff zu therapeutischen oder präventiven Zwecken aber nur erfolgen, wenn er erwiesenermaßen notwendig ist. Dies bedeutet, dass er an den unbefruchteten Gameten, der imprägnierten Eizelle oder dem aus wenigen Zellen bestehenden Embryo, an dem noch keine PID möglich ist, nur dann durchgeführt werden darf, wenn es aufgrund der genetischen Konstitution der Eltern nicht möglich ist, ein Kind zu bekommen, das nicht sicher die für eine schwere Krankheit (mit-)verantwortlichen Gene tragen wird. Ist die Zeugung eines solchen Kindes jedoch möglich, ist eine Keimbahntherapie nur dann zulässig, wenn ein zu heilender Embryo, dessen krankmachende genetische Konstitution durch PID oder PKD nachgewiesen wurde, bereits vorliegt. Bei den Verfahren des Mitochondrientransfers muss, sofern ein Vorkerntransfer zwischen Eizellen erfolgt, berücksichtigt werden, dass nach in dieser Arbeit vertretenen Ansicht mit den Eizellen im Vorkernstadium bereits Grundrechtsträger vorliegen. Es dürfen also zur Aufnahme der fremden Kerne nur überzählige Vorkernstadien verwendet werden.

Die Bestimmung dessen, was (schon) Krankheit und (noch) Gesundheit ist, kann nicht pauschal beantwortet werden. Letztlich bedarf es einer Bewertung des konkreten Zustands anhand objektiver, subjektiver und sozialer bzw. relationaler Aspekte. Der objektive Aspekt beschreibt eine „Einschränkung der normalen Funktion“, der subjektive Aspekt ein „eingeschränktes Wohlbefinden“ und der relationale Aspekt eine „Behinderung bei der Ausübung von Aufgaben im privaten oder beruflichen Bereich“. Der soziale Aspekt bezieht mit ein, wie ein Zustand innerhalb einer Gesellschaft bewertet wird.[2]

Auch die Anwendung von CRISPR/Cas9 zur Ermöglichung einer Fortpflanzung, etwa durch Behebung von genetischen Defekten in Spermatogonien, und die Verwendung künstlicher, aus hiPS-Zellen hergestellter Gameten zur Fortpflanzung ist dann zulässig, wenn die Techniken einer positiven Risiko-Nutzen-Abwägung standhalten. Auch zur Bestimmung dieses Zeitpunkts kann man sich wieder an den Anfängen von IVF und ICSI orientieren. Dabei muss bei einer Fortpflanzung mittels hiPS-Zellen das Zwei-Eltern-Prinzip (gleich, ob die Eltern verschieden- oder gleichgeschlechtlich sind) beibehalten werden. Eine Fortpflanzung nur einer Person unter Verwendung von nur ihr selbst stammenden Zellen ist mit enormen gesundheitlichen Risiken für das hieraus entstehende Kind verbunden und muss folglich verboten werden.

Zur Erprobung all dieser Verfahren ist Forschung an Embryonen zulässig, sofern hierfür nur überzählige Embryonen verwendet werden. Voraussetzung ist die Einwilligung der Erzeuger des Embryos und die Verfolgung hochrangiger Forschungsziele für den wissenschaftlichen Erkenntnisgewinn, etwa im Bereich der Grundlagenforschung oder zur Entwicklung diagnostischer, therapeutischer oder präventiver Verfahren zur Anwendung am Menschen; schließlich muss die Forschung alternativlos sein.

[1] Siehe oben S. 299 ff. sowie bereits im Bereich der Klonierung Kersten, Das Klonen von Menschen, S. 518 und 522.

[2] Zu den Zitaten siehe oben Fn. 61.

B. Derzeitige Rechtslage – Wichtigste Problemkreise

I. Internationaler Rechtsrahmen

Internationale Regelwerke stellen kein für Deutschland verbindliches explizites Verbot von Keimbahneingriffen im eben abgesteckten Rahmen auf. In dieser Arbeit erfolgte eine überblicksartige Begutachtung der BMK, der EMRK, der Grundrechtecharta der EU und von UNESCO-Erklärungen.

Ein ausdrückliches Verbot vererblicher Keimbahneingriffe sieht lediglich die BMK vor, der Deutschland jedoch nicht beigetreten ist und die für den deutschen Gesetzgeber daher nicht bindend ist. Der EMRK hingegen lassen sich keine konkreten Vorgaben entnehmen. Das dort vorgesehene Recht auf Leben aus Art. 2 Abs. 1 EMRK steht derartigen Eingriffen jedenfalls nur solange entgegen, wie Sicherheitsfragen noch nicht hinreichend geklärt sind. Hinsichtlich einer möglichen Menschenwürdeverletzung (Art. 3 EMRK) lässt sich Empfehlungen der Parlamentarischen Versammlung entnehmen, dass Keimbahnveränderungen zu therapeutischen Zwecken jedenfalls keinen Verstoß gegen dieses Prinzip darstellen sollen. Die Grundrechtecharta der EU kann mangels Zuständigkeit der EU für den Bereich der Fortpflanzung und der Gentherapie gar nicht herangezogen werden. Der UNESCO-Erklärung über das menschliche Genom und Menschenrechte lässt sich ein Verbot von Keimbahneingriffen mit Auswirkung auf geborene Menschen ebenso nur in Bezug auf die aktuell noch bestehenden Risiken entnehmen. Ein grundsätzliches Verbot solcher Maßnahmen findet sich in der Erklärung nicht. Selbiges gilt für die allgemeine Erklärung über Bioethik und Menschenrechte und die Erklärung über die Verantwortung der heutigen Generation gegenüber den künftigen Generationen. Die Erklärungen der UNESCO sind als *soft law* aber ohnehin nicht verbindlich.

Hinsichtlich Forschung an Embryonen erlaubt die BMK Forschungseingriffe an überzähligen Embryonen, nicht aber eine gezielte Herstellung von Embryonen zu diesem Zweck. Dabei gilt aber wiederum, dass die BMK für Deutschland nicht verbindlich ist. Die EMRK kann zu einer Beurteilung der Embryonenforschung nicht herangezogen werden, da sie keine Bestimmung darüber trifft, wann menschliches Leben beginnt, und diese Bestimmung sowie die Behandlung menschlichen Lebens in seinen frühsten Existenzformen dem Ermessen der Mitgliedstaaten überlassen ist. Lediglich hinsichtlich der Zeugung von Embryonen zu Forschungszwecken kann die BMK als Interpretationshilfe herangezogen werden, sodass eine solche gezielte Zeugung bei entsprechender Auslegung der EMRK verboten ist. Die Grundrechtecharta der EU sowie die Erklärungen der UNESCO können für die Bewertung der Embryonenforschung nicht fruchtbar gemacht werden.

II. Deutsche einfachgesetzliche Rechtslage

Forschung zur Entwicklung von CRISPR/Cas9, der Techniken des Mitochondrientransfers und zur Herstellung künstlicher Gameten ist in Deutschland nur sehr eingeschränkt möglich.

CRIPSR/Cas9 darf nur an unbefruchteten Keimzellen angewendet werden, worunter bereits imprägnierte Eizellen nicht mehr fallen. Ebenso dürfen die Verfahren des Mitochondrientransfers nur an unbefruchteten Keimzellen erfolgen. Es ist zudem erlaubt, künstliche Gameten aus hiPS-Zellen herzustellen.

Alle weiteren Forschungshandlungen sind verboten: CRISPR/Cas9 darf nicht an Eizellen ab dem Zeitpunkt der Imprägnation sowie allen weiteren Entwicklungsstadien angewendet werden, seien diese Embryonen entwicklungsfähig oder nicht, durch Befruchtung entstanden oder nicht. Veränderte Gameten dürfen auch nicht befruchtet bzw. bis zur Bildung der Vorkerne kultiviert werden. Die Techniken des Mitochondrientransfers dürfen nicht an Eizellen im Vorkernstadium angewendet werden und künstliche Gameten dürfen nicht zu Forschungszwecken einer Befruchtung zugeführt bzw. zur Bildung von Vorkernstadien verwendet werden.

Sowohl die Anwendung der CRISPR/Cas9-Technik als auch des Mitochondrientransfers zur Erzeugung eines geborenen Menschen scheitern an den strafrechtlichen Verboten des ESchG. Hinsichtlich der Nutzung künstlicher Gameten zu Reproduktionszwecken besteht eine Lücke: So ist es zwar verboten, eine von einer bestimmten Frau stammende künstliche Eizelle auf eine andere Frau zu übertragen bzw. zu diesem Zweck zu befruchten. Es ist hingegen nicht verboten, die von einer bestimmten Frau stammende künstliche Eizelle auf eben diese Frau zu übertragen bzw. zur Herbeiführung einer Schwangerschaft dieser Frau zu befruchten. Ebenso ist die Verwendung von künstlich hergestellten Samenzellen zur Befruchtung nicht verboten. Verschiedengeschlechtliche Paare, gleichgeschlechtliche weibliche Paare sowie Frauen allein können sich also mittels hiPS-Zellen fortpflanzen, sofern diese Fortpflanzung nicht mit der Übertragung einer Eizelle auf eine fremde Frau verbunden ist. Insbesondere enthalten die Regelungen der medizinisch assistierten Reproduktion der LÄK und BÄK keine Restriktionen hinsichtlich zulässiger und nicht zulässiger Elternschaftskonstellationen. Aufgrund des Verbots der Leihmutterschaft ist einem rein männlichen Paar bzw. einem Mann allein eine Fortpflanzung mittels hiPS-Zellen jedoch verwehrt.

III. Französische einfachgesetzliche Rechtslage

Das französische Recht erlaubt Forschung an überzähligen Embryonen, sofern dabei ein medizinisches Ziel verfolgt wird, die Erzeuger einwilligen, die Forschung alternativlos und wissenschaftlich bedeutsam ist und die *ABM* eine Forschungsgenehmigung erteilt hat. Das Gesetz ist dabei so auszulegen, dass als Embryo bereits die imprägnierte Eizelle gemeint ist. Somit kann mittels CRISPR/Cas9 unter diesen

Voraussetzungen an imprägnierten Eizellen bzw. allen darauffolgenden Entwicklungsstadien des Embryos geforscht werden. Aufgrund des Verbots, Embryonen zu Forschungszwecken zu erzeugen, dürfen jedoch genetisch veränderte Gameten nicht zu experimentellen Zwecken imprägniert werden.

Zwischen unbefruchteten Eizellen darf zu Forschungszwecken ein Mitochondrientransfer durchgeführt werden. Diese Eizellen dürfen aber, aufgrund des Verbots der Herstellung transgener Embryonen, nicht imprägniert werden. Aufgrund dieses Verbots darf ein Mitochondrientransfer auch nicht an Eizellen, die sich bereits im Vorkernstadium befinden, erfolgen.

Die Herstellung künstlicher Gameten ist erlaubt, sie dürfen jedoch nicht zu experimentellen Zwecken imprägniert werden.

Einer Anwendung aller hier untersuchter Verfahren zur Erzeugung eines geborenen Menschen ist verboten, da das französische Recht genetische Veränderungen verbietet, die das Ziel haben, die Nachkommenschaft zu verändern. Dem Verfahren des Mitochondrientransfers steht zudem das Verbot der Herstellung transgener Embryonen entgegen. Der Verwendung künstlicher, aus hiPS-Zellen hergestellter Gameten stehen neben diesen beiden Verboten in gewissen Konstellationen zusätzlich die Vorschriften über den Zugang zur assistierten Reproduktion im Wege: Gleichgeschlechtlichen Paaren und alleinstehenden Menschen steht der Zugang zu dieser Technik nicht offen. Eine Fortpflanzung zwischen gleichgeschlechtlichen männlichen und von alleinstehenden Männern ist auch deshalb nicht möglich, weil eine Fortpflanzung ohne Rückgriff auf eine Leihmutter nicht möglich wäre, Leihmutterschaften aber verboten sind.

IV. Deutsche verfassungsrechtliche Rechtslage

Das deutsche Verfassungsrecht steht einer Zulassung von Keimbahneingriffen im eingangs abgesteckten Rahmen nicht entgegen.

Das Genom wurde als das „biologische Dispositionsfeld“ eines jeden Menschen identifiziert. Der Mensch muss, dies gebietet seine Würde, im Hinblick auf dieses Dispositionsfeld grundsätzlich immer an die Natur anknüpfen können, um ein individuelles Selbstverständnis entwickeln zu können. Dies bleibt ihm versagt, wenn Dritte beliebig über sein genetisches So-Sein bestimmen dürften. Enhancende Maßnahmen sind folglich als Würdeverletzungen des unmittelbar betroffenen Menschen verboten. Anders ist die Lage, wenn der Eingriff in das „biologische Dispositionsfeld“ erfolgt, um dem betroffenen Menschen ein Leben in Gesundheit zu ermöglichen, also zu therapeutischen und präventiven Zwecken. Gesundheit ist stets im Interesse eines jeden Menschen und die Ermöglichung eines gesunden Lebens ist nicht würdeverletzend. Diese Feststellung trifft jedenfalls dann zu, wenn Keimbahneingriffe auf solche Krankheiten beschränkt werden, die so gravierend sind, dass ihre Qualifizierung als Krankheit nicht sinnvollerweise bestritten werden kann.

Ebenso steht die Menschenwürde Keimbahneingriffen zur Ermöglichung der Fortpflanzung nicht im Weg, da der hiermit verbundene genetische Eingriff nicht das So-Sein des Kindes bestimmt. Auch kann das Würdegebot wohl auch so interpretiert werden , dass ein Mensch zwingend von Mann und Frau abstammen muss. Es gibt darüber hinaus keine Anhaltspunkte dafür, dass die psychische Integrität des Kindes durch seine Entstehungsart oder die Familienkonstellation, in die es hineingeboren wird, beeinträchtigt würde: Eine genetische Abstammung von zwei Müttern und einem Vater, wie es beim Mitochondrientransfer der Fall wäre, oder von nur zwei Frauen oder nur zwei Männern, wie es durch Verwendung von aus hiPS-Zellen hergestellten Gameten möglich wäre, sind, gemessen an der verfügbaren Datenlage, mit dem Kindeswohl vereinbar.

Das Recht auf Leben und körperliche Unversehrtheit steht therapeutischen und präventiven Eingriffen sowie solchen zur Ermöglichung der Fortpflanzung nur so lange im Weg, wie die Risiko-Nutzen-Abwägung noch negativ ausfällt. Bei entsprechender Datenlage ändert sich dies jedoch. Dann dürfen Eltern insbesondere im Rahmen von Heileingriffen in (Rest-)Risiken für die Gesundheit ihres Kindes einwilligen; bei Keimbahneingriffen gilt nichts anderes. Die Interessen der weiteren Nachfahren, in deren Beeinträchtigung niemand einwilligen kann, müssen dann im Wege kollidierenden Verfassungsrechts zurücktreten. Darüber hinaus spricht für diese Keimbahneingriffe auch das Interesse des Kindes und dessen Nachfahren an Gesundheit.

Zur Ermittlung des Zeitpunkts, wann der Nutzen die Risiken überwiegt, darf an überzähligen Embryonen geforscht werden. Überzählige Embryonen zeichnen sich dadurch aus, dass ihre Eltern ihr Recht auf Leben (rechtmäßig) völlig ausgehöhlt haben, da sie über ihr Absterben bestimmen dürfen. Es vertieft folglich das Erfolgsunrecht weder in Bezug auf ihr Recht auf Leben noch auf ihren Würdeanspruch, wenn diese Embryonen vorher noch in eng umgrenzten Voraussetzungen zur Forschung genutzt werden, zumal bisherige Versuche mittels CRISPR/Cas9 bzw. durch Vorkerntransfer gezeigt haben, dass die Embryonen nicht durch diese Versuche selbst absterben. Ob sie nun mit oder ohne vorangegangenen Forschungseingriff ihrem Schicksal überlassen werden, macht keinen Unterschied.

C. Ausgestaltung der künftigen Rechtslage

Eine Streichung der der Durchführung von Keimbahneingriffen entgegenstehenden Vorschriften führte dazu, dass solche zu Forschungszwecken überhaupt keiner Regelung und solche mit Auswirkung auf geborene Menschen den „bloßen“ Grundsätzen von medizinisch indizierten bzw. nicht indizierten Eingriffen (Aufklärung, Einwilligung, Risiko-Nutzen-Abwägung) unterfielen. Diese Grundsätze haben sich als unzureichend erwiesen, da so insbesondere in Bezug auf vererbliche Keimbahneingriffe die Risiko-Nutzen-Abwägung allein dem Arzt zufiele. Aufgrund der Reichweite der grundrechtlichen und der gesellschaftlichen Bedeutung der Eingriffe muss die Durchführung von Keimbahneingriffen vom Gesetzgeber in Grundzügen vorgegeben werden. Sinnvollerweise wird er die genauere Ausgestaltung an ein Fachgremien umdelegieren, welches die Fälle, in denen Keimbahneingriffe zu therapeutischen und präventiven Zwecken vorgenommen werden dürfen, durch Erstellung eines Katalogs vorgibt und vorschreibt, welche Techniken konkret angewendet werden dürfen. Darüber hinaus ist für Keimbahneingriffe mittels CRISPR/Cas9 zu therapeutischen und präventiven Zwecken sowie für Verfahren des Mitochondrientransfers die zusätzliche Einschaltung einer Ethikkommission zur Bewertung des Einzelfalls zu befürworten.

Keimbahneingriffe an überzähligen Embryonen zu Forschungszwecken sollten einer Genehmigungspflicht sowie einer Pflicht zur Einholung einer Bewertung durch eine Ethikkommission, beides auf Bundesebene angesiedelt, unterstellt werden.

Der Gesetzgeber sollte zur Regelung all‘ dieser Komplexe ein allgemeines Fortpflanzungsmedizingesetz schaffen, in dem er den Zugang zur medizinisch assistierten Reproduktion, die in diesem Zusammenhang erlaubten Techniken, den Umgang mit überzähligen Embryonen, insbesondere die Möglichkeit der Freigabe zur Forschung, und die Erlaubnis und Durchführung von vererblichen Keimbahneingriffen im hier umrissenen Rahmen festlegen sollte.

Darüber hinaus muss sich der Gesetzgeber darüber Gedanken machen, wie er bestimmte „Nebenschauplätze“ regeln will. Die hier vertretene Auslegung hat ergeben, dass Keimbahneingriffe zu therapeutischen und präventiven Zielsetzungen von den gesetzlichen Krankenkassen übernommen werden müssen. Selbiges gilt für solche zur „bloßen“ Ermöglichung der Fortpflanzung, sofern Grund für die Vornahme des Eingriffs die Sterilität eines verschiedengeschlechtlichen Paares ist. Der Gesetzgeber hat die Möglichkeit, die Leistungen auch auf gleichgeschlechtliche Paare auszudehnen. Zudem ist die Anwendbarkeit des GenTG auf die hier untersuchten Verfahren sehr umstritten. Nach in dieser Arbeit vertretenen Auslegung fällt die Herstellung von viralen Genvektoren zur Übertragung des CRISPR/Cas9-Komplexes oder anderer Gene als Herstellung von GVO unter das GenTG. Auch für die Anwendung dieser Vektoren als GVO an Keimzellen bzw. deren Vorläuferzellen ist das GenTG einschlägig. Die Zellen selbst werden jedoch im hier untersuchten Kontext, entgegen der Ansicht des EuGH, durch Bearbeitung mit CRISPR/Cas9 nicht selbst zu GVO, da die hierdurch erzielten Ergebnisse auch in der Natur vorkommen können. Selbiges gilt für die Verfahren des Mitochondrientransfers. Lediglich der „Zwischenorganismus“, also die Zelle, in der rekombinante Nukleinsäure vorliegt, gilt als GVO, so etwa eine Zelle, in der der CRISPR/Cas9-Komplex als DNA codiert eingefügt wurde. HiPS-Zellen sowie hieraus entstehende Gameten sind ebenso als GVO einzuordnen. Der Gesetzgeber ist aufgerufen, auch in diesem Bereich die bestehenden Unklarheiten zu beseitigen. Insbesondere muss er klären, ob Verfahren wie CRISPR/Cas9 als gentechnische Verfahren eingestuft werden sollen, und zudem sollte er gentechnische Arbeiten an Embryonen und einzelnen Keimbahnzellen explizit denselben Regelungen unterwerfen.

Literatur

ABM, Bilan d'application de la loi de bioéthique du 6 août 2004, Oktober 2008, online verfügbar unter https://www.agence-biomedecine.fr/IMG/pdf/rapport-bilan-lb-oct2008-2.pdf, zuletzt geprüft am 08.04.2019.

ABM, Rapport annuel 2016, online verfügbar unter https://www.agence-biomedecine.fr/IMG/pdf/rapport-annnuel-2016.pdf, zuletzt geprüft am 08.04.2019.

ABM, Les cellules souches pluripotentes induites (iPS): état des lieux, perspectives et enjeux éthiques. Avis du Conseil d'orientation, 16. Februar 2016, online verfügbar unter https://www.agence-biomedecine.fr/IMG/pdf/delib.2016-co-04_annexe_avis_co_ips.pdf, zuletzt geprüft am 08.04.2019.

ABM, Rapport sur l'application de la loi de bioéthique, Januar 2018, online verfügbar unter https://www.agence-biomedecine.fr/IMG/pdf/rapport_complet_lbe_2017_vde_f_12-01-2018.pdf, zuletzt geprüft am 08.04.2019.

Abschlussbericht der Bund-Länder-Gruppe „Somatische Gentherapie", in: Bundesanzeiger Nr. 80a, 29.04.1998.

Académie nationale de médecine, Modifications du génome des cellules germinales et de l'embryon humains, 2016, online verfügbar unter http://www.academie-medecine.fr/wp-content/uploads/2016/04/Vesrion-bulletin-11.pdf, zuletzt geprüft am 08.04.2019.

ACMG Board of Directors, Genome editing in clinical genetics. Points to consider—a statement of the American College of Medical Genetics and Genomics, in: Genetics in Medicine, 2017, 19 (7), S. 723–724.

Albers, Marion, Die rechtlichen Standards der Biomedizin-Konvention des Europarates, in: EuR, 2002, S. 801–830.

Alberts, Bruce; Schäfer, Ulrich; Häcker, Bärbel et al. (Hrsg.), Molekularbiologie der Zelle, 2011, 5. Aufl., Weinheim, Wiley-VCH.

Alexy, Robert, Theorie der Grundrechte, 1986, 1. Aufl., Frankfurt am Main, Suhrkamp.

Alexy, Robert, Grundrechte als subjektive Rechte und als objektive Normen, in: Der Staat, 1990, S. 49–68.

Allhoff, Fritz, Germ-Line Genetic Enhancement and Rawlsian Primary Goods, in: Journal of Evolution and Technology, 2008, 18 (2), S. 10–26.

Amelung, Knut, Die Einwilligung in die Beeinträchtigung eines Grundrechtsgutes. Eine Untersuchung im Grenzbereich von Grundrechts- und Strafrechtsdogmatik, 1981, Berlin, Duncker & Humblot.

Anderheiden, Michael, Gemeinwohl in Republik und Union, 2006, Tübingen, Mohr Siebeck.

S. Deuring, *Rechtliche Herausforderungen moderner Verfahren der Intervention in die menschliche Keimbahn*, Veröffentlichungen des Instituts für Deutsches, Europäisches und Internationales Medizinrecht, Gesundheitsrecht und Bioethik der Universitäten Heidelberg und Mannheim 49,
https://doi.org/10.1007/978-3-662-59797-2

Anderson, W. French, Human Gene Therapy. Scientific and Ethical Considerations, in: Journal of Medicine and Philosophy 1985, 10 (3), S. 275–292.

Anderson, W. French, A New Front in the Battle against Disease, in: Gregory Stock und John Howland Campbell (Hrsg.), Engineering the human germline. An exploration of the science and ethics of altering the genes we pass to our children, 2000, New York, Oxford University Press, S. 43–48.

Appel, Ivo, Staatliche Zukunfts- und Entwicklungsvorsorge. Zum Wandel der Dogmatik des öffentlichen Rechts am Beispiel des Konzepts der nachhaltigen Entwicklung im Umweltrecht, 2005, Tübingen, Mohr-Siebeck.

Aslan, Serap Ergin; Beck, Birgit; Deuring, Silvia et al., Genom-Editierung in der Humanmedizin: Ethische und rechtliche Aspekte von Keimbahneingriffen beim Menschen, in: CfB-Drucksache, 4/2018, Centrum für Bioethik Münster.

Assemblée nationale, Projet de loi relatif à la bioéthique. Étude d'impact, 18. Oktober 2010, online verfügbar unter http://www.assemblee-nationale.fr/13/pdf/projets/pl2911-ei.pdf, zuletzt geprüft am 08.04.2018.

Bader, Michael; Schreiner, Regine; Wolf, Eckhard, Scientific background, in: Jochen Taupitz und Marion Weschka (Hrsg.), CHIMBRIDS – Chimeras and Hybrids in Compar-ative European and International Research. Scientific, Ethical, Philosophical and Legal Aspects, 2009, Berlin, Heidelberg, Springer-Verlag, S. 21–59.

Bahnsen, Ulrich, Vererbbare Therapie, in: Zeit Online, Artikel vom 25.10.2012, online verfügbar unter http://www.zeit.de/2012/44/Keimbahn-Therapie, zuletzt geprüft am 08.04.2019.

Bailey, J. Michael; Bobrow, David; Wolfe, Marilyn et al., Sexual orientation of adult sons of gay fathers, in: Developmental psychology, 1995, 31 (1), S. 124–129.

Baltimore, David.; Berg, Paul; Botchan, Michael et al., A prudent path forward for genomic engineering and germline gene modification, in: Science, 2015, 348 (6230), S. 36–38.

Baltimore, David; Charo, Alta; Daley George Q. et al., On Human Genome Editing II. Statement by the Organizing Committee of the Second International Summit on Human Genome Editing. Second International Summit on Human Genome Editing. The National Academies of Sciences, Engineering, Medicine (NASEM), 29.11.2018, online verfügbar unter http://www8.nationalacademies.org/onpinews/newsitem.aspx?RecordID=11282018b, zuletzt geprüft am 08.04.2019.

Bamberger, Heinz Georg; Roth, Herbert, Beck'scher Online Kommentar BGB, Stand: 01.02.2019, 49. Edition, München, C.H. Beck. (zitiert als: *Bearbeiter*, in: Bamberger et al. (Hrsg.); BeckOK BGB, § … Rn. …).

Barbier, Gilbert (Sénat), Rapport n° 10, fait au nom de la commission des affaires sociales sur la proposition de loi tendant à modifier n° 2011-814 du 7 juillet 2011 relative à la bioéthique en autorisant sous certaines conditions la recherche sur l'embryon et les cellules souches embryonnaires, déposé le 3 octobre 2012, online verfügbar unter https://www.senat.fr/rap/l12-010/l12-0101.pdf, zuletzt geprüft am 08.04.2019.

Barritt, J. A.; Brenner, C. A.; Malter, H. E. et al., Mitochondria in human off-spring derived from ooplasmic transplantation. Brief communication, in: Human Reproduction, 2001, 16 (3), S. 513–516.

Baston-Vogt, Marion, Der sachliche Schutzbereich des zivilrechtlichen allgemeinen Persönlichkeitsrechts, 1997, Tübingen, Mohr-Siebeck.

Baumgarte, Gisela, Das Elternrecht im Bonner Grundgesetz. Inaugural-Dissertation zur Erlangung der Doktorwürde einer Hohen Rechtswissenschaftlichen Fakultät der Universität zu Köln, 1966.

Baylis, Francoise; Robert, Jason Scott, The inevitability of genetic enhancement technologies, in: Bioethics, 2008, 18 (1), S. 1–26.

Beck, Susanne, Enhancement – die fehlende rechtliche Debatte einer gesellschaftlichen Entwicklung, in: MedR, 2006, S. 95–102.

Beck, Susanne, Stammzellforschung und Strafrecht. Zugleich eine Bewertung der Verwendung von Strafrecht in der Biotechnologie, 2008, 2. Aufl., Berlin, Logos-Verlag.

Becker, Ulrich; Kingreen, Thorsten, SGB V. Gesetzliche Krankenversicherung. Kommentar, 2018, 6. Aufl., München, C.H. Beck (zitiert als: *Bearbeiter*, in: Becker und Kingreen (Hrsg.), SGB V, § … Rn. …).

Beckmann, Jan P., Der Schutz von Embryonen in der Forschung mit Bezug auf Art. 18 Abs. 1 und 2 des Menschenrechtsübereinkommens zur Biomedizin des Europarats, in: Jochen Taupitz (Hrsg.), Das Menschenrechtsübereinkommen zur Biomedizin des Europarates – taugliches Vorbild für eine weltweit geltende Regelung?/The Convention on Human Rights and Biomedicine of the Council of Europe – a Suitable Model for World-Wide Regulation?, 2002, Berlin, Springer, S. 155–181.

Beckmann, Rainer, Rechtsfragen der Präimplantationsdiagnostik, in: MedR, 2001, S. 169–177.

Beckmann, Rainer, Der menschliche Embryo als Subjekt der Menschenwürde. Zu Friedhelm Hufen JZ 2004, 313 ff., in: JZ, 2004, S. 1010–1011.

Beier, Henning M.; Bujard, Martin; Diedrich, Klaus et al., in: Deutsche Akademie der Naturforscher Leopoldina e.V. – Nationale Akademie der Wissenschaften (Hrsg.), Ein Fortpflanzungsmedizingesetz für Deutschland, Diskussion Nr. 13, 2017, Halle/Saale, online verfügbar unter http://nbn-resolving.de/urn:nbn:de:gbv:3:2-85103, zuletzt geprüft am 08.04.2019.

Beier, Henning M.; Fehse, Boris; Friedrich, Bärbel et al., in: BBAW (Hrsg.), Neue Wege der Stammzellforschung. Reprogrammierung von differenzierten Körperzellen, 2009, Berlin, online verfügbar unter http://www.bbaw.de/service/publikationen-bestellen/manifeste-und-leitlinien/BBAW_Stammzellforschung.pdf, zuletzt geprüft am 08.04.2019.

Beignier, Bernard; Binet, Jean-René, Droit des personnes et de la famille, 2015, 2. Aufl., Issy-les-Moulineaux, LGDJ.

Belijn, S.; Engsterhold, O.; Fenger, H. et al., Rechtliche Aspekte der Gentechnik – Ein Überblick, in: Arnold Maria Raem und Ernst-Ludwig Winnacker (Hrsg.), Gen-Medizin. Eine Bestandsaufnahme, 2001, Berlin: Springer, S. 526–559.

Bellivier, Florence, Le patrimoine génétique humain: étude juridique. Thèse pour le doctorat en droit (arrêté du 23 novembre 1988) présentée et soutenue publiquement par Florence Bellivier, 1997.

Belrhomari, Nadia, Génome humain, espèce humaine et droit, 2013, Paris, L'Harmattan.

Benda, Ernst, Humangenetik und Recht – eine Zwischenbilanz, in: NJW, 1985, S. 1730–1734.

Benda, Ernst, Bericht über die Interministerielle Kommission „In-vitro-Fertilisation, Genom-Analyse und Gentransfer", in: Rudolf Lukes und Rupert Scholz (Hrsg.), Rechtsfragen der Gentechnologie. Vorträge anläßlich eines Kolloquiums Recht und Technik – Rechtsfragen der Gentechnologie in der Tagungsstätte der Max-Planck-Gesellschaft „Schloß Ringberg" am 18./19./20. November 1985, 1986, Köln, Heymanns (Recht, Technik, Wirtschaft, 43), S. 56–75.

Benda, Ernst, Gentechnologie und Recht – die rechtsethische Sicht, in: Gesellschaft für Rechtspolitik Trier (Hrsg.), Bitburger Gespräche. Jahrbuch 1986/1, München, C.H. Beck, S. 17–29.

Benda, Ernst, Research on the Human Genome: A critical Assessment of the Draft Version of the UNESCO Bioethics Declaration, in: Biomedical Ethics, 1997, 2 (1), S. 17–22.

Bender, Denise, Heilversuch oder klinische Prüfung?, in: MedR, 2005, S. 511–516.

Bergel, Salvador Dario, Ten years of the Universal Declaration on Bioethics and Human Rights, in: Revista Bioética, 2015, 23 (3), S. 446–455.

Bergoignan-Esper, Claudine, Feuillets mobiles Litec Droit médical et hospitalier, Fasc. 50: Embryon, 3. Mai 2018, online verfügbar unter lexis360.fr.

Bernat, Erwin, Zivilrechtliche Fragen um die künstliche Humanreproduktion, in: Erwin Bernat (Hrsg.), Lebensbeginn durch Menschenhand. Probleme künstlicher Befruchtungstechnologien aus medizinischer, ethischer und juristischer Sicht, 1985, Graz, Leykam (Grazer rechts- und staatswis-senschaftliche Studien, 41), S. 125–172.

Beviere, Bénédicte, Le dispositif législatif de l'assistance médicale à la procréation amélioré et complété par la loi du 6 août 2004 relative à la bioéthique, in: Les Petites Affiches, 2005, 35, S. 69–76.

Bianco, Jean-Louis, Projet de loi relatif au don et à l'utilisation des éléments et produits du corps humain et à la procréation médicalement assistée, et modifiant le code de la santé publique, n° 2600, 1992, in: Journal Officiel, 9ème Législature, Assemblée nationale, Impressions (2592–2607).

Bignon, Jérôme (Assemblée nationale), Rapport n°1062 fait au nom de la commission des lois constitutionnelles, de la législation et de l'administration générale de la république sur le projet de loi, modifié par le sénat, relatif au respect du corps humain, déposé le 31 Mars 1994, in: Journal Officiel, 10ème législature, Assemblée nationale, Impressions (1058–1079).

Binet, Jean-René, Le nouveau droit de la bioéthique. Commentaire et analyse de la loi n° 2004-800 du 6 août 2004 relative à la bioéthique, 2005, Paris, LexisNexis SA.

Binet, Jean-René, La réforme de la loi bioéthique. Commentaire et analyse de la loi du 7 juillet 2011, 2012, Paris, LexisNexis SA.

Binet, Jean-René, JurisClasseur Civil Code, art. 16 à 16-14 – Fasc. 30: Respect et protection du corps humain. – La génétique humaine. – L'espèce, 2. März 2014, online verfügbar unter lexis360.fr.

Binet, Jean-René, JurisClasseur Civil Code, Art. 16 à 16-14 – Fasc. 5: Présentation générale de la loi relative à la bioéthique, 11. Juni 2012 (letzte Aktualisierung: 10. Dezember 2014), online verfügbar unter lexis360.fr.

Bioulac, Bernard (Assemblée nationale), Rapport n° 2871 au nom de la commission spéciale sur les projets de loi n° 2599, 2600, 2601, déposé le 30 juin 1992, Tome I, Exposé général, auditions et discussion générale, examen des articles et tableau comparatif du projet n° 2599, in: Journal Officiel, 9ème Législature, Assemblée nationale, Impressions (2865–2879).

Bioulac, Bernard (Assemblée nationale), Rapport n° 2871 fait au nom de la commission spéciale sur les projets de loi n° 2599, 2600, 2601, déposé le 30 juin 1992, Tome II, Examen des Articles et Tableaux comparatifs des projets n° 2600 et 2601, in: Journal Officiel, 9ème Législature, Assemblée nationale, Impressions (2865–2879).

Birlinger, Anton, Sagen, Märchen, Volksaberglauben. Volkstümliches aus Schwaben Band 1, 2013, Edition Holzinger, online verfügbar unter http://www.zeno.org/nid/20004564677, zuletzt geprüft am 08.04.2019.

Blake, Lucy; Casey, Polly; Jadva, Vasanti et al., „I Was Quite Amazed": Donor Conception and Parent-Child Relationships from the Child's Perspective, in: Children & Society, 2014, 28 (6), S. 425–437.

Bleckmann, Albert, Die Entwicklung staatlicher Schutzpflichten aus den freiheiten der Europäischen Menschenrechtskonvention, in: Ulrich Beyerlin, Michael Bothe, Rainer Hofmann et al. (Hrsg.), Recht zwischen Umbruch und Bewahrung. Völkerrecht, Europarecht, Staatsrecht. Festschrift für Rudolf Bernhardt, 1995, Berlin, Springer, S. 309–321.

Blyth, Eric, Die „Notwendigkeit eines Vaters für das Kind" und der Zugang lesbischer Frauen zur Reproduktionsmedizin, in: Dorett Funcke und Petra Thorn (Hrsg.), Die gleichgeschlechtliche Familie mit Kindern. Interdisziplinäre Beiträge zu einer neuen Lebensform = Gleichgeschlechtliche Lebensgemeinschaften ohne und mit Kindern: Soziale Strukturen und künftige Entwicklungen, 2010, Bielefeld, transcript Verlag, S. 195–223.

Bobek, Michael, Schlussanträge des Generalanwalts Michael Bobek vom 18. Januar 2018. Rechtssache C-528/16. EuGH, online verfügbar unter http://curia.europa.eu/juris/document/document.jsf?text=&docid=198532&pageIndex=0&doclang=DE&mode=req&dir=&occ=first&part=1, zuletzt geprüft am 08.04.2019.

Böckenförde, Ernst-Wolfgang, Elternrecht – Recht des Kindes – Recht des Staates. Zur Theorie des verfassungsrechtlichen Elternrechts und seiner Auswirkung auf Erziehung und Schule, in: Joseph Krautscheidt und Heiner Marré (Hrsg.), Kraft und Grenze der elterlichen Erziehungsverantwortung unter den gegenwärtigen gesellschaftlichen Verhältnissen, 1980, Münster, Aschendorff (Essener Gespräche (14)), S. 54–98.

Böckenförde, Ernst-Wolfgang, Menschenwürde als normatives Prinzip, in: JZ, 2003, S. 809–815.

Böckenförde-Wunderlich, Barbara, Präimplantationsdiagnostik als Rechtsproblem. Ärztliches Standesrecht, Embryonenschutzgesetz, Verfassung, 2002, Tübingen, Mohr Siebeck.

Bodendiek, Frank; Nowrot, Karsten, Bioethik und Völkerrecht: Aktuelle Regelungen und zukünftiger Regelungsbedarf, in: AVR, 1999, S. 177–213.

Boergen, Xenia, Verfassungsrechtliche Bewertung der Keimbahntherapie, des reproduktiven und therapeutischen Klonens und der Stammzellforschung, 2006, Berlin, Humboldt.

Bonas, Ulla; Friedrich, Bärbel; Fritsch, Johannes et al., Ethische und rechtliche Beurteilung des genome editing in der Forschung an humanen Zellen, in: Deutsche Akademie der Naturforscher Leopoldina e.V. – Nationale Akademie der Wissenschaften, 2017, online verfügbar unter http://nbn-resolving.de/urn:nbn:de:gbv:3:2-71269, zuletzt geprüft am 08.04.2019.

Boorse, Christopher, Health as a Theoretical Concept, in: Philosophy of Science, 1977, 44 (4), S. 542–573.

Boré, Jacques; Boré, Louis, La cassation en matière pénale 2018/2019, 2017, 4. Aufl., Paris, Dalloz (Dalloz action), online verfügbar und zitiert über dalloz.fr.

Boulet, Mathilde, L'embryon humain saisi par le droit de l'Union: quelle définition juridique pour quel statut? À propos de l'arrêt de la CJUE du 18 octobre 2011, Brüstle, C-34/19, in: Revue générale de droit médical, 2012, (42), S. 133–150.

Bouloc, Bernard, Droit pénal général, 2011, 22. Aufl., Paris, Dalloz.

Braun, Kathrin, Menschenwürde und Biomedizin. Zum philosophischen Diskurs der Bioethik, 2000, Frankfurt – New York, Campus Verlag.

Bredenoord, Annelien L.; Hyun, Insoo, Ethics of stemm cell-derived gametes made in a dish: firtility for everyone?, in: EMBO Molecular Medicine, 2017, 9 (4), S. 396–398.

Bredenoord, Annelien. L.; Pennings, Guido; Wert, Guido de, Ooplasmic and nuclear transfer to prevent mitochondrial DNA disorders. Conceptual and normative issues, in: Human reproduction update, 2008, 14 (6), S. 669–678.

Breithaupt, Janika, Rechte an Körpersubstanzen und deren Auswirkungen auf die Forschung mit abgetrennten Körpersubstanzen, 2012, 1. Aufl., Baden-Baden, Nomos.

Brenner, Carol A.; Barritt, Jason A.; Willadsen, Steen et al., Mitochondrial DNA heteroplasmy after human ooplasmic transplantation, in: Fertility and Sterility, 2000, 74 (3), S. 573–578.

Breuer, Rüdiger, Gefahrenabwehr und Risikovorsorge im Atomrecht. Zugleich ein Beitrag zum Streit um die Berstsicherung für Druckwasserreaktoren, in: DVBl. 1978, S. 829–839.

Brewaeys, Anne; Ponjaert, Ingrid; van Hall, E. V. et al., Donor insemination. Child development and family functioning in lesbian mother families, in: Human Reproduction, 1997, 12 (6), S. 1349–1359.

Brewe, Manuela, Embryonenschutz und Stammzellgesetz. Rechtliche Aspekte der Forschung mit embryonalen Stammzellen, 2006, Berlin, New York, Springer.

Britting, Eva, Die postmortale Insemination als Problem des Zivilrechts, 1989, Frankfurt/Main, Campus-Verl.

Brohm, Winfried, Forum: Humanbiotechnik, Eigentum und Menschenwürde, in: JuS, 1998, S. 197–205.

Brown, D. T.; Herbert, M.; Lamb, V. K. et al., Transmission of mitochondrial DNA disorders. Possibilities for the future, in: The Lancet, 2006, 368 (9529), S. 87–89.

Bubnoff, Daniela von, Der Schutz der künftigen Generationen im deutschen Umweltrecht. Leitbilder, Grundsätze und Instrumente eines dauerhaften Umweltschutzes, 2001, Berlin, Schmidt.

Buchanan, Allen E.; Brock, Dan W.; Daniels, Norman et al., From chance to choice. Genetics and justice 2007, 8th printing, Cambridge, Cambridge Univ. Press.

Buchborn, Eberhard, Hochrangige Forschung – wann kann am Embryo geforscht werden, wann nicht?, in: Christoph Fuchs (Hrsg.), Möglichkeiten und Grenzen der Forschung an Embryonen. Symposium der Akademie für Ethik in der Medizin, 1990, Göttingen, G. Fischer, S. 127–138.

Buffelan-Lanore, Yvaine; Larribau-Terneyre, Virginie, Droit civil. Introduction Biens Personnes Famille, 2015, 19. Aufl., Paris, Dalloz.

Bülow, Detlev von, Dolly und das Embryonenschutzgesetz, in: DÄBl., 1997, A-718-A-725.

Bülow, Detlev von, Embryonenschutzgesetz, in: Stefan F. Winter, Hermann Fenger und Hans-Ludwig Schreiber (Hrsg.), Genmedizin und Recht. Rahmenbedingungen und Regelungen für Forschung, Entwicklung, Klinik, Verwaltung, 2001, 1. Aufl., München, C.H. Beck, S. 127–154.

Bundesamt für Verbraucherschutz und Lebensmittelsicherheit, Stellungnahme zur gentechnikrechtlichen Einordnung von neuen Pflanzenzüchtungstechniken, insbesondere ODM und CRISPR-Cas9, Februar 2017, online verfügbar unter https://funkkolleg-biologie.de/files/2017/11/2017_BVL-Stellungnahme-gentechnrechtl-einordnung-pflanzen.pdf, zuletzt geprüft am 08.04.2019.

Bundesamt für Verbraucherschutz und Lebensmittelsicherheit, Stellungnahme der ZKBS zu neuen Techniken für die Pflanzenzüchtung, Az.: 402.45310.0104, 2012, verfügbar unter https://www.zkbs-online.de/ZKBS/SharedDocs/Downloads/01_Allgemeine%20Stellungnahmen/04%20

Pflanzen/Neue%20Techniken%20Pflanzenzuechtung%20(2012).html?nn=9235692, zuletzt geprüft am 23.10.2018.

Bundesministerium der Justiz, Diskussionsentwurf eines Gesetzes zum Schutz von Embryonen (Embryonenschutzgesetz – ESchG), in: Hans-Ludwig Günther und Rolf Keller (Hrsg.), Fortpflanzungsmedizin und Humangenetik – strafrechtliche Schranken? Tübinger Beiträge zum Diskussionsentwurf eines Gesetzes zum Schutz von Embryonen, 1991, 2., erw. Aufl., Tübingen, Mohr, S. 349–362.

Bundesministerium der Justiz, Das Übereinkommen zum Schutz der Menschenrechte und der Menschenwürde im Hinblick auf die Anwendung von Biologie und Medizin – Übereinkommen über Menschenrechte und Biomedizin – des Europarats vom 4. April 1997, Informationen zu Entstehungsgeschichte, Zielsetzung und Inhalt, 1998, Bonn.

Bundesministerium der Justiz und für Verbraucherschutz (Hrsg.), Arbeitskreis Abstammungsrecht – Empfehlungen für eine Reform des Abstammungsrechts. Abschlussbericht vom 4. Juli 2017, 1. Aufl., Köln, Bundesanzeiger.

Bundesministerium der Justiz (Hrsg.), Abschlußbericht der Bund-Länder-Gruppe „Fortpflanzungsmedizin", in: Bundesanzeiger Nr. 4a, 6. Januar 1989.

Bundesrat, Entschließung des Bundesrats zur extrakorporalen Befruchtung, in: BR-Drucks. 210/86.

Bundesregierung, Kabinettbericht zur künstlichen Befruchtung beim Menschen, in: BT-Drucks. 11/1856.

Burchardt, Dana, Zukünftige Generationen – Träger kollektiver Rechte?, in: Dana Burchardt (Hrsg.), Kollektivität – Öffentliches Recht zwischen Gruppeninteressen und Gemeinwohl. 52. Assistententagung Öffentliches Recht; Tagung der wissenschaftlichen Mitarbeiterinnen und Mitarbeiter, wissenschaftlichen Assistentinnen und Assistenten, 2012, 1. Aufl., Baden-Baden, Nomos, S. 187–208.

Byk, Christian, JurisClasseur Pénal Code, Art. 511-1 à 511-28 – Fasc. 20: Infractions en matière d'éthique biomédicale, 1. Juni 2016, online verfügbar unter lexis360.fr.

Cabanel, Guy-Pierre (Sénat), Rapport n° 230, fait au nom de la commission des lois, déposé le 12 janvier 1994, online verfügbar unter http://www.senat.fr/rap/1993-1994/i1993_1994_0230.pdf, zuletzt geprüft am 0804.2019.

Cabanel, Guy-Pierre (Sénat), Rapport n° 398, fait au nom de la commission des lois, déposé le 4 mai 1994, online verfügbar unter http://www.senat.fr/rap/1993-1994/i1993_1994_0398.pdf, zuletzt geprüft am 0804.2019.

Cai, Heng; Xia, Xiaoyu; Wang, Li et al., In vitro and in vivo differentiation of induced pluripotent stem cells into male germ cells, in: Biochemical and Biophysical Research Communications, 2013, 433 (3), S. 286–291.

Callaway, Ewen, UK scientists gain licence to edit genes in human embryos, in: Nature, 2016, 530 (7588), S. 18.

Calliess, Christian, Rechtsstaat und Umweltstaat, 2001, Tübingen, Mohr Siebeck.

Canguilhem, Georges, Das Normale und das Pathologische, 1976, München, Hanser.

Caspar, Johannes, Klimaschutz und Verfassungsrecht, in: Hans-Joachim Koch (Hrsg.), Klimaschutz im Recht, 1997, 1. Aufl., Baden-Baden, Nomos, S. 367–390.

CCNE, Avis sur les prélèvements de tissus d'embryons et de foetus humains morts, à des fins thérapeutiques, diagnostiques et scientifiques, Avis n° 1, 22 Mai 1984, online verfügbar unter http://www.ccne-ethique.fr/sites/default/files/publications/avis001.pdf, zuletzt geprüft am 08.04.2019.

CCNE, Avis relatif aux recherches et utilisation des embryons humains in vitro à des fins médicales et scientifiques, Avis n° 8, 15 Dezember 1986, online verfügbar unter http://www.ccne-ethique.fr/sites/default/files/publications/avis008.pdf, zuletzt geprüft am 08.04.2019.

CCNE, Avis sur la thérapie génique, Avis n° 22, 13. Dezember 1990, online verfügbar unter http://www.ccne-ethique.fr/sites/default/files/publications/avis022.pdf, zuletzt geprüft am 08.04.2019.

CCNE, Réponse au Président de la République au sujet du clonage reproductif, avis n° 54, 22. April 1997, online verfügbar unter http://www.ccne-ethique.fr/sites/default/files/publications/avis054.pdf, zuletzt geprüft am 08.04.2019.

CCNE, Reponse au President de la Republique au sujet du clonage reproductif, in: Ludger Honnefelder und Christian Streffer (Hrsg.), Jahrbuch für Wissenschaft und Ethik, Band 3, 1998, de Gruyter, S. 351–379.

CCNE, Réexamen des lois de bioéthique, Avis n° 60, 25. Juni 1998, online verfügbar unter http://www.ccne-ethique.fr/sites/default/files/publications/avis060.pdf, zuletzt geprüft am 08.04.2019.

CCNE, Réponse du CCNE aux saisines du président du Sénat et du président de l'Assemblée nationale sur l'allongement du délai d'IVG, Avis n° 66, 23. November 2000, in: Journal International de Bioéthique, 2002, 13 (2), S. 97–101.

CCNE, Questionnement pour les états généraux de la bioéthique, Avis n° 105, 9. Oktober 2008, online verfügbar unter http://www.ccne-ethique.fr/sites/default/files/publications/avis_105_ccne.pdf, zuletzt geprüft am 08.04.2019.

CCNE, Une réflexion éthique sur la recherche sur les cellules d'origine embryonnaire humaine, et la recherche sur l'embryon humain in vitro, Avis n° 112, 2010, online verfügbar unter http://www.ccne-ethique.fr/sites/default/files/publications/avis_112.pdf, zuletzt geprüft am 08.04.2019.

CCNE, Avis du CCNE sur les demandes sociétales de recours à l'assistance médicale à la procréation, Avis n° 126, 15. Juni 2017, online verfügbar unter http://www.ccne-ethique.fr/sites/default/files/publications/ccne_avis_ndeg126_amp_version-def.pdf, zuletzt geprüft am 08.04.2019.

CCNE, Rapport de synthèse du Comité consultatif national d'éthique, Juni 2018, online verfügbar unter https://etatsgenerauxdelabioethique.fr/media/default/0001/01/013928888b8655e9c41fa-c63a51385185d5860c8.pdf, zuletzt geprüft am 08.04.2019.

CCNE, Contribution du Comité consultatif national d'éthique à la révision de la loi de bioéthique, Avis n° 129, 25. September 2018, online verfügbar unter http://www.ccne-ethique.fr/fr/publications/contribution-du-comite-consultatif-national-dethique-la-revision-de-la-loi-de, zuletzt geprüft am 08.04.2019.

Chandrasegaran, Srinivasan; Carroll, Dana, Origins of Programmable Nucleases for Genome Engineering, in: Journal of molecular biology, 2015, 428 (5), S. 963–989.

Chartier, Annie, Glossaire de genetique moleculaire et genie génétique, 1994, Paris, Inst. National de la Recherche Agronomique (Dictionnaires).

Check Hayden, Erika, Should you edit your children's genes?, in: Nature, 2016, 530 (7591), S. 402–405.

Chérioux, Jean (Sénat), Rapport n° 236, fait au nom de la commission des affaires sociales, déposé le 12 janvier 1994, online verfügbar unter http://www.senat.fr/rap/1993-1994/i1993_1994_0236.pdf, zuletzt geprüft am 08.04.2019.

Chérioux, Jean (Sénat), Rapport n° 395, fait au nom de la commission des affaires sociales, déposé le 4 mai 1994, online verfügbar unter http://www.senat.fr/rap/1993-1994/i1993_1994_0395.pdf, zuletzt geprüft am 08.04.2019.

Chérioux, Jean (Sénat); Mattei, Jean-François (Assemblée nationale), Rapport n° 497, fait au nom de la commission mixte paritaire, déposé le 9 juin 1994, online verfügbar unter http://www.senat.fr/rap/1993-1994/i1993_1994_0497.pdf, zuletzt geprüft am 08.04.2019.

Church, George, Encourage the innovators, in: Nature, 2015, 528 (7580), S. 7.

Claeys, Alain (Assemblée nationale), Rapport n° 3528 fait au nom de la commission spéciale, 2002, in: Journal Officiel, 11ème Legislature, Assemblée nationale, Impressions (3528–3530).

Claeys, Alain; Huriet, Claude (OPECST), Rapport sur l'application de la loi n° 94-654 du 29 juillet 1994 relative au don et à l'utilisation des éléments et produits du corps humain, à l'assistance médicale à la procréation et au diagnostic prénatal, n° 1407 (Assemblée nationale), n° 232 (Sénat), 18. Februar 1999, online verfügbar unter https://www.senat.fr/rap/r98-232/r98-2321.pdf, zuletzt geprüft am 08.04.2019.

Claeys, Alain; Huriet, Claude (OPECST), Rapport sur le clonage, la thérapie cellulaire et l'utilisation thérapeutique des cellules embryonnaires, n° 2198 (Assemblée nationale), n° 238 (Sénat), 24. Feburar 2000, online verfügbar unter https://www.senat.fr/rap/r99-238-1/r99-238-11.pdf, zuletzt geprüft am 08.04.2019.

Claeys, Alain; Leonetti, Jean (Assemblée nationale), Rapport d'information, fait au nom de la mission d'information sur la révision des lois des bioéthique, déposé le 10 janvier 2010, n° 2335, online verfügbar unter http://www.assemblee-nationale.fr/13/pdf/rap-info/i2235-t1.pdf, zuletzt geprüft am 08.04.2019.

Claeys, Alain; Vialatte, Jean-Sébastien (OPECST), Rapport sur l'évaluation de la loi n° 2004-800 du 6 août 2004 relative à la bioéthique, n° 1325 (Assemblée nationale), n° 107 (Sénat), Tome I, 17. Dezember 2008, online verfügbar unter http://www.assemblee-nationale.fr/13/pdf/rap-off/i1325-tI.pdf, zuletzt geprüft am 08.04.2019.

Classen, Claus Dieter, Verfassungsrechtliche Rahmenbedingungen der Forschung mit Embryonen, in: WissR, 1989, S. 235–247.

Classen, Claus Dieter, Die Forschung mit embryonalen Stammzellen im Spiegel der Grundrechte, in: DVBl., 2002, S. 141–148.

Coenen, Christopher; Schuijff, Mirjam; Smits, Martijntje, The Politics of Human Enhancenemt and the European Union, in: Julian Savulescu, Ruud ter Meulen und Guy Kahane (Hrsg.), Enhancing Human Capacities, 2011, Hoboken: John Wiley & Sons, S. 521–535.

Coester-Waltjen, Dagmar, Befruchtungs- und Gentechnologie bei Menschen – rechtliche Probleme von morgen?, in: FamRZ, 1984, S. 230–236.

Coester-Waltjen, Dagmar, Der Schwangerschaftsabbruch und die Rolle des künftigen Vaters, in: NJW, 1985, S. 2175–2177.

Coester-Waltjen, Dagmar, 2. Teilgutachten – Zivilrechtliche Probleme. Gutachten B für den 56. Deutschen Juristentag, in: Ständige Deputation des Deutschen Juristentages (Hrsg.), Die künstliche Befruchtung bei Menschen – Zulässigkeit und zivilrechtliche Folgen, 1986, München, C.H. Beck (Verhandlungen des sechsundfünfzigsten Deutschen Juristentages, 56, Bd. 1 (Gutachten), T. A/B), S. B5–B127.

Coghlan, Andy, First baby born using 3-parent technique to terat infertility, in: New Scientist, Artikel vom 18.01.2017, online verfügbar unter https://www.newscientist.com/article/2118334-first-baby-born-using-3-parent-technique-to-treat-infertility, zuletzt geprüft am 08.04.2019.

Cohen, Jacques; Scott, Richard, Birth of infant after transfer of anucleate donor oocyte cytoplasm into recipient eggs, in: The Lancet, 1997, 350 (9072), S. 186–187.

Colpin, H.; Soenen, S., Parenting and psychosocial development of IVF children. A follow-up study, in: Human Reproduction, 2002, 17 (4), S. 1116–1123.

Committee on Bioethics (DH-BIO), Statement on genome editing technologies, 2015, online verfügbar unter https://rm.coe.int/168049034a, zuletzt geprüft am 08.04.2019.

Committee on Social Affairs, Health and Sustainable Development (Europarat), The use of new genetic technologies in human beings, 2017, online verfügbar unter http://assembly.coe.int/nw/xml/XRef/Xref-DocDetails-en.asp?FileID=23730&lang=en, zuletzt geprüft am 08.04.2019.

Cong, Le.; Ran, F. Ann.; Cox, David et al., Multiplex Genome Engineering Using CRISPR/Cas Systems, in: Science, 2013, 339 (6121), S. 819–823.

Connor, Steve, Medical dilemma of „three-parent babies“: Fertility clinic investigates health of teenagers it helped to be conceived through controversial IVF technique, in: Independent, Artikel vom 25.08.2014, online verfügbar unter https://www.independent.co.uk/news/science/medical-dilemma-of-three-parent-babies-fertility-clinic-investigates-health-of-teenagers-it-helped-9690058.html, zuletzt geprüft am 08.04.2019.

Connor, Steve, Rewriting life. First Human Embryos Edited in U.S., in: MIT Technology Review, Artikel vom 26.07.2017, online verfügbar unter https://www.technologyreview.com/s/608350/first-human-embryos-edited-in-us/, zuletzt geprüft am 08.04.2019.

Conseil d'État, Avis sur un projet de loi relatif à la bioéthique, 18.07.2019, online verfügbar unter https://www.conseil-etat.fr/ressources/avis-aux-pouvoirs-publics/derniers-avis-publies/avis-sur-un-projet-de-loi-relatif-a-la-bioethique, zuletzt geprüft am 22.10.2019.

Conseil d'État, Sciences de la vie, de l'éthique au droit. Étude du Conseil d'État, 1988, Paris, La Documentation française.

Conseil d'État, Recueil des décisions du Conseil d'État. Collection Lebon, 1989, Paris, Editions Sirey.

Conseil d'État, Les lois de bioéthique: cinq ans après. Etude adoptée par l'Assemblée générale du Conseil d'État le 25 novembre 1999, 1999, Paris, La Documentation française.

Conseil d'État, La révision des lois de bioéthique, 2009, Paris, La Documentation française.

Cramer, Stephan, Genom- und Genanalyse. Rechtliche Implikationen einer „prädiktiven Medizin", 1991, Frankfurt am Main.

Cree, Lynsey; Loi, Pasqualino, Mitochondrial replacement: from basic research to assisted reproductive technology portfolio tool-technicalities and possible risks, in: Molecular human reproduction, 2015, 21 (1), S. 3–10.

Crouch, Simon R.; Waters, Elizabeth; McNair, Ruth et al., Parent-reported measures of child health and wellbeing in same-sex parent families. A cross-sectional survey, in: BMC public health, 2014, (14:635), verfügbar unter https://bmcpublichealth.biomedcentral.com/articles/10.1186/1471-2458-14-635, zuletzt geprüft am 24.10.2018.

Cyranoski, David, Cloned-embryo DNA fixed. A method of precisely editing genes in human embryos hints at a cure for a blood disorder, in: Nature, 2017, 550 (7674), S. 15–16.

Cyranoski, David; Reardon, Sara, Embryo editing sparks epic debate, in: Nature, 2015, 520 (7549), S. 593–594.

Dabrock, Peter; Klinnert, Lars; Scharden, Stefanie, Menschenwürde und Lebensschutz. Herausforderungen theologischer Bioethik, 2004, Gütersloh, Gütersloher Verlagshaus GmbH.

Daele, Wolfgang van den, Der Fötus als Subjekt und Autonomie der Frau. Wissenschaftlich-technische Optionen und soziale Kontrollen in der Schwangerschaft, in: KritV, 1988, S. 16–31.

Daele, Wolfgang van den, Freiheiten gegenüber Technikoptionen. Zur Abwehr und Begründung neuer Techniken durch subjektiv Rechte, in: KritV, 1991, S. 257–278.

Daele, Wolfgang van den, Die Praxis vorgeburtlicher Selektion und die Anerkennung der Rechte von Menschen mit Behinderung, in: Annette Leonhardt (Hrsg.), Wie perfekt muss der Mensch sein? Behinderung, molekulare Medizin und Ethik, 2004, München, Reinhardt, S. 177–199.

Daele, Wolfgang van den, Vorgeburtliche Selektion: Ist die Pränataldiagnostik behindertenfeindlich?, in: Wolfgang van den Daele (Hrsg.), Biopolitik, 2005, Wiesbaden, VS Verlag für Sozialwissenschaften, S. 97–122.

Daniels, Norman, The Genome Project, Individual Differences and Just Health Care, in: Timothy F. Murphy und Marc A. Lappé (Hrsg.), Justice and the human genome project, 1994, Berkeley, University of California Press, S. 110–131.

Daniels, Norman, Just health care, 2001, Cambridge: Cambridge University Press.

Daniels, Norman, Can Anyone Really Be Talking About Ethically Modifying Human Nature?, in: Nick Bostrom und Julian Savulescu (Hrsg.), Human Enhancement, 2009, Oxford University Press UK, S. 25–42.

Däubler-Gmelin, Herta, Die Verankerung von Generationengerechtigkeit im Grundgesetz – Vorschlag für einen erneuerten Art. 20a GG, in: Zeitschrift für Rechtspolitik, 2000, S. 27–28.

Dederer, Hans-Georg, GVO-Spuren unter Genehmigungsvorbehalt? Zugleich eine Anmerkung zu OVG Münster, Beschl. v. 31.8.2000, in: NuR, 2001, S. 64–69.

Dederer, Hans-Georg, Menschenwürde des Embryo in vitro? Der Kristallisationspunkt der Bioethik-Debatte am Beispiel des therapeutischen Klonens, in: AöR, 2002, S. 1–27.

Dederer, Hans-Georg, Mehr Fragen als Antworten. CRISPR-Cas9 aus rechtlicher Perspektive, in: Forschung & Lehre, 2017, S. 24–25.

Degenhart, Christoph, Das allgemeine Persönlichkeitsrecht, Art. 2 I i.V.m. Art. 1 I GG, in: JuS, 1992, S. 361–368.

Deinert, Olaf, Die Beschäftigungspflicht der Arbeitgeber und ihre praktische Wirksamkeit, in: Ulrich Becker, Elisabeth Wacker und Minou Banafsche (Hrsg.), Homo faber disabilis? Teilhabe am Erwerbsleben, 2015, 1. Aufl., Baden-Baden, Nomos, S. 119–138.

Delage, Pierre-Jérôme, L'interdiction de créer des embryons transgéniques ou chimériques, in: Médecine & Droit, 2012, S. 111–113.

Denizeau, Charlotte, Droit des libertés fondamentales, 2017–2018, 6. Aufl., Paris, Vuibert.

Der Bundeminister für Forschung und Technologie (Hrsg.), In-vitro-Fertilisation, Genomanalyse und Gentherapie. Bericht der gemeinsamen Arbeitsgruppe des Bundesministers für Forschung und Technologie und des Bundesministers der Justiz, 1985, München, Schweitzer.

Der Parlamentarischer Rat 1948–1949, Band V/1, online verfügbar unter https://www.degruyter.com/downloadpdf/books/9783486702347/9783486702347.62/9783486702347.62.pdf, zuletzt geprüft am 08.04.2019.

Deuring, Silvia, Die „Mitochondrienspende“ im deutschen Recht, in: MedR, 2017, S. 215–220.

Deuring, Silvia, Une analyse du droit francais en vue de nouvelles méthodes biotechnologiques à l'occasion de la révision des lois de bioéthique en 2019, in: RGDM, 2018, 68, S. 97–110.

Deuring, Silvia; Taupitz, Jochen, Genom-Editierung an der menschlichen Keimbahn – rechtliche Aspekte, in: Pharmakon, 2017, S. 287–290.

Deutsch, Erwin, Medizin und Forschung vor Gericht. Kunstfehler, Aufklärung und Experiment im deutschen und amerikanischen Recht, 1978, Heidelberg, C.F. Müller.

Deutsch, Erwin, Artifizielle Wege menschlicher Reproduktion: Rechtsgrundsätze Konservierung von Sperma, Eiern und Embryonen; künstliche Insemination und außer-körperliche Fertilisation; Embryonentransfer, in: MDR, 1985, S. 177–183.

Deutsch, Erwin, Rechtliche Gesichtspunkte der künstlichen Insemination und extrakorporalen Befruchtung, in: Elke Reichart (Hrsg.), Insemination, In-vitro-Fertilisation. Indikation, Technik, Genetik, Psychosomatische, Theologisch-Ethische Aspekte, rechtliche Interpretation, 1987, Percha am Starnberger See, Schulz, S. 251–288.

DFG, Entwicklung der Gentherapie. Stellungnahme der Senatskommission für Grundsatzfragen der Genforschung, 2006, Bonn.

Deutscher Ethikrat, Wortprotokoll. Niederschrift über dem öffentlichen Teil der Plenarsitzung des Deutschen Ethikrates am 26. Juni 2008 in Berlin, online verfügbar unter https://www.ethikrat.org/fileadmin/PDF-Dateien/Veranstaltungen/Wortprotokoll_2008-06-26_Website.pdf, zuletzt geprüft am 08.04.2019.

Deutscher Ethikrat, Zugriff auf das menschliche Erbgut. Neue Möglichkeiten und ihre ethische Beurteilung, Jahrestagung vom 22. Juni 2016, Simultanmitschrift, online verfügbar unter https://www.ethikrat.org/fileadmin/PDF-Dateien/Veranstaltungen/Jt-22-06-2016-Simultanmitschrift.pdf, zuletzt geprüft am 08.04.2019.

Deutscher Ethikrat, Präimplantationsdiagnostik. Stellungnahme, 2001, Berlin.

Deutscher Ethikrat, Stammzellforschung – Neue Herausforderungen für das Klon-verbot und den Umgang mit artifiziell erzeugten Keimzellen? Ad-hoc-Empfehlung, 2014, Berlin, online verfügbar unter https://www.ethikrat.org/fileadmin/Publikationen/Ad-hoc-Empfehlungen/deutsch/empfehlung-stammzellforschung.pdf, zuletzt geprüft am 08.04.2019.

Deutscher Ethikrat, Keimbahneingriffe am menschlichen Embryo: Deutscher Ethikrat fordert globalen politischen Diskurs und internationale Regulierung. Ad-hoc-Empfehlung, 2017, Berlin, online verfügbar unter https://www.ethikrat.org/fileadmin/Publikationen/Ad-hoc-Empfehlungen/deutsch/empfehlung-keimbahneingriffe-am-menschlichen-embryo.pdf, zuletzt geprüft am 08.04.2019.

Deutscher Ethikrat, Eingriffe in die menschliche Keimbahn. Stellungnahme (Vorabfassung), 2019, Berlin, online verfügbar unter https://www.ethikrat.org/publikationen/, zuletzt geprüft am 15.05.2019.

Deutsches IVF-Register, Journal für Reproduktionsmedizin und Endokronologie, Sonderheft 1 2016, Jahrbuch 2015, online verfügbar unter http://www.deutsches-ivf-register.de/perch/resources/downloads/dirjahrbuch2015d.pdf, zuletzt geprüft am 08.04.2019.

Dhonte-Isnard, Emmanuelle, L'embryon humain in vitro et le droit, 2004, Paris, L'Harmattan.

Di Fabio, Udo, Grundrechte als Werteordnung, in: JZ, 2004, S. 1–8.

Dienemann, Susanna; Wachenhausen, Heike, Alles neu, macht die EU – Die Verordnung über klinische Prüfungen und ihre Auswertungen auf das deutsche Recht, in: PharmR, 2014, S. 452–459.

Dietlein, Johannes, Die Lehre von den grundrechtlichen Schutzpflichten, 2005, 2. Aufl., Berlin, Duncker & Humblot.

Dinh, Nguyen Quoc; Dailler, Patrick; Pellet, Alain, Droit international public, 1994, 5. Aufl., Paris, LGDJ.

Dirnberger, Franz, Recht auf Naturgenuß und Eingriffsregelung. Zugleich ein Beitrag zur Bedeutung grundrechtlicher Achtungs- und Schutzpflichten für das subjektiv öffentliche Recht, 1991, Berlin, Duncker & Humblot.

Dorneck, Carina, Das Recht der Reproduktionsmedizin de lege lata und de lege ferenda, 2018, Baden-Baden, Nomos.

Doudna, Jennifer A.; Charpentier, Emmanuelle, Genome editing. The new frontier of genome engineering with CRISPR-Cas9, in: Science, 2014, 346 (6213), S. 1258096(1–9).

Doudna, Jennifer A.; Sternberg, Samuel H., A crack in creation. Gene editing and the unthinkable power to control evolution, 2017, Boston, Houghton Mifflin Harcourt.

Dreier, Horst, Subjektiv-rechtliche und objektiv-rechtliche Grundrechtsgehalte, in: Jura, 1994, S. 505–513.

Dreier, Horst, Stufungen des vorgeburtlichen Lebens, in: ZRP, 2002, S. 377–383.

Dreier, Horst (Hrsg.), Grundgesetz. Kommentar. Band 1: Präambel, Artikel 1–19, 2004, 2. Aufl., Tübingen, Mohr Siebeck (zitiert als: *Bearbeiter*, in: Dreier (Hrsg.), GG, Band 1, Art. ... Rn. ...).

Dreier, Horst (Hrsg.), Grundgesetz. Kommentar. Band 2, Art. 20–83, 2015, 3. Aufl., Tübingen, Mohr Siebeck (zitiert als: *Bearbeiter*, in: Dreier (Hrsg.), GG, Band 2, Art. ... Rn. ...).

Dupont, Marc, Feuillets mobiles Litec Droit médical et hospitalier, Fasc. 34–2: Législations spécifiques. Éthique et biotechnologies. – Conservation d'éléments du corps humain et banques biotechnologiques, Oktober 2011, verfügbar unter lexis360.fr.

Dürig, Günter, Die Menschenauffassung des Grundgesetzes, in: JR, 1952, S. 259–263.

Dürig, Günter, Der Grundrechtssatz von der Menschenwürde. Entwurf eines praktikablen Wertsystems der Grundrechte aus Art. 1 Abs. I in Verbindung mit Art. 19 Abs. II des Grundgesetzes, in: AöR, 1956, S. 117–157.

Düwell, Marcus, Ethische Überlegungen anlässlich der „Konvention über Menschenrechte und Biomedizin" des Europarates und der „Allgemeinen Erklärung zum menschlichen Genom und den Menschenrechten" der UNESCO, in: Wolfgang Bender (Hrsg.), Eingriffe in die menschliche Keimbahn. Naturwissenschaftliche und medizinische Aspekte; rechtliche und ethische Implikationen, 2000, Münster, Agenda-Verlag, S. 83–105.

Düwell, Marcus; Mieth, Dietmar, Ethische Überlegungen zum Entwurf einer UNSECO-Deklaration über das menschliche Genom und die Menschenrechte, in: Ludger Honnefelder und Christian Streffer (Hrsg.), Jahrbuch für Wissenschaft und Ethik, Band 2, 1997, Berlin, Walter de Gruyter & Co, S. 329–354.

Eberbach, Wolfram, Die Verbesserung des Menschen, in: MedR, 2008, S. 325–336.

Eberbach, Wolfram, Genom-Editing und Keimbahntherapie. Tatsächliche, rechtliche und rechtspolitische Aspekte, in: MedR 2016, S. 758–773.

Eberbach, Wolfram; Lange, Hermann; Ronellenfitsch, Michael (Hrsg.), Recht der Gentechnik und Biomedizin. Ordner 1, März 2018, 100. Aktualisierung, Heidelberg, C.F. Müller (zitiert als: *Bearbeiter*, in: Eberbach et al. (Hrsg.), Recht der Gentechnik und Biomedizin, Ordner 1, § ... Rn. ...).

Eberbach, Wolfram; Lange, Hermann; Ronellenfitsch, Michael (Hrsg.), Recht der Gentechnik und Biomedizin. Ordner 2, 100. Aktualisierung, März 2018, Heidelberg, C.F. Müller (zitiert als: *Bearbeiter*, in: Eberbach et al. (Hrsg.), Recht der Gentechnik und Biomedizin, Ordner 2, § ... Rn. ...).

Edelman, Bernard, Le Conseil Constitutionnel et l'embryon, in: Recueil Dalloz (Chronique), 1995, 27, S. 205–210, zitiert über dalloz.fr.

Eguizabal, C.; Montserrat, N.; Vassena, R. et al., Complete Meiosis from Human Induced Pluripotent Stem Cells, in: STEM CELLS, 2001, 29 (8), S. 1186–1195.

Ekardt, Felix, Grundrechte für zukünftige Menschen? Vorstudien zu einer Theorie intergenerationeller Gerechtigkeit und einem erneuerten Liberalismus, in: Gralf-Peter Calliess und Matthias Mahlmann (Hrsg.), Der Staat der Zukunft. Vorträge der 9. Tagung des Jungen Forum Rechtsphilosophie in der IVR, 27. – 29. April 2001 an der Freien Universität Berlin, 2002, Stuttgart, Steiner (ARSP-Beiheft, N.F., 83), S. 203–216.

Eliaou, Jean-Francois; Delmont- Koropoulis, Annie (OPECST), Rapport au nom de l'Office Parlementaire d'Évaluation des Choix Scientifiques et Technologiques sur l'évaluation de l'application de la loi n° 2011-814 du 7 juillet 2011 relative à la bioéthique, n° 1351 (Assemblée nationale), n° 80 (Sénat), 25. Oktober 2018, online verfügbar unter https://www.senat.fr/rap/r18-080/r18-0801.pdf, zuletzt geprüft am 08.04.2019.

Elsässer, Antonellus, Extrakorporale Befruchtung und Experimente mit menschlichen Embryonen, in: Johannes Reiter und Ursel Theile (Hrsg.), Genetik und Moral, 1985, Mainz, Matthias-Grünewald-Verlag, S. 171–184.

Enders, Christoph, Probleme der Gentechnologie in grundrechtsdogmatischer Sicht, in: Rudolf Mellinghoff, Hans-Heinrich Trute und Delf Buchwald (Hrsg.), Die Leistungsfähigkeit des Rechts. Methodik, Gentechnologie, internationales Verwaltungsrecht, 1988, Heidelberg, R.v. Decker & C.F. Müller, S. 157–202.

Enders, Christoph, Die Menschenwürde in der Verfassungsordnung. Zur Dogmatik des Art. 1 GG, 1997, Tübingen, Mohr Siebeck.

Engelhardt, Hugo T., Ideology and Etiology, in: Journal of Medicine and Philosophy, 1976, 1 (3), S. 256–268.

Enquête-Kommission „Chancen und Risiken der Gentechnologie", Bericht, 1987, BT-Drucks. 10/6775.

Epping, Volker; Hillgruber, Christian, Beck'scher Online Kommentar Grundgesetz, Stand: 15.02.2019, 40. Edition, München, C.H. Beck (zitiert als: *Bearbeiter*, in: Epping und Hillgruber (Hrsg.), BeckOK GG, Art. … Rn. …).

Eser, Albin, Humangenetik. Rechtliche und sozialpolitische Aspekte, in: Johannes Reiter und Ursel Theile (Hrsg.), Genetik und Moral, 1985, Mainz, Matthias-Grünewald-Verlag, S. 130–145.

Eser, Albin, Biotechnolgie und Recht: Strafrechtliche Bewertun, in: Gesellschaft für Rechtspolitik Trier (Hrsg.), Bitburger Gespräche. Jahrbuch1986/1, München, C.H. Beck, S. 105–125.

Eser, Albin; Frühwald, Wolfgang; Honnefelder, Ludger et al., Klonierung beim Menschen. Biologische Grundlagen und ethisch-rechtliche Berwertung, in: Ludger Honnefelder und Christian Streffer (Hrsg.), Jahrbuch für Wissenschaft und Ethik, Band 2, 1997, Berlin, de Gruyter, S. 357–373.

Europarat, Entwurf einer Konvention zum Schutz der Menschenrechte und der Menschenwürde im Hinblick auf die Anwendung von Biologie und Medizin: Bioethik-Konvention und erläuternder Bericht, 1995, BR-Drucks. 117/95.

Europarat, Erläuternder Bericht zu dem Übereinkommen zum Schutz der Menschenrechte und der Menschenwürde im Hinblick auf die Anwendung von Biologie und Medizin: Übereinkommen über Menschenrechte und Biomedizin, 1997, online verfügbar unter https://www.coe.int/t/dg3/healthbioethic/texts_and_documents/DIRJUR(97)5_German.pdf, zuletzt geprüft am 08.04.2019.

Europarat, Explanatory Report to the Additional Protocol to the Convention for the Protection of Human Rights and Dignity of the Human Being with regard to the Application of Biology and Medicine, on the Prohibition of Cloning Human Beings, 1998, online verfügbar unter https://rm.coe.int/16800ccde9, zuletzt geprüft am 08.04.2019.

European Academies Science Advisory Council, Genome editing: scientific opportunities, public interests and policy options in the European Union, 2017, Halle (Saale), verfügbar unter https://www.easac.eu/fileadmin/PDF_s/reports_statements/Genome_Editing/EASAC_Report_31_on_Genome_Editing.pdf, zuletzt geprüft am 08.04.2019.

European Food Safety Authority, Scientific opinion addressing the safety assessment of plants developed using Zinc Finger Nuclease 3 and other Site-Directed Nucleases with similar function, in: EFSA Journal, 2012, 10 (10), S. 1–31.

Fagniez, Pierre-Louis (Assemblée nationale), Rapport n° 761 (2ème partie), fait au nom de la commission des affaires culturelles, familiales et sociales sur le projet de loi, modifié par le Sénat, relatif à la bioéthique, déposé le 1er avril 2003, online verfügbar unter http://www.assemblee-nationale.fr/12/pdf/rapports/r0761-2.pdf, zuletzt geprüft am 08.04.2019.

Faltus, Timo, Reprogrammierte Stammzellen für die therapeutische Anwendung, in: MedR, 2016, 34 (11), S. 866–874.

Faltus, Timo, Stammzellenreprogrammierung. Der rechtliche Status und die rechtliche Handhabung sowie die rechtssystematische Bedeutung reprogrammierter Stammzellen, 2016, 1. Aufl., Baden-Baden, Nomos.

Faltus, Timo, Genom- und Geneditierung in Forschung und Praxis. Rechtsrahmen, Literaturbefund und sprachliche Beobachtung, in: ZfMER, 2017, S. 52–79.

Faltus, Timo, Mutagen(se) des Gentechnikrechts. Das Mutagenese-Urteil des EuGH schwächt die rechtssichere Anwendung der Gentechnik, in: ZUR, 2018, S. 524–534.

FamilienForschung Baden-Württemberg, Report „Familien in Baden-Württemberg". Gleichgeschlechtliche Lebensgemeinschaften und Familien, 2/2013, Hrsg. v. Ministerium für Arbeit und Sozialordnung, Familie. Frauen und Senioren Baden-Württemberg, 2013, Stuttgart, online verfügbar unter https://sozialministerium.baden-wuerttemberg.de/fileadmin/redaktion/m-sm/intern/downloads/Publikationen/Report_2_2013_Gleichgeschlechtliche_Lebensgem-Fam.pdf, zuletzt geprüft am 08.04.2019.

Fateh-Moghadam, Bijan, Religiöse Rechtfertigung? Die Beschneidung von Knaben zwischen Strafrecht, Religionsfreiheit und elterlichem Sorgerecht, in: RW, 2010, S. 115–142.

Fechner, Erich, Menschenwürde und generative Forschung und Technik. Eine rechtstheoretische und rechtspolitische Untersuchung, in: JZ, 1986, S. 653–664.

Fedoryka, K., Health as a Normative Concept. Towards a New Conceptual Framework, in: Journal of Medicine and Philosophy, 1997, 22 (2), S. 143–160.

Fehse, Boris; Baum, Christopher; Schmidt, Manfred et al., Stand wissenschaftlicher und medizinischer Entwicklungen, in: Boris Fehse und Silke Domasch (Hrsg.), Gentherapie in Deutschland. Eine interdisziplinäre Bestandsaufnahme; Themenband der Interdisziplinären Arbeitsgruppe Gentechnologiebericht, 2011, 2. Aufl., Dornburg, Forum W – Wissenschaftlicher Verlag, S. 41–126.

Feick, Jürgen, Rechtliche und ethische Grenzen von Wissenschaft und Forschung, dargestellt am Beispiel der Gentechnologie, in: BayVBl., 1986, S. 449–458.

Felsenheld, Romain (rapporteur public), Précisions sur le cadre juridique de la recherche sur embryons et cellules souches. Tribunal administratif de Montreuil, 7 juin 2017, Fondation Jérôme Lejeune, n° 1610385, in: RFDA, 2017, S. 1127–1134, zitiert über dalloz.fr.

Fenger, Hermann; Schmitz, Manfred H.-J., Gentechnikgesetz und seine Rechtsverordnungen, in: Stefan F. Winter, Hermann Fenger und Hans-Ludwig Schreiber (Hrsg.), Genmedizin und Recht. Rahmenbedingungen und Regelungen für Forschung, Entwicklung, Klinik, Verwaltung, 2001, 1. Aufl., München, C.H. Beck, S. 164–181.

Feuillet-Le Mintier, Brigitte, La biomédecine, nouvelle branche du droit?, in: Brigitte Feuillet-Le Mintier (Hrsgg.): Normativité et Biomédecine, 2003, Paris, Economica, S. 1–21.

Fischer, Gerfried, Medizinische Versuche am Menschen. Zulässigkeitsvoraussetzungen und Rechtsfolgen, 1979, Göttingen, Schwartz.

Fischer, Thomas, Strafgesetzbuch mit Nebengesetzen, 2018, 65. Aufl., München, C.H. Beck.

Flämig, Christian, Die genetische Manipulation des Menschen. Ein Beitrag zu den Grenzen der Forschungsfreiheit, 1985, 1. Aufl., Baden-Baden, Nomos.

Forkel, Hans, Verfügungen über Teile des menschlichen Körpers. Ein Beitrag zur zivilrechtlichen Erfassung der Transplantationen, in: JZ, 1974, S. 593–599.

Frenz, Walter, Nachhaltige Entwicklung nach dem Grundgesetz, in: Peter Marburger, Michael Reinhardt und Meinhard Schröder (Hrsg.), Jahrbuch des Umwelt- und Technikrechts 1999, S. 37–80.

Freund, Georg; Weiss, Natalie, Zur Zulässigkeit von der Verwendung menschlichen Körpermaterials für Forschungs- und andere Zwecke, in: MedR, 2004, S. 315–319.

Friauf, Karl Heinrich; Höfling, Wolfram (Hrsg.), Berliner Kommentar zum Grundgesetz, Band, 1, Art. 1–12a GG, 2000, Berlin, Erich Schmidt Verlag (zitiert als: *Bearbeiter*, in: Friauf und Höfling (Hrsg.), Berliner Kommentar zum GG, Band 1, Art. … Rn. …).

Frommel, Monika, Strategien gegen die Demontage der Reform der §§ 218 ff. StGB in der Bundesrepublik. Rechtsangleichung an § 153 DDR-StGB?, in: ZRP, 1990, S. 351–354.

Frommel, Monika, Juristisches Gutachten zur Frage der Zulässigkeit der Freigabe kryokonservierter befruchteter Eizellen (2-PN-Stadien) durch die Inhaber, des Auftauens mit Einverständnis des Spenderpaares und des extrakorporalen Weiterkultivierens zum Zwecke der Spende an eine Frau, von der die Eizelle nicht stammt, 2011 (2014 aktualisiert), online verfügbar unter http://www.netzwerk-embryonenspende.de/recht/gutachten_frommel_embryonenspende.pdf, zuletzt geprüft am 24.10.2018.

Fthenakis, Wassilios E., Gleichgeschlechtliche Lebensgemeinschaften und kindliche Entwicklung, in: Jürgen Basedow, Peter Dopffel und Klaus J. Hopt (Hrsg.), Die Rechtsstellung gleichgeschlechtlicher Lebensgemeinschaften, 2000, Tübingen, Mohr Siebeck, S. 351–389.

Fuchs, Michael, Der Einzelne und seine Einmaligkeit. Überlegungen zu einem Argument in der Debatte um die asexuelle Fortpflanzung, in: Ludger Honnefelder und Christian Streffer (Hrsg.), Jahrbuch für Wissenschaft und Ethik, Band 5, 2000, Berlin, de Gruyter, S. 63–89.

Fuchs, Michael, Forschungsethische Aspekte der Gentherapie, in: Boris Fehse und Silke Domasch (Hrsg.), Gentherapie in Deutschland. Eine interdisziplinäre Bestandsaufnahme; Themenband der Interdisziplinären Arbeitsgruppe Gentechnologiebericht, 2011, 2. Aufl., Dornburg, Forum W – Wissenschaftlicher Verlag, S. 185–207.

Fulchiron, Hugues; Eck, Laurent, Introduction au droit français, 2016, Paris, LexisNexis SA.

Fulda, Gerhard F., UNESCO-Deklaration über das menschliche Genom und Menschenrechte, in: Stefan F. Winter, Hermann Fenger und Hans-Ludwig Schreiber (Hrsg.), Genmedizin und Recht. Rahmenbedingungen und Regelungen für Forschung, Entwicklung, Klinik, Verwaltung, 2001, 1. Aufl., München, C.H. Beck, S. 195–204.

Gassner, Ulrich; Kersten, Jens; Krüger, Matthias et al., Fortpflanzungsmedizingesetz. Augsburger-Münchener-Entwurf (AME-FMedG), 2013, Tübingen, Mohr Siebeck.

Gassner, Ulrich, Legalisierung der Eizellspende?, in: ZRP, 2015, S. 126.

Geddert-Steinacher, Tatjana, Menschenwürde als Verfassungsbegriff. Aspekte der Rechtsprechung des Bundesverfassungsgerichts zu Art. 1 Abs. 1 Grundgesetz, 1990, 1. Aufl., Tübingen, Duncker & Humblot.

Geiger, Willi, Anmerkung zu VormG Celle, Beschluss vom 9.2.1987–25 VII K 3470 SH, in: FamRZ, 1987, S. 1177.

Geiß, Karlmann; Greiner, Hans-Peter, Arzthaftpflichtrecht, 2014, 7. Aufl., München, C.H. Beck.

Gerhardt, Volker, Geworden oder gemacht? Jürgen Habermas und die Gentechnologie, in: Matthias Kettner (Hrsg.), Biomedizin und Menschenwürde, 2004, 1. Aufl., Frankfurt am Main, Suhrkamp, S. 272–291.

Gernhuber, Joachim; Coester-Waltjen, Dagmar, Familienrecht, 2010, 6. Aufl., München, C.H. Beck.

Gillet-Hauquier, Marie-Annick, La recherche d'un statut juridique à l'embryon humain, in: RGDM, 2005, 15, S. 125–137.

Giraud, Francis (Sénat), Rapport n° 128, fait au nom de la commission des Affaires sociales dur le projet de loi, adopté par l'Assemblée nationale, relatif à la bioéthique, déposé le 15 janvier 2003, online verfügbar unter https://www.senat.fr/rap/l02-128/l02-1281.pdf, zuletzt geprüft am 08.04.2019.

Giwer, Elisabeth, Rechtsfragen der Präimplantationsdiagnostik. Eine Studie zum rechtlichen Schutz des Embryos im Zusammenhang mit der Präimplantationsdiagnostik unter besonderer Berücksichtigung grundrechtlicher Schutzpflichten, 2001, Berlin, Duncker & Humblot.

Glass, William G.; McDermott, David H.; Lim, Jean K. et al., CCR5 deficiency increases risk of symptomatic West Nile virus infection, in: The Journal of experimental medicine, 2006, 203 (1), S. 35–40.

Golombok, Susan; Murray, Clare; Jadva, Vasanti et al., Non-genetic and non-gestational parenthood: consequences for parent-child relationships and the psychological well-being of mothers, fathers and children at age 3, in: Human reproduction, 2006, 21 (7), S. 1918–1924.

Golombok, Susan, Unsusual Families, in: Reproductive biomedicine online 10 (Suppl. 1), 2005, S. 9–12.

Golombok, Susan; Blake, Lucy; Casey, Polly et al., Children born through reproductive donation: a longitudinal study of psychological adjustment, in: Journal of Child Psychology and Psychiatry, 2013, 54 (6), S. 653–660.

Golombok, Susan; Ilioi, Elena; Blake, Lucy et al., A longitudinal study of families formed through reproductive donation. Parent-adolescent relationships and adolescent adjustment at age 14, in: Developmental psychology, 2017, 53 (10), S. 1966–1977.

Golombok, Susan; MacCallum, Fiona; Goodman, Emma, The „Test-Tube" Generation. Parent-Child Relationships and the Psychological Well-Being of In Vitro Fertilizati-on Children at Adolescence, in: Child Development, 2001, 72 (2), S. 599–608.

Golombok, Susan; MacCallum, Fiona; Murray, Clare et al., Surrogacy families: parental functioning, parent-child relationships and children's psychological development at age 2, in: Journal of Child Psychology and Psychiatry, 2006, 47 (2), S. 213–222.

Golombok, Susan; Murray, Clare, Social versus Biological Parenting: Family Functioning and the Socioemotional Developement of Children Conceived by Egg or Sperm Donation, in: Journal of Child Psychology and Psychiatry, 1999, 40 (4), S. 519–527.

Golombok, Susan; Murray, Clare; Jadva, Vasanti et al., Families created through surrogacy arrangements: parent-child relationships in the 1st year of life, in: Developmental psychology, 2004, 40 (3), S. 400–411.

Golombok, Susan; Readings, Jennifer; Blake, Lucy et al., Families created through surrogacy: mother-child relationships and children's psychological adjustment at age 7, in: Developmental psychology, 2011, 47 (6), S. 1579–1588.

Golombok, Susan; Spencer, Ann; Rutter, Michael, Children in lesbian and single-parent households. psychosexual and psychiatric appraisal, in: Journal of Child Psychology and Psychiatry, 1983, 24 (4), S. 551–572.

Golombok, Susan; Tasker, Fiona, Do parents influence the sexual orientation of their children? Findings from a longitudinal study of lesbian families, in: Developmental psychology, 1996, 32 (1), S. 3–11.

Graumann, Sigrid, Gesellschaftliche Folgen der Präimplantationsdiagnostik, in: Dietrich Arndt (Hrsg.), Fortpflanzungsmedizin in Deutschland. Wissenschaftliches Symposium des Bundesministeriums für Gesundheit in Zusammenarbeit mit dem Robert-Koch-Institut vom 24. bis 26. Mai 2000 in Berlin, 2001, Baden-Baden, Nomos, S. 215–220.

Griebsch, Thorsten, Anwendbarkeit des Gentechnikgesetzes auf nach CRISPR/Cas9 verändertes Saatgut; in: NuR, 2018, S. 92–100.

Grimm, Dieter, Das Grundgesetz nach 40 Jahren, in: NJW, 1989, S. 1305–1312.

Grimm, Dieter, Gemeinwohl in der Rechtsprechung des Bundesverfassungsgerichts, in: Herfried Münkler und Karsten Fischer (Hrsg.), Gemeinwohl und Gemeinsinn im Recht. Konkretisierung und Realisierung öffentlicher Interessen, 2002, Berlin, de Gruyter, S. 125–139.

Gröner, Kerstin, Klonen, Hybrid- und Chimärenbildung unter Beteiligung totipotenter menschlicher Zellen, in: Hans-Ludwig Günther und Rolf Keller (Hrsg.), Fortpflanzungsmedizin und Humangenetik – strafrechtliche Schranken? Tübinger Beiträge zum Diskussionsentwurf eines Gesetzes zum Schutz von Embryonen, 1991, 2. Aufl., Tübingen, Mohr Siebeck, S. 293–325.

Guckes, Barbara, Das Argument der schiefen Ebene. Schwangerschaftsabbruch, die Tötung Neugeborener und Sterbehilfe in der medizinethischen Diskussion, 1997, Stuttgart, Fischer.

Guigou, Elisabeth, Projet de loi relatif à la bioéthique, n° 3166 (Assemblée nationale), 20. Juni 2001, online verfügbar unter http://www.assemblee-nationale.fr/11/pdf/projets/pl3166.pdf, zuletzt geprüft am 08.04.2019.

Günther, Hans-Ludwig; Taupitz, Jochen; Kaiser, Peter, Embryonenschutzgesetz. Juristischer Kommentar mit medizinisch-naturwissenschaftlichen Grundlagen, 2014, 2. Aufl., Kohlhammer Verlag (zitiert als: *Bearbeiter*, in: Günther et al. (Hrsg.), ESchG, § … Rn. …).

Gutmann, Thomas, Auf der Suche nach dem Rechtsgut: Zur Strafbarkeit des Klonens von Menschen, in: Claus Roxin, Christoph Knauer, Johannes Brose und Roxin-Schroth (Hrsg.), Medizinstrafrecht. Im Spannungsfeld von Medizin, Ethik und Strafrecht, 2001, 2. Aufl., Stuttgart, Boorberg, S. 353–379.

Gutmann, Thomas, „Gattungsethik" als Grenze der Verfügung des Menschen über sich selbst?, in: Wolfgang van den Daele (Hrsg.), Biopolitik, 2005, Wiesbaden, Verlag für Sozialwissenschaften, S. 235–264.

Haaf, Günter, Frankens Babys. Demnächst gibt es auch deutsche Reagenzglas-Kinder, in: Zeit Online, Artikel vom 22.01.1982, online verfügbar unter http://www.zeit.de/1982/04/frankens-babys, zuletzt geprüft am 08.04.2019.

Häberle, Peter, Grundrechte im Leistungsstaat, in: Wolfgang Martens und Peter Häberle (Hrsg.), Grundrechte im Leistungsstaat. Die Dogmatik des Verwaltungsrechts vor den Gegenwartsaufgaben der Verwaltung, 1972, Berlin, de Gruyter, S. 43–131.

Häberle, Peter, Zeit und Verfassungskultur, in: Anton Peisl und Armin Mohler (Hrsg.), Die Zeit, Band 6, 1983, München, Oldenbourg (Schriften der Carl-Friedrich-von-Siemens-Stiftung, 6), S. 289–343.

Habermas, Jürgen, Replik auf Einwände, in: DZPhil, 2001, S. 283–298.

Habermas, Jürgen, Die Zukunft der menschlichen Natur. Auf dem Weg zu einer liberalen Eugenik?, 2002, 4. Aufl., Frankfurt am Main, Suhrkamp.

Halàsz, Christian, Das Recht auf bio-materielle Selbstbestimmung. Grenzen und Möglichkeiten der Weiterverwendung von Körpersubstanzen, 2000, Berlin, Springer.

Hall, Stephen S., Und morgen? Designer-Sperma!, in: Zeit Online, Artikel vom 15.04.2017, online verfügbar unter http://www.zeit.de/wissen/gesundheit/2016-02/stammzellen-forschung-unfurchtbarkeit-spermien-kinderwunsch, zuletzt geprüft am 08.04.2019.

Hamzelou, Jessica, Exclusive: World's first baby born with new „3 parent" technique, in: New Scientist, Artikel vom 27.09.2016. Online verfügbar unter https://www.newscientist.com/article/2107219-exclusive-worlds-first-baby-born-with-new-3-parent-technique/, zuletzt geprüft am 08.04.2019.

Haniel, Anja; Hofschneider, Peter Hans, Die Problematik der Gentherapie, in: Arnold Maria Raem und Ernst-Ludwig Winnacker (Hrsg.), Gen-Medizin. Eine Bestandsaufnahme; mit 50 Tabellen, 2001, Berlin, Springer, S. 333–343.

Harris, John, Enhancing Evolution. The Ethical Case for Making Better People, 2007, Princeton, Woodstock, Princeton University Press.

Hart, Dieter, Heilversuch und klinische Prüfung, in: MedR, 2015, S. 766–775.

Hartleb, Torsten, Grundrechtsschutz in der Petrischale. Grundrechtsträgerschaft und Vorwirkungen bei Art. 2 Abs. 2 GG und Art. 1 Abs. 1 GG, 2006 Berlin, Duncker & Humblot.

Hartleb, Torsten, Grundrechtsvorwirkungen in der bioethischen Debatte – alternative Gewährleistungsdimensionen von Art. 2 II 1 GG und Art. 1 I GG, in: DVBl., 2006, S. 672–680.

Haßmann, Holger, Embryonenschutz im Spannungsfeld internationaler Menschenrechte, staatlicher Grundrechte und nationaler Regelungsmodelle zur Embryonenforschung, 2003, Berlin, New York, Springer.

Hauck, Ernst, Erkrankungsrisiko als Krankheit im Sinne der gesetzlichen Krankenversicherung?, in: NJW, 2016, S. 2695–2700.

Hauck, Karl; Noftz, Wolfgang, Sozialgesetzbuch. SGB V Gesetzliche Krankenversicherung Kommentar. Band 1, Stand: Mai 2018, Ergänzungslieferung 06/18, Berlin, Erich Schmidt Verlag (zitiert als: *Bearbeiter*, in: Hauck und Noftz (Hrsg.), Sozialgesetzbuch, Band 1, § … Rn. …).

Hauck, Karl; Noftz, Wolfgang, Sozialgesetzbuch. SGB V Gesetzliche Krankenversicherung. Kommentar Band 2, Stand: Mai 2018, Ergänzungslieferung 06/18, Berlin, Erich Schmidt Verlag (zitiert als: *Bearbeiter*, in: Hauck und Noftz (Hrsg.), Sozialgesetzbuch, Band 2, § … Rn. …).

Have, Henk ten, Die Allgemeine Erklärung über Bioethik und Menschenrechte der UNESCO – Entstehungsprozess und Bedeutung, in: Deutsche UNESCO-Kommission e.V. (Hrsg.), Allgemeine Erklärung über Bioethik und Menschenrechte. Wegweiser für die Internationalisierung der Bioethik., 2006, Bonn, Köllen Druck + Verlag GmbH, S. 27–36.

HCB, „Nouvelles Techniques" – „New Plant Breeding Techniques". Première étape de la réflexion du HCB – Introduction générale, 20. Januar 2016, online verfügbar unter https://www.actu-environnement.com/media/pdf/news-26203-avis-hcb.pdf, zuletzt geprüft am 08.04.2019.

HCB (Comité Scientifique), Avis sur les nouvelles techniques d'obtention de plantes (New Plant Breeding Techniques – NPBT), 2. November 2017, online verfügbar unter https://www.actu-environnement.com/media/pdf/news-29967-Avis-HCB-NPBT-CS-nov-2017.pdf, zuletzt geprüft am 08.04.2019.

Heinemann, Thomas, Klonieren beim Menschen. Analyse des Methodenspektrums und internationaler Vergleich der ethischen Bewertungskriterien, 2005, Berlin, de Gruyter.

Heinemann, Thomas; Heinrichs, Bert; Klein, Christoph et al., Der „kontrollierte individuelle Heilversuch" als neues Instrument bei der klinischen Erstanwendung risikoreicher Therapieformen – Ethische Analyse einer somatischen Gentherapie für das Wiskott-Aldrich-Syndrom, in: Ludger Honnefelder und Dieter von Sturma (Hrsg.), Jahrbuch für Wissenschaft und Ethik, Band 11, 2006, Berlin, de Gruyter, S. 153–200.

Heintschel-Heinegg, Bernd von, Beck'scher Online Kommentar StGB, Stand: 01.02.2019, 41. Edition, München, C.H. Beck (zitiert als: *Bearbeiter*, in: v. Heintschell-Heinegg (Hrsg.), BeckOK StGB, § … Rn. …).

Hendriks, Saskia; Dancet, Eline A. F.; van Pelt, Ans M. M. et al., Artificial gametes. A systematic review of biological progress towards clinical application, in: Human reproduction update, 2015, 21 (3), S. 285–296.

Hengstschläger, Markus, Riskantes Tüfteln am Erbgut, in: science.ORF.at, Artikel vom 03.08.2015, online verfügbar unter http://sciencev2.orf.at/stories/1761268/index.html, zuletzt geprüft am 08.04.2019.

Henseler, Paul, Verfassungsrechtliche Aspekter zukunftsbelastender Parlamentsentscheidungen, in: AöR, 1983, S. 489–560.

Herdegen, Matthias, Die Erforschung des Humangenoms als Herausforderung für das Recht, in: JZ, 2000, S. 633–641.

Herdegen, Matthias, Die Menschenwürde im Fluß des bioethischen Diskurses, in: JZ, 2001, S. 773–779.

Herdegen, Matthias, Europarecht, 2017, 19. Aufl., München, C.H. Beck.

Herdegen, Matthias, Völkerrecht, 2018, 17. Aufl., München, C.H. Beck.

Hermes, Benjamin, Die Ethikkommissionen für Präimplantationsdiagnostik, 2017, Berlin, LIT.

Hermes, Georg, Das Grundrecht auf Schutz von Leben und Gesundheit. Schutzpflicht und Schutzanspruch aus Art. 2 Abs. 2 Satz 1 GG, 1987, Heidelberg, C.F. Müller.

Herzog, Roman; Herdegen, Matthias; Scholz, Rupert et al. (Hrsg.), Maunz/Dürig, Grundgesetz Kommentar, Stand: November 2018, 85. EL, München, C.H. Beck (zitiert als: *Bearbeiter*, in: Herzog et al. (Hrsg.), Maun/Dürig GG, Art. … Rn. …).

Hesse, Konrad, Der Gleichheitsgrundsatz im Staatsrecht, in: AöR, 1951/1952, S. 167–224.

Heun, Werner, Embryonenforschung und Verfassung – Lebensrecht und Menschenwürde des Embryos, in: JZ, 2002, S. 517–524.

Hieb, Anabel, Die gespaltene Mutterschaft im Spiegel des deutschen Verfassungsrechts – Die verfassungsrechtliche Zulässigkeit reproduktionsmedizinischer Verfahren zur Überwindung weiblicher Unfruchtbarkeit – Ein Beitrag zum „Recht auf Fortpflanzung". Inaugural-Dissertation zur Erlangung des akademischen Grades eines Doktors der Rechte der Universität Mannheim, 2004.

Hikabe, Orie; Hamazaki, Nobuhiko; Nagamatsu, Go et al., Reconstitution in vitro of the entire cycle of the mouse female germ line, in: Nature, 2016, 539, S. 299–303.

Hildt, Elisabeth, Human Germline Interventions – Think First, in: Frontiers in genetics, 2016, 7 (Art. 81), S. 1–3.

Hilgendorf, Eric, Die mißbrauchte Menschenwürde. Probleme des Menschenwürdetopos am Beispiel der bioethischen Diskussion, in: B. Sharon Byrd (Hrsg.), Themenschwerpunkt: Der analysierte Mensch. The human analyzed (Jahrbuch für Recht und Ethik, 7), 1999, Berlin, Duncker & Humblot, S. 137–158.

Hinxton Group, Consensus Statement: Science, Ethics and Policy Challenges of Pluripotent Stem Cell-Derived Gametes, 11. April 2008, online verfügbar unter http://www.hinxtongroup.org/Consensus_HG08_FINAL.pdf, zuletzt geprüft am 08.04.2019.

Hinxton Group, Statement on Genome Editing Technologies and Human Germline Genetic Modification, 2015, online verfügbar unter http://www.hinxtongroup.org/Hinxton2015_Statement.pdf, zuletzt geprüft am 08.04.2019.

Hirsch, Günter; Schmidt-Didczuhn, Andrea, Gentechnikgesetz (GenTG) Kommentar, 1991, München, C.H. Beck.

Hirsch-Kauffmann, Monica; Schweiger, Manfred, Biologie für Mediziner und Naturwissenschaftler, 2000, 4. Aufl., Stuttgart, Thieme.

Hochmann, Thomas, § 7 Grundrechte, in: Nikolaus Marsch, Yoan Vilain, Mattias Wendel (Hrsg.), Deutsches und Französisches Verfassungsrecht. Ein Rechtsvergleich. 2015, Berlin, Heidelberg, Springer.

Höfling, Wolfram, Menschen mit Behinderungen, das „Menschenrechtsübereinkommen zur Biomedizin“ und die Grund- und Menschenrechte, in: KritV, 1998, S. 99–110.

Höfling, Wolfram, Biomedizinische Auflösung der Grundrechte?, in: Bitburger Gespräche. Jahrbuch 2002/II, 2003, München, C.H. Beck, S. 99–115.

Hofmann, Andrea, Die Anwendung des Gentechnikgesetzes auf den Menschen, 2003, Hamburg, Kovač.

Hofmann, Hasso, Rechtsfragen der atomaren Entsorgung, 1981, Stuttgart, Klett-Cotta.

Hofmann, Hasso, Biotechnik, Gentherapie, Genmanipulation – Wissenschaft im rechtsfreien Raum?, in: JZ, 1986, S. 253–260.

Hofmann, Hasso, Nachweltschutz als Verfassungsfrage, in: ZRP, 1986, S. 87–90.

Hofmann, Hasso, Die versprochene Menschenwürde, in: AöR, 1993, S. 353–377.

Hollricher, Karin, Der perfekte Mensch: Mit Gentuning in die Sackgasse?, in: Bild der Wissenschaft, Artikel vom 01.11.2000, online verfügbar unter http://www.wissenschaft.de/archiv/-/journal_content/56/12054/1670635/Titelthema%2D%2D-Der-perfekte-Mensch:-Mit-Gen-Tuning-in-die-Sackgasse%3F/, zuletzt geprüft am 08.04.2019.

Honnefelder, Ludger, Das Menschenrechtsübereinkommen zur Biomedizin des Europarats. Zur Zweiten und endgültigen Fassung des Dokuments, in: Ludger Honnefelder und Christian Streffer (Hrsg.), Jahrbuch für Wissenschaft und Ethik, Band 2, 1997, Berlin, de Gruyter, S. 305–318.

Honnefelder, Ludger, Stellungnahme aus ethischer Perspektive zur „Allgemeinen Erklärung über das menschliche Genom und die Menschenrechte“ der UNESCO, in: Ludger Honnefelder und Christian Streffer (Hrsg.), Jahrbuch für Wissenschaft und Ethik, Band 3, 1998, Berlin, de Gruyter, S. 225–230.

Honnefelder, Ludger, Intention und Charakter des Übereinkommens über Menschenrechte und Biomedizin, in: Ludger Honnefelder, Jochen Taupitz und Stefan F. Winter et al. (Hrsg.), Das Übereinkommen über Menschenrechte und Biomedizin des Europarates. Argumente für einen Beitritt, 1999, Sankt Augustin, Konrad-Adenauer-Stiftung, Referat für Publ., S. 9–15.

Honnefelder, Ludger, Die Herausforderung des Menschen durch Genomforschung und Gentechnik, in: Bundeszentrale für gesundheitliche Aufklärung (Hrsg.), FORUM Sexualaufklärung und Familienplanung, Heft 1/2, 2000, S. 48–53.

Honnefelder, Ludger, Pro Kontinuumsargument: Die Begründung des moralischen Status des menschlichen Embryos aus der Konitnuität der Entwicklung des ungeborenen zum geborenen Menschen, in: Gregor Damschen und Dieter Schönecker (Hrsg.), Der moralische Status menschlicher Embryonen. Pro und contra Spezies-, Kontinuums-, Identitäts- und Potentialitätsargument, 2003, Berlin, de Gruyter, S. 61–82.

Hoppe, Werner; Beckmann, Martin; Kauch, Petra, Umweltrecht. Juristisches Kurzlehrbuch für Studium und Praxis, 2000, 2. Aufl., München, C.H. Beck.

Hörnle, Tatjana; Huster, Stefan, Wie weit reicht das Erziehungsrecht der Eltern? Am Beispiel der Beschneidung von Jungen, in: JZ, 2013, S. 328–339.

Huber, Fabian, Individueller Heilversuch und klinisches Experiment. Inaugural-Dissertation zur Erlangung des Grades eines Doktors der Rechte der Juristischen Fakultät der Universität Augsburg, 2014.

Hübner, Ulrich; Constantinesco, Vlad, Einführung in das französische Recht, 2001, 4. Aufl., München, C.H. Beck.

Hufen, Friedhelm, Präimplantationsdiagnostik aus verfassungsrechtlicher Sicht, in: MedR, 2001, S. 440–451.

Hufen, Friedhelm, Erosion der Menschenwürde?, in: JZ, 2004, S. 313–318.

Hütter, Gero; Nowak, Daniel; Mossner, Maximilian et al., Long-Term Control of HIV by CCR5 Delta32/Delta32 Stem-Cell Transplantation, in: The New England journal of medicine, 2009, 360 (7), S. 692–698.

Huwe, Juliane, Strafrechtliche Grenzen der Forschung an menschlichen Embryonen und embryonalen Stammzellen. Eine Untersuchung zu ESchG und StZG unter besonderer Berücksichtigung internationalstrafrechtlicher Bezüge, 2006, Hamburg, Kovač.

Illies, Christian, Das sogenannte Potentialitätsargument am Beispiel des therapeutischen Klonens, in: Zeitschrift für philosophische Forschung, 2003, S. 233–256.

Inserm, État de la recherche sur l'embryon humain et propositions. Note du Comité d'éthique, Juni 2014, online verfügbar unter https://www.inserm.fr/sites/default/files/media/entity_documents/Inserm_Note_ComiteEthique_GroupeEmbryon_juin2014.pdf, zuletzt geprüft am 08.04.2019.

Inserm, État de la recherche sur l'embryon humain et propositions (2ème partie). Note du comité d'éthique, Juni 2015, online verfügbar https://www.inserm.fr/sites/default/files/media/entity_documents/Inserm_Note_ComiteEthique_GroupeEmbryon_juin2015.pdf, zuletzt geprüft am 08.04.2019.

Inserm, Saisine concernant les questions liées au développement de la technologie CRISPR (clustered regularly interspaced short palindromic repeat)-Cas9, Februar 2016, online verfügbar unter https://www.inserm.fr/sites/default/files/2017-10/Inserm_Saisine_ComiteEthique_Crispr-Cas9_Fevrier2016.pdf, zuletzt geprüft am 08.04.2019.

Inserm, La Lettre d'information du comité d'éthique n° 4, Dezember 2016, online verfügbar unter https://www.inserm.fr/sites/default/files/2017-11/Inserm_Lettre_CEI_4_2016.pdf, zuletzt geprüft am 08.04.2019.

Inserm, De la recherche à la thérapie embryonnaire, Dezember 2017, online verfügbar unter https://www.inserm.fr/sites/default/files/media/entity_documents/Inserm_Note_ComiteEthique_GroupeEmbryon_decembre2017.pdf, zuletzt geprüft am 08.04.2019.

Ipsen, Jörn, Der „verfassungsrechtliche Status" des Embryos in vitro, in: JZ, 2001, S. 989–996.

Ipsen, Knut, Völkerrecht, 2014, 6. Aufl., München, C.H. Beck.

Irrgang, Bernhard, Genethik, in: Julian Nida-Rümelin (Hrsg.), Angewandte Ethik. Die Bereichsethiken und ihre theoretische Fundierung, 1996, Stuttgart, Kröner, S. 510–551.

Isensee, Josef, Die alten Grundrechte und die biotechnische Revolution. Verfassungsperspektiven nach der Entschlüsselung des Humangenoms, in: Joachim Bohnert (Hrsg.), Verfassung – Philosophie – Kirche. Festschrift für Alexander Hollerbach zum 70. Geburtstag, 2001, Berlin, Duncker & Humblot, S. 243–266.

Isensee, Josef; Kirchhof, Paul (Hrsg.), Handbuch des Staatsrechts der Bundesrepublik Deutschland, Band 2, 2004, 3. Aufl., Heidelberg, C.F. Müller (zitiert als: *Bearbeiter*, in: Isensee und Kirchhof (Hrsg.), Handbuch des Staatsrechts, Band 2, § … Rn. …).

Isensee, Josef; Kirchhof, Paul (Hrsg.), Handbuch des Staatsrechts, Band 7, 2009, 3. Aufl., Heidelberg, C.F. Müller (zitiert als: *Bearbeiter*, in: Isensee und Kirchhof (Hrsg.), Handbuch des Staatsrechts, Band 7, § … Rn. …).

Isensee, Josef; Kirchhof, Paul (Hrsg.), Handbuch des Staatsrechts der Bundesrepublik Deutschland, Band 8, 2010, 3. Aufl., Heidelberg, C.F. Müller (zitiert als: *Bearbeiter*, in: Isensee und Kirchhof (Hrsg.), Handbuch des Staatsrechts, Band 8, § … Rn. …).

Isensee, Josef; Kirchhof, Paul (Hrsg.), Handbuch des Staatsrechts der Bundesrepublik Deutschland, Band 9, 2011, 3. Aufl., Heidelberg, C.F. Müller (zitiert als: *Bearbeiter*, in: Isensee und Kirchhof (Hrsg.), Handbuch des Staatsrechts, Band 9, § … Rn. …).

Ishii, Tetsuya, Human iPS Cell-Derived Germ Cells. Current Status and Clinical Potential, in: Journal of clinical medicine, 2014, 3 (4), S. 1064–1083.

Jackson, Benson, La dignité de la personne humaine, in: RGDM, 2000, 4, S. 67–83.

Jacques, Alexandre, Technosciences et responsabilités en santé. Comment notre système de santé va être transformé, 2017, Paris, BoD.

Jadva, Vasanti; Blake, Lucy; Casey, Polly et al., Surrogacy families 10 years on: relationship with the surrogate, decisions over disclosure and children's understanding of their surrogacy origins, in: Human reproduction, 2012, 27 (10), S. 3008–3014.

Jansen, Norbert, Die Blutspende aus zivilrechtlicher Sicht. Inaugural-Dissertation zur Erlangung des akademischen Grades eines Doktors der Rechtedurch die Rechtswissenschaftliche Fakultät der Ruhr-Universität Bochum, 1978.

Jarass, Hans D., Die Bindung der Mitgliedstaaten an die EU-Grundrechte, in: NVwZ, 2012, S. 457–461.

Jarass, Hans D., Charta der Grundrechte der Europäischen Union. Unter Einbeziehung der vom EuGH entwickelten Grundrechte, der Grundrechtsregelungen der Verträge und der EMRK, 2016, 3. Aufl., München, C.H. Beck.

Jeandidier, Wilfrid, JurisClasseur Pénal Code, Art. 111–2 à 111–5 – Fasc. 20: Principe de légalité criminelle. – Interprétation de la loi pénale, 4 Mai 2012 (letzte Akutalisierung: 6 Juni 2017), online verfügbar unter www.lexis360.fr.

Jinek, Martin; Chylinski, Krzysztof; Fonfara, Ines et al., A programmable dual-RNA-guided DNA endonuclease in adaptive bacterial immunity, in: Science, 2012, 337 (6096), S. 816–821.

Joecks, Wolfgang; Miebach, Klaus, Münchener Kommentar zum Strafgesetzbuch, Band 1, 2017, 3. Aufl., München, C.H. Beck (zitiert als: *Bearbeiter*, in: MüKO StGB, Band 1, § ... Rn. ...).

Joecks, Wolfgang; Miebach, Klaus, Münchener Kommentar zum Strafgesetzbuch, Band 6, JGG (Auszug), Nebenstrafrecht I, 2017, 3. Aufl., München, C.H. Beck (zitiert als: *Bearbeiter*, in: MüKO StGB, Band 6, § ... Rn. ...).

Joerden, Jan C., Menschenleben. Ethische Grund- und Grenzfragen des Medizinrechts, 2003, Stuttgart, Steiner.

John, Henrike, Die genetische Veränderung des Erbgutes menschlicher Embryonen. Chancen und Grenzen im deutschen und amerikanischen Recht, 2009, Frankfurt am Main, Lang.

Jonas, Hans, Laßt uns einen Menschen klonieren, in: Scheidewege: Vierteljahresschrift für sketpisches Denken, 1982, S. 462–489.

Juengst, Eric T., Can Enhancement Be Distinguished from Prevention in Genetic Medicine?, in: Journal of Medicine and Philosophy, 1997, 22 (2), S. 125–142.

Juengst, Eric T., What does Enhancement mean?, in: Erik Parens (Hrsg.), Enhancing human traits. Ethical and social implications, 2007, Washington, DC, Georgetown University Press, S. 29–47.

Jungfleisch, Frank, Fortpflanzungsmedizin als Gegenstand des Strafrechts? Eine Untersuchung verschiedenartiger Regelungsansätze aus rechtsvergleichender und rechtspolitischer Perspektive, 2005, Berlin, Duncker & Humblot.

Kahl, Wolfgang, Staatsziel Nachhaltigkeit und Generationengerechtigkeit, in: DÖV, 2009, S. 2–13.

Kahl, Wolfgang; Waldhoff, Christian; Walter, Christian (Hrsg.), Bonner Kommentar zum Grundgesetz, Ordner 1a, Art. 2–4, Stand: 2017, 183. Aktualisierung, Heidelberg, C.F. Müller (zitiert als: *Bearbeiter*, in: Kahl et al. (Hrsg.), Bonner Kommentar zum GG, Ordner 1a, Art. ... Rn. ....

Kahl, Wolfgang; Waldhoff, Christian; Walter, Christian (Hrsg.), Bonner Kommentar zum Grundgesetz, Ordner 2, Art. 4–6 III, Stand: 2017, 183. Aktualisierung, Heidelberg, C.F. Müller (zitiert als: *Bearbeiter*, in: Kahl et al. (Hrsg.), Bonner Kommentar zum GG, Ordner 2, Art. ... Rn. ... (Stand 2017)).

Kahl, Wolfgang; Waldhoff, Christian; Walter, Christian (Hrsg.), Bonner Kommentar zum Grundgesetz, Ordner 2, Art. 4–6 III, Stand: Dezember 2018, 195. Aktualisierung, Heidelberg, C.F. Müller (zitiert als: *Bearbeiter*, in: Kahl et al. (Hrsg.), Bonner Kommentar zum GG, Ordner 2, Art. ... Rn. ... (Stand Dezember 2018)).

Kahn-Freund, Otto; Lévy, Claudine; Rudden, Bernard, A source-book on French law. System, methods, outlines of contract, 1982, 2. Aufl., Oxford, Oxford University Press.

Kang, Xiangjin; He, Wenyin; Huang, Yuling et al., Introducing precise genetic modifications into human 3PN embryos by CRISPR/Cas-mediated genome editing, in: Journal of assisted reproduction and genetics, 2016, 33 (5), S. 581–588.

Kant, Immanuel; Kraft, Bernd; Schönecker, Dieter (Hrsg.), Grundlegung zur Metaphysik der Sitten, 1999, Hamburg, Meiner.

Kant, Immanuel; Ludwig, Bernd (Hrsg.), Metaphysische Anfangsgründe der Tugendlehre. Metaphysik der Sitten, zweiter Teil, 1990, Hamburg, Meiner.

Katzenmeier, Christian, Arzthaftung, 2002, Tübingen, Mohr Siebeck.

Kaufmann, Arthur, Rechtsphilosophische Reflexionen über Biotechnologie und Bioethik an der Schwelle zum dritten Jahrtausend, in: JZ, 1987, S. 837–847.

Keller, Rolf, Das Kindeswohl: Strafschutzwürdiges Rechtsgut bei künstlicher Befruchtung im heterologen System?, in: Hans-Heinrich Jescheck und Theo Vogler (Hrsg.), Festschrift für Herbert Tröndle zum 70. Geburtstag am 24. August 1989, 1989, Berlin, de Gruyter, S. 705–721.

Keller, Rolf, Beginn und Stufungen strafrechtlichen Lebensschutzes, in: Hans-Ludwig Günther und Rolf Keller (Hrsg.), Fortpflanzungsmedizin und Humangenetik – strafrechtliche Schranken? Tübinger Beiträge zum Diskussionsentwurf eines Gesetzes zum Schutz von Embryonen, 1991, 2. Aufl., Tübingen, Mohr Siebeck, S. 111–135.

Keller, Rolf, Fortpflanzungstechnologie und Strafrecht, in: Hans-Ludwig Günther und Rolf Keller (Hrsg.), Fortpflanzungsmedizin und Humangenetik – strafrechtliche Schranken? Tübinger Beiträge zum Diskussionsentwurf eines Gesetzes zum Schutz von Embryonen, 1991, 2. Aufl., Tübingen, Mohr Siebeck, S. 193–209.

Keller, Rolf, Klonen, Embryonenschutzgesetz und Biomedizin-Konvention. Überlegugen zu neuen naturwissenschaftlichen und rechtlichen Entwicklungen, in: Albin Eser (Hrsg.), Festschrift für Theodor Lenckner zum 70. Geburtstag, 1998, München, C.H. Beck, S. 477–494.

Kern, Bernd-Rüdiger, Fremdbestimmung bei der Einwilligung in ärztliche Eingriffe, in: NJW, 1994, S. 753–759.

Kersten, Jens, Das Klonen von Menschen. Eine verfassungs-, europa- und völkerrechtliche Kritik, 2004, Tübingen, Mohr Siebeck.

Kersten, Jens, Regulierungsauftrag für den Staat im Bereich der Fortpflanzungsmedizin, in: NVwZ, 2018, S. 1248–1254.

Kingreen, Thorsten; Poscher, Ralf, Grundrechte Staatsrecht II, 2018, 34. Aufl., Heidelberg, C.F. Müller.

Kipke, Roland; Rothhaar, Markus; Hähnel, Martin, Contra: Soll das sogenannte „Gene Editing" mittels CRISPR/Cas9-Technologie an menschlichen Embryonen erforscht werden?, in: Ethik Med, 2017, S. 249–252.

Kläser, Timo Andreas, Regenbogenfamilien. Erziehung von Kindern für Lesben und Schwule, 2011, Berlin, Springer.

Klausen, T.; Juul Hansen, K.; Munk-Jørgensen, P. et al., Are assisted reproduction technologies associated with categorical or dimensional aspects of psychopa-thology in childhood, adolescence or early adulthood? Results from a Danish prospective nationwide cohort study, in: European child & adolescent psychiatry, 2017, 26 (7), S. 771–778.

Kleiber, Michael, Der grundrechtliche Schutz künftiger Generationen, 2014, Tübingen, Mohr Siebeck.

Klein, Eckart, Grundrechtliche Schutzpflicht des Staates, in: NJW, 1989, S. 1633–1640.

Kloepfer, Michael, Grundrechte als Entstehenssicherung und Bestandsschutz, 1970, München, C.H. Beck.

Kloepfer, Michael, Langzeitverantwortung im Umweltstaat, in: Carl Friedrich Gethmann, Michael Kloepfer und Hans-Gerd Nutzinger (Hrsg.), Langzeitverantwortung im Umweltstaat, 1993, Bonn, Economica, S. 22–41.

Kloepfer, Michael, Humangentechnik als Verfassungsfrage, in: JZ, 2002, S. 417–428.

Kloepfer, Michael; Delbrück, Kilian, Zum neuen Gentechnikgesetz (GenTG), in: DÖV, 1990, S. 897–906.

Kloepfer, Michael; Kohls, Malte, Umweltrecht, 2004, 3. Aufl., München, C.H. Beck.

Kloesel, Arno; Cyran, Walter, Arzneimittelrecht – Kommentar, Band 1, Stand: 01.03.2018, 134. Aktualisierung, Stuttgart, Deutscher Apotheker Verlag.

Kloesel, Arno; Cyran, Walter, Arzneimittelrecht – Kommentar, Band 2, Stand: 03.01.2018, 134. Aktualisierung, Stuttgart, Deutscher Apotheker Verlag.

Kluth, Winfried, Recht auf Leben und Menschenwürde als Maßstab ärztlichen Handelns im Bereich der Fortpflanzungsmedizin, in: ZfP, 1989, S. 115–137.

Kluth, Winfried, Genomeditierung – Perspektiven des Verfassungsrechts, in: ZfMER, 2017, S. 24–32.

Kluxen, Wolfgang, Manipulierte Menschwerdung, in: Rainer Flöhl (Hrsg.), Genforschung – Fluch oder Segen? Interdisziplinäre Stellungnahmen, 1985, München, Schweitzer, S. 16–29.

Kniesel, Michael; Müllensiefen, Wolfgang, Die Entwicklung des Gentechnikrechts seit der Novellierung 1993, in: NJW, 1999, S. 2564–2572.

Köbl, Ursula, Gentechnologie zu eugenischen Zwecken – Niedergang oder Steigerung der Menschenwürde?, in: Hans Forkel und Alfons Kraft (Hrsg.), Beiträge zum Schutz der Persönlichkeit und ihrer schöpferischen Leistungen. Festschrift für Heinrich Hubmann zum 70. Geburtstag, 1985, Frankfurt am Main, Metzner, S. 161–192.

Koch, Hans-Georg, Vom Embryonenschutzgesetz zum Stammzellgesetz: Überlegungen zum Status des Embryos in vitro aus rechtlicher und rechtsvergleichender Sicht, in: Giovanni Maio und

Hansjörg Just (Hrsg.), Die Forschung an embryonalen Stammzellen in ethischer und rechtlicher Perspektive, 2003, 1. Aufl., Baden-Baden, Nomos, S. 97–118.

Koch, Hans-Georg, Embryonenschutz ohne Grenzen?, in: Jörg Arnold (Hrsg.), Menschengerechtes Strafrecht. Festschrift für Albin Eser zum 70. Geburtstag, 2005, München, C.H. Beck, S. 1091–1118.

Kolata, Gina, Wee Sui-Lee, Belluck Pam, Chinese Scientist Claims to Use Crispr to Make First Genetically Edited Babies, in: The New York Times, Artikel vom 26.11.2018, online verfügbar unter https://www.nytimes.com/2018/11/26/health/gene-editing-babies-china.html, zuletzt geprüft am am 08.04.2019.

Kollek, Regine, Schritte zur internationalen Verständigung über bioethische Prinzipien, in: Deutsche UNESCO-Kommission e.V. (Hrsg.), Allgemeine Erklärung über Bioethik und Menschenrechte. Wegweiser für die Internationalisierung der Bioethik, 2006, Bonn, Köllen Druck + Verlag GmbH, S. 37–49.

Koppernock, Martin, Das Grundrecht auf bioethische Selbstbestimmung. Zur Rekonstruktion des allgemeinen Persönlichkeitsrechts, 1997, 1. Aufl., Baden-Baden, Nomos.

Korff, Wilhelm; Beck, Lutwin; Mikat, Paul et al. (Hrsg.), Lexikon der Bioethik, Band 1, 2000, Gütersloh, Gütersloher Verl.-Haus (zitiert als: *Bearbeiter*, in: Korff et al. (Hrsg.), Lexikon der Bioethik, Band 1, Stichwort „…“, S. …).

Korff, Wilhelm; Beck, Lutwin; Mikat, Paul et al. (Hrsg.), Lexikon der Bioethik, Band 2, 2000, Gütersloh, Gütersloher Verl.-Haus (zitiert als: *Bearbeiter*, in: Korff et al. (Hrsg.), Lexikon der Bioethik, Band 2, Stichwort „…“, S. …).

Körner, Anne; Leitherer, Stephan; Mutschler, Bernd, Kasseler Kommentar Sozialversicherungsrecht, Band 2, Stand: Juni 2018, 100. Ergänzungslieferung, München, C.H. Beck.

Kovács, József, Concepts of Health and Disease, in: Journal of Medicine and Philosophy, 1989, 14 (3), S. 261–267.

Krämer, Ludwig, Legal questions concerning new methods for changing the genetic conditions in plants. Legal analysis commissioned by Arbeitsgemeinschaft bäuerliche Landwirtschaft (AbL), Bund für Umwelt und Naturschutz (BUND), Bund Ökologische Lebensmit-telwirtschaft (BÖLW), Gen-ethisches Netzwerk, Greenpeace, IG Saatgut, Testbiotech and Zukunftsstiftung Landwirtschaft, 2015, online verfügbar unter https://www.testbiotech.org/sites/default/files/Kraemer_Legal%20questions_new%20methods_0.pdf, zuletzt geprüft am 08.04.2019.

Kreß, Hartmut, Künstliche Herstellung von Gameten und Embryonen aus pluripotenten Stammzellen, in: Gynäkologische Endokrinologie, 2012, S. 238–244.

Krisor-Wietfeld, Katharina, Rahmenbedingungen der Grundrechtsausübung. Insbesondere zu öffentlichen Foren als Rahmenbedingung der Versammlungsfreiheit, 2016, Tübingen, Mohr Siebeck.

Krüger, Herbert, Verfassungsvoraussetzunge und Verfassungserwartungen, in: Horst Ehmke (Hrsg.), Festschrift für Ulrich Scheuner zum 70. Geburtstag, 1973, Berlin, Duncker & Humblot, S. 285–306.

Krüger, Matthias, Das Verbot der post-mortem-Befruchtung. § 4 Abs. 1 Nr. 3 Embryonenschutzgesetz – Tatbestandliche Fragen, Rechtsgut und verfassungsrechtliche Rechtfertigung, 2010, Halle (Saale), MER; Universitäts- und Landesbibliothek Sachsen-Anhalt (Schriftenreihe Medizin – Ethik – Recht, 12).

Kummer, Christian, Biomedizinkonvention und Embryonenforschung. Wieviel Schutz des menschlichen Lebensbeginns ist biologisch „angemessen“? in: Albin Eser (Hrsg.), Biomedizin und Menschenrechte. Die Menschenrechtskonvention des Europarates zur Biomedizin: Dokumentation und Kommentare, 1999, Frankfurt am Main, Knecht, S. 59–78.

Kuo, Lily, China orders inquiry into ‚world's first gene-edited babies', in: The Guardian, Artikel vom 27.11.2018, online verfügbar unter https://www.theguardian.com/world/2018/nov/27/china-orders-inquiry-into-worlds-first-gene-edited-babies, zuletzt geprüft am 08.04.2019.

Lackermair, Markus, Hybride und Chimären: Die Forschung an Mensch-Tier-Mischwesen aus verfassungsrechtlicher Sicht, 2017, Tübingen, Mohr Siebeck.

LaFountaine, Justin S.; Fathe, Kristin; Smyth, Hugh D. C., Delivery and therapeutic applications of gene editing technologies ZFNs, TALENs, and CRISPR/Cas9, in: International journal of pharmaceutics, 2015, 494 (1), S. 180–194.

Lander, Eric; Baylis, Françoise; Zhan, Feng et al., Adopt a moratorium on heritable genome editing, in: Nature, 2019, 567, S. 165–168.

Lanzerath, Dirk, Der geklonte Mensch: Eine neue Form des Verfügens?, in: Marcus Düwell und Klaus Steigleder (Hrsg.), Bioethik. Eine Einführung, 2009, 1. Aufl., Frankfurt am Main, Suhrkamp, S. 258–266.

Lanzerath, Dirk; Honnefelder, Ludger, Krankheitsbegriff und ärztliche Anwendung der Humangenetik, in: Marcus Düwell und Dietmar Mieth (Hrsg.), Ethik in der Humangenetik. Die neueren Entwicklungen der genetischen Frühdiagnostik aus ethischer Perspektive, 2000, 2. Aufl., Tübingen, Francke, S. 51–77.

Lanz-Zumstein, Monika, Die Rechtsstellung des unbefruchteten und befruchteten menschlichen Keimguts. Ein Beitrag zu zivilrechtlichen Fragen im Bereich der Reproduktions- und Gentechnologie, 1990, München, VVF.

Lasserre, Valérie, Loi et règlement, Stand: Juli 2015 (Aktualisierung: Januar 2016), in: Eric Savaux (Hrsg.), Répertoire de droit civil, Paris, Dalloz, online verfügbar unter www.dalloz.fr.

Laude, Anne; Mathieu, Bertrand; Tabuteau, Didier, Droit de la santé, 2012, 3. Aufl., Paris, Presses Universitaires de France.

Laufs, Adolf, Fortpflanzungsmedizin und Arztrecht, in: Hans-Ludwig Günther und Rolf Keller (Hrsg.), Fortpflanzungsmedizin und Humangenetik – strafrechtliche Schranken? Tübinger Beiträge zum Diskussionsentwurf eines Gesetzes zum Schutz von Embryonen, 1991, 2. Aufl., Tübingen, Mohr Siebeck, S. 89–108.

Laufs, Adolf, Fortpflanzungsmedizin und Menschenwürde, in: NJW, 2000, S. 2716–2717.

Laufs, Adolf; Katzenmeier, Christian; Lipp, Volker, Arztrecht, 2015, 7. Aufl., München, C.H. Beck (zitiert als: *Bearbeiter*, in: Laufs et al. (Hrsg.), Arztrecht, …).

Le Déaut, Jean-Yves; Procaccia, Catherine (OPECST), Rapport au nom de l'Office parlementaire d'évaluation des choix scientifiques et technologiques sur les enjeux économiques, environnementaux, sanitaires et éthiques des biotechnologies à la lumière des nouvelles pistes de recherche, n°4618 (Assemblée Nationale), n°507 (Sénat), Tome I, 14. April 2017, online verfügbar unter http://www2.assemblee-nationale.fr/documents/notice/14/rap-off/i4618-tI/(index)/rapports, zuletzt geprüft am 08.04.2019.

Le Déaut, Jean-Yves; Procaccia, Catherine (OPECST), Rapport au nom de l'Office parlementaire d'évaluation des choix scientifiques et technologiques sur les enjeux économiques, environnementaux, sanitaires et éthiques des biotechnologies à la lumière des nouvelles pistes de recherche, n°4618 (Assemblée Nationale), n°507 (Sénat), Tome II, 14. April 2017, online verfügbar unter http://www.assemblee-nationale.fr/14/pdf/rap-off/i4618-tII.pdf, zuletzt geprüft am 08.04.2019.

Le Ker, Heike, Erfolg an der Berliner Charité: Aids-Kranker nach Stammzelltherapie HIV-negativ, in: Spiegel online, Artikel vom 12.11.2008. Online verfügbar unter http://www.spiegel.de/wissenschaft/mensch/erfolg-an-berliner-charite-aids-kranker-nach-stammzelltherapie-hiv-negativ-a-589917.html, zuletzt geprüft am 08.04.2019.

Legros, Bérangère, Droit de la bioéthique, 2013, Bordeaux, Les Études Hospitalières Édition.

Legros, Bérangère, Les états généraux: un „leurre" législatif non dépourvu de conséquences sur le droit de la bioéthique, in: RGDM, 2015, 56, S. 145–161.

Legros, Bérangère, L'effritement de la protection des débuts de la vie en droit fran-cais face aux „assauts" des progrès scientifiques et de la jurisprudence, in: RGDM, 2016, 61, S. 159–176.

Leiner, Peter, Ein Experiment mit ungewissem Ausgang, in: ÄrzteZeitung, Artikel vom 06.02.2015, online verfügbar unter http://www.aerztezeitung.de/medizin/fachbereiche/sonstige_fachbereiche/gentechnik/article/878662/mitochondrienspende-experiment-ungewissem-ausgang.html, zuletzt geprüft am 08.04.2019.

Lenk, Christian, Therapie und Enhancement. Ziele und Grenzen der modernen Medizin, 2002, Münster, Hamburg, LIT.

Lenoir, Noëlle, UNESCO, Genetics, and Human Rights, in: Kennedy Institute of Ethics Journal, 1997, 7 (1), S. 31–42.

Leonetti, Jean (Assemblée nationale), Rapport n° 3111, fait au nom de la commission spéciale chargée d' le projet de loi relatif à la bioéthique, déposé le 26 janvier 2011, Tome I, online verfügbar unter http://www.assemblee-nationale.fr/13/pdf/rapports/r3111-tI.pdf, zuletzt geprüft am 08.04.2019.

Leonetti, Jean (Assemblée nationale), Rapport n° 3403, fait au nom de la commission spéciale chargée d'examiner le projet de loi, adopté avec modifications par le sénat en deuxième lecture, relatif à la bioéthique, déposé le 11 mai 2011, online verfügbar unter http://www.assemblee-nationale.fr/13/pdf/rapports/r3403.pdf, zuletzt geprüft am 08.04.2019.

Lerche, Peter, Verfassungsrechtliche Aspekte der Gentehnologie, in: Rudolf Lukes und Rupert Scholz (Hrsg.), Rechtsfragen der Gentechnologie. Vorträge anläßlich eines Kolloquiums Recht und Technik – Rechtsfragen der Gentechnologie in der Tagungsstätte der Max-Planck-Gesellschaft „Schloß Ringberg“ am 18./19./20. November 1985, 1986, Köln, Heymanns, S. 88–111.

Li, Yangfang; Wang, Xiuxia; Feng, Xue et al., Generation of male germ cells from mouse induced pluripotent stem cells in vitro, in: Stem Cell Research, 2014, 12 (2), S. 517–530.

Liang, Puping; Ding, Chenhui; Sun, Hongwei et al., Correction of β-thalassemia mutant by base editor in human embryos, in: Protein Cell, 2017, 8 (11), S. 811–822.

Liang, Puping; Xu, Yanwen; Zhang, Xiya et al., CRISPR/Cas9-mediated gene editing in human tripronuclear zygotes, in: Protein Cell, 2015, 6 (5), S. 363–372.

Lisanti, Cécile, La loi n° 2004-800 du 6 août 2004 relative à la bioéthique, in: La revue Droit & Santé, 2004, 1, S. 12–20.

Lohse, Eva Julia, Privatrecht als Grundrechtskoordinationsrecht – das Beispiel der elterlichen Sorge, in: Jura, 2005, S. 815–821.

Lorenz, Dieter, Embryonenforschung und Humanexperiment. Zur Bestimmungsbefugnis über vorgeburtliches menschliches Leben, in: Carl-Eugen Eberle (Hrsg.), Der Wandel des Staates vor den Herausforderungen der Gegenwart. Festschrift für Winfried Brohm zum 70. Geburtstag, 2002, München, C.H. Beck, S. 441–454.

Lorenz, Dieter, Allgemeines Persönlichkeitsrecht und Gentechnologie, in: JZ, 2005, S. 1121–1129.

Losch, Bernhard, Wissenschaftsfreiheit, Wissenschaftsschranken, Wissenschaftsverantwortung. Zugleich ein Beitrag zur Kollision von Wissenschaftsfreiheit und Lebensschutz am Lebensbeginn, 1993, Berlin, Duncker & Humblot.

Löw, Reinhard, Grenzen der Retorte. Warum der Idealmensch nicht gezüchtet werden darf, in: Die politische Meinung, 1981, S. 19–25.

Löw, Reinhard, Gen und Ethik. Philosophische Überlegungen zum Umgang mit menschlichem Erbgut, in: Peter Koslowski (Hrsg.), Die Verführung durch das Machbare. Ethische Konflikte in der modernen Medizin und Biologie, 1983, Stuttgart, Hirzel, S. 34–48.

Luchaire, François; Conac, Gérard; Prétot, Xavier, La Constitution de la République française. Analyses et commentaires, 2009, 3. Aufl., Paris, Economica.

Luyken, Reiner, Recht auf Behinderung?, in: Die Zeit Online, Artikel vom 20.03.2008, online verfügbar unter http://www.zeit.de/2008/13/Glosse1-13, zuletzt geprüft am 08.04.2019.

Ma, Hong; Marti-Gutierrez, Nuria; Park, Sang-Wook et al., Correction of a pathogenic gene mutation in human embryos, in: Nature, 2017, 548 (7668), S. 413–419.

Magnus, Dorothea, Kinderwunschbehandlung im Ausland: Strafbarkeit beteiligter deutscher Ärzte nach internationalem Strafrecht (§ 9 StGB), in: NStZ, 2015, S. 57–64.

Malpel-Bouyjou, Caroline, L'assistance médicale à la procréation, evolution ou révolution?, in: Virginie Larribau-Terneyre und Jean-Jacques Lemouland (Hrsg.), La révision des lois de bioéthique Loi n° 2011-814 du 7 juillet 2011, 2011, Paris, L'Harmattan, S. 145–168.

Mangoldt, Hermann von; Klein, Friedrich; Starck, Christian (Hrsg.), Kommentar zum Grundgesetz, Band 1: Präambel, Artikel 1 bis 19., 2010, 6. Aufl., München, Vahlen (zitiert als: *Bearbeiter*, in: von Mangoldt et al. (Hrsg.), GG, Band 1, Art. … Rn. … (Auflage 6).)

Mangoldt, Hermann von; Klein, Friedrich; Starck, Christian (Hrsg.), Kommentar zum Grundgesetz, Band 1: Präambel, Artikel 1 bis 19, 2018, 7. Aufl., München, Vahlen (zitiert als: *Bearbeiter*, in: von Mangoldt et al. (Hrsg.), GG, Band 1, Art. … Rn. … (Auflage 7).)

Mangoldt, Hermann von; Klein, Friedrich; Starck, Christian (Hrsg.), Kommentar zum Grundgesetz, GG Band 2: Artikel 20 bis 82, 2018, 7. Aufl., München, Vahlen (zitiert als: *Bearbeiter*, in: von Mangoldt et al. (Hrsg.), GG, Band 1, Art. … Rn. … (Auflage 7).)

Manning, Wendy D.; Fettro, Marshal Neal; Lamidi, Esther, Child Well-Being in Same-Sex Parent Families: Review of Research Prepared for American Sociological Association Amicus Brief, in: Population research and policy review, 2014, 33 (4), S. 485–502.

Margolis, Joseph, The Concept of Disease, in: Journal of Medicine and Philosophy, 1976, 1 (3), S. 238–255.

Master, Zubin, Embryonic stem-cell gametes: the new frontier in human reproduction, in: Human reproduction, 2006, 21 (4), S. 857–863.

Mathews, Debra J. H.; Donovan, Peter J.; Harris, John et al., Pluripotent stem cell-derived gametes: truth and (potential) consequences, in: Cell Stem Cell, 2009, 5 (1), S. 11–14.

Mathieu, Bertrand, La bioéthique, 2009, Paris, Dalloz.

Mattei, Jean-Francois (Assemblée nationale), Rapport n° 1057 fait au nom de la commission spéciale, en deuxième lecture, sur les projets de loi: 1 – (n° 957), modifié par le Sénat, relatif au don et à l'utilisation des éléments et produits du corps humain, à l'assistance médicale à la procréation et au diagnostic prénatal, 1994, in: Journal Officiel, 10ème législature, Assemblée nationale, Impressions (1016–1057).

Mauron, Alex; Thévoz, Jean-Marie, Germ-Line Engineering: A Few European Voices, in: Journal of Medicine and Philosophy, 1991, 19 (6), S. 649–666.

Mecary, Caroline, Légaliser la gestation pour autrui au nom de la dignité? in: Astrid Marais (Hrsg.), La procréation pour tous?, 2015, Paris, Dalloz, S. 101–120.

Merkel, Reinhard, Forschungsobjekt Embryo. Verfassungsrechtliche und ethische Grundlagen der Forschung an menschlichen embryonalen Stammzellen, 2002, München, Dt. Taschenbuch-Verlag.

Merkel, Reinhard, Genchirurgie beim menschlichen Embryo: Verboten? Erlaubt? Geboten?, Jahrestagung vom 22.06.2016 des Deutschen Ethikrats, online verfügbar unter https://www.ethikrat.org/fileadmin/PDF-Dateien/Veranstaltungen/jt-22-06-2016-Merkel.pdf, zuletzt geprüft am 08.04.2019.

Merle, Roger; Vitu, André, Traité de droit criminel. Problèmes généraux de la science criminelle. Droit pénal général, 1984, 6. Aufl., Paris, Éditions Cujas.

Merlot, Julia, Forscher befreien menschliche Embryonen von Erbkrankheit, in: Spiegel online, Artikel vom 02.08.2017, online verfügbar unter http://www.spiegel.de/wissenschaft/medizin/crispr-us-forscher-manipulieren-erbgut-menschlicher-embryonen-a-1160993.html, zuletzt geprüft am 08.04.2019.

Merlot, Julia, Abschied von den Fakten, in: Spiegel online, Artikel vom 25.07.2018, online verfügbar unter http://www.spiegel.de/wissenschaft/natur/europaeischer-gerichtshof-zu-gentechnik-abschied-von-den-fakten-a-1219933.html, zuletzt geprüft am 08.04.2019.

Mersson, Guenter, Fortpflanzungstechnologien und Strafrecht, 1984, Bochum, Brockmeyer.

Mertes, Heidi; Pennings, Guido, Ethical aspects of the use of stem cell derived gametes for reproduction, in: Health care analysis: journal of health philosophy and policy, 2010, 18 (3), S. 267–278.

Meyer, Jürgen (Hrsg.), Charta der Grundrechte der Europäischen Union, 2014, 4. Aufl., Baden-Baden, Nomos.

Meyer, Lukas H., Historische Gerechtigkeit, 2005, Berlin, de Gruyter.

Mézard, Jacques; Barbier, Gilbert; Escoffier, Anne-Marie et al., Proposition de loi n° 576, tendant à modifier la loi n° 2011-814 du 7 juillet 2011 relative à la bioéthique en autorisant sous certaines conditions la recherche sur l'embryon et les cellules souches embryonnaires, déposée le 1er juin 2012, online verfügbar unter https://www.senat.fr/leg/ppl11-576.pdf, zuletzt geprüft am 08.04.2019.

Middel, Annette, Verfassungsrechtliche Fragen der Präimplantationsdiagnostik und des therapeutischen Klonens, 2006, 1. Aufl., Baden-Baden, Nomos.

Mieth, Dietmar, Kritik der Konvention des Europarates zur Biomedizin, in: DuD, 1999, S. 328–331.

Milon, Alain (Sénat), Rapport n° 388, fait au nom de la commission des affaires sociales sur le projet de loi, adopté par l'Assemblée nationale, relatif à la bioéthique, déposé le 30 mars 2011, online verfügbar unter http://www.senat.fr/rap/l10-388/l10-3881.pdf, zuletzt geprüft am 08.04.2019.

Milon, Alain (Sénat), Rapport n° 571, fait au nom de la commission des affaires sociales sur le projet de loi, adopté avec modifiactions par l'Assemblée nationale en deu-xième lecture, relatif à la bioéthique, déposé le 1er juin 2011, online verfügbar unter http://www.senat.fr/rap/l10-571/l10-5711.pdf, zuletzt geprüft am 08.04.2019.

Milon, Alain; Deroche, Catherine; Doineau, Élisabeth (Sénat), Rapport n° 653, fait au nom de la commission des affaires sociales sur le projet de loi, adopté par l'Assemblée nationale après engagement de la procédure accélérée, de modernisation de notre système de santé, déposé le 22 juillet 2015, Tome I, online verfügbar unter https://www.senat.fr/rap/l14-653-1/l14-653-11.pdf, zuletzt geprüft am 08.04.2019.

Mission d'information sur la révision de la loi relative à la bioéthique (Assemblée nationale), Rapport d'information, n° 1572, 15. Januar 2019, online verfügbar unter http://www.assemblee-nationale.fr/15/rap-info/i1572.asp, zuletzt geprüft am 08.04.2019.

Mistretta, Patrick, Droit pénal médical, 2013, Paris, Éditions Cujas.

Mitglieder des Bundesgerichtshofs, Das Bürgerliche Gesetzbuch mit besonderer Berücksichtigung der Rechtsprechung des Reichsgerichts und des Bundesgerichtshofes, Band IV, 4. Teil, §§ 1741–1921, 1999, 12. Aufl. Berlin, New York, de Gruyter.

Molfessis, Nicolas, La dignité de la personne humaine en droit civil, in: Marie-Luce Pavia und Thierry Revet (Hrsg.), La dignité de la personne humaine, 1999, Paris, Economica, S. 107–136.

Möller, Johannes, Die rechtliche Zulässigkeit der Gentherapie insbesondere unter dem Aspekt der Menschenwürde, in: Michael Hallek und Ernst-Ludwig Winnacker (Hrsg.), Ethische und juristische Aspekte der Gentherapie, 1999, München, Utz, S. 27–53.

Montagut, Jacques, Concevoir l'embryon. À travers les pratiques, les lois et les frontières, 2000, Paris, Masson.

Mückl, Stefan, „Auch in Verantwortung für die künftigen Generationen". „Generationengerechtigkeit" und Verfassungsrecht, in: Otto Depenheuer (Hrsg.), Staat im Wort. Festschrift für Josef Isensee, 2007, Heidelberg, C.F. Müller, S. 183–204.

Müller-Glöge, Rudi; Preis, Ulrich; Schmidt, Ingrid, Erfurter Kommentar zum Arbeitsrecht, 2018, 18. Aufl., München, C.H. Beck.

Müller-Götzmann, Christian, Artifizielle Reproduktion und gleichgeschlechtliche Elternschaft. Eine arztrechtliche Untersuchung zur Zulässigkeit fortpflanzungsmedizinischer Maßnahmen bei gleichgeschlechtlichen Partnerschaften, 2009, Berlin, Springer.

Müller-Jung, Joachim, Dunkle Macht im Genlabor, in: Frankfurter Allgemeine Zeitung, Artikel vom 05.12.2015, online verfügbar unter http://www.faz.net/aktuell/feuilleton/dunkle-macht-im-genlabor-die-wissenschaft-kann-sich-nicht-zum-gentechnik-moratorium-entschliessen-13949066.html, zuletzt geprüft am 08.04.2019.

Müller-Terpitz, Ralf, Der Schutz des pränatalen Lebens. Eine verfassungs-, völker- und gemeinschaftsrechtliche Statusbetrachtung an der Schwelle zum biomedizinischen Zeitalter, 2007, Tübingen, Mohr Siebeck.

Müller-Terpitz, Ralf; Ruf, Isabelle, Die „medizinisch unterstützte Befruchtung" als Gegenstand des Arzneimittel- und Transplantationsrechts, in: Tade Matthias Spranger (Hrsg.), Aktuelle Herausforderungen der Life Sciences, 2010, Berlin, LIT, S. 33–70.

Münch, Ingo von; Kunig, Philipp, Grundgesetz-Kommentar, Band 1: Präambel bis Art. 69, 2012, 6. Aufl., München, C.H. Beck (zitiert als: *Bearbeiter,* in: von Münch und Kunig (Hrsg.), GG, Band 1, Art. … Rn. …).

Murat, Pierre, JurisClasseur Civil Code, Fasc. 40: Respect et protection du corps humain – Assistance médicale à la procréation – Accès, 30 Juni 2012 (letzte Aktualisierung: 29. Juni 2016), verfügbar unter lexis360.fr.

Murray, Clare; Golombok, Susan, Going it alone: solo mothers and their infants conceived by donor insemination, in: The American journal of orthopsychiatry, 2005, 75 (2), S. 242–253.

Murray, Clare; MacCallum, Fiona; Golombok, Susan, Egg donation parents and their children: follow-up at age 12 years, in: Fertility and Sterility 85 (3), S. 610–618.

Murswiek, Dietrich, Die staatliche Verantwortung für die Risiken der Technik. Verfassungsrechtliche Grundlagen und immissionsschutzrechtliche Ausformung, 1985, Berlin, Duncker & Humblot.

Murswiek, Dietrich, Staatsziel Umweltschutz (Art. 20a GG). Bedeutung für Rechtssetzung und Rechtsanwendung, in: NVwZ, 1996, S. 222–230.

NASEM, Mitochondrial Replacement Techniques: Ethical, Social and policy Considerations, 2016, online verfügbar unter https://www.nap.edu/read/21871/chapter/1, zuletzt geprüft am 08.04.2019.

NASEM, Human Gene Editing. Science, ethics, and governance, 2017, National Academies Press, online verfügbar unter https://www.nap.edu/catalog/24623/human-genome-editing-science-ethics-and-governance, zuletzt geprüft am 08.04.2019.

NASEM, Second International Summit on Human Genome Editing: Continuing the Global Discussion: Proceedings of a Workshop in Brief, 2019, National Academies Press, online verfügbar unter https://www.nap.edu/catalog/25343/second-international-summit-on-human-genome-editing-continuing-the-global-discussion, zuletzt geptüft am 08.04.2019.

National Bioethics Advisory Commission, Cloning human beings, 1997, Rockville, Maryland, online verfügbar unter https://bioethicsarchive.georgetown.edu/nbac/pubs/cloning1/cloning.pdf, zuletzt geprüft am 08.04.2019.

Nationale Akademie der Wissenschaften Leopoldina; Deutsche Forschungsgemeinschaft; acatech – Deutsche Akademie der Technikwissenschaften; Union der Deutschen Akademien der Wissenschaften (Hrsg.), Chancen und Grenzen des genome editing. The opportunities and limits of genome editing, 2015, Berlin.

Nationaler Ethikrat, Zum Import menschlicher embryonaler Stammzellen. Stellungnahme, 2001, Berlin.

Nationaler Ethikrat, Genetische Diagnostik vor und während der Schwangerschaft. Stellungnahme, 2003, Berlin.

Nationaler Ethikrat, Biobanken für die Forschung, 2004, Berlin, online verfügbar unter https://www.ethikrat.org/fileadmin/Publikationen/Stellungnahmen/Archiv/NER_Stellungnahme_Biobanken.pdf, zuletzt geprüft am 08.04.2019.

Neidert, Rudolf, „Entwicklungsfähigkeit" als Schutzkriterium und Begrenzung des Embryonenschutzgesetzes, in: MedR, 2007, S. 279–286.

Neumann, Ulfrid, Die „Würde des Menschen" in der Diskussion um Gentechnologie und Befruchtugnstechnologie, in: Ulrich Klug und Martin Kriele (Hrsg.), Menschen- und Bürgerrechte. Vorträge aus der Tagung der Deutschen Sektion der Internationalen Vereinigung für Rechts- u. Sozialphilosophie (IVR) in der Bundesrepublik Deutschland vom 9.-12. Okt. 1986 in Köln, 1988, Wiesbaden, Steiner-Verlag (ARSP Beiheft, 33), S. 139–152.

Neumann, Ulfrid, Die Tyrannei der Würde. Argumentationstheoretische Erwägungen zum Menschenwürdeprinzip, in: ARSP, 1998, 84, S. 153–166.

Neumann, Ulfrid, Die Menschenwürde als Menschenbürde – oder wie man ein Recht gegen den Berechtigten wendet, in: Ulfrid Neumann (Hrsg.), Recht als Struktur und Argumentation. Beiträge zur Theorie des Rechts und zur Wissenschenschaftstheorie der Rechtswissenschaft, 2008, Baden-Baden, Nomos, S. 35–55.

N.N., Baby mit Erbgut von drei Eltern geboren, in: Spiegel Online, Artikel vom 11.04.2019, online verfügbar unter https://www.spiegel.de/gesundheit/schwangerschaft/griechenland-baby-mit-erbgut-von-drei-eltern-zur-welt-gekommen-a-1262427.html, zuletzt geprüft am 21.10.2019.

N.N., Des gamètes humains artificiels créés à partir de cellules souches, in: Génètique, Artikel vom 06.01.2015, online verfügbar unter http://www.genethique.org/fr/des-gametes-humains-artificiels-crees-partir-de-cellules-souches-62656.html#.Wt8kQ6Izjct, zuletzt geprüft am 08.04.2019.

N.N., Projet loi santé: Les enjeux de l'amendement de la recherche sur l'embryon, in: Gènétique, Artikel vom 24.04.2015, online verfügbar unter http://www.genethique.org/fr/projet-loi-sante-les-enjeux-de-lamendement-de-la-recherche-sur-lembryon-63136.html#.W9HKuEszbcs, zuletzt geprüft am 08.04.2019.

N.N., „Nous, médecins et chercheurs, mettons en garde contre la Fondatione Jérôme-Lejeune", Le Monde, Arikel vom 30.03.2017, online verfügbar unter http://www.lemonde.fr/idees/article/2017/03/30/nous-medecins-et-chercheurs-mettons-en-garde-contre-la-fondation-jerome-lejeune_5102969_3232.html, zuletzt geprüft am 08.04.2019.

N.N., L'ouverture de la PMA à toutes les femmes prévue en 2018, in: Le Monde, Artikel vom 12.09.2017, online verfügbar unter http://www.lemonde.fr/societe/article/2017/09/12/le-gouvernement-prevoit-l-ouverture-de-la-pma-a-toutes-les-femmes-en-2018_5184262_3224.html, zuletzt geprüft am 08.04.2019.

N.N., Lancement des Etats généraux de la bioéthique, in: Le Monde, Artikel vom 18.01.2018, online verfügbar unter http://www.lemonde.fr/societe/article/2018/01/18/pma-gpa-et-fin-de-vie-au-menu-des-etats-generaux-de-la-bioethique_5243252_3224.html, zuletzt geprüft am 08.04.2019.

N.N., Mit Gen-Schere Crispr veränderte Lebensmittel müssen gekennzeichnet werden, in: Der Tagesspiegel online, Artikel vom 25.07.2018, online verfügbar unter https://www.tagesspiegel.de/wissen/eugh-urteil-mit-gen-schere-crispr-veraenderte-lebensmittel-muessen-gekennzeichnet-werden/22841748.html, zuletzt geprüft am 08.04.2019.

Nuffield Council on Bioethics, Novel techniques for the prevention of mitochondrial DNA disorders: an ethical review, 2014, online verfügbar unter http://nuffieldbioethics.org/wp-content/uploads/2014/06/Novel_techniques_for_the_prevention_of_mitochondrial_DNA_disorders_compressed.pdf, zuletzt geprüft am 08.04.2019.

Nuffield Council on Bioethics, Genome editing. An ethical review, 2016, online verfügbar unter http://nuffieldbioethics.org/wp-content/uploads/Genome-editing-an-ethical-review.pdf, zuletzt geprüft am 08.04.2019.

Nuffield Council on Bioethics, Human Embryo Culture, 2017, online verfügbar unter http://nuffieldbioethics.org/wp-content/uploads/Human-Embryo-Culture-web-FINAL.pdf, zuletzt geprüft am 08.04.2019.

Nunner-Winkler, Gertrud, Können Klone eine Identität ausbilden?, in: Wolfgang van den Daele (Hrsg.), Biopolitik, 2005, Wiesbaden, VS Verlag für Sozialwissenschaften, S. 265–294.

O'Geen, Henriette; Yu, Abigail S.; Segal, David J., How specific is CRISPR/Cas9 really?, in: Current opinion in chemical biology, 2015, 29, S. 72–78.

Ohler, Christoph, Grundrechtliche Bindungen der Mitgliedstaaten nach Art. 51 GrCh, in: NVwZ, 2013, S. 1433–1438.

Olson, Steven, International Summit on Human Gene Editing: A Global Discussion, 2015, Washington, D.C., National Academies Press, online verfügbar unter https://www.nap.edu/catalog/21913/international-summit-on-human-gene-editing-a-global-discussion, zuletzt geprüft am 08.04.2019.

Orliac, Dominique (Assemblée nationale), Rapport n° 825, fait au nom de la commission des affaires sociales sur la porposition de loi, adoptée par le Sénat, tendant à modifier la loi n° 2011-814 du 7 juillet 2011 relative à la bioéthique en autorisant sous certaines conditions la recherche sur l'embryon et les cellules souces embryonnaires, déposé le 20 mars 2013, online verfügbar unter http://www.assemblee-nationale.fr/14/pdf/rapports/r0825.pdf, zuletzt geprüft am 08.04.2019.

Ormond, Kelly E.; Mortlock, Douglas P.; Scholes, Derek T. et al., Human Germline Genome Editing, in: American journal of human genetics, 2017, 101 (2), S. 167–176.

Osieka, Thomas Oliver, Das Recht der Humanforschung. Unter besonderer Berücksichtigung der 12. Arzneimittelgesetz-Novelle, 2006, Hamburg, Kovač.

Padé, Christiane, Anspruch auf Leistungen der gesetzlichen Krankenversicherung bei Lebensgefahr und tödlich verlaufenden Krankheiten. Umsetzung des „Nikolaus"-Beschlusses des Bundesverfassungsgerichts durch die Rechtsprechung des Bundessozialgerichts, in: NZS, 2007, S. 352–358.

Pap, Michael, Extrakorporale Befruchtung und Embryotransfer aus arztrechtlicher Sicht. Insbesondere: der Schutz des werdenden Lebens „in vitro", 1987, Frankfurt am Main, Lang.

Paricard, Sophie, L'ouverture de l'AMP aux couples de femmes: en droit de bioéthique… la révolution n'aura pas lieu, in: Astrid Marais (Hrsg.), La procréation pour tous?, 2015, Paris, Dalloz, S. 13–29.

Parizer-Krief, Étude comparative du droit de l'assistance médicale à la procréation France, Allemagne et Grande-Betragne, 2016, Aix-Marseille, Presses Universitaires d'Aix Marseille.

Parlamentarische Versammlung (Europarat), Empfehlung 934 (1982), abgedruckt in BT-Drucks. 9/1373 S. 12 ff.
Parlamentarische Versammlung (Europarat), Empfehlung 1046 (1986), abgedruckt in BT-Drucks. 10/6296 S. 26 ff.
Parlamentarische Versammlung (Europarat), Empfehlung 1100 (1989), verfügbar unter: http://assembly.coe.int/nw/xml/XRef/Xref-XML2HTML-EN.asp?fileid=15134&lang=en, zuletzt geprüft am 16.11.1018.
Parlamentarische Versammlung (Europarat), Empfehlung 1352 (2003), verfügbar unter http://www.assembly.coe.int/nw/xml/XRef/Xref-XML2HTML-EN.asp?fileid=17158&lang=en, zuletzt geprüft am 16.11.2018
Parlamentarische Versammlung (Europarat), Empfehlung 2115 (2017), verfügbar unter http://assembly.coe.int/nw/xml/XRef/Xref-XML2HTML-en.asp?fileid=24228&lang=en, zuletzt geprüft am 24.10.2018.
Patterson, Charlotte J., Children of Lesbian and Gay Parents, in: Child Development, 1992, 63 (5), S. 1025–1042.
Peis-Hitier, Marie-Pierre, Recherche d'une qualification juridique de l'éspèce humaine, in: Recueil Dalloz (Chronique), 2005, 13, S. 865–869.
Pennings, Guido, Gleichgeschlechtliche Ehe und das moralische Recht auf Familiengründung, in: Dorett Funcke und Petra Thorn (Hrsg.), Die gleichgeschlechtliche Familie mit Kindern. Interdisziplinäre Beiträge zu einer neuen Lebensform = Gleichgeschlechtliche Lebensgemeinschaften ohne und mit Kindern: Soziale Strukturen und künftige Entwicklungen, 2010, Bielefeld, transcript Verlag, S. 225–249.
Perot, June, Trois mesure phares de la loi „santé" du 26 janvier 2016: la recherche sur l'embryon, la suppression du délai de réflexion en matière d'interruption volontaire de la grossesse et l'action de groupe santé, in: Lexbase Hebdo – édition privée, 2016, 644, S. 1–5.
Poulton, Joanna; Chiaratti, Marcos R.; Meirelles, Flavio V. et al., Transmission of mitochondrial DNA diseases and ways to prevent them, in: PLoS genetics, 2010, 6 (8), S. 1–8.
Propping, Peter, Falscher Maßstab, in: DÄBl., 1991, A-1833.
Pschyrembel, Willibald, Pschyrembel Klinisches Wörterbuch, 2014, 266. Aufl., Berlin, de Gruyter.
Püttner, Günter; Brühl, Klaus, Fortpflanzungsmedizin, Gentechnologie und Verfassung. Zum Gesichtspunkt der Einwilligung Betroffener, in: JZ, 1987, S. 529–580.
Radau, Wiltrud Christine, Die Biomedizinkonvention des Europarates. Humanforschung – Transplantationsmedizin – Genetik – Rechtsanalyse und Rechtsvergleich, 2006, Berlin, Springer.
Rager, Günter, Embryo-Mensch-Person: Zur Frage nach dem Beginn des personalen Lebens, in: Jan Peter Beckmann (Hrsg.), Fragen und Probleme einer medizinischen Ethik, 1996, Berlin, de Gruyter, S. 254–278.
Rager, Günter, Präimplantationsdiagnostik und der Status des Embryos, in: Zeitschrift für medizinische Ethik, 2000, S. 81–89.
Rager, Günter, 3. Die biologische Entwicklung des Menschen, in: Günter Rager und Hans Michael Baumgartner (Hrsg.), Beginn, Personalität und Würde des Menschen, 2009, 3. Aufl., Freiburg, Alber, S. 67–122.
Ratzel, Rudolf; Lippert, Hans-Dieter; Prütting, Jens (Hrsg.), Kommentar zur (Muster-)Berufsordnung für die in Deutschland tätigen Ärztinnen und Ärzte – MBO-Ä 1997, 2018, 7. Aufl., Heidelberg, Springer.
Rauner, Max; Spiewak, Martin, Eine Frau, ihre Entdeckung und wie sie die Welt verändert, in: Die Zeit, Artikel vom 23.06.2016, S. 29–31.
Rawlinson, Mary C., Medicine's Discourse and the Practice of Medicine, in: Victor Kerstenbaum (Hrsg.), The humanity of the ill. Phenomenological perspectives, 1982, 1. Aufl., Knoxville, University of Tennessee Press, S. 69–84.
Reardon, Sara, First CRISPR clinical trial gets green light from US panel, in: Nature, Artikel vom 22.06.2016, online verfügbar unter http://www.nature.com/news/first-crispr-clinical-trial-gets-green-light-from-us-panel-1.20137?WT.mc_id=TWT_NatureNews, zuletzt geprüft am 08.04.2019.

Regenass-Klotz, Mechthild, Grundzüge der Gentechnik. Theorie und Praxis, 2005, 3. Aufl., Basel, Birkhäuser.

Rehmann-Sutter, Christoph, Keimbahnveränderungen in Nebenfolge? Ethische Überlegungen zur Abgrenzbarkeit der somatischen Gentherapie, in: Christoph Rehmann-Sutter und Hansjakob Müller (Hrsg.), Ethik und Gentherapie. Zum praktischen Diskurs um die molekulare Medizin, 2003, 2. Aufl., Tübingen, Francke, S. 187–205.

Rehmann-Sutter, Christoph, Politik der genetischen Identität. Gute und schlechte Gründe, auf Keimbahntherapie zu verzichten, in: Christoph Rehmann-Sutter und Hansjakob Müller (Hrsg.), Ethik und Gentherapie. Zum praktischen Diskurs um die molekulare Medizin, 2003, 2. Aufl., Tübingen, Francke, S. 225–236.

Reich, Jens; Fangerau, Heiner; Fehse, Boris et al., in: BBAW (Hrsg.), Genomchirurgie beim Menschen – zur verantwortlichen Bewertung einer neuen Technologie. Eine Analyse der Interdisziplinären Arbeitsgruppe Gentechnologiebericht, 2015, Berlin.

Resnik, David B.; Vorhaus, Daniel B., Genetic modification and genetic determinism, in: Philosophy, ethics, and humanities in medicine, 2006, 1 (1), S. 1–11, online verfügbar unter https://www.ncbi.nlm.nih.gov/pmc/articles/PMC1524970/pdf/1747-5341-1-9.pdf, zuletzt geprüft am 08.04.2019.

Reusser, Ruth, Das Konzept des Übereinkommens über Menschenrechte und Biomedizin (ÜMB), in: Jochen Taupitz (Hrsg.), Das Menschenrechtsübereinkommen zur Biomedizin des Europarates – taugliches Vorbild für eine weltweit geltende Regelung?/The Convention on Human Rights and Biomedicine of the Council of Europe – a Suitable Model for World-Wide Regulation?, 2002, Berlin, Springer, S. 49–62.

Reynier, Mathieu, L'embryon hybride: vers une humanité hétéroclite?, in: RDS, 2008, S. 550–551.

Reznek, Lawrie, Dis-ease about Kinds. Reply to D'Amico, in: Journal of Medicine and Philosophy, 1995, 20 (5), S. 571–584.

Reznichenko, A. S.; Huyser, C.; Pepper, M. S., Mitochondrial transfer: Implications for assisted reproductive technologies, in: Applied & translational genomics 11, 2016, S. 40–47.

Richter, Gerd; Schmid, Roland, Gentherapie – eine medizinische und ethische Standortbestimmung, in: DMW, 1995, S. 1212–1218.

Richter-Kuhlmann, Eva, Genomchirurgie beim Menschen. Noch viele Fragezeichen, in: DÄBl., 2015, 112 (49), S. 2092–2094.

Richter-Kuhlmann, Eva, Richtlinie komplett neu, in: DÄBl., 2018, A1050-A1051.

Riedel, Eibe, Die Menschenrechtskonvention zur Biomedizin des Europarats – Ein effektives Instrument zum Schutz der Menschenrechte oder symbolische Gesetzgebung?, in: Jochen Taupitz (Hrsg.), Das Menschenrechtsübereinkommen zur Biomedizin des Europarates – taugliches Vorbild für eine weltweit geltende Regelung?/The Convention on Human Rights and Biomedicine of the Council of Europe – a Suitable Model for World-Wide Regulation?, 2002, Berlin, Springer, S. 30–47.

Robbers, Gerhard, Sicherheit als Menschenrecht. Aspekte der Geschichte, Begründung und Wirkung einer Grundrechtsfunktion, 1987, 1. Aufl., Baden-Baden, Nomos.

Röger, Ralf, Verfassungsrechtliche Probleme medizinischer Einflußnahme auf das ungeborene Leben im Lichte des technischen Fortschritts. Habilitationsschrift, vorgelegt einer Hohen Rechtswissenschaftlichen Fakultät der Universität zu Köln, 1999, Köln.

Röger, Ralf, Verfassungsrechtliche Grenzen der Präimplantationsdiagnostik, in: Referate der öffentlichen Veranstaltung vom 6. Mai 2000 in Würzburg/Juristen-Vereinigung Lebensrecht e.V. Köln, 2000, Köln, Kölner Univ.-Verl., S. 55–80.

Rolfs, Christian; Giesen, Richard; Kreikebohm, Ralf et al. (Hrsg.) Beck'scher Online-Kommentar Sozialrecht. Stand: 01.09.2018, 52. Edition, München, C.H. Beck (zitiert als: *Bearbeiter*, in: Rolfs et al. (Hrsg.), BeckOK SGB V, § … Rn. …).

Ronellenfitsch, Michael, Zur Freiheit der biomedizinsichen Forschung, in: Reinhard Hendler, Peter Marburger und Michael Reinhardt (Hrsg.), Jahrbuch des Umwelt- und Technikrechts, 2000, Berlin, Erich Schmidt Verlag, S. 91–109.

Ronellenfitsch, Michael, Der Mensch als gentechnisch veränderter Organismus, in: Klaus-Peter Dolde (Hrsg.), Umweltrecht im Wandel. Bilanz und Perspektiven aus Anlass des 25-jährigen

Bestehens der Gesellschaft für Umweltrecht (GfU), 2001, Berlin, Erich Schmidt Verlag, S. 701–718.

Rosenau, Henning, Reproduktives und therapeutisches Klonen, in: Knut Amelung (Hrsg.), Strafrecht, Biorecht, Rechtsphilosophie. Festschrift für Hans-Ludwig Schreiber zum 70. Geburtstag am 10. Mai 2003, 2003, Heidelberg, C.F. Müller, S. 761–781.

Rosenau, Henning, Zur Zulässigkeit von Eingriffen in die menschliche Keimbahn, in: Hans-Ludwig Schreiber (Hrsg.), Globalisierung der Biopolitik, des Biorechts und der Bioethik?: das Leben an seinem Anfang und seinem Ende, 2007, Frankfurt am Main, Lang, S. 149–158.

Roth, Carsten, Eigentum an Körperteilen. Rechtsfragen der Kommerzialisierung des menschlichen Körpers, 2009, Berlin, Springer.

Rothschuh, Karl E., Der Krankheitsbegriff (Was ist Krankheit?), in: Karl Eduard Rothschuh (Hrsg.), Was ist Krankheit? Erscheinung, Erklärung, Sinngebung, 1975, Darmstadt, Wissenschaftliche Buchgesellschaft, S. 397–420.

Roxin, Claus; Schroth, Ulrich (Hrsg.), Handbuch des Medizinstrafrechts, 2010, 4. Aufl., Stuttgart, Köln, Boorberg; Wolters Kluwer Deutschland (zitiert als: *Bearbeiter*, in: Roxin und Schroth (Hrsg.), Handbuch des Medizinstrafrechts, S. …).

Rudloff-Schäffer, Cornelia, Das Übereinkommen über Menschenrechte und Biomedizin des Europarats vom 4. April 1997, in: DuD, 1999, S. 322–327.

Rudloff-Schäffer, Cornelia, Entstehungsgründe und Entstehungsgeschichte der Konvention, in: Albin Eser (Hrsg.), Biomedizin und Menschenrechte. Die Menschenrechtskonvention des Europarates zur Biomedizin: Dokumentation und Kommentare, 1999, Frankfurt am Main, Knecht, S. 26–37.

Rueter, M. A; Connor, J. J; Pasch, L, Sharing information with children conceived using in vitro fertilisation. The effect of parents? privacy orientation, in: Journal of Reproductive and Infant Psychology, 2015, 34 (1), S. 90–102.

Ruf, Isabelle, Enhancements. Verfassungsrechtliche Aspekte nicht indizierter medizinischer Eingriffe zu Optimierungszwecken, 2014, Berlin, LIT.

Ruhenstroth, Miriam, Die Reparatur der Natur, in: Die Zeit Online, Artikel vom 06.11.2014. Online verfügbar unter http://www.zeit.de/2014/44/gentherapie-aids-heilung-nebenwirkungen, zuletzt geprüft am 08.04.2019.

Rüpke, Giselher, Persönlichkeitsrecht und Schwangerschatfsunterbrechung, in: ZRP, 1974, S. 73–77.

Rütsche, Bernhard, Pro: Soll das sogenannte „Gene Editing“ mittels CRISPR/Cas9-Technologie an menschlichen Embryonen erforscht werden?, in: Ethik Med, 2017, S. 243–247.

Sachs, Michael (Hrsg.) Grundgesetz Kommentar, 2018, 8. Aufl., München, C.H. Beck (zitiert als: *Bearbeiter*, in: Sachs (Hrsg.), GG, Art. … Rn. …).

Säcker, Franz Jürgen; Rixecker, Roland; Oetker, Hartmut et al., Münchener Kommentar zum BGB – Band 8. Familienrecht II – §§ 1589–1921, SGB VIII, 2017, 7. Aufl., München, C.H. Beck.

Sacksofsky, Ute, Der verfassungsrechtliche Status des Embryos in vitro. Gutachten für die Enquête-Kommission des Deutschen Bundestages „Recht und Ethik der modernen Medizin“, 2001, online verfügbar unter http://publikationen.ub.uni-frankfurt.de/frontdoor/index/index/docId/3330, zuletzt geprüft am 08.04.2019.

Sacksofsky, Ute, Präimplantaionsdiagnostik und Grundgesetz, in: KJ, 2003, S. 274–292.

Safferling, Christoph, Der EuGH, die Grundrechtecharta und nationales Recht: die Fälle Åkerberg Fransson und Melloni, in: NStZ, 2014, S. 545–551.

Sailer, Christian, Subjektives Recht und Umweltschutz, in: DVBl., 1976, S. 521–532.

Saladin, Peter; Leimbacher, Jörg, Mensch und Natur: Herausforderung für die Rechtspolitik. Rechte der Natur und künftiger Generationen, in: Herta Däubler-Gmelin (Hrsg.), Menschengerecht. Arbeitswelt, Genforschung, Neue Technik, Lebensformen, Staatsgewalt: Dokumentation, 1986, Heidelberg, C.F. Müller, S. 195–219.

Saladin, Peter; Zenger, Christoph Andreas, Rechte künftiger Generationen, 1988, Basel, Helbing & Lichtenhahn.

Sample, Ian, UK doctors select first women to have ‚three-person babies‘, in: The Guardian, Artikel vom 01.02.2018, online verfügbar unter https://www.theguardian.com/science/2018/feb/01/permission-given-to-create-britains-first-three-person-babies, zuletzt geprüft am 21.10.2019.

Sander, Axel, Arzneimittelrecht. Kommentar für die juristische und pharmazeutische Praxis zum Arzneimittelgesetz mit Hinweisen zum Medizinprodukte- und zum Betäubungsmittelgesetz, Band 1, § 1–46 AMG. Stand: 2012, 50. Lieferung, Stuttgart, Kohlhammer.

Sapin, Michel, Projet de loi relatif au corps humain et modifiant le code civil, n° 2599, 1992, in: Journal Officiel, 9ème Législature, Assemblée nationale, Impressions (2592–2607).

Sass, Hans-Martin, Extrakorporale Fertilisation und Embryotransfer. Zukünftige Möglichkeiten und ihre ethische Bewertung, in: Rainer Flöhl (Hrsg.), Genforschung – Fluch oder Segen? Interdisziplinäre Stellungnahmen, 1985, München, Schweitzer, S. 30–58.

Sass, Hans-Martin, Hirntod und Hirnleben. Ethische Bewertung biomedizinischer Sachverhalte, in: Hans-Martin Sass (Hrsg.), Medizin und Ethik, 2006, Stuttgart, Reclam, S. 160–183.

Schächinger, Michael, Menschenwürde und Menschheitswürde. Zweck, Konsistenz und Berechtigung strafrechtlichen Embryonenschutzes, 2014, Berlin, Duncker & Humblot.

Schadwinkel, Alina, „Menschenzüchtung muss tabu bleiben", in: Die Zeit Online, Artikel vom 23.06.2016, online verfügbar unter http://www.zeit.de/wissen/2016-06/crispr-ethikrat-erbgut-zuechtung, zuletzt geprüft am 08.04.2019.

Schadwinkel, Alina, Dagegen aus den falschen Gründen, in: Zeit Online, Artikel vom 25.07.2018, online verfügbar unter https://www.zeit.de/wissen/umwelt/2018-07/crispr-gentechnik-europaeischer-gerichtshof-urteil-kommentar, zuletzt geprüft am 08.04.2019.

Scherer, Jürgen; Flory, Egbert, Klassifizierung von zellbasierten Arzneimitteln und rechtliche Implikationen. Eine Übersicht und ein Update, in: Bundesgesundheitsblatt, Gesundheitsforschung, Gesundheitsschutz, 2015, S. 1201–1206.

Schick, Peter J., Strafrechtliche und kriminalpolitische Aspekte der In-vitro-Fertilisation (IVF) und des Embryp-Transfers (ET), in: Erwin Bernat (Hrsg.), Lebensbeginn durch Menschenhand. Probleme künstlicher Befruchtungstechnologien aus medizinischer, ethischer u. juristischer Sicht, 1985, Graz, Leykam, S. 183–201.

Schick, Peter J., Fortpflanzungstechnologie und Strafrecht. Eine österreichische Bestandsaufnahme, in: Hans-Ludwig Günther und Rolf Keller (Hrsg.), Fortpflanzungsmedi-zin und Humangenetik – strafrechtliche Schranken? Tübinger Beiträge zum Diskussionsentwurf eines Gesetzes zum Schutz von Embryonen, 1991, 2. Aufl., Tübingen, Mohr Siebeck, S. 327–346.

Schirmer, Günter, Status und Schutz des frühen Embryos bei der „In-vitro"-Fertilisation. Rechtslage und Diskussionsstand in Deutschland im Vergleich zu den Ländern des angloamerikanischen Rechtskreises, 1987, Frankfurt am Main, Lang.

Schlüter, Julia, Schutzkonzepte für menschliche Keimbahnzellen in der Fortpflanzungsmedizin, 2008, Münster, LIT.

Schmidt, Angelika, Rechtliche Aspekte der Genomanalyse. Insbesondere die Zulässigkeit genanalytischer Testverfahren in der pränatalen Diagnostik sowie der Präimplantationsdiagnostik, 1991, Frankfurt am Main, Lang.

Schmidt, Kurt W., Exkurs: Die ethische Auseinandersetzung um den Gentransfer, dargestellt anhand von Stellungnahmen W. French Andersons aus den Jahren 1968–1993, in: Kurt Bayertz (Hrsg.), Somatische Gentherapie, medizinische, ethische und juristische Aspekte des Gentransfers in menschliche Körperzellen, 1995, Stuttgart, G. Fischer, S. 109–123.

Schmidt-Aßmann, Eberhard, Verfassungsfragen der Gesundheitsreform, in: NJW, 2004, S. 1689–1695.

Schmidt-Jortzig, Edzard, Sytsematische Bedingungen der Garantie unbedingten Schutzes der Menschenwürde in Art. 1 GG. – unter besonderer Berücksichtigung der Probleme am Anfang des menschlichen Lebens, in: DÖV, 2001, S. 925–932.

Schmidt-Jortzig, Edzard, Rechtsfragen der Biomedizin, 2003, Berlin, Logos-Verlag.

Schmidt-Preuß, Matthias, Konsens und Dissens in der Energiepolitik – rechtliche Aspekte, in: NJW, 1995, S. 985–992.

Schmundt, Hilmar, „Als würde man Schrotflinten erlauben, aber Skalpelle verbieten", in: Spiegel online, Artikel vom 26.07.2018, online verfügbar unter http://www.spiegel.de/wissenschaft/natur/crispr-urteil-des-eugh-schrotflinten-erlauben-aber-skalpelle-verbieten-a-1220304.html, zuletzt geprüft am 08.04.2019.

Scholz, Rupert, Imstrumentale Beherrschung der Biotechnologie durch die Rechtsordnung, in: Gesellschaft für Rechtspolitik Trier (Hrsg.), Bitburger Gespräche, Jahrbuch1986/1, München, C.H. Beck, S. 59–91.

Scholz, Rupert, Verfassungsfragen zur Fortpflanzungsmedizin und Gentechnologie, in: Herbert Leßmann und Rudolf Lukes (Hrsg.), Festschrift für Rudolf Lukes: zum 65. Geburtstag, 1989, Köln u. a., Heymann, S. 203–235.

Schöne-Seifert, Bettina, Genscheren-Forschung an der menschlichen Keimbahn: Plädoyer für eine neue Debatte auch in Deutschland, in: Ethik Med, 2017, S. 93–96.

Schröder, Michael; Taupitz, Jochen, Menschliches Blut. Verwendbar nach Belieben des Arztes?: zu den Formen erlaubter Nutzung menschlicher Körpersubstanzen ohne Kenntnis des Betroffenen, 1991, Stuttgart, Enke.

Schroeder, Friedrich Christian, Die Rechtsgüter des Embryonenschutzgesetzes, in: Hans-Heiner Kühne (Hrsg.), Festschrift für Koichi Miyazawa. Dem Wegbereiter des japanisch-deutschen Strafrechtsdiskurses, 1995, 1. Aufl., Baden-Baden, Nomos, S. 533–547.

Schroeder-Kurth, Traute, Pro und Contra Keimbahntherapie und Keimbahnmanipulation. Eine Literaturübersicht mit Kommentaren, in: Wolfgang Bender (Hrsg.), Eingriffe in die menschliche Keimbahn. Naturwissenschaftliche und medizinische Aspekte; rechtliche und ethische Implikationen, 2000, Münster, Agenda-Verlag, S. 159–181.

Schroth, Ulrich, Forschung mit embryonalen Stammzellen und Präimplantationsdiagnostik im Lichte des Rechts, in: JZ, 2002, S. 170–179.

Schünemann, Hermann, Die Rechte am menschlichen Körper, 1985, Frankfurt am Main, Lang.

Schütze, Hinner, Die Bedeutung von Statusargumenten für das geltende deutsche Recht, in: Dieter von Sturma und Ludger Honnefelder (Hrsg.), Jahrbuch für Wissenschaft und Ehtik, Band 5, 2000, Berlin, de Gruyter, S. 305–328.

Schütze, Hinner, Embryonale Humanstammzellen. Eine rechtsvergleichende Untersuchung der deutschen, französischen, britischen und US-amerikanischen Rechtslage, 2007, Berlin, Springer.

Schwab, Dieter, Familienrecht, 2018, 26. Aufl., München, C.H. Beck.

Schwabe, Peter, Rechtliche Überlegungen zur gentechnischen Veränderung des menschlichen Erbguts. Dissertation, 1988, Gießen.

Schwarz, Kyrill-A., „Therapeutisches Klonen" – ein Angriff auf Lebensrecht und Menschenwürde des Embryons, in: KritV, 2001, S. 182–210.

Sebaoun, Gérard; Laclais, Bernadette; Touraine, Jean-Louis et al. (Assemblée nationale), Rapport n° 3215, fait au nom de la commission des affaires sociales, en nouvelle lecture, sur le projet de loi, modifié par le Sénat, après engagement de la procédure accéléreée, relatif à la santé, déposé le 10 novembre 2015, online verfügbar unter http://www.assemblee-nationale.fr/14/pdf/rapports/r3215.pdf, zuletzt geprüft am 08.04.2019.

Seelmann, Kurt, Gefährdungs- und Gefühlsschutzdelikte an den Rändern des Lebens, in: Rainer Zaczyk (Hrsg.), Festschrift für E. A. Wolff. Zum 70. Geburtstag am 1.10.1998, 1998, Berlin, Springer, S. 481–494.

Seelmann, Kurt, Menschenwürde als Würde der Gattung – ein Problem des Paternalismus?, in: Bijan Fateh-Moghadam und Günter Ellscheid (Hrsg.), Grenzen des Paternalismus, 2010, 1. Aufl., Stuttgart, Kohlhammer, S. 206–219.

Seewald, Otfried, Zum Verfassungsrecht auf Gesundheit, 1981, Köln u. a., Heymann.

Seewald, Otfried, Gesundheit als Grundrecht, 1982, Königstein/Ts., Athenäum.

Sentker, Andreas, Naturidentisch. Ein neues Verfahren wird die Risiko-Debatte verändern, in: Die Zeit Online, Artikel vom 30.08.2012, online verfügbar unter http://www.zeit.de/2012/36/Glosse-Gentechnik, zuletzt geprüft am 08.04.2019.

Servick, Kelly, Why ‚three-parent embryo' procedure could fail, in: Science, Artikel vom 19.05.2016, online verfügbar unter http://www.sciencemag.org/news/2016/05/why-three-parent-embryo-procedure-could-fail, zuletzt geprüft am 08.04.2019.

Siep, Ludwig, Wissen-Vorbeugen-Verändern. Über die ethischen Probleme beim gegenwärtigen Stand des Genomprojekts, in: Ludger Honnefelder, Dietmar Mieth, Peter Propping et al.

(Hrsg.), Das genetische Wissen und die Zukunft des Menschen, 2003, Berlin, de Gruyter, S. 78–86.

Simon, Jürgen; Weyer, Anne, Die Novellierung des Gentechnikgesetzes, in: NJW, 1994, S. 759–766.

Smajdor, Anna; Cutas, Daniela (Nuffield Council on Bioethics), Background Paper. Artificial Gametes, 2015, online verfügbar unter http://nuffieldbioethics.org/wp-content/uploads/Background-paper-2016-Artificial-gametes.pdf, zuletzt geprüft am 08.04.2019.

Sonnenberger, Hans Jürgen; Classen, Claus Dieter (Hrsg.), Einführung in das französische Recht, 2012, 4. Aufl., Frankfurt a.M., Deutscher Fachverlag GmbH (zitiert als: *Bearbeiter*, in: …).

Spickhoff, Andreas (Hrsg.), Medizinrecht, 2018, 3. Aufl., München, C.H. Beck (zitiert als: *Bearbeiter*, in: Spickhoff (Hrsg.), Medizinrecht, §. … Rn. …).

Spiekerkötter, Jörg, Verfassungsfragen der Humangenetik. Insbesondere Überlegungen zur Zulässigkeit der Genmanipulation sowie der Forschung an menschlichen Embryonen, 1989, Neuwied, Schweitzer.

Spranger, Tade Matthias, Legal Analysis of the applicability of Directive 2001/18/EC on genome editing technologies commissioned by the German Federal Agency for Nature Conservation, 2015, online verfügbar unter http://bfn.de/fileadmin/BfN/agrogentechnik/Dokumente/Legal_analysis_of_genome_editing_technologies.pdf, zuletzt geprüft am 08.04.2019.

Stacey, Judith; Biblarz, Timothy J., (How) Does the Sexual Orientation of Parents Matter?, in: American Sociological Review, 2001, 66 (2), S. 159–183.

Starck, Christian, 1. Teilgutachten – Verfassungsrechtliche Probleme. Gutachten A für den 56. Deutschen Juristentag, in: Ständige Deputation des Deutschen Juristentages (Hrsg.), Die künstliche Befruchtung bei Menschen – Zulässigkeit und zivilrechtliche Folgen, 1986, München, C.H. Beck (Verhandlungen des sechsundfünfzigsten Deutschen Juristentages, 56, Bd. 1 (Gutachten), T. A/B), S. A7-A58.

Statistisches Bundesamt, Statistik der schwerbehinderten Menschen. Kurzbericht 2015, 24. Feburar 2017, online verfügbar unter https://www.destatis.de/DE/Themen/Gesellschaft-Umwelt/Gesundheit/Behinderte-Menschen/Publikationen/Downloads-Behinderte-Menschen/sozial-schwerbehinderte-kb-5227101159004.pdf?__blob=publicationFile&v=3, zuletzt geprüft am 08.04.2019.

Staudingers, Julius von (Begr.), Kommentar zum Bürgerlichen Gesetzbuch, §§ 21–103, 13. Bearbeitung von 1995, Berlin, Sellier – de Gruyter (zitiert als: *Bearbeiter*, Staudinger BGB, 1995, § … Rn. …).

Staudingers, Julius von (Begr.), Kommentar zum Bürgerlichen Gesetzbuch, §§ 90–124; §§ 130–133, 2017, Berlin, Sellier – de Gruyter (zitiert als: *Bearbeiter*, Staudinger BGB, 2017, § … Rn. …).

Staudingers, Julius von (Begr.), Kommentar zum Bürgerlichen Gesetzbuch, §§ 1896–1921, 2013, Berlin, Sellier – de Gruyter (zitiert als: *Bearbeiter*, in: Staudinger BGB, 2013, § … Rn. …).

Steiger, Heinhard, Verfassungsrechtliche Grundlagen, in: Jürgen Salzwedel und Wolfgang E. Burhenne (Hrsg.), Grundzüge des Umweltrechts, 1982, Berlin, Schmidt, S. 21–63.

Steigleder, Klaus, Müssen wir, dürfen wir schwere (nicht-therapierbare) genetisch bedingte Krankheiten vermeiden?, in: Marcus Düwell und Dietmar Mieth (Hrsg.), Ethik in der Humangenetik. Die neueren Entwicklungen der genetischen Frühdiagnostik aus ethischer Perspektive, 2. Aufl., Tübingen, Francke, S. 91–119.

Steinberg, Rudolf, Verfassungsrechtlicher Umweltschutz durch Grundrecht und Staatszielbestimmung, in: NJW, 1996, S. 185–1994.

Steinhoff, Christiane; Winter, Angela, Aktueller Begriff: Genomchirurgie. Wissenschaftliche Dienste – Deutscher Bundestag (Nr. 01/16), 2016, online verfügbar unter https://www.bundestag.de/blob/403174/5ac5e95e76bb3baf20b0021990dda878/genomchirurgie-data.pdf, zuletzt geprüft am 08.04.2019.

Stern, Klaus, Die Grundrechte und ihre Schranken, in: Peter Badura und Horst Dreier (Hrsg.), Festschrift 50 Jahre Bundesverfassungsgericht. Zweiter Band, Klärung und Fortbildung des Verfassungsrechts, 2001, Tübingen, Mohr Siebeck, S. 1–34.

Sternberg-Lieben, Detlev, Gentherapie und Strafrecht, in: JuS, 1986, S. 673–680.

Stock, Christof, Die Indikation in der Wunschmedizin. Ein medizinrechtlicher Beitrag zur ethischen Diskussion über „Enhancement", 2009, Frankfurt am Main, Lang.

Stürner, Rolf, Die Unverfügbarkeit ungeborenen menschlichen Lebens und die menschliche Selbstbestimmung, in: JZ, 1974, S. 709–724.

Suhr, Katharina, Der medizinisch nicht indizierte Eingriff zur kognitiven Leistungssteigerung aus rechtlicher Sicht, 2016, 1. Aufl., Wiesbaden, Springer.

Sunstein, Cass R., The Paralyzing Principle, in: Regulation, 2001–2003, S. 32–37.

Suzuki, Toru; Asami, Maki; Perry, Anthony C. F., Asymmetric, parental genome engineering by Cas9 during mouse meiotic exit, in: Scientific reports, 2014, 4 (Artikelnummer 7621), online verfügbar unter https://www.ncbi.nlm.nih.gov/pmc/articles/PMC4274505/pdf/srep07621.pdf, zuletzt geprüft am 08.04.2019.

Szczekalla, Peter, Die sogenannten grundrechtlichen Schutzpflichten im deutschen und europäischen Recht. Inhalt und Reichweite einer „gemeineuropäischen Grundrechtsfunktion", 2002, Berlin, Duncker & Humblot.

Tachibana, Masahito; Amato, Paula; Sparman, Michelle et al., Towards germline gene therapy of inherited mitochond-rial diseases, in: Nature, 2013, 493 (7434), S. 627–631.

Tachibana, Masahito; Sparman, Michelle; Sritanaudomchai, Hathaitip et al., Mitochondrial gene replacement in primate offspring and embryonic stem cells, in: Nature, 2009, 461 (7262), S. 367–372.

Takahashi, Kazutoshi; Tanabe, Koji; Ohnuki, Mari et al., Induction of pluripotent stem cells from adult human fibroblasts by defined factors, in: Cell, 2007, 131 (5), S. 861–872.

Takahashi, Kazutoshi; Yamanaka, Shinya, Induction of pluripotent stem cells from mouse embryonic and adult fibroblast cultures by defined factors, in: Cell, 2006, 126 (4), S. 663–676.

Tamblé, Philipp, Der Anwendungsbereich der EU-Grundrechtecharta (GRC) gem. Art. 51 I 1 GRC – Grundlagen und aktuelle Entwicklungen, in: Beiträge zum Europa- und Völkerrecht, 2014, S. 5–37.

Tang, Lichun; Zeng, Yanting; Du, Hongzi et al., CRISPR/Cas9-mediated gene editing in human zygotes using Cas9 protein, in: Molecular genetics and genomics, 2017, 292 (3), S. 525–533.

Taupitz, Jochen, Der rechtliche Rahmen des Klonens zu therapeutischen Zwecken, in: NJW, 2001, S. 3433–3440.

Taupitz, Jochen, Einführung in die Thematik: Die Menschenrechtskonvention zur Biomedizin zwischen Kritik und Zustimmung, in: Jochen Taupitz (Hrsg.), Das Menschenrechtsübereinkommen zur Biomedizin des Europarates – taugliches Vorbild für eine weltweit geltende Regelung?/The Convention on Human Rights and Biomedicine of the Council of Europe – a Suitable Model for World-Wide Regulation?, 2002, Berlin, Springer, S. 1–12.

Taupitz, Jochen, Import embryonaler Stammzellen. Konsequenzen des Bundestagsbeschlusses vom 31.1.2001, in: ZRP, 2002, S. 111–115.

Taupitz, Jochen; Brewe, Manuela; Schelling, Holger, Landesbericht Deutschland, in: Jochen Taupitz (Hrsg.), Das Menschenrechtsübereinkommen zur Biomedizin des Europarates – taugliches Vorbild für eine weltweit geltende Regelung?/The Convention on Human Rights and Biomedicine of the Council of Europe – a Suitable Model for World-Wide Regulation?, 2002, Berlin, Springer, S. 409–485.

Taupitz, Jochen; Deuring, Silvia, Genome-Editing an humanen Zellen vor dem Hintergrund des Embryonenschutzgesetzes und des Grundgesetzes, in: Jörg Hacker (Hrsg.), Veränderbarkeit des Genoms – Herausforderungen für die Zukunft, Nova Acta Leopoldina Nr. 418, 2019, Stuttgart, Wissenschaftliche Verlagsgesellschaft.

Taupitz, Jochen; Deuring, Silvia (Hrsg.), Rechtliche Aspekte der Genom Editierung an der menschlichen Keimbahn: A Comparative Legal Study, Veröffentlichungen des Instituts für Deutsches, Europäisches und Internationales Medizinrecht, Gesundheitsrecht und Bioethik der Universitäten Heidelberg und Mannheim, Band 47, Springer-Verlag (voraussichtliches Erscheinungsdatum: November 2019).

Taupitz, Jochen; Hermes, Benjamin, Eizellspende verboten – Embryonenspende erlaubt?, in: NJW, 2015, S. 1802–1807.

Taupitz, Jochen; Schelling, Holger, Mindeststandards als realistische Möglichkeit. Rechtliche Gesichtspunkte in deutscher und internationaler Perspektive, in: Albin Eser (Hrsg.), Biomedizin und Menschenrechte. Die Menschenrechtskonvention des Europarates zur Biomedizin: Dokumentation und Kommentare, 1999, Frankfurt am Main, Knecht, S. 94–113.

Tech, Judith, Assistierte Reproduktionstechniken. Darstellung, Analyse und Diskussion als negativ bewerteter Effekte, 2011, München, Herbert Utz Verlag.

Tepperwien, Joachim, Nachweltschutz im Grundgesetz, 2009, 1. Aufl., Baden-Baden, Nomos.

Terré, Francois; Fenouillet, Dominique, Droit civil. Les personnes. Personnalité – Incapacité – Protection, 2012, 8. Aufl., Paris, Dalloz.

Testa, Giuseppe; Harris, John, Ethics and synthetic gametes, in: Bioethics, 2005, 19 (2), S. 146–166.

The Declaration of Inuyama and Reports of the Working Groups, in: Human Gene Therapy, 1991, 2 (2), S. 123–129.

Thorn, Petra, Gametenspende und Kindeswohl – Entwicklungen in Deutschland und in der internationalen Fortpflanzungsmedizin, in: Hessisches Ärzteblatt, 2006, S. 173–175.

Thouvenin, Dominique, Les lois n° 94-548 du 1er juillet 1994, n° 94-653 et n° 94-654 du 29 juillet 1994 ou comment construire un droit de la bioéthique, in: Recueil Dalloz (Chronique), 1995, 18, 149 ff.

Tian, Lichun, Objektive Grundrechtsfunktionen im Vergleich. Eine Untersuchung anhand des Grundgesetzes und der Europäischen Menschenrechtskonvention, 2012, Berlin, Duncker & Humblot.

Uexküll, Thure von; Wesiack, Wolfgang, Integrierte Medizin als Gesamtkonzept der Heilkunde: ein bio-psychosoziales Modell, in: Thure von Uexküll und Rolf Adler (Hrsg.), Psychosomatische Medizin. Modelle ärztlichen Denkens und Handelns; mit 130 Tabellen, 2008, 6. Aufl., München, Elsevier Urban und Fischer, S. 3–42.

Umbach, Dieter C.; Clemens, Thomas (Hrsg.), Grundgesetz. Mitarbeiterkommentar, Band 1, Art. 1–37 GG, 2002, Heidelberg, C.F. Müller (zitiert als: *Bearbeiter*, in: Umbach und Clemens (Hrsg.), GG, Band 1, Art. … Rn. …).

UNESCO, Committee of Governmental Experts for the Finalization of a Declaration on the Human Genome. Preparation of a Declaration on the Human Genome: Report by the Director-General, 1996, online verfügbar unter http://unesdoc.unesco.org/images/0010/001051/105126E.pdf, zuletzt geprüft am 08.04.2019.

UNESCO (IBC), International consultation on the outline of a UNESCO declaration on the human genome, 1996, online verfügbar unter http://www.unesco.org/shs/ibc/en/genome/esquisse/but.html, zuletzt geprüft am 08.04.2019.

UNESCO (IBC), Report of the IBC on Pre-implantation Genetic Diagnosis and Germ-line Intervention, 2003, online verfügbar unter http://unesdoc.unesco.org/images/0013/001302/130248e.pdf, zuletzt geprüft am 08.04.2019.

UNESCO (IBC), Report of the IBC on the Possibility of Elaborating a Universal Instrument on Bioethics, 2003, online verfügbar unter http://www.unesco.org/shs/ibc/en/igbc/s3/finrep_UIB_en.pdf, zuletzt geprüft am 08.04.2019.

UNESCO (IBC), Preliminary Draft Declaration on Universal Norms on Bioethics, in: Dieter von Sturma, Bert Heinrichs und Ludger Honnefelder (Hrsg.), Jahrbuch für Wissenschaft und Ethik, Band 10, 2005, Berlin, de Gruyter, S. 381–390.

UNESCO (IBC), Report of the IBC on Updating Its Reflection on the Human Genome and Human Rights, 2015, online verfügbar unter http://unesdoc.unesco.org/images/0023/002332/233258e.pdf, zuletzt geprüft am 08.04.2019.

UNESCO (IBC/Legal Commission), Fifth Meeting of the Legal Commission, 1995, online verfügbar unter http://www.unesco.org/shs/ibc/en/genome/juridique/r5.html, zuletzt geprüft am 08.04.2019.

Unnerstall, Herwig, Rechte zukünftiger Generationen, 1999, Würzburg, Königshausen & Neumann.

Ven, Katrin van der; Montag, Markus; van der Ven, Hans, Polar body diagnosis – a step in the right direction?, in: DÄBl., 2008, S. 190–196.

Vennemann, Ulrich, Anmerkung zu VormG Celle, Beschluss vom 9.2.1987–25 VII K 3470 SH, in: FamRZ, 1987, 1086–1069.

Vesting, Jan-Wilhelm, Somatische Gentherapie. Regelung und Regelungsbedarf in Deutschland, 1997, 1. Aufl., Baden-Baden, Nomos.

Vigneau, Daniel, Les dispositions de la loi „bioéthique" du 7 juillet 2011 relatives à l'embryon et au foetus humain, in: Recueil Dalloz, 2011, 32, S. 2224–2230.

Vigneau, Daniel, L'assistance médicale à la procréation dans l'éprouvette des pouvoirs publics, in: Dictionnaire permanent Santé, Bioéthique, Biotechnologies (Bulletin n° 269), 2016, online verfügbar unter elnet.fr.

Vigneau, Daniel; Delahaye-Ferrandon, Agnès; Merger-Legrand, Orianne et al. (Hrsg.), Dictionnaire permanent santé, bioéthique, biotechnologies, Stand : Oktober 2018, online verfügbar unter elnet.fr.

Vitzthum, Wolfgang Graf, Die Menschenwürde als Verfassungsbegriff, in: JZ, 1985, S. 201–209.

Vitzthum, Wolfgang Graf, Gentechnologie und Menschenwürde, in: MedR, 1985, S. 249–257.

Vitzthum, Wolfgang Graf, Gentechnologie und Menschenwürdeargument, in: ZRP, 1987, S. 33–37.

Vitzthum, Wolfgang Graf, Menschenwürde und Grundrechte angesichts der Herausforderung der gentechnologischen Entwicklung, in: Volkmar Braun, Dietmar Mieth und Klaus Steigleder (Hrsg.), Ethische und rechtliche Fragen der Gentechnologie und der Reproduktionsmedizin. Dokumentation eines Symposiums der Landesregierung Baden-Württemberg und des Stifterverbandes für die Deutsche Wissenschaft in Verbindung mit der Universität Tübingen vom 1. – 4. September 1986 in Tübingen, 1987, München, Schweitzer, S. 263–296.

Vitzthum, Wolfgang Graf, Gentechnologie und Menschenwürdeargument, in: Ulrich Klug und Martin Kriele (Hrsg.), Menschen- und Bürgerrechte. Vorträge aus der Tagung der Deutschen Sektion der Internationalen Vereinigung für Rechts- u. Sozialphilosophie (IVR) in der Bundesrepublik Deutschland vom 9.-12. Okt. 1986 in Köln, 1988, Wiesbaden, Steiner-Verlag (ARSP Beiheft, 33), S. 119–138.

Vitzthum, Wolfgang Graf, Gentechnik und Grundgesetz. Eine Zwischenbilanz, in: Hartmut Maurer (Hrsg.), Das akzeptierte Grundgesetz. Festschrift für Günter Dürig zum 70. Geburtstag, 1990, München, C.H. Beck, S. 185–206.

Vogenauer, Stefan, Die Auslegung von Gesetzen in England und auf dem Kontinent, 2001, Tübingen, Mohr Siebeck.

Vollmer, Silke, Genomanalyse und Gentherapie. Die verfassungsrechtliche Zulässigkeit der Verwendung und Erforschung gentherapeutischer Verfahren am noch nicht erzeugten und ungeborenen menschlichen Leben, 1989, Konstanz, Hartung-Gorre.

Voss, Daniela, Rechtsfragen der Keimbahntherapie, 2001, Hamburg, Kovacˇ.

Wagner, Dietrich, Der gentechnische Eingriff in die menschliche Keimbahn. Rechtlich-ethische Bewertung; nationale und internationale Regelungen im Vergleich, 2007, Frankfurt am Main, Lang.

Wagner, Hellmut, Rechtsfragen der somatischen Gentherapie, in: NJW, 1996, S. 1565–1570.

Wagner, Regine; Knittel, Stefan, Krauskopf – Soziale Krankenversicherung, Pflegeversicherung. Kommentar. Band 1: SGB I, SGB IV, SGB V §§ 1 bis 68, Stand: November 2018, 101. Ergänzungslieferung, München, C.H. Beck (zitiert als: *Bearbeiter*, in: Wagner und Knittel (Hrsg.), Krauskopf – Soziale Krankenversicherung, Pflegeversicherung, Band 1, § … Rn. …).

Wallau, Philipp, Die Menschenwürde in der Grundrechtsordnung der Europäischen Union, 2010, Göttingen, V&R unipress GmbH.

Walters, LeRoy; Palmer, Julie Gage (Hrsg.), The ethics of human gene therapy, 1997, New York, Oxford University Press.

Welling, Lioba Ilona Luisa, Genetisches Enhancement. Grenzen der Begründungs-ressourcen des säkularen Rechtsstaates?, 2014, Berlin, Springer.

Welte, Karl, Medizinische Handlungsoptionen, Jahrestagung vom 22.06.2016 des Deutschen Ethikrats, online verfügbar unter https://www.ethikrat.org/fileadmin/PDF-Dateien/Veranstaltungen/jt-22-06-2016-Welte.pdf, zuletzt geprüft am 08.04.2019.

Werner, Micha H., Menschenwürde in der bioethischen Debatte – Eine Diskurstopologie, in: Matthias Kettner (Hrsg.), Biomedizin und Menschenwürde, 2004, 1. Aufl., Frankfurt am Main, Suhrkamp, S. 191–220.

Wert, Guido de; Heindryckx, Björn; Pennings, Guido et al., Responsible innovation in human germline gene editing. Background document to the recommendations of ESHG and ESHRE, in: European journal of human genetics, 2018, 26, S. 450–470.

Wert, Guido de; Pennings, Guido; Clarke, Angus et al., Human germline gene editing. Recommendations of ESHG and ESHRE, in: European journal of human genetics, 2018, 26, S. 445–449.

West, Andrew; Desdevises, Yves; Fenet, Alain et al., The French legal system. An introduction, 1993, London, Fourmat Pub.

Whittaker, Peter, Stem cells to gametes: how far should we go?, in: Human fertility, 2007,10 (1), S. 1–5.

Wildfeuer, Armin. G.; Woopen, Christiane, Projektteil 2.1: Genetische Ausstattung und Schutz der Person, in: Carl Friedrich Gethmann und Dietmar Hübner (Hrsg.), Forschungsprojekt: die „Natürlichkeit“ der Natur und die Zumutbarkeit von Risiken. Abschlussbericht, 2001, 1. Aufl., Bonn, Institut für Wissenschaft und Ethik (Forschungsbeiträge/Institut für Wissenschaft und Ethik Reihe A, Ethik in Biowissenschaften und Medizin, Bd. 1), S. 118–164.

Wildhaber, Isabelle, Haftung für gentechnische Produkte. Zusammenspiel von GenTG, ProdHaftG, AMG und BGB, 2009, Berlin, LIT.

Wilkinson, Royce; Wiedenheft, Blake, A CRISPR method for genome engineering, in: F1000prime reports, 2014, 6 (3), online verfügbar unter https://www.ncbi.nlm.nih.gov/pmc/articles/PMC3883426/pdf/biolrep-06-03.pdf, zuletzt geprüft am 08.04.2019.

Winblad, Nerges; Lanner, Frederik, At the heart of gene edits in human embryos, in: Nature, 2017, 548, S. 389–400.

Winnacker, Ernst-Ludwig; Rendtorff, Trutz; Hepp, Hermann et al. (Hrsg.), Gentechnik: Eingriffe am Menschen. Ein Eskalationsmodell zur ethischen Bewertung, 1999, 3. Aufl., München, Utz Wiss.

Wissenschaftliche Dienste (Deutscher Bundestag), Grundgesetzlicher Anspruch auf gesundheitliche Versorgung, 2015, online verfügbar unter http://www.bundestag.de/blob/405508/4dd5bf6452b5b3b824d8de6efdad39dd/wd-3-089-15-pdf-data.pdf, zuletzt geprüft am 08.04.2019.

Witteck, Lars; Erich, Christina, Straf- und verfassungsrechtliche Gedanken zum Verbot des Klonens von Menschen, in: MedR, 2003, S. 258–262.

Wocken, Hans, Der Zeitgeist: Behindertenfeindlich? Einstellungen zu Behinderten zur Jahrtausendwende, in: Friedrich Albrecht (Hrsg.), Perspektiven der Sonderpädagogik. Disziplin- und professionsbezogene Standortbestimmungen, 2000, Neuwied, Luchterhand, S. 283–306.

Wolf, Manfred; Soergel, Hans Theodor; Siebert, Wolfgang (Hrsg.), Allgemeiner Teil 1, §§ 1–103, 2000, 13. Aufl., Stuttgart, Kohlhammer (zitiert als: *Bearbeitern*, in: Wolf et al. (Hrsg.), Soergel BGB, § … Rn. …).

Woopen, Christiane, Fortpflanzung zwischen Natürlichkeit und Künstlichkeit, in: Reproduktionsmedizin, 2002, S. 233–240.

Zech, Eva, Gewebebanken für Therapie und Forschung. Rechtliche Grundlagen und Grenzen, 2007, 1. Aufl., Göttingen, Cuvillier.

Zhang, John; Liu, H.; Luo, S. et al., First live birth using human oocytes reconstituted by spindle nuclear transfer for mitochondrial DNA mutation causing Leigh syndrome, in: Fertility and Sterility, 2016, 106 (3), S. e375–e376.

Zhang, John; Zhuang, Guanglun; Zeng, Yong et al., Pregnancy derived from human nuclear transfer, in: Fertility and Sterility, 2003, 80 (Supplement 3), S. 56.

Zimmerman, Burke K., Human Germ-Line Therapy. The Case for Its Development and Use, in: Journal of Medicine and Philosophy, 1991, 16 (6), S. 593–612.

Zinkant, Kathrin, Die Angst vor der Gentechnik hat gewonnen, in: Süddeutsche Zeitung online, Artikel vom 25.07.2018, online verfügbar unter https://www.sueddeutsche.de/wissen/eugh-urteil-die-angst-vor-der-gentechnik-hat-gewonnen-1.4068777, zuletzt geprüft am 08.04.2019.